装备科技译著出版基金

21世纪定位、导航、授时技术

——综合卫星导航、传感器系统及应用

（下册）

Position, Navigation, and Timing Technologies in the 21st Century:
Integrated Satellite Navigation, Sensor Systems, and Civil Applications, Volume 2

[美] Y.T.杰德·莫顿（Y. T. Jade Morton）
[美] 弗兰克·范·迪格伦（Frank van Diggelen）
[美] 詹姆斯·J.斯皮尔克 Jr.（James J. Spilker Jr.） 主编
[美] 布拉德福德·W.帕金森（Bradford W. Parkinson）
[美] 谢尔曼·洛（Sherman Lo） 副主编
[美] 格雷斯·高（Grace Gao）

王晋婧 张 锐 龚佩佩 等译

国防工业出版社
·北京·

内 容 简 介

本书分为上、下2册，共6部分、64章。书中不仅全面涵盖了卫星定位、导航、授时（PNT）技术和民用应用的最新发展，还讨论了基于其他机会信号和传感器的替代导航技术，并对消费者和商业应用的集成PNT系统进行了全面论述。

上册重点介绍卫星导航系统、技术及其工程和科学应用。从GPS和其他相关PNT发展的视角开始描述，讨论了当前全球和区域导航卫星系统（GNSS和RNSS）、星基和地基增强系统，以及其互操作、信号质量监测、卫星轨道和时间同步等内容；介绍了卫星导航接收机技术的最新进展和在城市环境下解决多径挑战的方法，处理欺骗和干扰以确保PNT完好性等方面的内容。总之，上册是关于卫星导航的工程和科学应用的。

下册重点描述利用替代信号、传感器和集成PNT技术为消费者和商业应用提供的PNT服务。PNT技术包括多样的无线电机会信号、原子钟、光学、激光、磁场、天体、MEMS和惯性传感器以及低轨卫星导航的概念，也包含GNSS-INS组合导航、神经科学导航和动物导航。下册最后介绍了一系列当代PNT应用，如测量和移动测绘、精准农业、可穿戴系统、自动驾驶、列车控制、商用无人飞机系统、航空、卫星定轨和编队飞行以及极地特有环境的应用。另外，本书有以下特点：

- 本书可作为对泛在PNT感兴趣的专业人士和学生的系统性的参考书和手册。
- 本书有些章节重点介绍了GNSS的最新发展和其他导航传感器、技术及其应用。
- 本书内容阐明了各种技术之间的相互关系来确保PNT更受保护、更健壮、更准确。

本书旨在吸引行业专业人士、研究人员和学术界人士参与科学、工程，以及PNT技术的应用。

著作权合同登记　图字：01－2022－4703号

Position, Navigation, and Timing Technologies in the 21st Century: Integrated Satellite Navigation, Sensor Systems, and Civil Applications, Volume 2 (9781119458494 / 1119458498) by Y. T. Jade Morton, et. al. Copyright © 2021 by The Institute of Electrical and Electronics Engineers, Inc.

All Rights Reserved. This translation published under license. Authorized translation from the English language edition, published by John Wiley & Sons . No part of this book may be reproduced in any form without the written permission of the original copyrights holder Copies of this book sold without a Wiley sticker on the cover are unauthorized and illegal

本书中文简体中文文字版专有翻译出版权由John Wiley & Sons, Inc.公司授予国防工业出版社。未经许可，不得以任何手段和形式复制或抄袭本书内容。

本书封底贴有Wiley防伪标签，无标签者不得销售。

图书在版编目（CIP）数据

21世纪定位、导航、授时技术：综合卫星导航、传感器系统及应用. 下册 /（美）Y. T. 杰德·莫顿等主编；王晋婧等译. --北京：国防工业出版社，2024.9.

ISBN 978-7-118-13247-2

Ⅰ.P228.4;TN967.1

中国国家版本馆CIP数据核字第2024FS9739号

※

国防工业出版社出版发行

（北京市海淀区紫竹院南路23号　邮政编码100048）

北京虎彩文化传播有限公司印刷

新华书店经售

*

开本787×1092　1/16　印张62½　字数1475千字

2024年9月第1版第1次印刷　印数1—1300册　定价378.00元

（本书如有印装错误，我社负责调换）

国防书店：(010)88540777　　书店传真：(010)88540776
发行业务：(010)88540717　　发行传真：(010)88540762

序

时间与空间是宇宙万物的基本属性。自从人类第一次试图离开自己熟悉的环境，投入到未知世界中，掌握了解时间和位置信息就成为人类不可或缺的重要技术。

从古代的观星定位、日晷、指南针，到如今的机械钟、石英钟、原子钟、惯性导航、无线电导航、卫星导航等，定位、导航、授时（PNT）技术既是一项传统技术，也是代表当代科技发展水平的前沿技术，PNT 技术与应用已深入国民经济以及国防安全等各个领域，是国家战略性关键技术。

2020 年 7 月，北斗三号全球卫星导航系统建成并正式开通服务，标志着我国北斗卫星导航系统工程建设"三步走"发展战略圆满完成，迈入服务全球、造福人类的新时代。2022 年 11 月，《新时代的中国北斗》白皮书全面规划了我国 2035 年北斗卫星导航系统及 PNT 的发展目标。我们将通过研究、应用和发展多种导航手段，实现各类技术交叉创新、多种手段聚能增效、多源信息融合共享，构建以北斗卫星导航系统为核心的"更加泛在、更加融合、更加智能"的国家综合 PNT 体系，提供"基准统一、覆盖无缝、弹性智能、安全可信、便捷高效"的综合时空信息服务，推动 PNT 服务向水下、室内、深空延伸，更好惠及民生福祉、服务人类社会发展进步，推动构建人类命运共同体，建设更加美好的世界。

在此过程中，引进并翻译出版《21 世纪定位、导航、授时技术——综合卫星导航、传感器系统及应用》一书，对于我们学习研究多源互补与信息融合的综合 PNT 技术具有十分重要的参考意义。

《21 世纪定位、导航、授时技术——综合卫星导航、传感器系统及应用》一书全面介绍了卫星导航、组合导航、室内导航、低频无线电信号导航、自适应雷达导航和低轨导航等技术的最新发展，总结了 PNT 技术在大地测量、气候监测、遥感等工程与科学等不同领域中的具体应用，内容丰富。

全书分为上、下 2 册，共 6 部分，覆盖了国际上 PNT 领域的最新技术和发展动态，各部分虽有侧重，但又相互衔接，适合从事 PNT 技术研究的科研人员及高等院校人员学习，也可作为 PNT 相关的应用领域科技工作者的技术参考书。

谢军
2024 年 4 月

卫星导航系统是国家重大战略性时空信息基础设施,可为国家安全、国民经济、社会发展和大众消费等领域提供最基础的时空信息保障。GPS 的出现使人们意识到了同时具有各种用途的精确度和全球定位,以及时间管理能力的价值,来自 GPS 的定时信号可以实现精确、动态的定位和导航。为继续保持 GPS 在卫星导航领域的领先和主导地位,实现任何时间、任何地点、任何环境都具备 PNT 能力的目标,美国政府在 2004 年整合全国的天基、地基、空基等多种导航定位资源,成立国家天基 PNT 执行委员会,提升了天基 PNT 系统的管理等级,构建了以 GPS 为核心的国家天基 PNT 体系。2018 年 11 月,美国国防部发布了《美国国防部定位、导航、授时(PNT)战略》,着重强调了美国军队应具备面对世界各地敌人日益增加的威胁时保持韧性的能力。

北斗卫星导航系统是我国自主建设运行的全球卫星导航系统,自 20 世纪 90 年代启动建设以来,按照北斗一号、北斗二号、北斗三号"三步走"发展战略稳步实施。2020 年 7 月31 日,习近平总书记在人民大会堂宣布北斗三号全球卫星导航系统开通,标志着北斗卫星导航系统正式迈入全球服务新时代,我国成为世界上第三个独立拥有全球卫星导航系统的国家。北斗卫星导航系统的建成,进一步提高了我军信息化作战能力,推进了国家信息化建设步伐,促进了卫星导航事业发展,基本满足了现阶段我国军民用户对 PNT 服务的需求。但与美国 GPS 等其他卫星导航系统一样,北斗卫星导航系统也有天然的脆弱性,为了降低单纯依赖卫星导航带来的风险,进一步拓展服务的范围,需要统筹发展不同物理机理、不同工作模式的 PNT 手段。我国已经开始研究以北斗为核心的国家综合 PNT 体系。

随着全球导航卫星系统及其应用的发展,全球导航卫星系统(GNSS)与其提供的全天时、全天候的高精度 PNT 服务已经成为重要的空间信息基础设施与使能能力,由卫星导航应用催生的卫星导航应用产业也与互联网、移动通信共同成为 21 世纪信息技术领域发展的三大支柱产业。目前,卫星导航系统和 5G 通信、互联网+、大数据、物联网等技术进入蓬勃发展的时期,世界将迎来以互联网+为代表的智能制造、以自动驾驶为特点的车联网、以大数据为代表的智能服务等大批量应用的爆发,这些应用需求会强烈催生 PNT 体系的快速发展和升级。

本书系统介绍了卫星导航系统和 PNT 技术的最新发展,并提供了它们在工程和科学方面的具体应用,内容翔实,案例丰富,覆盖面广,技术具有很强的前瞻性。全书共两册,分为六部分,共 64 章,扫每章末的二维码即可获得该章的彩图。

上册包含三部分,即第一部分至第三部分。第一部分"卫星导航系统"重点介绍了当前全球和区域导航卫星系统(GNSS 和 RNSS),互操作,信号质量监测、卫星轨道确定和时间同步,星基和地基增强系统;第二部分"卫星导航技术"详细论述了卫星导航接收机技术的最新进展和在城市环境下解决多径挑战的方法,处理欺骗和干扰以确保 PNT 完好性等内容;第三部分"卫星导航的工程与科学应用"详细给出了卫星导航在大地测量、气候监测、遥感等工程与科学中的具体应用。

下册包含三部分,即第四部分至第六部分。第四部分"基于无线电机会信号的 PNT"重点介绍了组合导航、室内导航、专用都市信标导航、地面数字广播信号导航、低频无线电信号导航、自适应雷达导航和低轨导航技术;第五部分"基于非无线电机会信号的 PNT"重点介绍了微电子机械系统、惯性传感器、原子钟、激光、磁场、天体、GNSS-INS 组合导航及神经科学导航和动物世界的导航;第六部分"PNT 在用户和商业中的应用"重点给出了当代 PNT 在不同领域中的应用,如测量和移动测绘、精准农业、可穿戴系统、自动驾驶、列车控制、商用无人飞机系统、航空、卫星定轨、编队飞行和极地导航等。

本书内容丰富,分为 6 部分,共计 64 章,英文原著共 2000 余页,翻译工作参与者众多,具体分工如下:任立明、王晋婧、张锐、龙东腾、龚佩佩、角淑媛、王小宁、姚铮、冉迎春、申林负责前言、目录及第一部分的翻译工作;康成斌、李懿、寇艳红、赵小鲂、贾智尧、常希诺、赵兴隆、马福建、崔小准、王健、张朔、王小宁、庄建楼负责第二部分的翻译工作;郑恒、龚佩佩、刘春雷、张小贞、郭瑶、任晓东、李芳馨、荆文芳、姜震负责第三部分的翻译工作;王晋婧、龚佩佩、张垠、易卿武、杨轩、饶永南、涂锐、杜娟、赵航、沈朋礼、黄璐负责第四部分的翻译工作;陈伟、刘猛、邓福建、王永召、林杰、李晓平、苏树恒、张丞、傅金琳、邵春水负责第五部分的翻译工作;王晋婧、张锐、龙东腾、龚佩佩、白宪阵、赵福隆、王小宁、冉迎春、角淑媛负责第六部分的翻译工作。此外,周嘉、朱冰、张容、汤一昕、徐涵、黄德金、王晋婧、王小宁、龚佩佩、龙东腾、角淑媛、冉迎春、申林、杨静、刘春雷、高树成、张锐、程海龙参加了本书的校对、绘图、制表和公式录入等工作,任立明、王晋婧、张锐、王小宁对全书进行了统稿,最终由任立明、王晋婧定稿。

在本书翻译、出版过程中,得到中国卫星导航系统管理办公室杨长风院士、杨军正高工、蒋德高工,装备发展部宋太亮研究员,中国科学院国家授时中心卢晓春研究员、中国空间技术研究院谢军研究员、张旭研究员,卫星导航系统与装备技术重点实验室蔚保国研究员,清华大学陆明泉教授,中国航天标准化研究所顾长鸿研究员、卿寿松研究员等专家的悉心指导与帮助,在此向他们致以诚挚的谢意。国防工业出版社周敏文等为本书的编辑、出版提供了许多帮助,在此一并表示衷心的感谢!

中国航天标准化研究所多年来长期支撑中国卫星导航系统管理办公室、工程大总体及工程研制建设单位开展北斗卫星导航系统质量可靠性技术支撑工作,持续关注定位、导航及授时技术的发展前沿,组织了本书的翻译工作。本书的翻译得到了中国卫星导航系统管理办公室、中国航天科技集团有限公司等上级主管部门的指导,同时得到中国科学院国家授时中心、中国空间技术研究院、北京航天情报与信息研究所、中国船舶集团有限公司第七〇七研究所、中国电子科技集团公司第三十八研究所、卫星导航系统与装备技术重点实验室、清华大学、北京航空航天大学、武汉大学等单位专家同仁们的大力支持,在此致以诚挚的谢意。

本书的出版获得了装备科技译著出版基金的资助,在此表示诚挚的感谢!

由于本书涉及的专业面宽、信息量大、技术术语多,翻译难度大,如有不妥之处,敬请读者批评指正。

译者
2024 年 2 月

在人类历史上,导航一直是人类赖以生存的基本技能。随着技术进步,定位、导航与授时(PNT)技术的关系密不可分。现如今,PNT技术在现代社会中扮演着重要的角色。随着全球定位系统(GPS)的应用及越来越多全球导航卫星系统(GNSS)的快速发展,基于卫星的导航技术和其他PNT技术也得到了广泛应用,人们在生活中对PNT技术的依赖也越来越强。美国国家标准与技术研究所(NIST)发布的《关于GPS经济效益的报告》指出,2019年,GPS独自贡献了1.4万亿美元的经济效益,若GPS服务中断,则每天将造成约10亿美元损失的负面影响。PNT技术已成为现代社会运行的重要支柱,为满足社会日益增长的导航需求并不断推进PNT技术的持续发展,对PNT知识的经验总结以及传授至关重要,本书由此应运而生。

虽然目前出版了许多关于卫星导航技术和相关主题的出版物,也不乏杰出之作,但本书(分上、下两册)以独特的理解全面阐述了PNT领域的最新发展动态,每章都由该领域世界知名专家撰写,可为从事卫星PNT技术研究以及相关民用应用等领域的研究人员、工程师提供借鉴参考。另外,本书还总结了基于非卫星导航信号和传感器的其他导航技术,并提供了综合PNT技术的商业综合应用案例。

本书共两册,每册又分为三个部分,共64章。上册主要从GPS和其他相关PNT发展的视角介绍了卫星导航系统及其相关技术和应用。第一部分共13章,介绍了当前全球和区域导航卫星系统(GNSS和RNSS)的基本情况和最新进展,导航卫星系统共存互利的设计战略,信号质量监测、卫星定轨和时间同步,以及提供高精度导航改正信息的星基、地基增强系统。第二部分共13章,介绍了卫星导航接收机技术[包括接收机结构、信号跟踪、矢量处理、辅助高灵敏度GNSS、精密单点定位和实时动态定位(RTK)系统、方向位置估计技术]的最新进展,以及GNSS天线和阵列信号处理技术等。此外,还涵盖了在多径效应明显的城市环境中,处理欺骗和干扰并确保PNT完好性等方面极具挑战的内容。第三部分共8章,主要介绍了卫星导航系统工程和科学应用。为了在大地测量学领域展开讨论,首先综述了全球大地测量学和参考框架。随后介绍了 GNSS 的时频分布,以及 GNSS 信号在对流层、电离层和地表监测中提供的泛在的被动感知手段,其中用 3 章篇幅专门讨论恶劣天气、电离层影响和危险事件监测。最后介绍了 GNSS 无线电掩星和反射计的综合处理。

下册主要介绍了使用多源信号和传感器以及集成 PNT 技术为消费者和商业应用提供的 PNT 服务。第 35 章概述了下册的写作动机和章节结构情况,第 36 章介绍了在导航系统建模和传感器综合应用中常用的非线性估计方法。第四部分共 9 章,介绍了涵盖地基、航空、低轨(LEO)卫星的多源无线电信号 PNT,这些信号原本用于其他功能,如广播、网络、成像和监视。第五部分共 11 章,涵盖了在被动和主动模式下采用各种非射频信号源的导航应用,包括微电子机械系统、惯性传感器、改进的时钟技术、磁强计、匹配成像、激光雷达、数字摄影测量以及天体源信号,包含了多种组合导航及 GNSS-INS 组合导航、神经导航和动物世界的导航等内容。第六部分共 10 章,介绍了目前 PNT 在测绘、精密农业、可穿戴系统、自动驾驶、列车控制、商用无人飞机系统、航空、卫星定轨、编队飞行和极地导航等领域的应用。

本书由来自 18 个国家的 131 位作者历时 5 年完成。由于本书涵盖主题和作者写作习惯的多样性,因此各章的写作风格存在差异。本书一部分是对特定学科领域发展高水平的回顾总结,另一部分可作为详细教程,还有一些章节包含 MATLAB 或 Python 示例代码的链接和数据,供希望进行实操的读者进行测试。本书编写目的是吸引行业专业人士、研究人员和学术界人士参与 PNT 技术的科学研究和工程应用。用户可以在 pnt21book.com 网站上浏览章节摘要,下载示例代码、数据、作业案例、高分辨率图片、勘误表,也可由此提供读者反馈信息。

如果没有 GNSS 和 PNT 领域各位同仁的共同努力,就不可能有此著作。感谢该领域的先驱者们能够在百忙之中抽出时间积极为本书撰稿,一些作者还为书中其他章节内容提供了宝贵的意见和建议。我们也征求了该领域研究生及博士后的意见,因为他们也是该领域的主要用户并终将引领未来的发展。我们要感谢以下支持或鼓励本书编写及帮助改进相关内容的人员,他们是 Michael Armatys、PeninaAxelrad、John Betz、Rebecca Bishop、Michael Brassch、Brian Breitsch、Phil Brunner、Russell Carpenter、Charles Carrano、Ian Collett、Anthea-Coster、Mark Crews、Patricia Doherty、Chip Eschenfelder、Hugo Fruehauf、Gaylord Green、Richard Greenspan、Yu Jiao、Kyle Kauffman、Tom Langenstein、Gerard Lachapelle、Richard Langley、RobertLutwak、Jake Mashburn、James J. Miller、Mikel Miller、PratapMisra、Oliver Montenbruck、Sam Pullen、Stuart Riley、Chuck Schue、Logan Scott、Steve Taylor、Peter Teunissen、Jim Torley、A. J. van Dierendonck、Eric Vinande、Jun Wang、Pai Wang、Yang Wang、Phil Ward、DongyangXu、Rong Yang 和 Zhe Yang。Wiley 出版社在该项目的 5 年酝酿期内给予了我们极大的耐心和便利条件,我们的家人也表现出了极大的理解与支持,从而让我们有能力来完成本书的撰写工作。

本书是 James J. Spilker Jr 博士最初发起创作的,在 2019 年 10 月去世之前他一直对本书的编写工作付出了极大的热情支持。作为 GPS 民用信号结构和接收器技术研究的先驱

Spilker 博士是这项工作的灵魂人物。在本书的撰稿过程中，包括 Ronald Beard、Per Enge、Ronald Hatch、David Last 和 James Tsui 在内的几位 GNSS 和 PNT 领域的先驱也相继去世。谨以本书献给所有为 PNT 领域的发展做出贡献的英雄们。

Y. T. Jade Morton
Frank van Diggelen
Bradford W. Parkinson
Sherman Lo
Grace Gao

（上册）

第一部分　卫星导航系统

第二部分　卫星导航技术

第三部分 卫星导航的工程与科学应用

（下册）

第四部分 基于无线电机会信号的 PNT

第五部分　基于非无线电机会信号的 PNT

第六部分　PNT 在用户和商业中的应用

第四部分
基于无线电机会信号的 PNT

第35章 下册概述：组合PNT技术与应用

John F. Raquet
系统集成解决方案(IS4S)公司，美国

毫无疑问，全球导航卫星系统(GNSS)已经改变了我们对导航系统的认识和使用方式。全球定位系统(GPS)和其他 GNSS 出现之前，通常只有大型昂贵的平台会使用自动(无须人工干预)定位系统，例如飞机和船舶，但是它们也常需要导航员协助完成导航任务。不过，随着 GNSS 的出现，这一切都发生了变化。

依赖 GNSS，大多数人现在已经习惯使用智能手机或交通工具获取自身的确切位置，犹如我们打开电灯开关时灯就会亮，我们打开智能手机或其他导航设备时 GNSS 就可以进行定位。我们对 GNSS 的依赖远超过了其他普通导航设备，银行、通信和电网等很多系统在很大程度上还依赖 GNSS 进行授时。

有人说导航会让人上瘾，不管它精度多高、可用性多强，人们总有更高期望。甚至 GNSS 的巨大成功引发人们希望在没有 GNSS 的情况下，考虑用其他类型的传感器来补充 GNSS，尽可能保障它们获取的时间或位置。

本书下册重点介绍了许多补充的导航系统和方法，以及如何将它们集成并获得所需性能。深入了解这些之前，先回顾一下导航系统的演变，构建一个"导航框架"以便有助于我们更好地了解各种方法之间的关系。

35.1 通用导航框架

从根本上说，每个导航系统的工作方式几乎是一样的，这可以视为"预测→观测→比较"循环，如图 35.1 所示。右下角的"导航状态修正的拟合度"表示用户的当前导航状态，或有关用户位置、速度等的所有信息，以及对这些信息质量的估计，这体现了系统对用户位置的最佳估计，以及系统对该估计值精度的评估。如左侧"传感器"框所示，系统会通过测量或观测掌握用户的导航状态。GPS 可能会测量用户到卫星的距离。该系统还使用了真实世界的模型，右上角有"世界模型更新"框。GPS 中，世界模型可能包括 GPS 卫星的位置(轨道)。

预测阶段，预测算法根据世界模型和当前导航状态确定系统预期测量值(图 35.1 中标注为"预测算法"框)；观测阶段，系统接收带有真实世界噪声污染的测量值；比较阶段，将预测测量值与实际测量值进行比较。任何差异都会用来改善导航状态，甚至可能改善"世界模型"。

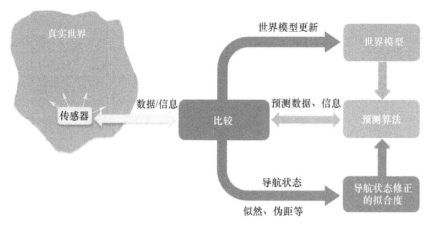

图 35.1　通用导航框架

举一个简单的例子,用户想要知道自己到墙壁的距离,仅靠视力观测判断,可预测到墙壁的距离约为30ft(这种"30ft"的导航状态具有很大的不确定性,1ft(英尺)≈0.305m),但实际用一个精确的激光测距仪进行测量或者观测,距离为31.2ft。接下来,将预测结果与观测结果进行比较。用户很快就否定了预测结果,转而相信观测结果,因为用户认为观测得到的距离估计值比预测结果更可靠。类似地,也可以举出一些其他预测结果远大于观测结果的例子。

最广泛的应用是预测和观测相结合。典型的 GPS 应用程序是使用卡尔曼滤波器执行"预测→观测→比较"循环,世界模型由 GPS 卫星位置组成,接收机依据一些先验信息预测用户位置。观测结果可能包括接收机到每颗卫星的距离观测值。将这些观测结果与预测值进行比较(预测值由接收机估计的用户位置和已知的世界模型信息得出)。最后,系统可以根据预测的导航状态和观测值相对质量进行混合比较。

图 35.1 中,标有"世界模型更新"的箭头表示可以根据已完成的测量更改世界模型。一些导航系统,尤其是专门为导航设计、部署的导航系统,不需要系统的最终用户参与这部分过程。例如,GPS 中的世界模型由相关卫星轨道(星历)、卫星钟差和信号规范给出的细节信息(频率、码片率等)组成。GPS 使用系统本身的地面接收网络来估计卫星轨道和钟差,并监测空间信号,用该网络的测量结果不断更新 GPS 世界模型。因此,用户只需获取最新的星历和卫星时钟信息以用于定位。通过这种方式,用户完全不用参与世界模型的更新,大大降低了用户系统的复杂性。

与人造信号不同,自然信号通常没有专门的系统来不断更新世界模型,这个世界模型需要简明地体现观测测量结果与真实世界的关系。所以,此类系统面临的问题往往是确定一个可用的世界模型。例如,使用相机很容易获得附近环境的图像,但是要通过这种测量确定位置和/或姿态,用户必须知道用函数表示位置和姿态的世界的样子(世界模型)。

任何导航系统的关键部分都是物理传感器(如图 35.1 中的灰色方框所示),而导航系统设计师最重要的决策就是选择正确的传感器或传感器组合。

基本上,能在移动时对变化物体进行测量的物理传感器都可以作为导航传感器。此外,由于时钟是许多导航系统的组成部分,本部分也包含了时钟。时钟与导航传感器不同,前者测量的是时间"移动"方式,后者测量的是传感器以某种方式移动时物体的变化。表 35.1 总结了本书下册涵盖的主要传感器。

表 35.1　本书下册涵盖的主要传感器

传感器	感知的现象	世界模型需求	其他因素
蜂窝射频接收机	手机射频信号	基站的位置、信号时间	机会信号(SoOP)示例,有时需要参考接收机
地面信标接收机	来自地面信标的导航信号	信标位置、信号结构、信号时间	专用的基础设施,比机会信号更具有设计灵活性
数字电视接收机	数字电视信号	发射器位置、信号时间	机会信号示例,有时需要参考接收机
低频接收机	低频射频信号	发射器位置或到达方向、本地失真效应	易受本地失真影响,精度低于更高频率、更宽带宽的信号
雷达	射频信号	可识别射频反射器的位置	通常比基于接收机的系统功率更大、更高
LEO 卫星接收机	LEO 卫星的信号	LEO 卫星位置、速度、信号时间(有时需要),大气模型	比 GNSS 的几何信号更分散和具有更高的接收功率
惯性	旋转和力学模型	重力场	仅航位推算——通常需要更新漂移
GNSS	来自卫星的射频信号	卫星星历和钟差、大气模型	非常适合更新中的惯性元件
强磁计	磁场	磁场图	可能需要本地(车辆)效应校准
激光雷达	距离和激光回波强度	被感知目标的形状和位置	可用于航位推算或绝对模式
摄像机	光照强度和方向的函数关系	用于绝对定位的图像特征图或三维图像模型	可用于航位推算或绝对模式
X 射线探测器	脉冲星发出的 X 射线信号	脉冲星方位和信号特征(包括时间)等信息	基于信号的到达时间的定位
时钟	因时钟类型而异	可能的校准参数	通过频率转换为测量时间,如果初始化并集成,则为绝对时间

35.2 下册内容摘要

本书下册首先概述了非线性回归估计技术(第 36 章),该技术通常应用在集成补充导航传感器中。本章还为后续章节关于评估策略的讨论奠定了基础。

之后的几章介绍了各种基于射频的补充导航技术。第 37 章总结了室内导航的许多原理和算法,以及不同类型的室内导航传感器和现象学。接下来的各章详细描述了各种射频信号,包括蜂窝(第 38 章)、都市信标(第 39 章)、地面数字广播信号(第 40 章)、低频无线电信号(第 41 章)、雷达信号(第 42 章)和 LEO 卫星射频信号(第 43 章)。

有两章介绍惯性技术:惯性导航传感器(第 44 章)和 MEMS 惯性传感器(第 45 章)。惯性导航传感器部分介绍了惯性导航系统(INS),包括组成该系统的各种加速度计和陀螺仪基本原理、误差特性和性能,以及技术进步的前景。MEMS惯性传感器与现有的惯性传感器相比,更重视降低成本、尺寸、质量和功率,从而扩大了惯性技术的应用范围。

需要注意的是,惯性系统必须有额外传感器的辅助才能运行(除非短期使用),主要因为惯性系统在垂直通道中不稳定,所以至少需要垂直通道的一些辅助手段(如气压高度表或地形高度辅助)。即便在垂直通道得到了辅助,水平方向也会出现漂移,漂移率由系统的质量、姿态和初始化位置的精度决定(即使惯性导航系统有完美的陀螺仪和加速度计,由于我们对重力的认识存在缺陷,因此误差也会越来越大)。

用于辅助惯性导航最常见的传感器可能是GNSS接收机。第46章介绍了GNSS-INS组合导航的经典方法,包括松散组合和紧密组合。该章还描述了GNSS-INS组合的另一种方式,更强调通过载波相位测量为INS提供类似速度的更新,并用伪距测量进行额外修正。

自古以来,时钟一直是导航活动的重要传感器。几十年来,时钟的精度和稳定性不断提高。第47章概述了GNSS中的原子钟的最新技术进展。

第48章介绍了利用地球磁场变化信息进行绝对定位的方法。这种方法适用于室内、地面车辆和飞机,该章解释了这些不同环境间的差异,并给出了每种情况下工作系统的示例。

第49章介绍了激光雷达在导航中的应用。该章不仅讨论了各种类型的激光雷达和利用激光雷达数据进行导航的不同方法;还介绍了使用激光雷达数据能够识别的特征,以及如何将识别的特征整合到综合导航系统中;同时考虑了航位推算和绝对定位/测姿方法。

第50章阐述了图像辅助导航的多种方式。首先,给出了照相机的数学模型及其标定方法。其次,描述了图像特征,以及使用这些特征将相机图像与相机的位置和旋转相关联的算法。最后,介绍了几种图像导航方法,包括航位推算和绝对定位/姿态方法。

第51章专门讨论了数字摄影测量,其中也提到了照相机,但它着重介绍了使用一个或多个照相机观测并获取相关场景的信息。视觉导航和摄影测量可以视为同一枚硬币的两个面。使用视觉导航的目的是基于场景信息找出相机位置;使用摄影测量的目的是根据相机位置(可能还有方向)信息,找出有关场景信息。

第52章前面已提到,传感器在移动时对变化物体测量的结果都可以作为导航源。X射线脉冲星的导航就是很好的例子,该章还介绍了其他可变天体源导航。但此处的基本前提是,我们能够准确测量多个发射X射线的脉冲星周期信号到达时间,并利用这些信息来确定我们的位置。此外,该章还提到了如何基于X射线脉冲确定姿态。

第33章前面讲的所有方法都是基于技术的,而第53章重点讲述了通过大脑神经来执行各种导航任务的方法。虽然这些神经执行任务方法与工程师通常开发导航系统的方法差异很大,但大脑能够完成导航,这表明我们可以尝试用各种形式的计算来实现导航。

第54章进一步讨论了动物世界的定向与导航的各种方式,而这一过程并未使用本书所提到的现代传感器。

本书下册第55~64章概述了一些大量使用导航系统的具体应用。其中许多应用在GNSS出现之前并不存在,而已经存在的应用则通过GNSS和补充导航方法大幅提升了能力。涵盖的应用包括测量和移动测绘(第55章)、精准农业(第56章)、可穿戴设备(第57章)、自动驾驶(第58章)、列车控制和轨道交通管理(第59章)、商用无人机系统(第60章)、航空导航(第61章)、利用GNSS确定轨道(第62章)、卫星编队飞行与交会(第63

章),极地导航(第64章)。

　　总之,本书下册展现了导航系统的巨大潜力,介绍了 GNSS 信号不足时保证其可用的多种方法。我们已意识到,我们的日常生活严重依赖许多与之交互的系统来确定时间和位置,并且有越来越多的创造性选择和机会来精确导航并确定时间,以满足当前和未来应用的需求。

本章相关彩图,请扫码查看

第 36 章　非线性回归在组合导航系统中的应用

Michael J. Veth
韦斯研究协会,美国

〈36.1〉　简介

1960 年,有人提出了卡尔曼滤波的算法和扩展卡尔曼滤波的算法,之后它们就作为主要的算法用于解决导航问题[1-3]。该算法的最优、递归和在线的特性非常适合解决实时导航方面的问题。

传统卡尔曼滤波器和扩展卡尔曼滤波器基于以下的假设:

- 线性(或近似线性)系统动力学模型和观测模型。
- 所有的噪声和误差源都是服从高斯分布的。

虽然这些假设在很多情况下都是成立的,但是逐渐出现了越来越多的非高斯、非线性或两者兼有的传感器和系统。由于这些特性本质上违背了卡尔曼滤波器的基本假设,当使用卡尔曼滤波时,算法的性能就会受到影响。更具体地说,这可能导致不准确、不一致或不稳定的估计。针对这一局限性,研究者开发了许多算法,旨在为非线性和非高斯问题提供更好的解决方法以达到更好的性能[4-6]。

本章概述了一些最常见的和最有用的非线性递归估计器的类别。其目的是介绍支持算法的基本理论,确定它们相关的性能特点,并最后从导航的角度介绍它们各自的适用性。

本章的结构如下:首先,概述了与估计理论和概率论相关的符号和基本概念,这些理论作为非线性滤波开发的基础。一些概念包括递归估计框架、传统估计的隐含假设和局限性,以及当这些假设不满足时对性能的不利影响。其次,对非线性估计理论进行概述,目的是证明和推导出三类主要的非线性递归估计器。这些滤波器包括高斯和滤波器、栅格粒子滤波器和采样粒子滤波器。用一个简单的导航实例来演示和评估这些非线性递归估计器。本章最后探讨了所讨论方法的优缺点,重点是帮助导航工程师在解决自己感兴趣的问题时决定采用哪种估计算法。

本章采用以下表示法:

- 状态矢量:时刻 k 的状态矢量表示为矢量 x_k。
- 状态估计:表示一个估计量时采用帽子运算符。例如,时刻 k 的状态估计矢量表示为 $\hat{x}_k$。
- 先验、后验估计:先验和后验估计值使用+和-上标表示。例如,时刻 k 的先验状态估计表示为 $\hat{x}_k^-$,时刻 k 的后验状态估计表示为 $\hat{x}_k^+$。

● 状态误差协方差估计:状态误差协方差使用带有上标和下标的矩阵 $\boldsymbol{P}$ 表示。例如，时间 k 的先验状态误差协方差矩阵表示为 $\boldsymbol{P}_k^-$。

● 状态转移矩阵:时刻 $k-1$ 至时刻 k 的状态转移矩阵用 $\boldsymbol{\Phi}_{k-1}^k$ 表示。注意时间标示在上下文中阐述时可能会被省略。

● 过程噪声矢量和协方差矩阵:时刻 k 的过程噪声矢量表示为 $\boldsymbol{w}_k$，时刻 k 的过程噪声协方差矩阵表示为 $\boldsymbol{Q}_k$。

● 观测矢量:时刻 k 的观测矢量表示为 $\boldsymbol{z}_k$。

● 观测影响矩阵:时刻 k 的观测影响矩阵表示为 $\boldsymbol{H}_k$，注意时间标示在上下文中阐述时可能会被省略。

● 测量噪声矢量和协方差:时刻 k 的测量噪声矢量表示为 $\boldsymbol{v}_k$，测量噪声协方差表示为 $\boldsymbol{R}_k$。

● 概率密度函数:概率密度函数表示为 $p(\cdot)$。

36.2 线性估计基础

任何估计器的目标都是基于系统模型、传感器观测或者两者来估计一个(或多个)感兴趣的参数。根据定义，由于待估计参数是随机矢量，因此它们可以完全由其相关的概率密度函数(pdf)表征。如果我们将时刻 k 的参数矢量和观测矢量分别定义为 $\boldsymbol{x}_k$ 和 $\mathbb{Z}_k$，在接收到当前历元的所有观测值的条件下，递归估计器的首要目标是估计所有时刻的先验状态矢量的 pdf。在数学上，可以由以下 pdf 来表示:

$$p(\mathbb{X}_k | \mathbb{Z}_k) \tag{36.1}$$

当

$$\mathbb{X}_k \triangleq \{\boldsymbol{x}_0, \boldsymbol{x}_1, \cdots, \boldsymbol{x}_k\} \tag{36.2}$$

且

$$\mathbb{Z}_k \triangleq \{\boldsymbol{z}_0, \boldsymbol{z}_1, \cdots, \boldsymbol{z}_k\} \tag{36.3}$$

虽然这是最普遍的情况，但应注意的是大多数在线算法只关注当前历元的条件状态估计。为了这种情况，式(36.1)应表示为

$$p(\boldsymbol{x}_k | \mathbb{Z}_k) \tag{36.4}$$

下面我们将介绍典型的递归估计框架，作为后续开发的非线性递归估计算法的基础。

在典型的递归模型框架中，系统使用过程模型和一个(或多个)观测模型。过程模型表示系统的内部动力，可以表示为以下形式的非线性随机差分方程:

$$\boldsymbol{x}_k = f(\boldsymbol{x}_{k-1}, \boldsymbol{w}_{k-1}) \tag{36.5}$$

式中: $\boldsymbol{x}_k$ 为 $k \in \mathbb{N}$ 时的状态矢量; $\boldsymbol{w}_{k-1}$ 为时刻 $k-1$ 的过程噪声随机矢量。

关于系统状态的外部观测值由观测模型表示。广义的观测模型是系统状态矢量和表示观测误差的随机矢量的函数:

$$\boldsymbol{z}_k = h(\boldsymbol{x}_k, \boldsymbol{v}_k) \tag{36.6}$$

式中: $\boldsymbol{z}_k$ 为时刻 k 的观测值; $\boldsymbol{v}_k$ 为时刻 k 的随机观测误差。

以观测值式(36.7)为条件,递归估计器的目标是估计状态矢量的后验 pdf:

$$p(\boldsymbol{x}_k \mid \mathbb{Z}_k) \tag{36.7}$$

式中:$\mathbb{Z}_k$ 为直到时刻 k 并包含时刻 k 的观测值的集合。

这是通过对状态 pdf 预测和更新两种类型的转换来实现的。结果是由式(36.8)给出的滤波周期:

$$p(\boldsymbol{x}_{k-1} \mid \mathbb{Z}_{k-1}) \xrightarrow{\text{预测}} p(\boldsymbol{x}_k \mid \mathbb{Z}_{k-1}) \xrightarrow{\text{更新}} p(\boldsymbol{x}_k \mid \mathbb{Z}_k) \tag{36.8}$$

注意由式(36.9)给出的先验 pdf:

$$p(\boldsymbol{x}_k \mid \mathbb{Z}_{k-1}) \tag{36.9}$$

对式(36.8)中预测和更新的进一步检验,提供了将我们的系统知识和观测值纳入我们对状态矢量的理解的见解。首先,我们考虑从时刻 $k-1$ 到 k 的预测步骤。时间扩展从后验 pdf $p(\boldsymbol{x}_{k-1} \mid \mathbb{Z}_{k-1})$ 开始。式(36.5)中定义的过程模型用于定义转换 pdf $p(\boldsymbol{x}_k \mid \boldsymbol{x}_{k-1})$,然后用于通过查普曼-科莫高洛夫方程[2]计算时刻 k 的先验 pdf:

$$p(\boldsymbol{x}_k \mid \mathbb{Z}_{k-1}) = \int p(\boldsymbol{x}_k \mid \boldsymbol{x}_{k-1}, \mathbb{Z}_{k-1}) p(\boldsymbol{x}_{k-1} \mid \mathbb{Z}_{k-1}) \mathrm{d}\boldsymbol{x}_{k-1} \tag{36.10}$$

式(36.5)的过程模型的检验表明,预测状态矢量是一阶高斯-马尔可夫随机过程,并且仅依赖先验状态矢量和过程噪声矢量。因此我们可以将与先验观测值无关的转移概率表示为

$$p(\boldsymbol{x}_k \mid \boldsymbol{x}_{k-1}, \mathbb{Z}_{k-1}) = p(\boldsymbol{x}_k \mid \boldsymbol{x}_{k-1}) \tag{36.11}$$

将式(36.11)代入式(36.10)中可得到状态转移关系:

$$p(\boldsymbol{x}_k \mid \mathbb{Z}_{k-1}) = \int p(\boldsymbol{x}_k \mid \boldsymbol{x}_{k-1}) p(\boldsymbol{x}_{k-1} \mid \mathbb{Z}_{k-1}) \mathrm{d}\boldsymbol{x}_{k-1} \tag{36.12}$$

可以通过考虑后验 pdf $p(\boldsymbol{x}_k \mid \mathbb{Z}_k)$ 来合并在时刻 k 处的观测值,给定我们在式(36.3)中观测序列的定义,可以等价地表示为

$$p(\boldsymbol{x}_k \mid \mathbb{Z}_k) = p(\boldsymbol{x}_k \mid \boldsymbol{z}_k, \mathbb{Z}_{k-1}) \tag{36.13}$$

将贝叶斯公式应用于式(36.13),可得

$$p(\boldsymbol{x}_k \mid \mathbb{Z}_k) = \frac{p(\boldsymbol{z}_k \mid \boldsymbol{x}_k, \mathbb{Z}_{k-1}) p(\boldsymbol{x}_k \mid \mathbb{Z}_{k-1})}{p(\boldsymbol{z}_k \mid \mathbb{Z}_{k-1})} \tag{36.14}$$

观察先前定义的观测形式,式(36.6)表明 $\boldsymbol{z}_k$ 独立于 $\mathbb{Z}_{k-1}$,因此式(36.14)可以简化为

$$p(\boldsymbol{x}_k \mid \mathbb{Z}_k) = \frac{p(\boldsymbol{z}_k \mid \boldsymbol{x}_k) p(\boldsymbol{x}_k \mid \mathbb{Z}_{k-1})}{p(\boldsymbol{z}_k \mid \mathbb{Z}_{k-1})} \tag{36.15}$$

最后,我们观察到分母中的归一化项,因此可以通过对状态矢量进行去边缘化,以更直接明显的形式表达:

$$p(\boldsymbol{x}_k \mid \mathbb{Z}_k) = \frac{p(\boldsymbol{z}_k \mid \boldsymbol{x}_k) p(\boldsymbol{x}_k \mid \mathbb{Z}_{k-1})}{\int p(\boldsymbol{z}_k \mid \boldsymbol{x}_k) p(\boldsymbol{x}_k \mid \mathbb{Z}_{k-1}) \mathrm{d}\boldsymbol{x}_k} \tag{36.16}$$

于是,我们提出 pdf 在式(36.12)中的预测和式(36.16)的更新两者的数学形式,用来表示状态随机矢量。

对于特定类别的问题(如高斯线性系统),式(36.16)可以封闭形式求解。在这种情况

下,式(36.5)的广义过程模型可以简化为

$$x_k = \Phi_{k-1}^k x_{k-1} + w_{k-1} \tag{36.17}$$

式中：Φ_{k-1}^k 为时刻 $k-1$ 到 k 的状态转移矩阵；w_{k-1} 为零均值、协方差为 Q_k 的高斯白噪声序列。

类似地,广义观测模型(36.6)可简化为

$$z_k = H_k x_k + v_k \tag{36.18}$$

式中：H_k 为时刻 k 的观测影响矩阵；v_k 为零均值、协方差为 R_k 的高斯白噪声序列。

因此,先验 pdf 和后验 pdf 可以分别表示为式(36.19)和式(36.20)所示的高斯密度：

$$p(x_k|\mathbb{Z}_{k-1}) \triangleq N(\hat{x}_k^-, P_k^-) \tag{36.19}$$

$$p(x_k|\mathbb{Z}_k) \triangleq N(\hat{x}_k^+, P_k^+) \tag{36.20}$$

式中：$N(\mu, \Lambda)$ 为均值为 μ 、协方差为 Λ 的高斯密度；上角标"−"为先验量；上角标"+"为后验量。

将式(36.17)的线性过程模型代入状态转移关系式(36.12)可以线性卡尔曼滤波器的传播方程：

$$\hat{x}_k^- = \Phi_{k-1}^k \hat{x}_{k-1}^+ \tag{36.21}$$

$$P_k^- = \Phi_{k-1}^k P_{k-1}^+ (\Phi_{k-1}^k)^{\mathrm{T}} + Q_{k-1} \tag{36.22}$$

此外,将式(36.18)的线性观测模型代入更新关系式(36.16),可以得到线性的校正卡尔曼滤波器：

$$\hat{x}_k^+ = \hat{x}_k^- + K_k(z_k - H_k\hat{x}_k^-) \tag{36.23}$$

$$P_k^+ = P_k^- - K_k H_k P_k^- \tag{36.24}$$

式中：z_k 为已知观测值；K_k 为时刻 k 的卡尔曼增益。

时刻 k 的卡尔曼增益 K_k 为

$$K_k = P_k^- H_k^{\mathrm{T}} S_k^{-1} \tag{36.25}$$

式中：S_k 为残差协方差矩阵。

残差协方差矩阵为

$$S_k = H P_k^- H^{\mathrm{T}} + R_k \tag{36.26}$$

在许多情况下,系统可以用线性高斯模型准确地表示。但是在许多系统中,这些模型并不适用。这种情况就促进了大量试图解决各种问题的方程算法的开发。

在 36.3 节中,我们将介绍用于推导各种递归非线性估计量的基本方法。

36.3 非线性滤波概念

在前面的 36.2 节中,我们已经探讨了广义递归估计问题的理论。该理论基于基本需求和当前及其以前的所有时刻的观测结果,确定待估计时刻状态矢量的 pdf。条件状态 pdf 的信息量就是系统的最大可能信息量。事实上,这是高斯系统的正常状态,因为其 pdf 完全可以用均值和协方差来描述。

36.3.1 非线性运算对随机过程的高斯分解

考虑一个均值和协方差分别为 $\hat{x}$ 和 P_x 的高斯随机矢量 x。如前所述,对于高斯密度,这两个参数足以完整地描述随机矢量的完整 pdf。

接下来考虑由矢量 x 经变换矩阵 H 得到矢量 y 的线性变换。矢量 y 可由式(36.27)给出:

$$y = Hx \tag{36.27}$$

此时,变换后的随机矢量 y 可以表现为均值为 $\hat{y}$、协方差为 P_y 的高斯随机矢量,其中:

$$\hat{y} = H\hat{x} \tag{36.28}$$

$$P_y = HP_x H^{\mathrm{T}} \tag{36.29}$$

满足高斯密度分布的随机变量通过线性运算变换后仍保持高斯分布特性,这使得线性卡尔曼滤波器相对容易实现。

现在考虑广义非线性变换:

$$y = h(x) \tag{36.30}$$

此时,随机矢量 y 的概率密度变得难以精确计算。虽然我们将会在本章后面更详细地讨论这个问题,但一般来说,得到的概率密度函数显然是非高斯函数,因此限制了线性卡尔曼滤波器算法的性能。非线性估计器试图在总体概率密度函数随时间变换时维持更高准确度的估计。

在 36.3.2 节中,我们将介绍第一类适用于非高斯概率分布函数系统的估计器。

36.3.2 高斯和滤波器

使用非高斯 pdf 对系统进行建模的一种方法是使用高斯随机变量和来构建复合随机变量。广义的高斯和可以表示为

$$x = \sum_{j=1}^{J} w^{[j]} y_j \tag{36.31}$$

式中: $w^{[j]}$ 为标量权重因子; y_j 为均值为 $\hat{y}_j$、协方差为 P_{y_j} 的高斯随机变量。

这些相互独立的高斯随机变量加权和可以代表状态矢量的整体分布。图 36.1 展示了使用高斯随机变量和构建非高斯的概率密度函数实例。

高斯和滤波方法的一种实现称为多模型自适应估计(MMAE)。MMAE 滤波器使用加权高斯和来解决系统模型中存在未知或不确定参数的情况。此类情况的一些实例包括对离散故障模式、未知结构参数或具有多种离散操作模式的过程(如"跳变"过程)进行建模。

考虑到我们的标准线性高斯过程和观测模型,为了使表达明了,从式(36.17)和式(36.18)开始重复:

$$x_k = \Phi_{k-1}^k x_{k-1} + w_{k-1} \tag{36.32}$$

$$z_k = H_k x_k + v_k \tag{36.33}$$

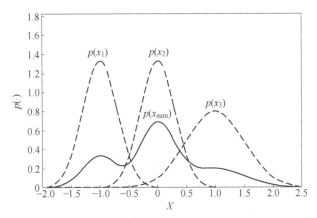

图 36.1　高斯变量总和创建的密度函数实例

(a)随机变量 x_{sum} 由3个单独的高斯密度的加权和表示；(b)在本图中，$x_{sum} = 0.25x_1 + 0.5x_2 + 0.25x_3$。

在之前的探讨中，假设系统模型参数（$\boldsymbol{\Phi}_{k-1}^{k}$、$\boldsymbol{Q}_{k-1}$、$\boldsymbol{H}_k$、$\boldsymbol{R}_k$）已知。现在考虑系统模型参数未知的情况。

为了解决这种情况，我们可以定义一个未知系统参数的矢量 $\boldsymbol{a}$，并与状态矢量联合估计这些参数。也就是说，我们必须要求解以下密度：

$$p(\boldsymbol{x}_k, \boldsymbol{a} \mid \mathbb{Z}_k) \tag{36.34}$$

再应用贝叶斯公式，可以表示为

$$p(\boldsymbol{x}_k, \boldsymbol{a} \mid \mathbb{Z}_k) = p(\boldsymbol{x}_k \mid \boldsymbol{a}, \mathbb{Z}_k) p(\boldsymbol{a} \mid \mathbb{Z}_k) \tag{36.35}$$

需要注意的是，以观测集为条件，这个表达式是"已知系统模型"pdf $p(\boldsymbol{x}_k \mid \boldsymbol{a}, \mathbb{Z}_k)$ 和新的密度函数 $p(\boldsymbol{a} \mid \mathbb{Z}_k)$ 的乘积，$p(\boldsymbol{a} \mid \mathbb{Z}_k)$ 是以观测集为条件的未知系统参数的概率分布函数。假设，$\boldsymbol{a} \in \mathbb{R}^n$，则参数密度可写为

$$p(\boldsymbol{a} \mid \mathbb{Z}_k) = p(\boldsymbol{a} \mid \boldsymbol{z}_k, \mathbb{Z}_{k-1}) \tag{36.36}$$

应用贝叶斯公式可得到：

$$p(\boldsymbol{a} \mid \mathbb{Z}_k) = \frac{p(\boldsymbol{z}_k \mid \boldsymbol{a}, \mathbb{Z}_{k-1}) p(\boldsymbol{a} \mid \mathbb{Z}_{k-1})}{p(\boldsymbol{z}_k \mid \mathbb{Z}_{k-1})} \tag{36.37}$$

将参数矢量的分母边缘化可以得到我们更熟知的形式：

$$p(\boldsymbol{a} \mid \mathbb{Z}_k) = \frac{p(\boldsymbol{z}_k \mid \boldsymbol{a}, \mathbb{Z}_{k-1}) p(\boldsymbol{a} \mid \mathbb{Z}_{k-1})}{\int p(\boldsymbol{z}_k \mid \boldsymbol{a}, \mathbb{Z}_{k-1}) p(\boldsymbol{a} \mid \mathbb{Z}_{k-1}) \mathrm{d}\boldsymbol{a}} \tag{36.38}$$

式中：$p(\boldsymbol{z}_k \mid \boldsymbol{a}, \mathbb{Z}_{k-1})$ 为预测测量概率密度，给定了我们的线性观测模型，可以表示为以下正态分布：

$$p(\boldsymbol{z}_k \mid \boldsymbol{a}, \mathbb{Z}_{k-1}) = N(\boldsymbol{H}_k \hat{\boldsymbol{x}}_k^-, \boldsymbol{S}_k) \tag{36.39}$$

但是分母中的积分一般是难以处理的，需要额外的约束。如果系统参数可以从有限集合（$\boldsymbol{a} \in \{\boldsymbol{a}^{[1]}, \boldsymbol{a}^{[2]}, \cdots, \boldsymbol{a}^{[j]}\}$）中选择，则未知参数密度可以表示为有限集的单个概率的和。于是系统参数 pdf 可以定义为

$$p(\boldsymbol{a}\,|\,\mathbb{Z}_{k-1}) = \sum_{j=1}^{J} w_{k-1}^{[j]}\delta(\boldsymbol{a}-\boldsymbol{a}^{[j]}) \tag{36.40}$$

式中：$w_{k-1}^{[j]}$ 为第 j 个参数矢量在时刻 $k-1$ 的概率；$\delta(\cdot)$ 为狄拉克函数。

可以看出，为了表示概率密度，权重的和必须为1。将式(36.40)代入式(36.38)可得

$$p(\boldsymbol{a}\,|\,\mathbb{Z}_k) = \frac{p(z_k\,|\,\boldsymbol{a},\mathbb{Z}_{k-1}) \sum_{j=1}^{J} w_{k-1}^{[j]}\delta(\boldsymbol{a}-\boldsymbol{a}^{[j]})}{\int p(z_k\,|\,\boldsymbol{a},\mathbb{Z}_{k-1}) \sum_{n=1}^{J} w_{k-1}^{[n]}\delta(\boldsymbol{a}-\boldsymbol{a}^{[n]})\mathrm{d}a} \tag{36.41}$$

移动求和运算符和参数权重矢量的位置，可得到：

$$p(\boldsymbol{a}\,|\,\mathbb{Z}_k) = \frac{\sum_{j=1}^{J} w_{k-1}^{[j]} p(z_k\,|\,\boldsymbol{a},\mathbb{Z}_{k-1})\delta(\boldsymbol{a}-\boldsymbol{a}^{[j]})}{\sum_{n=1}^{J} w_{k-1}^{[n]} \int p(z_k\,|\,\boldsymbol{a},\mathbb{Z}_{k-1})\delta(\boldsymbol{a}-\boldsymbol{a}^{[n]})\mathrm{d}a} \tag{36.42}$$

利用 $\delta(\cdot)$ 函数的性质可以重写分子并从分母中消除积分：

$$p(\boldsymbol{a}\,|\,\mathbb{Z}_k) = \sum_{j=1}^{J} \left(\frac{p(z_k\,|\,\boldsymbol{a}^{[j]},\mathbb{Z}_{k-1})}{\sum_{n=1}^{J} w_{k-1}^{[n]} p(z_k\,|\,\boldsymbol{a}^{[n]},\mathbb{Z}_{k-1})} \right) w_{k-1}^{[j]}\delta(\boldsymbol{a}-\boldsymbol{a}^{[j]}) \tag{36.43}$$

此时，我们已经建立了未知参数矢量的后验 pdf 作为一个有限加权集。重新审视我们的系统参数 pdf，在时刻 k 可定义为

$$p(a\,|\,\mathbb{Z}_k) = \sum_{j=1}^{J} w_k^{[j]}\delta(a-a^{[j]}) \tag{36.44}$$

将其代入式(36.43)中，可得到参数概率密度更新关系：

$$\sum_{j=1}^{J} w_k^{[j]}\delta(\boldsymbol{a}-\boldsymbol{a}^{[j]}) = \sum_{j=1}^{J} \left(\frac{p(z_k\,|\,\boldsymbol{a}^{[j]},\mathbb{Z}_{k-1})}{\sum_{n=1}^{J} w_{k-1}^{[n]} p(z_k\,|\,\boldsymbol{a}^{[n]},\mathbb{Z}_{k-1})} \right) w_{k-1}^{[j]}\delta(\boldsymbol{a}-\boldsymbol{a}^{[j]}) \tag{36.45}$$

式(36.45)中，以参数集 j 为条件，对预测的测量概率分布函数 $p(z_k\,|\,a^{[j]},Z_{k-1})$ 在例 k 的测量实现进行评估，得到当前测量实现的似然值。如前所述，这些似然值基于以下对正态密度函数的评估。

$$p(z_k = z_k\,|\,\boldsymbol{a}^{[j]},\mathbb{Z}_{k-1}) = N(z_k;\boldsymbol{H}_k\,\hat{\boldsymbol{x}}_k^{-[j]},\boldsymbol{S}_k^{[j]}) \tag{36.46}$$

式中：z_k 为时刻 k 的已知测量值。这个似然函数相当于卡尔曼滤波的器针对于第 j 个参数矢量 $a^{[j]}$ 的残差的似然函数。

实际上，参数 pdf 包括每个时刻的离散(固定)参数集和相关的权重(似然值)。式(36.45)中的参数密度更新显示了每个参数权重随时间的变化，可以写为

$$w_k^{[j]} = \frac{p(\boldsymbol{z}_k = \boldsymbol{z}_k \,|\, \boldsymbol{a}^{[j]}, \mathbb{Z}_{k-1})}{\sum\limits_{n=1}^{J} w_{k-1}^{[n]} p(\boldsymbol{z}_k = \boldsymbol{z}_k \,|\, \boldsymbol{a}^{[n]}, \mathbb{Z}_{k-1})} w_{k-1}^{[j]} \quad (j \in \{1, 2, \cdots, J\}) \tag{36.47}$$

我们的最终任务是确定系统整体的联合后验 pdf。将式(36.44)代入式(36.35)中可以得到：

$$p(\boldsymbol{x}_k, \boldsymbol{a} \,|\, \mathbb{Z}_k) = p(\boldsymbol{x}_k \,|\, \boldsymbol{a}, \mathbb{Z}_k) \sum_{i=1}^{J} w_k^{[j]} \delta(\boldsymbol{a} - \boldsymbol{a}^{[j]}) \tag{36.48}$$

当结合 $\delta(\,\cdot\,)$ 函数的性质并对其进行各项的直接重排产生了联合后验密度函数，如式(36.49)所示：

$$p(\boldsymbol{x}_k, \boldsymbol{a} \,|\, \mathbb{Z}_k) = \sum_{j=1}^{J} w_k^{[j]} p(\boldsymbol{x}_k \,|\, \boldsymbol{a}^{[j]}, \mathbb{Z}_k) \delta(\boldsymbol{a} - \boldsymbol{a}^{[j]}) \tag{36.49}$$

显而易见，这个 pdf 是高斯密度的加权和，每个密度对应一个单独的卡尔曼滤波器的后验状态估计，被作用到参数矢量 $\boldsymbol{a}^{[j]}$。后验状态估计和协方差分别由式(36.50)和式(36.51)给出：

$$\hat{\boldsymbol{x}}_k^+ = \sum_{j=1}^{J} w_k^{[j]} \hat{\boldsymbol{x}}_k^{+[j]} \tag{36.50}$$

$$\boldsymbol{P}_k^+ = \sum_{j=1}^{J} w_k^{[j]} \big[(\hat{\boldsymbol{x}}_k^{+[j]} - \hat{\boldsymbol{x}}_k^+)(\hat{\boldsymbol{x}}_k^{+[j]} - \hat{\boldsymbol{x}}_k^+)^{\mathrm{T}} + \boldsymbol{P}_k^{+[j]} \big] \tag{36.51}$$

图 36.2 中所示为 MMAE 滤波器的实现。

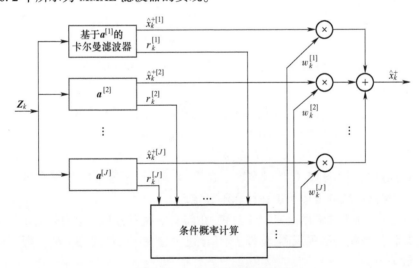

图 36.2　MMAE 滤波器的实现

(MMAE 滤波器通过组合由各自实现参数的独立卡尔曼滤波器的结果来构建状态估计[7]。)

其他与 MMAE 滤波器概念相似的有交互式混合模型(IMM)估计器[8]和 Rao-Black-wellized 粒子滤波器(RB-PF)[9-10]等。

在 36.3.3 节中，我们将举一个简单的例子来说明本节推导的高斯和滤波器的潜在应用。

36.3.3 MMAE 示例–解整周模糊度

高斯和滤波器的好处可以用一个简单的例子来说明。考虑下面的一维导航场景,无线电发射机从一个固定的位置 x_t 发射测距信号。测距接收机安装在一个可以在 x 方向自由移动的车辆上,车辆的运动可以用不确定度为 σ_v 和时间常数 τ_v 的一阶高斯–马尔可夫速度模型[2]来表示。得到的状态矢量如式(36.52)所示:

$$x_k = \begin{bmatrix} p_k \\ v_k \end{bmatrix} \tag{36.52}$$

式中: p_k 和 v_k 分别为车辆在 k 时刻的位置和速度。车辆的运动方程如式(36.53)所示:

$$x_{k+1} = \boldsymbol{\Phi}_k^{k+1} x_k + \boldsymbol{w}_k \tag{36.53}$$

式中: $\boldsymbol{\Phi}_k^{k+1}$ 表达式如式(36.54)所示:

$$\boldsymbol{\Phi}_k^{k+1} = \begin{bmatrix} 1 & \Delta t \\ 0 & \exp(-\Delta t/\tau_v) \end{bmatrix} \tag{36.54}$$

由于 $\boldsymbol{w}_k$ 是一个零均值高斯随机矢量,其表达式如式(36.55)所示:

$$E[\boldsymbol{w}_j \boldsymbol{w}_k^{\mathrm{T}}] = \begin{bmatrix} 0 & 0 \\ 0 & \sigma_v^2[1 - \exp(-2\Delta t/\tau_v)] \end{bmatrix} \delta_{jk} \tag{36.55}$$

测距信号由真实距离的噪声干扰测量值和取整后载波相位测量值组成。取整后载波相位是一种高精度的测量方法,但会受到未知整周模糊度的影响。其观测模型如式(36.56)和式(36.57)所示:

$$\rho_k = x_k - x_t + \boldsymbol{v}_{\rho_k} \tag{36.56}$$

$$\phi_k = \lambda^{-1}(x_k - x_t) + N + \boldsymbol{v}_{\phi_k} \tag{36.57}$$

式中: λ 为载波波长; N 为整数模糊度。如式(36.58)~式(36.60)所示,两个观测值都会被零均值高斯白噪声序列所干扰。

$$E[\boldsymbol{v}_{\rho_j} \boldsymbol{v}_{\rho_k}] = \sigma_\rho^2 \delta_{jk} \tag{36.58}$$

$$E[\boldsymbol{v}_{\phi_j} \boldsymbol{v}_{\phi_k}] = \sigma_\phi^2 \delta_{jk} \tag{36.59}$$

$$E[\boldsymbol{v}_{\rho_j} \boldsymbol{v}_{\phi_k}] = 0 \tag{36.60}$$

我们的目标是利用 MMAE 估计量准确地表示(非高斯)后验 pdf,从而在包含所有可用信息的情况下,保持一致的整体状态估计和不确定性。

在这个例子中,整周模糊度是未知参数集,在前文中我们将其指定为矢量 $\boldsymbol{a}$ 。我们能基于任何先验知识甚至初始范围观测,选择 J 个似然整数的范围,如式(36.61)所示,由此产生以下未知参数矢量:

$$\boldsymbol{a} = \{N^{[1]}, N^{[2]}, \cdots, N^{[J]}\} \tag{36.61}$$

总体联合概率密度如式(36.62)所示:

$$p(x_k, \boldsymbol{a} \mid \mathbb{Z}_k) = \sum_{j=1}^{J} w_k^{[j]} p(x_k \mid \boldsymbol{a}^{[j]}, \mathbb{Z}_k) \delta(\boldsymbol{a} - \boldsymbol{a}^{[j]}) \tag{36.62}$$

从这里开始,实现过程如 36.3.2 节所述。总共构造了 J 个加权卡尔曼滤波器,对每个滤波器都假设 N 是正确的整周模糊度。联合后验密度如式(36.63)所示:

$$p(\boldsymbol{x}_k, \boldsymbol{a} \mid \mathbb{Z}_k) = \sum_{j=1}^{J} w_k^{[j]} p(\boldsymbol{x}_k \mid \boldsymbol{a}^{[j]}, \mathbb{Z}_k) \delta(\boldsymbol{a} - \boldsymbol{a}^{[j]}) \tag{36.63}$$

为了演示高斯和滤波器的性能,在仿真环境中实现上述场景。用表 36.1 中指定的仿真参数随机生成轨迹和测量集。

表 36.1　仿真参数

参数	数值	单位
σ_ρ	0.5	m
σ_ϕ	0.1	周期
λ	0.2	m
σ_v	0.2	m/s
τ_v	500	s
x_t	0	m
Δt	1.0	s

注意到载波相位波长 λ 为 0.2m,载波相位测量不确定度 σ_ϕ 为 0.1 周期,这将得到载波相位测量精度为 0.02m,比伪距测量误差提高了 50 倍。

由此得到的轨迹、距离观测值和相位观测值如图 36.3 所示。

一次观测($t=1$s)后的 MMAE 全局状态估计和位置密度函数如图 36.4 所示。概率密度函数显然是多峰的,它精确地表示了与相位观测相关的解的范围。正如预期,峰值为载波波长的整数倍处,也对应于未知整周模糊度最可能的值。这些峰值间接指示了相关联的整周模糊度的相对似然性。关联的整周模糊度通过总体位置概率密度所表现的影响作用进行修正。

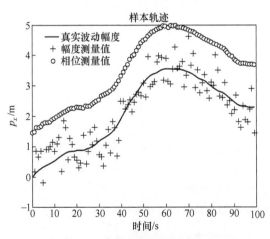

图 36.3　样本车辆轨迹和观测值
(注意伪距观测是准确的但不精确,相位观测是精确的但不准确。我们的目标是准确估计该系统的联合 pdf。)

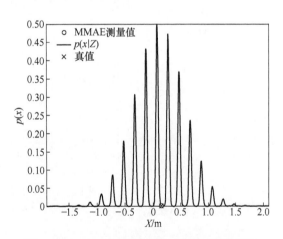

图 36.4　MMAE 初始状态估计及位置密度函数
(注意由于此时可用的信息有限,位置密度函数是多峰的。)

经过 22 次观测后,位置概率密度函数显示出峰值数量的减少(图 36.5)。这表明该滤波器正在融合传感器观测值和统计动力学模型,以有效消除若干潜的整周模糊度。

经过 100 次观测后(图 36.6),滤波器已经收敛到单个模糊度。

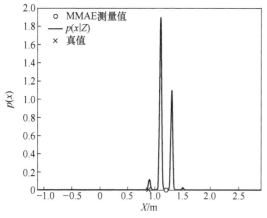

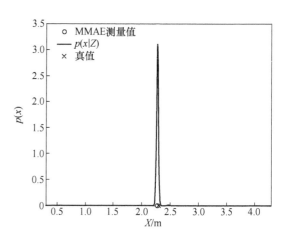

图 36.5　经过 22 次观测得到的 MMAE 状态估计
（伪距观测与车辆动力学模型相
结合可以消除不太可能的整周模糊度。）

图 36.6　经过 100 次观测得到的 MMAE 状态估计
（注意状态估计几乎都是单峰的,并且已经
收敛到正确的整周模糊度。）

本次仿真的全局状态估计及相关标准差结果如图 36.7 所示。不确定性边界的形状清楚地显示了上述影响。随着每个整周模糊度出现的概率发生变化,整体不确定度也随之变化,最终收敛到厘米级水平。

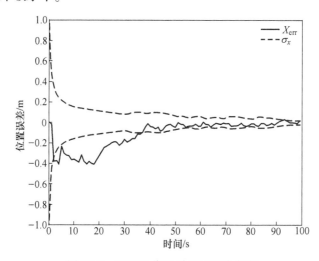

图 36.7　MMAE 位置误差和不确定度
（注意,一旦有足够的信息可以解决整周不确定度,误差不确定度就会消失。）

最后,整周模糊度实现的一个子集的相关归一化滤波器权值如图 36.8 所示。正如预期的那样,相似度极低的边缘整数迅速减弱,更接近平均值的整数需要更长的时间来解析。值得注意的是,所产生的不确定性取决于接收到的实际测量实现序列;因此,每种实现都会产生不同的不确定性(表 36.2)。这与标准线性卡尔曼滤波器有显著的不同,在标准线性卡尔曼滤波器中,不确定性与观测值无关。最后,需要注意的是,在这个例子中,状态估计和MMAE 滤波器的不确定性是真正最优的(即最小均方误差)。如果使用一种更传统的方法来解决整周模糊度(如带有临时固定阶段的浮点估计),则情况就不会这样。这是高斯和滤波器的一个突出性质,为我们研究附加非线性估计技术奠定了基础。

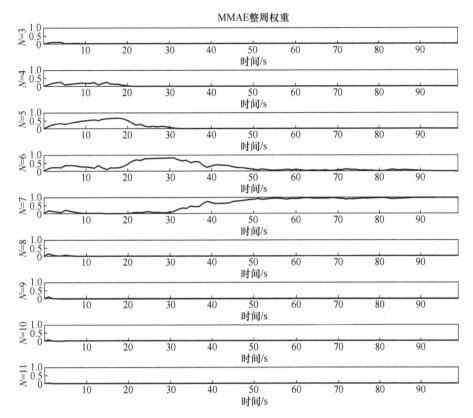

图 36.8　MMAE 整周模糊度粒子权重(子集)

(正确模糊度粒子($N = 7$)的可能性随时间增加,而边缘整数的可能性变小。)

表 36.2　滤波器总结

滤波器	优势	劣势	使用实例
线性和扩展卡尔曼滤波器	(1)对线性高斯系统最优; (2)计算简单	对于非线性系统次优逼近,且容易产生发散	线性或接近线性的高斯问题
高斯和滤波器	具有离散参数矢量的线性高斯系统的最优解	(1)如果参数矢量不是离散的,则差异必须是可观测的; (2)保守的调参会掩盖模型之间的差异,降低性能; (3)对简单卡尔曼滤波器的计算量增加	离散参数的线性或接近线性高斯问题
栅格粒子滤波器	(1)状态空间为离散元素的系统最优解; (2)适用于大范围的非线性条件	(1)计算量大; (2)加工要求与尺寸的数量呈几何比例; (3)离散连续状态空间会导致次最优性能	低维非线性问题

续表 36.2

滤波器	优势	劣势	使用实例
采样粒子滤波器	（1）可以产生非线性问题的近似最优解； （2）通过重要性采样策略，可以比栅格粒子滤波器计算量少	（1）很难保持良好的粒子分布； （2）缺乏运行的可重复性； （3）计算量很大	高维非线性问题

36.3.4　粒子滤波器

如 36.3 节所述,非线性滤波器的关键要求是能够准确地表示任意概率密度函数。粒子滤波器通过使用离散的、加权的状态矢量实例集合来表示概率密度函数以实现这一点。这些状态矢量和相关的权值称为粒子。

与基于粒子的概率密度函数表示有关理论的发展首先回顾了概率密度函数和累积分布函数的基本性质。图 36.9 所示为概率密度函数和累积密度函数示例。

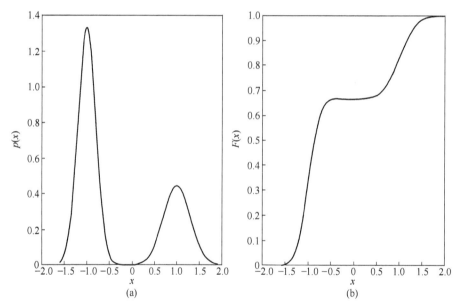

图 36.9　概率密度函数(pdf)和累积分布函数(cdf)示例
(a)概率密度函数;(b)累积分布函数。

累积分布函数是一个单调递增函数,它表示一个随机变量实现的概率小于某随机度量具体实现值的概率,可以定义为密度函数的积分[11],如式(36.64)和式(36.65)：

$$\Pr(\boldsymbol{x} < x_a) = F(x_a) \tag{36.64}$$

$$\Pr(\boldsymbol{x} < x_a) = \int_{-\infty}^{x_a} p(x)\,\mathrm{d}x \tag{36.65}$$

此外,随机变量在区间 x_a 和 x_b 之间的概率可用式(36.66)和式(36.66)表示：

$$\Pr(x_a \leqslant \boldsymbol{x} < x_b) = F(x_b) - F(x_a) \tag{36.66}$$

$$\Pr(x_a \leq \boldsymbol{x} < x_b) = \int_{x_a}^{x_b} p(x)\,\mathrm{d}x \tag{36.67}$$

因此,密度和累积分布函数必须具有以下性质:

$$F(-\infty) = 0 \tag{36.68}$$

$$F(+\infty) = 1 \tag{36.69}$$

$$\int_{-\infty}^{+\infty} f(x)\,\mathrm{d}x = 1 \tag{36.70}$$

$$f(x) \geq 0 \tag{36.71}$$

粒子滤波器用一组加权 $\delta(\cdot)$ 函数来表示 pdf,如式(36.72)所示:

$$p(x) \approx \sum_{j=1}^{J} w^{[j]} \delta(x - x^{[j]}) \tag{36.72}$$

式中:$w^{[j]}$ 为位置是 $x^{[j]}$ 的第 j 个粒子的标量加权值。如前所述,权重的和必须为 1,如式(36.73)所示:

$$\sum_{j=1}^{N} w^{[j]} = 1 \tag{36.73}$$

由加权粒子集合表示的 pdf 示例如图 36.10 所示。这种重要性采样策略使我们在给定足够多粒子的情况下,以所需的逼近精度来表示任意的 pdf。关于重要性采样的更多细节详见 36.3.7 节。

除了表示随机矢量的任意 pdf 外,成功的非线性估计还需要确定随机矢量经过非线性变换后所产生的 pdf。一般来说,这是难以实现的。但若使用加权粒子集合表示 pdf 则可以使转换变得相对简单。图 36.11 显示了一些样本非线性变换的效果。

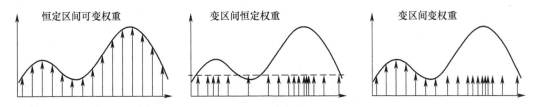

恒定区间可变权重　　　　变区间恒定权重　　　　变区间变权重

图 36.10　用于表示任意密度函数的重要性抽样

(概率密度函数由粒子位置和权重(由箭头表示)的组合表示,它们可以独立变化。)

滤波应用中最常见的必要功能之一是用期望算子进行计算。期望算子的表达式如式(36.74)所示:

$$E[g(\boldsymbol{x})] = \int_{-\infty}^{+\infty} g(\boldsymbol{x}) p(\boldsymbol{x})\,\mathrm{d}\boldsymbol{x} \tag{36.74}$$

式中:$E[\cdot]$ 为期望算子;$g(\boldsymbol{x})$ 为随机矢量 $\boldsymbol{x}$ 的任意函数;$p(\boldsymbol{x})$ 为随机矢量的 pdf。

基于这个定义,我们可以很容易地计算出加权粒子 pdf 的一些常见期望值。首先是均值,定义为 $E[\boldsymbol{x}]$,如式(36.75)所示:

$$E[\boldsymbol{x}] = \int_{-\infty}^{+\infty} \boldsymbol{x} p(\boldsymbol{x})\,\mathrm{d}\boldsymbol{x} \tag{36.75}$$

将式(36.72)代入式(36.75),调换积分和求和的顺序,利用其筛选性质可得到:

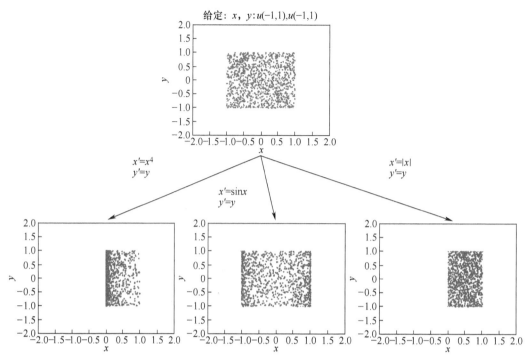

图 36.11　随机变量上的非线性变换可视化
(在给定均匀随机矢量 x、y 的情况下,3 种非线性变换的结果表明,在变换过程中密度会发生显著变化。)

$$E[\boldsymbol{x}] = \int_{-\infty}^{+\infty} \boldsymbol{x} \sum_{j=1}^{J} w^{[j]} \delta(\boldsymbol{x} - \boldsymbol{x}^{[j]}) \,\mathrm{d}\boldsymbol{x} \qquad (36.76)$$

$$E[\boldsymbol{x}] = \sum_{j=1}^{J} w^{[j]} \int_{-\infty}^{+\infty} \boldsymbol{x}\delta(\boldsymbol{x} - \boldsymbol{x}^{[j]}) \,\mathrm{d}\boldsymbol{x} \qquad (36.77)$$

$$E[\boldsymbol{x}] = \sum_{j=1}^{J} w^{[j]} \boldsymbol{X}^{[j]} \qquad (36.78)$$

这说明对加权粒子随机变量的均值的计算可以转换为对粒子的加权和的计算。上述推论同样适用于一般期望函数的情况,其结果如式(36.79)所示:

$$E[g(\boldsymbol{x})] = \sum_{j=1}^{J} w^{[j]} g(\boldsymbol{x}^{[j]}) \qquad (36.79)$$

这可以很容易延伸为表示任意密度函数的一组足够的统计数据。由此可以看出,给定足够多的粒子,可以以任意精度来表示任何密度函数。因为我们寻求到的估算方法在计算上是可行的,也为我们在寻找有限的计算资源下提供了"足够好的"性能(例如准确性和稳定性)的方法。

在 36.3.5 节中,我们将研究一种被称为栅格粒子滤波器的方法,来表示粒子集合的位置。

36.3.5　栅格粒子滤波器

栅格粒子滤波器是一种解决保持全概率密度的广义非线性估计问题的一种方法。栅格粒子滤波器用以维持可能的系统状态的离散集合,并将一个概率与这些状态(粒子)中的每个状态相关联。该方法是具有以下条件的最优给定系统:

(1) 状态向量是离散的,或者可以用状态空间的离散化精确地逼近。

(2) 离散状态的数量是可计算的。

在这些条件下,状态密度函数可以表示为粒子的加权集合[由式(36.72)重复],如式(36.80)所示:

$$p(\boldsymbol{x}) = \sum_{j=1}^{J} w^{[j]} \delta(\boldsymbol{x} - \boldsymbol{x}^{[j]}) \tag{36.80}$$

其中,粒子权重 $w^{[j]}$ 的和必须为1。由于假设粒子位置是静态的,所以滤波操作是在权值的集合上进行的。这使滤波器在粒子集合进行预测和更新过程中维持其概率密度函数。此时,推导粒子集的预测和更新关系就相对简单了。我们从时间 $k-1$ 到 k 预测开始。假设 $k-1$ 时刻的后验密度函数如下式:

$$p(\boldsymbol{x}_{k-1} | \mathbb{Z}_{k-1}) = \sum_{j=1}^{J} w_{k-1|k-1}^{[j]} \delta(\boldsymbol{x}_{k-1} - \boldsymbol{x}^{[j]}) \tag{36.81}$$

将式(36.81)代入 Chapman-Kolmogorov 方程[式(36.12)]并简化,可得到:

$$p(\boldsymbol{x}_k | \mathbb{Z}_{k-1}) = \int p(\boldsymbol{x}_k | \boldsymbol{x}_{k-1}) p(\boldsymbol{x}_{k-1} | \mathbb{Z}_{k-1}) \mathrm{d}\boldsymbol{x}_{k-1} \tag{36.82}$$

$$= \int p(\boldsymbol{x}_k | \boldsymbol{x}_{k-1}) \sum_{j=1}^{J} w_{k-1|k-1}^{[j]} \delta(\boldsymbol{x}_{k-1} - \boldsymbol{x}^{[j]}) \mathrm{d}\boldsymbol{x}_{k-1} \tag{36.83}$$

$$p(\boldsymbol{x}_k | \mathbb{Z}_{k-1}) = \sum_{j=1}^{J} w_{k-1|k-1}^{[j]} \int p(\boldsymbol{x}_k | \boldsymbol{x}_{k-1}) \delta(\boldsymbol{x}_{k-1} - \boldsymbol{x}^{[j]}) \mathrm{d}\boldsymbol{x}_{k-1} \tag{36.84}$$

$$p(\boldsymbol{x}_k | \mathbb{Z}_{k-1}) = \sum_{j=1}^{J} w_{k-1|k-1}^{[j]} p(\boldsymbol{x}_k | \boldsymbol{x}^{[j]}) \tag{36.85}$$

在式(36.85)中等号最右边的密度是转移概率函数,可以改写为

$$p(\boldsymbol{x}_k | \boldsymbol{x}^{[j]}) = \sum_{l=1}^{J} p(\boldsymbol{x}_k^{[l]} | \boldsymbol{x}_{k-1}^{[j]}) \delta(\boldsymbol{x}_k - \boldsymbol{x}^{[l]}) \tag{36.86}$$

将式(36.86)代入式(36.85)并简化:

$$p(\boldsymbol{x}_k | \mathbb{Z}_{k-1}) = \sum_{j=1}^{J} w_{k-1|k-1}^{[j]} \sum_{l=1}^{J} p(\boldsymbol{x}^{[l]} | \boldsymbol{x}^{[j]}) \delta(\boldsymbol{x}_k - \boldsymbol{x}^{[l]}) \tag{36.87}$$

$$p(\boldsymbol{x}_k | \mathbb{Z}_{k-1}) = \sum_{l=1}^{J} \left[\sum_{j=1}^{J} w_{k-1|k-1}^{[j]} p(\boldsymbol{x}^{[l]} | \boldsymbol{x}^{[j]}) \right] \delta(\boldsymbol{x}_k - \boldsymbol{x}^{[l]}) \tag{36.88}$$

$$p(\boldsymbol{x}_k | \mathbb{Z}_{k-1}) = \sum_{l=1}^{J} w_{k|k-1}^{[l]} \delta(\boldsymbol{x}_k - \boldsymbol{x}^{[l]}) \tag{36.89}$$

其中新的粒子权重由下式给出:

$$w_{k|k-1}^{[l]} = \sum_{j=1}^{J} w_{k-1|k-1}^{[j]} p(\boldsymbol{x}^{[l]} | \boldsymbol{x}^{[j]}) \tag{36.90}$$

理论上讲,它可以计算为 $k-1$ 时刻所有后验权重与从所有可能的先验状态进入状态1的特定转移概率的乘积之和。

更新观测量函数的推导与此类似。我们回顾之前对先验密度函数的定义[为清晰可

见,从式(36.89)开始]:

$$p(\boldsymbol{x}_k \mid \mathbb{Z}_{k-1}) = \sum_{j=1}^{J} w_{k|k-1}^{[j]} \delta(\boldsymbol{x}_k - \boldsymbol{x}^{[j]}) \qquad (36.91)$$

并代入更新后的式(36.16)得出:

$$p(\boldsymbol{x}_k \mid \mathbb{Z}_k) = \frac{p(\boldsymbol{z}_k \mid \boldsymbol{x}_k) \sum_{j=1}^{J} w_{k|k-1}^{[j]} \delta(\boldsymbol{x}_k - \boldsymbol{x}^{[j]})}{\int p(\boldsymbol{z}_k \mid \boldsymbol{x}_k) \sum_{j=1}^{J} w_{k|k-1}^{[j]} \delta(\boldsymbol{x}_k - \boldsymbol{x}^{[j]}) \mathrm{d}\boldsymbol{x}_k} \qquad (36.92)$$

它可以通过改变积分的顺序和利用$\delta(\cdot)$函数的性质来简化为

$$p(\boldsymbol{x}_k \mid \mathbb{Z}_k) = \frac{p(\boldsymbol{z}_k \mid \boldsymbol{x}_k) \sum_{j=1}^{J} w_{k|k-1}^{[j]} \delta(\boldsymbol{x}_k - \boldsymbol{x}^{[j]})}{\int p(\boldsymbol{z}_k \mid \boldsymbol{x}_k) \sum_{l=1}^{J} w_{k|k-1}^{[l]} \delta(\boldsymbol{x}_k - \boldsymbol{x}^{[l]}) \mathrm{d}\boldsymbol{x}_k} \qquad (36.93)$$

$$p(\boldsymbol{x}_k \mid \mathbb{Z}_k) = \frac{\sum_{j=1}^{J} w_{k|k-1}^{[j]} p(\boldsymbol{z}_k \mid \boldsymbol{x}_k) \delta(\boldsymbol{x}_k - \boldsymbol{x}^{[j]})}{\sum_{l=1}^{J} w_{k|k-1}^{[l]} \int p(\boldsymbol{z}_k \mid \boldsymbol{x}_k) \delta(\boldsymbol{x}_k - \boldsymbol{x}^{[l]}) \mathrm{d}\boldsymbol{x}_k} \qquad (36.94)$$

$$p(\boldsymbol{x}_k \mid \mathbb{Z}_k) = \frac{\sum_{j=1}^{J} w_{k|k-1}^{[j]} p(\boldsymbol{z}_k \mid \boldsymbol{x}^{[j]}) \delta(\boldsymbol{x}_k - \boldsymbol{x}^{[j]})}{\sum_{l=1}^{J} w_{k|k-1}^{[l]} p(\boldsymbol{z}_k \mid \boldsymbol{x}^{[l]})} \qquad (36.95)$$

最后,回顾后验密度函数的栅格粒子滤波器形式:

$$p(\boldsymbol{x}_k \mid \mathbb{Z}_k) = \sum_{j=1}^{J} w_{k|k}^{[j]} \delta(\boldsymbol{x}_k - \boldsymbol{x}^{[j]}) \qquad (36.96)$$

并代入式(36.95),得出:

$$\sum_{j=1}^{J} [w_{k|k}^{[j]}] \delta(\boldsymbol{x}_k - \boldsymbol{x}^{|j|}) = \sum_{j=1}^{J} \left[\frac{w_{k|k-1}^{[j]} p(\boldsymbol{z}_k \mid \boldsymbol{x}^{[j]})}{\sum_{l=1}^{J} w_{k|k-1}^{[l]} p(\boldsymbol{z}_k \mid \boldsymbol{x}^l)} \right] \delta(\boldsymbol{x}_k - \boldsymbol{x}^{[j]}) \qquad (36.97)$$

括号内的区域表示最终的粒子权重更新方程:

$$w_{k|k}^{[j]} = \frac{w_{k|k-1}^{[j]} p(\boldsymbol{z}_k \mid \boldsymbol{x}^{[j]})}{\sum_{l=1}^{J} w_{k|k-1}^{[l]} p(\boldsymbol{z}_k \mid \boldsymbol{x}^{[l]})} \qquad (36.98)$$

在36.3.6节中,我们将说明栅格粒子滤波器在导航领域中的一个潜在应用。

36.3.6　栅格粒子滤波器的示例应用

我们重新回到36.3.3节中给出的示例。在这种情况下,我们使用栅格粒子滤波器解决这个问题。这个过程的第一步是确定网格的组成,在这种情况下,我们需要估计两个参数:位置和速度。这两个参数都是连续的随机变量,因此我们必须对这两个参数进行量化。

对于这个例子,我们感兴趣的是厘米级的定位精度,因此我们将域划分为 5mm/s×

20mm/s 的网格。简单起见,我们构建了一个范围为±2m、速度为±0.6m/s 的网格。并基于车辆的当前估计位置和速度周期性地更新绝对网格位置。

将 MMAE 示例(36.3.3 节)中相同随机生成的轨迹和测量集用作栅格粒子滤波器的输入。表 36.1 所示的系统参数,图 36.3 所示的所得轨迹、距离观测值和相位观测值可供参考。

一次观测($t = 1s$)后的栅格粒子滤波器全局状态估计和位置概率密度函数如图 36.12 所示。在这种情况下,我们使用概率的二维数组(位置与速度)来呈现概率密度函数。我们得到的 pdf 显然是峰值的,它准确地表示了与相位观察相关解的范围。就像预期的那样,峰值的位置是波长的函数,代表整周模糊度的最可能的取值。这些峰值通过显示对整体位置密度的影响间接表明相关模糊度正确的相对可能性。在下面的每幅图中,计算的平均值用"+"表示,真实状态用"∗"表示,计算得到的 2σ 不确定度用白色椭圆表示。

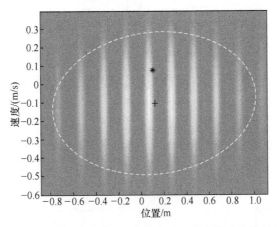

图 36.12　一次观测后的栅格粒子滤波器全局状态估计和位置密度函数
(由于此时可用的信息有限,密度函数是多峰值的。)

22 次观测后,密度显示峰数量减少(图 36.13)。这表明滤波器结合传感器观察和统计动力学模型,以有效消除许多潜在模糊度可能性。

在 100 次观测之后(图 36.14),滤波器已经收敛到单一的模糊度。

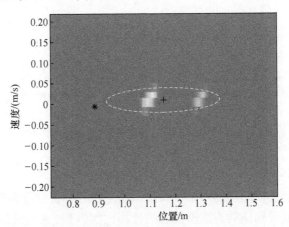

图 36.13　栅格粒子滤波器状态估计(22 次观测后)(距离观察与车辆动力学模型
相结合正在消除不太可能的整周模糊值。)

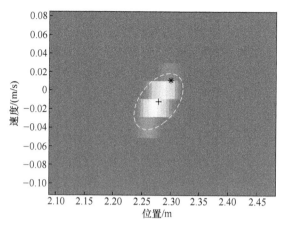

图 36.14　栅格粒子滤波器状态估计(100 次观测后)

(状态估计几乎全是单模态的,并且已经收敛到正确的整数模糊度。)

　　该模拟的全局状态估计和相关的标准偏差结果如图 36.15 所示。不确定性边界的形状清楚地显示了上文收敛过程。随着每个整周模糊度实现的可能性发生变化,总体不确定性也随之变化,最终精度收敛到厘米级。

　　在 36.3.7 节中,我们将转到最终的非线性滤波器算法,即采样粒子滤波器。

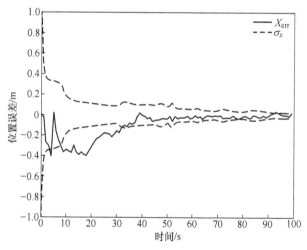

图 36.15　栅格粒子滤波器位置误差和 1σ 不确定性

(一旦有足够的信息可用于解决整周模糊度,误差不确定性就会解决。)

36.3.7　采样粒子滤波器(SIS/SIR)

　　与栅格粒子滤波器类似,采样粒子滤波器也称序贯蒙特卡罗(SMC)滤波器,它使用粒子的加权集合来表示状态概率密度函数。我们试图采用一种将计算集中状态空间的最大似然区域的方法来解决基于网格的方法所固有的计算比例问题,这是通过随机采样状态空间来完成的。

　　这种方法的主要优点是在限制所需的总体粒子数的情况下,具有更完整地对模态空间的重要区域进行采样的潜力。这与栅格粒子滤波相比是一个优势,因为随着状态维数和域的增加,栅格粒子滤波器可能需要超乎常规数量的粒子。虽然采样粒子滤波方法不是最理想的,但它们的计算优势对更大范围的应用程序更有吸引力。

我们首先介绍了蒙特卡罗积分的概念,随后将其用于推导基本的递归估计算法。

采样粒子滤波器的基本启用概念是蒙特卡罗积分的概念。给定以下形式的积分:

$$I = \int_{\Omega} g(\boldsymbol{x}) \, \mathrm{d}\boldsymbol{x} \tag{36.99}$$

式中:Ω 为 $\mathbb{R}^{n_x}$ 中具有体积的 n_x 维区域,有

$$V = \int_{\Omega} \mathrm{d}\boldsymbol{x} \tag{36.100}$$

如果 N 个独立样本均匀地从 Ω 中抽取,也就是说,$\{\boldsymbol{x}^{[1]}, \boldsymbol{x}^{[2]}, \cdots, \boldsymbol{x}^{[N]}\} \in \Omega$,那么积分可以近似为

$$I \approx I_N = V \frac{1}{N} \sum_{i=1}^{N} g(\boldsymbol{x}^{[i]}) \tag{36.101}$$

其极限逼近形式为

$$\lim_{N \to \infty} I_N = I \tag{36.102}$$

现在考虑被积函数中的函数 $g(\boldsymbol{x})$ 可以表示为乘积的情况:

$$g(\boldsymbol{x}) = f(\boldsymbol{x}) p(\boldsymbol{x}) \tag{36.103}$$

式中:$p(\boldsymbol{x})$ 为概率密度函数。因此 $p(\boldsymbol{x}) \geq 0$ 且 $\int p\boldsymbol{x}\mathrm{d}\boldsymbol{x} = 1$,如果可以根据 $p(\cdot)$ 抽取 N 个独立样本 $x^{[i]}$,则积分可以估计为变换粒子的样本均值:

$$I_N = \frac{1}{N} \sum_{i=1}^{N} f(\boldsymbol{x}^{[i]}) \tag{36.104}$$

这是一个重要的结果,因为在估计中产生的误差是无偏的,最重要的是,其正比于 N 的平方根的倒数。它表明只要从 $\boldsymbol{x}$ 的分布中正确地采样粒子,误差与状态的维数无关。这也是与栅格滤波器的一个重要区别,网格滤波器要求粒子随着状态矢量中的维数变化以几何倍数增加[6]。

然而,从任意概率密度函数进行采样并非易事。因此这推动了"重要性抽样"这一概念的进一步发展。

为了进一步讨论重要性抽样,可以方便地引入提议密度的概念。选择与 x 的真实概率密度函数相似(并提供支持),并方便地进行采样的概率密度函数为提议密度。图 36.16 给出了提议密度抽样方法的说明。

给定一个具有真实密度 $p(\boldsymbol{x})$ 的随机矢量和从提议密度 $q(\boldsymbol{x})$ 中采样的粒子,式 (36.103) 可以改写为

$$g(\boldsymbol{x}) = f(\boldsymbol{x}) \frac{p(\boldsymbol{x})}{q(\boldsymbol{x})} q(\boldsymbol{x}) \tag{36.105}$$

假设从 $q(\cdot)$ 采样的 N 个独立粒子,所得的积分估计值由式(36.106)和式(36.107)给出:

$$I = \int_{i=1}^{N} f(\boldsymbol{x}) \frac{p(\boldsymbol{x})}{q(\boldsymbol{x})} q(\boldsymbol{x}) \, \mathrm{d}\boldsymbol{x} \tag{36.106}$$

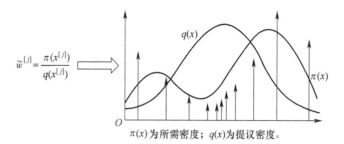

图 36.16　提议抽样说明(该例中粒子是使用提议密度 $q(x)$ 生成的,后加权可以表示所需的密度 $\boldsymbol{\pi}(\boldsymbol{x})$ 。)

$$I \approx \frac{1}{N} \sum_{i=1}^{N} f(\boldsymbol{x}^{[i]}) \frac{p(\boldsymbol{x}^{[1]})}{q(\boldsymbol{x}^{[i]})} \tag{36.107}$$

其中,真实密度和提议密度之间的比值可以表示为粒子重要性权重:

$$\widetilde{w}^{[i]} = \frac{p(\boldsymbol{x}^{[i]})}{q(\boldsymbol{x}^{[i]})} \tag{36.108}$$

将式(36.108)代入式(36.107)中得出:

$$I_N = \frac{1}{N} \sum_{i=1}^{N} g(\boldsymbol{x}^{[i]}) \widetilde{w}^{[l]} \tag{36.109}$$

最后,粒子权重的集合可以通过式(36.110)进行标准化:

$$w^{[i]} = \frac{\widetilde{w}^{[i]}}{\sum_{i=1}^{N} \widetilde{w}^{[i]}} \tag{36.110}$$

之后式(36.109)就变成:

$$I_N = \sum_{i=1}^{N} g(\boldsymbol{x}^{(i)}) w^{[i]} \tag{36.111}$$

我们将利用它来推导递归估计器。

36.3.8　序列重要性抽样递归估计

在本节中,我们利用前面提出的重要性抽样的概念,利用蒙特卡罗积分法推导递归非线性估计的基础[4],这种滤波器通常称为递归粒子滤波器。一般系统模型考虑如下:

$$\boldsymbol{x}_k = f(\boldsymbol{x}_{k-1}, \boldsymbol{w}_{k-1}) \tag{36.112}$$

$$\boldsymbol{z}_k = h(\boldsymbol{x}_k, \boldsymbol{v}_k) \tag{36.113}$$

式中: $\boldsymbol{x}_k$ 为 k 时刻的状态矢量、$f(\cdot, \cdot)$ 为 $k-1$ 时刻的过程模型函数; $\boldsymbol{w}_{k-1}$ 为过程噪声矢量, $h(\cdot, \cdot)$ 为观测函数; $\boldsymbol{v}_k$ 为 k 时刻的测量噪声矢量。假定噪声矢量是相互独立的,并且在时间上具有已知的密度函数。注意不需要高斯密度或者假设高斯密度。

假设我们从已知的后验密度 $p(\boldsymbol{x}_{k-1} \mid \mathbb{Z}_{k-1})$ 开始。如果 N 个样本是从相关的提议密度函数中抽取的,则

$$\boldsymbol{x}_{k-1 \mid k-1}^{[i]} \widetilde{q}(\boldsymbol{x}_{k-1} \mid \mathbb{Z}_{k-1}) \quad (i \in \{1, 2, \cdots, N\}) \tag{36.114}$$

归一化权重由式(36.115)给出：

$$w_{k-1\,|\,k-1}^{[i]} = \kappa \frac{p(\boldsymbol{x}_{k-1}^{[i]}\,|\,\mathbb{Z}_{k-1})}{q(\boldsymbol{x}_{k-1}^{[i]}\,|\,\mathbb{Z}_{k-1})} \tag{36.115}$$

式中：κ 为使权重的和为 1 所需的归一化因子。后验密度函数由粒子和权重的集合表示：

$$p(\boldsymbol{x}_{k-1}\,|\,\mathbb{Z}_{k-1}) = \sum_{i=1}^{N} w_{k-1\,|\,k-1}^{[i]} \delta(\boldsymbol{x} - \boldsymbol{x}_{k-1\,|\,k-1}^{[i]}) \tag{36.116}$$

也可表示为

$$p(\boldsymbol{x}_{k-1}\,|\,\mathbb{Z}_{k-1}) \leftrightarrow \{\boldsymbol{x}^{[i]}, w^{[i]}; i = 1,2,\cdots,N\}_{k-1\,|\,k-1} \tag{36.117}$$

我们的目标是通过结合统计过程模型和 k 时刻的观察值来估计 k 时刻的后验密度，$p(\boldsymbol{x}_k\,|\,\mathbb{Z}_k)$，后验密度函数可以写成：

$$p(\boldsymbol{x}_k\,|\,\mathbb{Z}_k) = \frac{p(\boldsymbol{z}_k\,|\,\boldsymbol{x}_k)p(\boldsymbol{x}_k\,|\,\boldsymbol{x}_{k-1})}{p(\boldsymbol{z}_k\,|\,\mathbb{Z}_{k-1})} p(\boldsymbol{x}_{k-1}\,|\,\mathbb{Z}_{k-1}) \tag{36.118}$$

$$p(\boldsymbol{x}_k\,|\,\mathbb{Z}_k) \propto p(\boldsymbol{z}_k\,|\,\boldsymbol{x}_k)p(\boldsymbol{x}_k\,|\,\boldsymbol{x}_{k-1}) p(\boldsymbol{x}_{k-1}\,|\,\mathbb{Z}_{k-1}) \tag{36.119}$$

假设我们的提议概率密度函数可以被分解为

$$q(\boldsymbol{x}_k\,|\,\mathbb{Z}_k) = q(\boldsymbol{x}_k\,|\,\boldsymbol{x}_{k-1},\boldsymbol{z}_k)q(\boldsymbol{x}_{k-1}\,|\,\mathbb{Z}_{k-1}) \tag{36.120}$$

则后验粒子可以按下式采样：

$$\boldsymbol{x}_k^{[j]} \widetilde{q}(\boldsymbol{x}_k\,|\,\boldsymbol{x}_{k-1}^{[j]},\boldsymbol{z}_k) \tag{36.121}$$

可以用类似于式(36.108)的方式计算时间 k 的相关粒子权重，由此得出：

$$w_k^{[j]} \propto \frac{p(\boldsymbol{x}_k^{[j]}\,|\,\mathbb{Z}_k)}{q(\boldsymbol{x}_k^{[j]}\,|\,\mathbb{Z}_k)} \tag{36.122}$$

将式(36.119)和式(36.120)代入式(36.122)中得出：

$$w_k^{[j]} \propto \frac{p(\boldsymbol{z}_k\,|\,\boldsymbol{x}_k^{[j]})p(\boldsymbol{x}_k^{[j]}\,|\,\boldsymbol{x}_{k-1}^{[j]})}{q(\boldsymbol{x}_k^{[j]}\,|\,\boldsymbol{x}_{k-1}^{[j]},\boldsymbol{z}_k)} \frac{p(\boldsymbol{x}_{k-1}^{[j]}\,|\,\mathbb{Z}_{k-1})}{q(\boldsymbol{x}_{k-1}^{[j]}\,|\,\mathbb{Z}_{k-1})} \tag{36.123}$$

注意，式(36.123)是时间 $k-1$ 时后置权重的函数；因此，式(36.123)的右边部分根据式(36.108)被替换。最终得出时间从 $k-1$ 到 k 的粒子权重更新方程：

$$w_k^{[j]} \propto \frac{p(\boldsymbol{z}_k\,|\,\boldsymbol{x}_k^{[j]})p(\boldsymbol{x}_k^{[j]}\,|\,\boldsymbol{x}_{k-1}^{[j]})}{q(\boldsymbol{x}_k^{[j]}\,|\,\boldsymbol{x}_{k-1}^{[j]},\boldsymbol{z}_k)} w_{k-1}^{[j]} \tag{36.124}$$

上式可被归一化，使权重集合的和为 1，从而将后验密度近似为

$$p(\boldsymbol{x}_k\,|\,\mathbb{Z}_k) \approx \sum_{j=1}^{N} w_k^{[j]} \delta(\boldsymbol{x}_k - \boldsymbol{x}_k^{[j]}) \tag{36.125}$$

以这种方式，可以使用递归估计框架连续预测和更新粒子位置和权重。

36.3.9 采样粒子滤波器示例

在本节中，我们将序列重要性采样粒子滤波器设计应用于之前的非线性估计示例。如上所述，来自 MMAE 示例(36.3.3 节)的相同随机生成的传输和测量集被用作滤波器的输入，表 36.1 中规定的系统参数再次作为参考，所得结果轨迹、距离观测和相位观测如图 36.3 所示。这个例子我们使用 1 万个二维粒子。最后，我们执行一个重要的重采样程序[6]

以确保有效粒子的数量始终保持在可接受范围内。

一次观测(t = 1s)后,SIS 粒子滤波器初始状态估计和位置密度函数如图 36.17 所示。在这个例子中,我们显示了粒子的位置以及使用粒子集合计算的估计平均值和 1σ 标准偏差。在图 36.17~图 36.19 中,估计的平均值用洋红色加号表示,真实状态用绿色星号表示,估计的 2σ 误差范围为虚线椭圆,每个粒子位置都用黑点表示。

22 次观测后,密度显示峰数减少(图 36.18),并且明显是多模态的。根据我们对前面示例中开发的真实密度函数的了解,这表明该滤波器结合了传感器观测值和统计动态模型,以用来有效消除一些潜在的模糊可能性。100 次观测后(图 36.19),滤波器收敛到单一模糊度。

该模拟的全局状态估计和相关的标准偏差结果如图 36.20 所示。不确定性边界的形状清楚地显示了上述收敛过程。随着每个整周模糊度实现可能性的改变,整体的不确定度也发生变化,并最终收敛到厘米级。

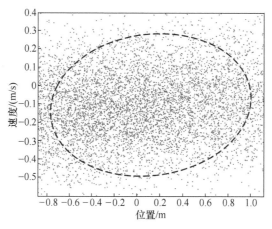

图 36.17　SIR 一次观测后粒子滤波器初始状态估计和位置密度函数
(由于此时可用的信息有限,密度函数是多峰值的。)

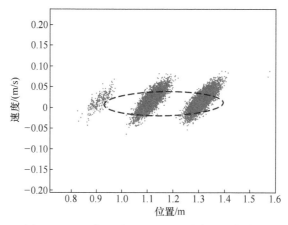

图 36.18　22 次观测后 SIR 粒子滤波器状态估计
(范围观测与车辆动力学模型相结合,消除了不太可能的整周模糊值。)

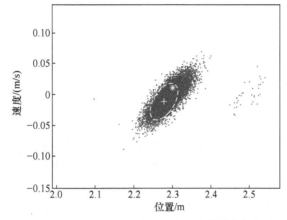

图 36.19　100 次观测后 SIR 粒子滤波器状态估计
（状态估计几乎全是单峰的,并且已经收敛到正确的整周模糊度。）

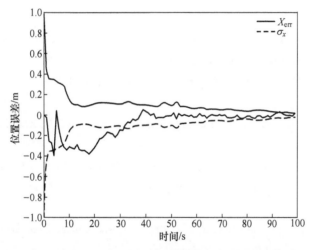

图 36.20　SIR 粒子滤波器位置误差和 1σ 不确定性
（一旦有足够的信息可用于解决整周模糊度,误差不确定性问题就会解决。）

36.3.10　方法的优缺点

在本章中,我们介绍了三类非线性递归估计算法。虽然在存在非线性和非高斯系统的情况下,每种算法都相比于线性和扩展卡尔曼滤波器提供了改进的性能,但重要的是要认识每类算法的优点和缺点。因此,我们将从传统方法开始,从优点和缺点这个角度来对每类算法进行评估。

正如预期的那样,每类方法都有与之对应的优点和缺点,所以会极大地影响给定问题的结果。因此,必须根据所给问题的特征来仔细选择估计器。如果这个问题很难归入上面的普通的分类时,有很多采用混合估计方法的例子,寻求协同综合多种类型估计器期望性质的方案。虽然探索混合滤波器方法超出了本章的范围,但感兴趣的读者可以参考资料(如文献[4-6,9-10])了解基本概念。

36.4 小结

在本章中,我们概述了适用于导航问题的非线性估计方法。从第一个原理出发,推导了三类非线性递归估计器,通过一个常见的导航示例应用证明了其性能,并对两种方法进行了比较。

传感器的广泛应用和计算资源改进的日益普及预示着多传感器导航的新时代。由于这些传感器中有许多具有非线性和非高斯误差的模型,因此科研工作者正在开发一系列递归导航算法来适应这些要求。

当在其相关限制范围内使用时,非线性估计算法在解决最困难的导航问题方面具有巨大的潜力。

参考文献

[1] Kalman, R. E. (1960) A new approach to linear filtering and prediction problems. *Transactions of the ASME-Journal of Basic Engineering*, 82 (Series D), 35-45.

[2] Maybeck, P. S. (1979) *Stochastic Models, Estimation, and Control*, Vol. I, Academic Press, Inc., Orlando, Florida 32887.

[3] Maybeck, P. S. (1979) *Stochastic Models, Estimation, and Control*, Vol II, Academic Press, Inc., Orlando, Florida 32887.

[4] Gordon, N. J., Salmond, D. J., and Smith, A. F. (1993) Novel approach to nonlinear/non-Gaussian Bayesian state estimation, *in IEE Proceedings F-Radar and Signal Processing*, vol. 140, IET, vol. 140, pp. 107-113.

[5] Doucet, A., De Freitas, N., and Gordon, N. (2001) Sequential Monte Carlo Methods in Practice. Series Statistics for Engineering and Information Science.

[6] Ristic, B., Arulampalam, S., and Gordon, N. (2004) *Beyond the Kalman Filter: Particle Filters for Tracking Applications*, Artech House.

[7] Sheldon, S. and Maybeck, P. (1990) An optimizing design strategy for multiple model adaptive estimation and control, in *Decision and Control*, 1990, *Proceedings of the 29th IEEE Conference on*, pp. 3522-3527, Vol. 6.

[8] Bar-Shalom, Y., Li, X. R., and Kirubarajan, T. (2004) *Estimation with Applications to Tracking and Navigation: Theory Algorithms and Software*, John Wiley & Sons.

[9] Doucet, A., de Freitas, N., Murphy, K., and Russell, S. (2000) Rao-Blackwellised particle filtering for dynamic Bayesian networks, in *Proceedings of the Sixteenth Conference on Uncertainty in Artificial Intelligence*, Morgan Kaufmann Publishers Inc., San Francisco, California, UAI'00, pp. 176–183. URL http://dl.acm.org/citation.cfm?id=2073946.2073968.

[10] Mustiere, F., Bolic, M., and Bouchard, M. (2006) Rao Blackwellised particle filters: Examples of applications, in *Electrical and Computer Engineering*, 2006. *CCECE '06. Canadian Conference on*, pp. 1196-

1200.

[11] Papoulis, A. and Pillai, S. U. (2002) *Probability, Random Variables and Stochastic Processes*, McGraw-Hill, New York.

第37章　室内导航技术概述

Sudeep Pasricha
科罗拉多州立大学,美国

37.1　简介

虽然 GPS 等全球导航卫星系统(GNSS)可以在室外环境实现定位和导航,但这在室内环境中不是一种有效的定位解决方案,因为 GPS 卫星信号太弱,无法穿透建筑物、障碍物或进入地下环境。因此,在购物中心、医院、机场、地铁和大学校园建筑等封闭结构内进行精确定位需要使用其他可替代的定位技术。在室内环境进行定位和导航存在独特的挑战,特别是由于各种各样的障碍物,如墙、门、家具、电子设备以及静止或移动的人,这些都增加了无线信号的多径效应,导致信号反射、衰减和噪声干扰。因此,使用无线通信信号进行精确的室内定位是一个非常复杂的问题。此外,室内场所相比于室外环境需要更高的定位精度。例如,在室外车辆导航时,4~6m 的精度是可以接受的,但在许多室内场景中这个精度不可接受,因为 4~6m 可能就是一个房间与另一个房间的差异。

室内场所定位服务有许多潜在的应用。如果知道建筑物内的居住者位置,就可以利用这些信息来优化供暖、照明和其他资源,以节省能源成本。在地震和飓风等紧急情况下,定位服务可以让紧急救援人员及时确定被困人员的位置,从而能够提高疏散、搜索和救援活动的效率。位置感知能够作为智能化工作场所的骨干,允许将呼入的电话连接到离个人最近的设备上,允许同事找到彼此,并帮助客户在陌生建筑中通过导航找到他们想去的位置。利用室内定位系统的服务还可以在业主不在场的情况下,实现敏感房间和物品的智能动态锁定,以提升居住环境的整体安全性。无处不在的位置信息已经在社交网络中发挥着核心作用,例如,通过各种智能手机应用程序可在聚会上找到朋友的位置或查找餐厅和其他室内场所,人们期望未来它发挥更大的作用。室内位置感知也是工业应用的重要组成部分,如用于机器人运动引导、机器人协作和智能工厂(例如,能够找到分散在工厂各生产设施中做了标记的维修工具及设备)。具有位置信息的货物管理系统大大提高了机场、港口和铁路交通的工作效率。

已经提出了许多不同的技术来实现室内定位和导航。因为能够对个人(必须随时携带)进行实际跟踪定位所需的关键传感器已经变得足够小和便宜,人们对室内导航系统的兴趣正在达到顶峰。一个典型的例子是惯性传感器(IMU),它是智能手机中惯性测量单元的一部分,能够帮助定位。除此之外,运动跟踪器、智能卡和各种类型的可穿戴传感器也可以在室内导航中发挥关键作用。当前的挑战是利用这些可用的传感器来实现具有可接受的鲁棒性水平来进行室内跟踪,类似于 GNSS 在室外应用的情况。

本章概述了室内定位和导航领域的最新技术发展状态。可将定位视为一个提供在特定时间内被跟踪用户或物体位置的瞬时过程。相比之下,导航可以看作一种连续定位形式,它必须随着时间的推移频繁地并定期地提供位置估计信息,以帮助用户在室内环境中导航。跟踪类似于导航,但移动对象的位置估计不是提供给用户,而是提供给对位置信息感兴趣的第三方。简明起见,在讨论与室内定位估计相关的组件和解决方案时,我们将在本章的其余部分使用术语"定位"来表示瞬时定位及连续定位(导航或跟踪)。当有必要讨论某些位置连续估计时,我们将谨慎使用术语"导航"一词。

本章其余部分的结构如下:37.2 节给出了本章其余部分使用的关键技术术语的简单参考;37.3 节讨论了需要理解的性能指标,以便对各种室内定位方法的前景进行比较和对比;37.4 节综述了可用于室内场所跟踪以进行定位的各种信号;37.5 节概述了室内定位技术的广阔前景;最后,37.6 节讨论了目前可行的室内定位方法中仍有待克服的开放研究问题与挑战。

37.2 技术术语

本节简要概述了与室内定位领域相关的一些常用技术术语[1]。

(1) 绝对位置与相对位置。在 GNSS 卫星、标记或地标获得的全球或大区域参考网格的相关信息中确定的位置称为绝对位置。相比之下,相对位置取决于本地参考系,例如,小覆盖区域内的坐标,其表示相对于本地固定参考(例如,具有已知全球坐标的固定 Wi-Fi 接入点)的位移。

(2) 锚点和移动节点。从网络的角度来看,在室内环境中作为网络一部分并具有稳定(固定)位置的节点称为锚点。在相关文献中,此类节点也称信标、定位点、接入点(AP)、基站或参考节点。通常,假设此类锚点的坐标是已知的。相反,作为网络一部分并且可以在室内环境中移动的节点称为移动节点。这些节点可以代表人、机器人或其他具有移动能力的设备(如无人机)。一般而言,需要定位系统来确定此类移动节点的(本地或全局)坐标。

(3) 集中式和分布式定位。在集中式定位架构中,位置估计是在中央服务器上进行的,所有锚点和移动节点的位置都存储在其中并供管理员使用。集中式架构的好处是部署简单,为所有用户提供统一服务,以及降低扩展成本,因为系统中的大部分智能决策都集中在服务器端,从而使移动节点和锚点成本更低,包含的组件更少。在分布式系统中,基于本地观测数据在每个移动节点和锚节点上进行位置估计。分布式架构的优点是具有良好的系统可扩展性和更好的用户隐私保证(因为敏感的位置信息没有集中存储,使其不易被泄露)。

(4) 视距(LOS)传输。当信号可以通过直线路径从发射器向接收器传播时,它被称为视距传输。一些定位技术依赖视距,例如,使用射频(RF)信号进行基于信号到达时间(TOA)的距离测量。但由于墙壁、家具和人的遮挡,大多数室内环境通常会引起非视距(NLOS)传播,这可能会导致无线电接收机的延迟时间不一致。这些延迟带来的挑战只能通过少数几种定位技术来解决。

(5) 多径环境。发射信号沿多条路径(回波)传播,导致接收机收到多条不同路径时延信号的环境称为多径环境。信号的多路径传播对于基于时间的定位方法尤其成问题(37.5.1.2 节),因为来自不同方向的信号路径会降低确定直接路径传播时间的能力。区分直接路径和非视距路径的一种方法是移动接收机或发射器。非视距路径在运动时会发生不规则变化,可对其分离和平均,而直接路径与物体的运动直接相关。因此,使用运动跟踪模型随时间平均是减轻多径的一种有效方法。另一种克服多径的方法是切换到不同的频道,或使用具有大频率带宽的无线电信号,如超宽带(UWB),这已被证明有利于缓解多径衰减[2]。

(6) 接收信号强度指示(RSSI)。基于 RSSI 值,信号衰减可用于定位期间的距离估计。RSSI 是观察到的接收信号强度(RSS)在特定采样周期内的平均值,通常指定为接收功率 P_R(以分贝为单位)。基于衰减模型

$$P_R \propto P_T \frac{G_T G_R}{4\pi d^P}$$

接收信号功率(强度) P_R 可以帮助估计移动用户或物体与发射机之间的距离 d。在该模型中,P_T 是发射机的发射功率,G_T 和 G_R 分别是发射机和接收机的天线增益,P 是路径损耗指数。路径损耗指数 P 表示随着距离 d 增加的衰减率。自由空间模型没有考虑到天线通常设置在地面以上。事实上,地面作为反射体,接收到的功率通常与自由空间是不同的。这种路径损耗模型(也称开放场模型)的数学公式,可以在文献[3]中找到具体描述。一般来说,在自由空间中 $P = 2$,然而对于具有 NLOS 的多径环境 $P > 2$。对于室内环境来说,路径损失指数一般更高,一般为 4~6。理论上,通过多边定位技术(37.5.1 节)可以使用 RSSI 值到多个锚点的大概距离来确定接收器的位置。然而,干扰、多路径传播以及障碍物和人的存在等因素会导致 RSSI 值的空间分布复杂化,这会造成单独使用 RSSI 估计距离结果不准确。因此,相较于传播模型(37.5.2 节),指纹定位法更常用。

37.3 性能指标

室内定位解决方案如果想要成为适合室内环境使用的可行候选方案,则需要满足几个目标。因此介绍一些室内定位解决方案必须满足的性能指标[4]。

(1) 精度:定位系统的定位误差是判断一个定位系统有效性的最重要指标之一。在最简单的情况下,定位精度可表示为被追踪对象估计位置和真实位置的误差距离。对于导航系统,定位精度的形式可以是有效时间段内误差的平均值,或是通过几何原理来计算误差,用于估计预测轨迹与真实轨迹预测的偏差。通常情况下,精度越高,系统就越好,但是,在考虑精度的同时也需要权衡其他性能指标。因此,对于下文描述的性能指标和精度之间的适当权衡是十分重要的。

(2) 及时性:定位系统的及时性或响应性决定了获得目标位置估计的速度。对于简单的室内定位请求,大多数情况下定位请求的快速响应是十分重要的,但并不是迫切的。然而,对于导航系统,及时性是衡量效率的关键标准:如果位置估计不与被跟踪对象的运动轨迹同步快速更新,则系统无法用于导航(无论估计的最终准确性如何)。通常情况下,"位置滞后"这一技术术语用于描述移动对象移动到新位置与系统报告该对象的新位置之间的

延迟。

（3）覆盖范围：任何室内定位的解决方案必须在要求的整个室内环境中可用。覆盖范围定义了定位解决方案可以提供足够精度和及时性估计值的区域。物理环境（如障碍物、墙壁、门）在限制给定定位技术可用信号方面起着至关重要的作用，从而影响该技术对该环境可实现的覆盖范围。直观地说，可以通过改变物理环境或使用额外硬件（如无线信号中继器）来扩大覆盖范围。还可以，通过增强用户或被跟踪对象携带的硬件来提高覆盖范围，例如，使用功能更强的无线电天线和芯片组的移动设备。

（4）环境适应性：通常，被追踪物体周围的物理环境不会随着时间的推移而保持不变。例如，在一天的不同时间或者一周中的几天，商场的人数差异非常大。在一些环境里，机器、货物、集装箱和其他设备可能会不断地更换位置。有时，一些无线发射器的信号会被暂时屏蔽，或者某些发射机可能由于不可预测的情况而停止工作。这些变化对于任何依赖这些信号的室内定位解决方案都是一个挑战。解决方案应对这些环境变化的能力代表了该方案的适应能力或鲁棒性。显然，能够适应环境变化的解决方案相比于不能适应环境变化的解决方案能够提供更高的定位精度。自适应系统还可以避免重复地对定位传感器进行校准。

（5）可扩展性：在系统层面，定位解决方案可能需要同时处理多个定位请求。例如，部署在购物中心的系统需要处理从几个人增加至上千人的位置查询。在许多室内环境中，扩展和快速响应多个位置查询的能力至关重要。较差的可扩展性会导致较差的定位性能，需要重构或者加倍部署系统，这会增加部署设备时产生的成本。

（6）完好性：定位解输出的置信度可以称为完好性。具有低完好性的解很可能发生故障，导致估计位置与要求位置的差异超过可接受的量值，并且在指定的时间段内不会通知用户有关故障的信息。虽然监管机构已经研究并定义了某些行业（如民用航空）的完好性性能参数，但对于室内定位而言，很难找到量化的完好性参数。然而，室内定位解决方案必须提供一些与生命安全、经济因素或便利因素相关的完好性参数的指标；从而让使用该解决方案的消费者能够了解其在不同使用场景下的限制和功能。

（7）成本：室内定位系统的相关成本必须尽可能低，以激励系统的广泛使用并减少系统装置部署成本。这些成本可能包括在部署期间安装定位解特定的硬件和现场调查时间。如果定位系统可以重复使用现有的通信基础设施（例如，已经部署在建筑物中的Wi-Fi接入点），则可以节省部分基础设施、设备和带宽成本。除了基础设施之外，还可以节省与被跟踪对象携带的移动设备相关的成本。例如，此类成本可能代表智能手机和任何外部连接硬件传感器的成本。然而，成本也可以通过考虑其他方面来计算，如寿命、质量和能源消耗。一些移动设备，如电子商品防盗（EAS）标签和无源射频识别（RFID）标签，是能量无源的（它们只响应外部场），因此可以有无限地使用寿命；然而，其他移动设备（如带有可充电电池的智能手机）在不充电的情况下寿命有限，只有几个小时。

（8）复杂性：室内定位方案需要具有不同复杂性的软硬件组件。方案不同则与其相关的信号处理软件和硬件的复杂也不同。虽然一些技术可能涉及非常简单的硬件（如惯性传感器）和软件（如实现简单的滤波技术），但其他技术可能需要更复杂的定制硬件（如用于专门的数字信号处理）和复杂的软件（如复杂的机器学习技术）。另外，如果在中央服务器上进行定位算法的计算，由于中央服务器具备强大的处理能力和充足的电源供应，因此可以实现快速估计定位；然而，定位算法如果在移动设备上进行，复杂性的影响会更加明显。复杂性会不可避免地影响解决方案的成本,因此通常的做法是在复杂性与其他(非成本)指标之间进行权衡。

37.4 室内定位信号分类

GPS是当今使用的最广泛的基于无线信号的定位系统,并且在室外环境中非常有用[5]。GPS卫星广播无线信号,使地球表面或地球表面附近的GPS接收器能够确定位置、速度和时间。GPS系统由美国国防部(DoD)运营,供军方和社会使用。但由于无线电信号的传播和衰减障碍[6],因此GPS信号无法穿透进入室内环境中。幸运的是,室内环境中还有许多其他信号可用于室内定位解决方案。本节综述了一些可用于室内定位的相关信号。图37.1展示了本节其余部分更详细介绍的室内定位信号分类。

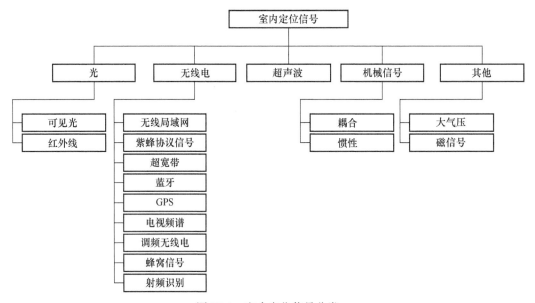

图 37.1　室内定位信号分类

37.4.1　红外辐射和可见光

波长在380~750nm的电磁辐射称为可见光,在其下部或上部附近的电磁辐射称为紫外线(UV)和红外线(IR),将它们的无线定位技术应用在室内定位系统是常见的。

可见光定位系统通常使用通用相机,特别用于机器人的室内定位。令机器人携带相机来捕捉环境的图像,然后对图像进行处理以推断机器人相对于环境的位置是可见光定位系统的一种常见使用方法[7]。其他方法是在整个环境的固定位置部署摄像头,如果被跟踪对象的显著特征出现在摄像头视野中,则可以根据摄像头的固定位置来计算对象的位置[8]。但关键的挑战是当主要观测信息都是来自二维图像传感器时,如何估计物体在三维世界中的位置。深度信息可以通过利用相机的运动来获得。在这种称为合成立体视觉的方法中,场景是由同一台摄像机(或多个固定的协调摄像机)从不同位置按顺序观察的,并且可以通过类似于立体视觉方法的方式估计图像深度,或者可以使用附加传感器直接测量距离,例如,使用激光扫描仪或距离成像相机。后者以特定的帧速率返回图像的每个像素的距离值。

所有基于可见光的定位方法都需要进行相应的图像处理,但这不仅非常耗时,而且在某些动态环境中很容易出错,例如光照变化等动态环境[8]。对于基于激光的解决方案,只能使用 1 类激光设备,IEC 60825-1 标准将其归类为"人眼安全"[9]。此类定位方法的另一个挑战是由环境的动态元素(如移动的物体或人)的遮挡引起的。减少遮挡影响的一种方法是部署具有重叠覆盖区域的传感器[8]。然而,诸如购物中心等公共室内区域通常人口稠密,即使在天花板上安装传感器也经常出现遮挡情况。

基于 IR 的定位系统也非常流行,它依赖发射器和接收器之间的 LOS 通信模式。例如,文献[10]介绍了一个基于 IR 的博物馆定位系统,此系统在每个房间的门框上方安装 IR 发射器。每个发射器使用红外数据关联协议(IrDA)传输一个唯一 ID。访客携带带有红外端口的个人数字终端(PDA)。PDA 包含展品的视觉和文本信息的数据库以及博物馆地图。收到新的 ID 后,PDA 会自动显示相应展厅的地图。使用基于 IR 的系统设备的主要优点是它们体积小、重量轻、易于携带。然而,基于 IR 的室内定位系统在位置估计方面也存在一些限制,例如它容易受到来自荧光灯、阳光以及噪声和反射的干扰[11]。

值得一提的是当使用基于成像的定位解决方案时,可能会出现非常重要的隐私问题。典型的解决方案中需要捕捉环境图像,因此可以揭示有关佩戴该系统的人或旁观者的重要信息,例如医院环境中附近的患者和卫生保健人员。这一问题尤其具有挑战性,因为需要某些设施(如用于医疗保健的设施)来保护人员、患者和客户的隐私。如果基于图像处理的移动定位设备需要将获得的图像发送到有强大计算能力的中央服务器进行图像处理,那么由于通过网络传输图像时其机密性面临很大的风险[12],这一情况就会变得更加复杂。

37.4.2　RF 信号

无线电技术[13]常用于定位系统,因为无线电波可以轻松穿透建筑物墙壁和人体等障碍物。此外与其他技术相比,它们还能够实现更大的覆盖区域。此种定位解决方案通过测量由发射机辐射并由移动用户携带设备接收的电磁波的一个或多个特性来估计移动用户在环境中的位置。这些属性通常由信号传播的距离和周围环境的特征决定。无线电定位系统可以根据所使用的底层硬件技术和网络类型归类为:①个人局域网;②广播广域网。

37.4.2.1　个人局域网

个人局域网包括 IEEE 802.11(WLAN)、蓝牙、紫蜂(Zigbee)、超宽带(UWB)和 RFID 等技术。

为用户提供 Wi-Fi 互联网服务的 WLAN 接入点在室内环境中无处不在,每个 Wi-Fi 接入点可为 50~100m 范围内的用户提供服务。因此,Wi-Fi 信号代表了室内环境中一些最广泛可用的 RF 信号。大多数基于三角测量和指纹特征的室内定位技术(37.5 节)都是利用 Wi-Fi 信号。802.11 Wi-Fi 系列包含多个标准。802.11b 标准和 802.11g 标准使用 2.4 GHz 工业、科学和医疗无线电(ISM)电频段,并采用直接序列扩频(DSSS)和正交频分复用(OFDM)方法来限制来自微波炉、无线电话和蓝牙设备的偶然干扰。802.11a 标准使用 5 GHz U-NII 频带,该频带在世界大部分地区至少提供 23 个非重叠信道,而不是像 2.4GHz ISM 频带仅提供 3 个非重叠信道而其他相邻信道相互重叠。802.11n 标准允许使用 2.4GHz

或 5GHz 频段,而 802.11ac 标准仅使用 5GHz 频段。需要注意的是,802.11 标准使用的 RF 频谱段因国家或地区而异,在不同国家或地区部署使用 WLAN 信号的室内定位解决方案时可能需要进行调整。

蓝牙是无线个人区域网(WPAN)的无线标准,用于短距离交换数据(使用 2.400~2.485GHz ISM 频段中的短波长无线电波)。当今市场上几乎所有支持 Wi-Fi 的移动设备(如智能手机、平板电脑、笔记本)都具有嵌入式蓝牙模块。蓝牙的覆盖范围比 Wi-Fi 小(通常为 10~20m)。蓝牙低功耗(BLE;蓝牙 4.0)传播模型相比于 Wi-Fi 更好地将 RSSI 与服务区间联系起来,这表明 BLE 在用于定位场景时可以更准确[14]。然而,Wi-Fi 的覆盖范围比 BLE 广泛得多,因此对于相同的覆盖区域,基于 BLE 的定位解决方案将需要比 Wi-Fi 接入点更多的锚点或信标。

Zigbee 是另一种基于 IEEE 802.15.4 规范的短距离无线电技术,主要针对需要低功耗但不需要庞大的数据吞吐量的应用而设计。它在全球公开通用的 2.4GHz ISM 频段中运行,也可在中国为 784MHz、欧洲为 868MHz、美国和澳大利亚为 915 MHz 的公开频段中运行。Zigbee 的实现通常比蓝牙更经济、更节能,并且覆盖范围更广(约 100m)。但是,在移动设备中 Zigbee 不如蓝牙常见。此外,Zigbee 可实现的数据速率从 20kb/s(868MHz 频段)到 250kb/s(2.4GHz 频段)不等,这远低于蓝牙可实现的数据速率(1~25Mb/s)。

RFID 系统通常由一个或多个阅读器组成,这些设备可以通过无线的方式获取存在于环境中标签的 ID。当阅读器发送 RF 信号时,环境中的 RFID 标签会反射该信号,通过添加唯一的识别码对其进行调制[15]。标签可以是有源的,即由电池供电,也可以是无源的,从传入的无线电信号中获取能量。因此,与有源标签相比,无源标签的检测范围更有限。RFID 技术广泛应用于使用 LOS 技术困难甚至无法使用的一些应用领域,如汽车装配行业、仓库管理系统和整个供应链网络中的跟踪[16]。无源 RFID 系统通常使用 4 个频段:LF(125kHz)、HF(13.56MHz)、UHF(433、868~915MHz)和微波频率(2.45GHz、5.8GHz)。有源 RFID 系统除了低频和高频范围以外,使用与无源 RFID 相似的频率范围。

UWB 无线电技术专为短距离、高带宽通信设计,具有理想的强抗多径特性。与 Wi-Fi 等在定义频段(如 2.4GHz 或 5GHz 频段)内发射窄带无线信号的技术不同,UWB 将其传输分散在几千兆赫的频谱范围内(在美国是受 FCC 限制的 3.1~10.6GHz;在欧洲是受 ECC 限制的 6.0~8.5GHz)使用短脉冲(通常小于 1ns)。UWB 波通常相比于窄带操作占用更大的频率带宽(大于 500MHz)。由于采用频谱散射的通信方式,在理论上 UWB 不易受到干扰。UWB 短时脉冲很容易滤波,以确定哪些信号是正确的、哪些是由多径产生的。UWB 信号也很容易穿过墙壁、设备和衣服,但金属和液体材料仍然会对 UWB 信号造成干扰。与其他技术相比,使用 UWB 进行距离测量的一个主要优势是频域的超带宽在时间和距离上体现为更高的分辨率。

37.4.2.2　广播广域网

广播广域网包括为定位目的而设计的网络,例如 GPS,以及最初不用于定位目的的广播网络,如电视广播信号[17]、蜂窝电话网络[18]和 FM 无线电信号[19]。

由于数字电视广播网络的信号特性和几何布局设计时就考虑了其无线信号需要穿透室内的场景,因此与基于 GPS 的解决方案相比,它们可提供的室内覆盖范围要大得多。例如,文献[17]中建议使用高级电视信号委员会(ATSC)标准中已经存在的同步信号,用兼容的数字电视信号来执行室内定位[17]。数字电视的发射器与 GPS 时间同步,允许数据带有时间戳,这对于使用 TOA 技术(37.5.1.2 节)的距离估计非常有用。数字电视信号还具有 5～8MHz 的带宽,理论上有利于减少多径抑制。然而,稀疏的地面发射器会导致直接信号处于地平线附近的低仰角区域。因此,只有二维定位是可行的,同时直接信号通常被阻塞会导致严重的多径效应。

类似于数字电视网络,蜂窝网络比 Wi-Fi 信号范围更广,也像 Wi-Fi 一样可用于室内定位。根据联邦通信委员会的 Enhanced-911(E-911)要求,定位信息应作为蜂窝网络标准的一部分。E-911 指令要求 67% 紧急呼叫的移动电话定位精度在 50m 以内。在 GPS 信号的帮助下,这种精度通常是可以实现的。但是对于室内环境 50m 的精度是不够的。因此,2G/GSM、3G UMTS、4G LTE 和新兴标准等蜂窝网络必须与其他技术结合使用,以便在室内环境中实现更高的定位精度。

FM 广播是另一种可以使用的方法,它利用频分多址(FDMA)将无线频段分成多个独立的频道以供电台使用。不同地区的 FM 频段范围和频道间隔距离有所不同,但 FM 信号的普遍性使其能够用于室内定位。一般情况下,工作在 87.5～108.0MHz 频段中的无线电波是 FM 频谱的一部分。由于客户端设备的无源特性,FM 可在出于安全或保密原因禁止使用其他射频技术的敏感领域使用。但 FM 信号缺乏时序信息,这限制了其在某些定位技术中的使用(例如,37.5.1.2 节中讨论的基于时间的三边测量技术)。

37.4.2.3　挑战

一般来说,RF 信号在室内环境中的传播面临以下几个挑战。室内环境中的某些材料会影响 RF 波的传播,例如木材或混凝土等材料会衰减 RF 信号,而金属或水等材料则会导致射频波的反射、散射和衍射。这些影响会导致多径无线电波传播,从而妨碍室内环境中发射器和接收器之间距离的计算准确度。RF 波的传播还受到室内物理环境变化的影响(如人员移动、家具重新布置、结构更改)。在这些容易变化的环境中,RF 信号的属性是高度动态变化的,如果不考虑这些动态变化,在某个时间点捕获的无线电地图无法可靠地用于定位[12]。此外,虽然一些解决方案在确定的无线电频段内运行[18],但大多数解决方案使用了开放频段。这意味着使用开放频段的解决方案必须考虑到由于与其他系统共享相同无线电频段而增加的干扰风险。根据医疗仪器促进协会(AAMI)[20]和其他标准或监管机构提出的建议,在某些情况下,例如在大多数医疗机构的关键区域,无线电发射设备的使用将受到限制。这些因素限制了基于非广播无线电波的定位系统的部署。

37.4.3　超声波

声波是通过固体、液体或气体介质传输的机械振动。振动产生低于人类听觉阈值的声波称为次声波,振动产生高于人类听觉阈值的声波称为超声。一些室内定位解决方案建议使用超声波测距仪和声呐[21]。两个设备之间的相对距离可以通过发射器到接收器的超声脉冲的 TOA 测量(37.5.1.2 节)来估计,因此接收器收到的超声信号可用于估计发射器标签的位置。与其他射频信号技术相比,典型的超声系统工作在低频段。与无线电波相比,由于空气传播的声信道的特定衰减曲线,超声 TOA 定位范围为 10m 或更小。由于径向强度衰减和吸收,距离加倍则会导致信号声压衰减 6dB,这在 3D 空间中表现为与距离二次方成反比的衰减关系。通常,超声波信号无法穿透墙壁,并且会被大多数室内障碍物(家具、人)

反射,从而产生回声,导致定位不准确。并且较高的环境噪声等级也会妨碍对声波信号的准确检测;环境中存在多个声波发射器引起的共模干扰也会导致错误。空气中声速的变化是另一个挑战:例如,目前已知的温度变化会影响空气中的声速[22]。因此,基于声波的定位系统不能用于温度变化频繁且剧烈的环境中。

37.4.4 惯性和机械运动

当移动物体的机械运动产生能量时,就可以测量该能量并将其用于室内环境中的定位。例如,文献[23]提出了一种"智能地板",其金属板装有称重传感器,在移动人员和称重传感器之间进行机械耦合。金属板放在地板上,通过称重传感器收集信号并处理,以识别是否有人经过以及他们所走的路径。利用机械能进行定位更常见的是使用加速度计(用于测量加速度)和陀螺仪(用于测量角旋转)。这种"惯性"传感器是智能手机中常见的惯性传感器(IMU)组成部分,可用于估计移动的人或物体的运动轨迹,这种"惯性"传感器有助于手机在室内环境中的定位[24]。此类传感器对于估计运动中的人的步幅长度和步数以及确定他们随时间推移的位移非常有用。使用惯性传感器进行定位的技术通常称为"航位推算"技术,因为依靠传感器提供的信息估计在任何给定时刻被跟踪物体的绝对位置或方向都依赖先前的测量信息。使用惯性测量进行定位需要注意的是,由于传感器电路中存在热变化、校准问题和固有噪声,惯性传感器容易发生漂移[25]。

37.4.5 其他信号

还有一些其他信号可以辅助室内定位。可以使用气压、高度、压力传感器捕获大气压力,并用于估计要跟踪的人或物体的高度。由(数字)罗盘捕获的磁读数也可用于航向(方向)估计。当今大多数的 IMU 包括用于测量磁场的强度和方向的 3 个垂直磁力计传感器、用于运动估计的传统 3 轴加速度计传感器和用于测量角旋转的 3 轴陀螺仪传感器。然而,当靠近金属结构或无线电波发射设备时,杂散的电磁场干扰会影响磁力计传感器的读数。

一般来说,当与其他更稳健和全面的定位信号(如航位推算或基于无线电信号的定位)结合使用时,上述信号有助于提高室内定位的精度。

37.5 室内定位技术

确定了室内定位常用的信号后,我们现在对迄今为止提出的和评估的各种室内定位技术进行综述。本节中根据使用的测量原理对这些技术进行分类:三角测量、指纹匹配、邻近度法、航位推算、地图匹配和综合定位技术。通常对于这些不同类型的技术,主要有两种部署方法:①开发自定义信号体制和网络基础设施;②重复使用现有的网络基础设施(例如,建筑物中已有的 Wi-Fi 接入点)。第一种方法可以控制物理层规范,从而控制位置感测结果的质量;而第二种方法的成本要低得多,因为它避免了昂贵且耗时的基础设施部署[26]。

37.5.1 三角测量

三角测量是基于无线电信号的一种方法,其使用三角形的几何特性来确定位置。三角测量方法大致分为两种:基于角度的测量和基于边的测量[27]。基于角度的测量方法通过计算对象相对于多个固定参考点的角度来定位对象。相比之下,基于边的测量方法通过测量物体与多个参考点之间的距离来估计对象的位置(每当使用两个或更多参考点时,通常使用"多点定位"这一专业术语描述)。作为直接使用距离定位的改进方法,还可以用 RSS、TOA 或信号到达时间差(TDOA)。在这些方法中,距离是通过计算信号强度的衰减或通过将无线电信号传播速度和信号传播时间相乘得出的。有的方法还使用信号往返时间(RToF)或接收信号相位进行距离估计。本节的其余部分描述了基于三角测量的室内定位方法。

37.5.1.1　基于角度的方法

信号到达角度(AOA)技术通过分析从基站或信标站到移动目标的角度所形成的方向连线的交点。图 37.2 显示了 AOA 方法如何使用至少两个已知参考点(A,B)和两个测量角度(θ_1,θ_2)来推导出目标点 P 的二维位置。AOA 的实际估计可以通过定向天线或天线阵列来完成。在文献[28]中,到达多个传感器的 UWB 脉冲之间的 AOA 已用于实时三维位置定位。AOA 方法的优点是对于位置估计,AOA 可以仅使用 3 个测量单元进行三维定位或仅使用两个测量单元进行二维定位,并且测量单元之间不需要时间同步[29]。其缺点主要是由于需要庞大而复杂的硬件(例如,Quuppa 的 HAIP 系统[30]使用 AOA 进行室内定位,但需要一个特定的硬件设备,包括 16 个阵列天线和一个作为附近锚点的发射器与用于定位的特殊标签),因此当移动对象远离测量单元时定位估计存在性能退化的现象[31]。为了实现精确定位需要准备测量相对角度,但由于信号遮挡来自误导方向的多径反射或测量孔径的指向性所带来的限制,这对于无线信号来说具有挑战性[32]。

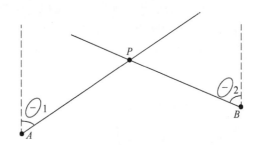

图 37.2　基于信号到达角度(AOA)测量的定位[27]
(经 IEEE 许可转载。)

基于 AOA 的方法已用于一些基于光观测解决方案。PIXEL[33]是一种室内定位解决方案,它使用 AOA 方法来确定移动设备的位置和方向。该系统由信标组成,这些信标通过可见光通信定期发送其自身标识,由移动设备捕获,然后进行基于 AOA 的后处理。Luxapose[34]也使用可见光并采用 AOA 技术进行室内定位。文献[35]提出了一种基于被动热红外传感器的 AOA 定位解决方案,以检测人体皮肤的热辐射。该系统具有一定的局限性,因为它使用自然红外辐射,没有任何主动红外信号发射器。与红外线摄像机相比,该方法使用了热电传感器(一系列基于热电偶的温度传感器元件)。分辨率较低热电传感器多个热电传感器被放置在房间的角落,进行相对于辐射源的角度测量然后使用来自多个热电传感器阵列的三角测量,通过 AOA 原理粗略估计人员的位置。但是,在将该方法用于实际环境之前,需要仔细考虑动态背景辐射的影响。

文献[36]提出了一种与 AOA 略有不同的技术,该技术也利用了角度信息[36]。该系统使用了由主动红外光源和光学偏振滤光片组成的固定信标,该偏振滤光片仅允许沿单个平面振荡的光通过。移动接收器由光电检测器和旋转偏振器组成,旋转偏振器可根据旋转水平角使信号强度衰减。然后将时变信号的相位转换为偏振光的偏振角度,该方案可以以2%(或几度)的精度估计绝对方位角。

37.5.1.2　基于时间的方法

基于 TOA 的定位解决方案采用从移动对象 P 发送的信号到至少 3 个接收信标的到达时间同步这一理论进行距离信息测量,如图 37.3 所示。其基本思想是移动对象到信标的距离与传播时间成正比。移动对象和信标之间的距离是根据单向传播时间测量值计算的[37]。相关人员已经提出了几种使用 DSSS[38]或 UWB[39-40]进行此类测量的方法。通常,短脉冲 UWB 波形支持从发射器到接收器突发传输的精确 TOA 和准确返回时间,这已用于基于 UWB 的室内定位解决方案,可以实现非常高的室内定位精度(在某些情况下误差低至20cm)[41-42]。但是 TOA 系统需要特别注意系统中的所有发射器和接收器精确同步这一问题。此外,发射信号必须向接收器发送时间戳,以识别信号行进的距离。Active Bat 定位系统[43]使用超声波信号和 TOA 三角测量来测量人员携带的标签位置。标签周期性地广播一个短脉冲超声波,由安装在天花板的固定位置接收器矩阵接收。标签和接收器之间的距离可以通过超声波的 TOA 来测量。Hexamite 系统[44]也使用了基于超声信号的 TOA 三角测量定位。文献[45]中引入了混合 TOA/AOA 方法,通过利用从 AOA 和 TOA 测量的信息,可以减少所需的信标(锚点)数量。在文献[46]中,提出了另一种联合定位方法,如果只有一个 Wi-Fi AP 可用,则使用联合 AOA/TOA 方案进行定位;但是,如果有更多 AP 可用,则使用基于多消息的 AOA 方案来获得更准确的定位。这种设计的目的在于,即使在附近的锚点(Wi-Fi AP)数量有限的情况下也能提供准确的定位。

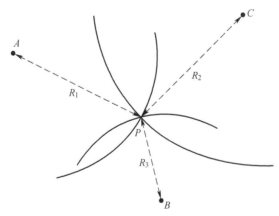

图 37.3　基于 TOA/RTOF 测量的定位[27](经 IEEE 许可转载。)

TDOA 技术通过分析信号到达多个测量单元的时间差,而不是 TOA 的绝对到达时间来确定移动发射机的相对位置。二维目标位置可以由两个或多个 TDOA 测量的两个交点估计,如图 37.4 所示,从 3 个固定测量单元(A、B、C)的 TDOA 测量形成 2 条双曲线方程来解算交点并对目标 P 进行定位。获得 TDOA 估计的传统方法是使用相关技术,例如通过一对测量单元处接收信号之间的互相关。在 TDOA 中,不同的接收节点接收一个未知起始时间的传输时,只各接收器需要时间同步即可[47]。TDOA 不需要同步的传输时间源来解析时间戳和定位。文献[38]中针对 Wi-Fi 信号提出了一种基于延迟测量的 TDOA 估计方法,它消除了传统方法对初始同步的要求。到达多个传感器的 UWB 脉冲之间的 TDOA 已用于高精度实时三维位置定位[28]。文献[48]提出了基于 Wi-Fi 的 TDOA 用于室内定位估计。该方法需要在 3 个或更多不同的点接收相同的无线电信号,锚点计时非常精确(到几纳秒),并使用 TDOA 算法进行处理以确定位置。文献[49]提出了一种侧重低功耗的具有专用 RF 信号(来自 2.4GHz 频段)的 TDOA 系统。该方法使用专用标准协议(ANSI371.1)来对低功耗扩频定位进行优化,其工作原理是从标签传输到接收器网络的信号进行计时来获取时间差。

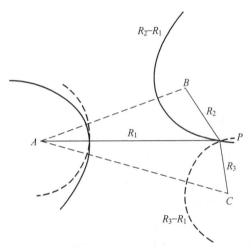

图 37.4　基于到达时间差(TDOA)的定位[27]
(经 IEEE 许可转载。)

来回飞行时间(RToF)技术测量从发射器到测量单元并返回的信号传输时间。TOA 技术通过使用 2 个不同测量节点中的 2 个本地时钟来计算延迟,而 RToF 技术仅使用 1 个节点来记录传输和到达时间。因此,RToF 技术比其他基于时间的方法更不容易受到同步问题的影响。文献[9]中提出了一种测量 Wi-Fi 数据包 RToF 的算法,结果表明测量误差仅为几米。TOA 的定位算法通常可以直接应用于 RToF 技术。一般情况下,移动对象响应来自测量单元的接收信号,并且这些测量单元计算 RToF;然而,测量单元很难知道移动对象的处理或响应延迟精确时间。另外,当跟踪多个快速移动的对象时,测量节点可能会过载。3D-ID 系统[50]在定位期间使用 RToF 进行距离估计。在所提出的方法中,每当移动标签接收到广播时,标签立即以不同的频率转播它,并通过标签的 ID 进行调制。单元控制器循环通过天线收集标签的一组范围。通过使用 40MHz 信号,该系统可实现 30m 范围、1m 精度和 5s 位置更新率的定位。

需要注意的是,雷达(无线电检测和测距)系统利用基于时间的方法(如上面讨论的方法)来定位对象。雷达的最初设计原理是测量天线发射的无线电脉冲从远处的无源目标反射回来的传播时间和方向。如果物体将部分波能量返回到天线,雷达则可以测量经过时间

(即 RToF)以估计距离及入射角(通过使用定向天线)。雷达的原始概念只涉及一个同时具有发射机和接收机的站,并且假定被动目标反射射频信号。但在这样的系统中,大部分信号能量会因反射而耗散并且不能使用定向天线。因此,雷达的概念已经扩展到包括不止一个有源发射机(二次雷达)。雷达脉冲的单向传播时间不是被动反射,而是由 TOA 测量,然后主动返回。调频连续波(FMCW)雷达是一种短距离定位技术,其中发射机频率随时间线性增加[1]。返回的回波以恒定偏移量被接收,该偏移量与行进距离有关。FMCW 的一个优点是它可以消除多普勒效应。而多普勒运动,引入了频率偏移,这种偏移通过差分进行抵消。大多数 FMCW 雷达是利用了移动发射机和多个固定转发器之间的基于 RTOF 的距离估计的多点定位。转发器在公共的 ISM 频段(5.725~5.875GHz)中广播无线电信号,该信号被每个发射器接收、处理并无时延地回传给转发器。返回的回波用相应的应答器标识进行编码,以允许发射器区分每个应答器的响应回波。文献[51]中提出了一种基于 FMCW 雷达的定位系统,该系统由多个固定基站和一个工作在 5.8GHz 的轻型移动转发器组成。基于在 LOS 条件下测量的厘米级精度 TDoA 范围,表明可实现 500m 范围内 10cm 的定位精度。

37.5.1.3 基于信号属性的方法

前面讨论的基于三角测量的定位技术使用时间或角度信息计算得到移动对象的距离。但是在发射机和接收机之间没有 LOS 信道的情况下,两种方法(时间和角度)的潜在机制都会受到多径效应的影响,从而降低位置估计的精度。

测量移动对象到一些参考测量节点距离的另一种方法是采用发射(无线电)信号强度的衰减特性进行测距。理论和经验模型通常用于将传输信号强度和 RSS 之间的差值转换为距离估计。这样的 RSSI 是最广泛使用的信号相关特征[52]。通常情况下,RSSI 的测量估计是非线性的,且严重依赖环境。室内定位领域中,有几种方法是利用 RSSI 和 Wi-Fi 技术进行室内定位的。由于对此类技术中至关重要的路径损耗模型也受到多径衰减和遮挡效应的影响[27],因此这些模型通常需要使用特定室内站点的模型参数。现在已经有一些方法来提高这种情况下的准确性。例如,文献[53]中使用以接收器为中心的预先测量的 RSSI 等高线来提高蜂窝网络信号的定位精度,文献[54]中采用模糊逻辑算法来改进基于 Wi-Fi RSSI 的定位。在文献[55-56]中,使用蓝牙 RSS 来估计距离,然后应用扩展卡尔曼滤波器(FKF)算法获得三维位置估计。

还有一种估计距离的方法是使用信号相位(或相位差)特性[57]。例如,假设所有发射站都发出相同频率、零相位偏移的正弦信号;然后接收机可以测量发射站发送信号之间的相位差,它是关于接收机位置相对于各台站位置的函数。可以将信号相位方法与 TOA/TDOA 或 RSSI 技术一起使用来提高位置定位精度。然而,信号相位方法容易受到非视线(NLOS)路径上的干扰,从而引入测量误差。

37.5.2 指纹匹配

指纹匹配技术指的是通过将实时信号测量值与信号的独特位置"签名"(如 Wi-Fi RSSI)相匹配来随时估计人或物体位置的算法。通常,指纹匹配定位可以通过分析或根据经验进行。

例如,基于 RSSI 的指纹特征分析识别涉及使用传播模型(如径向对称自由空间路径损耗模型),通过利用 RSSI 随距离的衰减来推导辐射源和接收机之间的距离。然而由于室内建筑结构的遮挡、反射、折射和吸收,信号不会随距离的增加而衰减,从而导致这种简单的模型很少适用于室内环境。因此,也有人提出了其他模型,例如室内路径损耗模型[58]和优势路径模型[59],这些模型只考虑最强信号传播路径,不一定与直接视线路径相同。

由于难以对不可预测的多径效应进行分析建模,基于经验的指纹匹配定位算法更常用于各种室内定位技术。这种基于经验的指纹匹配定位算法通常涉及两个阶段:离线(校准)阶段和在线(运行)阶段。离线阶段涉及在室内环境中进行现场测量,以收集每个位置特定信号的位置坐标、地标、标签和强度(或其他特征)。这种现场勘察过程费时费力。然而,与基于分析的指纹匹配相比,这种测量可以更容易地解释静态多径效应(例如,不同数量的移动人员这种动态效应仍然存在问题,并且可能导致同一位置信号特征变化)。一些公共 Wi-Fi 接入点(以及蜂窝网络 ID)数据库随时可用[60-63],这可以在一定程度上减少基于经验的指纹室内定位算法的测量成本;然而,建筑内部指纹特征数据的数量分辨率有限这一问题仍需解决。在运行阶段,定位技术使用当前观察到的信号特征和预先收集的信息来计算估计位置,其基本前提是每个位置都具有独特的信号特征。

基于经验的 RSSI 指纹匹配算法被广泛用于几种室内定位技术。许多基于 RSSI 的指纹匹配算法解决方案旨在利用现有基础设施来最大限度地降低成本,例如 Wi-Fi 接入点[65]和 GSM、3G、4G 蜂窝网络[66],而一些方法部署用于发射 RF 信号生成定制信标设备,以支持基于 RSSI 的定位[67-68]。文献[66]中提出了一个基于 RSSI 的 GSM 蜂窝网络室内定位系统。如果该区域被多个基站或一个基站覆盖,并且室内蜂窝网络可以接收到强 RSSI,则基于蜂窝网络的室内定位是可行的。该方法使用广泛的信号强度指纹,其中包括 6 个最强的 GSM 区域和多达 29 个附加 GSM 信道的读数,其中大部分信号强度足以被检测到相对于有效通信来说信号又太弱。增加额外的信道有助于提高定位精度,结果显示该方法能够区分 3 个多层建筑中的楼层,并且在某些情况下可实现低至 2.5m 的中位楼层内精度。通常,Wi-Fi 是基于 RSSI 的指纹匹配算法中最常用的信号类型。图 37.5 说明了不同的位置通常如何被不同的 Wi-Fi AP 覆盖或对于同一 Wi-Fi AP 具有不同的信号强度特征,从图 37.5 中的两个图可以看出,通过唯一的指纹实现定位识别是可行的[64]。

RADAR[65]是最早使用 Wi-Fi RSSI 进行室内定位的方法之一。离线阶段用于测量不同位置的 Wi-Fi AP 信号强度。对地板、墙壁和其他障碍物引起的信号衰减也进行了建模,以在某些情况下将系统的精度提高到 2~3m。其他几种室内定位方法使用类似的策略,如 PlaceLab[69]和 Horus[70]。文献[71-72]采用概率(基于贝叶斯网络)方法来改善指纹识别过程中位置和 Wi-Fi RSSI 之间的相关性。在文献[73]中,神经网络分类器用于基于 Wi-Fi RSSI 的位置估计,报告误差为 1m,置信区间为 72%。Wi-Fi RSSI 指纹识别算法也已广泛应用于移动机器人领域,如果机器人安装传感器的输入信息可用,就可以确定移动机器人的位置。文献[74]中提出了一种贝叶斯估计的机器人定位算法,该算法首先根据来自 9 个 Wi-Fi AP 的 RSS 计算机器人位置的概率,然后利用移动机器人有限的最大速度来改进第一个步骤的结果,并拒绝移动机器人位置发生显著变化的位置估计。在该研究中,进行和不进行第二个步骤分别耗时整体时间的 83% 和 77%,并且可将移动机器人定位到 1.5m 的误差以内。基于指纹定位技术面临的一个挑战是只在开放的室内空间中两个遥远的位置可能具有相似的信号指纹特征,这在定位过程中是一个很大的难题[75]。文献[76]中提出了使用 FM

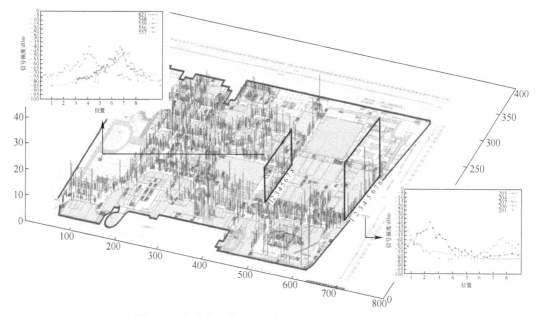

图 37.5　室内位置摘录的测量精度和 Wi-Fi 信号分布

(不同的位置通常被不同的 Wi-Fi 接入点(AP)覆盖,或者对于同一 Wi-Fi AP 具有不同的信号强度特征,

从而实现独特的指纹识别。当使用 Wi-Fi RSSI 指纹定位进行定位时,地图上的黑色、蓝色、紫色和

红色条形分别代表 3m、6m、9m 和超过 12m 的误差距离[64]。图片经 IEEE 许可转载。)

无线电信号的 RSS 进行指纹识别。FM 信号不携带任何时间信息,而时间信息是使用 TOA、TDOA 和 AOA 方法进行距离计算的关键因素。因此基于 RSS 的指纹识别算法是使用 FM 信号进行室内定位时最可行的方法。文献[77]证明了 FM 和 Wi-Fi 信号是互补的,即它们的定位误差是独立的。此外,实验结果表明,当 FM 和 Wi-Fi 信号结合生成指纹时,定位精度比仅将 Wi-Fi RSSI 用作标签时提高了 11%(不考虑时间变化),甚至高达 83%(考虑无线信号时间变化时)。一些文献还提出了基于蓝牙 RSSI 的定位。Gimbal[67] 和 iBeacon[68] 允许用户使用自定义的基于蓝牙的信标来检测他们的环境,然后使用从用户移动设备上信标接收到的 RSSI 值进行室内定位。一些文献中也提出了基于 RSSI 的 Zigbee 定位方法[2,78-79]。

尽管基于经验的 RSSI 定位方案非常流行,但如上文所述,这些方法的一个缺点是它们需要对环境进行大量的环境特征测量以生成无线电特征基准地图。通过利用多个携带智能手机用户的数据来简化无线电地图的生成过程的众包是一种可能的解决方案[80]。利用在先验未知环境中为机器人导航提出的同步定位与地图构建(SLAM)方法的原理,也有利于快速构建室内区域地图[81]。另一个缺点是,RSSI 读数容易受到无线多径干扰以及墙壁、窗户甚至人体对无线信号传输的遮挡或阻碍;因此,在人群流动的购物中心等动态环境中,指纹定位的性能会急剧下降。为了克服多径干扰,文献[82]中建议使用直接路径的能量(EDP),并忽略移动客户端和 AP 之间的多径反射。EDP 可以提高 RSSI 的性能,因为 RSSI 包括多径反射携带的能量,这些能量传播的距离比客户端和 AP 之间的实际距离更长。

目前研究者也提出了基于计算机视觉的指纹定位的几种方法[83-86]。这些技术要求移动对象携带相机或使用嵌入在手持设备(如智能手机)中的相机。当对象在室内环境中四处移动时,相机会捕捉环境的图像(视觉指纹),然后通过将图像与已知位置的图像数据库进行匹配来确定对象的位置和方向。这种方法的一个挑战是必须存储大容量的室内环境的图像。执行图像匹配可能需要强大的计算能力,这在移动设备上实施可能具有一定的挑战性,如果要求受试者携带辅助计算设备[85],则可能会影响他们的移动便捷性。在文献[87-88]中,根据各房间光照强度和环境颜色差异,指纹可以用作房间级定位。光匹配[89]利用各种室内灯具的位置、方向和形状信息,使用平方反比定律对光源进行建模。为了区分不同的灯具,这一操作依赖于灯具放置的不对称性或不规则性。文献[90-91]中假设有关接收机方向的信息可用于求解位置,并分别提出了用于定位的绝对和相对强度测量。这些技术采用接收强度进行测量,以使用合适的信道模型从多个发射机中提取位置信息。其他方法利用自由空间光学的方向性进行定位,其中角度信息由离散光源阵列(如调制的基于 LED 的信标)编码[92-94]。Xbox Kinect[95]使用连续投射的红外结构光进行指纹识别,并通过红外摄像头捕获三维场景信息。三维结构可以根据结构化红外光点的伪随机模式的畸变来计算。通过这种方法可以以 30Hz 的帧速率同时跟踪 3.5m 远的人员,并且现在已验证 2m 距离处的精度为 1cm。

还有一些方法利用环境中的专用编码标记或标签进行视觉指纹识别,以帮助定位[96-100]。这些方法可以克服传统的基于视觉定位系统的局限性,传统的基于视觉的定位系统完全依赖图像中的自然特征(如光照变化的情况),这一自然特征通常缺乏鲁棒性。常见标记的类型包括同心环、条形码或由彩色点组成的图案。这些标记极大地简化了对相应点的自动检测,确定系统规模范围,并通过使用不同类型对象的唯一代码来区分对象。文献[96]中提出了一种用于仓库叉车的光学导航系统。编码参考标记被部署在不同路线的天花板上。在每辆叉车的车顶上用光学传感器拍摄图像,图像被转发到中央服务器进行处理。文献[97]中提出了另一种低成本的室内定位系统,它利用环境中的手机摄像头和条形码标记。标记被放置在墙壁、海报和其他物体上。如果捕获了这些标记的图像,则可以"厘米级"的精度确定设备的位置,还可以显示其他基于位置的信息(如房间中的下一次会议)。

物理部署标记的另一种方法是将参考点或图案投影到环境中。与仅依赖自然图像特征的系统相比,投影特征的不同颜色、形状和亮度有助于投影图案的检测。例如文献[101]中提出了 TrackSense 系统,它由一个投影仪和一个简单的网络摄像头组成。网格图案被投影到相机视野中的平面墙壁上,使用边缘检测算法来确定线和交点。然后通过三角测量原理(类似于立体视觉)计算每个点相对于摄像机的距离和方向。有了足够数量的点,TrackSense 系统就能够确定摄像机相对于固定大平面(如墙壁和天花板)的方向。

37.5.3　邻近度方法

基于传感器(具有有限范围和分析能力)检测移动对象在附近的技术称为基于邻近度的定位方法。可以通过物理接触或通过监测传感器附近的物理量(例如磁场)来检测移动对象的邻近度。当移动对象被单一传感器检测到时,则认为与该传感器处于相同位置。IR、RFID 和蜂窝单元识别(Cell-ID)是几个已经在应用的基于邻近度的定位技术。

20 世纪 90 年代在剑桥大学 AT&T 设计的 Active Badge 系统[102]是第一个基于 IR 的近距离室内定位系统。通过估计建筑物中人员佩戴主动标签的位置,Active Badge 系统能够定位建筑物中的人员,主动标签将每 15s 发送一次全局系统内唯一的红外信号(电池寿命为 6 个月到一年)。在每个房间里,固定一个或多个传感器以检测主动标签发送的红外信号。

根据建筑物中人员的测量位置,系统能够跟踪员工,得到他们的位置(房间号)信息,并且可以定位到距离该人员最近的电话以达到联系该人员的目的。系统的精度由红外发射器的工作范围决定(本系统中 IR 发射器的工作范围为 6m)。基于可穿戴红外发射器的邻近度系统有着体积小、重量轻且易于携带的优点,但缺点是在整个建筑中部署固定传感器网络成本很高。此外,对于实时定位(导航)来说,15s 的更新率太慢了。

RFID 系统由 RFID 阅读器(扫描仪)和 RFID 标签组成。RFID 阅读器能够从无源的或有源的 RFID 标签读取数据。无源 RFID 标签依靠电感耦合,无须电池即可工作,反射从阅读器传输给它们的射频信号,并通过调制反射信号来添加信息。电感耦合允许无源标签从附近的 RFID 阅读器以 RF 波的形式接收足够的能量,来执行信号调制,将其唯一的串行 ID(或其他信息)传输回读写器。但是无源 RFID 标签的范围非常有限(1~2m),读写器的成本也比较高。有源 RFID 标签是小型收发器,可以根据询问主动传输其 ID(或其他附加数据)。基于有源 RFID 的系统使用更小的天线,并且具有更长的范围(数十米)。LAND-MARC[103]利用基于有源 RFID 的固定位置参考标签进行基于邻近度的室内位置校准。

Cell-ID(或 Cell-of-Origin)方法的原理是,捕获产生具有最高 RSSI 的 RF 信号锚点的 ID,然后将移动对象的位置识别为具有相同的坐标锚点。例如,移动蜂窝网络可以通过设备在给定时间使用哪个蜂窝站点来识别移动手机的大致位置。Wi-Fi AP 也可用于获取具有最高 RSSI AP 的 ID 并针对该 AP 执行定位。通常,使用 Cell-ID 时的定位精度非常低(50~200m),具体取决于覆盖区域大小(或 Wi-Fi 覆盖范围)。在密集覆盖区域(如城市地区)的精度通常更高,而在农村环境的精度则低得多[104]。

37.5.4 航位推算

航位推算是指基于上一时刻确定的位置,使用传感器测量移动的距离和方位,推算下一时刻位置的方法。位置和速度估计通常基于惯性测量单元(IMU),IMU 中含有多轴加速度计和陀螺仪,还可能含有磁力计。航位推算的缺点是估算方法产生的误差是累积的,因此位置估计的任何偏差都会随着时间的推移而变得更大。这是因为新位置完全是根据以前的位置进行计算的。因此,这些惯性导航系统(INS)通常用于估计相对位置而不是绝对位置,即自上次更新以来的位置变化,同时结合其他定位技术(例如,Wi-Fi 指纹识别)以获取周期性位置定位(绝对位置估计)。

用 INS 进行人员定位的第一个任务是从传感器数据中识别步数或步幅。一步距离是双脚间的距离间隔,而步幅是同一只脚运动的间距。大多数基于 INS 的室内定位方法至少需要准确的步长检测和步长计数。步进循环检测算法由行走重复运动引起的 INS 数据中循环检测,这可能涉及搜索重复数据模式或重复事件(如足跟撞击)。该信息可用于步长检测和计数。图 37.6 显示了通过在加速度计幅度数据序列的均值调整自相关中寻找最大值来提取周期(以及步数)的示例[105]。在使用算法之前,通常需要对原始加速度计数据进行预处理,即使用低通滤波器去除数据中的噪声。20Hz 左右的滤波器截止频率可以保留阶跃周期性,即使滤波器截止频率降至 2~3Hz 也已成功使用。[106]一般来说,行进的周期特性直接体现在时域加速度轨迹上。由于足跟撞击往往会带来剧烈的变化。因此许多方案建议检测低通滤波加速度轨迹的幅度峰值[107-108]、局部方差峰值[109-110]、局部最小值[111-112]、零交叉[113]或水平交叉[114](其中水平交叉由历史均值和方差定义)。

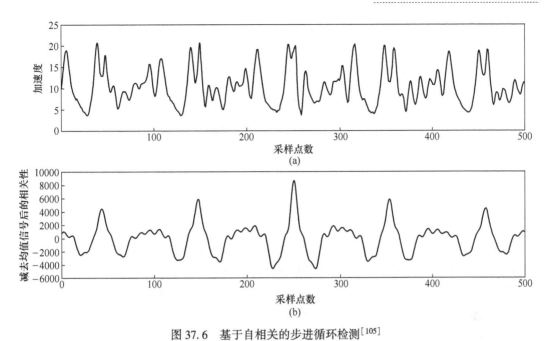

图 37.6　基于自相关的步进循环检测[105]

(a)显示了5个样本步幅间的原始加速度大小;(b)图中显示了减去均值的信号的自相关性,每个步幅都有很高的峰值。
(经 IEEE 许可转载。)

　　当步数已知,与步幅相关的信息可用,则可以估计移动对象的位移。行人通常具有自然的步行速度和恒定步幅。然而,这种自然的步行速度在奔跑、漫步或与他人同行时会发生改变。以相同速度行走的行人之间的步幅长度变化可高达40%,而在行人的步行速度范围内则高达50%[106]。采用其他传感器的直接测量可以提高频估计的精度(例如,使用安装在每只鞋子前后的超声波传感器[115],或连接到小腿的肌电图传感器[116]),但使用这种方法意味着很高的移动设备成本以及给用户实际行动带来的不便。人体运动学的多项研究将步幅长度与步频相关联[117-119]。这一研究的主要观察结果是,慢走而不是快走时,步幅往往更短[120]采用其他一个简单的线性模型通常就足够了[121]。但离线训练的模型参数依赖步行条件,例如穿运动鞋或高跟鞋[122]。检测局部运动模式(如步行或跑步)的技术可以帮助构建更精细的运动模型(例如根据不同的速度调整步幅估计或步数),以提高定位精度。一些文献中提出了利用智能手机中的加速度计来区分不同运动方式的方法[123-125]。

　　虽然准确的步幅可以改善位移估计,但对于精度的提高通常是微不足道的,因为航向(运动方向)的漂移通常会导致较大的位置误差[126]。运动过程中行走的方向可以通过陀螺仪或罗盘(磁力计)获得。陀螺仪输出三维角速度,这些角速度随着时间的推移通过积分可以获得方向变化信息。当陀螺仪测量的相对方向突然改变时,可以检测到转弯。为了区分转弯引起的变化和噪声引起的变化,只有超过预定义阈值的航向变化才被确定为转弯[127]。指南针可以测量移动设备(如智能手机)相对于磁北的绝对方向(航向)。然而,地球表面的磁场相对较弱,并且充满金属和导线的建筑物的干扰磁场可能会淹没地磁自然信号,从而导致局部"干扰"(例如,特定位置的磁偏移可能导致高达100°[128])。有些文献研究尝试过滤连续罗盘读数上的磁偏移,以提高准确性[129]。克服偏移的一种越来越广泛使用的解决方案是将陀螺仪和磁力计读数结合起来,因为这两个传感器具有互补的误差特性:

陀螺仪提供的长期定向较差,而磁力计则受短期定向误差的影响[130]。一般来说,多种类型的惯性传感器在行走过程中感知到类似的运动可用于减小误差;例如,如果 INS 单元中的指南针和陀螺仪的读数出现相关趋势,则可以认为指南针值有效[111],这有助于剔除包含严重磁偏移的指南针值。

如今,便于携带的智能手机中包含 IMU,这使得基于 INS 的室内定位特别有吸引力。然而,一个重要的特点是智能手机携带方式多样:在前袋、后袋、侧袋、衬衫口袋、背包、手提包、皮带夹上或手中。有些研究在活动识别方面探索了估计手机位置的方法[125],这可能有助于提高基于航位推算的定位系统的性能。然而,研究表明,即使智能手机位于单一位置(如裤兜),与安装在靠近地面脚部的实时传感器相比,在估计运动距离时也会产生显著误差(约 14.4%[131])。

37.5.5 地图匹配

准确的轨迹估计是大多数室内定位和导航系统的主要目标。行人轨迹由一系列步态变化矢量组成。利用电子地图在地图提供位置的上下文中沿着轨迹确定移动人或物体位置的技术称为地图匹配技术。应用电子地图来调整移动对象位置的想法已被用于户外定位方案[132]。同样,在室内环境中整合平面图的几何约束可以帮助提高室内定位精度(例如,当航位推算与 Wi-Fi 指纹识别结合使用时)。一般来说,移动对象轨迹的整体几何形状应与平面图的几何形状相似,任何偏差都可能产生定位方案中的误差。用于地图匹配的各种几何抽象模型已经被提出,例如链接节点模型[133]和无应力平面图[108]。粒子滤波技术还可用于排除移动对象不可能出现的位置,例如障碍物和墙壁[134-135]。

LiFS[110]是将传感器/信号读数与物理平面图相匹配的一个框架示例。首先,在智能手机用户日常工作和进入建筑物期间,可借助智能手机进行加速度读数和 RSS 连续测量;然后检测和计算足迹,将它们用作指纹特征距离测量数据;接着将指纹特征距离输入到多维定标(MDS)算法会产生一个指纹特征空间的高维空间,其中保留了各点(指纹特征)之间的相互距离;最后将指纹特征空间映射到物理平面图,以将指纹特征与其在室内环境的相应物理位置相关联。该映射是通过探索指纹特征空间与转换后的平面图(称为"无应力平面图")之间的空间相似性来实现的。无应力平面图使用 MDS 算法将普通平面图转换为同一高度维度的空间图,这样新空间中点之间的几何距离反映的是步长距离而不是直线距离。这种转变的基本原理是,由于存在障碍物(如墙壁),两个位置之间的步长距离不一定等于它们之间的地理距离。LiFS 具有良好的性能,95% 置信度下误差低于 4m,平均误差为 1.33m。使用 LiFS 生成的无线电地图可用作各种基于指纹特征的定位技术的基础。

有些方法已经解决了地图匹配问题。文献[136]中提出了一个框架,将回溯粒子滤波器(BPF)与不同级别的建筑平面图细节相结合,通过航位推算来提高室内定位性能。粒子滤波器能够在室内定位过程中使用地图滤波技术来考虑建筑规划信息[137]。在给定地图约束的情况下,通过地图滤波剔除不可能位置处的新粒子。例如,不允许粒子直接穿过墙壁。穿过这些障碍物的粒子将从粒子集中删除或降低权重,如图 37.7 所示。BPF 通过在检测到无效粒子后重新计算先前的状态估计,进一步利用粒子轨迹历史来改进简单的粒子滤波器。为了实现回溯,每个粒子必须记住它的状态历史或轨迹。使用航位推算、滤波器的航位推算和带 BPF 的航位推算时的平均位置估计误差分别为 7.7m、3.1m 和 2.6m[136]。

使用环境指纹特征进行定位时,预测移动对象的轨迹有助于减少误差[138]。例如,通过航位推算获得的位移和方向信息会在沿轨迹的连续位置查询之间施加相对几何约束。这些

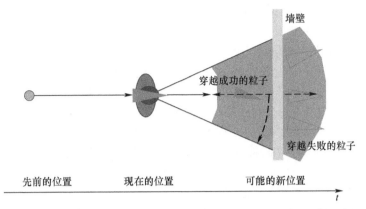

图 37.7　障碍物附近的粒子穿越情况：如果粒子试图移动到不可能的位置，
例如，穿过地图中定义的墙壁，它将被删除或降低权重[136]
（经 IEEE 许可转载。）

约束将指纹匹配(从本质上的点匹配过程)转变通过将整个轨迹嵌入无线电地图中进行线性匹配的过程。ACMI[139]使用 FM 广播信号指纹技术进行定位，并使用轨迹预测来提高定位精度。实验结果表明，当使用轨迹匹配时，定位误差从 10~18m 降低到 6m，房间识别精度从 59% 提高到 89%。

某些室内地标和环境也具有独特的传感器特征。例如，电梯上的加速度计的读数在电梯启动和停止时表现出急剧的增加和下降。文献[111]中对楼梯、电梯、自动扶梯等这种独特的加速模式进行了研究，研究表明，如果这些结构的位置是事先已知的，则它们可以作为提高室内定位精度的地标(例如，克服航位推算漂移)。

到目前为止，讨论的技术解决了在具有已知地图或地标的室内环境中定位移动对象的问题。关于机器人研究的一个更困难的问题涉及机器人在没有先验信息的未知环境中导航的 SLAM[81]。在 SLAM 中，移动机器人感测周围环境并使用传感器信息和里程计控制输入来构建地标或特征的"地图"，同时还参考地图估计其位置[140]。里程计是指施加机器人驱动轮的控制信号，这些里程计信号的简单集成可以看作航位推算的一种形式。EKF-SLAM[81]使用 EKF 来估计机器人位姿(位置和方向)大关节的状态空间和迄今为止识别的所有地标。被称为 FastSLAM 的方法使用 Rao-Blackwellized 粒子滤波器(RBPF)[141]，其中每个粒子为每个地标构建一个动力状态和独立的紧凑 EKF。运动状态可以独立地估计各个地标，从而降低复杂性。机器人平台上的传感器和里程计是用于机器人定位的 SLAM 的实现基础。传感器可以由激光测距仪或安装在机器人平台上的单个或多个摄像头组成，并从原始传感器数据中提取特征。与在已知地标的环境中定位或在给定机器人真实位姿的情况下构建特征图这两个简单的特殊情况相比，SLAM 被认为更难。文献[140]中，提出了一种 SLAM 方法，通过测量来自移动对象的数据来自主学习并构建路径、地图，该方法可用于定位目标或为其他人提供地图。该方法利用了惯性传感器以及 FastSLAM 框架[141]和动态贝叶斯网络的原理。

37.5.6　综合定位技术

到目前为止，本节中讨论的五类技术中的每一类在单独使用时都有缺点。因此，发展趋势是将各种技术结合在一起，以弥补不同类型技术之间的差异，并克服单一类型定位策略的局限性以提高准确性。其中，一些综合定位技术可同时用于室内和室外两种环境。

37.5.6.1　基于 GPS 的技术

无线辅助 GPS（A-GPS）由 SnapTrack（现在是高通公司的一部分）首创，可用于室内环境。该方法利用蜂窝网络和 GPS 信号。许多蜂窝网络塔都有 GPS 接收机（或附近的基站），这些接收机通常会不断收集卫星信息。以跟踪与移动电话所用的相同的卫星轨道星历和时钟信息。当移动电话进行辅助定位请求时，GPS 相关数据被发送到手机端，加快首次定位时间（TTFF；以获取相关 GPS 卫星的轨道和时钟数据），这在没有辅助的移动设备上可能需要很长时间（几分钟）。该方法可以在室内环境中（在室内手机检测到的 GPS 信号通常非常微弱）实现精度范围为 5~50m 的定位，且缩短了首次定位时间。

37.5.6.2　射频信号与航位推算融合技术

相关文献已经提出了几种将惯性传感器读数与来自射频信号的数据相结合的用于室内定位的技术。例如，文献[142]提出了一种室内定位框架，该框架结合了基于 Wi-Fi RSSI 指纹匹配的定位和航位推算数据，并借助了隐马尔可夫模型（hidden Markov model，HMM）。航位推算包括加速度计驱动的步长估计和基于磁场的航向计算。虽然航位推算在短时间内实现了高精度，但在较长的时间内会出现误差累积。相比之下，Wi-Fi 指纹匹配定位的误差不会随着时间的推移而增加，但在短期内精确度较低。因此，航位推算和 Wi-Fi 定位的传感器数据融合产生协同效应，从而定位的鲁棒性和精度更高。HMM 基于 Wi-Fi 指纹的离散位置作为隐藏状态和 RSSI Wi-Fi 测量作为可观察状态（如果马尔可夫模型包含无法直接观察但可以通过另一个随机过程观察到的潜在随机过程，称为隐藏模型[143]）。状态转换取决于航位推算的运动输入。使用 HMM 可以处理由 Wi-Fi 指纹识别导致的误差。HMM 方法的计算成本也低于其他工作中使用的滤波方案。例如，在文献[144-145]中使用粒子滤波器来集成 Wi-Fi 定位和航位推算，但粒子滤波器的计算成本很高，具体取决于计算的粒子数量。卡尔曼滤波器和 EKF 也不太适合这种传感器数据融合，因为高斯分布的假设与 Wi-Fi 指纹算法的模糊输出冲突。文献[146]提出了另一种基于 HMM 的室内定位方法，该方法融合了 Wi-Fi 指纹和航位推算。在工作中，HMM 通过考虑矢量（而不是标量）测量，以及从个人电子日历中提取的关于用户移动性的先验知识（例如，"下午 1 点在 C103A 会议室开会"的日历条目可用于估计在房间 C103A 中定位主题相关的概率）来提高其精度。Baum-Welch 算法[147]的扩展用于学习增强 HMM 的参数。

LearnLoc 框架[148]将 Wi-Fi 指纹识别与航位推算相结合，创建了一种低成本、无基础设施的室内导航解决方案。该框架采用并优化了三种机器学习技术，这些技术从惯性传感器和 Wi-Fi 指纹识别中获取输入，以便在存在噪声（例如，由于传感器读数不正确）的情况下在地图上预测室内位置。用于辅助室内定位的 3 种监督学习算法分别基于 K-近邻算法（KNN）、线性回归（LR）和神经网络非线性回归（NL-NN）。使用基于回归思想的算法变体代替更传统的基于分类思想的算法。这是因为分类技术需要将整个室内地图区域划分为细粒度网格，以便进行准确定位的分类，这会产生大得难以接受的输入空间，在资源受限的移动设备上进行处理是不切实际的。例如，在实现 Surround Sense[149]的过程中提出了一种基于 SVM 的室内定位分类技术，但由于该方法内存占用大和性能低（每个预测需要将近一分钟的时间）无法用于在智能手机上的实时定位。相比之下，回归可以在资源需求低得多的情况下进行快速预测，这是使用移动设备进行实时室内定位所需要的。图 37.8（a）详细显

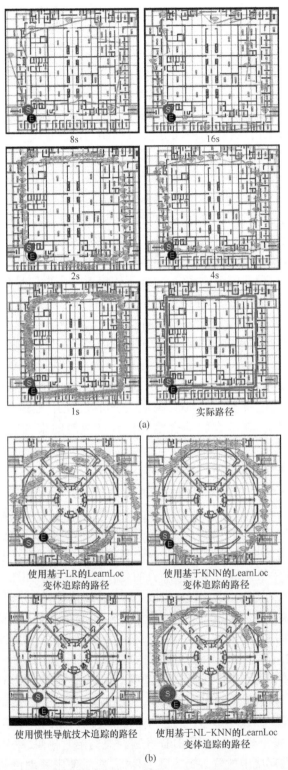

(a)

(b)

图 37.8 （a）沿 Clark L2 北路径使用 K-近邻（KNN）为 LearnLoc 的各种 Wi-Fi 扫描间隔跟踪的路径；

（b）通过室内定位技术沿着 Clark L2 北建筑基准路径追踪的路径[148]

（经 IEEE 许可转载。）

示了基于 KNN 的 LearnLoc 变体针对不同 Wi-Fi 扫描间隔的预测路径。使用最低的 Wi-Fi 扫描间隔(1s)会得到最高的准确度,但也会导致非常高的能耗开销,因为扫描执行非常频繁[从图 37.8(a)中代表 1s 间隔情况下的 Wi-Fi 扫描实例的高密度绿点可以看出]。随着 Wi-Fi 扫描间隔的增加,跟踪的路径开始明显偏离实际路径,从而导致估计误差的增加。为平衡智能手机上的能耗与定位精度,所有 3 个 LearnLoc 变体都选择了 4s 的扫描间隔。图 37.8(b)总结了 3 个 LearnLoc 变体和 Footpath[150]惯性导航(lnertial_Nav)技术追踪的路径。可以看出,由于误差随时间的积累,Inertial_Nav 技术跟踪的路径与实际路径有很大的偏差。Inertial_Nav 技术中的序列比对算法旨在通过定期重新校准来解决此问题,但这种解决方法不总是有效的。对于 LearnLoc 变体,图中的绿点表示执行 Wi-Fi 扫描的实例。其中,KNN 变体表现最好,平均误差为 2.23m。如果选择小于 4s 的扫描间隔,精度可以进一步提高。LearnLoc 是为数不多的研究室内定位过程中能耗和准确性之间权衡的技术之一,并且设计用于在资源受限的移动设备上执行算法时还考虑了现实的资源约束。CNNLoc[151]通过使用部署在智能手机上的更复杂的卷积神经网络(CNN)机器学习算法改进了 LearnLoc。

文献[152]提出了一种室内定位系统,它既不依赖建立中央信号数据库,也不依赖预先提供的建筑地图。该系统结合了惯性传感器数据(来自加速度计和罗盘)以及来自 Wi-Fi 和 GSM 蜂窝无线电的 RSSI 测量值。该系统将建筑区域划分为规则网格,并应用 SLAM 技术来纠正任何测量定位的漂移。苹果公司的 Wi-FiSLAM 系统[153]也利用上述信号和传感器的组合进行室内定位。SignalSLAM[154]通过结合更多信息源来扩展带时间戳的 Wi-Fi 和蓝牙 RSS、4G LTE 参考信号接收功率(RSRP)、磁场强度、特定地标的近场通信(NFC)读数,以及基于惯性数据的航位推算。移动对象的位置通过使用用户位置的 GraphSLAM 优化[155]的修改算法来解决,其中有的结合绝对位置和成对约束,有的结合多模态信号相似性。

37.5.6.3　射频信号与其他信号融合技术

许多技术建议将射频信号数据与惯性传感器之外的其他来源的数据结合起来。SurroundSense[149]利用基于用户移动引起的射频(GSM、Wi-Fi)信号以及环境声音、光线、颜色和布局(由加速度计检测)的位置指纹,支持 Wi-Fi 的诺基亚 N95 手机上的摄像头、麦克风和加速度计用于感应指纹信息。采集记录各传感器测量数据、预处理并传输到远程 SurroundSense 服务器。在手机上进行预处理的目的是减少需要传输的数据量。服务器将测量数据按照传感器数据的类型(声音、颜色、光线、Wi-Fi、加速度计)分开,并分发到不同的指纹识别模块。这些模块执行相当的操作,包括颜色聚类、光提取和特征选择。来自每个模块的单个指纹插入环境指纹的公共数据结构中,该数据结构被转发到指纹匹配模块以进行定位。支持向量机(SVM)、颜色聚类和其他简单方法通常用于位置分类。

声学定位处理系统(ALPS)[156]将低功耗蓝牙(BLE)发射器与超声信号相结合,以提高定位精度,并帮助用户轻松配置室内定位系统。ALPS 由时间同步的信标组成,这些信标传输人耳听不到的超声波,但大多数现代智能手机仍然可以检测到。手机使用超声波的 TDoA 来测量距离。ALPS 在每个节点上使用 BLE 发送相关的定时信息,采用超声波信号用于测距。该平台要求用户在环境中放置 3 个或更多信标,然后使用移动设备进行沿着校准所列路径通过环境中的关键点(如地板和房间的角落)。此过程会自动计算房间几何形状以及精确的信标位置,而无须辅助测量。配置完成后,系统可以根据地图跟踪用户的位置。

SmartLOCUS[157]和 Cricket[158]等其他技术也结合使用射频和超声技术,其中射频和超声波信号(由壁挂式和天花板安装的信标产生)之间的 TDoA 用于测量距离和定位移动目标。

Radianse[159]和 Versus[160]使用 RF 和 IR 信号的组合来进行位置定位。它们的标签发出 IR 信号和 RF 信号,其中包含每个被跟踪人员或资产的唯一标识符。RF 实现粗定位(如楼层级粒度),而 IR 信号提供辅助的分辨率信息(如房间粒度)。EIRIS 局部定位系统[161]使用 IRFID 三重技术,结合了 IR、RF(UHF)和 LF(RF 低频转发器)信号。该技术结合了各种技术的优点,即 IR 的房间定位粒度、RF 的宽范围和 LF 的特定范围灵敏度。

CUPID 2.0 室内定位系统[162]将基于 ToF 的定位与信号强度的信息相结合,以通过 Wi-Fi RF 信号改善室内定位。所提出的架构由一个位置服务器和多个 Wi-FiAP 组成,每个 AP 都与移动设备通信。基于 ToA 的三边测量方法用于确定设备位置。具体而言,直接路径的信号传输时间(TFDP)根据 AP 和设备之间的数据 ACK 交换计算得出,用于距离估计。然后将 TFDP 与信号强度的测量相结合,尤其是 EDP[82],以提高精度并确保可扩展性。该系统在两个不同大陆的 6 个城市中实施、部署和分析时间超过 14 个月,使用 40 种不同的移动设备和超过 250 万个位置修复,并且显示实现了 1.8m 的平均定位误差。

37.5.6.4 航位推算与非射频信号融合技术

一些室内定位技术将惯性传感器与非射频信号相结合。文献[163]提出了 IDyLL 室内定位系统,该系统将航位推算与智能手机上光电二极管传感器的光测量相结合。典型的灯具光源(包括白炽灯、荧光灯和 LED)在许多室内环境中通常空间分布具有唯一性(有时是均匀的)。此外,大多数智能手机都有用于自动亮度调节的光传感器(光电二极管),理论上虽然可以以高速率采样(例如,Nexus5 和 7 设备上的 APDS-9303 为 1.17MHz),但这些光传感器通常受到硬件接口或操作系统的限制,采样速率一般为几赫兹到 100Hz。IDyLL 以 10Hz 的频率对光传感器进行采样,并使用照明峰值检测算法来收集光信息。光信息与从惯性传感器获得的读数以及楼层地图和灯具放置的信息相结合,以实现高分辨率的室内定位。文献[164]中的方法结合了航位推算、激光扫描仪和基于图像的定位,这些都集成在一个便携装置中,用于生成复杂室内环境三维模型。根据基于两个激光扫描仪和一个惯性测量单元的数据捕获确定位置。通过使用离线阶段拍摄的相机图像,可以提高定位性能。这些图像可用于细化相机姿态的 6 个参数,提高三维纹理模型的质量。

37.6 开 放 研 究 问 题

室内定位系统逐步变得成熟,但仍存在一些必须解决的挑战,如文献[165]中讨论了从微软室内定位竞赛中吸取的经验和教训。下面全面概述室内定位领域的一些关键开放研究挑战。

(1)评价方法:对室内定位解决方案有效性的评价可能受到多种因素的影响,例如建筑类型和大小、建筑材料、室内路径沿线的布局、室内路径的长度、测试对象的特征,以及随后的定位测试程序(包括持续时间和"自然"活动的程度)[126]。目前,关于如何评估各种室内定位还没有统一方案,导致对定位方案的性能难以比较。由于以上列出的因素在评估研究中存在明显差异(这些因素通常也没有明确呈现),因此文献中关于特定解决方案的准确性通常难以复现。文献中的许多解决方案都仅仅实现非常简单的概念验证评估,并在范围有限的室内区域进行人为的步行测试(例如,测试单个对象)。此外,手动评估室内定位技术是一个烦琐且耗时的过程。使用基于机器人的自动化基准测试平台可能会减少评估费用,该平台还可以提高评估过程的真实性。

(2)评价指标:文献中的室内定位解决方案使用各种指标进行性能评价,例如平均位置误差、RMSE、95%置信误差等。然而,这些指标通常没有考虑实际应用环境的变化。例如,文献[165]讨论了如何使用最简单的技术来容易地定位某些室内场所;然而,某些室内场所很难实现准确定位。因此,在评价指标中评价点的选择和加权方式至关重要,室内定位技术评价指标标准化还需在确定参数方面做大量工作。

(3)传感器定位:许多室内定位技术依赖于待定位人员或物体携带的传感器测量值。传感器的方向和位置可能会随着时间和跟踪对象而改变;例如,一个人可能会在不同的口袋中携带有惯性传感器的智能手机,或在移动时将其握在手中。也可能存在其他类型的定位问题;例如,智能手机面向的方向可能与主体运动的方向不同。室内定位技术应考虑这些因素并补偿定位变化。为了更准确地估计步长甚至航向方向,最好使用脚上安装的传感器[166];然而,这通常是以给用户带来不便为代价的。

(4)传感器校准:许多用于室内定位的传感器在对环境因素的敏感性方面具有固有的偏差和变化。与更精确的(因而体积更大且价格更昂贵)用于无人驾驶飞行器(UAV)和其他工业应用的IMU[138]相比,智能手机IMU中的低成本紧凑型MEMS惯性传感器在传感器筛选、安装误差校准、横轴误差校准、零点校正、温漂补偿等方面存在不足。因此,IMU传感器在使用时必须单独重新校准,以减少输出漂移导致误差随时间增加。

(5)电池供电:依赖移动目标携带有移动设备的室内定位技术需要了解设备的电池容量限制。如果使用移动设备进行过多的计算或感应,移动设备的电池会很快耗尽,这是非常不符合需求的情况(尤其是在导航过程中)。例如,如果智能手机用于室内定位,则应注意限制使用CPU、GPU或DSP处理,无线电模块(如Wi-Fi、4G/5G蜂窝网络、GPS)和惯性传感器;因为其在连续使用或组合使用时都会导致智能手机电池消耗非常快。优化移动设备能效的技术[167-170]将是实现具有成本效益且实用的室内定位解决方案的关键。

(6)处理能力和内存限制:许多室内定位技术依赖特定算法,这些算法必须在移动对象携带的资源受限的移动设备上运行。例如,许多技术需要使用机器学习算法、图像处理、信号处理、带通滤波器、峰值检测器、自相关器或粒子滤波器等。在一般情况下,移动设备的计算能力有限,因此在笔记本电脑或台式机上显示正常工作的算法在移动设备上运行速度可能不够快,无法进行室内定位(尤其是导航情况下)。在某些情况下,移动设备中有限的内存可能会限制可以应用的算法类型。尽管智能手机等移动设备随着时间的推移变得越来越强大(集成内存的大小也在稳步增加),但由于需要更高水平的准确性,定位算法的复杂程度也会随着时间的推移而增加。因此,不能忽视移动设备对处理能力和内存的限制。

(7)便携性:需要由移动对象携带移动设备的室内定位技术必须确保此类设备重量较轻、体积小或便于携带。例如,要求受试者佩戴脚上/绑带式传感器是不方便的,并且这样的解决方案不太可能被大量用户接受。同样,使用需要将定制(并且可能笨重)硬件连接到智能手机以进行室内定位的专有无线信号对于许多将智能手机放在口袋里的人来说可能并不是很好的解决方案。因此,便携性问题不容忽视,因为它们可以使室内定位解决方案被人们广泛接受,让人们觉得更便捷。

(8) 设备异构性:室内定位技术必须能够应对最终部署的设备异构性。这种异构性可能来自 Wi-Fi、IMU 或跨设备使用的其他无线/传感器接口的模型/供应商差异的函数。在跨设备部署室内定位技术时,这些差异可能会导致显著的精度变化。例如,文献[171]中的分析表明,由于移动设备的异质性,定位误差高达 8 倍。需要提出异质性弹性指纹模式匹配的 SHERPA 框架[172]之类的方法来实现异构性弹性。

(9) 初始化和部署成本:许多室内定位技术需要一个初始化阶段,例如,训练机器学习算法、沿街扫描(涉及使用移动车辆或人员搜索 Wi-Fi 无线网络的现场勘测,以创建区域内的 Wi-Fi AP 地图)或校准传感器。其他技术可能需要增强基础设施,例如,该技术可用于在定位之前,在室内环境中部署定制的无线电信标。此类初始化都非常耗时,并且通常会产生相关成本。需要注意确保定位技术的初始化阶段时间短且易于管理;并且任何定制组件的部署成本都不能太高。新技术,例如与多个用户和异构设备的众包来创建用于基于指纹技术的室内定位的无线电地图,以及前面讨论的 SLAM 技术的变体,可以显著减少初始化时间和成本。这种方法可以克服由于基础设施变化而产生的限制,例如,随着时间的推移,在室内环境中添加或删除 Wi-Fi AP。

(10) 应用领域的特定要求:在不同的应用领域室内定位解决方案的要求有很大差异。一些研究已经量化了跨应用程序域的定位性能指标(见 37.3 节)的可接受值。文献[173]讨论了大众市场对室内定位的要求,强调使用标准设备(如智能手机)和现有基础设施(如 Wi-Fi AP),而无须大量补充传感器、信标或额外的可穿戴组件。文献[174]讨论了地下建筑工地的室内定位要求,重点是高精度(厘米级)。文献[175]提出了执法人员、消防员和军事人员的室内定位要求,重点是加密通信、不确定性估计、快速实时响应和设备的鲁棒性。

参考文献

[1] Mautz R. , "Indoor Positioning Technologies" , 2012.

[2] Molisch A. , "Ultrawideband propagation channels," *Proceeding of IEEE* , *Special Issue on UWB* , Vol. 97, pp. 353-371, 2009.

[3] Bensky A. , *Wireless Positioning Technologies and Applications* , Artech House Publishers, 2007, 311 p.

[4] Farid Z. , Nordin R. , and Ismail M. , "Recent advances in wireless indoor localization techniques and system," *Journal of Computer Networks and Communications* , 2013.

[5] https://en. wikipedia. org/wiki/Global_Positioning_System,2016.

[6] Seco F. , Jim'enez A. R. , Prieto C. , Roa J. , and Koutsou K. , "A survey of mathematical methods for indoor localization," in *Proceedings of the 6th IEEE International Symposium on Intelligent Signal Processing* (*WISP* '09), August 2009, pp. 9-14.

[7] Aider O. A. , Hoppenot P. , and Colle E. , "A model-based method for indoor mobile robot localization using monocular vision and straight-line correspondences," *Robotics and Autonomous System* , Vol. 52, No. 2-3, pp. 229-246, August 31, 2005.

[8] Petrushin V. A. , Wei Gang, and Gershman A. V. , "Multiple-camera people localization in an indoor environment," *Knowledge and Information System* , Vol. **10** , No. 2, pp. 229-241, August 2006.

[9] IEC,"Safety of laser products-part 1: Equipment classification and requirements," Technical Information Re-

port 2nd edition, International Electrotechnical Commission, 2007.

[10] Ciavarella C. and Paterno F. , "The design of a handheld, location-aware guide for indoor environments," *Personal and Ubiquitous Computing*, Vol. **8**, No. 2, pp. 82−91, 2004.

[11] Xiao J. , Liu Z. , Yang Y. , Liu D. , and Xu H. ,"Comparison and analysis of indoor wireless positioning techniques," in *Proceedings of the International Conference on Computer Science and Service System (CSSS '11)*, June 2011, pp. 293−296.

[12] Torres-Solis J. , Falk T. H. , and Chau T. , "A review of indoor localization technologies: towards navigational assistance for topographical disorientation, " in *Ambient Intelligence*(ed. F. J. V. Molina), INTECH Open Access Publisher, 2010.

[13] Vorst P. , Sommer J. , Hoene C. et al. , "Indoor positioning via three different RF technologies," in *Proceedings of the 4th European Workshop on RFID System and Technologies (RFID SysTech '08)*, June 2008, pp. 1−10.

[14] Zhap X. , Xiao Z. , Markhan A. , Trigoni N. , and Ren Y. , "Does BTLE measure up against Wi-Fi? A comparison of indoor location performance," in *European Wireless 2014*; *20th European Wireless Conference*; *Proceedings of*, VDE, May 2014, pp. 1−6.

[15] Philipose M. , Smith J. R. , Jiang B. , Mamisgev A. , Roy S. , and Sundara-Rahab K. , "BATTERT-FREE wireless identification and sensing," *IEEE Pervasive Computing*, Vol. **4**, No. 1, pp. 37−45, January/March 2005.

[16] Vvoossiek M. , Wiebking L. , Glänzer M. , Mastela D. , and Cchristmann M. , "Wireless local positioning-concepts, solutions, applications," in *Proceeding of the IEEE Radio and Wireless Conference (RAWCON '03)*, August 2003, pp. 219−224.

[17] Rabinowitz M. and Spilker J R. J. J. , "A now positioning system using television synchronization signals," *IEEE Transactions on Broadcasting*, Vol. **51**, No. 1, pp. 51−61, March, 2005.

[18] Sheng H. , Jian-Jun L. , Ying X. , Jun-Wei G. , and Hae-Oung B. , "Hybrid location determination technology within urban and indoor environment based on cell-id and path loss," *Journal of Chongqing University of Posts and Telecommunication (Natual Science Edition)*, Vol. **16**, No. 5, 46 − 49, October 2004.

[19] Ppoleteev A. , Osmani V. , and Mayora O. , "Investigation of indoor localization with ambient FM radio stations," in *Proceedings of the IEEE International Conference on Pervasive Computing and Communications (PerCom '12)*, 2012.

[20] AAMI,"Technical information report (tir) 18, guidance on electromagnetic compatibility of medical devices for clinical/biomedical engineers," Technical Information Report TIR-18, Association for the Advancement of Medical Instrumentation, Arlington, Virginia, 1997.

[21] Hazas M. and Hopper A. , "Broadband ultrasonic location system for improved indoor positioning," *IEEE Transactions on Mobile Computing*, Vol. **5**, No. 5, pp. 536−547, September/October, 2006.

[22] Casas R. , Cuartielles D. , Marco A. , Gracia H. J. , and Falćo J. L. , "Hidden issues in deploying an indoor location system," *IEEE Pervasive Computing*, Vol. **6**, No. 2, pp. 62−69, 2007.

[23] Orr R. J. and Abowd G. D. ,"The smart floor: A mechanism for natural user identification and tracking," in *CHI '00: CHI'00 Extended Abstracts on Human Factors in Computing Systems*, New York, NY, USA, 2000, ACM, pp. 275−276.

[24] Retscher G. , "Test and integration of location sensors for a multi-sensor personal navigator," *Journal of Navigation*, Vol. 60, No. 1, pp. 107−117, January 2007.

[25] Evennou F. and Marx F. , "Advanced integration of Wi-Fi and inertial navigation systems for indoor mobile

positioning," *EURASIP Journal on Applied Signal Processing*, Vol. 2006, No. 17, 11 pp., 2006.

[26] Vossiek M., Wiebking M., Gulden L., Weighardt P., and J. HOFFMANN, "Wireless local positioning - Concepts, solutions, applications," in *Proceedings of the IEEE Wireless Communications and Networking Conference*, *August* 2003, pp. 219-224.

[27] Liu H., Darabi H. Banerjee P., and Liu J., "Survey of wireless indoor positioning techniques and systems," *IEEE Transactions on Systems*, *Man*, *and Cybernetics*, *Part C (Applications and Reviews)*, Vol. **37**, No. 6, 1067-1080, November 2007.

[28] Fontana R. J., Richley E., and Barney J., "Commercialization of an ultra wideband precision asset location system," in *Proceedings of the IEEE Ultra Wideband Systems Technologies Conference*, *Reston*, *Virginia*, *November* 2003, pp. 369-373.

[29] Van veen B. D. and Buckley K. M., "Beamforming: A versatile approach to spatial filtering," *IEEE ASSP Magazine*, Vol. **5**, No. 2, pp. 4-24, April 1988.

[30] Belloni F. et al., "Angle-based indoor positioning system for open indoor environments," 6th Wksp. Positioning, Navigation and Communication, WPNC 2009, March 2009, pp. 261-265.

[31] Stoica P. and Moses R. L., *Introduction to Spectral Analysis*, Englewood Cliffs, NJ: Prentice-Hall, 1997.

[32] Ottersten B., Viberg M., Stoica P., and Nehorai A., "Exact and large sample ML techniques for parameter estimation and detection in array processing," in Radar Array Processing (eds. S. S. Haykin, J. Litva, and T. J. Shepherd), pp. 99-151, New York: Springer-Verlag, 1993.

[33] Yang Z., Wang Z., Zhang J., Huang C., and Zhang Q., "Wearables can afford: Light-weight indoor positioning with visible light," in *Proceedings of the 13th Annual International Conference on Mobile Systems*, *Applications*, *and Services*, ACM, May 2015, pp. 317-330.

[34] Kuo Y.-S., Pannuto P., Hsiao K.-J., and Dutta P., "Luxapose: Indoor positioning with mobile phones and visible light," *MobiCom '14, New York, NY*, USA, ACM, 2014, PP. 447-458.

[35] Hauschildt D. and Kirchhof N., "Advances in thermal infrared localization: Challenges and solutions," *Proceedings of the 2010 International Conference on Indoor Positioning and Indoor Navigation (IPIN)*, September 15-17, 2010 Campus Science City, ETH Zurich, Switzerland, 2010.

[36] Atsuumi K. and Sano M., "Indoor IR Azimuth sensor using a linear polarizer," *Proceedings of the 2010 International Conference on Indoor Positioning and Indoor Navigation (IPIN)*, September 15-17, 2010 Campus Science City, ETH Zurich, Switzerland, 2010.

[37] Fang B., "Simple solution for hyperbolic and related position fixes," *IEEE Transactions on Aerospace and Electronic Systems*, Vol. **26**, No. 5, pp. 748-753, September 1990.

[38] LiX., Pahlavan K., Latva-aho M., and Ylianttila M., "Comparison of indoor geolocation methods in *DSSS and OFDM wireless LAN*," in *Proceedings of the IEEE Vehicular Technology Conference*, Vol. **6**, September 2000, pp. 3015-3020.

[39] Correal N. S., Kyperountas S., Shi Q., and Welborn M., "An ultrawideband relative location system," in *Proceedings of the IEEE Conference on Ultra Wideband System and Technology*, November 2003, pp. 394-397.

[40] Dardari D. et al., "Ranging with ultrawide bandwidth signals in multipath environments," *Proceedings of IEEE*, Vol. **97**, No. 2, February 2009, pp. 404-426.

[41] Gezici S., Tian Z., Giannakis G. V., Kobaysahi H., Molisch A. F., Poor H. V., and Sahinoglu Z., "Localization via ultra-wideband radios: A look at positioning aspects for future sensor networks," *IEEE Signal Processing Magazine*, Vol. 22, No. 4, pp. 70-84, July 2005.

[42] Fontana R. J., "Recent system applications of short-pulse ultra-wideband (UWB) technology," *IEEE*

Transactions on Microwave Theory and Techniques, Vol. **52**, No. 9, pp. 2087-2104, September 2004.

[43] Active Bat website, http://www. cl. cam. ac. uk/research/dtg/attarchive/bat/.

[44] Hexamite: http://www. hexamite. com/.

[45] Venkatraman S. and Caffery J. , "Hybrid TOA/AOA techniques for mobile location in non-line-of-sight environments," *IEEE WCNC 2004*, Vol. **1**, pp. 274-278, March 2004.

[46] Yang C. and H. Shao -R. , "WiFi-based indoor positioning," *IEEE Communications Magazine*, Vol. **53**, No. 3, 150-157, 2015.

[47] Zhang D. , Xia F. , Yang Z. , Yao L. , and Zhao W. , "Localization technologies for indoor human tracking," in *Proceedings of the 5th International Conference on Future Information Technology (FutureTech '10)*, May 2010.

[48] AeroScout. [Online]. Available: http://www. aeroscout. com/.

[49] Wherenet, https://www. zebra. com/us/en/solutions/location-solutions/enabling-technologies/wherenet. html.

[50] Werb J. and Lanzl C. , "Designing a position system finding things and people indoors," *IEEE Spectrum*, Vol. **35**, No. 9, pp. 71-78, September 1998.

[51] Stelzer A. , K. Pourvoyeur, and A. Fischer, "Concept and application of LPM-A novel 3D local position measurement system," *IEEE Transaction on Microwave Theory and Techniques*, Vol. **52**, No. 12, pp. 2664-2669, 2004.

[52] Gezici S. , "A survey on wireless position estimation," *Wireless Personal Communications*, Vol. **44**, No. 3, pp. 263-282, 2008.

[53] Zhou J. , K. M. -K. Chu, and J. K. -Y. Ng, "Providing location services within a radio cellular network using ellipse propagation model," in *Proceedings of the 19th International Conference on Advanced Information Networking and Application*, March 2005, pp. 559-564.

[54] Teuber A. and Eissfeller B. , "A two-stage fuzzy logic approach for wireless LAN indoor positioning," in *Proceedings of the IEEE/ION Position Location Navigation Symposium*, Vol. 4, April 2006, pp. 730-738.

[55] Kotanen A. , Hannikainen M. , Leppakoski H. , and Hamalainen T. D. , "Experiment on local positioning with Bluetooth," in *Proceedings of the IEEE International Conference on Information Technology: Computer and Communication*, April 2003, pp. 297-303.

[56] Hallberg J. , Nilsson M. , and Synnes K. , "Positioning with Bluetooth," in *Proceedings of the IEEE 10th International Conference on Telecommunication*, Vol. **2**, March 2003, pp. 954-958.

[57] Pahlavan K. , Li X. , and Makela J. , "Indoor geolocation science and technology," *IEEE Communication Magazine*, Vol. **40**, No. 2, pp. 112-118, February 2002.

[58] Chrysikos T. , Georgopoulos G. , and Kotsopoulos S. , "Site-specific validation of ITU indoor path loss model at 2. 4GHz," *10th IEEE International Symposium on a World of Wireless, Mobile and Multimedia Networks (WoWMoM)*, *June* 2009, pp. 1-6.

[59] Parodi B. B. , Lenz H. , Szabi A. , Wang H. , Horn J. , Bamberger J. , and Obradovic J. , "Initialization and online-learning of RSS maps for indoor/campus localization," *Proceedings of Position Location and Navigation Symposium (PLANS 06)*, *IEEE/ION*, Myrtle Beach, South Carolina, 2006, pp. 24-27.

[60] https://combain. com/.

[61] https://unwiredlabs. com/.

[62] https://location. services. mozilla. com/.

[63] https://www. navizon. com/wifi-cell-tower-location-database. php .

[64] Han D, Jung S. , Lee M. , and Yoon G. , "Building a practical Wi-Fi-based indoor navigation system," *IEEE Pervasive Computing*, Vol. **13**, No. 2, pp. 72-79. 2014.

[65] Bahl P. and Padmanabhan V. N. , "RADAR: An in-building RF-based user location and tracking system," in *Proceedings of the IEEE INFOCOM 2000*, Vol. **2**, March 2000, pp. 775–784.

[66] Otsason V. , Varshavsky A. ,Lamarca A. , and E. de Lara, "Accurate GSM indoor localization,"*UbiComp 2005*, *Lecture Notes Computer Science*, *Springer-Verlag*, Vol. **3660**, 2005, pp. 141–158.

[67] Gimbal:http://www. gimbal. com/ .

[68] iBeacon:https://developer. apple. com/ibeacon/.

[69] Lamarcha A. , Chawathe Y. , Conolve S. , Hightower J. ,Smith I. , Scott J. , Sohn T. ,Howard J. , Hhghes J. , Potter F. , Tabert J. , Powledge P. , Borriello G. , and Schilit B. , "Place lab: Device positioning using radio beacons in the wild," in *Proceedings of the 3rd International Conference on Pervasive Computing*, 2005, pp. 116–133.

[70] Youssef M. and Agrawala A. , "The Horus WLAN location determination system,"in *Proceedings of the Annual International Conference on Mobile System*, *Applications and Services*, 2005, pp. 205–218.

[71] Roos T. ,Myllymaki P. , Tirri H. ,Misikangas P. , and Sievanan J. , "A probabilistic approach to WLAN user location estimation," *International Journal of Wireless Information Networks*, Vol. **9**, No. 3, pp. 155–164, July 2002.

[72] Castro P. , Chiu P. , Kremenek T. , and Muntz R. R. , "A probabilistic room location service for wireless networked environments," in *Proceedings of the 3rd International Conference on Ubiquitous Computing*, Atlanta, GA, September 2001, pp. 18–34.

[73] Saha S. , Chaudhuri K. , Sanghi D. , and Bhagwat P. , "Location determination of a mobile device using IEEE 802. 11b access point signals," in *Proceedings of the IEEE Wireless Communications and Networking Conference*, Vol. 3, March 2003, pp. 1987–1992.

[74] Ladd A. M. , Bekris K. E. ,Rudys A. ,Kavaraki L. E. , and Wallach D. S. , "On the feasibility of using wireless Ethernet for indoor localization," *IEEE Transactions on Robotics and Automation*, Vol. **20**, No. 3, pp. 555–559, June 2004.

[75] Ssun W. , Liu J. , Wu C. , Yang Z. , Zhang X. , and Liu Y. , "MoLoc: On distinguishing fingerprint twins," in *Proceedings of IEEE International Conference on Distributed Computing Systems* (*ICDCS*), 2013a.

[76] Moghtadaiee V. , Dempster A. G. , and Lim S. , "Indoor localization using FM radio signals: A fingerprinting approach," in *IPIN*, *September* 2011, pp. 1–7.

[77] Chen Y. , Lymberopoulos D. , Liu J. , and Priyantah B. , "Indoor localization using FM signals," *IEEE Transactions on Mobile Computing*, Vol. **12**, No. 8, 1502–1517, 2013.

[78] Non A. S. −I. , Lee W. J. , and Ye J. Y. ,"Comparison of the mechanisms of the Zigbee's indoor localization algorithm," in *Software Engineering*, *Artificial Intelligence*, *Networking*, *and Parallel/Distributed Computing*, 2008, *SNPD* '08. *Ninth ACIS International Conference on* ,2008, pp. 13–18.

[79] Yang J. and Rao R. ,"Multi-subnetwork switching mechanism in the large-scale Zigbee mesh network for the real-time indoor positioning system," in *Multimedia Information Networking and Security* (*MINES*), *2011 Third International Conference on*, 2011, pp. 100–104.

[80] Anshul A. Rai and Chintalapudi K. K. ,Venkat P. , and Sen R. , "Zee: Zero-effort crowdsourcing for indoor localization," in *Proceedings of the 18th Annual International Conference on Mobile Computing and Networking* (*MobiCom*), August 2012.

[81] Smith R. , Self M. , and Cheeseman P. ,"Estimating uncertain spatial relationship in robotics," in *Autonomous Robot Vehicles* (eds. I. J. Cox and G. T. Wilfong), pp. 167 – 193, Springer-Verlag New York, Inc. , 1990.

[82] Sen S. et al. , "Avoiding multipath to revive inbuilding Wi-Fi localization," in *MobiSys*, 2013.

[83] Goling A. R. , and Lesh N. , "Indoor navigation using a diverse set of cheap, wearable sensors," *ISWC '99: Proc. 3rd IEEE Int. Symp. Wearable Computers*, San Francisco, CA, USA, IEEE Computer Society, 1999, p. 29.

[84] Hub A. , Diepstraten J. , and Ertl T. , "Design and development of an indoor navigation and object identification system for the blind," *Proceedings of the 6th International ACM SIGACCESS Conference on Computers and Accessibility*, Atlanta, GA, USA, 2004, PP. 147-152.

[85] Ran L. , Helanl S. ,ands. Moore, "Drishti: An integrated indoor/outdoor blind navigation system and service," *PERCOM '04 Proc. Second IEEE International Conf. Pervasive Computing and Communications (PerCom'04)*, Orlando, FL, USA, 2004, PP. 23-30.

[86] Retscher G. and Thienelt M. , "Navio-a navigation and guidance service for pedestrians," *Journal of Global Positioning Systems*, Vol. 3, No. 1-2, 208-217, 2004.

[87] Golding A. R. and Lesh N. , "Indoor navigation using a diverse set of cheap, wearable sensors," in *Wearable Computers, The Third International Symposium on*, IEEE, pp. 29-36, 1999.

[88] Ravi N. and Lftode L. , "Fiatlux: Fingerprinting rooms using light intensity." In Pervasive Computing, in *Adjunct Proceeding of the Fifth International Conference on*, 2007.

[89] Jimenez A. R. , Zampella F. , and F. Seco, "Light-matching: A new signal of opportunity for pedestrian indoor navigation," in *Indoor Positioning and Indoor Navigation (IPIN), 2013 International Conference on*, IEEE, 2013, PP. 1-10.

[90] Jung S. -Y. ,Choi C. -K. , Hu S. Hei, Ro Lee S. , and Park C. -S. , "Received signal strength ratio based optical wireless indoor localization using light emitting diodes for illumination," in *Consumer Electronics (ICCE), 2013 IEEE*, 2013.

[91] Zhang W. and Kavehrad M. , "A 2D indoor localization system based on visible light LED," in *Photonics Society Summer Topical Meeting Series*, IEEE, 2012, pp. 80-81.

[92] Bilgi M. , Yuksel M. , and Pala N. , "3D optical wireless localization," in *GLOBECOM Workshops (GC Wkshps)*, IEEE, 2010, pp. 1062-1066.

[93] Hu P. , Li L. , Peng C. , Shen G. , and Zhao F. ,"Pharos: Enable physical analytics through visible light based indoor localization," in *Proceedings of the Twelfth ACM Workshop on Hot Topics in Networks*, ACM, 2013, **5.**

[94] Li L. , Hu P. , Peng C. , Shen G. , and Zhao F. , Epsilon: A visible light based positioning system, in 11*th USENIX Symposium on Network Systems Design and Implementation (NSDI 14)*, USENIX Association, 2014, pp. 331-343.

[95] Microsoft Kinect:http://www. xbox. com/de-DE/kinect/.

[96] Sky-Trax Inc. , 2011, http://www. sky-trax. com/.

[97] Mulloni A. , Wgengr D. , Schmalsteng D. , and Baraknyi I. , "Indoor positioning and navigation with camera phones," *Pervasive Computing, IEEE*, Vol. **8**, pp. 22-31, 2009.

[98] AICON 3D Systems:http://www. aicon. de.

[99] Hagisonic, "User's Guide Localization System StarGazerTM for Intelligent Robots," 2008, http://www. hagisonic. com/.

[100] Lee S. and Song J. B. ,"Mobile Robot localization using infrared light reflecting landmarks," *Proceedings of the International Conference on Control, Automation and System (ICCAS'07)*, 2007, PP. 674-677.

[101] Köhler M. , Patel S. , Summet J. , Stuntebeck E. , and Abowed G. , "TrackSense: Infrastructure free precise indoor positioning using projected patterns," *Pervasive Computing, LNCS*, Vol. **4480**, pp. 334-

350, 2007.

[102] Wang R. , Hopper A. , Falcao V. , and Gibbons J. ,"The Active Badge Location System," *ACM Transactions on Information Systems*, Vol. **10**, No. 1, January 1992, pp. 91−102.

[103] Ni L. M. , Liu Y. , Lau Y. C. , and Patil A. P. ,"LANDMARC: Indoor location sensing using active RFID," *Wireless Network*, Vol. **10**, No. 6, pp. 701−710, November 2004.

[104] Caffery J. J. and Stuber G. L. ,"Overview of radio location in CDMA cellular system," *IEEE Communications Magazine*, Vol. **36**, No. 4, pp. 38−45, April 1998.

[105] Harle R. , "A survey of indoor inertial positioning systems for pedestrians," in *IEEE Communications Surveys & Tutorial*, Vol. **15**, No. 3, pp. 1281−1293, Third Quarter 2013.

[106] Weinberg H. , "AN-602: Using the ADXL202 in pedometer and personal navigation applications," *Analog Devices*, Tech. Rep. , 2002.

[107] Randell C. , Djiallis C. , and Muller H. , "Personal position measurement using dead reckoning," in *Proceedings of IEEE International Symposium on Wearable Computers (ISWC)*, 2003.

[108] Wu C. , Yang Z. , Liu Y. , and Xi W. ,"WILL: Wireless indoor localization without site survey," *IEEE Transactions on Parallel and Distributed Systems*, Vol. **24**, No. 4, 839−848, 2013a.

[109] Jimenez A. R. , Seco F. , Prieto C. , and Guevara J. ,"A comparison of pedestrian dead-reckoning algorithms using a low-cost MEMS IMU, " in *Proceedings of IEEE International Symposium on Intelligent Signal Processing (WISP)*, 2009.

[110] Yang Z. , Wu C. , and Liu Y. ,"Locating in fingerprint space: Wireless indoor localization with little human intervention," in *Proceedings of ACM International Conference on Mobile Computing and Networking (MobiCom)*, 2012.

[111] Wang H. , Sen S. , Elgohary A. , Farid M. , Youssef M. , and Roy Choudhury R. , "No need to wardrive: Unsupervised indoor localization," in *Proceedings of ACM International Conference on Mobile Systems Applications, and Services (MobiSys)*, 2012.

[112] Sen S. , Lee J. , Kim K. -H. , and Congdon P. , "Back to the basic: Avoiding multipath to revive inbuilding Wi-Fi localization," in *Proceedings of ACM International Conference on Mobile Systems, Applications, and Services (MobiSys)*, 2013.

[113] Goyal P. ,Rribeiro V. J. , Saran H. , and Kumar A. ,"Strap-down Pedestrian Dead-Reckoning system, " in 2011 *International Conference on Indoor Positioning and Indoor Navigation*, IEEE, September 2011, pp. 1 −7.

[114] Zhu X. , Li Q. , and Chen G. ,"APT: Accurate outdoor pedestrian tracking with smartphones," in *Proceedings of IEEE International Conference on Computer Communications (INFOCOM)*, 2013.

[115] Saarinen J. , Suomela J. , Heikkila S. , Elomarr M. , and Halme A. , "Personal navigation system," *2004 IEEERSJ International Conference on Intelligent Robots and Systems*, IROS IEEE Cat No04CH37566, 2004, pp. 212−217.

[116] Wang Q. , Zhang X. , Chen X. , Chen R. , Chen W. , and Chen Y. ,"A novel pedestrian dead reckoning algorithm using wearable EMG sensors to measure walking strides," in *2010 Ubiquitous Positioning Indoor Navigation and Location Based Service*, IEEE, October 2010, pp. 1−8.

[117] Margaria R. and Margaria R. , *Biomechanics and Energetics of Muscular Exercise*, Clarendon Press, Oxford, 1976.

[118] Ladetto Q. , "On foot navigation: Continuous step calibration using both complementary recursive prediction and adaptive Kalman filtering," in *Proceedings of ION GPS*, 2000.

[119] Gusebauer D. , Lsert C. , and Krosche J. , "Self-contained indoor positioning on off-the-shelf mobile de-

vices," in *Proceedings of International Conference on Indoor Positioning and Indoor Navigation* (*IPIN*), 2010.

[120] Bertram J. E. A. and Ruina A., "Multiple walking speed-frequency relations are predicted by constrained optimization," *Elsevier Journal of Theoretical Biology*, Vol. **209**, No. 4, 445-453. 2001.

[121] Cho D. -K., Mun M., Lee U., Kaiser W. J., and Gerla M., "AutoGait: a mobile platform that accurately estimates the distance walked," in *Proceedings of IEEE International Conference on Pervasive Computing and Communications* (*PerCom*), 2010.

[122] Shen G., Chen Z., Zhang P., Moscibroda T., and Zhang Y., "Walkie-Markie: Indoor pathway mapping made easy," in *Proceedings of USEIX Conference on Networked Systems Design and Implementation* (*NSDI*), 2013.

[123] Miluzzo E., Lane N. D., Fodor K., Peterson R., Lu H., Musolesi M., Eisenman S. B., Zheng X., and Campbell A. T., "Sensing meets mobile social networks: The design, implementation and evaluation of the CenceMe application," in *Proceedings of ACM Conference on Embedded Networked Sensor Systems* (*SenSys*), 2008.

[124] Iso T. and Yamazaki K., "Gait analyzer based on a cell phone with a single three-axis accelerometer," in *Proceedings of ACM Conference on Human-Computer Interaction with Mobile Devices and Services* (*MobileHCI*), 2006.

[125] Park J. -G., Patel A., Curtis D., Teller S., and Ledlie J., "Online pose classification and walking speed estimation using handheld devices," In *proceedings of ACM International Conference on Ubiquitous Computing* (*UbiComp*), 2012.

[126] Harle R., "A survey of indoor inertial positioning systems for pedestrians," *IEEE Communications Surveys & Tutorials*, Vol. *15*, No. 3, 1281-1293, 2013.

[127] Park K., Shin H., and ChaH., "Smartphone-based pedestrian tracking in indoor corridor environments," *Springer Personal Ubiquitous Computing*, Vol. *17*, No. 2, pp. 359-370, 2013.

[128] Afzal M. H., Renaudin V., and Lachapelle G., "Assessment of indoor magnetic field anomalies using multiple magnetometers," *in ION GNSS, September* 2010, pp. 21-24.

[129] Ypissef M., Yosef M. A., and Ei-Derini M., "GAC: Energy-efficient hybrid GPS-accelerometer-compass GSM localization," in *Proceedings of IEEE Global Telecommunications Conference* (*GLOBECOM*), 2010.

[130] Kim J. W. and Park C., "A step, stride and heading determination for the pedestrian navigation system," *Technology*, Vol. **3**, No. 1, pp. 273-279, 2005.

[131] Steinhoff U. and Schiele B., "Dead rekoning from the pocket-an experimental study," in *Pervasive Computing and Communications* (*PerCom*), *2010 IEEE International Conference on*, 29 March 2010-2 April 2010, pp. 162-170.

[132] Zhu X., Li Q., and Chen G., "APT: Accurate outdoor pedestrian tracking with smartphones," in *Proceedings of IEEE International Conference on Computer Communications* (*INFOCOM*), 2013.

[133] Lan K. -C. and Shih W. -Y., "Using floor plan to calibrate sensor drift error for indoor localization," in *Proceedings of the Joint ERCIM eMobility and MobiSense Workshop* (*ERCIM*), 2013.

[134] Fox D., Thrum S., Burgard W., and Dellaert F., "Particle filters for mobile robot localization," in *Sequential Monte Carlo Methods in Practice*, pp. 401-428, Springer, 2001.

[135] Woodman O. and Harle R., "Pedestrian localisation for indoor environments," in *Proceedings of ACM International Conference on Ubiquitous Computing* (*UbiComp*), 2008.

[136] eauegard S., Widywan, and Klepal M., "Indoor PDR performance enhancement using minimal map information and particle filters," in *Proceedings of the 2012 IEEE/ION Position, Location and Navigation Sym-*

posium, 2008, pp. 141-147.

[137] Widyawan, Klepal M., and Pesch D., "A Bayesian Approach for RF-Based Indoor Localisation," in Proceedings of the 4th IEEE International Symposium on Wireless Communication Systems 2007 (ISWCS 2007), Trondheim, Norway, October 16 2007.

[138] Yang Z., Wu C., Zhou Z., Zhang X., Wang X., and Liu Y., "Mobility increases localizability: A survey on wireless indoor localization using inertial sensors," *ACM Computing Survey (CSUR)*, Vol. **47**, No. 3, 2015: 54.

[139] Yoon S., Lee K., and Rhee I., "FM-based indoor localization via automatic fingerprint DB construction and matching," in *Proceedings of ACM International Conference on Mobile Systems, Applications, and Services (MobiSys)*, 2013.

[140] Robertson P., Angermann M., Krach B., and Khider M., "Slam dance: Inertial-based joint mapping and positioning for pedestrian navigation," in *Proceedings of Inside GNSS*, pp. 48-59, 2010.

[141] Montemerlo M., Thrun S., Koller D., and Wegbreit B., "FastSLAM: A factored solution to the simultaneous localization and mapping problem," in *Proceedings of the AAAI National Conference on Artificial Intelligence*, Edmonton, Canada, 2002.

[142] Seitz J., Vaupel T., Jahn J., Meyer S., Boronat J. G., and Thielecke J., "A hidden Markov model for urban navigation based on fingerprinting and pedestrian dead reckoning," in *Proceedings of the 13th International Conference on Information Fusion*, pp. 1-8, 2010.

[143] Rainer L. and Juang B., "An introduction to hidden Markov models," *ASSP Magazine, IEEE*, Vol. **3**, pp. 4-16, January 1986.

[144] Wang H., Szabo A., and Bamberger J., "Performance comparison of nonlinear filters for indoor WLAN positioning," *The 11th International Conference on Information Fusion*, Vol. **1**, 2008.

[145] Woodman O. and Harle R., "Pedestrian localisation for indoor environments," *Proceedings of the 10th International Conference on Ubiquitous Computing*, ACM New York, 2008, pp. 114-123.

[146] Wen H., Xiao Z., Trigoni N., and Blunsom P., "On assessing the accuracy of positioning systems in indoor environments," in *Proceedings of the 10th European Conference on Wireless Sensor Networks*, pp. 1-17, 2013.

[147] Welch L. R., "Hidden Markov models and the Baum-Welch algorithm," *IEEE Information Theory Society Newsletter*, Vol. **53**, No. 4, 2003.

[148] Pasricha S., Ugave V., Aanderson C. W., and Han Q., "LearnLoc: A framework for smart indoor localization with embedded mobile devices," in *Proceedings of the 10th International Conference on Hardware/Software Codesign and System Synthesis*, IEEE Press, pp. 37-44, October 2015.

[149] Martin A., Ionut C., and Romit C., "SurroundSense: Mobile phone localization via ambience fingerprinting," MobiCom, 2009

[150] Bitsch L., Jó G., Paul S., and Klaus W., "FootPath: Accurate map-based indoor navigation using smartphones," IPIN. September 2011.

[151] Mittal A., Tiku S., and Pasricha S., "Adapting convolutional neural networks for indoor localization with smart mobile devices," *ACM Great Lakes Symposium on VLSI (GLSVLSI)*, May 2018.

[152] Faragher R., Sarno C., and Newman M., "Opportunistic radio SLAM for indoor navigation using smartphone sensors," in *Position Location and Navigation Symposium (PLANS)*, **2012** IEEE/ION, April 2012, pp. 120-128.

[153] Ferris B., Fox D., and Lawrence N., "Wi-FiSLAM using Gaussian process latent variable models," in *Proceedings of the 20th International Joint Conference on Artificial Intelligence, Ser. IJCAI' 07*, San Fran-

cisco, California: Morgan Kaufmann Publishers Inc. , 2007, pp. 2480-2485.

[154] Mirowski P. ,Ho, S T. K. . Yi, and Macdonald M. , "SignalSLAM: Simultaneous localization and mapping with mixed WiFi, Bluetooth, LTE and magnetic signals," in *Indoor Positioning and Indoor Navigation* (*IPIN*), 2013 International Conference on , IEEE, October 2013, pp. 1-10.

[155] Grisetti G. ,Kummerle R. ,Stachniss C. , and Burgard W. , "A tutorial on graph-based SLAM," *IEEE Intelligent Transportation Systems Magazine*, Vol. **2**, No. 4, 2010.

[156] Lazik P. , Rajagopal N. ,Shih O. ,Sinoopli B. , and Rowe A. , "Alps: A Bluetooth and ultrasound platform for mapping and localization," In *Proceedings of the 13th ACM Conference on Embedded Networked Sensor Systems*, ACM, November 2015, pp. 73-84.

[157] Brignone C. , Connors T. ,Lyon G. , and Pradhan S. , "SmartLOCUS: An autonomous, self-assembling sensor network for indoor asset and systems management," Mobile Media Syst. Lab. , HP Laboratories, Palo Alto, California, Tech. *Rep*, 41, 2003.

[158] Smith A. ,Balakrishnan H. ,Goraczako M. , and Priyantha N. , "Tracking moving devices with the cricket location system," *Proceedings of the 2nd USENIX/ACM MOBISYS Conference*, Boston, MA, June 2004.

[159] Radianse, Inc. Radianse Indoor Positioning. http://www. radianse. com.

[160] Versus Technology,http://www. versustech. com.

[161] EIRIS System,http://www. elcomel. com. ar/english/eiris. htm.

[162] Sen S. , Kim D. ,Laroche S. ,Kim K. H. , and Lee J. ,"Bringing CUPID indoor positioning system to practice," in *Proceedings of the 24th International Conference on World Wide Web*, ACM, May 2015, pp. 938-948.

[163] Xu Q. , Zheng R. , and Hranilovic S. , "Idyll: Indoor localization using inertial and light sensors on smartphones," in *Proceedings of the 2015 ACM International Joint Conference on Pervasive and Ubiquitous Computing ACM*2015, September 2015, pp. 307-318.

[164] Liu T. ,Carlberg M. ,Chen G. ,Chen J. ,Kua J. , and Zakhor A. , "Indoor localization and visualization using a human-operated backpack system," *Proceedings of the 2010 International Conference on Indoor Positioning and Indoor Navigation* (*IPIN*), September 15-17, 2010 Campus Science City, ETH Zurich, Switzerland, 2010, pp. 890-899.

[165] Lymberopoulos D. ,Liu J. ,Yang X. ,Choudhury R. R. ,Sen S. , and Handziski V. , "Microsoft indoor localization competition: Experiences and lessons learned," *GetMobile: Mobile Computing and Communications*, **18**(4), pp. 24-31, 2015.

[166] Romanovas M. ,Goridko V. , Ai-Jawad A. ,Schwaab M. ,Klingbeil L. ,Traechtler M. , and Manoli Y. , "A study on indoor pedestrian localization algorithms with foot-mounted sensors," *International Conference on Indoor Positioning and Indoor Navigation*, 2012.

[167] Donohoo B. , Oohlsen C. , and Pasricha S. , "A middleware framework for application-aware and user-specific energy optimization in smart mobile devices," *Journal of Pervasive and Mobile Computing*, Vol. **20**, pp. 47-63, July 2015.

[168] Donohoo B. ,Ohlsen C. ,Pasricha S. ,Anderson C. , and Xiang Y. , "Context-aware energy enhancements for smart mobile devices," *IEEE Transactions on Mobile Computing* (*TMC*), Vol. **13**, No. 8, August 2014, pp. 1720-1732.

[169] Donohoo B. , Ohlsen C. ,Pasricha S. , and Anderson C. , "Exploiting spatiotemporal and device contexts for energy-efficient mobile embedded systems," *IEEE/ACM Design Automation Conference* (*DAC 2012*), July 2012.

[170] Donohoo B. , Ohlsen C. , and Pasricha S. , "AURA: An application and user interaction aware middleware

framework for energy optimization in mobile devices," *IEEE International Conference on Computer Design* (*ICCD 2011*), October 2011.

[171] Tiku S. and Pasricha S. , "PortLoc：A portable data-driven indoor localization framework for smartphones," *IEEE Design and Test*, 2019.

[172] Tiku S. , Pasricha S. , Notaros B. , and Han Q. , "SHERPA：A lightweight smartphone heterogeneity resilient portable indoor localization framework," *IEEE International Conference on Embedded Software and Systems* (*ICESS*), Las Vegas, Nevada, June 2019.

[173] Wirola L. , Laine T. , and J. Syrärinne, "Mass market considerations for indoor positioning and navigation," *Proceedings of the 2010 International Conference on Indoor Positioning and Indoor Navigation* (*IPIN*), September 15-17, 2010 Campus Science City, ETH Zurich, Switzerland, 2010.

[174] Schneider O. , "Requirements for positioning and navigation in underground constructions," *Proceedings of the 2010 International Conference on Indoor Positioning and Indoor Navigation* (*IPIN*), September 15-17, 2010 Campus Science City, ETH Zurich, Switzerland, 2010.

[175] Rantakokko J. , P. Händel, M. Fredholm, and F. Marsten Eklöf, "User requirements for localization and tracking technology：A survey of mission-specific needs and constraints," *Proceedings of the 2010 International Conference on Indoor Positioning and Indoor Navigation* (*IPIN*), September 15-17, 2010 Campus Science City, ETH Zurich, Switzerland, 2010

本章相关彩图，请扫码查看

第38章　手机机会信号导航

Zaher (Zak) M. Kassas
加利福尼亚大学尔湾分校,美国

38.1　简介

在不同类型的机会信号中,手机信号由于其独特的特性,尤其受到定位、导航和授时(PNT)方面的青睐。

(1)数量丰富。随着手机、智能手机和平板电脑的普及,蜂窝收发器基站(base transceiver stations,BTS)数量大幅增加。随着支持第五代(5G)无线系统的小型蜂窝的引入,用于支持第五代基站的数量必将大幅度增加。

(2)几何多样性。通过构造蜂窝收发基站网络可产生良好的几何蜂窝布局,而不像某些地面发射机,覆盖区域往往是重合的(例如数字电视)几何布局多样性会导致几何精度因子的精度(geometric dilution of precision,GDOP)降低,从而可获得更精准的授时(PNT)解决方案。

(3)高载波频率。当前基站载波频率范围介于800~1900MHz,可产生精确的载波相位导航观测。未来的5G网络将接入30~300GHz频率。

(4)大带宽。蜂窝信号具有较大的带宽,可对到达时间(time-of-arrival,TOA)进行精确的测量[如某些手机网络(long-term evolution,LTE)参考信号带宽可达20MHz]。

(5)高发射功率。蜂窝信号通常在GNSS信号受到遮挡的环境中使用(例如室内和城市深处)。从附近的蜂窝收发基础接收到载噪比(C/N_0)比从GPS卫星接收到信号载噪比要高20dB-Hz。

(6)免费使用手机信号进行PNT无须部署成本——实际上这些信号是免费使用的。具体地,用户设备(user equipment,UE)可以在不与BTS通信的情况下对传输的手机信号进行"窃听",必要时从接收到的信号中提取PNT信息,并在本地进行导航解算。虽然也存在其他在UE和BTS之间双向通信(即基于网络)的导航方法,但本章重点解释如何实现基于UE的导航。

无论GNSS信号是否可用,都可以利用手机机会信号生成或改进导航解算。当GNSS信号不可用时,蜂窝信号可独立生成导航解算,或者辅助惯性导航系统(INS)[1-6]。当GNSS信号可用时,蜂窝信号可与GNSS信号融合,从而产生一种优于标准GNSS解算的导航解算,尤其是在垂直方向[7-8]。

蜂窝信号不是直接用于PNT的。因此要采用蜂窝信号进行导航定位,必须解决相应的挑战。这也是过去几年来广泛研究的课题,本章接下来总结了这些挑战和潜在的解决方法。

（1）手机信号被调制,然后以非 PNT 的目的进行传输。这些信号比 GNSS 信号要复杂得多,从中提取相关信息并不容易。最近的研究重点是推导出合适的从接收到的蜂窝信号中最优提取 PNT 感兴趣的状态和参数的低阶模型并分析了蜂窝信号在不同传播通道的影响[9-15]。

（2）GNSS 接收机不仅可在市场购买,而且有大量关于 GNSS 接收机如何设计的参考资料。然而,手机导航接收机却并非如此。最近的文献已经发表了专门从接收蜂窝信号到生成导航观测值的接收机设计（如码相位、载波相位和多普勒频率）[16-19]。

（3）GNSS 空间卫星（SV）配备了高精度的原子钟进行星间精确同步。蜂窝塔配备的振荡器稳定性较差,同步度较低,通常为恒温晶振（oven controlled crystal oscillators,OCXO）。因为通信同步要求不如 PNT 同步严格。这种低精度的时钟同步所引起的定时误差可能导致数十米的定位误差。研究人员一直在对这种误差进行建模和设计 PNT 估计器以补偿同步误差[20-25]。

（4）GNSS 信号在导航电文中向接收机传送所有必要的状态和参数（如 SV 的位置、时钟偏差、电离层模型参数等）。相比之下,蜂窝基站不传输此类信息。因此,必须开发导航框架来估计蜂窝基站的状态和参数（位置、时钟偏差、时钟漂移、频率稳定度等）,这些状态和参数不一定是先验的。在目前已提出的几个导航框架中,其中一个框架是建立一个专门的已知其位置及时间等导航状态（如 GNSS 定位）的基站进行网络站点布局,估计蜂窝中其他基站的未知位置布局状态,并发送到导航接收机中。另一个框架是同时估计接收机和无限同步定位与映射中蜂窝基站（radio simultaneous localization and mapping,无线电 SLAM）的状态[26-29]。

本章通过介绍相关的信号模型、接收机结构、PNT 误差源以及相应的模型、导航框架和实验结果来讨论手机信号如何应用于 PNT。本章其余部分内容的组织如下:38.2 节简要概述了蜂窝系统的演变;38.3 节讨论了钟差动态建模,以便于估计未知的 BTS 钟差状态;38.4 节描述了蜂窝环境中导航的两个框架;38.5 节和 38.6 节分别讨论了如何使用蜂窝码分多址（CDMA）和 LTE 信号导航;38.7 节讨论了蜂窝网络中出现的定时误差,即不同蜂窝 BTS 之间的钟差差异;38.8 节重点介绍了将手机信号与 GNSS 信号融合后,在导航解算方面取得的进展;38.9 节描述了如何使用蜂窝信号辅助 INS。在本章中,斜体小写黑体字母（如 x）表示时域中的矢量,斜体大写黑体字母（如 X）表示频域中的矢量或矩阵。

38.2 蜂窝系统概述

自从 1973 年摩托罗拉的 John F. Mitchell 和 Martin Cooper 第一次演示了手机的通话原理,蜂窝系统已经发生了重大进步。1979 年,日本电信电话公司（Nippon Telegraph and Telephone, NTT）在日本推出了第一个商业自动化蜂窝网络。第一代（1G）网络是模拟的,它使用了频分多址（FDMA）技术。第二代（2G）网络向数字过渡,主要使用时分多址（TDMA）技术。后来演变为 2.5G 的通用分组无线业务（GPRS）和 2.75G 的 GSM 演进的增强数据速率（EDGE）技术。第三代（3G）网络升级了 2G 网络以提高互联网速度,并使用了 CDMA 技术。第四代（4G）网络是为了实现更快的数据速率而引入的,通常被称为 LTE。LTE 采用正交频分多址接入(OFDMA)和多输入多输出(MIMO),即天线阵列。图 38.1 总结了现有的各代蜂窝系统及其对应的主要调制方案。

本章重点介绍使用蜂窝 CDMA 和 LTE 信号进行 PNT。表 38.1 比较了 GPS 粗/捕获(C/A)码、CDMA 导频信号和 3 个 LTE 参考信号的主要特征:主同步信号(PSS)、次同步信号(SSS)和蜂窝特定参考信号(CRS)。

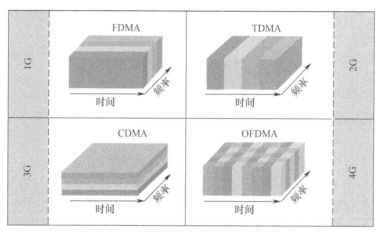

图 38.1　各代蜂窝系统

(资料来源:改编自 A. Elnashar 的《无线宽带发展》。)

表 38.1　GPS 与蜂窝 CDMA 和 LTE 的比较

名称	信号	可能序列数	带宽/MHz	码周期/ms	预测测距精度/m
GPS	C/A 码	63	1.023	1	2.93
CDMA	导频	512	1.2288	26.67	2.44
LTE	PSS	3	0.93	10	3.22
	SSS	168	0.93	10	3.22
	CRS	504	≤20	0.067	0.15

2012 年,国际电信联盟无线电通信(ITU-R)部门启动了一项计划,开发 2020 年及以后的国际移动通信(IMT)系统。该项目为 5G 研究活动奠定了基础。与 4G 相比,5G 的主要目标包括:①更高的移动用户密度;②支持设备对设备、超可靠和大规模机器通信;③更低的时延;④更低功耗。为了实现这些目标,将毫米通信波频带添加到当前频带以进行数据传输。5G 的其他显著特征包括毫米波通信、小蜂窝单位、大规模 MIMO 天线阵列、波束成形和全双工通信[30-31]。

38.3　钟差动态建模

GNSS 卫星配备了同步原子钟,它们的钟差与 SV 的轨道信息一起在导航电文中传输。相比之下,蜂窝基站配备了稳定性较差的振荡器(通常为 OCXO)。与 GNSS 时钟进行同步时,它们的钟差状态(偏置和漂移)和位置通常是未知的,需要估计蜂窝基站的钟差和位置。

因此,建立钟差动态模型很重要。两态模型为一种典型的钟差动态模型,由时钟偏置 δt 和时钟漂移 $\dot{\delta t}$ 组成,如图38.2所示。

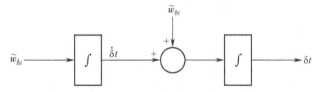

图 38.2　钟差动态学模型

(资料来源:Z. Kassas 的《协同机会导航的分析与综合系统学》。)

钟差状态随时间变化

$$\dot{\boldsymbol{x}}_{\mathrm{clk}}(t) = \boldsymbol{A}_{\mathrm{clk}}\boldsymbol{x}_{\mathrm{clk}}(t) + \widetilde{\boldsymbol{w}}_{\mathrm{clk}}(t) ,$$

$$\boldsymbol{x}_{\mathrm{clk}} = \begin{bmatrix} \delta t \\ \dot{\delta t} \end{bmatrix} , \quad \widetilde{\boldsymbol{w}}_{\mathrm{clk}} = \begin{bmatrix} \widetilde{w}_{\delta t} \\ \widetilde{w}_{\dot{\delta t}} \end{bmatrix} , \quad \boldsymbol{A}_{\mathrm{clk}} = \begin{bmatrix} 0 & 1 \\ 0 & 0 \end{bmatrix} \tag{38.1}$$

其中, $\widetilde{\boldsymbol{w}}_{\mathrm{clk}}$ 为零均值、相互独立的白噪声过程,其功率谱密度为 $\widetilde{\boldsymbol{Q}}_{\mathrm{clk}} = \mathrm{diag}[S_{\widetilde{w}_{\delta t}}, S_{\widetilde{w}_{\dot{\delta t}}}]$,功率谱 $S_{\widetilde{w}_{\delta t}}$ 和 $S_{\widetilde{w}_{\dot{\delta t}}}$ 与幂指系数 $\{h_a\}_{a=-2}^{2}$ 有关。经实验证明,这些方法足以表征振荡器与标称频率的分数频率偏差 $y(t)$ 的功率谱密度,其形式为 $S_y(f) = \sum\limits_{a=-2}^{2} h_a f^a$ [32-33]。通常钟差动态近似模型只考虑频率随机游走系数 h_{-2} 和白噪声频率系数 h_0 ,其功率谱分别为 $S_{\widetilde{w}_{\delta t}} \approx \dfrac{h_0}{2}$ 和 $S_{\widetilde{w}_{\dot{\delta t}}} \approx 2\pi^2 h_{-2}$ [34-35]。 h_0 和 h_{-2} 典型的 OCXO 值如表38.2所列。将钟差状态转移方程[式(38.1)]按采样周期 T 进行离散化,得到等效离散模型为

$$\boldsymbol{x}_{\mathrm{clk}}(k+1) = \boldsymbol{F}_{\mathrm{clk}}\boldsymbol{x}_{\mathrm{clk}}(k) + \boldsymbol{w}_{\mathrm{clk}}(k)$$

式中: $\boldsymbol{w}_{\mathrm{clk}}$ 为离散时间零均值白噪声序列其协方差为 Q_{clk}

$$\boldsymbol{F}_{\mathrm{clk}} = \begin{bmatrix} 1 & T \\ 0 & 1 \end{bmatrix} , \quad \boldsymbol{Q}_{\mathrm{clk}} = \begin{bmatrix} S_{\widetilde{w}_{\delta t}} T + S_{\widetilde{w}_{\dot{\delta t}}} \dfrac{T^3}{3} & S_{\widetilde{w}_{\dot{\delta t}}} \dfrac{T^2}{2} \\ S_{\widetilde{w}_{\dot{\delta t}}} \dfrac{T^2}{2} & S_{\widetilde{w}_{\dot{\delta t}}} T \end{bmatrix} \tag{38.2}$$

表 38.2　典型 h_0 和 h_{-2} 不同 OCXO 的值[36]

h_0	h_{-2}
2.6×10^{-22}	4.0×10^{-26}
8.0×10^{-20}	4.0×10^{-23}
3.4×10^{-22}	1.3×10^{-24}

38.4　蜂窝环境中的导航框架

BTS 位置可以通过多种方法轻松获得,例如,从蜂窝基站数据库(如果可用)或通过部

署多个已知其自身状态的映射接收机,在足够长的时间内计算 BTS 的位置状态[37-39]。这些计算值可通过测量或卫星图像进行物理验证。如 38.3 节所述,不同于 BTS 位置是静态的,钟差状态是随机和动态的,很难验证。

可通过两种框架实现 BTS 状态的估计。

(1)映射器/导航器。该框架包括:①具有自身状态边缘的接收机,称为映射器,对周围的基站状态进行测量(如伪距和载波相位),映射器的作用是计算蜂窝基站的状态;②其自身状态未知的接收机,称为导航器,在同一基站周围进行测量以计算其自身状态,同时从映射器处获得基站状态的估计。

(2)无线电 SLAM。在这个框架中,接收机在无线环境中定位自身的同时映射 BTS。

为了使与上述框架相关的估计问题可见,必须满足关于基站或接收机状态的某些先验信息[27,40-42]。简单起见,假设一个平面环境定位将接收器和基站的三维位置适当地投影到定位平面环境中。接收机的状态定义为 $\boldsymbol{x}_r \triangleq [\boldsymbol{r}_r^T, c\delta t_r]^T$,其中,$\boldsymbol{r}_r = [x_r, y_r]^T$ 是接收机的位置矢量,δt_r 是接收机的时钟偏差,c 是光速。类似地,定义了第 i 个 BTS 的状态 $\boldsymbol{x}_{S_i} \triangleq [\boldsymbol{r}_{S_i}^T, c\delta t_{S_i}]^T$,其中 $\boldsymbol{r}_{S_i} = [x_{S_i}, y_{S_i}]^T$ 是第 i 个基站的位置矢量,δt_{S_i} 是其时钟偏差。第 i 个基站的测量值伪距 ρ_i 可表示为

$$\rho_i = h_i(\boldsymbol{x}_r, \boldsymbol{x}_{S_i}) + v_i \tag{38.3}$$

式中:$h_i(\boldsymbol{x}_r, \boldsymbol{x}_{S_i}) \triangleq \| \boldsymbol{r}_r - \boldsymbol{r}_{S_i} \|_2 + c \cdot [\delta t_r, \delta t_{S_i}]$;$v_i$ 是测量噪声,它是均值为零、方差为 σ_i^2 的高斯随机变量[27]。以下各节概述了在蜂窝基站的伪距测量基础上,导航框架相关的计算。文献[43]中讨论了载波相位测量的框架。

38.4.1　映射器/导航器框架

假设从 $N \geqslant 3$ 个已知状态的基站接收机中提取伪距,根据式(38.3)通过解决加权非线性最小二乘(WNLS)问题,估计接收器的状态。然而,在实践中,基站的状态未知,在这种情况下,可以使用映射器/导航器框架[18,25]。在导航空间环境中,映射器已事先获取了其导航状态(例如通过 GNSS),如图 38.3 所示。映射器作用是计算基站的位置和时钟偏差状态,并通过中央数据库与导航器共享这些估计。为简单起见假设基站的位置状态已知,并存储在数据库中。在后续中,对于每个基站假设映射器生成了估计值 $\hat{\delta t}_{S_i}$ 和相关计算方差 $\sigma_{\delta t_{S_i}}^2$。

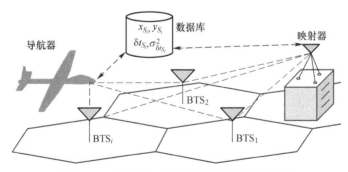

图 38.3　蜂窝环境中的映射器和导航器[18,25]

考虑 M 个映射器和 N 个基站,用 $\boldsymbol{x}_{rj}$ 表示第 j 个映射器的状态矢量,用 $\rho_i^{(j)}$ 表示第 j 个映射器在第 i 个基站上的伪距测量,用 $v_i^{(j)}$ 表示对应的测量噪声。假设 $v_i^{(j)}$ 独立于所有 i 和 j,并具有相应的方差 $\sigma_i^{(j)2}$。

定义所有映射器在第 i 个基站上测量的集合为

$$
\boldsymbol{z}_i \triangleq \begin{bmatrix} \|\boldsymbol{r}_{r_1} - \boldsymbol{r}_{S_i}\| + c\delta t_{r_1} - \rho_i^{(1)} \\ \|\boldsymbol{r}_{r_2} - \boldsymbol{r}_{S_i}\| + c\delta t_{r_2} - \rho_i^{(2)} \\ \vdots \\ \|\boldsymbol{r}_{r_M} - \boldsymbol{r}_{S_i}\| + c\delta t_{r_M} - \rho_i^{(M)} \end{bmatrix} = \begin{bmatrix} c\delta t_{S_i} - v_i^{(1)} \\ c\delta t_{S_i} - v_i^{(2)} \\ \vdots \\ c\delta t_{S_i} - v_i^{(M)} \end{bmatrix} = c\delta t_{S_i}\boldsymbol{1}_M + \boldsymbol{v}_i
$$

其中 $\boldsymbol{1}_M \triangleq [1,1,\cdots,1]^{\mathrm{T}}$ 和 $\boldsymbol{v}_i \triangleq [v_i^{(1)}, v_i^{(2)}, \cdots, v_i^{(M)}]^{\mathrm{T}}$ 通过最小二乘法求解计算时钟偏差 δt_{S_i} 问题:

$$
\hat{\delta t}_{S_i} = \frac{1}{c}(\boldsymbol{1}_M^{\mathrm{T}}\boldsymbol{W}\boldsymbol{1}_M)^{-1}\boldsymbol{1}_M^{\mathrm{T}}\boldsymbol{W}\boldsymbol{z} ,
$$

$$
\boldsymbol{W} = \mathrm{diag}\left[\frac{1}{\sigma_i^{(1)2}}, \frac{1}{\sigma_i^{(2)2}}, \cdots, \frac{1}{\sigma_i^{(M)2}}\right]
$$

相关的估计误差方差 $\sigma_{\delta t_{S_i}}^2 = \frac{1}{c^2}(\boldsymbol{1}_M^{\mathrm{T}}\boldsymbol{W}\boldsymbol{1}_M)^{-1}$,其中 $\boldsymbol{W}$ 是权重矩阵。现在在第 i 个基站的真实时钟偏差可以表示为 $\delta t_{S_i} = \hat{\delta t}_{S_i} + w_i$,其中 w_i 是均值为零,方差为 $\sigma_{\delta t_{S_i}}^2$ 的高斯随机变量。

导航过程中接收机需要用到映射器估计来估计各基站时钟偏差,因此导航接收机与第 i 个基站的测量伪距为

$$
\rho_i = h_i(\boldsymbol{x}_r, \hat{\boldsymbol{x}}_{S_i}) + \eta_i
$$

其中,$\hat{\boldsymbol{x}}_{S_i} = [\boldsymbol{r}_{S_i}^{\mathrm{T}}, c\hat{\delta t}_{S_i}]^{\mathrm{T}}$ 和 $\eta_i \triangleq v_i - w_i$ 为整个系统伪距测量不确定度的建模。因此矢量 $\boldsymbol{\eta} \triangleq [\eta_1, \eta_2, \cdots, \eta_N]^{\mathrm{T}}$ 是一个零均值高斯随机矢量,其协方差矩阵为 $\boldsymbol{\Sigma} = \boldsymbol{C} + \boldsymbol{R}$,其中,$\boldsymbol{C} = c^2 \cdot \mathrm{diag}[\sigma_{\delta t_{s_i}}^2, \sigma_{\delta t_{s_2}}^2, \cdots, \sigma_{\delta t_{s_N}}^2]$ 是 $\boldsymbol{w} \triangleq [w_1, w_2, \cdots, w_N]^{\mathrm{T}}$ 的协方差矩阵,$\boldsymbol{R} = \mathrm{diag}[\sigma_1^2, \sigma_i^2, \cdots, \sigma_N^2]$ 是测量噪声矢量 $\boldsymbol{v} = [v_1, v_2, \cdots, v_N]^{\mathrm{T}}$ 的协方差,非线性测量 $\boldsymbol{h} \triangleq [h_1(\boldsymbol{x}_r, \hat{\boldsymbol{x}}_{s_1}), h_2(\boldsymbol{x}_r, \hat{\boldsymbol{x}}_{S_2}), \cdots, h_N(\boldsymbol{x}_r, \hat{\boldsymbol{x}}_{s_N})]^{\mathrm{T}}$ 相对于 $\boldsymbol{x}_r$ 的雅可比矩阵 $\boldsymbol{H}$ 通过 $\boldsymbol{H} = [\boldsymbol{G}\quad \boldsymbol{1}_N]$ 给出,其中

$$
\boldsymbol{G} \triangleq \begin{bmatrix} \dfrac{x_r - x_{s_1}}{\|\boldsymbol{r}_r - \boldsymbol{r}_{s_1}\|} & \dfrac{y_r - y_{s_1}}{\|\boldsymbol{r}_r - \boldsymbol{r}_{s_1}\|} \\ \dfrac{x_r - x_{s_2}}{\|\boldsymbol{r}_r - \boldsymbol{r}_{s_2}\|} & \dfrac{y_r - y_{s_2}}{\|\boldsymbol{r}_r - \boldsymbol{r}_{s_2}\|} \\ \vdots & \vdots \\ \dfrac{x_r - x_{s_N}}{\|\boldsymbol{r}_r - \boldsymbol{r}_{s_N}\|} & \dfrac{y_r - y_{s_N}}{\|\boldsymbol{r}_r - \boldsymbol{r}_{s_N}\|} \end{bmatrix}
$$

导航接收机的状态现在可以通过解 WNLS 问题估计。WNLS 方程为

$$\hat{x}_r^{(l+1)} = \hat{x}_r^{(l)} + (H^T R^{-1} H)^{-1} H^T R^{-1} (\rho - \hat{\rho}^{(l)})$$
$$P^{(l)} = (H^T R^{-1} H)^{-1}$$

式中：l 为迭代次数；$\hat{\rho}^{(l)}$ 为在当前估计 $\hat{x}_r^{(l)}$ 下评估的非线性测量值 h。

38.4.2 无线电 SLAM 框架

动态估计器,如扩展卡尔曼滤波器(EKF),可用于无线电 SLAM 框架中独立接收机导航(例如,不带映射器)。必须满足有关基站和接收站状态的参数先验,才能观察到无线电 SLAM 估计问题,可参见文献[27,40-42]。

为了说明无线电 SLAM 框架的详细方案,假设已知基站位置的简单情况。同时,假设接收器的初始状态矢量是已知的(例如,从 GNSS 导航解决方案)。使用伪距[式(38.3)]时,EKF 将计算由接收机位置组成的状态矢量 r_r 和速度 $\dot{r}_r$,和接收机的时钟偏差与每个基站之间的差异,以及接收器的时钟漂移和每个基站时钟之间的偏差,特别是

$$x = [r_r^T, \dot{r}_r^T, x_{clk_1}^T, \cdots, x_{clk_N}^T]^T,$$

式中：$x_{clk_i} \triangleq [(\delta t_r - \delta t_{s_i}), (\delta \dot{t}_r - \delta \dot{t}_{s_i})]^T$；$\delta t_r$ 和 δt_{s_i} 是接收机和第 i 个基站的钟差；$\delta \dot{t}_r$ 和 $\delta \dot{t}_{s_i}$ 分别是接收机和第 i 个 BTS 时钟漂移。

假设接收机运动符合速度随机游速动力学模型,在均匀采样周期 T 的动态系统下离散后可以表示为

$$x(k+1) = Fx(k) + w(k),$$
$$F = \begin{bmatrix} F_{PV} & 0_{4\times 2N} \\ 0_{2N\times 4} & F_{clk} \end{bmatrix}, \quad F_{clk_i} = \begin{bmatrix} 1 & T \\ 0 & 1 \end{bmatrix},$$
$$F_{clk} = \text{diag}[F_{clk_1}, F_{clk_2}, \cdots, F_{clk_N}], \quad F_{pv} = \begin{bmatrix} I_{2\times 2} & TI_{2\times 2} \\ 0_{2\times 2} & I_{2\times 2} \end{bmatrix} \tag{38.4}$$

式中：$w(k)$ 是离散零均值白噪声序列,其协方差 $Q = \text{diag}[Q_{pv}, Q_{clk}]$。定义 $\tilde{q}_x$ 和 $\tilde{q}_y$ 是在 x 和 y 方向上加速度的功率谱密度,Q_{pv} 和 Q_{clk} 为

$$Q_{pv} = \begin{bmatrix} \tilde{q}_x \frac{T^3}{3} & 0 & \tilde{q}_x \frac{T^2}{2} & 0 \\ 0 & \tilde{q}_y \frac{T^3}{3} & 0 & \tilde{q}_y \frac{T^2}{2} \\ \tilde{q}_x \frac{T^2}{2} & 0 & \tilde{q}_x T & 0 \\ 0 & \tilde{q}_y \frac{T^2}{2} & 0 & \tilde{q}_y T \end{bmatrix}$$

$$Q_{clk} = \begin{bmatrix} Q_{clk_r} + Q_{clk_{s1}} & Q_{clk_r} & \cdots & Q_{clk_r} \\ Q_{clk_r} & Q_{clk_r} + Q_{clk_{s2}} & \cdots & Q_{clk_r} \\ \vdots & \vdots & \vdots & \vdots \\ Q_{clk_r} & Q_{clk_r} & \cdots & Q_{clk_r} + Q_{clk_{sN}} \end{bmatrix}$$

式(38.2)中 Q_{clk} 和 $Q_{clk_{t_i}}$ 分别对应式(38.2)接收机和第 i 个基站时钟噪声随机过程的协方差。其他更深入的无线电 SLAM 方案可参考文献[27,29,41]。

需要注意的是,在许多实际情况下,接收机与惯性测量单元(inertial measurement unit, IMU)耦合,它可以代替统计模型在基站间传播更新估计的测量状态[44-45]。这将在 38.9 节中进行更详细的讨论。

38.5 蜂窝 CDMA 信号导航

为了在蜂窝 CDMA 基站和用户设备之间建立和保持连接,每个基站广播综合了授时和识别信息,此类信息可用于 PNT 应用中。前向链路信道上的传输序列,即从 BTS 到 UE 是已知的。因此,通过对接收的蜂窝信号和本地生成序列进行相关运算,可由接收机计算出 TOA 以及伪距测量。该项技术已用于 GPS 上。通过足够的伪距测量了解基站状态,接收器可以在 CDMA 环境中进行定位。

本节安排如下:38.5.1 节概述了前向链路的调制过程;38.5.2 节介绍了 CDMA 接收机架构,用于从接收的蜂窝 CDMA 信号中生成导航观测值;38.5.3 节分析了蜂窝 CDMA 伪距观测的精度;38.5.4 节展示了使用蜂窝 CDMA 信号导航地面和空中飞行器的实验结果。

38.5.1　前向链路信号结构

蜂窝 CDMA 网络使用正交和最大长度伪随机噪声(pseudorandom noise, PN)序列,以便在同一信道上实现多路复用。在蜂窝电话 CDMA 通信系统中,64 个逻辑信道在前向链路信道上进行多路复用:其中包括 1 个导频信道、1 个同步通道、7 个寻呼通道和 55 个业务通道[46]。以下各节讨论前向链路的调制过程,并对从授时和定位信息中提取导频、同步和寻呼信道进行概述。同时,其讨论了信号发射和接收建模。

38.5.1.1　前向链路 CDMA 信号的调制

在蜂窝码分多址系统中,前向链路信道传输的数据是通过正交相位键控(quadrature phase shift keying, QPSK)调制的,然后使用直接序列 CDMA 进行扩频(direct-sequence CDMA, DS-CDMA)。然而,对于从中提取定位和授时信息的特定信道,同相 I 和正交分量 Q 与分别携带相同电文的 $m(t)$ 如图 38.4 所示。扩展序列 c_I 和 c_Q 称为短码,是使用 15 个线性反馈移位寄存器(linear feedback shift registers, LFSR)生成的最大长度 PN 序列。因此,c_I 和 c_Q 的长度是 $2^{15} - 1 = 32767$(个)码片,码速率为 1.2288 Mcps[47]。短码 I 和 Q 分量的特征多项式 $P_I(D)$ 和 $P_Q(D)$,由下式给出:

$$P_I(D) = D^{15} + D^{13} + D^9 + D^8 + D^7 + D^5 + 1$$
$$P_Q(D) = D^{15} + D^{12} + D^{11} + D^{10} + D^6 + D^5 + D^4 + D^3 + 1$$

式中:D 为延迟运算符。值得注意的是,在连续出现 14 次零之后需要添加额外的零,使短码的长度为 2 的幂次。

为了区分来自不同基站的接收数据,每个站点使用 PN 码的移位码。这个移位是 64 码片的整数倍,这个整数对于每个基站是唯一的,称为导频偏移。相同的 PN 序列与不同导频偏移的互相关可忽略不计[46]。每个单独的逻辑通道由一个唯一的 64 码片 Walsh 码扩展[48]。因此,每个基站最多可以复用 64 个逻辑信道。通过短码扩频可以在同一载波频率上实现多基站通信,而 Walsh 码进行正交扩频可允许在同一基站上实现多用户通信,然后使用数字脉冲整形滤波器对 CDMA 信号进行滤波,该滤波器根据 CDMA2000 标准限制传输 CDMA 信号的带宽。最后通过载波频率 w_c 对信号进行调制产生 $s(t)$。

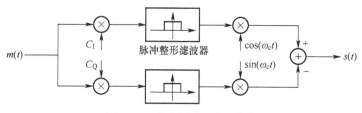

图 38.4   前向链路调制器[18]

(经 IEEE 许可复制。)

38.5.1.2   导频信道

导频信道发送的电文是一个二进制为零的恒定码流,该码流由 64 个二进制沃尔代码零组成。因此,模拟导频信号是短码,可以利用短码检测 CDMA 信号的存在并跟踪它。实际上导频信号数据量少、集成时间长。接收机可根据导频偏移来区分不同基站。

38.5.1.3   同步通道

同步通道用于向接收机同步提供时间和帧。蜂窝 CDMA 网络通常使用 GPS 作为参考时钟源,BTS 通过同步信道将系统时间发送给接收机[49]。例如,导频 PN 码偏移量和长码状态等其他信息,也在同步通道上提供[47]。长码是一个 PN 序列,用于反向链路信号(UE 到 BTS)和寻呼信道电文的扩频。长码由 42 个 LFSR 生成,码速率为 1.2288Mcps。寄存器的输出按相应的掩码抽取,并将两个模二相加形成长码。后者的周期超过 41 天,因此,42 个 LFSR 和掩码的状态被发送至接收机,以便轻松实现长码同步。传输前的同步电文编码如图 38.5 所示。

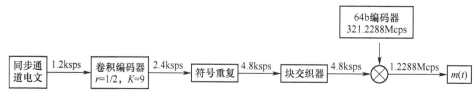

图 38.5   传输前的同步电文编码[18,50]

(经 IEEE 许可转载。)

初始电文为 1.2 ksps,以码速率 $r=(1/2)$ 进行卷积编码,生成器函数 $g_0=753$(八进制)和 $g_1=561$(八进制)[48]。在电文实体传输中,编码器状态保持不变。产生的符号重复两次,生成 128 个符号的帧长度采用位反转的方法进行块交织[47]。该速率为 4.8ksps 的调制符号采用 Walsh 码 32 扩频。同步电文被分成 80ms 的超帧,每个超帧不分成三个帧。每个帧的第一位称为消息开始(start of message, SOM)。同步电文的开头设置为每个超帧的第一帧,并且此帧的 SOM 设置为 1。基站的另一个 SOM 设置为零。同步信道电文实体由电文长度、消息正文和循环组成冗余校验(cyclic redundancy check, CRC)和零填充构成。零填充长度的作用是使电文实体扩展到下一个超帧的开始。使用生成器多项式为每个同步信道电文计算 30b 的 CRC：

$$g(x) = x^{30} + x^{29} + x^{21} + x^{20} + x^{15} + x^{13} + x^{12} + x^{11} + x^8 + x^7 + x^6 + x^2 + x + 1$$

SOM 位被接收机丢弃，帧主体组合形成一个同步信道单元。图 38.6 总结了同步信道消息结构。

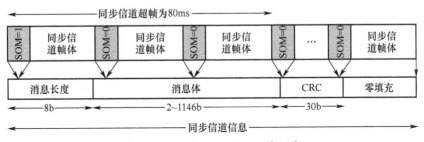

图 38.6　同步信道消息结构[18,50]

（经 IEEE 许可转载。）

38.5.1.4　寻呼信道

寻呼信道传输所有用于 UE 注册到网络中的参数[46]。一些移动运营商传输基站纬度和寻呼通道上的经度，这可用于导航。美国的主要蜂窝 CDMA 供应商 Sprint 和 Verizon 不传输 BTS 的纬度和经度。美国的蜂窝系统曾用于传输基站经纬度，但该提供商已不再运营。基站 ID（base station ID，BID）也在寻呼信道中传输，这对关联数据的解码很重要。寻呼信道传输前的电文编码如图 38.7 所示。

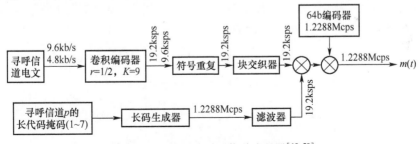

图 38.7　前向链路寻呼信道编码器[18,50]

（经 IEEE 许可转载。）

寻呼信道消息的初始比特率为 9.6kb/s 或 4.8kb/s，并在同步通道中提供电文，数据卷积编码的方式与同步通道数据相同。只有当比特率小于 9.6kb/s 时，输出符号才会重复两次。

在符号重复之后，生成的帧为 384 个符号长度，逐帧进行块交织。交织器不同于同步信道，因为它对 384 个符号而不是 128 个符号进行操作。然而，两个交织器都使用位反转方法。最后，通过长码序列的模二相加寻呼信道消息进行加扰。

寻呼信道消息分为 80ms 时隙，其中每个时隙由 8 个半帧组成。所有半帧都以同步单元指示（synchronized capsule indicator，SCI）位开始。一个电文单元可在计算机中以同步和非同步方式传输。同步电文单元正好在 SCI 之后启动。在这种情况下，基站将第一 SCI 的值设置为 1,其余的 SCI 归零。如果在寻呼电文单元结束时仍少于 8b,则在下一个 SCI 之前,电文被补零填充到下一个 SCI。否则,将在上一条消息结束后立即发送未同步的消息单元[46]。图 38.8 所示为寻呼信道消息结构。

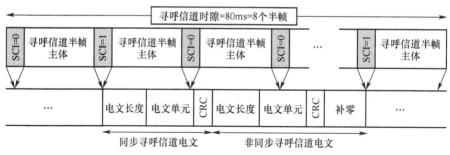

图 38.8　寻呼信道消息结构[18,50]

(经 IEEE 许可转载。)

38.5.1.5　传输信号模型

导频信号是纯粹的 PN 序列,用于捕获并跟踪蜂窝 CDMA 信号。捕获和跟踪将在 38.5.2 节中讨论。解调其他信道是一个开环问题,因为没从同步寻呼或其他信道引入反馈用于跟踪。其他信道与导频同步,只有导频需要跟踪。事实上,CDMA2000 标准要求所有编码信道与导频同步在 ±50ns 范围内[50]。虽然可以同时接收来自多个基站的信号,但 UE 可以将每个信号与相应的基站相关联,由于传输的 PN 序列之间的偏移远超过一个码片。因为对于一个码片的延迟,自相关函数值可忽略不计。因此,远大于一个码片延迟的 PN 偏移量绝不会引入明显的干扰(自相关函数在 38.5.2.3 节中讨论,如图 38.13 所示)。由特定基站的归一化发射导频信号 $s(t)$ 可以表示为

$$s(t) = \sqrt{C}\{c_I'[t-\Delta(t)]\cos(\omega_c t) - c_Q'[t-\Delta(t)]\sin(\omega_c t)\}$$
$$= \Re\{\sqrt{C}[c_I'[t-\Delta(t)] + jc_Q'[t-\Delta(t)]e^{j\omega_c t}]\}$$
$$= \frac{\sqrt{C}}{2}\{c_I'[t-\Delta(t)] + jc_Q'[t-\Delta(t)]\} \cdot e^{j\omega_c t}$$
$$+ \frac{\sqrt{C}}{2}\{c_I'[t-\Delta(t)] + jc_Q'[t-\Delta(t)]\} \cdot e^{-j\omega_c t}$$

式中:$\Re\{\cdot\}$ 表示实部;C 为系统发射信号的总功率;$c_I'(t) = c_I(t) \cdot h(t)$ 和 $c_Q'(t) = c_Q(t) \cdot h(t)$;$h$ 为脉冲整形滤波器的连续时间单位脉冲响应;c_I 和 c_Q 分别为同相和正交 PN 序列;$\omega_c = 2\pi f_c$,其中 f_c 为载波频率;Δ 是基站和 GPS 时间的绝对时钟偏差。总时钟偏差 Δ 定义为

$$\Delta(t) = 64(\text{PN}_{\text{offset}}T_c) + \delta t_s(t)$$

式中:$\text{PN}_{\text{offset}}$ 为基站的 PN 码偏移;$T_c = \frac{1\times10^{-6}}{1.2288}$s 为码片间隔;$\delta t_s$ 是基站时钟偏差。由于码片间隔已知,PN 码偏移量可通过接收机解析,只需估计 δt_s。

值得注意的是,CDMA2000 标准要求基站时钟与 GPS 同步至 10μs 以内,转换距离大约为 3km(蜂窝单元平均大小)[51]。此外,PN 码偏移量为 1(即 64 码片)足以防止来自不同基

1390

站的干扰,这可以在基站间提供超过 15km 的转换距离。假定所有基站与 GPS 同步时都遭受最严重的干扰,需要从该值中减去 6 km 的距离(即每个基站减去 3km),则与基站之间 9km 的距离会造成干扰。然而,对于地面接收机来说,9km 的距离显然已经超过了接收蜂窝 CDMA 信号的最大距离。因此,该同步要求足以防止不同基站发送短码之间的严重干扰,并保持 CDMA 系统性能的软切换能力[47]。我们在 38.4 节中讨论了 δt_s 的估算框架。出于通信的目的,基站的时钟偏移可以忽略。然而在导航应用中忽略 δt_s 可能会造成灾难性的后果,因此,对于接收机来说已知基站的时钟偏差至关重要。

38.5.1.6 接收信号模型

假设发射信号通过功率谱密度为 $N_0/2$ 的加性高斯白噪声信道传输,则离散接收信号 $r[m]$ 经射频前端(radio frequency, RF)处理:下变频,正交带通采样[52],量化表示为

$$r[m] = \frac{\sqrt{C}}{2}\{c_I'[t_m - t_s(t_m)] - jc_Q'[t_m - t_s(t_m)]\} \cdot e^{j\theta(t_m)} + n[m] \tag{38.5}$$

式中: $t_s(t_m) \triangleq \delta t_{\text{TOF}} + \Delta(t_k + \delta t_{\text{TOF}})$ 是基站 PN 码相位, $t_m = mT_s$ 是接收机采样时间, t_s 是采样周期, δt_{TOF} 是从基站到接收机的传播时间(time of flight, TOF); θ 是接收信号差频载波相位; $n[m] = n_I[m] + jn_Q[m]$, n_I 和 n_Q 是零均值、方差为 $N_0/2T_s$ 的独立同分布高斯随机序列。38.5.2 节将对式(38.5)中 $r[m]$ 的样本采样进行介绍。

38.5.2 CDMA 接收机结构

本节详细介绍蜂窝 CDMA 导航接收机的体系结构,其由三个主要阶段组成:信号捕获、跟踪和电文解码[18]。接收机利用导频信号来检测存在的 CDMA 信号,然后跟踪它。其中, 38.5.2.1 节描述接收机中的相关过程,38.5.2.2 节和 38.5.2.3 节讨论捕获和跟踪阶段, 38.5.2.4 节详细说明同步信道电文解码和寻呼信道电文解码。

38.5.2.1 相关函数

给定式(38.5)定义的射频前端输出基带信号模型,蜂窝 CDMA 接收机首先去除残留载波相位并匹配信号滤波。匹配滤波的输出可表示为

$$x[m] = [r[m] \cdot e^{-j\hat{\theta}(t_m)}] \cdot h[-m] \tag{38.6}$$

表 38.3 CDMA 2000 标准中所使用脉冲滤波器的有限冲击响应[50]

m'	$h[-m]'$	m'	$h[-m]'$	m'	$h[m']$
0, 47	-0.02528832	8, 39	0.03707116	16, 31	-0.01283966
1, 46	-0.03416793	9, 38	-0.02199807	17, 30	-0.14347703
2, 45	-0.03575232	10, 37	-0.06071628	18, 29	-0.21182909
3, 44	-0.01673370	11, 36	-0.05117866	19, 28	-0.14051313
4, 43	0.02160251	12, 35	0.00787453	20, 27	0.09460192
5, 42	0.06493849	13, 34	0.08436873	21, 26	0.44138714
6, 41	0.09100214	14, 33	0.12686931	22, 25	0.78587564
7, 40	0.08189497	15, 32	0.09452834	23, 24	1.0

式中: $\hat{\theta}$ 是差频载波的相位估计值; h 是脉冲整形滤波器,用于生成传输信号频谱的离散时间

系统,其有限脉冲响应系数(FIR)由在表38.3中给出。表38.3中FIR的样本间隔m'为$T_c/4$。

另外,$x[m]$与本地扩频PN序列相关。在数字接收机中,相关运算表示为

$$Z_k = \frac{1}{N_s} \sum_{m=k}^{k+N_s-1} x[k]\{c_I[t_m - \hat{t}_s(t_m)] + jc_Q[t_m - \hat{t}_s(t_m)]\} \triangleq I_k + jQ_k \quad (38.7)$$

式中:Z_k为第k个子累加;N_s为每个子累加的样本数;$\hat{t}_s(t_m)$为第k个子累加开始时间估计。可以假设码相位近似恒定一个短的子积累间隔$T_{\mathrm{sub}} = N_s T_s$。因此,$\hat{t}_s(t_m) \approx \hat{t}_{s_k}$。值得一提的是,理论上$T_{\mathrm{sub}}$主要受BTS和接收机振荡器稳定性的限制。下面将$T_{\mathrm{sub}}$设为一个PN码周期。载波相位估计模型为$\hat{\theta}(t_m) = 2\pi \hat{f}_{D_k} t_m + \theta_0$,其中$\hat{f}_{D_k}$是第$i$个子累加中的视在多普勒频率估计,$\theta_0$是接收信号的差频载波初始相位。如同在GPS接收机中一样,θ_0的值在捕获阶段设置为零,随后在跟踪阶段更新。假设视在多普勒频率在短T_{sub}内是恒定的。替换$r[m]$和$x[m]$,定义式(38.5)式(38.6),代入式(38.7),可以证明:

$$Z_k = \sqrt{C} R_c(\Delta t_k)\left[\frac{1}{N_s}\sum_{m=k}^{k+N_s-1} e^{j\Delta\theta(t_m)}\right] + n_k \quad (38.8)$$

式中:R_c为PN序列c_I'和c_Q'的自相关函数;$\Delta t_k \triangleq \hat{t}_{s_k} - t_{s_k}$为码相位误差,$\Delta\theta(t_m) \triangleq \theta(t_m) - \hat{\theta}(t_m)$为载波相位误差;$n_k = n_{I_k} + jn_{Q_k}$中$n_{I_k}$和$n_{Q_k}$为具有零均值和方差为$\frac{N_0}{2TN_s} = \frac{N_0}{2T_{\mathrm{sub}}}$的独立同分布高斯随机序列。

式(38.8)中Z_k的表达式,假设本地生成的c_I和c_Q具有相同的码相位。为确保这一点,两个序列都必须在连续15个零码之后的第一个二进制"1"出现时,开始同步;否则,$|Z_k|$将减半。图38.9显示了未同步和同步的c_I和c_Q码相位的$|Z_k|^2$(即移位34码片)。同步码的相关峰值是非同步情况峰值的4倍。

载波去除和相关阶段如图38.10所示。

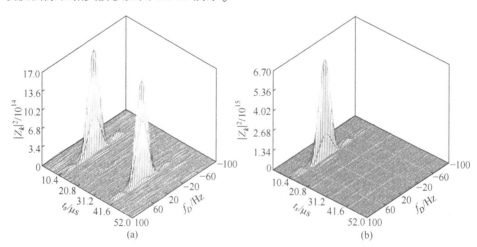

图38.9　$|Z_k|^2$为(a)非同步和(b)同步的c_I和c_Q码[18]

(经IEEE许可转载。)

38.5.2.2　信号捕获

此阶段的目标是确定哪些基站位于接收机附近,并粗略估计其相应的码起始时间和多

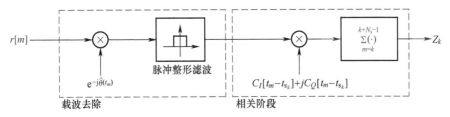

图 38.10　载体去除和相关阶段(粗线表示一个复值变量[18]。
经 IEEE 许可转载。)

普勒频率。对于特定的 PN 偏移,执行对码起始时间和多普勒频率的搜索以检测信号的存在。要确定搜索的多普勒频率范围,必须考虑接收机和基站之间的相对运动以及接收机振荡器的稳定性。例如,对于 882.75MHz 的蜂窝 CDMA 载波频率,在接收机到 BTS 的视线速度为 150km/h 的移动接收机上,将观察到 122Hz 的多普勒频移。因此,为了考虑这个多普勒频移(在 882.75MHz 的载波频率下)以及振荡器引起的多普勒频移,选择的多普勒搜索窗口频率应该位于-500~500Hz 之间。频率间隔 Δf_D 必须是 $1/T_{sub}$ 的一小部分,这意味着如果假设 $1/T_{sub}$ 是一个 PN 码周期(例如, Δf_D 可以选择 8~12Hz),码起始时间搜索窗口自然选择一个 PN 码间隔,延迟间隔为一个采样点。

与 GPS 信号捕获类似,搜索过程可以以串行或并行方式执行,而后者又可以在码相位或多普勒频率上执行。此处介绍的接收机通过利用快速傅里叶变换(fast fourier transform, FFT)的优化效率来执行并行码相位搜索[53]。如果存在信号, $|Z_k|^2$ 图在相应码开始时间和多普勒频率估计值处显示高峰值,则可以假设检验以确定峰值是否对应所需信号或噪声。由于只有一个 PN 序列,因此需要进行一次搜索。随后,所得表面在时间轴上被细分为 64 码片的间隔,每个部分对应一个特定的 PN 偏移。导频、同步和寻呼信道的 PN 序列可以离线生成并存储在二进制文件中以加快处理速度。图 38.11 描述了使用 LabVIEW 开发的软件定义接收机(SDR)的蜂窝 CDMA 信号的捕获阶段,显示了特定基站 BTS 的 $|Z_k|^2$ 及其所对应的 $\hat{t}_{s_k}$ 、 $\hat{f}_{D_k}$ 、PN 偏移和载噪比 C/N_0 [18]。

38.5.2.3　信号跟踪

在获得码起始时间 $\hat{t}_{s_k}$ 和多普勒频率 $\hat{f}_{D_k}$ 的初始粗略估计后,接收机通过跟踪环路细化和保持这些估计。可以使用锁相环(phase-locked Loop, PLL)或锁频环(frequency-locked loop, FLL)来跟踪载波相位,并且可以使用载波辅助延迟锁定环(delay-locked loop, DLL)来跟踪码相位。FLL 通常比 PLL 更稳健,在从捕获阶段过渡到跟踪阶段非常有效,并可在更具挑战性的环境中进行跟踪[54-55]。图 38.12 描绘了一个 PLL 辅助 DLL 跟踪环路的框图[12,18],接下来将详细介绍 PLL 和 DLL。

(1)锁相环(PLL)锁相环由鉴相器、环路滤波器和数控振荡器(numerically controlled oscillator, NCO)组成。由于接收机跟踪的是无数据导频信道,因此可以使用 atan2 鉴相器:

$$e_{\mathrm{PLL},k} = \mathrm{atan2}(Q_{pk}, I_{pk}) ,$$

其中 $Z_{p_k} = I_{p_k} + jQ_{p_k}$ 是即时相关。atan2 鉴别器在 $\pm\pi$ 的整个输入误差范围内保持线性,并且可以在不引入相位模糊风险的情况下使用。相比之下,GPS 接收机不能使用这个鉴别器,

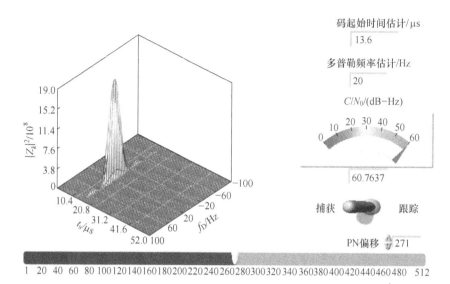

图 38.11 蜂窝 CDMA 信号捕获前面板显示了特定 BTS 的 $|Z_k|^2$ 及其所对应的 $\hat{t}_s$、$\hat{f}_D$、PN 偏移和 C/N_0
（经 IEEE 许可转载。）

除非导航信息的传输数据位值是已知的[54]。此外,由于 GPS 空间卫星的高动态性,GPS 接收机需要二阶或更高阶的 PLL,而低阶 PLL 可用于蜂窝 CDMA 导航接收机。结果表明,接收机可以使用二阶 PLL 轻松跟踪载波相位,环路滤波器的传递函数:

$$F_{PLL}(s) = \frac{2\zeta\omega_n s + \omega_n^2}{s} \tag{38.9}$$

式中: $\zeta = \dfrac{1}{\sqrt{2}}$ 为阻尼比; ω_n 为无阻尼固有频率,这与 PLL 等效噪声带宽 $B_{n,PLL} = \dfrac{\omega_n}{8\zeta}(4\zeta^2 + 1)$ [55] 相关。环路滤波器的输出 $\nu_{PLL,k}$ 是载波相位误差的变化率,以 rad/s 表示。多普勒频率是通过将 $\nu_{PLL,k}$ 除以 2π 推导出来的。式(38.9)中的环路滤波器传递函数被离散化,并在空间状态中实现。等效噪声带宽选择在 4~8Hz 之间。

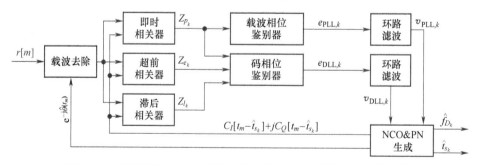

图 38.12 导航蜂窝 CDMA 接收机中的跟踪回路(粗线代表复数)[18]
（经 IEEE 许可转载。）

(2)码延迟锁定环(DLL):载波辅助 DLL 由以下非相干点积鉴别器:

$$e_{DLL,k} = \Lambda\big[(I_{e_k} - I_{l_k})I_{p_k} + (Q_{e_k} - Q_{l_k})Q_{p_k}\big]$$

式中：Λ 是由 $\Lambda = T_c/2C$ 给出的归一化常数；C 是载波功率，可从即时相关性中估计；$Z_{p_k} = I_{p_k} + jQ_{p_k}$，$Z_{e_k} = I_{e_k} + jQ_{e_k}$，$Z_{l_k} = I_{l_k} + jQ_{l_k}$ 分别为即时、超前和滞后相关输出。38.5.2.1 节中描述了即时相关输出。通过将接收信号分别与本地 PN 序列的超前码和滞后码相关来计算超前和滞后相关输出。Z_{e_k} 和 Z_{l_k} 之间的时间偏移由超前减滞后 t_{eml} 定义，以码片为单位。由于传输的蜂窝 CDMA 自相关函数不同于 GPS 是三角函数，因此最好使用更宽的 t_{eml}，以便 Z_{p_k}、Z_{p_k} 和 Z_{l_k} 间具有更明显的差异。图 38.13 显示了 CDMA2000 标准规定的蜂窝 CDMA PN 码和 GPS 中的 C/A 码的自相关函数。从图 38.13 可以看出，对于 $t_{eml} \leq 0.5$ 码片，CD-MA2000 标准中的 $R_c(\tau)$ 有一个近似恒定的值，不利于精确跟踪。对此，一个好的经验法则是选择 $1 \leq t_{eml} \leq 1.2$ 码片。DLL 环路滤波器有一个简单的增益 K，等效噪声带宽 $B_{n,\mathrm{DLL}} = \frac{k}{4} \equiv 0.5\mathrm{Hz}$。DLL 环路滤波器 $\nu_{\mathrm{DLL},k}$ 的输出是码相位的变化率，以 s/s 表示。假设低边带混频，码起始时间可根据下式更新：

$$\hat{t}_{s_{k+1}} = \hat{t}_{s_k} - (\nu_{\mathrm{DLL},k} + \hat{f}_{D_k}/f_c) \cdot N_s T_s$$

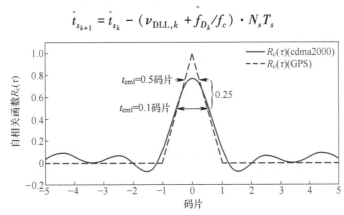

图 38.13　GPS C/A 码和自相关函数根据 CDMA2000 标准规定的蜂窝 CDMA PN 序列[12]

（经 IEEE 许可转载。）

在 GPS 接收机中，伪距是根据导航电文子帧起始时间计算的，这消除了由于 GPS 卫星间相对距离造成的模糊度[55]。需要解码导航电文以检测子帧的开始时刻。在蜂窝 CDMA 系统中不存在相应的模糊度。这是因为 PN 偏移量为 1 表示基站之间的距离大于 15km，这超出了典型蜂窝的范围[56]。

最后，可通过将码起始时间乘以光速 c 推导出伪距估计值如下：

$$\rho(k) = c \cdot \hat{t}_{sk} \tag{38.10}$$

图 38.14 显示了在蜂窝 CDMA 导航接收机的跟踪环路内产生的中间信号：码误差，相位误差，多普勒频率，超前、即时和滞后相关性，伪距，以及相关的同相和正交分量。

38.5.2.4　电文解码

同步和寻呼信道信号的解调与导频信号类似，但有两个主要区别：①本地生成的 PN 序列进一步由相应的 Walsh 码扩频；②子累加周期受电文符号间隔的限制。与 GPS 信号相比，电文位跨越 20 个 C/A 码，同步电文符号仅包含 256 个 PN 码片和一个寻呼信道，数据符号包括 128 个码片。载波去除后，如图 38.5 和图 38.7 所示，同步和寻呼信号以与步骤相反的顺序分别处理。注意同步电文总是与 PN 码起始时间重合，并且相应的寻呼信道电文从

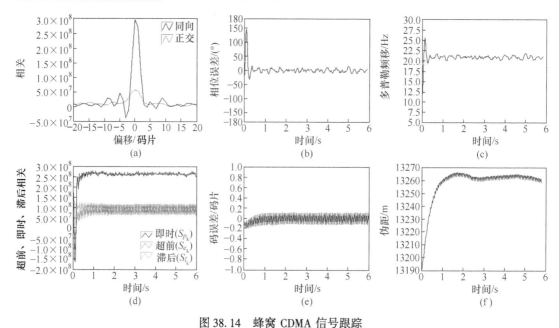

图 38.14　蜂窝 CDMA 信号跟踪
(a)码相位误差;(b)载波相位误差;(c)多普勒频率估计;
(d)即时(黑色)、超前(红色)和滞后(绿色)相关性;(e)测量的伪距和(f)相关[18]。
(经 IEEE 许可转载。)

320ms 减去 PN 偏移量(以"s"表示)开始,如图 38.15 所示。长码还用于下行链路中传播寻呼电文(图 38.7)。在对应的寻呼信道消息的起始时刻,从同步消息中解码出来的长码状态是有效的。

　长码是通过对 42 个寄存器的输出做掩码屏蔽并计算结果位模二和来生成的。与蜂窝 CDMA 中的短码生成器和 GPS 中的 C/A 码生成器相比,42 长码生成寄存器配置为满足线性递归形式。

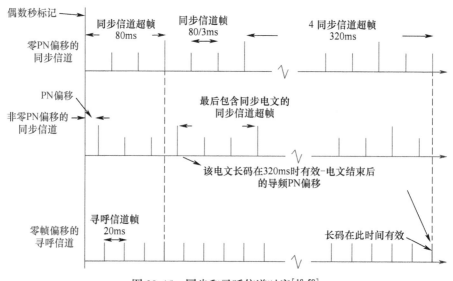

图 38.15　同步和寻呼信道时序[18,50]
(经 IEEE 许可转载。)

$$p(x) = x^{42} + x^{35} + x^{33} + x^{31} + x^{27} + x^{25} + x^{22} + x^{21} + x^{19} + x^{18} + x^{17} + x^{16}$$
$$+ x^{10} + x^{7} + x^{6} + x^{5} + x^{3} + x^{2} + x + 1$$

长码掩码是通过组合 PN 偏移和如图 38.16 所示的寻呼信道号 p 获得的,随后,同步电文首先被解码,然后使用 PN 偏移、寻呼信道号和长码状态对寻呼电文进行解扰和解码。需要注意的是,长码首先以 1/64 的速率被抽取以匹配寻呼信道符号速率。更多的细节在文献[47]中规定。图 38.17 显示了解调的同步信号以及从同步和寻呼信道解码的最终信息。请注意,显示的信号对应美国蜂窝提供商 Verizon,它不广播其基站位置信息(纬度和经度)。

41 29	28 24	23	21	20 9	8 0
1100011001101	00000	p		000000000000	PN偏移

图 38.16 长码掩码结构[18];3GPP2[50]

(来源:经 IEEE 许可转载。)

另外,基站 ID 的最后一位数字对应蜂窝的扇区号。这对于数据关联很重要,因为同一基站蜂窝的不同扇区不是完全同步的。这将在 38.7 节中更详细地介绍。

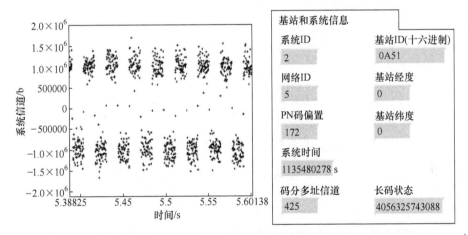

图 38.17 消息解码:解调的同步信道信号(a)及从同步和寻呼信道解码的 BTS 与系统信息(b)[18]

(经 IEEE 许可转载。)

38.5.3 码相位误差分析

38.5.2 节介绍了接收机设计的方法,该接收机可从蜂窝 CDMA 信号中提取伪距估计。本节分析了相干 DLL 码相位估计误差的统计特性。值得注意的是,当接收机准确跟踪载波相位时,非相干点积鉴别器和相干 DLL 鉴别器的性能相似,因此,为简单起见,对相干基带鉴别器进行分析。为此,假设 t_s 是常数,载波辅助项可以忽略不计,码起始时间误差 Δt_k 仅受信道噪声影响。如 38.5.2.3 节所述,对 DLL 使用一阶环路就足够了,产生以下闭环更新误差方程[57]:

$$\Delta t_{k+1} = (1 - 4B_{n,\text{DLL}}T_{\text{sub}})\Delta t_k + Ke_{\text{DLL},k} \tag{38.11}$$

其中 $Ke_{\text{DLL},k}$ 是码相位鉴别器的输出。接下来讨论鉴别器统计。

38.5.3.1 鉴别器统计

为了对鉴别器统计进行研究,首先必须确定接收到的信号噪声统计。在下文中,针对接收信号加性高斯白噪声信道进行表征。

接收信号噪声统计:为了便于分析,考虑了连续时间接收信号和相关性。假设发射信号在功率谱密度为 $N_0/2$ 的加性高斯白噪声信道中传播。下变频和带通采样后的连续接收信号由下式给出:

$$r(t) = \frac{\sqrt{C}}{2} \left[c'_I(t - t_s) - jc'_Q(t - t_s) \right] e^{j\theta(t)} + n(t)$$

连续匹配滤波的基带信号 $x(t)$ 由下式给出:

$$x(t) = \left[r(t) \cdot e^{-j\hat{\theta}(t)} \right] \cdot h((-t)$$

DLL 中产生的超前和滞后相关由下式给出:

$$Z_{e_k} = \int_0^{T\text{sub}} x(t) \left[c_I(t - \tau_{e_k}) + jc_Q(t - \tau_{e_k}) \right] \mathrm{d}t$$

$$Z_{l_k} = \int_0^{T\text{sub}} x(t) \left[c_I(t - \tau_{l_k}) + jc_Q(t - \tau_{l_k}) \right] \mathrm{d}t$$

其中 $\tau_{e_k} \triangleq \hat{t}_{S_k} - \frac{t_{\text{eml}}}{2} T_c$ 和 $\tau_{l_k} \triangleq \hat{t}_{S_k} + \frac{t_{\text{eml}}}{2} T_c$,假设接收机载波相位准确跟踪[55],超前和滞后相关可以近似为

$$Z_{e_k} \approx T_{\text{sub}} \sqrt{C} R_c \left(\Delta t_k - \frac{t_{\text{eml}}}{2} T_c \right) + n_{e_k} \triangleq S_{e_k} + n_{e_k}$$

$$Z_{l_k} \approx T_{\text{sub}} \sqrt{C} R_c \left(\Delta t_k - \frac{t_{\text{eml}}}{2} T_c \right) + n_{l_k} \triangleq S_{l_k} + n_{l_k}$$

其中 n_{e_k} 和 n_{l_k} 是零均值的高斯随机变量,具有以下方差和协方差:

$$\text{var}\{n_{e_k}^2\} = \text{var}\{n_{l_k}^2\} = \frac{T_{\text{sub}} N_0}{2} (\forall k)$$

$$\mathbb{E}\{n_{e_k} n_{l_k}\} = \frac{T_{\text{sub}} N_0 R_c(t_{\text{eml}} T_c)}{2} \quad (\forall k)$$

$$\mathbb{E}\{n_{e_k} n_{e_j}\} = \mathbb{E}\{n_{l_k} n_{l_j}\} = \mathbb{E}\{n_{e_k} n_{l_j}\} = 0 \quad (\forall k \neq j)$$

相干鉴别器统计:相干基带鉴别器函数,定义为

$$D_k \triangleq \frac{Z_{e_k} - Z_{l_k}}{\sqrt{C}} = \frac{S_{e_k} - S_{l_k}}{\sqrt{C}} + \frac{n_{e_k} - n_{l_k}}{\sqrt{C}}$$

$T_{\text{eml}} = \{0.25, 0.5, 1, 1.5, 2\}$ 下的信号分量归一化鉴别器函数 $\frac{S_{e_k} - S_{l_k}}{T_{\text{sub}} \sqrt{C}}$,如图 38.18 所示,从图 38.18 中可以看出,对于较小的 $\frac{\Delta t_k}{T_c}$ 值,鉴别器函数可以近似为以下线性函数:

$$D_k \approx \alpha \Delta t_k + \frac{n_{e_k} - n_{l_k}}{\sqrt{C}}$$

其中 α 是鉴别器函数在 $\Delta t_k = 0$ 处的斜率[57],可由以下函数计算得出:

$$\alpha = \left. \frac{\partial D_k}{\partial \Delta t_k} \right|_{\Delta t_k = 0} = T_{\text{sub}} \left[\frac{\mathrm{d}}{\mathrm{d}\tau} R_c(-\tau) - \frac{\mathrm{d}}{\mathrm{d}\tau} R_c(\tau) \right] \Bigg|_{\tau = \frac{t_{\text{eml}}}{2} T_c}$$

由于 $R_c(\tau)$ 是对称的，

$$\left. \frac{\mathrm{d}}{\mathrm{d}\tau} R_c(\tau) \right|_{\tau = -\frac{t_{\text{eml}}}{2} T_c} = -\left. \frac{\mathrm{d}}{\mathrm{d}\tau} R_c(\tau) \right|_{\tau = \frac{t_{\text{eml}}}{2} T_c} \triangleq R'_c \left(\frac{t_{\text{eml}}}{2} T_c \right)$$

线性化鉴别器输出变为

$$D_k \approx 2 T_{\text{sub}} R'_c \left(\frac{t_{\text{eml}}}{2} T_c \right) \Delta t_k + \frac{n_{e_k} - n_{l_k}}{\sqrt{C}} \tag{38.12}$$

值得注意的是，$R_c(\tau)$ 和 $R'_c(\tau)$ 是通过短码脉冲的自相关函数数值计算得到的。由于 FIR 滤波器的冲击响应 $h[k]$ 仅在 48 个 k 值上定义，自相关函数 $R_c(\tau)$ 仅在 95 个 τ 值上有定义。然而，可使用插值来估计任意 τ 处的 $R_c(\tau)$ 和 $R'_c(\tau)$。D_k 的均值和方差可以从式(38.12)中获得。详细由式(38.13)给出：

$$\mathbb{E}\{D_k\} = 2 T_{\text{sub}} R'_c \left(\frac{t_{\text{eml}}}{2} T_c \right) \Delta t_k \tag{38.13}$$

$$\mathrm{var}\{D_k\} = \frac{1}{C} \mathrm{var}\{n_{e_k} - n_{l_k}\}$$

$$= \frac{1}{C} \left[\mathrm{var}\{n_{e_k}\} + \mathrm{var}\{n_{l_k}\} - 2E\{n_{e_k} n_{l_k}\} \right]$$

$$= \frac{T_{\text{sub}} N_0}{C} \left[1 - R_c(t_{\text{eml}} T_c) \right] \tag{38.14}$$

至此鉴相器统计量已知，接下来分析闭环伪距误差统计特性。

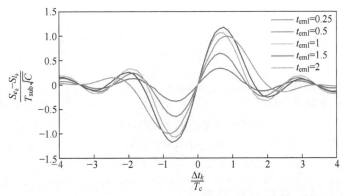

图 38.18　具有不同相关器间距的 CDMA 短码的相干基带鉴别器函数的输出[12]

（经 IEEE 许可转载。）

38.5.3.2　闭环分析

为了获得所需的环路等效噪声带宽，式(38.11)中的 K 必须满足：

$$K = \frac{4B_{n,\mathrm{DLL}}T_{\mathrm{sub}}\Delta t_k}{\mathbb{E}\{D_k\}}\Bigg|_{\Delta t_k = 0} = \frac{2B_{n,\mathrm{DLL}}}{R_c'\left(\dfrac{t_{\mathrm{eml}}}{2}T_c\right)} \qquad (38.15)$$

在蜂窝 CDMA 系统中,当 $t_{\mathrm{eml}} = 1.2$ 时,环路滤波器增益变为 $K \approx 4B_{n,\mathrm{DLL}}$;因此在 38.5.2.3 节中选择了 K。假设跟踪误差零均值,即 $\mathbb{E}\{\Delta t_k\} = 0$,起始时间码误差的方差由下式给出:

$$\mathrm{var}\{\Delta t_{k+1}\} = (1 - 4B_{n,\mathrm{DLL}}T_{\mathrm{sub}})^2\mathrm{var}\{\Delta t_k\} + K^2\mathrm{var}\{\Delta D_k\}$$

在稳定状态下,$\mathrm{var}\{\Delta t_{k+1}\}$ 变为

$$\mathrm{var}\{\Delta t_{k+1}\} = \mathrm{var}\{\Delta t_k\} = \mathrm{var}\{\Delta t\} \qquad (38.16)$$

式中:Δt 为稳态时码起始时间误差。结合式(38.16)和式(38.16)可得

$$\mathrm{var}\{\Delta t\} = \frac{B_{n,\mathrm{DLL}}q(t_{\mathrm{eml}})}{2(1 - 2B_{n,\mathrm{DLL}}T_{\mathrm{sub}})C/N_0}$$

$$q(t_{\mathrm{eml}}) \triangleq \frac{1 - R_c(t_{\mathrm{eml}}T_c)}{\left[R_c'\left(\dfrac{t_{\mathrm{eml}}}{2}T_c\right)\right]^2} \qquad (38.17)$$

因此伪距可以表示为

$$\rho(k) = c \cdot t_{s_k} + c \cdot \Delta t_k \triangleq c \cdot t_{s_k} + \nu(k)$$

式中:$\nu(k)$ 为方差是 $\sigma^2 = c^2 \cdot \mathrm{var}\{\Delta t\}$ 的零均值随机变量。图 38.19 显示用 σ 表示在 $t_{\mathrm{eml}} = 1.25$ 码片,不同载噪比 C/N_0 下 Δt 的标准偏差图。

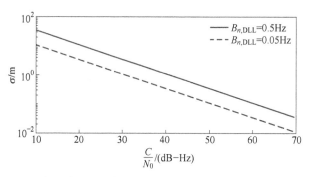

图 38.19　σ 即 Δt 的标准偏差图,在 $t_{\mathrm{eml}} = 1.25$ 码片和 $B_{n,\mathrm{DLL}} = \{0.5\mathrm{Hz}, 0.05\mathrm{Hz}\}$ 下,

关于载噪比 C/N_0 的函数计算[12]

(经 IEEE 许可转载。)

38.5.4　蜂窝 CDMA 导航实验结果

本节介绍使用蜂窝 CDMA 信号进行导航的实验结果。这些结果没有受到基站扇区时钟差异问题(在 38.7 节中讨论)的影响,因为每个 BTS 蜂窝中仅使用来自一个扇区天线的信号。在文献[23,25]中展示了 BTS 扇区时钟差异问题和缓解方法的实验结果。38.5.4.1 节分析了在 38.5.2 节中讨论的接收机获得的伪距。38.5.4.2 节和 38.5.4.3 节分别介绍了空中和地面车辆的导航结果。

38.5.4.1　伪距分析

38.5.2节中讨论的接收机获得的伪距变化与移动接收机和蜂窝CDMA BTS之间的真实距离变化进行比较。为此,将接收机安装在两个平台上:无人机(unmanned aerial vehicle, UAV)和地面车辆[12,18,25]。

UAV结果:图38.20显示了BTS环境、无人机轨迹和实验硬件设置。来自与美国蜂窝提供商Verizon Wireless相对应的两个蜂窝BTS的信号被跟踪。在试验前,已知并绘制出以883.98MHz载波频率传输基站及其位置[37,39]。图38.20所示为UAV轨迹的地面实况,参考来自其机载导航系统,该系统使用GPS、INS和其他传感器。无人机与每个BTS之间的距离D,该距离是使用无人机导航系统产生的导航解算方案和已知BTS位置计算得出的。伪距ρ是从安装在无人机上的蜂窝CDMA接收机中获得的。为了验证伪距结果,图38.21绘制了两个BTS的伪距变化$\Delta\rho \triangleq \rho - \rho(0)$和距离变化$\Delta D \triangleq D - D(0)$,其中,$\rho(0)$是伪距的初始值,$D(0)$是无人机和BTS之间的初始距离。从图38.21中可以看出,伪距变化与距离变化密切相关。特定BTS的ΔD和$\Delta\rho$之间存在的差异是由时钟偏差差异$c(\delta_{t_r} - \delta_{t_{s_i}})$和噪声$\nu_i$的变化造成的。

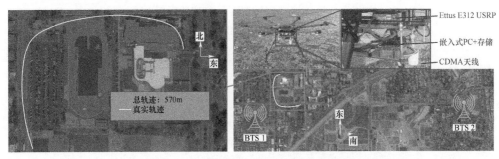

图38.20　无人机实验的BTS环境和实验硬件设置[12]

（地图数据:谷歌地球。经IEEE许可转载。）

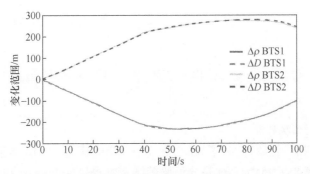

图38.21　无人机实验的伪距变化以及接收机与两个蜂窝CDMA BTS之间的距离变化

（经IEEE许可转载。）

地面跑车结果:图38.22显示了BTS环境、地面车辆轨迹和实验硬件设置。来自与美国蜂窝提供商Verizon Wireless相对应的两个蜂窝BTS的信号被跟踪。BTS以882.75MHz的载波频率传输,并且在实验之前绘制了它们的位置[37,39]。图38.22中地面车辆轨迹的地面实况参数来自通用无线电导航融合设备(GRID) GPS SDR[58]。真实距离变化和伪距变化绘制在图 38.23 中,类似于 UAV 实验。从图 38.23 中可以看出,伪距变化与距离变化密切相关。特定 BTS 的 ΔD 和 $\Delta \rho$ 之间存在的差异是由于时钟偏差差异 $c(\delta_{t_r} - \delta_{t_{s_i}})$ 和噪声 ν_i 的变化造成的。

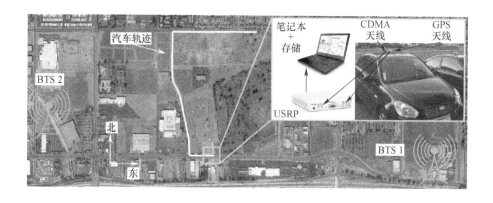

图 38.22 BTS 环境、地面车辆轨迹和实验硬件设置

(地图数据:谷歌地球[12]。经 IEEE 许可转载。)

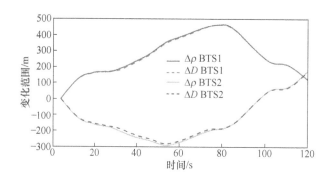

图 38.23 伪距变化和接收机与两个蜂窝 CDMA BTS 之间的距离变化的地面车辆实验[12]

(经 IEEE 许可转载。)

38.5.4.2 地面车辆导航

两辆车(映射器和导航器)配备了 38.5.2 节中介绍的蜂窝 CDMA 导航接收机。接收机调谐到蜂窝载波频率 882.75MHz,这是分配给美国蜂窝提供商 Verizon Wireless 的频段。映射器车辆静止停放,如 38.4.1 节所述通过 WLS 估计器估计 3 个 BTS 的时钟偏差。映射器已知 BTS 的位置,并且位置状态以本地三维框架表示,该框架的水平面穿过 3 个基站,并以基站位置的平均值为中心。导航器的高度在所驱动轨迹上的本地三维框架中是已知的,并且是恒定的,可作为常数参数传递给估计。

因此,仅通过 38.4.1 节所述的 WNLS 方法估计导航器的二维位置及其钟差。WNLS 的

权重将 $T_{\text{sub}} = \dfrac{1}{37.5}S$ 代入(38.17)中计算得到。在初次伪距测量时，WNLS 迭代初值选取：导航器初始水平位置状态设置为三维坐标系原点，初始时钟偏差设置为零。对于每个后续的伪距测量，WNLS 迭代的初始值来自之前 WNLS 的解算。用于地面实验的实验硬件设置、导航器轨迹映射器和 BTS 位置如图 38.24 所示。地面真实轨迹是从栅格 GPS SDR 获得的[58]。从图 38.24 可以看出导航从蜂窝 CDMA 信号得到的解非常接近使用 GPS 信号的解。

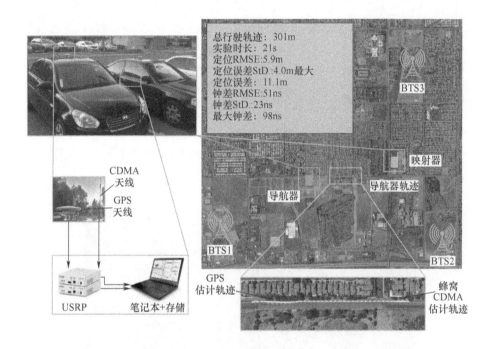

图 38.24 用于地面实验的实验硬件设置、导航器轨迹、映射器和 BTS 位置
（地图数据：谷歌地球[18,25]。经 IEEE 许可复制。）

38.5.4.3 飞行器导航

在两架相同的无人机（映射器和导航器）上配备了 38.5.2 节中介绍的蜂窝 CDMA 导航接收机。在这里，映射器和导航器都是可移动的，接收机调到美国蜂窝服务提供商 Verizon Wireless 使用的蜂窝载波频率 882.75MHz，映射器和导航器正在接收 4 个相同的已知位置的 BTS，映射器通过以下方式估计 BTS 的钟差：

如 38.4.1 节所述，映射器通过 WLS 估计器估计 BTS 的钟差。与地面车辆导航设置类似，导航器的高度在局部三维框架中是已知常数，并且用 WNLS 仅估计导航器的二维位置及其钟差，其权重和初始值计算方法与地面车辆导航类似。映射器的真实参考和导航器轨迹取自无人机的车载导航系统，其使用 GPS、INS 和其他传感器。图 38.25 所示为 BTS 环境，其中映射器、导航器以及实验硬件配置都有呈现。导航器的真实轨迹和用蜂窝 CDMA 伪距估计的轨迹如图 38.26 所示。

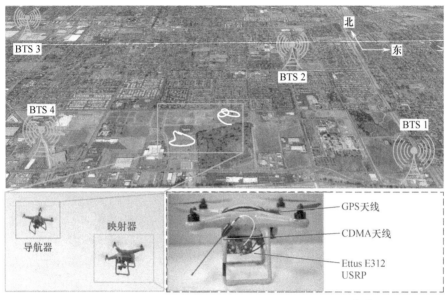

图 38.25　带有移动映射器的 BTS 环境和实验硬件配置[25]
(地图数据:谷歌地球。经 IEEE 许可复制。)

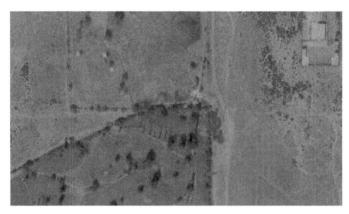

图 38.26　导航无人机的真实轨迹和估计轨迹
(地图数据:谷歌地球。)

38.6　蜂窝 LTE 信号导航

有两种不同的技术可以将 LTE 信号用于 PNT:基于网络和基于用户界面。LTE 第 9 版通过引入广播定位参考信号(PRS)实现了基于网络的 PNT 技术。该 PRS 预期定位精度约为 50m[59]。基于网络的定位存在以下缺点。

- 由于用户的位置容易通过网络泄露,用户的隐私易受到损害[60];
- 本地服务仅限于付费用户,并由特定手机供应商提供;

- 其他手机网络供应商传输中的 LTE 信号无法利用;

- 需要额外的带宽来容纳 PRS,这导致大多数蜂窝网络提供商选择不传输 PRS,而将更多带宽用于业务信道。

为了克服这些缺点,基于 UE 的 PNT 技术利用现有的参考信号传输 LTE 信号。本节重点介绍基于 UE 的 PNT 技术。当 UE 进入未知 LTE 环境时,与网络建立通信的第一步是与周围 LTE BTS[也称为演进节点 B(eNodeB)]同步。这是通过获取由 eNodeB 传输的 PSS 和 SSS 来实现的,两者可直接用于导航。另一个可用于导航的 LTE 信号是 CRS;然而,由于 CRS 在时间和频率上的离散性无法直接进行导航应用。表 38.1 比较了 PSS、SSS 和 CRS 的显著导航特性。

本节的结构如下:38.6.1 节讨论了 LTE 帧结构和可用于导航的参考信号;38.6.2 节介绍了一种从接收的 LTE 信号产生导航观测值的接收机结构;38.6.3 节分析了 SSS 信号相干和非相干 DLL 跟踪的码相位误差;38.6.4 节展示了使用蜂窝 LTE 信号在空中和地面车辆导航的实验结果。

38.6.1　LTE 帧结构和参考信号

在 LTE 下行链路传输中,经常使用正交频分复用(OFDM)进行电文调制。OFDM 是一种将符号映射到子载波的多个载波频率上的传输方法。串行数据符号 $\{S_1, S_2, \cdots, S_{N_r}\}$ 首先通过串并转化生成长度为 N_r 的数据组, N_r 表示携带电文的子载波数。接下来,每组通过补零扩展到长度 N_c ,这是子载波的总数,并进行逆 FFT(Inverse FFT,IFFT)变换。将其 N_c 值设置为大于 N_r ,以便在频域提供安全频带。最后,为保护电文免受多径效应影响,所获得符号的最后 L_{cp} 元素在电文的开头重复,称为循环前缀(CP)。在接收机端通过相反的顺序执行这些步骤,可以获得发送的符号。由于 LTE 系统中的频率复用系数为 1,因此同一操作符的 eNodeB 使用相同的频段来减少共享频段所造成的干扰,每路与其他 eNodeB 发送的信号正交调制。使用不同的频带使不同控制下的 eNodeB 传输信号分配相同的蜂窝 ID 成为可能。图 38.27 所示为用于数字传输的 OFDM 编码方案框图。以下各小节讨论用于导航的 LTE 帧结构和参考信号。

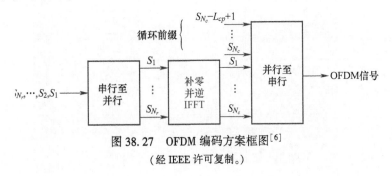

图 38.27　OFDM 编码方案框图[6]

(经 IEEE 许可复制。)

38.6.1.1　帧结构

接收的 OFDM 信号被分配至多个块,称为帧。在 LTE 系统中,帧结构取决于传输类型,它可以是频分双工(frequency-division duplexing,FDD)或时分双工(time-division duplexing,TDD)。由于 FDD 在延迟和传输范围方面的优越性能,大多数网络提供商使用 FDD 进行

LTE 传输。因此,本节考虑 LTE 传输方式为 FDD,简单起见,FDD 帧被简称为帧。

帧是 LTE 通信中的主要组成,它是表征时间和频率的二维网格。一帧由 10ms 电文组成,被分为 20 个时隙或 10 个子帧,持续时间分别为 0.5ms 或 1ms。一个时隙可分解为多个资源网格(resource grids, RG),每个 RG 都有数个资源块(resource blocks, RB)。RB 被分解为帧的最小元素,即"资源元素"(resource elements, RE)。RE 的频率和时间索引分别称为子载波和符号。LTE 帧结构如图 38.28 所示,具有 6 个 RB 的单个 LTE 帧结构如图 38.29 所示[61]。

LTE 帧中的子载波数 N_c 和已使用的子载波数 N_r 由网络提供商分配,并且只能采用表 38.4 中显示的值。经典的子载波间隔通常为 $\Delta f = 15\text{kHz}$。因此可以占用的带宽 W' 可以使用 $W' = N_r \times \Delta f$ 计算。为了使用保护带,分配带宽 W 通常略高于 W'(例如, $W = 1.4\text{MHz}$,用于 $W' = 1.08\text{MHz}$)。注意 N_c 设置为 2 的幂,以便提高 FFT 的计算效率。

当 UE 接收到 LTE 信号时,必须对 LTE 帧进行重构从而提取发送的信息。首先辨识帧起始时间,然后在已知帧定时后接收机可以移除 CP 并对每个 N_c 进行 FFT。每个时隙第一个符号的正常 CP 持续时间为 5.21μs,其余符号为 4.69μs[61]。要确定帧定时,则必须得到 PSS 和 SSS,这在 38.6.1.2 节中讨论。

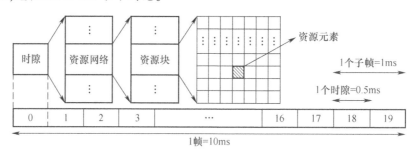

图 38.28 LTE 帧结构[64-65]

(经 IEEE 导航协会许可复制。)

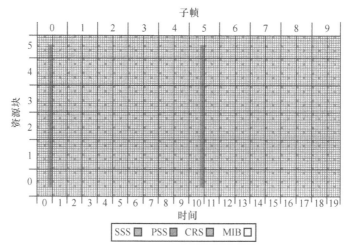

图 38.29 单个 LTE 帧组成[15]

(经 IEEE 航海学会许可复制。)

表 38.4 LTE 系统带宽与子载波数量

分配的带宽 W/MHz	子载波数量 N_c/个	已使用的子载波数量 N_r/个
1.4	128	72
3	256	180
5	512	300
10	1024	600
15	1536	900
20	2048	1200

38.6.1.2 定时信号

LTE 系统中存在 3 种参考信号:PSS、SSS 和 CRS,可通过获取和跟踪它们的子载波来定位。接下来我们将讨论这些信号。

PSS:用于提供符号定时,在时隙 0 的最后一个符号上并在时隙 10 上重复。PSS 是一个长度为 62 的 Zadoff-Chu 序列,它位于传输 PSS DC 子载波外的带宽中 62 个中等子载波上。PSS 是下列仅有的 3 种可能序列之一,每个序列映射到一个整数值 $N_{ID}^{(2)} \in \{0,1,2\}$,代表 eNodeB 的扇区号。

SSS:SSS 是一个正交长度为 62 的序列,它在时隙 0 或 10 中传输,位于 PSS 相同的子载波上,并出现在 PSS 之前。SSS 是通过将基于 $N_{ID}^{(2)}$ 生成的第三个正交序列加扰的两个最大长度的序列串联获得的。SSS 有 168 个可能的序列,对应映射为整数 $N_{ID}^{(1)} \in \{1,2,\cdots,167\}$,称作蜂窝组标识符。式(38.21)中基于 FFT 的相关也用来检测 SSS 信号。一旦检测到 PSS 和 SSS,UE 可以估计帧起始时间 $\hat{t}_s$,并使用 $N_{ID}^{cell} = 3N_{ID}^{(1)} + N_{ID}^{(2)}$ 来估计 eNodeB 的区间 ID[62]。区间 ID 用于数据关联。

CRS:CRS 是一个正交伪随机序列,由 eNodeB 的区间 ID 唯一定义。CRS 通过整个带宽进行传输(图 38.29),主要用于估计信道频率响应。由于 CRS 的离散性,故不能使用传统的 DLL 进行跟踪[15,63]。CRS 子载波分配取决于蜂窝 ID,使得与其他演化节点基站 eNodeB 的 CRS 信号干扰最小。由于 CRS 在整个带宽传输,因此其带宽可达 20MHz。

来自第 u 个 eNodeB 的传输 OFDM 信号中第 k 个子载波和第 i 个符号可表示为

$$Y_i^{(u)}(k) = \begin{cases} S_i^{(u)}(k) & (k \in N_{CRS}^{(u)}) \\ D_i^{(u)}(k) & (其他) \end{cases} \tag{38.18}$$

式中:$S_i^{(u)}(k)$ 为 CRS 序列;$N_{CRS}^{(u)}$ 为包含 CRS 的子载波集,它是符号数、端口号和蜂窝 ID 的函数;$D_i^{(u)}(k)$ 为其他一些数据信号。

38.6.1.3 接收信号

假设在通信通道加以高斯白噪声,则第 i 个符号的接收信号将是

$$R_i(k) = \sum_{u=0}^{U-1} H_i^{(u)}(k) Y_i^{(u)}(k) + W_i(k) \tag{38.19}$$

式中:$H_i^{(u)}(k)$ 为信道频率响应(channel frequency response,CFR);U 为环境中 eNodeB 的总数;$W_i(k)$ 为一个高斯白噪声随机变量,表示接收信号的总噪声。

38.6.2　LTE 接收机结构

蜂窝 LTE 导航接收机由四个主要部分组成:信号捕获、系统信息提取、跟踪和定时信息提取[64-65]。如图 38.30 所示,本节讨论导航各个阶段 的 LTE 接收机情况。38.6.2.1 节描述了 PSS 和 SSS 的捕获;38.6.2.2 节讨论了相关系统信息的提取;38.6.2.3 节讨论了跟踪;38.6.2.4 节描述了定时信息提取的部分内容。

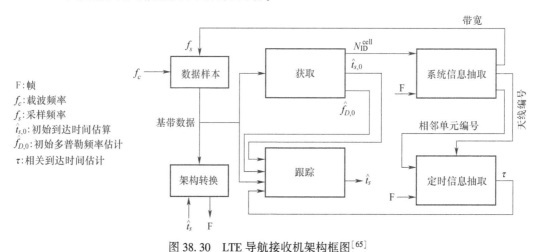

F:帧
f_c:载波频率
f_s:采样频率
$\hat{t}_{s,0}$:初始到达时间估算
$\hat{f}_{D,0}$:初始多普勒频率估计
τ:相关到达时间估计

图 38.30　LTE 导航接收机架构框图[65]

(经 IEEE 许可复制。)

38.6.2.1　PSS 和 SSS 的捕获

获取 LTE 信号的第一步是提取传输的帧时序和 eNodeB 单元的 ID[66-68]。这两个参数由 PSS 和 SSS 得到。为了捕获 PSS,UE 利用 Zadoff-Chu 序列的正交性并将接收的信号与 PSS 的所有可能选择相关联:

$$\mathrm{Corr}\,(\boldsymbol{r},\boldsymbol{s}_{\mathrm{PSS}})_m = \sum_{n=0}^{N-1} \boldsymbol{r}(n)\,\boldsymbol{s}_{\mathrm{PSS}}^*(n+m)_N$$

$$= \boldsymbol{r}(m)\,\circledast_N\,\boldsymbol{s}_{\mathrm{PSS}}^*(-m)_N \tag{38.20}$$

式中:$\boldsymbol{r}(n)$ 为接收信号;$\boldsymbol{s}_{\mathrm{PSS}}(n)$ 为接收机在时域产生的 PSS;N 为帧长;$(\cdot)^*$ 表示复共轭;$(\cdot)_N$ 表示循环移位算子;$\circledast_N$ 表示循环卷积运算。取式(38.20)的 FFT 和 IFFT:

$$\mathrm{Corr}\,(\boldsymbol{r},\boldsymbol{s}_{\mathrm{PSS}})_m = \mathrm{IFFT}\{\boldsymbol{R}(k)\,\boldsymbol{S}_{\mathrm{PSS}}^*(k)\} \tag{38.21}$$

式中:$\boldsymbol{R}(k)\overset{\triangle}{=}\mathrm{FFT}\{\boldsymbol{r}(n)\}$;$\boldsymbol{S}_{\mathrm{PSS}}(k)\overset{\triangle}{=}\mathrm{FFT}\{\boldsymbol{s}_{\mathrm{PSS}}(n)\}$。式(38.21)基于 FFT 的相关也用于检测 SSS 信号。一旦检测到 PSS 和 SSS,UE 就可以估计帧开始时间。

在获得帧定时后,UE 使用接收信号 $r(n)$ 中的 CP 估计频移(多普勒频率)。相关的多普勒频率,包括由于时钟漂移和多普勒频移引起的载波频率偏移,可以由 CP 估计为

$$\hat{f}_D = \frac{1}{2\pi N_c T_s}\mathrm{arg}\Big\{\sum_{n\in N_{\mathrm{CP}}} \boldsymbol{r}(n)\,\boldsymbol{r}^*(n+N_c)\Big\}$$

式中:N_{CP} 为一组 CP 索引;T_s 为采样间隔[69]。多普勒频率估计后,LTE 信号的获取就完成了。图 38.31 总结了 LTE 信号捕获过程。接收的 LTE 信号与本地生成的 PSS 信号和 SSS

信号的归一化相关结果如图 38.32 所示。可以看出,由于 PSS 每帧传输 2 次,因此在 1 帧 (10ms)的持续时间内有 2 个相关峰。然而 SSS 只有 1 个相关峰,因为 SSS 每帧只传输 1 次。该图还显示,最高 PSS 相关峰在 $N_{\mathrm{ID}}^{(2)} = 0$ 处,SSS 最高的 SSS 相关峰 ID 为 $N_{\mathrm{ID}}^{(1)} = 77$。因此, 由单元 ID 可计算出 $N_{\mathrm{ID}}^{\mathrm{Cell}} = 3 \times 77 + 0 = 231$。

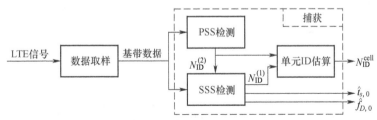

图 38.31　LTE 信号捕获图[64-65]

(经 IEEE、导航学会许可复制。)

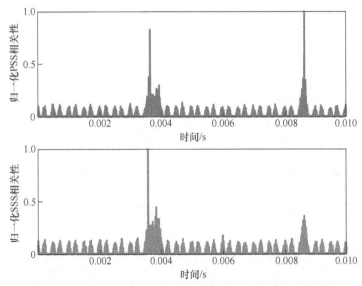

图 38.32　PSS、SSS 和实际的 LTE 信号归一化相关结果[64-65]

(经 IEEE、导航学会许可复制。)

38.6.2.2　系统信息提取

与导航相关的参数包括系统带宽、发射天线数量和相邻蜂窝 ID。这些参数以两个块形式提供给 UE,即主信息块(MIB)和系统信息块(SIB)。UE 开始以尽可能低的 LTE 带宽进行信号捕获,因为它没有关于实际传输带宽的信息。信号捕获后将其转换为帧,通过 MIB 解码得到带宽。随后,UE 可以提高其采样频率以利用 CRS 的高带宽。UE 还可以利用从多个 eNodeB 天线接收到的信号来改进 TOA 估计。由于 LTE 中的频率复用因子为 1,因此可能无法从具有低 C/N_0 的 eNodeB 处获取 PSS 和 SSS 信号,这种现象称为远近效应。在这种情况下,可以使用通过解码 SIB 获得的相邻单元 ID 来重建 CRS 序列[65]。本节讨论 MIB、SIB 和 PCFICH 等的解码。

MIB 解码:为了利用高带宽 CRS 信号,在多径环境和存在干扰的情况下提高导航性能,

UE 首先必须从接收的信号中重建 LTE 帧。为此,必须对 MIB 中提供的实际传输带宽和发射天线数量进行解码。MIB 在物理广播信道(PBCH)上传输,由 24 位数据组成:下行带宽 3 位、帧号 3 位、其他信息和备用位 18 位。MIB 在帧的第二个时隙的 4 个连续符号上进行编码和传输。然而,它不在为参考信号保留的 RE 中传输。图 38.33 显示了 MIB 消息在传输之前经过的步骤[61, 70]。

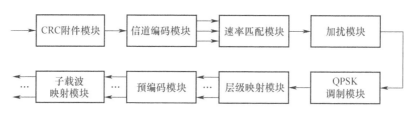

图 38.33   MIB 解码[65]

(经 IEEE 许可复制。)

第一步,使用循环码生成器多项式 $g_{CRC}(D) = D^{16} + D^{12}12 + D^5 + 1$ 获得长度为 $L = 16$ 的 CRC。24b MIB 消息中不传输发射天线的数量信息,相反,该信息在 CRC 掩码中提供,该掩码是用于对附加到 MIB 的 CRC 位进行加扰的序列。对于 1 个、2 个或 4 个发射天线来说,CRC 掩码分别为全零、全 1 或 $[0, 1, 0, \cdots, 0, 1]$。为了从接收的信号中得到发射天线的数量,UE 需要对所有可能的发射天线的数量进行盲搜索,然后通过比较本地生成的由 CRC 掩码加扰的 CRC 与接收的 CRC,识别发射天线的数量。

第二步,使用限定长度为 7 和编码率为 1/3 的咬尾卷积编码器进行信道编码。编码器的配置如图 38.34 所示。编码器的初始值设置为输入流中最后 6 个信息位的值。图 38.35 所示的方法可用于解码接收的信号[71]。在该方法中,接收到的信号被重复一次,然后,用维特比解码器对获得的序列解码。最后,选择序列的中间部分并循环移位。

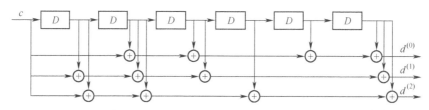

图 38.34   约束长度为 7、编码率为 1/3 的咬尾卷积编码器的配置[65]

(经 IEEE 许可复制。)

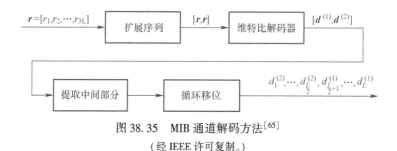

图 38.35   MIB 通道解码方法[65]

(经 IEEE 许可复制。)

第三步,卷积编码比特进行速率匹配。在速率匹配步骤中,首先对从信道编码获得的数据进行交织,然后重复交织每个流的结果,以获得 1920 位长的数组[70]。接下来,用伪随机序列对速率匹配的输出进行扰乱生成相对应的信号,以对所有 eNodeB 基站进行检测。伪随机序列由单元 ID 初始化。随后,对获得的数据执行 QPSK,产生 960 个符号,这些符号映射到不同的层以提供传输分集。为了克服信道衰落和热噪声,在预编码步骤中采用了空时编码。最后,结果符号被映射到用于 MIB 传输的预定子载波上[70]。

SIB 解码:UE 在进行捕获时,会获取功率最高的周围 eNodeB 的单元 ID,称为主 eNodeB。出于导航目的,UE 需要访问多个 eNodeB 信号估计其状态。第一种解决方案是对所有可能值 $N_{ID}^{(2)}$ 进行信号捕获。然而,该方法限制了 UE 可以同时用于定位的同频 eNodeB 的数量。第二种方案是向 UE 提供网络的数据库。在该方法中,除非 UE 知道当前位置,否则 UE 需要搜索所有可能的单元 ID 值以获取正确的值,这与实际假设不符。第三种更可靠并能克服上述问题的解决方案是使用主 eNodeB 发送的 SIB 中提供的信息提取相邻单元 ID。由于其他运营商在不同的载波频率上传输,因此可以使用相同的方法用于从其他运营商处提取相邻 eNodeB 的单元 ID。在获得 eNodeB 的单元 ID 的前提下,接收机只需使用数据库或预映射方法就可以获得 eNodeB 的位置[37, 39]。

SIB 包含以下信息:所连接的 eNodeB、来自同一运营商的频率间和频率内的相邻单元、来自其他网络(UMTS、GSM 和 CDMA2000)的相邻单元的信息和其他信息。SIB 有 17 种不同的形式:SIB1~SIB17,它们以不同的时间表传输。SIB1 在每个偶数帧的子帧 5 中传输,携带其他 SIB 的调度信息。该信息可用于提取 SIB4 的调度,该 SIB4 具有同频相邻单元的 ID。为了解码 SIB1,UE 必须经过几个步骤。在每个步骤中,UE 都需要对物理信道进行解码以提取执行其他步骤所需的参数。如图 38.36 所示,一般来说,所有下行物理信道在传输前都以类似的方式编码。尽管所有物理通道都具有相同的总体结构,但图 38.36 中的每步都因通道而异。MIB 解码步骤中讨论了 PBCH 的每个步骤。更多细节在文献[61, 70]中给出。本节接下来总结了 SIB4 检索信息的步骤。

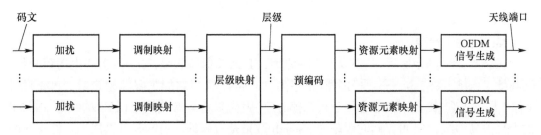

图 38.36 下行物理信道的一般结构[64-65]
(经 IEEE、导航学会许可复制。)

PCFICH 解码:UE 首先从物理控制格式指示信道(PCFICH)中获取控制格式信息(CFI)。CFI 专用于指定下行链路控制信道的 RE 数量,可以取值为 1、2 或 3。为了解码 CFI,UE 首先定位在 PCFICH 中指定的 16 个资源元素 RE。然后,它通过调换图 38.36 中的步骤对获得的符号进行解调,从而产生 32 位的序列。最后,这个序列(只能是 3 个可能序列之一)被映射到一个 CFI 值上。

PDCCH 解码:UE 可以识别与物理下行链路控制信道(PDCCH)相关联的 RE,并通过已知的 CFI 对其进行解调,这将产生了一个与下行链路控制信息(DCI)消息的比特块。DCI 可以多种格式传输,这些格式不与 UE 通信。因此,UE 必须对不同格式进行盲搜索来解包 DCI。正确的格式由 CRC 标识。

PDSCH 解码:首先解析后的 DCI 提供相应物理下行链路共享信道(PDSCH)RE 的配置;然后对携带 SIB 的 PDSCH 进行解码,产生 SIB 比特;最后,这些位使用抽象语法符号 1(ASN.1)解码器进行解码,该解码器提取 eNodeB 在 SIB 上发送的系统信息。

系统信息提取和相邻单元识别:在信号获取期间,确定帧时序和 eNodeB 单元 ID。然后,对 MIB 进行解码,并提取系统的带宽以及帧号。这将允许 UE 在整个带宽上解调 OFDM 信号并定位 SIB1 RE。UE 继续解码 SIB1 消息,从中推导出 SIB4 的调度并且随后解码。SIB4 包含同频相邻单元的单元 ID 以及与这些单元有关的其他信息。解码此信息使 UE 能够同时跟踪来自不同 eNodeB 的信号并从这些 eNodeB 中生成 TOA 估计。信号跟踪和 TOA 估计将在接下来的 38.6.2.3 节和 38.6.2.4 节两个小节中详细讨论。图 38.37 总结了上述系统信息提取的步骤。

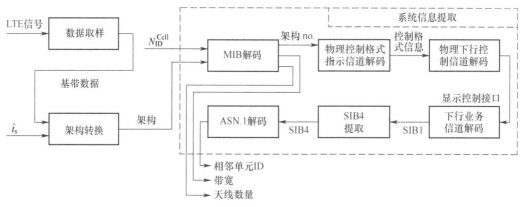

图 38.37   系统信息提取的步骤[64-65]

(经 IEEE、导航学会许可复制。)

38.6.2.3   跟踪

在获取 LTE 帧定时后,基于以下两种原因,UE 需要保持跟踪帧定时:①产生伪距测量,②连续重构帧。PSS 和 SSS 是两个潜在序列,UE 可以利用它们来跟踪帧定时。PSS 只有 3 种不同的序列,因此不太适合用于跟踪帧时序,因为来自具有相同扇区 ID 的相邻 eNodeB 的干扰很高,并且 UE 可以同时跟踪的 eNodeB 数量是有限的。但 SSS 可以用 168 种不同的序列表达,因此,它不会遇到与 PSS 相同的问题,所以我们将 SSS 用于跟踪帧时序。本节将讨论跟踪环路的组件,即 FLL 辅助 PLL 和载波辅助 DLL。

FLL 辅助 PLL 方法:如果 LTE 系统中的频率复用因子设置为 1,则会导致来自相邻单元的强干扰。因此,在干扰和动态应力下,FLL 具有比 PLL 更好的性能。然而,与 FLL 相比,PLL 明显具有更高的测量精度。因此,FLL 辅助 PLL 的方法,兼具 FLL 的动态和干扰鲁棒性以及 PLL 的高精度[72]。FLL 辅助 PLL 方法的主要组件为鉴相器、相位环路滤波器、鉴频器、频率环路滤波器和数字振荡器。SSS 不与其他数据一起调制。因此,atan2 鉴别器在整个 ±π 的输入误差范围过程中保持线性,可以在没有引入相位模糊的风险的情况下使用,由下式给出：

$$e_{\mathrm{PLL},k} = \mathrm{atan2}(Q_{p_k}, I_{p_k})$$

其中：$S_{pk} = I_{pk} + jQ_{pk}$，是时间步 k 处的即时相关性。三阶 PLL 可用于跟踪载波相位，环路滤波器传递函数为

$$F_{\mathrm{PLL}}(S) = 2.4\omega_{n,p} + \frac{1.1\omega_{n,p}^2}{S} + \frac{\omega_{n,p}^3}{S^2} \qquad (38.22)$$

式中：$\omega_{n,p}$ 为相位环的无阻尼固有频率，它可能与 PLL 噪声等效带宽 $B_{n,\mathrm{PLL}} = 0.7845\omega_{n,p}$[54] 有关。相位环路滤波器的输出是载波相位误差 $2\pi f_{D,K}$ 的变化率，以 rad/s 为单位，其中 $\hat{f}_{D,K}$ 是多普勒频率估计。相位环路滤波器传递函数在式（38.22）中被离散化，并在空间状态中实现。PLL 由带有 atan2 鉴别器的二阶 FLL 辅助用于频率。K 时刻的频率误差表示为

$$e_{\mathrm{FLL},k} = \frac{\mathrm{atan2}(Q_{p_k}I_{p_{k-1}} - I_{p_k}Q_{p_{k-1}}, I_{p_k}I_{p_{k-1}} + Q_{p_k}Q_{p_{k-1}})}{T_{\mathrm{sub}}}$$

其中 $T_{\mathrm{sub}} = 10\mathrm{ms}$ 是子累加周期，选择为一帧长度。频率环路滤波器的传递函数由式（38.23）给出：

$$F_{\mathrm{FLL}}(S) = 1.414\omega_{n,f} + \frac{\omega_{n,f}^2}{S} \qquad (38.23)$$

式中：$\omega_{n,f}$ 为频率环路的无阻尼固有频率，它可能与 FLL 等效噪声带宽 $B_{n,\mathrm{FLL}} = 0.53\omega_{n,f}$ 有关[54]。频率环路滤波器的输出是角频率 $2\pi f_{D,k}$ 的变化率，以 $\mathrm{rad/s}^2$ 为单位，因此，它被集成并添加到相位环路滤波器的输出。频率环路滤波器传递函数在式（38.23）中被离散化，并在空间状态中实现。假设低频段混频，码起始时间据下式更新。

DLL：载波辅助 DLL 使用由下式给出的非相干点积鉴别器：

$$e_{\mathrm{DLL},k} = \Gamma[(I_{e_k} - I_{l_k})I_{p_k} + (Q_{e_k} - Q_{l_k})Q_{p_k}]$$

式中：Γ 为归一化常数，由下式给出：

$$\Gamma = \frac{T_c}{2(\mathbb{E}\{|S_{p_k}|^2\} - 2\sigma_{IQ}^2)}$$

式中：$S_{e_k} = I_{e_k} + jQ_{e_k}$ 和 $S_{l_k} = I_{l_k} + jQ_{l_k}$ 分别是超前和滞后相关量；$T_c = \frac{1}{W_{SSS}}$ 是码片间隔，$W_{SSS} = 63 \times 15 = 945(\mathrm{kHz})$ 是 SSS 信号带宽；$\mathbb{E}\{\triangle\}$ 是期望算子；σ^2 是加性干扰方差。包含干扰在内的所有噪声大小的计算在文献[65]中讨论。DLL 环路滤波选取和式（38.23）一致，其等效噪声带宽为 $B_{n,\mathrm{DLL}}(\mathrm{Hz})$。DLL 环路滤波输出 v_{DLL}（以 S/S 为单位）是 SSS 码相位的变化率，若低侧混合，码起始时间更新为

$$\hat{t}_{s_{k+1}} = \hat{t}_{s_k} - T_{\mathrm{sub}}(v_{\mathrm{DLL},k} + \hat{f}_{D,k}/f_c)$$

SSS 码起始时间估计用于重建传输帧。图 38.38 所示为 LTE SSS 信号环路跟踪架构图，其中 $\omega_c = 2\pi f_c$，f_c 为载波频率（Hz）。最终，伪距 ρ 可以通过码起始时间乘以光速 c 来获得[式（38.10）]。

图 38.39 所示为固定接收器的 LTE SSS 信号跟踪结果。此处,PLL、FLL 和 DLL 噪声的等效带宽分别设置为 4Hz、0.2Hz 和 0.001Hz。为了计算加性干扰噪声方差,使用没有被任何无线通信基站传输的正交信号对接收到的信号进行修正。然后,相关结果的平方幅度的平均值被认为是加性干扰噪声方差。由于接收机是固定的,其时钟由 GPS 约束振荡器(GPSDO)驱动,因此多普勒频率稳定在零附近。需要注意的是,在时序信息提取模块中计算辅助项 τ,用来改进 SSS 跟踪性能。将 τ 添加到 SSS 生成器块中的 $\hat{t}_{s,k+1}$。接下来我们将讨论 τ 的计算。

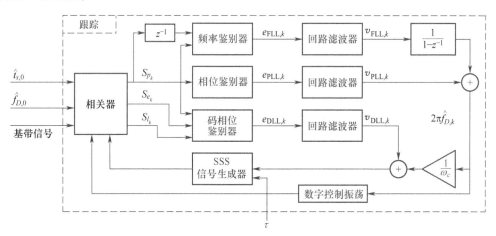

图 38.38　LTE SSS 信号环路跟踪架构图[64-65]

(经 IEEE、导航协会许可转载。)

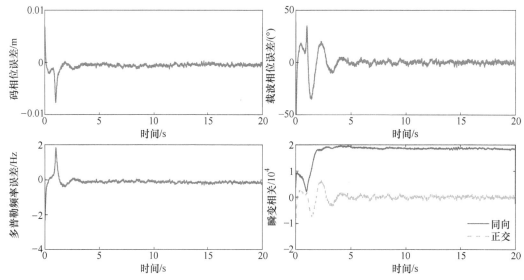

图 38.39　固定接收器的 LTE SSS 信号跟踪结果[64-65]

(经 IEEE、导航协会许可转载。)

38.6.2.4　定时信息提取

在 LTE 系统中,PSS 和 SSS 以最小的带宽进行传输,文献[73-74]分析了 SSS 的测距精度和准确度,表明在没有多径的环境中,SSS 可以使用传统的 DLL 提供非常精确的测距分辨率。然而,由于其带宽相对较低,所以 SSS 极易受到多径的影响。为了使用 LTE 信号实现更精确定位,可以利用 CRS 方法进行辅助。文献[63]通过实验研究了在具有多径的城乡结合环境中 SSS 和 CRS 的测距精度,结果表明 CRS 对多径环境具有更强的鲁棒性。在接收机的时序信息提取阶段,可以通过检测信道脉冲响应(CIR)的第一个峰值来估计 TOA。可以通过 i 个符号中的接收信号模型计算 CIR,如式(38.19)所示。本章将在后续的表述中去掉下标,以让符号表述更加清晰。第 u 个 eNodeB 估计的 CFR 由式(38.24)给出:

$$\hat{\boldsymbol{H}}^{(u)}(k) = \boldsymbol{S}^{(u)^*}(k)\boldsymbol{R}(k) = \boldsymbol{H}^{(u)}(k) + \boldsymbol{V}^{(u)}(k) \quad (k \in N_{\mathrm{CRS}}^{(u)}) \quad (38.24)$$

式中:$\boldsymbol{V}^{(u)}(k) \triangleq \boldsymbol{S}^{(u)^*}(k)\boldsymbol{W}(k)$。式(38.24)是通过 $|\boldsymbol{S}^{(u)}(k)|^2 = 1$ 的归一化获得的。通过跟踪 CFR 的 IFFT ,得到 CIR 估计值 $\hat{\boldsymbol{h}}$,参照以下公式:

$$\hat{\boldsymbol{h}}^{(u)}(n) = \mathrm{IFFT}\{\hat{\boldsymbol{H}}^{(u)}(k)\} = \boldsymbol{h}^{(u)}(n) + \boldsymbol{v}^{(u)}(n) \quad (38.25)$$

式中:$\boldsymbol{v}^{(u)}(n) \triangleq \mathrm{IFFT}\{\boldsymbol{V}^{(u)}(k)\} \sim \mathscr{CN}(0, \sigma_h^2))$。

将 TOA 估计后反馈到跟踪回路中。可以使用低通滤波器(例如移动平均滤波器)去除 τ 估计值中的异常值。图 38.40 显示了时序信息提取阶段的框图。首次抵达峰值检测方法在文献[17,64]中介绍。虽然这种方法计算成本低,但当多径距离较短时,无法检测到 CIR 的第一个峰值。自适应阈值方法是在文献[65]中提出的,这种方法更加适用于存在严重多径的城市环境。除了峰值检测算法,还可以使用超分辨率算法(SRA)[5, 11]进行计算。文献[15,19]中提出了一种高效计算的接收机,它可以克服基于 SRA 和基于"首次抵达峰值检测"方法的缺点。

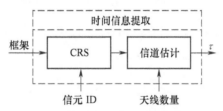

图 38.40 时序信息提取阶段的框图[64-65]

(经 IEEE、导航协会许可转载。)

38.6.3 码相位误差分析

38.6.2 节介绍了一种新设计的 FLL 辅助 PLL 的方法,该 FLL 辅助的 PLL 接收机可以从蜂窝 LTE 信号中提取伪距估计值,本节分析 SSS 码相位估计误差的统计。38.6.1 节中 SSS 通过零填充到 N_c 的长度,IFT 是根据以下公式得出的:

$$s_{\mathrm{SSS}}(t) = \begin{cases} \mathrm{IFT}\{S_{\mathrm{SSS}}(f)\} & (t \in (0, T_{\mathrm{symb}})) \\ 0 & (t \in (T_{\mathrm{symb}}, T_{\mathrm{sub}})) \end{cases}$$

式中:$S_{\mathrm{SSS}}(f)$ 为频域的 SSS 序列;$T_{\mathrm{symb}} = 1/\Delta f$ 为一个符号的持续时间,Δf 为子载波间隔。

接收到的信号以数据块为单位进行处理,每个数据块占一个帧的持续时间,可以建模为

$$r(t) = \sqrt{C}\mathrm{e}^{\mathrm{j}(2\pi\Delta f_D t + \Delta\phi)}[s_{\mathrm{code}}(t - t_{s_k} - kT_{\mathrm{sub}}) + d(t - t_{s_k} - kT_{\mathrm{sub}})] + n(t) \quad (k = 0, 1, 2, \cdots, n)$$

$$kT_{\text{sub}} \leqslant t \leqslant (k+1)T_{\text{sub}}, \quad s_{\text{code}}(t) \triangleq \sqrt{\frac{T_{\text{sub}}}{W_{\text{SSS}}}} S_{\text{SSS}}(t)$$

式中: $W_{\text{SSS}} = 930\text{kHz}$, 为 SSS 带宽; C 为接收信号功率, 包括天线增益和传播损耗; t_{s_k} 为 SSS 信号真实的 TOA; $\Delta\phi$ 和 Δf_D 分别为残余载波相位和多普勒频率; $n(t)$ 为具有恒定功率谱密度 $\frac{N_0}{2}\text{W/Hz}$ 的加性白噪声; $d(t)$ 为 eNodeB 传输的数据信息, 而不是 SSS 同步信号, 其中:

$$d(t) = 0 \quad (t \notin (t_{s_k}, t_{s_k} + T_{\text{symb}}))$$

除了在 38.6.2 节的设计中使用的非相干 DLL 鉴别器, 还可以使用相干 DLL 鉴别器[57,75]。相干鉴别器用于载波相位跟踪, 接收机的残余载波相位和多普勒频率可以忽略不计($\Delta\varphi \approx 0$ 和 $\Delta f_D \approx 0$), 而非相干鉴别器与载波相位跟踪无关。38.6.3.1 节和 38.6.3.2 节分别分析了具有相干和非相干 DLL 跟踪的码相位误差统计数据。

38.6.3.1 相干 DLL 跟踪

假设残余载波相位和多普勒频率可以忽略不计, 即 $\Delta\phi \approx 0$ 和 $\Delta f_D \approx 0$。因此, 可以在 DLL 中使用相干基带鉴别器。图 38.41 表示用于跟踪码相位的相干 DLL 结构[55]。下面将评估图 38.41 所示的 DLL 的测距精度。在 DLL 中, 接收到的信号将首先与接收机 SSS 的超前和滞后副本相关。运算超前和滞后相关结果分别由下式给出:

$$Z_{E_k} = \frac{1}{T_{\text{sub}}} \int_{kT_{\text{sub}}}^{(k+1)T_{\text{sab}}} r(t) s_{\text{code}}\left(t - \hat{t}_{s_k} + \frac{t_{\text{eml}}}{2}T_c - kT_{\text{sub}}\right)\mathrm{d}t \triangleq S_{E_k} + N_{E_k}$$

$$Z_{L_k} = \frac{1}{T_{\text{sub}}} \int_{kT_{\text{sub}}}^{(k+1)T_{\text{sab}}} r(t) s_{\text{code}}\left(t - \hat{t}_{s_k} - \frac{t_{\text{eml}}}{2}T_c - kT_{\text{sub}}\right)\mathrm{d}t \triangleq S_{L_k} + N_{L_k}$$

式中: T_c 为码片间隔; t_{eml} 为相关器间隔(early-minus-late); $\hat{t}_{s_k}$ 为 TOA 估计值; S_{E_k} 和 S_{L_k} 分别为超前和滞后的相关信号分量, 由下式给出:

$$S_{E_k} = \sqrt{C} R\left(\Delta\tau_k - \frac{t_{\text{eml}}}{2}T_c\right), \quad S_{L_k} = \sqrt{C} R\left(\Delta\tau_k + \frac{t_{\text{eml}}}{2}T_c\right)$$

式中: $\Delta\tau_k \triangleq \hat{t}_{s_k} - t_{s_k}$ 是传播时间估计误差, $R(\cdot)$ 是 $s_{\text{code}}(t)$ 的自相关函数, 由下式给出:

$$R(\Delta\tau) = \frac{1}{T_{\text{sub}}} \int_0^{T_{\text{sub}}} s_{\text{code}}(t) s_{\text{code}}(t + \Delta\tau)\mathrm{d}t = \text{sinc}(W_{\text{SSS}}\Delta\tau) - \frac{\Delta f}{W_{\text{SSS}}}\text{sinc}(\Delta f\Delta\tau) \approx \text{sinc}(W_{\text{SSS}}\Delta\tau)$$

超前和滞后相关的噪声分量分别为 N_{E_k} 和 N_{L_k} 数学期望均为零, 统计特性为

$$\text{var}\{N_{E_k}\} = \text{var}\{N_{L_k}\} = \frac{N_0}{2T_{\text{sub}}} \quad (\forall k)$$

$$\mathbb{E}\{N_{E_k}N_{L_k}\} = \frac{N_0 R(t_{\text{eml}}T_c)}{2T_{\text{sub}}} \quad (\forall k)$$

$$\mathbb{E}\{N_{E_k}N_{E_j}\} = \mathbb{E}\{N_{L_k}N_{L_j}\} = 0 \quad (\forall k \neq j)$$

开环分析: 相干基带鉴别器函数为

$$D_k \triangleq Z_{E_k} - Z_{L_k} = (S_{E_k} - S_{L_k}) + (N_{E_k} - N_{L_k})$$

$t_{\text{eml}} = \{0.25, 0.5, 1, 1.5, 2\}$ 参数下, 归一化鉴别器函数的信号分量 $\dfrac{S_{E_k} - S_{L_k}}{\sqrt{C}}$ 如图 38.42

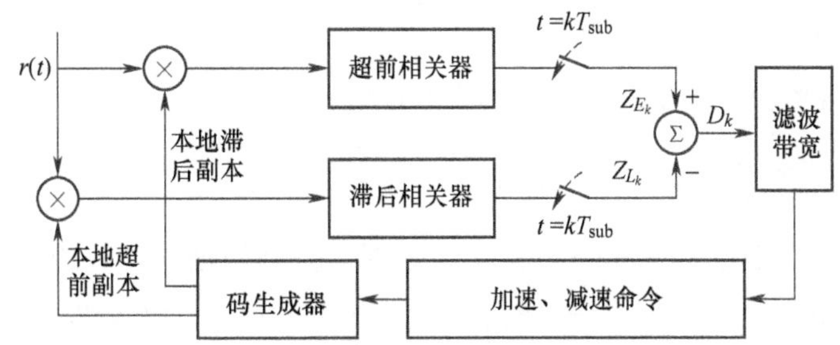

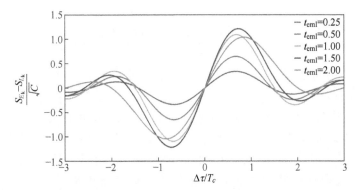

图 38.41　采用相干基带鉴别器跟踪码相位的 DLL 结构[73]
（经 IEEE 许可转载。）

图 38.42　具有不同相关器间距的 SSS 的相干基带鉴别器函数的输出图[73]
（经 IEEE 许可转载。）

所示。从图 38.42 中可以看出,对于较小的 $\Delta\tau_k$,鉴别器函数可以通过线性函数近似,由式(38.26)给出:

$$D_k = k_{\text{SSS}}\Delta\tau_k + N_{E_k} - N_{L_k} \tag{38.26}$$

式中: k_{SSS} 为鉴别器函数在 $\Delta\tau_k = 0$ 处的斜率,由下式获得:

$$k_{\text{SSS}} = \frac{\partial D_k}{\partial \Delta\tau_k}\bigg|_{\Delta\tau_k = 0} = 4\sqrt{C}\,W_{\text{SSS}}\left(2\,\frac{\sin(\pi t_{\text{eml}}/2)}{\pi t_{\text{eml}}^2} - \frac{\cos(\pi t_{\text{eml}}/2)}{t_{\text{eml}}}\right)$$

D_k 的均值和方差可以从式(38.26)中获得:

$$\mathbb{E}\{D_k\} = k_{\text{SSS}}\Delta\tau_k \tag{38.27}$$

$$\text{var}\{D_k\} = \frac{N_0}{T_{\text{cub}}}[1 - R(t_{\text{eml}}T_c)] \tag{38.28}$$

闭环分析:在速率辅助的 DLL 中,DLL 鉴别器的输出中添加了由 FLL 辅助 PLL 估计的伪距速率。一般来说,FLL 辅助 PLL 的伪距速率估计是准确的,因此 DLL 环路滤波器使用一阶环路就足够了。一阶环路误差时间更新为[57]

$$\Delta\tau_{k+1} = (1 - 4B_{n,\text{DLL}}T_{\text{sub}})\Delta\tau_k + K_L D_k$$

式中: $B_{n,\text{DLL}}$ 为 DLL 噪声等效带宽; K_L 为环路增益。为了获得所需的环路噪声等效带宽, K_L 必须根据下式确定:

$$K_L = \frac{4B_{n,\mathrm{DLL}}T_{\mathrm{sub}}\Delta\tau_k}{\mathbb{E}\{D_k\}}\bigg|_{\Delta\tau_k=0}$$

根据式(38.13),相干基带鉴别器的环路噪声增益变为

$$K_L = \frac{4B_{n,\mathrm{DLL}}T_{\mathrm{sub}}}{k_{\mathrm{SSS}}}$$

假设零均值跟踪误差,即 $\mathbb{E}\{\Delta\tau_k\}=0$,方差时间更新根据式(38.29)给出:

$$\mathrm{var}\{\Delta\tau_{k+1}\} \triangleq (1-4B_{n,\mathrm{DLL}}T_{\mathrm{sub}})^2\mathrm{var}\{\Delta\tau_k\} + K_L^2\mathrm{var}\{D_k\} \tag{38.29}$$

稳态情况下, $\mathrm{var}\{\Delta\tau\} = \mathrm{var}\{\Delta\tau_{k+1}\} = \mathrm{var}\{\Delta\tau_k\}$;因此,

$$\mathrm{var}\{\Delta\tau\} = \frac{B_{n,\mathrm{DLL}}g(t_{\mathrm{eml}})}{8(1-2B_{n,\mathrm{DLL}}T_{\mathrm{sub}})W_{\mathrm{SSS}}^2 C/N_0} \tag{38.30}$$

$$g(t_{\mathrm{eml}}) \triangleq \frac{[1-\mathrm{sinc}(t_{\mathrm{eml}})]}{\left[2\dfrac{\sin(\pi t_{\mathrm{eml}}/2)}{\pi t_{\mathrm{eml}}^2} - \dfrac{\cos(\pi t_{\mathrm{eml}}/2)}{t_{\mathrm{eml}}}\right]^2}$$

从式(38.30)中可以看出,通过 $g(t_{\mathrm{eml}})$ 测距误差的标准差与相关器间距有关。图38.43显示了 $g(t_{\mathrm{eml}})$ 在 $0 \leqslant t_{\mathrm{eml}} \leqslant 2$ 内的变化曲线。可以看出 $g(t_{\mathrm{eml}})$ 不是一个线性函数,当 $t_{\mathrm{eml}} > 1$ 时它增长速度明显加快。因此,要获得较高的测距精度,必须将 t_{eml} 设置为小于1。对于无限带宽的 GPS C/A 码, $g(t_{\mathrm{eml}}) = t_{\mathrm{eml}}$ 。图38.44 给出了相干 DLL 的伪距误差与 C/N_0 的函数曲线,其中 $B_{n,\mathrm{DLL}} = \{0.005, 0.05\}$ Hz 、 $t_{\mathrm{eml}} = \{0.25, 0.5, 1, 1.5, 2\}$ 。在图38.44 中,带宽的选择可以使读者能够将结果与文献[55]中提供的标准 GPS 结果进行比较。

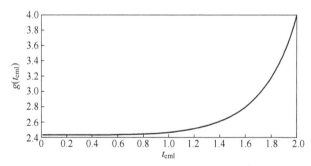

图 38.43　通过 $g(t_{\mathrm{eml}})$,测距误差 $\Delta\tau$ 的标准差与相关器间距相关,

显示为 t_{eml} 的函数[73]

(经 IEEE 欧洲信号处理会议许可转载。)

38.6.3.2　非相干 DLL 跟踪

在典型的 DLL 中,接收信号与本地生成的 $t=kT_{\mathrm{sub}}$ 处的超前、即时和滞后信号的相关性根据下式计算:

$$Z_{x_k} = I_{x_k} + jQ_{x_k}$$

其中, x 可以是 e、p 或 l 分别表示超前、即时或滞后相关。图38.45 所示为跟踪代码阶段 DLL 的一般结构。

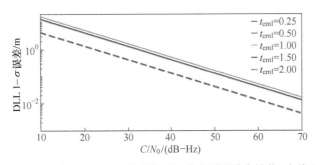

图 38.44　不同 t_{eml} 值下,作为 C/N_0 函数的相干基带鉴别器噪声性能(实线和虚线分别代表 $B_{n,\mathrm{DLL}} = 0.05\mathrm{Hz}$ 和 $B_{n,\mathrm{DLL}} = 0.005\mathrm{Hz}$ 的结果[73])

(经 IEEE 许可转载。)

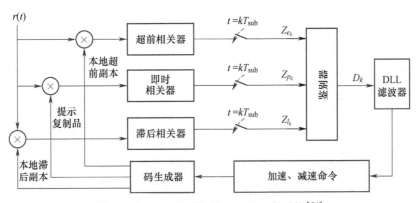

图 38.45　跟踪代码阶段 DLL 的一般结构[74]

本小节主要研究两个非相干鉴别器的码相位误差:点积和超前–滞后功率差。

假设接收机的信号捕获阶段提供了一个合理准确的 f_D 估计,超前、即时和滞后相关的同相和正交分量可以写为

$$
\begin{cases}
I_{x_k} = \sqrt{C}\,R\left(\Delta\tau_k + \kappa\,\dfrac{t_{\mathrm{eml}}}{2}T_c\right)\cos(\Delta\phi_k) + \eta_{I,x_k} \\[2ex]
Q_{x_k} = \sqrt{C}\,R\left(\Delta\tau_k + \kappa\,\dfrac{t_{\mathrm{eml}}}{2}T_c\right)\sin(\Delta\phi_k) + \eta_{Q,x_k}
\end{cases}
$$

式中:x 可以是 e、p 或 l;κ 分别是 -1、0、1 代表超前、即时、滞后相关;t_{eml} 为相关器间距 (early-minus-late);$\Delta\tau_k \triangleq \hat{t}_{sk} - t_{sk}$ 为传播时间估计误差,$\hat{t}_{sk}$ 和 t_{sk} 分别为估计的和真实的 TOA;$R(\Delta\tau) \approx \mathrm{sinc}(W_{\mathrm{SSS}}\Delta\tau)$ 是 $s_{\mathrm{code}}(t)$ 的自相关函数。

可以证明,相关的噪声分量 η_{I,x_k} 和 η_{Q,x_k} 具有以下特性:①非相关的同相和正交样本,②不同时间的不相关样本,③零均值,④以下统计量:

$$
\mathrm{var}\{\eta_{I,x_k}\} = \mathrm{var}\{\eta_{Q,x_k}\} = \frac{N_0}{4T_{\mathrm{sub}}} \tag{38.31}
$$

$$
\mathbb{E}\{\eta_{I,e_k}\eta_{I,l_k}\} = \mathbb{E}\{\eta_{Q,e_k}\eta_{Q,l_k}\} = \frac{N_0 R(t_{\mathrm{eml}}T_c)}{4T_{\mathrm{sub}}}
$$

$$\mathbb{E}\left\{\eta_{I,x'_k}\eta_{I,p_k}\right\} = \mathbb{E}\left\{\eta_{Q,x'_k}\eta_{Q,p_k}\right\} = \frac{N_0 R\left(\frac{t_{\mathrm{eml}}}{2}T_c\right)}{4T_{\mathrm{sub}}} \tag{38.32}$$

其中: x' 是 e 或 l 。

开环分析:接下来分析使用点积和超前-滞后功率差鉴别器的码相位误差的开环统计方法。

点积鉴别器点:点积鉴别器函数定义为

$$D_k \triangleq (I_{e_k} - I_{l_k})I_{p_k} + (Q_{e_k} - Q_{l_k})Q_{p_k} \triangleq S_k + N_k$$

其中 S_k 是由下式给出的点积鉴别器的信号分量:

$$S_k = CR(\Delta\tau)\left[R\left(\Delta\tau - \frac{t_{\mathrm{eml}}}{2}T_c\right) - R\left(\Delta\tau + \frac{t_{\mathrm{eml}}}{2}T_c\right)\right]$$

式中: N_k 为鉴别器函数的噪声分量,均值为零。

图 38.46(a) 显示了 $t_{\mathrm{eml}} = \{0.25, 0.5, 1, 1.5, 2\}$ 的归一化 S_k/C 。可以看出,对于 $\Delta\tau/T_c > (1 + t_{\mathrm{eml}}/2)$,鉴别器函数的信号分量是非零的,这与具有无限带宽的 GPS C/A 码为零相反。这是由于 SSS 的 sinc 自相关函数与 GPS C/A 码的三角自相关函数的关系。

对于较小的 $\Delta\tau_k$ 值,鉴别器函数可以近似为线性函数,根据

$$D_k \approx k_{\mathrm{SSS}}\Delta\tau_k + N_k \tag{38.33}$$

其中 $k_{\mathrm{SSS}} \triangleq \left.\dfrac{\partial D_k}{\partial\Delta\tau_k}\right|_{\Delta\tau_k=0}$

$$k_{\mathrm{SSS}} = 4CW_{\mathrm{SSS}}\left[\frac{\operatorname{sinc}\left(\dfrac{t_{\mathrm{eml}}}{2}\right) - \cos\left(\dfrac{\pi t_{\mathrm{eml}}}{2}\right)}{t_{\mathrm{eml}}}\right] \tag{38.34}$$

D_k 的均值和方差计算为

$$\mathbb{E}\{D_k\} = k_{\mathrm{SSS}}\Delta\tau_k \tag{38.35}$$

$$\mathrm{var}\{D_k\} = \mathrm{var}\{N_k\}\,|_{\Delta\tau_k=0} = \left(\frac{N_0^2}{4T_{\mathrm{sub}}^2} + \frac{CN_0}{2T_{\mathrm{sub}}}\right)\left[1 - R(t_{\mathrm{eml}}T_c)\right] \tag{38.36}$$

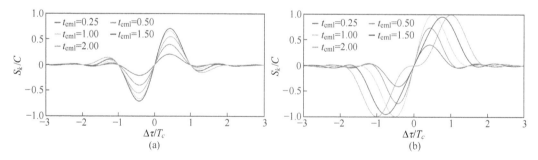

图 38.46　非相干鉴别器函数的归一化信号分量:(a) 点积、(b) 不同相关器
间隔下的超前-滞后功率差[74]

超前-滞后功率差鉴别器:超前-滞后功率差鉴别器函数定义为

$$D_k \triangleq I_{e_k}^2 + Q_{e_k}^2 - I_{l_k}^2 - Q_{l_k}^2 \triangleq S_k + N_k$$

其中：S_k 可以表达为

$$S_k = C\left[R^2\left(\Delta\tau - \frac{t_{\text{eml}}}{2}T_c \right) - R^2\left(\Delta\tau + \frac{t_{\text{eml}}}{2}T_c \right) \right]$$

式中：N_k 为鉴别器函数的噪声分量，其均值为零。图 38.46(b) 显示了 $t_{\text{eml}} = \{0.25, 0.5, 1, 1.5, 2\}$ 的超前-滞后功率差鉴别器的归一化 S_k/C。

对于较小的 $\Delta\tau_k$ 值，鉴别器函数可以近似为线性函数[参见式(38.33)]，其中

$$k_{\text{SSS}} = 8CW_{\text{SSS}}R\left(\frac{t_{\text{eml}}}{2}T_c \right)\left[\frac{\text{sinc}\left(\frac{t_{\text{eml}}}{2} \right) - \cos\left(\frac{\pi t_{\text{eml}}}{2} \right)}{t_{\text{eml}}} \right] \tag{38.37}$$

D_k 的均值和方差计算为

$$\mathbb{E}\{D_k\} = k_{\text{SSS}}\Delta\tau_k \tag{38.38}$$

$$\text{var}\{D_k\} = \frac{N_0^2}{2T_{\text{sub}}^2}[1 - R^2(t_{\text{eml}}T_c)] + \frac{2CN_0}{T_{\text{sub}}}R^2\left(\frac{t_{\text{eml}}}{2}T_c \right)[1 - R(t_{\text{eml}}T_c)] \tag{38.39}$$

闭环分析：FLL 辅助 PLL 产生合理准确的伪距速率估计，一阶 DLL 足够。在稳定状态下，$\{\Delta\tau\} = \text{var}\{\Delta\tau_{k+1}\} = \text{var}\{\Delta\tau_k\}$，并使用式(38.29)得出：

$$\text{var}\{\Delta\tau\} = \frac{K_L^2}{8B_{n,\text{DLL}}T_{\text{sub}}(1 - 2B_{n,\text{DLL}}T_{\text{sub}})}\text{var}\{D_k\} \tag{38.40}$$

下面，针对点积鉴别器函数和超前-滞后功率差鉴别器函数，导出了码相位误差的闭环统计信息。

点积鉴别器中的闭环码相位误差可通过代入公式获得。将式(38.34)和式(38.36)转化为式(38.40)，得出：

$$\text{var}\{\Delta\tau\} = \frac{B_{n,\text{DLL}}g_\alpha(t_{\text{eml}})\left(1 + \frac{1}{2T_{\text{sub}}C/N_0} \right)}{16(1 - 2B_{n,\text{DLL}}T_{\text{sub}})W_{\text{SSS}}^2 C/N_0} \tag{38.41}$$

$$g_\alpha(t_{\text{eml}}) \triangleq \frac{t_{\text{eml}}^2[1 - R(t_{\text{eml}}T_c)]}{[\text{sinc}(t_{\text{eml}}/2) - \cos(\pi t_{\text{eml}}/2)]^2} \tag{38.42}$$

图 38.47(a) 展示了 $0 \leq t_{\text{eml}} \leq 2$ 的 $g_\alpha(t_{\text{eml}})$。可以看出，$g_\alpha(t_{\text{eml}})$ 是一个非线性函数，当 $1 < t_{\text{eml}}$ 时，其增长速度显著加快。图 38.48 显示了点积 DLL 伪距误差的标准偏差，作为 C/N_0 的函数，其中 $t_{\text{eml}} = 1$、$B_{n,\text{DLL}} = \{0.005, 0.05\}$ Hz，选择该值是为了能够与文献[55,73]中提供的 GPS 伪距误差标准偏差进行比较。

超前-滞后功率差鉴别器：超前-滞后功率差鉴别器中测距误差的方差可通过代入公式获得。式(38.37)和式(38.39)转化为式(38.40)，得出：

$$\text{var}\{\Delta\tau\} = \frac{B_{n,\text{DLL}}\left[\frac{g_\beta(t_{\text{eml}})}{(C/N_0)} + 4T_{\text{sub}}g_\alpha(t_{\text{eml}}) \right]}{64(1 - 2B_{n,\text{DLL}}T_{\text{sub}})T_{\text{sub}}W_{\text{SSS}}^2 C/N_0} \tag{38.43}$$

$$g_\beta(t_{\text{eml}}) \triangleq \frac{1 + R(t_{\text{eml}}T_c)}{R^2\left(\frac{t_{\text{eml}}}{2}T_c \right)}g_\alpha(t_{\text{eml}}) \tag{38.44}$$

图 38.47(b) 显示了 $0 \leqslant t_{\text{eml}} \leqslant 2$ 时的 $g_\beta(t_{\text{eml}})$。可以看出 $g_\beta(t_{\text{eml}})$ 明显大于 $g_\alpha(t_{\text{eml}})$。为了减少由 $g_\beta(t_{\text{eml}})$ 引起的测距误差,必须选择 t_{eml} 小于 1.5。

图 38.48 显示了作为 C/N_0 函数的超前-滞后功率差鉴别器 DLL 的伪距误差标准偏差,其中 $B_{n,\text{DLL}} = \{0.05, 0.005\}$ Hz、$t_{\text{eml}} = 1$。可以看出,减小环路带宽会减少伪距误差的标准偏差。但是,非常小的 $B_{n,\text{DLL}}$ 值可能会导致 DLL 在高度动态的情况下失锁。

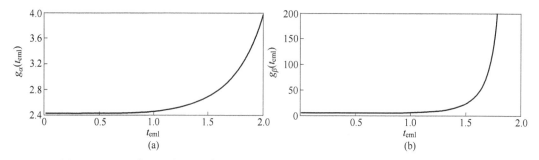

图 38.47　(a)中显示点积鉴别器的测距误差方差通过 $g_\alpha(t_{\text{eml}})$ 与相关器间距相关,

而(b)中显示了超前-滞后功率差鉴别器测距误差方差,其通过的 $g_\alpha(t_{\text{eml}})$ 和 $g_\beta(t_{\text{eml}})$ 相关[74]

(经 IEEE 许可转载。)

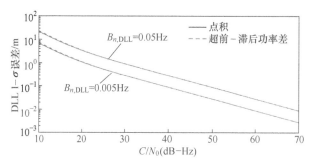

图 38.48　作为非相干鉴别器 C/N_0 函数的 DLL 性能:点积鉴别器(实线)和

超前-滞后功率差鉴别器(虚线)、$B_{n,\text{DLL}} = \{0.05, 0.005\}$ Hz、$t_{\text{eml}} = 1$ [74]

(经 IEEE 许可转载。)

38.6.3.3　多径环境下的码相位误差分析

38.6.3.1 节和 38.6.3.2 节评估了在存在加性高斯白噪声的情况下,使用相干鉴别器和非相干鉴别器的测距精度。然而对于地面接收机,多径是另一个重要的误差源。LTE 信号导航的多径分析和缓解是一个正在研究的领域[3,11,15,19,63,73-74,76-79]。

38.6.4　蜂窝 LTE 信号导航实验结果

本节介绍蜂窝 LTE 信号导航的实验结果。38.6.4.1 节分析了使用 38.6.2 节中讨论的接收机产生的 SSS 和 CRS 信号获得的伪距;38.6.4.2 节和 38.6.4.3 节分别介绍了地面车辆和空中车辆的导航。

38.6.4.1　伪距分析

本节对 38.6.2 节中讨论的接收机获得的伪距进行评估。将来自 GPS 的伪距变化与仅跟踪 SSS 和使用 CRS 辅助 SSS 跟踪回路的伪距变化进行比较。接收机安装在地面车辆上，并调频至 1955MHz 和 2145MHz 的载波频率,这两个频率分别分配给美国 LTE 提供商 AT&T 和T-Mobile[63]。传输带宽测量为 20MHz。如图 38.49 所示,车载接收机在同时收听 2 个 eNodeB 基站信号,行驶了 2km。eNodeB 的位置状态事先已知。图 38.50 和图 38.51 显示了接收机和 2 个 eNodeB 之间伪距的变化,GPS 伪距和 LTE 伪距之间的误差,以及 LTE 伪距的距离误差累积分布函数(CDF)。

跟踪 SSS 测量的伪距误差主要是由多径效应引起的。在 eNodoB 基站 1 在 $t=13.04s$ 和 eNodeB 基站 2 在 $t=8.89s$ 和 $t=40.5s$ 时的估计 CIR 显示出由于多径干扰而形成的几个干扰峰这些干扰峰在视距(LoS)峰中占主导地位。这些峰在 $t=13.04s$ 时对 eNodeB 基站 1 产生了约 330m 的伪距误差,在 $t=8.89s$ 时对 eNodoB 基站 2 产生了约 130m 的伪距误差。这些结果表明了利用 CRS 信号来校正的路径引起的测距误差的重要性。

图 38.49 LTE 环境布局和实验硬件设置

(地图数据:谷歌地球[63]。经 Z. Kassas(国际技术会议)许可转载。)

38.6.4.2 地面车辆导航

假设一辆汽车配备了 38.6.2 节中讨论的蜂窝 LTE 导航接收机,该接收机分别调频到美国蜂窝服务提供商 AT&T 使用的蜂窝载波频率 739MHz 和 1955MHz。PLL、FLL 和 DLL 等效噪声带宽分别设置为 4Hz、0.2Hz 和 0.001Hz。采用文献[65]中提出的自适应阈值方法来减轻多径干扰。

所有测量值和轨迹都被投影到一个二维平面上。假设接收机可以使用 GPS,并且在实验开始时 GPS 被切断。因此,使用从 GPS 导航解决方案获得的值进行初始化 EKF 的状态。

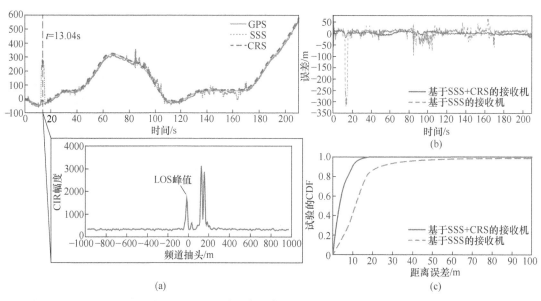

图 38.50　(a) eNodeB 1 在 t = 13.04s 时的伪距估计变化和估计 CIR。伪距的变化使用 SSS 伪距、
SSS+CRS 伪距和 GPS 获得的真实距离进行计算。(b) GPS 和 SSS、GPS 和 SSS+CRS
之间的伪距误差。(c)、(b) 中误差的 CDF[63]

(经 Z. Kassas(国际技术会议)许可转载。)

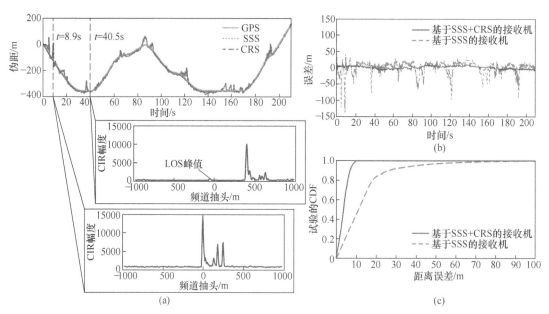

图 38.51　(a) eNodeB 2 在 t = 8.9s 和 t = 40.5s 时的伪距估计变化和估计 CIR,
伪距的变化是使用 SSS 伪距、CRS 伪距和 GPS 获得的真实距离来计算的,(b) GPS 和 SSS 以及
GPS 和 SSS+CRS 之间的伪距误差,(c)、(b) 中误差的 CDF[63]

(经 Z. Kassas(国际技术会议)许可复制。)

位置和速度的初始不确定度的标准差分别设置为 5m 和 0.01m/s [55]，这是凭经验获得的。时钟偏差和漂移的初始不确定度的标准差设置为 0.1m 和 0.01m/s。时钟振荡器被建模为恒温晶体振荡器（OCXO），其中 $S_{w_{\delta t_s}} \approx h_0/2$ 和 $S_{w_{\delta t_s}} \approx 2\pi^2 h_{-2}$，$h_0 = 2.6 \times 10^{-22}$ 和 $h_{-2} = 4 \times 10^{-26}$。功率谱密度 q_x 和 q_y 设置为 $0.2\text{m}^2/\text{s}^3$，测量噪声协方差设置为 10m^2，这是凭经验获得的。车辆接收 6 个 eNodeB，这些 eNodeB 的位置状态事先已知。eNodeB 的蜂窝 ID 分别为 216、489、457、288、232、152。前 3 个 eNodeB 的传输带宽为 20MHz，其余 eNodeB 的传输带宽为 10MHz。所有接收到的 eNodeB 信号的 C/N_0 都在 50~68dB-Hz 之间。实验硬件设置、环境布局以及真实和估计的导航器轨迹如图 38.52 所示。地面真实轨迹是从 GRID GPS SDR [58] 中获得的。

图 38.52　美国加利福尼亚州里弗赛德市中心的实验硬件设置、软件设置以及环境布局，图中显示了 eNodeB 的位置以及通过 GPS 和 LTE 信号估计的穿越轨迹

（地图数据：谷歌地图[65]。经 IEEE 许可转载。）

38.6.4.3　飞行器导航

假设一架无人机配备了 38.6.2 节中讨论的蜂窝 LTE 导航接收机，当无人机飞得足够高时，其接收到的信号除了来自无人机自身，其余不会受到周围环境的多径影响。我们认为来自无人机自身的多径效应可以近似忽略不计；因此，仅 SSS 跟踪方式会产生良好的结果。这显著降低了接收机中的计算负担，还减少了对高采样率的需求，从而降低了硬件成本和尺寸。接收器调谐到 1955 MHz 的蜂窝载波频率，该频率由美国蜂窝提供商 AT&T 使用。

在整个实验过程中，无人机在 40m 的高度飞行。接收机正在监听 3 个 eNodeB，每个 eNodeB 都有两个发射天线，传输带宽为 20MHz。在实验之前，对 eNodeB 的位置进行测量，精度大约 2m。所有测量值和轨迹都被投影到一个二维平面上。随后，只估计接收机的水平位置。假设接收机可以使用 GPS，并且在实验开始时 GPS 被切断。因此，使用从 GPS 导航解决方案获得的值进行初始化 EKF 的状态。EKF 过程噪声和测量噪声协方差的设置方式与地面车辆导航实验类似。环境布局以及真实和估计的接收机轨迹如图 38.53 所示。从图 38.53 中可以看出,LTE 信号得到的导航解与 GPS 导航解非常接近。获得了来自 GRID GPS SDR[58] 的真实轨迹。

在城市环境中,与无人机在视距条件下接收到的伪距相比,地面车辆接收到的伪距将产生更多的多径引起的误差。然而,除了一个在地面上,另一个在空中的情况,只要地面车辆和无人机在相同的环境中导航,使用相同的 eNodeB 并遵循相同的轨迹,就可以进行这种比较。在图 38.52 和图 38.53 所示的结果中,由于有效载荷的限制,地面车辆配备的 USRP 比 UAV 上的好。因此,地面车辆上的 LTE 接收机能够比 UAV 上的接收机收听更多的 eNodeB,从而为前者提供更多测量,且几何 DOP 比后者更好。此外,无人机没有使用 CRS 信号,而地面车辆使用 CRS 信号来辅助其 SSS 跟踪回路。上述因素导致地面车辆的位置均方根误差(RMSE)小于无人机的位置均方根误差。

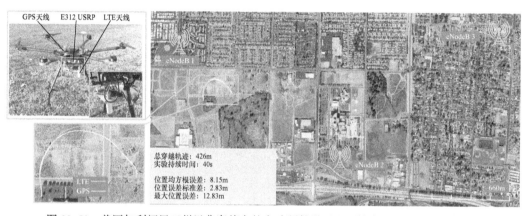

图 38.53　美国加利福尼亚州里弗赛德市的实验硬件设置和环境布局,显示 eNodeBs 的
位置和通过 GPS 和 LTE 信号估计的穿越轨迹

(地图数据:谷歌地球[65]。经 IEEE 许可转载。)

38.7　BTS 扇区钟差失配

典型的 BTS 在特定蜂窝内传输到 3 个不同的扇区。在理想的情况下由于所有扇区内的时钟都由同一个振荡器来驱动,因此在同一单元的所有扇区中会观察到相同的钟差(经过校正 PN 偏移后)。然而现实中一些因素会导致对应于不同 BTS 扇区的钟差略有不同,比如扇区的天线相位中心之间的未知偏移以及射频连接器和其他设备(如布线、滤波器、放大器)的影响。在不同的地点、不同的时间、不同的蜂窝网络提供商身上都可以观察到这种实验结果[18,22]。在下面的各节中,笔者推导出了同一个基站蜂窝不同扇区观测的钟差失配的随机动态模型。

38.7.1　扇区钟差失配检测

为了证明扇区钟差之间存在差异,将蜂窝 CDMA 接收机放置在与美国蜂窝提供商

Verizon Wireless 相对应的第 i 个 BTS 蜂窝的两个扇区的边界处,并从两个扇区天线中提取伪距测量值。接收机自身的状态和 BTS 的位置是已知的。随后,接收机将会分别求解在扇区 pr 和 q_v 中观测到的 BTS 钟差 $\delta t_{s_i}^{(p_i)}$ 和 $\delta t_{s_i}^{(q_i)}$。图 38.54 描述了 $\delta t_{s_i}^{(p_i)}$ 和 $\delta t_{s_i}^{(q_i)}$ 的获取过程。图 38.54 表明,钟差 $\delta t_{s_i}^{(p_i)}$ 和 $\delta t_{s_i}^{(q_i)}$ 可以通过下面的公式求解:

$$\delta t_{s_i}^{(q_i)}(k) = \delta t_{s_i}^{(p_i)}(k) + [1 - 1_{q_i}(p_i)]\varepsilon_i(k)$$

式中: ε_i 为一个随机序列,也是一个指示函数,用于对扇区钟差之间的差异进行建模。

$$1_{q_i}(p_i) = \begin{cases} 1 & (p_i = q_i) \\ 0 & (其他) \end{cases}$$

要注意的是,CDMA2000 标准要求所有 PN 码偏移同步到 GPS 时间同步到 10μs 以内,在文献[80]中建议同步到 3μs 以内。由于 BTS 的每个扇区使用不同的 PN 码偏移,那么钟差 $\delta t_{s_i}^{(p_i)}$ 和 $\delta t_{s_i}^{(q_i)}$ 将会根据 $-10μs \leq \delta t_{s_i}^{(p_i)} \leq 10μs$ 和 $-10μs \leq \delta t_{s_i}^{(q_i)} \leq 10μs$ 的要求被界定。由此可知 ε_i 会被锁定在 GPS 时间 20μs 内,即

$$-20μs \leq \varepsilon_i \leq 20μs$$

图 38.55(a) 和(b)显示了 24h 内,在一些 BTS 蜂窝的两个不同扇区中观察到的钟差为 $\{\varepsilon_i\}_{i=1}^2$。这些 BTS 位于加利福尼亚大学河滨校区附近,都与美国手机提供商 Verizon Wireless 有关。在 2016 年 9 月 23 日至 24 日记录手机信号。从图 38.55 中可以看出,$|\varepsilon_i|$ 的范围分别约为 2.02μs 和 0.65μs,远低于 20μs。在 38.7.2 节中,确定了 ε_i 的随机动态模型。

38.7.2　扇区钟差模型辨识

当 $p_i \neq q_i$ 时,差值 $\varepsilon_i(k) = \delta t_{s_i}^{(q_i)}(k) - \delta t_{s_i}^{(p_i)}(k)$,遵循 n 阶自回归(AR)模型,可表示为[81]

$$\varepsilon_i(k) + \sum_{j=1}^n a_{i,j}\varepsilon_i(k-j) = \zeta_i(k)$$

其中, ζ_i 是白噪声序列。目标是寻找使残差平方和 $\sum_{l=0}^k \zeta_i^2(l)$ 最小化的阶数 n 和系数 $\{a_{i,j}\}_{j=1}^n$。通过对比几个 AR 模型求解阶数 n。可使用最小二乘法来求解固定的阶数下的 $\{a_{i,j}\}_{j=1}^n$。应注意的是,对于每个 $n \in \{1,2,\cdots,10\}$,与其相对应的残差平方和都是具有可比性的,这表明了 AR 模型至少需要一阶的实现。当 $n=1$ 时, $a_{i,1} = -(1-\beta_i)$,其中,$0 < \beta_i \ll 1$(约 $8 \times 10^{-5} \sim 3 \times 10^{-4}$),这意味着式(38.45)给出的 ε_i 与动态的连续时间呈指数相关关系:

$$\dot{\varepsilon}_i(t) = -\alpha_i\varepsilon_i(t) + \tilde{\zeta}_i(t) \tag{38.45}$$

式中: $\alpha_i \triangleq \dfrac{1}{\tau_i}$;$\tau_i$ 为时钟偏置差的动态模型时间常数;$\tilde{\zeta}_i$ 为连续时间方差为 $\sigma_{\zeta_i}^2$ 的白噪声。将式(38.45)在采样周期 T 处离散化,得到离散时间模型:

$$\varepsilon_i(k+1) = \phi_i\varepsilon_i(k) + \zeta_i(k) \tag{38.46}$$

式中：$\phi_i = \mathrm{e}^{-\alpha_i T}$；$\zeta_i$ 的方差可由 $\sigma_{\zeta_i}^2 = \dfrac{\sigma_{\zeta_i}^2}{2\alpha_i}(1 - \mathrm{e}^{-2\alpha_i T})$ 求解。图 38.56 仿真了 ε_i 和相应的残差 ζ_i。

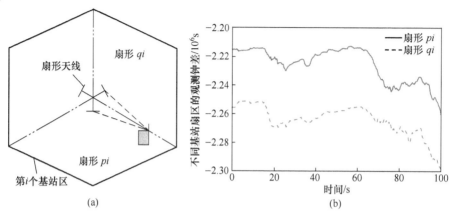

图 38.54　(a)放置在 BTS 蜂窝两个扇区边界的蜂窝 CDMA 接收机,同时在两个扇区天线上进行伪距观测。接收机自身的状态和 BTS 的位置是已知的(b)实际基站的两个不同扇区相对应的观测基站钟差[12, 18, 23, 25]

(经 IEEE 许可转载。)

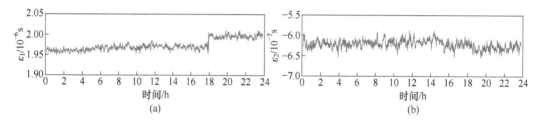

图 38.55　在某些 BTS 蜂窝的两个不同扇区中观察到的 24h 内的时钟偏差差异 ε_1 和 ε_2。

(a)和(b)分别对应于 BTS1 和 BTS2 的 ε_1 和 ε_2。所有的 BTS 都与美国手机提供商

Verizon Wireless 有关,并位于加利福尼亚大学附近。2016 年 9 月 23 日至 24 日记录了手机信号。

可以看出 $|\varepsilon_i|$ 远低于 $20\mu s$[12]

(经 IEEE 许可转载。)

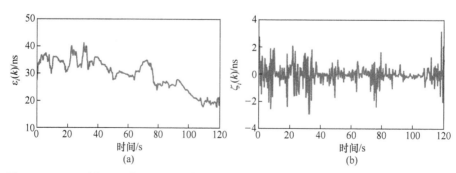

图 38.56　(a)两个 BTS 扇区观测时钟偏差之间的差异 ε_i 的实现及(b)相应的残差 ζ_i[23]

(经 IEEE 许可转载。)

残差分析用于验证模型[式(38.46)]。为此,在式(38.46)中定义残余误差 e_i 的自相关

函数（ACF）和功率谱密度（PSD）为测量数据 ε_i' 和识别模型 ε_i 的预测值之间的差值，也就是 $e_i \triangleq \varepsilon_i' - \varepsilon_i$，在文献［81］中已经计算出。图 38.57 显示了在不同方式下实现的 ε_i，以及由此计算出的 e_i 的自相关函数和功率谱密度。功率谱密度采用 Welch 方法计算[82]。从图 38.57 中可以看出，残差 e_i 几乎为白色，因此，所识别的模型能够描述真实系统。

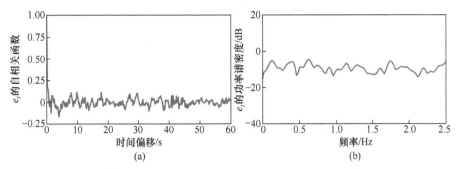

图 38.57　采样频率为 5Hz 的 e_i 的（a）自相关函数和（b）功率谱密度[12,23]

（经 IEEE 许可转载。）

接下来，假设 ζ_i 是一个遍历的过程，这样 ζ_i 的概率密度函数（pdf）就可以表征出来。由实验数据得出的结果表明了拉普拉斯分布最符合 ζ_i 的实际分布；ζ_i 的功率谱密度可以由式（38.47）给出：

$$p(\zeta_i) = \frac{1}{2\lambda_i} \exp\left(-\frac{|\zeta_i - \mu_i|}{\lambda_i} \right), \qquad (38.47)$$

式中：μ_i 为 ζ_i 的均值；λ_i 为拉普拉斯分布的参数，其方差为 $\sigma_{\zeta_i}^2 = 2\lambda_i^2$。采用最大似然估计（MLE）计算 $p(\zeta_i)$ 的参数 μ_i 和 λ_i[83]。图 38.58 显示了数据的实际分布和估计模型的功率谱密度。为了进行比较，还绘制了通过 MLE 获得的高斯分布和 Logistic 的功率谱密度拟合图。

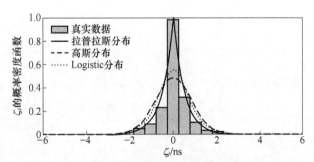

图 38.58　通过 MLE 从实验数据和估计的拉普拉斯功率谱密度得到的 ζ_i 的分布。

为了进行比较，还绘制了高斯（虚线）和 Logistic 的功率谱密度拟合曲线[12,23]

（经 IEEE 许可转载。）

从实验数据中可以看出，$\mu_i \approx 0$；因此，ζ_i 可被大致建模为服从拉普拉斯分布的白色随机序列，其均值为 0，方差为 $2\lambda_i^2$。

为了证明在不同的位置、不同的时间以及不同的蜂窝网络提供商所识别的模型是一致的,在 3 个不同的位置进行了两次试验,两次测试之间间隔 6 天。试验选用 3 个载波频率,其中 2 个属于 Verizon Wireless,1 个属于 Sprint。表 38.5 和图 38.59 总结了测试场景。

图 38.60 的试验结果对应于表 38.5 中的测试(a)~(f)的 6 个差值 ε_i,时长为 5min,从实验结果可以看出,在所有的测试中都存在差值。为了让数据从原点开始计算,这里减去起始的差值,可以发现每次试验的时间常数的倒数为 $\{\alpha_i\}_{i=1}^6 = \{2.08, 1.66, 1.77, 1.70, 1.39, 2.53\} \times 10^{-4}\mathrm{Hz}$。由式(38.45)计算得出产生差值的过程噪声,即 $\phi_i = \mathrm{e}^{-\alpha_i T}$ 且 $T = 0.2\mathrm{s}$。与图 38.60 中的 6 个 ε_i 试验相对应的 ζ_i 自相关函数都表现出非常快的去相关性,这验证了 ζ_i 近似为白色序列[12]。此外,ζ_i 的每个实现的直方图与估计的概率密度函数 $p(\zeta_i)$ 表明拉普拉斯概率密度函数始终与实验数据相匹配[12]。

表 38.5 测试日期、位置、频率和提供商

测试	日期	位置	频率/MHz	提供商
(a)	2016-01-14	1	882.75	Verizon
(b)	2016-01-20	1	882.75	Verizon
(c)	2016-08-28	2	883.98	Verizon
(d)	2016-09-02	2	883.98	Verizon
(e)	2016-08-28	3	1940.00	Sprint
(f)	2016-09-02	3	1940.00	Sprint

图 38.59 蜂窝 CDMA BTS 的位置:加利福尼亚州科尔顿、加利福尼亚州滨江市和
加利福尼亚大学河滨分校(UCR)

(地图数据:谷歌地球[12]经 IEEE、导航学会许可复制。)

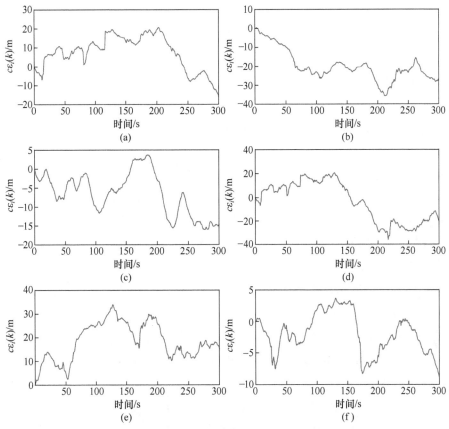

图 38.60　表 38.5 中测试的扇区钟差差值的 6 个试验,时长 5min[12,22]
(经 IEEE、导航学会许可复制。)

38.7.3　存在钟差差异时的 PNT 估计性能

由于钟差差异的存在,卫星导航的性能在以下两种情况下会有所降低:当接收机从 BTS 蜂窝内的两个扇区天线接收信号时和当接收机与不同扇区中的另一个接收机交换伪距测量时(例如,在映射/导航框架或协作导航框架中)。文献[25]中推导了导航定位时由钟差差异引入的误差的实际上限,以及静态和批量估计器的估计误差协方差的理论下限。

38.8　多信号导航:全球导航卫星系统和蜂窝组合导航

GNSS 导航性能的优劣是由伪距测量噪声统计数据和 GNSS SV(卫星)的空间几何分布来共同决定。通常情况下,GNSS 定位解中相对的垂直高度估计精度差,这是因为 GNSS SV 空间几何的分布并不是全方位的(SV 通常位于接收机上方)。为了解决这个问题,通常在 GNSS 接收机中搭配一个外部传感器(如气压计)。随着移动通信的发展,蜂窝式塔架的形式逐渐丰富,并且具有不同的几何分布,这是 GNSS SV 无法实现的,例如,BTS 可以位于机载接收机的下方。因此,将蜂窝信号与全球导航卫星系统信号融合可以使导航定位更加精确,特别是在垂直方向。本节重点介绍将蜂窝信号与 GNSS 信号融合的好处。

本节的结构如下:38.8.1 节研究了蜂窝信号和 GNSS 信号的融合降低了精度因子(DOP);38.8.2 节展示了地面车辆和飞行器的实验结果。

38.8.1 DOP 降低

在 M 个 GNSS 卫星和 N 个地面蜂窝 BTS 的环境下,使用接收机进行伪距测量,以此来研究蜂窝信号和 GNSS 信号的融合如何降低精度因子 DOP。通过伪距测量值与 WNLS 估计器拟合,估计接收机的状态 $\boldsymbol{x}_r = [\boldsymbol{r}^T, c\delta t_r]^T$,其中 $\boldsymbol{x}_r$ 和 δt_r 分别是接收机的三维位置和时钟偏差,c 是光速。为了简化讨论,假设测量噪声是独立的,并且在方差为 σ^2 的所有通道上均匀分布。如果测量噪声不是独立的且分布相同,则必须考虑加权 DOP 系数[84]。对 $\boldsymbol{x}_r$ 进行估计,它的估计误差协方差矩阵为 $\boldsymbol{P} = \sigma^2 (\boldsymbol{H}^T\boldsymbol{H})^{-1}$,其中 $\boldsymbol{H}$ 是测量雅可比矩阵。在不丧失一般性的情况下,假设东北天(ENU)坐标系以 $\boldsymbol{x}_r$ 为中心,在该坐标系下雅可比矩阵可表示为 $\boldsymbol{H} = [\boldsymbol{H}_{SV}^T, \boldsymbol{H}_S^T]^T$,有

$$\boldsymbol{H}_{SV} = \begin{bmatrix} c(\mathrm{el}_{SV_1})s(\mathrm{az}_{SV_1}) & c(\mathrm{el}_{SV_1})c(\mathrm{az}_{SV_1}) & s(\mathrm{el}_{SV_1}) & 1 \\ \vdots & \vdots & \vdots & \vdots \\ c(\mathrm{el}_{SV_M})s(\mathrm{az}_{SV_M}) & c(\mathrm{el}_{SV_M})c(\mathrm{az}_{SV_M}) & s(\mathrm{el}_{SV_M}) & 1 \end{bmatrix}$$

$$\boldsymbol{H}_S = \begin{bmatrix} c(\mathrm{el}_{S_1})s(\mathrm{az}_{S_1}) & c(\mathrm{el}_{S_1})c(\mathrm{az}_{S_1}) & s(\mathrm{el}_{S_1}) & 1 \\ \vdots & \vdots & \vdots & \vdots \\ c(\mathrm{el}_{S_N})s(\mathrm{az}_{S_N}) & c(\mathrm{el}_{S_N})c(\mathrm{az}_{S_N}) & s(\mathrm{el}_{S_N}) & 1 \end{bmatrix}$$

式中:$c(\cdot)$ 和 $s(\cdot)$ 分别为余弦函数和正弦函数;el_{SV_M} 和 az_{SV_M} 分别为第 M 个 GNSS SV 的仰角和方位角;el_{S_N} 和 az_{S_N} 分别为从接收机观察到的第 N 个蜂窝塔的仰角和方位角。由此可以发现,$\boldsymbol{G} \triangleq (\boldsymbol{H}^T\boldsymbol{H})^{-1}$ 是由接收机到 SV 和接收机到 BTS 的几何结构来决定的。$\boldsymbol{G}$ 的对角线元素 g_{ii} 表示的精度因子 DOP:几何 DOP(GDOP)、水平 DOP(HDOP)和垂直 DOP(VDOP),GDOP $\triangleq \sqrt{\mathrm{tr}\lceil \boldsymbol{G} \rceil}$,HDOP $\triangleq \sqrt{g_{11} + g_{22}}$,VDOP $\triangleq \sqrt{g_{33}}$。

通常情况下,除了安装在高空飞行器和 SV 上的 GNSS 接收机外,GNSS 卫星 SV 都位于接收机的上方[85],也就是说 $\boldsymbol{H}_{SV}$ 中的仰角理论上限制在 0°~90°。此外,由于电离层、对流层和多径效应,信号质量严重受损,因此 GNSS 接收机通常会忽略从低于某个截止高度角(通常为 0°~20°)的 GNSS SV 到达的信号。当使用全球导航卫星系统和蜂窝信号进行导航时,仰角跨度可以有效地加倍到-90°和 90°。对于地面车辆来说,可以在蜂窝塔架仰角 el_{S_n} ≈ 0 时进行有效的测量。对于飞行器,蜂窝基站可以位于尽可能低的仰角 $\mathrm{el}_{S_n} = -90°$,例如飞行器在 BTS 正上方飞行。

为了比较 GNSS 导航解决方案与 GNSS 蜂窝+导航解决方案的 DOP,在地球中心固定地球(ECEF)坐标系中,设置某接收机位置为 $\boldsymbol{r}_r \equiv 10^6 \cdot [-2.431171, -4.696750, 3.553778]^T$。接收机上方 24h 内 GPS SV 星座的仰角和方位角使用 Garne GPS 档案中的 GPS SV 星历文件进行计算[86]。截止高度角设置为 $\mathrm{el}_{SV,\min} \equiv 20°$。由接收机附近的地面蜂窝 CDMA 塔架位置测量得出的 3 个塔架的方位角和仰角分别是 $\boldsymbol{az}_S \equiv [42.4°, 113.4°, 230.3°]^T$ 和 $\boldsymbol{el}_S \equiv [3.53°, 1.98°, 0.95°]^T$。图 38.61 中绘制了 2015 年 9 月 1 日午夜开始的 24h 内产生的

VDOP、HDOP、GDOP 和可用 GPS SV 的相关数量。对于不同的接收机位置和相应的 GPS SV 配置,这些结果是一致的。从这些图中可以得出以下结论,以供使用 $N \geqslant 1$ 时的蜂窝塔。第一,使用 GPS+N 个蜂窝塔得到的 VDOP 始终小于单独使用 GPS 的结果;第二,当 GPS SV 数量下降时,使用 GPS+N 个蜂窝塔可防止 VDOP 中出现大的尖峰;第三,使用 GPS+N 个蜂窝塔也降低了 HDOP 和 GDOP。文献[7-8]中给出了其他的分析。

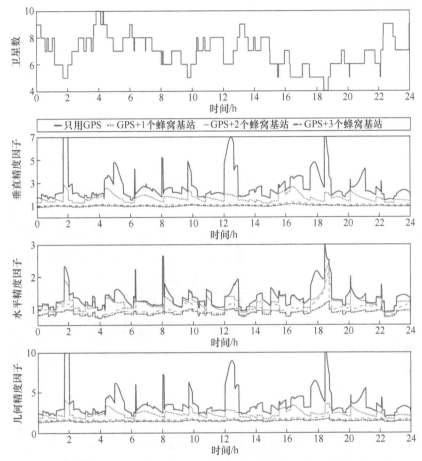

图 38.61　图(a)表示仰角大于 20° 的 GPS SV 数量随时间变化。图(b)~图(d)分别对应于仅使用 GPS 及 GPS+ 1 个蜂窝基站、GPS+2 个基站和 GPS +3 个基站的导航解算的 VDOP、HDOP 和 GDOP[7]

[经 Z. Kassa(国际技术会议)允许转载。]

38.8.2　GPS 和蜂窝实验结果

38.8.2.1　地面车辆导航

将地面车载接收机放置在包含蜂窝 CDMA 塔的环境中。塔的状态 $\{\boldsymbol{x}_{S_n}\}_{n=1}^N$,其中 $\boldsymbol{x}_{S_n} = [\boldsymbol{r}_{s_n}^T, c\delta t_{s_n}]^T$,通过对导航接收机附近的接收机进行测绘来共同估算。测绘接收机通过 GPS 了解自己的状态。将接收机在蜂窝塔上产生的伪距以及映射接收器产生的估计值 $\{\hat{\boldsymbol{x}}_{S_n}\}_{n=1}^N$ 馈送至最小二乘估计器,产生接收机状态的估计值 $\hat{\boldsymbol{x}}_r$ 和相关估计误差协方差矩阵 $\boldsymbol{P}$,从中计算出 VDOP、HDOP 和 GDOP,并在表 38.6 中列出。GPS SV 的天空视图如图

38.62(a)所示。图38.62(b)说明了 $\{M,N\} = \{5,0\}$ 和 $\{M,N\} = \{5,3\}$ 时塔的位置、接收机的位置以及 $\hat{x}_r$ 的95%估计的不确定度椭球的比较。相应的垂直误差分别为1.82m和0.65m。因此,在使用5个GPS SV的导航解算中添加3个蜂窝塔可以将垂直误差降低64.3%。

表38.6　M 个 GPS SV+N 个蜂窝塔的 DOP 值

M 个卫星, N 个蜂窝塔: $\{M,N\}$	$\{4,0\}$	$\{4,1\}$	$\{4,2\}$	$\{4,3\}$	$\{5,0\}$	$\{5,1\}$	$\{5,2\}$	$\{5,3\}$
VDOP	3.773	1.561	1.261	1.080	3.330	1.495	1.241	1.013
HDOP	2.246	1.823	1.120	1.073	1.702	1.381	1.135	1.007
GDOP	5.393	2.696	1.933	1.654	4.565	2.294	1.880	1.566

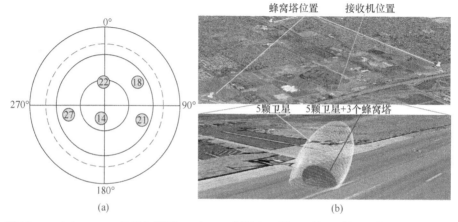

图38.62　(a)GPS SV 的天空视图:5 个 SV 时使用14号、18号、21号、22号和27号卫星。4 个 SV 时使用了14号、21号、22号和27号卫星。(b)顶部:蜂窝 CDMA 塔位置和接收机位置;底部:5 个 GPS SV 的伪距导航解算的不确定椭球(黄色)和5 个 GPS SV+3 个蜂窝 CDMA 塔的伪距导航解算的不确定椭球(蓝色)

[地图数据:谷歌地球[7]。经 Z. Kassa(国际技术会议)允许转载。]

38.8.2.2　飞行器导航

无人机在蜂窝环境中飞行,蜂窝环境包括3个蜂窝 CDMA 基站和2个 LTE eNodeB,其状态通过映射其环境中的接收机来估计[6]。无人机配备了蜂窝 CDMA 和 LTE 导航接收机,分别在38.5节和38.6节中讨论,这两种接收机对所有5座塔进行伪距测量。该无人机还配备了 GRID SDR,可对7个 GPS SV 进行伪距测量。塔的状态估计以及 GPS 和蜂窝塔伪距通过非线性最小二乘估计器来估计无人机的3D位置和时钟偏差。图38.63说明了仅使用7个 GPS SV 和使用7个 GPS SV 与3个蜂窝 CDMA 基站和2个 LTE eNodeB 分别进行位置估计的环境和产生的95%不确定性椭球。请注意,将5个蜂窝伪距融合到0.16(VGPS)后,仅使用 GPS 导航解算不确定性椭球 VGPS 的体积减小。

图 38.63　比较仅使用 GPS 和使用 GPS 与蜂窝 CDMA 和 LTE 导航解算不确定性椭球的实验结果
（地图数据：谷歌地球[6]。经 IEEE 许可转载。）

38.9　蜂窝辅助 INS

传统的组合导航系统，特别是车载导航系统，将 GNSS 接收机与 INS 集成。当这些系统集成在一起时，全球导航卫星系统导航解算方案的长期稳定性弥补了惯性导航系统的短期精度。对具有松耦合、紧耦合和深耦合估计器的 GNSS-INS 融合体系结构，文献[87]进行了深入研究。无论耦合类型如何，在没有 GNSS 信号的情况下，GNSS 辅助惯性导航系统的误差都会随时间发散，发散率取决于 IMU 的质量。可以用蜂窝信号代替 GNSS 信号来辅助惯性导航系统[44]。本节概述了在没有 GNSS 信号的情况下，如何使用蜂窝信号辅助惯性导航系统。更多详细信息请参见文献[4,45,88-89]。

本节的内容如下：38.9.1 节讨论了如何用无线 SLAM 方式使用蜂窝信号帮助 INS；38.9.2 节和 38.9.3 节分别给出了无人机以无线电 SLAM 方式导航，同时利用环境蜂窝信号辅助 INS 的仿真结果和实验结果。

38.9.1　带有蜂窝信号的无线 SLAM

为了使用蜂窝伪距校正 INS 误差，可以采用类似于传统紧耦合 GNSS 辅助 INS 集成策略的 EKF 框架，增加了蜂窝塔状态（位置和钟差状态）与导航车辆状态同时估计的复杂性（位置、速度、姿态、IMU 测量误差状态和接收机钟差状态）。该框架由以下两种模式组成：

（1）映射模式。EKF 使用 GNSS SV 和蜂窝伪距产生导航车辆和蜂窝塔状态（增强）的估计和相关估计误差协方差。在辅助校正时，EKF 使用 INS 和接收机及蜂窝发射机时钟模型生成状态预测 $\hat{x}^-$ 和预测误差协方差 P^-。当辅助源可用时，无论是 GNSS SV 还是蜂窝伪距，EKF 都会产生状态估计更新 $\hat{x}^+$ 和相关估计误差协方差 P^+。

（2）无线 SLAM 模式。当 GNSS 伪距不可用时,蜂窝辅助 INS 框架进入无线电 SLAM 模式。在此模式下,使用蜂窝伪距和最后在映射模式下计算的蜂窝发射机状态估计值来校正 INS 误差。当车辆导航时,它会在估计车辆自身状态的同时,继续优化蜂窝发射器的状态估计。图 38.64 所示为紧耦合蜂窝辅助 INS 框架的高级示意图。

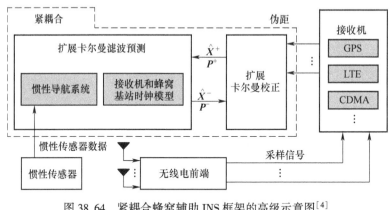

图 38.64　紧耦合蜂窝辅助 INS 框架的高级示意图[4]

（经 Z. Kassas 许可复制。）

38.9.2　仿真结果

为了演示蜂窝辅助 INS 框架的性能,本节对一架配备蜂窝导航接收机的无人机进行了仿真,该无人机在美国加利福尼亚州洛杉矶市中心导航,同时接收周围的蜂窝信号。使用两个导航系统来估计无人机的轨迹:①传统的紧耦合 GPS 辅助惯性导航系统(带有战术级 IMU);②38.9.1 节中讨论的蜂窝辅助惯性导航系统(带有消费级 IMU)。模拟器生成无人机的真实轨迹和无人机接收机的钟差状态、蜂窝发射机的钟差状态、噪声干扰下的 IMU 测量的能力和角速率,以及多个蜂窝塔和 GPS SV 的噪声干扰伪距。IMU 信号发生器使用三轴陀螺仪和三轴加速度计模型,每个模型都有随时间漂移的偏差以 100Hz 的频率提供采样数据。GPS L1 C/A 伪距是利用 2016 年 10 月 22 日从连续运行的参考站服务器下载的 SV 轨道数据(与接收机无关的交换文件)以 1Hz 的频率生成的[90]。GPS $L1$ C/A 伪距设置为仅在 200s 模拟的前 100s 可用。蜂窝伪距是在 5Hz 下生成的,用于 4 个蜂窝塔,这些蜂窝塔是从洛杉矶市中心的真实塔位置测量的。无人机的真实轨迹包括一个直线段,然后是 4 个蜂窝塔附近的两个倾斜轨道,如图 38.65(a)所示。图 38.65(b)中绘制了无人机北侧和东侧位置产生的 EKF 估计误差和相应的 3 个标准差界限。使用蜂窝辅助 INS 和 100s GPS 伪距期间仅使用 INS 的导航解算方案不可用,如图 38.65(c)所示。最终塔估计位置和相应的 95% 估计不确定度椭圆如图 38.65(d)所示。可以看出,正如预期的那样,当 GPS 伪距在 100s 变得不可用时,与传统 GPS 辅助 INS 集成策略相关的估计误差开始发散,而与蜂窝辅助 INS 相关的误差在 GPS 不可用的这 100s 持续时间内有界。此外,当 GPS 在前 100s 内仍然可用时,与使用战术级 IMU 的传统 GPS 辅助 INS 集成策略相比,使用消费级 IMU 的蜂窝辅助 INS 产生较低的估计误差不确定性。

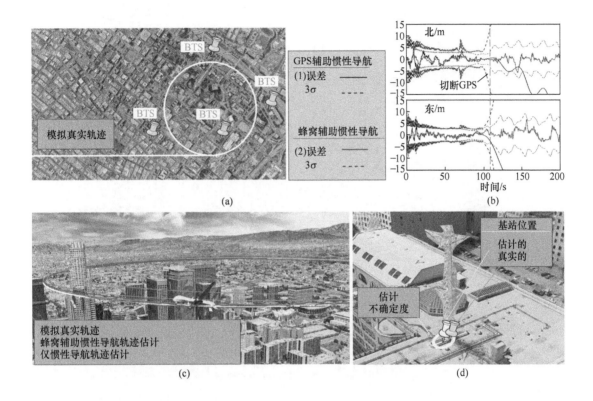

图 38.65　一架无人机飞越加利福尼亚州洛杉矶市中心的模拟结果示意图

（a）模拟真实轨迹（白色曲线）和蜂窝塔位置（蓝色管脚）；（b）无人机北侧和东侧位置状态的 EKF 估计误差和
相应的 3 个标准偏差界限（ 3σ ）；（c）GPS 可用期间，独立 INS 导航解算（红色曲线）和蜂窝辅助
INS 导航解算（蓝色曲线）；（d）真实和估计的塔位置及估计不确定度椭圆。

（地图数据：谷歌地球[4]。经 Z. Kassas 许可复制。）

38.9.3　实验结果

为了演示蜂窝辅助惯性导航系统的性能，一架无人机在由 3 个蜂窝 CDMA 基站和 2 个
LTE eNodeB 组成的环境中飞行，其位置已预先测量，如图 38.66(a)所示[6]。无人机配备了
消费级 IMU、GPS 接收机以及 38.5 节和 38.6 节给出的两种情况下的实验结果：38.9.1 节中
描述的蜂窝辅助惯性导航系统和为了进行对比分析，使用无人机 IMU 的传统 GPS 辅助惯性
导航系统。无人机穿越的真实轨迹如图 38.66(b)~(c)所示，包括 GPS 不可用的 50s 的轨
迹（从红色箭头标记的位置开始）。GPS 不可用后，GPS 辅助 INS 导航解算的东北向均方根
误差（RMSE）超过 100m。该无人机还使用蜂窝辅助 INS 框架，利用来自 3 个 CDMA 基站和
2 个 eNodeB 的信号来估计其轨迹，以辅助其机载 INS。表 38.7 总结了无人机的二维 RMSE
和三维 RMSE 以及最终误差。

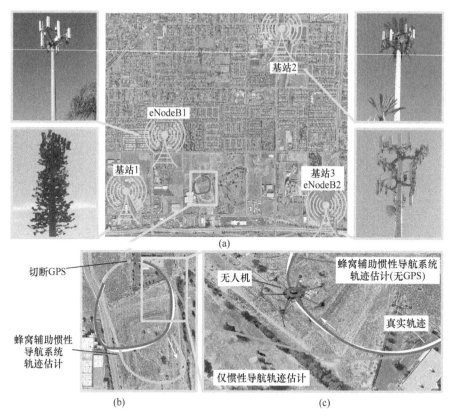

图 38.66　无 GPS 信号下无人机利用蜂窝信号辅助惯导系统的实验结果

(a)包括 3 个 CDMA 基站和 2 个 LTE eNodeB 的蜂窝环境;(b)无人机的估计轨迹:白色:真实轨迹,绿色:
带 GPS 的蜂窝辅助惯导系统(GPS 切断前),红色:仅 INS(GPS 切断后),蓝色:蜂窝辅助惯性导航系统(GPS 切断后);
(c)GPS 切断后放大无人机的发散惯性导航轨迹。

(地图数据:谷歌地球[4]。经 Z. Kassas 许可复制。)

表 38.7　GPS 断开 50s 后无人机的 RMSE 和最终误差　　　单位:m

项目	二维 RMSE	三维 RMSE	最终三维 RMSE
仅惯导系统	>100	>100	>100
蜂窝信号辅助惯导系统	4.68	7.76	4.92

参考文献

[1] Bshara M. ,Orguner U. , Gustafsson F. , and Van Biesen L. , "Robust tracking in cellular networks using HMM filters and cell-ID measurements," *IEEE Transactions on Vehicular Technology*, vol. 60, no. 3, pp. 1016-1024, March 2011.

[2] Yang C. ,Nguyen T. , and Blasch E. ,"Mobile positioning via fusion of mixed signals of opportunity,"*IEEE Aerospace and Electronic Systems Magazine*, vol. 29, no. 4, pp. 34-46,April 2014.

[3] Ulmschneider M. and Gentner C. ,"Multipath assisted positioning for pedestrians using LTE signals,"in *Proceedings of IEEE/ION Position, Location, and Navigation Symposium*, April 2016, pp. 386-392.

［4］Kassas Z. ,Morales J. ,Shamaei K. , and Khalife J. ,"LTE steers UAV," *GPS World Magazine*, vol. 28, no. 4, pp. 18–25,April 2017.

［5］Driusso M. ,Marshall C. ,Sabathy M. ,Knutti F. ,Mathis H. , and Babich F. ,"Vehicular position tracking using LTE signals," *IEEE Transactions on Vehicular Technology*, vol. 66, no. 4, pp. 3376 – 3391, April 2017.

［6］Kassas Z. ,Khalife J. ,Shamaei K. , and Morales J. ,"I hear, therefore I know where I am: Compensating for GNSS limitations with cellular signals," *IEEE Signal Processing Magazine*, pp. 111–124, September 2017.

［7］Morales J. ,Khalife J. , and Kassas Z. ,"GNSS vertical dilution of precision reduction using terrestrial signals of opportunity," in *Proceedings of ION International Technical Meeting Conference*, January 2016, pp. 664– 669.

［8］Morales J. ,Khalife J. , and Kassas Z. , "Opportunity for accuracy," *GPS World Magazine*, vol. 27, no. 3, pp. 22–29,March 2016.

［9］Huang M. and Xu W. ,"Enhanced LTE TOA/OTDOA estimation with first arriving path detection," in *Proceedings of IEEE Wireless Communications and Networking Conference*, April 2013, pp. 3992–3997.

［10］del Peral-Rosado J. , Parro-Jimenez J. , Lopez-Salcedo J. , Seco-Granados G. , Crosta P. , Zanier F. , and Crisci M. ,"Comparative results analysis on positioning with real LTE signals and low-cost hardware platforms," in *Proceedings of Satellite Navigation Technologies and European Workshop on GNSS Signals and Signal Processing*, December 2014, pp. 1–8.

［11］Driusso M. ,Babich F. , Knutti F. ,Sabathy M. , and Marshall C. ,"Estimation and tracking of LTE signals time of arrival in a mobile multipath environment," in *Proceedings of International Symposium on Image and Signal Processing and Analysis*, September 2015, pp. 276–281.

［12］Khalife J. ,Shamaei K. , and Kassas Z. , "Navigation with cellular CDMA signals-part I: Signal modeling and software-defined receiver design," *IEEE Transactions on Signal Processing*, vol. 66, no. 8, pp. 2191– 2203, April 2018.

［13］Xu W. ,Huang M. ,Zhu C. , and Dammann A. ,"Maximum likelihood TOA and OTDOA estimation with first arriving path detection for 3GPP LTE system," *Transactions on Emerging Telecommunications Technologies*, vol. 27, no. 3, pp. 339–356, 2016.

［14］Muller P. , del Peral-Rosado J. ,Piche R. , and Seco-Granados G. ,"Statistical trilateration with skew-t distributed errors in LTE networks," *IEEE Transactions on Wireless Communications*, vol. 15, no. 10, pp. 7114–7127, October 2016.

［15］Shamaei K. and Kassas Z. , "LTE receiver design and multipath analysis for navigation in urban environments," *NAVIGATION, Journal of the Institute of Navigation*, vol. 65, no. 4, pp. 655 – 675, December 2018.

［16］Yang C. , Nguyen T. , Blasch E. , and Qiu D. , "Assessing terrestrial wireless communications and broadcast signals as signals of opportunity for positioning and navigation," in *Proceedings of ION GNSS Conference*, September 2012, pp. 3814–3824.

［17］del Peral-Rosado J. ,Lopez-Salcedo J. , Seco-Granados G. ,Zanier F. , Crosta P. ,Ioannides R. , and Crisci M. ,"Software-defined radio LTE positioning receiver towards future hybrid localization systems," in *Proceedings of International Communication Satellite Systems Conference*,October 2013, pp. 14–17.

［18］Khalife J. ,Shamaei K. , and Kassas Z. , "A software-defined receiver architecture for cellular CDMA-based navigation," in *Proceedings of IEEE/ION Position, Location, and Navigation Symposium*, April 2016, pp. 816–826.

［19］Shamaei K. ,Khalife J. ,Bhattacharya S. , and Kassas Z. ,"Computationally efficient receiver design for mitigating multipath for positioning with LTE signals," in *Proceedings of ION GNSS Conference*, September 2017, pp. 3751-3760.

[20] Kim S. ,Choi H. ,Park J. , and Park Y. , "Timing error suppression scheme for CDMA network based positioning system," in *Proceedings of IEEE/ION Position, Location and Navigation Symposium*, May 2008, pp. 364-368.

[21] del Peral-Rosado J. ,Lopez-Salcedo J. ,Seco-Granados G. ,Zanier F. , and Crisci M. , "Achievable localization accuracy of the positioning reference signal of 3GPP LTE," in *Proceedings of International Conference on Localization and GNSS*, June 2012, pp. 1-6.

[22] Khalife J. and Kassas Z. , "Characterization of sector clock biases in cellular CDMA systems," in *Proceedings of ION GNSS Conference*, September 2016, pp. 2281-2285.

[23] Khalife J. and Kassas Z. , "Modeling and analysis of sector clock bias mismatch for navigation with cellular signals," in Proceedings of American Control Conference, May 2017, pp. 3573-3578.

[24] Khalife J. and Kassas Z. , "Evaluation of relative clock stability in cellular networks," in *Proceedings of ION GNSS Conference*, September 2017, pp. 2554-2559.

[25] Khalife J. and Kassas Z. , "Navigation with cellular CDMA signals-part II: Performance analysis and experimental results," *IEEE Transactions on Signal Processing*, vol. 66, no. 8, pp. 2204-2218, April 2018.

[26] Merry L. ,Faragher R. , and Schedin S. , "Comparison of opportunistic signals for localisation," in *Proceedings of IFAC Symposium on Intelligent Autonomous Vehicles*, September 2010, pp. 109-114.

[27] Kassas Z. and Humphreys T. , "Observability analysis of collaborative opportunistic navigation with pseudorange measurements," *IEEE Transactions on Intelligent Transportation Systems*, vol. 15, no. 1, pp. 260-273, February 2014.

[28] Yang C. and Soloviev A. , "Simultaneous localization and mapping of emitting radio sources-SLAMERS," in *Proceedings of ION GNSS Conference*, September 2015, pp. 2343-2354.

[29] Morales J. and Kassas Z. , "Information fusion strategies for collaborative radio SLAM," in *Proceedings of IEEE/ION Position Location and Navigation Symposium*, April 2018, pp. 1445-1454.

[30] Boccardi F. ,Heath R. ,Lozano A. ,Marzetta T. , and Popovski P. , "Five disruptive technology directions for 5G," *IEEE Communications Magazine*, vol. 52, no. 2, pp. 74-80, February 2014.

[31] Agiwal M. ,Roy A. , and Saxena N. , "Next generation 5G wireless networks: A comprehensive survey," *IEEE Communications Surveys Tutorials*, vol. 18, no. 3, pp. 1617-1655, February 2016.

[32] Barnes J. ,Chi A. ,Andrew R. ,Cutler L. ,Healey D. ,Leeson D. ,McGunigal T. ,Mullen J. ,Smith W. ,Sydnor R. ,Vessot R. , and Winkler G. , "Characterization of frequency stability," *IEEE Transactions on Instrumentation and Measurement*, vol. 20, no. 2, pp. 105-120, May 1971.

[33] Thompson A. ,Moran J. , and Swenson G. , *Interferometry and Synthesis in Radio Astronomy*, 2nd Ed. , John Wiley & Sons, 2001.

[34] Bar-Shalom Y. ,Li X. ,and Kirubarajan T. , Estimation with Applications to Tracking and Navigation, New York: John Wiley & Sons, 2002.

[35] Brown R. and Hwang P. , *Introduction to Random Signals and Applied Kalman Filtering*, 3rd Ed. , John Wiley & Sons, 2002.

[36] Curran J. ,Lachapelle G. , and Murphy C. , "Digital GNSS PLL design conditioned on thermal and oscillator phase noise," *IEEE Transactions on Aerospace and Electronic Systems*, vol. 48, no. 1, pp. 180-196, January 2012.

[37] Kassas Z. ,Ghadiok V. , and Humphreys T. , "Adaptive estimation of signals of opportunity," in *Proceedings of ION GNSS Conference*, September 2014, pp. 1679-1689.

[38] Morales J. and Kassas Z. ,"Optimal receiver placement for collaborative mapping of signals of opportunity," in *Proceedings of ION GNSS Conference*, September 2015, pp. 2362−2368.

[39] Morales J. and Kassas Z. ,"Optimal collaborative mapping of terrestrial transmitters: receiver placement and performance characterization,"*IEEE Transactions on Aerospace and Electronic Systems*, vol. 54, no. 2, pp. 992−1007, April 2018.

[40] Kassas Z. and Humphreys T. ,"Observability and estimability of collaborative opportunistic navigation with pseudorange measurements,"in *Proceedings of ION GNSS Conference*, September 2012, pp. 621−630.

[41] Kassas Z. and Humphreys T. ,"Receding horizon trajectory optimization in opportunistic navigation environments,"*IEEE Transactions on Aerospace and Electronic Systems*,vol. 51, no. 2, pp. 866−877, April 2015.

[42] Morales J. and Kassas Z. ,"Stochastic observability and uncertainty characterization in simultaneous receiver and transmitter localization,"*IEEE Transactions on Aerospace and Electronic Systems*, vol. 55, no. 2, pp. 1021−1031,April 2019.

[43] Khalife J. and Kassas Z. , " Precise UAV navigation with cellular carrier phase measurements," in *Proceedings of IEEE/ION Position, Location, and Navigation Symposium*,April 2018, pp. 978−989.

[44] Morales J. ,Roysdon P. , and Kassas Z. ,"Signals of opportunity aided inertial navigation,"in *Proceedings of ION GNSS Conference*, September 2016, pp. 1492−1501.

[45] Morales J. ,Khalife J. , and Kassas Z. ,"Collaborative autonomous vehicles with signals of opportunity aided inertial navigation systems," in *Proceedings of ION International Technical Meeting Conference*, January 2017,805−818.

[46] Lee J. and Miller L. , *CDMA Systems Engineering Handbook*,1st Ed. , Norwood, Massachusetts: Artech House, 1998.

[47] TIA/EIA-95-B, " Mobile station-base station compatibility standard for dual-mode spread spectrum systems,"October 1998.

[48] Viterbi A. ,*CDMA: Principles of Spread Spectrum Communication*, Redwood City, California: Addison Wesley Longman Publishing Co. , 1995.

[49] 3GPP2, " Upper layer (layer 3) signaling standard for CDMA2000 spread spectrum systems," 3rd Generation Partnership Project 2 (3GPP2), TS C. S0005-F v2. 0,May 2014.

[50] 3GPP2,"Physical layer standard for CDMA2000 spread spectrum systems (C. S0002-E) ,"3rd Generation Partnership Project 2 (3GPP2), TS C. S0002-E, June 2011.

[51] 3GPP2,"Recommended minimum performance standards for CDMA2000 spread spectrum base stations," December 1999.

[52] Vaughn R. , Scott N. , and White D. ,"The theory of bandpass sampling,"*IEEE Transactions on Signal Processing*, vol. 39,no. 9, pp. 1973−1984, September 1991.

[53] Nee D. van and Coenen A. ,"New fast GPS code-acquisition technique using FFT,"*Electronics Letters*, vol. 27, no. 2, pp. 158−160, January 1991.

[54] Kaplan E. and Hegarty C. , *Understanding GPS: Principles and Applications*, 2nd Ed. , Artech House, 2005.

[55] Misra P. and Enge P. , *Global Positioning System: Signals, Measurements, and Performance*, 2nd Ed. , Ganga-Jamuna Press, 2010.

[56] ETSI,"Universal mobile telecommunications system(UMTS); base station (BS) radio transmission and reception(FDD) ,"2015.

[57] van Dierendonck A. , Fenton P. , and Ford T. ,"Theory and performance of narrow correlator spacing in a GPS receiver,"*NAVIGATION, Journal of the Institute of Navigation*, vol. 39, no. 3, pp. 265−283, Sep-

tember 1992.

[58] Humphreys T. ,Bhatti J. ,Pany T. ,Ledvina B. ,and Hanlon B. O' ,"Exploiting multicore technology in software-defined GNSS receivers,"in *Proceedings of ION GNSS Conference*, September 2009, pp. 326-338.

[59] Fischer S. ,"Observed time difference of arrival (OTDOA) positioning in 3GPP LTE,"Qualcomm Technologies, Inc. ,Tech. Rep. , June 2014.

[60] Hofer M. , McEachen J. , and Tummala M. , " Vulnerability analysis of LTE location services," in *Proceedings of Hawaii International Conference on System Sciences*, January 2014,pp. 5162-5166.

[61] 3GPP,"Evolved universal terrestrial radio access(E-UTRA); physical channels and modulation,"3rd Generation Partnership Project (3GPP), TS 36. 211, January 2011. [Online]. Available: http://www. 3gpp. org/ftp/Specs/html-info/36211. htm.

[62] Sesia S. , Toufik I. , and Baker M. ,LTE, *The UMTS Long Term Evolution: From Theory to Practice*. Wiley Publishing, 2009.

[63] Shamaei K. , Khalife J. , and Kassas Z. ,"Comparative results for positioning with secondary synchronization signal versus cell specific reference signal in LTE systems,"in *Proceedings of ION International Technical Meeting Conference*, January 2017, pp. 1256-1268.

[64] Shamaei K. , Khalife J. , and Kassas Z. ,"Performance characterization of positioning in LTE systems,"in *Proceedings of ION GNSS Conference*, September 2016,pp. 2262-2270.

[65] Shamaei K. , Khalife J. , and Kassas Z. , " Exploiting LTE signals for navigation: Theory to implementation,"*IEEE Transactions on Wireless Communications*, vol. 17, no. 4, pp. 2173 - 2189, April 2018.

[66] Kim I. , Han Y. , and Chung H. ,"An efficient synchronization signal structure for OFDM-based cellular systems,"*IEEE Transactions on Wireless Communications*, vol. 9, no. 1, pp. 99-105, January 2010.

[67] Benedetto F. , Giunta G. , and Guzzon E. ,"Initial code acquisition in LTE systems,"*Recent Patents on Computer Science*, vol. 6, pp. 2-13, April 2013.

[68] Morelli M. and Moretti M. ,"A robust maximum likelihood scheme for PSS detection and integer frequency offset recovery in LTE systems,"*IEEE Transactions on Wireless Communications*, vol. 15, no. 2, pp. 1353-1363,February 2016.

[69] van de Beek J. , Sandell M. , and Borjesson P. ,"ML estimation of time and frequency offset in OFDM systems,"*IEEE Transactions on Signal Processing*, vol. 45, no. 7, pp. 1800-1805, July 1997.

[70] 3GPP,"Evolved universal terrestrial radio access (E-UTRA); multiplexing and channel coding,"3rd Generation Partnership Project (3GPP), TS 36. 212, January 2010. [Online]. Available: http://www. 3gpp. org/ftp/Specs/html-info/36212. htm.

[71] Wang Y. and Ramesh R. ,"To bite or not to bite-a study of tail bits versus tail-biting,"in *Proceedings of Personal ,Indoor and Mobile Radio Communications*, vol. 2, October 1996, pp. 317-321.

[72] Ward W. ,"Performance comparisons between FLL, PLL and a novel FLL-assisted-PLL carrier tracking loop under RF interference conditions," in *Proceedings of ION GNSS Conference*, September 1998, pp. 783-795.

[73] Shamaei K. , Khalife J. , and Kassas Z. ,"Ranging precision analysis of LTE signals,"in *Proceedings of European Signal Processing Conference*, August 2017, pp. 2788-2792.

[74] Shamaei K. , Khalife J. , and Kassas Z. ,"Pseudorange and multipath analysis of positioning with LTE secondary synchronization signals," in *Proceedings of Wireless Communications and Networking Conference*, 2018, pp. 286-291.

[75] Braasch M. and van Dierendonck A. , "GPS receiver architectures and measurements,"*Proceedings of the*

IEEE, vol. 87, no. 1, pp. 48-64, January 1999.

［76］del Peral-Rosado J. ,Lopez-Salcedo J. ,Seco-Granados G. ,Zanier F. ,and Crisci M. ,"Evaluation of the LTE positioning capabilities under typical multipath channels," in *Proceedings of Advanced Satellite Multimedia Systems Conference and Signal Processing for Space Communications Workshop*, September 2012, pp. 139-146.

［77］del Peral-Rosado J. , Lopez-Salcedo J. , Seco-Granados G. , Zanier F. , and Crisci M. , "Joint maximum likelihood time-delay estimation for LTE positioning in multipath channels," in *Proceedings of EURASIP Journal on Advances in Signal Processing*, special issue on *Signal Processing Techniques for Anywhere*, *Anytime Positioning*, September 2014, pp. 1-13.

［78］Gentner C. , Ma B. , Ulmschneider M. , Jost T. , and Dammann A. , "Simultaneous localization and mapping in multipath environments," in *Proceedings of IEEE/ION Position Location and Navigation Symposium*, April 2016, pp. 807-815.

［79］Gentner C. , Jost T. , Wang W. , Zhang S. , Dammann A. , and Fiebig U. ,"Multipath assisted positioning with simultaneous localization and mapping," *IEEE Transactions on Wireless Communications*, vol. 15, no. 9, pp. 6104-6117, September 2016.

［80］3GPP2,"Recommended minimum performance standards for CDMA2000 spread spectrum base stations," 3rd Generation Partnership Project 2 (3GPP2), TS C. S0010-E, March 2014. ［Online］. Available: http://www. arib. or. jp/english/html/overview/doc/STD-T64v7 ＿ 00/Specification/ARIB ＿ STD-T64-C. S0010-Ev2. 0. pdf.

［81］Ljung L. ,*System identification: Theory for the User*, 2nd Ed. , Prentice Hall PTR, 1999.

［82］Proakis J. and Manolakis D. ,*Digital Signal Processing*,Prentice Hall, Upper Saddle River, NJ, 1996.

［83］Norton R. ,"The double exponential distribution: Using calculus to find a maximum likelihood estimator," *The American Statistician*, vol. 38, no. 2, pp. 135-136, May 1984.

［84］Won D. H. , Ahn J. , Lee S. , Lee J. , Sung S. , Park H. , Park J. ,and Lee Y. J. , "Weighted DOP with consideration on elevation-dependent range errors of GNSS satellites," *IEEE Transactions on Instrumentation and Measurement*, vol. 61, no. 12, pp. 3241-3250, December 2012.

［85］J. Spilker, Jr. ,*Global Positioning System: Theory and Applications*. Washington, DC: American Institute of Aeronautics and Astronautics, 1996, ch. 5:"Satellite Constellation and Geometric Dilution of Precision," pp. 177-208.

［86］University of California, SanDiego,"Garner GPS archive,"http://garner. ucsd. edu/, accessed November23, 2015.

［87］Gebre-Egziabher D. ,"What is the difference between 'loose,' 'tight,' 'ultra-tight' and'deep' integration strategies for INS and GNSS," *Inside GNSS*, pp. 28-33, January 2007.

［88］Morales J. and Kassas Z. ,"Distributed signals of opportunity aided inertial navigation with intermittent communication," in *Proceedings of ION GNSS Conference*, September 2017, pp. 2519-2530.

［89］Morales J. and Kassas Z. , "A low communication rate distributed inertial navigation architecture with cellular signal aiding," in *Proceedings of IEEE Vehicular Technology Conference*, 2018, pp. 1-6.

［90］Snay R. and Soler M. ,"Continuously operating reference station (CORS): history, applications, and future enhancements," *Journal of Surveying Engineering*, vol. 134,no. 4, pp. 95-104, November 2008.

本章相关彩图,请扫码查看

第39章　专用都市信标系统导航

Subbu Meiyappan, Arun Raghupath, Ganesh Pattabiraman
NextNav 公司,美国

　　基于卫星的导航系统可以在晴朗的室外环境和一些可见性良好的室内环境中提供高质量的定位服务。目前,许多国家都开发了全球导航卫星系统(GNSS),如 GPS[1]、GLO-NASS[2]、北斗系统[3]和 Galileo 系统[4]。然而,因为受到链路容量和信号遮挡的影响,这些导航卫星系统在室内环境和密集城市环境中的可用性受到限制。在这种情况下,地面定位系统可以作为导航卫星系统的有效补充,可在卫星系统性能受到挑战的环境中实现定位。

　　在下文中,我们使用术语"用户终端"(UE)来指需要定位的对象。地面定位系统通常分为三类:第一类是广播系统,在广播系统中,定位网络的发射机会将信号广播到 UE,这种系统也称为下行链路系统。例如,DTV、FM 信号、OTDOA、都市信标系统(MBS)和 Locata 都属于广播系统。第二类是上行链路系统,是由 UE 向组成定位网络的固定接收机发送信号。此类系统的典型代表是 Trueposition 公司开发的上行链路到达时间差(UTDOA)系统。第三类是通过使用 UE 和网络之间的双向信令来计算位置的定位系统,典型代表是 IEEE 802.11n 系统,它使用来自双向传输的时间来进行位置估计。因为在上行链路和双向系统中,UE 需要将信号传输给定位网络,因此这两种系统都具有容量限制。图 39.1 展示了各种地面系统的架构。

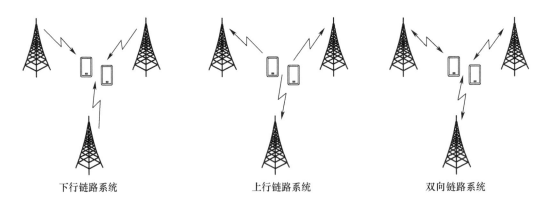

　　下行链路系统　　　　　　　　上行链路系统　　　　　　　　双向链路系统

图 39.1　下行链路系统、上行链路系统和双向链路系统

　　在本章中,地面广播系统的发射机称为信标。

　　地面定位系统可根据其地理范围进行分类。

　　(1)广域地面定位系统;

（2）局域地面定位系统。

广域地面定位系统的覆盖范围很广，不仅仅局限于一座建筑物，它可以延伸到整个城市地区。相比之下，基于 Wi-Fi 和蓝牙低功耗（BT-LE）的局域地面定位系统覆盖范围较小。在广域地面定位系统中，有一些信号可以用作定位机会信号（例如，第 35 章和文献[5]），如 TV、AM/FW 无线电和蜂窝网络等。由于这些系统不是专门为定位而构建的，因此它们在定位质量方面都有局限性。

地面定位系统可以使用各种度量方法来估计 UE 的二维位置。一些系统可以使用信号强度度量，例如，基于 Wi-Fi 802.11a/g、BT-LE、Polaris RFPM 的接收信号强度指示（RSSI），另外一些系统可以使用伪距或直接距离测量，例如，UTDOA、OTDOA、都市信标系统（MBS）等系统使用三边测量算法来估计位置。

在基于测距的地面定位系统中，一些系统的信号是同步传输的，而另一些系统可能不同步，则需要用额外的定时观测同步。例如，基于 DTV 信号的定位系统，需要部署额外的定时监视单元来估计时间误差，并将其提供给 UE。

所有地面定位系统，以及覆盖范围较小的导航卫星系统，在通过三边测量估计 UE 高程时都受到限制。众所周知，导航卫星系统由于卫星只分布于地面上空，因此 VDOP 较差，并导致垂直精度有限。地面定位系统在通过三边测量估计 UE 高程方面具有类似的限制，因为信标大致位于同一平面。虽然信标部署中的一些高程差异在一定程度上有助于提高 VDOP，但传统地面定位系统的高程精度始终有限。

本章详细讨论了都市信标系统。我们在 39.1.1 节中讨论了都市信标系统的总体架构；39.1.2 节对 MBS 信号结构进行详细概述；由于 MBS 信号结构与 GPS 信号结构相似；39.1.3 节描述了两种信号的特征和差异；39.1.4 节描述了接收机架构示例，以及单个接收机在处理地面信号时遇到的相关挑战；39.1.5 节描述了 MBS 接收机的辅助定位模式；39.1.6 节描述了使用 MBS 信号进行时间和频率同步的方法；39.1.7 节介绍了可参考 MBS 信号的各种行业标准；39.1.8 节给出了第三方性能测试结果；39.1.9 节中给出了结论。

39.1　都市信标系统

都市信标系统（MBS）属于下行链路系统。在第三代移动通信（3GPP）标准的背景下，定义了一类称为地面信标系统（TBS）的定位系统，其中 MBS 就是一个例子。该系统旨在提供无线电信号，用于在 GPS 可用性受限的室内和密集城市地区定位。虽然该系统旨在对 GPS 进行补充，但该系统也可以被部署为独立的定位系统。

MBS 信标网络具有低成本、高同步的特点。该网络专用于定位，为网络中的接收机提供几何形状良好的信标。网络的规划和设计考虑了地面系统常见的远近问题，并且它的信号设计有助于提高多路径分辨率。另外，为了便于准确估计高程，MBS 网络还使用了差分气压计技术。

MBS 将三边测量所需的所有信息作为 MBS 信号的一部分进行发射传输，从而允许接收机在不需要额外外部信息的情况下估计三维位置。并且可以通过信息进行加密以控制访问，防止未经授权的用户使用信号。

39.1.1　系统描述

　　MBS 通常部署为广域定位系统,覆盖范围与广域蜂窝网络类似。广域信标位于基站塔或屋顶上,通常使用全向天线。局域 MBS 信标也可以部署在局域目标区域,以增强性能。MBS 信标是主动的并在信标上生成信号,因此它们对返回信号的要求最低,主要受限于配置和监控(遥测服务)。

　　MBS 无线电信号由不同带宽的多个信号组成,提供不同的定位精度。MBS 信号含有多个扩频码时,可以使用频率复用或时间复用的方式同时传输。在使用专用频谱部署的情况下,首选频率复用的方式,而当 MBS 需要与其他部署系统共享频谱时,时间复用可作为首选方式。

　　为了最大限度地减少同步误差对测距和三边测量的影响,在设计和施工中,信标发送的无线电信号在天线上实现同步。若给定区域中信标稳定的相对时间实现同步,信标也以绝对方式与标准 GPS 时间同步。信标与 GPS 时间同步意味着,即使在 GPS 可能无法应用的室内环境中,接收机也可以从 MBS 信标信号中提取到 GPS 时间,用于诸如小蜂窝网络同步和金融交易定时等。

　　由于 MBS 网络是专门为定位而构建的,因此在其设计和部署中,为整个 MBS 覆盖区域的接收机提供了数量足够的且具有良好几何形状的可用信标。在使用地面无线电信号进行三边测量的系统中,一个关键问题是远近问题(也称可听性问题),在这个问题中,附近的信标难以检测来自远方信标的高质量信号。MBS 通过结合信号和网络的设计克服了这一问题,信号和网络的设计细节将在 39.1.2 节中讨论。

　　地面定位系统中的另一个问题是多径的存在。多径场景可包括视线(LoS)信号可视的 LoS 场景,以及 LoS 信号太弱或不可视的 NLoS 场景。其中,MBS 通过将信号设计(在可用时提高服务水平)和网络设计(这在严重多径 NLoS 环境中提供了额外的良好信标测量,以优化三边测量进而提高性能)相结合,提供良好的三边测量性能。

　　MBS 使用气压测量技术,使接收机能够估计楼层高度(约 3m)内的高程。在室内应用中,楼层级的接收机高程可以应用于新的场景。

39.1.2　信号描述

　　地面信标系统可以传输各种不同的波形。在 3GPP 中,描述了正交频分复用多址(OFDMA)波形和基于码分多址(CDMA)的波形。MBS 也像 GPS 一样使用了 CDMA 类型的波形。除了波形类型外,波形还可以具有不同的带宽,越大的带宽可以更好地解决多径问题。3GPP 定义了两种形式的信号:TB1(也称 2MHz MBS 信号)和 TB2(也称 5MHz MBS 信号)。TB1 与 GPS 的波形完全兼容[1],TB2 与其他 GNSS 星座(如北斗卫星)兼容[3],信号设计的目标是尽量减小对大众市场接收机的影响,并尽量减少修改支持地面信号所需的芯片组。

　　MBS 信号由一个或多个直接序列扩频信号组成,每个直接序列扩频信号用伪随机(PN)序列扩频其载波频谱。MBS 信号设计中的一个关键因素是保持结构与 GNSS 信号的高度相似,以便于使用 GNSS 的接收机硬件。GPS[1]、GLONASS[2]和北斗系统[3]在民用测距码中使用 BPSK 扩频。为了保持相同的信号结构,因此决定对 MBS 使用 BPSK 扩频。此外,MBS 也选择了与 GNSS 码非常相似的扩频码。

地面系统受到远近问题的困扰,因为靠近信标的接收机无法轻易检测到更远的其他信标。MBS 通过采用双重方法克服这一问题,这个方案可以看作时分多址(TDMA)和码分多址(CDMA)的结合。为了避免同时传输,分配不同的时隙给区域中的信标,时隙可以在更大的地理区域中重复使用。此外,被分配给时隙内信标的扩频码具有良好的互相关特性,可以通过频率偏移获得互相关的进一步改进。

时分多址通过时隙传输实现,选择时隙持续时间是为了给使用一个时隙的样本进行距离测量时提供足够的信号处理增益。使用 GPS 码时,持续时间为 1ms,一个码持续时间的信号处理增益为 30dB。对于 MBS,每个时隙的持续时间为 100ms,时隙重复周期为 10 个时隙(或 1s),这种方案可为室内/慢速移动场景提供最佳增益。

在美国,MBS 信号在 919.75~927.25MHz 频率范围内的 M-LMS 许可频带内传输,要求 M-LMS 信号符合联邦通信委员会(FCC)第 90 章第 M 条法规(见文献[6])。

根据美国相关法规[7],满足严格的超频规范,需要选择滤波器波形。图 39.2 是 2MHz 信号的频谱屏蔽,类似的频谱屏蔽也适用于 5 MHz 信号。

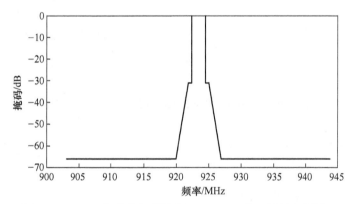

图 39.2　2MHz 信号的频谱屏蔽(GLONASS 接口控制文件[2])
(经俄罗斯空间设备工程研究所复制许可。)

使用取自 MBS 通用 ICD[8] 的有限冲激响应(FIR)滤波器对发射频谱进行波形限制。传输滤波器的振幅和相位响应关于频率的函数响应如图 39.3 所示。发射滤波器源自平方根升余弦(RRC)滤波器[9]。选择中心频率任意侧的第一个零位之间的区域作为发射滤波器的波形,类似于 GPS C/A 码频谱,同时满足超频(OOB)发射规范。此外,在频谱约束范围内选择发射滤波器,以产生无明显旁瓣的相关函数。图 39.4 显示了叠加在 GPS 信号频谱波形上的 MBS 信号频谱。请注意,x 轴上的零表示信号的载波中心频率。GPS C/A 码频谱在频域中具有旁瓣,作为 sinc 函数缓慢衰减。MBS 频谱在频谱上具有非常高的 OOB 抑制要求。图 39.5 显示了 GPS 和 MBS 的近距离频谱形状,说明了 MBS 滤波器的强 OOB 抑制。考虑到发射滤波器的选择,与 MBS 波形的匹配滤波器相比,在接收链中使用 GPS 波形匹配滤波器时,接收机的灵敏度损失将小于 0.5dB,这使 GPS 接收机中的 MBS 处理更容易实现。

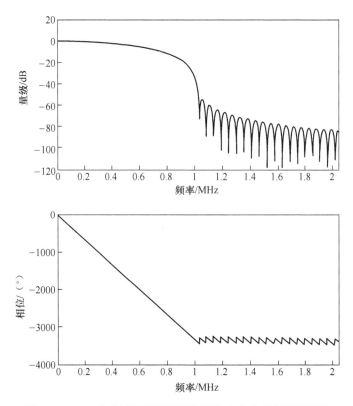

图 39.3 MBS 传输滤波器的振幅和相位响应关于频率的函数

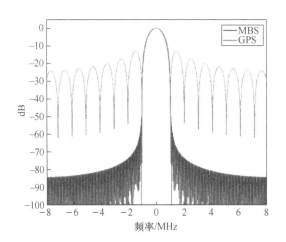

图 39.4 MBS 的 2MHz 信号频谱与 GPS C/A
码频谱的对比

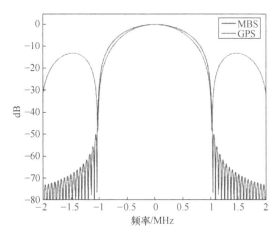

图 39.5 将 MBS 的 2MHz 信号频谱放大与 GPS C/A
码信号频谱进行比较

图 39.6 显示了使用 PRN 7 的 20MHz GPS C/A 码频谱以及一个具有代表性 PRN 的 MBS 2MHz 信号频谱的相关函数的比较。该图显示了 MBS 码相对于 GPS 码的清晰的自相关旁瓣,更利于多径抑制。由于 MBS 信号的特殊性质,在图 39.7 中的峰值处,可以发现 MBS 相关函数相对于 GPS 相关函数轻微加宽。图 39.8 显示了近自相关旁瓣,发射滤波器

产生的近 MBS 旁瓣的振幅<0.03(主峰以下至少30dB)。

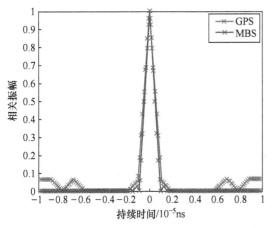

图 39.6 MBS 与示例 GPS PRN 7 码对比的相关函数　　图 39.7 MBS 和 GPS 峰值处的相关函数

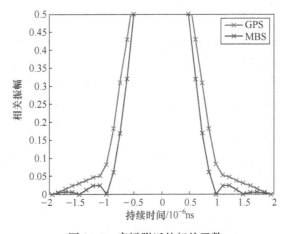

图 39.8 旁瓣附近的相关函数

信标传输如图 39.9 所示。每个传输周期为 1s,被划分为 10 个 100ms 的时隙。传输周期由 ΔT 秒分隔,其中 $\Delta T \geq 1$。每个发射机至少分配 10 个时隙。

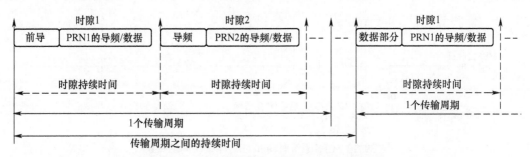

图 39.9 信标时隙结构:前导、导频和数据部分

时隙内的信标传输被划分为前导码部分、导频部分和可选的数据部分。这 3 个部分都使用扩频信号和具有共同扩频速率的 BPSK 扩频 PRN 码,数据调制的部分使用 BPSK 调制。

前导码部分由所有具有全系统通用 PRN 序列的信标发送,以实现快速同步,导频和数据部分使用分配给该信标的 PRN 扩频序列。导频部分是未经调制或具有已知的调制的码序列。导频部分用于测距,并允许接收机使用相干积分。数据部分包含所需的信息位,以便于以独立方式进行 MBS 三边测量,而无须外部数据。数据可以被加密以防止 MBS 信号的欺骗并控制接收机访问。为了便于 TDMA 操作,当信标处于静默状态(不发送)时,每个信标发送时隙内都有一个保护期。

MBS 使用的 PN 扩频码列表如文献[8]的附录所示。

综上所述,每个信标在其时隙内使用网络上的公共扩频序列在一定持续时间内发送前导码。公共扩频序列的使用允许接收机专门搜索前导码 PRN 以捕获信号。由于单个 PRN 搜索需要覆盖的频率搜索范围主要由接收机时钟 ppm 不确定性确定,因此使接收机能够使用少量的搜索资源来获得频率和时隙同步。39.1.4.2 节讨论了如何使用前导码辅助捕获过程的更多细节。

MBS 系统时间与 GPS 系统时间绝对同步。图 39.10 显示了 GPS 系统时间与 MBS 系统时间的关系,MBS 系统时间与 MBS 信标传输之间的关系,以及 MBS 信标信号到达 MBS 接收机的时间(TOA)。如图 39.10 所示,MBS 时间等于 GPS 时间与固定偏移量之和。请注意,所有信标都是按照 MBS 系统时间同步传输的。MBS 系统时间与发射天线的相位中心同步。在来自信标的 MBS 信号传输中,时隙内第一前导码 PRN 序列的第一码片的峰值与 MBS 系统时间对齐。第 N 个时隙中的信标的 MBS 传输从距离 MBS 系统时间秒边界($N\times$100)ms 的偏移处开始。请注意 MBS 和 GPS 系统时间之间的任何固定偏移量都是通过数据包传输的。

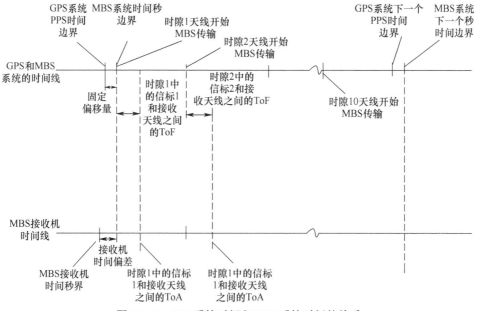

图 39.10　GPS 系统时间和 MBS 系统时间的关系

图 39.11 显示了描述 MBS 发射机中信号生成的框图。注意 MBS 信号生成部分与 GPS C/A 代码传输部分的相似性[1]。图 39.11 所示的逻辑来控制时隙不同部分的 PRN 序列选

择(系统范围的预缓冲与信标特定的导频/数据扩频序列),以及导频/数据部分的可选信标特定频率偏移。数据包内容可以由三边测量信息、大气信息、定时信息和系统控制消息组成。数据内容还可以被加密以防止未经授权的使用,在数据帧上添加前向纠错/检测方案以防止信道传输错误。扩频完成后,应用脉冲限制波形来生成信号,然后将信号调制为 MBS 频率并在传输前进行放大。

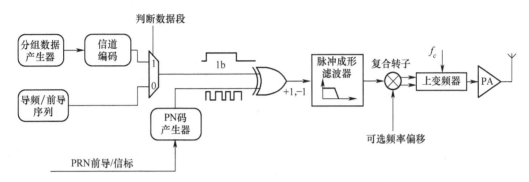

图 39.11　发射机中信号生成的框图

39.1.3　MBS 信号与 GNSS 信号的比较

表 39.1 所列为 GPS L1 C/A 码信号和 MBS 2MHz 信号之间的比较。MBS 是一种类似于 GPS 的上行系统,唯一的区别在于 MBS 是从地面广播的。MBS 是一种扩频系统,其主要特性几乎与 GPS C/A 相同,但其所选的扩频码可以对多径进行优化。在多址方面,MBS 使用 CDMA、TDMA、频率偏差多址的组合,而 GPS 使用 CDMA。MBS 提供大于 40dB 的互相关抑制,而 GPS 中最糟糕情况下的 CDMA 码抑制为 23dB。MBS 的信标传输同步,就像 GPS 卫星传输一样。MBS 中的 MBS 数据比特持续时间和编码类似于广域增强系统(WAAS)或欧洲地球静止导航覆盖服务系统(EGNOS)。通常,MBS 数据内容类似于 GPS 数据内容,MBS 信标坐标对应 GPS 的星历或历书,MBS 时间校正对应于 GPS 卫星的时钟校正。还要注意,MBS 数据可以使用条件访问方案来加密,以控制接收机对数据流的访问。MBS 系统的位置估计与 GPS 系统类似,因为可以使用伪距进行三边测量。关键区别在于,MBS 三边测量过程可以使用接收机大气压力数据独立估计高度。MBS 接收机可以在独立模式和辅助模式下工作,就像 GPS 接收机一样。此外,MBS 可以在接收机或服务器上计算位置。

表 39.1　GPS L1 C/A 码信号与 MBS 2MHz 信号之间的比较

系统特性	GPS L1 C/A 码	MBS 2MHz 信号
系统类型	● 广播 ● 卫星系统	● 广播 ● 地面系统
信号特性	● 扩频 ● 全带宽 20MHz ● 第一个过零点带宽 2.046MHz ● sinc 形状的频谱,具有频谱旁瓣的缓慢 sinc 衰减	● 扩频 ● 全带宽 2.046MHz ● 第一个过零点带宽 2.046MHz ● 类似于带宽内 GPS 的 sinc 频谱形状,并且在零到零带宽范围内有非常锐利的频谱衰减

续表

系统特性	GPS L1 C/A 码	MBS 2MHz 信号
扩频码 (码片速率、码长、持续时间)	● 芯片速率:1.023Mcps ● 代码长度:1023 码片 ● 扩频:BPSK ● 代码持续时间:1ms ● 扩展代码类型:选定的 Gold 码	● 芯片速率:1.023Mcps ● 代码长度:1023 码片 ● 扩频:BPSK ● 代码持续时间:1ms ● 扩频代码类型:GPS Gold 码系列,针对多路径优化
多址	● CDMA ● 卫星传输互相关>23dB	● CDMA、TDMA、频率偏移(可选) ● 信标传输互相关>40dB,TDMA 时隙 100ms,传输周期为 1s ● 时隙可以包含前导码、导频和数据部分
同步	● 相对和绝对同步 ● 天线处卫星发射时间相互对齐,并与通用 GPS 系统时间对齐	● 相对和绝对同步 ● 天线处的信标发射时间相互对齐,并与公共 MBS 系统时间对齐 ● MBS 系统时间与 GPS 系统时间一致
数据(速率、调制和编码)	● 位持续时间:20ms ● BPSK 调制数据 ● 无前向纠错	● 位持续时间:1ms ● BPSK 调制数据 ● 类似于 WAAS、EGNOS 的前向纠错方案
数据(内容)	● 卫星轨道信息、时钟校正和通过星历与历书进行的大气校正 ● C/A 码上的数据未加密	● 信标位置、信标时钟校正和大气信息 ● 可以使用条件接收方案对数据进行选择性加密,以控制接收机访问
接收机三边测量法	● 基于伪距的三维三边测量 ● GPS 系统时间作为副产品提供	● 基于伪距的二维或三维三边测量 ● MBS 系统时间作为副产品提供
接收机工作模式	● 独立和辅助模式 ● 辅助模式提供更高的灵敏度和更快的首次定位时间(TTFF) ● 在接收机或网络上计算位置	● 独立和辅助模式 ● 辅助模式提供更高的灵敏度和更快的首次定位时间(TTFF) ● 在接收机或网络上计算位置

　　MBS 的 5MHz 信号是与 2MHz 信号相似的扩频信号。5MHz 信号由于其带宽更宽,所以有更好的多径分辨率。5MHz 信号的码持续时间与 2MHz 信号相同,而其码长度(2046)的选择与北斗系统等 GNSS 信号类似,以便于 GNSS 接收机的重复利用。5MHz 信号可选择性地包含数据调制,5MHz 信号与 2MHz 信号在信标天线上同步,从而允许使用 2MHz 与 5MHz 混合信号进行三边测量。当 2MHz 信号和 5MHz 信号都可以从同一信标获得时,由于 2MHz 信号的码长较短,因此可能优先捕获 2MHz 信号。

39.1.4　接收机架构

　　MBS 信号结构的设计类似于 GPS,因此可以重复利用大量的 GNSS 芯片组。整个 GPS 基带处理器可以处理 MBS 的数据。MBS 和 GPS/GNSS 之间的一个关键区别是,与卫星信号相比,地面 MBS 信号动态范围不同。此外,MBS 是一种时隙系统,接收机信号强度可以高于接收机本底噪声,因此需要具有快速响应的自动增益控制(AGC)。另外,全球导航卫星系统信号通常是没有时隙的 CDMA/FDMA 信号,而且这些信号总是远低于接收本底噪声。

39.1.4.1 节讨论了 MBS 的信号动态范围和增益控制,39.1.4.2 节讨论了 MBS 信号的捕获、跟踪和测距,39.1.4.3 节讨论了使用 MBS 测距进行位置计算。

39.1.4.1　信号动态范围和增益控制

根据联邦通信委员会(FCC)第 90 章第 M 条法规[6],MBS 信号被授权以 30W ERP 的最大功率从信标传输。鉴于 MBS 网络是地面网络,可检测信号动态范围比蜂窝系统大得多,因为接收机能够在其热噪底下处理信号。由于可以在不同的时隙中接收不同的信标,因此在相邻的时隙中接收的信号强度可能从高信号电平变化到低信号电平(反之亦然)。需要一个快速响应的 AGC 环路,该环路在 Gold 码极短时间内响应接收信号强度指示器(RSSI)的变化。

39.1.4.2　MBS 信号捕获、跟踪和测距

MBS 信号可以使用与 GPS 接收机类似的捕获硬件进行捕获。然而,由 MBS 的时隙结构而产生的差异需要不同的捕获序列。MBS 信号搜索空间(类似于 GPS)由 PRN、频率和码相位组成。TDMA 系统中的另一个方面是时隙对齐,由每个信标发送的系统范围前导码部分简化了频率和时隙对准维度中的搜索,以便可以使用具有单个前导 PRN 的少量搜索资源来完成搜索。

由于多普勒(与 GPS 等 GNSS 系统相比)相对较小,搜索的频率维度主要由接收机时钟 ppm 不确定性决定。例如,直接在 MBS 信标方向上以 200km/h 的速度移动的物体将经历约 $\pm 175Hz$($< 0.2 \times 10^{-6}$)的多普勒效应。正如在 GPS/GNSS 接收机中一样,当外部精细时间辅助信息(如来自调制解调器)不可用时,需要在 MBS 接收机中完成整个代码的持续时间的搜索。

将图 39.12 中所示的众所周知的 GPS 搜索空间与图 39.13 中所示的 MBS 搜索空间进行比较。GPS 捕获搜索空间基本上由 3 个维度组成:码相位、频率和 PRN。码相位搜索空间由 1ms C/A 码定义,而频率搜索空间是卫星多普勒、用户多普勒和接收机时钟不确定性的组合。在辅助 GPS 中,通过对用户位置、GPS 时间和卫星星历或历书信息的粗略了解,可以在所有 3 个维度上减小搜索范围[10]。

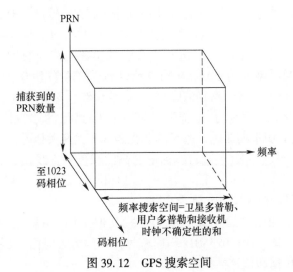

图 39.12　GPS 搜索空间

MBS 搜索空间也由相同的 3 个维度组成。然而,当使用前导码进行初始捕获时,搜索

空间有效地减少到二维。前导码上的可选调制模式(见文献[8])可用于促进更稳健的时隙对齐。

前导码捕获可实现粗略频率和码相位捕获,从而降低导频/数据 PRN 搜索要求。一旦执行了初始前导捕获,就需要搜索特定于信标的 PRN。代码相位和频率中的搜索空间减少到图 39.13(a)中灰色框的交叉处,并导致信标 PRN 搜索的搜索空间如图 39.13(b)所示。一旦检测到信标,其他信标的搜索空间就会减少,因为它们在地面系统中的相对范围始终低于 1ms 的码持续时间。

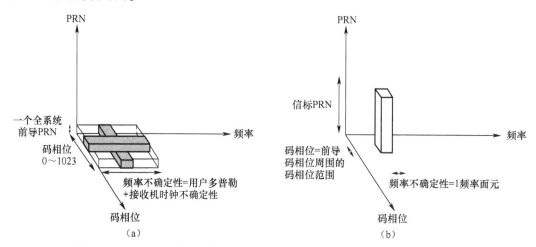

图 39.13　(a)MBS 前导码搜索空间,(b)前导码检测后的 MBS 信标搜索空间

信标导频/数据信号捕获完成后,即可提取距离测量值和三边测量数据。测距通常使用已知调制的导频段完成,但也可以使用数据段完成。

与 GPS 卫星信道相比,从信标估算地面信道中的 TOA 是一个不同的挑战。由于阻塞、绕射和来自各种障碍物的反射,信道响应相当复杂,从而造成视距和非视距路径的混合。图 39.14 显示了当使用带宽为 2MHz 的直接序列扩频 MBS 传输波形时,在接收机处测量的样本测量相关函数。测量是在室外屋顶位置进行的。这些图的目的是说明静态室外地面场景中的各种公共信道场景。其中,红色垂直线表示真实视线路径的 TOA,而绿色垂直线表示接收机中检测到的最早路径的 TOA。x 轴表示以 m 为单位的距离,y 轴表示相关函数的大小。图 39.14(a)显示了在视距路径清晰可见,绿色和红色垂直线相互重叠的情况下测量的相关函数。图 39.14(b)显示了具有强早期非视距路径的非视距场景的相关函数,图 39.14(c)显示了具有弱早期非视距路径的非视距场景的相关函数。请注意,在这两种情况下,最早路径均不可检测,如红色垂直线标记右侧的绿色垂直线(表示最早可检测路径的估计 TOA)(真实视距 TOA)所示。注意,在图 39.14(b)中,最早可检测路径实际上更强,而在图 39.14(c)中,最早可检测路径实际上更弱。

图 39.15 中显示了测量信道相关函数的一些其他示例。x 轴表示相关滞后,单位为 122ns(对应于使用采样率=8×1.023MHz 码速率时样本的持续时间)。从不同的图中,观察到了各种各样的信道传播和信道类型。

在某些情况下,最早路径比多路径弱。为了保留信道信息,简单的 2/3 阈值早-晚即时相关性是不够的。如图 39.15 所示,接收机需要多延迟相关函数,以便于精确测距。

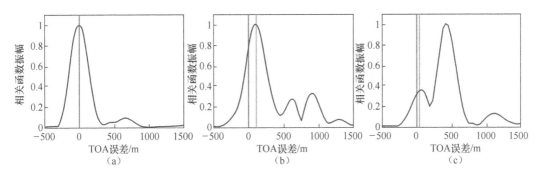

图 39.14　(a)具有可检测视距路径的场景的相关函数,(b)具有强早期非视距路径的非视距场景的相关
函数,(c)具有弱早期非视距路径的非视距场景的相关函数

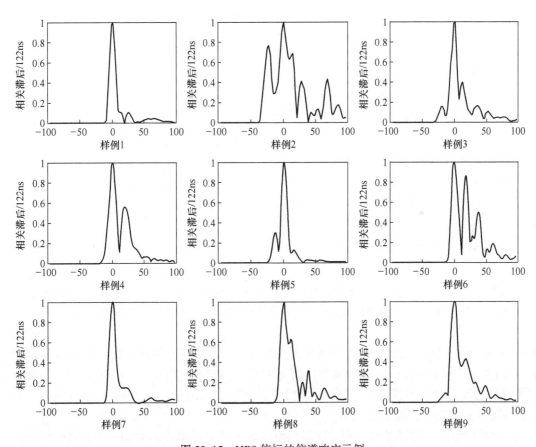

图 39.15　MBS 信标的信道响应示例

信道传播统计信息有助于确定接收机所需的 TOA 检测相关窗口的宽度。窗口大小的选择直接影响接收机的复杂度。为了便于分析,可以分析特定延迟(以 m 为单位)内相对于信号峰值的可检测路径的百分比。请注意,最简单的方法是使用信号峰值作为窗口中心来使窗口居中。图 39.16 显示了在美国圣弗朗西斯科湾地区包括郊区、城区和密集市区的不同环境中使用真实测量获得的信道传播统计。结果表明,在郊区环境中,范围为 ±900m 的

相关窗口包括98%的路径,而在密集的市区环境中,同一窗口仅包括90%的路径。在所有的环境中,范围为±1800m的相关窗口可以包含所有路径。

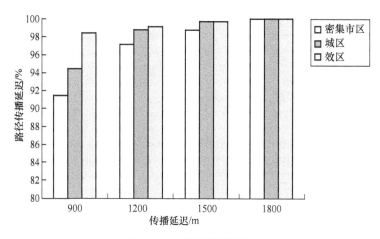

图39.16　信道传播统计

为了在定位系统中获得最佳性能,距离应与视距或信道响应中最早到达的可检测路径相对应,以最小化距离偏差误差。MBS系统链路预算和信标网络计划有助于高分辨率距离的确定,以确定最早的可检测路径,因为与GPS系统相比,信号的SNR更高。

39.1.4.3　使用MBS测距进行位置计算

MBS有助于精确的三维位置计算。由于MBS是一个紧密同步的信标网络,因此三边测量可以使用从信标的时间戳TOA测量值确定的伪距,以及信标数据中可用的信标坐标来完成。

从接收机到发射机的三维空间距离方程如下:

$$r_i = \sqrt{(x_i - X)^2 + (y_i - Y)^2 + (z_i - Z)^2} \tag{39.1}$$

发射机的位置由(x_i, y_i, z_i)给出,移动单元的未知位置由(X, Y, Z)在局部坐标系中给出。伪距测量还有一个接收机时间偏差加性项,因此通常的伪距测量方程可以写成

$$R_i = r_i + c\Delta t \tag{39.2}$$

式中:c为光速;Δt对应于接收机时间偏差。传统上,三维三边测量至少需要4次伪距测量,以解算4个变量:X、Y、Z和接收机时间偏差。在地面网络中,由于VDOP有限,通过三边测量估计Z坐标容易出错。当z轴坐标可以通过气压测量技术解算时,至少进行3次伪距测量才足以进行三维三边定位。

与GPS相比,三边测量有一个方面与地面信标系统大不相同。在GPS中,传统上,三边测量问题被线性化为加权最小二乘(WLS)问题。由于卫星相对于接收机的距离较大,因此线性化效果良好。在地面系统中,必须仔细考虑接收机靠近信标的情况。在这种情况下,局部线性化算法可能会出现位置发散。一般来说,当高度辅助可用时,接收机位置的最佳估计值可通过使目标函数最小化的$(X, Y, Z, \Delta t)$集合获得。

$$f(X, Y, Z = Z_{baro}, \Delta t) = \sum_{i=0}^{N-1} W_i \times \left[R_i - \sqrt{(x_i - X)^2 + (y_i - Y)^2 + (z_i - Z_{baro})^2} - c\Delta t \right]^2$$

$$\tag{39.3}$$

39.1.5　MBS 的辅助模式

与独立 GPS 接收机相比,辅助 GPS(A-GPS)旨在提高 GPS 接收机的灵敏度和缩短定位时间。有关 A-GPS 概念的解释,请参见文献[10]。A-GPS 通过以历书/历书信息的形式向接收机提供辅助,从而不再需要解码,有助于提高灵敏度。此外,以粗略/精细 GPS 时间估计和粗略接收机定位的形式提供的辅助使接收机能够计算可见卫星列表中粗略卫星多普勒频率和码相位,从而显著减少其捕获搜索空间。

与 GPS 的辅助模式类似,MBS 也可以考虑辅助模式。在 A-MBS 模式中,诸如历书、任何校正和大气信息之类的信标信息可以通过蜂窝/其他边信道传输,还可以向接收机提供可视信标列表(基于粗略的用户位置),以帮助减少 PRN 搜索空间。

39.1.6　MBS 信号的时间和频率同步

5G 网络和室内小蜂窝单元是为增强蜂窝覆盖而发展的,促使人们需要一种可扩展的广域室内时间(相位)和频率同步解决方案。如今,时间频率是通过内嵌在室内小蜂窝单元中的 GPS 模块或由主单元直接提供,主单元的时钟信息主要来源是 GPS。主单元使用 IEEE-1588 精密时间协议(PTP)[11]通过以太网或光纤电缆传输时间。在室内环境中,GPS 信号不可用,需要补充解决方案。表 39.2 展示了各种无线电信网络系统的当前时间和频率同步要求[12]。表中,CDMA 表示码分多址网络,LTE 表示长期演进网络,LTE-TDD 表示 LTE 的时分双工版本;LTE-FDD 是指 LTE 的频分双工版本;MBMS 是指多媒体广播组播服务;CoMP 是指协调的多点传输/接收,eICIC 是指增强的小区间干扰协调。表 39.2 中的"ppb"表示时钟频率稳定性单位,即 10^{-9}。请注意,不同技术对时间和频率同步的要求不同。

表 39.2　电信网络系统的当前时间/频率同步要求

应用	频率网络/空间	相位	注释
CDMA 2000	16ppb/50ppb	±3μs 到±10μs	
LTE-TDD	16ppb/50ppb	±1.5μs	小于 3km 的单元半径
		±5μs	大于 3km 的单元半径
LTE-MBMS(LTE-TDD and LTE-FDD)	16ppb/50ppb	±10μs	小区间时差
LTE-ACoMP	16ppb/50ppb	±0.5μs to ±1.5μs	
LTE-AeICIC	16ppb/50ppb	±1.5μs 到±5μs	
e-911 和定位服务		±0.1	
蜂窝	空间:100~250ppb	±3	

由于信标之间的高水平同步和 MBS 时钟的频率稳定性,MBS 可以在 GPS 受限环境中提供时间和频率。此外,当 GPS 在给定地理区域不可用时,MBS 可以继续提供精确的相对相位参考和绝对频率参考。考虑到定时接收机处于静态位置的性质,还可以想象,可以执行更长时间的积分,从而提高灵敏度和抗干扰能力。

MBS 时间接收机的工作原理类似于 GPS 时间接收机。关键区别在于,MBS 时间接收机可以在 GPS 受限或 GPS 拒止环境中工作。

概念上,MBS授时接收机确定其时间与[例如,以每秒1个脉冲(1PPS)的形式]的偏差中的固定量。MBS授时接收机可在自测模式(确定其自身位置和时间)或预测模式(使用预测位置并使用测量值单独确定时间)下工作。具有MBS功能的接收机可以有效地生成1PPS的GPS时间戳和时间(ToD)消息。在预测模式下,MBS时间接收机只需从一个MBS信标中接收信号,即可找到MBS系统时间并产生1PPS和ToD输出。1PPS和ToD输出可用于在数据包网络中使用的主控配置中驱动精度时间协议(PTP)引擎。

MBS时间引擎的架构说明如图39.17所示。来自MBS信标的TOA由MBS测距引擎计算,然后将其传递给MBS时间引擎。MBS时间引擎会平滑并过滤TOA中的异常值,以生成与GPS时间对齐的1PPS精度的输出,并控制振荡器回路。控制回路中可使用GPS级温度控制晶体振荡器(TCXO)来维持定时。如果需要延迟(在没有MBS信号的情况下),也可以使用其他振荡器,如炉控晶体振荡器(OCXO)和原子钟来代替TCXO。

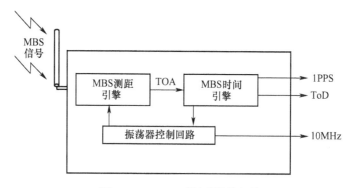

图39.17　MBS时间引擎的架构

作为MBS覆盖试验的一部分,NextNav在GPS不可用的各种深室内位置进行了各种长期试验。测试地点是一座高层建筑的深室内,那里没有GPS信号。使用参考GPS接收机(屋顶上有天线)时间间隔计数器测量MBS与GPS的性能差异。

图39.18和图39.19显示了在这些测试中从MBS信号获得的时间性能的样本结果。图39.18所示为使用时间间隔计数器在高层建筑深室内48h内测量的MBS时间间隔误差(TIE)。观察到存在138ns的偏差,考虑其可能是由多径引起的。图39.19所示为使用相同数据计算的不同时间间隔 τ 的最大时间间隔误差(MTIE)。MTIE(τ)是间隔 τ 上的最大连接变化,是电信网络中用于测量参考时间脉冲中任何突然跳变的度量。MBS MTIE比ITU G8271.1[13]掩码更适用于电信网络的时间和相位同步。

39.1.7　标准化(3GPP、OMA)和MBS呼叫流程

3GPP和开放移动联盟(OMA)标准化机构已经开发了在手机中实现MBS定位所需的呼叫流程和信息交换。在定位方面,3GPP标准组参与开发控制平面协议和呼叫流程,而OMA参与启用用户平面协议。值得注意的是,控制平面移动系统中用于发送信令信息的信道,而用户平面是移动系统中用于发送用户数据的信道。

TBS的概念在3GPP标准的第13版中引入,MBS作为TBS的特例被包括在内。第13版包括支持UE辅助测量、压力传感器测量(用于高度估计)和MBS的独立定位。两个协议

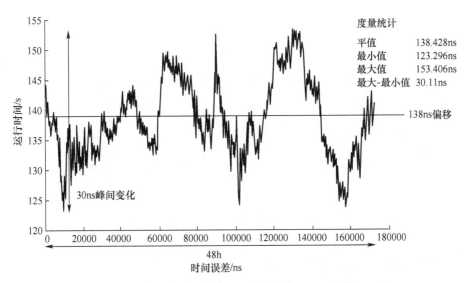

图 39.18　在高层建筑深室内 48h 内测量的 MBS 时间间隔误差

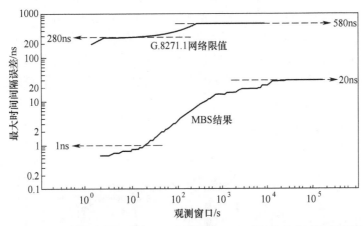

图 39.19　在高层建筑深室内 48h 内测量的 MBS 时间的最大时间间隔误差

(如定位协议 LPP 文件 36.355[14])和性能/一致性规范(如文件 37.171[15] 和文件 37.571[16])均已更新,以支持第 13 版中的 MBS。3GPP 版本 14 在 36.355[17] 中扩展了 MBS 支持,文件 37.171[18] 和文件 37.571[19] 包括基于 UE 的定位模式以及信标辅助模式。在第 14 版中,MBS 系统调用流和协议的成熟度与 A-GNSS 的类似。

图 39.20 显示了服务器(eSMLC)和设备(UE)之间的 LPP 呼叫流示例,用于辅助 MBS 的三维定位。

在 OMA 中已经完成相应的标准工作,用于 MBS 在数据平台中的定位。移动定位专业 MLP 版本 3.5[20] 包括对 MBS 定位解决方案、气压传感器解决方案以及从定位服务器到移动定位系统 MLS 客户端(如 UE)的混合方案指令的支持,而 SUPL 版本 2.0.3[21] 包括 MBS 指令的支持。

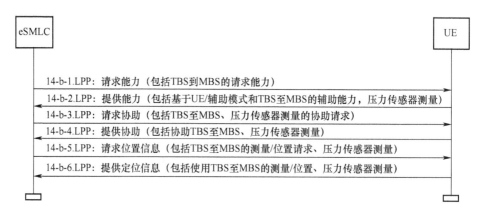

图 39.20　使用辅助进行 MBS 定位的 LPP 呼叫流程

39.1.8　第三方性能测试结果

从蜂窝通信和互联网协会(CTIA)、电信行业解决方案联盟(ATIS)了解到,MBS 已经在美国圣弗朗西斯科湾地区的各种城市和郊区环境中得到了广泛的测试,并在通信安全、可靠性、互操作理事会(CSRIC)、联邦通信委员会(FCC)咨询机构举行的几次盲试中表现最优。

图 39.21 中仅使用 MBS 信号显示了圣弗朗西斯科湾地区某商场的二维性能步行试验结果。结果以 ENU 坐标显示,x 轴和 y 轴以 m 为单位表示东部和北部位移。红色标记表示真实位置,蓝色圆圈标记表示仅使用 MBS 测量的位置估计。结果表明,该系统的二维误差小于 10m。

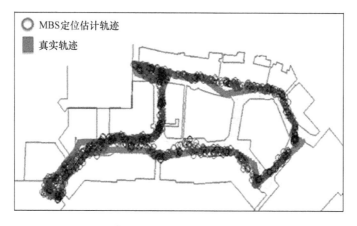

图 39.21　代表性的二维性能步行动态测试结果

图 39.22 显示了圣弗朗西斯科湾区一家酒店的 z 方向测试结果样本。真实位置以红色虚线显示,MBS 估计高程以黑色显示。结果显示了整个测试过程中楼层内的高程估计值。

图 39.23 显示了在小型校园 MBS 网络中进行的室外路测结果示例。黑色显示真实路径,蓝色显示 MBS 的估计位置。在本测试中,仅使用 MBS 信标测量值计算位置估计值。结果表明,在大多数情况下,二维误差小于 10m。

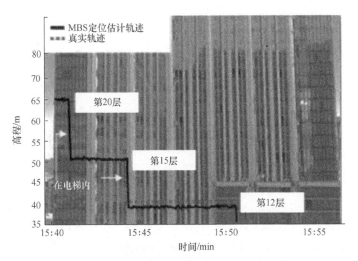

图 39.22　具有代表性的多层酒店的 z 方向步行测试结果

图 39.23　KML 图显示了二维误差性能

39.2 小结

随着我们从一个由人类智能驱动的世界转向一个由机器智能驱动的世界,对更可靠、更普及的三维地理定位的需求变得日益强烈。GPS 是这个机器驱动世界的关键促成因素;然而,它在室内和城市地区有着很明显的局限性,在这些地区,卫星信号无法穿透,需要对 GPS 进行补充,以满足这个世界所需。城市信标系统代表了这类新的增强技术,旨在成为成本最低、可扩展性最强的技术,在其覆盖范围内提供高度可靠的 PNT。

该技术已在全球电信通信标准(如 3GPP/OMA)中标准化,美国频谱已针对多边定位进行了完善,该技术已获得 Tier 1 芯片组和服务器提供商的许可,并被证明是同类中最佳的技术。它支持围绕移动、5G、物联网以及无人驾驶汽车和无人机的大量新应用,正处于商业可用性的风口浪尖。

参考文献

［1］ Global Positioning Systems Directorate System Engineering and Integration Interface Specification, GPSIS-200F, September 2012.

［2］ *GLONASS Interface Control Document*, Navigational Signal in L1 and L2, Edition 5. 1, Moscow 2008.

［3］ BeiDou Navigation Satellite System, Signal In Space Interface Control Document, Open Service Signal B1I (Version 1. 0), December 2012.

［4］ European GNSS (Galileo) Open Service Signal-In-Space Interface Control Document, Issue 1. 3, December 2016.

［5］ Chun Yang, Chapter 35: Navigation with terrestrial digital broadcast signals, *Position, Navigation, and Timing Technologies in the 21st Century*, Vol. 2.

［6］ Federal Communications Commission (FCC), FCC Rules Part 90, Sub Part M Intelligent Transportation Systems Radio Service, Section 90. 353 and 90. 357.

［7］ Federal Communications Commission (FCC), FCC Rules Part 90, Sub Part I General Technical Standards, Section 90. 205 and 90. 210.

［8］ ATIS, MBS ICD Version G1. 0. Available upon request by E-mail from ATIS Document Center doccenter@ atis. org with subject "Request for Metropolitan Beacon System (MBS) ICD".

［9］ Proakis J. G. and Salehi M., *Digital Communications*, Chapter 9. 2, Mc-Graw Hill, 2008.

［10］ VanDiggelen F., *A-GPS: Assisted GPS, GNSS, and SBAS*, Artech House, 2009.

［11］ Microsemi Whitepaper, https://www. microsemi. com/ document-portal/doc_view/133469-synchronization-distribution-architectures-for-lte-networks.

［12］ Weiss M., Telecom Requirements for Time and Frequency Synchronization, https://www. gps. gov/cgsic/meetings/2012/weiss1. pdf.

［13］ ITU G. 8271. 1, Time and Phase Synchronization Aspects of Telecommunication Networks.

［14］ 3GPP, LTE Positioning Protocol (LPP), Release 13, 3GPP TS 36. 355 V13. 3. 0 (2016-12).

［15］ 3GPP, User Equipment (UE) Performance Requirements for RAT-Independent Positioning Enhancements, Release 13, 3GPP TS 37. 171 V13. 1. 0 (2016-12).

［16］ 3GPP, User Equipment (UE) Conformance Specification for UE positioning Part 1, Release 13, 37. 571-1 V13. 3. 0 (2017-03).

［17］ 3GPP, LTE Positioning Protocol (LPP), Release 14, 3GPP TS 36. 355 V14. 2. 0 (2017-06).

［18］ 3GPP, User Equipment (UE) Performance Requirements for RAT-Independent Positioning Enhancements, Release 14, 3GPP TS 37. 171 V14. 2. 0 (2017-06).

［19］ 3GPP, User Equipment (UE) Conformance Specification for UE positioning Part 1, Release 14, 37. 571-1 V14. 2. 0 (2017-06).

［20］ Open Mobile Alliance (OMA), Mobile Location Protocol, Draft Version 3. 5-26 January 2016.

［21］ Open Mobile Alliance (OMA), User Plane Location Protocol, Approved Version 2. 0. 3-24 May 2016.

本章相关彩图,请扫码查看

第 40 章　地面数字广播信号导航

Chun Yang

Sigtem 科技股份有限公司, 美国

本章主要介绍了适用于可实现导航使用需求的可用机会信号, 尤其是数字电视信号。40.1 节介绍了使用广播信号获取定位、导航和授时结果的常用方法以及约束条件; 40.2 节介绍了具有代表性的广播信号和其他软件接收机 40.3 节介绍了采用获得的广播信号进行伪距测量的方法, 并附有试验数据说明; 40.4 节以使用混合机会信号 (SOOP) 进行无线电航位推算为例, 讨论了未来的研究方向等重点实际问题和解决方案。

40.1　广播信号的 PNT 机制

由于美国通信委员会 E911 移动位置服务要求移动通信运营商能够在紧急情况下实现用户定位[1], 并且随着基于位置服务 (LBS) 新兴市场的发展[2], 移动设备对高质量 PNT 解算的需求日益迫切。无论是 E911 移动位置服务, 还是 LBS 新兴市场的发展, 都不可避免地涉及城镇环境和室内环境下的定位。然而, 在这两种情况下, 仅仅依靠 GNSS 技术, 通常难以为用户提供连续、稳定、精确的定位服务。因此, 正如在本书多个章节中提到的, 在城镇和室内定位中, 针对 GNSS 的替代和补充技术研究亟待推进。以此为目标, 本章就广播信号, 也就是机会信号问题进行重点阐述, 以期改善 PNT 解算。

使用广播无线电信号进行 PNT 技术改进并不是新生事物。从 20 世纪 60 年代起, 美国国家标准与技术研究所 (NIST) 就已在科罗拉多州柯林斯堡的 WWVB 无线电台中, 通过多种定时收音机和挂钟等设备, 在全美范围内提供精确的时频参考信息。目前, 该无线电台仍在使用[3]。WWVB 无线电台可以 60kHz 的频率持续播发时频信号, 也就是无线电频谱中的低频信号。WWVB 信号的时间码中包含了用于同步全美及周边地区无线电控制时钟的所有必要信息。此外, 60kHz 的载波频率通常作为电子仪器校准的参考。

TELENAV 是早期使用模拟电视信号进行导航的典例[4]。通过接收在同一地区中 3 ~ 4 个基站所播发的电视信号, TELENAV 可产生到达时间差, 从而建立双曲线位置线。双曲线位置线的交点提供了用户位置[5]。虽然水平及垂直的同步脉冲等重复波形可用来作为确定时间差的参考点, 但相比之下, 彩色定向脉冲的效果更好。部署 TELENAV 需要对所接收的电视信号进行同步处理。当一个区域内多个电台以网络广播模式同时传输同一信号时, 或一个电台从另一个电台接收信号时, 又或通过通信建立站间跨时间同步时, 均可实现对电视信号的同步。

无线电信号不仅可以通过地面发射机播发,还可以通过低轨卫星(LEO)或地球同步轨道卫星(GEO)以及其他机载平台如小型飞船等设备播发。本章将重点讲述数字电视(DTV)或数字视频广播(DVB)的地面传输。此类无线电机会信号为室内接收所设计,因此适用于人员密集地区,可以弥补 GNSS 的缺陷。事实上,DTV 信号与 DVB 信号已实现全球部署[6],相比于先前的一些模拟信号优势明显,可用于精密授时、定位和导航应用的开发[7-11]。

如文献[12]所述,地面传输的功率可达数百千瓦至数千千瓦,因此可覆盖广大区域。此外,地面发射的频率为甚高频和超高频段(300~900MHz),因此在城镇和建筑密集区域的性能要优于 L 频段 1.5GHz 的 GNSS 信号。与此同时,DTV 发射机通常安装在住宅区附近的高地,加上高达几十米至上百米的天线塔,信号可以无障碍地穿过窗户或墙体进入室内。相比于 GNSS 信号需要穿过房顶、屋檐等障碍进入室内,DTV 信号的视距传输更加不易受到遮挡。因此,DTV 信号在室内也会有较高的强度。由于 DTV 发射机通常固定在地面,相较于从在轨卫星播发出的 GNSS 信号而言,DTV 信号受到多普勒频移效应的影响较小。此外,跟踪回路带宽的减少,也有利于提升信号在动态噪声环境下的性能。地面 DTV 信号的带宽通常在 6~8MHz,宽于 GPS 的 C/A 码,与 GPS P(Y)码的码片率相当。通常来说,带宽越大,授时和测距的精度就越高,定位的精度也就越高。无线电传输路径上气候的年、季节和日变化导致传播延迟也相应变化。然而,在几百米至上千米的短距离范围内,以 DTV 频率进行信号传输时造成的传播延迟误差要远远小于 GNSS 信号穿越对流层和电离层造成的传播延迟误差。最重要的是,广播信号的播发设施已实现了大规模部署,因此,除了用户设备中少数附加 PNT 能力之外,广播信号可以免费应用于大量 PNT 服务,达到改善 PNT 的目的。

使用机会信号进行改善 PNT 的常用机制[5]包括:①信号功率模式匹配(指纹识别),这种机制需要提前建立一个包含位置相关信号特征的数据库或地图;②三角测量法,这种机制需要使用一种测量无线电信号到达角(AOA)的方式;③三边测量法,这种机制将通过传输损耗模型或飞行时间来测算接收信号强度(RSS),从而测量出到达信号源的距离;④多边测量,这种机制将测量对信号源的差分距离;⑤航位推测法,这种机制将通过到达时间差或载波相位(多普勒)中的变化来测量到达射频源距离的变化;⑥其他相关组合。使用机会信号的 PNT 解算可以通过协作的方式由单个用户或一组用户来实现。后者需要使用移动自组网进行数据交换,并通过潜在的节间距实现网络用户间协作(不属于本章内容,不在此处赘述)[13-14]。

想要通过将无线电信号当作一种机会信号的方式进行 PNT 解算,首先需要通过数据库或估算的方式了解信号发射机的位置以及信号的发射时间。其次信号必须包含可识别特征的验证信息,用于计算在接收点处的到达时间和/或到达角。然而,在实际的操作中,有以下几点需要注意。

●信号中不包含时间以及位置码。在 GNSS 中,传输时间以及卫星轨道可以通过嵌入信号中的导航电文解码得出。然而,使用机会信号进行 PNT 解算时,广播信号中并不调制关于发射机的时间和位置信息。事实上,对于使用机会信号进行定位的用户来说,这同样也是一大挑战,解决问题的关键在于如何确定发射机的时间和位置信息。

●信号源位置。综上所述,使用机会信号定位的关键在于获取信号源或位置相关特征数据库的精确、实时的位置信息。比如,信号源位置如 DTV 发射机可以通过常规注册或智能的方式确定。然而,位置相关的特征数据库,只可供那些事先测试确认的地区使用。尽管机会信号的一般特征可以通过信号设计所依附的标准或SIGINT信号等确定或计算,然而在一些地区,信号源的位置很难获取,建立和维护相关数据库的难度也随之增大。另一种方式是请求发射无线电信号源的同步位置及映射(SLAMERS)[15-16]。

● 钟差。起初,机会信号发射机的时钟对于用户是未知的,每个时钟均对应不同的偏差和偏移。尽管有同步发射机,如针对DVB信号的单频网络(SFN),然而大多数的机会信号是不同步的。对于同步发射机来说,网络和用户之间仅存在一个钟差,这个钟差可看作用于解决导航相关问题的一个方案。然而,对于非同步发射机来说,每个发射机都有一个钟差项。针对这些未知时钟信息的问题,可以在外部信息可用时使用自校准方式解决[17]。通过已知的参考站,可以估算发射机钟差,并将其传至用户[18-19]。用同样的方式,两个协作用户可以在信号源的时间测定中构建一个单一的空间差异,从而消除常规钟差[20-21]。然而,两种方案都需要建立一个数据链并实现同步化。此外,建立时间差分是另一种移除信号源相关钟差的方式,通过建立时间差分,实现对无线电航位推算的微分或相对测距[22-25],该方法后续还可依靠其他传感器实现[26-27]。

● 机会信号和几何精度因子(GDOP)。一般来说,一个区域内同一类型的"独立"机会信号源数量并不足以支撑稳定、精确的定位。所以,一座输电塔通常会架起很多天线,其目的就是减小GDOP。通过使用多种类型的混合机会信号,如电视信号、蜂窝信号等,可以达到这种目的[29-30]。通过已知位移,即一种旋转视轴指向矢量的方式,可以达到与在不同方向添加虚拟资源相同的效果,从而改善GDOP[21-22]。此外,使用正交法(如在已知到达时间的情况下测量到达角)也是利用有限信号源进行定位的一种方法。

● 二维与三维对比。由于地面发射机受到高度的限制,定位解算通常是二维的,而不是三维的。如果地面信号发射机之间或与用户之间的高差过大,则需要进行斜距补偿。当数字地形高程数据库可用时,斜距补偿将会变得十分有用。此外,还可通过雷达或气压测高计来解决高差问题。

● 接收的多径效应。在接收信号时,可能出现严重的多径现象,尤其是在城市环境中[31],多径会产生深度衰落。频率分集编码(正交频分复用,OFDM)以及空间分集联合(多输入多输出,MIMO)技术可以用来保证信道均衡。由移动造成的快衰落需要快速稳定的码与载波追踪机制。尽管非视距(NLOS)信号对于通信来说是可取的,其目的是使信号能够到达遮挡区域,但是对于测距来说,非视距信号并不可取。因为在测距中,非视距信号可以通过稳健估计进行剔除、去权或估计为偏差。另外,可以利用多径发挥更多的建设性作用[32-33]。当非视距信号从环境地图中解析时,多径能够改善定位几何结构。事实上,多径可能无法在几何定位方法中发挥作用,但对于基于特征匹配(如非几何)的方法中,因其在每个特征中均可实现定位,因此仍然有着十分重要的意义。

● 信号完好性/真实性。就其本质而言,在导航战的背景下使用机会信号会面临完好性与真实性问题,信号的物理特征和所携带的信息内容有认证和保障作用,混合机会信号和其他类型传感器可能被用来交叉检验,从而保证信号源的真实性、测量的完好性以及解算的可行性。

40.2 典型的地面数字广播信号

就电视节目的地面数字广播而言,全球目前主要有四大系统,其全球分布如图 40.1 所示[6,35-36]。在欧洲、澳大利亚、南非、印度以及东南亚地区主要采用 DVB-T(digital video broadcasting-terrestrial)标准。作为 DVB-T 标准的补充,DVB-T2 标准可以以较高的传输速率传输压缩的数字音频、视频以及"物理层通道"(physical layer pipes)中的其他数据。

美国和韩国所采用的地面数字广播信号标准是 ATSC-8VSB(american television standard committee 8-ary vestigial side-band modulation)标准,也称 ATSC1.0 标准。作为 ATSC1.0 标准的后续版本,ATSC3.0 标准使用先进的传输及音视频编码技术,为用户提供新型服务。首批使用该标准的 40 个美国电视信号供应商在 2020 年底提供此类服务。

在日本及一些南美洲国家,数字电视系统所采用的信号标准是 ISDB-T(integrated services digital broadcasting-terrestrial)。中国(包括中国香港、中国澳门)和古巴所采用的是 DTMB(digital terrestrial multimedia broadcast)标准。DTMB 标准可选择单载波传输模式(ATSC-8VSB)和多载波传输模式(TDS-OFDM)。

与这些地面数字广播信号标准相对应的,卫星传输设备(S)和/或移动及手持(M/H)设备也有四大标准,分别为 DVB-H、DVB-SH、ISDB-H 和 ATSC-M/H 标准。本着不涉及信号源、信号编码、误码率检测校正以及数据调频和解调具体内容的原则,40.2.1 节将回顾 ATSC-8VSB 地面数字信号,40.2.2 节将通过介绍软件接收机的内容,说明 DTV-B 信号的捕获与跟踪,40.2.3~40.2.5 节将分别简要讲述 ISDB-T 标准、DTMB 标准和 ATSC3.0 标准。

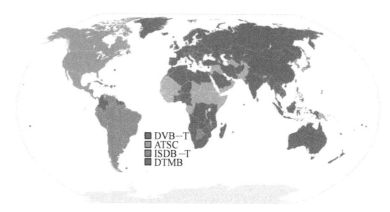

图 40.1　地面数字广播电视信号的全球分布图[34](经 DVB 批准重制。)

40.2.1　ATSC-8VSB 信号在授时及测距中的捕获与跟踪

正如在文献[37]中所述的,ATSC-8VSB 信号流的帧结构如图 40.2 所示。每帧包含两个场,分别标记为"1 场"和"2 场",每场包含 313 个段,每段包含 832 个符号。因此,每帧包含 520832 个符号,每场包含 260416 个符号。基带信号的符号速率是 10.76Msps/s。以这样的速率计算,每段持续时间为 77.32μs,每场持续时间为 24.2ms,每帧的持续时间为 48.4ms。

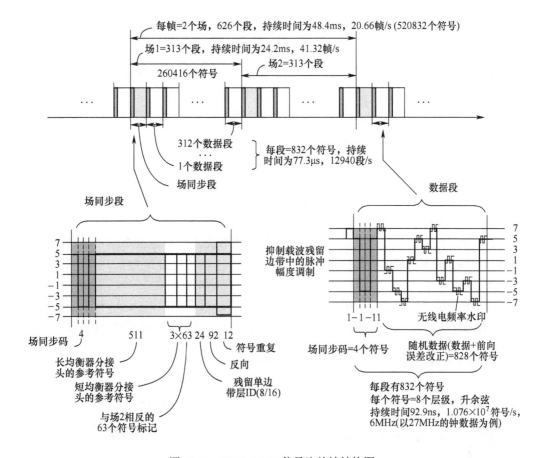

图 40.2　ATSC-8VSB 信号流的帧结构图

如图 40.2 右下部分所示,每场包含 1 个场同步段和 312 个数据段,每个数据段中除了前 4 个符号,其他大部分符号被调幅在 8 个电平,分别为±7、±5、±3 和±1。前 4 个符号则构成了一个二元序列{5,-5,-5,5},也就是上述的同步段。数据段中搭载着视频和音频数据,这些视频和音频数据在同步数据插入之前通过一个随机数发生器、一个 PS 编码器和交织编码器进行发送。数据符号则加入了降低 30dB 的数据水印(一个拓展频谱发射机 ID 信号)。

如图 40.2 左下部分所示,同数据段一样,场同步段以相同的段同步开始。后面跟随的是最大 511 个码片(称为 PN511)的伪距数量序列(M 序列),该序列用一个 PN511 序列和 3个 PN63 序列以及其他控制数据表示。段同步及伪距序列由二进制±5 表示,控制数据则包括一个带有 24 个符号的残留单边带调制(VSB)模式、92 个预留符号,以及一个带有 12 个符号的预编码。残留单边带调制模式以及预留符号也可由二进制±5 表示,但是最后的预编码符号只能以 8 个残留单边带调制模式(8VSB)表示。

最长的伪距数量序列 PN511 最初被设计用来估算信道脉冲响应。其中位于中间的PN63 反号,从而区分场 1 和场 2。PN511 序列的多项式发生器以及 PN63 的结果可由$G511(x) = x^9 + x^7 + x^6 + x^4 + x^3 + x + 1$ 和 $G63(x) = x^6 + x + 1$ 表示,其中初始状态分别为010000000 和 100111。

可以使用在场同步段内的一个 PN511 序列与 3 个 PN63 序列计算结果,进行数字电视信号到达时间的估算。将数字电视伪距数量序列码与 GPS P(Y)码进行比较,10.76Msps 的符号率略高于 10.23Mcps 的 GPS P(Y)码码片率,而 5.38MHz 的数字电视信号带宽比 10.23MHz 的 P(Y)码码片率窄。但是,数字电视信号的功率要强得多。假设将一个符号持续时间的 10% 作为定时精度,则 ATSC-8VSB 信号的预期精度约为 4m。

当 ATSC-8VSB 信号用于 PNT 目的时,该信号设计软件接收机需要考虑 3 个不同的特性。首先,信号具有残留的单边带(VSB)频谱。其次,它带有强导频信号。最后,二进制伪随机码不是连续的,而是出现在 313 个段中的某一段中(占空比为 0.32%)。由于人们对数据段(音频/视频数据)并不感兴趣,因此不需要完整的数字电视信号接收机,参考设计可见参考文献[38-40]。下面介绍一种具有简单 ATSC-8VSB 信号架构的软件接收机。

考虑一个可调制的调频信号前端,对数字电视信号从调频信号到基带进行单级 I/Q 下变频。如图 40.3(a)所示,软件接收机首先将本振频率设置为所选数字信号电台频带的中心频率。调频信号频谱(真实信号)被转换为中频频谱(一种复合信号)。对中频信号进行导频检测。

如图 40.3(b)所示,软件接收机采用固定导频偏移(可能因站点而异)和微小频率误差的综合频移,将信号转换为基带。如图 40.3(c)所示,对基带信号进行码捕获和跟踪。

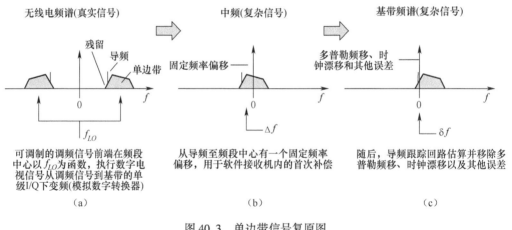

图 40.3　单边带信号复原图

图 40.4 展示了一种数字电视信号软件接收机的基带信号处理器结构图。它有两个主要系统。顶端部分展示的是采集搜索系统,其中包括两个主要步骤,分别是导频检测和场同步段检测。导频检测能够提供标称导频偏移的频率误差,场同步段检测能够确定码相位误差和估算符号率误差。这些计算和估计可用于初始化码跟踪延迟锁定回路(DLL),以及导频跟踪相位锁定回路(PLL)。底端部分显示的是导频跟踪回路与码跟踪回路。去除标称导频偏移后,对信号进行低通滤波,以选择出导频信号,同时过滤出宽带视频信号。相位误差鉴别器用于获得相位误差的估计值,该估计值由环路滤波器处理后获得。估算的频率误差用于调整载波数控振荡器(NCO),进而驱动载波发生器。如图 40.4 所示,早码、即时码、晚码相关器能够对授时误差进行估算,整个过程由环路滤波器处理,从而提供码延迟,并估算符号率,后者用于驱动代码数控振荡器,数控振荡器反过来又控制代码生成器。

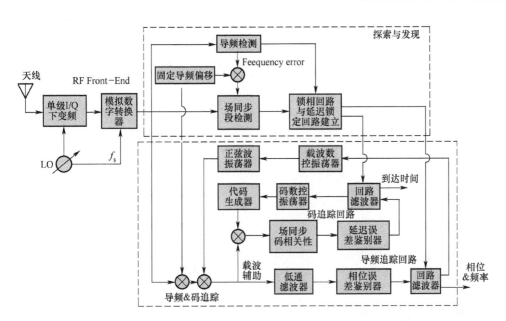

图 40.4　一种可进行到达时间跟踪的 ATSC-8VSB 基带信号处理器结构图

需要注意的是,导频跟踪回路以段速率闭合,而码跟踪回路以场速率闭合。每个场有 313 个段,占空比为 0.3%。也就是说,码回路的更新率较低,或更新周期较长,这段时间内码可能会移动几个符号。因此,为了保持代码锁定,获得正确的符号误差率至关重要。进而采用伪码辅助载波的方法。

如图 40.4[11,23,29] 所示,ATSC-8VSB 信号的捕获和跟踪结果,显示了软件接收机的功能与性能情况。图 40.5(a) 显示了信号频谱(通过快速傅里叶变换,FTT),即强导频与 6MHz 信号边带共同可见的地方。图 40.5(b) 显示了研究结果与研究步骤的相关性。当复制的是场 1 的码时,较大的峰值对应场 1,而较低的峰值对应场 2。值得注意的是,高峰与低峰的距离正好是每个信号的 313 个段。

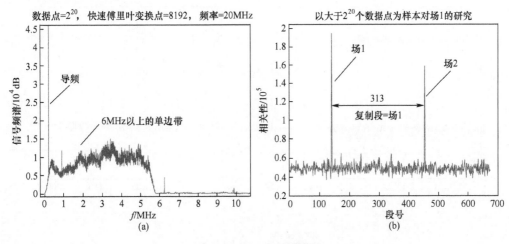

图 40.5　DTV 信号的获取

(a)信号频谱;(b)研究结果。

图 40.6 展示了码和导频跟踪结果。图 40.6(a)显示了 7 个延迟的相关性函数,每个延迟占 1/2 个符号。由于更新频率低(仅每 313 个段一次)和符号速率抖动,传统的三个相关器结构(早码相关器、即时码相关器和晚码相关器)可能无法保持锁定状态,在瞬时的大偏移中尤为如此。

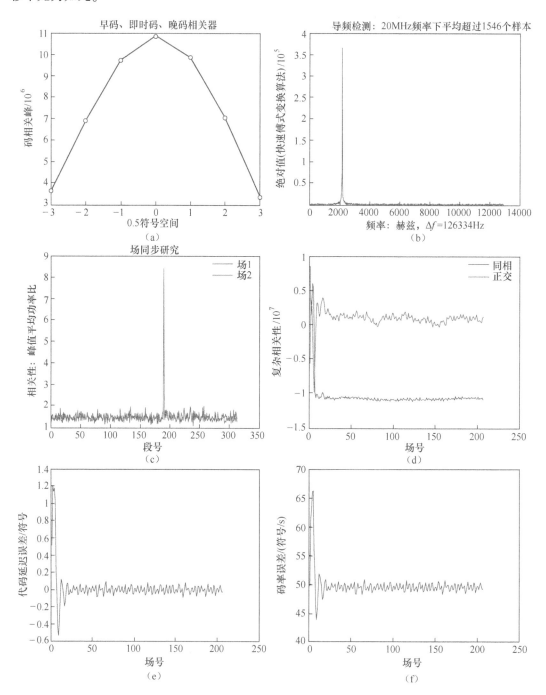

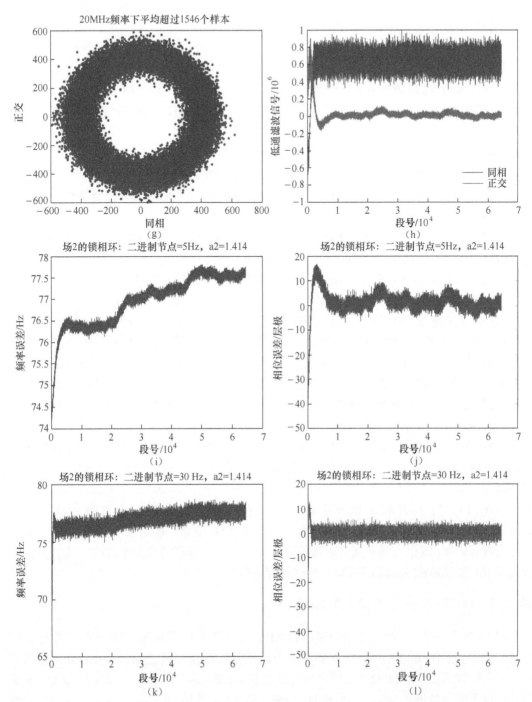

图 40.6 DTV-8VSB 场同步码(a)～(f)和导频信号(f)～(l)的跟踪结果

(a)码相关峰值;(b)过频率相关性;(c)过段相关性;(d)快速相关器输出(复杂信号);
(e)锁频环的码误差;(f)锁频环的码率误差;(g)导频信号的I-Q绘图;(h)低通频波导频信号;(j)5Hz 带宽的频率误差;
(j)5Hz 环带宽相位误差;(k)30Hz 带宽的频率误差;(l)30Hz 环带宽相位的误差。

图 40.6(b)显示了与标称频率偏移的相关性。由于接收机是静止的,这个大的偏移主

要是来自发射机和/或接收机钟漂移误差。图40.6(c)显示了313个段上的相关峰值。正是这一操作检测了场同步段并识别了峰值位置。

图40.6(d)显示了及时通道(复数)的同相(实)和正交(虚)分量。正交分量接近零,而同相分量保持了大部分信号功率。由于初始符号,此图中的同相分量为负。正交分量不为零但是存在偏差,这可能是由于用作相关副本的码元不平衡所导致。图40.6(e)和(f)显示了来自延迟锁定回路(DLL)的码延迟误差(以符号为单位)和符号率码延迟误差(以符号/s为单位)。

图40.6(g)是在标称导频偏移周围进行低通滤波后,输入信号样本的正交分量与同相分量的散点图。锁相环(PLL)收敛后,同相和正交分量如图40.6(h)所示,其中正交分量接近零,而同相分量保持了大部分信号功率。同相分量的较大变化是由数字电视信号携带的信息内容(八级数据符号)引起的。

图40.6(i)和(j)分别显示了环路带宽为5Hz时的PLL频率误差和相位误差。图40.6(k)和(l)分别显示了环路带宽为30Hz时的PLL频率误差和相位误差。很明显,随着带宽变宽,收敛速度更快,但估计值噪声更大,相比之下,带宽越窄,噪声就越小,但收敛时间较大。

为了弄清楚移动衰落信道的显著影响,ATSC为移动和手持用户(ATSC-M/H)[41]建立ATSC移动DTV标准(A/153)。它建立在固定接收机ATSC-8VSB(A/53)物理层[37]上,以减轻移动衰落,从而实现移动DTV接收[42]。除了强大的编码方案,ATSC-M/H还采用了更长更频繁的训练序列,以有效对抗严重多径而保持信道均衡。由于训练序列是代替数据段传输的,因此它牺牲了移动接收的数据吞吐量。实际上,ATSC-8VSB只有0.3%的符号用于训练,而ATSC-M/H现在有6%的符号用于训练,是过去的20倍。实验的ATSC-M/H信号的示例可以在文献[11]中找到。

ATSC标准A/53[37]包含通过使用"RF水印"识别DTV发射机的规定。RF水印信号是一种扩频信号,插入电平可以在操作时随时设置,从远低于主机8-VSB发射机的正常噪声(例如低于30dB)到用于输出服务测试的更高的电平。作为Kasami码序列,RF水印信号以主机8-VSB信号(10.76MHz)的符号速率计时,并被截断为每周期65104个符号,因此每个数据字段重复4次。低速率串行数据(每个主机8-VSB数据字段有4个符号)在RF水印信号上进行调制(倒相),从而允许单独的数据传输用于远程控制和其他目的。文献[43]中分析了RF水印信号(Kasami序列)在定时和定位时的应用。

40.2.2 DVB-T信号的捕获和跟踪

DVB-T信号[44]与40.2.1节中讨论的ATSC-8VSB信号具有相同的特性,可用作PNT的机会信号。然而,就PNT而言,主要有两个差异值得注意。首先,ATSC-8VSB广播可以视为具有脉冲幅度调制(PAM)的频分多址(FDMA)系统,其中每个DTV站需要用接收机调谐到的自己的频带进行传输。一般而言,ATSC-8VSB站是异步的,主要以自己的频率和时钟运行。DTV电台播放公共网络节目不时地与GPS时间同步。相比之下,DVB-T可用于单频网络中,其中同一单频网络区中的所有发射机工作在同一频率上(频谱的有效使用)并与GPS时间同步,因此其是一个同步网络。因此,接收机可以在同一频带上接收来自不同发射机的信号。

其次,DVB-T标准使用正交频分复用(OFDM)调制作为其空中接口。OFDM调制已被许多现代无线通信系统采用,例如 Wi-Fi 802.11[45]、4G/LTE[46]和超宽带雷达[47]。由于使用正交子载波,因此它具有高效的频谱,虽然重叠但不干扰,具有正确选择的子载波间隔和脉冲整形。由于其带宽比信道的相干带宽要小,因此每个子载波都会因平坦衰落而失真,但可以使用简单的信道估计技术(如一个参数)进行纠正。更重要的是,还可以在连续的OFDM 符号之间插入保护间隔,避免产生符号间干扰(ISI)。也就是说,如果前一个符号(多径)的最大延迟没有跨越保护间隔进入后续符号,则没有 ISI。在 OFDM 中,用于在整个符号之前传输 OFDM 符号波形末尾部分的精确副本的保护间隔,称为循环前缀。循环前缀的插入使波形具有周期性,使其能够容忍小的定时误差。也就是说,如果接收端的处理更早地开始于循环前缀中(不需要精细同步),则仅将相位失真引入有用符号。此外,延迟小于循环前缀持续时间的多径信号只是原始信号的循环移位,它通过复杂的失真影响符号,而不能像前文提到的 ISI 那样通过信道估计来纠正。

上述分析说明了 OFDM 对小同步错误的容忍度和对多径的鲁棒性,大约是循环前缀持续时间的一半。然而,OFDM 调制平均功率比(PAPR)较大,这需要高动态范围,特别是在发射机的功率放大器(PA)中进行。否则,PA 会进入饱和状态,造成信号的大幅度非线性放大。此外,还需要保护频带以减少可能的频带间干扰,以便在出现时钟漂移和多普勒频移时将信号保持在频带内。如果信号保持子载波的正交性,就可以避免载波间子载波干扰(ICI),这对 OFDM 基带信号的处理提出了很高的要求,从而应对载波频率偏移(CFO)、载波相位偏移(CPO)、采样时钟偏移(SCO)、符号定时偏移(STO)、IQ 不平衡和 DC 偏移以及PA 非线性(星座失真和互调失真)等情况[48]。

图 40.7 所示为 DVB-T 信号[44]的框架结构。连续传输的 DVB-T 信号流被组织成帧,4个帧组成一个超级帧。每个帧都有 68 个 OFDM 符号。持续时间为 T_S 的 OFDM 符号由持续时间为 T_U 的符号部分和持续时间为 Δ 的保护间隔(循环前缀)组成。与 Wi-Fi 和 DSRC 中的间歇化 OFDM 信号传输相比,以固定的速率连续传输 DVB-T 信号能够准确跟踪信号,从而改进定时和定位估计。

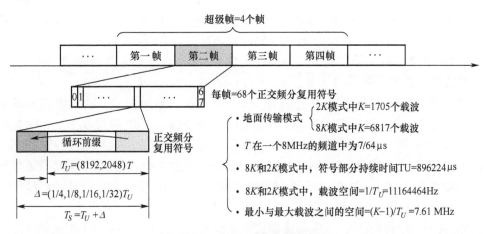

图 40.7 DVB-T 信号的框架结构

DVB-T 标准规定了 4~8MHz 信道的 OFDM 信号[44]。8MHz 信道的参数如图 40.7 所示。它有一个基本周期 $T=7/64\mu s$(采样周期)。地面传输有两种模式,即 2K 模式和 8K 模式。对于 8K 模式,FFT 大小(模式)为 $N_{FFT} = 8192$;可用符号部分的持续时间为 $T_U = N_{FFT}T$ $= 8192T = 896\mu s$;载波间隔为 $1/T_U = 1116Hz$。使用的载波数为 $K = 6817$,因此载波 $K_{min} = 0$ 和 $K_{max} = 6816$ 之间的间隔为 $(K-1)/T_U = 7.61MHz$,该间隔处于 8MHz 的分配信道带宽内。已分配和使用的频谱之间的差异被用作保护带,也就是说,未使用的 1375 个空子载波被分成两组,一组为 688 个,另一组为 687 个,分别放置在传输频谱带的下边缘和上边缘。图 40.7 列出了循环前缀持续时间 Δ 的几种选择。对于 $\Delta = 1/8T_U$,循环前缀持续时间为 $\Delta = 112us$(或 $1024T$),结果符号持续时间为 $T_S = T_U + \Delta = 1008\mu s$(或 $9216T$)。

图 40.8 所示为 DVB-T 信号的 OFDM 符号的生成过程。有效负载数据在信源编码和信道编码后被映射到复杂串行符号(QAM)中。每个 OFDM 帧还包含传输参数信令(TPS)符号,这些符号被编码并分配给特定的载波。我们对分散的导频区和连续的导频载波感兴趣。这些导频可以用于时间同步、频率同步、信道估计、帧同步、传输模式识别和相位噪声估计等,其传输功率以 4/3 为系数由数据和传输参数信令载波来"增强"。我们将用它们进行计时、测距和最终定位。

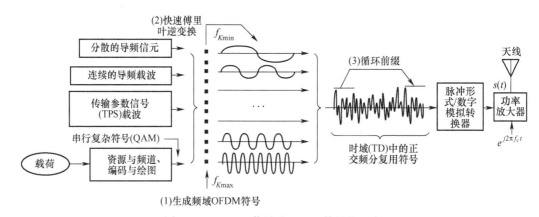

图 40.8　DVB-T 信号的 OFDM 符号的生成

对于每个 OFDM 符号,连续导频保持着相同的载波索引,即 $K = (0, 48, 54, \cdots, 1491, 1683, 1704, 1752, 1758, 1791, \cdots, 6603, 6795, 6816)$[44]。2K 模式有 $K_{max} = 1704$(总共 45 个载波),而 8K 模式一直持续到 $K_{max} = 6816$(总共 177 个载波),如图 40.9 所示。

将离散导频置于子集 $\{k; k = K_{min} + 3 \times (1 \bmod 4) + 12p \leq K_{max} \mid l = 0, 1, \cdots, 67, p \geq 0\}$ 的载波索引处,2K 和 8K 模式总共分别有 142 个和 568 个载波符号。放置模式为每 4 个 OFDM 符号重复一次。如图 40.9 所示,导频每 12 个载波插入一次,符号 0、1、2、3 的起始索引分别为 12、3、6 和 9,依次类推。值得注意的是,离散导频可能与连续导频的载波重合(对于 2K 和 8K 模式,分别有 11 个和 44 个共同的载波)。经过 4 个符号,每个连续导频都与一个离散导频重合。2K 和 8K 模式下的 TPS 分别有 17 个和 68 个载波。因此,2K 模式下有 1512 个有用的数据载波,8K 模式下有 6048 个可用数据载波。

此外,在同一个初始条件下,根据多项式生成器 $G_{PRBS}(x) = x^{11} + x^9 + 1$ 生成的伪随机二进制序列(PRBS)调制连续和离散导频。无论它是否是导频,PRBS 都会被初始化,使来自 PRBS 的第一个输出位对应于第一个动态载波,并且每个 OFDM 符号使用的载波所对应的 PRBS 都会生成一个新的值。

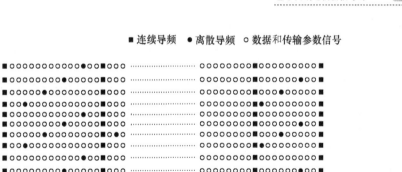

图 40.9 DVB-T 信号的导频组织(不按比例)

图 40.10 所示为使用 DVB-T 信号进行 TOA 估计的软件——DYB-T OFDM 信号处理器的架构。图 40.10 的顶部显示了 OFDM 通信接收机用于解调信息数据位所使用的处理步骤。图 40.10 的底部显示了 3 种潜在方法的额外处理步骤,以提取细化的 TOA 测量值,并进行测距和定位。

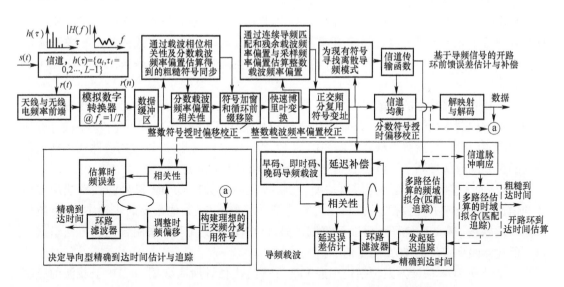

图 40.10 具有 TOA 估计功能的 DVB-TOFDM 信号处理器的架构

在通过一个具有 L 个离散多路径分量的衰落信道 $h(\tau)$ 后,传输的信号 $s(t)$ 到达接收端,接收信号被定义为 $r(t)$,其会被接收机的天线捕获,并从射频(RF)下变频到合适的中频(IF)处,必要时进行采样或重采样。采样率 f_s 是基本采样速率 $(1/T)$ 的倍数。一旦进入数字域,首要的操作是确定 OFDM 符号的起始样本,该过程称为粗符号同步。粗符号同步的一种通用方法是通过顺序搜索样本,找到符号分隔处的两个样本块(循环前缀)之间的匹配关系。当 $N_{CP} = \Delta/T$ 个样本(超过循环前缀)的第一个块与后面 N_{FFT} 个样本(超过符号结尾)的第二个块相关联时,则认为匹配关系找到。复相关的峰值位置指向 OFDM 符号的开始处,用整数 STO 来做估计,而复杂的相关相位提供了分数 CFO 的粗略估计,因为相位只在 $\pm\pi$ 内测量,可通过相位旋转(将样本乘以 CFO 估计的复杂指数),将估计的分数 CFO 从样本中移除。

由于通过循环前缀匹配初始符号的粗估计可能会受到 ± 50 个样本的影响,因此为了确保 FFT 窗口在循环前缀的安全区域内开始,在到达峰值位置前,刻意在 FFT 窗口通过一定数量样本,对其进行调整。由于循环前缀的循环位移特性,这种调整引入了一个额外的相位,它很容易与分数 STO 一起被吸收到信道模型中。它们最终在信道均衡中被移除,因此数据解调不受影响。值得注意的是,每个滑动 FFT 窗口的初始样本、高级样本的数量,以及分数 STO 一起构成了接收机本地时间内的 TOA 估计(OFDM 符号的起始点)。然而,TOA 估计是粗糙的,并且在无线通信接收机中通常不会随着时间的推移而被跟踪。这也是根据 PNT 的需求,需要改进 TOA 估计和跟踪过程的原因之一。

FFT 应用于滑动窗口内的样本,产生一个 OFDM 符号的频域表示。在分数 CFO 校正之后,频谱(接收的频域信号)仍然可能受到若干个整数 CFO 的频率块(子载波)的影响。由于连续导频移动的偏移量相同,因此可以通过确定导频在频谱的位置来估计整数 CFO。当连续导频指数向上或向下调整幅度等于整数 CFO 时,两个符号之间连续导频的子载波达到最大值。此外,两个连续符号的连续导频之间的相关峰相位可以用来估计残差分数 CFO 和 SCO。而且整数 CFO 很容易通过频谱改变被修正。

在连续符号中有 4 种离散导频插入方式,因此每 4 个符号后每种方式会重复一次。接收符号的特定插入方式可以通过将其离散导频子载波与 4 种插入方式的索引相关联来确定。因此,计算与 4 个可能的插入方式的相关性,产生最大相关值的是当前符号中使用的方式。

一旦找到当前符号的离散导频模式,离散导频以及从当前符号(接收到的)提取的连续导频会被本地副本(传输)缩放,从而提供导频子载波频率下信道频率响应(传输函数)的估计。如图 40.9 所示,离散导频之间的间隔为 12 个子载波。因此,可以应用线性频率插值将估计的频率响应从导频子载波扩展到充分使用的 OFDM 子载波。

此时,通信接收机继续进行信道均衡,它将接收到的所有 OFDM 符号的频率响应与估计的信道频率响应的倒数相加,以获得均衡的符号子载波,在其他必要的步骤中,信息数据位会在解映射、解交互和解码后进行解调。另外,PNT 接收机可以采用合适的方法来获得以下所述测距和定位的 TOA 测量值。

一个开环 TOA 估计方案包括使用逆 FFT(IFFT)去估计所有数据 OFDM 子载波的频率响应,零填充以覆盖保护带,产生信道脉冲响应(CIR)。它描述了多径信号相对于初始滑动窗口的强度和延迟时间。最早到达的(高于一个检测阈值或最强到达的峰值位置可以通过二次或 $sinC$ 函数曲线拟合到样本 C 对于 8 K 模式或 30m,约为 $0.11\mu s$)的分数内进行粗 TOA 估计。

一种更复杂的估计多径模拟参数的方法是对时域的 CIR[9-10,51-52] 应用匹配追踪(MP)算法[50],或者对频域的信道传递函数[54] 应用阶数循环递归最小二乘匹配追踪算法[53],然后利用估计的多径信号参数初始化多个锁频环来跟踪主路信号的延迟,以得到多径解析和细化的 TOA 估计[9-10,51-52,54]。4GLTE 信号[55-56] 和 GNSS 信号也采用了类似的方法[57-59]。

虽然单个 OFDM 符号大多是独立生成和处理的,但在 OFDM 系统框架中,信号流是连续的。因此,随着时间的推移,OFDM 符号的 TOA 可以从一个符号跟踪到另一个符号,这可以基于导频分量或全符号来实现。在基于导频子载波的延迟跟踪中,为改进 TOA 估计(图 40.10的中下部分),接收到的导频子载波与本地生成的早码、即时码和晚码导频相关联。归一化的早-晚(EML)相关功率作为延迟误差鉴别器,可以驱动一个低通环路滤波器,然后,滤波后的延迟误差用于校正接收到的导频分量,以便与本地生成的比较对齐,从而关闭跟踪回路[51-52,54]。

在细化 TOA 估计的决策导向延迟跟踪中(图 40.10 的左下角),接收的完整 OFDM 符号与重构的解调数据(图 40.10 右侧的信号路径)之间存在相关性[60-61]。然而,解码和去交织的延迟可能会降低跟踪性能。对此,一种更简单的方法是对均衡符号(图 40.10 中的信号路径)使用硬数据决策。决策导向延迟跟踪有两个优点:首先,使用相关的整个 OFDM 符号涉及了更多的子载波,特别是高频分量,它们可以使相关峰更加尖锐,同时降低旁瓣;其次,它除了允许频域实现(来自频域 OFDM 符号,虚线),也允许类似于上述基于导频载波的延迟跟踪方法的时域实现。在时域中,除数据位外,在独立于通信接收机的时间样本上操作,可以实现时域和频域的联合跟踪环路。

处理空间中 DVB-T 信号样本的结果如下。一个 OFDM 符号的各种分量的相关函数如图 40.11 所示。图 40.11(a)显示了一个 OFDM 符号的离散导频的相关函数。由于离散导频会在每 12 个子载波插入一次,因此它们的时域波形的周期为 $N_{FFT}/12$,它们的相关函数也是如此。相关峰的细节如图 40.11(b)所示。只要初始 STO 小于符号持续时间的 1/12,那么就不存在确定峰值的模糊性。

如图 40.11(c)所示,当对 4 个连续符号中离散导频的相关函数进行相干求和时,得到的函数的周期为 $N_{FFT}/3$。这是因为求和后的离散导频模式有 3 个载波的间距。相关峰保持相同的形状,但间隔增加了 4 倍。

连续导频载波指数之间的差异如图 40.11(d)所示,其频率表现为重复循环。每个 OFDM 符号连续导频的相关函数如图 40.11(e)所示,其周期与图 40.11(c)相同,但由于其子载波放置不规则产生频谱泄漏,因此互相关水平提高。这也是为什么只有离散导频才可被用于相关跟踪,从而细化 TOA 估计的原因之一。

一个完整的 OFDM 符号与所有子载波的相关函数如图 40.11(f)所示,其中连续和离散导频的振幅因子为4/3,而归一化振幅的数据子载波从 QPSK 星座 $z = (1/\sqrt{2})(\pm 1 \pm j)$ 中随机抽取。由此得到的相关峰与图 40.11(b)相似,但周期峰明显被抑制(低于第四侧线)。如图 40.10 所示,完整的 OFDM 相关性可用于决策定向跟踪和细化的 TOA 估计。

我们在法国的 Marseille[54] 跟踪 DVB-T 信号,并进行了现场测试。将 8K 模式下理想 DVB-T 信号的频谱与采样信号的频谱进行比较,分别如图 40.12(a)的顶部和底部所示。在 8MHz 的有效带宽内,其用于避免带外发射和增强功率的导频子载波的边缘清晰可见。图 40.12(b)显示了 4 个以上的 OFDM 符号保护间隔中,循环前缀与符号有用部分末尾的互相关平均值,其中相关峰值位于第 1564 个样本(顶部图),对应差分相位(底部图)的分数 CFO 估计值为 0.00012rad/s。

循环前缀去除后,将 FFT 应用于有用部分的样本。连续导频模式用于估计两个连续 OFDM 符号上的整数 CFO。而在 CFO 校正后,离散导频模式可以检测到每个 OFDM 符号。图 40.12(c)显示了从 OFDM 符号估计出的 CIR(蓝色曲线),该 CIR 是多径捕获的快照。

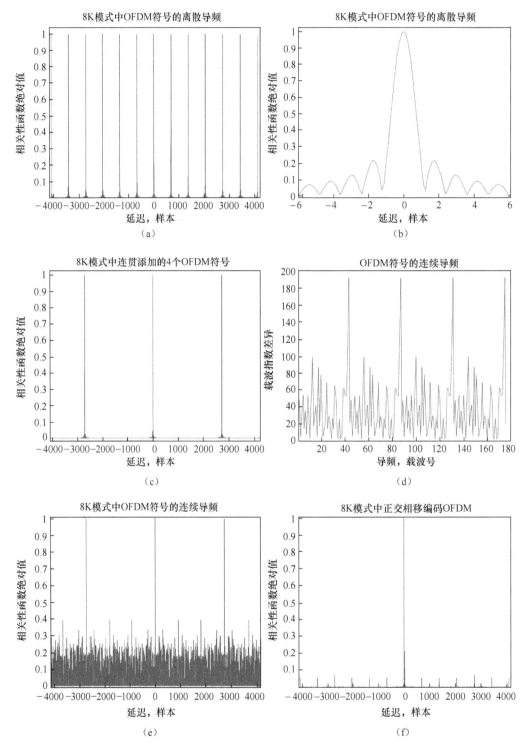

图 40.11　一个 OFDM 符号的各个分量的理想相关函数

(a)离散导频相关性;(b)中心峰值细节;(c)4 个符号上的离散导频;(d)连续导频中的周期性;

(e)连续导频的相关性;(f)正、相移编码中完整 OFDM 符号的相关性。

阈值(黑色虚线)设置为采集区域内总功率的80%,以检测可能的路径(红色圈线)。根据发生的概率,第一个路径会在所有获取的路径中被显示出来。在这种特殊情况下,到达1564.5、1565.5和1566.5的样本路径是3条最常检测的路径,出现概率为1,最早到达的路径是第1564.5个样本。然后使用该路径启动锁相环跟踪,20s的跟踪结果如图40.12(d)所示。可以看出,在0.95m范围内的精度达到95%,估计的信噪比为57.97dB-Hz。

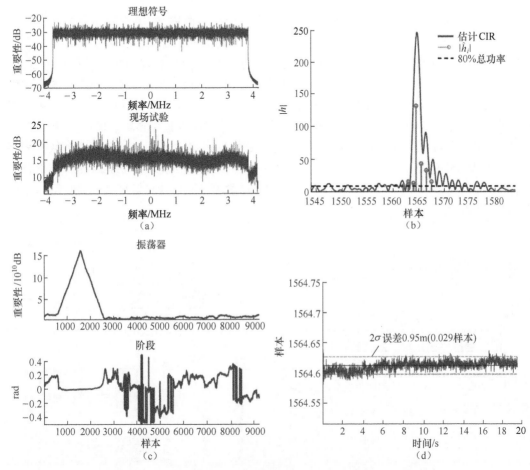

图 40.12 基于导频载波的延迟跟踪改进 TOA 估计的测试结果[54]

(经 IEEE 许可转载。)

(a) DVB-T 信号的理想和实际频谱;(b) 估计的 CIR 和拟合模型;

(c) 基于循环前缀的粗符号定时采集;(d) 静态 TOA 跟踪,C/N_0 = 57.97dB-Hz。

一般来说,OFDM 信号的载波相位不被跟踪至少有两个原因:第一,大多数基带 OFDM 符号的直流分量是一个零子载波,目的是避免接收时受直流偏置的影响;第二,OFDM 符号的产生和传递是独立的。因此,在任何子载波上都不需要保持相位一致性。如前所述,对于通信来说,具有循环前缀的 OFDM 符号的解调可以容忍小的定时误差,并依赖数据子载波的相对相位,这可以很容易地通过导频子载波进行校准。然而,DVB-T 所采用的 OFDM 信号保留了直流分量。此外,整个周期指定的循环前缀持续时间可以由中间载波确定[44]。发生在 DVB-T 信号的中间载波会被分配到一个连续的导频子载波,它在 OFDM 符号上具有一个恒定的值。因此,基带中心频率(直流分量)不存在相位离散,这就产生了载波相位跟踪的机会。与目前分别用于粗和细 TOA 估计的循环前缀和导频子载波的互相关相比,载波相位跟踪有可能提供测距和更精确的定位时间。最近,在实验测试中收集的空间 DVB-T 信号[62]显示了对 DVB-T 信号的载波相位进行跟踪的可能性。

40.2.3　ISDB-T 信号的授时和测距

　　地面综合服务数字广播(ISDB-T)是最早应用于数字电视、数字音频和数据的标准之一,由日本无线电产业和商业协会(ARIB)制定[63]。ISDB-T 也采用了 OFDM,它将一个传输信道中的子载波分成 13 段,这就解释了它的名称:频带分段传输(BST-OFDM)。因此,ISDB-T 支持使用分层传输,其中每层有一个或多个具有自己的传输参数(如不同的内部编码速率、调制方式和时间交织长度等)的段。通过这种方式,高清晰度电视(HDTV)、多通道简单清晰度电视(SDTV)和数据等不同服务可以在一个频率信道中传输。例如,一种 ISDB-T 的实现方式是在 6MHz、7MHz 或 8MHz 的信道带宽上有 13 个频段。对于音频和数据程序的传输过程,ISDB-T$_{SB}$(SB 指声音广播)使用只有 1 个或 3 个频段,而 ISDB-Tpp(陆地移动多媒体)通过在 14.5MHz 的最大频带上连接 13 段(类型 A)和 1 段(类型 B)的块,可以使用多达 33 个频段。

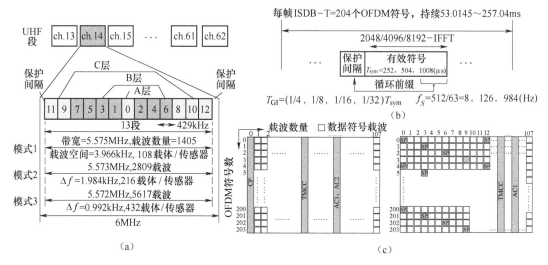

图 40.13　一段配置中 ISDB-T 信道和 OFDM 符号的分层段
(a)分层通道段;(b)一个 ISDB-T 帧内的 OFDM 符号;(c)OFDM 段配置。

　　如图 40.13(a)所示,每个 6MHz 信道有 13 个频段,每个频段占用的带宽为 6MHz/14≈428.6kHz。6MHz 信道有三种工作模式,这 3 种工作模式在载波数量、载波间隔 Δf 以及有效带宽上有所不同。图 40.13(a)中还显示了将频段分配到 A 层(1 段用于头戴式接收机的部分接收)、B 层(7 段用于 SDTV 的移动接收)和 C 层(5 段用于固定的 SDTV 接收)的示例。在通道中的 13 段也可以分配到 A 层(1 段用于头戴式接收机的部分接收)和 B 层(12 段用于 HDTV 的移动和固定接收)。信道中的 13 个频段也可以分配到 A 层(1 段用于头戴式接收机的部分接收)和 B 层(12 段用于 HDTV 的移动和固定接收)。

如图 40.13(b)所示,每帧 ISDB-T 有 204 个 OFDM 符号。对于模式 1~模式 3,每个符号都有一个有效符号部分,持续时间 T_{sym} 分别为 252μs、504μs 和 1008μs,以及一个保护间隔,持续时间 T_{GI} 为 $1/4T_{sym}$、$1/8T_{sym}$、$1/16T_{sym}$ 或 $1/32T_{sym}$。因此,一个符号的持续时间是从最短的 53.0145ms[模式 1 的 1/32 保护间隔(GI)]到最长的 257.04ms(模式 3 的 1/4 GI)。采样速率 f_S 为 512/63MHz 时,模式 1~模式 3 的 FFT/IFFT 大小分别为 2048(2K)、4096(4K)和 8192(8K)。

图 40.13(c)显示了模式 1 中 108 个载波的差分调制(左)和同步调制(右)OFDM 段配置。在差分调制中,连续导频(CP)占据零载波。此外,还有专门用于传输和多路配置控制(TMCC)和辅助通道(AC)的连续载波来传递控制信息。根据文献[63],模式 1 中有 1 个 CP、2 个 AC1、4 个 AC2 和 5 个 TMCC;模式 2 中有 1 个 CP、4 个 AC1、9 个 AC2 和 10 个 TMCC;模式 3 中有 1 个 CP、8 个 AC1、19 个 AC2 和 20 个 TMCC。同样,在同步调制中,在频率方向每 12 个载波插入一个分散导频(SP),在时间方向每 4 个符号插入一个分散导频。此外,在模式 1 中有 2 个 AC1 和 1 个 TMCC,在模式 2 中有 4 个 AC1 和 2 个 TMCC,在模式 3 中有 8 个 AC1 和 4 个 TMCC,它们出现在每个符号中,但在频率方向上是伪随机排列的。

与 DVB-T 一样,CP 和 SP 都是由 PRBS 发生器产生的,每个片段都有唯一的初始条件[63]。在文献[35]中可以找到 ISDB-T 与 ATSC-8VSB 和 DVB-T 的详细比较。从计时和测距的角度来看,40.2.2 节 DVB-T 中描述的循环前缀互相关和基于导频的相关方法以及由导频估计的 CIR 都适用于 ISDB-T。文献[64]公开了一种使用 ISDB-T 信号进行位置定位的系统。

40.2.4 用于定时和测距的 DTMB 信号

与 40.2.2 节中描述的欧洲 DVB-T 信号类似,中国的 DTMB 信号在多载波调制模式下也采用了 OFDM,以对抗频率选择性衰落[65-66]。然而,与 DVB-T 不同的是,DTMB 在 GI 中使用两个连续的 OFDM 符号之间已知 PN 序列,而不是循环前缀。PN 序列除了作为 GI 外,还用于信道估计和时域同步,因此称为时域同步 OFDM(TDS-OFDM)。与 DVB-T 相比,TDS-OFDM 可以提供快速的捕获,并且可能不需要对 OFDM 符号插入离散的和连续的导频,从而提升 10%~15% 的频谱效率。但是,如果 GI 中没有循环前缀,OFDM 符号的循环移位特性就会丢失,需要在接收端进行特殊处理,重建信号的循环特性,保证解调前完全去除 PN 序列[67]。

从测距的角度来看,DTMB 信号的一个明显优势是它的帧结构,它与北京时间完全对齐,一旦知道当前帧数,接收机就可以确定发送时间。如图 40.14(a)所示,DTMB 帧有四层:日历天帧,该帧在每天 00:00:00 时(北京时间)被重置,开始一个新的帧;1min 帧,由 480 个超帧组成;一个超帧,长度为 125ms,8 个超帧占 1s;最后是信号帧,它是 DTMB 帧结构的基本单元。

每个信号帧都有一个帧头和帧体,两者都有相同的每秒 756 万个字符的码速率(Msps)。注意,这里 DTMB 使用的术语"字符"与 ATSC-8VSB 中的字符相似,其持续时间相当于 DVB-T 的基本周期(一个样本)。如图 40.14(b)所示,框架主体固定有 3780 个 500μs 的字符,而帧头有三种模式来支持不同条件下的服务。在模式 1 中,帧头包含 55.56μs(FH420)的 420 个字符,速率为由一个 82 个字符的前置同步序列(循环前缀)、一

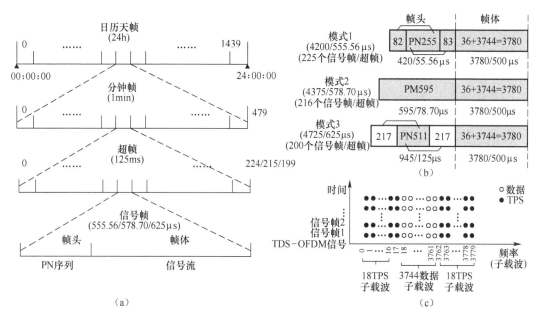

图 40. 14 DTMB 信号的帧结构

(a)DTMB 信号帧结构;(b)信号框架详图;(c)框体时频网络。

个带有 255 个字符的 PN 序列(表示为 PN255)和一个带有 83 个字符的后置同步序列(循环后缀)组成。前后同步序列都是 PN255 的循环扩展,分别称为循环前缀和循环后缀。总体来说,模式 1 的信号帧在 555.56μs 上有 4200 个字符,速率为每超帧 225 个信号帧。PN255 的生成器多项式为 $G_{255} = 1 + x + x^5 + x^8$,每个信号帧具有不同的初始条件(相位),作为信号帧的索引[65]。当信号帧没有索引时,初始条件(索引 0)是 $D_1 D_2 \cdots D_8 = 00001101$。模式 1 中帧报头的平均传输功率是帧体的 2 倍。

在模式 2 中,帧头包含一个超过 78.70μs (FH595) 的单个长为 595 个字符的 PN 序列 (PN595),从而产生一个超过 578.70μs 的 4375 个字符的信号帧,速率为每超帧 216 个信号帧。PN595 取生成器多项式 $G_{1023} = 1 + x^3 + x^{10}$ 指定的 1023 个字符中 m 序列的前 595 个字符,初始条件为 $D_1 D_2 \cdots D_{10} = 0000000001$,在每个信号帧中重置[65]。换句话说,PN595 序列对所有信号帧具有相同的相位。在模式 2 中,帧头和帧体使用相同的平均功率进行传输。

最后,在模式 3 中,帧头有长达 125μs (FH945) 的 945 个字符,它由 217 个字符的前同步序列(循环前缀)、511 个字符的 PN 序列(PNSII)和 217 个字符的后同步序列(循环后缀)组成。同样,PN511 序列作为信号帧的索引,在每个信号帧中的相位不同。作为一个整体,模式 3 的信号帧有长达 625 μs 的 4725 个字符,速率为每超帧 200 个信号帧。PN511 的生成器多项式是 $G_{511} = 1 + x^2 + x^7 + x^8 + x^9$,同样每个信号帧的初始条件不同[65]。当信号帧没有索引时,初始条件(索引 0)是 $D_1 D_2 \cdots D_9 = 111011111$。模式 3 中帧报头的平均传输功率是帧体的 2 倍。

图 40.14(c)时频网格表示长达 500μs 的 3800 个字符的定长帧体,中间部分的 3744 个子载波以 2kHz 的间隔(从索引 18 到 3761)携带 3744 个数据字符,而较低的 18 个子载波(索引 0 到 17)和较高的 18 个子载波(索引 3762 到 3779)用于传递 36 个 TPS 信息字符。

DTMB 信号的测距可以归结为对 DTMB 帧的 TOA 的估计,其中的 TOT 可以从解码后的帧号中得到。TDS-OFDM 帧头中的 PN 码是为了快速同步和精确估计信道而设计的,并以不同的方式用于此目的[68-73]。假设帧头模式(PN 序列)为已知的,则这些方法在大多数情况下都能起到很好的作用。有些方法可以同时在 3 种模式下工作,方法分别是通过构建包含 3 个 PN 码的本地副本[71],通过在循环前缀和后缀对样本的延迟相乘进行部分累加[74],以及通过检测帧头模式和符号[75]。还有一些方法最多利用 3 个连续帧来获取 PN 码,并以对 CFO 和多普勒以及采样频率偏移敏感的方式来估计帧数[76]。

DTV 接收机和 DTV 发射机之间的伪距可以通过 DTMB 帧头的解码传输时间和它们到达接收机的时间来计算,通过将采样信号与本地 PN 序列相关来测量[77]。DTMB 采用的 TDS-OFDM 虽然不包含导频子载波,但采用了如图 40.14(c)所示的带有 36 个子载波的 TPS 来传输星座映射方案、编码速率、交错方式等系统信息。与其他高阶调制方案相比,TPS 是 BPSK 调制的,解调阈值要低得多。与 SP 不同,TDS-OFDM 的 TPS 占用相同的频域位置,帧与帧之间不变。更重要的是,TPS 不会频繁变化,可以在几个小时甚至几天内保持不变。一旦从之前的信号帧中正确检测出来,TPS 就可以认为是后续信号中已知的字符符号,作为连续的导频,而不需要重复检测。的确,PN 序列的时域处理与 TPS(作为导频)的频域处理相结合,为时频联合定位提供了更准确的 TOA 估计[78-79]。

40.2.5 用于授时和测距的下一代 ATSC 3.0 信号

本章最后介绍的数字电视技术 ATSC 3.0 是即将到来的下一代数字电视技术,它在授时、测距和定位应用方面具有巨大的发展潜力。标准候选方案[80-81]于 2015 年公布,最新版本于 2020 年初发布。没有了向后兼容性的限制,ATSC 3.0 在某种意义上可称作"永存的",因为它可以避免未来任何破坏性技术,允许其层或组件温和地发展,同时,ATSC3.0 也致力于成为未来全球数字电视的参考。

对于终端用户来说,ATSC 3.0 将为固定和移动接收提供带有交互性和个性化的更高的音频和视频质量。数字电视将以广播、宽带和提前推送三种传输方式成为互联网的一部分。从某种意义上说,连续的视频音频流被分解成数据文件片段,并伴有播放列表,因此允许基于水印的内容识别,容易插入个人广告。ATSC 3.0 将采用最先进的、实用的位交织编码和调制(BICM)方法,在 6MHz 信道中,链路效率[单位:b/(s·Hz)]随信噪比(SNR)(单位:dB)变化的性能优于 A/53[37]、A/153[41]和 DVB-T[44]。

在 ATSC 3.0 信号传输中,视频和音频以及来自内容提供商和制片方的其他数据以 IP 包的形式到达,然后分三个步骤进行处理。在第一步中,采用前馈误差校正,然后进行位交织并映射到调制星座。在第二步中,在分帧之前应用在时间和频率上的符号交织。在第三步中,加入导频子载波,然后加入 IFFT 将其由频域转换为时域,在时域中加入时间保护(循环前缀和循环后缀),形成 OFDM 符号。最后在有效载荷字符前面加上前导符号和引导符号,形成 ATSC 框架。经过数字模拟转换器(DAC)后,波形经过功率放大后再传输。

ATSC 3.0 帧结构如图 40.15(a)所示。ATSC 3.0 帧的时频结构为 50ms~5s,占用带宽为 4.5~8MHz。它由三部分组成:①如文献[80]所述的位于每帧开始处的引导字符;②紧跟在引导字符之后的同步头,包含适用于帧的其余部分的 L1 控制信号(ISO7 层模型的最底层);③文献[81]中的一个或多个子帧。一个子帧在时间维度上包含整数个的 OFDM 符号

(FFT 大小和 GI 持续时间),并在频率维度上跨越全范围配置载波(离散导频/连续导频模式和有用载波)的全部范围。定义子帧类型的其他属性包括是否启用频率交织以及子帧是单输入单输出(SISO)还是 MIMO。此外,一个帧可以包含多个不同类型的子帧。

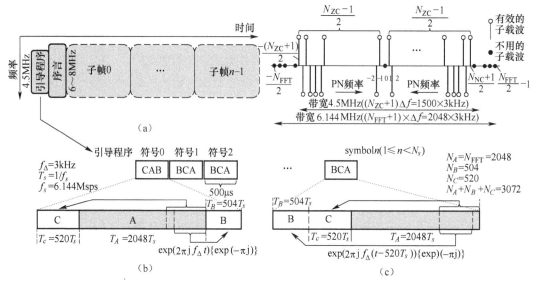

图 40.15 在 ATSC 3.0 帧内的引导程序信号

(a)ATSC 3.0 帧结构;(b)引导程序符号结构;(c)子载波映射。

ATSC3.0 引入了一个新的、独特的功能,称为引导程序,能够为数字传输提供一个通用入口点。引导程序在配置上是固定的(如采样率、信号带宽、子载波间距和时域结构等),并且为所有接收设备所知。与同步头和有效载荷的 6~8MHz 相比,引导信号具有 4.5MHz 的固定带宽。如图 40.15(b)所示,从位于每帧周期开始的同步字符开始,引导信息由一些字符组成,以实现发现信号、粗同步、频率偏移估计和初始信道估计。引导信息的剩余部分包含足够的控制信号(包括有关同步头、系统带宽、采样率、到下一个类似帧的时间以及紧急警报等服务的信息),用于帧的剩余部分的接收和解码。每个引导程序字符有三部分:A、B和 C,由复数时域样本组成。第一部分中 $N_A = N_{FFT} = 2048$,是由频域结构的 IFFT 在适当的循环移位下得到的。$N_B = 504$ 的 B 部分和 $N_c = 520$ 的 C 部分是从 A 部分经过频移取得的采样,频移为 $\pm f_\Delta$,可能相移为 $e^{-j\pi}$。如图 40.15(b)所示,初始字符(引导程序符号 0)具有用于同步的时域结构 CAB,剩余的引导程序字符使用 BCA,直到最后一个字符(引导程序符号 N_s),表示字段终止,此时子载波存在 180°的相位反转。

引导程序字符的 A 部分所使用的值来源于它的频域规范,即由 PN 序列调制的 Zadoff-Chu(ZC)序列,其频域结构如图 40.15(c)所示。ZC 根和 PN 种子分别用来表示引导程序的主要版本和次要版本。ZC 序列的长度为 $N_{ZC} = 1499$,这是导致信道带宽不大于 4.5MHz、子载波间距 $\Delta f = 3$kHz 的最大素数。ZC 序列具有关于 DC 子载波的天然反射对称,在该位置映射的 ZC 序列值被设置为零(DC 子载波为空)。ZC 序列对每个字符都相同。

采用长度为 16 的线性反馈移位寄存器(LFSR)产生长度为 65535 的 PN 序列。序列使用次要版本的种子进行初始化,在引导程序过程中依次对字符进行处理(每个字符使用 749

个种子),只有在新的引导程序过程中才使用重新初始化的种子。如图 40.15(c)所示,分配给 DC 以下子载波的 PN 序列值与 DC 以上子载波的 PN 序列值互为镜像,以保证反射对称,从而保持了乘积序列所需的等幅零自相关(CAZAC)特性。使用引导程序字符,信息可以在通过时域符号序列的时域循环移位时进行传递。作为参考,文献[80-81]给出了使用格雷码映射的相对循环和绝对循环移位的详细信息以及关于同步头和子帧的其他信息。

与其他 OFDM 信号类似,导频信号的位置和幅度来自参考 PN 序列,参考 PN 序列在任何给定字符的每个传输载波上都有,导频信号可以用于同步、信道估计、传输模式识别和相位噪声估计等。在 ATSC 3.0 中使用的导频包括离散导频、连续导频、边缘导频、前导频和子帧边界导频,这些导频可以在增强的功率水平的情况下发射,其发射值对接收机来说是已知的。ATSC 3.0 还规定了一个可选择的发射机识别(TxID)技术,该技术通过射频水印唯一地识别每个发射机,从而实现系统监控和测量、干扰源确定、地理位置和其他应用。例如,TxID 信号可以用来独立测量每个发射机的 CIR,以支持在役系统的调整,包括单个发射机的功率水平和延迟偏移等[80-81]。对于 ATSC-8VSB 信号、DVB-T 信号、ISDB-T 信号和 DTMB 信号,40.2 节提到的 PN 码、循环前缀/后缀、导频子载波和水印信号的定时和测距方法均适用。

40.3　广播信号的伪距测量

如 40.2 节所述,DTV 信号(如 ATSC-8VSB、DVB-T 和 DTMB)的 TOA 测量是相对于接收机的时间轴进行的,由于存在钟差(如偏差和漂移)而与发射机的时间轴不同。无论是字段同步或 OFDM 符号起始位(对接收机不固定),都可以通过固定速率(周期性)或可变速率进行 TOA 测量。除了 TOA,TOT 的测量还需在 TOA 测量中形成伪距。需要注意的是,在 SFN 或异步状态下,当每个发射机保持自己的时钟与 UTC 等标准时间松散耦合时,DTV 发射机可以是同步的。

伪距方程推导过程首先需要建立发射机(TX)时间和接收机(RX)时间之间的关系(图 40.16)。通过 ATSC-8VSB 字段同步段(或 OFDM 符号的有用部分)的第一个上升沿,可实现测距,如图 40.16 中的上箭头所示。

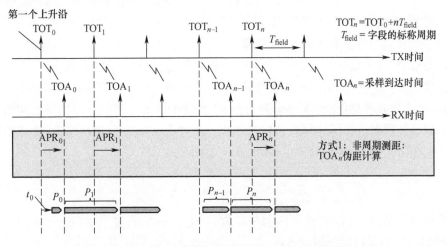

图 40.16　发射机和接收机的时间线与非周期伪距的关系

第一个上升沿的发射时间为 TOT。传输的连续时间为

$$\text{TOT}_n = TOT_{n-1} + T_{\text{field}} = T_0 + n T_{\text{field}} \tag{40.1}$$

式中：$n = 0, 1, 2, \cdots$ 为字段数；T_{field} 为字段的标称周期，对于 ATSC-8VSB 信号，约为 24.2ms（字段速率为 41.32Hz）。

假设接收机的时间采样率为 10MHz。如 40.2.1 节所述，通过确定相关峰值的位置来估计字段同步段第一个上升沿的 TOA。参考接收机的到达时间，通过计算连续相关峰（用 P_n 表示）和相对于第一个样本的第一个峰（用 P_0 表示）之间的样本来估计 TOA。

对于接收机时钟，第一个采样点被设置为零，接收机与发射时间相差偏移量，用 t_0 表示。因此，TOA 与相关峰位置的关系表示为

$$\text{TOA}_n = \sum_{i=0}^{n} P_i + t_0 \tag{40.2}$$

其中，由于每个发射机采用独立时钟，因此 t_0 是不同的。

如果计算每次到达 TOA_n 时的伪距，由于相对运动和噪声引起的 TOA 的随机性，测量结果不在统一的尺度上。因此，它们被称为非周期伪距，由 APR_n 表示：

$$\text{APR}_n = \text{TOA}_n - \text{TOT}_n = \sum_{i=0}^{n} P_i + t_0 - n T_{\text{field}} = \sum_{i=0}^{n} (P_i - T_{\text{field}}) + t_0 \tag{40.3}$$

非周期伪距的测量时间与 TOA 相同。但是，在统一的时间尺度上，周期不固定的伪距不可用。为了将伪距与其他传感器的测量值进行融合，需要对数据进行插值或者外扩操作，或者形成周期性伪距[23]。

除初始时钟偏移 t_0 外，还可能存在时钟频率漂移，导致 T_{field} 和 N_s（每个字段的采样数）偏离标称值。对于静止的发射机和接收机来说，不存在多普勒频移。符号率和采样率的变化是由时钟频率不稳定性引起的，并且在接收机处观察到了组合效应。

对于异步发射机，每个伪距方程至少包含一个与发射机相关的未知量（初始时钟补偿 t_0）。伪距测量对独立解决方案进行瞬时位置固定需要在广播信号（附加服务）上对 TOT 和 LOT 等附加信息进行编码。然而，不同的定位机制可用于处理伪距中的未知量，包括差分测距、相对测距和自校准等。

差分测距包含一个位置已知的参考接收机，该接收机通过数据链路向用户提供同一个目标的 TOT 或 TOA 估计值，用于抵消用户接收机 TOT，从而抵消伪距的空间差异[7,19,20]，相对测距累积从起始位置到发射机的距离发生了变化[25]。只要保持信号跟踪，在无线电航位推算的过程中，可通过伪距到多个发射机的时间差估计从起点的位移[23-24,82]。如果发射机位置已知，且接收机从已知初始位置开始，则可使用自校准方法估计未知 TOT[17]。

例如，考虑用非周期伪距[式(40.3)]进行自校准的情况。我们首先获得已知初始位置的接收机和已知发射机之间的距离，称为 APR_n，并对连续相关峰值 P_n 之间的样本进行计数。由于 t_0 和 T_{field}（标称值）未知，式(40.3)可表示为

$$\text{APR}_n - \sum_{i=0}^{n} P_i = t_0 - n T_{\text{field}} = \begin{bmatrix} 1 & -n \end{bmatrix} \begin{bmatrix} t_0 \\ T_{\text{field}} \end{bmatrix} \tag{40.4}$$

假设接收机是静止的（或者在移动中位置已知）。我们收集了 $\text{APR}_n = \text{APR}$ 和 P_n 的 $N + 1$ 个测量值，并获得以下矩阵方程：

$$z = \begin{bmatrix} \text{ARP} - P_0 \\ \text{ARP} - P_0 - P_1 \\ \vdots \\ \text{ARP} - \sum_{i=0}^{N} P_i \end{bmatrix} = \begin{bmatrix} 1 & -1/N \\ 1 & -2/N \\ \vdots & \vdots \\ 1 & -1 \end{bmatrix} \begin{bmatrix} t_0 \\ NT_{\text{field}} \end{bmatrix} = Hx \qquad (40.5)$$

应用式(40.5)的最小二乘解给出:

$$\hat{x} = (H^{\text{T}}H)^{-1} H^{\text{T}}z \qquad (40.6a)$$

$$\hat{t}_0 = \hat{x}(1) \qquad (40.6b)$$

$$\hat{T}_{\text{field}} = \hat{x}(2)/N \qquad (40.6c)$$

由于时钟频率不稳定,实际现字段周期可能不同于标称周期,因此作为校准过程的一部分进行估计。在式(40.5)和式(40.6c)中,通过测量数量 N 进行缩放, N 取值足够大,可保证数值的稳定性。类似的方程可用于周期性伪距的计算[23]。

ATSC-8VSB[23,29]的两个现场测试示例和DVB-T[9]的一个示例介绍如下。如图40.17所示,ATSC-8VSB信号的测试环境选取了谷歌地图上显示的圣弗朗西斯科湾地区,试验地点位于福斯特市;DTV 发射机分别位于海湾周围的苏特洛塔,圣布鲁诺山,纪念碑峰和阿利森山;一个 CDMA 蜂窝塔位于 SR92,靠近横跨海湾的圣马特奥大桥。第一个 ATSC-8VSB 测试示例表示了快速衰落对移动测距的影响,第二个测试示例则表示了钟差对测距偏差的影响及其校准。

图 40.17　基于谷歌地图的 ATSC-8VSB 信号的测试环境示意图

(1) 移动测试 1:慢衰落和快衰落。严重的瑞利衰落将导致城市环境中的移动用户[42,83]在数据流中出现"下陷"现象,传统编码方案无法轻易纠正该现象。每个数据字段313 段中只有 1 段(约 24ms)包含可用于定时和测距的伪随机(PN)码。这种低占空比(0.3%)要求为移动用户专门设计相关器和码跟踪环路,特别是在发射端和接收端都使用低质量时钟时。虽然受到瑞利衰落的影响,但 PN 码的跟踪对于基于 DTV 测距的影响小于对数字电视观看的影响。在移动用户数字电视信号播放场景,因为 ATSC-8VSB 信号无法连续接收,因此图像质量较差。而在测距应用场景,通过敏捷捕获和再捕获方案在信号完全丢失后可以通过下陷区域平滑进行恢复。

为更好地分析移动衰落及其对软件 DTV 接收机的影响,我们设计了一个移动测试试验。在一辆小型货车的车顶和侧面,放置 7 个磁性天线,连接到数据采集系统的 7 个无线电通道(Chl-Ch7)上。如图 40.18(a)和(b)所示,标记为"1"的小型贴片天线连接到用于 GPS的 Ch1。标有"2"的鞭状天线连接到 Ch2。其余 5 个天线(标记为"3"至"7")为独立天线,分别连接至 Ch3~Ch7。ANT3 位于车辆右侧的中间部分,而 ANT4 水平放置在右后轮上方。ANT5 放置在 ANT4 左侧。ANT7 在车后中间位置。

(a)   (b)

图 40.18　移动衰落研究的测试设置

(a)天线配置(侧视图);(b)天线配置(后视图)。

移动测试时长约 70s,所有频道频率统一为 653MHz。在这次运行中,货车先静止 10s,然后移动 10s。在最后 10s 停止之前,它将重复以前的静止和移动序列。

图 40.19(a)~(g)所示为相关峰值、峰值均值比、码延迟误差、载波相位误差、TOA 误差和伪距,它们分别是 6 个 DTV 天线(从左到右分别为顶部的 ANT2 和 ANT3、中间部分的 ANT4 和 ANT5,以及图 40.19 中每个子图的底部的 ANT6 和 ANT7)的字段数的函数。从中可以清楚地看出,静止时的信号强度比运动时的信号强度变化小,但静止期间的峰值不一定更大。运动过程中会出现波峰和波谷。由静止转换到移动和返回静止时,信号电平可能高或低,具体取决于转换发生的位置。运动过程中信号强度的变化是由衰减引起的。

在 6 个 DTV 天线中,性能排名为 4>3>2>5>6>7。即位于右后轮输出装置上方一侧的水平放置天线构成了其余天线。653MHz 的数字电视台使用水平极化天线,信号来自右侧,与匹配极化的 4 号天线直视。

(2)移动测试 2:钟差和校准。6 个无线电频道分配给 6 个数字电视台进行同步数据采集,它们分别是位于圣布鲁诺山的 Chi@ 551MHz(数据未显示)和 Ch2@ 635MHz,位于苏特洛塔的 Ch3@ 563MHz 和 Ch4@ 617MHz,位于纪念碑的 Ch5@ 605MHz,以及位于阿利森山的Ch6@ 683MHz。其还包括一个磁吸固定在小型货车车顶的被动式 UHF 鞭状天线,用来驱动 6 个无线电频道进行数据采集。在测试过程中,货车静止约 40s,后 50s 内以约 20mi/h 的速度行驶。

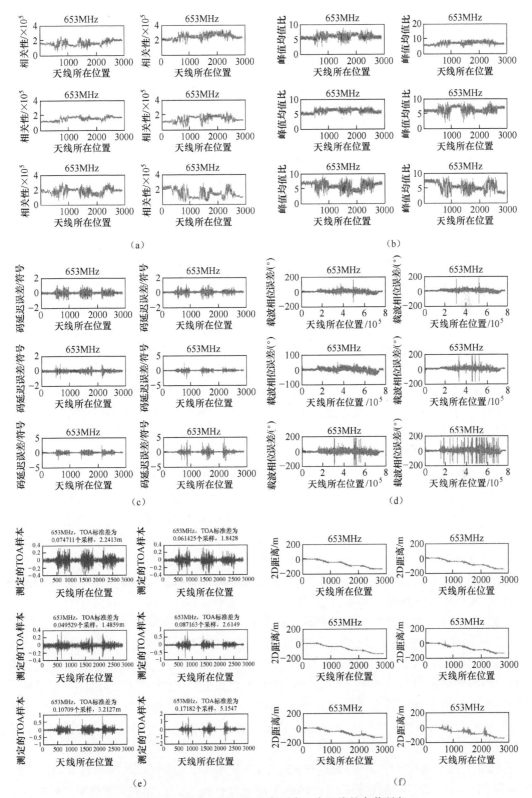

图 40.19　停止-移动-停止序列中6个天线的衰落研究

(a)相关峰值;(b)峰值均值比;(c)码延迟误差;(d)载波相位误差;(e)TOA误差;(f)伪距。

如图 14.20(a)~(e)所示,在字段编号 2000 之前,小型货车处于静止状态。参考距离保持不变。除了一些小振荡外,校准距离非常接近参考值,这表明校准算法能够测量接收机和数字电视台时钟之间的偏移。

圣布鲁诺山和苏特洛塔的发射机在圣弗朗西斯科北部,而纪念碑峰和阿利森山的发射机在弗里蒙特南部。由于货车从北向南行驶,预计到北部站的伪距将增大[图 14.20(a)和(b)],而到南部站的伪距将减小[图 40.20(c)]。对于图 14.20(d)和(e)中显示出较大变化的两个站点,上述现象并不明显。

在图 40.20(d)中,线性校准后的伪距呈抛物线状,这意味着由于加速度存在,伪距率不是恒定的。如图 40.20(f)所示,测量 Ch2 两个连续 TOA 之间的差值可提供字段长。理想情况下,标称字段长度为 241971.9818 个样本。然而,从图 40.20(f)的伪距测量中可以看出,Ch2 的字段长不仅不同于标称值(频率偏差,意味着时钟漂移),而且为时变的。把图 40.20(f)中的红色曲线与数据拟合,再从原始数据中去除该斜率,得到图 40.20(g)所示的二阶校准伪距,该伪距现在不再有可见漂移。由于当小型货车从北向南行驶时,该车站位于北部,因此在字段编号 2000 后,距离会有所增加。

图 40.20(e)是伪距振荡的示例[图 40.20(a)和(b)中也观察到较小的振荡]。在字段号 2000 之前,大约有两个周期呈上升趋势,振幅也在增加。虽然多项式可以很好地拟合测量值,但它不能外推行到拟合区间之外,也就是说,它不能预测剩余的数据。将恒定振幅正弦波拟合到前 1940 个数据点,由于省略了线性增加的振幅,因此这与第一个周期不匹配,但与第二个周期更好地拟合。如图 40.20(h)所示,将其从数据中删除将导致校准伪距可知,蓝色曲线为原始曲线,绿色曲线为校准曲线,经非线性校准后,平稳周期内的误差在 20m 以内。考虑振幅的变化,可实现更好的拟合。由于 Ch6 位于南部,微型货车从北向南移动,因此在向发射机移动时距离变短。

少量 DTV 发射机在发射机时钟质量上有着巨大差异。观察到的钟差包括时钟定时偏差、时钟频率漂移、时钟漂移的缓慢变化(异常)、时钟漂移的快速变化(振荡),以及组合误差。在 GSM 信号中也观察到振荡钟差,并归因于本地间歇性时钟调整[31]。高阶校准可用于估计二次和正弦钟差分量[27]。图 40.20(i)显示了从 159 个 ATSC 通道调查中产生的时钟漂移率直方图[84]。它显示的平均时钟漂移率为 -0.8×10^{-6},标准偏差为 3.6×10^{-6}。最坏的情况分别为 -17.8×10^{-6} 和 23.9×10^{-6}。此外,结果显示在 Ch2 和 Ch6 上产生信号的发射机时钟表现出相对较高的漂移率,不适用于 PNT 应用。

(3)移动测试 3:延迟扩展和非视距。我们在法国图卢兹的郊区和城市环境中进行了40.2.2 节所述的 DVB-T 信号运行算法测试[9]。在城市环境,一个 DTV 发射机与 GPS 时间(±30ns)精确同步,在 8K 模式(8MHz 带宽)下以 762.16667MHz 的频率运行,循环前缀比为1/8,数据符号调制为 64-QAM。在测试中,DTV 接收机使用 GPS 时间作为参考,测量的伪距钟差很小。由于 DTV 发射机未与 GPS 时间锁相,因此在推导绝对伪距测量值之前,需要确定发射机时间与 GPS 时间之间的相位。根据经验,我们通过在开放位置直接瞄准发射机进行延迟测量[9]。

测试中,两个电视天线(间隔1m)安装在车顶,如图 40.21(a)所示,车辆在 0~10s、70~110s 和 285~300s 的三个固定段以 0~50km/h 的速度行驶 5min。相关函数绝对值随时间的演变如图 40.21(b)所示,其中横轴是时间,纵轴是延迟,相关强度是彩色编码的,深红色代

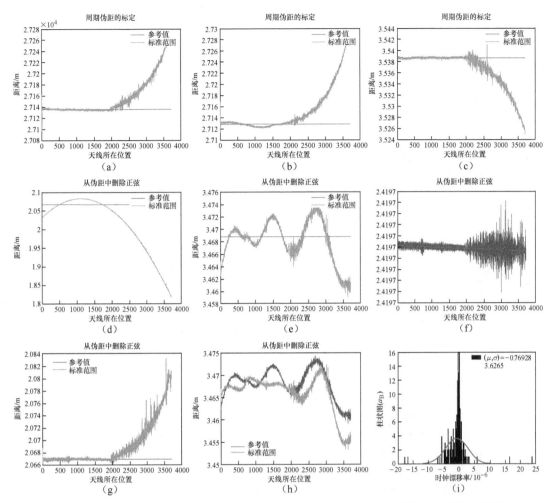

图 40.20　范围校准和钟差估计(图(i)参考文献[84])。资料来源:经斯坦福大学许可转载。

(a)Ch3 在 563MHz 的线性校准;(b)Ch4 在 617MHz 的线性校准;(c)Ch5 在 605MHz 的线性校准;

(d)Ch2 在 635MHz 的线性校准;(e)Ch6 在 683MHz 的线性校准;(f)Ch2 在 635MHz 的字段长度漂移;

(g)Ch2 的二阶校准;(h)Ch6 在 683MHz 的多项式拟合;(i)DTV 传输钟差柱状图

表最强的回传(0dB),深蓝色代表最弱的回传(−30dB)。此外,相关峰值被展宽,这表明存在多径信号,其中一些信号具有更长的延迟。在短的水平段,具有弱回波(由于停止时间为70~110s),其中直接信号可能被阻断或衰减到与多径相似的水平。

如图 40.21(c)所示,根据两个天线接收的 DVB-T 信号(天线 1 为蓝色,天线 2 为红色)估计的伪距与根据基于 GPS 的车辆位置(实时运动学或 RTK)和已知发射机位置计算的参考伪距相比较。伪距误差大部分为正(伪距等于真值),这是非视距误差的重要指标。天线 1 的蓝色曲线比天线 2 具有更大的偏置和尖峰,特别是在静态期间(大约 100s 和结束时)。即使位置接近(相隔 1m),误差也显著不同(高达 150m),标志着该多径误差与位置相关。

在图 40.21(d)表中,列出天线 1 的均值和标准偏差分别为 35m 和 25m,天线 2 的均值和标准偏差分别为 30m 和 20m。先进的测量处理可消除非视距影响[9],平均偏差和标准偏差分别为 4m 和 10m,精度显著提高。

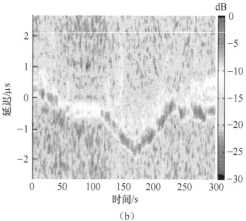

（a）

（b）

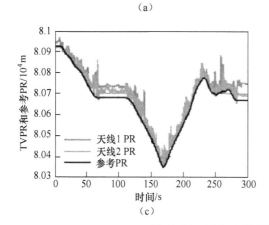

（c）

项目	天线1	天线2	剔除NLOS高级处理
平均值/m	35	25	4
标准差/m	25	20	10

（d）

图 40.21　DVB-T 信号测距的现场测试结果[8]

（经 Inside GNSS 媒体公司许可复制。）

（a）跑车测试轨迹；（b）相关函数绝对值随时间的演变；（c）伪距估计；（d）伪距估计误差。

40.4　实际问题和解决方案

　　以 ATSC-8VSB 信号为例，40.4.1 节首先分析了发射机-接收机几何结构对定位精度的影响，以突出对混合机会信号的需求；40.4.2 节介绍了使用混合机会信号进行无线电航位推算的移动测试结果；作为未来研究的一部分，40.4.3 节讨论了一些实际问题。

40.4.1　几何结构对定位精度的影响分析

　　基于距离的定位精度一方面由测距误差决定，另一方面由测距几何决定。二维环境下，圆概率误差（CEP）由式(40.7)给出：

$$\mathrm{CEP} \approx 0.75\sigma\mathrm{GDOP} \tag{40.7}$$

式中：σ 为测距误差的标准差；GDOP 为几何精度因子。

　　测距误差 σ 由 SNR、信号带宽、信号结构和多径等决定，可以通过良好天线、具有低噪声系数（NF）的射频前端设计，以及先进的基带信号处理算法来减小。对于 ATSC-8VSB 信号,测距是基于同步端中的 PN 码。如图 40.2 所示,码片速率为 10.76Mcps,码片每 24.2ms 重复一次。如果测距精度为码片的 10%,则预期精度约为3m;现场测试显示标准偏差为 3~ 12m,具体取决于测试环境和接收机移动性。对于 DVB-T 信号,改进的 TOA 估计基于与 SP 的相关性。在如图 40.9 所示的 8K 模式(信道带宽为 8MHz)下,测距有效带宽约为 3.8MHz,同样,在 10%周期的测距精度下,预期精度约为8m;如图 40.21(d)所示,现场测试 的标准偏差也确实达到了这个水平。

式(40.7)中的 GDOP 值由独立机会信号的数量以及它们相对于接收机的分布决定。 尽管接收机无法控制机会信号发射机的数量和几何分布,但它可以采取主动方法[85]通过 移动、使用高级处理算法以及与其他传感器和数字数据库的数据融合来改进 GDOP 以提高 整体性能。对于图 40.17 中描述的特定测试环境,表 40.1 中列出了任意选择的本地水平北 向坐标系中固定发射机的坐标。其中,三维解算的 GDOP 值相当大,为 67.74。HDOP 值约 为 4.25,这是可接受的,但 VDOP 值为 67.61,这对于大多数应用来说是不可接受的。另外, 二维解算的 HDOP 值为 1.61,而相比之下最好的二维解算的 HDOP 值为 1.41。因此,由于 发射机高度有限,二维解算最适合使用机会信号进行定位。对于二维解算,x 分量(东西方 向)为 0.95,y 分量(南北方向)为 1.29,比例为 1.36。这些 DOP 分量与从测试站点延伸到 DTV 发射机的 LOS 矢量以及由此产生的估计误差椭圆一致。事实上,估计误差椭圆的小特 征矢量沿着苏特洛塔和圣布鲁诺山上的发射机连接到阿利森山和纪念碑峰的基线,而大特 征矢量则垂直于该基线。大小特征值的比为 3.7:1。

表 40.1 最右侧一列展示了从位于福斯特城测试站点的接收机到 DTV 发射机的仰角, 约为 1°(0.8°~1.1°)。三维斜距和二维底距之间的差异如图 40.22(a)所示。此外,表 40.1 列出了 551MHz、635MHz、563MHz、617MHz、605MHz 和 683MHz 的 6 个站的距离差异,距离 差从 2.6m 到 5.6m 不等。给定发射机位置,可以用迭代方式将三维斜距补偿到底距(DR), 从而用于二维定位。

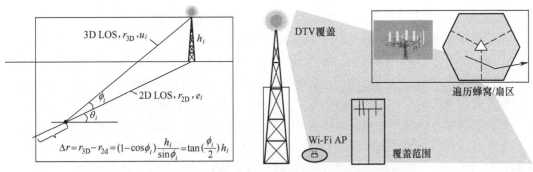

图 40.22 估计误差与接收机复杂度的几何形状和覆盖范围

(a)二维几何中的斜距补偿;(b)多个覆盖范围内接收机遍历。

表 40.1 从(0,0,0)接收机到 DTV 发射机的几何结构

DTV 站	底距(2D)/m	斜距(3D)/m	差值/m	高程/DR 率	海拔/(°)
551	20648.24	20652.12	3.87	0.0194	1.1098
635	20669.40	20673.57	4.17	0.0201	1.1502

DTV 站	底距(2D)/m	斜距(3D)/m	差值/m	高程/DR 率	海拔/(°)
563	27135.41	27137.98	2.56	0.0137	0.7875
617	27128.47	27132.79	4.32	0.0178	1.0221
605	35387.07	35391.70	4.62	0.0162	0.9261
683	34687.47	34692.08	5.61	0.0180	1.0306

除了对导航误差的影响之外,几何形状和覆盖范围也会影响接收机的设计(或架构)。与其他类型的机会信号(如蜂窝电话和 Wi-Fi 信号)相比,DTV 信号传输功率强、覆盖范围大,如图 40.22(b)所示。DTV 接收机可以简单地调谐到一个电台,在漫游时在大范围内捕获电台,保持对该电台的跟踪。相比之下,蜂窝信号更弱,覆盖范围更小。特别是,仅做一个简单的翻转,接收机就可遍历来自同一个蜂窝塔上的多个扇区的所有信号。对于被动收听者(没有来自蜂窝网络的提前通知),接收者需要通过快速捕获不断搜索新信号,并在切换前具有较短的信号跟踪跨度。这种敏捷性的要求,增加了接收机的复杂性。尽管如此,一个或多个本地信号塔的存在仍可以显著改善几何形状,以实现整体导航解算的准确定位和可用性。

40.4.2　混合机会信号的无线电航位推算

无线电接收机可以相对容易地测量各种机会信号的到达时间(TOA),例如 40.2 节中描述的 DTV 信号、AF/FM 信号[86-89]及蜂窝信号[46,90]。但它需要一种确定传输时间(TOT)的方法来生成距离测量值。一旦已知位置的信号源的距离可用,就可以确定接收机的位置。在 40.3 节中,我们描述了一种校准方法,该方法使用初始位置信息(对于许多导航系统而言是先验已知的,或者来自辅助源(因此是合作的))来确定 TOT 和时钟漂移。只要信号源和接收机的工作不中断,一次校准就对后续的相对定位一直有效。该方法的辅助源可以是数字地图、已知道路交叉口的视觉确定或协作导航器(远程或共同定位)。

代替绝对位置 (x,y),接收机可以计算其相对于参考点 (x_0,y_0) 的位置,分别为 $\Delta x = x - x_0$ 和 $\Delta y = y - y_0$,可以理解为位移矢量 $(\Delta x, \Delta y)$。将连续位移添加到初始位置会产生一个连续的导航结果[91],从而进行无线电航位推算。就像独立的惯性导航结果一样,无线电航位推算结果的精度并不比初始条件好。然而,与惯性导航结果不同,惯性导航结果的误差会随着加速度计偏差和陀螺仪漂移的时间积分而不断增加,无线电航位推算结果的误差可能会因直接位移估计而保持有界。用 (x^k, y^k) 表示第 k 个发射机的位置,用 TOT^k 表示该发射机的未知 TOT。参考点和后续时间的 TOA 测量值分别由 TOA_0^k(具有 TOT_0^k)和 TOA^k(具有 TOT^k)表示,由下式表示:

$$\mathrm{TOA}_0^k = \frac{1}{c}\sqrt{(x_0 - x^k)^2 + (y_0 - y^k)^2} + \mathrm{TOT}_0^k + w_0^k \qquad (40.8a)$$

$$\mathrm{TOA}^k = \frac{1}{c}\sqrt{(\Delta x + x_0 - x^k)^2 + (\Delta y + y_0 - y^k)^2} + \mathrm{TOT}^k + w^k \qquad (40.8b)$$

式中:c 代表光速;w_0^k 和 w^k 为假设为零均值高斯分布的不相关测量误差,方差分别为 (σ_0^K) 和 $(\sigma^K)^2$。如 40.4.3 节中进一步讨论的,当存在非视距传播(NLOS)信号时此假设无效。

类似于式(40.1)，我们有 $\mathrm{TOT}^k = nT_{\mathrm{field}} + \mathrm{TOT}_0^k + c\Delta t$，最后一项考虑了发射机和接收机之间的未知时钟偏差并进行估计。考虑式(40.8a)和式(40.8b)之间的差异，给出：

$$\Delta r^k = c(\mathrm{TOA}^k - \mathrm{TOA}_0^k - nT_{\mathrm{field}})$$

$$= \sqrt{(\Delta x + x_0 - x^k)^2 + (\Delta y + y_0 - y^k)^2} - \sqrt{(x_0 - x^k)^2 + (y_0 - y^k)^2} + c\Delta t + \Delta w^k \tag{40.8c}$$

式中：$\Delta w^k = w^k - \Delta w_0^k$ 为组合测量误差，是一个均值为零方差为 $(\sigma_0^k)^2 + (\sigma_t^k)^2$ 的高斯函数。

式(40.8c)通过单差消除了 TOT_0^k，但需要估计 Δt。该式可以在 (x_0, y_0) 附近进一步线性化为

$$\Delta r^k = \left[\frac{x_0 - x^k}{r_0^k} \quad \frac{y_0 - y^k}{r_0^k} \right] \begin{bmatrix} \Delta x \\ \Delta y \end{bmatrix} + c\Delta t + \Delta w^k \tag{40.9a}$$

$$\Delta r^k = \left[\frac{x_0 - x^k}{r_0^k} \quad \frac{y_0 - y^k}{r_0^k} \quad c \right] \begin{bmatrix} \Delta x \\ \Delta y \\ \Delta t \end{bmatrix} + \Delta w^k \tag{40.9b}$$

其中

$$r_0^k = \sqrt{(x_0 - x^k)^2 + (y_0 - y^k)^2} \tag{40.9c}$$

使用式(40.9b)，通过至少3个不在同一地点的发射机，可以通过迭代最小二乘法获得 $(\Delta x, \Delta y, \Delta t)$ 的瞬时解。使用位移和时钟状态的运动学模型，可以通过文献[23]中公式化的扩展卡尔曼滤波器获得 $(\Delta x, \Delta y, \Delta t)$ 的顺序解。换句话说，从相对范围，我们可以推导出位移矢量作为相对定位的一种形式。对发射机进行时差测量以消除未知传输时间的概念，类似于对 GNSS 载波相位时差进行测量以消除模糊度。它已应用于 GNSS 定位[92] 和 GNSS–INS 组合定位[28,93]。

在上述公式中，使用了恒定的标称周期 T_{field}。然而，实际的无线电发射机存在一定的频率误差。图 40.20(f) 中的实验数据展示了时钟漂移。虽然省略了短数据集，但可以在时差式(40.8c)中通过引入每个发射机的慢变漂移项来解释频率误差，然后进行联合估计。

在通过已知位置进行航位推算的当前设置中，初始静止 TOA 测量值可以累积为"确定性"参考。在固定时间点相对于此类参考的时间差[如式(40.8)]类似于对所有后续测量应用校准良好的偏差，然后可以将其视为近似"不相关"。这个初始测量误差，如果没有校准到一个微不足道的水平，将会使后续的时差测量与时间相关。因为它是常数，尽管它是随机的，但它仍可以被视为一个未知的偏差，并被建模为定位卡尔曼滤波器。

严格来说，无论参数校准得多么好，后续的测量都可以通过剩余校准误差进行时间相关。此外，时差也可以连续应用于连续测量，即在 $t+1$ 和 t 之间，而不是在式(40.8)所示的 t 和 $t_0 = 0$ 之间。时间($t+1$ 和 t)和(t 和 $t-1$)之间的连续时差通过公共历元 t 相关联。标准卡尔曼滤波器不能应用于连续的时差测量，因为这些测量是相关的。在文献[92]中，使用固定滞后平滑器时，将先前位置作为额外状态引入。对于滤波器中的当前位置和先前位置，位置差异可以通过在当前和先前时期测量的载波相位的时差直接观察到[92]。在处理相位和/或距离测量的连续时差时，类似的公式可用于机会信号。

在图 40.17 所示的现场测试环境中，一个具有 7 个同步通道的无线电接收机与数据记

录系统一起安装在小型货车中,该系统由电池供电。一个通道分配给 GPS L1 信号,作为参考;一个信道位于 PCS 频段连接到 CDMA 蜂窝塔;其他频道分别对应于 5 个 DTV 电台。南边的 Monument 峰上放置 1 个 DTV 电台(605MHz),北边的苏特洛塔上有 4 个 DTV 电台(563MHz、617MHz、623MHz、647MHz),而且还有 1 个 CDMA 蜂窝塔(1933.75MHz)在北边。由于我们是从南向北行驶,所以到纪念碑峰的 DTV 的距离在增加,而到北边其他六个源的距离在减少。

图 40.23(a)显示了 DTV 和 CDMA 源的相对范围。车辆在前 40s 内保持静止,在 50s 内以 15mi/h 的平均速度移动约 300m。如图 40.23(b)所示,DTV 信道的初始瞬变在 0.5s 后稳定,CDMA 信道在 3s 后稳定。除了 617MHz 的 DTV 频道表现出很大的变化(-5~10m)外,其他频道都很小(±2m)。实际上,静止期的标准差分别为 0.78m、0.88m、1.67m、4.13m、1.15m 和 1.49m。图 40.23(c)显示了运动过程中的相对距离。由于快衰落,运动中的距离测量比静止时的噪声更大(约大 4 倍)。如上所述,纪念碑峰(南部)上 605MHz 处的 DTV 频道范围与其他范围(北部)相反,最大峰值变化为 70m,但大部分为 20m。647MHz 处的 DTV 频道在移动和接近结束后显示 120m 的急剧变化。苏特洛塔上的其他 3 个 DTV 频道也表现出类似的行为。距离的最大间隔约为 50m,这与根据其坐标计算的距离一致。值得注意的是,CDMA 距离也与 DTV 范围非常吻合。

在接下来的处理中,由于偏差较大,我们排除了 647MHz 的 DTV 频道。图 40.23(d)显示了基于图 40.23(a)中显示的原始相对距离测量值、卡尔曼滤波器(KF)估计值(红色)和 GPS 解法(蓝色)的最小二乘(LS)解法(绿色)。如 40.4.1 节所述,由于几何形状不佳,预计在横向方向上会出现较大误差。

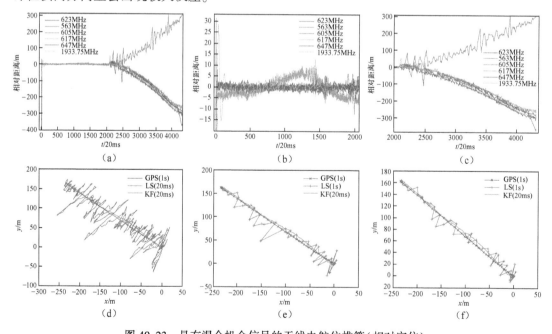

图 40.23　具有混合机会信号的无线电航位推算(相对定位)
(a)DTV 和 CDMA 源的相对距离;(b)静态下的相对距离;(c)运动中的相对距离;(d)原始数据的混合解算;
(e)平滑后的混合解算;(f)消除大偏差后的混合解算。

图 40.23(e)显示了以 1s 的等效间隔进行平均后的最小二乘解(绿色),与 1Hz 的 GPS 解兼容。轨迹中间的大偏差可能是由 DTV 频道在 605MHz 处的距离测量引起的。在对相对距离预测应用阈值测试(±15m)以去除测量异常值后,图 40.23(e)中出现的大偏差消除,产生的轨迹如图 40.23(f)所示。沿轨迹平均,单独机会信号解决方案与单独 GPS 解决方案的平均误差为 1.68m,标准偏差为 3.78m,最大误差约为 12m。

40.4.3　走向实用的稳健操作

众所周知,城市环境中的无线电传播会有两种类型的衰落[42, 83]:①大规模衰落,它依赖于距离(这种距离依赖是前面提到的基于 RSS 定位背后的主要思想);②小规模衰落,这种衰落发生在短距离(几个波长)和短时间(s)内。在小规模衰落中,接收信号会发生快速变化,主要是由具有建设性和破坏性相加的多径信号引起的。它会导致信号在时间、频率和到达角上出现色散,分别称为延迟扩展、多普勒扩展和角扩展。正是这种小规模衰落严重阻碍了机会信号的移动跟踪,如蜂窝和 DTV 信号。因此,需要一种灵活的无线电接收机来实施快速捕获和重新捕获方案,以通过深度衰落的"漏洞",在完全信号丢失后具有瞬时恢复、与接收机经历的可变延迟相称的相关接收器结构,以及跟踪环路参数优化以平衡动态跟踪与噪声性能要求。

在城市环境中,直接信号可能会被阻塞或严重衰减,而强大的多径分量却无处不在。在有限数量的早相关值和晚相关值中提取峰值的传统策略,尽管对于解调数据位的通信目的仍然有效,但视距时序容易出错,这可能会导致距离测量出现偏差,甚至更糟。如 40.2.2 节[51-52]中所述,对整个 CIR 进行整体处理更有希望处理多径和 NLOS 信号[27, 94-95]。异常值可以用稳健的估计方法处理[96-98]。

混合机会信号能够在相当差的几何结构中提供独立的解算,如示例所示。它可以进一步与其他传感器集成,并用于协助 GNSS 进行更稳健的操作。GNSS 和机会信号的帮助是相互的。所有的任务都从一个已知的初始条件开始,就像惯性导航系统一样,在起点处初始化位置、速度和姿态。当 GNSS 可用时,其解算可以帮助机会信号确定发射机的位置(类似于测绘和情报收集)并校准时间偏移和漂移率。作为综合导航系统的一部分,基于 GNSS 的解算可以放宽对独立机会信号数量及其几何分布的严格要求。混合解算的连续性和可用性可以基于具有合理良好几何结构和信号质量的一个到两个 GNSS 信号、一个到两个 DTV 信号和/或一个到两个蜂窝信号来确保。当 GNSS 由于阻塞或干扰而无法使用时,混合机会信号可以增强 GNSS 以进行室内定位[18-19],并对 GNSS 进行补充以维持对集成惯性解算的帮助[27-28]。当 GNSS 受到挑战时,即使在其他非 GNSS 传感器的帮助下,内部时钟也会开始漂移。为了保持稳定的定时源并实现快速重新捕获,可以使用机会信号[8, 99]执行时间传输,特别是频率传输。早期研究表明,当 GNSS 再次可用时,DTV 信号和 CDMA 信号可以实现快速重新捕获。

机会信号还可以用于防欺骗的信息保障蜂窝网络与 GPS 是同步的。由于欺骗仅具有局部效应,分布广泛的信元塔和 DTV 发射机及其 GPS 授时源不太可能同时受到欺骗攻击的影响。因此,从机会信号导出的时间和频率信息可用作独立来源,以便针对欺骗采取对策。

对于公共广播电台,可以从监管机构的数据库中找到有关传输特性和发射机位置的信息。但是,有必要确定公众可能不知道的私人电台和商业无线电台以及 IV 广播发射机的位置,从而用作 PNT 的参考。发射无线电源的同时定位和映射(SLAMERS)[16]等方法对于解决这个问题很有价值。然而,从 PNT 的角度来看,最理想的方法是广播源以类似无线电信标的方式将其发射机位置,特别是时差参数编码到数据流中[100]。发射机位置和时钟数据的传输以间歇性开销为代价,为主要的广播业务提供了附加的 PNT 服务。作为广播、通信和互联网加速融合的一部分,它为蓬勃发展的 LBS 市场提供了无处不在的定位,以及室内外定位的无缝过渡。

参考文献

[1] Federal Communications Commission (FCC), Guidelines for Testing and Verifying the Accuracy of Wireless E911 Location System, OET Bulletin No. 71, 2000.

[2] Kolodziej K. W. and Hjelm J., *Local Positioning Systems-LBS Applications and Services*, CRC Press, Boca Raton, FL, 2006.

[3] Lombardt M. A., *NIST Time and Frequency Services*, NIST Special Pub. No. 432, January 2002.

[4] Connelly W., "TELENAV: A precision navigation system based upon television signal reception," *Navigation:The Journal of the Institute of Navigation*, Vol. 33, No. 2, 109-122, Summer 1986.

[5] Betz J. W., "Chapter 2: Fundamentals of Satellite-Based Navigation and Timing," in *Position, Navigation, and Timing Technologies in the 21st Century: Integrated Satellite Navigation, Sensor Systems, and Civil Applications*, Y. T. J. Morton, F. van Diggelen, J. J. Spilker, Jr., and B. W. Parkinson (Eds.), Wiley, 2020.

[6] Wu Y., Hirakawa S., Reimers U. H., and Whitaker J., "Overview of digital television development worldwide," *Proceedings of the IEEE*, Vol. 94, No. 1, 8-21, January 2006.

[7] Rabinowitz M. and Spilker J. J., Jr., "A new positioning system using television synchronization signals," *IEEE Transactions on Broadcasting*, 51(1), 51-61, March 2005.

[8] Boehm D., White J., Mitchell S., and Powers E., "Clock comparison using digital television signals," 41 st *Annual Precise Time and Time Interval (PTTI) Meeting*, 319-326.

[9] Serant D., Julien O., Ries L., Thevenon P., and Dervin M., "The digital TV case-positioning with signals of opportunity based on OFDM modulation," *Inside GNSS*, November/December 2011, 54-62.

[10] Thevenon P., S. Damien, O. Julien, C. Macabiau, M. Bousquet, L. Ries, Lionel, and S. Corazza, "Positioning using mobile TV based on the DVB-SH standard," *ION Journal: Navigation*, Vol. 58, No. 2, 71-90, Summer 2011.

[11] Yang C., T. Nguyen, D. Qiu, M. Quigley, J. Casper, and B. Wilson, "Mobile positioning with DTV signals (ATSC 8 VSB and M/H Standards)," *ION GNSS*, Nashville, Tennessee, September 2012.

[12] Young T., "TVGPS, A hybrid location and timing solution for GPS-challenged and GPS-denied environments," *Proceedings of the ION-JSFE JNC*, June 2009, Orlando, FL.

[13] Yang C. and A. Soloviev, "Covariance analysis of spatial and temporal effects of collaborative navigation," *Navigation: Journal of the Institute of Navigation*, Vol. 61, No. 3, 213-225, Fall 2014.

[14] Yang C. and Soloviev A., "Distributed estimation schemes for vehicular collaborative navigation," *ION GNSS+2014*, September 2014.

[15] Mirowski P., Ho T. K., Yi S., and M. MacDonald, "SignalSLAM: Simultaneous localization and mapping with mixed Wi-Fi, Bluetooth, LTE and magnetic signals," *International Conference on Indoor Positioning and Indoor Navigation (IPIN)*, 2013.

［16］Yang C. and Soloviev A. , "Simultaneous localization and mapping of emitting radio sources-SLAMERS," *ION GNSS*+2015, September 2015.

［17］Yang C. and Nguyen T. , "Self-calibrating position location using signals of opportunities," *ION GNSS'* 2009, Savannah, Georgia, September 2009.

［18］Rabinowitz M. and Spilker J. J. , Jr. , "Augmenting GPS with television signals for reliable indoor positioning," *ION Journal: Navigation*, Vol. 51, No. 4, 269 – 282, Winter 2004.

［19］Martone M. and Matzler J. , "Prime time positioning using broadcast TV signals to fill in GPS acquisition gap," *GPS World*, 52–60, September 2005.

［20］Carter K. , Ramlall R. , M. Tummala, and J. McEachen, "Bandwidth efficient ATSC TDOA positioning in GPS-denied environments," *Proceedings of ION-ITM*, January 2012.

［21］Yang C. , Nguyen T. , Venable D. , M. White, and R. Siegel, "Cooperative position location with signals of opportunity," *Proceedings of IEEE NAECON*, July 2009.

［22］Soloviev A. and Yang C. , "Cooperative exploitation for indoor geolocation," *ION GNSS*+ 2013, 16–20 September 2013, Nashville, TN.

［23］Yang C. and Nguyen T. , "Tracking and relative positioning with mixed signals of opportunity," *Navigation: Journal of the Institute of Navigation*, Vol. 62, No. 4, 291–311, Winter 2015.

［24］Yang C. and Soloviev A. , Method and apparatus for fusing referenced and self-contained displacement measurements for positioning and navigation, Patent No. US 8,164,514, 24 April 2012.

［25］van F. Graas and A. Soloviev, "Precise velocity estimation using a stand-alone GPS receiver," *ION Journal: Navigation*, Vol. 51, No. 4, 283–292, Winter 2004.

［26］Soloviev A. and Yang C. , "Reconfigurable integration filter engine for plug-and-play navigation," *ION GNSS* + 2013, 16–20 September 2013, Nashville, TN.

［27］Yang C. and Soloviev A. , "Positioning with mixed signals of opportunity subject to multipath and clock errors in urban mobile fading environments," *ION GNSS*+, *September* 2018.

［28］Yang C. and Soloviev A. , "Mobile Positioning with Signals of Opportunity in Urban and Urban Canyon Environments," *IEEE/ION PLANSx*, St. Louis, Missouri, September 2020.

［29］Yang C. , T Nguyen, and Blasch E. , "Mobile positioning via fusion of mixed signals of opportunity," *IEEE AES Magazine*, 2014.

［30］Yang C. , Nguyen T. , Qiu D. , Casper J. , and Quigley M. , "Positioning with mixed signals of opportunity," *ION GNSS'* 2011, P ortland, Oregon, September 2011.

［31］Faragher R. M. , Effects of multipath interference on radio positioning systems, PhD dissertation, University of Cambridge, 2007.

［32］Gentner C. , Jost T. , and Dammann A. , Accurate indoor positioning using multipath components, *Proceedings of ION GNSS*+2013, Nashville, Tennessee, September 2013.

［33］Gentner C. and Jost T. , Indoor Positioning Using Time Difference of Arrival between Multipath Components," *Proceedings of 4th International Conference on Indoor Positioning and Indoor Navigation (IPIN 2103)*, Montbeliard, France, October 2013.

［34］Wikipedia, DVB-T, https://en. wikipedia. org/wiki/ DVB-T.

［35］Wu Y. , Pliszka E. , Caron B. , Bouchard P. , Chouinard G. , "Comparison of terrestrial DTV transmission systems: the ATSC 8-VSB, the DVB-T COFDM, and the ISDB-T BST-OFDM," *IEEE Transactions on Broadcasting*, Vol. 46, N. 2, 101–113, June 2009.

［36］Song J. , Yang Z. , and Wang J. (eds.), *Digital Terrestrial Television Broadcasting: Technology and System (The ComSoc Guides to Communications Technologies)*, IEEE Press, Wiley, July 2015.

[37] ATSC, ATSC Digital Television Standard (A/53), Revision E, December 27, 2005, with Amendment No. 1 dated 18 April 2006.

[38] Whitaker J. C. ,*DTV Handbook*: *The Evolution in Digital Video*, New York: McGraw-Hill, 2001.

[39] Fischer W. ,*Digital Video and Audio Broadcasting Technology*: *A Practical Engineering Guide* (*Signals and Communication Technology*), 3rd Ed. , Springer, June 2010.

[40] Wu Y. , Wang X. , Citta R. , Ledoux B. , Lafleche S. , and Caron B. , "An ATSC DTV receiver with improved robustness to multipath and distributed transmission environments," *IEEE Transactions on Broadcasting*, Vol. 50, No. 1, 32–40, March 2004.

[41] ATSC, ATSC Mobile DTV Standard, Part 1– ATSC Mobile Digital Television System, Document A/153 Part 1:2011, 1 June 2011.

[42] Simon M. ,Understanding ATSC Mobile DTV Physical Layer, Whitepaper 09. 2010–1, Rohde & Schwarz.

[43] Wang X. ,Wu Y. , and Chouinard J. ,"A new position location system using DTV transmitter identification watermark signals," *EURASIP Journal on Applied Signal Processing*, Vol. 2006, 1–11, 2006.

[44] ETSI, Digital Video Broadcasting (DVB); Framing Structure, Channel Coding and Modulation for Digital Terrestrial Television, ETSI EN 300 744 V1. 5. 1 (2004–06).

[45] S. Pasricha, "Chapter 37: Overview of Indoor Navigation Techniques," in *Position*, *Navigation*, and *Timing Technologies in the 21st Century*: *Integrated Satellite Navigation*, *Sensor Systems*, *and Civil Applications*, Y. T. J. Morton, F. van Diggelen, J. J. Spilker, Jr. , and B. W. Parkinson (Eds.), Wiley, 2020.

[46] Kassas Z. , "Chapter 38: Navigation with Cellular Signals of-Opportunity," in *Position*, *Navigation*, and *TimingTechnologies in the 21st Century*: *Integrated Satellite Navigation*, *Sensor Systems*, *and Civil Applications*, Y. T. J. Morton, F. van Diggelen, J. J. Spilker, Jr. , and B. W. Parkinson (Eds.), Wiley, 2020.

[47] Kauffman K. ,"Chapter 42: Adaptive Radar Navigation System," in *Position*, *Navigation*, *and TimingTechnologies in the 21st Century*: *Integrated Satellite Navigation*, *Sensor Systems*, *and Civil Applications*, Y. T. J. Morton, F. van Diggelen, J. J. Spilker, Jr. , and B. W. Parkinson (Eds.), Wiley, 2020.

[48] Chiueh T. D. and Tsai P. Y. ,*OFDM Baseband Receiver Design for Wireless Communications*, John Wiley &Sons, 2007.

[49] Huang J. and Presti L. L. ,"DVB-T positioning with a one-sho-treceiver," *International Conference on Localizationand GNSS*, *Turin*, 2013, 1–5.

[50] Cotter S. Fand Rao B. D. ,"Spare channel estimation via matching pursuit with application to equalization," *IEEE Transactions on Communications*, Vol. 50, No. 3,374–377, March 2002.

[51] Serant D. , Advanced signal processing algorithms for GNSS/OFDM receiver, Thèse Doctorale de l'Université de Toulouse, November 2012.

[52] Thevenon P. , S-band air interface for navigation systems:A focus on OFDM signals, Thèse Doctorale de l'Universitéde Toulouse, November 2010.

[53] Li W. and Preisig J. C. ,"Estimation of rapidly time-varying sparse channels," *IEEE Journal of Oceanic Engineering*,Vol. 32, No. 4, 927–939, October 2007.

[54] Chen L. ,Julien O. ,Thevenon P. ,Serran D. t,Pena A. G. ,and H. Kuusniemi,"TOA estimation for positioning with DVB-T signals in outdoor static tests," *IEEE Transactions on Broadcasting*, Vol. 61, No. 4, 625 –638,December 2015.

[55] del J. A. Peral-Rosado, Evaluation of the LTE positioning capabilities in realistic navigation channels, UniversitatAutonoma de Barcelona PhD Dissertation, 2014.

[56] Knutti F. , M. Sabathy, M. Driusso, H. Mathis, and C. Marshall,"Positioning using LTE signals," *European Navigation Conference*, Bordeaux, France, April 2015.

[57] Yang C. and Miller M. , "Novel GNSS receiver design based on satellite signal channel transfer function/impulse response," *Proceedings of ION GNSS'05*, LongBeach, California, September 2005.

[58] Yang C. ,Miller M. , and T. Nguyen, "Symmetric Phase-Only Matched Filter (SPOMF) for frequency-domainsoftware GPS receivers," *ION Journal: Navigation*, Vol. 54, No. 1, 31-42, Spring 2007.

[59] Yang C. ,Nguyen T. , and Miller M. ,"GNSS signal channe limpulse response estimation: Modified inverse filter vs. Wiener filter," *ION GNSS'2009*, Savannah, Georgia,September 2009.

[60] Shi K. ,Serpedin E. , and Ciblat P. , "Decision-directed fine synchronizati on in OFDM systems," *IEEE Transactionson Communications*, Vol. 53, No. 3, 408-412, March 2005.

[61] Chen L. ,Yang L. , and Chen R. , "Time-delay tracking for positioning in DTV networks," *Proceedings of the 2nd International Conference and Exhibition on Ubiquitous Positioning*, *Indoor Navigation and Location-Based Service*, Helsinki, Finland, 3-4 October 2012.

[62] Yang C. ,Chen L. ,Julien O. ,Chen R. Z. , and Soloviev A. , "Carrier phase tracking of OFDM-based DVB-T signals for precision ranging," ION GNSS+ 2017, Portland,Oregon, September 2017.

[63] Association of Radio Industries and Businesses (ARIB),Transmission System for Digital Terrestrial Broadcasting, STD-B31, V1. 6E2, November 2005.

[64] Spilker J. J. ,Jr. and M. Rabinowitz, Position location using Integrated Service Digital Broadcasting-Terrestrial (ISDBT)broadcast television signals, Pat. No. US 6,952,182,October 4, 2005.

[65] CNS, Standardization Administration of the People's Republic of China, Framing Structure, Channel Coding and Modulation for Digital Television Terrestrial Broadcasting System, Chinese National Standard GB20600 (http://sac. gov. cn), 2006.

[66] Karamchedu R. , "Does China have the best digital television standard on the planet?" *IEEE Spectrum*, May 2009.

[67] Liu M. ,Crussiere M. ,Helard J. F. , and Pasquero O. P. ,"Analysis and performance comparison of DVB-T and DTMB systems for terrestrial digital TV," *Proceedings of the11th IEEE International Conference on Communications Systems*, Guangzhou, China, November 2008, 1399-1404.

[68] Tang S. ,Peng K. , Gong K. , Song J. ,Pan C. , and Yang Z. , "Robust frame synchronization for Chinese DTTB system," *IEEE Transactions on Broadcasting*, Vol. 54,No. 1, 152-158, March 2008.

[69] Wang J. ,Yang Z. ,Pan C. , and Yang L. ,"A combined codeacquisition and symbol timing recovery method for TDS-OFDM,"*IEEE Transactions on Broadcasting*, Vol. 49, No. 3, 304-308, September 2003.

[70] Yang F. , Peng K. , Song J. ,Pan C. , and Yang Z. , "Guard-interval mode detection method for Chinese DTTB system," *Workshop Proceedings of IEEE International Conference on Communications*, *Circuits*, *and Systems*,2008, 216-219.

[71] Yang F. , Wang J. ,Wang J. ,Song J. , and Yang Z. , "Channel estimation for the Chinese DTTB System based on a nove literative PN sequence reconstruction," *Workshop Proceedings of IEEE International Conference on Communications*, 2008, 286-289.

[72] Liu G. and Zhidkov S. V. ,"A composite PN-correlation based synchronizer for TDS-OFDM receiver," *IEEE Transactions on Broadcasting*, Vol. 56, No. 1, 77-85,December 2010.

[73] Liu M. ,Crussiere M. , and Helard J. F. , "Improved channel estimation methods based on PN sequence for TDSOFDM,"*International Conference on Telecommunications*, 2012.

[74] Gong F. ,Ge J. , and Wang Y. , "Multi-GI Detector with shortened and leakage correlation for the Chinese DTMB system," *IEEE Transactions on Consumer Electronics*, Vol. 55, No. 4, 1788 - 1792, November 2009.

[75] Zheng Z. W. , "Improved frame head mode detection and symbol detection scheme for Chinese TDS-OFDM-

Based DTTB systems," *Proceedings of the 2nd IEEE Int. Conf. on Information Management and Engineering*, Chengdu, April 2010, 27−30.

[76] Li Q. and Chen S., Method and apparatus for code acquisition, Patent No. US 8,693,606, April 2014.

[77] W Li., Wu H., Ucci D., and Morton Y., "A positioning system using Chinese digital TV signals under limited GPS signal observability conditions in urban environment," *ION* 2010 *Int. Technical Meeting*, January 2010, San Diego, CA, 264−269.

[78] Ji X., Zhang Y., Wang J., and Dai L., "Time-frequency joint positioning for Chinese digital television terrestrial broadcasting system," 12*th IEEE Int. Conf. on Communication Technology*, Nanjing, November 2010, 950−953.

[79] Dai L., Wang Z., Pan C., and Chen S., "Wireles spositioning using TDS − OFDM signals in single frequency networks," *IEEE Transactions on Broadcasting*, Vol. 58. No. 2, 236−246, June 2012.

[80] ATSC Standard: A/321, System discovery and signaling, Doc. A/321: 2016, 23 March 2016.

[81] ATSC standard: A/322, Physical layer protocol, Doc. A/322: 2020, 23 January 2020.

[82] Dalabakis E. J. and Shearer H. D., Navigation system utilizing plural commercial broadcast transmissions, Patent US No. 3,747,106, 17 July 1973.

[83] Skalar B., "Rayleigh fading channels in mobile digital communication systems Part I: characterization," *IEEE Communications Magazine*, July 1997.

[84] Do J. Y., Road to seamless positioning: Hybrid positioning system combining GPS and television, PhD dissertation, Stanford University, May 2008.

[85] Yang C., Miller M., E. Blasch, and T. Nguyen, "Proactive radio navigation and target tracking," *ION GNSS'* 2009, Savannah, Georgia, September 2009.

[86] McEllroy J. A., Navigation using signals of opportunity in the AM transmission band, AFIT Master Thesis, September 2006.

[87] Fang S. H., Chen J. C., Huang H. R., and Lin T. N., "Metropolitan-scale location estimation using FM radio with analysis of measurements," *Wireless Communications and Mobile Computing Conference*, *IWCMC'* 08, 6−8 Aug. 2008, 171−176.

[88] Hall T. D., Counselman C. C., and Misra P. "Instantaneous radiolocation using AM broadcast signals," *Proceedings of ION-NTM*, Long Beach, California, January 2001, 93−99.

[89] Matic A., Popleteev A., Osmani V., and Mayora-Ibarra O., "FM radio for indoor localization with spontaneous recalibration," *Pervasive and Mobile Computing*, 6, 642−656, 2010.

[90] Caffery J. J., Jr. and Stuber G. L., "Overview of radiolocation in CDMA cellular systems," *IEEE Communications Magazine*, April 1998.

[91] Yang C. and Soloviev A., "Relative navigation with displacement measurements and its absolutecorrection," *ION GNSS+* 2013, *Nashville*, *Tennessee*, 16−20 September 2013.

[92] Ford T. J. and Hamilton J., "A new positioning filter: Phase smoothing in the position domain," *Navigation*, *Journal of The Institute of Navigation*, Vol. 50, No. 2, 65−78, Summer 2003.

[93] Wendel J., Meister O., Monikes R., and Trommer G. F., "Time-differenced carrier phase measurements for tightly coupled GPS/INS integration," Proceedings of IEEE/ION PLANS 2006, San Diego, California, April 2006, 54−60.

[94] Chen L., Piche R., Kuusniemi H., and Chen R., "Adaptive mobile tracking in unknown non-line-of-sight conditions with application to digital TV networks," *EURASIP Journal on Advances in Signal Processing* 2014, 2014:22.

[95] Cheong J. W., Glennon E., Dempster A. G., Serant D., and Calmettes T., "Modelling and mitigating mul-

tipath and NLOS for cooperative positioning in urban canyons," *International Global Navigation Satellite Systems Society IGNSS Symposium* 2015, Outrigger Gold Coast, Australia 14–16 July, 2015.

[96] Carosio A., Cina A., and Piras M., "The Robust statistics method applied to the Kalman filter: Theory and application," *Proceedings of ION GNSS*, 2005, Long Beach, California, September 2005.

[97] Hammes U., Wolsztynski E., and Zoubir A. M., "Robust tracking and geolocation for wireless networksin NLOS environments," *IEEE Journal of Selected Topics in Signal Processing*, Vol. 3, No. 5, October 2000.

[98] Perala T. and Piche R., "Robust extended Kalman filter inhybrid positioning applications," *Proceedings of 4th Workshop on Positioning*, *Navigation*, *and Communications*, Hannover, Germany, 2007.

[99] Wesson K. D., Pesyna K. M., Jr., Bhatti J. A., and Humphreys T. E., "Opportunistic frequency stability transfer for extending the coherence time of GNSS receiver clocks," *Proceedings of ION GNSS*' 2010, Portland, Oregon, September 2010.

[100] Meiyappan S., Raghupathy A., and Pattabiraman G., "Chapter 39: Navigation with Dedicated Metropolitan Beacon Systems," in *Position*, *Navigation*, *and Timing Technologies in the 21st Century: Integrated Satellite Navigation*, *Sensor Systems*, *and Civil Applications*, Y. T. J. Morton, F. van Diggelen, J. J. Spilker, Jr., and B. W. Parkinson (Eds.), Wiley, 2020.

本章相关彩图,请扫码查看

第41章　低频无线电信号导航

Wouter Pelgrum[1], Charles Schue, III[2]

[1] Blue Origin LLC，美国

[2] UrsaNav, Inc.，美国

41.1　简介

自 1994 年 GPS 系统全面提供服务以来,世界逐渐更多地关注可以提供定位、导航和授时服务(PNT)的全球导航卫星系统(GNSS)。然而,全球导航卫星系统以及区域导航卫星系统(RNSS)都有共同的缺点:虽然可以在看到天空的任何地方都能获得非常准确的信号,但极易受到有意的和无意的干扰。随着对这些缺点认识的日益深入,人们对基于地面的 PNT 解决方案产生了浓厚的兴趣,低频(LF)频谱解决方案便是其中之一。

本章简要概述了低频 PNT 系统,重点介绍了未来的系统。尽管低频 PNT 传播的原理没有改变,但融合了电离层、地波传播和天波传播先进知识和分析技术的现代技术,使信号在性能和可用性方面取得了重大进步。21 世纪软件应用程序、硬件和低频 PNT 算法使其性能与其他先进的 PNT 方案保持同步。

41.2 节介绍了低频 PNT 解决方案和系统的简史,并介绍了其主要角色:罗兰(Loran)系统。

41.3～41.6 节阐述了信号空间定义、信号传播和相关技术、低频传播、噪声和干扰特性。

41.7 节描述了信号接收和接收机设计。

41.8 节描述了 21 世纪罗兰系统的性能。

41.9 节提及进一步增强低频 PNT 能力的潜在方法。

41.2　甚低频(VLF)和低频 PNT 的简史

在全球范围内,PNT 信息的主要来源是 GPS。其他 GNSS 包括俄罗斯的 GLONASS、中国的北斗系统和欧洲的 Galileo 系统,日本和印度也在开发 RNSS。无论是全球性的还是区域性的,这些系统都以大致相同的方式工作,并且都存在许多相同的弱点。但是这些系统非常稳定,存在的异常现象很少,即使有异常现象时间间隔也很远,并且持续时间相对较短。另外,局部异常普遍且频繁,通常是由于低成本且易于获取的技术破坏了这些微弱的天基信号。近年来,一些国家蓄意提升干扰层次,引发了包括韩国大部分地区的干扰,以及在黑海和苏伊士运河地区的电子欺骗等现象。

低于 30MHz 的无线电信号可以用地波和天波传播来表征。天波传播发生在无线电波被电离层反射时,地波传播发生在无线电波沿着地球表面传播时。这两种传播模式都实现了超视距覆盖,因此对远程非卫星(sky-free)PNT 很有意义。本节简要概述了过去、现在和未来可能实施这些模式的甚低频和低频(LF)PNT 系统。

甚低频系统使用的频率介于 3kHz($\lambda = 100$km)到 30kHz($\lambda = 10$km)之间。甚低频信号甚至可以穿透地下的土壤和岩石。例如,用于探测和定位被困矿工的电磁系统通常使用 10 kHz 以下的频率,可以在相对可预测传播特性的土壤和岩石中传播几十米,并实现可接受的链路预算。这些系统通常依靠矿工救援信标发射的 VLF 信号的到达方向和接收的信号强度[1-2]。

Omega 系统通过使用 8 个发射站的只有 2~4n mile 精度的 10~14kHz 的甚低频频率信号,从而实现全球范围的二维定位覆盖。这些站点分布在挪威、利比里亚、美国夏威夷、美国北达科他州、法国留尼汪岛、阿根廷、澳大利亚和日本。Omega 系统在 20 世纪 70 年代初第一次播发了广播信号,并于 1982 年完成了 8 站系统的建设。典型的辐射功率水平约为 10kW。为了达到这一功率水平,使用了 3 种类型的天线:两座高度分别为 366m 和 457m 的绝缘或接地天线塔,以及长度高达 3500m 的"跨谷天线"。这些天线通常只有 6%~7% 的效率,因此需要 150kW 的发射机才能达到所需的 10kW 辐射功率要求[3]。

每个 Omega 电台播发 5 个连续波(CW)信号,与 UTC 相位同步。其中 4 个 CW 为公共频率:10.2kHz、11.05kHz、11.33kHz 和 13.6kHz,一个 CW 为传输站识别的在 11.8kHz 和 13.1kHz 之间的唯一频率。频率在 10kHz 左右的单一连续波的波长约为 30km。如果用户从已知位置开始,接收机可以跟踪其所处的 30km"巷道",并在 3 个或更多发射机跟踪时提供明确的二维位置解算方案[4]。"巷道模糊"也可以在没有已知初始位置的情况下使用"宽巷"原理来解决。当以 11.05kHz 和 11.33kHz 的频率将两个紧密间隔 CW 的接收信号相乘时,获得频率差为 280Hz 的拍频信号,在本例中,拍频信号的波长为 1071km。在 Omega 系统的全球覆盖范围内,可使用 5 种 CW 的多种不同组合来解决 30km 巷道模糊问题。

当频率为 10kHz 时,无线电信号的传播可以用一个波导来模拟,该波导以地球表面的地面电导率和相对介电常数为下边界、电离层为上边界。发射 10~14kHz 信号反射的电离层高度为 D 区,低于 70~100km 高度为 E 区。电离层的高度是变化的,它也是昼夜时间的函数。随着电离层的变化,Omega 信号的有效传播速度也会变化,从而影响定位精度[3]。因此,VLF 和 LF 应用中电离层信道建模及估计的研究和开发也得到重新发展,例如 DARPA 对有争议环境中的空间、时间和方向信息(STOIC)进行操作,来提高预测 VLF 和 LF 天波延迟的能力,但本章在此不作进一步阐述。

1995 年,随着 GPS 系统逐渐具备全面运行能力,Omega 系统的附加值显著降低,最终于 1997 年关闭。

阿尔法(Alpha)系统(RSDN-20)是俄罗斯版的 Omega 系统,目前,它的一些发射站仍在运行。

在低频(30~300kHz)环境下,与甚低频相比,更容易实现显著的天线辐射效率。此外,也有更多带宽可用于信号调制。在 PNT 环境中,低频系统可分为测向系统和测距系统。测向应用的示例可在本书第 61 章中找到,该章节描述了自动测向(ADF)系统。本章重点介绍无线电测距,无线电测距可进一步分为连续波 CW 和脉冲系统。

目前有几种低频定时广播服务在运行,如 DCF77(77.0kHz,德国 Mainflingen)和 WWVB(66.0kHz,美国 Fort Collins, Colorado)。这些系统使用 1b/s 开关键控调制与 UTC 同步的 CW 信号。一个 1min 的数据序列提供一天中的时间和日期,而位转换的定时可提供毫秒级的相位同步。精度和覆盖范围是电离层的函数。

20 世纪 40 年代开发的 DECCA 导航系统是低频 CW 连续波无线电导航系统的一个例子,该系统使用 70~129kHz 的连续波广播。这个所谓 DECCA"多脉冲"接收机以类似Omega系统的方式,实现了一种宽巷形式,用于解决测距和定位模糊度问题,因而在更小的覆盖范围内具有更高的精度,在白天的理想条件下可以获得数十米的精度,但在夜间,受到电离层条件的影响,性能大大降低。上一次 DECCA 广播发生在 2001 年[5]。Main Chain、HIFIX 和 Racal Hyperfix 等系统在概念上与 DECCA 类似[6]。最近,有研究设想将 CW 信号调制到现有的海上低频 DGPS 信标,从而在不影响其差分 GPS 功能的情况下提供低频测距能力。该功能称为 R 模式,其目的是在全球导航卫星系统出现故障时为海事用户提供一种替代 PNT 能力[7]。尽管几十年来技术有了显著的进步,但天波污染导致的测距误差仍然是主要的挑战。

低频的可用带宽允许脉冲信号调制,从而实现稳定地波与不可预测天波的潜在分离。现代双曲线脉冲无线电导航系统起源于 20 世纪 30 年代末和 40 年代初的英国皇家空军(RAF)。这项工作在随着第一个双曲线导航系统投入使用后达到了顶峰,称为 Gee 系统,这是一种短程"盲着陆系统",1942 年随英国皇家空军轰炸机司令部投入使用。该系统在 350mi[1mi(英里)=1609.344m]左右的范围内,初始定位精度为几百米[8]。

在开发 Gee 系统的同时,美国麻省理工学院辐射实验室的创始人阿尔弗雷德·卢米斯(Alfred L. Loomis)恰巧开发了一种类似的系统,最初被称为"LRN",用于卢米斯无线电导航,但后来演变成了远程导航系统或称 Loran 系统[9]。Loran - A 系统的工作频率为 1.950MHz。

1957 年,美国海军再次对远程、高精度无线电导航系统提出了作战要求,Loran-C 系统也应运而生,Loran-C 系统是使用 90~110 kHz 低频信号开发的,在美国马萨诸塞州、北卡罗来纳州和佛罗里达州共部署了 3 个相关站点。1958 年,美国海军将 Loran-C 操作运行移交给美国海岸警卫队[10]。随着各种地面低频和双曲线导航系统的出现,Loran-C 取得了成功。

如图 41.1 所示,Loran-C 由美国国防部(DOD)出资建设维护,是一个真正的全球导航系统。类似地,俄罗斯运营着与 Loran-C 相对应的陆地设备,称为海鸥(俄语中"Chayka"的意思)。与 Loran-C 一样,Chayka 的工作频率约为 100kHz,其使用类似的技术提供 PNT 服务,并以与 Loran-C 可互操作的方式运行[11]。

Loran-C 导航系统的应用十分广泛。1974 年,美国运输部部长选择 Loran-C 作为美国阿拉斯加和海岸交汇区(CCZ)的主要导航系统。

自 1994 年以来,国防部获取 PNT 信息的主要来源是 GPS。虽然 GPS 信号非常准确,在任何没有遮蔽的地方都可以使用,但 GPS 信号极易受到故意和无意的干扰。GPS 具有有限的位置完好性,"位置证明"和"时间证明"需要独立验证[12]。这些问题需要一个具有互补性的 PNT(CPNT)解决方案的生态系统,包括基于地面的系统,该系统可以与全球导航卫星系统集成,以提高系统的弹性。早在 PNT 系统全面投入使用之前,PNT 学界已经认识到

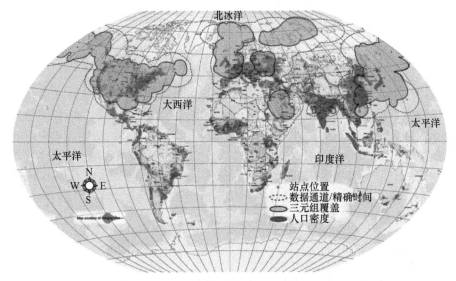

图 41.1　截至 2010 年 Loran-C 和 Chayka 定位(实线)与数据(虚线)覆盖范围
(由美国马萨诸塞州北比尔里卡的 UrsaNav 公司提供。)

GPS 的缺点,因此人们在寻找最佳 CPNT 解决方案的过程中,产生了一个新的想法:Loran-C,即改进或"加强"多年来被认为是最好的使用 PNT 解决方案的能力。因此,增强型罗兰(eLoran)诞生了。

　　eLoran 以现有的 Loran-C 信号和基础设施为基础,仍然使用 90~110kHz 频段的脉冲信号。eLoran 和 Loran-C 的主要区别在于改进的技术、附加的功能和更好的操作实践。国防部开发的 Loran-C 系统经过小的改进,将其转变为 eLoran,显著提高了 PNT 的精度。eLoran 利用了 21 世纪的技术,因而实现了显著提高定时和信号精度,同时还减少了尺寸、质量、输入功率和冷却热量。eLoran 还包括低数据速率信道,来自这些罗兰数据通道(LDC)的数据作为传输的 eLoran 信号的一部分进行广播,包括导航或授时相关数据以提高性能、完好性和可信度。与 Loran-C 一样,eLoran 提供了一个完全独立的 PNT 源,它与全球导航卫星系统无关,却包含了这些系统的许多操作优点。

41.3　空间定义中的 Loran-C 和 eLoran 信号

　　有关 Loran-C 传输的技术细节,请参阅罗兰信号规范[13]。

　　信号特征。2004 年,美国联邦航空管理局为进一步定义 eLoran 服务出具了一份报告。2007 年 10 月 16 日,在国际罗兰协会的赞助下,该机构与美国海岸警卫队合作,发布了 eLoran 定义文件的初始版本,说明了 eLoran 系统的设计并提供了其 SIS 特征[14]。eLoran 定义文件概述了 eLoran 必须满足的要求及其与 Loran-C 的区别。

　　2017 年,国际 SAE PNT 委员会[系统管理委员会(SMC)内的一个标准开发工作组]根据几个 Loran 系统利益相关方之前所做的工作,启动了 eLoran 标准化工作。2018 年,SAE 发布了 SAE9990™ 传输增强罗兰(eLoran)信号标准和两种数据信道调制技术:SAE9990/1™

(3态脉冲调制)和SAE9990/2™(第9脉冲调制)。这些标准提供了eLoran信号传输的技术说明和两种众所周知的LDC技术[15]。

41.3.1　Loran-C历史覆盖率

图41.1显示了截至2010年Loran-C和俄罗斯Chayka系统的区域覆盖范围。79台发射机(66台Loran和13台Chayka)覆盖了美国大陆及其沿海水域、西北欧、俄罗斯西部和亚洲选定地区。如文献[16]中所述,图41.1中显示了Loran-C 0.25 nm精度覆盖范围的规范和单链(三重)操作。2010年,美国48个州的18个电台、6个加拿大电台和5个阿拉斯加电台停止传输Loran信号。2015年,除欧洲西北部的一个Loran系统(NELS)站外,欧洲停止了其他站点的传输。截至2018年,英国的Anthorn站以及韩国、沙特阿拉伯和中国等地区的Loran站点仍在运行。俄罗斯的Chayka还在运营。

41.3.2　脉冲形状和周期识别

Loran-C发射机发射一系列250μs长脉冲,载波频率为100kHz。图41.2描绘了单个Loran-C脉冲。

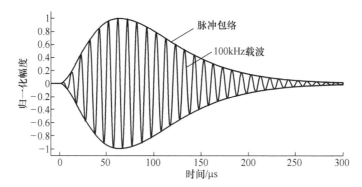

图41.2　Loran-C脉冲(由美国加利福尼亚州Wouter Pelgrum提供。)

从数学上讲,Loran-C脉冲是用式(41.1)进行计算的:

$$v(t) = A\left(\frac{t}{t_p}\right)^2 \exp\left(2 - 2\frac{t}{t_p}\right)\cos(\omega t + \mathrm{PC}) \tag{41.1}$$

式中:A为脉冲的最大振幅;t是以s为单位的时间;t_p为脉冲达到最大值的时间(65μs);ω为2π×100000rad/s的角频率;PC为0或π弧度的相位码。

Loran-C发射机以250μs的速度切割脉冲的尾部,即所谓咬尾。俄罗斯的Chayka发射机没有Loran-C系统,导致脉冲结束时出现"响铃"字符。对于Loran-C脉冲的形状设计而言,99%的Loran-C发射功率都在90~110kHz的频段内。

Loran-C接收机通常在标准过零处确定脉冲的到达时间(TOA),其定义为"天线电流波形上正相位编码脉冲在30μs处的正过零"[17]。在这个30μs跟踪点,TOA主要由罗兰地波确定,因为天波延迟假定大于30μs[18]。通过比较脉冲包络与参考形状,找到跟踪的正过零。这种"形状匹配"通常通过分析包络的半周期峰值比或HCPR来完成:

$$\mathrm{HCPR} = \frac{|v(t + 2.5\mu s)|}{|v(t - 2.5\mu s)|} \tag{41.2}$$

式中：$|v|$ 为接收到的 Loran-C 包络；t 为时间（以 s 为单位）。图 41.3 显示了常用的周期识别过程。

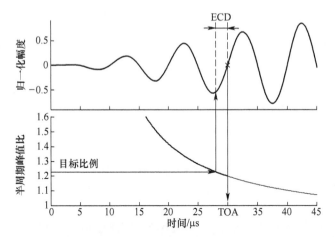

图 41.3　Loran-C 周期识别过程。通过比较接收到的 Loran-C 包络的半周期峰值比
与预设目标比，可以找到正确的过零点
（由美国加利福尼亚州 Wouter Pelgrum 提供。）

接收机存储在内存中的 HCPR 目标值，是发射脉冲形状、天线响应和接收机使用滤波的函数。目标 HCPR 可通过数学或测量确定。接下来，与 HCPR 最匹配的由负到正的零交叉（假设正（0）相位码）被指定为脉冲的 TOA 测量。HCPR（包络）匹配和该零交叉（相位匹配）之间的差异称为 ECD，即包络到周期的差异。传播效应引起群延迟的变化和脉冲的失真，会导致 ECD 的随距离增加而减小。通常，Loran-C 发射机发射 ECD 的偏移约为+2.5μs 的脉冲，因此在覆盖区域的边界处预计 ECD 约为 0μs。这样，选择错误周期的概率将降低，尤其是在较远距离时信噪比预计最小处。然而，如果选择了错误的周期，TOA 将推移约 10μs，这会造成约 3km 的伪距误差。因此，防止这种"周期滑动"对于系统的正确运行至关重要。

41.3.3　系统时序和相位码

Loran-C 许多发射机构成台链，每个台链包括 3~6 个台站。每个链路由主台（用字母 M 表示）和最多 5 个副台（分别用 V、W、X、Y 和 Z 表示）组成。每个台以指定的周期传输一组 8 个脉冲（主台为 9 个），如图 41.4 所示。每个脉冲间隔为 1ms，除了主站的第 9 个脉冲，和第 8 个脉冲的间隔为 2ms。在一条链内，副的传输时刻是来自主台发射时刻的偏移量，称为发射延迟（ED）。单个发射机脉冲组之间的传输时间称为脉冲组重复周期（GRI），它对每个台链来说都是唯一的。

台链由它们的脉冲组重复周期指定是 10μs 的整数倍；例如，Sylt 的脉冲组重复周期为 74990μs。选择脉冲组重复周期使相邻台链交叉干扰和连续波干扰最小化。脉冲组重复周期需要足够长，以防止在台链的覆盖区域内同一台链的两个发射机接收重叠。最小 Loran-C 系统的组重复周期长度为 40000μs，最大值为 99990μs。脉冲组重复周期通过主台在第 8 个脉冲之后的 2ms 附加脉冲及其独特的相位码识别；通过它们在脉冲组重复周期内的相对位置识别副台。

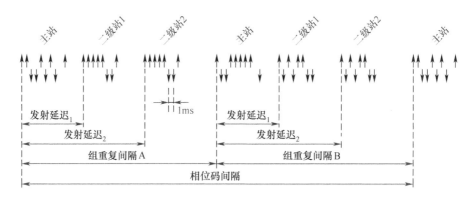

图 41.4　罗兰导航系统台链的相位码周期传输序列
(由美国加利福尼亚州 Wouter Pelgrum 提供。)

一些发射机是两个台链的一部分,它们被称为"双额定值"。物理传输位置通常被称为"棒",这是发射天线的军事术语的改版。因为同时传输两个脉冲不是很好的做法,所以传输的优先顺序是:在另一个脉冲被"消隐"时发送一个脉冲。或者一些系统可以选择使用脉冲到脉冲的消隐方案。

表 41.1 显示了 Loran-C 系统的相位码(PC),该相位码旨在抵消长时延天波,降低交叉干扰的影响,并有助于区分主台和副台。通过以预定模式反转脉冲的载波相位来实现相位码,每个脉冲周期重复一次,包含两个脉冲组重复周期。

表 41.1　主台和副台("+"表示 0 弧度相位码;"–"表示 π 弧度相位码)

项　　目	主　　台	副　　台
脉冲组重复周期 A	+ + -- + - +- . +	+ + + + +--+
脉冲组重复周期 B	+ --+ + + + + . -	+-+-+ +--

Locran-C 系统的相位码完全抵消了所有的长延迟天波,在完整的 16 个脉冲相位码周期内(组重复间隔 A 和组重复间隔 B),天波足以在脉冲组与脉冲组的后续脉冲重叠(不包括第 10 主脉冲)。但是,该系统相位码不平衡:相位码周期的 16 个脉冲极性不会加零,并且这是主台和副台的,这导致 100kHz 的频谱线在所有台之间很常见,因此限制了交叉干扰拒绝能力。有关这种缺点和可能改进的更多详细信息,请参见41.6 节和 41.9 节,以便在遗留 Loran-C 系统兼容性中减少交叉干扰的可能性。

41.3.4　数据广播

增强罗兰和标准罗兰之间最显著的一个区别是添加了一个或多个罗兰数据通道。罗兰数据通道通过增强罗兰传输,将系统数据、修正、警告和信号完好性信息发送给用户的接收机。数据传输不需要包含所有的数据类型,但包括以下内容。

●增强罗兰台识别。通常通过其交叉干扰和发射延迟识别罗兰导航系统。仅在找到台链的主台之后才能识别副台。台 ID 信息允许独立于主台来识别一个副台。

●用于海上和增强罗兰授时服务的差分增强罗兰校正广播。

- 航空公司增强罗兰的完整消息,例如,向用户通知如早期天波等传播异常消息。
- 世界协调时数据广播服务提供增强罗兰的日期和时间。
- 差分 GPS 和 GPS 完好性服务。
- 紧急短信服务。
- 政府/商业限制访问或加密数据服务。

当前罗兰数据通道使用脉冲位置调制通道,提供每秒多达 50b 的速率。一个强大的前向纠错码可以防止信道错误,并构成了一个强大、可靠的 1500km 的长距离数据信道,其完整性得到认证[19]。

目前定义了两种罗兰数据通道:Eurofix 和第 9 脉冲调制。两者都应用脉冲位置调制使用现有的标准罗兰发射机技术传输数据。

Eurofix 在脉冲组的 8 个脉冲中的最后 6 个脉冲上使用三态脉冲位置调制,具有 1μs 调制指数[20]。Eurofix 消息为 30 个 GRI,有效地包含 56 个数据位。这些 GRI 可使数据率介于 18.7~46.7b/s。Eurofix 已在 ITU 和 RTCM 中标准化[21],并正在欧洲、中东和远东的设备中使用。

在美国,作为对 eLoran 服务和性能验证的一部分,已经实施了具有独立的第 9 个和/或第 10 个脉冲携带数据的 LDC。这个仅限数据的脉冲使用一个 32 态的 PPM 进行调制,使每个 GRI 产生一个 5b 字。消息长度为 24 个 GRI,除去检错位和恢复位后,有效数据速率为每 24GRI 45b,或 18.8~47.0b/s。附加的第 9 个脉冲不用于跟踪,从而最大限度地减少对定位和定时性能的潜在影响[22]。

41.4 增强罗兰信号传输

41.4.1 传输基础设施

罗兰系统基台之所以庞大主要是因为当时的技术限制和对操作人员的配置要求。传输台通常包括发电机、营房、行政空间、电机池,甚至降落带,初始传输技术体积大、质量大、能耗大,且需要大量空气和/或水冷却。不包括传输俄罗斯 Chayka 或美国空军罗兰系统的发射机,低频发射机有 6 代产品可以传输增强罗兰。前两代具有 Loran 功能的发射机是 AN/FPN-39 和 AN/FPN-42 管式发射机(TTX),海岸警卫队人员通常称其为"空态"发射机,这些是 20 世纪 40 年代和 50 年代的老式真空管发射机。AN/FPN-44A 和 AN/FPN-44B 管式发射机组基本上相当于第三代——20 世纪 60 年代中期的老式真空管发射机,它们是多级的 B 类推挽放大器,能够提供超过 600kW 的有效辐射功率。之后又经过升级,在 20 世纪 90 年代中期建造的一个/FPN-45A 和 AN/FPN-45B 管式发射机组,能够产生超过 1.3MW 的有效辐射功率,这是第四代发射机。与前几代发射机的主要差异:第五代和第六代发射机首先使用了纯固态技术的非线性放大器设计。AN/FPN-64A 固态发射机组(SSX)是第五代固态发射机,由 Megapulse(现在称为 UrsaNav)在 20 世纪 70 年代开发,它由许多半周期发生器(HCG)组成,每个半周期发生器贡献一部分功率输出。它利用脉冲压缩技术来控制罗兰脉冲,目前许多发射机仍在运行,其中一些已经运行 40 多年。第六代发射机是 Accufix 7500 固态发射机,称为新的 SSX 或 NSSX,在 2001 年同样由 Megapulse 公司推出。Accufix

7500 是 AN/FPN-64A 及其定时和控制套件的一个更小但更强大的商业升级版,在商业上称为 Accufix 6500。目前,北美地区安装了 8 台 Accufix 7500 发射机。

2007 年,UrsaNav 实施了 Charles Schue 在 20 世纪 90 年代末提出的开发"软件定义发射机"的想法,并与 Nautel NAV 合作,开发了一款尺寸、质量和功率都有很大改进的第七代发射机。这些"NL 系列"发射机包括可变无功调谐、热插拔模块、自我恢复结构等改良的诊断以及提供极高脉冲率、替代调制方案和替代信号波形的能力。该发射机大大降低了功率、空间和操作要求,从而降低了总体成本(如减少了维护、安装时间、安装人员、安装材料、HVAC),同时提高了性能和灵活性。任何关于未来低频导航潜力的讨论都应该从这项技术开始。图 41.5 所示为背景实验/原型 SSX(大约 1976 年),与前景中的实验/原型 NL-20(大约 2008 年)并列。图 41.6 所示为第七代 NL-60 发射机,能够将 450kW 的 ERP 接入 700 ft 的顶部安装的单极天线。

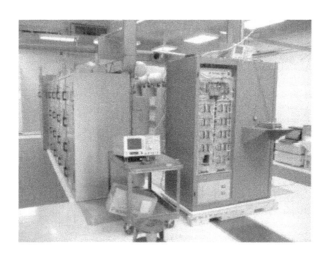

图 41.5　第五代 AN/FPN-64(V)1 XN-1 SSX(背景)原型 NL 系列固态低频发射机(前景)
(由 UrsaNav 公司提供。)

图 41.6　第七代 NL-60 发射机(由 UrsaNav 公司提供。)

41.4.2 传输天线

低频天线的设计十分有挑战性,因为与波长(3000m)相比,天线的尺寸通常非常小。例如,最高的罗兰天线高度为411m。UrsaNav和其他已经开发并部署了用于临时的、战术的或可运输应用的小型罗兰传输天线。为了便携或使占地面积小而设计的小型发射天线,牺牲辐射功率换取尺寸。罗兰发射天线是全向的,罗兰信号的偏振是垂直的,并且从天线传播的电场是垂直于地球表面的。已经(或可能)用于Loran-C、Loran-D或eLoran的许多类型的天线包括如下几种。

- 500-FT,625-FT,700-FT,720-FT,750-FT,850-FT或1350-FT顶部安装单极(TLM);
  - 顶倒金字塔(TIP);
  - 分段式罗兰发射天线;
  - 290~306ft的GWEN;
  - "机会天线"(如重新装饰的AM广播天线);
  - 300ft倾斜塔(AN/TSA-17或同等);
  - 300ft的Goodyear型或Birdair型充气塔;
  - 高达300ft安德鲁塔公司伸缩塔;
  - 290ft"升降机";
  - "T形天线";
  - 支持三拴式航空器、飞艇或气球的天线;
  - 支持三拴式,Allsopp Helikite的天线。

表41.2列出了几种众所周知的罗兰天线的特性。

表41.2 众所周知的罗兰天线的特性

类型	输入阻抗	抗辐射性	电抗斜率
	Z_{IN}/Ω	R/Ω	$(dX/dF)/(\Omega/kHz)$
625 TLM	2.5-j25	1.8	2.5
700 TLM	4.0-j22	3.0	3.0
SLT	3.3-j15	2.3	1.3
TIP	4.9-j19	2.4	1.3

经过成本和性能的最佳权衡,最受欢迎的罗兰天线是顶部安装的单极天线。顶部安装的单极天线是1/2的中心馈电偶极子天线。TLM放置在一个基础绝缘体上,提供与地面的电气隔离。罗兰天线被称为"带电"或"热",因为底座绝缘体和安装在顶部加载元件(TLE)上的绝缘体之间存在高电位差。天线输入电压的峰值为6万V,这被认为是可以使用导线辐射部分天线的设计最大值。虽然天线越短需要的电压越高,但考虑设计成本(例如,绝缘体的成本)通常是不可行的。顶部装载单极天线普遍分别为625ft或700ft,分别有24个或12个TLE。顶部装载增加了天线到地的电容,从而增加了天线的有效高度,也增加了效率。标准的TLM设计包括一个地平面,或称平衡面,因为安装在理想地平面上的单极子具有与偶极子天线相同的辐射模式。图41.7所示为典型的700ft顶部装载单极罗兰天线。

图 41.7　700ft 顶部装载单极罗兰天线(由 UrsaNav 公司提供。)

41.4.3　传输同步

增强的罗兰服务应该是独立于全球卫星导航系统的,因而传输台点必须包括精确的时间刻度,通常通过与协调世界时独立同步,而无须 GNSS。目前已经考虑并测试了获得和维持这种同步的方法。

一个设计良好的增强罗兰传输台点将包括本地和远程的时刻。传输台点时间分配方案以本地时标(LTS)为核心,它至少由 3 个原子主参考源(PRS)的"集合"组成。在出现异常的情况下,需要有 3 个 PRS 进行多数表决。如果一个 PRS 相对于其他两个 PRS 在时间或频率上发生移动,那么异常就会变得很明显,可以采取措施将有缺陷的 PRS 移除或从服务中隔离,两个 PRS 的故障可能不会影响 eLoran 的传输时间。

远程时间刻度(RTS)是从服务提供商选择的一个或多个外部参考点收集时间。RTS 的输入并不直接与 LTS 相连,而是通过监测和加权来确定它们作为 LTS 观测值的有用性。RTS 参考的例子包括 GPS、其他全球导航卫星系统(如 Galileo),双向卫星时间传递(TWSTT)、双向低频时间传递(TWLFTT),直接光纤、微波、"热钟"等。

双向时间传递(TWTT)是一种使两个远程地点的时钟同步的方法,这两个地点被一个具有未知延迟的信号路径分开。通过进行往返测量,无论未知延迟是多少,这两个地点都可以准确地同步(假设延迟在两个方向上是相等的)。测量可以使用卫星(TWSTT,其中 S 代表卫星),增强罗兰信号,或通过如固定电话的其他媒体。图 41.8 给出了可能在罗兰系统中使用的卫星和增强罗兰信号的解决方案。

一个基于铯钟 PRS LTS 的 eLoran 发射台可以在不接入任何 RTS 的情况下,将其本地时间基准保持在 UTC 的数十纳秒之内至少 70 天。如果使用性能更高的 PRS,如氢钟或量子钟,则访问远程时间同步信号的时间周期显著增加,而且 LTS 与 UTC 保持得更接近。

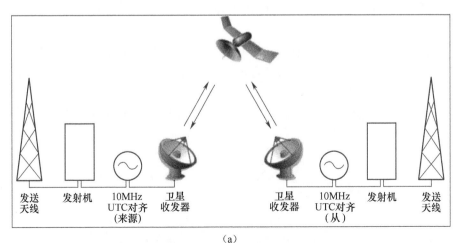

（a）

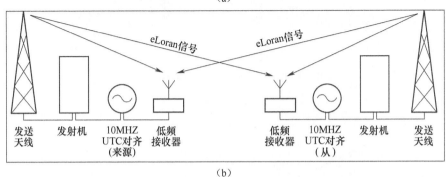

（b）

图 41.8　TWSTT 和 TWLFTT（由 UrsaNav 公司提供。）
（a）TWSTT；（b）TNLFTT。

41.5　低频传播

100kHz 无线电波以两种方式传播：一是地球表面的地波，二是从电离层反射的天波。100kHz 的地波传播是相对可重复和可预测的，可实现准确的长范围无线电测距定位和授时应用；相反，天波的传播路径和速度是可变的，并取决于通常是未知的电离层条件，导致天波传播不太适合长距离高精度的应用。本节重点介绍地波与天波传播的关系、地波传播的特性以及可用于建模和校正这些特性的方法。

41.5.1　天波与地波传播的关系

电离层是地球大气层的一部分，包含在太阳辐射影响下电离的气体。根据它们的频率，传输的信号被折射或反射在电离层的其中一层[18]。100kHz 的 Loran-C 信号反射在电离层的 D 区域，如图 41.9 所示。

由于太阳活动的变化，电离层不断变化。深夜的天波场强最大，电离层 D 区域吸收最小。在日出时吸收迅速增加，几乎和日落时一样迅速，结果是天波延迟不可预测且不稳定，导致天波不适合精确的绝对定位。然而,如41.2节所述,最近的研究旨在减少VLF和LF天波延迟的不确定性。

由于天波信号的路径长度比地波长,因此天波信号通常比地波信号更长。然而,天波的传播速度比地波快,导致天波在离发射机更远的地方"追上"地波。典型的天波延迟范围为30~50μs(长距离的单跳反射)或2000~4000μs(短距离多跳反射。)此外,如图41.10所示,天波的传播与地波的传播相比,衰减较低。根据经验,夜间的天波往往有较长的延迟,但通常比白天强很多[24]。

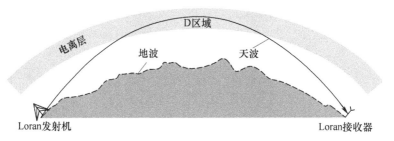

图 41.9　Loran-C 地波和天波传播
(由美国加利福尼亚州 Wouter Pelgrum 提供。)

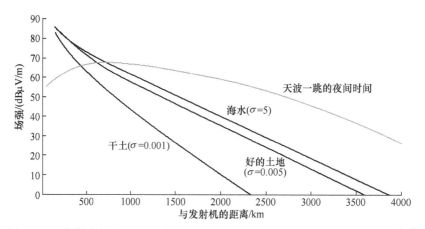

图 41.10　发射功率为 100kW 时,地面和天波场强度与发射机距离的函数关系[23]
(经 IEEE 许可转载。)

Loran-C 的脉冲信号结构允许接收机测量稳定的地波到达时间,不受具有未知但通常较长延迟天波的干扰。这是脉冲 Loran 系统相对于 CW 系统的一个重要优势,如 R-Mode 和前 DECCA 导航系统,尤其是在 DECCA 导航系统中,天波严重限制了信号的有效范围,夜间尤其严重。

一旦接收机在 PCI 上求平均值,长延迟的天波(天波延迟大于 1ms)就会被 Loran-C 相位码"抵消"。延迟小于 1ms 的天波可以通过仅跟踪接收脉冲的早期部分来减轻。较早时段内跟踪的天波脉冲干净有噪声,相比之下稍后时段跟踪的天波脉冲噪声较小但被污染风险较高,这就需要权衡选择最佳跟踪点。图 41.11 说明了天波是如何在接收到脉冲后期引入高可变性的,特别是在更远的苏斯顿台。Loran-MOPS(最低操作性能标准)[17]规定接收

机需要在 $30\mu s$ 处跟踪脉冲相位,即具有正相位码的脉冲的第三个从负到正的过零点,这里通常无天波。

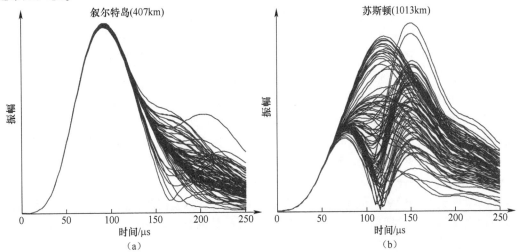

图 41.11　在荷兰代尔夫特接收到的来自叙尔特岛[(a)图距离 407km]和苏斯顿站[(b)图距离 1013km]
的 24h 脉冲包络。每条线代表 15min 积分脉冲的包络。从更远的苏斯顿站接收到的
信号清楚地显示出更早、更强的天波[25]

(由美国加利福尼亚州 Wouter Pelgrum 提供。)

图 41.12 显示了在英国哈里奇地区距离 1257km 处测量的来自 Ejde 的 10 次连续由负到正过零点的跟踪结果。底部轨迹描绘第三个过零点,不受天波影响但是有噪声。每个连续的更高轨迹描绘了下一个由负到正的过零点,大约 $10\mu s$ 后,噪声会变小,但同时天波污染会增强。最佳接收机实现利用了 $30\mu s$ 标准跟踪点的无偏特性和更高跟踪点的短期稳定性。通常,除了日落之后和日出之前不久,天波会在几分钟的时间内基本稳定,如图 41.12 中所示,当地时间 20:00 和 04:00 左右时清晰可见。

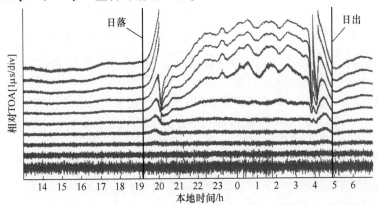

图 41.12　2006 年 4 月 20—21 日在英国哈里奇地区距离 1257km 处测量的来自 Ejde 的 10 次连续由负到
正过零点的跟踪结果。底部轨迹描绘了第三次过零点;垂直的黑线描绘了日落和日出。出于演示目的,
每个蓝色轨道都绘制了任意偏移量;因此,各个轨道之间的距离并不代表相关的由负到正过零点
之间的实际时间差

(由美国加利福尼亚州 Wouter Pelgrum 提供。)

地波跟踪的一种方法是根据已知的参考脉冲形状(如使用 MUSIC[26]),通过数学方法将接收的复合波形分解为地波和(多个)天波脉冲。在使用这种方法时需要有可靠的脉冲参考,但具有色散传播特性的 Loran 很难满足这一条件。相对宽带信号(100kHz 载波频率下的 20kHz 带宽)使 Loran 信号容易受到作为传播路径函数的脉冲失真的影响。正如 Loran 系统中不断变化的 ECD 一样,这种影响将降低地波天波数学分解方法的实用性和可靠性。

30μs 标准跟踪点处通常是无天波的,但在相当极端的情况下,30μs 标准跟踪点处是有天波的,这种极端情况称为"早期天波"条件。早期天波条件可能发生在有太阳的恶劣天气中,在这种天气中,电离层受到的干扰足以给北纬的信号造成影响[27-28]。这种影响使得天波比正常延迟更短,从而导致在标准跟踪点(30μs)处对地波造成潜在干扰。针对完整性的潜在影响,有几种补救措施。接收机可以通过更早跟踪脉冲来减少早期天波的影响。例如,天波延迟 20μs 的概率明显低于延迟 30μs 的概率。此外,通过提前一个周期的跟踪,也可以减少早期天波的影响。但是,较早跟踪点处的能量也明显较低,这使准确可靠地跟踪过零点变得更加困难。俄罗斯 Chayka 系统所使用的具有较陡前缘的传输脉冲可以减少这种能量的损失,如图 41.13 所示。

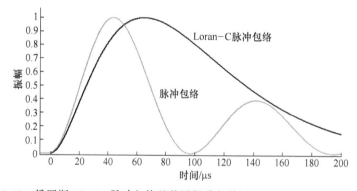

图 41.13   俄罗斯 Chayka 脉冲包络的前导部分与美国 Loran-C 脉冲包络的比较
(由美国加利福尼亚州 Wouter Pelgrum 提供。)

处理早期天波的可使用检测方法,即把被早期天波污染的信号进行标记并丢弃,这样可以通过降低完好性来提升可用性。由接收机进行可靠的早期天波检测是一项非常有挑战的任务,而通过监控网络检测看似具有更高的可行性[29]。位于已知位置的监测站通过将测量的特性(如 ECD 和 TOA)与参考值进行比较,更容易检测到传播的异常情况。完好性警报可以通过 LDC[如 Eurofix 或第 9 脉冲(9th pulse)]来传输给用户。

41.5.2   地波传播:PF、SF 和 ASF

100kHz 的地波是稳定的,并且可以实现米级的可重复定位精度[30]。Loran-C 地波的实际传播时间是表面阻抗和地形的函数,它与真空中的光速明显不同。在 Loran-C 系统中,通过 3 个校正因子来补偿这种差异[13]:主要因子(PF)、次要因子(SF)和附加二次相位因子(ASF):

$$TOA - TOT = \frac{R}{c} + PF + SF + ASF + B + \varepsilon \tag{41.3}$$

式中:TOA 为接收机测量的到达时间;TOT 为 Loran 信号的传输时间;R 为实际距离(m);c 为真空中的光速;PF 为主要因子(替代定义;见下文);SF 为次要因子;ASF 为附加二次相位因子;B 为接收机钟差(接收机和发射机时钟的差);ε 为测量噪声。

根据 Loran 信号在大气中的传播速度比在真空中慢这一事实,PF 由式(41.4)给出:

$$\text{PF} = \frac{d}{v_{\text{pf}}} = \frac{d}{c/\eta} \cdot \eta \ \frac{d}{c} [\text{s}] \tag{41.4}$$

式中:PF 为以 s 为单位的主要因子;d 为距离;$v_{\text{pf}} = 299691162\text{m/s}$ 为穿过大气层的光速;$c = 299792458\text{m/s}$ 为自由空间中的光速;$\eta = 1.000338$ 为大气中的折射率[13, 31]。

PF 的另一种定义是将其定义为信号穿过大气与穿过真空的传播时间差:

$$\text{PF}_{\text{alternate}} = \frac{d}{v_{\text{pf}}} - \frac{d}{c} = \eta \ \frac{d}{c} - \frac{d}{c} = (\eta - 1) \ \frac{d}{c} [\text{s}] \tag{41.5}$$

SF 未考虑大气传输延迟,而考虑了在电导率为 $\sigma = 5000\text{ms/m}$ 的全海水路径上传输的额外延迟[13]。SF 通过 Harris 多项式[32] 和 Brunavs 模型[33] 来进行描述。但是由于 Harris 多项式不具有连续性,因此 RTCM-SC 127 决定对 eLoran 采用 Brunavs 模型[31]:

$$\text{Brunavs}_{\text{PF+SF}} = -111 + 98.2D + (12.0D + 113.0)\text{e}^{-\frac{D}{2}} + \frac{2.277}{D} \tag{41.6}$$

式中:D 为距离(m),需要除以 10000。请注意,Brunavs 模型同时考虑了 PF($\eta = 1.000338$) 和 SF($\sigma = 5000\text{ms/m}$)。从图 41.14 中可以看出,SF 随距离变化而变化。

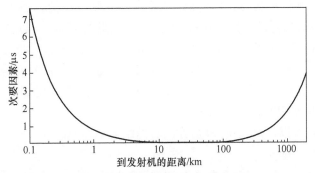

图 41.14　作为距离函数的次要因子
(由美国加利福尼亚州 Wouter Pelgrum 提供。)

ASF 表示相对于全海水路径,Loran 信号在穿越异质地球时产生的增量传播延迟。地波的传播速度随着其传播所经过的地面类型的变化而变化,关键参数是表面阻抗。信号在经过冰层、沙漠或山脉时传播速度最慢,在条件良好的农田上传播速度要快一些,在海水中传播速度最快。此外,信号的传播速度以一种复杂的方式随着与发射机距离的变化而变化。除此之外,Loran-C 信号在传播过程中会翻山越谷,使得传播路径明显变长。ASF 的定义中包括了所有这些额外延迟,因此它是距离、表面阻抗和地形的函数,如图 41.15 所示。如果不对其进行补偿,ASF 会成为 Loran-C 信号绝对定位中最大的误差源。41.5.2.1 节描述了可用的 ASF 空间变化的修正方法,41.5.2.2 节描述了对其时间分量的修正。

Loran-C 脉冲不仅会出现延迟,而且它作为传播路径函数还会出现失真。由于不同的频率分量其延迟和衰减程度不同,所以造成了群延迟和相位延迟之间的差异,以及脉冲形状

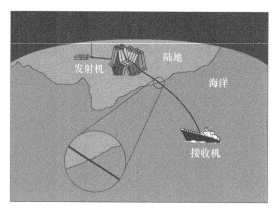

图 41.15　考虑了由陆地的传导性和地形造成的额外传播延迟的 ASF

(由 Williams 和 Last 提供[34]。)

的失真。如 41.3.2 节所述,Loran-C 脉冲的延迟和失真都会使 ECD 发生变化,同时这也会影响 Loran 周期识别过程的鲁棒性。过早或过晚错误地跟踪 Loran 脉冲会导致 $10\mu s(3km)$ 的 TOA 误差。

最小 ASF 值出现在全海水传播路径时,可忽略不计,最大能达到数微秒。所以,如果不进行修正,ASF 可能会导致数百米的定位误差。一般来说,Loran-C 发射机的时间是由台点区域监测站(SAM)来校正的,这些站点位于需要高精度定位的区域内(如港口或机场周围)。然后,这些监测站将分别对 Loran-C 发射机的时间进行校正,以便在 SAM 区域实现最佳定位性能。这有效地减小了 SAM 区域单台链操作中 ASF 诱发的误差,但这通常会导致其他区域的 Loran-C 性能下降。相比之下,现代 eLoran 使用 TOT 控制,使发射机时间与 UTC 紧密同步,同时也需要多台链 eLoran 接收机来修正 ASF 引起的误差。

41.5.2.1　ASF 空间变化

ASF 的空间修正可以通过建模、测量或两者的结合来实现。

41.5.2.1.1　ASF 建模

100kHz 地波的相速度是与地面电导率、地形变化和大气折射率有关的复杂函数。精确相速度的建模需要通过求解电磁波方程将上述参数结合起来,过去已经有学者提出几种不同复杂度的近似方法[35],但用数学方法求解该方程似乎无解。

最简单的地波传播模型是假设在平面地球[Sommerfeld(1927), Norton(1937)]和球形地球[MacDonald(1903)、Watson(1918)、Van der Pol and Bremmer(1937)]上的传播路径都是均匀的。Millington(1949)[36]和 Pressey(1953)提出了一种半经验方法,利用这种方法可以预测由多个均匀段组成的非均匀路径上的场强度和相位延迟。例如,当接收机远离海陆边界时,对于由海洋元素和没有任何地形变化的均匀陆地元素组成的路径,利用物理推断和相互作用原理的 Millington-Pressey 方法可以得出一个令人满意的 ASF 近似值。

更完整的 ASF 建模包括混合路径(不同的土地电导率)和不同的地形,它需要精确的电导率和地形图,并结合简化假设和近似的数值方法才可以解决问题。早期研究这一问题的主要学者有 Wait(1964)[37]、Hufford(1952)、Johler 和 Berry(1967),以及 Monteath(1978)[38]。

Williams 和 Last[34,39]在其名为"BALOR"的软件包中实现了 Monteath 和 Wait 的方法,俄亥俄大学将其进一步改进为罗兰传播模型(LPM)[40-41]。Williams 和 Last 开展的研究和验证是具有开创性的,所有的现代罗兰传播建模软件的解算都是基于他们的研究成果。

文献[41]利用美国东海岸的飞行测试实验对 LPM 进行了描述和验证。图 41.16 给出了测量运动的快照,飞行路线包括 1000ft 高空的直线飞行和多次接近带有 CRG 指示器机场的进近飞行。建模得到的 ASF 与测量值非常吻合,除了一些偏移之外均显示出了相同的变化。前 3500s 用于在 A 区 CRG 进近飞行,在穿越海岸线时发射机和接收机之间的陆地距离快速变化,使得 ASF 变化较大(特别是在木星台观测的 ASF 变化)。在大约 4800s 时到达 B 点,在 6600s 时到达 C 点。

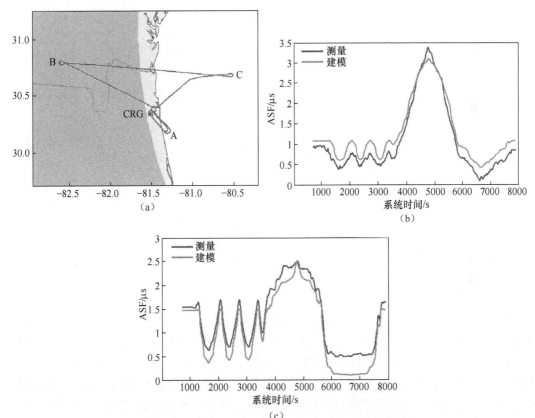

图41.16　图(a)所示的飞行路径可对马萨诸塞州南塔基特站[图(b)]
和佛罗里达州木星站[图(c)]的 ASF 值进行建模和测量
(经 Blazyk 等许可转载[41]。)

对于不熟悉底层算法和方法的人来说,准确的 ASF 建模可能是一项艰巨的任务。目前可用的计算能力能够对大范围的 ASF 进行建模,但仍存在一些挑战,如图 41.16 所示的模型误差。其中一些挑战包括地球大气在 100kHz 时的折射、电导率数据库的准确性、机载接收机的高度补偿,以及用于实现充足计算效率的各种模型的简化验证。

41.5.2.1.2　ASF 测量

建模得到的地波传播精度是非常有限的,对于需要高精度的应用(如海事 HEA 程序和精确时间恢复)来说,这种精度远远不够[29]。对于这些应用,建议使用集成的 eLoran-GNSS

接收机进行专门测量以获取 ASF 实时测量值。通过将 GNSS 接收机获得的地面真实位置和时间与测量得到的 Loran TOA 相结合,来计算 ASF 测量值。结果是沿测量路径对 ASF 值进行"轨迹线测量"。为了获得全覆盖二维 ASF 校正图,需要在测量区域之外对测量值进行插值/外推。从理论上讲,相邻单元沿发射机径向移动的 ASF 值之间的相关性要比与径向正交的 ASF 值之间的相关性强得多。例如,可以考虑位于海岸线上的 eLoran 发射机和沿着同一海岸线的接收机。如果沿着发射机径向移动则会显示出非常相似的传播特征,因此 ASF 会缓慢变化;而与发射机径向移动正交时则可能导致传播特征发生显著变化,这种变化甚至可能是从全海路径到全陆地路径的变化。因此,应沿发射机径向移动对 ASF 测量值进行插值和外推,以获取最佳性能[25],如图 41.17 所示。

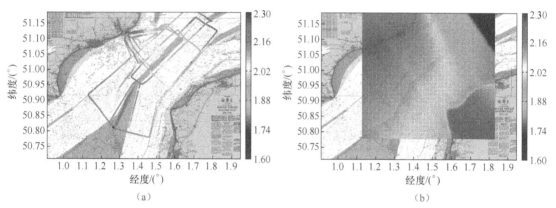

图 41.17 英国 Anthorn-eLoran 发射机的 ASF 测量值[图(a)]以及
径向插值和外推后产生的 ASF 校正图[图(b)]
(经 Williams and Hargreaves 许可转载[42]。)

41.5.2.1.3 测量和模拟 ASF 结合

通过详细的 ASF 测量活动覆盖所有港口和沿海地区在经济上是不切实际的[43]。为了在 ASF 调查港口之间的海域提供中等精度的 eLoran 定位,英国 GLA 提出"沿海航行阶段 eLoran"的概念。在这个概念中,偶尔使用 ASF 现场测量来校准建模得到 ASF 值。图 41.18(a)中的 ASF 测量值是通过在 6 艘船上安装组合式 eLoran/GPS 接收机获得的,该接收机在船舶日常作业时持续进行 ASF 校准测量。图 41.18(d)显示了校准模型值的混合 ASF 图。造成这种结果的一个复杂因素是 ASF 的时间变化,见 41.5.2.2 节。对于港口入口和进近程序,这些时间变化通过使用差分校正来补偿。然而,在沿海航行概念中,附近并不总存在一个差分参考台,这就限制了取决于位置和时间的整体精度[43]。

41.5.2.1.4 利用集成 eLoran-GNSS 接收机测量和校正 ASF

配备 GNSS 和 eLoran 的接收机原则上可以在 eLoran 和 GNSS 都可用时"动态"创建自己的 ASF 地图,并在 GNSS 出现故障时切换到能够进行 ASF 校正的 eLoran 上[44]。例如,在 GNSS 受到干扰期间,反复飞行相同航点的无人机可以使用这种方法维持高精度的 eLoran 定位。如果接收机具有通信能力,则此概念可扩展到基于云的 ASF 测量。其中,在特定区域内具有 eLoran-GNSS 组合接收机的所有用户都可持续更新和共享 ASF 校正图。静止的 eLoran-GNSS 定时接收机可以跟踪其自身的 ASF。通常,当 GNSS 可用且精准时,能够校准

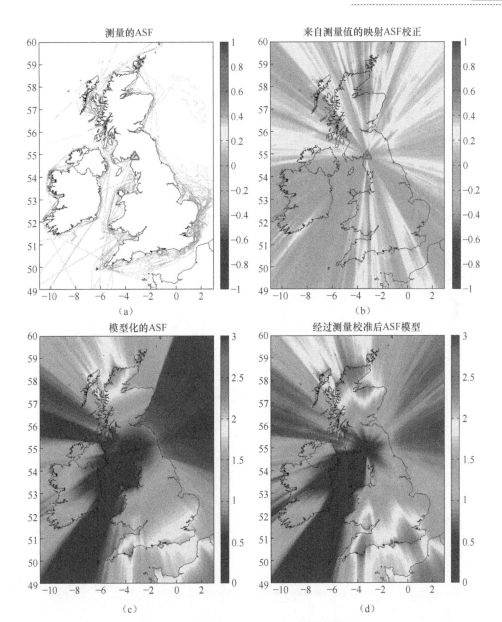

图 41.18 英国 Anthorn–eLoran 发射机的 ASF

(a)显示了测量的 ASF;(b)这些 ASF 是通过发射机半径进行插值和外推的;(c)描述了基于数学建模的 ASF;
(d)使用实际测量的 ASF 校准建模值,以获得精度和覆盖率(经 Hargreaves 等许可复制[43]。)

eLoran 传播延迟的空间分量。然而,当 GNSS 系统不可用或不可靠时,定时接收机将切换到 ASF 校准的 eLoran 定时接收机上,从而在保持高精度的同时实现无缝连续运行。

41.5.2.2 ASF 时间变化

ASF 传播的空间变化随着时间的推移基本上是稳定的,因此传播的空间变化可以使用基于模型、测量或两者的校正图来补偿。ASF 传播的时间变化会对这些空间网格校正的有效性造成一定影响。

美国海岸警卫队(USCG)在 20 世纪 70 年代和 80 年代对地波传播的时间变化进行了广

泛的理论和实验研究。

根据 Johler[45]的说法,地波时间变化的原因如下。

- 气候和天气引起的地面阻抗变化。
- 天气、气候和地面高程对地面空气折射率的影响。
- 地面折射率梯度随地面以上高度的变化(折射率垂直衰减)。
- 地形粗糙度、海拔高度、土壤稠度和地质底层与天气和气候相互作用,产生地面阻抗变化和大气变化(如温度反演)的微妙影响。

时间效应可以是昼夜性的、季节性的,甚至可能表现出与太阳黑子周期相关的长期效应。此外,陆地上的路径比水面上的路径更容易受到传播延迟波动的影响,而且这些波动在冬季比夏季大得多[46]。

20 世纪 70 年代和 80 年代初,USCG 进行了一系列的区域 Loran-C 信号稳定性的研究,开发了用于解释信号传播延迟随季节性变化的模型,并利用实验进行了验证[45]。作为美国罗兰资本重组计划一部分的 LORIPP 集团利用 USCG 监测网络的数据扩展了 USCG 模型,从而得到了文献[29]中提出的对时间变化的评估。

如图 41.19 所示,在美国,东北部和五大湖区的时间变化最大,东南部的时间变化较小,西海岸的时间变化更小,西部各州的高海拔地区和低大气密度地区几乎不存在时间变化。

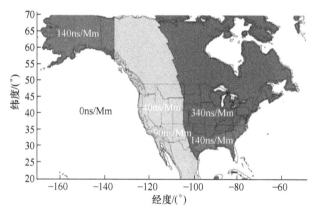

图 41.19　美国的时间变化区域,单位为 ns/1000km(以 mm 表示)[29]
(经美国联邦航空管理局许可转载。)

地波传播的时间变化是精密定位(如港口入口和进近,或 HEA)和精确时间误差恢复的一个关键因素。本地差分参考台可用来减小时间变化的影响,然后剩余误差由时间校正的空间解相关确定——参考位置处经验变化与用户位置处经验变化的差异。这种与空间解相关的幅度是到参考台点的距离、发射机到参考台点以及发射机到用户传播路径公共的函数。文献[43]讨论了 eLoran HEA 在英国几个主要港口的初始运行能力(IOC),并估计在距离差分参考台 30~50km 范围内,使用高质量的 ASF 校正图时,可实现的 eLoran 定位精度约为 10 m(95%)。

差分校正的更新率和延迟需要比接收信号的时间变化率小。传播路径的变化通常是非常缓慢的,慢到足以由低比特率的 LDC 支持:由于单个 eLoran 发射机的广播校正来自多个差分台,因此会导致几分钟的校正延迟。然而,如果存在更多的高频信号变化,则可能需要更快的差分更新以实现最终精度,例如,英国 Anthorn 天线的相位中心变化可以通过使该天线在风中摇摆数米来补偿[47]。

一些应用(如航空非精密进近等)被认定为不使用实时时间校正,而使用整个季节的平均 ASF 值。同时,为了实现位置解算的完整性,需要对相关的和不相关的时间 ASF 变化进行适当的限定[48]。对于传统 Loran-C 系统,美国联邦航空管理局认为,Loran-C 可以提供半径为 90n mile 的高质量信号覆盖(当北美 Loran-C 系统完全运行时)[49]。

41.5.3 再辐射

在微观层面上,低频无线电波的传播会受到局部物体的严重干扰。这些物体会引起再辐射,再辐射对电场和磁场具有显著的局部影响,并且会导致几十米到几百米的定位误差。低频再辐射可以与 GPS 多径效应相比较,但它并不是 GPS 多径效应。

主要因子、次要因子和附加二次相位因子修正了 Loran-C 信号的远场传播现象,并且对于远离物体的接收机有效且充分。因此在远场中,配有电场或磁场天线的接收机之间的性能差异仅由传感器性能以及潜在的本地干扰决定。然而,本地物体的存在会扭曲电场和磁场之间的远场关系。(低频)信号到达具有介电常数 $\varepsilon \neq \varepsilon_0$、磁导率 $\mu \neq \mu_0$ 和/或电导率 $\sigma \neq 0$ 的物体后,该物体会再辐射此信号。该物体的波长(罗兰导航系统:$\lambda = 3km$)需要非常大才能产生"明显"的影响。然而,现代 Loran-C 接收机重新定义了"明显",因为它们现在可以以 ns 精度跟踪低频无线电导航信号,这大约相当于波长 λ 的 1/10000,频率为 100kHz。考虑到这种精度水平,现在认为还有更多的物体会对获得的定位和授时性能产生显著影响,例如建筑物、桥梁、电线,甚至是道路和停放着的汽车上的金属加固物。

对于任何射频系统来说,再辐射都是一个具有挑战性的问题,模拟再辐射器的影响并不是一项简单的任务。Causebrook 和其他人都曾研究过建筑地形对低频和中频地波传播的影响,以此来预测 BBC 低频和中频无线电广播覆盖的影响[50-52]。

再辐射信号通常来自与直接信号不同的方向。因此,天线的角度响应会影响再辐射的测量效果。此外,天线本身的辐射模式也会受到局部效应的影响,这使得传感器成为再辐射测量的一个组成部分。由此推断,再辐射对定位和授时性能的影响有一部分来自传感器。

41.5.3.1 电场天线对再辐射的响应

低频电场天线通常是无限小的单极天线。这种天线具有全向灵敏度,可以探测任意地面电位的入射场。试想,一艘在海水上的船:水形成一个导电的地平面,便产生一个明确的天线相位中心。但是汽车装置的响应就不那么确定了,虽然汽车底盘可以与道路隔离,却可能与附近的物体发生寄生电容耦合。这使安装在汽车上的无限小的单极电场天线的辐射模式与其周围环境相关,有可能会导致较大的共模振幅和相位波动。值得注意的是,相位波动的共模分量在定位解算中作为接收机时钟偏差被抵消,所以它不会导致定位误差,但会大大降低(移动)授时接收机的性能。

41.5.3.2 磁场天线对再辐射的响应

典型的低频磁场环形天线具有"8"字形辐射模式。将两个环形天线组合在一起,产生的波束可以进行电子引导,从而获得指向某个电台的最佳信噪比。

所有接收站都可以在软件中单独完成这件事情(见 41.7.1.1 节)。再辐射对接收到的磁场信号的影响取决于朝向发射机的方向以及再辐射相对于接收机的相对位置。磁场天对在再辐射环境中的差模特性给出了一个合理解释,即在再辐射情况下,磁场比电场的定位误差往往更大。这在文献[25]的3.5节中有更详细的讨论。磁场天线对再辐射的响应也可以通过比较给定的估计接收机位置的多个信号测量到达角的一致性来检测[25]。

图41.20是电场与磁场对再辐射的响应示例。这些测量于2003年在美国马萨诸塞州塞茨南部的495号州际公路(I-495)上进行。电场定位(红色)在轨道上保持得相对良好,而磁场定位(黄色)则显示出了明显但可重复的偏移。

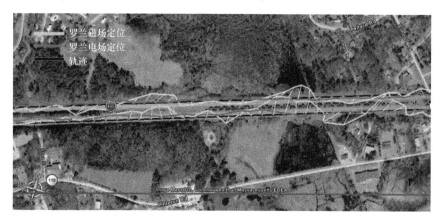

图41.20　I-495南部轨道的细节(红线描绘了电场定位;黄线描绘了磁场定位[25,53]。插图由美国加利福尼亚州Wouter Pelgrum提供。)

41.5.3.3　减轻再辐射

原则上,以下方法可用于减轻再辐射造成的潜在性能下降。

● 电场天线对抗磁场天线。根据环境和应用,电场天线将比磁场天线产生更好的效果,反之亦然,如图41.20所示。

● 再辐射与直接信号的分离。为了使这种方法发挥作用,需要在以下一个或多个区域对直接信号和再辐射信号进行区分:编码域和时域、频域(多普勒)和/或空域(方向)。然而,与直接信号相比,再辐射信号的时间和频率偏移通常非常小,并且再辐射信号很少来自同一个方向。所以,以上述任何一种方式将再辐射与直接信号分离成功的可能性都比较小。但是,再辐射的影响通常会随着接收机位移的变化而变化,当短期接收机位移可以从其他来源(如IMU)获得时,这一现象会更多地被用于检测和拒绝。值得注意的是,再辐射引起的误差通常是不对称的,这对接收机位移成功地进行平均化产生了一定的限制。

● 排除被再辐射污染的测量值。在一个确定的或者集成多传感器解决方案中,可以使用RAIM(自主完好性监测接收机)等方法来排除受再辐射影响严重的Loran测量值。请注意,这种方法通常只有在附近发射机数量有限时才可用,而且在再辐射情况下,多个信号可能会同时受到影响,这将限制仅用Loran的方法。然而,如果解决方案仅需单个信号(例如,对于航行的或静止的授时应用),则对来自多个发射机的信号进行最佳加权方可产生较好的结果。

● 排除不好的解决方案。如果检测到再辐射,则排除整个解决方案。要么使用过去的数据,要么依靠其他传感器(如惯性导航或里程计)的解决方案。

● 再辐射的测量与校正。如果再辐射在时间上是稳定的,那么原则上可以测量再辐射引起的TOA误差,并提供具有足够空间分辨率的校正图,使接收机能够应用必要的校正。但需注意再辐射可能是相对局部的,仅有米级,甚至网格步距为 10 m 的地图也可能对这种现象采样不足。此外,潜在的较大 TOA 变化作为小位移函数使校正变得不明确。最后,再辐射校正图描述了近场效应,对于电场和磁场接收机有所不同。应特别注意消除或补偿车辆对天线响应的影响,例如确保参考接收机中使用的磁场天线波束控制方法与用户接收机的相似等。

41.5.3.4 再辐射对空间 ASF 和差分 ASF 校正的影响

ASF 校正通常被认为是远场校正,因此对配电场或磁场天线的接收机具有相似的适用性。重要的一点是要保持空间校正和实时差分校正都是无再辐射的。例如,如果一个差分校正台受到再辐射的影响,那么这个参考台的时间校正实际上会有偏差。当这个相同的参考台应用于创建和使用空间 ASF 校正图时,这种偏差可能是相对稳定的并且不会显现出来。然而,一旦再辐射环境发生变化,或者使用不同的参考台,用户就会出现定位或授时误差。

保持空间 ASF 校正无再辐射同样也很重要。空间 ASF 校正无再辐射将使配备电场和磁场的接收机都能使用校正结果。如图 41.21 所示,准确的陆地移动 ASF 测量并非一件容易的事。图 4.21(a)显示了沿美国马萨诸塞州 I-495-南移动的电场和磁场 ASF 测量。电场值(虚线)在磁场值(实线)周围经历了一个共模波动。如前所述,电场天线是一个无限小的、参考任意地平面的单极天线,所以这种共模偏差与仪器有关。减去从最强台台——楠塔基特岛台测量的 ASF[图 41.21(b)],得到电场和磁场"差分" ASF 测量之间高度一致的结果。电场测量中不同的共模偏差不会导致定位误差,但会造成授时接收机的误差。此外,当不同的 ASF 图被拼接在一起并且与模型值结合时,需要注意适当考虑这些偏差。

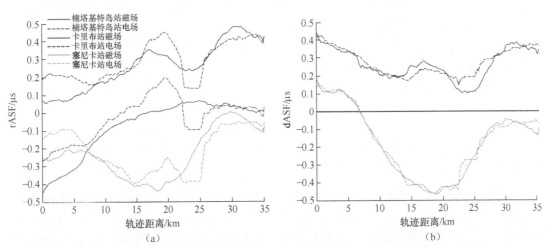

图 41.21　沿美国马萨诸塞州 I-495-南移动的电场和磁场 ASF 测量

(a)ASF;(b)与 Nantucket 台有关的差分 ASF

(由美国加利福尼亚州 Wouter Pelgrum 提供。)

图 41.22 描述了在美国佛罗里达州坦帕湾进行的测量试验的 95% 和 99% 的定位结果,该结果是 ASF 校正图网格大小的函数,而且是电场与磁场的定位和 ASF 图 4 个组合的函数。对于较大的网格,95% 的定位误差几乎是相同的,只是对于较小的网格,与磁场定位的电场地图相比,电场定位的电场地图比场定位的磁场地图产生的结果略好;反之亦然。从这种差异可以看出在电场和磁场 ASF 校正图上还存在一些再辐射影响。

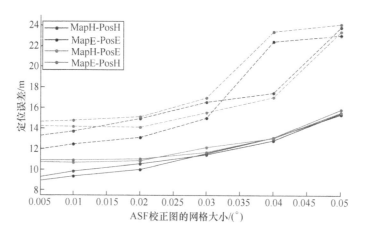

图 41.22　坦帕湾港口入口和进港测试期间(2004 年)的定位性能与 ASF 校正图的网格大小有关
(实线代表 95%的定位精度,虚线代表 99%的定位精度。已知的再辐射(桥梁)位置已被排除在测量之外)
(由美国加利福尼亚州 Wouter Pelgrum 提供。)

41.6　噪声和干扰

　　低频无线电导航受到接收系统内部和外部噪声及干扰的影响。内部噪声主要由接收天线和相关放大器的噪声性能决定。Loran-C 信号的 3 km 波长使接收天线变得非常小,这更需要我们对天线的噪声进行精心设计,对于磁场天线来说更是如此,在 41.7.1.3 节中有进一步的详细说明。外部噪声来自人为或者自然现象,后者主要是大气噪声,是由全球的闪电放电引起的。人为噪声包括非 Loran 无线电发射机(例如:远程通信中的干扰、其他 Loran 发射机的自我干扰(交叉速率)以及其他来源的干扰,如电力线通信、电气机械和电子产品等)。

41.6.1　大气噪声

　　外部噪声可能是人为造成的,也可能是由自然现象造成的。自然现象造成的外部噪声可分为大气噪声和星系噪声。频率在 30MHz 以下时,大气噪声占主导地位[54],它是由云层之间或云层与地面之间的放电(以闪电的形式)导致的。这些放电所释放的能量是宽频带的,峰值为 10kHz。天波的传播使这些低频波可以在离源头几千千米的地方被探测到[55]。大气噪声的大小是位置、季节和时间的函数。大气噪声在赤道比在两极强,夜间比白天强,夏季比冬季强。CCIR 322-2 的研究[54](记录在 ITU-R 建议 P.372[55]中)是大气噪声统计特征的一个良好开端。ITU-R 建议 P.372 将大气噪声估计为在没有其他信号(无论是有意辐射还是无意辐射)的情况下雷电的平均背景噪声水平。该报告以 1957—1961 年在全球 16 个台台收集的 4 年的数据为基础,提供了关于噪声系数、噪声冲击性和振幅概率分布的统计数据。分别描述了一年四季中大气噪声的大小,并进一步将时间进行细分,每 4h 为一部分,一共有 6 部分。例如,图 41.23 描绘了 1800 本地时北半球夏季部分地区的 CCIR 噪声水平。请注意,美国毗连区(CONUS)中心的噪声水平(+90dB)与西欧的噪声水平(+60dB)

存在很明显的差异,这些差异使这些地区的 Loran 系统需要进行不同程度的优化。还需要注意的是,欧洲的典型发射机有效辐射功率约为 250kW,而北美的典型发射机有效辐射功率平均值为 600kW。

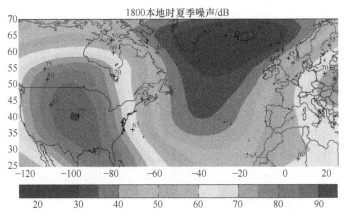

图 41.23　北美和西欧 CCIR 噪声水平的比较[56]

(经 CPGPS 许可转载。)

在远距离(如几百万米)的雷电放电情况下,尽管振幅不会超过极值也将对其以随机的时间周期和较高的速率接收。这些雷电的叠加形成了或多或少的高斯分布[57-58]。其中一部分的大气噪声只能通过平均化的方法来减轻,并且它也是外部噪声的下限。在离接收机较近的地方,雷电放电可能是非常有能量和有冲击性的。在两次雷击之间有一段相当长的时间[59],在这段时间里,背景噪声不大,可以接收信号[60-61]。这种非高斯性质为处理增益奠定了基础,并且可以通过适当地设计接收机,使其拒绝接收信号中的脉冲成分来获得。

然而,当应用非线性操作(如在选择性样本上进行剪裁和打孔)时,应确保所产生的 Loran 波形失真仍然在可接受的范围内。在实践中,由于典型的大气噪声尖峰一般只有几十微秒[59],而在脉冲通过接收机带通滤波后,这个持续时间会延长[25],所以当受到(大气)干扰时,拒绝一个完整的 Loran 脉冲对我们来说往往是有利的。请注意,在一些情况下,正确检测脉冲导航信号中有害干扰尖峰的存在也是有用的。

41.6.2　沉积静电

沉积静电(P-静电)是用来描述电噪声的术语,它可由落在天线上的带电雨滴产生,或者在航空界由飞机机身的电荷传输到周围大气中产生。机身在飞行过程中可能会带电,这种电荷的平衡可能会导致机身部件之间形成电弧放电(在电介质表面产生流线型放电)及直径相对较小的机身部件电晕放电。放电装置的安装和维护可以大大减少 P-静电噪声。然而,即使采取了这些应对措施,P-静电效应仍然是航空界非常关注的问题[62]。Ohio 大学于 2003—2005 年在佛罗里达(其高雷暴活动闻名)用正交磁场天线和电场天线收集了大量的地面和空中数据。这些测试证实,磁场天线几乎不受 P-静电效应的影响,因此磁场天线是航空使用的首选天线[63-65]。

在陆上和海上使用低频无线电导航模式时,P-静电通常是由带电的雨滴落在电场天线上引起的。增加电场天线圆顶的尺寸和设计精密的天线放大器,通常可以使 P-静电噪声减小到可接受范围内。而磁场天线几乎可以完全消除 P-静电,但代价是需要更复杂的接收机设计以及对局部干扰具有更高的灵敏度。

41.6.3　人造干扰

41.6.3.1　连续波干扰

另一种形式的外部噪声是 CWI。90～110kHz 的频段是严格保留给无线电导航的[21],在 DECCA 导航系统终止后,该频段现在只被 Loran-C 系统使用。因此,低频无线电广播被迫在"Loran-波段"之外,但是,这仍然可能会造成噪声干扰。例如,位于 Mainflingen(德国)的 DCF77 时间发射机,其 77.5kHz 的载波频率被认为是带外干扰,如果没有得到充分的抑制,仍然会大大增加接收机的噪声水平。CWI 曾是模拟接收机硬件的一个重大挑战,并且主要是通过为特定的干扰频谱选择最佳的 Loran GRI 来处理 CWI 的。通过选择谱线与 CWI 不重叠的 GRI,然后对多个 GRI 进行平均来抑制干扰[66]。现代接收机技术允许使用自适应陷波滤波等技术,这使 CWI 的问题大大减少。

41.6.3.2　本地干扰

克服本地的噪声是一个挑战,特别是在陆地移动应用中。现代电子产品(如开关电源调节器和计算机系统)可以在近距离内造成很大的干扰。考虑到干扰源附近的场强随距离增大而快速衰减,因此增加干扰源和天线之间的物理距离是最有效的一种方式。如果物理距离不可行,也可以通过给接收机部署像频域陷波滤波器和/或时域消隐等多域干扰抑制技术来减小噪声。

图 41.24 描述了接收的来自汽车发动机和交通检测环路的干扰以及 Loran 脉冲。在这种情况下,时域消隐技术可以在很大程度上减小干扰。请注意,与引燃火花有关的发动机噪声往往同时出现在电场和磁场中,而与汽车发电机等电气系统有关的噪声在磁场中更大[25]。由于电场和磁场本地干扰源的不同,在决定给 Loran 接收机配备电场或磁场天线时,应考虑这些干扰源的存在。

41.6.4　自干扰:交叉速率干扰(CRI)

Loran-C 系统是一个 TDMA-CDMA 系统,发射机以链状的形式进行组合。在一条链内,为了防止与同一链内的其他发射机重叠,每个发射机都有自己的时隙。每条链都有一个不同的重复率,称为 GRI。由于每个 Loran-C 站以相同的频率发射相同的脉冲信号,所以当一个 Loran-C 链的信号与另外一个或多个链的信号重叠时,信号就会受到干扰。当一条 GRIA 链的信号与另一条 GRIB 链的信号在时间上重合时,就会发生 CRI,如图 41.25 所示。如果不对 CRI 进行相应的处理,CRI 就会延长甚至阻碍周期识别的成功,并可能造成 TOA 测量和数据解码的严重错误。

当距离比较大时,尤其是在夜间,天波的信号强度会超过地波。因此,即使由于地波的衰减使某个台站不能用于跟踪,但它的天波仍然会造成严重的交叉干扰,而且很可能会降低接收机的定位和数据解码性能。根据文献[56],如图 41.26 所示,在几千千米范围内的所有台站都会产生显著的交叉率,并且会影响 TOA 和 ECD 的测量以及数据解码(如 Eurofix 或第 9 脉冲)。

如图 41.26 所示,交叉率的影响是关于交叉脉冲瞬时相位和振幅的函数,包括天波(红

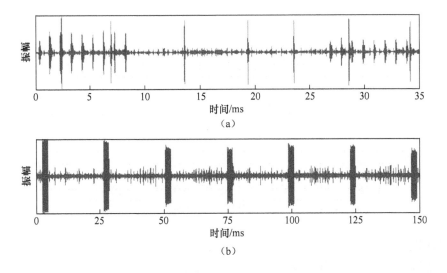

图 41.24　汽车 Loran 应用中的干扰实例

(a)发动机噪声——每 4.8ms 就有一个 160μs 的噪声尖峰;(b)交通检测环路——每 24ms 有一个 2.2ms 长的尖峰
(资料来源:插图由美国加利福尼亚州 Wouter Pelgrum 提供。)

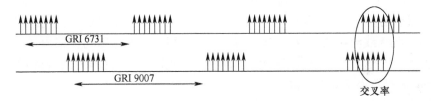

图 41.25　欧洲 Loran 台链 GRI 6731 和 GRI 9007 之间的交叉率
(由美国加利福尼亚州 Wouter Pelgrum 提供。)

色)和跟踪脉冲(蓝色)。交叉率图形在本质上是具有周期性的,其交叉时间如下:

$$T_{\text{cross-over}} = \frac{\text{GRI}_A \cdot \text{GRI}_B}{\text{GCD}(\text{GRI}_A, \text{GRI}_B)} \times 10^{-5}\text{s} \tag{41.7}$$

式中:GCD 为最大公约数;GRIA 和 GRIB 为 4 位数的 GRI(例如,"7499"表示 74990μs)。欧洲和美国的大多数 Loran-C 链的 GRI 都会与它们附近的链有较大的交叉期。然而,交叉率图形仍然可以包含大的子周期或脉冲组部分重叠的"短交叉"。

在北美,GRI 都是 100μs 的倍数,因此 PCI 都是 200μs 的倍数,这就导致链间的 GCD 至少是 200μs。当用频域表示时,就会表现为所有美国的链在 5kHz 的倍数上有着共同的谱线。欧洲的 NELS 链是 10μs 的倍数,这使得其在 50kHz 倍数上有共同的谱线。可见无论选择哪种 GRI,除非该谱线被平衡相位码所抵消,否则 100kHz 的谱线总是由 GRI 共享。

41.6.4.1　通过接收机处理减小 CRI 影响

接收机可以使用以下几种技术来减轻交叉率干扰的影响:

●通过平均化减小 CRI。通过对多个 PCI 进行平均化处理,可以显著降低 CRI。这种方法成功的关键是对 GRI 和相位码的选择。然而,非平衡 Loran-C 相位码大大限制了这种

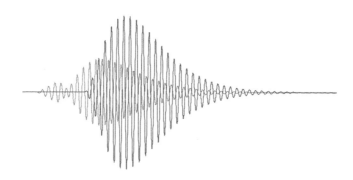

图 41.26　交叉脉冲的天波(红色)击中了被跟踪脉冲的跟踪点(蓝色)
(资料来源:插图由美国加利福尼亚州 Wouter Pelgrum 提供。)

方法的有效性。

●减小频域 CRI。这实际上相当于通过平均化来减小 CRI 的频域等效项,因此与上一种方法有同样的局限性。Loran 的非平衡相位码导致了 100kHz 的共同谱线,并且美国 GRI 在 100μs 网格上的选择曾导致 5kHz 倍数的共同谱线。

●通过消隐减小 CRI。通过简单地丢弃所有被大功率的交叉脉冲击中的脉冲,可以实现 CRI 的降低。这可以通过检测异常脉冲或跟踪交叉站并计算两站的时间重叠来实现。这种方法的缺点是接收的信号强度明显减弱,可能会影响到信号高精度和/或高完整性的应用[29]。

●通过磁场天线波束转向减小 CRI。有了双环磁场天线,就有可能以电子方式使最强的交叉信号失效。这种方法只限于一个交叉信号,通过改善双环磁场接收机的数据解调性能[67]也是一种简单而有效的方法。

●通过估计和做减法使时域 CRI 减小:由于 CRI 在很大程度上是确定的,因此它可以通过跟踪交叉评估站并从输入信号中减去其接收的波形来估计,以实现 CRI 的降低而不损失跟踪能量[20,68]。这种方法存在诸多挑战,包括传输信号的振幅和时间变化,以及获得交叉评估站准确波形的复杂性。

更多详情请阅读有关 Pelgrum 减小 CRI 的文章[25]。

41.6.4.2　通过系统重新设计减小 CRI

1960 年,研究人员就已经预测到通过对多个 PCI 进行平均化来减小交叉率的方法存在局限性[69],并且当多个 Loran-C 链相互之间较近运行时,测量结果会更明显。人们很快发现这种现象是由不理想的相位码和 GRI[70]造成的。然而,在这一发现之后,只有 GRI 的选择得到了优化,而系统还是具有非平衡相位码,这使得 CRI 仍然面临重大挑战。

eLoran 的开发作为美国 Loran 资本重组工作的一部分[29],在由英国带头的欧洲各方[42]的努力下保留了许多 20 世纪 50 年代的系统设计,以此来保持与传统 Loran-C 接收机的兼容性。由于所有的北美传输已于 2010 年终止,因此所有的欧洲传输(除一个欧洲传输外)已于 2015 年终止,因此遗留兼容性不再是一个问题。任何低频无线电导航的重新出现都可能需要系统的重新设计,例如,脉冲形状、脉冲组、链和相位码等。

多年来,已经有许多论文建议进行各种系统优化以减小 CRI。下面是对其中一些建议的简要概述。

41.6.4.2.1　最佳的 GRI 选择

GRI 的选择是关于 CWI 和 CRI 最小化的一个函数。20 世纪 90 年代中期,当 NELS 从 USCG 手中接管欧洲 Loran-C 的传输状态时,做了一个 GRI 优化的例子。选择新的 GRI 主要是为了减少来自众多低频发射机(包括现已终止的带内 DECCA 导航系统[71])的 CWI。然而,现代接收机可以用自适应陷波滤波器更有效地处理 CWI,使 GRI 的选择更侧重于 CRI 的最小化。例如,Šafár[72]开发了一个 GRI 选择程序,并将其应用于优化爱尔兰新站的整体系统性能。

41.6.4.2.2　新相位码

Loran-C 相位码是减小 CRI、CWI 和天波之间的一种折中。Loran-C 相位码是抑制长延迟天波的最佳选择:任何超过 $700\mu s$ 并且因此与脉冲组中的后期脉冲重叠的天波延迟将被消除。然而,由于 Loran-C 相位码是不平衡的,因此减小 CRI 是次优的。多年来,利用天波和 CWI 抑制 CRI[73](1960)以及使用平衡相位码以更好地消除 CRI[74](1974)这两种观点一直有所争论。例如,1975 年,Feldman 坚持认为,除了选择最佳 GRI 外,最好还能优化 Loran-C 的相位码[75]。然而,由于要保持传统的兼容性所以相位码从未改变。

为了减小 CRI,Swaszek 在美国海岸警卫队所做的工作基础上,提出为每个链使用独特的平衡相位码,并与其他相位码相互正交[76]。Bayat 提出了一种新的"Bayat 相位码区间" (BPCI)与特定的 GRI 选择相结合的方法,并声称通过这种方法消除了 CRI 和长延时天波[77]。

41.6.4.2.3　更少的链

传统的 Loran-C 接收机通常使用一条链来确定其位置,偶尔也会用两条链来确定其位置。Loran-C 链经过相应设计,可以在感兴趣的区域(例如港口或机场)提供最佳覆盖范围。大多数 Loran-C 发射机涉及两条链,在传输重叠的情况下,优先考虑一条链。现代 eLoran 接收机能够实现全视角,无论其链如何都可以使用视线内所有的点。这一变化使得链式设计可以被重新设计。有一种提议是通过把更多的放在较长的链中,并使所有的发射机单额定地减少链的数量,从而降低 CRI[76]。这个概念是可以扩大的,例如,把所有美国的 Loran 放在一个单一的链中[78]。请注意,在较长的链中,并不能确保接收机能够获取和跟踪链中的主台。因此,需要用一些替代方法来识别副台。

41.6.4.2.4　台点脉冲模式的全面改进

所有改进系统的提议中都保持了 Loran-C 最初的概念,即一个脉冲组中有 8 个脉冲,脉冲长度为 $300\mu s$,周期为 1ms,并且每个 GRI 都重复这些脉冲组。这些参数在很大程度上是根据 20 世纪 50 年代的低频发射机技术选择的。尽管其他配置早已有了可以参考的原型,如 Loran-D 在一个脉冲组中有 16 个脉冲(20 世纪 60 年代),但大多数从来没有全面地进行操作配置部署(除了 Loran-D 作为军事专用的解决方案)。借助现代发射机技术,系统优化具有更大的灵活性和可能性[78]。例如,正如 Helwig[79]所建议的,使用稍短的脉冲也是可能的,但受限于 90~110kHz 频段内 99% 的发射功率的要求,其不会比 $250\mu s$ 短很多。使用 $250\mu s$ 的脉冲,一个可以每秒发射 4000 个脉冲。并且通过使用每个独有的完全正交码,所有点都可以同时以这种高速率传输并完全拒绝交叉率和长延迟的天波。这样从最初的每秒 80(GRI 4000)~160(GRI 9999)个脉冲到现在的每秒 4000 个脉冲,脉冲率可以获得大幅提高,平均发射功率也提高了约 16dB。后者有望极大地提高接收机对大气噪声和干扰的抵抗力。

41.7 接收机设计

本节描述了 eLoran 接收机的设计权衡和一种可能的实现方法。这里所概述的设计应视为一个例子,不同的情况和不同的限制都可能会产生不同的最佳设计。

大多数传统 Loran-C 接收机都使用了一个"鞭状"电场天线,然后是模拟陷波和带通滤波器以及一个"硬限制"1b 的 ADC。一个微控制器负责基本的信号处理,包括 Loran-C 信号的采集、跟踪和时间差(TD)的计算。然后,用户可以通过找到与计算得到的 TD 相对应的两条或多条位置线(LOP)的交点在地图上找到接收机的位置。图 41.27 所示为传统 Loran-C 接收机,图 41.28 中描述了 LOP 图。

(a)　　　　　　　　　　　　(b)

图 41.27　传统的 Loran-C 接收机[80-81]

(a)SI-TEX XJ-1;(b)Koden LR-770

(经 Ebay 许可转载。)

9960链
M=塞内卡
W=卡尔布
X=楠塔基特
"9960-W-12850":
卡尔布与楠塔基特时差

(a)　　　　　　　　　　　　(b)

图 41.28　美国 9960 台链的传统定位线(LOP)图(a)与放大后的定位线图(b)。

用户可以在 LOP 图上找到与 Loran-C 接收机上显示的测量 TD 相对应的两个或更多的

LOP 的交点来表示用户的位置。图中的 LOP 可以包含近似的 ASF

(资料来源:NOAA 的图像[82]。)

现代 eLoran 接收机向用户提供了电场天线或磁场天线两种选择,并部署了先进的数字信号处理程序来实现信号调制、捕获和跟踪。此外,eLoran 接收机可以应用时间 ASF 校正(实时广播;见 41.5.2.2 节)和空间 ASF 校正(存储在内存中;见 41.5.2.1 节)来实现最佳定位精度。图 41.29(a)是一个集成的 eLoran 和 R-Mode 接收机(eLoran、GPS 和 DGPS),图 41.29(b)是一个独立的 eLoran 参考台接收机。

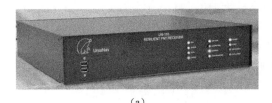

(a) (b)

图 41.29　具有代表性的机架式 eLoran 接收机(照片由 Ursanav,Inc 提供。)

(a)集成的 eLoran 和 R-Mode 接收机;(b)独立的 eLoran 参考站接收机。

本节分两部分讨论现代 eLoran 接收机的设计和工作原理:首先在 41.7.1 节讨论信号的接收和调整,然后在 41.7.2 节讨论 eLoran 信号的处理,如信号采集、跟踪和位置获取。

41.7.1　eLoran 接收机设计:信号接收和调整

图 41.30 所示为 eLoran 接收机通用的信号接收和调整元件。这些元件大多数是常见的,而且基本上与其他无线电导航接收机中使用的元件一样(除低频天线外),这在 41.7.1.1 节中有进一步的详细说明。鉴于现代电子技术的能力,目前最有效的做法是减少模拟前端到天线的阻抗匹配、低噪声放大、自动增益控制和抗混叠。模数转换器(ADC),需要一个满足奈奎斯特采样标准的采样率,例如,400kHz。相对较高的 ADC 采样率降低了对模拟抗混叠滤波器的要求。在数字化和后续的滤波之后,采样率是有可能降低的,例如将信号由 100kHz 的中心频率转换为基带时就可能使得采样率降低。模拟前端和 ADC 的动态范围需要足以同时处理来自附近和远处电台的重叠信号。此外,在后期处理链中通过数字带通和陷波滤波器减少干扰再进行数字化并且保证不失真。通常情况下,使用 16b 或更高分辨率的 ADC 来满足这些要求。

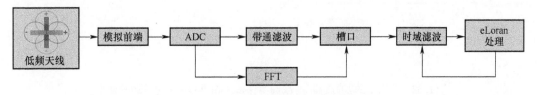

图 41.30　eLoran 接收机通用的信号接收和调整元件

(由美国加利福尼亚 Wouter Pelgrum 提供。)

减小频域干扰是通过带通和陷波滤波器的组合来实现的。虽然 eLoran 信号只占用90~110kHz 的频率范围,但采用一个陡峭的 20kHz 带宽的带通滤波器是不可取的。这样的窄带滤波器会导致脉冲上升速度变慢,从而使脉冲的起始部分出现更明显的衰减。图 41.31 显示的结果描述了一个 20kHz 宽的 8 阶巴特沃斯滤波器。考虑到接收机需要在第三个负零到正零交叉点(30μs)处确定脉冲的 TOA 以防天波污染,所以不希望有额外的衰减。

通过数字接收机进行批处理实现的另一个选择是使用(非因果)零相位失真滤波器,这种滤波器允许陡峭截止,同时保持脉冲形状,从而保持 30μs 跟踪点处的信号能量。这种实现方式的缺点是由于实际接收机中的批处理长度有限,因而会出现"预响",如图 41.32 所示。这种预响会使天波提前进入脉冲,甚至有可能污染 30μs 的标准跟踪点。30μs 的标准跟踪点除非在早期天波条件下,否则该点应该是没有天波的(41.5.1 节)。

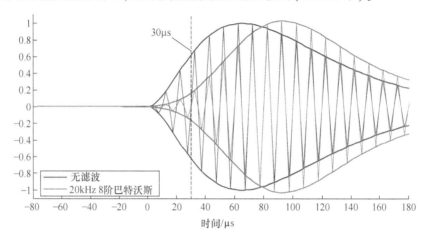

图 41.31　一个陡峭的带通滤波器在 Loran 脉冲开始时造成严重衰减
(由美国加利福尼亚州 Wouter Pelgrum 提供。)

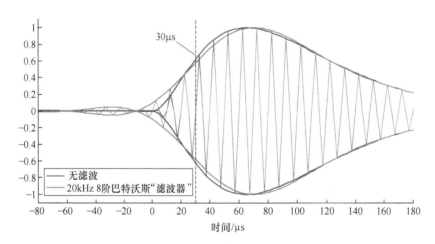

图 41.32　非因果的"滤波器"滤波确实保留了相位和大部分的跟踪能量。
然而,一个陡峭的滤波器会产生明显的"预响",从而有可能在标准跟踪点造成天波污染
(由美国加利福尼亚州 Wouter Pelgrum 提供。)

鉴于相对窄带和陡峭带通滤波器的上述限制,通常使用一个相对的宽带滤波器(如 28kHz 的 8 阶)和多个数字槽口来减轻带内和带外的干扰。通过快速傅里叶变换(FFT),可以方便地安置槽口。

减小时域干扰对于降低脉冲式人为干扰、沉积静电或 41.6 节所述的来自附近雷击的大

气噪声的影响至关重要,关键是要将脉冲干扰与脉冲 Loran 信号区分开,但这并不是一件容易的事。

41.7.1.1 低频天线:电场或磁场

对于低频天线,可以选择电场或磁场天线。进行选择时有许多考虑因素,下文进行了总结。图 41.33 中所示为 eLoran 电场天线和磁场天线的例子。

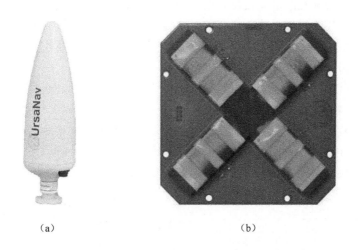

（a）　　　　　　　　　　　　（b）

图 41.33　双频(eLoran 和 GPS)电场天线(a)和 eLoran 交叉环磁场天线的内部结构(b)
（照片由 Ursanav 公司提供。）

41.7.1.1.1 再辐射的天线响应

如 41.5.3 节所述,与磁场天线相比,电场天线对再辐射的感知是不同的。尽管 TOA 变化的幅度在电场中通常要大得多,但它们显示了一个在位置解算中可抵消的大共模分量。这与磁场的变化形成对比,磁场的变化通常较小且完全是差分模式。根据经验,磁场 eLoran 接收机中再辐射引起的位置误差比在电场 eLoran 接收机中引起的误差大;见 41.5.3 节和文献[25]。

41.7.1.1.2 室内信号的穿透性

低频信号的磁场分量通常比电场分量在室内的穿透性更好。所以配备磁场天线的接收机具有更广的应用范围。例如,用于室内授时应用。使用磁场接收机甚至可以在货物集装箱内可靠地接收 eLoran 信号,而使用电场接收机则很难可靠地接收信号。

41.7.1.1.3 P-静电敏感性

电场天线的一个严重缺点是其易受沉积静电或 P-静电的影响(41.6.2 节)。这种效应是由落在(电容)天线上的带电雨滴产生的,在航空中是由飞机机身的放电产生的。在机翼上使用静电放电芯,再加上完善的飞机维修,可以减少由飞机机身放电产生的 P-静电效应[62]。即便采取了这些解决措施,沉积静电干扰仍然是航空应用中低频电场天线的致命缺点。幸运的是,磁场天线对 P-静电几乎没有表现出任何的敏感性[65,83],这使磁场天线在飞机上的使用成为可能。

41.7.1.1.4 对局域干扰的敏感性

对局域人为干扰的敏感性也是在选择电场和磁场天线时需要考虑的内容;从 41.6.3 节中看到,干扰来源的不同会使在磁场或电场中对局域人为干扰的敏感性不同。例如,开关电源的干扰主要引起磁场干扰。

最后,还要考虑各种与实际磁场和电场天线有关的情况。

41.7.1.1.5　天线噪声性能

在接收机的设计和实现中,需要重点考虑低频天线和放大器的噪声性能。当天线系统的噪声及接收机内部的噪声比接收机外部的噪声低时,就可以实现优化设计。接收机外部的噪声需要在应用带通和陷波滤波器及时域干扰抑制等措施后考虑。图 41.34 给出了磁场天线的原理图。利用天线增益将磁场天线的有源部分产生的电噪声和损耗转化为等效噪声场强。这就为直接比较由干扰、大气噪声等引起的"外部噪声"以及由天线和相关电子设备等引起的"内部噪声"提供了条件。

通常来说,在没有局域强干扰的情况下,低频无线电导航接收机的相关外部噪声主要来自"环境"或大气噪声的非脉冲部分。图 41.23 显示了整个北半球大气噪声的差异,与欧洲相比,北美的噪声水平明显更高。大气噪声的这些差异通常是由对发射机功率的不同选择造成的,CONUS 的峰值功率为 1.3MW,而西欧的峰值功率为 250kW。因此,为了在低干扰地区实现较好的接收机性能,部署在西欧的接收机则要求更低的内部噪声,这就意味着天线需具有更好的噪声性能[25,84]。

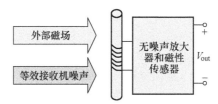

图 41.34　等效接收机噪声场强

(由美国加利福尼亚 Wouter Pelgrum 提供。)

41.7.1.2 节和 41.7.1.3 节分别讨论了电场天线和磁场天线的设计,并对噪声性能进行了详细的讨论。两种天线类型的噪声都可以做到比环境大气噪声低。如果噪声性能是主要的决定因素,则会更倾向于低噪声的电场天线;然而,当考虑沉积静电抗干扰度和室内信号恢复程度等因素时,则更倾向于磁场天线。

41.7.1.2　电场天线设计

电场天线的噪声性能与它的物理长度、天线接地和相关放大器的实现有直接关系。与 3km 的 Loran-C 波长相比,任何实际的电场接收天线都显得很渺小,从而产生图 41.35 所示的电容源阻抗。

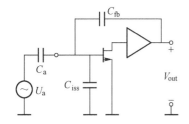

(C_a —电容源阻抗; C_{fb} —反馈电容; C_{iss} —FET 的总输入电容,包括二极管和接线电容[85]。
(由美国加利福尼亚州 Wouter Pelgrum 提供。)

图 41.35　电场天线后的电荷放大器

无限小的电场天线的电容源阻抗使电荷放大器拓扑结构(如图41.35所示)的实现成为可能。文献[58,85]表明,当使用短鞭(几分米或更短)天线时,天线噪声有可能低于外部大气噪声。此外,电荷放大器配置的虚拟地线使其对大面积放电有很强的抵抗力,并且对时间缩短(如海水飞溅)相对不敏感。图41.35所示的电磁耦合放大器的一个缺点是其宽带传输频率。即使信号远离理想的100kHz信号,但仍会有互调的风险。电场天线放大的另一种常用方法是使用高输入阻抗电压放大器。其实现的缺点是它对海水飞溅、沉积静电、附近高能放电有很高的敏感度天线的抗噪声性能较差。

电场单极天线的一个缺点是它对接地的要求。电场是根据任意的地场电位来探测的。在一些应用中,可以通过在地面上放置一根电导针来实现更可靠的接地。在移动安装中,通常将地线与车辆底盘相连。在一艘金属船上,这是相对简单的,而在一辆汽车上,则比较困难。因为汽车是橡胶轮胎,没有明确的地面路径,由于汽车和路面上或路面下的结构之间的电容耦合可能导致地面模式发生变化,进而导致天线响应不同。天线响应的这种变化对所有接收的信号都有共模效应。简而言之,安装在汽车上的电场天线不会探测确切位置的电场,而是探测相对于任意参考点的电势。这使电场天线的辐射模式成为关于天线及其周围环境的函数。41.5.3节给出了可能由接地问题引起的共模相位波动的例子。虽然共模相位变化在位置计算中抵消了,但它们确实影响授时解算,因此在低频授时应用中需要考虑共模相位变化。然而磁场天线不需要任何接地,因此其对入射信号有确定的相位和幅度响应。

41.7.1.3　磁场天线设计

关于低频磁场天线设计的详细介绍,请参考文献[84,25]。本节将总结这些文献。

41.7.1.3.1　磁场天线传感元件

低频磁场天线的传感元件是一个多匝环路。如果尺寸没有限制,那么对于固定装置,就可以使用空气环路。对于移动应用,通常是将铁氧体棒插入环路,创建一个"铁氧体负载环",以提高天线的效率。图41.36所示为铁氧体负载环及其等效电路。感应电压 E_S 和电感 L 根据文献[86-87]可表示为

$$E_S = F_A \mu_o \mu_{rod} \omega ANH \tag{41.8}$$

$$L = K\mu_0 \mu_{rod} \frac{N^2 A}{l_r} \tag{41.9}$$

式中:N 为匝数;A 为铁氧体棒横截面积($\pi d^2/4$);l_r 为铁氧体棒长度;ω 为角频率(rad/s);H 为磁场强度(A/m)。

铁氧体棒的有效磁导率 μ_{rod} 取决于铁氧体棒材料的相对磁导率 μ_r 以及铁氧体棒长度与直径的比(l_r/d_r)。例如,一根长10cm、直径1cm、μ_r 为2000的铁氧体棒,$\mu_{rod} \approx 72$。换句话说,将这个铁氧体棒插入环路,其效率提高了72倍,但远远没有达到2000倍,仅在环形铁芯应用中可以达到2000倍。

F_A 和 K 描述了负载铁氧体棒的各种非理想行为。实验结果表明,F_A 和 K 均受铁氧体棒匝数分布的影响。假设设计一个噪声匹配放大器,使用线圈覆盖大部分铁氧体棒相比和使用一个狭窄的线圈[25],天线的噪声性能提高约2dB。图41.36(b)给出的等效电路的电阻部分损耗 R_{loss} 由铁氧体材料和线圈的电线损耗组成。辐射电阻很小,可以忽略不计。

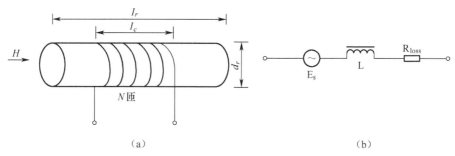

图41.36　铁氧体负载环(a)及其等效电路(b)

41.7.1.3.2　天线拓扑

原则上,图41.36中的磁场天线环可用于两种电路拓扑,分别是谐振和宽带。

图41.37(a)显示了一个谐振的磁性环路天线和一个放大器。无阻尼谐振电路的带宽相对较窄。这种频率选择对于小频带调幅广播接收机是有用的,但不适用于宽带 Loran-C 接收机。谐振电路的3dB 带宽由"质量因子"Q 决定,Q 被定义为中心频率和3dB 带宽之间的比值。对于 Loran-C,所需带宽约为25kHz[88],所以谐振电路的最大 Q 值为$100/25 = 4$。在实际应用中,经常使$Q = 3$。为了实现这一点,可以添加一个阻尼电阻 R_L,如图41.37(a)所示。为了避免天线噪声性能下降,R_L 应该是一个功率电压放大器或功率电流放大器的输入阻抗,而不是一个单纯的物理电阻。

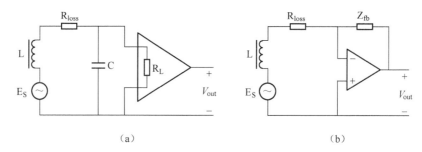

图41.37　磁场天线谐振配置(a)和宽带配置(b)

如图41.37(b)所示的宽带放大器,可以作为接收多个信号的通用选择。例如,低频授时信号、Loran、ADF 和海上 DGPS 信标在频率上比较接近,因此可以使用单个宽带天线接收。从噪声的角度来看,共振配置有利于 Q 值大于或等于3。而低于3的 Q 值则有利于宽带配置[25,84]。在本节的其余部分中主要讨论共振配置。

41.7.1.3.3　噪声性能

文献[25]中给出了磁场天线噪声优化设计的推导,并总结出以下结论。

磁场天线的噪声包括有源部分的噪声电流 I_{NT} 和噪声电压 U_{NT}、物理阻尼电阻 R_L、铁氧体棒损耗和线圈电阻 R_{loss}、传感器(线圈)阻抗决定了 U_{NT} 和 I_{NT} 对整体噪声性能的影响。高传感器阻抗导致放大器噪声电流 I_{NT} 占主导地位,而低传感器阻抗会导致放大器噪声电压 U_{NT} 占主导地位。幸运的是,我们可以通过选择环路的匝数 N 来调整环路天线的源阻抗,这样会使得"噪声匹配"相对简单。

图 41.38 给出了铁氧体棒加载环形磁场天线的几何形状(长度和直径)与其相对噪声性能之间的关系。例如,以一根长 10cm、直径 1cm 的铁氧体棒为基准(-92dB)。当长度为 5cm、直径为 5mm 时,天线噪声将增加约 9dB(-101dB)。图 41.38 还说明了铁氧体棒的长度比直径对其相对噪声性能的影响更大。

铁氧体棒的噪声性能会因其几何形状的不同而不同。当 2 根铁氧体棒平行放置时,噪声性能将增加 3dB,当铁氧体棒被放置在足够远的地方时,相互耦合达到最小。由于需要两个正交放置的磁场环来实现全向辐射模式,其中一种放置是在一个正方形中放置 4 根铁氧体棒。如图 41.38 所示,除了平行放置 2×2(+3dB),还可以通过将一对更长的铁氧体棒斜着放,获得类似的噪声性能(14cm 长、直径 1cm 的铁氧体棒比 10cm 长、直径 1cm 的噪声性能好 3dB)。最后,使用铁氧体实心板是另一种选择,其通常应用于航空自动方位搜寻器(ADF)天线。

一般来说,一个由 4 根 10cm 长、直径 1cm 的铁氧体棒组成的设计良好的磁场天线,其噪声性能可与西欧的平均大气噪声相当或者更好。如果天线的尺寸超过了这个标准,那么大气噪声的影响将占主导作用,所以性能就会衰减。

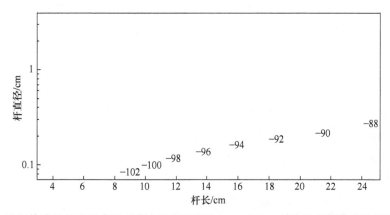

图 41.38　铁氧体棒的长度和直径对噪声性能的影响($\mu_r = 2000$),其中这些线代表天线噪声性能的组成部分,用 $10 \log(\mu_o \mu_{rod} A l_r)$ 来表示。关于如何使用这个度量来计算天线的绝对噪声性能,读者可以参考文献[25]

(由美国加利福尼亚州 Wouter Pelgrum 提供。)

41.7.1.4　磁场天线辐射模式

垂直极化电场天线具有全向辐射模式,低频电场天线具有图 41.38 的辐射模式。为了实现全向辐射,需要两个环路非平行方向放置(最好是正交的)。接下来,这两个磁场环的信号需要在 eLoran 信号处理之前进行电子组合。原则上,有两种方法可用于信号组合,分别是正交相加和电子波束转向。

41.7.1.4.1　正交相加

正交相加是将其中一个环路的信号经过 90°相位偏移后加到另一个环的信号上。结果是在所有方位角上都有一个恒定幅度的响应,但会产生与方位角相关的相位偏移。注意,在(感知)信号方向上即使很小的误差也会导致显著的相位变化和相关的测距误差。天线之间的不对准或交叉耦合、天线倾斜和再辐射很容易影响信号方向(感知)。此外,由于相位偏移未知,所以传入信号的 ECD 就变得没有意义,这严重影响了接收机选择正确周期跟踪的能力。因此,正交相加在需要精确测距(如定位和授时)应用中的使用受到限制。然而,正交相加对于信号采集和数据调制是一种合适而有效的方法。

41.7.1.4.2　电子波束转向

通过电子波束转向将磁场环结合起来有利于确定 TOA。TOA 的确定是一个迭代过程,包括测量信号方向,确定粗略的接收机位置,进行周期识别和解决天线方向不确定性等。

首先,信号的方向是由两个环路的信号幅度的正切值来确定的。注意,这样测量得到的信号方向有 $180°$ 的不确定性,仍需进一步来解决这个问题。一旦确定了接收机粗略的位置,将这个粗略的位置与(加权)测量的各台的信号方向相结合就能够确定天线方向。

只要有一个台能够在 $\pm 2.5\mu s$ 范围内成功地进行周期识别,$180°$ 天线方向不确定性的问题就可得到解决,其余所有台的周期识别余量就从 $\pm 2.5\mu s$ 提高到了 $\pm 5\mu s$。这样,电子波束转向的负担和减少周期识别的余量由较强的台点承担,从而有效地帮助了较弱的台点。

也可以采用二选一的方式来解决上述问题,例如不采用电子波束转向方法,而是通过选择信号最强的天线的方式。然而,这种方法也被认为是一种(次优)二进制波束转向的实现。需要注意的是,由于来自多个台链的 eLoran 信号传输在时间上是有重叠的,所以需要多个台同时形成多个波束。因此,将波束转向应用于数字领域,在波束转向配置中使用磁场天线时需要双通道模拟前端、模数转换和数字滤波。

一旦解决了天线的方向问题,真正的北向电子罗盘功能就能实现。通常使用小尺寸的 eLoran 磁场天线就可以实现比 $1°$ 更好的航向精度。

41.7.1.5　方向相关的磁场天线误差

在磁场天线中,各种影响都可能引起与航向相关的误差。而这些误差对于接收到不同方向的信号来说也是不同的,所以可能会导致定位误差,需要对在定位和授时方面的应用进行进一步的检查。

41.7.1.5.1　磁场天线的寄生电场敏感度

磁场天线并不仅仅对入射磁场敏感,实际上每个磁场天线都会受到一些寄生电场敏感度的影响。由于电场相对于磁场有 $90°$ 的相位偏移,所以任何对电场的寄生感应都会引起相位误差[25]。

从这个角度来看:一个 10cm 长的电场天线,它的"电场长度"为 5~8cm。如果将一个电场强度为 1V/m 的信号施加到该天线上,产生约 50~80mV 的电压。相比之下,如果是一个长 10cm、直径 1cm、100 匝的铁氧体负载环路,则其等效电场长度为 1mm(假设为自由空间),将一个电场强度为 1V/m 的信号施加其上则仅产生约 1mV 的电压。或者换种说法,一个略微超过 1mm 的寄生导体会比磁场天线接收到更多的信号。

如果我们将电场敏感度为 0dB 定义为电场和磁场的敏感度相同,那么当电场敏感度为 0dB 且方位角 ϕ 也为 $0°$ 时将会产生 $45°$ 相位误差,这会导致在 100kHz 时产生 338m 的伪距误差。图 41.39 显示了在 TOA 测量中不同电场敏感度与产生的误差之间的关系。

在实际的交叉环磁场天线中,ϕ 为 $-45° \sim 45°$ 范围内,磁场环可以被有效利用。因此,当电场敏感度为 $-50dB$ 时,TOA 误差最大约为 10ns,在 100kHz 时对应的伪距误差为 3m。

降低电场敏感度的方法有以下三种。

(1) 平衡:通过正确地使用对称性可以使磁场耦合为差模,电场耦合为共模。使用差分

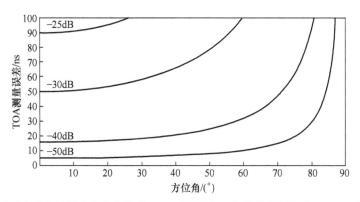

图 41.39　由电场敏感度引起的随方位角变化的 TOA 测量误差。假设信号频率为 100kHz,数值单位以 ns 表示
（由美国加利福尼亚州 Wouter Pelgrum 提供。）

放大器可以显著减少电场信号捕获,但与单端输入放大器相比,差分放大器的噪声要高 3dB。

（2）屏蔽:可以在天线周围建造一个屏蔽罩,这种方法虽然对磁场不起作用,但能够使入射电场变短。同时由于环路电流会削弱磁场,因此要在屏蔽设计中防止闭环。

（3）棒结构:将铁氧体棒的左旋和右旋结合在一起可以缩短电场,所以将铁氧体棒接地可能会进一步削弱电场信号捕获。

结合上述这些技术,在实际设计中可以使电场敏感度降低至 $-60 \sim -50$ dB,将伪距误差限制在亚米级范围内[25]。

通过将电场天线翻转 180°,同时反转其输出信号,可以准确地测量电场的敏感度。这是由于入射远场信号发生的相位响应的任何变化都是电场敏感度引起的。

41.7.1.5.2　共振磁场天线的调谐误差

1. 调谐差异

两个环路之间共振频率不同会导致不同的环路延迟。当通过电子波束转向的方式对两个环路进行组合时,环路延迟的差异会使延迟发生与航向有关的变化,这会给接收机定位和授时造成误差。例如,对于一个 Q 值为 3 的 100kHz 的环路谐振,谐振频率 10Hz 的变化将造成约 1ns 的延迟变化。鉴于只需 1/200 的电容或电感变化就能使 100kHz 的谐振环路失调 10Hz,所以在纳秒级保持两个环路的调谐一致就变得复杂起来。与精确调谐有关的制造复杂性可以通过测量调谐差异和软件补偿来进行消减。

2. 调谐变化

由于调谐电容、天线电感和放大器电路的温度系数都不是零,所以谐振频率会随温度而变化,从而会使得 TOA 发生变化。如果两个环路表现出相同的失谐性,那么这个误差对于所有被跟踪的台点来说是共模,并在位置解算中作为接收机钟差被抵消。两个谐振回路的调谐电容和放大器之间的良好热耦合使调谐误差以共模为主。

对于授时接收机和 ASF 仪表接收机,很快就会产生很大的天线调谐误差,这个误差超出了可接受的范围,所以需要对其进行补偿。将模拟的 Loran 信号作为电流注入磁场谐振环路中是一种有效的校准系统延迟的方法。将所有"真实"的 Loran 信号与注入的模拟信号进行差分,就可以自动消除由天线和信号处理造成的延迟[25]。

图41.40描述了在佛罗里达州坦帕湾的一次ASF测量活动中,环路调谐变化引起的TOA变化。在3h测试中,测量到了A>55ns的共模变化,而最大差模变化只有5ns。因此,在此测试的配置中,调谐变化对于授时接收机和ASF仪表接收机来说是一个主要问题,而对于定位接收机来说不是主要问题。

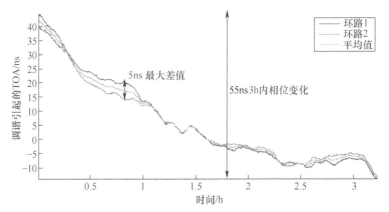

图41.40　2004年4月在佛罗里达州坦帕湾的一次数据采集活动中测量到的
磁场天线调谐误差,大多数误差是共模误差,在位置计算中会被抵消
(由美国加利福尼亚州Wouter Pelgrum提供。)

41.7.1.5.3　串扰

图41.41说明了两个环形天线可以相互耦合的各种形式。例如,在负载铁氧体的环路之间可能存在寄生电容和电感耦合。此外,如果天线信号线在接收机中有一个低阻抗(如100Ω)终端,那么任何通过这些信号线的信号都会与产生磁场的电流相关联,同时这些信号也可以被天线接收到。由于电源抑制比(PSRR)并不是无限的,因此通过电源的耦合也是可能发生的。术语"串扰"或"x-扰"被用来概括两个环路之间的所有耦合形式。

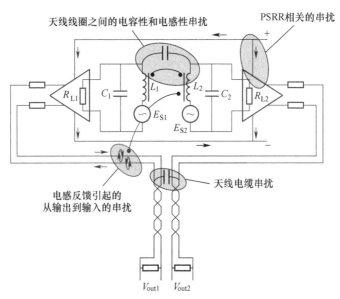

图41.41　有源磁场天线中各种交叉耦合或"串扰"的来源
(由美国加利福尼亚州Wouter Pelgrum提供。)

对天线进行相关设计可以将串扰最小化。例如,通过平衡信号、良好的对称性、环路之间的充分隔离和适当的屏蔽等手段可以减小串扰,但不可能完全消除。相比于通过使磁场天线的硬件达到理想状态来减小串扰,上述方法更有效。在下面的分析中,我们假设如下:

(1)天线本身没有交叉耦合、电场敏感度和其他误差,具有理想的8型辐射方向图。

(2)电场敏感度可以忽略不计。

(3)只考虑单频(100kHz)的响应,忽略宽频 Loran-C 信号带内的随频率变化的响应。

基于以上假设,由串扰、天线调谐和铁氧体负载环路的物理方向所造成的天线缺陷,可以用式(41.10)来模拟。天线调谐和增益用复参数 G_1 和 G_2 来表示,串扰的影响用复参数 A_{21} 和 A_{12} 来表示。串扰参数的实部表示电感耦合,虚部表示电容耦合。信号方向用 φ 表示:

$$\begin{cases} \text{loop1} = G_1(\cos\varphi + A_{21}\text{loop2}) \\ \text{loop2} = G_2(\sin\varphi + A_{12}\text{loop1}) \end{cases} \tag{41.10}$$

式(41.10)假设交叉耦合的主要部分发生在接收铁氧体负载环天线本身之间,并且从 loop2 到 loop1 的交叉耦合信号被 loop1 的谐振电路滤波。这个"滤波"分别用 G_1 和 G_2 表示。

初看,串扰是对等的,即 $A_{21} = A_{12}$ 是合理的。尽管这可能是由铁氧体负载环路之间的耦合引起的串扰,但对于从放大器输出端到输入端的接收环路的(电感)交叉耦合来说,情况并非如此。

需要注意的是,安装天线的车辆也会影响天线的响应。金属靠近天线会导致失谐,并且相对于天线方向的车辆形状会导致灵敏度随方向变化。因此,在驾驶/航行/飞行一圈时,不能直接使用天线制造商的校准,采用远场 eLoran 信号就地测量天线缺陷会更好。

图41.42 展示了在坦帕湾的一艘船上的 eLoran 信号研究测量装置(2004)[25]。磁场天线安装在船头,远离船尾的交流发电机,以使在 ASF 传播研究中能保持最佳测量性能。这种安装方法看起来会使天线不存在干扰,但天线这个位置还是会受到金属舱室的影响,并且这完全处在磁场天线的辐射中。图41.43 显示了对从 Jupiter Inlet(距离265km 的 eLoran 发射机)接收到的 eLoran 信号的天线响应(未校正):在天线零点附近观察到的增益响应和相位偏差具有明显差异。

图41.42　安装在船上的 eLoran 信号研究测量装置,磁场天线安装在船头

(由美国加利福尼亚州 Wouter Pelgrum 提供。)

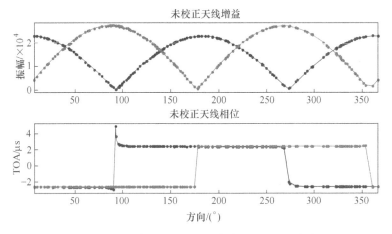

图 41.43　未校正的磁场天线响应(蓝色表示 loop1,红色表示 loop2)

(由美国加利福尼亚州 Wouter Pelgrum 提供。)

将式(41.10)应用于图 41.43 得到以下串扰参数:

$G_1 = 0.91460 + 0.00555i$	$A_{21} = 0.04433 + 0.00792i$
$G_2 = 1.08540 - 0.00555i$	$A_{12} = 0.05250 + 0.00094i$

重写式(41.10)得到以下串扰校正方程:

$$\begin{cases} \cos\varphi = \dfrac{\text{loop1}}{G_1} - A_{21}\text{loop2} \\ \sin\varphi = \dfrac{\text{loop2}}{G_2} - A_{12}\text{loop1} \end{cases} \tag{41.11}$$

使用式(41.11)测量的串扰参数,可以校正这些天线误差,如图 41.44 所示。注意,在校正时,接收信号的方向并不是必要条件;在进行任何其他 eLoran 处理之前,可以直接对采样的天线信号进行校正。

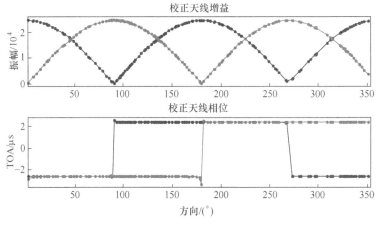

图 41.44　串扰校正后的天线响应(蓝色表示 loop1,红色表示 loop2)

(由美国加利福尼亚州 Wouter Pelgrum 提供。)

上述校正过程使用了图 41.42 所示的配置,其中包括具有高度稳定性的参考振荡器、GPS 定位和 GPS 罗盘。但在实际情况中,这种仪器是不存在的。然而它可以在不使用任何参考的情况下完全自动地执行串扰校正,其使用的原理与磁罗盘校正非常相似。

41.7.2　eLoran 接收机设计——信号跟踪、校正和定位

图 41.45 所示为本节讨论的功能性 eLoran 接收机设计——信号跟踪、校正和定位。

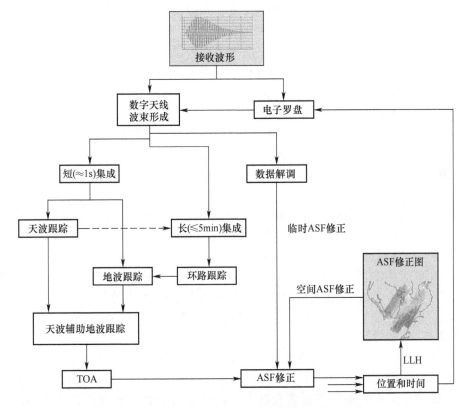

图 41.45　eLoran 接收机设计——信号跟踪、校正和定位
（由美国加利福尼亚州 Wouter Pelgrum 提供。）

41.7.2.1　信号采集

如果接收机配备了双环磁场天线,则在进行测台采集之前,先将这两个环组合起来是非常有效的。两个通道的正交加法能满足这项任务需求,由此产生的单通道将出现作为到达角函数的旋转相位,但由于在采集过程中没有使用精确的相位信息,因此不会产生任何影响。

Loran-C 信号和 eLoran 信号采集是在每条台链(GRI)的基础上进行的。通过在多个 PCI 上进行整合(见 41.3.3 节),能够抑制噪声、干扰和交叉级台,这对台链内台来说是有利的。接下来,基于相位码标识和相对时间来进行台点识别:主台的相位码与副台的相位码不同,并且台授时是在台链覆盖区域内保证 GRI 内台的接收顺序。

如果没有获得主台信号,可以从它的数据广播中识别一个 eLoran 副台。建议未来系统进行改进,能够为台链中不同的副台提供不同的相位码,这样不用通过主台或者是成功的数

据解码就能识别副台,而且允许直接通过 GRI 和相位码立即识别副台。

41.7.2.2 信号跟踪

一旦获得一个台的信号,接收机就会对该台进行信号跟踪。在使用磁场天线时,两个环形天线通过电子波束转向的方式结合使用。

接收的 eLoran 信号的 TOA 通常是在第三个负到正的过零点处确定的(假设一个具有正相位码的脉冲)。为了找到这个过零点,需要执行循环标识,如 41.3.2 节所述。足够高的信噪比是通过长时间的相干积分获得的,对于弱台来说,有时积分时间需要数分钟。天波在这个时间周期内通常是相对稳定的,脉冲峰值处或附近(可能被天波污染)的相位跟踪通常用来补偿在积分时间内用户的时钟波动。

周期识别成功后,在第三个零点处对地波进行跟踪。通常可以通过较强的天波的短期稳定性来降低地波跟踪器的噪声(见 41.5.1.1 节)。

41.7.2.3 数据解调

eLoran 数据广播(来自 Eurofix 或第 9 个脉冲)通常通过跟踪脉冲的峰值来解调。天波能量极大地扩展了数据广播的有效范围,即使是在距离 2000km 的地方也能成功解码[19]。解码后的数据可用于 ASF 修正、精密授时和台点识别等,另见 41.3.4 节。

41.7.2.4 ASF 修正

为了达到最佳精度,需要对 ASF 的时间和空间变化进行修正。ASF 时间变化的修正值(见 41.5.2.2 节)是通过 eLoran 数据台链路(如 Eurofix 或第 9 个脉冲)或其他通信手段(如移动通信台链路)从附近的参考台获得的[47]。

通过使用存储在接收机中的 ASF 修正图对 ASF 的空间变化进行(见 41.5.2.1 节)修正。这些修正图可以是通过专门的测量得到的[42],也可以是接收机以前在同一地区使用 GNSS 作为参考测量得到的数据[47]。后者采用的接收机是一个 eLoran-GNSS 混合接收机。

41.7.2.5 位置计算

传统的 Loran-C 系统是单台链双曲线定位系统。TD 是由主台的 TOA 减去副台的 TOA 得到的。接下来,使用带有 LOP 指示的特殊 Loran 图在两个或多个 LOP 的交点处找到用户位置。图 41.28 为 LOP 图。渔民们通常会在 Loran TD 上标注他们最喜欢的钓鱼地点,直到 Garmin 在他们的 GPS 接收机上引入了模拟 TD 读数,GPS 才开始逐步受到这些用户的欢迎。

随着 eLoran 的引入,"全视角"定位的概念变得司空见惯。与其使用相对于台链主台的 TD 测量值进行以台链为中心的位置计算,不如就像典型的 GNSS 位置计算一样将 TOA 用作伪距。注意,发射机的 TOT 是模 PCI。当只使用单个台链时,不存在什么问题。然而,当来自多个台链的 TOA 被合并到一个全视角的位置解决方案中时,需要解决各条台链之间的相对时间问题。这可以通过使用双级台(在两个台链上发射的台),或通过解码来自 eLoran 数据广播发射机的 TOT 来实现。

41.8 罗兰性能:过去、现在和未来

41.8.1 传统系统性能:Loran-C

Loran-C 是一种多模式定位和授时系统,它是美国联邦提供给美国沿海地区民用航海

使用的无线电导航系统,并且还被认证为民用航空航路辅助导航设备。因此,美国联邦无线电导航计划(FRP)规定了传统 Loran-C 系统的最低性能要求。传统的 Loran-C 性能要求在文献[89]处具体阐释。

(1) 信号特性。Loran-C 性能要求见表 41.3。

表 41.3 Loran-C 性能要求

精度		可用性	覆盖范围	可靠性	固定率	固定维度	系统容量	模糊解算能力
预报	可重复性							
0.25nm (463m)	—	99.7%	美国沿海地区,美国大陆,部分海外地区	99.7%[①]	每秒 10~20 次	二维+时间	无限	具备,且很容易解算

注:①三频可靠性。

资料来源:美国国防部和交通部,"2008 年联邦无线电导航计划"DOT-VNTSC-RITA-08-02/DOD-4650.5,2008 年。

尽管上表中可重复性精度并未给出具体数值,但可重复性是 Loran-C 众所周知的属性之一。Loran-C 系统的精度可重复性实际上要好很多,具体数值取决于其在覆盖区域中的位置[90],一般是在 18~90m。这基本上意味着,人们可以日复一日地回到同一地点,每次距离误差在 18~90m 以内 (2 DRMS) 。

(2) 覆盖范围。自从 GPS(和其他 GNSS)投入使用以来,Loran 系统的覆盖范围已经有所缩小。但仍覆盖着中国、俄罗斯(Chayka)、韩国、沙特阿拉伯王国和英国这些国家的一些地区。英国在 Anthorn,Cumbria 运营着 eLoran 台,以提供数据通信和授时服务。自 2012 年以来,作为美国国土安全部(DHS)、美国海岸警卫队(USCG)、UrsaNav 和其他机构之间各种合作研究与开发协议(CRADA)的一部分,eLoran 信号在 Loran 支持单位美国原海岸警卫队(位于新泽西州怀尔德伍德)和美国境内的其他原 Loran-C 台(印第安纳州达纳;俄克拉何马州博伊西城;新墨西哥州拉斯克鲁塞斯;怀俄明州吉列;蒙大拿州哈弗尔;内华达州法伦和华盛顿州乔治)断断续续地发射传输过。韩国也正在将他们的 Loran-C 系统升级到 eLoran 系统,目前包括美国在内至少有 7 个国家,正在研究将其传统的 Loran-C 台改造为 eLoran 台或提供新的 eLoran 服务。

41.8.2 下一代性能:现代 eLoran

eLoran 是为了满足 21 世纪 PNT 的需求,在 Loran-C 的基础上重新设计得到的。eLoran 最初的性能要求是由美国海岸警卫队电子工程中心和 Loran 支持单位于 20 世纪 90 年代制定的,并在 2004 年由美国政府、工业和学术界的专家团队正式确定,以评估"Loran 系统是否可以满足当前的航空、海上无线电导航以及时间/频率应用需求,从而在 GPS 中断的情况下提供一种可行的、经济有效的 GPS 替代方案"[29]。

评估结论是:现称为 eLoran 系统的现代化 Loran 系统可以满足这些需求以及表 41.4[29] 中的性能目标,该结论是基于系统设计、分析、实验室试验和实际试验得出的,也验证了现代 Loran 系统的性能潜力。

表 41.4   eLoran 航空和航海性能要求

要求	精度	可用性	完好性	连续性
Loran-C 能力① (US FRP)	0.25nm(463m)	0.997	—	0.997
美国联邦航空管理局非精密进近要求②	0.16nm (307m)	0.999~0.9999	警报时间:10s; HPL:556m;完好性:1×10⁻⁷h	0.999~0.9999 超过 150s
美国海岸警卫队对港口入口和进近的要求	0.004~0.010nm (8~20m)	0.997~0.999	警报时间:10s; HPL:50m;完好性:3×10⁻⁵h	0.9985~0.9997 超过 3h

①包括 Stratum 1 授时和频率功能;②非精密进近导航性能需求。

41.8.3   海事用户 eLoran 服务

海上航行通常包括四个主要阶段:内河航道、入港和进港、沿海及海洋航行。2005 年,国际海事组织(IMO)海事安全委员会提出的电子导航概念将改善海洋环境的安全性,进一步保护海洋环境,并且有可能降低成本。电子导航需要获取可替代的和多样化的 PNT 信息。国际海事组织对电子导航的要求包括弹性要求,即需要考虑位置固定系统的冗余。这些信息主要来自 GNSS,但单独的 GNSS 系统不能保证满足所需的可用性和可靠性。而通过将 GNSS 和 eLoran 系统的互补、独立和多样化结合到一个集成的 PNT 解决方案中,就可以满足电子导航所需的可用性和可靠性[14]。除了提供可替代的 PNT 信息之外,eLoran 系统也具备提供方位角的能力,将其所提供的方位角作为电子海图显示和信息系统(ECDIS)输入也是非常有用的。

我们参考了 2017 年联邦无线电导航计划(FRP)中表 4.3~表 4.6 等海上模式性能标准[91]。如果采用差分改正技术,可以满足表 4.3 和表 4.4 中的大部分精度要求以及表 4.5 和表 4.6 中的所有精度要求。在所有情况下,只有当覆盖区域内有 eLoran 信号时,才能达到所需的精度。

2014 年,爱尔兰灯塔总局在英国进行了试验,结果表明 eLoran 可以满足内河航道、入港和进港、沿海和海洋定位的大部分性能要求。最初的 7 个差分 eLoran 参考台分别位于英国东海岸的 Harwich、Dover、Sheerness、Leith、Humber、Aberdeen 和 Middlesbrough。其中,截至撰写本书时,有 5 个台点数据还可以使用。这些差分 eLoran 参考台给其周围的区域提供了平均优于 7m 的定位精度。Harwich、Dover 和 Sheerness 等参考台使用的 Loran 信号分别来自英国的 Anthorn、德国的 Sylt 以及法国的 Lessay 和 Soustons,Leith 和 Humber 参考台使用的 Loran 信号不是来自 Soustons,而是来自挪威的 Vaerlan det 和丹麦的 Ejde[92]。

具有代表性的 eLoran 入港和进近性能测试是在 P&O 渡轮 The Pride of Hull 上测量的,该渡轮在英国 Hull 和荷兰 Rotterdam 之间航行。2014 年秋季,利用连接了 UrsaNav UN-155 多源导航接收机的电场 eLoran 天线测量了 eLoran 的定位性能,其中该接收机从位于 Humber 的 eLoran 差分参考台获得实时 ASF 修正。空间 ASF 修正来自 2013 年在 THV Alert 做的一次 ASF 测量的测量结果。图 41.46 展示了 2014 年 10 月 17 日测试的 eLoran 定位性能。在所有测试中,经过差分改正的 eLoran 定位有 95% 的测试结果与 DGPS 在 7.84m 的范围内一致。

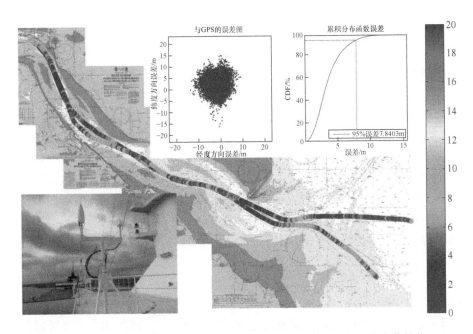

图 41.46　2014 年在 P&O 轮渡"The Pride of Hull"上测量 eLoran 的定位性能。
eLoran 航路定位精度为 7.8m,仅比在 Humber ASF 参考台零基线设置下测得的 6.24m 的精度(95%)稍差
(图片由英国爱尔兰灯塔总局提供[93]。)

41.8.4　陆地移动用户 eLoran 服务

eLoran 可以为各种陆地移动应用提供 PNT 信息,其与 GNSS 和惯性导航系统(INS)集成,可以形成定位弹性三元组。配备磁场天线的 eLoran 接收机在用户没有移动的情况下也可以提供罗盘(或方位角)功能。此外,与 GNSS 或其他系统相比,eLoran 可以提供"位置证明"[12]。由于其内置了 Loran 数据通道功能,因此 eLoran 可以验证自己的信号、GNSS 信号以及用于收费或车辆监控等应用的信号。

eLoran 低频信号的另一个重要优势是它们能够穿透 GNSS 信号根本无法接收到、接收不连续或者是接收 GNSS 号不准确的地方(如在城市峡谷、三重檐篷下、桥梁下和隧道中)。Loran 信号已经被证明可以穿透到钢制集装箱、冷藏车和仓储仓库中[94],并且具有较高的可靠性。其能够穿透集装箱和避难所的能力为追踪高价值或高安全性物品(如追踪移植器官、危险货物或珍贵宝石)提供了基础[14]。

我们参考了 2017 年联邦无线电导航计划中的铁路用户要求[91],特别是联邦无线电导航计划中的表 4.9。eLoran 目前无法满足表 4.9 中的定位性能要求。但是,eLoran 可以在不使用差分技术的情况下满足授时精度要求,即 eLoran 仅能建模或测量 ASF 修正。在所有情况下,只有覆盖区域内有 eLoran 信号时,才能达到所需的精度。

列车主动控制(PTC)的初衷是防止(或减少)列车与列车之间的碰撞、超速脱轨、撞入已建立的工作区以及列车通过主线开关在不合适的位置移动[95]。列车主动控制是现有反应式列车控制系统(例如,自动列车控制(ATC)和自动列车停止(ATS))的叠加技术,无法

保证在所有情况下防止碰撞。列车主动控制涉及强大的预测技术,可以检测到即将发生的情况,并在需要时对列车进行控制[96]。列车主动控制本质上是 GPS 和无线通信技术的结合。根据美联社新闻报道,"美国国家运输安全委员会提供给美联社的数据显示,原本可以通过 PTC 避免的撞车事故已导致 298 人死亡、6763 人受伤和近 3.8 亿美元的财产损失"[97]。无论列车主动控制的精度要求如何,eLoran 在没有差分校正的情况下,都能提供足够精确的定位性能,为列车与列车碰撞、超速脱轨和撞入既定工作区提供早期预警。当 eLoran 系统与 GPS 集成时,eLoran 能够为列车主动控制系统提供额外的保护或"位置证明"安全保障。

在目前的定义中,精密定位用户不会选择使用 eLoran。如果我们假定"精密"是指米级、厘米级或更高的精度,则精密定位用户更不会选择使用 eLoran。目前,研发工作正在进行中,可能会进一步提高 eLoran 的精度。然而,在某些时候,高频信号和低频信号之间的物理差异将限制其可能达到的精度。关键是 GPS 和 eLoran 一起使用比单独使用效果要好得多[98]。

41.8.5　航空用户 eLoran 服务

在美国,当使用经认证的接收机时,Loran-C 早已被 FAA 批准用于飞行途中、出发和到达阶段。但 Loran-C 未被批准用于关键进近和着陆阶段[14]。1982 年,美国联邦航空管理局的一份报告记录了机载 Loran-C 导航器(Teledyne TDL-711)和高度警报器/VNAV 制导系统(洲际动力模型 541)之间配置接口的开发工作。开发工作报告称,"在没有 ILS 的机场,准确的三维进近引导信息的获取为直升机操作员提供了重要的操作辅助"。进一步得到的结论是"三维 Loran-C 导航器系统经过了台架测试和灯光演示,获得了平滑、准确(在 Loran-C 的限制范围内)的下降引导信息"[99]。

Loran-C 和 Loran-D 用于各种军用和政府飞机,包括 RF-4C、OV-10、B-52、HC-123、美空 C-130E、美空 ST-58 和美空 DHC-6 Twin Otter。

eLoran 更高的精度、可用性、完好性和连续性足以满足航空每个阶段的性能要求,从而使 eLoran 支持飞机从登机口到回登机口的运行。eLoran 满足非精密进近(NPA)的要求。虽然 eLoran 不能提供任何垂直引导,但它能提供足够精确的水平引导。具体地说,eLoran 满足了区域导航(RNAV)非精密进近到横向导航(LNAV)最小值的要求[14,29]。

为确保 eLoran 满足航空要求,任何必要的信号传播改正都将在本地测量后发布给每个机场,并由用户接收机在非精密进近的每个运行阶段实时应用。在精度较低的飞行阶段,存储的接收机数据可以基于建模信息而不是测量信息。预计 eLoran 航空接收机将采用磁场(磁环)天线,这是因为美国联邦航空管理局的测试表明,这些天线几乎不受雨雪中沉积静电("P-静电")的影响,而沉积静电影响一直是传统 Loran-C 机载接收机用户的主要问题[14]。有关 P-静电的更多信息,请参阅 41.6.2 节。

eLoran 在航空领域还有一个很容易被忽视但又很重要的间接用途,那就是为地面基础设施提供时间。例如,在 2016 年的现场试验中 eLoran 被证明是广域多点相关(WAM)航空应用中 GPS 授时的成功备份,能够提供与 GPS 相当的授时性能。使用差分 eLoran 作为时间参考的 WAM 无线电与使用 GPS 作为时间参考的 WAM 无线电具有同样的性能,不会导致系统报警,没有超过阈值,并且 MLAT 服务器在失去 GPS 超过 96h 后通过 eLoran 能够产生准确的位置解[100]。

41.8.6 授时、频率和相位用户 eLoran 服务

在美国的 16 个关键基础设施/关键资源部门中,有 15 个使用 GPS 进行授时,GPS 授时对 11 个部门至关重要[101]。GNSS 是在全球范围内分发 UTC 时间的主要方法,它被广泛用作电信、银行/金融、数字广播、电力公用事业和许多其他行业的时间源。eLoran 与 GPS 一样,是一个可行的替代时间源,它的传输与 UTC 精确同步。Loran 数据通道携带信息,接收机通过这些信息来识别来自发射台的每个独立的 eLoran 脉冲时间,此通道上的其他信息也可以纠正小的传播延迟变化,通过这些信息可以恢复绝对 UTC 时间。因此,eLoran 授时接收机可以作为参考时钟、主要时间源或 GNSS 的独立替代方案[14]。

与 GNSS 一样,eLoran 是绝对 UTC 源,这意味着 eLoran 可以同时向广大区域内("大陆")的无限数量的用户提供 UTC 同步时间。此外,eLoran 还是时间、相位和频率源。eLoran 相对于 GNSS 的一个优势是它的信号通常在室内一定距离内可用,这样天线就不必安装在空旷区域,尤其是在城市、高层建筑地区,天线安装在空旷区域可能特别困难,成本也相对较高[14]。

2016 年,纽约证券交易所(NYSE)进行了一场 eLoran 在其办公室内提供准确授时服务的展示,该办公室位于世界上最恶劣的城市峡谷环境之中。eLoran 信号传输是由位于 130mi 外的新泽西州 Wildwood 的前 USCG Loran 支持单位提供[102]。如图 41.47 所示,在没有应用差分校正的情况下,实现了准确、稳定的授时。由于纽约证券交易所内没有可用的 GPS 信号,因此使用了与 UTC 同步 ns 内的 PRS 作为本次演示的一次性校准源,并作为测量 eLoran 授时的参考。

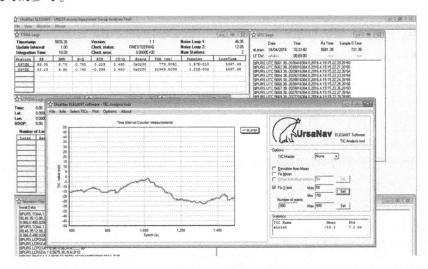

图 41.47　eLoran 在纽约证券交易所内提供授时服务,相对于 UTC 的精度在 16.1ns 以内,STD 为 7.1ns
(由 UrsaNav 提供。)

41.8.7 基于位置的用户 eLoran 服务

eLoran 还可以提供 PNT 数据以支持众多基于位置的服务(个人应用程序)。eLoran 穿透

城市峡谷和建筑物的能力可以帮助服务提供商满足不断变化的 PNT 性能要求,并且当其作为集成解决方案的一部分时,可以提高其他 PNT 解决方案的性能。其他应用包括但不限于基于位置的加密系统、地理围栏、资产跟踪、重罪跟踪以及基于位置的收费和计费等[14]。

eLoran 的 Loran 数据通道还可以提供有保证的低速率数据传输,这对于城市峡谷、树下和地下一定距离的急救人员非常有用,并且这些短消息服务(SMS)的"文本"消息可以加密。有一个成功的应用案例,是向被困在峡谷或森林火灾中的消防员发送短消息"现在出去,向北"。

使用 eLoran 的一个非常重要的好处就是其内置的指南针功能即使在用户没有移动时也能工作。当 eLoran 接收机与磁环或磁场天线一起使用时,它可以用作自动测向仪,对发射台进行定位。通过这些接收机可以计算出用户的航向,精度通常优于 1°[14]。

41.8.8　精密用户 eLoran 服务

在目前的定义中,精密定位用户不会选择使用 eLoran。如果我们假定"精密"是指米级、厘米级或更高的精度,则精密定位用户更不会选择使用 eLoran。然而,两者都不是"原始"GPS。具有较高精度要求的 PNT 用户需要对其进行不同程度的增强或其他协助才能达到他们想要的性能。eLoran 的定位性能可以通过使用对某些区域的超精细 ASF 测量值或微精细 ASF 修正值(例如应用来自美国国家气象局或美国国家海洋和大气局台点持续更新的数据)来提高定位性能[98]。

41.8.9　数据用户 eLoran 服务

eLoran 的 Loran 数据通道对数据用户来说,有一项非常重要但代表性不足的应用,也就是"第三方"数据广播。服务提供商或第三方在信号带宽限制范围内使用 Loran 数据通道的一部分、整个独立的 Loran 数据通道或多个 Loran 数据通道向其用户提供单向的、稳健的且安全的短消息服务。短消息服务与现有的 UTC、差分 eLoran 和 DGPS 服务相互交错,但不会影响所需的导航或授时服务水平。第三方消息以安全的方式传输给 Loran 数据通道,并且可以选择立刻广播或将来广播。服务提供者无须知道数据的来源、数据本身或接收者,只为数据的交付提供传输层。有效载荷的消息内容可以是任何类型,甚至可以分布在多个消息中,从而提供安全且可能加密的稳健低频数据通道。有效载荷的消息内容没有特定的格式,且不需要事先指定。服务提供商或第三方可以以任何方式自由加密、细分或修改有效载荷。该技术的应用包括但不限于以下内容:

- 辅助 GPS 或辅助 GNSS;
- 远程命令和/或控制物联网设备;
- 一般数据广播(ASCII 消息或数字数据);
- 导航相关信息,以及现有的 Loran 数据通道消息;
- 任何类型的紧急警报或其他警报(如自然灾害警报);
- 远程命令和/或安装控制;
- 地理加密、地理围栏(结合 eLoran 定位和 UTC 时间);
- 商业或政府加密信息;
- 紧急服务信息(如第一响应者信息);

- 急救人员的指挥和控制;
- 地下通信;
- 潜艇通信。

41.9 未来低频无线电导航系统的潜力

美国和加拿大在 2010 年终止他们的 Loran-C 服务时,也结束了与旧用户保持向后兼容性这一要求。这是 Loran 服务在其历史上第一次不仅基于美国国防部或海事用户的需求,也是基于广泛的用户需求。应用于其他 PNT 系统(如 GPS)的所有技术、算法和研究也都可以应用于 Loran。

例如,UrsaNav 抓住了这个机会,为 eLoran 系统的未来制定了可能的发展路线,他们称之为 LFPhoenix™。其中就包括平衡 Loran 相位码和使用基于伪随机噪声(PRN)的相位码来进行唯一的台点识别,这将减少来自其他台的信号互相关[74,76,103-104]。其他的发展建议包括移除主控台的第 9 个脉冲,这会降低 CRI,并为额外的数据释放空间,另外还可以通过修改台链组织来降低 CRI,如 41.6.4.2 节所示[72,104]。

就像 NL 系列低频发射机那样,简单地改进发射技术就可以提高信号性能。例如,第六代和第七代发射机之间的比较结果表明,第七代相比于第六代脉冲到脉冲相位稳定性的标准差从 6.96ns 提高到了 0.82ns,单脉冲定位精度从 2.09m 提高到了 0.24m[105]。

Charles Schue 和 David Last 教授最近为 eLoran 重新引入了使用"机会天线"的概念。典型的低频发射天线的成本和物理占用空间可能妨碍了 eLoran 服务的实现,因此需要考虑一种替代解决方案,例如重新利用 AM 广播天线或更换带有传输元件的高塔结构拉绳,这样则可以大大减少成本和实施时间(减少航空、环境和施工许可)。

使用替代波形和替代调制技术也是未来 eLoran 实例化的一个考虑因素。较短的脉冲为更多的导航脉冲或更多的数据空间提供了可能。通过对其进行适当的设计,其导航功能不会降级,同时替代波形也可以改善交叉率影响。图 41.48 显示了 2011 年使用 NL-20 发射机驱动 625 ft TLM 进行实际空中测试的结果[104]。

图 41.49 描述了与对称和升余弦脉冲相比标准 Loran-C 脉冲的时域和频域特性。

eLoran 的其他进展包括通过众包和从国家数据源获取天气信息来改进 ASF 数据等。例如,通过各种连接方式将 eLoran 与 GNSS 进行校准,以获得最新的本地差分 eLoran 校正和 ASF 地图,然后在众包和中央处理方案中存储和共享这些数据。现代接收机将 eLoran 与 GNSS 集成在一起,实现了即时测量 ASF。许多陆地、海上和空中交通工具都是以这种方式运行,因此可以快速地收集在广大地理区域内 ASF 的综合数据集,经过一段时间后将会产生一个 ASF 地图目录。在没有差分 eLoran 或任何地图匹配的情况下,用户可以通过此类共享 ASF 地图进行导航,并且精度优于 20~30m,这能够满足许多用户的需求。添加地图匹配后,它将提供更好的陆地移动和手持操作等功能[106-107]。

在 DARPA STOIC 计划中,为甚低频开发的算法也可用于低频传播建模,应用现代信道估计模型可以看到基于天波的低频导航的回归。在 2010 年 8 月 FAA 主办的另类 PNT 公开会议上,Charles Schue 和 Per Enge 博士介绍了双频 eLoran 的概念。他们想进一步研究双频

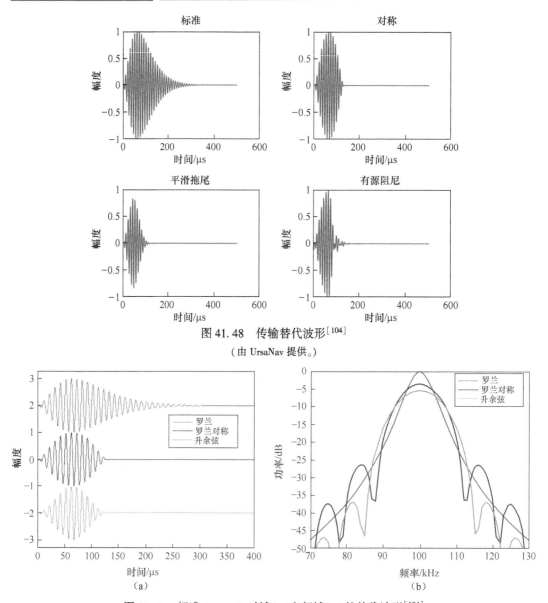

图 41.48　传输替代波形[104]

（由 UrsaNav 提供。）

图 41.49　标准 Loran-C 时域(a)和频域(b)的替代波形[104]

（由 UrsaNav 提供。）

系统是否可以像双频 GPS 对电离层校正那样改进 eLoran ASF 校正。

随着软件定义接收机(SDR)和软件定义发射机(SDT)的出现,这些概念在测试和操作环境中的实现变得相对容易。过去可能需要更换或修改设备,而现在只需更改软件,就可以通过多种方式上传到接收机或发射机。

参考文献

[1] Nessler N. H. , "Electromagnetic location system for trapped miners," *Subsurface Sensing Technologies and*

Applications, vol. 1, no. 2, pp. 229–246, April 2000.

［2］ ProvenkoV. and Dudkin F., "Electromagnetic system for detection and localization of miners caught in mine accidents," *Geoscientific Instrumentation Methods and Data Systems*, vol. 5, pp. 561–566, 2016.

［3］ Morris P. B., Omega Navigation System Course Book, July 1994.

［4］ O'Brien A. and D. C. Burnham, "Specifications of the Transmitted Signal of the Omega Navigation System," January 1984.

［5］ Wikipedia, "Decca Navigator System" ［Online］. Available: https://en. wikipedia. org/wiki/Decca_Navigator_System. ［Accessed 28 July 2018］.

［6］ Cordwell A. "Radio Navigation and Positioning," ［Online］. Available: http://alancordwell. co. uk/Legacy/radionavigation/systems. html. ［Accessed 28 July 2018］.

［7］ Johnson G. and P. Swaszek "Feasibility Study of R-Mode using MF DGPS Transmissions," The Interreg IVB North Sea Region Programme 2014.

［8］ "Gee (navigation)," Wikipedia, 14 January 2018. ［Online］. Available: https://en. wikipedia. org/wiki/Gee_ (navigation).

［9］ "Alfred Lee Loomis," Wikipedia, 14 January 2018. ［Online］. Available: https://en. wikipedia. org/wiki/Alfred_Lee_Loomis.

［10］ Justice, C., Mason, N., and Taggart, D. (1993, November). "Loran-C Time Management." Available: https://ntrs. nasa. gov/archive/nasa/casi. ntrs. nasa. gov/ 19940026139. pdf.

［11］ "CHAYKA," Wikipedia, 15 January 2018. ［Online］. Available: https://en. wikipedia. org/wiki/CHAY-KA.

［12］ The phrases "Proof of Position" and "Proof of Time" are attributed to Logan Scott of Logan Scott Consulting.

［13］ United States Coast Guard, "Specifications of the Transmitted Loran-C Signal," COMDTINST M16562. 4A, U. S. Department of Transportation, 1994.

［14］ "Enhanced Loran (eLoran) Definition Document," Version 1. 0, 16 October 2007.

［15］ SAE International, "Transmitted Enhanced Loran (eLoran) Signal Standard," SAE 9990, 2018.

［16］ United States Department of Defense and Department of Transportation, "2001 Federal Radionavigation Plan," DOT-VNTSC-RSPA-01-3 DOD-4650. 5, 2001.

［17］ Radio Technical Commission for Marine Services, "Minimum Performance Standards (MPS)-Marine Loran-C Receiving Equipment," Report of Special Committee No. 70, U. S. Federal Communication Commission, 1977.

［18］ Forsell B., Radionavigation Systems, Englewood Cliffs, New Jersey: Prentice Hall, 1991.

［19］ van Willigen D., A. Helwig, G. Offermans, R. Kellenbach, and W. Pelgrum, "Extended Range Eurofix: A Robust 2,000km Range Data Link for EGNOS/WAAS Integrity Messages over the Polar Region," in *Proceedings of the* 15*th International Technical Meeting of the* Satellite Division of the Institute of Navigation ION GPS 2002, Portland, Oregon, 2002.

［20］ Offermans G. and A. Helwig, Integrated Navigation System Eurofix, Vision Concept, Design, Implementation & Test, Delft, the Netherlands: Ph. D. Dissertation, ISBN 90–901–7418–4, Delft University of Technology, 2003.

［21］ International Telecommunication Union, "Technical Characteristics of Methods of Data Transmission and Interference Protection for Radionavigation Services in the Frequency Bands between 70 and 130kHz," Recommendation ITU-R 589. 3, 2001.

［22］ Peterson B., K. Dykstra, D. Lown and K. Shmihluk, "Loran Data Channel Communications using 9th PulseModulation, Version 1. 3 (MOD 1)," USCG Loran Support Unit, Wildwood, New Jersey, 2006.

[23] Zeltser M. J. and El-Arini M. B. , "The Impact of Cross-Rate Interference on LORAN-C Receivers," *IEEE Transactions on Aerospace and Electronic Systems*, Vols. AEC-21, no. 7, 1985.

[24] Dickinson W. T. , "*Engineering Evaluation of the LORAN-C Navigation System*," Jansky & Bailey, 1959.

[25] Pelgrum W. J. , New Potential of Low-Frequency Navigation in the 21st Century, Delft: Ph. D. Dissertation, ISBN 978-90-811198-1-8, November 2016.

[26] Mohammed A. and Last D. , "Full Performance Analysis of IFFT Spectral-Division Technique for Skywave I-dentification in Loran-C Receivers," in *Proceedings of the 31st Annual Technical Symposium of the International Loran Association*, 2002.

[27] Lachapelle G. , "A comparative Analysis of Loran-C and GPS for Land Vehicle Navigation in Canada," in *Conference Record of Papers Presente d at the First Vehicle Navigation & Information Systems Conference* (*VNIS '89*), Toronto, 1989.

[28] Lachapelle, "GPS/Loran-C: An effective system mix for vehicular navigation in mountainous areas," *Navigation*, vol. 40, no. 1, 1993.

[29] Operations V. P. f. T. , "Loran's Capability to Mitigate the Impact of a GPS Outage on GPS Position, Navigation, and Time Applications," Federal Aviation Administration, 2004.

[30] Pelgrum W. J. and van D. Willigen, "Loran-C challenges GNSS: From a Quarter Nautical Mile Down to Meter Level Accuracy," in *ENC-GNSS*, Graz, 2003.

[31] Lo S. et al. , "Defining Primary, Secondary, Additional Secondary Factors for RTCMMinimum Performance Specifications (MPS)," in *Proceedings of the International Loran Association 38th Annual Convention and Technical Symposium*, Portland, Oregon, 2009.

[32] Loran-C User Handbook, COMDTPUB P16562.6, November 1992.

[33] Brunavs P. , "Phase Lags of the 100kHz Radio-frequency Ground Wave and Approximate Formulas for Computation," 1977.

[34] Williams P. and D. Last, "Mapping the ASFs of the Northwest European Loran-C system," Journal of the Royal Institute of Navigation, vol. 53, no. 2, 2000.

[35] Samaddar S. N. , "The theory of Loran C ground wave propagation -A review," *NAVIGATION*, *the Journal of the Institute of Navigation*, vol. 26, no. 3, 1979.

[36] Millington G. , "Ground-wave propagation over an inhomogeneous smooth earth," *Proceedings of the Institute of Electrical Engineering*, vol. 96, no. III, pp. 53-44, 1949.

[37] Wait J. R. , *Propagation of Electromagnetic Waves along the Earth's Surface*, Wisconsin: University Press, 1962.

[38] Monteath G. D. , "Computation of groundwave attenuation over irregular and inhomogeneous ground at low and medium frequencies," BBC Report 1978/7, British Broadcasting Corporation Research and Development, Kingswood Warren, Tadworth, Surrey, United Kingdom.

[39] Williams P. and Last D. , "Extending the range of Loran-C ASF modelling," —in *International Loran Association*, Tokyo, Japan, 2004.

[40] Blazyk J. M. and D. W. Diggle, "Computer modeling of Loran additional secondary factors," in *Proceedings of the International Loran Association 36th Annual Convention and Technical Symposium*, Orlando FL, 2007.

[41] Blazyk J. M. , C. Bartone, F. Alder, and M. Narins, "The Loran propagation model: Development, analysis, test, and validation," in *Proceedings of the International Loran Association 37th Annual Convention and Technical Symposium*, London, United Kingdom, 2008.

[42] Williams P. and C. Hargreaves, "UK eLoran-Initial operational capability at the Port of Dover," in *ION ITM*, 2013.

[43] Hargreaves C. , Williams P. , Shaw G. , Bransby M. , and Ward N. , "Seamless navigation with resilient PNT," in *European Navigation Conference (ENC)*, Bordeaux, France, 2015.

[44] "Reelektronika LORADD integrated eLoran/GPS receiver," Reelektronika, [Online]. Available: www. reelektronika. nl.

[45] Doherty R. , J. Johler, and L. Campbell, "LORAN-C system dynamic model: Temporal propagation variation study," DOR report AD-4076214, 1979.

[46] Mungall A. G. , C. C. Costain, and W. A. Ekholm, "Influence of temperature correlated Loran-C signal propagation delays on International time scale comparisons," *Metrologia*, vol. 17, no. 3, pp. 91 – 96, 1981.

[47] van Willigen D. , R. Kellenbach, C. Dekker, and W. van Buuren, "eDLoran: The next-Gen Loran," *GPS World*, 28 June 2014.

[48] Lo S. ,Wenzel R. , P. Morris, and P. Enge, "Developing and validating the Loran temporal ASF bound model for aviation," *NAVIGATION: The Journal of the Institute of Navigation*, vol. 56, no. 1, 2008.

[49] "Air traffic procedures for implementing of Loran-C," DOT FAA Order 7110. 102, 1988.

[50] Causebrook J. H. and Tait B. , "Ground-wave propagation in a realistic terrain," Research Department, Engineering Division, British Broadcasting Corporation, October 1979.

[51] Causebrook J. H. , "Ground-wave propagation at medium frequency in built-up area," Research Department, Engineering Division, British Broadcasting Corporation, July 1977.

[52] Knight P. , "Medium frequency propagation: A survey," Research Department, Engineering Division, British Broadcasting Corporation, May 1983.

[53] "Aerial photos from Google Earth," Google, [Online]. Available: earth. google. com.

[54] "Characteristics and applications of atmospheric radio noise data," Report CCIR 322-2, International Radio Consultative Committee, Geneva, 1988.

[55] ITU-R, "Radio Noise-Recommendation ITU-R P. 372-13," Radiocommunication Sector of ITU, P Series Radiowave Propagation, 2016.

[56] Peterson B. , K. Dykstra, K. Caroll, and A. Hawes, "Differential Loran for 2005," *Journal of Global Positioning Systems*, vol. 3, no. 1-2, 2004.

[57] Feldman D. A. , "Atmospheric Noise Model with Application to Low Frequency Navigation Systems," Cambridge: Ph. D. dissertation, Massachusetts Institute of Technology, 1972.

[58] van Willigen D. , "Hard Limiting and Sequential Detecting Loran-C Sensor," Delft, The Netherlands: Ph. D. Dissertation, Delft University of Technology, 1985.

[59] Uman M. A. ,*The Lightning Discharge*, Mineola, NY: Dover Publications, 2001.

[60] Boyce L. , D. Powel, P. K. Enge, and S. C. Lo, "A time domain atmospheric noise level analysis," in *International Loran Association*, 2003.

[61] Boyce L. , "Atmospheric Noise Mitigation for Loran," Ph. D. Dissertation, June 2007.

[62] Lilley R. and Erikson R. , "FAA tests E-and H-field antennas to characterize improved Loran-C availability during P-static events," in *International Loran Association*, Tokyo, Japan, 2004.

[63] Cutright C. , J. Sayre, and F. van Graas, "Analysis of the Effects of Atmospheric Noise on Loran-C," in *ION NTM*, 2005.

[64] Cutright C. , M. Lad, and F. van Graas, "Loran-C band data collection efforts at OhioUniversity," in *Proceedings of the International Loran Association Convention and Technical Symposium*, Boulder, CO, 2003.

[65] Lad M. , "Characterization of Atmospheric Noise and Precipitation Static in the Loran-C eBand for Aircraft," Athens, Ohio: Master of Science Thesis, Ohio University, 2004.

[66] Beckmann M. , "Carrier Wave Signals Interfering with Loran-C ,"Delft, the Netherlands: Ph. D. Dissertation, Delft University of Technology, 1992.

[67] Peterson B. B. , A. W. S. Helwig, and G. W. A. Offermans, "Improvements in error rate in Eurofix communication data link via cross rate canceling and antenna beam steering," in *Proceedings of the 55th Annual Meeting of the Institute of Navigation*, Cambridge, MA, USA, 1999.

[68] van Nee R. D. J. , "Multipath and Multi-Transmitter Interference in Spread-Spectrum Communication and Navigation Systems,"Delft, the Netherlands: Ph. D. dissertation, Delft University of Technology, ISBN 90- 407- 1120-8, 1995.

[69] Baetsen Jr R. H. . , "An Investigation of Inter—Triad Interference in the Loran-C Navigation System,"Master's thesis, U. S. Naval Post Graduate School, 1960.

[70] Sperry Gyroscope Co. , "Final Report, Cross-chain interference study,"U. S. Coast Guard Contract TCG- 59, 380A, April 1964.

[71] Beckmann M. and Arriëns L. , "Selecting group repetition intervals for European chains," in *Proceedings of the 16th Annual Technical Symposium of the Wild Goose Association*, 1987.

[72] Šafár J. , "Analysis, Modelling, and Mitigation of Cross-Rate Interference in Enhanced Loran,"Ph. D. Dissertation, 2014.

[73] Frank R. L. , "Multiple pulse and phase code modulation in the Loran-C system,"IRE *Transactions of Aerospace and Navigation Electronics*, June 1960.

[74] Roland W. , "Loran-C phase code and rate manipulation for reduced cross chain interference," in *Proceedings of the Annual Technical Symposium of the Wild Goose Association*, 1974.

[75] Feldman D. A. , P. E. Pakos and C. E. Potts, "On the analysis and minimization of mutual interference of Loran-C chains," in *Wild Goose Association Technical Symposium*, 1975.

[76] Swaszek P. F. , R. J. Hartnett, G. W. Johnson, R. Shalaev, and C. Oates, "Loran phase codes, revisited," in *Proceedings of the IEEE/ION PLANS*, Monterrey, California, 2008.

[77] Bayat M. and Madani M. H. , "Analysis of cross-rate interference cancelation by use of a novel phase code interval in loran navigation system,"*NAVIGATION: The Journal ofthe Institute of Navigation*, vol. 64, no. 3, 2017.

[78] Swaszek P. , R. Hartnett, and K. Seals, "Modernized eLoran: The Case for CompletelyChanging Chains, Rates, and Phase Codes," in *Proceedings of the 28th International Technical Meeting of the ION Satellite Division*, ION GNSS+, Tampa, FL, USA, 2015.

[79] Helwig A. , G. Offermans, and C. Schue, "Wide-area 'sky-free' positioning, navigation, timing and data," in *ION-GNSS*, 2012.

[80] "Ebay," June 2019. [Online]. Available: https://www. ebay. com/itm/ Vintage-SI-TEX-XJ-1-Loran-C-Receiver-Boat-Navigation-System-For-Parts-or-Project-/ 133010869750.

[81] "Wikipedia," June 2019. [Online]. Available: https:// commons. wikimedia. org/wiki/File: Loran_C_Navigator. jpg.

[82] "NOAA's Office of Coast Survey Historical Map & Chart Collection,"[Online]. Available: https://historicalcharts. noaa. gov.

[83] Lilley R. and Erikson R. , "FAA tests E-and H-field antennas to characterize improved Loran-C availability during P-static events," in *Proceedings of the Institute of Navigation National Technical Conference*, San Diego, California, 2005.

[84] Pelgrum W. J. , "Structured design of H-field antennae for low frequency GNSS augmentation systems," in *ION-GNSS*, Salt Lake City, Utah, 2001.

［85］ Nordholt E. H. and van Willigen D. , "A new approach to active antenna design," *IEEE Transactions on Antennas and Propagation*, 1980.

［86］ Laurent C. H. , "Ferrite antennas for A. M. broadcast receivers," *Transactions of the IRE*, Vols. BTR-8, pp. 50-59, 1962.

［87］ Snelling E. C. , *Soft Ferrites*, *Properties and Applications*, Iliffe Books Ltd. , 1969.

［88］ "Minimum Performance Standards Marine Loran-C Receiving Equipment," Radio Technical Commission for Marine Services, Washington, D. C. , December 1977.

［89］ United States Department of Defense and Department of Transportation, "2008 Federal Radionavigation Plan," DOT-VNTSC-RITA-08-02/DoD-4650. 5, 2008.

［90］ American Practical Navigator (Bowditch), Volume 1, Chapter 24, 2017 Edition.

［91］ United States Department of Defense and Department of Transportation, "2017 Federal Radionavigation Plan," DOT-VNTSC-OST-R-15-01, 2017.

［92］ Schue C. , G. Offermans, S. Bartlett, A. Grebnev, and E. Johannessen, "eLoran for e-Navigation-The requisite coprimary source for position, navigation, time and data," in *Institute of Navigation International Technical Meeting*, San Diego, California, 2014.

［93］ Offermans G. , E. Johannessen, S. Barlett, C. Schue, A. Grebnev, M. Bransby, P. Williams, and C. Hargreaves, "eLoran Initial Operational Capability in the United Kingdom-First results," in *Institute of Navigation-International Technical Meeting*, 2015.

［94］ Clerens M. , "Test results of the e-Tracker-a new modular and flexible Loran-C based goods tracking system," in *Proceedings of the International Loran Association* 2006 *Convention and Technical Symposium*, Groton, Connecticut, 2006.

［95］ "Positive Train Control Engineering Basics and Lessons Learned," Federal Railway Administration Program Delivery Conference, October 2015.

［96］ Joint Council on Transit Wireless Communications, "Positive Train Control White Paper," May 2012.

［97］ Associated Press News Report, "APNewsBreak: 298 Die in Rail Crashes System Could've Stopped," 17 December 2017. ［Online］. Available: http://abcnews. go. com/amp/ Travel/wireStory/apnewsbreak-298-die-rail-crashes-system-couldve-stopped-51943511. ［Accessed February 2018］.

［98］ Schue C. A. "eLoran Points of Light," ［Online］. Available: http://www. ursanav. com/eloran-points-of-light-qapaper/. ［Accessed February 2018］

［99］ Bolz E. and L. D. King "3D Loran-C Navigator Documentation," DOT/FAA/RD-82/16 Systems Research and Development Service January 1982.

［100］ Schue C. , "Enhanced Loran: Resilient Timing and UTC in the United States," in *Annual Workshop on Synchronization and Timing Systems* (*WSTS*), April 2017.

［101］ Caverly R. J. , "GPS Critical Infrastructure-Usage/Loss Impacts/Backups/Mitigation-Other CIKR Sectors/ IT/ Comms/Electric Power/GPS Timing," 27 April 2011.

［102］ Schue C. , "Indoor Enhanced Loran: Demonstrating Secure Accurate Time at the New York Stock Exchange," DHS CRADA Demonstration, April 2016.

［103］ Schue C. , B. Peterson, and T. Celano, "Low Cost Digitally Enhanced Loran for Tactical Applications (LC DELTA)," in *Proceedings of the International Loran Association 33rd Annual Meeting*, Tokyo, Japan, 2004.

［104］ Schue C. , A. Helwig, A. Offermans, K. Zwicker, T. Hardy, and B. Walker, "Low Frequency (LF) Solutions for Alternative Positioning, Navigation, Timing, and Data (APNT&D) and Associated Receiver Technology," in *Proceedings of the 2011 International Technical Meeting of the Institute of Navigation*, 2011.

[105] Schue C. , Stout C. , Offermans G. , Helwig A. , Zwicker K. , Hardy T. , and B. Walker, "Low Frequency (LF) Solutions for Alternative Positioning, Navigation, Timing, and Data (APNT&D)," in *European Navigation Conference*, 2011.

[106] Hargreaves C. , "Software Modelling of ASF," Internal Technical Report of the General Lighthouse Authorities of the UK and Ireland, Report Number: RPT 22 CH-16, Issue1. 0, March 2016.

[107] Hargreaves C. , "Software Modelling of ASF: Coastal ASF Map Calibration-2015," Internal Technical Report of the General Lighthouse Authorities of the UK and Ireland, October 2015.

本章相关彩图,请扫码查看

第42章　自适应雷达导航

Kyle Kauffman
美国空军技术研究所

42.1 雷达定位的历史

　　雷达是通过回声进行定位的,目的是对物体进行探测和定位。雷达的工作原理是,向各个方向发射 2MHz~300GHz 的无线电信号[1]后,再收集反射物体的信号回波来测量雷达的距离、径向速度、相对于雷达的方向角以及大小和形状等信息的。雷达已经应用在了很多领域,包括空中交通管制、监视和军事行动。

　　雷达是从第二次世界大战开始时发展起来的,开始主要用于定位远程车辆。第一批雷达体积庞大、测量精度较差,其结果难以解释。1936 年,英国皇家空军(RAF)部署了搜索雷达网(chain home,CH)预警雷达系统(图 42.1),能够测量到来车辆的方向、编队大小和距离,并在一定程度上预估车辆的高度。由于早期雷达能够产生的频率范围有限,所以 CH 系统最初需要大量的天线。随着时间的推移,这些系统得到了改进并逐渐小型化,从而使其可以安装在飞机上,称为机载拦截雷达(AIR)。搭载这些雷达的飞机在飞行时能够实时定位其他空中目标,从而使配备雷达的飞机能够发现并"拦截"对方飞机[2]。

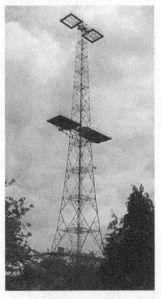

图 42.1　搜索雷达网广播塔(公共领域)

　　早期的雷达能够成功探测和定位空中目标,对地面目标却不能实现精确地探测和定位。由于地面目标周围的其他物体(地形、建筑物、树叶等)也会反射雷达信号,因此雷达接收的信号是来自目标物体及其周围物体反射的混合信号,称为杂波反射。从杂波反射中得到目标物体的返回信号逐渐成为一个主要的研究领域,促进了20世纪40年代末移动目标显示(MTI)雷达的发展。早期的MTI雷达按顺序发射两个雷达信号,并寻找回波中的差异,从而检测由移动目标引起的时变反射,在采用这种处理方法时杂波需要是平稳的。在现代的MTI雷达系统中,针对MTI及静止目标显示(STI)有很多种方法,其目的是在存在静止杂波的情况下,通过目标特征分析检测静止目标。

　　雷达技术的小型化和更先进的收发器技术(如空腔磁控管)的发展为更高分辨率的雷达提供了可能,并且这些雷达能够对搭载它们的车辆(称为"本体")进行定位。如图42.2所示为海上导航雷达显示,通过将雷达反射与沿海地图进行比较,使船只能够确定自己的位置。20世纪40年代微波雷达的引入以及更小天线的出现,使远程小型船只的导航成为现实。20世纪50年代对雷达技术脉冲多普勒和相控阵等的大量改进,使雷达成为海上导航的常用选择。

　　这个时期的导航雷达有几个局限性。必须事先收集沿海地形或可识别地标的测量结果,因此只能在车辆路径已知且静态环境中使用。当在具有强杂波回波的区域(如在陆地上空飞行)导航时,由于收集的数据分辨率低,很难识别出可以与地图匹配的雷达回波。

　　1951年,Goodyear飞机公司开发了合成孔径雷达(SAR),它使用多个天线阵列,能够产生比同尺寸天线更高分辨率的回波。SAR系统可以由多个物理天线元件组成,也可以由移动到不同位置的单个天线组成,通过在每个位置收集多个天线元件回波来合成。

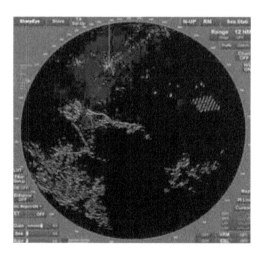

图42.2　海上雷达系统显示。通过船只附近陆地的形状与陆地图表进行比较,
以确定船只的位置[3](经IEEE许可转载。)

　　SAR系统的发展使飞机(只能携带小型天线)能够产生相当高分辨率的回波。理论上,分辨率的提高将使雷达能够在陆地上生成图像。但在实际中,将来自多个部分的信号处理成一个完整的回波面临巨大的挑战。在整个20世纪50年代,处理SAR数据的工作取得了进展,密歇根大学相关人员于 1957 年首次成功地从雷达上拍摄了陆地图像,如图 42.3 所示。

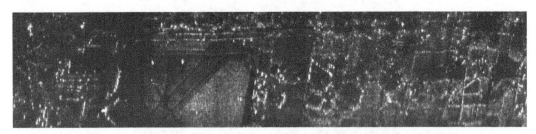

图 42.3　第一张合成孔径雷达图像,由密歇根大学相关人员于 1957 年拍摄

(https://upload. wikimedia. org/wikipedia/commons/2/ 2b/FirstSARimage. JPG。经维基百科许可转载。)

　　SAR 技术在成像、探测和其他类型的遥感中应用广泛,同时也具有导航能力。其能够构建高分辨率地形图片的能力使海上雷达使用的匹配技术能够在陆地上使用。此外,SAR 系统能够穿透障碍物并传输自身能量的能力,使其能够在光学系统无法工作时(如天气或夜间)继续正常工作。然而,由于实时生成这些图像具有一定的困难,因此这些功能在很长时间后才被用于导航领域。

　　由于 SAR 技术并不成熟,在 20 世纪 50 年代末和 60 年代产生了第二种本体定位形式。雷达不再试图绘制飞机周围环境中物体的位置,而是直接指向地面,用反射波来测量飞机的高度。当飞行器也有一张预期地形高度的地图,即数字地形高度数据(DTED)地图时,它可以通过将测得的飞机到地面的距离与先前已知的地形高度联系起来跟踪其位置。这种方法被命名为地形轮廓匹配(TERCOM)。

　　TERCOM 方法有很多缺点。第一个缺点是,与沿海陆地地图不同,由于当时地形高度数据并不容易获得,因此飞机需要先沿所需路径飞行一次,并收集高度,然后传递给导弹,导弹再沿完全相同的路径飞行。除了标称路径上的高度数据之外,导弹还需要收集左右相邻路径上的高度数据,以便当其偏离路径时制导系统能够检测并进行适当的转向修正。

　　另一个缺点是,20 世纪 60 年代,由于存储技术有限因此难以在飞行过程中以足够快的速度检索数据以进行实时访问,并且无法存储长轨迹的高度数据。为了解决这一问题,将 TERCOM 系统与惯性制导系统捆绑在一起,惯性制导系统承担主要的制导责任,TERCOM 系统则定期修正其误差。这种组合系统称为 TAINS,即 TERCOM 辅助惯性导航系统。

　　20 世纪 80 年代初,GPS 的发展使导航系统研究的重点转向了 GPS 集成解决方案。在接下来的几十年里,计算机技术的进步将当时导航系统的焦点转向了数字解决方案。随着时间的推移,在 GPS 停止服务或 GPS 不可用环境中,对导航解决方案的需求变得更加明显。利用小型、强大的计算机发展起来的粒子滤波器和其他贝叶斯估计器使实时处理雷达数据成为可能,这反过来又引起了人们对使用 SAR 和其他先进技术的兴趣,在没有 GPS 的情况下,这些技术可以作为定位信息的来源。同时,随着计算机技术的进步,SAR 变得更加可行。图 42.4 显示了 20 世纪 80 年代在飞行结束后对数据进行后处理生成的地形图像。如今,不断改进的嵌入式和更小尺寸的高性能计算平台的出现,推动着雷达导航新方法的探索[4-7]。

图 42.4 宾夕法尼亚州西部地形的合成孔径雷达图像,20 世纪 80 年代通过机载合成孔径雷达和地面处理系统生成[8](经 IEEE 许可转载。)

42.2 现代雷达定位

在现代导航系统中,雷达辅助方法可分为三大类:地形辅助、速度辅助和相对位置跟踪。

42.2.1 地形辅助导航系统

早期的 TERCOM 系统发展成为更广泛的地形辅助导航系统(TANS)。在 TANS 中,通过将雷达收集的数据与 DTED 地图相结合来计算车辆的位置。与早期的方法相比,现代的交通信息系统能够存储整个陆地的高程数据,并可以通过粒子滤波器对车辆行驶的路径进行大面积搜索。此外,现代导航计算机能够实时处理来自多个传感器的数据,所以 TANS 系统通常与惯性导航系统(INS)、气压计和其他传感器集成在一起作为制导系统的一部分,这比单独的 TERCOM 系统具有更好的系统性能[9-12]。

TERCOM 系统最根本的限制因素仍然存在:需要事先收集高程数据的地图,现在这些地图很容易获得,但是当车辆在未知地形上行驶时,TANS 无法提供辅助。

42.2.2 速度辅助和里程计

距离多普勒雷达能够感知经过车辆表面或物体反射波的多普勒频率。如果这些物体具有已知或假定的地速度,则雷达系统可以估计到地面的多普勒或(等效地)该环境中的一个或多个雷达特征。这种包含误差的多普勒估计可以用来估计飞行器(AV)相对于地面的速度。

通常,导航滤波器会将这种含噪声的速度测量(来自雷达)与含噪声的加速度测量(来自 INS)相结合。由于必须对这两个测量值进行结合才能获得位置信息,因此由滤波器产生的位置估计值会由于测量值中的误差而产生漂移。此外,多普勒辅助仅测量平面行进方向上的速度(一维),并不能用于校正或估计飞行器的方位或飞行路径。

虽然这种方法能够降低单独 INS 导航解决方案的误差,但它不能像基于状态的同步定位与地图构建(SLAM)方法一样为滤波器提供同样多的信息,这种在相对定位系统中使用的方法将在下一节中讨论[13-15]。速度辅助方法的优点是不需要连续跟踪特定物体,只需测量地面和 AV 之间总的相对速度。因此,速度辅助解决方案对传感器精度和计算要求远低于基于相对位置的解决方案。

42.2.3　相对位置跟踪

当雷达系统接收到物体的反射时,它能够收集到该物体的距离和方位。通过使用雷达目标跟踪技术,可以跟踪物体相对于飞行器的位置(其范围和方位),这个相对位置数据包含了关于 AV 运动的信息,通过掌握 AV 和物体的运动动力学模型可以提供进一步的信息。例如,如果物体静止在地面上,那么在物体和 AV 之间观察到的任何相对运动一定是 AV 在移动;如果已知物体不能以目标轨迹位置显示的速度移动,那么 AV 一定移动了。

限制相对定位系统性能的一个最主要的因素是:接收到的距离误差和方位误差的大小。当使用传统的雷达系统时,从地面传回的信号过于粗糙,无法持续区分和跟踪任何一个特定的物体。因此,对于常规雷达,在地面运行时的相对定位将依赖信标的存在或持续突出地面杂波之上的孤立特征的存在。由于 SAR 比传统雷达更具高分辨率的特征,因此它更适用于这种方法。

现代 SAR 系统通过计算机从 AV 周围区域的物体收集高分辨率反射数据。图 42.5 显示了一个由机载 SAR 系统在飞行过程中生成的地面重建图像的示例。如果该区域的图像地图实时可用,则这些图像具有足够高的分辨率。

图 42.5　现代合成孔径雷达图像,由小型合成孔径雷达系统在飞行期间实时生成[4]

(经 IEEE 许可转载。)

一种简单的雷达导航方法是使用 SAR 构建图像,然后使用现有方法将相机图像与先前收集的地面图相匹配[16]。然而,这种方法有以下几个问题。

(1) 实时地、完整地构建 SAR 雷达图像在计算上非常费时,通常是在并行化的计算机集群上执行。这限制了在资源有限的平台上(如小型无人机或无人地面车辆)直接进行基于 SAR 雷达图像的导航。

(2) 超宽带(UWB)雷达需要实现高精度导航。这是因为宽带信号具有更高的距离分辨率。UWB 数据处理相比于窄带信号处理需要更多的计算量,进而更加需要开发高速处理算法[17-18]。

（3）光学传感器遇到的现象与在雷达带宽内工作的传感器所遇到的现象不同。例如，云层会使无人机上安装的摄像头所拍摄的陆地特征变得模糊，但低频雷达会穿透云层和地球表面。此外，处理闪烁等伪像[19]需要采用与光学集成策略[18]不同的滤波方法。

（4）合成孔径雷达能够提取的特征与摄像机提取的特征有很大的不同，因此需要采用不同的方法进行特征检测、提取、跟踪和定位。

使用雷达作为组合导航传感器，首先需要开发能够实时提取和跟踪 SAR 雷达特征的雷达信号处理方法来克服以上障碍。

一种方法是测量到反射器的距离，同时求解反射器的位置（SLAM）[20]。如果有足够多的反射器，并且几何精度因子（GDOP）较低，则可以使用类似于 GPS 的技术来获得完整的三维位置解决方案。SLAM 解决方案可以估计 AV 在任何具有可观测性方向上的位置。因此，三维解的精度取决于环境和反射器位置形成的 GDOP。结合惯性导航系统，计算出的导航解将相比于 42.2.2 节中讨论的多普勒辅助解具有更高的精度。

此外，即使遇到较差的几何形状或者反射器的可用性有限，基于 SLAM 的解决方案也不会像具有多普勒速度辅助的惯性导航系统那样漂移太多。例如，假设 AV 绕着至少有一个特征始终可见的地形盘旋。多普勒辅助配置会随着其多普勒估计误差的函数而漂移。SLAM 方法将持续观察至少一个反射器的范围，将 AV 可能的位置限制在该目标的视线（探测范围）内。因此，只要 AV 飞行在该反射器的视线范围内，AV 解的误差就会受到限制（无漂移）。虽然这种情况不现实，但它突出了 SLAM 方法能够提供更多信息这一特征。在 SLAM 特征跟踪方法中，漂移将随着特定特征出现时间的函数（特征检测范围）而减小，并且距离误差没有被累积出现在位置解中（如 INS 和多普勒辅助的情况）。

42.3　雷达信号处理

42.3.1　概述

对于 42.2 节所讨论的所有雷达辅助方法，雷达系统一般会遵循图 42.6 所示的过程。本节将系统概述每个过程的目的。

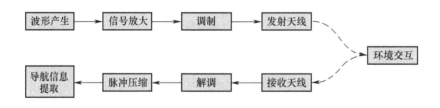

图 42.6　雷达系统中的典型过程概述

● 波形产生：在这个阶段，雷达系统生成需要发送的原始波形。根据系统要求，产生的波形类型非常多。有关导航选择合适波形的更多讨论，请参见 42.3.2 节。

● 信号放大：波形的产生由低功率电子设备执行，该设备产生的信号功率不足以远距离传输。信号放大阶段需要放大的倍数取决于环境。例如,对于室内雷达,较低的功率水平就足够了。

● 调制:产生的基带(低频)信号必须上变频到射频才能发射。该阶段负责将信号变频到选定的发射射频频段。射频频段会与不同的环境因素(如天气、地面和人造结构)产生不同的相互作用现象。因此,选择发射射频频段需要考虑雷达的工作要求。根据经验,频率越低,信号的穿透力越强,因此只在晴朗天气工作,跟踪表面图像工作的雷达应使用更高的频率。

● 发射天线和接收天线:发射天线单元负责将信号传播到空中,接收天线单元负责捕获从环境反射的反向散射电磁场。天线阵列中的单元数量根据系统的实际需求而定。例如,多元件阵列能够实现波束转向和合成孔径。但是,单元件天线更容易加工和构造。

● 解调:接收信号最初处于射频,并且通常在信号处理之前被下变频到基带。这个阶段有时包含两步,首先将信号下变频至中频(IF),然后再将其从 IF 下变频至基带。

● 脉冲压缩:如果发射的波形已经被压缩(见 42.3.2 节),则必须对信号进行处理以便从压缩的脉冲中提取多普勒和距离信息。由于每个波形都有可以利用的独特属性,因此该阶段如何工作取决于传输的波形。典型的脉冲压缩阶段需要构建距离,并在已知的发射脉冲和接收数据之间使用匹配滤波器或其他相关器来找到相关峰值。

● 导航信息提取:在这一阶段,原始雷达数据已经经过处理,以备导航算法使用。该阶段的工作将根据 42.2 节中选择的整合策略而有所不同。

综上所述,根据所选波形、导航辅助策略、硬件设计和操作条件的不同,这些阶段的实现可能会有很大差异。在 42.5 节中,我们介绍了一个实现波形设计、脉冲压缩和导航算法阶段的具体案例。42.3.4 节描述了真实发射信号和单个元件的简单调制/解调程序。有关信号放大和天线设计的更多信息,请参见文献[1]。

42.3.2 波形选择

选择雷达波形时需要考虑以下几个标准。

● 带宽:波形的带宽与雷达的距离分辨率有直接关系。一般而言,带宽越大,下行范围(径向位置)分辨率越高。因此,更高带宽的波形可以更精确地估计被跟踪物体的径向位置。在相对位置跟踪导航中,需要超宽带(UWB)信号来提高其距离分辨率。对于波形带宽的进一步讨论参见 42.3.3 节[21]。

● 目标的脉冲重复频率和时间:一般来说,波形照射物体的持续时间越长,被照射物体径向速度的多普勒估计越好。一些雷达工作在连续波模式下,波形持续传输。这种模式在多普勒/速度估计方面表现良好,但它引入了距离模糊性,所以不适用于目标距离(径向位置)估计。其他雷达在脉冲模式下工作,在这种模式下,波形周期发送(波形的每次传输称为"脉冲")。在脉冲雷达设计中,脉冲发送频率的选择[脉冲重复周期(PRI)]决定了雷达的基本传感能力。越小的 PRI 将会产生越密集的脉冲,这解决了多普勒模糊性,但限制了雷达的最大精确距离和波形长度。

● 脉冲调制/压缩:单脉冲传输的信号对雷达的性能有很大的影响。考虑一个加窗正弦脉冲 $\text{rect}(t/L)\sin(\omega ct)$,其中 L 是窗口长度。该波形的带宽与 $1/L$ 成正比[1]。因此,可以通过增大或减小 L 来修改带宽。但请注意,L 受所需 PRI 和目标时间的限制,因此在不增加其长度的情况下,使用具有更大带宽的脉冲通常是有利的。这可以通过改变包含在脉冲中的正弦波的频率来实现,该过程称为脉冲压缩。脉冲压缩的一个简单示例是线性调频(LFM)脉冲。LMF 脉冲使用线性增加的频率,即 $\text{rect}(t/L)\sin(\omega_{\text{LFM}}t)$,其中 $\omega_{\text{LFM}} = \omega_c + \gamma t$ 是线性增加的角频率。其他的压缩脉冲包括噪声波形(很难通过近似噪声检测)和正交频分复用(OFDM)信号,这些通信波形,通常具有带宽特点,适用于导航雷达和通信信道。与LFM 或简单的正弦调制等传统脉冲相比,这些更先进的脉冲的缺点是生成和处理过程更复杂[22-24]。

42.3.3　带宽和调制对导航性能的影响

雷达不需要特定的带宽,脉冲或连续波信号可以是窄带或宽带。但是,雷达的一个基本特性是,距离分辨率(能够把两个目标区分并分离出的最小距离)是系统带宽的函数[17]。具体来说,距离分辨率 $\Delta d_{\min}$ 由式(42.1)给出:

$$\Delta d_{\min} = \frac{c_p}{2B_e} \tag{42.1}$$

式中:c_p 为传播速度(通常为光速);B_e 为波形的有效带宽。对于带副载波的信号,有效带宽由式(42.2)计算:

$$B_e = N_c \Delta f \tag{42.2}$$

式中:N_c 为子载波的数量;Δf 为载波周期。

42.3.4　相干调制/解调

由于 RF 的传播特性,对于源信号频率,希望以更高的频率传输 RF 信号。为此,我们首先在基带(低频)构建源信号,将其调制到载波频率上,通过传播介质传输信号,然后在接收机处将其解调。

假设我们有一个基带信号 $I(t)$ 要传输。我们首先将信号调制到载波频率

$$s_T(t) = I(t)\cos(\omega_c t + \Phi_{\text{LO},T}) \tag{42.3}$$

式中:$\Phi_{\text{LO},T}$ 为传输时本地振荡器的相位。该信号通过天线传输,穿过大气层,经过环境中的物体反射,最后返回雷达的接收天线。大气和环境的相互作用可以引入多种类型的信号扰动,例如频率选择性时间延迟、衰减和大气散射。简单起见,假设返回的信号是传输信号的简单时间延迟,则接收的信号为

$$s_R(t) = s_T(t - t_d) = I(t - t_d)\cos(\omega_c(t - t_d) + \Phi_{\text{LO},T}) \tag{42.4}$$

式中:t_d 为时间延迟。在基带可以得到

$$s_{\text{RB}}(t) = s_R(t)\cos(\omega_c t + \Phi_{\text{LO},R}) \tag{42.5}$$

式中:$\Phi_{\text{LO},R}$ 为接收时本地振荡器的相位。使用半角恒等式,得到

$$s_{\text{RB}}(t) = \frac{1}{2}I(t - t_d)\left[\text{HFC} + \cos(\Phi_{\text{LO},T} - \omega_c t_d - \Phi_{\text{LO},R})\right] \tag{42.6}$$

式中:HFC 为一个高频分量,使用低通滤波器将其滤除,则有

$$s_{\text{RB-LPF}}(t) = \frac{1}{2}I(t - t_d)\cos(\Phi_{\text{LO},T} - \omega_c t_d - \Phi_{\text{LO},R}) \tag{42.7}$$

如果振荡器相位不相干,那么可能在基带上检测不到返回目标,因为 $\cos(\Phi_{\text{LO},T} - \omega_c t_d$

$- \Phi_{\text{LO},R}$）会衰减接收信号的功率。在通信中,我们可以简单地使用锁相环(PLL)来设置

$$\Phi_{\text{LO},R} = \Phi_{\text{LO},T} - t_d \tag{42.8}$$

但在雷达中是不可行的,因为我们可能同时跟踪多个信号,从而得到一组 t_d 的值,我们需要一组本地振荡器和锁相环,每个信号一个。更实用的解决方案是使用 I/Q 接收机来检测具有任意相位的信号,因此,我们下变频两次,生成同相和正交相位的基带信号:

$$s_{\text{RB-}I}(t) = s_R(t)\cos(\omega_c t + \Phi_{\text{LO},R}) \tag{42.9}$$

$$s_{\text{RB-}Q}(t) = s_R(t)\sin(\omega_c t + \Phi_{\text{LO},R}) \tag{42.10}$$

使用三角恒等式并应用低通滤波器,我们能得到

$$s_{I\text{-LPF}}(t) = \mathfrak{Re}\{I(t - t_d)\exp(j(\Phi_{\text{LO},T} - \omega_c t_d - \Phi_{\text{LO},R}))\} \tag{42.11}$$

$$s_{Q\text{-LPF}}(t) = \mathfrak{Im}\{I(t - t_d)\exp(j(\Phi_{\text{LO},T} - \omega_c t_d - \Phi_{\text{LO},R}))\} \tag{42.12}$$

将式(42.11)和式(42.12)相加得到

$$s_{\text{IQ}}(t) = s_{I\text{-LPF}}(t) + s_{Q\text{-LPF}}(t) = I(t - t_d)\exp(j(\Phi_{\text{LO},T} - \omega_c t_d - \Phi_{\text{LO},R})) \tag{42.13}$$

这是一个复指数,由接收信号进行幅度调制,与发射 LO 和接收 LO 之间的相位差无关。$s_{\text{IQ}}(t)$ 可用于提取接收信号的多种属性,包括距反射体的时间延迟 t_d 和反射强度,这些为我们提供了关于被远方反射的物体信息。$s_{\text{IQ}}(t)$ 构成了原始雷达数据,将作为 42.4 节中导航算法的输入。

42.4 SAR 处理方法

为了方便导航计算机处理 SAR 数据,首先对原始数据进行处理,以便对各个单元的数据进行合成。将 SAR 数据处理为图像的原始方法来自对显微镜工作原理的研究[25],该研究使用了波前重建理论。由于缺乏高速计算机,需要通过菲涅尔近似[26]实现模拟近似。20 世纪 70 年代,这种近似的数字形式[21]得到了发展,出现了一种新的数字处理方法,称为极坐标处理方法[27]。虽然该方法出现在雷达领域,但在医学成像领域也发展起来[28],计算机轴向断层扫描(CAT)为医学诊断带来了革命性的变化,是在 20 世纪 70 年代基于与 SAR 波前重建相同的原理发展起来的。现代 SAR 成像涉及广泛的新数字处理技术,但每种技术基本上仍基于 20 世纪 70 年代研究的原理。本节的其余部分将讨论当今流行的两种数字构造算法,即极坐标算法和反投影[21]。

42.4.1 极坐标算法

构建 SAR 图像的关键理论是投影切片定理[29]。该定理指出,"当二维傅里叶变换沿着与 X 轴呈相同角度 θ 的傅里叶平面中的一条线上投影时,投影函数 $p_\theta(u)$ 的一维傅里叶变换与要重建图像的二维傅里叶变换 $G(\text{X},\text{Y})$ 相等"[17]。也就是说,令 $g(\cdot,\cdot)$ 为一个二维反射率图,$p_\theta(\cdot)$ 为一个以角度 θ 穿过二维空间的投影函数,这样 $p\theta(\zeta)$ 在极坐标处对二维反射率图进行采样,角度为 θ,幅度为 ζ。根据投影切片定理指出:

$$G(U\cos\theta, U\sin\theta) = P_\theta(U) \tag{42.14}$$

式中:U 为一个虚拟变量;G,P 分别为 g 和 p 为傅里叶变换。可以看到,沿不同角度 $p_{\theta 1}$,$p_{\theta 2}$,$\cdots$收集一组反射率的时域样本,对每个集合进行傅里叶变换允许我们通过投影切片定

理填充空间 G。G 的逆傅里叶变换 g 是我们想要的反射率图。因此,这个过程能够构建二维场景的反射率图(图像)。其基本方法如下。

(1)围绕一个目标,周期性地收集反射信号的线性样本。

(2)计算每个数据集的傅里叶变换,然后使用投影切片定理将它们映射到目标二维反射率图的二维傅里叶变换。

(3)计算所得数据集的逆傅里叶变换,生成二维反射率图。

上述描述的一个问题是它没有考虑离散系统。在实际系统中,我们将只能收集投影函数 p 的样本。离散傅里叶变换(DFT)将只包含 P 的样本。如果要构建的图像也是数字的,则 G 将是离散的。问题是 P 的离散样本将不会与 G 的离散样本位于相同的点上,因此我们不能直接使用投影切片定理。图 42.7 说明了 G 和 P 之间不匹配。采集到的样本位于圆形点,重建的图像样本位于网格交点处。解决方案是对极坐标样本进行插值以估计网格交点,从而使图像成像正常。这种图像成像方法称为极坐标算法,主要困难是将极坐标数据映射到矩形网格上。请注意,此处描述的原理还可以扩展到三维场景,如通过建立定理的三维版本可用于导航[17]。

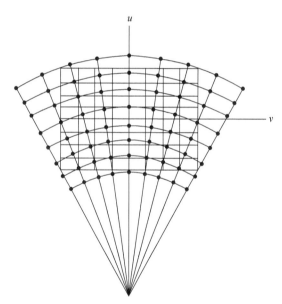

图 42.7　收集到的数据和重建图像之间的极坐标格式不匹配[30]

(经 IEEE 许可转载。)

42.4.2　反投影

反投影基于投影切片定理,理论上等价于极坐标处理。它利用傅里叶变换的卷积特性将投影切片定理改写到时域中。其构造方法是[17]

$$g(\zeta_1, \zeta_2) = \frac{1}{4\pi^2} \int_{-\pi/2}^{\pi/2} [p_\theta * h](\zeta_1\cos\theta + \zeta_2\sin\theta)\,\mathrm{d}\theta \tag{42.15}$$

式中: $*$ 为卷积算子; h 为一个滤波器,它是几何函数。该方法在理论上能产生与极坐标处理算法相同的结果,但由于避免了先前讨论的频域插值问题,所以实际上其可能产生更好的结果。因为 p 是采样的并且仅在离散的 θ 点可用,所以只能使用近似值来形成图像。所以卷积 $p_\theta * h$ 的计算成为生成图像准确性的关键因素。

42.5 UWB-OFDM 案例研究

在本节中,我们将考虑基于 SAR 的 SLAM 导航算法在现代导航滤波器中的应用。对于穿越地形/建筑物的 UAV/UGV,将在以下条件下使用滤波器。

- 地形/建筑物未知,因此没有可用的环境先验图。
- 信号强度不足或故意无意地干扰导致 GPS 不可用。干扰源的潜在存在需要使用具有抗干扰能力的射频波形。
- 反射器在强、持久(短时间)、静止且彼此隔离的环境中可用。
- 使用统计杂波模型对雷达杂波进行了合理建模[1]。
- 车辆上可用 NS 和 SAR 系统。
- 发射天线和接收天线各有一个单元牢固地固定在车辆上。

当车辆在其环境中移动时,它结合从雷达和 INS 获得的信息来计算车辆的导航(位置、方向、速度)。

42.5.1 信号产生和传输

42.5.1.1 信号波形选择

本节研究中使用的波形是 UWB-OFDM 脉冲。UWB-OFDM 具有许多使其适用于精确导航的特性。

- 抗干扰。由于 OFDM 是一种通信波形,信号的子载波可以任意修改,因此可以轻松实现混入环境噪声信号的跳频和调制。
- 高距离分辨率。这是由于 UWB 的带宽。
- 可用于需要低拦截概率(LPI)的场景。因为子载波调制是任意的,它可以模拟波形带宽内的噪声。

有关可用替代波形的讨论,请参见 42.3.2 节。

42.5.1.2 信号特性

在每个点 p_k 传输的参考信号是由式(42.16)定义的 UWB-OFDM 脉冲:

$$s_r(t) = \Re e\left\{ \sum_{k=0}^{N_c-1} \xi_k \exp[j2\pi t(f_0 + k\Delta f)] \right\} \tag{42.16}$$

求和中的每个值对应于特定的 OFDM 信道。N_C 是传输的信道数,f_0 是基频,Δf 是信道周期,ξ_k 是信道 k 的复值调制。通常,OFDM 波形作为限时脉冲传输,为了保持信道正交性,窗口长度必须是每个信道周期的倍数。假设基频为零(在基带上构造 OFDM 符号),则 OFDM 波形为

$$s_{ru}(t) = s_r(t)\left(u(t) - u\left(t - \frac{1}{\Delta f} \right) \right) \tag{42.17}$$

式中:$u(t)$ 为单位阶跃函数。采样频率为 f_s 的离散 OFDM 脉冲表示为

$$S_{\text{ref}}(k) = s_{ru}\left(k\,\frac{1}{f_s}\right) \quad \left(k = 0, 1, \cdots, \frac{2D_{av}}{c}f_s\right) \tag{42.18}$$

式中：D_{av} 为透射光束照射的最大距离。图 42.8 说明了使用随机子载波调制(64 个子载波)传输的 128ns OFDM 信号。绿点表示连续复值频谱中的离散子载波(此处表示为相位/幅度)。由于调制是随机的,因此我们看到离散点具有随机分布特性,而离散点之间的连续频谱[图 42.8(b)]是高度相关的。图 42.9 显示了通信信号调制的另一个 OFDM 信号的使用示例。除了具有正幅度的第二、第三、第五和第九子载波之外,前半部分子载波以零相位和零幅度调制。

　　子载波的后半部分用正幅度和四种可能的相位之一进行调制,由被编码的数据流决定。用 4 个可能的相位代表两位数据的符号编码称为 4 正交幅度调制(4-QAM)。因此,符号频谱后半部分的每个子载波都用 4-QAM 编码。

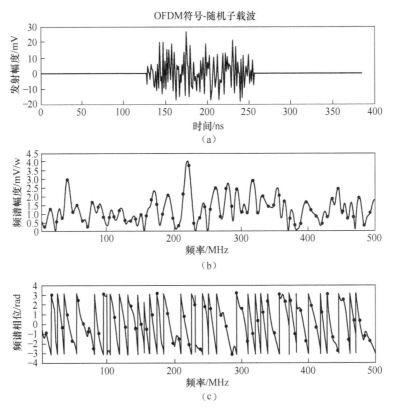

图 42.8　使用随机调制传输的 OFDM 符号示例

42.5.2　导航算法概述

　　图 42.10 所示为在本节研究中使用的 SLAM 导航算法的概述。将一组原始雷达数据送入雷达信号处理算法,这些算法将随着时间的推移产生一组具有相关距离/多普勒测量值的跟踪数据,同时,通过使用固定的本地坐标系将原始 INS 数据处理为位置估计值。然后,将距离和 INS 位置解作为扩展卡尔曼滤波器(EKF)的输入,计算出 INS 误差的估计值(EKF 在 42.5.6.2 节中讨论)。最终输出由 EKF 误差估计校正的 INS 位置。

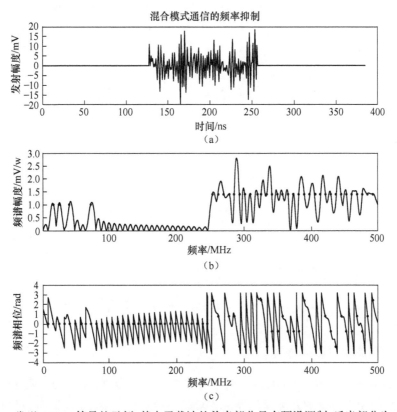

图 42.9　发送 OFDM 符号的示例,其中子载波的前半部分具有预设调制,后半部分为 4-QAM

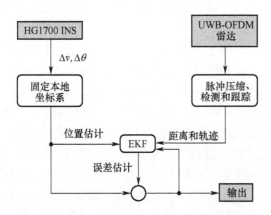

图 42.10　实施的 SLAM 导航算法概述

　　固定本地坐标系模块将原始 Δvs 和 $\Delta \theta s$ 转换为一种能够产生诸如地球自转速率、平台速率、运动速率和地球椭圆率等多种效应的轨迹。简单起见,选择在一个固定的本地导航框架中进行机械化[31]。

　　雷达信号处理模块使用的顺序处理算法,如图 42.11 所示。原始数据首先通过匹配滤波器和重采样器进行压缩(由于接收机和发送器之间的采样率未对准),然后通过相关数据的信噪比(SNR)阈值提取特征进行观测。特征观测将全局最近邻(GNN)匹配算法与先前跟踪的特征配对。当 GNN 决定不将观测结果与之前的轨迹配对时,M/N 检测器用于检测新特征。最后,通过采样对齐算法估计高精度子样本范围。这些算法将在 42.5.3 节和 42.5.4 节中进一步详细讨论。

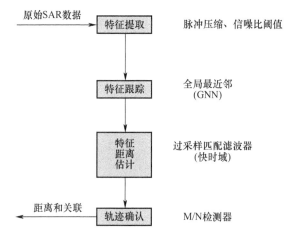

图 42.11　雷达信号处理模块使用的顺序处理算法框图

42.5.3　特征提取(脉冲压缩)

由于 SAR 重建涉及计算负担,因此对于每次采集到的数据,完整的重建 SAR 图像是难以实现的。我们使用传统的匹配滤波器(MF)来处理数据。匹配滤波器可以对原始的 SAR 数据进行脉冲压缩并计算能量返回范围内的峰值。每传输一个脉冲,就会立即处理返回的样本数据并将提取的样本信息集成到导航滤波器中。这种方法允许导航实时更新,只通过一维处理便可减小运算负担[1,17,21]。

即使采用这种方法,对于某些应用来说仍有很大的运算负担,比如无人驾驶飞行器(UAV)和其他的嵌入式设备。因此我们必须同时考虑确定性算法和随机性算法的实现,其中随机性算法只需计算部分数据以提高运算速度。随机性算法会在 42.5.3 节讨论。

因为只有一个发射/接收天线,所以我们需要在测试环境中移动车辆天线并在不同的位置重复执行发射/接收环节以创造合成孔径和模拟天线阵列。将第 k 个移动的天线位置记为 p_k,并在每个位置上都采集一组数据。实际上,车辆在收集样本的过程中不会是静止不动的,因为人们希望 SAR 系统能在车辆完全动态的情况下运行。系统仅在 p_k 位置处采集数据。请注意,这意味着车辆移动过程产生的多普勒频移也在采集样本中。

令 $S_{rx}(k,l)$ 为 p_k 位置处采集的第 l 个样本。在雷达系统中,第一个参数 k 可定义为慢时间,第二个参数 l 可定义为快时间。这是因为在每个 p_k 位置上会快速采集 l 个样本。这个过程将在图 42.12 中解释, k 位置处采集数据的匹配滤波输出为

$$m_k = \text{IFFT}(\text{FFT}(|S_{rx}(k,\cdot)|) * \text{FFT}(|S_{ref}(\cdot)|)) \tag{42.19}$$

式中 $(\cdot)^*$ 代表复共轭。实际上,式(42.19)中使用的参考脉冲将会被过采样以便于子样本对齐,方便起见,两个信号的采样率均设置为 f_s。

雷达系统将在预定的时间周期内开始收集一组样本。系统执行收集的时间集称为慢时间索引,收集的每个样本的索引称为快时间索引。这是因为样本之间的间隔比采集之间的

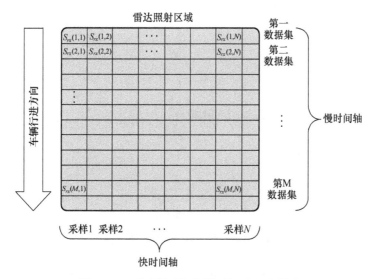

图 42.12　雷达慢时间与快时间对比示意图

间隔小得多。如果车辆沿直线行驶,最终结果是对二维空间区域进行采样(也称带状地图配置)。

　　图 42.13 展示了 $N_c = 256$, $f_s = 1GHz$, $\Delta f = 3.906MHz$ 的 OFDM 脉冲理想情况下通过随机、正态分布调制信道的匹配滤波器响应。图 42.14 展示了信噪比为 0dB 的 3 个反射器关于式(42.19)的输出。椭圆区域是经过 3 个反射器后生成的相关峰。我们可以看到设定的环境模型所产生的影响以及自相关的旁瓣导致目标位置的模糊性,并可能导致误报。这就需要使用自适应阈值以将其归一化为噪声水平。我们通过对匹配滤波器的信噪比取阈值来实现,而不是对匹配滤波器直接取阈值。计算匹配滤波器的信噪比公式为

$$\mathrm{SNR_{MF}}(k) = \frac{P(\max m_k) - P(m_k) + \dfrac{P(\max m_k)}{N_s}}{P(m_k) - \dfrac{P(\max m_k)}{N_s}} \tag{42.20}$$

式中: N_s 为样本数目; $P(\cdot)$ 为样本的平均功率。图 42.15 展示了不同信号强度下的匹配滤波器的信噪比。我们可以看到如果虚警率恒定,则选择的匹配滤波器信噪比的阈值也是恒定的,这是由于式(42.20)存在噪声能量归一化项 $P(m_k)$。注意匹配滤波器的信噪比并不是真正信号的信噪比,因为通过式(42.20)计算得到的是匹配滤波器输出是峰值功率与平均功率的比值(PAPR)。即使信号不存在,由于噪声的 PAPR,该值也有 9dB 大小。如果匹配滤波器的信噪比超过选定的阈值,则位于最大 m_k 处的峰值会被移除,式(42.20)再次计算。这个过程会循环重复直到匹配滤波器信噪比低于选定的阈值。这种迭代过程允许在单个 OFDM 数据集合中检测多个目标。

42.5.4　特征检测与跟踪

　　42.5.3 节提出的特征提取算法能够在 p_k 处获得一组观测值 z_k。该组观测值是反射器径向位置(距雷达的距离)含有噪声的测量结果。由于噪声存在于观测样本中,可能不清楚

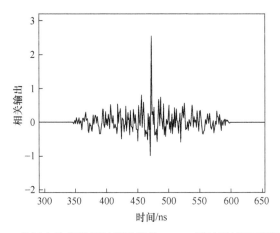

图 42.13　140m 范围内从理想反射器反射的 OFDM 脉冲通过匹配滤波器后的输出

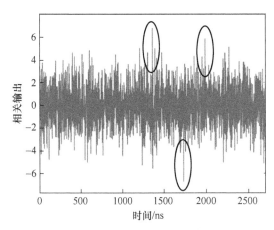

图 42.14　经过 3 个反射器(被建模为带有施威林噪声的米氏散射体)的 OFDM 脉冲的匹配滤波器的输出

时刻 k 的哪些观测值与时刻 $k + 1$ 的观测值相关。例如,如果两个被跟踪的目标路径交叉,则需要确定交叉之后的目标与交叉之前的哪个目标相关。

　　因此,下一步是定义和使用观测关联方法,称为多目标跟踪(MTT)问题。MTT 算法的目标是在一组时间接收一组观察值,并产生一组轨迹,其中每个轨迹对应于单个物理对象,并包含该对象的输入观测集中的所有观测值。MTT 解决方案包括非常简单的算法,如最邻近(NN)算法或简单的概率数据关联滤波算法(PDAF),也包括高级计算方法,比如多假设跟踪,蒙特卡罗法和粒子滤波器。

　　在本节研究中,我们将使用全局最邻近(GNN)关联算法,这是一种将最邻近算法扩展到多目标场景的简单方法。我们将从 42.5.4.1 节的一般 GNN 方法开始讨论。在 42.5.4.2 节,我们将把 GNN 计算的关联信息传递给一个 M/N 检测器,它将帮助检测由简单的 GNN 算法产生的错误关联。这两种方法在传统雷达处理中很常见[32-33]。

42.5.4.1　GNN 数据关联

　　令 t_k 为先前的跟踪目标。通过计算,目标 t_k 的位置估计被存储在扩展卡尔曼滤波器集中。我们的目标是将 z_k 中的观测值与 t_k 中的轨迹子集相匹配。令 N_p 为最大可能的匹配

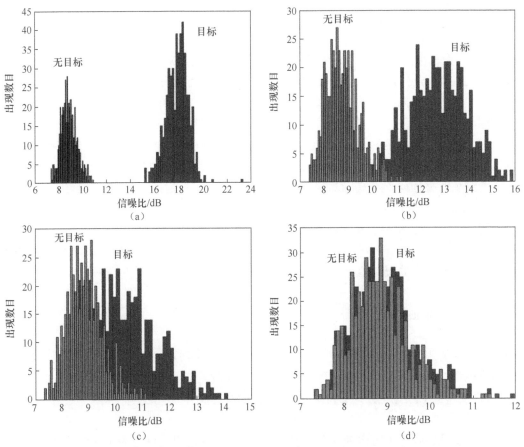

图 42.15　目标存在与不存在的匹配滤波器信噪比直方图

(真正的滤波器信噪比是从左上角开始,顺时针分别旋转 18dB、13dB、9dB 和 10dB。)

数, $C(\zeta, \Gamma)$ 代表轨迹 ζ 与观测值 Γ 匹配的代价函数。然后我们需要找到一组轨迹:

$$T_k = \{T_k(1), T_k(2), \cdots, T_k(N_p)\} \subseteq t_k \tag{42.21}$$

和一组映射:

$$g_k : T_k \to z_k \tag{42.22}$$

使 $g_k(\cdot)$ 和 T_k 的选择对于最小化代价函数是最优的:

$$C'(T_k, g_k) = \sum_{i=1}^{N_p} C(T_k(i), g_k(T_k(i))) \tag{42.23}$$

使用扩展卡尔曼滤波方法计算先前轨迹的协方差,我们可以使用马氏距离作为匹配代价函数。马氏距离是欧氏距离除以数量的不确定性。对于一个对角协方差矩阵,有

$$C(T_k(i), g_k(i)) = \frac{(\tilde{d}(T_k(i)) - \tilde{d}'(g_k(i)))^2}{\sigma_{T_k}^2} \tag{42.24}$$

式中: $\tilde{d}(\cdot)$ 和 $\tilde{d}'(\cdot)$ 分别为车辆与轨迹和观测点之间的距离估计。观测值可直接从匹配滤波器信噪比峰值位置计算获得。对于轨迹,其值是通过轨迹位置和车辆位置的最佳估计之间的欧氏距离计算获得。这个值可由 42.5.6.5 节中的函数 $d(\cdot)$ 计算得到。令 T_r 为接

收观测结果的时间,则

$$\widetilde{d}(\zeta) = \hat{d}(m_t(\zeta), T_r) \tag{42.25}$$

式中:$m_t(\cdot)$ 为轨迹到滤波器估计的轨迹位置的一个映射。对于已确认的轨迹(42.5.4.2 节讨论),如42.5.6.3节所述,t_k 处的轨迹与扩展卡尔曼滤波集 $T_1(T_r)$、$T_2(T_r)$ 等存在一一对应关系。对于未确认的轨迹,轨迹的位置估计被存储在单独的状态向量中,直至未确认轨迹删除。

注意,因为 N_p 是固定的,如果有足够的可用数据,上述算法会导致每一个轨迹接收一个观测值,而这是我们不希望的。实际中,式(42.22)对匹配数量进行阈值限制是必要的,以防止匹配结果明显远离依据式(42.24)得到的结果。

42.5.4.2　M/N 检测器

位置 k 处未匹配的轨迹集合记为

$$T_k' = t_k - T_k \tag{42.26}$$

位置 k 处未匹配的观测值记为

$$z_k' = z_k - \{g_k(T_k(i))\} \quad (\forall T_k(i) \in T_k) \tag{42.27}$$

位置 k 处的轨迹集合为

$$t_{k+1} = t_k + t_{k,\mathrm{add}} - t_{k,\mathrm{remove}} \tag{42.28}$$

式中:$t_{k,\mathrm{add}}$ 为要跟踪的新反射器集;$t_{k,\mathrm{remove}}$ 为在时间 k 要删除的反射器轨迹集。如果一个反射器出现在 T_k' 处最后 N 个的位置 M 处,则在 k 时刻将其删除,这里的参数 M、N 是可调的,以获得期望的 CFAR。所有未确认的轨迹会被添加到下一组轨迹中:

$$t_{k,\mathrm{add}} = z_k' \tag{42.29}$$

添加这些轨迹是为了可以使用关联算法。但是,如果它们被标记为未确认的轨迹,则不会添加到扩展卡尔曼轨迹集合中。正如42.5.6.6节所述,如果数据关联算法将新的观测值与 N 个顺序集合中的第 M 个未确认的轨迹相匹配,则该轨迹被确认并被初始化为扩展卡尔曼滤波器集合的解。如同确认的轨迹一样,未确认的轨迹可由式(42.28)删除。

42.5.4.3　随机扩展

本节中讨论的确定性算法需要对每个数据集合进行一维频谱处理。该处理对计算的要求是能够在具有 GPU 并行的台式机上实时仿真。然而,在某些情况下,例如计算资源有限的嵌入式平台,需要进一步减轻运算负担。在这种情况下,原始雷达数据的子集可用于提供实时导航更新。

式(42.29)中匹配滤波器对 n 个数据的样本集合的计算复杂度为 $O(n\log n)$,如果处理平台无法计算 PIR 中的匹配滤波,则可以改为在每个 N_{skip} 数据集中计算。当反射器被光束照射时,可以在任何数据收集期间进行初始检测。一旦被检测到,反射器的路径就可以通过下面详述的跟踪方法被及时向后跟踪。

目标的跟踪依赖匹配滤波器的输出。给定轨迹的估计位置,我们就可以在期望的范围内执行局部搜索以获得可以与该轨迹相关联的观测值。这种修正可以使我们不使用式(42.19)中的基于 FFT 的匹配滤波,从而直接计算所需的值:

$$m_k'(l) = \sum_{i=0}^{2D_{\mathrm{av}}f_s/c} |S_{\mathrm{rx}}(k,0)||S_{\mathrm{ref}}(l)| \tag{42.30}$$

其中，$|S_{rx}(k,0)|$ 根据需要进行补零。对于单点计算，该方法的最佳复杂度为 $O(n)$，并且当要估计的点数低于 $\log n$ 时才优于基于 FFT 的运算。图 42.16 描述了这一过程，计算出的匹配滤波器输出略加阴影，为了找到峰值，相关运算被执行（这总出现在 N_{skip} 集合中）。从这一点开始，在预测目标位置周围的局部区域中执行局部搜索。这样，绝大多数数据点可以保持未计算状态（白色矩形区域），从而减少了计算负担。由于导航问题只有一组稀疏反射器来获得位置解，此方法非常适合在本节中使用。因此，这里描述的随机方法将用于本章后面的所有结果。

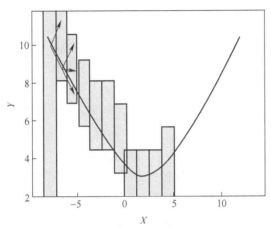

图 42.16　大型 SAR 数据集的随机搜索

42.5.5　INS 处理

为了将 UWB-OFDM 与 INS 集成，必须考虑如何处理来自 INS 的数据。捷联式 INS 系统由加速度计和陀螺仪两种主要传感器组成。加速度计产生对指定力的测量值，这一力作用于在加速度框架中计算的 INS。现在已经开发了许多复杂的 INS 模型来精确地模拟某些类型的 INS[31,34-35]。

为了使研究方法适用于广泛的应用场景，我们使用了文献[36]中给出的简单模型。陀螺仪和加速度计都附加了噪声和偏置。陀螺仪和加速度计偏置被建模为一阶高斯-马尔可夫（FOGM）过程[37]，该过程相对于所有轴是独立且同分布的。假设陀螺仪偏置时间常数和噪声强度分别为 τ_a 和 σ_a，加速度计偏置时间常数和噪声强度分别为 τ_a 和 σ_a。陀螺仪和加速度计噪声被建模为随机游走模型。令陀螺仪和加速度计随机游走模型的噪声强度为 σ_{arw}、σ_{brw}。表 42.1 列出了不同惯性导航系统等级的通用参数值。

表 42.1　不同惯性导航系统等级的通用参数值。所有惯性导航
系统等级使用时间常数 $\tau_a = \tau_b = 3600s$

INS 等级	σ_a /(rad/s)	σ_b /(m/s²)	$\sigma_{a_{mw}}$ /(rad/s$^{1/2}$)	$\sigma_{b_{mu}}$ /(m/s$^{3/2}$)
商用（Cloudcap Crista）	8.7×10^{-3}	1.96×10^{-1}	6.5×10^{-4}	4.3×10^{-3}
战术型（HG1700）	4.8×10^{-6}	9.8×10^{-3}	8.7×10^{-5}	9.5×10^{-3}
导航（HG 9900-H764G）	7.2×10^{-9}	2.45×10^{-4}	5.8×10^{-7}	2.3×10^{-4}

42.5.6　导航滤波

我们现在将开发一种能够集成惯性导航系统和雷达测量的导航滤波器。假设具有相关距离/多普勒观测值的跟踪雷达反射器可用作测量(如 42.5.3 节和 42.5.4 节所述)。

42.5.6.1　卡尔曼滤波

假设一个线性动态系统每个状态都是一个具有加性高斯噪声的前一状态的线性函数:

$$x_{k+1} = \boldsymbol{\Phi}_k x_k + \boldsymbol{w}_k \tag{42.31}$$

式中: x_k 为 k 时刻的状态矢量; $\boldsymbol{\Phi}_k$ 为离散时间动力学矩阵; $\boldsymbol{w}_k$ 为 k 时刻协方差矩阵为 $\boldsymbol{Q}_k$ 的联合高斯随机变量的矢量。需要注意的是该模型中每个状态只是先前状态的函数,使其成为马尔可夫过程。进一步假设该系统的观测与状态线性相关:

$$z_k = H_k x_k + \boldsymbol{v}_k \tag{42.32}$$

式中: H_k 为 k 时刻观测值对应的状态矩阵; $\boldsymbol{v}_k$ 为 k 时刻协方差矩阵为 $\boldsymbol{R}_k$ 的联合高斯随机变量的矢量。给定观测值的情况下需要计算状态矩阵随时间变化的估计值 $\{\hat{x}_k, \hat{x}_k, \cdots\}$ 。

该问题的解被称为卡尔曼滤波器(KF)。KF 假设我们在某个时间 k 有一个状态的初始估计,然后从这个时间开始迭代计算状态估计。第一步是计算 $k+1$ 时刻的状态估计(此时,我们还未使用 $k+1$ 时刻的观测值)。

$$\hat{x}_{k+1}^- = E[\boldsymbol{\Phi}_k x_k + \boldsymbol{w}_k] = \boldsymbol{\Phi}_k \hat{x}_k \tag{42.33}$$

通过构建动力学方程向前计算估计值,这一步相对直接。噪声源是零均值的,因此它们不会影响平均估计值。然后,我们用收集到的观测值更新 $k+1$ 的估计值:

$$\hat{x}_{k+1}^+ = \hat{x}_{k+1}^- + K_{k+1}(z_{k+1} - H_k \hat{x}_{k+1}^-) \tag{42.34}$$

也就是说,最终估计值等于预测估计值加上测量值和由预测估计计算得到的测量值之间的差值。这个差值称为测量残差。 K 矩阵是卡尔曼增益,其可以缩放残差的影响,使 KF 是最优的最小均方误差(MMSE)估计器。增益由式(42.35)给出[37]:

$$K_k = P_k^- H_k^{\mathrm{T}} (H_k P_k^- H_k^{\mathrm{T}} + R_k)^{-1} \tag{42.35}$$

式中: R_k 为测量噪声的协方差矩阵,有

$$R_k = E[\boldsymbol{v}_k \boldsymbol{v}_k^{\mathrm{T}}] \tag{42.36}$$

而 P_k^- 是状态估计 $\hat{x}_{k+1}^-$ 的协方差矩阵,有:

$$P_{k+1}^- = \boldsymbol{\Phi}_k P_k^+ \boldsymbol{\Phi}_k^{\mathrm{T}} + Q_k \tag{42.37}$$

其中, Q_k 为过程噪声的协方差矩阵:

$$Q_k = E[\boldsymbol{w}_k \boldsymbol{w}_k^{\mathrm{T}}] \tag{42.38}$$

并且

$$P_k^+ = (I - K_k H_k) P_k^- \tag{42.39}$$

这些公式可以反复用于估计系统随时间变化的状态。随着测量时刻的到来,得到相应时间的状态(及其相关的协方差)估计,然后用观测值进行更新。如果当时没有观测到,那么使 $\hat{x}_{k+1}^+ = \hat{x}_{k+1}^-$,此过程无限期地进行下去。

42.5.6.2　扩展卡尔曼滤波

扩展卡尔曼滤波(EKF)是卡尔曼滤波(KF)的延伸,使其能够应用于非线性问题。EKF

将非线性系统近似为线性系统,这种近似是通过对系统中的非线性方程进行一阶泰勒级数展开来实现。非线性可能来源于测量模型或动力学模型。如果测量模型由 KF 中的矩阵 $\boldsymbol{H}$ 定义,则 EKF 将定义一个矩阵 $\boldsymbol{H}$,它是非线性观测函数 h 的雅可比。类似地,非线性动力学模型 F 将由非线性动力学函数 f 的雅可比代替。需要注意的是,在计算残差时,非线性函数 h 被用来代替雅可比,因为它不必是线性的,并且使用真实观测函数更精确。

只有当引入的线性化误差为零时,EKF 模型才是 MMSE 意义上的最优模型。实际上,线性化误差可能很大,特别是对于高度非线性的系统和初始状态估计不准确的情况。此外,因为线性化只在真值的邻域内有效,而函数是非线性的,故 EKF 状态误差变化越大,线性化误差越显著[37]。因此,将 EKF 应用于实际问题时,必须考虑线性化误差。虽然不能保证具有非零线性化误差的 EKF 的最优性,但在实践中,对于小误差,该解非常接近最优解。

42.5.6.3 状态模型

导航滤波器使用 INS 误差–状态模型。因此状态矢量 $\boldsymbol{a}$ 包含惯性导航系统位置误差 δp、速度误差 $\delta \dot{p}$、角度误差 $\boldsymbol{\Psi}$、加速度计偏差 δb_a 和陀螺仪偏差 δb_b,每个量都是三维的。状态矢量中还包括跟踪和确认的目标位置 $T_1, T_2, \cdots$ 的三维估计。状态矢量为

$$
\boldsymbol{x}(t) = \begin{bmatrix} \delta \boldsymbol{p}(t) \\ \delta \dot{\boldsymbol{p}}(t) \\ \boldsymbol{\psi}(t) \\ \delta \boldsymbol{b}_a(t) \\ \delta \boldsymbol{b}_b(t) \\ \boldsymbol{T}_1(t) \\ \boldsymbol{T}_2(t) \\ \vdots \end{bmatrix} \tag{42.40}
$$

位置 $\boldsymbol{T}_k(l\Delta t_p)$ 直接映射到跟踪算法中 t_k 处的跟踪目标,则 $\boldsymbol{T}_k(l\Delta t_p)$ 就是 t_l 处的第 k 个目标的位置。需要注意,式(42.40)中的状态矢量包含导航车辆的 INS 位置误差和被跟踪目标的位置。由于滤波器将估计添加到状态矢量中的所有变量,因此它将在估计目标位置的同时估计车辆位置。由于我们在这里选择了状态,滤波器将固定执行 SLAM。

角度误差被假定为姿态的小角度误差,由文献[36]定义:

$$
\hat{C}_b^n = [\boldsymbol{I} - (\boldsymbol{\Psi} \times)] \, C_b^n \tag{42.41}
$$

式中:$\hat{C}_b^n$ 为 INS 从载体坐标框架到导航框架的估计方向的余弦矩阵;C_b^n 为估计量的真实值;$\boldsymbol{\Psi} \times$ 为 $\boldsymbol{\Psi}$ 的反对称。

42.5.6.4 动力学模型

系统的动力学模型由式(42.42)给出:

$$
\dot{\boldsymbol{x}}(t) = \boldsymbol{F}\boldsymbol{x}(t) + \boldsymbol{w}_a(t) \tag{42.42}
$$

式中:$\boldsymbol{F}$ 为连续时间动力学矩阵;$\boldsymbol{w}_a$ 为噪声输入列矢量,$\boldsymbol{F}$ 可以写为

$$
\boldsymbol{F} = \begin{bmatrix} \boldsymbol{F}_{\text{INS}} & \boldsymbol{0} \\ \boldsymbol{0} & \boldsymbol{F}_{\text{radar}} \end{bmatrix} \tag{42.43}
$$

式中:$\boldsymbol{F}_{\text{INS}}$ 为 15×15 的矩阵;$\boldsymbol{F}_{\text{radar}}$ 为 $3N_u \times 3N_u$ 的矩阵;N_u 为当前时间跟踪的目标数量,反

射器模型为静止的,因此:

$$\boldsymbol{F}_{\text{radar}} = 0 \tag{42.44}$$

可得[36]

$$\boldsymbol{F}_{\text{INS}} = \begin{bmatrix} 0 & \boldsymbol{I} & 0 & 0 & 0 \\ \boldsymbol{C}_e^n \boldsymbol{G} \boldsymbol{C}_n^e & -2\boldsymbol{C}_e^n \boldsymbol{\Omega}_{ie}^n \boldsymbol{C}_n^e & (\boldsymbol{f}^n \times) & \boldsymbol{C}_b^n & 0 \\ 0 & 0 & -(\boldsymbol{C}_e^n \boldsymbol{\omega}_{ie}^e) \times & 0 & -\boldsymbol{C}_b^n \\ 0 & 0 & 0 & -\dfrac{1}{\tau_a}\boldsymbol{I} & 0 \\ 0 & 0 & 0 & 0 & -\dfrac{1}{\tau_b}\boldsymbol{I} \end{bmatrix} \tag{42.45}$$

式中:每一项均为 3×3 的矩阵; $\boldsymbol{\omega}_{ie}^e$ 为坐标框架 e 与坐标框架 i 之间的角速度矢量; $\boldsymbol{\Omega}_{ie}^e$ 为斜对称形式; $\boldsymbol{\omega}_{ie}^e \boldsymbol{C}\{:\}$ 为 e 框架到 i 框架的方向余弦矩阵; $\boldsymbol{f}^n$ 为 n 框架的比力; $(\cdot)\times$ 为矢量的反对称形式。

我们还需要在式(42.42)中描述噪声源。令

$$\boldsymbol{w}_a = \begin{bmatrix} \boldsymbol{w}_{\text{INS}} \\ \boldsymbol{w}_{\text{radar}} \end{bmatrix} \tag{42.46}$$

其中, $\boldsymbol{w}_{\text{radar}} = 0$ 且 $\boldsymbol{w}_{\text{INS}}$ 为

$$\boldsymbol{w}_{\text{INS}} = \begin{bmatrix} 0 \\ \boldsymbol{C}_b^n \boldsymbol{w}_a \\ -\boldsymbol{C}_b^n \boldsymbol{w}_b \\ \boldsymbol{w}_{a_{\text{bias}}} \\ \boldsymbol{w}_{b_{\text{bias}}} \end{bmatrix} \tag{42.47}$$

式中: $\boldsymbol{w}_a$、$\boldsymbol{w}_b$、$\boldsymbol{w}_{a_{\text{bias}}}$、$\boldsymbol{w}_{b_{\text{bias}}}$ 分别为陀螺仪随机游走、加速度计随机游走、陀螺仪偏置和加速度计偏差随机游走的噪声。

42.5.6.5　测量模型

扩展卡尔曼滤波更新的测量值仅用于雷达。雷达测量值是车辆位置和雷达目标之间的距离。

测量模型如下:

$$\boldsymbol{z}_k = \boldsymbol{h}(\boldsymbol{x}_k) + \boldsymbol{w}_z \tag{42.48}$$

其中, $\boldsymbol{h}(\cdot)$ 为

$$\boldsymbol{h}(x_k) = \begin{bmatrix} d(\boldsymbol{T}_1, k) \\ d(\boldsymbol{T}_2, k) \\ \vdots \end{bmatrix} \tag{42.49}$$

符号 $d(\boldsymbol{T}_\zeta, k)$ 代表 t_k 时刻目标 $\boldsymbol{T}_\zeta$ 与车辆之间的距离。车辆位置并不直接存储在 EKF 状态矢量 $\boldsymbol{x}$ 中。因此,使用来自状态矢量的一些信息与外部信息相结合来描述测量模型:

$$d(\boldsymbol{T}_\zeta, k) = \sqrt{(\boldsymbol{T}_\zeta(t_k) - [\hat{\boldsymbol{p}}(t_k) + \delta\boldsymbol{p}(t_k)])^{\text{T}}(\boldsymbol{T}_\zeta(t_k) - [\hat{\boldsymbol{p}}(t_k) + \delta\boldsymbol{p}(t_k)])} \tag{42.50}$$

式中: $\hat{p}(t)$ 为车辆在 t 时刻惯性导航系统的估计值,括号中的项为真实位置:

$$p(t) = \hat{p}(t) + \delta p(t) \qquad (42.51)$$

δp 项和 T 项都被包含在状态矢量中,但 $\hat{p}$ 项没有,因为它们必须从独立计算的 INS 解中提取。因此,h 函数必须使用来自外部的信息,而不只是状态矢量的一个函数。

为了使用扩展卡尔曼滤波,我们必须计算 h 的雅可比,因为它是一个非线性函数。因此,我们有

$$H(x_k) = \begin{bmatrix} \gamma_{k,1,1} & \gamma_{k,1,2} & \cdots & \gamma_{k,1,N_{tt}} \\ \gamma_{k,2,1} & \gamma_{k,2,2} & \cdots & \gamma_{k,2,N_{tt}} \\ \vdots & \vdots & \ddots & \vdots \\ \gamma_{k,N_0,1} & \gamma_{k,N_0,2} & \cdots & \gamma_{k,N_0,N_{tt}} \end{bmatrix} \qquad (42.52)$$

其中 $\gamma_{k,l,m}$ 是 $h(x_k)$ 的第 l 行对第 m 个状态的偏导数,即

$$\gamma_{k,l,m} = \frac{\partial [h(x_k)]_l}{\partial [x_k]_m} \qquad (42.53)$$

需要注意的是,对于误差状态模型,h 函数不仅仅是状态函数,h 的雅可比也依赖 INS 的解。须提取惯性导航系统位置估计以便计算 H 矩阵,因此,对于使用该模型进行 EKF 实现时,EKF 将与 INS 解耦合。

42.5.6.6 EKF 初始化

EKF 的实现存在一个一直未能解决的问题。EKF 中的每个状态必须用近似正确的值初始化,以便最小化由雅可比引起的线性化误差。初始惯性导航系统误差设置为 0,当轨迹被确认时,新的状态必须被添加并初始化到 EKF 状态矢量中,这个过程随着滤波器的计算而不断发生。

假定在位置 p_k 处确认了新的轨迹,并且 EKF 正在跟踪状态矢量 x_k 的 N_{tt} 个目标,新轨迹将与 M 个过去的测量值相关联,这可通过使用 M/N 检测器来证实。简单起见,我们假设 M 个观测值都是在最后 M 次观测中收集的。因此,我们需要在 $k - M$ 处执行初始化,然后重新计算到当前时间 k,则扩充的状态矢量为

$$x'_{k-M} = [x_{k-M} \quad T_{\text{new}}] \qquad (42.54)$$

其中 x'_{k-M} 是一个 $1 \times N_{tt} + 3$ 的矢量。由于新状态最初没有信息,因此在初始化期间采用 EKF 的协方差逆。扩充信息矩阵为

$$[P'_a(k - M)]^{-1} = \begin{bmatrix} [P'_a(k - M)]^{-1} & 0 \\ 0 & 0 \end{bmatrix} \qquad (42.55)$$

其中

$$P'_a(k) = E[x_{k-M} x_{k-M}^{\text{T}}] \qquad (42.56)$$

式(42.55)中的 3×30 矩阵意味着对于新目标我们并没有任何信息。我们现在用 M 个观测值中的第一个进行更新。采用协方差逆形式,有

$$\widetilde{x'}_{k-M} = x_{k-M}^{\text{nom}} - [J^{\text{T}} R^{-1} J + [P'_a(k - M)]^{-1}] J^{\text{T}} R^{-1} [h(x_{k-M}^{\text{nom}}) - z_{\text{new}}] \qquad (42.57)$$

其中 J 是 h 的雅可比,$R = E[w_z w_z^{\text{T}}]$ 且 z_{new} 是与 $k - M$ 处新轨迹相关的观测值。$x_{(.)}^{\text{nom}}$ 是名义上的状态估计,通过多普勒测量值将其初始值设置为目标估计位置。通过式(42.57)计算

出 $\widetilde{x}'$ 后,该值用作标称值,随后再次计算式(42.57)进行迭代,直到计算出的标称值收敛。只要目标位置的初始多普勒估计足够精确就可以使线性误差最小化,则该估计在 MMSE 意义上是最优的。与更新状态相关联的协方差矩阵为[38]

$$\widetilde{\boldsymbol{P}}'_a(k-M)=\left[J^{\mathrm{T}}R^{-1}J+\left[P'_a(k-M)\right]^{-1}\right]^{-1} \tag{42.58}$$

状态 $\widetilde{x}'_{k-M}$ 和状态不确定性 $\widetilde{\boldsymbol{P}}'_a(k-M)$ 取代 $k-M$ 处的常规扩展卡尔曼计算的原始状态,随后扩展卡尔曼滤波向前计算,与新增加目标相关联的其他 $M-1$ 个观测值也会在其观测时刻更新。当滤波器更新到 k 时刻时,旧的滤波器会被替换为重新计算的滤波器,导航滤波器照常继续工作。

42.5.7　实验性能分析

42.5.7.1　信号生成

用于本次实验分析的雷达系统是一个 X 波段的 UWB-OFDM 雷达,如图 42.17 所示。该系统最初用于多用途通信/成像雷达,因此它能够用于导航滤波器时传输数据。图 42.18 展示了一个由实验系统生成的反投影捕获 SAR 图像的例子。图 42.19 显示了当设备用作通信设备时,5m 距离的误码率(BER)。

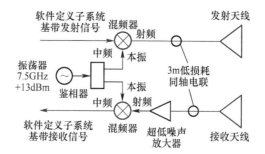

图 42.17　UWB-OFDM 雷达系统实验框图

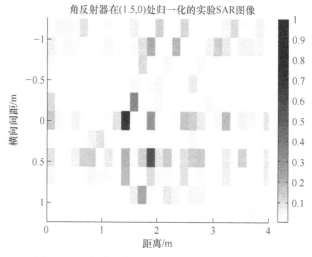

图 42.18　实验系统通过反投影捕获的 SAR 图像

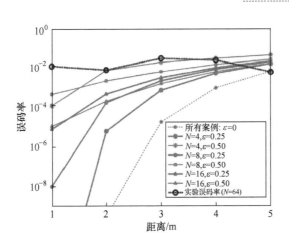

图 42.19　实验系统以 57Mb/s 的数据速率传输时的误码率

收发器具有 1GHz 的基带发射器带宽和 5GHz 的接收机带宽(超宽带系统)。为了能够在基带捕获时频信号,使用了一个双通道输入/输出解调器,这允许在任何范围内连续跟踪目标,与单通道系统相反,单通道系统具有检测不到返回能量的死区。

42.5.7.2　系统结果

实验系统在放置了金属反射器的走廊环境进行测试。图 42.10 展示了生成本节结果的数据处理方法。INS 数据在固定的局部水平框架中进行处理,生成 UGV 的独立位置估计。雷达数据用 42.5.3 节提出的方法来处理,并在图 42.11 进行了归纳总结。

最终的 INS 解和雷达跟踪/距离在导航滤波器中进行处理。使用的导航滤波器是 42.5.6 节介绍的误差状态 EKF 模型。

图 42.20 显示了距离为 1m 的单个静止角反射器目标的一组雷达数据集合。可以看到,时间同步近乎理想,并且只存在很小的噪声,因为随着时间的推移,回波几乎是相同的。图 42.21 显示了脉冲压缩后图 42.20 中的单个慢时间仓。我们在反射器的距离仓处看到大于 16dB 的信噪比增益。使用二次抽样插值和校准,图 42.21 中目标的计算范围为 0.995m,小于 1cm 误差。多次执行该实验产生了小于 6cm 的一致测距误差。图 42.22 显示了脉冲压缩后图 42.20 中的整个数据集。

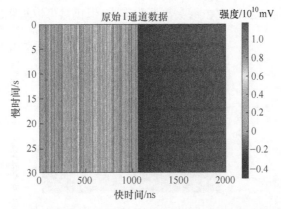

图 42.20　脉冲压缩前 SAR 相位历史幅度(观测单个静止角反射器)

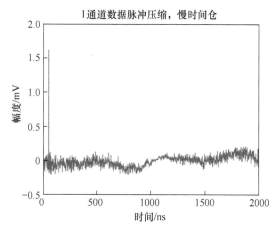

图 42.21　脉冲压缩后的快速采集(观测单个静止角反射器)

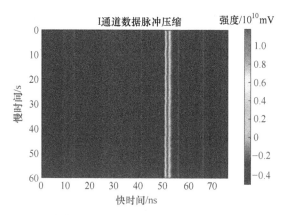

图 42.22　脉冲压缩后的相位历史(观测单个静止角反射器)

图 42.23 显示了运动角反射器目标的 I 通道脉冲压缩数据。目标最初是静止的,它向雷达移动 0.5m,然后再次停止。随着目标的移动,观察到 10~20ns 时下降明显,在移动期间目标"淡入淡出"数据集,这是因为我们关注的是单一通道。暂时没有返回的目标由 M/N 检测器处理,这允许反射器不会出现在每次数据收集中,但仍然可以被跟踪。

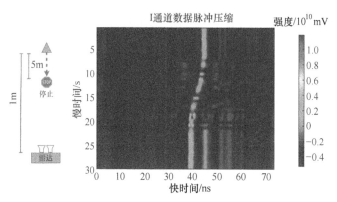

图 42.23　脉冲压缩后的相位历史(观测向雷达移动的单个角反射器)

　　图 42.24 显示了图 42.23 中数据集通过目标跟踪算法得到的计算距离。我们看到仍然有足够的距离用于检测和估计运动。图 42.25 显示了雷达沿走廊墙壁移动时走廊中单个角反射器的历史相位。我们可以在 54ns 处看到墙壁特征,并且反射器在 50ns 处形成抛物线路径。从这个数据集我们看到,墙壁引导对于室内环境是可能的。但是在本章中仅使用点目标跟踪。

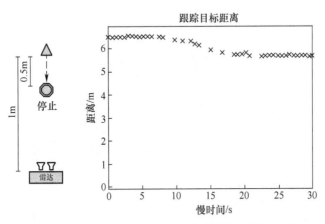

图 42.24　图 42.23 中数据集的单道提取的距离记录

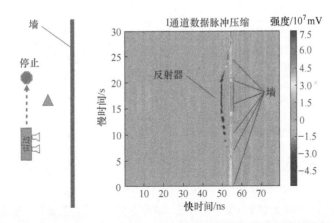

图 42.25　带有单个固定角反射器的走廊墙壁移动雷达脉冲压缩后的相位历史

42.5.7.3　SAR 导航结果

　　图 42.27 的左侧显示了用于导航实验的几何构形。雷达通过走廊移动,6 个反射器分散在它的前面(最初并不知道反射器位置,而是作为 SLAM 算法的一部分进行计算)。每次转弯时,雷达顺时针旋转(从上方),这样天线就能看到反射器。图 42.26 显示了该配置中收集的数据。在 59ns(快时间)时可以看到墙壁特征,在 15s 和 50s(慢时间)时会出现两个反射器。很容易看到,15s 处的反射器比 50s 处的反射器更靠近墙壁。

　　图 42.27 显示了以图 42.27 左侧实验设置计算出的雷达平台位置。可以看到,通过雷达辅助,位置解算精度有了显著提高。

　　仅有 INS 的解会在平台移动之前就开始漂移。而雷达辅助的 INS 解不会漂移,因为雷达在初始静止位置时有多个可见的反射器,从而告知 EKF 没有移动。独立的 INS 解总体上向南偏移。INS 也随着时间向东漂移,这被雷达辅助修正。雷达解算的最终误差为北 0.3m 和东 0.2m,而独立的 INS 解算的误差为南 3m 和东 4m。INS 的特性需要对加速度测量值进行双重积分以获得位置,因此独立的 INS 解通常会随着时间的推移而产生越来越大的误差。相比之下,雷达辅助解倾向移动距离线性函数的增长。

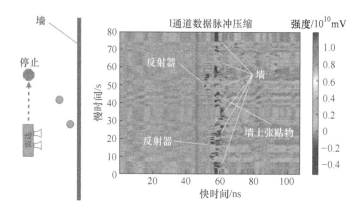

图 42.26　脉冲压缩后的相位历史。短样本取自 SAR 导航数据集

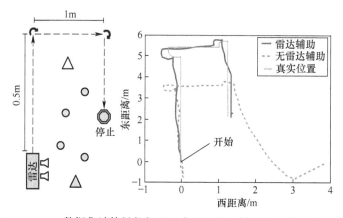

图 42.27　SAR 数据集计算导航解显示有和无雷达辅助以及真实轨迹结果

42.6　小结

雷达自最初的概念提出至今,已成功地用作多种形式的导航传感器。最初的雷达辅助方法仅限于模拟近似。随着实时计算变得越来越实用,雷达辅助应用的前景也随之发生了巨大变化。20 世纪 60—90 年代,它们主要用作高度计和速度辅助工具,以便在陆地上导航。利用现代硬件的计算能力,SAR 特征提取和 SLAM 方法已可以在实时或近实时系统中实现。随着技术的进步,在不久的将来,传统的计算机视觉/图像辅助导航方法应用于 SAR 的图像会变得可行和普遍。

参考文献

[1] Skolnik, M. (2008) *Radar Handbook*, 3rd Ed., McGraw-Hill, New York.

[2] Murray, W. R. and Millett, A. R. (1998) *Military Innovation in the Interwar Period*, Cambridge University Press.

[3] Zhang, B., Dong, H., and Liu, T. (2013) Research on marinesolid state radar and its application, in 2013 *Third World Congress on Information and Communication Technologies (WICT 2013)*, Hanoi, 2013, pp. 372-376, doi: 10.1109/WICT.2013.7113098.

[4] Caris, M., Stanko, S., Palm, S., Sommer, R., and Pohl, N. (2015) Synthetic aperture radar at millimeter wavelength for UAV surveillance applications, in *Research and Technologies for Society and Industry Leveraging a Better Tomorrow (RTSI)*, 2015 IEEE 1st International Forum on, IEEE, pp. 349-352.

[5] Kauffman, K., Garmatyuk, D., and Morton, J. (2009) Efficient sparse target tracking algorithm for navigation with UWB-OFDM radar sensors, in *Aerospace Electronics Conference (NAECON)*, *Proceedings of the IEEE 2009 National*, pp. 14-17, doi:10.1109/NAECON.2009.5426657.

[6] Garmatyuk, D., Schuerger, J., and Kauffman, K. (2011) Multifunctional software-defined radar sensor and data communication system. *Sensors Journal, IEEE*, 11 (1), 99 - 106, doi: 10.1109/JSEN.2010.2052100.

[7] Kauffman, K., Raquet, J., Morton, Y., and Garmatyuk, D. (2010) Simulation study of WB-OFDM SAR for navigation using an extended Kalman filter, in *Proceedings of the ION GNSS*, Portland, Oregon, pp. 2443-2451.

[8] Ausherman, D. A., Kozma, A., Walker, J. L., Jones, H. M., and Poggio, E. C. (1984) Developments in radar imaging. *IEEE Transactions on Aerospace and Electronic Systems*, vol. AES-20, no. 4, pp. 363-400.

[9] Dezert, J. (1999) Improvement of strapdown inertial navigation using PDAF. *IEEE Transactions on Aerospace and Electronic Systems*, 35 (3), 835-856, doi:10.1109/7.784055.

[10] Nordlund, P. J. and Gustafsson, F. (2009) Marginalized particle filter for accurate and reliable terrain-aided navigation. *IEEE Transactions on Aerospace and Electronic Systems*, 45 (4), 1385 - 1399, doi: 10.1109/TAES.2009.5310306.

[11] Henley, A. (1990) Terrain aided navigation: current status, techniques for flat terrain and reference data requirements, in *Position Location and Navigation Symposium*, 1990. Record. *The 1990's-A Decade of Excellence in the Navigation Sciences. IEEE PLANS' 90, IEEE*, pp. 608 - 615, doi: 10.1109/PLANS.1990.66235.

[12] Hostetler, L. and Andreas, R. (1983) Nonlinear Kalman filtering techniques for terrain-aided navigation. *Automatic Control, IEEE Transactions on*, 28 (3), 315-323, doi:10.1109/TAC.1983.1103232.

[13] Mayer, R. H. (1964) Doppler navigation for commercial aircraft in the domestic environment. *Aerospace and Navigational Electronics, IEEE Transactions on*, ANE - 11 (1), 8 - 15, doi: 10.1109/TANE.1964.4502149.

[14] Lee, P. M., Jun, B. H., Kim, K., Lee, J., Aoki, T., andHyakudome, T. (2007) Simulation of an inertial acoustic navigation system with range aiding for an autonomous underwater vehicle. *Oceanic Engineering, IEEE Journal of*, 32 (2), 327-345, doi:10.1109/JOE.2006.880585.

[15] Braverman, N. (1957) Self-contained navigation aids and the common system of air traffic control. *Aeronautical and Navigational Electronics, IRE Transactions on*, ANE - 4 (2), 52 - 56, doi: 10.1109/

TANE3. 1957. 4201511.

[16] Lowe, D. G. (1999) Object recognition from local scale-invariant features, in *Computer vision*, 1999. *The Proceedings of the Seventh IEEE International Conference on*, vol. 2, IEEE, pp. 1150–1157.

[17] Jakowatz, C. ,Wahl, D. , Eichel, P. ,Ghiglia, D. ,and Thompson, P. (1996) *Spotlight-Mode Synthetic Aperture Radar: A Signal Processing Approach*, Springer Science, New York.

[18] Skolnik, M. (2001) *Introduction to Radar Systems*, 3rd Ed. , McGraw-Hill, New York,.

[19] Knott, E. , Schaeffer, J. , andTulley, M. (2004) *Radar Cross Section*, Electromagnetics and Radar Series, Institution of Engineering and Technology.

[20] Kim, J. and Sukkarieh, S. (2004) Autonomous airborne navigation in unknown terrain environments. *IEEE Transactions on Aerospace and Electronic Systems*, 40 (3), 1031 – 1045, doi: 10. 1109/TAES. 2004. 1337472.

[21] Soumekh, M. (1999) *Synthetic Aperture Radar Signal Processing*, Wiley, New Jersey.

[22] Garmatyuk, D. and Kauffman, K. (2009) Radar and data communication fusion with UWB-OFDM software-defined system, in *Ultra-Wideband*, 2009. *ICUWB 2009. IEEE International Conference on*, pp. 454–458, doi:10. 1109/ ICUWB. 2009. 5288748.

[23] Garmatyuk, D. , Schuerger, J. , Kauffman, K. , and Spalding, S. (2009) Wideband OFDM system for radar and communications, in *Radar Conference*, 2009 *IEEE*, pp. 1–6, doi:10. 1109/RADAR. 2009. 4977024.

[24] Narayanan, R. M. , Xu, Y. ,Hoffmeyer, P. D. , and Curtis, J. O. (1998) Design, performance, and applications of a coherent ultra-wideband random noise radar. *Optical engineering*, 37 (6), 1855–1870.

[25] Gabor, D. (1948) A new microscope principle. *Nature*, 161 (777).

[26] Cutrona, L. , Leith, E. , Porcello, L. , and Vivian, W. (1966) On the application of coherent optical processing techniques to synthetic-aperture radar. Proc. *IEEE*, 54, 1026–1032.

[27] Ausherman, D. , Kozma, A. , Walker, J. , Jones, H. , and Poggio, E. (1984) Developments in radar imaging. *IEEE Transactions on Aerospace and Electronic Systems*, 20.

[28] Parker, J. A. (1990) *Image Reconstruction in Radiology*, CRC Press.

[29] Mersereau, R. (1973) Recovering multidimensional signals from their projections. *Computer Graphics and Image Processing*, 1, 179–195.

[30] Desai, M. D. and Jenkins, W. K. (1992) Convolutionbackprojection image reconstruction for spotlight mode synthetic aperture radar. *IEEE Transactions on Image Processing*, 1 (4), 505–517.

[31] Titterton, D. and Weston, J. (1997) *Strapdown Inertial Navigation Technology*, Peter eregrinus Ltd. , London.

[32] Blackman, S. andPopoli, R. (1999) *Design and Analysis of Modern Tracking Systems*, Artech House, Norwood, Massachusetts.

[33] Shnidman, D. (1998) Binary integration for Swerling target fluctuations. *Aerospace and Electronic Systems*, *IEEE Transactions on*, 34 (3), 1043–1053, doi:10. 1109/7. 705926.

[34] Chung, D. , Lee, J. G. , Park, C. G. , and Park, H. W. (1996) Strapdown INS error model for multiposition alignment. *Aerospace and Electronic Systems*, *IEEE Transactions on*, 32 (4), 1362 – 1366, doi: 10. 1109/7. 543857.

[35] Scherzinger, B. and Reid, D. (1994) Modified strapdown inertial navigator error models, in *Position Location and Navigation Symposium*, 1994, *IEEE*, pp. 426–430, doi:10. 1109/PLANS. 1994. 303345.

[36] Veth, M. (2006) Fusion of Imaging and Inertial Sensors for Navigation, Ph. D. thesis, AFIT, Dayton,

Ohio.

[37] Brown, R. and Hwang, P. (1996) *Introduction to Random Signals and Applied Kalman Filtering*, 3rd Ed., Wiley, New Jersey.

[38] Maybeck, P. (1994) *Stochastic Models*, *Estimation and Control*, vol. 1, Navtech Press, Arlington, Virginia.

本章相关彩图,请扫码查看

第43章　低轨卫星导航

A 部分　概念、现有技术和未来展望

Tyler G. R. Reid[1]、Todd Walter[1]、Per K. Enge[1]、David Lawrence[2]、
H. Stewart Cobb[2]、Greg Gutt[2]、Michael O' Conner[2]和 David Whelan[3]

[1] 斯坦福大学,美国

[2] Satelles 公司, 美国

[3] 加利福尼亚大学圣地亚哥分校,美国

43.1　简介

地球卫星通常运行在 3 个不同的轨道中。图 43.1 所示为 2016 年 1419 颗卫星在太空中运行的轨道,图 43.2 给出了它们的高度分布[1]。可以看出,这些卫星几乎均匀地分布于两个区域:其中,506 颗卫星为地球同步轨道(GSO),780 颗卫星为低地球轨道(LEO)[1]。LEO 是本章的主题,它们的轨道高度通常为 400~1500km。轨道高度在 400km 以下时,其大气阻力较大,这会导致轨道衰减过快。轨道高度在 1500km 以上时,会进入较低的范艾伦辐射带。这两者都限制了卫星的工作寿命,因此 LEO 卫星通常运行在这两个高度之间。

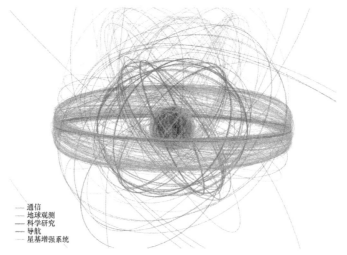

　　　通信
　　　地球观测
　　　科学研究
　　　导航
　　　星基增强系统

图 43.1　2016 年 1419 颗卫星在轨运行的轨道(经 T. G. R. Reid 许可转载。)

图中另一端是 GSO 中的卫星,它们的轨道高度为 35786km,轨道周期与地球自转完全

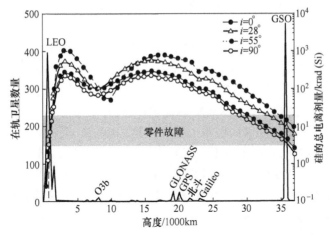

图 43.2　5 年任务硅的总电离剂量与轨道高度和 2016 年在轨运行卫星分布的函数关系[4]

（经 T. G. R. Reid 许可转载。辐射数据是使用 SPENVIS[3-4] 生成的。）

相同。如果将卫星放置在赤道上空,卫星相对地球位置保持不变,因此得名地球静止轨道（GEO）。得益于 GEO 卫星的有利位置,GEO 卫星覆盖范围可达地球的 1/3 以上。虽然更近的 LEO 卫星能够提供更好的成像分辨率以及更强功率的通信信号,但 GEO 提供的覆盖范围更广。两者各有优势,相互共存。

剩下大约 100 颗卫星中的大部分属于 GPS、GLONASS、Galileo 和北斗的导航星座,它们位于 LEO 和 GSO 之间,处于中地球轨道（MEO）区域。如图 43.2 所示,LEO 和 GSO 之间广阔的区域包含范艾伦辐射带,这是地球磁场与来自太阳的高能粒子相互作用的结果[2]。在这种恶劣环境中工作的唯一星座是导航星座。这些卫星必须经过加固才能正常工作,这将增加它们的设计难度。

每个轨道区域都有各自的优势和劣势,这里重点介绍 LEO 导航。由于 LEO 更靠近地球,因此其能提供比 MEO 导航系统更少的路径损耗,与之对应,LEO 落地信号强度相比 MEO 提高 1000 倍（30dB）,增强了在城市和室内环境中抗干扰能力和可用性。LEO 的缺点是其需要九颗 LEO 卫星才能达到一颗 MEO 卫星的覆盖范围。

43.1.1 节首先简要介绍了美国和俄罗斯早期 LEO 卫星导航系统的历史。43.1.2 节讨论了当今的 LEO 卫星、它们在导航中的作用以及即将实施的 LEO 星座。43.2 节给出了所需的数学基础,得出并对比了 LEO 和 MEO 卫星信噪比、卫星星下点轨迹、平均运动和对地覆盖范围。从导航的角度突出了 LEO 和 MEO 的优缺点。43.3 节讨论了 LEO 在当今卫星导航中的作用,展示了基于铱星（Iridium）的 GPS 增强系统的性能以及更强信号的优势。尽管铱星作为 GPS 的补充非常有价值,但铱星在数量方面的缺陷使其无法完全取代 GPS 的所有功能并提供独立的导航服务,因为在中纬度地区通常只能看到一颗铱星。43.4 节展望了未来的 LEO 导航,并论证提出了宽带 LEO 星座,加上更温和的 LEO 辐射环境,可以面向商业用户提供类似于 GPS 定位性能的服务。

43.1.1　早期的卫星导航

1957 年 10 月,随着 Sputnik-1 的发射,世界见证了技术的飞跃。约翰霍普金斯大学应用物理实验室的 Guier 和 Weiffenbach 观测到 Sputnik-1 从头顶飞过时可预测的多普勒频移,从中得到的信息十分丰富,一次过境就可以确定卫星的轨道[5]。这一现象对导航有深远影响。如果卫星轨道已知,当卫星过境时通过观测多普勒可以实现地面定位[5]。这一想法获得了美国海军和高级研究计划局(ARPA,DARPA 的前身)的推动和资助[6-7]。该系统的好处在于它只需一颗卫星即可获得定位并提供全球覆盖,但定位存在延迟。

1964 年,海军导航卫星系统(NNSS),也称 Transit,开始运行[6]。该星座由 5~10 颗卫星组成,这些卫星为 1100km 高度的极轨卫星[8]。这种"鸟笼"星座如图 43.3 所示。与许多地面无线电导航系统不同,它的定位不是实时的,存在一定延时。当卫星从头顶飞过时,它需要 10~16min 的观测时间,用户必须等待卫星进入视野,这可能需要 30~100min[8]。早期定位精度约为几百米,得益于更好的轨道建模和大地测量[7],后来将定位精度提高到 20m(这是当时最好的精度)[6,9]。1967 年,Transit 对民用开放,并一直运行到 1996 年 GPS 完全运行(FOC)之前。

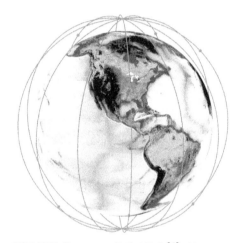

图 43.3　由 5~10 颗卫星组成 Transit"鸟笼"星座[4](经 T. G. R. Reid 许可转载。)

苏联开发了一种类似于 Transit 的系统,称为 Parμs/Tsikada。Parμs 是一个军用导航和通信系统,1967 年第一颗卫星进入轨道[10]。1974 年建立了行政部门,并将其命名为 Tsikada(Cicada)[10]。Tsikada 与 Transit 都以相同的无源多普勒原理在相同的频率和相似的极地轨道上运行。目前,俄罗斯军事仍在使用这一系统,此系统最近一次卫星发射时间是 2010 年[11]。

43.1.2　大容量和宽带 LEO

当今覆盖全球的最大星座是铱星,它由 66 颗 LEO 极轨卫星组成,提供全球话务和数据服务[12]。图 43.4 所示为铱星星座与 31 颗 GPS MEO 星座的比较,清晰地显示了两种星座存在的高度差异,铱星轨道高 780km,GPS 轨道高 20200km。这一差异对覆盖率有重大影响。尽管铱星的卫星数量是 GPS 的 2 倍,但赤道用户只能看到 1 颗铱星卫星,却可以看到 10 颗 GPS 卫星。这种覆盖范围涉及卫星轨迹的概念,图 43.10 显示了 LEO 和 MEO 分布形式的明显差异。需要 9 颗 LEO 卫星才能匹配一颗 MEO 的轨迹,因此需要更多的 LEO 卫星来覆盖地球。这是在 GPS 星座设计中要考虑的基本条件之一[13]。高度越高,每次发射卫星的成本就越高。高度越低,就必须使用更多的卫星来覆盖。

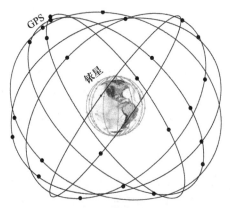

图 43.4 低地球轨道(LEO)的 66 颗铱星星座和中地球轨道(MEO)的 31 颗卫星 GPS 星座(Reid[4])的比较
(经 T. G. R. Reid 许可转载。)

需要数百颗 LEO 卫星才能达到 GPS 覆盖范围的 LEO 星座可能即将到来。2014 年底和 2015 年初,国际电信联盟(ITU)报告了 6 份 LEO 卫星大型星座的频谱分配申请[14]。2015 年 1 月,OneWeb 公司宣布与 Virgin 公司和 Qualcomm 公司建立合作伙伴关系,生产由 648 颗 LEO 卫星组成的星座,在全球范围内提供宽带互联网[15]。该星座的卫星数量是铱星的 10 倍。OneWeb 星座如图 43.5 所示。在宣布这一消息后的几天内,SpaceX 公司在谷歌的支持下宣布了类似的计划,即建立一个由 4000 多颗 LEO 卫星组成的星座[16]。2015 年 8 月,三星公司对关于建立一个包含 4600 卫星的 LEO 星座的提议十分感兴趣[17]。波音公司于 2016 年 6 月加入这一竞争,宣布了近 3000 颗卫星的 LEO 星座计划[18]。提出建立这些 LEO 星座是为了满足对宽带不断增长的需求,而不是取代地面基础设施[17]。从更人道主义的角度来看,这些系统为目前没有基础设施的 54% 的人口提供了互联网接入服务[19]。

图 43.5 由 648 颗 LEO 卫星组成的 OneWeb 星座[4]
(经 T. G. R. Reid 许可转载。)

这些"宽带 LEO"星座的规模与 20 世纪 90 年代的"大 LEO"星座完全不同。类似 Iridium[12]和 Globalstar[20]这样的大 LEO 星座提供语音电话和低速数据服务,而 OneWeb 和

SpaceX 等公司主要面向高速互联网。虽然这些星座是最近提出的,但并不是第一个被提出的。由微软支持的 Teledesic 在 20 世纪 90 年代后期提出了接近 1000 颗卫星的宽带 LEO 星座概念[21-22]。然而由于成本极高,该系统从未实现。由于运载火箭的新竞争以及 20 年的卫星技术进步,每千克 LEO 成本逐渐降低。由于延迟和容量的问题,这些宽带低轨卫星的卫星数量是大低轨卫星的 10 ~ 100 倍。更多的卫星数量意味着更好的可见性和更高的容量。尽管像 GSO 这样的高海拔星座只需更少的卫星来覆盖地球,但会引入延迟,该距离完成无线电信号的一次往返需要长达 0.280s。海拔 1580km 以下 LEO 星座的信号传输速率有可能比地球上的光纤网络的传输速率更快[17]。

这些提出的空间基础设施的规模是前所未有的。OneWeb 的星座几乎与当今 LEO 中运行的卫星数量一样多。SpaceX 和波音公司的星座数量分别是在轨运行卫星总数的 2 倍多。Iridium 的规模可以为 GPS 提供增强信号或提供独立稳健的时间传输,并且已经开始提供广播信号[23-24]。43.3 节[25]中介绍了由 Satelles 公司与 Iridium 通信公司共同开发的单个 "GPS+Iridium 接收机" 芯片,该芯片正用于这种服务。测试结果表明该系统能够深入室内,且结果显示来自 LEO[26] 的信号强度增加。相比之下,宽带 LEO 的规模可以用作三边测量的独立导航系统,这将在 43.4 节中讨论。表 43.1 将 MEO 中的 GNSS 核心星座与大、宽带和早期导航 LEO 星座进行了比较。

表 43.1　星座对比[4](经 T. G. R. Reid 许可转载。)

星座系统	运行轨道	卫星数量/颗	海拔/km	倾角/(°)	运行年份/年	应用领域
Transit	LEO	5~10	1100	90	1964	导航
Parμs/Tsikada	LEO	10	990	83	1976	导航
GPS	MEO	31	20200	55	1995	导航
GLONASS	MEO	24	19100	64	2011	导航
Galileo	MEO	24	23200	56	2020	导航
北斗	MEO IGSO	35	21500 35786	55	2020	导航
Globalstar	LEO	48	1400	52	2000	通信
Iridium	LEO	66	780	87	1998	通信
Iridium NEXT	LEO	66	780	87	2018	宽带
Teledesic	LEO	288	1400	98	于 2002 年取消	宽带
OneWeb	LEO	648	1200	88	2021①	宽带
Boeing	LEO	2956	1200	45、55、88	?	宽带
SpaceX	LEO	4425	1100	53、70、74、81	2024	宽带

①代表原预计达到初始运行能力(IOC)的年份。

43.2　背景

本节对 LEO 卫星在导航领域的应用背景进行介绍。从基本原理出发,讨论 LEO 卫星较 MEO 卫星更靠近地面的优势和劣势。43.2.1 节介绍了 LEO 相对于 MEO 的低传播损耗特性,可以在地面产生更强的信号。43.2.2 节介绍了 LEO 卫星的高移速(平均移速)特性,导致卫星构型变化快、多径白噪声化和更快的载波相位差分定位初始化。43.2.3 节介绍了 LEO 的主要缺点:卫星覆盖范围较小,需要更多的卫星才能实现与 MEO 相同的覆盖范围。最后,43.2.4 节对 LEO 和 MEO 进行了对比总结。

43.2.1 信噪比

本节主要推导与轨道高度和用户仰角有关的信噪比 C/N_0,对从 MEO 迁移到 LEO 所获得的增益进行了介绍。

当卫星经过上空时,用户与卫星的距离会发生变化。如图 43.6 中的几何图形所示,当卫星在地平线时距离最远,当卫星在用户头顶正上方时距离最近。可以应用正弦定律将距离 r 写成仰角 el 的函数[23,29]:

$$r = -R_E \sin(el) + \sqrt{R_E^2 [\sin^2(el) - 1] + R_{SV}^2} \tag{43.1}$$

式中:R_E 为地球的半径;$R_{SV} = R_E + h$ 为卫星轨道的半径;h 为轨道高度。在这种情况下,r 也称斜距,在图 43.7 中绘制轨道高度和用户仰角的函数。需要注意的是,斜距会随着卫星轨道的高度和仰角的减小而增加。例如,当铱星在用户正上方时,斜距为 780km,当铱星位于地平线上方 5° 仰角时,斜距约为 2800km。相比之下,GPS 卫星的斜距变化范围为 20000~25000km。

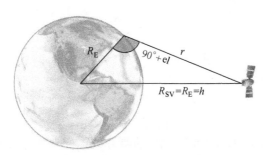

图 43.6 用户到卫星的斜距

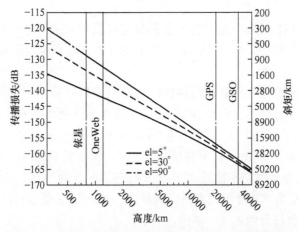

图 43.7 斜距和传播损失(轨道高度和用户仰角的函数)

斜距由用户所在位置接收到的卫星信号计算。假设一个以卫星为中心的球体,用户位于半径为 r 的球体的外表面。如果卫星发射机辐射功率 P_T 各向同性,则球体表面的功率空间密度(power spatial density,PSD)为

$$PSD = \frac{P_T}{4\pi r^2} \tag{43.2}$$

单位为 W/m^2。式(43.2)包含传播损失(spreading loss,SL):

$$SL = \frac{1}{4\pi r^2} \tag{43.3}$$

这是功率传播至球体表面积时的衰减公式。图43.7中还显示了传播损耗与轨道高度和用户仰角的函数关系。铱星在 LEO 中的传播损耗在 $-140\sim-130$dB,而 GPS 的传播损耗大约为 -160dB。对比之下 LEO 卫星信号在用户端的传播损耗降低了30dB,接收功率会更高。

为了对传输损耗刻画得更完整,讨论信号空间链路的计算。包含损耗在内的接收机捕获的载波功率 C 由文献[23,29]给出:

$$C = \frac{P_T G_T A_E}{L_A L_R} \frac{1}{4\pi r^2} \tag{43.4}$$

式中:P_T 为发射机的功率;G_T 为发射天线的增益;A_E 为接收天线的有效面积;L_A 为大气传播造成的损失;L_R 为由接收机造成的损失。需要注意的是,式(43.4)已经包含了传播损失。天线的有效面积可以写成:

$$A_E = G_R \frac{\lambda^2}{4\pi} \tag{43.5}$$

式中:G_R 为接收天线增益;λ 为载波波长。

结合上述关系,接收端信噪比的表达式可以写为

$$\frac{C}{N_0} = \frac{P_T}{N_0} \frac{G_T G_R}{L_A L_R} \left(\frac{\lambda}{4\pi r}\right)^2 \tag{43.6}$$

式中:N_0 为噪声谱密度(W/Hz)。由于载波功率 C 的单位为 W,式(43.6)的单位为 Hz,通常用 dB 表示,转换公式如下:

$$\left.\frac{C}{N_0}\right|_{dB-Hz} = 10 \log\left(\left.\frac{C}{N_0}\right|_{Hz}\right) \tag{43.7}$$

信噪比是卫星导航的关键性能指标。连同带宽或积分时间一起可用于表征导航信息中的误码率、信号成功捕获的概率、与跟踪范围相关的误差方差以及与跟踪载波相位相关的误差方差[23]。

如果在 LEO 体系和 MEO 体系中使用相同的卫星发射器和用户接收机,则信噪比由传播损失决定,如式(43.6)所示。例如,由于铱星距离地球的距离比 GPS 近25倍,预期增益可达 25^2,大约为30dB。如图43.8所示,使用铱星进行的实验证实了这一点。该图显示 GPS 信号的 C/N_0 通常为45dB-Hz,但铱星信号的 C/N_0 接近80dB-Hz。该图还表明,铱星在一个钢制容器内接收到的功率接近 GPS 在开阔场地的接收功率。这一实验结果的意义是巨大的:LEO 的信号功率强度可以支持室内导航。这一结论也已经通过铱星的实验进行了演示,43.3节将主要展开阐述这一结论。

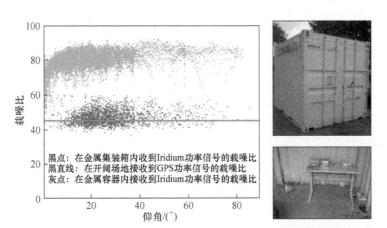

黑点：在金属集装箱内收到Iridium功率信号的载噪比
黑直线：在开阔场地接收到GPS功率信号的载噪比
灰点：在金属容器内接收到Iridium功率信号的载噪比

图 43.8　Iridium 和 GPS 信号在开阔场地和金属密闭集装箱内广播的卫星时间和
位置(STL)服务的载噪比比较[23]（经卫星公司许可转载。）

43.2.2　平均运动

本节将讨论 LEO 和 MEO 的卫星轨道速率，并探究其在导航应用领域的特点。

GPS 每 12h 绕地球一圈，而铱星 100min 内就可以绕地球一圈。由开普勒第三定律可知，轨道周期 T 与轨道半长轴 a（或圆形轨道的半径 R_{SV} ）相关：

$$T = 2\pi \sqrt{\frac{a^3}{\mu}} = 2\pi \sqrt{\frac{R_{SV}^3}{\mu}} \tag{43.8}$$

式中：μ 为地球引力参数，其值为 $3.986005 \times 10^5 \text{km}^3/\text{s}^2$。轨道周期越短，卫星角速度越快，从而越快经过上空。在轨道动力学的背景下，角速率也称平均运动 n，它与轨道周期的关系如下：

$$n = \sqrt{\frac{\mu}{a^3}} = \frac{2\pi}{T} \tag{43.9}$$

图 43.9 所示为圆形轨道的轨道周期和平均运动速度，二者与轨道高度相关。这表明铱

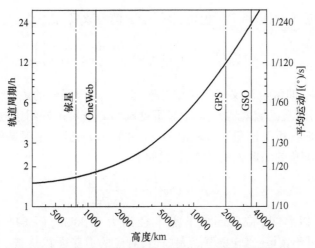

图 43.9　作为高度函数的卫星平均运动速度和轨道周期

星以地球为中心的平均运动比 GPS 快 7 倍。因此,与 MEO 中的卫星相比,地球表面上的用户可以在 10 多分钟内看到铱星 LEO 卫星穿越当地上空。这一情况会导致卫星几何构型的快速变化,从而为导航提供多种优势。快速运动使多径白噪声化,因为在较短平均时间内反射的静态属性不再有效[23]。LEO 1min 的快速移动可完成多径去相关,对比 MEO 则要超过 10min[23]。依据几何多样性还可以进行有效的多普勒定位,如 43.1 节所述。Transit 和 Tsikada 的早期卫星导航系统实际上就是使用这种技术的低轨系统。这种技术仅使用一颗卫星即可获得定位,但需要 10~16min 的连续观测以获得必要的几何分布[6]。在 43.3 节中,铱星[26]也验证了基于多普勒的定位方法,基于多普勒的卫星导航方程可参考文献[23, 30]。几何多样性也是载波相位差分定位所需的关键特性,实现整周模糊度的快速解算[31-32]。单独使用 GNSS 时,此过程可能需要 30min。但当利用 Globalstar 的 LEO 星座时可以将该时间减少到 5min[31]。

43.2.3　卫星星下点和覆盖范围

前几节阐述了 LEO 卫星的低轨道高度带来的信号强度和几何构型多样性方面的优点,本节阐述其缺点:覆盖范围。如图 43.10 所示,离地球距离更近意味着卫星的星下点要小得多,在铱星的轨道高度上需近 9 颗卫星才能与 1 颗 GPS 卫星的覆盖范围相当。因此,需要更多数量的 LEO 卫星来匹配导航核心星座中 MEO 卫星的覆盖范围。

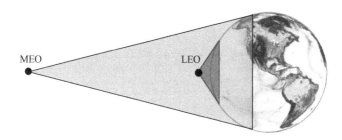

图 43.10　中轨道卫星和低轨道(LEO)卫星距离和星下点的比较(按比例绘制)[4]

(经 T. G. R. Reid 许可转载。)

将地球近似为球体,可以将卫星覆盖区域 A_F 建模为球冠函数[23]:

$$A_F = 2\pi R_E^2 \left\{ 1 - \sin\left[\mathrm{el} + \sin^{-1}\left(\frac{R_E}{R_{SV}} \mathrm{cosel} \right) \right] \right\} \tag{43.10}$$

在式(43.10)中,仰角 el 定义了卫星相对于其星下点内用户的最小仰角。卫星可以达到的仰角越小,其可覆盖区域就越大,当卫星可见范围的边界正好到达地平线时,其可覆盖区域达到最大。导航分析中仰角通常取值为 5°。图 43.11 显示了卫星星下点半径与轨道高度和用户截止高度角的函数关系,计算公式如下:

$$r_F = R_E \arccos\left(1 - \frac{A_F}{2\pi R_E^2} \right) \tag{43.11}$$

由图 43.11 可以看出,铱星的星下点半径约为 2500km,而 GPS 的星下点半径为 7900km。因此,相对于铱星,GPS 星下点大 3 倍,对应的覆盖面积是铱星的 9 倍,覆盖面积超过地球表面的 1/3。假设铱星要实现与 GPS 相同的覆盖范围,至少需要多 9 颗卫星。然而受星座设计和轨道力学限制,在实际实现中可能需要更多的卫星(见43.4节)。

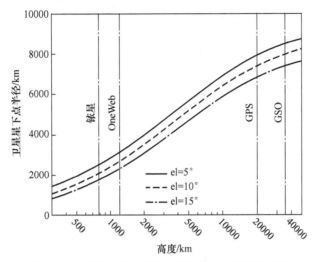

图 43.11　卫星星下点半径为轨道高度和仰角的函数

图 43.12 显示了各种 LEO 和 MEO 星座的卫星可见性,截止高度角取 5°,可见卫星的数量表现为纬度的函数。GNSS 的核心星座基本保持 10 颗以上的可见卫星数量,与铱星形成鲜明对比。尽管铱星的卫星总数是 GPS 的 2 倍多,但在赤道附近只能看到 1 颗铱星。OneWeb LEO 星座卫星的规模更大,其数量是铱星卫星的 10 倍。在这一星座设定下,在地球任何地方可见卫星数量都多于 GPS。

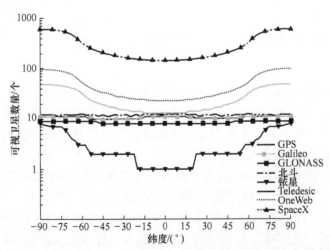

图 43.12　GNSS 核心星座和一些选定的 LEO 星座可见卫星数量和纬度的关系,

可见卫星的数量可表示为纬度的函数[4]

(经 T. G. R. Reid 许可转载。)

43.2.4　LEO 与 MEO 对比总结

本节展示了在导航应用领域中与 LEO 卫星系统相比 MEO 卫星系统的主要优缺点。近地轨道带来更强的信号,从而有利于进行导航定位与授时。LEO 卫星的快速运动会产生几何多样性并导致多径白噪声化和载波相位差分定位的快速初始化。与此同时,LEO 的低轨高度特点会导致较小的卫星星下点,因此需要更多的卫星来覆盖地球。表 43.2 LEO 和 MEO 在这些方面进行了比对。43.3 节将展示单一 LEO 卫星增强 GNSS 的优点,利用增加的信号强度和几何构型多样性来增加 GNSS 的鲁棒性。第 43.4 节将展示 LEO 卫星星座的优点,通过规划 LEO 宽带星座可以实现 LEO 卫星的广域覆盖。

表 43.2　在导航领域中 LEO 与 MEO 系统的对比

参数	MEO	LEO	LEO 与 MEO 比例
示例系统	GPS	铱星	—
高度	20200km	780km	1:25
传播损失	−97dB	−69dB	28
覆盖区域	$1.73 \times 10^8 km^2$	$1.93 \times 10^7 km^2$	1:9
星下点半径	7900km	2500km	1:3
平均运动	0.008(°)/s	0.06(°)/s	7:1
轨道半径	12h	100min	1:7
多径去相关时间[23]	10min	1min	1:10
载波相位差分定位初始化时间[31,33]	30min	5min[①]	1:6

①这适用于高度为 1400km 的 LEO 全球星,与铱星相比,平均运动速度更慢。

43.3　当今 LEO 在导航领域中的应用

基于铱星的卫星时间和位置(STL)服务自 2016 年 5 月开始运行[34]。该服务由卫星公司与铱星通信公司合作构建,许多行业和政府部门已经开始使用其服务来实现更强大的定位、导航和时间(PNT)解算。该系统在室内环境展示了 20m 的定位精度和 1μs 以内的定时精度,显示出了更高的 LEO 信号强度。

STL 利用铱星网络传输特殊结构的时间和位置广播。这些更强的基于 LEO 的信号允许 STL 广播传输到更严重的衰减环境中,包括室内深处。与 GPS 信号一样,这些广播信号经过专门设计,可让 STL 接收机获得精确的时间和频率测量值,从而得出 PNT。STL 能够在存在高衰减(室内深处)、主动干扰或恶意欺骗的情况下提供安全测量,从而增强或充当现有 MEO GNSS 核心星座的备份。安全性通过铱星独特的架构来实现,其中 48 个点波束将其传输集中在一个相对较小的地理区域。铱星复杂的重叠点波束与随机广播相结合,提供了一种独特的机制来提供难以欺骗的基于位置的身份验证。

铱星正交相移键控(QPSK)传输方案进行了两项更改,以提高精确测量的精度[26]。首先,对 STL 突发开始时的 QPSK 数据进行处理,形成连续波(CW)标记,可用于突发检测和粗测。其次,突发中剩余的 QPSK 数据被设计成伪随机序列,降低了有效信息数据速率,同时通过与本地生成的序列相关来提供精确测量的机制。序列相关运算的处理增益增强了

STL 信号穿透建筑物和其他遮挡物的能力[26]。

在基于 MEO 的 GNSS 和 STL 时间和位置都可用的环境中,GNSS 定位通常会更准确。STL 的主要优势在于它能够在遮挡、欺骗或其他原因导致 GNSS 不可用的情况下提供时间和位置服务。在这方面,GNSS 和 STL 可以看作互补的。

43.3.1 严峻环境下的信号强度

为了测试 STL 的信号穿透力,在城市高层建筑内的多个室内位置对该系统进行了测试。对于这些测试,选择了很少或没有 GPS 接收的位置来测量这种环境对 LEO 信号接收的影响。测试中使用了两个 GPS 接收机,其中一个(三星 Galaxy S4)GPS 有辅助,另一个(双 XGPS 150A 通用 GPS 接收机)GPS 没有辅助。同样,在有无 GPS 辅助的两种情况下分别使用 STL。该辅助数据包括卫星时钟和轨道数据以及有效载荷内容通过实时带外传送。如图 43.13 所示,测试位置为顶部(第 13 层)到底部(第 2 层)。测试结果在表 43.3 中给出。从结果中可以看出靠近窗户的较高楼层最多可以跟踪 1~2 颗 GPS 卫星,而较低楼层则看不到任何卫星。而铱星的 STL 信号很强,即使在最低的楼层,存在许多钢筋和混凝土层,铱星的 C/N_0 也在 35 ~ 55dB – Hz。相比之下,GPS 在开阔的天空环境中通常介于 35 ~ 50dB-Hz[29]。这一对比证实了 43.2.1 节提出的 LEO 近地性优点。

图 43.13 基于铱星的 STL 测试位置(这些位置均为 GPS 不可用的室内和深度衰减环境。)

在本次实验的城市环境中,仍然存在多径问题。尽管铱星的高功率有助于缓解多径效应,但与 MEO 相比,其最明显的优点是 LEO 几何分布快速变化(如 43.2.2 节所述)。通常一个铱星卫星通过时间在 8~15min。因此,在几分钟的过程中,多径效应通常会平均化,特别是对于固定的接收机,例如定时参考。当然,多径环境有好有坏,并且多径效应不一定是零均值。

表43.3　与GPS相比基于铱星的STL室内测试结果,显示了LEO信号可穿透室内深处的能力

测试位置	描述	GPS (无辅助)	智能手机GPS (有辅助)	STL (无辅助)	STL (有辅助)
1	第13层	无固定数值 1~2颗卫星	无固定数值 1~2颗卫星	强信号 C/N_0 45~60dB-Hz	强信号 C/N_0 35~60dB-Hz
2	第13层	无固定数值 0颗卫星	无固定数值 0颗卫星	强信号 C/N_0 45~55dB-Hz	强信号 C/N_0 35~55dB-Hz
3	第9层	无固定数值 0颗卫星	无固定数值 0颗卫星	强信号 C/N_0 45~60dB-Hz	强信号 C/N_0 35~60dB-Hz
4	第9层	无固定数值 0颗卫星	无固定数值 0颗卫星	强信号 C/N_0 45~55dB-Hz	强信号 C/N_0 35~55dB-Hz
5	第6层	无固定数值 0颗卫星	无固定数值 0颗卫星	强信号 C/N_0 45~55dB-Hz	强信号 C/N_0 35~55dB-Hz
6	第2层	无固定数值 0颗卫星	无固定数值 0颗卫星	强信号 C/N_0 45~55dB-Hz	强信号 C/N_0 35~55dB-Hz

43.3.2　室内时间传递

为了在室内环境中静态测试LEO的时间传递能力,定制STL接收机板卡输出秒脉冲(PPS)。然后将STL与PPS之间的定时差异与MEO和GNSS"真实"参考的定时输出进行比较,其中Trimble Thunderbolt GNSS授时接收机的标称定时性能至少比STL定时好一个数量级。图43.14显示了STL接收机和GNSS接收机生成的PPS信号之间的时间差,显示了即使在深度衰减环境中,商业LEO星座也能提供亚微秒定时的能力。将室内STL定时与来自室外的GPS反馈进行比较。表明在深度衰减环境中基于LEO的授时精度在1μs以内。

虽然亚微秒定时对于许多应用来说已经足够了,但仍存在需要更高时间精度的情况。因此,已进一步证明在室内未知的静态位置采用基于铷原子钟的STL接收机,STL能够实现优于100ns的授时精度[35]。

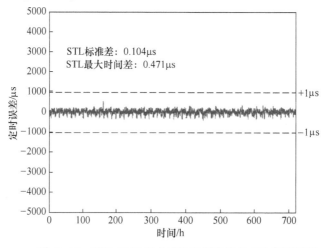

图43.14　基于30天室内试验数据的铱星STL授时结果

43.3.3　室内定位

与时间传递不同,使用铱星星座进行定位需要已知卫星运动来计算用户的时间和位置。图43.15显示了使用24h铱星信号的室内位置精度统计收敛特性。对于给定的时间,红线显示50%分位数试验的精度(或者在这种情况下也称中位数试验)。绿线显示67%置信度,蓝线显示90%置信度。从图43.15中可以看出,在收敛10min后,位置解在67%置信度下收敛到优于35m的精度。经过足够的时间后,通常可以在室内等深度衰减环境中实现20m的水平精度。在没有其他测量或垂直约束的情况下,STL的垂直精度与水平精度相当。

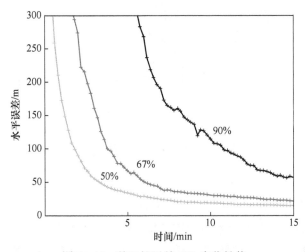

图43.15　基于铱星的STL定位性能

43.4　未来 LEO 在导航领域中的应用

本节将介绍通过利用OneWeb公司、SpaceX公司、波音公司和其他公司提议的宽带LEO星座可以实现的导航能力。43.3节展示了当今铱星公司LEO导航信号的优势:允许在室内深处和其他具有挑战性的环境中运行和操作。尽管铱星作为全球定位系统的补充非常有价值,但由于通常只能看到1颗卫星,因此铱星缺乏足够的数量来完全取代作为独立导航系统的全球定位系统。卫星数量可能会随宽带LEO星座的建设慢慢增加。与当今MEO中的导航核心星座相比,它们的规模在卫星几何构型方面至少提高了3倍,因此放宽了其他限制,通过商用(COTS)组件实现了与GPS相同的定位精度。通过与这些LEO星座供应商合作(就像铱星公司所做的一样),可以实现与GPS相当的定位和时间服务,并同时拥有LEO的优势,包括更强的信号和快速的几何构型变化。

本节的主题是如何实现这一目标的过程,在图43.16中给出答案。43.4.1节首先根据所需的定位精度(卫星几何构型和用户测距误差)确定设计驱动因素。43.4.2节阐述了宽带LEO星座的改进卫星几何构型。43.4.3节使用此几何构型来确定有关轨道和时钟不确定性的要求,并介绍了如何以低于传统成本的方式实现这些要求。43.4.4 节分析了与 MEO 相比的 LEO 辐射环境。综上所述,放宽的轨道和钟差要求,加上更温和的 LEO 辐射环境,允许在卫星上使用 COTS 组件,可同时实现 GPS 的定位性能。

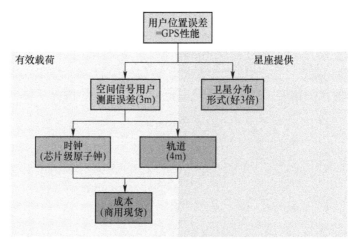

图 43.16　LEO 导航系统的路线图[4]

(经 T. G. R. Reid 许可转载。)

43.4.1　定位精度

宽带 LEO 卫星通过搭载有效载荷,每颗卫星都可以充当导航卫星[4,36-37]。这种有效载荷的设计是由用户所需的定位精度驱动的。假设有一个只有 LEO 的导航星座,用户使用三边测量计算卫星的位置,位置误差是几何分布和测距误差这两个因素的乘积,数学公式可以写为

$$\sigma_{3D} = PDOP\sigma_{URE} \tag{43.12}$$

式中:σ_{3D} 为用户均方根(RMS)三维定位误差;PDOP 为位置精度因子;σ_{URE} 为用户测距误差(URE)。

URE 是测距信号的不确定性。该参数包括来自卫星控制段的误差,例如轨道和钟差,以及大气传播效应、多径和用户设备噪声。精度因子(DOP)是从用户-卫星分布形式相关项中导出的。因此,通过卫星几何分布可以将测距误差映射到用户空间。因此用户位置误差能够根据卫星时钟性能和轨道不确定性表征星座轨道和信号质量。

43.4.2　卫星几何分布形状

如表 43.1 所示,为了检查宽带 LEO 星座的用户卫星分布形式,必须对其轨道设计做出一定假设。星座设计使用了多种方法,使用不同的方法也有可能形成相似的功能。GPS 最初设计为 21 颗卫星,分布在 6 个轨道平面中[13]。相比之下,Galileo 的 24 颗卫星分布在 3 个轨道平面[38]。此外,Galileo 的卫星在这些平面上等距分布,而 GPS 则不然。Galileo 是一个 Walker Delta 星座,也称 Ballard Rosette 星座[38-40]。Walker Delta 是一个对称星座,由 t 颗卫星组成,这些卫星均匀分布在 p 个轨道平面中。因此每个平面上均匀分布在轨道上的卫

星数量为 $s = t/p$ 颗。p 轨道平面的升交点围绕赤道均匀分布。

铱星是 Walker 星座的另一个例子,叫作 Walker Star[40] 星座。在这种设计中,近极地圆形轨道的升交点等距周期为 180°,这导致卫星在地球的一侧向北运动,在另一侧向南运动。如 43.2.3 节所述,因为低轨卫星星下点覆盖范围有限,为了达到全面覆盖地球的目的,LEO 星座必须靠近极地,否则无法覆盖高纬度地区。OneWeb 星座似乎也属于 Walker Star 星座。由于以上这些因素,此处将分析 Walker Star 这一类型的星座的几何分布[4]。

几何精度因子(GDOP)是第一个考虑的指标,它是三维位置和钟差分布的综合度量。图 43.17 是用户在地球上 GDOP 分布(98%置信度)。图中 GDOP 曲线有两个明显不同的斜率。早期仅添加几颗卫星就可以大大提高 GDOP,然而在 GDOP 的值大约为 3 的时候,通过增加更多的卫星得到的好处并不大。曲线中的拐点可能是帕累托(Pareto)最优点,在该点处卫星数量越多,对导航的增益越小。导航核心星座都存在这样的问题,因此这可能并非巧合。但宽带 LEO 的性能优于当今的导航核心星座,尽管其不是专门为导航而设计的。最小的 OneWeb 星座的 GDOP 值比 GPS 高出近 3 倍。

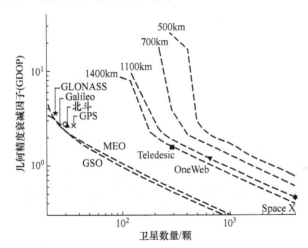

图 43.17　置信度为 98%不同星座的几何精度因子(GDOP)的对比,GDOP 是星座大小和高度的函数[4]
(经 T. G. R. Reid 许可转载。)

接下来分别分析图 43.18 和图 43.19 中给出的水平精度因子(HDOP)和垂直精度因子(VDOP),按纬度细分,以 95%分位数表示。MEO 星座在赤道和极地的 HDOP 最好,而在高纬度的 VDOP 最差[4]。GNSS 核心星座的一个已知特性是在北极的船舶水平定位非常好,但由于第 64 章和文献[41-42]所述的垂直分布的缺点,飞行器定位可能会遇到困难。出现上述问题的原因是倾斜轨道。GPS 在 55°的倾角是可以在头顶上看到卫星的最大纬度,这正是 GPS 的 VDOP 性能开始下降的纬度,因为可以从低海拔卫星获得的垂直信息有限。相比之下,LEO 星座在两极具有最佳分布形式,这是因为这些星座的卫星都在极地轨道上,也就是说大部分星座都在高纬度地区,如图 43.12 所示。与极地的 GNSS 核心星座相比,铱星具有相似的 VDOP 和 HDOP。然而,在 DOP 超标的赤道情况完全不同,其原因是当今轨道上的铱星数量有限。在低纬度地区,可用于快速定位的卫星数量不足,通常只能看到一两颗卫星,如图 43.12 所示。

总之,从分布形式和卫星可见度这些衡量标准来看,正在开发的宽带 LEO 星座优于当今的 MEO 导航核心星座。

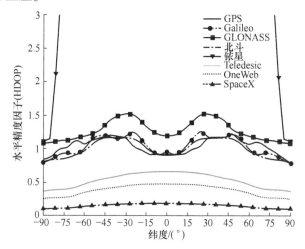

图 43.18　用户水平精度因子(HDOP)(95%置信度)作为低地球轨道(LEO)和
中地球轨道(MEO)星座的纬度函数的比较[4](经 T. G. R. Reid 许可转载。)

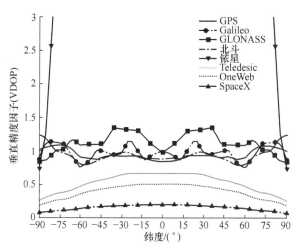

图 43.19　用户垂直精度因子(VDOP)(95%置信度)作为低地球轨道(LEO)和中地球轨道(MEO)
星座的纬度函数的比较[4](经 T. G. R. Reid 许可转载。)

43.4.3　用户测距误差(URE)

　　本节主要讨论空间信号用户测距误差(SIS URE),即卫星的轨道和时钟不确定性。这和宽带 LEO 星座的分布形式有关,并且至少比 GPS 的 GDOP 好 3 倍。这一优势为宽带 LEO 匹配 GPS 用户定位性能所需的 SIS URE 提供了可能性。现在 GPS 系统范围内的 SIS URE 为 0.82m[43]。如果考虑 OneWeb(最小的宽带 LEO),则与 GPS 用户定位性能匹配所需的 SIS URE(假设与文献[4]中概述的用户设备和大气建模方面的 GPS 误差相似)为 3.3m。表 43.4列出了垂直误差和水平误差分量的这种比较。本节的其余部分将讨论如何实现这一级别的 SIS URE。

表 43.4　全球 DOP-URE 分析中 GPS 和 OneWeb 用户位置精度的比较[4]

（经 T. G. R. Reid 许可转载。）　　　　　　　　　　单位:m

星座系统	水平误差(95%)	垂直误差(95%)	SIS URE
GPS	3.00	4.83	0.8
OneWeb	3.00	4.37	3.3

43.4.3.1　时钟

GPS 卫星时钟采用高性能抗辐射硬件。然而其功耗、尺寸、质量和成本使其不适合作为 LEO 的低成本有效载荷。作为替代方案,本节探究了芯片级原子钟(CSAC),特别是 Microsemi(以前由 Symmetricom)制造的 SA. 45S[44]。相比之下,CSAC 有质量轻、尺寸小 ($17cm^3$)、功率低(120mW)和成本低(每件约 1500 美元)的优点。CSAC 还能够在 LEO 辐射环境中运行,这将在最后一节中讨论。与 GPS 相比,CSAC 的时间每 24h 不确定性要差 100 倍。尽管宽带 LEO 具有比 GPS 更好的分布形式,但无法承受这种程度的时钟性能下降。

如果 CSAC 每 100min 在 LEO 轨道更新一次,这样平均时间减少为原来的 1/10,并且由于时钟的稳定性又获得了 10 倍的性能提升。Allan 偏差(时钟稳定性是平均时间的函数)在 24h 后为 10^{-11} s/s[44],相比之下,GPS 通常约为 3×10^{-14} s/s[45-46]。最好的 CSAC 稳定性出现在大约 100min,其中稳定性接近 10^{-12} s/s[44]。将 1/10 平均时间与 10 倍改进的 Allan 偏差相结合,可得到净 100 倍的收益,与 24h 保持时间相比,获得了 100 倍的退化系数。表 43.5 列出了该结果与 GPS 的比较。虽然该结果不如 GPS 好,但由于几何构型的改进,一些降级是可以承受的。CSAC 将执行 NASA CubeSat 多系统精确时间传输(CHOMPTT)任务,于 2019 年发射[47]。该任务旨在展示与 GPS 相当的时间传递能力,并计划在该轨道采用每 100min 的更新周期[47-48]。

表 43.5　GPS 原子钟与芯片级原子钟性能对比[4](经 T. G. R. Reid 许可转载。)

时钟类型	更新周期	更新时稳定性/(s/s)	不确定性/ns
GPS	至少每天一次	约 3×10^{-14} [45-46]	2.5
CSAC	每个轨道一次(约 100min)	约 1×10^{-12} [44]	6.0

43.4.3.2　轨道

轨道误差 $\Delta r = (\Delta r_R, \Delta r_A, \Delta r_C)$ 通常包含径向 Δr_R、切向 Δr_A 和法向 Δr_C。为了将这些投影到用户空间,需要确定其对 SIS URE 的影响。该投影作为视线矢量,随着卫星运动和用户位置的变化而变化。从统计上考虑,SIS URE 通常是对地球上卫星视距内所有点的平均值[43,49]。轨道对于 SIS URE 的影响写为 RMS 误差的加权平均值 $R = \mathrm{rms}\Delta r_R$、$A = \mathrm{rms}\Delta r_A$ 和 $C = \mathrm{rms}\Delta r_C$,如下[43]:

$$\text{SIS URE(orb)} = \sqrt{w_R^2 R + w_{A,C}^2 (A^2 + C^2)} \tag{43.13}$$

权重因子 w_R 和 $w_{A,C}$ 取决于海拔高度,并且可以通过分析计算得到[49]。表 43.6 中将各种海拔高度的 LEO 星座的权重与 GPS 进行了比较。对于 MEO 星座,主要是轨道的径向分量投射到用户上。由图 43.10 可以看出原因,GPS 卫星的视场很窄,距天底仅 13.88°。LEO 卫星由于离地球更近,视场必须更宽才能提供相应的覆盖范围。在 1000km 的海拔高度,这个角度是 59.82°,是 MEO 的 4 倍多。因此所有方向对于 LEO 中的 URE 都变得同等重要。

表 43.6　SIS URE 权重因子对径向(R)、切向(A)和法向(C)轨道误差对视距测距误差的
统计贡献的比较[4](经 T. G. R. Reid 许可转载。)

轨道	轨道高度/km	w_R^2	$w_{A,C}^2$	角度/(°)
LEO	400	0.419	0.642	70.22
	600	0.487	0.617	66.07
	800	0.540	0.595	62.69
	1000	0.582	0.575	59.82
	1200	0.617	0.556	57.31
	1400	0.647	0.539	55.09
GPS[50]	20200	0.980	0.141	13.88

基于式(43.13),组合的轨道和时钟 SIS URE 为[43]

$$\text{SIS URE} = \sqrt{[\text{rms}(w_R \Delta r_R - \Delta \text{cdt})]^2 + w_{A,C}^2(A^2 + C^2)} \qquad (43.14)$$

其中,Δcdt 表示广播钟差。式(43.14)考虑了仅径向轨道误差和广播钟差之间的差异对伪距建模有影响。由于轨道和时钟一同进行估计,因此这些参数可能是相关的。通常,由于这种相关性得到的 SIS URE 比简单添加轨道和时钟差异得到的 SIS URE 更小。

表 43.7 给出了 GPS 的径向 R、切向 A、法向 C 和广播钟差 T 的 RMS 典型值。如表 43.4 所示,OneWeb 等星座与 GPS 用户性能匹配所需的 SIS URE 为 3.3m。如果使用 CSAC 并且保守地假设时钟 T 与轨道径向分量 R 不相关,分析发现 R、C 和 A 都需要 2.5m RMS,如表 43.7 所示。在三维中约为 4.3m。

表 43.7　为匹配用户定位精度,GPS 和 OneWeb 的均方根轨道径向(R)、切向(A)、
法向(C)和广播钟差(T)的比较[4](经 T. G. R. Reid 许可转载。)

星座系统	R/m	A/m	C/m	T/m
GPS[43]	0.18	1.05	0.44	0.69
OneWeb	2.5	2.5	2.5	2.0

为了达到所需的轨道不确定性水平,必须解决轨道描述(星历)和定轨问题。相关研究已经表明,GPS 星历信息参数可以以相同的精度支持 LEO 轨道[4]。对于定轨问题,可以考虑多种方法。这些定轨方法及其性能水平在表 43.8 中进行了总结,都满足要求。

表 43.8　定轨方法及其性能水平对比　　　　　　　　　　　　单位:m

方法	三维 RMS 误差
地面基台[7]	3
地面基台+交叉台链路[52]	1.5
加速度计测量	<1
GPS 接收机	1.5

地面台网可用于定轨的测量。1980 年实现了低轨导航系统(例如 Transit)优于 3m 三维 RMS 的定轨水平[51]。一些宽带 LEO 星座计划用于卫星间通信链路,也称交叉链路,可用作

额外的测距源。与单独使用地面网络相比,将此类台链路与地面网络结合使用可将定轨的精度提高 2 倍[52]。在飞行任务中采用在轨加速度计已经实现了更精确的定轨,包括 CHAMP[53] 和 GRACE[54] 的地球重力测绘任务,其中 GRACE 实现了低至厘米级的定轨精度[55]。

另一种架构是简单地使用星载 GPS 实现导航。这一方法在今天十分常见,例如 Novatel OEM615 等商用太空接收机有 1.5m 三维 RMS 精度[56]。尽管这使 LEO 依赖上方的 GPS,但它会为地面用户提供更多信号。这种多层 GNSS 架构可以在其中心拥有 GPS 等核心星座,并有大量 LEO 卫星依赖它。LEO 更强的信号更能抵御在地球上的干扰。同时,LEO 卫星在很大程度上不受地球干扰的影响,即使用户不能使用 GPS,LEO 卫星也可以使用 GPS。此外,LEO 中的 GPS 接收机可用于控制 LEO 时钟,从而降低星载时钟的要求和复杂性。

43.4.4　辐射

空间硬件的主要成本因素是其任务寿命期间接收的辐射剂量。可接收的辐射剂量越高,硬件越专业化。在许多情况下,需要特殊的抗辐射电子元件和设计[57]。图 43.20 显示了 5 年任务中硅的总电离剂量(TID)与轨道高度和倾角的函数。TID 是电离辐射造成的材料损坏的程度,也显示了运行卫星的分布。需要注意的是,由于电离辐射,LEO 和 GSO 中只有少数可以代表 MEO 中的导航星座。LEO 和 GSO 之间的 TID 曲线中有两个不同的峰值,峰值间的区域称为范艾伦带。按照不同轨道高度的辐射剂量分类[57]。低于 500km 的 LEO 卫星被归类为在Ⅰ级辐射条件下运行;Ⅱ级代表 500~1200km 的 LEO 卫星;Ⅲ级包括地球同步卫星;GPS 被认为是Ⅳ级,是操作层级中的最高级别。因此采用 MEO 卫星进行导航比较困难。

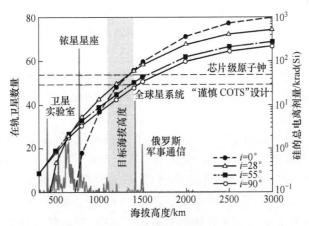

图 43.20　LEO 5 年任务期间硅的总电离剂量以及该条件下卫星的分布[4]
(经 T. G. R. Reid 许可转载。)

典型的 COTS 电子元件在 5~20krad(Si) TID 中失效。通过仔细选择 COTS 组件,可以实现耐受 30krad (Si)的设计[58]。这是一种称为"谨慎 COTS"的设计技术,该技术首先测试 COTS 组件以确定其辐射耐受性,使用耐受性最好的组件应用于最终设计中。此处考虑的 CSAC 旨在承受 50krad (Si)[59]的剂量。图 43.20 侧重于展示 LEO 中的辐射水平。该图还显示了宽带 LEO 的目标高度。由于当今 LEO 卫星数量较少,因此该图可能只是一部分;

然而,这些系统也被置于Ⅱ级辐射环境中。这与"谨慎 COTS"设计相结合,使得 CSAC 和 COTS 组件组成有效载荷成为可能。

43.5 小结

本部分研究了卫星导航的轨道多样性。GPS、GLONASS、北斗系统和 Galileo 系统的导航核心星座现今主要为 MEO 轨道。缺乏多样性会导致某些缺陷,包括有限的几何多样性和微弱的信号,使它们容易受到干扰并且在城市和室内环境性能不佳。如 43.2 节所述,在 LEO 中添加导航卫星为用户提供了许多好处。相比于 MEO 航天器几小时的飞行时间,LEO 航天器在头顶飞行的速度更快,大约为几分钟。反射信号在较短的平均时间内不再是静态的,从而导致更多的多径抑制。在载波相位差分 GPS 所需的初始化时间方面,这种更快的运动也带来了一定的好处。LEO 最显著的优势在于比 MEO 中的核心星座更接近地球,路径损耗更小,并且提供的信号强度更高 1000 倍(30dB)。这使它们对干扰更具弹性,并且在深度衰减环境(如城市峡谷和室内)中传播能力更好。

来自 LEO 的 PNT 信号如今可通过 66 颗卫星的铱星星座获得,如 43.3 节所述。卫星公司与铱星通信公司合作推出了一项名为 STL 的服务,使之成为可能。STL 在室内深度衰减环境中的现场测试证明了 20m 的定位精度和 1μs 以内的授时精度。这证明了 LEO 在实际应用中的优越性,并在增强 GPS 等 GNSS 核心星座方面增加了鲁棒性。消费者、企业和政府已经在高 GNSS 干扰或遮挡的环境中使用了这些基于 LEO 的信号。这一举措使它们对干扰更具弹性,并且在深度衰减环境(如城市峡谷和室内)中效果更好。

尽管 STL 作为 GPS 的补充非常有价值,但铱星在数量方面的缺陷导致其无法完全取代 GPS 作为所有功能的独立导航系统,因为在中纬度地区通常只能看到一颗卫星。然而,数量的缺点可能逐渐消失,最近宣布的 OneWeb、SpaceX、波音公司和在 43.1.2 节中介绍的其他公司宽带星座正在以空前的规模出现在 LEO 中。OneWeb 星座几乎与当今 LEO 中运行的卫星数量一样多,并且比铱星大一个数量级。SpaceX 和波音公司的数量均为 2016 年在轨运行卫星总数的 2 倍多。

总的来说,我们已经看到自太空时代开始以来 LEO 的进展,即每 30 年星座大小增加一个数量级。Transit 在 20 世纪 60 年代首先提供了基于 6 颗卫星星座的间歇位置更新。铱星星座建于 20 世纪 90 年代,卫星数量增加了 66 颗,现在提供全球覆盖服务。在地平线上,像 OneWeb 这样的星座承诺在 2020 年拥有 648 颗以上的卫星。正如 43.4 节中所讨论的,这种最新的数量规模产生了比今天 GPS 更好的卫星几何结构,并具有 LEO 的额外优势。这种数量优势是关键,因为它允许放宽空间信号 URE(SIS URE),同时仍与 GPS 的位置精度相匹配。再加上与 MEO 相比,LEO 中的辐射环境更加温和,可以实现使用 COTS 组件设计的有效载荷。

目前通过铱星提供的基于 LEO 的 PNT 服务开创了先例,当使用 OneWeb 等星座扩展到下一个数量级时,可能会产生非常好的导航服务。由于大量低轨卫星的到来,这样的系统将是稳健的,由于信号强度和精度的提高,每个卫星都在快速移动并提供支持快速载波相位差分 GNSS 所需的几何多样性。对这种服务存在的需求,将为正在开发的、必须在具有挑战性的城市环境中运行的安全关键型自动驾驶汽车提供技术支持,以及使其他各种未来技术和应用多样化。

参考文献

[1] Joerger M. ,Gratton L. ,Pervan B. , and Cohen C. , "Analysis of Iridium-augmented GPS for floating carrier phase positioning," *NAVIGATION*, *Journal of the Institute of Navigation*, vol. 57, no. 2, pp. 137–160, 2010.

[2] Pesyna K. , Kassas Z. , and Humphreys T. , "Constructing a continuous phase time history from TDMA signals for opportunistic navigation," in *Proceedings of IEEE/ION Position Location and Navigation Symposium*, April 2012, pp. 1209–1220.

[3] Reid T. ,Neish A. ,Walter T. , and Enge P. ,"Broadband LEO constellations for navigation," *NAVIGATION*, *Journal of the Institute of Navigation*, vol. 65, no. 2, pp. 205–220, 2018.

[4] Morales J. ,Khalife J. ,Aballah J. ,Ardito C. , and Kassas Z. ,"Inertial navigation system aiding with Orbcomm LEO satellite Doppler measurements," in *Proceedings of ION GNSS Conference*, September 2018, pp. 2718–2725.

[5] Landry R. ,Nguyen A. ,Rasaee H. ,Amrhar A. ,Fang X. , and Benzerrouk H. ,"Iridium Next LEO satellites as an alternative PNT in GNSS denied environments-part 1," *Inside GNSS Magazine*, pp. 56–64, May 2019.

[6] Kassas Z. ,Morales J. , and Khalife J. , "New-age satellite-based navigation-STAN:Simultaneo us tracking and navigation with LEO satellite signals," *Inside GNSS Magazine*, vol. 14, no. 4, pp. 56–65, 2019.

[7] Morals J. ,Khalife J. ,Cruz U. S. , and Kassas Z. ,"Orbit modeling for simultaneo us tracking and navigation using LEO satellite signals," in *Proceedings of ION GNSS Conference*, September 2019, pp. 2090–2099.

[8] Reid T. ,Neish A. ,Walter T. , and Enge P. ,"Leveraging commercial broadband LEO constellations for navigating," in *Proceedings of ION GNSS Conference*, September 2016, pp. 2300–2314.

[9] Morals J. ,Khalife J. , and Kassas Z. ,"Simultaneo us tracking of Orbcomm LEO satellites and inertial navigation system aiding using Doppler measurements," in *Proceedings of IEEE Vehicular Technology Conference*, April 2019, pp. 1–6.

[10] Khalife J. , and Kassas Z. , "Receiver design for Doppler positioning with LEO satellites," in *Proceedings of IEEE International Conference on Acoustics*, *Speech and Signal Processing*, May 2019, pp. 5506–5510.

[11] Ardito C. ,Morals J. ,Khalife J. ,Aballah A. , and Kassas Z. ,"Performance evaluation of navigation μsing LEO satellite signals with periodically transmitted satellite positions," in *Proceedings of ION International Technical Meeting Conference*, 2019, pp. 306–318.

[12] Raquet J. and Martin R. , "Non-GNSS radio frequency navigation," in *Proceedings of IEEE International Conference on Acoustics*, *Speech and Signal Processing*, March 2008, pp. 5308–5311.

[13] Green C. G. B. ,Massatt P. D. , and Rhodus N. W. , "The GPS 21 primary satellite constellation," *Navigation*, vol. 36, no. 1, pp. 9–24, 1989.

[14] de Selding P. B. , "Signs of a satellite Internet gold rush in burst of ITU filings," *Space News*, 23 January 2015. Available:http://spacenews. com/signs-of-satellite-internet-gold-rush/.

[15] de Selding P. B. , "Virgin, Qualcomm invest in OneWeb satellite Internet venture," *Space News*, January 15, 2015. Available: http://spacenews. com/virgin-qualcomm-invest-in-global-satellite-internet-plan/-sthash. XtMF5rpE. dpuf.

[16] de Selding P. B. , "SpaceX To Build 4,000 broadband satellites in Seattle," *Space News*, January 19, 2015.

Available: http://spacenews. com/spacex-opening-seattle-plant-to-build-4000-broadband-satellites/.

[17] Khan F. , "Mobile Internet from the Heavens,"*CoRR*, vol. abs/1508. 02383, 2015.

[18] de Selding P. B. , "Boeing proposes big satellite constellations in V-and C-bands,"*Space News*, June 23, 2016. Available: http://spacenews. com/boeing-proposes-big-satellite-constellations-in-v-and-c-bands/.

[19] Internet Society, "Global Internet Report: Mobile evolution and development of the Internet," 2015.

[20] Dietrich F. J. ,Metzen P. , and Monte P. , "The Globalstar cellular satellite system,"*IEEE Transactions on Antennas and Propagation*, vol. 46, no. 6, pp. 935-942, 1998.

[21] Sturza M. A. , "LEOs-the communications satellites of the 21st century," in *Proceedings of Northcon/96*, 1996, pp. 114-118.

[22] Sturza M. A. , "Architecture of the TELEDESIC satellite system," in *Proceedings of the Fourth International Mobile Satellite Conference (IMSC 1995)*, Ottawa, Canada, 1995.

[23] Enge P. ,Ferrell B. ,Bennett J. ,Whelan D. ,Gutt G. , and Lawrence D. , "Orbital diversity for satellite navigation," in *Proceedings of the 25th International Technical Meeting of The Satellite Division of the Institute of Navigation (ION GNSS 2012)*, Nashville, Tennessee, 2012.

[24] Satelles (a division of iKare Corporation),*Satelles Time and Location (White Paper)*, 2016.

[25] Cookman J. ,Gutt G. , and Lawrence D. , "Single chip receiver for GNSS and LEO constellations," in *Proceedings of the 26th International Technical Meeting of The Satellite Division of the Institute of Navigation ION GNSS+ 2013)*, Nashville, Tennessee, 2013.

[26] Lawrence D. ,Cobb H. S. ,Gutt G. ,Tremblay F. ,Laplante P. , and M. O' Connor, "Test results from a LEO-satellite-based assured time and location solution," in *Proceedings of the 2016 International Technical Meeting of The Institute of Navigation*, Monterey, California, 2016.

[27] Iridium Communications Inc. , "Iridium NEXT," Accessed on: 29 May 2017, Available: https://www. iridium. com/network/iridiumnext.

[28] Hanson W. A. , "In their own words: OneWeb's Internet constellation as described in their FCC Form 312 application,"*New Space*, vol. 4, no. 3, pp. 153-167, 2016.

[29] Misra P. and Enge P. ,*Global Positioning System: Signals, Measurements, and Performance*, Revised 2nd Ed. , Lincoln, MA: Ganga-Jamuna Press, 2011.

[30] Van Graas F. and Lee S. -W. , "High-accuracy differential positioning for satellite-based systems without μsing code-phase measurements,"*Navigation*, vol. 42, no. 4, pp. 605- 618, 1995.

[31] Rabinowitz M. , "A differential carrier-phase navigation system combining GPS with low Earth orbit satellites for rapid resolution of integer cycle ambiguities," Doctor of Philosophy, Electrical Engineering, Stanford University, Stanford, California, 2001.

[32] Joerger M. ,Gratton L. ,Pervan B. , and Cohen C. E. , "Analysis of Iridium -Augmented GPS for Floating Carrier Phase Positioning,"*Navigation*, vol. 57, no. 2, pp. 137-160, 2010.

[33] Rabinowitz M. , Parkinson B. W. , Cohen C. E. , Connor M. L. O. , and Lawrence D. G. , "A system μsing LEO telecommunication satellites for rapid acquisition of integer cycle ambiguities," in *IEEE 1998 Position Location and Navigation Symposium (Cat. No.98CH36153)*, 1998, pp. 137-145.

[34] GPS World, "Iridium launches alternative GPS PNT service," May 23, 2016. Available: http://gpsworld. com/iridium-launches-alternative-gps-pnt-service/.

[35] Cobb S. , Lawrence D. , Gutt G. , and O' Connor M. , "Differential and Rubidium disciplined test results from an Iridium-based secure timing solution," in *Proceedings of the 2017 International Technical Meeting of The Institute of Navigation*, Monterey, California, 2017.

[36] Reid T. G. R. ,Neish A. M. ,Walter T. F. , and Enge P. K. , "Leveraging broadband LEO constellations for

navigation," in *Proceedings of the 29th International Technical Meeting of the Satellite Division of the Institute of Navigation (ION GNSS+ 2016)*, Portland, Oregon, 2016.

[37] Reid T. G. R., Neish A. M., Walter T. F., and Enge P. K., " Broadband LEO constellations for navigation,"*Navigation*, (submitted).

[38] Mozo-García Á.,Herráiz-Monseco E., Martín-Peiró B. A., and Romay-Merino M. M., "Galileo constellation design,"*GPS Solutions*, vol. 4, no. 4, pp. 9-15, 2001.

[39] Ballard A. H., "Rosette constellations of Earth satellites,"*Aerospace and Electronic Systems, IEEE Transactions on*, vol. AES-16, no. 5, pp. 656-673, 1980.

[40] Walker J. G., "Circular orbit patterns providing continuoµs whole earth coverage," DTIC Document, 1970.

[41] Reid T. ,Walter T., Blanch J., and Enge P., "GNSS integrity in The Arctic,"*Navigation*, vol. 63, no. 4, pp. 469-492, 2016.

[42] Gao G. X. ,Heng L. ,Walter T., and Enge P., "Breaking the Ice: Navigating in the Arctic," in *Proceedings of the 24th International Technical Meeting of the Satellite Division of the Institute of Navigation (ION GNSS 2011)*, Portland, Oregon, 2011.

[43] Montenbruck O. ,Steigenberger P., and Haµschild A., "Broadcast versµs precise ephemerides: A multi-GNSS perspective,"*GPS Solutions*, vol. 19, no. 2, pp. 321- 333, 2015.

[44] Lutwak R., "The SA.45s chip-scale atomic clock-Early production statistics," in *Proceedings of the 43rd Annual Precise Time and Time Interval Systems and Applications Meeting*, Long Beach, California, 2011.

[45] Vannicola F., Beard R., White J., Senior K., Largay M., and Buisson J., " GPS block IIF atomic frequency standard analysis," in *Proceedings of the 42nd Annual Precise Time and Time Interval Systems and Applications Meeting*, Reston, Virginia, 2010.

[46] Senior K. L., Ray J. R., and Beard R. L., "Characterization of periodic variations in the GPS satellite clocks,"*GPS Solutions*, vol. 12, no. 3, pp. 211-225, 2008.

[47] Nguyen A. N. et al., "CubeSat demonstration of sub-nanosecond optical time transfer,"presented at the Stanford Center for Position Navigation and Timing (SCPNT) Symposium Menlo Park, California, 2016.

[48] Conklin J. et al., "Optical time transfer for future disaggregated small satellite navigation systems," in *Proceedings of the AIAA/MSU Conference on Small Satellites*, Logan, Utah, 2014.

[49] Chen L. et al., "Study on signal-in-space errors calculation method and statistical characterization of BeiDou Navigation Satellite System," in *China Satellite Navigation Conference (CSNC) 2013 Proceedings: BeiDou/ GNSS Navigation Applications · Test & Assessment Technology · Mser Terminal Technology*(eds. J. Sun, W. Jiao, H. Wu, and C. Shi), Berlin, Heidelberg: Springer Berlin Heidelberg, 2013, pp. 423-434.

[50] Department of Defense,*Global Positioning System Standard Positioning Service Performance Standard*, 4th Ed., 2008.

[51] Vetter J. R., "Fifty years of orbit determination: Development of modern astrodynamics methods,"*Johns Hopkins APL Technical Digest.*, pp. 239-252, 2007.

[52] Wolf R., "Satellite orbit and ephemeris determination using inter satellite links," Doctor in Engineering, Civil Engineering and Geodesy, University of Bundeswehr Munich, Munich, Germany, 2000.

[53] Reigber C., Lühr H., and Schwintzer P., "CHAMP mission statµs,"*Advances in Space Research*, vol. 30, no. 2, pp. 129- 134, 2002.

[54] Tapley B. D. ,Bettadpur S. ,Watkins M., and Reigber C., "The gravity recovery and climate experiment: Mission overview and early results,"*Geophysical Research Letters*, vol. 31, no. 9, 2004.

[55] Kang Z. ,Tapley B. ,Bettadpur S. ,Ries J. ,and Nagel P., "Precise orbit determination for GRACE using accelerometer data,"*Advances in Space Research*, vol. 38, no. 9, pp. 2131-2136, 2006.

[56] NASA Ames Research Center Mission Design Division, "Small spacecraft technology state of the art," NASA/TP-2015-216648/REV1, 2015.

[57] "IEEE standard for environmental specifications for spaceborne computer modules," *IEEE Std* 1156.4-1997, 1997.

[58] Sinclair D. and Dyer J., "Radiation effects and COTS parts in SmallSats," in *Proceedings of the 27th AIAA/MSU Conference on Small Satellites*, Logan, Utah, 2013.

[59] Stanczyk P. C. M. and Silveira M., "Space CSAC: Chip-Scale atomic clock for low earth orbit applications," in *Proceedings of the 45th Annual Precise Time and Time Interval Systems and Applications Meeting*, Bellevue, Washington, 2013.

B 部分　模型、实现情况和性能表现

Zaher（Zak）M. Kassas
加利福尼亚大学欧文分校,美国

43.6　简介

宽带低地球轨道(LEO)卫星信号在定位、导航和授时(PNT)方面的前景在过去 10 年中得到了证明[1-7]。部分基于 LEO 的 PNT 方法需要专门制定宽带协议以支持 PNT 功能[3,5,8],同时其他方法以机会信号的方式利用 LEO 星座实现 PNT 功能[2,4,9-11]。前一类方法在接收机架构与导航算法实现上更简单。然而这意味着需要对现有基础设施进行重大改造,与此同时计划向低地球轨道发射数万颗宽带互联网卫星的私营公司可能并不愿意支付这些成本。此外,即使这些公司同意支付额外费用,也无法保证他们不会对"额外导航服务"功能进行收费。在这种情况下,利用宽带 LEO 卫星机会信号实现导航功能成为更具吸引力的方法。

机会导航或使用机会信号实现导航(SOOP),近些年来被认为是 GNSS 导航可靠的替代范例[12-15]。暂不考虑宽带 LEO 卫星信号,其他 SOOP 包括 AM/FM 广播[16-19]、Wi-Fi[20-23]、数字电视[24-26]和蜂窝[27-34]等,提供了独立米级精度的地面车辆导航解算[33,35-39]和厘米级精度的飞行器导航解算[40-42]。而且 SOOP 已用作 LiDAR[43-44]和惯性导航系统(INS)[45-53]的辅助源。

LEO 卫星拥有 PNT 所期望的属性。首先,相比于位于中地球轨道(MEO)的 GNSS 卫星,LEO 卫星距离地球的距离近了约 20 倍,这使得接收到的 LEO 卫星信号强度更强。其次,与 GNSS 卫星相比,LEO 卫星以更快的速度环绕地球运行,这使 LEO 卫星的多普勒测量值更具实际意义。最后,OneWeb、SpaceX(Starlink)、波音、三星、开普勒、Telesat 和 LeoSat 等宣布通过卫星向世界提供宽带互联网,并在未来 10 年内将数万颗新的 LEO 卫星投入运营,同时卫星信号在频率选择以及使用方式上丰富多样[3,54-55]。图 43.21 描绘了现有和未来的 LEO 卫星星座的集合。

表 43.9 总结了现有和未来星座的卫星数量和传输频带。

使用 LEO 卫星信号实现 PNT,必须确定卫星的位置、速度和时钟状态。任何卫星的位置和速度都可以通过其开普勒参数(偏心率、半长轴、轨道倾角、升交点赤经、近地点角距和真近点角)参数化。随着时间的推移,由于受到作用于 LEO 卫星上的若干扰动力影响,这些轨道参数将偏离其标称值。相比于 GNSS 的轨道参数修正值和时钟误差修正值在导航电文中定期传输至接收机,LEO 卫星的轨道参数和时钟误差修正可能无法获得,这种情况下必

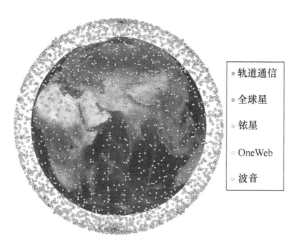

图 43.21　现有和未来的 LEO 卫星星座的集合[6]

(经 Inside GNSS 媒体公司许可转载。)

表 43.9　现有和未来的 LEO 星座:卫星数量以及传输频带

轨道	卫星数量	传输带
轨道通信	36	VHF
全球星	48	S 和 C
铱星	66	L 和 Ka
一网	882	Ku 和 Ka
波音	2956	V 和 C
星链	11943	Ku、Ka 和 V
三星	4600	V

须对 LEO 卫星的轨道参数和时钟修正进行估计。采用轨道外推和参数初始化对卫星的状态进行估计。轨道外推由力学模型的运动方程组成,这些方程分为两大类:解析型和数值型[56]。这两类外推的区别在于它们在准确性和计算复杂度之间的权衡。一方面,解析型轨道外推会降低模型保真度,从而导致递推精度降低,以实现高效率的计算方案;另一方面,数值型外推通过对复杂受力模型进行大量计算的数值积分来获得更高的精度。例如,LEO解析型外推中的简化常规摄动 4(SGP4)模型,使用包含轨道参数和校正项的两行元素(TLE)文件对卫星的位置和速度进行初始化与递推[57]。北美航天国防司令部(NORAD)每天都会生成 TLE,用于支撑 SGP4 定轨方法。TLE 文件中的信息可用于初始化任意简化常规摄动(SGP)模型,以实现对在轨卫星进行轨道外推。然而,包括非均匀地球引力场、大气阻力、太阳辐射压力、第三体引力(例如月球和太阳的引力)和广义相对论在内的简化常规摄动模型,在 TLE 生成 24h 后,会在卫星轨道外推过程中引起 3~10km 的误差[56]。相比之下,数值型外推例如精密轨道确定(POD)方法能够生成准确的星历参数,在卫星的径向、切向和法向方向上的误差为数十米量级,其中沿轨道方向的误差稍大一些[56,58]。与 SGP 外推不同,POD 外推没有公开可用的 TLE 等效初始化文件。

　　思考在其他环境下开发使用 LEO 卫星实现 PNT。在文献[59]中,使用来自已知位置卫星的仿真 LEO 卫星多普勒观测量,对蜂窝无线电频率匹配算法进行补偿,以定位紧急 911 呼叫者。在文献[60]中,使用一颗位置和速度已知的 LEO 卫星多普勒观测量可以确定接收机位置。在文献[61]中,接收机的位置、速度和时钟误差可以使用仿真 LEO 卫星到达时间差(TDOA)和到达频率差(FDOA)测量值来进行估计,该测量值源自位置已知的参考接收机。

　　然而上述方法均基于一个不切实际的前提,即已知 LEO 卫星状态。与上述方法相比,一种实用但更复杂的方法是同时估计未知的 LEO 卫星状态和导航接收机的状态。这种方法称为同步跟踪与导航(STAN)方法,在文献[4,6-7,9,11]中提出。STAN 类似于无线电同步定位与地图绘制(无线电 SLAM)[45,53,62-66],除了结合地面静止 SOOP 发射机,亦可同时跟踪复杂的移动 LEO 发射机状态。利用 LEO 伪距和多普勒测量值,STAN 能够通过辅助 INS[4,6-7,9,11]以独立方式[10,67]或集成方式实现导航解算。

　　43.7 节描述了 LEO 卫星伪距、多普勒和载波相位测量模型;43.8 节简要概述了 LEO 卫星轨道动力学模型;43.9 节概述了基于 LEO 卫星导航的误差源;43.10 节概述了现有的 Orbcomm LEO 卫星星座,并介绍了从该星座处获得多普勒测量值的接收机设计;43.11 节概述了 Starlink LEO 卫星星座;43.12 节介绍了基于 LEO 卫星信号的载波相位差分的导航框架;43.13 节介绍了 STAN 框架;43.14 节分析了现有 Orbcomm 和未来 Starlink LEO 卫星星座的几何精度因子;43.15 节介绍了仿真结果,展示了现有和未来 LEO 卫星星座的预期性能;43.16 节介绍了静止接收机以及地面和空中飞行器上动态接收机基于 LEO 的实验结果。

43.7　LEO 卫星伪距、多普勒和载波相位测量模型

43.7.1　伪距测量模型

　　LEO 接收机通过从 LEO 卫星估计到达时间中获取伪距测量值 ρ 。来自第 l 颗 LEO 卫星在时间步长 k(初始时间为 t_o,采样时间为 T,在 $t_k = kT + t_o$ 处的离散时间)处的伪距 ρ_l,建模如下:

$$\rho_l(k) = \| \boldsymbol{r}_r(k) - \boldsymbol{r}_{\text{leo}_l}(k_l') \|_2 + c \cdot [\delta t_r(k) - \delta t_{\text{leo}_l}(k_l')] + c\delta t_{\text{iono}_l}(k) + c\delta t_{\text{tropo}_l}(k) + v_{\rho_l}(k) \quad (l = 1,2,\cdots,L; k = 1,2,\cdots) \quad (43.15)$$

式中:k_l' 表示在 $t_k = kT + t_o - \delta t_{\text{TOF}_l}$ 处的离散时间,δt_{TOF_l} 是来自第 l 颗 LEO 卫星的信号的真实传播时间;$\boldsymbol{r}_r$ 和 $\boldsymbol{r}_{\text{leo}_l}$ 分别为 LEO 接收机和第 l 颗 LEO 卫星的三维位置矢量;δt_r 和 δt_{leo_l} 分别为 LEO 接收机和第 l 颗 LEO 卫星发射机时钟偏差;δt_{iono_l} 和 $\delta t_{\text{tropo}_l}$ 分别为作用在第 l 颗 LEO 卫星信号上的电离层延迟和对流层延迟;L 为可见 LEO 卫星总数;v_{ρ_l} 为伪距测量噪声,使用方差为 $\sigma_{v_{\rho,l}}^2$ 的高斯白噪声随机序列进行建模。

43.7.2　多普勒测量模型

　　LEO 接收机通过对标称载波频率和接收信号频率进行差分,从 LEO 卫星获取多普勒频率测量值 f_D。伪距速率测量 $\dot{\rho}$ 可以从下式获得:

$$\dot{\rho} = -\frac{c}{f_c} f_D$$

式中: c 为光速; f_C 为载波频率。

第 l 颗 LEO 卫星的伪距速率测量值 $\dot{\rho}$ 由式(43.16)给出:

$$
\dot{\rho}_l(k) = [\dot{r}_r(k) - \dot{r}_{\text{leo}_l}(k_l')] \frac{[r_r(k) - r_{\text{leo}_l}(k_l')]}{\| r_r(k) - r_{\text{leo}_l}(k_l') \|_2} + c \cdot [\dot{\delta t}_r(k) - \dot{\delta t}_{\text{leo}_l}(k_l')]
$$

$$
+ c\dot{\delta t}_{\text{iono}_l}(k) + c\dot{\delta t}_{\text{tropo}_l}(k) + v_{\dot{\rho}_l}(k) \quad (l = 1,2,\cdots,L; k = 1,2,\cdots)
$$

(43.16)

式中: $\dot{r}_r$ 和 $\dot{r}_{\text{leo}_l}$ 分别为 LEO 接收机和第 l 颗 LEO 卫星的三维速度矢量; $\dot{\delta t}_r$ 和 $\dot{\delta t}_{\text{leo}_l}$ 分别为 LEO 接收机和第 l 颗 LEO 卫星的发射机时钟漂移; $\dot{\delta t}_{\text{iono}_l}$ 和 $\dot{\delta t}_{\text{tropo}_l}$ 分别为作用于第 l 颗 LEO 卫星信号上的电离层和对流层延迟的漂移; $v_{\dot{\rho}_l}$ 为伪距率测量噪声,使用方差为 $\sigma^2_{v_{\dot{\rho},l}}$ 的高斯白噪声随机序列进行建模。

43.7.3　载波相位测量模型

连续时间载波相位观测值可以通过对多普勒测量值进行时间积分来获得。编号为 i 的接收机接收到的第 l 颗 LEO 卫星产生的载波相位(以周为单位表示)由式(43.17)给出:

$$
\varphi_l^{(i)}(t) = \varphi_l^{(i)}(t_0) + \int_{t_0}^{t} f_{D_l}^{(i)}(\tau)\,\mathrm{d}\tau \quad (l = 1,2,\cdots,L) \tag{43.17}
$$

式中: $f_{D_l}^{(i)}$ 为编号为 i 的接收机接收的第 l 颗 LEO 卫星的多普勒测量值; $\varphi_l^{(i)}(t_0)$ 为初始载波相位。为了实现高精度导航,可以采用基于基准站和流动站的差分技术。在式(43.17)中, i 表示基准台 B 或流动台 R。假设在单元累积周期 T 期间多普勒恒定,式(43.17)可以离散化为

$$
\varphi_l^{(i)}(k) = \varphi_l^{(i)}(0) + \sum_{n=0}^{k-1} f_{D_l}^{(i)}(n)T \quad (l = 1,2,\cdots,L; k = 1,2,\cdots) \tag{43.18}
$$

请注意接收机获取的载波相位观测量含有噪声。添加测量噪声并将 $\varphi_l^{(i)}(k) \triangleq \lambda_l \varphi_l^{(i)}(k)$ 表示为以 m 为单位的可观测载波相位,其中 λ_l 是第 l 颗 LEO 卫星发射的载波信号的波长,得出的载波相位测量模型(以米为单位表示)由式(43.19)给出:

$$
\varphi_l^{(i)}(k) = \varphi_l^{(i)}(0) + \lambda_l T \sum_{n=0}^{k-1} f_{D_l}^{(i)}(n) + v_l^{(i)}(k) \quad (l = 1,2,\cdots,L; k = 1,2,\cdots)
$$

(43.19)

式中: $v_l^{(i)}(k)$ 为测量噪声,使用均值为零、方差为 $[\sigma_l^{(i)}(k)]^2$ 的高斯白噪声随机序列进行建模。

式(43.19)中的载波相位可以根据接收机和 LEO 卫星状态参数化为

$$
\phi_l^{(i)}(k) = \| r_{r_l}(k) - r_{\text{leo}_l}(k_l') \|_2 + c[\delta t_{r_l}(k) - \delta t_{\text{leo}_l}(k_l')] + \lambda_l N_l^{(i)}
$$

$$
+ c\delta t_{\text{trop},l}^{(i)}(k) + c\delta t_{\text{iono},l}^{(i)}(k) + v_l^{(i)}(k) \quad (l = 1,2,\cdots,L; k = 1,2,\cdots) \tag{43.20}
$$

式中: r_{r_l} 为编号为 i 的接收机的位置矢量; $N_l^{(i)}$ 为载波相位模糊度。

43.8 LEO 卫星轨道动力学模型

本节简要概述了 LEO 卫星轨道动力学模型。利用 LEO 动力学模型,导航滤波器可以估计 STAN 框架中的 LEO 卫星运动状态。简化起见,使用二体模型描述 LEO 卫星位置和速度。第 l 个 LEO 卫星的二体运动方程为

$$\ddot{\boldsymbol{r}}_{\mathrm{leo}_l}(t) = - \frac{\mu}{\parallel \boldsymbol{r}_{\mathrm{leo}_l}(t) \parallel_2^{\;3}} \boldsymbol{r}_{\mathrm{leo}_l}(t) + \widetilde{\boldsymbol{w}}_{\mathrm{leo}_l}(t) \tag{43.21}$$

式中: $\ddot{\boldsymbol{r}}_{\mathrm{leo}_l}(t) = \dfrac{\mathrm{d}}{\mathrm{d}t}\dot{\boldsymbol{r}}_{\mathrm{leo}_l}(t)$,为第 l 个 LEO 卫星的加速度; μ 为标准重力参数; $\widetilde{\boldsymbol{w}}_{\mathrm{leo}_l}$ 为过程噪声,描述了加速度的整体扰动,包括非均匀地球引力场、大气阻力、太阳辐射压力、三体引力(如月球和太阳的引力)和广义相对论[56]。过程噪声矢量 $\widetilde{\boldsymbol{w}}_{\mathrm{leo}_l}$ 建模为具有功率谱密度(PSD) $\mathrm{Q}_{\widetilde{w}_{\mathrm{leo}_l}}$ 的白噪声。由于存在解析解,可以很方便地表示二体模型[式(43.21)];但是,二体模型忽略了扰动加速度为非零均值这一问题。由于模型与实际情况不匹配,忽略这些扰动加速度进行轨道预报,几分钟后可能会产生数百米的位置误差[7]。

虽然二体模型用于估计误差协方差传播的解析雅可比行列式的形式简单,但位置和速度在测量周期较大时估计的累积误差很大。此外,由于过程噪声矢量 $\widetilde{\boldsymbol{w}}_{\mathrm{leo}}$ 被建模为一个白噪声过程,它试图捕获未建模的扰动,因此必须选择 PSD $\mathrm{Q}_{\widetilde{w}_{\mathrm{leo}}}$ 来包络这些预期的扰动。这种包络会导致模型不匹配,进而导致估计误差协方差的不正确传播,引起估计不一致或滤波器发散。

可以使用更复杂的 LEO 卫星轨道动力学模型,通过包含最重要的非零平均扰动加速度分量来显著降低估计误差,同时保持用于估计误差协方差传播的雅可比行列式解析解。LEO 卫星最显著的扰动加速度来源于地球的非均匀引力 $\boldsymbol{\alpha}_{\mathrm{grav}}$ 。考虑 $\boldsymbol{\alpha}_{\mathrm{grav}}$ 的二体模型可以更一般地写为

$$\ddot{\boldsymbol{r}}_{\mathrm{leo}_l}(t) = \boldsymbol{\alpha}_{\mathrm{grav}_l}(t), \quad \boldsymbol{\alpha}_{\mathrm{grav}_l}(t) = \frac{\mathrm{d}U_l(t)}{\mathrm{d}\boldsymbol{r}_{\mathrm{leo}_l}(t)} \tag{43.22}$$

式中: U_l 为地球的非均匀重力势。

为了对地球 U_l 的非均匀重力势建模,现已经开发了几种模型。对于需要米级精度的卫星,戈达德航天飞行中心开发的 JGM-3 模型通常就已足够[69]。JGM-3 模型忽略了地球重力场的田谐项和扇谐项,因为它们比带谐项(用 $\{J_n\}_{n=2}^{\infty}$ 表示)小几个数量级。第 l 个 LEO 卫星上地球的引力势为[70]

$$U_l(t) = \frac{\mu}{\parallel \boldsymbol{r}_{\mathrm{leo}_l}(t) \parallel_2} \left[1 - \sum_{n=2}^{N} J_n \frac{R_E^n}{\parallel \boldsymbol{r}_{\mathrm{leo}_l}(t) \parallel_2^{\;n}} P_n(\sin\theta) \right] \tag{43.23}$$

式中: P_n 为 n 阶的勒让德多项式; J_n 为第 n 个带谐系数; R_E 为地球的平均半径; $\sin\theta = z_{\mathrm{leo}_l}/\parallel \boldsymbol{r}_{\mathrm{leo}_l}(t) \parallel_2$, $\boldsymbol{r}_{\mathrm{leo}_l} \triangleq [x_{\mathrm{leo}_l}, y_{\mathrm{leo}_l}, z_{\mathrm{leo}_l}]^{\mathrm{T}}$ 为第 l 个 LEO 卫星在地心惯性系中的位置矢量,并且 $N = \infty$ 。系数 $> J_2$ 对应的加速度项比 J_2 引起的加速度项大约小 3 个数量级。因此,非均匀重力场引起的扰动可以使用 J_2 项来近似。取式(43.23)的偏导数关于 $\boldsymbol{r}_{\mathrm{leo}_l}$ 的分量,当 $N = 2$ 时给出 $\boldsymbol{\alpha}_{\mathrm{grav}_l} = [\ddot{x}_{\mathrm{grav}_l}, \ddot{y}_{\mathrm{grav}_l}, \ddot{z}_{\mathrm{grav}_l}]^{\mathrm{T}}$ 的分量为

$$\begin{cases} \ddot{x}_{\mathrm{grav}_l}(t) = -\dfrac{\mu x_{\mathrm{leo}_l}(t)}{\parallel \boldsymbol{r}_{\mathrm{leo}_l}(t)\parallel_2^3}\left[1 + J_2\dfrac{3}{2}\left(\dfrac{R_e}{\parallel \boldsymbol{r}_{\mathrm{leo}_l}(t)\parallel_2}\right)^2\left(1 - 5\dfrac{z_{\mathrm{leo}_l}^2(t)}{\parallel \boldsymbol{r}_{\mathrm{leo}_l}(t)\parallel_2^2}\right)\right] \\[3mm] \ddot{y}_{\mathrm{grav}_l}(t) = -\dfrac{\mu y_{\mathrm{leo}_l}(t)}{\parallel \boldsymbol{r}_{\mathrm{leo}_l}(t)\parallel_2^3}\left[1 + J_2\dfrac{3}{2}\left(\dfrac{R_e}{\parallel \boldsymbol{r}_{\mathrm{leo}_l}(t)\parallel_2}\right)^2\left(1 - 5\dfrac{z_{\mathrm{leo}_l}^2(t)}{\parallel \boldsymbol{r}_{\mathrm{leo}_l}(t)\parallel_2^2}\right)\right] \\[3mm] \ddot{z}_{\mathrm{grav}_l}(t) = -\dfrac{\mu z_{\mathrm{leo}_l}(t)}{\parallel \boldsymbol{r}_{\mathrm{leo}_l}(t)\parallel_2^3}\left[1 + J_2\dfrac{3}{2}\left(\dfrac{R_e}{\parallel \boldsymbol{r}_{\mathrm{leo}_l}(t)\parallel_2}\right)^2\left(3 - 5\dfrac{z_{\mathrm{leo}_l}^2(t)}{\parallel \boldsymbol{r}_{\mathrm{leo}_l}(t)\parallel_2^2}\right)\right] \end{cases}$$

$$(43.24)$$

不同 LEO 轨道动力学模型的进一步分析比较可以参考文献[7]。

43.9 导航误差源

本节讨论影响 STAN 框架导航性能的误差源,即 LEO 卫星位置和速度误差、LEO 卫星的钟差,以及电离层和对流层误差。为了可视化卫星位置和速度模型误差、时钟漂移误差和电离层延迟率的影响,根据 TLE 文件和 SGP4 模型计算的卫星位置和速度,为 2 颗 Orbcomm卫星(FM 108 和 FM 116)绘制了伪距率和测量伪距率间的残余误差,如图 43.22 所示。以下小节分别针对上述每个误差源进行讨论。

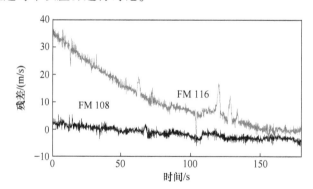

图 43.22　卫星位置和速度模型误差、钟差和 2 颗 Orbcomm LEO 卫星电离层
延迟率影响的剩余误差[6]

(经 Inside GNSS 媒体公司许可转载。)

43.9.1 LEO 卫星位置和误差

使用 LEO 卫星信号进行导航时应考虑的一种误差源是 LEO 卫星的位置和速度模型误差。这是由于作用在卫星上的几个扰动加速度引起的时变开普勒参数。平均开普勒参数和扰动加速度参数包含在公开可用的 TLE 文件中,可用于 SGP 轨道预报的初始化。SGP 轨道预报(如 SGP4)通过替换复杂的扰动加速度模型来优化速度,这些模型需要使用解析表达式进行数值积分,将卫星位置从历元时间传播到指定的未来时间。在卫星定位精度方面需要做出一定权衡:SGP4 轨道预报大约有 3km 的位置误差,并且预报的轨道将继续偏离真实轨道,直到第二天更新 TLE 文件。图 43.23 显示了 Orbcomm LEO 卫星(FM 112)的累积位置误差幅度和速度误差幅度。

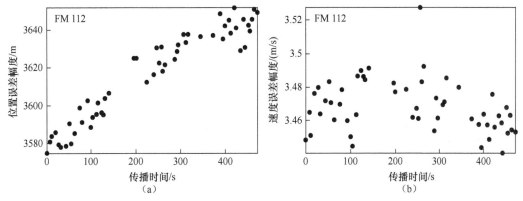

图 43.23　SGP4 位置误差幅度(a)和速度误差幅度(b)[6]

(经 Inside GNSS 许可转载。)

43.9.2　LEO 卫星钟差

与 GNSS 相比,LEO 卫星时钟不是紧密同步的,接收机钟差(偏差和漂移)未知,而且 LEO 卫星不一定配备高质量原子钟。从对现有 LEO 星座的了解来看,LEO 卫星配备恒温晶体振荡器(OCXO)。在实际中,导航接收机将配备质量较低的振荡器,例如温度补偿晶体振荡器(TCXO)。为了可视化卫星和接收机钟差的幅度,图 43.23 描绘了从双态时钟模型处获得的典型 OCXO 以及典型 TCXO 的偏差与漂移随时间的变化(1σ)[71]。从图 43.24 中可以看出,卫星和接收机时钟偏差和漂移非常显著;因此必须适当地考虑它们。

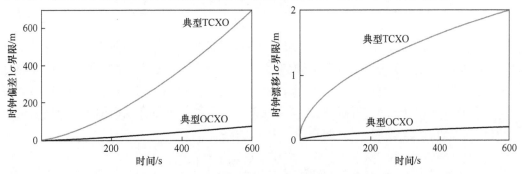

图 43.24　10min 内典型 OCXO 以及典型 TCXO 的偏差(a)和漂移(b)的 1σ 边界

随时间的变化[6]

(经 Inside GNSS 媒体公司许可转载。)

43.9.3　电离层和对流层误差

大多数宽带 LEO 星座位于电离层上方,因此会导致其信号产生延迟。尽管 LEO 卫星信号通过对流层传播,但与电离层传播相比,其影响并不显著。本节讨论电离层和对流层传播对伪距和伪距率测量的影响,它们分别由电离层和对流层的延迟与延迟率描述。

　　电离层延迟率的大小与载波频率的平方成反比,与倾斜因子的变化率成正比,倾斜因子由卫星仰角的时间变化决定。电离层延迟率还取决于天顶处总电子含量(TEC)的变化率,用 TECV 表示。然而,TECV 的变化比卫星的仰角慢得多,因此其影响可以忽略不计。电离层传播对 LEO 卫星信号的影响很大,因为 LEO 卫星的运行速度大多导致仰角变化非常迅速(图 43.25),一些现有的 LEO 卫星在超高频(VHF)频带,信号延迟率很大。

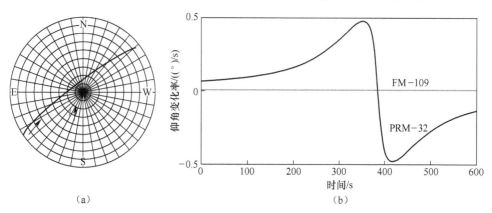

图 43.25　(a)Orbcomm LEO 卫星(FM 109)和 GPS MEO 卫星(PRN 32)在 10min 内的轨迹;(b) FM 109 和 PRN 32 在 10min 轨迹上的仰角变化率。Orbcomm LEO 卫星仰角变化率高达 GPS MEO 卫星的 60 倍[6]
(经 Inside GNSS 媒体公司许可转载。)

　　为了研究低轨卫星的电离层和对流层延迟率,首先研究电离层和对流层延迟,然后通过它们取时间的导数来计算延迟率。对于超过 1MHz 的载波传输的射频信号,由于在电离层中传播而导致的额外相位延迟可以近似为

$$\delta t_{iono,l}^{(i)}(k) = \frac{40.3 \times 10^{16} \times \alpha_{iono}(\theta_l^{(i)}(k)) \times \mathrm{TECV}^{(i)}(k)}{c f_{c,l}^2} \qquad (43.25)$$

式中:$\theta_l^{(i)}(k)$ 为第 l 个 LEO 卫星相对于第 i 个接收机在时间步长 k 的仰角;$f_{c,l}$ 为第 l 个卫星的载波频率;$\alpha_{iono}(\cdot)$ 为给定仰角的倾斜因子;$\mathrm{TECV}^{(i)}(k)$ 为第 i 个接收机天顶处的总电子数(当仰角为 $\pi/2$ 时)[68]。注意式(43.25)中的 $\mathrm{TECV}^{(i)}(k)$ 以 TEC 单位(TECU)表示,其定义为 10^{16} 电子/m^2,并假设在卫星可见期间为常数。可以在线访问第 i 个接收机在不同时间位置的 TECV 地图[72]。倾斜因子下式给出:

$$\alpha_{iono}(u) = \left[1 - \left(\frac{R_E \cos u}{R_E + h_I}\right)^2\right]^{-\frac{1}{2}} \qquad (43.26)$$

式中:R_E 为地球的平均半径;h_I 为平均电离层高度,取 350km。
　　对流层延迟可以建模为两项延迟的和:大气中干燥气体引起的延迟和大气中水蒸气引起的延迟。相应的延迟分别称为干延迟和湿延迟,总对流层延迟建模为

$$\delta t_{trop,l}^{(i)}(k) = \delta t_{z,w}^{(i)} \alpha_{trop,w}(\theta_l^{(i)}(k)) + \delta t_{z,d}^{(i)} \alpha_{trop,d}(\theta_l^{(i)}(k))$$

式中:$\delta t_{z,w}^{(i)}$ 和 $\delta t_{d,w}^{(i)}$ 分别为第 i 个接收机天顶处的湿延迟和干延;$\alpha_{trop,w}(\cdot)$ 和 $\alpha_{trop,d}(\cdot)$ 分别为湿对流层倾斜因子和干对流层倾斜因子。倾斜因子可以近似为

$$\begin{cases} \alpha_{\text{trop},w}(u) = \cfrac{1}{\sin u + \cfrac{0.00035}{\tan u + 0.017}} \\ \\ \alpha_{\text{trop},d}(u) = \cfrac{1}{\sin u + \cfrac{0.00143}{\tan u + 0.0445}} \end{cases}$$

使用 Hopfield 模型,湿延迟和干延迟可以近似为

$$\delta t_{z,w}^{(i)} = 0.373 \frac{e_0^{(i)}}{c\,(T_0^{(i)})^2} \frac{h_w}{5}, \quad \delta t_{z,d}^{(i)} = 77.6 \times 10^{-6} \frac{P_0^{(i)}}{cT_0^{(i)}} \frac{h_d}{5}$$

式中:$T_0^{(i)}$ 为温度(K);$P_0^{(i)}$ 为总压力;$e_0^{(i)}$ 为水蒸气分压(均以 100Pa 为单位);$h_w = 12\text{km}$;$h_d \approx 43\text{km}$[68]。

图 43.26 显示了在 4h 周期内 5 颗 Orbcomm LEO 卫星发射的 VHF 频段信号和 5 颗 GPS 卫星发射的 L1 频率信号的模拟电离层和对流层延迟总和。可以看出,由于发射频率的差异,Orbcomm 卫星的电离层延迟比 GPS 卫星高几个数量级。上述因素导致了大的电离层延迟率,图 43.27 显示了 7 颗 Orbcomm 卫星在 100min 内的延迟率。

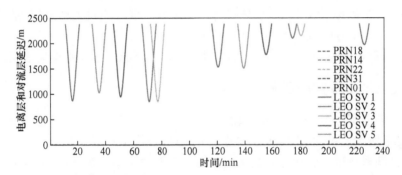

图 43.26 电离层和对流层传播对 5 颗 Orbcomm LEO 卫星和 5 颗 GPS 卫星的模拟延迟[6](经 Inside GNSS 媒体公司许可转载。)

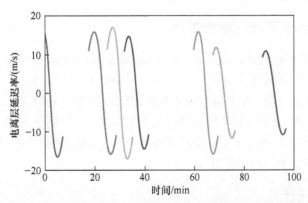

图 43.27 7 颗 Orbcomm 卫星在 100min 内的电离层延迟率(每种颜色对应不同的 Orbcomm LEO 卫星[6])
(经 Inside GNSS 媒体公司许可转载。)

43.10 Orbcomm LEO 卫星星座概述

本节概述了现有的 Orbcomm LEO 卫星星座,并描述了如何计算这些卫星的多普勒测量值。

43.10.1 Orbcomm 系统概述

Orbcomm 系统是一种广域双向通信系统,它使用 LEO 卫星星座面向全球地理覆盖范围,通过发送和接收字母数字数据包来提供服务[73]。Orbcomm 系统由三个主要部分组成:用户通信器(用户)、地面部分(网关)和空间部分(卫星星座)。下面将简要讨论这些部分。

(1)用户通信器(SC):目前有几种类型的 SC。用于固定数据应用的 Orbcomm SC,使用低成本的 VHF 电子设备。用于移动双向消息传递的 SC,是一个手持式独立装置。

(2)地面部分:地面部分由网关控制中心(GCC)、网关地球台(GES)和网络控制中心(NCC)组成。GCC 提供交换能力,通过标准通信模式将移动 SC 与基于地面的用户系统连接起来。GES 将地面部分与空间部分连接起来。GES 主要根据来自 GCC 的轨道信息跟踪和监视卫星,并与卫星、GCC 或 NCC 进行传输和接收。NCC 通过遥测监控、系统指挥和任务系统分析来管理 Orbcomm 网络元素和网关。

(3)空间部分:Orbcomm 卫星用于完成 SC 与 NCC 或 GCC 的交换能力之间的台链路。

43.10.2 Orbcomm 空间部分

Orbcomm 空间部分由 LEO 卫星星座组成,在 $A \sim G$ 7 个轨道平面上最多可容纳 47 颗卫星,如图 43.28 所示。平面 A、B 和 C 与赤道呈 45°角,每个平面都包含 8 颗卫星,位于约 815km 高度的圆形轨道上。平面 D 的倾角也为 45°,包含 7 颗卫星,位于 815km 高度的圆形轨道上。平面 E 倾角为 0°,包含 7 颗卫星,位于 975km 高度的圆形轨道上。平面 F 倾角为 70°,包含两颗卫星,位于高度为 740km 的近极圆轨道上。平面 G 倾角为 108°,在近极椭圆轨道上包含两颗卫星,高度在 785~875km 之间。

43.10.3 Orbcomm 下行台链路信号

LEO 接收机从下行台链路信道上的 Orbcomm LEO 信号中提取伪距率观测值。发射至 SC 和 GES 的卫星射频下行台链路频率在 137~138MHz VHF 频段内。下行信道包括 12 个传输给 SC 的信道和 1 个网关信道,这些都预留给 GES 传输。每颗卫星通过提供四重信道复用的频率共享方案在 12 个用户下行台链路信道之一向 SC 发送信号。Orbcomm 卫星有一个用户发射机,该发射机使用对称差分正交相移键控(SD-QPSK)提供连续 4800b/s 的数据包数据流。每颗卫星还有多个用户接收机,它们以 2400b/s 的速度接收来自 SC 的短脉冲串。

43.10.4 接收机设计

从 LEO 卫星传输的 QPSK 信号中提取的多普勒测量值通过载波同步实现,可参考信号处理文献[74-75]。然而,由于这些信号是随机使用的,不能假设接收机和卫星的时钟是同

步的。因此,必须考虑接收机和卫星发射机的时钟漂移。文献[76-77]中提出的关于使用
LEO 卫星进行多普勒定位的方法要么假设没有时钟偏差,要么假设往返式测量。与这些假
设相反,可以使用扩展卡尔曼滤波器(EKF)来同时估计接收机的位置以及接收机与每个
LEO 卫星时钟漂移之间的差异[10]。

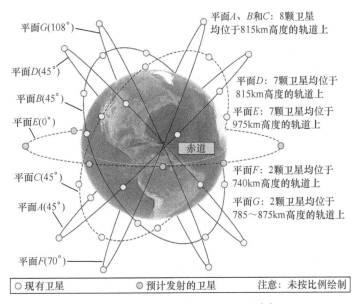

图 43.28 Orbcomm LEO 卫星星座[6]
(经 Inside GNSS 媒体公司许可转载。)

接下来介绍一种接收机架构,可以使用 LEO 卫星发射的 QPSK 信号生成多普勒测量结
果[10]。在本节中,假设 LEO 卫星信号在加性白噪声复高斯信道中传播,总功率谱密度
为 N_0。

接收机以采样周期 T 同时对包含所有 LEO 卫星下行台链路信道的带宽进行采样。接
收信号可以被建模为

$$r(i) = \sum_{l=1}^{L} s_l(i) + n(i) \quad (i = 0,1,\cdots)$$

其中:$n(i) \triangleq n_I(i) + jn_Q(i)$,$n_I$ 和 n_Q 被建模成方差为 $\dfrac{N_0}{2T}$ 的零均值高斯白噪声,并且

$$s_l(i) \triangleq \sqrt{C_l} a_l(i) \exp\{j2\pi[f_{D,l}(i) + f_{\mathrm{IF},l}]iT + j\theta_l(i)\}$$

式中:C_l 为第 l 个信道上的接收信号功率,$a_l \triangleq \exp\left[j\left(\dfrac{u\pi}{2} + \dfrac{\pi}{4}\right)\right]$ $(u \in \{0,1,2,3\})$ 是第 l
个信道上的 QPSK 符号;$f_{D,l}$ 为第 l 个信道上的多普勒频移;$f_{\mathrm{IF},l}$ 为第 l 个信道的中频;θ_l 为
第 l 个信道上的载波相移。时间参数 i 表示对应某个初始时间 t_0 的第 i 个采样点 $t_i \triangleq t_o + iT$。
QPSK 符号周期为 T_{symb},$T_{\mathrm{symb}} = MT$ 与采样周期有关,其中 M 为一较大的整数。假设多普勒
和载波相移在 T_{symb} 上是恒定的。第 l 个信道中的信号可以通过将 $r(i)$ 与相应的中频混合
并将结果信号通过带宽为 $B > \dfrac{2}{T_{\mathrm{symb}}}$ 的低通滤波器(LPF)来恢复,得到

$$r_l(i) = \sqrt{C_l}a_l(k)\exp[j2\pi f_{D,l}(k)iT + j\theta_l(k)] + n_l(i) \quad (i = 0,1,\cdots)$$

其中：$k \triangleq \left\lfloor \dfrac{i}{M} \right\rfloor$，$n_l(i) \triangleq n_{I,l}(i) + jn_{Q,l}(i)$，并且 $n_{I,l}$ 和 $n_{Q,l}$ 是方差为 $\dfrac{N_0 B_l}{2}$ 的零均值高斯白噪声。时间参数 k 为对应某个初始时间 t_0 的量，按采样点 $t_k \triangleq t_0 + kT_{symb}$ 计算。LPF 的带宽 $\{B_l\}_{l=1}^L$ 应该足够大从而满足多普勒频移。对于 Orbcomm LEO 卫星，这种偏移在 -3 ~3kHz。

导航接收机采用独立的锁相环(PLL)来分别跟踪每个 l 通道上的 LEO 卫星信号。多普勒频移由 PLL 产生然后传递到导航滤波器，滤波器可以是 EKF 或加权非线性最小二乘(WNLS)估计器，如图 43.29(a) 所示。每个跟踪回路都是一个反馈回路，由积分和转储(I&D)滤波器、鉴相器、回路滤波器和数控振荡器(NCO)组成，如图 43.29(b) 所示。

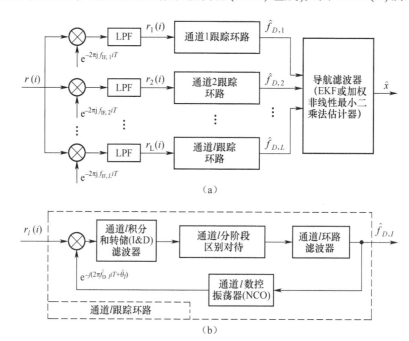

图 43.29　导航接收机

(a)首先提取每个通道的积分，然后将其馈送到跟踪环路，得到的多普勒测量结果传递到导航滤波器；

(b)第 l 个通道的跟踪环路[10]。

(经 IEEE 许可转载。)

将 $\hat{\theta}_l(k)$ 表示为由第 l 个信道的 NCO 维护的当前相位估计，将 $\hat{f}_{D,l}(k)$ 表示为由 PLL 维护的当前多普勒频移估计。然后，在时间步长 k 和 $k+1$ 之间，$r_l(i)$ 的 M 个样本与由多普勒估计引起的残余载波混频，并在 T_{symb} 上相干求和，得到

$$\hat{s}_l(k+1) = \frac{1}{M}\sum_{i=i_0}^{i_0+M-1} r_l(i)\exp[j2\pi \hat{f}_{D,l}(k)iT + j\hat{\theta}_l(k)]$$

$$\approx \sqrt{C_l}a_l(k+1)\exp[j\Delta\theta_l(k+1)] + \hat{n}_l(k)$$

式中：$\Delta\theta_l(k+1)$ 为在时间步长 $k+1$ 的相位误差；$\hat{n}_l(k) \triangleq \hat{n}_{I,l}(k) + j\hat{n}_{Q,l}(k)$，$\hat{n}_{I,l}$ 和 $\hat{n}_{Q,l}$

是方差为 $\dfrac{N_0}{2T_{\mathrm{symb}}}$ 的零均值高斯白噪声，$\hat{\theta}_l$ 更新为

$$\hat{\theta}_l(k+1) = \hat{\theta}_l(k) + 2\pi\hat{f}_{D,l}(k)MT, \hat{\theta}_l(0) \equiv 0$$

给定 $\hat{s}_l(k+1)$，可以通过 QPSK 鉴相器获得相位误差 $\Delta\theta_l(k+1)$。例如，最大似然估计由下式给出：

$$\Delta\theta_l(k) = \frac{1}{\sqrt{C_l}}\{Q_l(k)\tanh[I_l(k)] - I_l(k)\tanh[Q_l(k)]\}$$

式中：$I_l(k)$ 和 $Q_l(k)$ 分别为 $\hat{s}_l(k)$ 的实部和虚部；$\tanh$ 为双曲正切函数[78]。

然后将时间步长 $k+1$ 的相位误差通过环路滤波器，该滤波器是一个具有连续时间传递函数 $F(s) = \dfrac{2\zeta\omega_n s + \omega_n^2}{s}$ 的一阶滤波器，其中 $\zeta = \dfrac{1}{\sqrt{2}}$ 是阻尼比，ω_n 是无阻尼固有频率，它可以通过 $B_{n,\mathrm{PLL}} = \dfrac{\omega_n}{8\zeta}(4\zeta^2 + 1)$ 与 PLL 噪声等效带宽 $B_{n,\mathrm{PLL}}$ 相关。将 $\nu_{\mathrm{PLL},l}$ 表示为滤波器的输出。多普勒频率估计 $\hat{f}_{D,l}(k+1)$ 是通过将 $\nu_{\mathrm{PLL},l}(k+1)$ 除以 2π 推导出来的。

环路滤波器传递函数被离散化并在状态空间中实现。测量向量 z_{leo} 使用每个 PLL 跟踪的多普勒频移估计值形成

$$z_{\mathrm{leo},l}(k) \triangleq c\frac{\hat{f}_{D_l}(k)}{f_{c,l}} \quad (l = 1,2,\cdots,L; k = 0,1,\cdots) \tag{43.27}$$

式中：$\hat{f}_{D_l}$ 为测量的第 l 颗卫星的多普勒频率；$f_{c,l}$ 为第 l 颗卫星正在传输的载波频率；c 为光速。

可以证明，最大似然估计的噪声方差 $\sigma^2_{\Delta\theta,l}$，可以表示为[78]

$$\sigma^2_{\Delta\theta,l} = \frac{1}{\mathrm{SNR}_l^3}\left(\frac{8}{9\,\mathrm{SNR}_l^4} + \frac{20}{3\,\mathrm{SNR}_l^3} + \frac{10}{3\,\mathrm{SNR}_l^2} - \frac{8}{3\,\mathrm{SNR}_l} + 2\right) \tag{43.28}$$

式中：$\mathrm{SNR}_l = \dfrac{C_l T_{\mathrm{symb}}}{N_0}$ 为第 l 个频道的信噪比（SNR）。可以看出，闭环 PLL 噪声的方差由 $\sigma^2_{\mathrm{PLL},l} = 2\sigma^2_{\Delta\theta,l}B_{n,\mathrm{PLL}}T_{\mathrm{symb}}$ 给出，由此可以得出伪距率测量噪声方差为

$$\sigma^2_{\mathrm{leo},l} = \frac{2c^2}{f_{c,l}^2}\sigma^2_{\Delta\theta,l}B_{n,\mathrm{PLL}}T_{\mathrm{symb}} \tag{43.29}$$

初始化跟踪环路需要初始的多普勒估计。为此，使用快速傅里叶变换（FFT）方法获取每个通道的多普勒频率[79]。

将 $R_{\eta,l}(K)$ 表示为 $r_l(i)$ 的 FFT，其中 $i = \eta M + i_0, \eta M + i_0 + 1, \cdots, (\eta+1)M + i_0 - 1$ 和 $K = 0,1,\cdots,M-1$，对于某些 $i_0 \in \mathbb{N}$ 和 $\eta \in \mathbb{N}$。请注意，$R_{\eta,l}(K)$ 中的参数 K 根据下式映射到频率 f_K：

$$f_K = \begin{cases} \dfrac{K + 1 - M/2}{MT} & (M \text{ 为偶数}) \\[3mm] \dfrac{K - (M-1)/2}{MT} & (M \text{ 为奇数}) \end{cases}$$

随后,初始的多普勒估计设置为 $f_{\overline{K}}$,其中

$$\overline{K} = \underset{K}{\mathrm{argmax}} \sum_{\eta=1}^{N} \left| R_{\eta,l}(K) \right|^2$$

式中: N 为用于捕获的 FFT 窗口数。

图 43.30 显示了 Orbcomm 频谱的快照,图 43.31 显示了接收机内部从 Orbcomm 信号中提取多普勒测量值信号:(a)多普勒频率的估计,(b)载波相位跟踪误差,(c)解调 QPSK 符号,以及(d)QPSK 符号相位跳变。Orbcomm 接收机是感知、智能和导航集体的自主系统(ASPIN)实验室[80]开发的多通道自适应接收信息提取器(MATRIX)部分采用了软件定义无线电技术。接收机进行载波同步,提取伪距速率观测值,并解码 Orbcomm 星历消息。

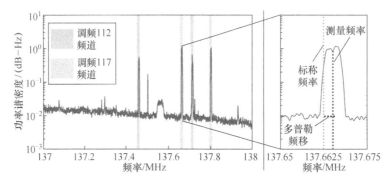

图 43.30   Orbcomm 频谱的快照[6]

(经 Inside GNSS 许可转载。)

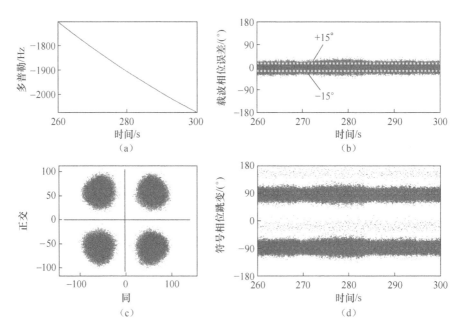

图 43.31   Orbcomm 接收机的输出[6]

(a)估计多普勒频率;(b)载波相位跟踪误差;(c)解调 QPSK 符号;

(d)QPSK 符号相位跳变。

(经 Inside GNSS 媒体公司许可转载。)

需要注意的是,Orbcomm 卫星还配备了专用的 1W 超高频(UHF)发射机,旨在以 400.1MHz 的频率发射高度稳定的信号。发射机耦合到 UHF 天线,其峰值增益设计为大约 2dB。Orbcomm 系统使用 UHF 信标进行 SC 定位。但是,实验数据显示 UHF 信标不存在。此外,即使存在 UHF 信标,也需要成为付费用户才能享受此定位服务。因此,43.12 节中讨论的载波相位差分导航框架和 43.13 节中讨论的 STAN 框架将仅使用下行台链路 VHF 信号。

43.11 Starlink LEO 卫星星座概述

本节根据 SpaceX 向联邦通信委员会(FCC)[81-83] 提交的文件概述了 Starlink 星座计划。讨论当前已经批准的 Starlink 卫星星座,并给出相关修改请求的详细信息。

43.11.1 Starlink 星座计划

Starlink 卫星通信系统是 SpaceX 雄心勃勃的工程,旨在为地球提供全球互联网接入。Starlink 系统可以分解为多个组成部分,包括 LEO 和超低地球轨道(VLEO)卫星、地面控制和网关设施,以及用户终端。目前已批准的卫星数量为 11943 颗,一旦全部发射,这将是联合国外层空间事务办公室统计外太空已经发射的物体数量(截止到 2018 年 11 月 29 日,共统计 8303 颗物体[84])的两倍多。

SpaceX 在其原始文件中表示,将在部署首批 800 颗卫星后开始为许可用户提供服务。此外,美国联邦通信委员对开发卫星星座的被许可人(如 SpaceX)提出了里程碑式的要求,即在拨款批准后的 6 年内发射和运营一半数量的计划星座。因此到 2024 年,Starlink 可以为用户提供服务。表 43.10 描述了最新批准的 LEO 和 VLEO 子星座轨道配置。需要说明的是,SpaceX 已要求将 1150km 处的 1600 颗卫星撤销,替换为在 550km 处的 1584 颗卫星[83]。如果获得批准,这些距离 550km 的卫星将成为 Starlink 支持部署的首批卫星。图 43.32 描绘了环绕地球的 Starlink LEO 卫星星座。

表 43.10 Starlink 轨道配置

星座	LEO 星座					VLEO 星座		
每个轨道高度的卫星数/颗	1600	1600	400	375	450	2547	2478	2493
高度/km	1150	1110	1130	1275	1325	354.6	340.8	335.9
倾角/(°)	53	53.8	74	81	70	53	48	42

43.11.2 信号信息

一旦卫星仰角超过 35°,用户将与 Starlink 卫星进行通信。Starlink 授权在 Ku、Ka 和 V 频段进行传输。用户终端最多拥有 8 × 16 个阵元的相控阵天线,使用半波长周期;因此,V 频段通信设计的天线孔径预计约为 20cm²。控制天线波束实现对卫星的跟踪,以辅助用户终端和 LEO 卫星之间的通信台连接。此外,使用 1~10MHz 频率的 V 频段下行台链路信标信号,有助于在切换发生时快速捕获卫星。下行台链路信号波束将支持左旋圆极化与右旋圆极化,Ku 频段上信道带宽为 50MHz,V 频段上信道带宽为 1GHz。

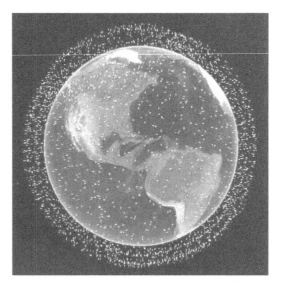

图 43.32　Starlink LEO 卫星星座示意图[11]
（地图数据：谷歌地球。经导航学会许可转载。）

43.12 使用 LEO 卫星信号的载波相位差分导航

与载波相位差分 GNSS (CD-GNSS)类似,可以在包含 L 颗可见 LEO 卫星的环境中,构建包含基准台和移动台的载波相位差分 LEO (CD-LEO)框架。本节构建 CD-LEO 框架[67]。

43.12.1　框架构建

假设基准台接收机(B)已知自身的位置状态,例如,部署在基准点的静止地面接收机或者可接收 GNSS 的高空飞行器。移动台(R)不知道其自身位置。基准台将自己的位置和载波相位观测值传输给移动台。LEO 卫星的位置可通过 TLE 文件和定轨软件,或者解码传输的星历(如果有)获得。图 43.33 展示了基准台/移动台 CD-LEO 框架。请注意,可以将图 43.33(固定基准台和移动台)中的基准台和移动台进行互换,这在 CD-GNSS 中很常见。

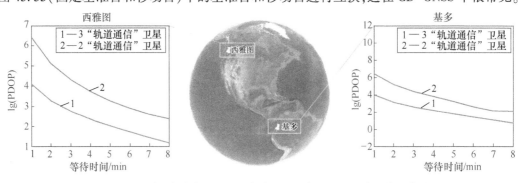

图 43.33　基准台/流动台 CD-LEO 框架,基准台可以是一个固定的接收机,
也可以是一个完全知道其位置的高空飞行器,它与导航接收机(即移动台)共享 LEO 载波相位观测值。
移动站不知道自己的位置,使用其 LEO 载波相位观测值,以及基准台共享的观测值来估计自己的位置[10]
（经导航学会许可转载。）

接下来的内容,通过对测量结果进行双差[式(43.20)]来实现对移动站位置的估计。为了不失一般性,以第一颗 LEO 卫星的测量结果为参考,形成单差:

$$\phi_{l,1}^{(i)}(k) \triangleq \phi_l^{(i)}(k) - \phi_1^{(i)}(k)$$

随后,定义 R 和 B 之间的双差为

$$\begin{aligned}\phi_{l,1}^{(R,B)}(k) &\triangleq \phi_{l,1}^{(R)}(k) - \phi_{l,1}^{(B)}(k) + \| \boldsymbol{r}_{r_B} - \boldsymbol{r}_{\mathrm{leo}_l}(k) \|_2 - \| \boldsymbol{r}_{r_B} - \boldsymbol{r}_{\mathrm{leo}_1}(k) \|_2 \\ &\triangleq h_{l,1}^{(R)x}(k) + A_{l,1}^{(R,B)} + c\Delta_{\mathrm{iono}_{l,1}}^{(R,B)}(k) + c\Delta_{\mathrm{trop}_{l,1}}^{(R,B)}(k) + \nu_{l,1}^{(R,B)}(k)\end{aligned}$$

(43.30)

其中, $l = 1,2,\cdots,L$,且

$$h_{l,1}^{(R)}(k) \triangleq \| \boldsymbol{r}_{r_R} - \boldsymbol{r}_{\mathrm{leo}_l}(k) \|_2 - \| \boldsymbol{r}_{r_R} - \boldsymbol{r}_{\mathrm{leo}_1}(k) \|_2$$

$$A_{l,1}^{(R,B)} \triangleq \lambda_l N_l^{(R)} - \lambda_l N_l^{(B)} - \lambda_1 N_1^{(R)} + \lambda_1 N_1^{(B)}$$

$$\Delta_{\mathrm{iono}_{l,1}}^{(R,B)}(k) \triangleq \delta t_{\mathrm{iono},l}^{(B)}(k) - \delta t_{\mathrm{iono},l}^{(R)}(k) - \delta t_{\mathrm{iono},1}^{(B)}(k) + \delta t_{\mathrm{iono},1}^{(R)}(k)$$

$$\Delta_{\mathrm{trop}_{l,1}}^{(R,B)}(k) \triangleq \delta t_{\mathrm{trop},l}^{(R)}(k) - \delta t_{\mathrm{trop},l}^{(B)}(k) - \delta t_{\mathrm{trop},1}^{(R)}(k) + \delta t_{\mathrm{trop},1}^{(B)}(k)$$

$$\nu_{l,1}^{(R,B)}(k) \triangleq \nu_l^{(R)}(k) - \nu_l^{(B)}(k) - \nu_1^{(R)}(k) + \nu_1^{(B)}(k)$$

需要注意的是,由于 λ_l 不一定等于 λ_1 ,因此 $A_{l,1}^{(R,B)}$ 不一定表示为 λ_{lM} ,其中 M 是整数。因此, $A_{l,1}^{(R,B)}$ 在下文中被视为实常数。此外,CD-LEO 框架假设精确已知基准站的位置[式(43.20)]。这一假设意味着人们期望移动基准站和静态基准台拥有相同的定位性能。观测矢量被定义为

$$\boldsymbol{\phi}(k) \triangleq \boldsymbol{h}_R(k) + \boldsymbol{A} + c\boldsymbol{\Delta}_{\mathrm{iono}}(k) + c\boldsymbol{\Delta}_{\mathrm{trop}}(k) + \boldsymbol{\nu}(k)$$

其中

$$\boldsymbol{\phi}(k) \triangleq [\phi_{2,1}^{(R,B)}(k),\cdots,\phi_{L,1}^{(R,B)}(k)]^T$$

$$\boldsymbol{h}_R(k) \triangleq [h_{2,1}^{(R)}(k),\cdots,h_{L,1}^{(R)}(k)]^T$$

$$\boldsymbol{A} \triangleq [A_{2,1}^{(R,B)},\cdots,A_{L,1}^{(R,B)}]^T$$

$$\boldsymbol{\Delta}_{\mathrm{iono}}(k) \triangleq [\Delta_{\mathrm{iono}_{2,1}}^{(R,B)},\cdots,\Delta_{\mathrm{iono}_{L,1}}^{(R,B)}]^T$$

$$\boldsymbol{\Delta}_{\mathrm{trop}}(k) \triangleq [\Delta_{\mathrm{trop}_{2,1}}^{(R,B)}(k),\cdots,\Delta_{\mathrm{trop}_{L,1}}^{(R,B)}(k)]^T$$

$$\boldsymbol{\nu}(k) \triangleq [\nu_{2,1}^{(R,B)}(k),\cdots,\nu_{L,1}^{(R,B)}(k)]^T$$

其中 $\nu(k)$ 的协方差为 $\boldsymbol{R}_{R,B}(k)$,该协方差可以写为

$$\boldsymbol{R}_{R,B}(k) = \boldsymbol{R}^{(1)}(k) + \{[\sigma_1^{(R)}(k)]^2 + [\sigma_1^{(B)}(k)]^2\}\boldsymbol{\Xi}$$

其中

$$\boldsymbol{R}^{(1)}(k) \triangleq \mathrm{diag}\{[\sigma_2^{(R)}(k)]^2 + [\sigma_2^{(B)}(k)]^2,\cdots,[\sigma_L^{(R)}(k)]^2 + [\sigma_L^{(B)}(k)]^2\}$$

且 $\boldsymbol{\Xi}$ 是一个全 1 矩阵。

43.12.2　批量导航解算

矢量 A 是未知的,且必须与移动台的位置一起求解。仅使用一组载波相位测量值且没有关于移动台位置的先验信息会导致系统欠定:有 $(L+2)$ 个未知数,而只有 $(L-1)$ 个测量值。因此,当没有移动台位置的先验信息时,移动台可以保持静止一段时间,以便观察到足够多的卫星几何结构变化。随后,移动台在批量估计器中使用在不同时间采集的测量值,从而形成一个超定系统[68]。将 K 表示为收集载波相位测量值以进行批处理的时间步长。然后,测量值的总数为 $K \times (L-1)$,而未知数的总数保持为 $L+2$ 。请注意,对于 $L \geqslant 2$,导

致系统对于 $K \geq 4$ 是超定的。

定义时间步长从 0 到 $K-1$ 的测量值集合为

$$\boldsymbol{\Phi}^K \triangleq \left[\boldsymbol{\phi}^{\mathrm{T}}(0),\boldsymbol{\phi}^{\mathrm{T}}(1),\cdots,\boldsymbol{\varphi}^{\mathrm{T}}(K-1)\right]^{\mathrm{T}}$$

可表示为

$$
\begin{cases}
\boldsymbol{\Phi}^K = \boldsymbol{h}^K[\boldsymbol{r}_{r_{\mathrm{R}}}] + \bar{\boldsymbol{I}}^K \boldsymbol{A} + c\boldsymbol{\Delta}_{\mathrm{iono}}^K + c\boldsymbol{\Delta}_{\mathrm{trop}}^K + \boldsymbol{v}^K \\[4pt]
\boldsymbol{h}^K[\boldsymbol{r}_{r_{\mathrm{R}}}] \triangleq \begin{bmatrix} \boldsymbol{h}_{\mathrm{R}}(0) \\ \boldsymbol{h}_{\mathrm{R}}(1) \\ \vdots \\ \boldsymbol{h}_{\mathrm{R}}(K-1) \end{bmatrix},\ \bar{\boldsymbol{I}}^K \triangleq \begin{bmatrix} \boldsymbol{I}_{(L-1)\times(L-1)} \\ \boldsymbol{I}_{(L-1)\times(L-1)} \\ \vdots \\ \boldsymbol{I}_{(L-1)\times(L-1)} \end{bmatrix} \\[4pt]
\boldsymbol{\Delta}_{\mathrm{iono}}^K \triangleq \begin{bmatrix} \Delta_{\mathrm{iono}}(0) \\ \Delta_{\mathrm{iono}}(1) \\ \vdots \\ \Delta_{\mathrm{iono}}(K-1) \end{bmatrix},\ \boldsymbol{\Delta}_{\mathrm{trop}}^K \triangleq \begin{bmatrix} \Delta_{\mathrm{trop}}(0) \\ \Delta_{\mathrm{trop}}(1) \\ \vdots \\ \Delta_{\mathrm{trop}}(K-1) \end{bmatrix} \\[4pt]
\boldsymbol{v}^K \triangleq \begin{bmatrix} \boldsymbol{\nu}(0) \\ \boldsymbol{\nu}(1) \\ \vdots \\ \boldsymbol{\nu}(K-1) \end{bmatrix}
\end{cases} \tag{43.31}
$$

式中:$\boldsymbol{v}^K$ 为具有协方差 $\boldsymbol{R}^K \triangleq \mathrm{diag}[\boldsymbol{R}_{\mathrm{R,B}}(0),\boldsymbol{R}_{\mathrm{R,B}}(1),\cdots,\boldsymbol{R}_{\mathrm{R,B}}(K-1)]$ 的测量噪声。需要注意的是,式(43.31)中的测量值包含电离层和对流层延迟,可以按照 43.9.3 节中的讨论进行估计。让 $\hat{\boldsymbol{\Delta}}_{\mathrm{iono}}^K$ 和 $\hat{\boldsymbol{\Delta}}_{\mathrm{trop}}^K$ 分别表示 $\boldsymbol{\Delta}_{\mathrm{iono}}^K$ 和 $\boldsymbol{\Delta}_{\mathrm{trop}}^K$ 的估计,以及相关的估计误差:

$$\widetilde{\boldsymbol{\Delta}}_{\mathrm{iono}}^K \triangleq \boldsymbol{\Delta}_{\mathrm{iono}}^K - \hat{\boldsymbol{\Delta}}_{\mathrm{iono}}^K,\ \widetilde{\boldsymbol{\Delta}}_{\mathrm{trop}}^K \triangleq \boldsymbol{\Delta}_{\mathrm{trop}}^K - \hat{\boldsymbol{\Delta}}_{\mathrm{trop}}^K,$$

随后,定义无电离层延迟和无对流层延迟测量值:

$$\overline{\boldsymbol{\Phi}}^K \triangleq \boldsymbol{\Phi}^K - c(\hat{\boldsymbol{\Delta}}_{\mathrm{iono}}^K + \hat{\boldsymbol{\Delta}}_{\mathrm{trop}}^K) = \boldsymbol{h}^K[\boldsymbol{r}_{r_{\mathrm{R}}}] + \bar{\boldsymbol{I}}^K \boldsymbol{A} + \bar{\boldsymbol{v}}^K \tag{43.32}$$

其中 $\bar{\boldsymbol{v}}^K = \boldsymbol{v}^K + c\widetilde{\boldsymbol{\Delta}}_{\mathrm{iono}}^K + c\widetilde{\boldsymbol{\Delta}}_{\mathrm{trop}}^K$ 是具有协方差 $\overline{\boldsymbol{R}}^K = \boldsymbol{R}^K + \sigma_{\mathrm{iono,trop}}^2 \boldsymbol{I}_{K(L-1)\times K(L-1)}$ 的总测量噪声,且 $\sigma_{\mathrm{iono,trop}}^2$ 是根据经验确定的调整参数。带有加权矩阵 $(\overline{\boldsymbol{R}}^K)^{-1}$ 的 WNLS 估计器可用于估计 $\boldsymbol{r}_{r_{\mathrm{R}}}$ 和 $\boldsymbol{A}$。

43.13 STAN:低轨卫星信号的同步跟踪和导航

利用 LEO 卫星信号进行导航时必须知道它们的状态。与具备定期传输位置和时钟偏差信息的 GNSS 卫星不同,对于 LEO 卫星来说,此类信息可能难以获取。STAN 框架通过从 LEO 卫星提取伪距和多普勒测量值,辅助车辆的 INS 系统,同时跟踪 LEO 卫星来解决这个问题。STAN 框架使用 EKF 来同时估计车辆的状态和 LEO 卫星的状态[6,9,11]。图 43.34 描述了 LEO 辅助的 INS STAN 框架。STAN 框架的操作类似于传统的 GNSS-INS 紧耦合技术,但有两个主要区别:①LEO 卫星的位置和时钟状态对于车载接收机是未知的,因此,它们与车辆的状态一起被估计;②LEO 伪距和多普勒测量用于辅助 INS 而不是 GNSS。接下来讨论 EKF 状态矢量、动态模型、接收机的测量模型以及 EKF 时间和测量更新。为避免系统不可观测或可观测性变差,必须先验地了解有关导航车辆状态或 LEO 卫星状态的某些信息,如文献[15,45,53,85—87]所述。

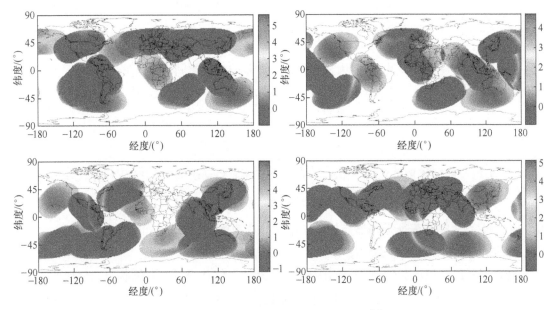

图 43.34　LEO 辅助的 INS STAN 框架[6]
(经导航学会许可转载。)

43.13.1　EKF 状态矢量和动态模型

43.13.1.1　EKF 状态矢量

EKF 状态矢量由下式给出:

$$x = [x_{\mathrm{r}}^{\mathrm{T}}, x_{\mathrm{leo}_1}^{\mathrm{T}}, \cdots, x_{\mathrm{leo}_L}^{\mathrm{T}}]^{\mathrm{T}}$$

$$x_{\mathrm{r}} = [{}_G^B\bar{q}^{\mathrm{T}}, r_{\mathrm{r}}^{\mathrm{T}}, \dot{r}_{\mathrm{r}}^{\mathrm{T}}, b_{\mathrm{g}}^{\mathrm{T}}, b_{\mathrm{a}}^{\mathrm{T}}, c\delta t_{\mathrm{r}}, c\dot{\delta}t_{\mathrm{r}}]^{\mathrm{T}}$$

$$x_{\mathrm{leo}_l} = [r_{\mathrm{leo}_l}^{\mathrm{T}}, \dot{r}_{\mathrm{leo}_l}^{\mathrm{T}}, c\delta t_{\mathrm{leo}_l}, c\dot{\delta}t_{\mathrm{leo}_l}]^{\mathrm{T}}$$

式中:x_{r} 为车载惯性测量单元(IMU)和接收机的状态矢量,它由 ${}_G^B\bar{q}$ 组成,是一个四维单位四元数,表示固定在 IMU 上的车身本体坐标系 B 相对于全局参考坐标系 G 的坐标变换;r_{r} 和 $\dot{r}_{\mathrm{r}}$ 为 IMU 的三维位置和速度;b_{g} 和 b_{a} 分别为 IMU 陀螺仪和加速度计的三维偏置矢量;矢量 x_{leo_l} 为第 l 颗 LEO 卫星的状态,由 LEO 卫星位置 r_{leo_l} 和速度 $\dot{r}_{\mathrm{leo}_l}$ 以及 LEO 卫星时钟偏差 $c\delta t_{\mathrm{leo}_l}$ 和漂移 $c\dot{\delta}t_{\mathrm{leo}_l}$ 组成,其中 $l=1,2,\cdots,L$ (L 为接收机可见的 LEO 卫星总数)。

43.13.1.2　车辆运动学模型

根据由车身框架的三维旋转速率矢量 ${}^B\omega$ 和全局参考坐标系中的三维加速度矢量 ${}^G\alpha$ 驱动的 INS 运动学方程,对车辆的方向、位置和速度进行建模[88]。陀螺仪和加速度计的偏差被建模为

$$b_g(k+1) = b_g(k) + w_{bg}(k) \tag{43.33}$$

$$b_a(k+1) = b_a(k) + w_{ba}(k) \tag{43.34}$$

式中：$w_{bg}(k)$ 和 $w_{ba}(k)$ 为过程噪声矢量，它们被建模成协方差分别为 Q_{bg} 和 Q_{ba} 的离散白噪声序列。假设车载接收机的时钟误差状态变化如下：

$$\begin{cases} x_{clk_r}(k+1) = F_{clk}x_{clk_r}(k) + w_{clk_r}(k) \\ x_{clk_r} \triangleq [c\delta t_r, c\dot{\delta} t_r]^T, F_{clk} = \begin{bmatrix} 1 & T \\ 0 & 1 \end{bmatrix} \end{cases} \tag{43.35}$$

式中：w_{clk_r} 为过程噪声矢量，建模为具有以下协方差的离散时间白噪声序列：

$$Q_{clk_r} = \begin{bmatrix} S_{\tilde{w}_{\delta t_r}}T + S_{\tilde{w}_{\delta t_r}}\dfrac{T^3}{3} & S_{\tilde{w}_{\delta t_r}}\dfrac{T^2}{2} \\ S_{\tilde{w}_{\delta t_r}}\dfrac{T^2}{2} & S_{\tilde{w}_{\delta t_r}}T \end{bmatrix} \tag{43.36}$$

式中：T 为恒定的采样周期；$S_{\tilde{w}_{\delta t_r}}$ 和 $S_{\tilde{w}_{\delta t_r}}$ 分别为时钟偏差和漂移的过程噪声功率谱密度，它们可以与幂律系数 $\{h_{\alpha,r}\}_{\alpha=-2}^2$ 相关，通过实验室相关实验，可将其近似为 $S_{\tilde{w}_{\delta t_r}} \approx h_{0,r}/2$ 和 $S_{\tilde{w}_{\delta t_r}} \approx 2\pi h_{-2,r}$，用来表征振荡器与标称频率的分数频率偏差的功率谱密度[89]。

43.13.1.3　LEO 卫星动态模型

LEO 卫星的轨道动力学在 43.8 节中讨论。第 l 颗 LEO 卫星的时钟状态变化如下：

$$x_{clk_{leo_l}}(k+1) = F_{clk}x_{clk_{leo_l}}(k) + w_{clk_{leo_l}}(k) \tag{43.37}$$

式中：$w_{clk_{leo_l}}$ 为协方差为 Q_{clk_r} [式(43.36)] 的离散白噪声序列；$S_{\tilde{w}_{\delta t_r}}$ 和 $S_{\tilde{w}_{\delta t_r}}$ 分别由 LEO 卫星的时钟偏差、漂移功率谱密度 $S_{\tilde{w}_{\delta t_{leo_l}}} \approx \dfrac{h_{0,leo_l}}{2}$ 和 $S_{\tilde{w}_{\delta t_{leo_l}}} \approx 2\pi h_{-2,leo_l}$ 替代。43.13.2 节将讨论如何在 EKF 时间更新中使用这些模型。

43.13.2　IMU 测量模型和 EKF 预测

车载 IMU 包含三轴陀螺仪和三轴加速度计，其测量的角速率 ω_{imu} 和比力 α_{imu} 测量值可建模为

$$\omega_{imu}(k) = {}^B\omega(k) + b_g(k) + n_g(k) \tag{43.38}$$

$$\alpha_{imu}(k) = R[{}^B_C\bar{q}(k)]({}^G\alpha(k) - {}^Gg(k)) + b_a(k) + n_a(k) \quad (k = 1, 2, \cdots) \tag{43.39}$$

式中：$R[\bar{q}]$ 是 $\bar{q}$ 的等效旋转矩阵；${}^Gg$ 为全局坐标系中的重力加速度；n_g 和 n_a 为测量噪声矢量，分别建模为具有协方差 $\sigma_g^2 I_{3\times3}$ 和 $\sigma_g^2 I_{3\times3}$ 的白噪声序列。

EKF 对 $x(k)$ 的估计值为 $\hat{x}(k|j) \triangleq \mathbb{E}[x(k)|Z^j]$，对应的估计误差协方差为 $P_x(k|j)$，其中 $\mathbb{E}[\cdot|\cdot]$ 是条件期望算子，$Z^j \triangleq \{z(i)\}_{i=1}^j$ 是 j 个测量数据的集合，且 $k > j$。测量值 z 是 43.7 节中讨论的伪距、多普勒载波相位测量值。

IMU 测量值 [式(43.38)和式(43.39)] 在地心地固(ECEF)坐标系下进行处理，通过捷联惯导方程产生 ${}^B_G\hat{\bar{q}}(k|j)$、$\hat{r}_r(k|j)$ 和 $\hat{\dot{r}}_r(k|j)$[53,90]。陀螺仪和加速度计的偏差预测矢量 $\hat{b}_g(k|j)$ 和 $\hat{b}_a(k|j)$ 分别遵循式(43.33)和式(43.34)。接收机和 LEO 卫星发射机的时钟状

态的预测分别来自式(43.35)和式(43.37)。LEO 卫星位置和速度的预测是通过对式(43.21)进行线性化和离散化来实现的。接下来,描述测量模型和 EKF 测量更新。

43.13.3 接收机测量模型和 EKF 测量更新

车载 LEO 接收机进行伪距、多普勒或载波相位测量,其模型已在 43.7 节中进行了讨论。STAN 框架以两种模式运行:GNSS 测量可用时的跟踪模式和 GNSS 信号不可用时的 STAN 模式。在跟踪模式下,EKF 的测量矢量 z 是通过叠加所有可用的 GNSS 伪距 $\boldsymbol{\rho}_{gnss}$ 和 LEO 卫星伪距 $\boldsymbol{\rho}_{leo}$、伪距率 $\dot{\boldsymbol{\rho}}_{leo}$ 或载波相位 ϕ_{leo} 测量来定义的。EKF 更新产生 $\hat{x}(j|j)$ 和对应的后验估计误差协方差 $P_x(j|j)$。当 GNSS 测量不可用时,框架切换到 STAN 模式,此时测量矢量仅由 LEO 卫星伪距 $\boldsymbol{\rho}_{leo}$、伪距率 $\dot{\boldsymbol{\rho}}_{leo}$ 或载波相位测量 $\boldsymbol{\varphi}_{leo}$ 组成。

〈43.14〉 精度因子分析

本节分析了一些现有和未来的 LEO 卫星星座的位置精度因子(PDOP)。可以对星座进行类似的分析。

首先,考虑现有的 Orbcomm 星座。接收机位置的可估计性(可观测性程度)的一个重要度量是 PDOP,由 PDOP = trace$[\boldsymbol{P}_r]$ 给出,其中 $\boldsymbol{P}_r$ 对应于 $(\boldsymbol{H}^T\boldsymbol{H})^{-1}$ 的顶部 3×3 区块,$\boldsymbol{H}$ 是测量雅可比矩阵。在后续计算中假设接收机配备了高度计,因此其高度已知,仅估计接收机的水平位置。因此,PDOP 对应于水平精度因子(HDOP)。Orbcomm 星座的 PDOP 针对43.12 节中讨论的 CD-LEO 框架进行了分析。图 43.35 所示为 2 颗和 3 颗 Orbcomm 卫星在地球上两个位置(华盛顿的西雅图和厄瓜多尔的基多)的 PDOP。

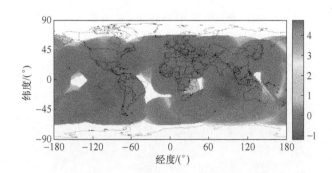

图 43.35　2 颗和 3 颗 Orbcomm 卫星在地球上两个位置(华盛顿的西雅图和厄瓜多尔的基多)的 PDOP(时间的函数)[67]

(经导航学会许可转载。)

接下来,在 2h 的总周期内分析 PDOP,这大约是 Orbcomm LEO 卫星的轨道周期。2h 时间分为四段,每部分 30min,从 UTC 时间 2019 年 6 月 27 日午夜开始。在每个时间段中,计算出整个地球上 8min 批处理窗口的最佳 PDOP。得到的 lg(PDOP) 热图如图 43.36 所示。综合了 4 个热图的最终热图如图 43.37 所示。从图 43.36 和图 43.37 中可以看出,地球上存在大量区域可以在8min的批处理窗口内实现PDOP<1,这意味着使用Orbcomm卫星具备亚米级精确定位的能力。

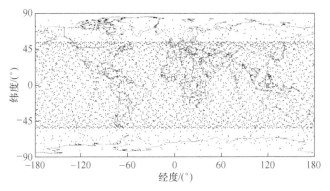

图43.36 Orbcomm 星座的 lg(PDOP) 热图和 8min 批处理窗口。该图从 UTC 时间 2019 年 6 月 27 日午夜开始,每隔 30min 计算 4 次。白色区域表示位置解算不可用[6](经 Inside GNSS 许可转载。)

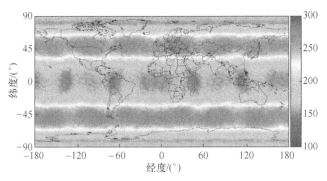

图43.37 Orbcomm 星座的 lg(PDOP) 热图和 2h 内 8min 窗口的组合(白色区域表示位置解算不可用[6]。经 Inside GNSS 媒体公司许可转载。)

接下来分析未来的 Starlink 星座。图 43.38 描绘了未来的 Starlink 星座的快照,而图 43.39所示为在 5°仰角上方可见 Starlink LEO 卫星数量的热图。图 43.40 所示为 Starlink

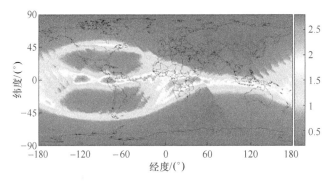

图43.38 未来的 Starlink 星座的快照[6]
(经 Inside GNSS 媒体公司许可转载。)

LEO 星座在 5°仰角上方的 PDOP 热图,而图 43.41 所示为多普勒位置精度衰减因子 (DPDOP)的对数的热力图。从图 43.40 可以看出,与 Orbcomm 星座不同的是,其可以在地球上随时随地获得瞬时位置解,并且在全球大部分地区可能会观察到不一致的 PDOP。

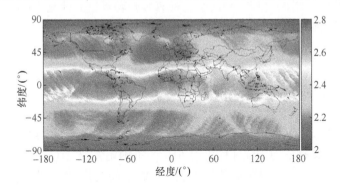

图 43.39　5°仰角上方可见 Starlink LEO 卫星数量的热图[6]
(经 Inside GNSS 媒体公司许可转载。)

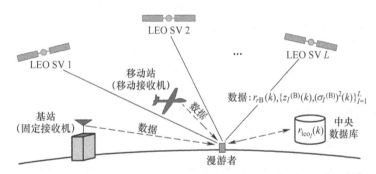

图 43.40　显示了 Starlink LEO 星座在 5°仰角上方的 PDOP 热图[67]
(经导航学会许可转载。)

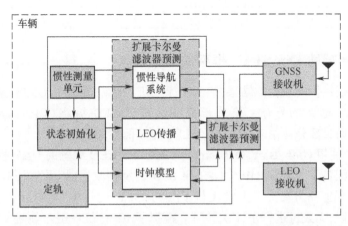

图 43.41　5°多普勒位置精度衰减因子(DPDOP)的对数的热力图[6]
(经导航学会许可转载。)

43.15 仿真结果

本节给出一些仿真结果,包含两方面:①具有多普勒测量的独立 LEO 导航解,②具有伪距和多普勒测量的 LEO 辅助 INS STAN 框架得到的导航解。

43.15.1 LEO 卫星信号的独立导航解

本节展示了用于验证基于 LEO 卫星信号多普勒测量的导航解算性能的仿真结果[10]。在仿真中假设接收机位于加利福尼亚州的里弗赛德,其位置估计值在距离真值约 28km 处进行初始化。仿真的 LEO 卫星轨道是使用 3 个 LEO 卫星星座的 TLE 生成的:Orbcomm、Iridium 和 Globalstar,具有法向 10m 和切向 100m 的不确定性,模拟了 LEO 卫星轨道的一些精确先验信息。仿真的 LEO 卫星的数量 L 在 5~25 之间变化,增量为 5。需要注意的是一些卫星轨道会随时间变化,以达到所需的可用卫星数量。每颗卫星生成多普勒测量值馈送到 EKF,得到估计结果 $x \triangleq [r_r^{\mathrm{T}}, c\Delta\delta t_1, \cdots, c\Delta\delta t_L]^{\mathrm{T}}$,其中 $\Delta\delta t_l \triangleq \delta t_r - \delta t_{\mathrm{leo},l}$。对于 L 的每个值,EKF 运行步长 $\Delta T = 1\mathrm{min}$、$2\mathrm{min}$ 和 $4\mathrm{min}$。时钟漂移用 -50~$50\mathrm{m/s}$ 均匀分布的随机数进行仿真。仿真的 SNR 选择为 $\mathrm{SNR}_0 \times \sin(\mathrm{el})$,其中 el 是卫星仰角,$\mathrm{SNR}_0$ 是天顶的 SNR,设置为 10dB,σ_{alt}^2 设置为 $1\mathrm{m}^2$,最低仰角设置为 $10°$。EKF 中的时钟漂移估计值是使用位置先验和第一次多普勒频率测量来初始化的。初始估计误差协方差设置为 $P(0|0) \equiv \mathrm{blkdiag}[\mathrm{diag}[10^8, 10^8, 1], 10^3 I_{L\times L}]$。对于每个 $(L, \Delta T)$ 对,执行 100 次蒙特卡罗仿真。表 43.11 中给出了最终位置的均方根误差(RMSE)。

表 43.11 对于 LEO 卫星数量为 L 和定位持续时间为 ΔT 的 100 次蒙特卡罗仿真的 RMSE 结果

单位:m

$\Delta T/L$	5	10	15	20	25
1min	168.53	100.78	74.01	55.52	37.95
2min	111.25	84.12	50.03	31.34	20.27
4min	28.30	27.10	20.93	17.63	11.38

43.15.2 LEO 辅助 INS STAN 框架的导航解

本节介绍了通过仿真获得的结果,演示了无人机(UAV)在丢失 GNSS 信号后通过 LEO 辅助的 INS STAN 框架的导航。第一部分评估现有 LEO 星座(Globalstar、Orbcomm 和 Iridium)的性能,第二部分评估未来 Starlink LEO 星座的性能。

43.15.2.1 使用 Globalstar、Orbcomm 和 Iridium LEO 星座的 UAV 模拟

一架无人机配备了战术级 IMU、GPS 和 LEO 卫星接收机,以及气压高度计。无人机 200s 内在加利福尼亚州圣莫尼卡上空飞行了大约 25km,此过程中,它只在前 100s 内获得 GPS 信号。升空后,无人机进行了 4 次转弯。模拟了 10 个 LEO 卫星轨迹。LEO 卫星轨道对应于 Globalstar、Orbcomm 和 Iridium 星座。无人机在整个轨迹上对所有 10 颗 LEO 卫星进行了伪距和伪距率测量。LEO 卫星的位置和速度使用 TLE 文件和 SGP4 进行初始化。图 43.42 显示了模拟的 LEO 卫星和无人机的轨迹以及 GPS 信号被切断的位置[6]。

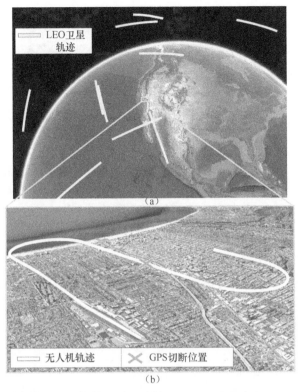

图 43.42　带有 Globalstar、Orbcomm 和 Iridium LEO 星座的无人机模拟环境[4]
(a) LEO 卫星的轨迹；(b) 无人机轨迹和 GPS 切断位置等。
(地图数据:谷歌地球经导航学会许可转载。)

采用两种导航手段来估计无人机的轨迹:LEO 辅助的 INS STAN 框架和用于比较分析的传统 GPS 辅助 INS。每种导航手段只能在前100s内访问GPS。图 43.43(a)~(b)说明了无人机的真实轨迹和每种导航手段估计的轨迹,而图 43.43(c)说明了其中一颗 LEO 卫星的模拟和估计轨迹,以及最后 95% 不确定性的椭球[轴表示径向(ra)和沿轨道(at)方向]。表 43.12 总结了 GPS 切断后每种导航手段实现的最终误差和位置 RMSE。

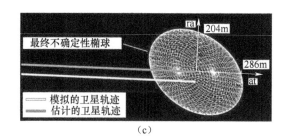

（c）

图 43.43　通过 Globalstar、Orbcomm 和 Iridium LEO 星座的无人机模拟结果

（a）~（b）无人机模拟和估计的轨迹；（c）其中一颗模拟低轨卫星的模拟和

估计轨迹以及最终的 95% 不确定性椭球[4]。

（地图数据：谷歌地球。经导航学会许可转载。）

表 43.12　使用 Globalstar、Orbcomm 和 Iridium LEO 卫星对无人机在 200s

内航行 25km 的仿真结果（GPS 信号在前 100s 后被切断）　　单位：m

参　　数	独立的 INS	LEO 辅助的 INS STAN
最终误差	174.7	9.9
均方根误差	52.6	10.5

注：这些结果是 GPS 切断之后的。

43.15.2.2　使用 Starlink LEO 星座和周期性传输 LEO 卫星位置的无人机仿真

一架无人机配备了战术级 IMU 和 GPS 与 LEO 接收机。这架无人机 10min 内在加利福尼亚州圣莫尼卡上空航行了约 82km，在此期间，它只能在前 100s 内获得 GPS 信号。升空后，无人机进行了 10 次倾斜转弯。模拟的 LEO 卫星轨迹对应于未来的 Starlink 星座。假设 LEO 卫星配备了 GPS 接收机，并且每秒定期发送其估计位置。共有 78 颗 LEO 卫星在预设的 35°仰角范围内通过，在任何时间点平均有 27 颗卫星可用。无人机对所有低轨卫星进行了伪距和伪距率测量。使用第一个传输的 LEO 卫星位置初始化 LEO 卫星在 STAN 框架中的位置，这些位置由 LEO 卫星上的 GPS 接收机生成。图 43.44 显示了模拟的 Starlink LEO 卫星和无人机的轨迹以及 GPS 信号被切断的位置[11]。

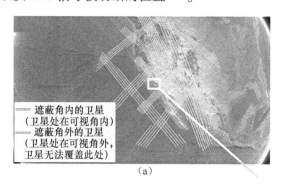

（a）

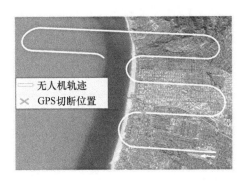

（b）

图 43.44　使用 Starlink LEO 星座的无人机模拟环境
（a）LEO 卫星的轨迹，仰角设置为 35°；（b）无人机轨迹和 GPS 切断位置[11]。
（地图数据：谷歌地球。经导航学会许可转载。）

采用两种导航手段来估计无人机的轨迹：LEO 辅助的 INS STAN 框架和用于比较分析的传统 GPS 辅助 INS。每种导航手段只能在前 100s 内访问 GPS。图 43.45（a）～（b）说明了无人机的真实轨迹和每种导航手段估计的轨迹，而图 43.45（c）描述了其中一颗 LEO 卫星的模拟和估计轨迹，以及最后的 95% 不确定性椭球［轴表示径向（ra）和沿轨道（at）方向］。表 43.13 总结了 GPS 截止后每种导航手段实现的最终误差和位置 RMSE。

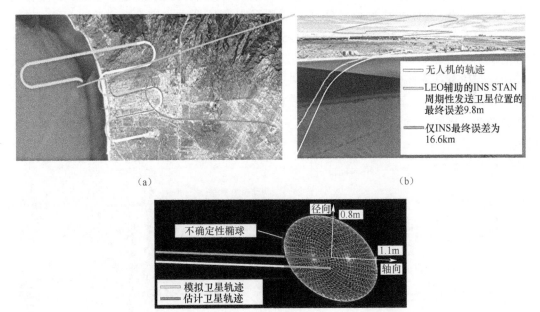

图 43.45　Starlink LEO 星座的无人机仿真结果
（a）、（b）为无人机模拟和估计轨迹；（c）其中一颗模拟 LEO 卫星的模拟和估计轨迹以及最终 95% 不确定性的椭球[11]。
（地图数据：谷歌地球。来源：经导航学会许可转载）

表43.13　Starlink LEO 卫星对无人机在 600 秒内航行 82km
的仿真结果(前 100s 后 GPS 信号被切断)

参数	独立的 INS	LEO 辅助的 INS STAN 周期性发送卫星位置
最终误差/m	16589.0	9.8
均方根误差/m	6864.6	10.1

注:这些结果是 GPS 切断之后的。

43.16　实 验 结 果

本节介绍了评估 LEO 卫星导航性能的实验结果。首先,评估具有 LEO 卫星信号的独立导航解算。然后,评估使用多普勒测量的 CD-LEO 框架的导航结果。最后,在无人机和地面车辆上评估使用多普勒测量的 LEO 辅助 INS STAN 框架的导航结果。

43.16.1　LEO 卫星信号的独立导航解算

为了显示利用现有 Orbcomm LEO 卫星的多普勒测量值进行导航解算的性能而开展了一项相关实验。实验使用多用途的低成本 VHF 偶极子天线和 RTL-SDR 加密锁对 Orbcomm 信号进行采样。采样数据存储在笔记本电脑上,然后使用 MATRIX SDR 处理。由于没有可用的高度计测量,因此在初始位置估计中使用了天线的真实高度。在实验过程中,两颗 Orbcomm LEO 卫星可用 60s,一颗以 137.3125MHz 传输,另一颗以 137.25MHz 传输。卫星位置和速度是使用 MATLAB 编写的 SGP 4 播发软件和在线提供的 TLE 文件获得的[91]。EKF 的初始化与仿真结果部分类似。使用信号变换法计算 SNR[92]。EKF 中的最终 xy 位置误差为 358m。图 43.46(a)显示了从 SGP 4 中获得的期望多普勒频率和上面提到的 SDR 测量的多普勒频率。接收机的真实位置、最终位置估计和最终位置不确定椭圆如图 43.46(b)所示。

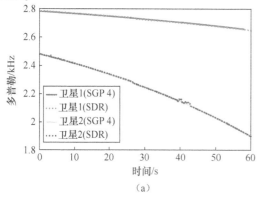
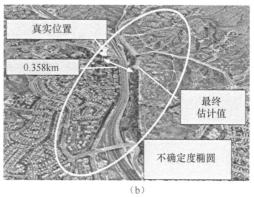

图43.46　实验结果显示期望(a)和测量(b)的多普勒频率使用 2 颗 Orbcomm LEO
卫星多普勒测量的固定接收机的定位结果[10]
(经 IEEE 许可转载。)

需要注意的是,在这个实验中卫星的位置和速度是从 TLE 文件中获得的,分别可能有几千米和每秒几十米的误差。这是应该考虑的主要误差来源。处理这个误差源的一个方法是放大测量噪声方差。此外,假设接收机和卫星的时钟漂移是恒定的,但实际情况并非如此。还有,忽略了电离层和对流层延迟率,也降低了定位性能。尽管存在这些误差源,接收机仍能在 1min 内定位在距其真实位置 360m 的范围内。相比之下,43.15.1 节介绍的仿真结果考虑了切向 10m 和法向 100m 的不确定性,模拟了比实验更准确的卫星轨道信息,且没有引入模型不匹配(恒定的时钟漂移和没有电离层或对流层延迟率)。在这样的条件下,定位误差可以达到 11m RMSE。

43.16.2 CD-LEO 框架的导航结果

本小节显示了使用 43.12 节开发的 CD-LEO 框架进行定位的实验结果。实验仅估计移动台的二维位置,因为它的高度可以使用其他传感器(如高度计)获得。在接下来的实验中,移动台的高度由其测量位置获得。接收机的 PLL 噪声等效带宽设置为 $B_{R,PLL} = B_{B,PLL} = B_{PLL} = 18Hz$。为了演示 43.12 节中讨论的 CD-LEO 框架,基台是一架 DJI Matrice 600 UAV,配备了一个 Ettμs E312 MSRP、一个高端 VHF 天线和一个小型消费级 GPS 天线来校准机载振荡器。移动台是一个固定接收机,配备了一个 Ettμs E312 MSRP、一个定制的 VHF 天线和一个小型消费级 GPS 天线来校准机载振荡器。接收机调整到 137MHz 的载波频率并具有超过 1MHz 的采样带宽,覆盖了分配给 Orbcomm 卫星的 137~138MHz 频段。使用 MATRIX SDR 对存储的采样数据进行事后处理。LEO 载波相位测量数据以 4.8KHz 的速率给出,并被下采样至 1Hz。在谷歌地图上测量了移动台的真实地面参考坐标,基台无人机的轨迹来自其机载导航系统,该系统使用 GNSS(GPS 和 GLONASS)、IMU 和其他传感器。实验装置如图 43.47 所示。

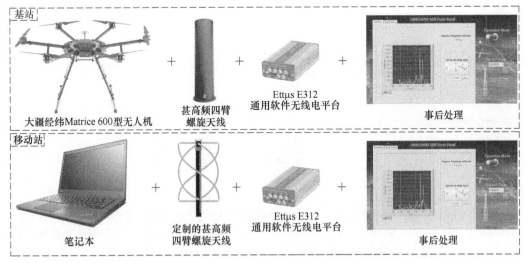

图 43.47 CD-LEO 框架的基台/移动台实验装置[67]

(经导航学会许可转载。)

移动台等待了 114s,产生了位置估计。在实验过程中,基台和移动台上的接收机接收 2 颗 Orbcomm 卫星的信号,即 FM 108 和 FM 116,它们的位置是由发射的星历经解码并以 1Hz

的速率进行插值得到。2 颗 Orbcomm 卫星的天空图如图 43.48(a)所示。图 43.48(b)显示了移动台使用 MATRIX SDR 计算 2 颗 Orbcomm 卫星测量的多普勒频率以及从 TLE 文件得到期望的多普勒频率。使用 43.9.3 节的模型 $c\hat{\Delta}_{\mathrm{iono}_{l,1}}^{(R,B)}(k) + c\hat{\Delta}_{\mathrm{trop}_{l,1}}^{(R,B)}(k)$ 计算的 CD-LEO 测量残差和电离层与对流层延迟组合双差如图 43.48(c)所示。可以看出,电离层和对流层延迟组合双差可以忽略不计,因为在整个实验过程中,移动台距离基台仅 200m。因此,CD-LEO 测量残差主要是由测量噪声和未建模误差造成的。请注意,在实验期间基台是移动的,其机载导航系统返回的位置被用作地面真值。因此,无人机导航解中的任何误差都会反映在残差中,降低移动台的位置估计精度。

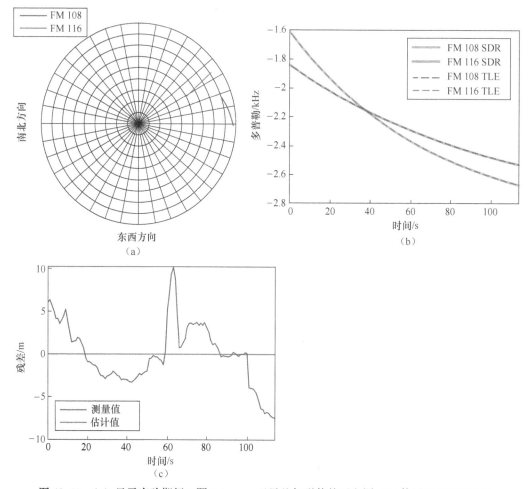

图 43.48　(a)显示实验期间 2 颗 Orbcomm 卫星几何形状的天空图,(b)使用 MATRIX SDR计算的多普勒频率和从 2 颗 Orbcomm 卫星 TLE 文件得到的期望多普勒频率,(c)CD-LEO 测量残差和电离层和对流层延迟组合双差[6](经 Inside GNSS 媒体公司许可转载。)

　　CD-LEO 测量值用于通过 43.12 节开发的基台/移动站框架估计移动站的位置。图 43.49 所示为卫星的轨迹、基站无人机的轨迹以及移动站的真实和估计的位置。可以看出,位置误差为 11.93m,PDOP 为 29.17。假设 CD-LEO 测量的精度为 $\lambda/2$,则本实验获得的位置误差远低于 1σ 界限。

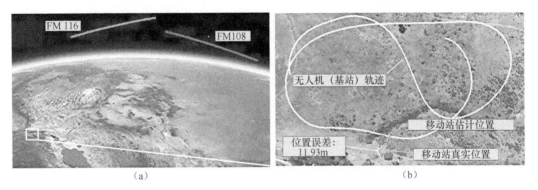

（a）　　　　　　　　　　　　　（b）

图 43.49　实验期间 2 颗 Orbcomm 卫星的轨迹、基站无人机的轨迹以及移动站
的真实位置和估计位置[6]

（地图数据：谷歌地球。经 Inside GNSS 媒体公司许可转载。）

43.16.3　LEO 辅助 INS STAN 框架的导航结果

本节介绍了借助 LEO 辅助的 INS STAN 框架应用在地面和飞行器上导航的结果。

43.16.3.1　地面车辆

为评估 LEO 辅助的 INS STAN 框架在穿越长轨迹的地面车辆上的性能，进行以下实验。实验装置以图 43.50 所示。

图 43.50　地面车辆实验的硬件和软件设置[11]

（经导航学会许可转载。）

地面车辆在加利福尼亚州欧文市附近沿美国5号州际公路行驶7495m(258s),在此期间有两颗 Orbcomm LEO 卫星(FM 112 和 FM 117)可用。图 43.51(a)显示了实验过程中卫星轨迹的天空图。图 43.51(b)显示了由 MATRIX SDR 测量的多普勒频率和使用从 TLE 文件和 SGP4 推算获得的卫星位置与速度以及两颗 Orbcomm 卫星的 SGP4 播发器估计的多普勒频率估计。

采用两个导航框架来估计地面车辆的轨迹:LEO 辅助的 INS STAN 框架和用于比较分析的传统 GPS 辅助 INS。每个框架只能在前30s 内访问 GPS。图 43.52(a)显示了 2 颗 Orbcomm LEO 卫星在实验过程中经过的轨迹,图 43.52(b)~(c)显示了地面车辆的真实轨迹和两个框架各自估计的轨迹,图 43.52(d)显示了 Orbcomm 卫星之一的估计轨迹以及最终 95%的不确定性椭球[轴表示径向(ra)和沿轨道(at)方向]。

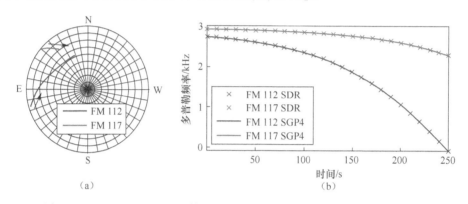

图 43.51 (a) Orbcomm 卫星轨迹的天空图;(b) MATRIX SDR 产生的多普勒频率测量值和根据地面车辆实验的 SGP4 播发器得到的期望多普勒频率[6]
(经 Inside GNSS 媒体公司许可转载。)

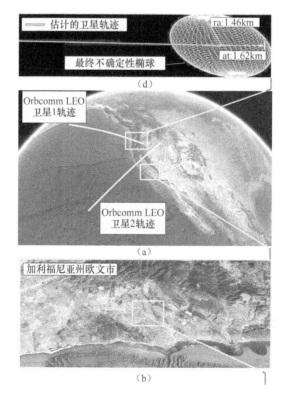

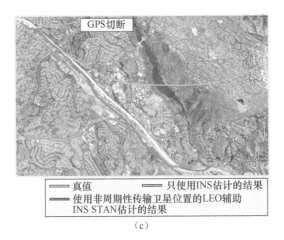

（c）

图 43.52　地面车辆实验结果

（a）Orbcomm 卫星轨迹；（b）~（c）地面车辆真实和估计的轨迹；（d）一颗 Orbcomm 卫星估计轨迹和最终 95% 不确定性椭球[11]。（地图数据：谷歌地球。经导航学会许可转载。）

表 43.14 总结了 GPS 切断后每个框架实现的最终误差和位置 RMSE。

表 43.14　2 颗 Orbcomm LEO 卫星用于地面车辆在 258s 内导航约 7.5km 的实验结果（前 30s 后 GPS 信号被切断）

误　差	独立的 INS	LEO 辅助的 INS STAN
最终误差/m	3729.4	192.3
均方根误差/m	1419.3	416.5

注：这些结果是在 GPS 切断之后的。

43.16.3.2　飞行器

本节为评估 LEO 辅助的 INS STAN 框架在无人机上的性能进行了以下实验。地面真实轨迹取自无人机的机载导航系统，该系统由微机电系统（MEMS）IMU、多星座 GNSS 接收机（GPS 和 GLONASS）、气压高度计和磁力计组成。实验装置如图 43.53 所示。

图 43.53　无人机实验的硬件和软件设置[7]

（经导航学会许可转载。）

1651

在155s里,无人机在加利福尼亚州欧文市按照指令轨迹飞行,在此期间有 2 颗 Orbcomm LEO 卫星(FM 108 和 FM 116)可用。图 43.54(a)显示了实验过程中卫星轨迹的天空图。图 43.54(b)显示了由 MATRIX SDR 测量的多普勒频率和使用从 TLE 文件获得的卫星位置和速度以及 2 颗 Orbcomm 卫星的 SGP4 播发器估计的多普勒频率。

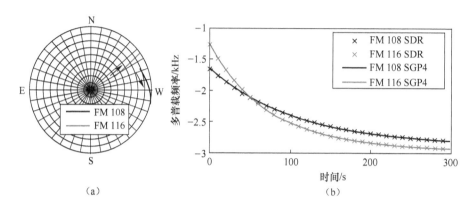

图 43.54　(a) Orbcomm 卫星轨迹的天空图;(b) MATRIX SDR 产生的多普勒频率测量值和根据地面车辆实验的 SGP4 播发器的期望多普勒频率[6]

(经 Inside GNSS 媒体公司许可转载。)

为了估计无人机的轨迹,本实验使用了三个框架:①使用 TLE 文件初始化的 LEO 辅助 INS STAN 框架;②使用解码的周期性传输 LEO 卫星位置的 LEO 辅助 INS STAN 框架,这些位置由 Orbcomm 卫星传输;③用于比较分析的传统 GPS 辅助 INS 框架。将估计的轨迹与从无人机的机载导航系统中提取的轨迹进行比较。每个框架只能在前 125s 内访问 GPS。图 43.55(a)显示了两颗 Orbcomm LEO 卫星在实验过程中经过的轨迹。图 43.55(b)~(d)显示了无人机的真实轨迹以及 3 个框架各自估计的轨迹。表 43.15 总结了 GPS 切断后每个框架实现的最终误差和位置 RMSE。

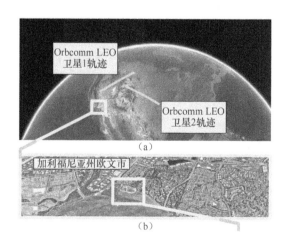

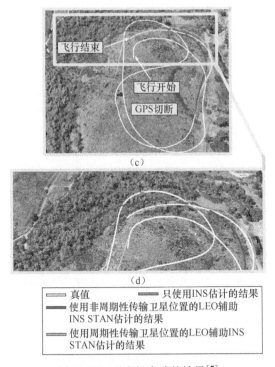

（c）

（d）

▬ 真值	▬ 只使用INS估计的结果
▬ 使用非周期性传输卫星位置的LEO辅助 INS STAN估计的结果	
▬ 使用周期性传输卫星位置的LEO辅助INS STAN估计的结果	

图43.55 无人机实验的结果[7]

（a）Orbcomm 卫星轨迹；（b）~（d）无人机的真实和估计轨迹

（地图数据：谷歌地球。经导航学会许可转载。）

表43.15 两颗Orbcomm LEO 卫星用于无人机在155s 内航行约1.53km 的
实验结果（GPS 信号在前125s 后被切断）

误差	独立的 INS	LEO 辅助的 INS STAN	LEO 辅助的 INS STAN,且周期性发送卫星的位置
最终误差/m	123.5	29.9	5.7
均方根误差/m	53.7	15.9	5.4

注意：这些结果是在 GPS 切断之后的。

参考文献

[1] Joerger M. ,Gratton L. ,Pervan B. , and Cohen C. , "Analysis of Iridium-augmented GPS for floating carrier phase positioning," *NAVIGATION*, *Journal of the Institute of Navigation*, vol. 57, no. 2, pp. 137–160, 2010.

[2] Pesyna K. ,Kassas Z. , and Humphreys T. , "Constructing a continuoµs phase time history from TDMA signals for opportunistic navigation," in *Proceedings of IEEE/ION Position Location and Navigation Symposium*, April 2012, pp. 1209–1220.

[3] Reid T. ,Neish A. ,Walter T. , and Enge P. , "Broadband LEO constellations for navigation," *NAVIGATION*, *Journal of the Institute of Navigation*, vol. 65, no. 2, pp. 205–220, 2018.

[4] Morales J. ,Khalife J. ,Abdallah A. ,Ardito C. , and Kassas Z. , "Inertial navigation system aiding with Orbcomm LEO satellite Doppler measurements," in *Proceedings of ION GNSS Conference*, September 2018, pp.

2718-2725.

[5] Landry R. ,Nguyen A. ,Rasaee H. ,Amrhar A. ,Fang X. ,and Benzerrouk H. , "Iridium Next LEO satellites as an alternative PNT in GNSS denied environments-part 1," *Inside GNSS Magazine*, pp. 56-64, May 2019.

[6] Kassas Z. ,Morales J. , and Khalife J. , "New-age satellite-based navigation-STAN: Simultaneoμs tracking and navigation with LEO satellite signals," *Inside GNSS Magazine*, vol. 14, no. 4, pp. 56-65, 2019.

[7] Morales J. ,Khalife J. ,Cruz U. S. , and Kassas Z. , "Orbit modeling for simultaneoμs tracking and navigation μsing LEO satellite signals," in *Proceedings of ION GNSS Conference*, September 2019, pp. 2090-2099.

[8] Reid T. ,Neish A. ,Walter T. , and Enge P. , "Leveraging commercial broadband LEO constellations for navigating," in *Proceedings of ION GNSS Conference*, September 2016, pp. 2300-2314.

[9] Morales J. ,Khalife J. , and Kassas Z. , "Simultaneoμs tracking of Orbcomm LEO satellites and inertial navigation system aiding μsing Doppler measurements," in *Proceedings of IEEE Vehicular Technology Conference*, April 2019, pp. 1-6.

[10] Khalife and J. Kassas Z. , "Receiver design for Doppler positioning with LEO satellites," in *Proceedings of IEEE International Conference on Acoμstics*, *Speech and Signal Processing*, May 2019, pp. 5506-5510.

[11] Ardito C. ,Morales J. ,Khalife J. ,Abdallah A. , and Kassas Z. , "Performance evaluation of navigation μsing LEO satellite signals with periodically transmitted satellite positions," in *Proceedings of ION International Technical Meeting Conference*, 2019, pp. 306-318.

[12] Raquet J. and Martin R. , "Non-GNSS radio frequency navigation," in *Proceedings of IEEE International Conference on Acoμstics*, *Speech and Signal Processing*, March 2008, pp. 5308-5311.

[13] Merry L. ,Faragher R. , and Schedin S. , "Comparison of opportunistic signals for localisation," in *Proceedings of IFAC Symposium on Intelligent Autonomoμs Vehicles*, September 2010, pp. 109-114.

[14] Kassas Z. , "Collaborative opportunistic navigation," *IEEE Aerospace and Electronic Systems Magazine*, vol. 28, no. 6, pp. 38-41, 2013.

[15] Kassas Z. , "Analysis and synthesis of collaborative opportunistic navigation systems," Ph. D. dissertation, The University of Texas at Aμstin, 2014.

[16] Hall T. ,Counselman III C. , and Misra P. , "Radiolocation μsing AM broadcast signals: Positioning performance," in *Proceedings of ION GPS Conference*, September 2002, pp. 921-932.

[17] McEllroy J. , "Navigation μsing signals of opportunity in the AM transmission band," Master's thesis, Air Force Institute of Technology, Wright-Patterson Air Force Base, Ohio, 2006.

[18] Fang S. ,Chen J. ,Huang H. , and Lin T. , "Is FM a RF-based positioning solution in a metropolitan-scale environment? A probabilistic approach with radio measurementsanalysis," *IEEE Transactions on Broadcasting*, vol. 55, no. 3, pp. 577-588, September 2009.

[19] Popleteev A. , "Indoor positioning μsing FM radio signals," Ph.D. dissertation, University of Trento, Italy, 2011.

[20] Bisio I. ,Cerruti M. ,Lavagetto F. ,Marchese M. ,Pastorino M. ,Randazzo A. , and Sciarrone A. , "A trainingless Wi-Fi fingerprint positioning approach over mobile devices," *IEEE Antennas and Wireless Propagation Letters*, vol. 13, pp. 832-835, 2014.

[21] Faragher R. and Harle R. , "Towards an efficient, intelligent, opportunistic smartphone indoor positioning system," *NAVIGATION, Journal of the Institute of Navigation*, vol. 62, no. 1, pp. 55-72, 2015.

[22] Khalife J. ,Kassas Z. , and Saab S. , "Indoor localization based on floor plans and power maps: Non-line of sight to virtual line of sight," in *Proceedings of ION GNSS Conference*, September 2015, pp. 2291-2300.

[23] Wilson J. , "Automotive Wi-Fi availability in dynamic urban canyon environments," *NAVIGATION, Journal of the Institute of Navigation*, vol. 63, no. 2, pp. 161-172, 2016.

[24] Rabinowitz M. and Spilker J., Jr., "A new positioning system using television synchronization signals," *IEEE Transactions on Broadcasting*, vol. 51, no. 1, pp. 51−61, March 2005.

[25] Thevenon P., Damien S., Julien O., Macabiau C., Boµsquet M., Ries L., and Corazza S., "Positioning µsing mobile TV based on the DVB-SH standard," *NAVIGATION, Journal of the Institute of Navigation*, vol. 58, no. 2, pp. 71−96, 2011.

[26] Yang J., Wang X., Rahman M., Park S., Kim H., and Wu Y., "A new positioning system using DVB-T2 transmitter signature waveforms in single frequency networks," *IEEE Transactions on Broadcasting*, vol. 58, no. 3, pp. 347−359, September 2012.

[27] Gentner C., Ma B., Ulmschneide M. r, Jost T., and Dammann A., "Simultaneoµs localization and mapping in multipath environments," in *Proceedings of IEEE/ION Position Location and Navigation Symposium*, April 2016, pp. 807−815.

[28] Xu W., Huang M., Zhu C., and Dammann A., "Maximum likelihood TOA and OTDOA estimation with first arriving path detection for 3GPP LTE system," *Transactions on Emerging Telecommunications Technologies*, vol. 27, no. 3, pp. 339−356, 2016.

[29] Tahat A., Kaddoum G., Yoµsefi S., Valaee S., and Gagnon F., "A look at the recent wireless positioning techniques with a focµs on algorithms for moving receivers," *IEEE Access*, vol. 4, pp. 6652−6680, 2016.

[30] Kassas Z., Khalife J., Shamaei K., and Morales J., "I hear, therefore I know where I am: Compensating for GNSS limitations with cellular signals," *IEEE Signal Processing Magazine*, pp. 111 − 124, September 2017.

[31] Shamaei K., Khalife J., and Kassas Z., "Exploiting LTE signals for navigation: Theory to implementation," *IEEE Transactions on Wireless Communications*, vol. 17, no. 4, pp. 2173 − 2189, April 2018.

[32] Khalife J., Shamaei K., and Kassas Z., "Navigation with cellular CDMA signals-part I: Signal modeling and software-defined receiver design," *IEEE Transactions on Signal Processing*, vol. 66, no. 8, pp. 2191−2203, April 2018.

[33] Khalife J. and Kassas Z., "Navigation with cellular CDMA signals-part II: Performance analysis and experimental results," *IEEE Transactions on Signal Processing*, vol. 66, no. 8, pp. 2204−2218, April 2018.

[34] Khalife J. and Kassas Z., "Opportunistic UAV navigation with carrier phase measurements from asynchronoµs cellular signals," *IEEE Transactions on Aerospace and Electronic Systems*, 2019, accepted.

[35] Yang C., Nguyen T., and Blasch E., "Mobile positioning via fµsion of mixed signals of opportunity," *IEEE Aerospace and Electronic Systems Magazine*, vol. 29, no. 4, pp. 34−46, April 2014.

[36] Driµsso M., Marshall C., Sabathy M., Knutti F., Mathis H., and Babich H., "Vehicular position tracking using LTE signals," *IEEE Transactions on Vehicular Technology*, vol. 66, no. 4, pp. 3376 − 3391, April 2017.

[37] Shamaei K. and Kassas Z., "LTE receiver design and multipath analysis for navigation in urban environments," *NAVIGATION, Journal of the Institute of Navigation*, vol. 65, no. 4, pp. 655 − 675, December 2018.

[38] Shamaei K., Khalife J., and Kassas Z., "A joint TOA and DOA approach for positioning with LTE signals," in *Proceedings of IEEE/ION Position, Location, and Navigation Symposium*, April 2018, pp. 81−91.

[39] Maaref M. and Kassas Z., "Ground vehicle navigation in GNSS-challenged environments using signals of opportunity and a closed-loop map-matching approach," *IEEE Transactions on Intelligent Transportation Systems*, pp. 1−16, June 2019.

[40] Khalife J. and Kassas Z. , "Precise UAV navigation with cellular carrier phase measurements," in *Proceedings of IEEE/ION Position, Location, and Navigation Symposium*, April 2018, pp. 978-989.

[41] Khalife J. , Shamaei K. , Bhattacharya S. , and Z. Kassas, "Centimeter-accurate UAV navigation with cellular signals," in *Proceedings of ION GNSS Conference*, September 2018, pp. 2321-2331.

[42] Shamaei K. , and Kassas Z. , "Sub-meter accurate UAV navigation and cycle slip detection with LTE carrier phase," in *Proceedings of ION GNSS Conference, September* 2019, pp. 2469-2479.

[43] Khalife J. , Ragothaman S. , and Kassas Z. , "Pose estimation with lidar odometry and cellular pseudoranges," in *Proceedings of IEEE Intelligent Vehicles Symposium*, June 2017, pp. 1722-1727.

[44] Maaref M. , Khalife J. , and Kassas Z. , "Lane-level localization and mapping in GNSS-challenged environments by fusing lidar data and cellular pseudoranges," *IEEE Transactions on Intelligent Vehicles*, vol. 4, no. 1, pp. 73-89, March 2019.

[45] Morales J. , Roysdon P. , and Kassas Z. , "Signals of opportunity aided inertial navigation," in *Proceedings of ION GNSS Conference*, September 2016, pp. 1492-1501.

[46] Kassas Z. , Morales J. , Shamaei K. , and Khalife J. , "LTE steers UAV," *GPS World Magazine*, vol. 28, no. 4, pp. 18-25, April 2017.

[47] Shamaei K. , Morales J. , and Kassas Z. , "Positioning performance of LTE signals in Rician fading environments exploiting antenna motion," in *Proceedings of ION GNSS Conference*, September 2018, pp. 3423-3432.

[48] Abdallah A. , Shamaei K. , and Kassas Z. , "Indoor positioning based on LTE carrier phase measurements and an inertial measurement unit," in *Proceedings of ION GNSS Conference*, September 2018, pp. 3374-3384.

[49] Shamaei K. , Morales J. , and Kassas Z. , "A framework for navigation with LTE time-correlated pseudorange errors in multipath environments," in *Proceedings of IEEE Vehicular Technology Conference*, 2019, pp. 1-6.

[50] Abdallah A. , Shamaei K. , and Kassas Z. , "Performance characterization of an indoor localization system with LTE code and carrier phase measurements and an IMU," in *Proceedings of International Conference on Indoor Positioning and Indoor Navigation*, October 2019, accepted.

[51] Kassas Z. , Maaref M. , Morales J. , Khalife J. , and Shamaei K. , "Robμst vehicular navigation and map-matching in urban environments with IMU, GNSS, and cellular signals," *IEEE Intelligent Transportation Systems Magazine*, September 2018, accepted.

[52] Maaref M. and Kassas Z. , "Measurement characterization and autonomous outlier detection and exclμsion for ground vehicle navigation with cellular signals and IMU," *IEEE Transactions on Intelligent Vehicles*, 2019, submitted.

[53] Morales J. and Kassas Z. , "Tightly-coupled inertial navigation system with signals of opportunity aiding," *IEEE Transactions on Aerospace and Electronic Systems*, 2019, submitted.

[54] Lawrence D. , Cobb H. , Gutt G. , Connor M. O', Reid T. , Walter T. , and Whelan D. , "Navigation from LEO: Current capability and future promise," *GPS World Magazine*, vol. 28, no. 7, pp. 42-48, July 2017.

[55] Federal Communications Commission, "FCC boosts satellite broadband connectivity and competition in the United States," https://www.fcc.gov/document/fcc-boosts-satellite-broadband-connectivity-competition, November 2018, accessed 2 October 2019.

[56] Vetter J. , "Fifty years of orbit determination: Development of modern astrodynamics methods," *Johns Hopkins APL Technical Digest*, vol. 27, no. 3, pp. 239-252, November 2007.

[57] North American Aerospace Defense Command (NORAD), "Two-line element sets," http://

celestrak. com/NORAD/elements/.

[58] Vallado D. , "An analysis of state vector propagation using differing flight dynamics programs, " in *Proceedings of the AAS Space Flight Mechanics Conference*, vol. 120, January 2005.

[59] Qiu D. ,Lorenzo D. , and T. Bhattacharya, "Indoor geo location with cellular RF pattern matching and LEO communication satellite signals, " in *Proceedings of ION International Technical Meeting Conference*, January 2013, pp. 726–733.

[60] Chen X. ,Wang M. , and Zhang L. , "Analysis on the performance bound of Doppler positioning μsing one LEO satellite, " in *Proceedings of IEEE Vehicular Technology Conference*, May 2016, pp. 1–5.

[61] Zhao J. ,Li L. , and Gong Y. , "Joint navigation and synchronization in LEO dual-satellite geolocation systems, " in *Proceedings of IEEE Vehicular Technology Conference*, June 2017, pp. 1–5.

[62] Morales J. ,Khalife J. , and Kassas Z. , "Collaborative autonomous vehicles with signals of opportunity aided inertial navigation systems, " in *Proceedings of ION International Technical Meeiing Conference*, January 2017, 805–818.

[63] Morales J. and Kassas Z. , "Distributed signals of opportunity aided inertial navigation with intermittent communication, " in *Proceedings of ION GNSS Conference*, September 2017, pp. 2519–2530.

[64] Morales J. and Kassas Z. , "Information fusion strategies for collaborative radio SLAM, " in *Proceedings of IEEE/ION Position Location and Navigation Symposium*, April 2018, pp. 1445–1454.

[65] Morales J. and Kassas Z. , "A low communication rate distributed inertial navigation architecture with cellular signal aiding, " in *Proceedings of IEEE Vehicular Technology Conference*, 2018, pp. 1–6.

[66] Kassas Z. ,*Position, Navigation, and Timing Technologies in the* 21st Century (eds. J. Morton, F. van Diggelen, J. Spilker, Jr. , and B. Parkinson), vol. 2, ch. 37: Navigation with cellular signals, Wiley-IEEE, 2019.

[67] Khalife J. and Kassas Z. , "Assessment of differential carrier phase measurements from Orbcomm LEO satellite signals for opportunistic navigation, " in *Proceedings of ION GNSS Conference*, *September* 2019, pp. 4053–4063.

[68] Misra P. and Enge P. , *Global Positioning System: Signals, Measurements, and Performance*, 2nd ed. Ganga-Jamuna Press, 2010.

[69] Tapley B. ,Watkins M. ,Ries C. ,Davis W. ,Eanes R. ,Poole S. ,Rim H. ,Schutz B. ,Shum C. ,Nerem R. , Lerch F. ,Marshall J. ,Klosko S. ,Pavlis N. , and Williamson R. , "The joint gravity model 3, " *Journal of Geophysical Research*, vol. 101, no. B12, pp. 28 029–28 049, December 1996.

[70] Vinti J. ,*Orbital and Celestial Mechanics*, American Institute of Aeronautics and Astronautics, 1998.

[71] Brown R. and Hwang P. ,*Introduction to Random Signals and Applied Kalman Filtering*, 3rd Ed. , John Wiley & Sons, 2002.

[72] JPL N. , "Ionospheric and atmospheric remote sensing, " https://iono. jpl. nasa. gov/, accessed 1 October 2019.

[73] Orbcomm, https://www. orbcomm. com/en/networks/satellite, accessed 30 September 2018.

[74] Rice M. ,Dick C. , and F, Harris, "Maximum likelihood carrier phase synchronization in FPGA-based software defined radios, " in *Proceeding of IEEE International Conference on Acoμstics, Speech, and Signal Processing*, vol. 2, May 2001, pp. 889–892.

[75] Yang Y. ,Lie J. , and Quintero A. , "Low complexity implementation of carrier and symbol timing synchronization for a fully digital downhole telemetry system, " in *Proceedings of IEEE International Conference on Acoμstics, Speech, and Signal Processing*, April 2018, pp. 1150–1153.

[76] Levanon N. , "Quick position determination using 1 or 2 LEO satellites, " *IEEE Transactions on Aerospace*

and Electronic Systems, vol. 34, no. 3, pp. 736-754, July 1998.

[77] Nguyen N. and Dogancay K., "Algebraic solution for stationary emitter geolocation by a LEO satellite using Doppler frequency measurements," in Proceedings of IEEE International Conference on Acoustics, Speech and Signal Processing, March 2016, pp. 3341-3345.

[78] Hamkins J. and Simon M., Autonomous Software-Defined Radio Receivers for Deep Space Applications, New York, NY: John Wiley & Sons, Inc, 2006, ch. 8, pp. 227-270.

[79] Oppenheim A., Ronald W., and John R., Discrete-Time Signal Processing, 3rd Ed., Englewood Cliffs, NJ: Prentice hall, 2009, ch. 9, pp. 693-718.

[80] Autonomous Systems Perception, Intelligence, and Navigation (ASPIN) Laboratory, http://aspin.eng.uci.edu/.

[81] SpaceX, "FCC File Number: SATLOA2016111500118," IBFCC Report, March 2018, accessed: November 29.

[82] SpaceX, "FCC File Number: SATLOA2017030100027," IBFCC Report, November 2018, accessed: November 29.

[83] SpaceX, "FCC File Number: SATMOD2018110800083," IBFCC Report, November 2018, accessed: November 29.

[84] UNOOSA, "Online index of objects launched into outer space," http://www.unoosa.org/oosa/osoindex/, November 2018, accessed: November 29, 2018.

[85] Kassas Z. and Humphreys T., "Observability analysis of collaborative opportunistic navigation with pseudorange measurements," IEEE Transactions on Intelligent Transportation Systems, vol. 15, no. 1, pp. 260-273, February 2014.

[86] Kassas Z. and Humphreys T., "Receding horizon trajectory optimization in opportunistic navigation environments," IEEE Transactions on Aerospace and Electronic Systems, vol. 51, no. 2, pp. 866-877, April 2015.

[87] Morales J. and Kassas Z., "Stochastic observability and uncertainty characterization in simultaneous receiver and transmitter localization," IEEE Transactions on Aerospace and Electronic Systems, vol. 55, no. 2, pp. 1021-1031, April 2019.

[88] Farrell J. and Barth M., The Global Positioning System and Inertial Navigation. New York: McGraw-Hill, 1998.

[89] Thompson A., Moran J., and Swenson G., Interferometry and Synthesis in Radio Astronomy, 2nd Ed., John Wiley & Sons, 2001.

[90] Groves P., Principles of GNSS, Inertial, and Multisensor Integrated Navigation Systems, 2nd Ed., Artech House, 2013.

[91] Vallado D. and Crawford P., "SGP4 orbit determination," in Proceedings of AIAA/AAS Astrodynamics Specialist Conference and Exhibit, August 2008.

[92] Brandao A., Lopes L., and McLemon D., "In-service monitoring of multipath delay and cochannel interference for indoor mobile communication systems," in Proceedings of IEEE ICC/SUPERCOMM, vol. 3, May 1994, pp. 1458-1462.

本章相关彩图,请扫码查看

第五部分
基于非无线电机会信号的 PNT

第 44 章 惯性导航传感器

Stephen P. Smith
查尔斯·斯塔克·德雷柏实验室公司,美国

44.1 简介

早期,船舶离开陆地视线进入大海时,其位置信息可采取速度与航向相结合的位置推算方法进行估计。然而大多数情况下,航向和速度都是不准确的,例如洋流可能干扰速度值,同时也会引起航向偏离实际的方位。如果不采用外部手段进行校正,位置误差将不断累积。这种基本的推算技术通常称为航位推算(dead reckoning,该词来源于"ded(uced)reckoning")。

后来,出现了利用观测恒星、行星、月亮和太阳等天文现象来校正航位推算的某些周期误差的技术。最初,这些校正手段较粗略,尤其在推算经度上非常困难,因为受到六分仪、精确时间及导航开阔面等限制。此外,当出现阴天、地平线不可见或者"高度"测量阻碍(天体相对于当地地平线的高度角)等情况时,该校正手段也都无法应用。即使处于地平线之上,采用观测台观测精确补偿之后,天文导航的导航精度也只有 1n mile 左右。

20 世纪 40 年代末和 50 年代初,许多组织机构都致力发展一种更精确、更准确的航位推算技术。根据已知的初始位置,通过比力测量(每单位质量的外力)、校正地球重力及自转影响,二次积分来计算当前位置,这也就是众所周知的惯性导航。最早成功实施该技术的人是麻省理工学院斯塔克·德雷珀实验室的查尔斯博士。

这个控制方程可以简化为

$$P(t) = \int \int_{t_0}^{t} (f + g)\, dt \tag{44.1}$$

式中：$P(t)$ 为当前的三维位置信息；f 为加速度传感器输出(也可简称为"加速度计",但实际上其是一个比力传感器)；g 为地球引力以及地球自转引起的科里奥利力和向心力的合力。对于式(44.1),在此有五个基本要求：

(1) 比力的测量[①]。

(2) 在某些情况下[②],附加计算的引力、科里奥利加速度及向心加速度。

[①] 加速度计因其无法感知引力,也将无法感知总的加速度。尽管如此,但为了避免混淆,在惯性导航中,这个术语通常被用来描述特定比力传感器。

[②] 在稳定平台的情况下,假设两个加速度计方向上正交于重力加速度,则这个修正为 0。当载体处于运动状态时,稳定平台必须沿着东向和北向轴旋转来保持水平,以确保假设一直成立。

（3）加速度 $f + g$ 的双重积分。

（4）参考坐标系的保持。实际上,在整个工作过程中,这个也是最困难的部分,需要通过惯性陀螺仪进行控制。

（5）初始条件。（姿态、位置和速度）。设置针对静态情况,初始速度为 0。初始姿态可以通过水平加速度为 0 来确定平台水平以及利用陀螺测量地球自转率计算正北方向（当系统可以从如 GNSS 接收机接收周期更新的位置、速度信息时,非静止系统的初始化也可以完成）。

因此,惯性导航系统(INS)通常包括惯性测量单元(inertial measurement unit,IMU)、导航解算系统和附加传感器几部分,其中 IMU 由 2 个或 3 个单轴加速度计和 3 个单轴陀螺仪构成、导航解算系统用来计算导航信息、附加传感器用于提高长期导航性能。此过程可以通过 2 种方式实现：①"捷联"方式：仪器表(3 个加速度计和 3 个陀螺仪)刚性固连在载体上,如图 44.1 所示,在计算机里实现姿态保持的计算。②机械稳定平台方式：通过方位平台改进性能。这种方式有很多变化的形式,主要取决于任务和仪器表的功能,例如"惯性系稳定"、"游移角"和"旋转"等。

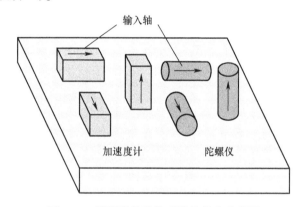

图 44.1　捷联惯性导航系统的简化示意图

[它由 3 个正交加速度计和 3 个正交陀螺仪刚性安装在平台上组成。位置更新通过这些
惯性仪器的输出和计算机计算惯性比力(如重力)来计算的(图中未显示)。]

由于惯性导航不依赖任何外部信号或参考,它可以工作在洞穴、水下或雾中。即便处于恶劣的自然环境中,对惯性导航性能的影响也较小。然而,由于加速度计和旋转积分中存在系统误差和随机误差,位置和定向的精度将随时间积累而下降。例如,商用或军用飞机导航的惯性导航系统,位置误差存在约为 1n mile 的不确定性,或每小时约 1.7km 误差。

为了修正增长的误差,可以用 GNSS 导航来弥补惯性导航的不足。GNSS-INS 组合导航系统是一种高性价比、高性能的导航系统(见本册第 46 章)。GNSS 提供的高精度位置估计可抑制组合系统中的位置误差,也可估计和修正,惯性传感器中的误差。惯性传感器提供低延迟、高频率的姿态和位置更新,适用于高带宽平台控制。惯性导航系统的位置、速度和姿态估计也可用于提高 GNSS 接收机在信号不良条件下对卫星信号保持锁定能力,包括多径和干扰,无论是在无意情况下还是在故意情况下。

本章首先回顾了惯性导航系统中加速度计和陀螺仪的工作原理和典型特性;接下来,我们将介绍一下惯性导航误差特性和性能分类;然后总结过去 60 年里惯性导航的进步与发展,为仪器表技术的讨论提供背景。此外,本章还将讨论新兴技术,并希望为下一代惯性导航系统提供一些更高性能的仪器表。

44.2 惯性导航性能

任何导航系统性能都高度依赖其任务和运行环境。针对某一特定任务的系统性能,需要进行多次测试和详细分析。仪器表的性能要求将随导航系统的实施方案、任务参数以及环境的改变而改变[1-3]。在此,将考虑采用一个简化的导航场景来说明惯性仪器表的误差对导航性能的影响。

考虑这样一种情况:一架无人机装载了一个捷联惯性导航系统,正如前面图 44.1 所示,理想初始条件下,以 200m/s 的速度沿直线水平飞行 1000s,航行时间相对较短。针对短时间内的导航,在飞行过程中,我们可以假设既没有旋转,也没有明显的曲率。如图 44.2(a)所示,在理想惯性仪器表、理想重力补偿,假设无误差的初始条件下,位置的估计值和真值之间的差为 0,将测量惯性导航系统的估计误差和真实位置在东—北—地之间的差值。

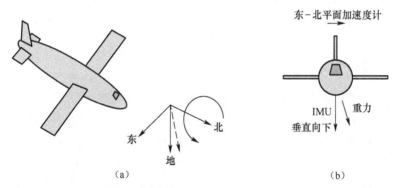

图 44.2 通过简单导航问题说明惯性导航系统(INS)中误差影响

(a)飞机在平稳的水平航线上飞行,测量真实位置和导航位置在东-北-地坐标系中的误差;(b)由于初始姿态是不正确的,旋转北轴导致水平校准误差,一部分重力被投射到东北面,造成 INS 的横向加速度,并造成位置误差呈二次增长。

44.2.1 初始误差

即便理想的惯性传感器,如果 IMU 存在初始误差,也会引起导航误差。如图 44.3 所示,东向和北向的初始位置误差将引起一个常值位置误差;东向和北向的初始速度误差将引起一个随时间线性增长的位置误差。在地向旋转轴的方位误差还会引起航向误差,进而会导致位置误差随时间线性增长。如图 44.2(b)所示,在东轴和北轴上的方位误差,即水平误差,将会引起部分重力矢量投影在北-东平面上,造成误差随时间平方增长。

重力加速度 g 的大小是与高度相关的函数,高度每升高 1m,重力加速度约减小 $3×10^{-6}$m/s²(或 $3×10^{-6}$g/m,其中"g"为重力加速度)。因此,一个 10m 高度误差将会引起重力垂直分量被过高估计约 $3×10^{-6}$g。即使平台保持在一个恒定的高度,无误差输入的 IMU 也将视加速度计含有一个 $3×10^{-6}$g 的垂直加速度误差。如图 44.3 所示,由于惯性导航系统的垂直通道具有不稳定性[3],垂直位置误差将呈指数函数增加。为了消除高度不稳定,需要其他信息进行辅助,如飞机的气压计或潜艇的压力表等。在示例中,将假设使用了这些测量数据。

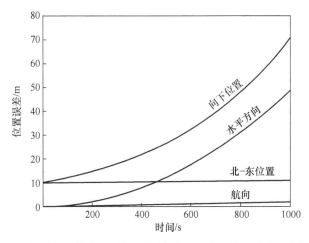

图 44.3　惯性导航系统中几种初始条件误差对导航误差随时间变化的影响

(10μrad 的航向误差和水平误差以及在水平和垂直方向的 10m 的初始误差。)

44.2.2　加速度计误差

理想传感器的输出将与其期望的物理现象呈正相关。在此种情况下,沿给定方向的比力测量通常称为输入轴(IA)。此外,这个测量也独立于其他任何物理现象。实际上,实用的传感器都朝着理想传感器目标,发展还要权衡尺寸、重量、功耗(SWAP)和成本等因素。加速度计的实际响应如图 44.4 所示。估计加速度传递函数的方法有多种[4-6],在此采用线性近似拟合加速度相关输入范围内的数据;无输入时的估计输出将是线性拟合的零点,即零偏;标度因子则是线性拟合的斜率。更多参数可以通过其他函数进行拟合估计,这些函数应与仪表的物理特性、输出特性以及仪表数据相适应。

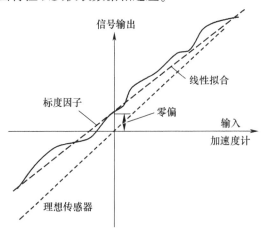

图 44.4　理想传感器和实际传感器的输出与激励输入的关系

(图中显示了在相关的输入范围内,使用简单的线性拟合来估计仪器的零偏和标度因子。)

实际上,传感器具有更加复杂的以及多变的传递函数。许多惯性传感器对环境特征以及工况变化都十分敏感,例如温度或湿度,以及激励电压或电流等。同时,其还具有时变特性,如滞后或噪声。此外,依赖底层物理机理及实现方式,传感器的输出可能对其他惯性输入较敏感。例如,加速度零偏将随线性加速度计与其输入轴的正交性而变化。

图 44.5 所示为不同惯性仪器误差和噪声对导航位置误差的影响。对于恒定加速度零偏,其对位置误差的影响是随着任务时间的平方(t^2)增大,且位置误差一直保持时间的平方增大。在此种情况下, $10^{-5}g$ (或大约 10^{-4} m/s²)的零偏误差在1000s的飞行时间内将引起大约 50m 的位置误差。加速度计测量的白噪声将引起速度的随机游走。 0.001m/ (s·$\sqrt{s}$) 或 0.06m/(s·$\sqrt{h}$)的速度随机游走(VRW)在1000s内将会引起 18.25m 的位置误差。

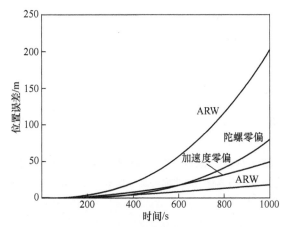

图 44.5　加速度计和陀螺仪的零偏和噪声对惯性导航系统位置误差随任务时间变化的影响
(该仪器性能与导航级惯性导航系统一致。)

加速度计的误差模型实际上要比这个简化例子复杂得多。在许多情况下,为了满足性能要求,位置估计算法需要考虑这些项。例如,采用 i 表示输入轴, o 和 p 分别表示两个正交轴,则在 44.4.3 节讨论的摆式加速度计的误差模型(IEEE 误差模型)如下[6]:

$$A = \frac{E}{K_1} = K_0 + a_i + K_2 a_i^2 + K_3 a_i^3 + d_o a_p + K_{ip} a_i a_p - d_p a_o + K_{io} a_i a_o \qquad (44.2)$$

式中: E 为加速度的输出; K_1 为标度因子; K_0 为零偏; a_i 为沿输入轴的加速度; K_2 为二次非线性系数; K_3 为三次非线性系数; d_o 和 d_p 分别为输入轴与 o 轴和 p 轴间的失准角; a_o 和 a_p 分别为沿 o 轴和 p 轴的加速度值; K_{ip} 为输入轴与 p 轴的交叉耦合系数; K_{io} 为输入轴与 o 轴的交叉耦合系数。这些参数将会随着环境条件改变以及老化而发生变化。

44.2.3　陀螺误差

陀螺的零偏和噪声对位置误差的影响比较大。其中,陀螺的零偏将引起 IMU 方向误差的线性增加。正如前面讨论过的关于初始误差,北向和东向的方位误差引起的重力矢量分量将会被视为一个在北-东平面内横向的加速度。因此,陀螺零偏引起的误差是随时间立方(t^3)增长的。如图 44.5 所示,0.01 (°)/h 的陀螺零偏在 1000s 将会引起 80m 的位置误差。许多类型的陀螺都有明显的角速率白噪声,其累积了角度的随机游走(ARW),将导致角度的不确定性随时间开方($\sqrt{t}$)增长,并引起位置误差随 $t^{5/2}$ 增长。如图 44.5 所示,0.01(°)/$\sqrt{h}$ 的陀螺角度随机游走 1000s 将会引起 200m 的惯性导航位置误差。

值得注意的是,这种简化分析仅适用于比舒勒周期(84.4min)短的导航任务。例如,初始水平误差将不会一直引起二次方增长误差。如图 44.6 所示,水平误差将使得重力投影到东北平面,减小水平误差但增大速度误差。这将引起位置误差的振荡,其振幅正比于初始倾斜误差,周期为 84min。5μrad 的水平倾斜误差将会引起峰值为 60m 的位置振荡。

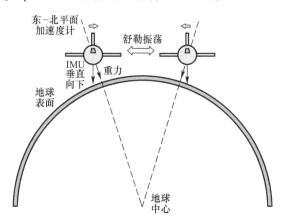

图 44.6　围绕北轴或东轴的旋转误差,或水平误差导致 IMU 垂向方向与重力矢量之间存在夹角,将导致部分重力矢量被分解为东-北面的加速度和一个 84min 周期的舒勒振荡误差

44.3　IMU 性能分类

在讨论惯性导航仪表以及系统时,有必要将其分为几大类并大概定义一些重要的性能参数。导航级系统通常用于商业航空或海上导航,每小时位置误差约为 1n mile(1.852km)。为了达到要求量级的导航精度,可以粗略地推导典型任务的陀螺和加速度计的性能要求,如表 44.1 所列。这些性能量级的系统都是直接安装在载体上的,且没有平台,即捷联系统。它们的体积大约为 1 万 cm³(大约为一个鞋盒的大小)。

表 44.1　不同量级惯性导航系统的加速度计和陀螺的典型性能

性能量级	加速度计			陀螺		
	零偏 /$10^{-6}g$	标度因子 /10^{-6}	速度随机游走 /[mm/(s·$\sqrt{s}$)]	零偏 /[(°)/h]	标度因子 /10^{-6}	角度随机游走 /[(°)/$\sqrt{h}$]
战略级	10	10	0.1	0.001	10	0.001
导航级	100	100	1	0.01	100	0.01
战术级	1000	1000	10	1	1000	0.1

战略级系统的性能比导航级系统高出一个数量级,即大约 0.1n mile/h。它们通常用于昂贵的远程军事系统,如远程导弹和战略轰炸机。为达到这种高精度性能通常要求有更严

格的环境控制和更复杂的系统实现,通常含有平台,在任务前或者任务期间频繁进行姿态校准或重新对准平台。战略级系统的体积比导航级系统大一个数量级(大约 10 万 cm³),其器件性能通常也比导航级系统高一个数量级。

战术级系统的体积比导航级系统小一个数量级,其性能也较低。它们经常用于消费级系统,如炮、弹药或空间高度受限系统。通常将这些性能较低的 IMU 系统集成为 GPS-INS 系统,其在精度打击方面属于革命性应用。这些系统通常应用在捷联或者重新定向能力有限的系统中。

在低成本、低 SWAP 系统需求的推动下,惯性系统已经走进许多消费级设备当中,如自动汽车、卡车、手机、相机和游戏控制器等。这些系统都会严格限制 SWAP 和成本,同时对设备性能的要求也更低。相比之下,手机中的惯性传感器性能要求通常比战术级系统的低约 4 个数量级。然而,自从 60 多年前第一个惯性系统诞生以来,纵观所有量级的产品中,人们仍然期望以更低 SWAP、更低成本而获得更高性能传感器,且受这种需求牵引,一直推动相关技术的发展。

44.4 加速度计类型

目前,有多种技术用于测量比力,将这些技术分类,如图 44.7 所示。所有已知技术都要用到质量块,基于检测质量可将传感器分为三种:①通过直接释放一个质量块,并将测量位移作为时间函数的检测技术;②通过弹簧或者弯曲装置限制一个质量块的检测技术;③通过施加一个反馈力控制质量块在一个恒定位置的检测技术。在 44.1~44.7 节中,分别对这些技术进行了详细介绍并描述了加速度计的类型。

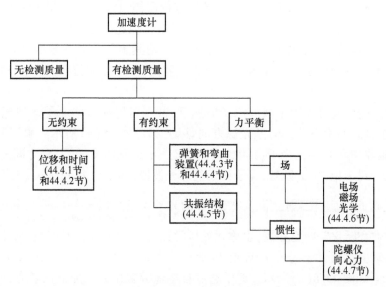

图 44.7 加速度计分类

(所有类型都需要使用质量块,并可以根据质量块编排分为三组:无约束、有约束和力平衡。关于该分类将在图中括号的各节中进行论述。)

44.4.1 无约束的检测质量

从简单概念上理解,测量比力的方法就是释放一个质量块,并测量其在一个或多个方向随时间的位移或者固定时间间隔的位移变化量。对于比力,质量块的位移是时间的二次函数。因此,对于一个给定的位移测量不确定度,允许质量块自由移动的时间越长,加速度的不确定度就越低。然而施加比力的最大值和质量块的最大允许位移值将会限制自由移动的时间。因此,该技术通常用于低动态的高精度重力仪上。显然,利用这种技术,在动态环境中实现宏观检测质量的加速度计仍存在巨大的挑战。对于一些原子加速度计也可使用无约束的质量块这将在 44.4.1 节讨论。为了说明测量难度,假设一个最大比力为 $2g$ 的测量应用,即 2 倍于地球引力加速度,采用棒球大小(直径约 74mm)的加速度传感机构,释放与最终位置测量之间的最长时间仅为 60ms。如果想要实现一个微重力级加速度测量,则位置测量精度控制在 20mm 以下。

44.4.2 原子加速度计

在过去的 75 年,由于激光技术的进步以及新操控技术的发展,已经具备彻底控制和识别原子、分子的能力。1997 年的诺贝尔奖颁给了 Steven Chu、Claude Cohen-Tannoudji 和 William D. Phillips 以表彰他们开发了"激光原子的冷却与捕获方法";2001 年诺贝尔物理学奖颁给了 Eric A. Cornell、Wolfgang Ketterle 和 Carl E. Wieman,以表彰他们"基于碱原子稀释气体的玻色-爱因斯坦凝聚实现以及早期冷凝物的基本特性"的研究。因此,在本节中,将简要介绍一些与惯性传感器相关的主要技术。

由于原子的孤立特性使它们非常适用于精密测量,该观点已被原子系统在长达半个世纪的时间精确计时的绝对优势所证明。对于给定的同位素,原子具有相同的质量以及内部结构。此外,原子的内部结构可以通过外部场进行操控,从而可用于物理量的测量,或者通过改变原子外部状态,有望实现新一代 SWAP,同时实现超高性能仪器表。

例如,把少量的铯金属放在一个加热真空腔内使其熔化。液态金属中的原子蒸发使腔内充满一层薄薄的铯原子云。在这样一个蒸气腔内,原子在室温条件下,平均速度大约为 220m/s。

精细调控的激光可以用于减慢原子的速度,甚至可以使这些原子达到毫米级的收集。注意到,单个基态的铯原子将向激光源方向移动,如图 44.8(a)所示。由于原子的电子结构,它将会吸收频率为 ω 的光子;其中 $\hbar\omega$ 为基态 $|g>$ 和激发态 $|e>$ 之间的能量差,即光的跃迁共振。对于铯 D2 的跃迁,光子处于红外光波段,频率约为 325THz,波长约为 852nm。当原子吸收光子,从基态跃迁到激发态,吸收的光子动能为 $\hbar k = \dfrac{h}{2\pi}k = \dfrac{h}{\lambda}$,其中,$h$ 和 $\hbar$ 分别为普朗克常数和跃化普朗克常数(也称狄克拉常数),$k = 2\pi/\lambda$ 为光的波数,λ 为光的波长。由于原子的动能远远大于光子的动能,因此原子将沿着光子方向以 δv 大小减速,大约为 3.5×10^{-3} m/s,如图 44.8(b)所示。原子通过自主地放射出光子而返回基态,以获得相同大小速度的反作用,但方向是随机的。因此,在吸收 n 个光子后,原子沿激光方向的平均速度将减小 $n \cdot \delta v$。然而,由于原子自发发射的方向是随机的,原子在与激光正交的方向上的平均速度将会增加 $\sqrt{n} \cdot \delta v$。为了降低原子的速度,可采用降低原子温度的方法。因而若要降

低热原子在收集方向上的平均速度,每个原子必须吸收和发射大约 10^5 个光子。

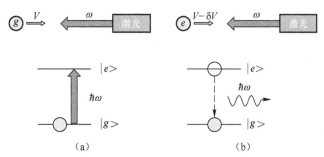

（a）　　　　　　　　　　　（b）

图 44.8　当原子吸收光子时,光子的动量使原子在光子的方向上变慢;当原子自发地发射光子时,
反冲动量增加了原子在与发射光子相反方向上的速度。自发发射的光子方向是随机的

当微调激光器到一个较低频率时,仅在具有明显速度分量的激光源方向上才能观测到共振时的多普勒频移的光,而静止的原子将或者相反方向运动的原子将观测到非共振的光,吸收光子的概率要低得多。

为了获得慢原子收集,同时使用 3 对反向传播光束与一个精心设计的磁场以形成一个磁光阱(MOT)[8],如图 44.9 所示。在原子气室中根据原子的热扩散原理,磁光阱能够产生几百万个毫米量级的云团,其速度可以降低到几厘米每秒,或者有效温度降为 10^{-1} K。注意,低速运动下的原子,MOT 将会被关闭,而原子云将持续存在,时间长达几毫秒。

图 44.9　3 对反向传播的光束与一个磁场结合,产生一个磁光阱,
能够在绝对零度以上 10^{-6} K 处捕获数百万个原子

将原子云与精密光学位置传感相结合(将在 44.5.12 节详细描述),则可以实现简单的加速度计功能。首先,在 MOT 中形成原子云,然后关闭 MOT,防止因 MOT 作用的光束和磁场而影响原子。对原子云的位置进行初步测量,然后原子可在原子气室自由地移动。在时间间隔 Δt 后,对原子云的位置进行第二次测量。对于一个恒定加速度,两次位置差 Δl 将正比于实际加速度,即 $a = 2\dfrac{\Delta l}{\Delta t^2}$,其测量的敏感度随测量间隔时间 Δt 的平方而增加。然而最大的测量时间间隔会受到平台动力学和原子云最大位移的限制,也就是上面所说的原子云

的扩散。这些技术已被证明可用于实现精密的科学测量,并将继续朝着更广泛应用的传感器方向努力。

44.4.3　弹簧约束加速度计

用一个简单的弹簧限制检测质量块,如图 44.10 所示。当沿着输入轴的恒定比力将引起质量块的一个恒定位移, $\Delta x = \dfrac{m}{k}a$,其中 Δx 是位移量, k 是有效弹性系数,假设理想弹簧是无质量的,则 m 是检测质量块的质量, a 是比力。可以利用不同种类传感器对位移进行测量,从电容式传感器到光学干涉仪等。对于一个固定的比力,一个软的弹簧(即较低的弹性系数 k),将会引起较大的位移,从而会降低位移测量的要求。然而,较大的位移量增加了对弹簧性能的要求,如线性度,同时也将增加仪器表的尺寸。与其他任何质量-弹簧系统一致,在频率为 $\omega = 2\pi f = \sqrt{k/m}$ 时,系统将会发生机械共振。通常在系统中添加阻尼(图中没有显示),以防止出现欠阻尼的脉冲响应。系统对这个频率的输入影响将会被严重降低,从而有效限制了开环模式的带宽。

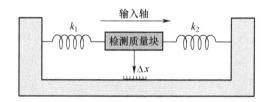

图 44.10　利用弹簧约束质量块的位移来测量施加比力的加速度计示意图
(沿着输入轴(AI)施加的特定力导致质量块产生位移,用 Δx 来表示。)

44.4.4　摆式挠性加速度计

如图 44.11 所示,许多加速度计设计不是用弹簧支撑检测质量块的,而是用挠性或者铰链装置去支撑检测质量块的,此类加速度计非常依赖位移检测传感器和挠性变形,因而具有较好的恢复力一致性以及横向刚度优点。由于仪器表在其使用寿命中可能会受到各种动态特性以及环境条件的影响,因此弹簧和位移传感器的线性度以及重复性的变化会影响仪器表的关键性能参数,例如零偏、标度因子的稳定性以及标度因子的线性度。

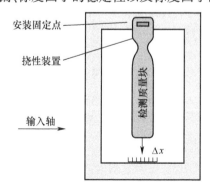

图 44.11　摆式挠性加速度计原理图
(利用挠性变形约束质量块的位移来测量沿输入轴施加的比力。)

44.4.5 振梁加速度计

虽然已经有多种方法用于测量质量块的位移,但也可以通过测量质量块支撑中的应变,并保持其位移几乎不变的策略代替,如图 44.12 所示。用两个机械谐振器支撑摆式质量块。由于结构的共振频率是外加应变的函数,沿输入轴施加一个比力,将会增加一个谐振器的应变,同时降低另一个谐振器的应变,构成差动检测结构。仪器表的输入为两个谐振器之间的频率差,其可以抑制共模频率的变化,如由温度变化带来的影响。

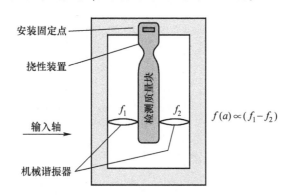

图 44.12　利用支撑结构谐振频率的变化来测量施加比力的振梁加速度计示意图

44.4.6 平衡加速度计

限制检测质量块的位移可以减少对检测质量块机械约束特性以及稳定性的依赖。力平衡加速度的力平衡控制系统如图 44.13 所示。该系统通过施加力平衡比力对质量块的影响,来保证质量块的位置近似恒定。电磁、静电以及其他力平衡方案已经证明了其可行性。许多在用的商业传感器基本都采用类似方案[11]。由于正常工作过程中,质量块理论上不存在位移,则可以降低挠曲特性、支撑结构以及位移测量动态范围等对加速度计性能的影响。这些闭环的传感器具有较好的标度因子稳定性以及零偏稳定性,并应用于高精度加速计。若力平衡闭环传感器输出的是质量块上的施加力,则力产生机理的线性特性以及稳定性是影响其性能的主要因素。力平衡技术的一个共同特点就是需要有精确的参考。如图 44.13 所示,加速度计的敏感轴主要用于精确测量检测点的重力加速度以及用于保持质量块在固定位置电磁力所要求的相对于本地电流参考基准的电流大小。如果本地参考基准发生漂移,就会导致仪器表的标度因子发生变化。对于高性能加速度系统,标度因子的设计仍是一个重大难点。

44.4.7 摆式积分陀螺加速度计

摆式积分陀螺加速度计(PIGA)采用机械陀螺仪作为检测质量块的约束。如图 44.14 所示,将一个绕 x 轴旋转的陀螺仪悬挂在万向轴上以便于可以自由地绕 y 轴旋转。此外,整个组件在第二个万向轴框架上绕 z 轴旋转。陀螺的角动量最初沿着 x 轴旋转,如果系统一直在原点平衡,则在任何方向施加一个比力都不会在旋转质量块产生一个转矩。因此,其角动量矢量将一直与 x 轴保持一致。如图 44.15 所示,如果在轴的末端添加一个检测质量块,沿z轴的恒定比力将对陀螺仪产生扭矩,绕z轴进动,其旋转速率将正比于施加的加速度。如果陀螺组件绕z轴向相反方向旋转,则会在相反方向施加一个转矩,可以抵消由加速度引起的转矩。对于闭环系统,则可以采用伺服系统消除由加速度引起的陀螺偏转。为了使陀螺不绕z轴旋转,施加的旋转速率将正比于加速度,组件的旋转角度Θ将正比于积分比力或速度变化。类似于后面讨论的旋转质量陀螺仪,绕z轴的平稳旋转(通常称为输出轴OA)对于仪器表的参考至关重要。因此,包括陀螺仪和摆质量块在内的组件通常漂浮在稠密的液体中,起到几乎无摩擦的轴承作用。该液体也可以提供阻尼,从而保护组件免受机械冲击。

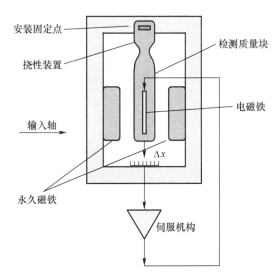

图 44.13　力反馈加速度的力平衡控制系统

(带伺服的挠性加速度计通过施加一个力使质量块保持在固定位置示意图。
该仪表的输出是作用于力平衡机构的驱动量的函数。)

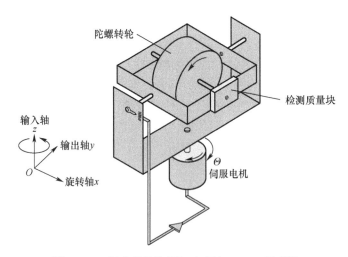

图 44.14　摆式积分陀螺加速度计(PIGA)原理图

(PIGA 通过检测质量不平衡引起的陀螺仪的扭矩来测量加速度。在闭环仪器中,
陀螺组件绕z轴旋转的角度与积分加速度成正比,即速度变化量。)

PIGA 加速度计具有一个重要特性,其标度因子稳定性主要依赖时间/频率的基准以及和长度、质量等物理特性[12],标度因子主要与飞轮的角动量以及检测质量块的摆度相关。这种类型的加速度计在许多高性能的应用中均展现出优异的性能。

这类加速度计的机械复杂性也限制了其应用,通常仅用于高价值任务的高性能需求中,如"阿波罗"制导系统和战略导弹的制导系统[13]。这些系统要求仪器通常具有精确控制的操作环境,例如精准的温控和一个稳定惯性平台。

44.5 陀螺仪

如果说加速度计决定了我们可以走多远,那么陀螺仪决定了我们前进的方向。对于导航级系统,方向的不确定度大约为30″(或145mrad)。用更直观的理解,大概是钟表时针每1s移动的角度。

44.5.1 分类

类似于加速度计,陀螺仪可以根据测量角速度(角速率)的机制来进行分类,主要有三种测量角速度的机制,如图44.15所示。①利用宏观旋转质量块或原子、分子内部微观自旋状态的陀螺仪;②利用在旋转框架中运动物体的科里奥利效应陀螺仪;③利用旋转框架中有质量光子或粒子的Sagnac效应的陀螺仪。

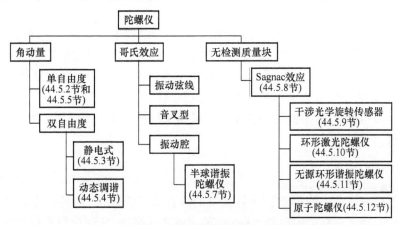

图44.15 惯性导航仪器常用的陀螺旋转传感编排分类
(关于该分类将在图中括号的各节中进行论述。)

44.5.2 角动量-旋转质量块

早期的惯性导航系统中,几乎所有的行业都采用旋转质量块的角动量陀螺仪,如近程武器系统、飞机、船舶和航天器等。这种陀螺也用于重力探测,至今它们仍保持着有史以来最精确的陀螺仪记录水平。

如图44.16所示,一个角动量为 L 沿 x 轴[或自转轴(SA)]旋转的转轮,放置在一个框架中,并且可以绕 y 轴自由转动,即输出轴(OA),将其安装在平台上。如果平台没有旋转,转轮将一直指向恒定的方向,即 x 轴的方向。如果平台绕 z 轴旋转,即图中的输入轴(IA)施加恒定转动,则轮子受施加扭矩以及角动量的影响将会引起框架绕 OA 轴转动。该仪器表仅可以测量单轴的旋转,因此也称为单自由度(SDF)陀螺仪。对于开环系统,采用弹簧或者挠曲装置为框架提供一个恢复力,则平台的挠度与 IA 轴的角速度成正比。在给定的旋转角速率下,较弱的恢复力将产生较大的挠度,相当于提高了仪器的灵敏度,但框架的倾斜将会影响输入轴的灵敏度。

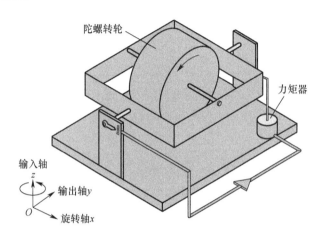

图 44.16　单自由度陀螺仪原理图

(输入轴的恒定旋转速率将引起输出轴产生扭矩。测量输出轴偏转以及通过伺服机构进行归零。)

对于高精度系统,通常采用伺服系统沿 z 轴方向对框架进行施加扭矩,使其保持在一个恒定的位置,且其对平台施加力矩的大小与旋转速率成正比。其中,输入轴轴承的性能是该类陀螺的关键。对于高精度的陀螺中,转轮组件通常密封漂浮在稠密的液体中以消除 OA 轴的承载力,并起到一个无黏滞的枢轴作用。虽然这些设备已经彻底改变了飞机导航,并使战略导弹的精确制导成为可能,但该类型陀螺成本相对较高且生产烦琐。因此,在许多应用中已经被取代。

44.5.3　静电陀螺仪

静电陀螺(ESG)是一种基于旋转质量块的两自由度陀螺仪,其转子通过静电而悬浮。静电悬浮可以使转子在真空腔内以 2000r/s 的速度高速旋转,从而使陀螺仪达到战略级,甚至更好的性能[15-17]。这些陀螺仪通常用于飞机和潜艇的导航中。由于转子可以自由绕两个轴旋转,因此可以测得两个轴的旋转角速率。此外,可以通过对转子进行施加扭矩,使其工作在闭环状态。然而受限于其加速度有限,静电陀螺仪通常需要工作在良好的控制环境中。其中,斯坦福重力探测 B 实验中的陀螺仪是一种工作在低温环境下的静电陀螺仪,是目前为止性能最高的陀螺仪[14]。

44.5.4　动态调谐陀螺仪

如图 44.17 所示,动态调谐陀螺仪是基于精密铰链连接转子的二自由度陀螺仪。该能量轮是通过一对挠性关节连接在平衡环上的。平衡环又通过另一对挠性连接在驱动轴上。

利用能量轮和挠性连接设计,在特定转速情况下,转子的惯性力可以抵消挠性连接的恢复力,也可称为"速度依赖性"。在此种情况下,其自由旋转的二自由度转子,对 x 轴和 y 轴的旋转角速率敏感。检测器用于测量动量轮由于旋转在两轴产生的偏转,同时利用力矩器来恢复动量轮的位置以实现闭环操作。与高精度的单自由度陀螺仪不同,该种陀螺仪不需要液浮,也被称为"干调谐陀螺仪"。由于动态调谐陀螺仪(DTG)降低了 SWAP 以及成本,因而在战术到战略级系统的许多应用中取代了单自由度陀螺仪。

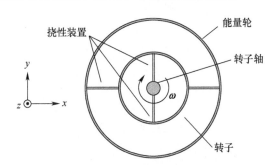

图 44.17　二自由度陀螺仪示意图

(在旋转速度下,利用万向节的惯性可抵消来自挠曲的恢复力,
产生了一个几乎不受约束的动量轮,可感知两个轴的旋转。)

44.5.5　核磁共振陀螺仪

核磁共振(NMR)陀螺仪根据原子核的量子自旋来感知旋转角速率。该陀螺仪利用相同原子或者分子集合的量子自旋来敏感角速率,而不是靠人工制造的自旋或者振动结构。我们可以从单个原子方面说明其基本原理。如图 44.18 所示,通过对原子施加一个磁场 B_o,原子自旋矢量将绕 B_o 以拉莫尔频率产生进动,$\omega_L = -\gamma B_o$,其中 γ 为磁旋比,与原子的种类有关。如果沿 B_o 轴(即输入轴)旋转,原子在惯性空间中将继续以 ω_L 的旋转速度进动。另外,根据测量仪器观测的进动频率随着旋转速率增加,$\omega_i = \omega_L + \omega_r$。如果从观测的进动频率中减去拉莫尔频率就可以计算出旋转角速率。

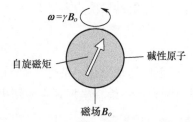

图 44.18　外加磁场中原子的拉莫尔进动

(进动速率与外加磁场和原子常数成正比。如果观测系统旋转,将观测到进动频率的变化。)

在实际过程中,通常使用大量多种原子的混合物来控制误差源,用于提供足够好的信号水平。许多核磁共振(NMR)变体,通常在蒸气室中使用碱和惰性气体原子的混合物,如图 44.19 所示。用泵浦激光器发出的圆偏振光束照亮原子混合物,该激光器与碱原子的光学跃迁共振,并平行于外加磁场 B_o,这使碱原子的自旋对齐或自旋极化。惰性气体原子和碱性原子之间的碰撞将极化从碱性原子转移到惰性气体的原子核,惰性气体以拉莫尔速率绕外加磁场进动。虽然所有惰性气体原子以相同的速度进动时,但它们的相位是随机的。惰性气体原子的自旋进动是通过施加额外的垂直于 $\boldsymbol{B}_o$ 的交流磁场达到相干状态,这在图中没有显示。

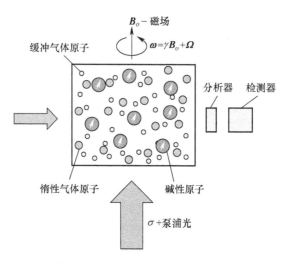

图 44.19　核磁共振陀螺仪示意图

(惰性气体原子和碱原子的混合物可以通过控制传感器尺寸范围实现对原子的光学制备和检测。此种在紧凑型装置中实现导航级性能已被证明。)

由于惰性气体原子在产生的合成磁场的周围进动,因而惰性气体的进动可以通过监测碱原子来测量。与泵浦光正交的探测光束可利用吸收或极化旋转[20]来测量碱原子的偏振程度。与本节后面描述的光学陀螺仪不同,核磁共振陀螺仪的灵敏度不随封闭区域的大小而缩放,因此实现小体积、高性能的设备是有望的。此外,传感机制本身对振动不敏感。外加的磁场对陀螺仪的运行是不可或缺的,因此需要精确控制磁场和屏蔽外部磁场。

得益于激光源、原子自旋化方法、磁场控制技术和紧密型原子腔等方面的重大进展,相关工作人员已经研制出了具有导航级性能的紧凑设备[21]。

44.5.6　科里奥利力陀螺仪

科里奥利力是作用于旋转坐标系中运动物体的惯性力。当牛顿运动定律应用于旋转坐标系时,将会出现向心力和科里奥利力。在旋转坐标系中应用牛顿定律,这两种力都是虚构或伪力。科里奥利力的产生如下:

$$F_C = ma_c = -2m\boldsymbol{\Omega} \times \boldsymbol{v} \tag{44.3}$$

式中:m 为物体的质量;$\boldsymbol{v}$ 为物体的速度;$\boldsymbol{\Omega}$ 为坐标系的角速度矢量。

图 44.20 所示为科里奥利效应陀螺仪示意图。陀螺仪由一根振动的弦组成,它在静止时沿着 x 轴运动,并沿着 y 轴振动;没有转动时,弦将继续沿 y 轴振动。当组件围绕其惯性轴(x 轴)旋转时,科里奥利力使弦振动倾斜。这种偏转可以用检测器测量,并与旋转速率成正比。

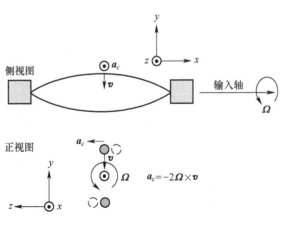

图 44.20　科里奥利效应弦陀螺仪示意图
（利用科里奥利力引起的弦偏转来感知旋转角速率。）

44.5.7　半球谐振陀螺仪

利用玻璃酒杯形声谐振器的科里奥利效应可以得到高性能的陀螺仪。图 44.21(a) 显示了在没有旋转的情况下,观察到静止节点和反节点的半球谐振器的振动模态。当谐振器绕输入轴旋转时,节点和反节点也会运动,这一现象早在 19 世纪就观察到了,如图 44.21(b) 所示。在谐振器的运动侧的科里奥利效应导致节点模式以大约 1/3 的惯性旋转速率移动。这种比例大小取决于谐振器的物理结构,并且与谐振器的材料特性无关。此外,通过对材料和结构的精心选择,还制备了高品质因数(Q 值)的谐振器。谐振模式可以利用谐振器和支撑结构上的电极进行电驱动。类似的电极也可以用来测量与旋转角度成比例的节点模式的任何运动。

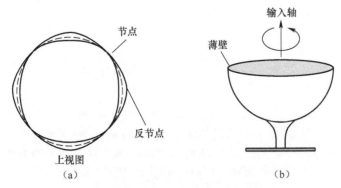

图 44.21　振动壳体陀螺仪示意图
（振动模式的位置随输入轴(IA)旋转而移动。）

两种开环设备(允许节点移动)和闭环操作(通过施加反相驱动输入保持节点模式不变)都已经经实践证明[23-24]。宏观尺度半球谐振陀螺仪(HRG)具有非常低的 ARW,并已应用于高性能的地面和空间。微型器件的研究正在进行中。

除了 HRG,许多微机电系统(MEMS)陀螺仪还使用科里奥利效应来感知旋转,包括音叉、振动环、振动板和四质量陀螺仪(在第 45 章中描述)。

44.5.8　Sagnac 效应

精密机电仪器技术推动了惯性导航技术的发展,使其适用于商用飞机到阿波罗登月的各种任务。在从飞机到船舶的许多导航和战术级系统中,环形激光陀螺仪取代了这些机电设备,由于它使用激光和精密光学腔来测量旋转,因而减小了尺寸、重量和功率,增加了鲁棒性,降低了整个生命周期的成本。利用光纤通信基础设施,具有广泛可扩展性能的干涉光纤陀螺仪(IFOG)已经在战术、导航、战略甚至更高性能水平的应用中取得了进展。

所有的光学陀螺仪都依赖 Sagnac 效应来测量转速,如图 44.22 所示。光从 S 点开始,在自由空间中以相反的方向绕着一个闭环传播。如果环路在惯性坐标系中,光沿顺时针(CW)和逆时针(CCW)方向绕环路穿播,并在同一时间到达 S,形成干涉,如图 44.22(a)所示。如果环路在旋转,起始点 S 将在光线传播环路所需的非零时间内移动,如图 44.22(b)所示。因此,顺时针方向光传播距离较短,比逆时针方向的光提前到达。CW 光和 CCW 光的时间差是

$$\Delta t = \frac{4A}{c_0^2}\Omega \tag{44.4}$$

式中:A 为环的面积;c_0 为光速的真空速度;Ω 为环的转速。

计算光在介质中传播时的效应比较复杂,需要应用狭义相对论[26]。然而,由于不依赖传播介质的折射率,因而结果是一样的。例如,对于一个直径 40cm 的环路,测量地球的自转速率为 15(°)/h,光的穿播时间是 4ns,时差大约是 4×10^{-22}s。因此,对于测量 0.01(°)/h 的导航级系统,传输时间变化很小,仅约为 10^{-16}。

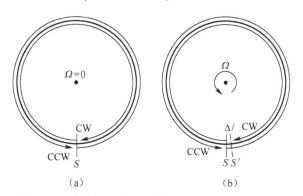

图 44.22　光在闭环中反向传播的 Sagnac 效应示意图
(a)闭环固定在惯性系上,两个方向的光同时到达起始点;(b)坐标系是旋转的,
顺时针方向传播时间短而逆时针方向穿播时间长。

尽管时间差很小,但 Sagnac 效应通常可以利用光学干涉仪或光学谐振器来测量,而且各种各样的配置已经被证明和应用。两种最广泛使用的配置——IFOG 和环形激光陀螺仪(RLG),将在 44.5.9 节和 44.5.10 节中讨论,然后在 44.5.11 节中讨论无源环形谐振陀螺仪(PRRG)。

44.5.9　干涉光纤陀螺

19 世纪,旋转引起的相移是用光学干涉仪来测量的。1925 年,迈克尔逊和盖尔首次利

用 Sagnac 效应,使用一个超过 200 万 ft² 的真空路径干涉仪测量了地球自转。为了实现能够精确测量惯性导航所需的转速实际应用中需要考虑低损耗光纤的可用性,以实现在紧凑尺寸结构内有非常长的路径。具有多匝光纤线圈的 IFOG 的标度因子为

$$\Delta\varphi = \frac{8\pi AN}{\lambda_0 c_0} \cdot \Omega \tag{44.5}$$

式中:A 为一个矢量,其大小与环路的面积成正比,且垂直于环路;N 为环路的匝数;λ_0 为光的真空波长。对于多匝圆形线圈,这也可以表示为

$$\Delta\varphi = \frac{2\pi LDa}{\lambda_0 c_0} \cdot \Omega \tag{44.6}$$

式中:a 为垂直于线圈所包围表面的单位矢量;L 为线圈的总路径长度;D 为线圈的直径;$2\pi LD/(\lambda_0 c_0)$ 为旋转速率和光学相位之间的比例关系,通常称为 IFOG 标度因子。标度因子可以通过减少光的波长或增加线圈的长度或直径来增加。已证明线圈长度为几百米到几千米,直径为几厘米到几十厘米[27]。

图 44.23 显示了一个使用单模保偏光纤全反射干涉仪光宽带源,一个标记为 S 的宽带源被耦合到光学系统中,然后再经过耦合器 1 和偏振器,由 3dB 耦合器(耦合器 2)定向到多匝光纤线圈的逆向方向。反向传播的光束穿过线圈,由耦合器 2 重新组合,然后通过偏振器,由耦合器 1 引导到探测器 D 上。环路中的光学相位调制器用于调制干涉仪,实现了对两个相向传播光束之间由于旋转引起的相位差的高灵敏度测量。

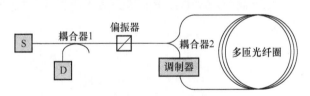

图 44.23　IFOG 示意图

(来自光源 S 的光耦合到光纤线圈的反向传播方向,由探测器 D 测量组合后干涉强度。)

该调制器还可用于提供一个时变相移,以使闭环运行的旋转引起的相移为零。高性能的 IFOG 通常将偏振器、调制器和耦合器功能集成到一个集成光学芯片(IOC)中,如图 44.24所示。其中显示了一个闭环 IFOG,其反向传播光束之间的相位差保持为零。伺服系统使用 IOC 对光的相位进行时变调制,检测器的输出经过相敏检测器(PSD)和附加信号处理,然后与调制信号相加并应用到 IOC。IOC 应用的光学相位与旋转角度成正比[28-29]。

由于 IFOG 的性能与线圈的长度和直径的乘积有关。因此,性能和尺寸可以在很大的范围内进行权衡。例如,IFOG 性能等级从战术级到优于战略级不等[30]。此外,利用集成光学能力,完全集成的 IFOG 已被提出,关键技术已得到验证。

44.5.10　环形激光陀螺仪(RLG)

当行波光腔的长度为整数波长时,就会发生谐振,如图 44.25 所示。当腔体不旋转时,顺时针和逆时针方向的谐振频率相同。如果腔顺时针旋转,当光通过腔体传播时,顺时针方向的光需要更长的时间来完成一次往返;同样,逆时针方向的光完成空腔循环的时间更短。因此,进入逆时针方向的谐振频率略高,进入顺时针方向的谐振频率略低,频率差为

$$\Delta f = -\frac{4A}{\lambda P} \cdot \boldsymbol{\Omega} \tag{44.7}$$

式中：A 为谐振腔的封闭面积；λ 为光的波长；P 为周长。

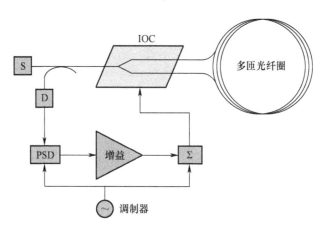

图 44.24　采用集成光学芯片(IOC)消除 Sagnac 相位实现闭环控制的高性能光纤陀螺示意图

通过在行波谐振腔中加入适当的增益介质，可以在顺时针和逆时针方向上激发出与腔[32]共振的激光。顺时针和逆时针激光器工作在非常接近谐振腔中心的，最低的损耗频率。顺时针和逆时针激光器之间的频率差与腔的旋转速率成正比，可以通过干涉光束进行简单测量，如图 44.25 所示。

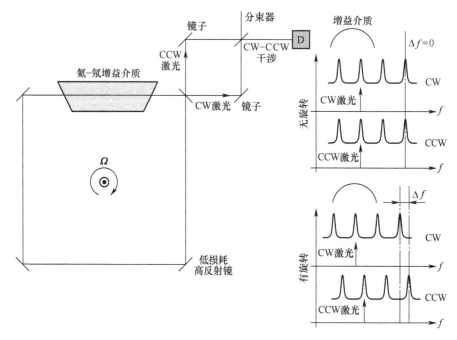

图 44.25　RLG 示意图

(在同一个环形腔内,相向传播激光频率差与旋转速率成正比。)

在低转速范围内,两束激光的频率会锁定在同一频率,这是早期 RLG 的一个众所周知的问题。这种现象称为锁定,它是由相向传播激光的耦合引起的,并且与在机械和电子振荡器中观察到的类似现象密切相关。在商业应用中,采用零净角位移伪随机旋转的机械颤振在仪器上得到了广泛的应用,RLG 已经主导了导航级系统的市场。在非平面腔中使用 4 个激光器组成的没有运动部件的 RLG 在商业市场得到应用[34]。大型 RLG 已经用于地球物理和基础物理领域[35],使用受激布里渊散射作为增益介质的固态 RLG 已经在光纤谐振器[36]和微谐振器[37]中得到了应用。

44.5.11　无源环形谐振陀螺仪(PRRG)

PRRG 与 RLG 类似,但使用外部激光源来测量腔共振频率,如图 44.26 所示。单个窄线宽的激光源分裂成 CW 波和 CCW 波两种传播光束。将 CCW 波光束耦合到腔内,用探测器 D_{ccw} 测量传输过程中腔的光输出。采用 PDH(pound-drever-hall)伺服系统将激光频率锁定在 CCW 波谐振腔的中心。沿 CW 波方向传播的光束经过移频器耦合到腔内,在探测器 D_{ccw} 上测量输出。CW 波共振也因使用不同的调制频率的 PDH 伺服而被保持在腔共振的中心。CW 波谐振腔和 CCW 波谐振腔的频率差可应用于 CW 波光束的频移。如图 44.26 所示,PRRG 使用分立反射镜[38]、全光纤[39]和集成光学谐振器[40]进行了验证。

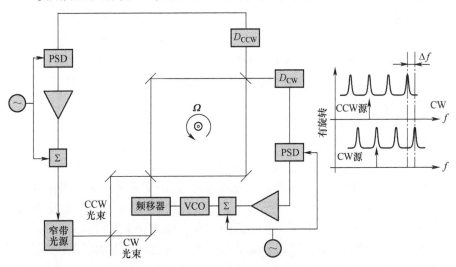

图 44.26　无源环形谐振陀螺仪示意图

(该陀螺仪将单个激光源的频率偏移光束锁定到环形谐振腔的反向传播方向。光束之间的频率差与旋转速率成正比。)

44.5.12　原子陀螺仪

利用原子的波动性质也可以测量旋转,类似于 44.5.9 节中的光学旋转陀螺。在图 44.27 中,使用光学原子等效物分束器将原子云发送到两条路径,用原子镜重定向,然后与另一条路径包围区域 A 的原子分光器重新组合。

与光学情况下的光子类似,原子被置于叠加态,其中原子波包的一部分位于干涉仪的每条臂上。在输出处探测到原子的概率随两条路径之间累积相位差的函数呈正弦变化,且彼此间的相位不一致,如图 4.27 所示。

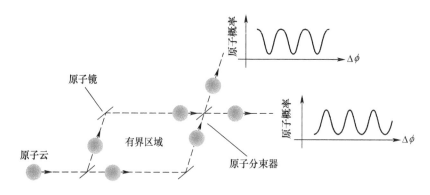

图 44.27　原子陀螺仪原理图

(一团原子云穿过干涉仪的两条路径,在两条输出中探测到原子的概率随两条路径之间的相对原子相位差而变化。
干涉仪的相位将随着围绕封闭区域的法线旋转而变化。)

光和大质量粒子旋转的灵敏度可以写成:

$$\Delta\phi = \frac{4\pi E}{hc^2} A \cdot \Omega \tag{44.8}$$

式中: $E = mc^2$ 为原子的能量(或光 $\hbar\omega$),其中 $\hbar$ 为普朗克常数, c 为光的速度; A 为法向量封闭区域; Ω 为实际旋转速度。对于原子而言,其灵敏度比典型的光子系统高出约 10^{11} 倍,这为新一代高性能、低 SWAP 传感器带来了希望。对光学系统而言,制造干涉仪所需的部组件,如光源、分束器、反射镜和光纤,都是成熟的和易得的。相比之下,许多用于基于原子的系统的部组件仍在开发中。

图 44.28 示意性地展示了高性能光脉冲原子干涉仪[41]。一团原子云,标记为 A ,由图左侧的磁光阱 MOT 组成。在时间 $t = 0$ 时,关闭 MOT,并产生脉冲光束(未在图中显示)用于向干涉仪传递一个初始速度,标记为 A_0 。当时间 $t = \delta t$ 时,标记为 A_1 的原子云,位于第一组相向传播的拉曼光束位置,这对拉曼光束被短暂地开启,用于充当原子分束器,图中部分原子云继续沿着相同的路径前进,部分原子云向上偏转。在时间 $t = 2\delta t$ 时,标记为 A_2 的原子云和第二组拉曼光束发生干涉,改变了原子云的方向。最后,在时间 $t = 3\delta t$ 时,最后一组拉曼光束发出脉冲,从干涉仪的两条臂的云团进行干涉。在 A_4 标记的位置检测原子的数量,数量将随着与封闭区域垂直旋转大小而呈正弦变化。它也会随着拉曼光束方向上的加速度变化而变化。

对多种物理现象较为灵敏通常不是传感器的理想特性,在这种情况下,可以进行改进,允许同时测量加速度和旋转,如图 44.29 所示[42]。在干涉仪的两端,不同于单一的原子云,它是同时形成的。清晰起见,其中相向传播的原子云被移开了,但实际上,原子云会沿着几乎相同的路径朝相反的方向移动。

当时间 $t = 0$ 时,标记为 A_0 和 B_0 的两云团同时获得相同的加速度,向干涉仪方向运动,两云团以相反的方向通过干涉仪。由于它们的方向相反,A 云和 B 云对旋转的灵敏性有相反的符号;相反,它们对加速度的敏感度有相同的符号。因此,通过对干涉仪的观测相位进行求和和差分,就可以得到加速度和旋转速率。

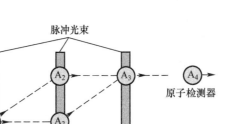

图 44.28　光脉冲原子干涉仪原理图

（原子束分裂和镜面反射是用拉曼光束完成的,如红色所示,它改变了原子的内部状态和动量。
两条路径中原子的相对相位对垂直于封闭区域的旋转和平行于拉曼光束的加速度敏感。）

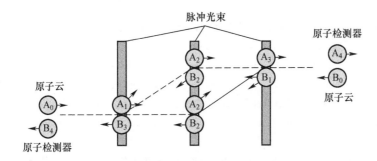

图 44.29　双原子云的光脉冲原子干涉仪示意图
（此方案可以同时测量旋转速率和加速度。）

44.6　小结

自从 60 多年前首次验证惯性导航可行性以来,人们一直渴望更小、性能更高的惯性导航系统来实现新的应用。例如,早期的机电惯性传感器使这些早期的导航系统成为可能,但被一代又一代更强大的仪器所取代;早期的精密导航系统使用旋转的单自由度陀螺仪,在广泛的应用中被更简单、更健壮的 DTG 所取代;DTG 后来被 RLG 所取代,现在又被 IFOG 所取代。与此同时,超低 SWAP MEMS 传感器的发展开辟了全新的应用空间。新一代的传感器和系统通过不断挖掘现有技术潜力来探索新技术,如冷原子传感器。这些传感器和系统有望实现下一代应用。

参考文献

[1] Britting K. R. ,*Inertial Navigation Systems Analysis*,Artech House,2010.

[2] Savage P. G. ,*Introduction to Strapdown Inertial Navigation Systems*,Wiley,1991.

[3] Titterton D. and Weston J. , "Generalized system performance analysis" in *Strapdown Inertial Navigation Technology*,2nd Ed. ,Institute of Electrical Engineers,2004,ch. 12,pp. 335-374.

［4］ "IEEE Standard for Sensor Performance Parameter Definitions," in *IEEE Std 2700-2017* (*Revision of IEEE Std 2700-2014*) ,pp. 1-64,31 January 2018.

［5］ "IEEE Standard for Inertial Systems Terminology," in IEEE *Std 1559-2009*,pp. 1-30,26 August 2009.

［6］ "IEEE Standard Specification Format Guide and Test Procedure for Linear,Single-Axis,Non-Gyroscopic Accelerometers," in *IEEE Std 1293-1998* (*R2008*) ,pp. 1-252,16 April 1999.

［7］ Niebauer T. M. ,Sasagawa G. S. ,Faller J. E. ,Hilt R. ,and Klopping F. ,"A new generation of absolute gravimeters," *Metrologia*,vol. 32,no. 3,pp. 159-180,1995.

［8］ Raab E. L. ,M. Prentiss,A. Cable,S. Chu,and D. E. Pritchard,"Trapping of neutral sodium atoms with radiation pressure," *Phys. Rev.* Lett. ,vol. 59,no. 23,pp. 2631-2634,1987.

［9］ Peters A. , K. Y. Chung, and S. Chu, "High-precision gravity measurements using atom interferometry," *Metrologia*,vol. 38,no. 1,pp. 25-61,2001.

［10］ Fang J. and J. Qin,"Advances in atomic gyroscopes:A view from inertial navigation applications," *Sensors*, vol. 12,no. 5,pp. 6331-6346,2012.

［11］ Lawrence A. ,"Pendulous accelerometer" in *Modern Inertial Technology:Navigation,Guidance,and Control*, *2nd Ed.* ,Springer Science+Business Media,1998,ch. 4,pp. 57-71.

［12］ Hopkins R. , W. Haeussermann, and F. Mueller, "The pendulous integrating gyroscope accelerometer (PIGA) from the V-2 to trident D5,the strategic instrument of choice," AIAA Guidance,Navigation,and Control Conference and Exhibit,paper 2001-4288,AIAA,2001. doi:10. 2514/ 6. 2001-4288.

［13］MacKenzie D. ,Inventing Accuracy:*A Historical Sociology of Nuclear Missile Guidance*,The MIT Press,Cambridge,MA,1990.

［14］ Li J. , W. J. Bencze, D. B. DeBra, G. Hanuschak, T. Holmes G. M. Keiser, J. Mester, P. Shestople, and H. Small,"Onorbit performance of Gravity Probe B drag-free translation control and orbit determination," *Adv. Space Res.* ,vol. 40,no. 1,pp. 1-10,2007.

［15］ Ragan R. R. ,"Inertial technology for the future," in *IEEE Trans. Aerosp. Electron. Syst.* ,vol. AES-20,no. 4, pp. 414-444,July 1984.

［16］ Pondrom W. I. ,"Part V:Electrostatically suspended gyroscope," pp. 422-424 in "Inertial technology for the future," in *IEEE Trans. Aerosp. Electron. Syst.* ,vol. AES-20,no. 4,July 1984.

［17］ Hadfield M. J. ,"Part VI:Hollow Rotor ESG technology," pp. 424-425 in "Inertial technology for the future," in *IEEE Trans. Aerosp. Electron. Syst.* ,vol. AES-20,no. 4,July 1984.

［18］ Howe E. W. and P. H. Savet,"The dynamically tuned free rotor gyro," *Control Eng.* ,pp. 67-72,June 1964.

［19］ Lawrence A. ,"The dynamically tuned gyroscope" in *Modern Inertial Technology:Navigation,Guidance,and Control*,2nd Ed. ,Springer Science+Business Media,1998,ch. 9,pp. 131-151.

［20］ Donley E. A. ,"Nuclear magnetic resonance gyroscopes," *2010 IEEE Sensors*,Kona,HI,2010,pp. 17-22.

［21］ Larsen M. and M. Bulatowicz,"Nuclear magnetic resonance gyroscope:For DARPA's micro-technology for positioning,navigation and timing program," *2012 IEEE Int. Frequency Control Symp. Proc.* ,Baltimore,MD, pp. 1-5,2012.

［22］ Rozelle D. M. ,"The hemispherical resonator gyro:From wineglass to the planets," *Proc. 19th AAS/AIAA Space Flight Mechanics Meeting*,pp. 1157-1178.

［23］ Meyer D. and D. Rozelle,"Milli-HRG inertial navigation system," *Gyrosc. Navigation*,vol. 3,no. 4,pp. 227-234,2012.

［24］ Jeanroy A. ,G. Grosset,J. C. Goudon,and F. Delhaye,"HRG by Sagem from laboratory to mass production," 2016 IEEE Int. Symp. on Inertial Sensors and Systems,Laguna Beach,CA,pp. 1-4,2016.

［25］ Hodjat-Shamami M. ,Norouzpour-Shirazi A. ,and Ayazi F. ,"Eigenmode operation as a quadrature error cancellation technique for piezoelectric resonant gyroscopes," *2017 IEEE 30th Int. Conf. on Micro Electro Mechanical Systems* (*MEMS*), Las Vegas, NV, pp. 1107–1110, 2017.

[26] Post E. J., "Sagnac effect," *Rev. Mod. Phys.*, vol. 39, pp. 475–493, 1967.

[27] Burns W. K., Optical Fiber Rotation Sensing, Academic Press, 1994, ch. 11, pp. 355–384.

[28] Kim B. Y., "Signal processing techniques," in *Optical Fiber Rotation Sensing* (ed. W. K. Burns), Academic Press, 1993, ch. 3, pp. 81–114.

[29] Lefevre H., "Reciprocity of a fiber ring interferometer" in *The Fiber-Optic Gyroscope*, Artech House, 1993, ch. 3, pp. 37–42.

[30] Morrow R. B. and D. W. Heckman, "High precision IFOG insertion into the strategic submarine navigation system," IEEE 1998 Position Location and Navigation Symp. (Cat. No. 98CH36153), Palm Springs, California, pp. 332–338, 1998.

[31] Gundavarapu S. et al., "Interferometric optical gyroscope based on an integrated Si_3N_4 low-loss waveguide coil," in J. Lightwave Technol., vol. 36, no. 4, pp. 1185–1191, 2018.

[32] Macek W. M. and T. M. Davis, "Rotation rate sensing with travelling-wave ring lasers," *Appl. Phys. Lett.*, vol. 2, no. 3, pp. 67–68, 1963.

[33] Killpatrick J. E., "The Laser Gyro," *IEEE Spectr.*, vol. 4, no. 10, pp. 44–55, 1967.

[34] Tazartes D., "An historical perspective on inertial navigation systems," *2014 Int. Symp. on Inertial Sensors and Systems* (*ISISS*), Laguna Beach, California, pp. 1–5, 2014.

[35] Stedman G. E., "Ring-Laser test of fundamental physics and geophysics," *Rep. Prog. Phys.*, vol. 60, pp. 615–688, 1997.

[36] Zarinetchi F., S. P. Smith, and S. Ezekiel, "Stimulated Brillouin fiber-optic laser gyro," *Opt. Lett. vol.* 16, pp. 229–232, 1991.

[37] Li J., M.-G. Suh, and K. Vahala, "Microresonator Brillouin gyroscope," *Optica*, vol. 4, no. 3, pp. 346–348, 2017.

[38] Ezekiel S. and S. R. Balsamo, "Passive ring resonator laser gyroscope," *Appl. Phys. Lett.*, vol. 30, pp. 478–480, 1977.

[39] Stokes L. F., M. Chodorow, and H. J. Shaw, "All-single mode fiber resonator," *Opt. Lett.*, vol. 7, no. 6, pp. 288–290, 1982.

[40] Mottier P. and P. Pouteau, "Solid state optical gyrometer integrated on silicon," in *Electron. Lett.*, vol. 33, no. 23, pp. 1975–1977, 6 November 1997.

[41] Kasevich M. and S. Chu, "Atomic interferometry using stimulated Raman transitions," *Phys. Rev. Lett.*, vol. 67, no. 2, 181–184, 1991.

[42] Gustavson T. L., P. Bouyer, and M. Kasevich, "Dual-atomicbeam matter-wave gyroscope," *Proc. SPIE*, vol. 3270, Methods for Ultrasensitive Detection, 1998.

第45章　微机电系统（MEMS）惯性传感器

Alissa M · Fitzgerald

A. M. Fitzgerald & Associates 有限公司，美国

45.1　简介

MEMS 代表了由半导体晶圆制造工艺制造的硅基传感器的广泛群体。使用光刻模式和基于化学和等离子体的蚀刻，MEMS 器件上的机械和电子特征尺寸制备到微米（μm）级别。与传统机械加工方法制造的传统机电传感器相比，MEMS 传感器具有体积小、坚固耐用、功耗低等特点。

MEMS 加速度计、MEMS 陀螺仪和 MEMS 惯性测量单元（inertial measurement units，IMU）对导航解决方案越来越重要，特别是对于低成本、紧凑型或轻型的应用，如行人导航和无人机（UAV），以及汽车、航天器和武器等导航。

本章概述了 MEMS 惯性传感器及其在导航解决方案中的应用，目的是为不熟悉 MEMS 的读者提供介绍。为了方便，本章不对传感器设计和实现的深层次细节进行描述，而是为读者提供了更深入的、大量的参考案例。

45.1.1　概述

MEMS 由半导体制造工艺发展而来，最初是为了在硅片上形成晶体管和电子结构。20世纪60年代末到70年代，研究人员开始用诸如薄膜沉积、光刻、化学和等离子体蚀刻等工艺从硅晶体上加工微尺度的机械结构。硅虽然易碎，但其弹性模量相当于钢，研究人员很快意识到其作为机械材料[1]的潜力。这些创新使集成微型机电设备的形成成为可能，它们特别适合作为传感器。

最早开发和验证的 MEMS 器件有谐振器[2]、加速度计[3]和压力传感器[4]。20世纪80年代，汽车行业领域为了取代当时用于部署安全气囊的球管式单轴加速度探测器——罗拉米特（rolamite），促进了 MEMS 加速度计的研究和商业发展。20世纪80年代，在商业和学术实验室中探索了用于纸张打印机的喷墨喷嘴（惠普、爱普生等），用于投影显示的微镜阵列（德州仪器），以及各种其他传感器和执行器。

第一个商用 MEMS 加速度计出现在20世纪90年代，由 Analog Devices、Motorola 等公司开发和销售。集成的2轴加速度计（相对于两个单轴加速度计的集成封装）出现在20世纪90年代末。由石英和硅制成的 MEMS 陀螺仪的开发，开始于20世纪90年代，主要集中在汽车和航空航天应用。对汽车防侧翻安全系统的需求很快带动了 MEMS 陀螺仪的更多商

业化发展[5]。

消费级(低成本)陀螺仪的开发始于21世纪初,这些设备在21世纪中期进入商业市场。此时,2轴加速度计和3轴加速度计也被广泛应用。2006年,任天堂 Wii 游戏控制器和2007年苹果 iPhone 均采用了惯性传感器,再加上美国国家公路交通安全管理局(NHTSA)对所有汽车安全气囊和电子稳定控制系统的新要求,极大地增加了市场对 MEMS 惯性传感器的需求。自2007年以来,大多数 MEMS 惯性传感器的开发活动都集中在减小传感器的尺寸和降低其成本,以适应快速扩张的消费电子市场。在撰写本章时,在销售量大的情况,消费级 MEMS 惯性传感器的3轴加速度计售价不到0.19美元,3轴陀螺仪的售价不到0.31美元[6]。

MEMS 芯片尺寸的缩小和制造技术的进步也促使将几个传感器芯片集成到一个封装成为可能。单独的加速度计、陀螺仪和磁强计传感器芯片被封装在一起[系统封装](SiP),形成了第一个 MEMS IMU,也称"组合传感器"。SiP 组装方法允许将不同类型的传感器组合封装在一起,例如压力和温度传感器的封装。

虽然高性能 MEMS 惯性传感器自2000年以来就已问世,但有限的市场机会阻碍了其进一步的研究和开发。战术级 MEMS 传感器仍然昂贵(100美元/台),无法与机电陀螺仪(如光纤陀螺仪)等性能相匹配。然而,自2015年以来,行人导航、无人机和自动汽车的初始市场推动了导航级 MEMS 惯性传感器的新研发。

45.1.2　硅制造与供应链

对于不熟悉硅制造方法的读者,特别是对小单元体积或军事应用感兴趣的读者,值得花一些时间来了解半导体和 MEMS 行业的动态和经济。

由于对特殊资源、专业知识、材料和低成本劳动力的需求,硅基础制造业已经发展为一个覆盖全球的网络(表45.1)。任何硅基产品的制造都不可避免地涉及多个供应商的国际业务。很少有国家拥有完整的供应链,完全在本国境内完成大量硅制造的所有步骤。因此,出于安全原因而无法利用国际供应链的军用级产品,在默认情况下硅制造总是价格昂贵、生产缓慢且难以在国内生产的。

表45.1　MEMS 制造供应链的关键技术和占主导地位的供应商所在的国家和地区

供应链技术	占主导地位的供应商所在的国家和地区
硅晶片	日本、欧盟国家
软件设计工具	美国、欧盟国家
设计服务	美国、欧盟国家
晶圆制造设备	欧盟国家、日本、美国
半导体晶圆制造设备(fab)	韩国、中国、日本、美国,以及中国台湾地区
MEMS 晶圆制造设备	欧盟国家、美国、日本、加拿大,以及中国台湾地区
芯片封装	韩国、日本
芯片组装与测试	马来西亚、泰国、越南、新加坡

半导体和 MEMS 芯片是在特殊环境控制的洁净室中制造的,也称为"晶圆厂"。纳米或微米尺寸的晶圆很容易被灰尘颗粒破坏,因此必须在洁净度为100级或更好的环境中制造,

需要精密的机械来执行这些过程,如沉积、光刻和蚀刻等工艺,这些工艺用来制备具有纳米级公差的器件。这些过程几乎都要消耗有毒化学物质和高度净化的去离子水,而且大多数过程都需要极高的温度(高达1000℃)或消耗电力的强大的电磁场。综上所述,晶圆制造需要在复杂的设施及环境中进行。在撰写本章时,MEMS器件的生产成本至少为1亿美元,最先进的半导体芯片的生产成本至少为100亿美元。

这些设施的成本及其长期的运营成本,只能通过提高生产总量维持,如每周7天24h的运营和尽可能接近100%的设备利用率来证明是合理的。规模经济的真正体现是,拥有高度自动化程度的大型工厂加工更多的晶圆总是比小型工厂制造更少量的晶圆更具成本效益。每年代工厂(代工晶圆厂)会寻找大量购买晶圆的客户。对于生产200mm直径晶圆的高产量MEMS代工厂来说,每年的最低订货量为5000~10000片。

晶圆厂生产的是硅片晶圆。在撰写本章时,大多数MEMS是在直径为150mm或200mm的硅片晶圆上生产的,半导体器件是在直径为200mm和300mm的硅片晶圆上生产的(很快会向450mm发展)。在制造之后,晶圆被切割成单个的晶片(也称为芯片),每个晶片都是一个单独的MEMS或半导体单元出售。根据晶片尺寸的不同,一个200mm的晶圆片可以切割为10000~25000个晶片,如果尺寸小于0.5mm×0.5mm,甚至可以生产10万多个晶片。

基于上面的描述,读者现在应该对硅制造经济的艰难性有了一些了解:只有每年购买大量的硅晶片订单时,才能实现每个晶片的低成本。事实上,每年生产2.5亿台MEMS惯性传感器的成本可能只有0.1~0.25美元。但如果以每年1万台的速度计算,每台的成本可能会增加到250美元以上。寻求每年只获得1000只定制MEMS传感器的公司可能会发现他们除了制造10年的库存之外别无选择。

寻求高性能MEMS惯性传感器技术的企业将面临这些行业经济问题。目前,大多数可购买的MEMS惯性传感器都经过了优化,只针对能够支持MEMS制造经济的大批量市场:消费类电子产品和汽车。因此,寻找商用现货(COTS)MEMS传感器的导航工程师将会发现大量廉价的传感器(1美元/个),这些传感器的性能不适合独立导航。相比之下,用于导航应用可选的高性能传感器将更加昂贵(100美元/个),除非市场对它们的需求显著增加。

45.2 MEMS 加速度计

MEMS加速度计将一个作用力转换成与加速度呈比例的电子输出,就像传统的机电加速度计一样。然而,为了利用硅和薄膜(厚度大于10μm)材料的一些独特材料特性,在硅上的实现可以有很大的不同。MEMS加速度计类型可以根据其换能原理进行分类,每种都有特定的优点和缺点,表45.2所示为常见MEMS加速度计的比较。当为特定应用选择MEMS加速度计时,必须牢记这些基本特性和限制。

表45.2 常见MEMS加速度计比较

MEMS加速度计类型	技术状态	优点	缺点
压阻式	成熟	设计和检测电路简单,在低频时有良好的灵敏度	温度需要校正,易受冲击

续表

MEMS 加速度计类型	技术状态	优点	缺点
电容式	成熟	体积小、功耗低，与检测电路器件集成	易受冲击和黏滞，需要小信号检测电路
热敏式	不成熟	抗冲击能力强	功耗大，响应时间长

45.2.1　常见的加速度计类型

下面介绍三种常见的商用 MEMS 加速度计。

45.2.1.1　压阻式

最早的 MEMS 加速度计利用了硅的压阻材料特性。当特定的掺杂剂沿特定的晶面注入硅时，这些掺杂区域的体电阻率会随机械应变[7]的变化而变化。在 MEMS 加速度计的设计中，这些被称为压敏电阻的掺杂硅区域被策略性地放置在最大机械应变位置的悬臂式质量块上。当质量块在外力作用下加速时，悬臂梁中的应变会产生电阻变化，然后通过简单的惠斯通电桥电路检测电阻变化。

压阻式加速度计的主要优点如下：它们具有相当大的线性响应范围，特别适用于检测重力和低频运动（小于 100Hz），制造相对简单且价格廉价，并且只需简单的检测电路。巧妙的机械设计和电阻的放置可以使这种类型的加速度计相当灵敏。

压阻式加速度计的主要缺点是其对温度的敏感性，因此需要对压阻式传感器进行温度补偿。压阻效应的温度系数是众所周知的，所以实施温度校正并不麻烦。这类传感器还需注意硅芯片如何安装到其封装上，尽量减少由封装带来的应变对压敏电阻的干扰。芯片安装不良会导致零点偏移和漂移问题，零点漂移由于胶黏剂材料的老化和迁移而难以弥补。此外，由于基本结构是一个悬挂在柔性悬臂上的质量块，传感器很容易被振动和高冲击损坏，需要专门设计限位装置来保护它不受这种环境的影响。

虽然压阻式加速度计曾被广泛使用，但现在主要应用于高灵敏度、低频的场景，如地震测量。在消费者的运动传感应用中，电容式加速度计已经取代压阻式加速度计，原因在 45.2.1.2 节介绍。

45.2.1.2　电容式

即将研制的第二代加速度计是基于电容换能器的。20 世纪 90 年代后期，硅蚀刻技术的进步使得在硅中制备高纵横比结构成为可能，如交叉指式电容板或梳状指（图 45.1）。

一种电容式加速度计使用一个悬挂的质量块作为敏感单元当质量块受到加速度移动时，增加和减小电容梳齿之间的间隙进行检测。电容加速度可做得非常坚硬（千赫兹谐振频率），因为在梳状结构中仅仅亚微米级的运动位移就可以产生足够的输出信号。检测电路通常包含在加速度计芯片旁边或下面的专用集成电路（ASIC）（它是一种半导体产品，旨在提供特定的电子功能）中，必须检测皮法（pF）或更小的电容变化。

这种加速计的主要优点在于其电容式检测方法，功耗很小，使其成为电池供电设备的最佳选择。极高的灵敏度允许其采用更小（和更硬）的悬浮质量块，从而使多个检测轴可以集成制造成具有竞争力的尺寸。与压阻式加速度计相比，它对温度的敏感性较低，然而，在更宽的温度范围内，仍然需要采用温度补偿来提高性能。

 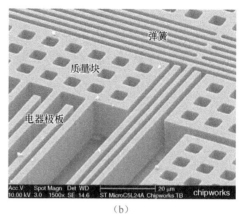

(a)　　　　　　　　　　　　　　　　　(b)

图 45.1　(a)图意法半导体制造的三轴电容式 LIS3DH 加速度计的平面图。表示检测 X、Y 和 Z 向的加速度的区域,(b)一张特写图片显示了一个加速计的高纵横比蚀刻硅电容器板
(经 TechInsights 公司许可转载。)

与压阻式加速度计相比,其主要缺点是制造和检测电路更加复杂。然而,在大批量生产中,较小的晶圆尺寸抵消了这些缺点。此外,静电梳指结构容易产生一种复杂的微尺度现象,称为"黏滞"。当两个微小的表面接触时,尤其是带静电的表面,它们会粘在一起,导致传感器故障。黏性可以通过设计和材料选择、"抗静电"表面涂层的应用和测试技术来控制,然而,它仍然是这类传感器制造良率较低的主要原因。

单片 2 轴和单片 3 轴加速度计是当今商业上最流行的加速度计,它的体积小、功耗低,由电容架构实现。

45.2.1.3　热敏式

压阻式加速度和电容式加速度对机械冲击和振动的敏感性是热加速度计的发展动力。热敏式加速度计最初由 Analog Devices 开发,后来在其子公司 MEMSIC 进行了改进,它使用了一个悬浮在一组狭窄的加热丝[8]上方的空腔气泡。检测方法类似热线风速计,其中气泡的运动影响加热灯丝处的对流冷却率。

热加速度计没有可移动的硅部件,不受机械冲击和振动的影响,使其成为航空航天和军事应用的最佳选择。控制和检测电路也可以与传感器元件进行单片集成。其主要缺点是功率消耗大,因为热检测方法需要用灯丝的焦耳加热电流,带宽较低(小于 100Hz)。与电容加速元件相比,热加速元件的芯片面积是电容的 2~4 倍大(图 45.2)。

45.2.2　商业可用性

MEMS 加速度计用于检测各种现象,包括倾斜(重力矢量)、运动、地震运动、振动、冲击和最多 3 个轴上的线性加速度。它们以 1 轴、2 轴或 3 轴的形式出售,或者与其他传感器作为"组合"传感器。

消费级单片 3 出售加速度计已经变得便宜了(价格为 0.20 美元),体积很小(小于 1.8mm×1.8mm×0.9mm),而且可以贴装表面。虽然第一个商业化的 MEMS 加速器是单轴的,但现在这种设备已经很少了,甚至 2 轴的加速器也越来越少,因为 3 轴的加速器已经非常便宜和小体积。

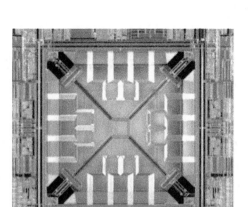

图 45.2　MEMSIC 2 轴热加速度计的光学平面视图
("X"形为电加热器灯丝检测电路环绕传感器元件。经 MEMSIC 公司许可转载。)

消费类或汽车用 MEMS 加速度计的主要制造商有博世公司、意法半导体公司、英维森公司(TDK 集团公司)、NXP 公司和 Kionix 公司（ROHM 的子公司）。相比之下,精密 MEMS 加速度计,特别是地震仪,通常制作为 1 轴加速度计。

为了制造 2 轴传感器或 3 轴传感器,几个 1 轴传感器芯片安装在一个封装内装配到精密加工空间框架上。根据灵敏度和稳定性的不同,每个传感器的价格从 100 美元到 1000 美元不等。用于精密应用的 MEMS 加速度计的主要制造商是 Meggitt 公司、Sensonor 公司、PCB 压电公司、Physical Logic 公司、Tronics 微系统公司(TDK 的一个部门)、硅传感系统公司和赛峰 Colibrys 公司。

45.2.3　未来发展

基于压阻式和电容式传感器的 MEMS 加速度计在过去 30 年里不断发展,现在技术已经成熟。商业创新侧重于降低大容量市场的成本,而有限的学术研究侧重于提高恶劣环境下的性能[9]。

学术界正在探索的新型 MEMS 加速度计是压电薄膜材料(如氮化铝)和比硅更坚固的材料,如碳化硅(SiC)和氮化镓(GaN)。

压电加速度计在机械应变时产生电压变化。它们的主要优点是更高的灵敏度,这将允许更紧凑的尺寸和对热膨胀引起的变化的灵敏度低,以及低功耗[10]。碳化硅和氮化镓正在被研究用于恶劣环境下的加速度计[11-12]。这些材料可以耐受高达 600℃ 的高温,碳化硅 MEMS 加速度计已经在学术界被研究了 10 多年,取得了很好的成果,但是因为碳化硅的高成本和加工困难阻碍了其商业发展。

从制造和成本的角度来看,氮化镓可以在标准硅片晶圆上生长成薄膜,其比碳化硅更适合商业化。氮化镓在电离辐射环境[13]中也具有耐久性,MEMS 氮化镓加速计将非常适合军事应用和空间应用。

45.3　MEMS 陀螺仪

MEMS 陀螺仪将科里奥利力转换成与角加速度变化呈比例的电输出,就像传统的机电传感器一样。与 MEMS 加速度计一样,MEMS 陀螺仪的类型是由其换能原理决定的,每种陀螺仪都有其特定优缺点。表 45.3 提供了常见陀螺仪类型及特点。在为特定的应用选择一种 MEMS 陀螺仪时,必须牢记其结构的基本特性和局限性。

不同用途或"等级"的陀螺仪的适用性视其性能而定。表 45.4 显示了不同等级之间由偏差漂移和精度确定的一些典型边界。在撰写本章时,市面上可用的 MEMS 陀螺仪只能达到"战术级"性能。

表 45.3　主要类型 MEMS 陀螺仪的比较

MEMS 陀螺类型	技术状态	优点	缺点
硅音叉(电容式)	成熟	体积小,功率低,三轴,集成检测电路	易受冲击,只有消费级性能
石英音叉(压敏式)	成熟	灵敏度高,热稳定性好	体积大,单轴,昂贵
振动环(电容式)	成熟	战术级性能	体积大,单轴,昂贵
体声波(电容式)	不成熟	战术级性能,抗冲击、抗振动性能好	比硅音叉陀螺仪大

表 45.4　不同等级陀螺仪性能的定义及其相对成熟度

等级	零偏稳定性/[(°)/s]	主要应用	成熟度
消费级	10	人类运动	商业级成熟
汽车安全级	1	稳定控制	商业级成熟
工业级	10	图像稳定	商业级成熟
战术级	1	辅助导航	商业级成熟
短时间导航级	0.1	弹箭导航	R&D(TRL 6)
导航级	0.01	航空导航	R&D(TRL 4)
战略级	0.001	潜水器导航	R&D(TRL 2)
注:TRL 为 NASA 的技术准备等级。			

45.3.1　工作原理

MEMS 陀螺仪,无论哪种类型,都是振动型的陀螺仪。MEMS 陀螺仪具有主动驱动的机械结构以保持谐振状态,科里奥利力作用在这个谐振器上产生偏转或位移响应。由于科里奥利力很小,传感器输出也很小。MEMS 陀螺仪需要精心设计驱动和检测电路,以确保陀螺仪的输出信号是可检测的。

谐振器的品质因数 Q 是 MEMS 陀螺仪设计的主要指标。与任何机械谐振器一样,Q 描述了谐振器频率响应的锐度,或峰值和带宽。高质量的(晶体)材料,最大限度减少热和弹性能量耗散的设计,以及在真空工作(<2000Pa),以达到最高 Q 谐振器。

对于陀螺仪应用,更高的 Q 也意味着维持谐振状态需要更少的能量(电流消耗)。

MEMS 中各种各样的谐振器形状和架构反映了设计师在现有制造方法的限制下寻求可能的最高 Q 值的创造力。

45.3.2　常见的陀螺仪类型

MEMS 类型的陀螺仪没有行业标准定义,所以这里我们根据谐振器的形状和驱动方式对它们进行分类。每种陀螺仪都可以采用不同的 MEMS 材料和制造方法。在每种类型中,人们可能会发现数十种设计变体。下面只介绍了最常见的商用型号。

45.3.2.1　硅音叉陀螺

早期的 MEMS 陀螺仪采用电容式加速度计的设计。加速度计的电容梳只能感知质量块位置的偏移,而陀螺仪使用两组正交放置的电容梳。一组采用静电驱动"音叉型"质量块进行共振,另一组检测垂直方向科里奥利力。与加速度计类似,音叉 MEMS 陀螺仪结构紧凑,可以在一个硅模具上集成 3 个敏感轴。

MEMS 陀螺仪的实现得益于全行业对等离子体硅蚀刻技术——深反应离子蚀刻(DRIE)的重大投资。这种蚀刻技术最初由德国博世公司获得专利,是专为制造深宽比(高/宽)大于 20∶1 的 MEMS 垂直结构而开发的。[①]

虽然 DRIE 实现了这种传感器架构的制造,但也有其局限性。DRIE 工艺对许多工艺参数都很敏感,最终的结果是晶圆从中心到边缘区域的蚀刻剖面(垂直形状)存在细微变化。蚀刻剖面的变化会影响梳状结构中每个齿的质量和刚度,而与理想矩形截面的偏差会导致陀螺仪驱动和传感机构产生误差,称为正交误差。

硅音叉陀螺仪,也称静电梳状驱动陀螺仪,是最常用的和成本最低的 MEMS 陀螺仪。它们被广泛应用于消费电子产品(智能手机、平板电脑、游戏控制器、相机稳定)和汽车(稳定控制)应用中。驱动过程和梳状驱动器设计的基本限制致使这种架构不太可能实现更高等级的陀螺性能(图 45.3)。

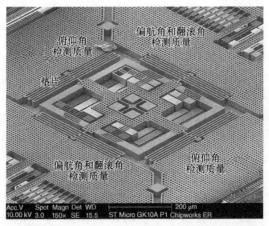

图 45.3　用于苹果 iPhone4 的意法半导体 LG34200D 3 轴硅音叉 MEMS 陀螺仪的扫描电子显微镜(SEM)倾斜图像(静电梳状驱动器可以在图像的左下角和右上角看到)

(经 TechInsights 公司许可转载。)

①MEMS 行业的 DRIE 工艺后来被半导体行业采用,创新了一种重要的新型垂直电气结构,称为通硅通孔(TSV),目前已得到广泛使用。

45.3.2.2 石英音叉陀螺

另一个早期的架构是由 Systron Donner Inertial 公司为汽车和航空航天应用开发的石英音叉陀螺仪。这种结构利用石英的压电特性来驱动音叉尖共振,然后从相反的音叉检测响应信号。音叉结构是由一个薄的单晶石英晶片蚀刻而成。石英相对于硅的低声学能量损失导致较高的本征 Q 值,而较低的热膨胀系数在更宽的温度范围内提供了比硅更好的性能。[①]

石英音叉架构达到战术级性能,在美国,一些型号是 ITAR 控制的。但是制作方法的限制,该陀螺仪只能制成单轴传感器。将 3 个单轴传感器集成在一起制成 3 轴传感器。因此,与硅 3 轴传感器相比,3 轴石英 MEMS 陀螺仪尺寸会更大(边长为厘米级)和价格昂贵。

45.3.2.3 振动环陀螺

MEMS 振动环陀螺仪与宏观半球陀螺仪(HRG)原理相似。该机械结构是一个细长的硅环,悬挂在结构框架上,由静电、压电或电感等驱动方式进入面内环形共振模式。科里奥利力使共振节点位置绕环结构进动(图 45.4)。简单的环形结构相比于梳状驱动器音叉陀螺提供更好的尺寸控制、平衡和热稳定性。

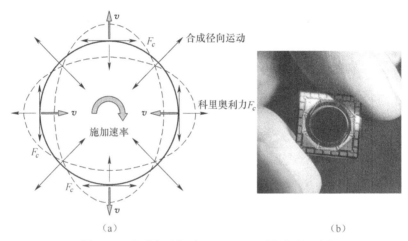

(a) (b)

图 45.4 电感驱动振动环 MEMS 硅陀螺仪的示例

(a)陀螺仪工作原理图;(b)带有单轴振动环的裸芯片。(经 Silicon Sensing Systems 公司许可转载。)

45.3.2.4 体声波陀螺

体声波(BAW)陀螺仪最初由佐治亚理工学院开发,目前正由 Qualtré 公司开发用于商业用途。这种相对较新的陀螺仪架构采用了一个盘状硅谐振器,驱动谐振器在其体内或体积内产生声波驻波。

科里奥利力引起硅谐振器周围的声振动节点的进动。当节点进动时,位于谐振器周边的电容式传感器可以探测到纳米级的表面振幅偏移。

与硅静电梳状驱动器相比,采用单个大体积谐振器,使 BAW 陀螺仪不太容易受到 DRIE 制造变化的影响,因此能够实现更低的正交误差和漂移率。此外,与弯曲振动相比,

---

① 石英的本征 Q 值为 10,硅的本征 Q 值<10°;石英的热膨胀系数为 $0.55\times10^{-6}/℃$,硅的热膨胀系数为 $2.5\times10^{-6}/℃(25℃)$。

BAW 陀螺仪具有更强的体声振动结构,对外部冲击和振动具有更好的免疫力(图 45.5)。

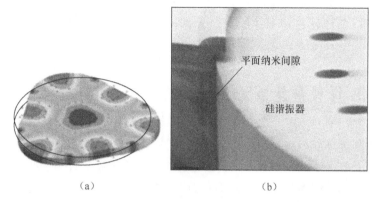

(a) (b)

图 45.5　(a)图:显示陀螺仪工作原理的有限元模型。该陀螺仪本体为实心硅盘,其内部声振动节点在科里奥利力作用下进动时,导致边缘变形。(b)图:平面内的电容性纳米间隙检测到圆盘边缘硅表面振幅的变化。
(经 Qualtré 公司许可转载。)

45.3.3　商业可用性

MEMS 陀螺仪以 1 轴、2 轴或 3 轴或以其他传感器一起作为"组合"传感器的形式出售。

消费级 3 轴陀螺仪已经变得便宜(在大批量情况下约 0.30 美元)和更小(小于 3mm×3mm×0.9mm),并可在表面贴装。

消费级或汽车用 MEMS 陀螺仪的主要制造商有博世公司、意法半导体公司、松下公司、InvenSense 公司 (TDK 集团公司)、Kionix 公司(ROHM 的子公司)、NXP 公司和村田公司。

大多数精密 MEMS 陀螺仪都是以单轴为单位制造的,原因有很多:单位尺寸,使用特殊材料如石英,或者有时仅仅是因为制造商想从晶圆中筛选性能最好的芯片。为了制造多轴传感器,几个 1 轴传感器芯片被安装在一个精密加工的空间框架内。这些封装可以比 1cm³ 大得多,价格可能从几百美元到几千美元不等,这取决于传感器的等级。

用于精密应用的 MEMS 陀螺仪的主要制造商是诺斯鲁普·格鲁曼公司、Tronics 微系统公司(TDK 集团公司的一个部门)、Sensonor 公司、硅传感系统公司、Qualtré 公司(2016 年被松下公司收购)、Systron Donner 公司和 Safran Colibrys 公司。

45.3.4　未来发展

最近正在研发的新型 MEMS 陀螺仪架构的研究和开发,旨在提高导航性能和改善环境鲁棒性,特别是抗冲击和振动能力。硅以外的材料,如熔融二氧化硅、金刚石和压电材料,正在研究它们的高 Q 特性。

硅音叉陀螺仪的研究也在不断完善。最近的创新包括新的机械设计,以最大限度地提高感知模态 Q,以及模态匹配,以改善振动抑制振动和最小化能量耗散[14-16]。正在开发的先进陀螺仪概念包括熔融硅 3D 谐振器[17]、氮化铝体声学陀螺仪[18]和基于硅纳米线应变的陀螺仪[19-20]。

导航级陀螺仪的优化及其进一步发展受到市场前景不佳以及各国政府对国际贸易限制

的制约。虽然学术文献提供了许多具有诱人性能的陀螺仪设计,但它们的商业化一直是不均衡的和缓慢的。由于陀螺仪设计的复杂性和需要定制 ASIC 芯片以及上述经济因素,带动一个新的 MEMS 陀螺仪从研究实验室制造到商业市场至少需要 5 年和 5000 万美元的投资。

45.4 MEMS 惯性测量单元

MEMS 惯性测量单元(IMU)由一组 MEMS 传感器组成。典型的 MEMS IMU 至少包含一个 3 轴加速度计和一个 3 轴陀螺仪。许多还包括一个 3 轴磁力计。一些 MEMS IMU 也可与其他传感器集成,如 MEMS 压力传感器或温度传感器。

45.4.1 体系结构

MEMS IMU 是一种传感器系统,它是通过单独制造多个 MEMS 传感器,然后将它们组装在一个单独的封装来实现的。加速度计和陀螺仪可以在同一块硅上整体制造,然而,在撰写本章时,由于工艺和制备步骤不兼容,磁力计和压力传感器必须分别在单独的硅片上制造,然后再在 IMU 封装内组装。

也有将传统传感器与 MEMS 系统相结合的混合 IMU。例如,诺斯罗普·格鲁曼公司提供了 IMU LN-200,它结合了 1 个光纤陀螺和 3 个高性能单轴 MEMS 加速度计。混合惯性导航系统(INS)可以将 GNSS 接收机与 MEMS IMU 组合,如 SBG 系统 Ellipse-N 惯性导航系统。

除了 MEMS 传感器晶片,IMU 还包含所有的电子元件和固件,以处理来自多个传感器的原始信号,应用补偿或校准因子提高精度,并执行传感器数据融合。

通过组合不同的传感器,可以实现多种 IMU 排列。在很多情况下,IMU 的制造商从第三方销售商采购部分或全部 MEMS 传感器芯片。IMU 制造商通过采用以下任何一种方法来增加价值:专有芯片安装方法、封装设计(例如防水或电磁干扰屏蔽)、电子设计、专有信号处理和滤波、校准和可靠性测试(图 45.6)。

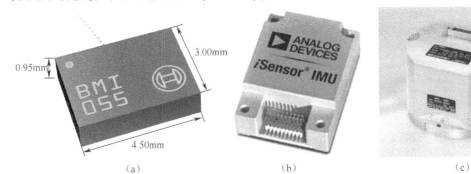

图 45.6 商用 MEMS IMU 示例

(a)博世公司的消费级 IMU 在 LGA 包;(b)模拟设备公司的工业级 IMU;

(c)诺斯罗普·格鲁曼公司的战术级 IMU。注意形状因素和大小的多样性。

(经博世公司、模拟设备公司和诺斯罗普·格鲁曼公司许可转载。)

45.4.2　商业可用性

用于消费者的商用 MEMS IMU 的主要供应商有 InvenSense 公司（TDK 集团公司）、ADI 公司、意法半导体公司、博世公司、Kionix 公司（ROHM 的一个部门）和 NXP 公司。用于工业和国防的商用 MEMS IMU 的主要供应商是 ADI 公司、硅传感系统公司、Sensonor 公司、诺斯罗普·格鲁曼公司、霍尼韦尔公司和西斯特朗·唐纳公司。

45.5　MEMS 惯性传感器在导航中的应用

MEMS 惯性传感器为导航解决方案提供了新的位置、方位和运动数据来源。它们的尺寸相对较小（毫米级到厘米级）、较低的单价（1～100 美元）和低电流消耗等特点，（微安级到毫安级）等特点，使它们成为更大的传统机电传感器的理想替代品。MEMS 传感器为导航工程师提供了一个诱人的选择，特别是在拒止 GNSS 环境中的应用。在选择和应用 MEM 传感器时商用业务注意事项如下。

45.5.1　商用业务注意事项

建议导航工程师在消费级解决方案中使用 MEMS 惯性传感器，从现有的商业库存中获取传感器。采用传感器融合（智能地结合多个传感器的输入）和/或对原始传感器数据采用软件处理等策略可以克服现有传感器性能的一些限制。

建议资金雄厚的企业寻求最先进的战术或导航级 MEMS 传感器与小型高性能 MEMS 传感器供应商形成密切的伙伴关系。最终用户和供应商之间的长期共生关系，可能包括为互惠互利和长期采购协议定义下一代传感器规格，可以帮助克服低产量制造的经济和供应链挑战。

建议性能传感器的用户还应随时了解有关这些传感器的最新出口管制条例（美国的受控商业清单和国际武器贸易条例）。截至撰写本报告时，高性能 MEMS 加速度计和陀螺仪是美国出口（第 6 类）和 ITAR（第XII类）控制的项目。

45.5.2　传感器的选择

在选择 MEMS 传感器时，必须仔细考虑多个特性和因素（表 45.5）。虽然工程师可能主要关注传感器规格指标，但环境、系统集成和业务考虑对于为产品选择最佳传感器同样重要。

所有的传感器对诸如振动、冲击和温度等杂散输入都有一定程度的敏感性。在进行传感器选择之前，应充分了解导航产品的最终使用操作条件。

表 45.5　导航产品或解决方案的传感器选择中需要评估和考虑的重要因素

性能因素	评估项目
传感器的性能	范围、灵敏度、分辨率、线性度、精度、漂移和功耗
环境	温度范围、冲击和振动频谱、电磁干扰、静电放电、湿度、电离辐射

续表

性能因素	评 估 项 目
电气和软件集成	模拟/数字输出(包括 I2C 等通信格式)、温度补偿、校准、节能休眠模式
机械一体化	芯片尺寸、封装材料、连接器或焊接接口、传感器对准和方向、传感器安装刚度
商业化	单价、可用性(订单交货时间)、供应的稳定性、产品寿命规划、出口和 ITAR 法规、进口关税、保修

45.5.3　传感器的性能指标

MEMS 传感器制造商通常会提供列出性能指标和容差的数据表。通常,白皮书或应用程序说明提供了关于如何最好地实现传感器的不同用途应用的额外实用信息。我们鼓励导航工程师在进行初步的传感器选择时仔细检查数据表和应用说明。

2014 年,IEEE 2700 传感器性能参数定义标准发布。其目的是标准化 MEMS 传感器性能指标的定义和测试,使不同制造商的数据表能够进行"器件对器件"的比较。读者必须始终牢记,制造商提供的传感器性能数据是在受控和有限的条件下获取的。

最终的传感器选择必须始终包括对传感器样机在其预期应用中模拟预期的现场使用条件(机械安装、电源、环境等)下的严格评估测试。

参考文献

[1] Petersen K. ,"Silicon as a mechanical material," *Proceedings of the IEEE*, vol. 70, no. 5, pp. 420–457, 1982.

[2] Nathanson H. , Newell W. , Wickstrom R. , and Davis J. , "The resonant gate transistor," *IEEE Transactions on Electron Devices*, vol. 14, no. 3, pp. 117–133, 1967.

[3] Roylance L. and J. Angell, "Batch-fabricated silicon accelerometer," *IEEE Transactions Electron Devices*, *vol.* 26, pp. 1911–1917, 1979.

[4] Wise K. and J. Angell, "An IC piezoresistive pressure sensor for biomedical instrumentation," *IEEE Transactions on Biomedical Engineering*, vol. 20, no. 2, pp. 101–109, 1973.

[5] Neul R. , U. -M. Gomez et. al. , "Micromachined angular rate sensors for automotive applications," IEEE Sensors Journal, vol. 7, no. 2, pp. 302–309, 2007.

[6] Robin L. and E. Mounier, "Inertial sensor market moves to combo sensors and sensor hubs," *MEMS Trends*, pp. 16–18, October 2013.

[7] Kanda Y. , "A graphical representation of the piezoresistive coefficients in silicon," *IEEE Transactions Electron Devices*, vol. 29, no. 1, pp. 64–70, 1982.

[8] Zhao Y. et. al. , "Thermal convection accelerometer with closed-loop heater control," US Patent 6795752 B1, 21 September 2004.

[9] Zotov S. , B. Simon, A. Trusov, and A. Shkel, "High quality factor resonant MEMS accelerometer with continuous thermal compensation," *IEEE Sensors Journal*, vol. 15, no. 9, pp. 5045–5052, 2015.

[10] Tadigadapa S. and K. Mateti, "Piezoelectric MEMS sensors:state-of-the-art and perspectives," *Measurement Science and Technology*, vol. 20, pp. 1–30, 2009.

[11] Senesky D. , B. Jamshidi, B. Cheng, and A. Pisano, "Harsh environment silicon carbide sensors for health and performance monitoring of aerospace systems: A review," *IEEE Sensors Journal*, vol. 9, no. 11, pp. 1472–

1478,2009.

［12］ Lv J. ,Yang Z. et. al. ,"Fabrication of large-area suspended MEMS structures using GaN-on-Si platform," *IEEE Electron Device Letters*,vol. 30,no. 10,pp. 1045-1047,2009.

［13］ Chiamori H. ,Hou M. ,Chapin C. ,Shankar A. ,and Senesky D. ,"Characterization of gallium nitride microsystems within radiation and high-temperature environments," in *SPIE MOEMS-MEMS*, San Francisco,2014.

［14］ Trusov A. ,Schofield A. ,and Shkel A. ,"Micromachined rate gyroscope architecture with ultra-high quality factor and improved mode ordering," *Sensors and Actuators:A*,vol. 165,pp. 26-34,2011.

［15］ Ren J. et. al. ,"A mode-matching 130-kHz ring-coupled gyroscope with 225 ppm initial driving/sensing mode frequency splitting," in *Transducers*,Anchorage,2015.

［16］ Norouzpour-Shirazi A. et. al. ,"A dual-mode gyroscope architecture with in-run mode-matching capability and inherent bias cancellation," in *Transducers*,Anchorage,2015.

［17］ Cho J. ,Woo J. et. al. ,"Fused-silica micro birdbath resonator gyroscope," *Journal of Microelectromechanical Systems*,vol. 23,no. 1,pp. 66-77,2013.

［18］ Tabrizian R. ,Hodjat-Shamami M. ,and Ayazi F. ,"High-frequency AlN-on-silicon resonant square gyroscopes," *Journal of Microelectromechanical Systems*,vol. 22,no. 5,pp. 1007-1009,2013.

［19］ Walther A. ,Savoye M. et. al. ,"3-axis gyroscope with Si nanogage piezo-resistive detection," in *IEEE 25th International Conference on Micro Electro Mechanical Systems (MEMS)*,Paris,France,2012.

［20］ Giacci F. ,"Vibrations rejection in gyroscopes based on piezoresistive nanogauges," in *Transducers 2015- 18th International Solid-State Sensors,Actuators and Microsystems Conference*,Anchorage,2015.

第46章　GNSS-INS组合导航

A 部分　GNSS-INS 组合导航基础

Andrey Soloview

QuNav 有限公司,美国

全球导航卫星系统(GNSS)广泛用于导航和授时。然而,在城市环境和浓密树叶下,卫星导航接收机容易受到干扰、欺骗、视线(LOS)阻塞和多径反射的影响。为解决这些局限性,需要通过多种辅助导航方式增强卫星导航性能。本章介绍最流行的卫星导航增强方法,即与惯性导航系统(INS)组合。

惯性导航系统通过积分载体非重力加速度和角速度来计算导航输出。它不依赖外部信息,能够连续输出导航解算。因此,惯性导航是一个完全自主的系统,不容易受到外部干扰。然而,惯性导航系统采用加速度积分得到速度和位置,采用角速度积分得到姿态。随着时间的推移,传感器的测量误差积分引起导航解算误差。因此,惯性导航解算会随着时间的推移而产生漂移。为了说明这一点,图 46.1 显示了 INS 位置解算中的漂移,这是由消费级微机电系统(MEMS)惯性传感器(类似于智能手机中使用的惯性传感器)的加速度测量偏差引起的。

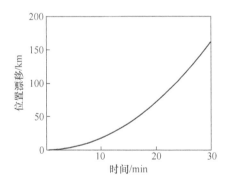

图 46.1　加速度计测量偏置引起的惯性导航系统位置解算漂移

[仿真中惯性导航系统采用消费级传感器,加速度计偏置为 $0.01g$(约 $0.1\mathrm{m/s^2}$)。30min 后惯性导航定位误差达到 160km。需要使用外部导航设备(如 GNSS)校正惯性导航误差。]

如图 46.1 所示,在自主模式下运行 30min 后,惯性导航解算漂移约 160km。显然,为了保持一个合理的精度水平,惯性导航系统的输出需要使用 GNSS 之类的外部辅助设备进行定期校正。相比之下,GNSS 的定位精度不会随着时间的推移而增大,但可能会受到各种无意和有意的外部干扰。因此,GNSS-INS 组合的关键是使用惯性导航补充卫星导航间断时刻的位置,同时将卫星导航数据(当可用时)应用于校正惯性导航漂移。

表46.1进一步比较了GNSS和INS的主要特点,说明了这两个系统是如何相互补充的。GNSS-INS组合的主要目标是综合各个导航设备的优点,回避其不足。

表46.1 卫星导航和惯性导航的优缺点

导航系统	优 点	缺 点
GNSS	(1)定位精度不随时间降低; (2)不需要外部辅助导航设备进行初始化	(1)易受环境和人为因素干扰; (2)较低的位置和速度信息输出速率(100Hz或更低); (3)在单卫星导航天线情况下无姿态信息输出
INS	(1)完全自主(干扰和环境条件不会影响系统性能); (2)提供姿态信息; (3)很高的位置和速度信息输出速率(100Hz~2kHz)	(1)误差无界; (2)需要初始化(位置、速度和姿态),这一般需要使用外部辅助设备

针对下面问题:我们是否可以简单地使用GNSS位置(当它可用时)来重置惯性导航漂移,而不是用本章A部分和B部分专门讨论的各种GNSS-INS组合算法? 图46.2说明了为什么这种方法的作用非常有限。

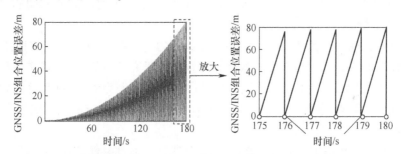

图46.2 GNSS-INS简单位置重置的定位性能

[卫星导航与一个低精度的惯性导航系统(加速度计偏置0.001g和陀螺漂移100(°)/h)进行融合。当卫星导航位置可用时,用于重置INS解算位置。这种简单位置重置方法使得在卫星导航相邻更新时刻之间INS误差无限增长。
这是因为只有位置误差被重置,而其他惯性导航状态误差(如速度和姿态误差)仍然没有得到补偿。]

图46.2中以1s的更新速率获取GNSS位置,然后用于重置INS的位置估算,重置后INS位置误差发散得到减弱。然而,在GNSS相邻更新间隔内的INS位置漂移随着时间的推移而增加。这种不断增长的漂移是由于速度和姿态误差不受位置误差重置的影响,并且随着时间的推移继续增长,导致位置漂移的误差越来越大。因此,需要更复杂的组合技术。

为了减轻惯性导航漂移,GNSS-INS组合采用互补估计方法。如图46.3所示,互补估计使用GNSS测量$\hat{z}_{GNSS}$和惯性导航预测$\hat{z}_{INS}$之间的差分来估计惯性导航的状态误差,而不是估计惯性导航状态,然后利用估计的惯性导航状态误差补偿惯性导航解算,得到组合导航解算。观测矢量z的选择取决于GNSS-INS组合模式,松组合使用位置分量构造观测矢量z的元素,紧组合使用可见卫星的伪距、多普勒频移和载波相位测量构造观测矢量z的元素。

与全状态公式相比,GNSS-INS互补估计的主要优点是大大简化了状态转移模型,组合模型采用随时间传播的惯性导航状态误差,而不是惯性导航状态本身。在这种情况下,过程

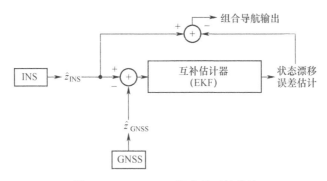

图 46.3　GNSS-INS 组合的互补估计

[利用 INS 预测和 GPS 观测值的差分($\hat{z}_{INS}$ 和 z_{GNSS})估计惯性导航状态误差,然后利用估计的
惯性导航状态误差补偿惯性导航解算,从而提供组合导航输出。]

噪声协方差矩阵 Q 完全由惯性导航传感器误差的稳定性和传感器的噪声特性决定。实际上通常存在多种运动模式(如直线飞行和转弯机动),个别运动模式下可能需要调整矩阵 Q,为了优化性能,甚至可能需要对矩阵 Q 进行自适应调整。此外,惯性导航系统状态的传播是一个非线性过程,惯性导航状态误差的时间传播可以有效地线性化(如 46.2 节)。因此,互补估计可以利用线性滤波技术(如扩展卡尔曼滤波器),而不需要利用非线性估计方法,如无迹卡尔曼滤波器和粒子滤波器。

　　本章的主要目标是向读者介绍 GNSS-INS 组合的主要概念,并展示它们在现实应用场景中的适用性(如 46.6 节中的 GNSS-MEMS 组合案例研究)。通过采用简单的数学模型阐述组合机理,例如在 46.2 节中以一维惯性导航误差传播模型为例,向读者介绍惯性导航状态误差传播模型。第 46 章 B 部分深入考虑了 GNSS-INS 组合系统的实际应用方面,并进行了更严格的推导。

　　本章的其余部分组织如下:46.1 节和 46.2 节回顾了惯性导航的主要原理,并分别建立了基本的 INS 误差传播模型;46.3~46.5 节描述了松组合、紧组合和深组合的机理;46.6 节介绍了两个研究案例:①用于城市导航的 GNSS-INS 组合,其中包括使用消费级 MEMS 惯性传感器;②用于密集森林区域的深度组合。

46.1　惯性导航系统基本原理

　　本节讨论惯性导航的主要特点,提供读者与 GNSS-INS 组合导航系统开发直接相关的主要概念,对惯性导航的深入描述和进阶讨论,可以查看文献[1-2]。

　　惯性导航原理源于牛顿物理学的第一、第二定律:第一定律指出物体将继续做匀速直线运动,除非受到外力的干扰;第二定律指出物体的加速度与作用在其上的外力的合力成正比,方向与该力相同,大小与物体的质量成反比。惯性导航原理是通过测量外力,进而计算出加速度,然后再将加速度积分得到速度和位置,如图 46.4 所示。

　　需要注意的是,积分需要的初始速度和初始位置可以由卫星导航或其他外部辅助设备提供。

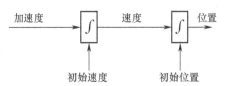

图 46.4　惯性导航的基本原理
（加速度积分得到速度和位置。初始速度和初始位置是进行积分的初值。）

加速度计的测量原理可以用弹簧上的一个质点来阐述,从零状态(合外力为零)位置开始,质点位移直接与作用在弹簧方向(或沿加速度计的敏感轴方向)上的合外力呈比例。该力是运动产生的加速度和重力产生的加速度的差,通常被称为比力。因此,加速度计测量比力在其敏感轴上的投影,投影与导航坐标系(在该系下计算导航输出)相关,在比力积分得到速度和位置之前需要补偿重力分量。

在导航坐标系中测量比力有两种方法:①对准加速度计的敏感轴与导航坐标系的坐标轴,这种方法首先应用于平台式惯性导航系统;②利用捷联原理,传感器的敏感轴刚性固联到载体,通过计算实现加速度计敏感轴与导航坐标系坐标轴的对准。平台式惯性导航系统对准方法具有非常精确的角度对准精度,然而与捷联惯性导航系统相比,平台式架惯性导航系统尺寸大、成本高和可靠性低。因此,大多数现代惯性导航系统采用捷联方法,使传感器的敏感轴与载体坐标系固联,连续计算载体姿态而不是使传感器敏感轴跟踪导航坐标系。在这种情况下,陀螺仪测量角速度,同时计算载体和导航坐标系之间的相对姿态,然后利用计算的姿态,将比力从载体坐标系转换到导航坐标系,本章重点介绍捷联惯性导航方法。

此外,因为牛顿定律仅在非旋转惯性系中有效,而导航解算需要确定相对于地球的参考系,如 WGS-84 地心地固坐标系(ECEF)或当地水平东北天(ENU)坐标系,这些旋转坐标系本质上是非惯性的,因此还必须补偿非惯性效应。

综上所述,惯性导航的主要原理(图 46.4)包括姿态稳定、重力校正和非惯性效应补偿。图 46.5 显示了捷联惯性导航系统原理的详细方块图。

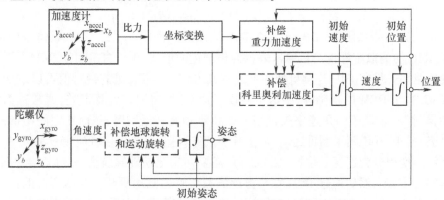

图 46.5　捷联惯性导航系统原理的详细方块图
[任何类型的惯性导航系统都需要有实线表示的方块,在某些惯性导航系统中可以省略
虚线表示的方块(例如使用消费级传感器的惯性导航系统)。]

在一般的三维(3D)导航情况下,惯性测量单元(IMU)包括 3 个加速度计和 3 个陀螺仪,其敏感轴相互正交,测量 6 个运动自由度。首先补偿陀螺仪测量中由导航坐标系旋转引起的非惯性效应,这些非惯性效应通常包括地球自转和运动旋转速率(由于平台沿地球表面运动而产生的当地水平坐标系的旋转),补偿时需要速度、位置和角方向,因此从速度、位置和姿态计算出的反馈信息包括在惯性导航系统框(图 46.5)中。非惯性效应补偿是惯性导航系统中较先进的概念,可以在惯性导航的教科书(如文献[1])中找到。此外,在有限时间内,采用低精度传感器的 GNSS-INS 组合时,非惯性效应对 INS 误差的影响有限,例如一架以 800km/h 向北飞行的飞机大约产生 7(°)/h 的运动旋转速率;地球的旋转速率大约是 15(°)/h,当使用战术级传感器(陀螺仪漂移范围为 1~10(°)/h)时,补偿这些旋转速率是重要的,它们比消费级惯性导航(100(°)/h 或更大)的陀螺仪漂移小一个数量级。这里不考虑非惯性旋转效应的补偿。

姿态角通常用欧拉角、四元数和方向余弦矩阵(DCM)表示。没有一种特定的姿态表示方法可以比其他方法具有特别明显的优势(在节省计算量或减少误差传播方面),并且这 3 种方法之间可以相互转换。由于 DCM 坐标变换的直观性,本章应用 DCM 表示惯性导航姿态。符号 $C_{b \to N}$ 表示从载体坐标系 b 到导航坐标系 N 的坐标转换。

由于三维空间中有限的旋转具有不可交换性,使 INS 的姿态更新变得复杂,陀螺的角速率不能简单地积分成绕 x 轴、y 轴、z 轴的旋转角度,因为旋转顺序影响方向余弦矩阵。然而无限小的转动满足旋转可交换性,据此推导姿态微分方程的表达式为

$$\dot{C}_{b \to N} = C_{b \to N} \cdot \boldsymbol{\omega}_b \times \tag{46.1}$$

式中:$\boldsymbol{\omega}_b \times$ 为载体坐标系旋转角速率构成的反对称矩阵。

$$\boldsymbol{\omega}_b \times = \begin{bmatrix} 0 & -\omega_{z_b} & \omega_{y_b} \\ \omega_{z_b} & 0 & -\omega_{x_b} \\ -\omega_{y_b} & \omega_{x_b} & 0 \end{bmatrix} \tag{46.2}$$

注意,式(46.1)表示 DCM 和其转动角速率之间的精确关系,当角速率矢量的方向在 IMU 连续测量中保持不变时,可以得到它的精确解。在这种情况下,DCM 递归更新为

$$C_{b \to N}(t_n) = C_{b \to N}(t_{n-1}) \cdot \exp m(\Delta \boldsymbol{\theta}_b \times (t_n)) \tag{46.3}$$

式中:$\exp m$ 为矩阵指数函数;$\Delta \boldsymbol{\theta}_b \times$ 为在 IMU 更新时间间隔 $[t_n, t_{n-1}]$ 内载体角增量的反对称矩阵,IMU 的离散陀螺仪测量通常表示为角增量的形式,可以直接用于 DCM 更新。

假设角速率矢量在 IMU 连续更新中不改变其方向(注意矢量的绝对值可以改变)的情况下,式(46.3)是 DCM 的精确解,当这个假设不成立时,将引入计算误差,通常称为"圆锥误差"。"圆锥"一词源于当角速率矢量绕某一特定轴旋转运动时,从而在空间中形成一个锥形的轨迹,图 46.6 说明了圆锥运动,为了减少圆锥误差,已提出多种研究方法[3-4]。

为将加速度积分为速度和位置(图 46.4),需要初始化惯性导航姿态,即需要估计 DCM 的初始值 $C_{b \to N}(t_0)$,然后通过 DCM 微分方程的数值解递归地更新。初始姿态的估计是基于载体坐标系和导航坐标系中都已知的矢量,通过旋转载体坐标系,直到这些矢量在载体坐标系和导航坐标系中的分量彼此对齐。DCM 初始值的求解至少需要两个非共线矢量,最常见的是重力和地球自转速率[1-2]。当 IMU 静止时,分别用加速度计和陀螺仪测量重力和地球自转速率在载体坐标系中的分量;而重力和地球自转速率在导航坐标系中的分量是通过 GNSS 提供的位置信息估计获得(重力根据重力模型计算,地球自转速率被投影到给定位置

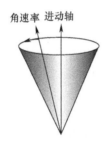

图 46.6　圆锥运动：角速率矢量绕某一轴旋转

（由于有限旋转的不可交换性，圆锥运动为惯性导航输出带来了计算误差。为了提高惯性导航精度，已提出多种计算方法。）

的东北天坐标系中）。然而对于低精度惯性导航，由于地球自转速率（15(°)/h）小于陀螺仪误差，不能可靠地测量，此时可以利用以下初始化方法。首先当平台静止时，利用重力加速度将角度方向对齐，然后使载体处于直线运动状态，并采用速度矢量完成对准。通过卫星导航数据估计载体在导航坐标系下的速度分量，通过运动模型估计载体在载体坐标系下的速度分量，例如假设速度与车辆的前轴对齐。

如图 46.5 所示，载体姿态可用于将载体坐标系下测得比力转换到导航坐标系下：

$$f_N(t_n) = C_{b \to N}(t_n) \cdot f_b(t_n) \tag{46.4}$$

与角速度一样，加速度计不提供瞬时测量值，而是提供在 IMU 更新间隔内累积的比力增测量量值，这些测量值称为 ΔV_s，我们将其命名为 Δv_{sf_b}，sf 包含在下角标中，表示 ΔV_s 测量中需要补偿重力。对于 ΔV_s，式（46.4）中的坐标变换修订为

$$\Delta v_{sf\_N}(t_n) = C_{b \to N}(t_n) \cdot \Delta v_{sf\_b}(t_n) \tag{46.5}$$

如果在 IMU 更新期间没有发生载体坐标系的旋转，则此公式是精确的，否则该公式将引入计算误差（称为划桨误差）。与减少圆锥误差一样，目前已提出多种方法并成功地应用于减轻划桨效应对惯性导航解算的影响[4-5]。

如图 46.5 所示，重力校正后坐标变换如下：

$$\Delta v_N(t_n) = \Delta v_{sf\_N}(t_n) + g(x_N(t_n)) \cdot \Delta t \tag{46.6}$$

式中：Δt 为 IMU 更新时间间隔，重力校正使用重力加速度模型，最简单的模型是假设这个矢量是向下的，它的绝对值等于 $9.8 \mathrm{m/s^2}$。由于重力加速度模型误差低于加速度计测量误差，因此对于较低精度的惯性导航系统该模型的精度是足够的，但是更高精度的惯性导航系统（如导航级）需要更精确的重力模型，此时重力的方向和大小将表示为位置 x_N 的函数。

其中，部分非惯性效应补偿包含在重力校正中，例如向心加速度是由地球自转引起的，它也是位置函数，将其纳入重力模型，并与重力校正过程相结合。

更高精度的惯性导航系统需要进一步补偿非惯性效应及与 ΔV_s 相关的科里奥利加速度，科里奥利加速度是平台在旋转导航坐标系中的运动产生的，它的值取决于平台的速度和相对于地球表面的位置，因此补偿科里奥利加速度需要提供速度和位置信息，如图 46.5 所示。对于较低精度的惯性导航和低速运动，科里奥利加速度效应低于传感器测量误差，可以忽略。例如一辆在北纬45°以 100km/h 行驶的汽车的科里奥利加速度为 $0.003 \mathrm{m/s^2}$，而消费级惯性导航的典型偏差为 $0.1 \mathrm{m/s^2}$。

最后，将导航坐标系下的 ΔV_s 积分得到速度和位置。式（46.7）给出了线性积分算法：

$$\begin{cases} \boldsymbol{v}_N(t_n) = \boldsymbol{v}_N(t_{n-1}) + \Delta \boldsymbol{v}_N(t_n) \\ \boldsymbol{x}_N(t_n) = \boldsymbol{x}_N(t_{n-1}) + \boldsymbol{v}_N(t_n) \cdot \Delta t \end{cases} \tag{46.7}$$

更高阶的积分方法(二次或更高阶)可以减小高动态运动造成的数值误差。

为了总结对于惯性导航系统原理的讨论,图46.7展示了惯性导航解算的 MATLAB 算法,它遵循本节中讨论的主要计算步骤。

由于低精度惯性导航系统(如消费级 MEMS 传感器)非惯性效应的影响低于传感器误差,图46.7中的惯性导航解算不包括对非惯性效应的补偿,该算法已经成功用于本章后面讨论的多种 GNSS-INS 组合模型。

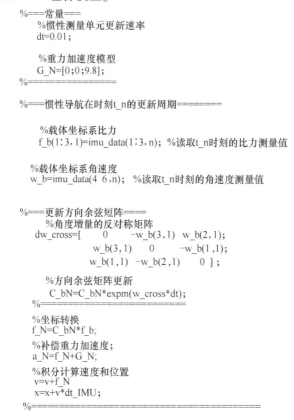

图 46.7　惯性导航解算在 MATLAB 中的实现

(它包括姿态计算、坐标变换、重力校正以及速度和位置积分,没考虑非惯性效应影响,
该算法已经成功地用于低精度惯性传感器的 GNSS-INS 组合。)

46.2　惯性导航误差传播

本节应用46.1节中讨论的惯性导航基本原理,研究惯性导航误差随时间传播的模型,该传播模型独立于组合模式(松组合、紧组合或深组合)。不同组合模式使用不同的 GNSS 测量值,例如位置和伪距,其中紧组合需要建立 GNSS 误差传播模型,包括接收机时钟偏差,惯性导航系统的误差模型及其相关的误差传播规律保持不变。本节研究惯性导航误差传播模型,接下来的各节通过添加卫星导航误差模型和测量可观测值实现组合解算。

46.2.1　一维情况

以一维(1D)情况为例,平台沿着水平坐标系的 x 轴移动,图46.3的双重积分方法完全定义了惯性导航解算,因此不需要姿态确定、重力校正和坐标变换。在加速度计测量中,常值偏置 b_{accel} 传播为速度和位置误差(分别为 δv 和 δx),如下:

$$\begin{cases} \delta v(t_n) = \delta v(t_{n-1}) + b_{\mathrm{accel}} \Delta t \\ \delta x(t_n) = \delta x(t_{n-1}) + \delta v(t_n) \cdot \Delta t \end{cases} \tag{46.8}$$

写成矩阵形式为

$$\begin{bmatrix} \delta x(t_n) \\ \delta v(t_n) \\ b_{\mathrm{accel}} \end{bmatrix} = \begin{bmatrix} 1 & \Delta t & 0 \\ 0 & 1 & \Delta t \\ 0 & 0 & 1 \end{bmatrix} \cdot \begin{bmatrix} \delta x(t_{n-1}) \\ \delta v(t_{n-1}) \\ b_{\mathrm{accel}} \end{bmatrix} \tag{46.9}$$

使用卡尔曼滤波对状态转移进行更新:

$$X(t_n) = \boldsymbol{\phi} \cdot X(t_{n-1}) \tag{46.10}$$

式中: $X(t_n) = \begin{bmatrix} \delta x(t_n) \\ \delta v(t_n) \\ b_{\mathrm{accel}} \end{bmatrix}$; $\boldsymbol{\phi} = \begin{bmatrix} 1 & \Delta t & 0 \\ 0 & 1 & \Delta t \\ 0 & 0 & 1 \end{bmatrix}$ 。

式(46.10)定义了一维情况下的惯性导航误差传播模型,即使对低精度 MEMS 传感器,用常值偏置近似加速度计测量误差也过于简单,更合适的加速度计误差 $\delta \alpha$ 模型,包括慢变偏置和噪声项:

$$\delta \alpha(t_n) = b_{\mathrm{accel}}(t_n) + \eta_{\mathrm{accel}}(t_n) \tag{46.11}$$

噪声用零均值高斯随机过程表示:

$$E[\eta_{\mathrm{accel}}(t_n)] = 0, \quad E[\eta_{\mathrm{accel}}^2(t_n)] = \sigma_{\eta\_\mathrm{accel}}^2 \tag{46.12}$$

式中: $E[\cdot]$ 为期望值,随时间慢变偏置项用一阶高斯–马尔可夫过程[6]近似,该过程具有指数自相关函数:

$$R_b(\tau) = \sigma_b^2 \mathrm{e}^{-\beta|\tau|} \tag{46.13}$$

式中: $1/\beta$ 为时间常数与相关时间成反比,,如图46.8所示。

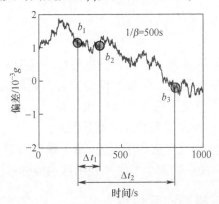

图46.8　一阶高斯–马尔科夫过程示例,其时间常数 β 与自相关时间成反比,时间间隔较短的偏差值具有较强的相关性(如 b_1 和 b_2),时间间隔超过 $1/\beta$ 的偏差值(如 b_1 和 b_3)相关性较小

表 46.2 列出了对应于各种精度等级加速度计的高斯-马尔科夫过程的典型值,一般情况下,随着传感器精度等级的提高,偏差 σ_b 减小,相关时间增加。

表 46.2 不同精度等级惯性传感器的加速度计偏差模型参数

传感器等级	典型偏差值($1\sigma^2$)	典型相关时间
导航级	$10^{-6}g$	1 h
战术级	$10^{-5}g \sim 10^{-3}g$	30min
消费级	$10^{-2}g$	$100 \sim 500s$

式(46.14)给出了一阶高斯-马尔科夫递归传播模型:

$$b_{\text{accel}}(t_n) = e^{-\beta_{\text{accel}}\Delta t} \cdot b_{\text{accel}}(t_{n-1}) + \eta_{b\_\text{accel}}(t_n) \tag{46.14}$$

式中:η_{b_accel} 为零均值高斯噪声过程。

$$E[\eta_{b\_\text{accel}}] = 0, \quad E[\eta_{b\_\text{accel}}^2] = \frac{\sigma_{b\_\text{accel}}^2}{1 - e^{-2\beta_{\text{accel}}\Delta t}} \approx 2\beta_{\text{accel}}\Delta t \sigma_{b\_\text{accel}}^2 \tag{46.15}$$

根据式(46.11)中更新的测量模型,对一维状态转移模型修正如下:

$$\begin{bmatrix} \delta x(t_n) \\ \delta v(t_n) \\ b_{\text{accel}}(t_n) \end{bmatrix} = \begin{bmatrix} 1 & \Delta t & 0 \\ 0 & 1 & \Delta t \\ 0 & 0 & e^{-\beta_{\text{accel}}\Delta t} \end{bmatrix} \cdot \begin{bmatrix} \delta x(t_{n-1}) \\ \delta v(t_{n-1}) \\ b_{\text{accel}}(t_{n-1}) \end{bmatrix} + \begin{bmatrix} 0 \\ \eta_{\text{accel}}(t_n)\Delta t \\ \eta_{b\_\text{accel}}(t_n) \end{bmatrix} \tag{46.16}$$

用矩阵描述状态转移更新如下:

$$X(t_n) = \boldsymbol{\phi} \cdot X(t_{n-1}) + w(t_n) \tag{46.17}$$

式中:$X(t_n) = \begin{bmatrix} \delta x(t_n) \\ \delta v(t_n) \\ b_{\text{accel}}(t_n) \end{bmatrix}$;$\boldsymbol{\phi} = \begin{bmatrix} 1 & \Delta t & 0 \\ 0 & 1 & \Delta t \\ 0 & 0 & e^{-\beta_{\text{accel}}\Delta t} \end{bmatrix}$;$w(t_n) = \begin{bmatrix} 0 \\ \eta_{\text{accel}}(t_n)\Delta t \\ \eta_{b\_\text{accel}}(t_n) \end{bmatrix}$,

w 为过程噪声矢量。

定义过程噪声协方差矩阵 Q:

$$Q(t_n) = E[w(t_n)w^{\text{T}}(t_n)] = \begin{bmatrix} 0 & 0 & 0 \\ 0 & \sigma_{\eta\_\text{accel}}^2\Delta t^2 & 0 \\ 0 & 0 & 2\beta_{\text{accel}}\Delta t \sigma_{b\_\text{accel}}^2 \end{bmatrix} \tag{46.18}$$

状态矢量 X、状态转移矩阵 $\boldsymbol{\phi}$ 和过程噪声协方差 Q 完全定义了卡尔曼滤波器中惯性导航状态误差的预测更新(包括预测状态矢量和预测协方差矩阵的计算)。因此,式(46.17)和式(46.18)完全定义了一维情况下的惯性导航状态转移。式(46.16)采用了 3 个状态惯性导航误差模型,即位置误差、速度误差和加速度计偏差。

也可以在测量误差模型中描述尺度因子误差,由于噪声和偏置误差通常是测量误差的主要部分,本章的其余部分将使用这两个术语来表示惯性传感器误差。

46.2.2 三维情况下的传感器误差模型

如 46.1 节所述,采用 3 个加速度计和三个陀螺仪实现三维情况下的惯性测量,它们的

测量值是真实的 $\Delta V_s(\Delta \boldsymbol{v}_{sf\_b})$、$\Delta \boldsymbol{\theta}_b$ 和传感器误差的总和:

$$\begin{cases} \Delta \hat{\boldsymbol{v}}_{sf\_b} = \Delta \boldsymbol{v}_{sf\_b} + \boldsymbol{\varepsilon}_{\text{accel}}\Delta t \\ \Delta \hat{\boldsymbol{\theta}}_b = \Delta \boldsymbol{\theta}_b + \boldsymbol{\varepsilon}_{\text{gyro}}\Delta t \end{cases} \tag{46.19}$$

根据上述一维情况,传感器误差模型包括高斯-马尔可夫偏置和高斯噪声项:

$$\begin{cases} \boldsymbol{\varepsilon}_{\text{accel}} = \boldsymbol{b}_{\text{accel}} + \boldsymbol{\eta}_{\text{accel}} \\ \boldsymbol{\varepsilon}_{\text{gyro}} = \boldsymbol{d}_{\text{gyro}} + \boldsymbol{\eta}_{\text{gyro}} \end{cases} \tag{46.20a}$$

$$\begin{cases} \boldsymbol{b}_{\text{accel}}(t_n) = \mathrm{e}^{-\beta_{\text{accel}}\Delta t} \cdot \boldsymbol{b}_{\text{accel}}(t_{n-1}) + \boldsymbol{\eta}_{b\_\text{accel}}(t_n) \\ \boldsymbol{d}_{\text{gyro}}(t_n) = \mathrm{e}^{-\beta_{\text{gyro}}\Delta t} \cdot \boldsymbol{d}_{\text{gyro}}(t_{n-1}) + \boldsymbol{\eta}_{d\_\text{gyro}}(t_n) \end{cases} \tag{46.20b}$$

$$\begin{cases} E[\eta_{\text{accelx}}(t_n)] = E[\eta_{\text{accely}}(t_n)] = E[\eta_{\text{accelz}}(t_n)] = 0 \\ E[\eta_{\text{accelx}}^2(t_n)] = E[\eta_{\text{accely}}^2(t_n)] = E[\eta_{\text{accelz}}^2(t_n)] = \sigma_{\eta\_\text{accel}}^2 \\ E[\eta_{\text{gyrox}}(t_n)] = E[\eta_{\text{gyroy}}(t_n)] = E[\eta_{\text{gyroz}}(t_n)] = 0 \\ E[\eta_{\text{gyrox}}^2(t_n)] = E[\eta_{\text{gyroy}}^2(t_n)] = E[\eta_{\text{gyroz}}^2(t_n)] = \sigma_{\eta\_\text{gyro}}^2 \end{cases} \tag{46.20c}$$

陀螺偏置通常称为漂移,记为 $\boldsymbol{d}$,接下来讨论惯性导航传感器误差在三维惯性导航系统中的传播规律。

46.2.3 姿态计算误差的传播

首先讨论陀螺误差在姿态计算误差中的传播,如图 46.9 所示,估计 DCM 对应的是从载体坐标系到估计导航坐标系的转换 $\hat{N}$,而不是真正的导航坐标系 N,载体在导航坐标系中对准之后,会存在额外的旋转误差 $C_{N\to\hat{N}}$:

$$\hat{\boldsymbol{C}}_{b\to\hat{N}} = \boldsymbol{C}_{N\to\hat{N}} \cdot \boldsymbol{C}_{b\to N} \tag{46.21}$$

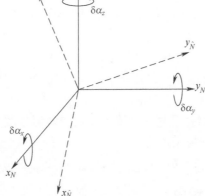

图 46.9　由于陀螺测量误差,从载体坐标系到导航坐标系的旋转矩阵存在误差,
估计导航坐标系与真实导航坐标系之间的旋转误差由失准角定义

假设失准角 $(\delta\alpha_x, \delta\alpha_y, \delta\alpha_z)$ 较小,它们的旋转顺序不重要(因为小的旋转可互换),可以得到以下近似:

$$C_{N \to \hat{N}} \exp m(\delta \boldsymbol{\alpha} \times) \approx \boldsymbol{I}_{3 \times 3} + \delta \boldsymbol{\alpha} \times \tag{46.22}$$

式中：$\delta \boldsymbol{\alpha} = \begin{bmatrix} \delta \alpha_x \\ \delta \alpha_y \\ \delta \alpha_z \end{bmatrix}$；$\boldsymbol{I}_{3 \times 3}$ 为 3×3 单位矩阵；×为式(46.2)定义的反对称矩阵。从式(46.21)和式(46.22)中可知：

$$\hat{\boldsymbol{C}}_{b \to \hat{N}} = \boldsymbol{C}_{b \to N} + \delta \boldsymbol{\alpha} \times \boldsymbol{C}_{b \to N} \tag{46.23}$$

通过求解姿态微分方程[见式(46.1)]得到估计的 DCM。

$$\dot{\boldsymbol{C}}_{b \to \hat{N}} = \hat{\boldsymbol{C}}_{b \to \hat{N}} (\boldsymbol{\omega}_b \times + \boldsymbol{\varepsilon}_{\text{gyro}} \times) \tag{46.24}$$

将式(46.23)代入式(46.24)，得

$$\dot{\boldsymbol{C}}_{b \to N} + \delta \dot{\boldsymbol{\alpha}} \times \boldsymbol{C}_{b \to N} + \delta \boldsymbol{\alpha} \times \dot{\boldsymbol{C}}_{b \to \hat{N}} = (\boldsymbol{C}_{b \to N} + \delta \boldsymbol{\alpha} \times \boldsymbol{C}_{b \to N})(\boldsymbol{\omega}_b \times + \boldsymbol{\varepsilon}_{\text{gyro}} \times)$$
$$\approx \boldsymbol{C}_{b \to N} \boldsymbol{\omega}_b \times + \boldsymbol{C}_{b \to N} \boldsymbol{\varepsilon}_{\text{gyro}} \times + \delta \boldsymbol{\alpha} \times \boldsymbol{C}_{b \to N} \boldsymbol{\omega}_b \times \tag{46.25}$$

整理式(46.25)，得：

$$(\boldsymbol{I}_{3 \times 3} + \delta \boldsymbol{\alpha} \times) \dot{\boldsymbol{C}}_{b \to N} + \delta \dot{\boldsymbol{\alpha}} \times \boldsymbol{C}_{b \to N} = (\boldsymbol{I}_{3 \times 3} + \delta \boldsymbol{\alpha} \times) \boldsymbol{C}_{b \to N} \boldsymbol{\omega}_b \times + \boldsymbol{C}_{b \to N} \boldsymbol{\varepsilon}_{\text{gyro}} \times \tag{46.26}$$

由于 $\dot{\boldsymbol{C}}_{b \to N} = \boldsymbol{C}_{b \to N}(\boldsymbol{\omega}_b \times)$（DCM 微分方程），$(\boldsymbol{I}_{3 \times 3} + \delta \boldsymbol{\alpha} \times) \dot{\boldsymbol{C}}_{b \to N} = (\boldsymbol{I}_{3 \times 3} + \delta \boldsymbol{\alpha} \times) \boldsymbol{C}_{b \to N} \boldsymbol{\omega}_b \times$，式(46.26)可简化如下：

$$\delta \dot{\boldsymbol{\alpha}} \times \boldsymbol{C}_{b \to N} = \boldsymbol{C}_{b \to N} \boldsymbol{\varepsilon}_{\text{gyro}} \times \tag{46.27}$$

式(46.27)两边同时乘以 $\boldsymbol{C}_{b \to N}^{-1}$，利用 DCM 正交性（$\boldsymbol{C}_{b \to N}^{-1} = \boldsymbol{C}_{b \to N}^{\text{T}}$）：

$$\delta \dot{\boldsymbol{\alpha}} \times = \boldsymbol{C}_{b \to N} \boldsymbol{\varepsilon}_{\text{gyro}} \times \boldsymbol{C}_{b \to N}^{\text{T}} \tag{46.28}$$

通过相似变换：

$$\boldsymbol{C}_{b \to N} \boldsymbol{\varepsilon}_{\text{gyro}} \times \boldsymbol{C}_{b \to N}^{\text{T}} = (\boldsymbol{C}_{b \to N} \boldsymbol{\varepsilon}_{\text{gyro}}) \times \tag{46.29}$$

因此有

$$\delta \dot{\boldsymbol{\alpha}} \times = (\boldsymbol{C}_{b \to N} \boldsymbol{\varepsilon}_{\text{gyro}}) \times \tag{46.30}$$

可得

$$\delta \dot{\boldsymbol{\alpha}} = \boldsymbol{C}_{b \to N} \boldsymbol{\varepsilon}_{\text{gyro}} \tag{46.31}$$

由式(46.31)可知，陀螺误差首先从载体坐标系转换到导航坐标系，然后积分得到姿态误差。对应的离散时间状态传播模型为

$$\delta \boldsymbol{\alpha}(t_n) = \delta \boldsymbol{\alpha}(t_{n-1}) + \boldsymbol{C}_{b \to N}(t_n) \boldsymbol{\varepsilon}_{\text{gyro}}(t_n) \Delta t \tag{46.32}$$

46.2.4　坐标变换误差的传播

对于坐标变换过程：

$$\Delta \hat{\boldsymbol{v}}_{sf\_N}(t_n) = \boldsymbol{C}_{b \to \hat{N}}(t_n) \Delta \hat{\boldsymbol{v}}_{sf\_b}(t_n) = (\boldsymbol{I} + \delta \boldsymbol{\alpha}(t_n) \times) \boldsymbol{C}_{b \to N}(t_n)(\Delta \boldsymbol{v}_{sf\_b}(t_n) + \boldsymbol{\varepsilon}_{\text{accel}}(t_n) \Delta t)$$
$$\approx \boldsymbol{C}_{b \to N}(t_n) \Delta \boldsymbol{v}_{sf\_b}(t_n) + \delta \boldsymbol{\alpha}(t_n) \times \boldsymbol{C}_{b \to N}(t_n) \Delta \boldsymbol{v}_{sf\_b}(t_n) + \boldsymbol{C}_{b \to N}(t_n) \boldsymbol{\varepsilon}_{\text{accel}}(t_n) \Delta t$$
$$= \boldsymbol{C}_{b \to N}(t_n) \Delta \boldsymbol{v}_{sf\_b}(t_n) + \delta \boldsymbol{\alpha}(t_n) \times \Delta \boldsymbol{v}_{sf\_N}(t_n) + \boldsymbol{C}_{b \to N}(t_n) \boldsymbol{\varepsilon}_{\text{accel}}(t_n) \Delta t \tag{46.33}$$

由于矢量积的反交换性（即 $\boldsymbol{a} \times \boldsymbol{b} = -\boldsymbol{b} \times \boldsymbol{a}$），导航坐标系下加速度误差与姿态、加速度

计误差关系如下：

$$\delta \boldsymbol{\alpha}(t_n) = - \Delta \boldsymbol{v}_{sf\_N}(t_n) \times \delta \boldsymbol{\alpha}(t_n) + \boldsymbol{C}_{b \to N}(t_n) \boldsymbol{\varepsilon}_{\text{accel}}(t_n) \Delta t \tag{46.34}$$

46.2.5　积分误差的传播

惯性导航误差模型一般不包括重力模型误差。因此，我们可以在导航坐标系下将加速度误差积分为速度误差和位置误差：

$$\begin{cases} \delta \boldsymbol{v}(t_n) = \delta \boldsymbol{v}(t_{n-1}) + \delta \boldsymbol{\alpha}(t_{n-1}) \Delta t \\ \delta \boldsymbol{x}(t_n) = \delta \boldsymbol{x}(t_{n-1}) + \delta \boldsymbol{v}(t_n) \Delta t \end{cases} \tag{46.35}$$

46.2.6　误差模型

将式(46.32)、式(46.34)、式(46.35)组合成惯性导航状态误差传播公式：

$$X(t_n) = \begin{bmatrix} \delta \boldsymbol{x}(t_n) \\ \delta \boldsymbol{v}(t_n) \\ \delta \boldsymbol{\alpha}(t_n) \\ \boldsymbol{b}_{\text{accel}}(t_n) \\ \boldsymbol{d}_{\text{gyro}}(t_n) \end{bmatrix}$$

$$\boldsymbol{\phi}_{n-1}^{n} = \begin{bmatrix} \boldsymbol{I}_{3\times3} & \boldsymbol{I}_{3\times3}\Delta t & \boldsymbol{0}_{3\times3} & \boldsymbol{0}_{3\times3} & \boldsymbol{0}_{3\times3} \\ \boldsymbol{0}_{3\times3} & \boldsymbol{I}_{3\times3} & -\Delta \boldsymbol{v}_{\text{sf}\_N}(t_{n-1}) \times & \boldsymbol{C}_{b \to N}(t_{n-1}) \boldsymbol{b}_{\text{accel}}(t_{n-1}) \Delta t & \boldsymbol{0}_{3\times3} \\ \boldsymbol{0}_{3\times3} & \boldsymbol{0}_{3\times3} & \boldsymbol{I}_{3\times3} & \boldsymbol{0}_{3\times3} & \boldsymbol{C}_{b \to N}(t_{n-1}) \boldsymbol{d}_{\text{gyro}}(t_{n-1}) \Delta t \\ \boldsymbol{0}_{3\times3} & \boldsymbol{0}_{3\times3} & \boldsymbol{0}_{3\times3} & \mathrm{e}^{-\beta_{\text{accel}}\Delta t} \boldsymbol{I}_{3\times3} & \boldsymbol{0}_{3\times3} \\ \boldsymbol{0}_{3\times3} & \boldsymbol{0}_{3\times3} & \boldsymbol{0}_{3\times3} & \boldsymbol{0}_{3\times3} & \mathrm{e}^{-\beta_{\text{accel}}\Delta t} \boldsymbol{I}_{3\times3} \end{bmatrix}$$

$$X(t_{n-1}) = \begin{bmatrix} \delta \boldsymbol{x}(t_{n-1}) \\ \delta \boldsymbol{v}(t_{n-1}) \\ \delta \boldsymbol{\alpha}(t_{n-1}) \\ \boldsymbol{b}_{\text{accel}}(t_{n-1}) \\ \boldsymbol{d}_{\text{gyro}}(t_{n-1}) \end{bmatrix}$$

$$\boldsymbol{w}(t_n) = \begin{bmatrix} \boldsymbol{0}_{3\times1} \\ \boldsymbol{C}_{b \to N}(t_{n-1}) \boldsymbol{\eta}_{\text{accel}}(t_n) \Delta t \\ \boldsymbol{C}_{b \to N}(t_{n-1}) \boldsymbol{\eta}_{\text{gyro}}(t_n) \Delta t \\ \boldsymbol{\eta}_{b\_\text{accel}}(t_n) \\ \boldsymbol{\eta}_{b\_\text{gyro}}(t_n) \end{bmatrix}$$

$$X(t_n) = \boldsymbol{\phi}_{n-1}^{n} \cdot X(t_{n-1}) + \boldsymbol{w}(t_n) \tag{46.36}$$

$$Q = \text{diag}(\begin{bmatrix} \boldsymbol{0}_{3\times3} & \boldsymbol{I}_{3\times3} \sigma_{\eta\_\text{accel}}^2 \Delta t^2 & \boldsymbol{I}_{3\times3} \sigma_{\eta\_\text{gyro}}^2 \Delta t^2 & \boldsymbol{I}_{3\times3} \cdot 2\beta_{\text{accel}} \Delta t \sigma_{b\_\text{accel}}^2 & \boldsymbol{I}_{3\times3} \cdot 2\beta_{\text{gyro}} \Delta t \sigma_{d\_\text{gyro}}^2 \end{bmatrix})$$

$$\tag{46.37}$$

式中：$\boldsymbol{0}_{n \times m}$ 为 $n \times m$ 的零矩阵；$\boldsymbol{I}_{n \times n}$ 为 n 维单位矩阵。

式(46.36)和式(46.37)定义了一般三维情况下的惯性导航状态误差传播模型，将加速度计和陀螺仪误差表示为偏置误差和噪声项,推导出 GNSS-INS 组合中最常用的 15 维惯性导航状态误差模型(3 个位置误差、3 个速度误差、3 个姿态误差、3 个加速度计误差和 3 个陀螺仪漂移)。

46.3 松组合:解算结果域融合

图 46.10 说明了 GNSS-INS 松组合方法,惯性导航系统作为独立的核心传感器,卫星导航结果(如果可用)用于减少惯性导航输出中的漂移。采用互补估计方法:卡尔曼滤波器估计惯性导航状态误差,然后对惯性导航输出进行补偿,提供组合导航解算结果。

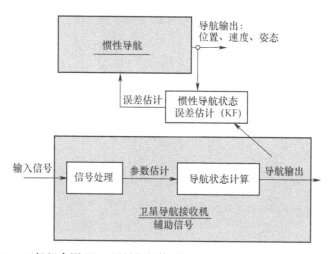

图 46.10 GNSS-INS 松组合原理[卫星导航解算(当可用时)用于估计惯性导航输出中的漂移。]

组合系统在惯性导航更新周期上进行递归运算,每当一个新的惯性导航测量到达时,执行惯性导航解算,随后进行互补估计的预测更新。如果卫星导航解算可用,将它作为互补估计的观测值并应用于估计更新,否则将预测值作为误差估计值,继续计算下一个惯性导航更新。

卡尔曼滤波定义状态矢量 X、状态转移矩阵 ϕ、过程噪声协方差 Q、测量(或观测)矢量 z、观测矩阵 H、测量误差协方差 R。一旦定义了这 6 项,卡尔曼滤波可实现递归应用,46.2 节讨论惯性导航误差模型和误差传播时定义了前 3 个术语。为了实现 GNSS-INS 松组合,还需要定义其余 3 个术语。

本节首先考虑卫星导航位置解算在 GNSS-INS 组合中的使用,速度更新也类似,留给读者作为练习;其次对于使用多个卫星导航天线且姿态信息可从卫星导航测量中获得的情况,考虑姿态更新;最后给出一个仿真场景来说明系统的性能。该方案专门用于说明组合系统设计的可观测性方面的初步见解,即根据动力学分离各种状态误差的能力。

46.3.1 位置更新

互补位置观测表述为惯性导航和卫星导航位置解算之间的差:

$$z(t_n) = \hat{x}_{\text{INS}}(t_n) - \hat{x}_{\text{GNSS}}(t_n) = \delta x(t_n) - w_x(t_n) \tag{46.38}$$

式中：δx 为惯性导航位置误差；w_x 为卫星导航位置测量误差。

考虑到惯性导航解算更新速率一般高于卫星导航，只有当 t_n 时刻卫星导航位置可用时，才进行观测更新，否则互补估计依赖预测，并将预测值赋给状态估计。式（46.38）是在假设惯性导航和卫星导航的解算是同时刻（即完全同步）的基础上，通常情况下并非如此，因此必须进行时间调整，调整方法可以是外推惯性导航状态到卫星导航测量的有效时间，在46.6 节将进行更详细的讨论，其中介绍了两个应用 GNSS-INS 组合的案例。

观测矩阵 H 定义了状态矢量的元素如何投影到观测矢量，这个矩阵的大小是 $K \times P$，其中 K 是观测的个数，P 是状态矢量中元素的个数。对于位置观测（3 个位置分量）和十五维惯性导航状态误差模型，H 的维数为 3×15，位置状态误差直接投影到观测矢量中，其他状态误差的影响为零。因此，矩阵 H 的表达式为

$$H = \begin{bmatrix} I_{3\times3} & 0_{3\times3} & 0_{3\times3} & 0_{3\times3} & 0_{3\times3} \end{bmatrix} \tag{46.39}$$

更一般的情况，观测矩阵是通过偏导数来计算的：

$$H_{k,p} = \frac{\partial z_k}{\partial X_p} \tag{46.40}$$

式中：$H_{k,p}$ 为观测矩阵的第 k 行第 p 列对应的元素；∂z_k 为观测矢量的第 k 个元素；X_p 为状态矢量的第 p 个元素。

可以验证，当计算观测矢量[如式（46.38）]对状态矢量的偏导数时，得到满足式（46.39）的观测矩阵，验证留给读者作为练习。

式（46.38）中假设惯性导航和卫星导航天线放置在一起，一般情况下，惯性导航和卫星导航并不在同一个位置，需要添加杆臂补偿，杆臂矢量 L 定义为从惯性导航指向卫星导航天线的矢量。杆臂矢量 L 的分量在载体坐标系内预先测量，然后转换到导航坐标系补偿非零杆臂：

$$z(t_n) = \hat{x}_{\text{INS}}(t_n) + \hat{C}_{b\to\hat{N}}(t_n)L_b - \hat{x}_{\text{GNSS}}(t_n) \tag{46.41}$$

式（46.41）中，下标 b 表示杆臂 L_b 是定义在载体坐标系中的矢量。由式（46.23）得

$$\begin{aligned}
\hat{C}_{b\to\hat{N}}(t_n)L_b &= (C_{b\to N}(t_n) + \delta\alpha(t_n) \times C_{b\to N}(t_n))L_b \\
&= C_{b\to N}(t_n)L_b + \delta\alpha(t_n) \times C_{b\to N}(t_n)L_b \\
&= C_{b\to N}(t_n)L_b - (C_{b\to N}(t_n)L_b) \times \delta\alpha(t_n)
\end{aligned} \tag{46.42}$$

因此，观测值和观测矩阵修改如下：

$$z(t_n) = \hat{x}_{\text{INS}}(t_n) + \hat{C}_{b\to\hat{N}}(t_n)L_b - \hat{x}_{\text{GNSS}}(t_n) = \delta x(t_n) - (C_{b\to N}(t_n)L_b) \times \delta\alpha(t_n) - w_x(t_n) \tag{46.43}$$

$$H(t_n) = \begin{bmatrix} I_{3\times3} & 0_{3\times3} & (C_{b\to N}(t_n)L_b) \times & 0_{3\times3} & 0_{3\times3} \end{bmatrix} \tag{46.44}$$

根据定义，测量误差协方差矩阵 R 为

$$R(t_n) = E[w_x(t_n) w_x^{\text{T}}(t_n)] \tag{46.45}$$

卡尔曼滤波器假定测量误差为零均值高斯分布，当不同位置分量的卫星导航测量误差不相关时，R 为对角矩阵：

$$R(t_n) = \begin{bmatrix} \sigma_x^2 & 0 & 0 \\ 0 & \sigma_y^2 & 0 \\ 0 & 0 & \sigma_z^2 \end{bmatrix} \tag{46.46}$$

式中：σ_x^2、σ_y^2、σ_z^2 分别为 x、y、z 方向位置误差的方差。

卫星导航位置估计通常是测量载体到卫星的距离(伪距或消除模糊度的载波相位)，应用最小方差(LMS)计算得到，因此距离测量误差通过最小二乘解算引入位置解算误差。

$$w_x(t_n) = (H_r(t_n)H_r^T(t_n))^{-1}H_r^T(t_n)\,w_r(t_n) \tag{46.47}$$

式中：H_r^T 为测量矩阵，即接收机对卫星的视距矢量，接收机钟差(如果卫星间时钟不存在差异)；$w_r(t_n)$ 为伪距或载波相位误差的测量误差。

当距离误差为高斯白噪声，且具有相同的标准偏差 σ_r^2 时，对每颗卫星有

$$R(t_n) = (H_r(t_n)H_r^T(t_n))^{-1}\sigma_r^2(t_n) \tag{46.48}$$

当不同的卫星有不同的测距方差时，式(46.44)很容易修正。

式(46.48) 的计算必须应用观测矩阵，如果不能得到观测矩阵，可以用简化的式(46.46)中的公式代替，但这样通常会导致定位性能下降，因为没有考虑不同位置分量误差之间的相关性。然而一致性估计仍然可以通过适当地选择误差标准差来实现，例如在开阔环境中测量伪距时使用差分校正方法，标准偏差在1m量级。

式(46.48)仍然假设卫星导航测量误差为零均值，且不同时刻之间互不相关，当不应用差分校正，且存在显著的多路径误差时，这个假设不成立，此时需要将与时间相关的位置偏差状态添加到状态矢量中，以保证一致性估计的性能，位置偏差可以用一阶高斯-马尔科夫过程建模，类似于加速度计偏差和陀螺漂移的模型。

46.3.2　姿态更新

当使用多个天线时，姿态(部分姿态)可以从卫星导航测量数据中估计出来，下面以双天线为例介绍将姿态更新纳入 GNSS-INS 组合的方案。

姿态更新利用卫星导航测量的两个天线相对位置矢量和 INS 估计的两个天线相对位置矢量，如图 46.11 所示，相对位置矢量可从卫星导航载波相位(采用双差分和之后的模糊度解算)获得，原理上也可以使用伪距，然而由于伪距测量中存在较大噪声，它们对姿态更新的作用非常有限。通过事先测量相对位置矢量在载体坐标系中的分量，利用惯性导航姿态可得在导航系中两个天线相对位置矢量，可得观测方程：

$$z(t_n) = \hat{C}_{b \to \hat{N}}(t_n)u_b - \hat{u}_{GNSS}(t_n) \tag{46.49}$$

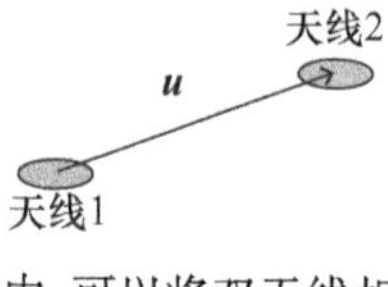

图 46.11　在 GNSS-INS 组合中，可以将双天线相对位置估计纳入姿态更新中

通过坐标变换使得姿态误差在互补估计中直接可观测。由式(46.23)可知：

$$z(t_n) = (C_{b \to N}(t_n) + \delta\boldsymbol{\alpha}(t_n) \times C_{b \to N}(t_n))\boldsymbol{u}_b - \boldsymbol{u}(t_n) - \boldsymbol{w}_u(t_n)$$
$$= \boldsymbol{u}(t_n) + \delta\boldsymbol{\alpha}(t_n) \times \boldsymbol{u}(t_n) - \boldsymbol{u}(t_n) - \boldsymbol{w}_u(t_n)$$
$$= -\boldsymbol{u}(t_n) \times \delta\boldsymbol{\alpha}(t_n) - \boldsymbol{w}_u(t_n) \tag{46.50}$$

由此得到以下观测矩阵：

$$H(t_n) = \begin{bmatrix} \boldsymbol{0}_{3\times3} & \boldsymbol{0}_{3\times3} & -\boldsymbol{u}(t_n) \times & \boldsymbol{0}_{3\times3} & \boldsymbol{0}_{3\times3} \end{bmatrix} \tag{46.51}$$

当卫星视距矢量已知时,测量误差协方差矩阵的表达式类似于式(46.48)中的位置误差协方差,反之则使用次优对角线公式,除非系统处于严重的多路径环境中,对于相距很近的天线,基于载波相位的相对位置解的时间相关误差一般可以忽略。

当卫星导航天线个数为3个或更多时,可以构成多对,如有3个天线时,可形成3对即天线1和线2、天线1和线3、天线2和线3。每对天线的姿态更新类似于上面的双天线情况。

46.3.3　仿真案例

最后展示一个 GNSS-INS 松组合的二维(2D)仿真场景实例,用于说明 GNSS-INS 组合系统的可观测性,以 xz 平面运动中的导航为例,实现了如图 46.12 所示的测试轨迹。

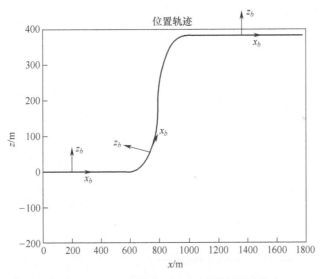

图 46.12　GNSS-INS 松组合二维仿真测试轨迹

[位置更新用于减缓惯性导航系统漂移。重力加速度的方向与 z 轴相反,平台的绝对速度恒定为 20m/s。
运动轨迹从直线运动段开始,然后爬升(相当于旋转 IMU 体架),最后以直线运动结束。]

惯性传感器误差仿真参数如下：
陀螺漂移:一阶高斯-马尔科夫过程,标准差为 50(°)/h,相关时间为 1000s。
加速度计偏置:一阶高斯-马尔科夫过程,标准差为 0.001g,相关时间为 1000s。
GNSS 位置误差模拟为零均值高斯分布,标准差为 1cm,这种位置精度对应于基于载波相位的 RTK 解算,INS 和 GNSS 的更新频率分别为 100Hz 和 1Hz。
图 46.13 显示了角误差(姿态和陀螺漂移)和加速度计偏差的估计:真实误差及其估计值如下。

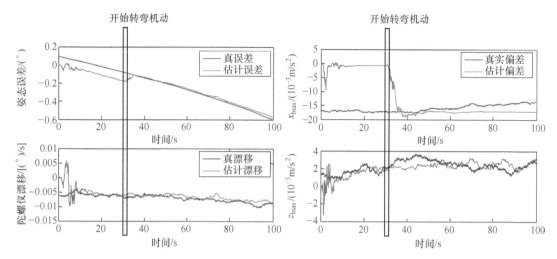

图 46.13 二维仿真场景的 INS 误差估计性能

[在初始直线阶段,不能分离姿态误差和 x 向加速度计偏差(存在残余估计误差),

爬升为状态误差分离提供了足够大的机动运动,估计值收敛到真值。]

图 46.13 解释了机动运动对惯性导航状态误差的可观测性的影响,如图 46.13 所示,在第一直线段存在未补偿的残余姿态误差, z 向加速度计偏差 z_{bias} 的估计很快收敛到它的真值,而 x 向加速度计偏差 x_{bias} 没有估计出来,姿态误差和 x 向加速度计偏差估计在爬升开始约 30s 时收敛到它们的真值。

这个现象可以解释,卡尔曼滤波器从位置状态误差中分离出加速度误差,然后再将加速度误差分离为姿态误差和偏置误差项。以二维场景为例,其中载体坐标系与导航坐标系对齐,且加速度计偏差和失准角误差是常值,惯性导航系统不利用已知的角方向(即载体坐标系和导航坐标系彼此对齐),通过陀螺仪测量积分获得姿态,此时导航坐标系加速度误差为

$$\delta \boldsymbol{a}(t_n) = \boldsymbol{b} - \boldsymbol{f}(t_n) \times \delta \boldsymbol{\alpha} = \begin{bmatrix} b_x \\ b_z \end{bmatrix} + \begin{bmatrix} -f_z(t_n) \\ f_x(t_n) \end{bmatrix} \delta \alpha \tag{46.52}$$

对于恒速运动:

$$\boldsymbol{f}(t_n) = \begin{bmatrix} 0 \\ g \end{bmatrix} \tag{46.53}$$

$$\delta \boldsymbol{a}(t_n) = \begin{bmatrix} b_x - g \delta \alpha \\ b_z \end{bmatrix} \tag{46.54}$$

z 向加速度计偏置分量可以直接从 z 向加速度误差中估计出来,而 z 向加速度误差又可以从位置误差观测中估计出来。然而随着时间的推移, x 向加速度计误差的观测是不满秩的,因此 x 向加速度计偏置和姿态误差项之间不能分离,该滤波器平衡了它们对加速度误差的贡献,但不能分别将它们估计出来。

当沿 z 轴施加时变加速度时,式(46.54)中的观测模型为

$$\delta \boldsymbol{a}(t_n) = \begin{bmatrix} b_x - (g + a_z(t_n)) \delta \alpha \\ b_z \end{bmatrix} \tag{46.55}$$

当这个系统被观测一段时间后,它变得满意, x 向加速度计偏置和姿态误差项可以分别

被估计出来,正如图46.13中平台开始爬升后的情况。

显然,当厘米级精度的卫星导航位置始终可用时,实现对惯性导航每项误差的估计并不困难,然而当卫星导航出现中断时,可观测性就会下降,为了说明这一点,图46.14展示了两个卫星导航中断的场景。

在第一个场景中,卫星导航中断发生于爬升之前,在第二个场景中,卫星导航中断发生于爬升过程中,两次中断都持续30s,图46.15比较了这两次中断情况下GNSS-INS的定位精度。

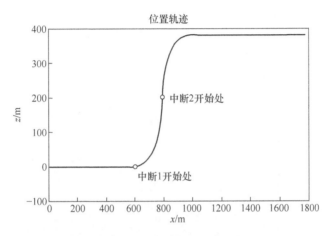

图46.14 为了说明惯性导航状态误差可观测性对导航性能的影响,设计了两个卫星导航中断场景(中断1发生在爬升前,此时姿态误差和偏差不能分离。中断2发生在爬升过程中,此时状态误差已经收敛。)

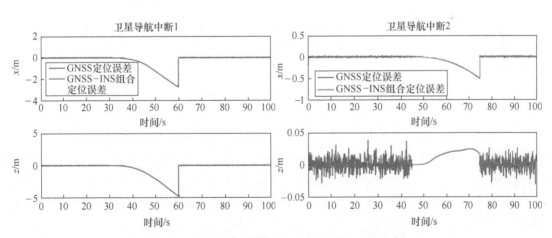

图46.15 两个中断场景下的GNSS-INS定位精度
(由于能够在爬升机动过程中分离姿态和x向加速度计偏置误差,惯性导航系统漂移在第二次中断期间显著减少,卫星导航位置测量误差和GNSS-INS组合定位误差如图46.15所示。)

在第二个中断场景中最大误差增长减少(x向和z向位置分量的误差分别从2.7m和5m减小到0.5m和2cm),这种误差减小是因为利用机动运动能够分别估计出INS姿态角误差和线性INS误差。

46.4 紧组合：观测域融合

紧组合应用卫星导航测量参数来减小惯性导航漂移,与松组合相比,紧组合系统的主要优势是:当可用卫星少于 4 颗时,能够更新惯性导航(部分)状态误差,而仅使用卫星导航不能进行位置解算,松组合系统会处于 GNSS 中断状态,紧组合方法能够利用有限的卫星导航测量,从而能够(部分)减轻惯性导航误差漂移,图 46.16 显示了 GNSS-INS 紧组合原理。

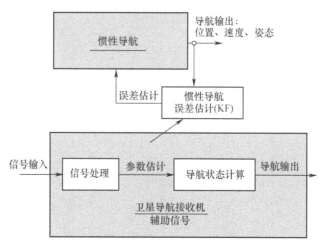

图 46.16　GNSS-INS 紧组合原理

[卫星导航测量(如伪距和载波相位)用于惯性导航漂移项的估计。]

紧组合使用相同的惯性导航误差传播机制(如 46.2 节所述),更新了测量模型。本节首先描述紧组合的伪距观测,然后介绍载波相位观测,在本章 B 部分详细讨论了载波相位组合方案及其优势。

46.4.1　伪距观测

与 46.3 节所讨论的位置更新和姿态更新类似,互补伪距观测表示为惯性导航和卫星导航估计值之间的差:

$$z_\rho^{(k)} = \hat{r}_{INS}^{(k)}(t_n) - \hat{\rho}_{GNSS}^{(k)}(t_n) \tag{46.56}$$

式中,$\hat{r}_{INS}^{(k)}$ 为惯性导航和卫星 k 之间的几何距离,利用惯性导航位置解算 $\hat{x}_{INS}$ 和卫星 k 的位置 $x_{SV}^{(k)}$ 计算:

$$\begin{cases} \hat{r}_{INS}^{(k)}(t_n) = |\hat{x}_{INS}(t_n) - x_{SV}^{(k)}(t_n)| \\ \qquad = |x(t_n) + \delta x(t_n) - x_{SV}^{(k)}(t_n)| \approx r^{(k)}(t_n) - (e^{(k)}, \delta x(t_n)) \\ e^{(k)} = \dfrac{x_{SV}^{(k)}(t_n) - x(t_n)}{|x_{SV}^{(k)}(t_n) - x(t_n)|} \end{cases} \tag{46.57}$$

图 46.17 说明了卫星和接收机的几何构型,以及式(46.58)中涉及的矢量和标量符号。

式(46.58)假设卫星导航天线和惯性导航配置在一起,不需要杆臂误差补偿,类似于 46.3 节中松组合的情况。

卫星导航伪距测量模型为

$$\hat{\rho}_{\mathrm{GNSS}}^{(k)}(t_n) = r^{(k)}(t_n) + c\delta t_{\mathrm{rcvr}}^{(m)}(t_n) + w_{\rho}^{(k)}(t_n) \tag{46.58}$$

式中：$r^{(k)}$ 为接收机和卫星 k 之间的真实距离；$\delta t_{\mathrm{rcvr}}^{(m)}$ 为接收机钟差，上标 m 代表卫星星座，例如，$m = 1$ 可以用于表示 GPS，$m = 2$ 表示 GLONASS 等；$w_{\rho}^{(k)}$ 为伪距测量误差，包括热噪声、多路径、大气延迟和轨道误差。

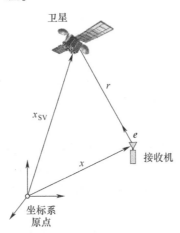

图 46.17　GNSS–INS 紧组合中伪距观测时卫星和接收机的几何位置关系图
（接收机位置 $\boldsymbol{x}$、卫星位置 $\boldsymbol{x}_{\mathrm{SV}}$、视距单位矢量 $\boldsymbol{e}$ 和真实距离 r。）

由式（46.57）和式（46.58）可知，伪距观测模型为

$$z_{\rho}^{(k)} = -(\boldsymbol{e}^{(k)}, \delta\boldsymbol{x}(t_n)) + c\delta t_{\mathrm{rcvr}}^{(m)}(t_n) + w_{\rho}^{(k)}(t_n) \tag{46.59}$$

接收机钟差 $\delta t_{\mathrm{rcvr}}^{(m)}$ 是观测模型的一部分，需要在 GNSS–INS 紧组合状态误差中加入时钟偏置误差，接收机钟差随卫星导航系统的星座不同而变化，需为每个卫星导航星座分别建立接收机时钟偏置误差状态。

时钟偏差通常被建模为二阶高斯-马尔可夫过程：

$$\begin{bmatrix} \delta t_{\mathrm{rcvr}}^{(m)}(t_n) \\ \delta \dot{t}_{\mathrm{rcvr}}^{(m)}(t_n) \end{bmatrix} = \begin{bmatrix} 1 & \Delta t \\ 0 & \mathrm{e}^{-\beta_{\delta i}\Delta t} \end{bmatrix} \begin{bmatrix} \delta t_{\mathrm{rcvr}}^{(m)}(t_{n-1}) \\ \delta \dot{t}_{\mathrm{rcvr}}^{(m)}(t_{n-1}) \end{bmatrix} \tag{46.60}$$

系统噪声矩阵为

$$\boldsymbol{Q} = \begin{bmatrix} 0 & 0 \\ 0 & 2\beta_{\delta i}\Delta t\sigma_{\delta i}^2 \end{bmatrix} \tag{46.61}$$

在式（46.60）和式（46.61）中，$\sigma_{\delta i}^2$ 和 $\beta_{\delta i}$ 分别为时钟漂移 δi 的方差和相关时间。

由多个伪距组成的观测矩阵如下：

$$\boldsymbol{H}(t_n) = \begin{bmatrix} h^{(1)}(t_n) \\ \vdots \\ h^{(k)}(t_n) \\ \vdots \\ h^{(K)}(t_n) \end{bmatrix}$$

$$h^{(k)}(t_n) = \begin{bmatrix} -(\boldsymbol{e}^{(k)}(t_n))^{\mathrm{T}} & \boldsymbol{0}_{1\times3} & \boldsymbol{0}_{1\times3} & \boldsymbol{0}_{1\times3} & \boldsymbol{0}_{1\times3} & c\delta_{k,1} & 0 & \cdots & c\delta_{k,m} & 0 & \cdots & c\delta_{k,M} & 0 \end{bmatrix} \tag{46.62}$$

式中：$\delta_{k,m}=1$ 表示卫星 k 属于第 m 个星座；M 表示可用卫星星座的总数,卫星导航伪距测量误差服从零均值高斯噪声,噪声协方差矩阵呈对角线形式：

$$R(t_n)=\mathrm{diag}([\,(\sigma_\rho^{(1)}(t_n))^2\;\cdots\;(\sigma_\rho^{(K)}(t_n))^2\,]) \tag{46.63}$$

对于具有显著时间相关误差分量的应用(例如,不应用差分校正或多径效应严重情况下),需要将时间相关偏差状态添加到系统状态矢量中(现在已包括惯性导航误差和接收机时钟偏差状态),同时状态转移矩阵需要相应地修改。

46.4.2　载波相位观测

使用载波相位测量的主要好处是它们比伪距精确得多。例如,载波相位噪声是毫米量级的,它比伪距噪声小三个数量级,卫星导航载波相位测量公式如下：

$$\hat{\varphi}_{\mathrm{GNSS}}^{(k)}(t_n)=r^{(k)}(t_n)+\lambda^{(k)}N^{(k)}+c\delta t_{\mathrm{rcvr}}^{(m)}(t_n)+w_\varphi^{(k)}(t_n) \tag{46.64}$$

式中：$\lambda^{(k)}$ 为卫星 k 的载波波长；$N^{(k)}$ 为整周模糊度；$w_\varphi^{(k)}$ 为载波相位测量误差。

除整周模糊度项外,载波相位测量矩阵与伪距测量矩阵非常相似。处理整周模糊度的方法有很多,例如在状态矢量中添加浮动模糊度状态[7]、利用最小二乘模糊度去相关校正,或将 LAMBDA[8] 应用于模糊度状态估计及其相关的误差协方差,解决了整周模糊度后,可以实现厘米级的精确定位。

处理整周模糊的另一种方法是：首先通过时间差分载波相位消除整周模糊度,然后将时间差分载波相位作为滤波器观测值,该方法又称为惯性导航系统动态校正[9]。通过测量载体到卫星视距方向上位置变化的投影(而不是绝对位置),并从观测值中估计其余的惯性导航状态误差(包括速度误差、姿态误差和传感器偏差)。其主要优点之一是在干扰大的环境中使用卫星导航载波相位,而在这样的环境中,卫星总数通常不足以实现相位模糊度的解算,惯性导航状态动态校正既利用载波相位的精确性,又无须解算整周模糊度。

第 46 章 B 部分详细讨论了动态校正方法。本节初步介绍了时间差分载波相位和惯性导航之间的关系,时间差分载波相位消除了整周模糊度：

$$\Delta\hat{\varphi}_{\mathrm{GNSS}}^{(k)}(t_n)=\hat{\varphi}_{\mathrm{GNSS}}^{(k)}(t_n)-\hat{\varphi}_{\mathrm{GNSS}}^{(k)}(t_{n-1})=\Delta r^{(k)}(t_n)+c\Delta\delta t_{\mathrm{rcvr}}^{(m)}(t_n)+\Delta w_\varphi^{(k)}(t_n)$$
$$\tag{46.65}$$

通过下面的步骤建立几何距离与接收机位置变化的关系,首先将距离表示为卫星与接收机之间相对位置矢量在其视距方向上的投影：

$$r^{(k)}(t_n)=(e^{(k)}(t_n),x_{\mathrm{SV}}(t_n)-x(t_n)) \tag{46.66}$$

然后计算时间差分：

$$\begin{aligned}\Delta r^{(k)}(t_n)&=(e^{(k)}(t_n),x_{\mathrm{SV}}(t_n)-x(t_n))-(e^{(k)}(t_{n-1}),x_{\mathrm{SV}}(t_{n-1})-x(t_{n-1}))\\&=(e^{(k)}(t_n),x_{\mathrm{SV}}(t_n)-x(t_n))-(e^{(k)}(t_{n-1}),x_{\mathrm{SV}}(t_{n-1})-x(t_{n-1}))\\&\quad+(e^{(k)}(t_n),x(t_{n-1}))-(e^{(k)}(t_n),x(t_{n-1}))\end{aligned} \tag{46.67}$$

将式(46.67))整理为

$$\begin{aligned}\Delta r^{(k)}(t_n)&=(e^{(k)}(t_n),x_{\mathrm{SV}}(t_n))-(e^{(k)}(t_{n-1}),x_{\mathrm{SV}}(t_{n-1}))\\&\quad-(\Delta e^{(k)}(t_n),x(t_{n-1}))-(e^{(k)}(t_n),\Delta x(t_n))\end{aligned} \tag{46.68}$$

前两项 $(e^{(k)}(t_n),x_{\mathrm{SV}}(t_n))-(e^{(k)}(t_{n-1}),x_{\mathrm{SV}}(t_{n-1}))$ 是由卫星沿视距方向运动引起的,它们一起构成了卫星多普勒项,可以使用星历数据进行补偿。第三项 $-(\Delta e^{(k)}(t_n),$

$x(t_{n-1})$)是一个几何项,它是由视距单位矢量方向的变化而产生的几何项,可以使用上次更新中估计的位置进行补偿,最后一项 $-(e^{(k)}(t_n), \Delta x(t_n))$ 由接收机位置变化引起,可以直接用于惯性导航漂移估计。

根据卫星多普勒和几何项调整载波相位时间差分:

$$\Delta\hat{\varphi}^{(k)}_{\text{GNSS\_adjusted}}(t_n) = \Delta\hat{\varphi}^{(k)}_{\text{GNSS}}(t_n) - (e^{(k)}(t_n), x_{\text{SV}}(t_n)) + (e^{(k)}(t_{n-1}), x_{\text{SV}}(t_{n-1})) + (\Delta e^{(k)}(t_n), \hat{x}(t_{n-1}))$$

$$= -(e^{(k)}(t_n), \Delta x(t_n)) + c\Delta\delta t^{(m)}_{\text{rcvr}}(t_n) + \Delta w^{(k)}_{\varphi}(t_n) \qquad (46.69)$$

卡尔曼滤波器的观测表述为根据惯性导航预测值和卫星导航测量值之间的差:

$$z^{(k)}_{\Delta\varphi} = -(e^{(k)}(t_n), \Delta\hat{x}_{\text{INS}}(t_n)) - \Delta\hat{\varphi}^{(k)}_{\text{GNSS\_adjusted}}(t_n)$$

$$= -(e^{(k)}(t_n), \delta\Delta x(t_n)) + c\Delta\delta t^{(m)}_{\text{rcvr}}(t_n) + \Delta w^{(k)}_{\varphi}(t_n) \qquad (46.70)$$

式(46.70)表明,位置变化中包含的惯性导航状态误差可以直接从载波相位时间差分中观测,因此在状态矢量和状态传播模型中添加位置变化误差(以及时钟偏差变化)。

当采用时间差分载波相位时绝对位置误差不能被估计,其余惯性导航的状态误差(速度误差、姿态误差和传感器偏差)传播为位置变化的误差。通过滤波可以估计这些状态误差,从而减轻惯性导航解算中的漂移。

时差延迟和轨道误差一般保持在毫米级以下[10],因此时间差分载波相位测量误差主要包括噪声和多路径,且噪声和多路径一般也不超过1cm的水平,即使多路径的影响可以忽略不计,随着时间的推移,测量误差也会有时间相关性,为了获得最优估计性能,需再考虑时间相关性,如本章B部分所述。

46.5 深组合:信号处理层级融合

深组合是在信号处理层级融合卫星导航和惯性导航数据,最大限度地提高传感器融合的优势,采用的惯性导航状态误差与紧组合相同,并增加了惯性导航辅助卫星导航信号处理,图46.18显示了 GNSS-INS 深组合的详细框图。

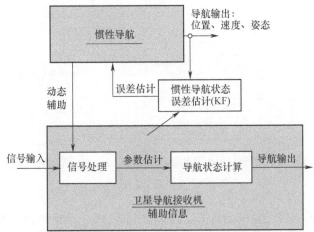

图 46.18 GNSS-INS 深组合的详细框图

(通过惯性导航辅助卫星导航信号处理,深组合扩展了紧组合的功能,
使信号处理层级的组合成为可能,从而最大限度提高传感器融合的优势。)

深组合有时也称超紧组合[11-13],都是为了提高后相关信噪比(SNIR)。深组合和超紧组合之间的区别有点模糊,其中超紧组合通常保持卫星导航跟踪环路,并使用惯导信息辅助来缩小带宽,而深组合直接采用卫星导航的 IQ 采样数据,通过采用预滤波/卡尔曼滤波处理 IQ 数据,或者在一个较大的时间间隔内积累 IQ 采样值(单个接收机无法实现)。

本节讨论深组合方法,在较长的时间间隔(如 1s)内连续地积累卫星导航信号,以实现微弱信号恢复和干扰抑制,并以 GPS 为例进行了实现,本章所考虑的主要概念适用于其他GNSS。

46.5.1 GPS 信号长相干积分案例

图 46.19 展示了一个 GPS-INS 深组合系统的案例[14],GPS-INS 深组合利用 GPS 射频采样数据和惯性导航测量数据在信号处理阶段开始融合。如图 46.19 所示,天线接收到GPS 信号,然后在射频前端下变频到基带,数字化后的 GPS 信号由相关器处理,相关器将输入信号与内部生成复制信号相乘,累积 20ms 内的结果,同相和正交相关结果(I 和 Q)在一扩频周期内(如 1s)相干累加,以恢复微弱信号和抑制干扰。在扩频累加过程中,通过惯性导航辅助调整由数字控制振荡器(NCO)产生的复制信号的参数,从而允许长时间累加,然后应用长信号积分结果估计 GPS 信号参数,包括码相位、载波多普勒频移和载波相位,被估计信号参数用于卡尔曼滤波器更新惯性导航状态误差,以保持系统的整体性能。

图 46.19 所示的深组合的主要优势在于 GPS 信号的超长相干积分(LCI)。这种 LCI 实际上是可行的,因而惯性导航可以根据持续的 GPS 更新进行校正,从而精确地辅助 GPS 信号累加和导航数据位消除,使得超长相干积分得以实现。

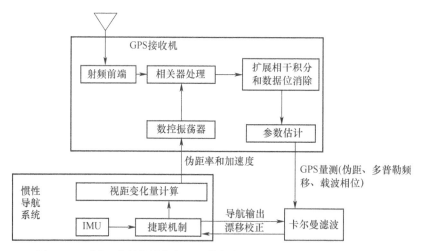

图 46.19　用于微弱信号恢复和干扰抑制的 GPS-INS 深组合系统示例
(对 GPS 信号进行长相干积分。)

精确辅助:LCI 的实现需要精确轨迹。例如,辅助轨迹必须精确到厘米级/秒级的水平,才能支持 1s 的 LCI。利用时间相位差分(亚厘米级精度的载波相位)估计惯性导航和时钟状态误差,实现惯性导航动态校准提供精确轨迹。

数据位消除:由于积分间隔超过 GPS 导航信息中 20ms 的导航数据位持续时间,需要消除位以避免能量损失(在求和时符号相反位抵消)。对于导频信号,不需要消除数据位。然而当存在数据调制时,由于存在未知的保留位,以及由于广播数据位的偶然性变化,数据位的先验信息不能可靠地用于连续跟踪。一般可以使用 $\arctan(I/Q)$ 或 $(1/2)\arcsin(I/Q)$ 等 Costas 鉴别器来消除导航数据位的影响,然后将惯性辅助环路滤波器或惯性辅助卡尔曼滤波器应用于鉴别器输出,以增大载波跟踪阈值。然而,非线性鉴别函数的使用引入了平方损失的信号积累。为了避免平方损失,深组合采用了一种基于批处理的高效位搜索算法[15]。该算法搜索信号积累间隔中所有可能的位组合,并选择能量最大的信号。

深组合架构的另一个关键特征是支持单个卫星通道的独立跟踪,如图 46.20 所示,在整个时间间隔内每个跟踪通道的卫星信号独立累加,然后鉴别器利用信号累加结果计算 NCO 复制信号的调整量,例如利用 I 和 Q 累加结果的四象限反正切函数计算载波相位的调整量[16],从每个跟踪卫星通道的 NCO 参数中得到 GPS 测量,这种方法不同于矢量跟踪。在矢量跟踪中,通常利用 20ms 的信号累加结果输入联合滤波器,进行导航和时间解算。独立卫星信号跟踪保持了不同卫星通道的信号测量是随机独立的,使得这些测量数据可以用于质量监控,例如通过使用 RAIM 技术或 GPS-INS 完好性监测,提升在 GPS 强干扰环境(如城市峡谷和茂密森林地区)的导航性能,在这些环境中由于多路径效应会导致产生较大的异常值[17-18]。

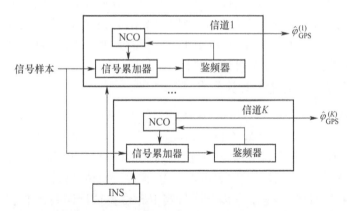

图 46.20　本节考虑的深度 GPS-INS 集成的示例实现保持了不同卫星信道的独立测量
[这些测量可用于数据质量监测,如接收机自主完好性监测(RAIM)和 GPS-INS 一致性检查。]

深组合的主要组成部分包括:
(1) 计算动态参考轨迹辅助 GPS 信号累加;
(2) 精度在厘米级/秒级水平上的状态误差估计;
(3) 数据位消除。
下面讨论它们的实现方法。

46.5.2　动态参考轨迹计算

用于调整 NCO 和辅助 GPS 信号相干积分的动态参考轨迹计算式如下:

$$\begin{cases} \Delta\tau^{(k)}(t_m) = (\Delta r^{(k)}(t_m) + c\Delta\delta t_{\mathrm{rcvr}}(t_m))/c \\ \Delta\varphi^{(k)}(t_m) = -2\pi(\Delta r^{(k)}(t_m) + c\Delta\delta t_{\mathrm{rcvr}}(t_m))/(c\lambda) \end{cases} \quad (46.71)$$

式中：t_m 为当前时间累积时刻，$t_m = T_{l-1} + \Delta t \cdot m$，其中 T_{l-1} 为前一个时间累积间隔结束的时间，Δt 为 GPS 信号采样间隔；$\Delta \tau^{(k)}$ 和 $\Delta \varphi^{(k)}$ 分别对应卫星 k 的复制码和载波辅助相位；$\Delta r^{(k)}$ 为真实伪距增量；$\Delta \delta t_{\mathrm{rcvr}}(t_m)$ 为时钟偏差增量。

时钟偏差增量 $\Delta \delta t_{\mathrm{rcvr}}$ 通过累积 GPS-INS 卡尔曼滤波器的时钟漂移估计进行计算，伪距增量 $\Delta r^{(k)}$ 定义为

$$\Delta r^{(k)}(t_m) = (\boldsymbol{e}^{(k)}(t_m), \boldsymbol{x}_{\mathrm{SV}}(t_m) - \boldsymbol{x}(t_m)) - (\boldsymbol{e}^{(k)}(t_{l-1}), \boldsymbol{x}_{\mathrm{SV}}(t_{l-1}) - \boldsymbol{x}(t_{l-1}))$$

$$(46.72)$$

式中，卫星和接收机的位置矢量($\boldsymbol{x}_{\mathrm{SV}}$ 和 $\boldsymbol{x}$)分别由星历表和 INS 解算获得。

46.5.3　状态误差估计

如前所述，GPS 信号的长时间相干累加需要精确轨迹辅助，式(46.72)表明辅助轨迹是根据接收机/卫星距离和时钟偏差的变化构造的。这两项都需要厘米级/秒级的精度水平，以支持 1s 量级上的 LCI。这是通过动态估计方法实现的，该方法利用 GPS 载波相位的时间变化来估计惯性和钟差项。46.5.2 节首先讨论了用于动态估计的测量观测模型，46.6 节将更详细地考虑载波相位差分的使用。

为了达到所需的时钟辅助精度，深组合需要使用具有良好短期稳定性的频率振荡器，例如恒温晶体振荡器(OCXO)或芯片级原子钟(CSAC)，这些时钟的短期稳定性一般在 10^{-11} s/s 或相当于 3mm/s 的量级，因此对于 1s 相干积分，时钟偏差可以用一次多项式精确逼近，其中多项式系数由动态卡尔曼滤波器估计。

由式(46.68)可知，伪距差分计算公式：

$$\Delta \hat{r}^{(k)}(t_m) = [\hat{\boldsymbol{e}}^{(k)}(t_m), \hat{\boldsymbol{x}}_{\mathrm{SV}}(t_m)] - [\hat{\boldsymbol{e}}^{(k)}(t_{l-1}), \hat{\boldsymbol{x}}_{\mathrm{SV}}(t_{l-1})]$$
$$- [\Delta \hat{\boldsymbol{e}}^{(k)}(t_m), \hat{\boldsymbol{x}}_{\mathrm{INS}}(t_{l-1})] - [\hat{\boldsymbol{e}}^{(k)}(t_m), \Delta \dot{\boldsymbol{x}}(t_m)] \qquad (46.73)$$

式中，伪距差分误差包括卫星轨道误差，即投影到式(46.74)中前两项上的卫星位置误差，投影到视距单位矢量的变化量上的 INS 位置误差，惯性导航位置误差在视距方向上的投影。轨道误差通常保持在毫米/秒级水平以下[10]，当 INS 位置估计误差在 100m 或更精确的水平上时，第三项的误差也不超过毫米级水平，通过动态估计使第四项具有足够的精度，从动态估计的观测式(46.70)可知位置误差可直接观测，使用载波相位的变化可以实现亚厘米级的精确观测，因此能够实现厘米/秒级的精度用于支持 LCI。

46.5.4　导航数据位的处理

为了避免相干积分过程中的能量损失，需要不断消除导航数据位，由于存在未知的保留位，以及广播数据位的偶尔变化，数据位的信息不能用于连续跟踪，深组合基于能量的位估计算法来考虑可能的位转换，在跟踪积分时间间隔内，该算法寻找使信号能量最大化的位组合，将其应用于位消除，搜索分两步执行：

第一步：在减少到 0.1s 间隔内穷举搜索最大能量位组合；

第二步：在一个完整的积分间隔(通常为 1s)内，基于能量的 0.1s 符号极性分辨率采用信号累加方法累积 I 和 Q。

对于第一步，在 0.1s 间隔内计算所有可能位组合的信号能量，因能量计算对位组合的

符号极性不敏感,即具有相反符号的位组合(例如[1 1 1 1 1 -1]和[-1 -1 -1])具有相同的信号能量,因此在不存在相反符号的组合中选择最大能量位组合。在第二步基于能量的位估计中解决符号极性问题,在 0.1s 的时间间隔内总共有 5b,位组合的总数是 25,符号极性效应将搜索的组合数减小到 2^4。

16 种导航数据位组合的能量计算是通过一个矩阵乘法完成的,不需要使用额外的相关器,应用以下矩阵乘法:

$$\begin{bmatrix} I_1 \\ \vdots \\ I_{16} \end{bmatrix} = \boldsymbol{B} \begin{bmatrix} I_{(20ms)_1} \\ \vdots \\ I_{(20ms)_5} \end{bmatrix}, \quad \begin{bmatrix} Q_1 \\ \vdots \\ Q_{16} \end{bmatrix} = \boldsymbol{B} \begin{bmatrix} Q_{(20ms)_1} \\ \vdots \\ Q_{(20ms)_5} \end{bmatrix} \tag{46.74}$$

式中:$I_{(20ms)_s}$ 和 $Q_{(20ms)_s}$ 是在 0.1s 积分时间间隔内,第 s 个数据位持续时间内累计的同相和正交信号,$s = 1, 2, \cdots, 5$,$\boldsymbol{B}$ 为数据位矩阵,包含 16 种可能的位组合。$\boldsymbol{B}$ 矩阵的行对应一个特定的位组合:

$$\boldsymbol{B} = \begin{bmatrix} 1 & 1 & 1 & 1 & 1 \\ 1 & 1 & 1 & 1 & -1 \\ 1 & 1 & 1 & -1 & -1 \\ \vdots & \vdots & \vdots & \vdots & \vdots \\ 1 & -1 & -1 & -1 & -1 \end{bmatrix} \tag{46.75}$$

然后对所有可能的位组合计算 0.1s 信号累积能量:

$$\begin{bmatrix} E_{(0.1s)_1} \\ \vdots \\ E_{(0.1s)_{16}} \end{bmatrix} = \begin{bmatrix} I_1^2 \\ \vdots \\ I_{16}^2 \end{bmatrix} + \begin{bmatrix} Q_1^2 \\ \vdots \\ Q_{16}^2 \end{bmatrix} \tag{46.76}$$

接下来,选择在 0.1s 间隔内使信号能量累积最大的同相和正交信号:

$$m_{max} = \max_m (E_{(0.1s)_m}) \quad (m = 1, 2, \cdots, 16), \quad I_{(0.1s)} = I_{m_{max}}, \quad Q_{(0.1s)} = Q_{m_{max}} \tag{46.77}$$

在第二步位消除中,算法完全搜索 0.1s 时间内累积 I_s 和 Q_s 的可能符号组合,找到使积分信号能量最大化的符号组合,搜索以类似于上面第一步(位组合搜索)的矩阵乘法的形式实现。

46.6 案例研究

本节以 GNSS-INS 组合在两个案例研究中的应用进行说明:基于 MEMS IMU 的城市导航和浓密树叶下的导航。对于这些情况,仅使用卫星导航定位的性能非常有限,需要其他传感器来补充卫星导航中断时的定位信息。第一个案例研究了用于城市导航的 GNSS-INS 组合系统,测试结果按以下三个方面介绍:①松组合;②紧组合的机制,中等精度 MEMS IMU (约5(°)/h陀螺漂移和1mg 加速度计偏差)和消费级 MEMS IMU(约 100(°)/h 陀螺漂移和5mg 加速度计偏差);③在密集的城市峡谷(加利福尼亚州圣弗朗西斯科市中心金融区)进行测试。由于在城市峡谷中的性能有限,对于消费级 IMU 的情况,该系统利用其他辅助导航源(单目摄像机和运动约束)来增强其导航性能。第二个案例讨论了在浓密树冠下 GPS-INS 深组合的应用,测试在美国俄亥俄州韦恩国家森林浓密的林区开展。

46.6.1 用于城市环境导航的 GNSS-INS 组合

在城市环境中由于信号被建筑物阻挡,以及强多径反射的存在,显著降低了卫星导航能力,GNSS-INS 组合是一种提高定位能力的常用导航方法。我们研究了 GNSS-INS 的松组合和紧组合在密集城市环境中的应用,并使用测试数据证明了它们的性能。关键步骤包括GNSS-INS 测量同步、数据质量监测和 INS 误差重置,下面进行讨论并给出测试结果。

46.6.1.1 测量同步

本章前面所讨论的观测方程[如式(46.38)和式(46.56)]假定卫星导航和惯性导航数据同时到达,然而卫星导航和惯性导航测量在默认情况下并不同步。一些惯性传感器支持外部触发测量,此时可以使用来自卫星导航接收机的秒脉冲(1PPS)信号来触发惯性导航的测量,从而使惯性导航数据与卫星导航同步,然而最常见的情况是惯性导航不支持外部触发,测量同步也需使用不同的方法。

首先惯性导航和卫星导航的测量都具有时间戳,然后惯性导航和卫星导航数据根据时差进行计算调整,时间戳如图 46.21 所示。由于时间是卫星导航解算的一部分,卫星导航测量中包含有卫星导航系统星座相关的时间(例如 GPS 的 GPS 时间或 GLONASS 的 UTC 时间),而 IMU 数据使用来自卫星导航接收机的 1PPS 信号进行时间标记。

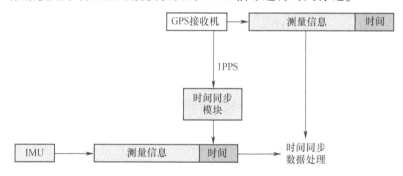

图 46.21　GNSS-INS 同步方法

(卫星导航和惯性导航的测量都具有时间戳,以便通过调整测量数据的时间差进行数据同步。)

图 46.22 演示了同步模块的示例,该模块对惯性导航数据标记时间戳。

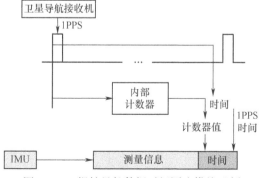

图 46.22　惯性导航数据时间同步模块示例

卫星导航时间1PPS脉冲每更新一次,两个1PPS脉冲中间使用内部计数器(例如,微控制器或现场可编程门阵列)递增计数,当惯性导航测量到达时(例如,从测量消息头确定),它的到达时间使用前1PPS更新的卫星导航时间和当前计数器值转换为秒单位的时间计算,然后将此到达时间添加到惯性导航测量消息中,从而成为后续时间同步测量处理的时间戳。

卫星导航和惯性导航测量数据的时间同步处理如图46.23所示。对惯性导航测量数据进行调整,每次获得惯性导航测量时,执行惯性导航解算和状态预测的更新,如果自惯性导航更新后卫星导航测量数据可用,它们将被纳入辅助观测中,用于更新GNSS-INS互补卡尔曼滤波器的状态;如果当前惯性导航更新中没有可用的卫星导航观测,则将预测值赋予状态估计,系统等待下一个更新周期。

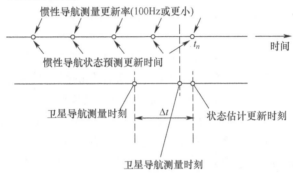

图46.23 卫星导航和惯性导航测量数据的时间同步处理

卫星导航辅助测量的可用时间通常延迟于其有效时间(实际获得测量时间),因此惯性导航状态被向后传播到卫星导航观测有效时刻,并以类似滤波器预测更新的方式实现状态误差和协方差矩阵的反向传播。

46.6.1.2 数据质量监测

在城市等卫星导航性能较差的环境中,多径误差严重影响了组合系统的性能。非视距(NLOS)多径的影响尤其具有破坏性,甚至导致GNSS-INS卡尔曼滤波器的发散,因此监测卫星导航测量数据的质量以从估计过程中排除异常值是很重要的。图46.24说明了GNSS-INS紧组合架构中采用的算法。

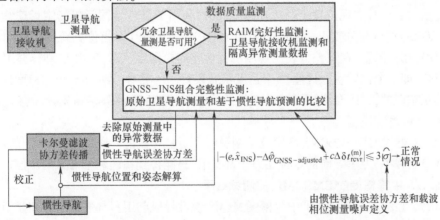

图46.24 在GNSS-INS紧组合架构中,用于检测和排除卫星导航测量异常值的监测方案

如果有足够的卫星(卫星数量大于或等于卫星导航星座数量加4),该算法首先基于 RAIM 实现卫星导航内部质量监测;如果检测到存在故障或没有足够的卫星可用来执行 RAIM 时,利用基于惯性导航的质量监测。基于惯性导航的质量监测是使用惯性导航数据来预测 GPS 测量值,通过比较预测和实际测量值,并删除有较大差异的测量值。由于载波相位噪声和多径误差明显小于伪距误差(2~3 个数量级),因此使用载波相位最大限度地提高了数据质量监测的优势。在图 46.24 中,说明了时间相位变化的作用。

数据质量监测也可以应用到松组合的体系结构中。在这种情况下,比较了卫星导航和惯性导航两种导航方案,如果卫星导航解算与惯性导航预测的差异超过某个阈值(通常定义为 GNSS-INS 组合误差的 3σ 值),则不用于估计更新。显然,数据质量监测更适合紧组合,因为它允许检测和排除单个卫星信号的测量值,而不是整个卫星导航解算。

46.6.1.3　误差重置

GNSS-INS 组合的另一个重要方面是必须周期性地重置惯性导航状态误差,以保证符合惯性导航误差传播线性模型,即在导航输出中姿态误差的线性传播依赖于使用小角度近似[式(46.23)]。对于高精度传感器,这种近似在很长一段时间内都适用,例如战术级陀螺仪产生 $1(°)/h$ 的漂移,然而低精度 MEMS 惯性传感器可以达到 $100(°)/h$ 或更多的漂移,因此为了最小化线性误差和维持系统性能稳定,需要重置角误差。

可以采用以下方案:基于姿态误差估计对 DCM 矩阵进行修正,然后将姿态误差重置为零(因为估计值本质上是从真实的导航状态中减去的):

$$\begin{cases} \hat{\boldsymbol{C}}_{b\to N}^{\mathrm{corrected}} = \mathrm{expm}(-\delta\hat{\boldsymbol{\alpha}}\times)\hat{\boldsymbol{C}}_{b\to \hat{N}} \\ \delta\hat{\boldsymbol{\alpha}}^{\mathrm{corrected}} = \boldsymbol{0}_{3\times 1} \end{cases} \tag{46.78}$$

位置和速度误差可以类似的方式重置,然而这种重置是可有可无的,因为速度误差的时间传播本质上是线性的。

46.6.1.4　测试环境

使用城市测试数据说明 GNSS-INS 组合算法的性能,在圣弗朗西斯科市中心收集地面车辆实验数据,然后分别通过松组合和紧组合进行导航,图 46.25 所示为典型的测试环境。

实验装置包括:NovAtel GPS/GLONASS 接收机、高精度 MEMS 惯性单元(Sensonor STIM-300)和消费级 MEMS 惯性传感器(STMicroelectronics)。其分别采用松组合和基于载波相位测量的紧组合实现位置更新,这两种方法都利用了奥克兰国际机场附近连续运行的参考站(CORS)进行差分校正。紧组合使用 10Hz 速率下的时间相位更新和 1Hz 速率下的双差分(DD)相位测量,在双差分相位观测中包含整周模糊度状态,采用 15 维卡尔曼滤波器进行松组合,即 3 个位置状态误差、3 个速度状态误差、3 个姿态误差和 6 个加速度计偏置和陀螺漂移状态误差,紧组合增加了两个额外的状态(接收机时钟漂移和累计漂移),从而形成了一个 17 维系统模型。

图 46.26 通过 GPS-GLONASS 定位示例说明了卫星导航的局限性,正如预期的那样,在密集的城市峡谷中,卫星导航的定位能力非常有限,只能得到稀疏和不可靠的定位。

46.6.1.5　中等精度 MEMS IMU 的测试结果

图 46.27 和图 46.28 显示了中等精度 MEMS 惯性导航与卫星导航松组合和紧组合的定位性能,这些示例测试结果清楚地说明了在卫星导航受干扰影响的环境中,紧组合优于松组

图 46.25　加利福尼亚州圣弗朗西斯科的测试环境,典型的城市峡谷显著降低了卫星信号的可用性和质量

图 46.26　在市区环境下卫星导航定位的典型性能

(估计的位置呈现在谷歌地图中。稀疏环境下定位能力下降使得位置估计不可靠。)

合,在相对开阔的地区,通过使用惯性导航定位,可以有效地解决短时卫星导航中断问题,采用松组合保持可靠的定位能力。然而在稠密的城市峡谷中,可见卫星的数量不足以确定完整的位置,这将导致长时间的卫星导航中断,在此期间,惯性导航也出现显著的漂移。相比之下,紧组合能够利用有限数量的卫星来减缓惯性导航的部分漂移,因此在整个测试过程中可以可靠地重建轨迹。

图 46.27　城市环境下 GNSS-INS 松组合定位性能
(采用中等精度 MEMS IMU,在圣弗朗西斯科市中心测试。在相对开阔的区域
能够实现精确定位,然而在稠密的城市峡谷中存在显著的偏差。)

图 46.28　城市环境下 GNSS-INS 紧组合定位性能
(采用中等精度 MEMS IMU,在圣弗朗西斯科市中心测试。在整个测试过程中,采用紧组合方案可以可靠地重建轨迹。)

46.6.1.6　消费级 MEMS IMU 的测试结果

接下来将讨论消费级 MEMS IMU 的性能,如图 46.27 所示,即使使用高精度 MEMS 传感器,在人口密集的城市地区,松组合也不能提供可靠的导航性能,因此对低精度惯性导航只进行紧组合分析,图46.29 和图46.30 显示了两个示例测试场景的测试结果。

图46.29　在第一个测试场景中,GNSS-INS 紧组合性能

[采用消费级 MEMS 惯性传感器获得连续轨迹,在密集的城市峡谷中,可能会出现明显的偏差(右侧放大的图像)[19]。]

图46.30　在第二个测试场景中,卫星导航与消费级惯性传感器紧组合性能

(如图46.29 中的第一个例子所示,在密集的城市峡谷中可能会出现显著的位置误差[19]。)

与图46.26 所示的仅使用卫星导航定位相比,卫星导航与低精度惯性导航的组合显著提高了位置可用性和质量。然而在密集的城市峡谷中,卫星导航与低精度惯性导航的组合也无法提供可靠的定位。事实上当车辆在城市峡谷中行驶很长一段时间(如 5min),并且仅存在一颗或两颗可见卫星时,位置误差会达到 20m 的水平。

为了使消费级 MEMS 惯性传感器的系统性能稳定,需要使用其他导航辅助设备。GNSS-INS 组合原理可以直接扩展到与其他辅助传感器的多传感器融合,如雷达、摄像机、扫描激光测距仪(通常称为 LiDAR)、车轮速度传感器、车辆运动约束等。

正如在 GNSS-INS 组合中,多传感器融合算法使用互补卡尔曼滤波器来估计惯性导航输出漂移,与导航相关的辅助传感器的测量通常可以表示为位置、速度和姿态的函数,该函数基于惯性导航输出进行预测,然后与实际测量结果进行比较,基于惯性导航的预测和测量本身之间的差异被滤波器用来估计惯性导航漂移。

通用卡尔曼滤波器测量观测 z 的表达式如下:

$$z = \hat{f}(\hat{x}_{INS}, v_{INS}, \hat{\alpha}_{INS}, \hat{b}) - \tilde{f} \tag{46.79}$$

式中：$\hat{f}$ 为 INS 预测，$\tilde{f}$ 为实际测量值；b 为辅助传感器状态矢量，例如卫星导航接收机的时钟偏差状态或 LiDAR 与惯性导航坐标系之间的安装误差角。

为了实现互补卡尔曼滤波器，将式(46.79)用泰勒级数展开线性化：

$$z = f + \frac{\partial f}{\partial \hat{x}_{INS}} \delta \hat{x}_{INS} + \frac{\partial f}{\partial \hat{v}_{INS}} \delta \hat{v}_{INS} + \frac{\partial f}{\partial \hat{a}_{INS}} \delta \hat{a}_{INS} - (f + n_f)$$

$$= \frac{\partial f}{\partial \hat{x}_{INS}} \delta \hat{x}_{INS} + \frac{\partial f}{\partial \hat{v}_{INS}} \delta \hat{v}_{INS} + \frac{\partial f}{\partial \hat{a}_{INS}} \delta \hat{a}_{INS} - n_f \tag{46.80}$$

式中：n_f 为测量噪声，标准卡尔曼滤波器利用线性化公式来估计 INS 状态误差(即预测、估计和协方差矩阵更新)。

对于车辆运动约束的情况，测量方程如下，对于汽车应用，可以假设水平速度分量和垂直速度分量为零：

$$H_v C_b^N v = 0, H_v = \begin{bmatrix} 0 & 1 & 0 \\ 0 & 0 & 1 \end{bmatrix} \tag{46.81}$$

在这种情况下，式(46.79)的一般表达式如下：

$$z = H_v \hat{C}_b^N \hat{v}_{INS} - \begin{bmatrix} 0 \\ 0 \end{bmatrix} = H_v \hat{C}_b^N \hat{v}_{INS} \tag{46.82}$$

对式(46.82)线性化得到：

$$H_v \hat{C}_b^N \delta \hat{v}_{INS} - H_v (\hat{C}_b^N \hat{v}_{INS}) \times \delta \hat{a}_{INS} = 0 \tag{46.83}$$

对式(46.83)直接用于卡尔曼滤波器来更新估计惯性导航状态误差。值得注意的是，与 GNSS-INS 组合一样，监测其他辅助传感器的测量质量也是至关重要的，例如上述零速度约束模型在转弯时通常不适用，因而可以采用类似于 GNSS-INS 组合的残差监测方法监测其他辅助传感器。

图 46.31 和图 46.32 显示了卫星导航与低精度惯性导航组合的实例。同时采用运动约

图 46.31　将 GNSS-INS 与运动约束和单目视觉图像紧组合的多传感器
融合定位结果，在整个测试过程中实现了可靠的轨迹重建

束和单目摄像机测量增强定位性能,运动约束构建如上所述,采用多姿态约束估计(MPCE)方法对单目视觉图像进行处理[20]。实验结果表明,在城市峡谷中,使用额外的传感器可以实现消费级惯性导航连续可靠的定位。

图46.32　为将消费级 MEMS 与卫星导航、单目视觉和车辆运动约束进行多传感器融合的第二个测试示例。如图46.31 所示的第一个测试示例,在整个测试中,包括最难定位的城市峡谷部分,都具有连续可靠的导航性能

46.6.2　密集树冠下 GPS–INS 深组合

第二个案例是使用 GPS–INS 深组合(如46.5 节讨论)在浓密的树冠下导航,为了证明深组合的性能,在美国俄亥俄州韦恩国家森林的浓密林区采集了测试数据。图46.33 显示了数据采集环境,这些照片显示了浓密的树冠覆盖范围,只有有限的部分可以看见晴朗的天空。

图46.33　证明 GPS–INS 深组合性能的示例测试环境:美国俄亥俄州韦恩国家森林的浓密林区

地面车辆测试设备如下：

（1）NovAtel GPS 接收机,提供 GPS 信号测量(伪距和载波相位)；

（2）使用仪器级射频前端[俄亥俄大学变换域仪器 GNSS 接收器(TRIGR)[21]]和一个数据采集服务器来获取和存储原始 GPS 信号,GPS 信号被下采样到基带；

（3）GPS 天线；

（4）霍尼韦尔 H764G 导航级惯性导航,位置漂移 0.8n mile/h。

在密林地区开展试验并采集测试数据,然后采用 GPS-INS 深组合进行处理,采用 0.5s 相干积分来恢复被冠层衰减的 GPS 信号。与上面考虑的城市导航示例一样,我们应用数据质量监测方法(图 46.24)来监测 GPS 测量中的异常值,并从估计更新中排除错误的信号通道。

为了验证低精度惯性导航的系统性能,在导航级惯性导航采集的实验数据中添加误差(包括陀螺漂移、陀螺噪声、加速度计偏差和加速度计噪声)模拟战术级惯性测量单元的输出,并进行仿真。附加的陀螺漂移以一阶高斯-马尔科夫过程注入,一阶高斯-马尔可夫过程的 1σ 值为 $10(°)/h$ 相关时间为 1h,模拟陀螺噪声的随机游走系数为 $4(°)/\sqrt{h}$,加速度计的偏差用一阶高斯-马尔科夫过程模拟,标准偏差为 $0.0001g$,相关时间为 1h,试验数据中还注入了 $0.0001g/s^2$ 的加速度计噪声。

示例测试场景如图 46.34 所示,采用 NovAtel 接收机测量的 GPS 信号计算运动轨迹,当只使用 GPS 时,只有测试轨迹位于开阔天空区域时才能进行位置估计,这严重限制了导航性能。

图 46.34　在浓密的森林地区仅采用 GPS 定位仪可以获得非常稀疏的位置信息

图 46.35 显示了深组合的示例测试结果,与只使用 GPS 的定位不同,深组合可以可靠地重建整个测试路线,且无位置估计间断,无论是在相对开阔的地区还是在树叶密度极高的森林地区,构建的轨迹与实际测试路线(测试车辆行驶的乡村道路)非常接近。实际驾驶的去程和返程相距很近且可区分,其中去程和返程通常间隔 1~2m,在测试一周结束时,构建的轨迹返回到起点。

研究深组合对数据质量监测的敏感性是有益的,图 46.36 说明了没有数据质量监测的轨迹重建结果,即接受所有的 GPS 测量。

浓密森林放大区域：例1　　　　　　　浓密森林放大区域：例2

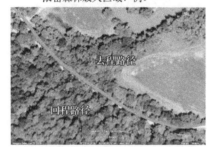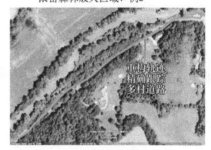

图46.35　在密林地区采用 GPS-INS 深组合定位实现可靠的轨迹重建

图 46.36　没有数据质量监测的轨迹重建结果：GPS 测量中的
异常值导致 GPS-INS 深组合位置解的偏差

结果清楚地表明，在这种情况下，轨迹重建变得不可靠，因此监测测量异常值并将其从整个导航估计中排除是非常重要的。

为了说明 LCI 的优势，图 46.37 显示了信号积累间隔减少到 20ms 的情况下的测试结果：GPS 接收机环路独立工作，没有使用深组合，相当于紧组合方案。

总体上保持了重建轨迹的平滑，然而重建的轨迹可能偏离道路，且在部分测试道路可能存在跳跃,左边的放大图中跳跃值约为 3.8m,右边的放大图中跳跃值约为 6m。因此紧组合仍然保持了重构轨迹的连续性,但精度比深组合低。

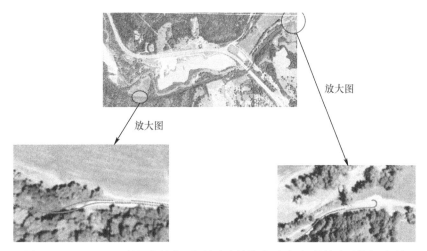

放大图

放大图

图 46.37　GPS-INS 紧组合性能,实现了连续轨迹重建,但是精度比深组合低

参考文献

[1] Titterton D. H. and Weston J. L. ,*Strapdown Inertial Navigation Technology* ,2nd Ed. ,The American Institute of Aeronautics and Astronautics and The Institute of Electrical Engineers ,2004.

[2] Groves P. D. , Principles of GNSS, *Inertial* , *and Multisensor Integrated Navigation Systems* , 2nd Ed. , Artech House ,2013 ,Ch. 5 ,pp. 163−216.

[3] Savage P. G. , "Strapdown inertial navigation integration algorithm design part 1: Attitude algorithms ," *Journal of Guidance* ,*Control* ,*and Dynamics* ,Vol. 21 ,No. 1 ,pp. 19−28 ,January-February 1998.

[4] Soloviev A. and F. van Graas, "Batch processing of inertial measurements for mitigation of sculling and commutation errors ," *NAVIGATION* ,*Journal of the Institute of Navigation* ,Vol. 53 ,No. 4 ,pp. 265 − 276 ,Winter 2007−2008.

[5] Savage P. G. , "Strapdown inertial navigation integration algorithm design part 2: Velocity and position algorithms ," *Journal of Guidance* ,*Control* ,*And Dynamics* ,Vol. 21 ,No. 2 ,pp. 208−221 ,March-April 1998.

[6] Brown R. G. and P. Y. C. Hwang, *Introduction to Random Signals and Applied Kalman Filtering* ,3rd Ed. ,John Wiley & Sons ,Inc. ,1997. Ch. 2 ,pp. 94−96.

[7] Scherzinger B. M. , "Precise robust positioning with inertially aided RTK ," *NAVIGATION* ,*Journal of The Institute of Navigation* ,Vol. 53 ,No. 2 ,pp. 73−84 ,Summer 2006.

[8] Teunissen P. J. ,P. J. De Jonge ,and C. C. J. M. Tiberius , "Performance of the LAMBDA method for fast GPS ambiguity resolution ," *NAVIGATION* , *Journal of The Institute of Navigation* ,Vol. 44 ,No. 3 ,pp. 373 − 400 , Fall 1997.

[9] Farrell J. L. , "GPS-INS-streamlined ," *NAVIGATION* ,*Journal of The Institute of Navigation* ,Vol. 49 ,No. 4 , pp. 171−182 ,Winter 2002−2003.

[10] Graas F. van and A. Soloviev, " Precise velocity estimation using a stand-alone GPS receiver ," *NAVIGATION* ,*Journal of The Institute of Navigation* ,Vol. 51 ,No. 4 ,pp. 283−292 ,Winter 2004−2005.

［11］Gebre-Egziabher D. , Razavi A. , Enge P. , Gautier J. , Pullen S. , Pervan B. , and Akos D. , "Sensitivity and performance analysis of Doppler-aided GPS carriertracking loops," *NAVIGATION*, *Journal of The Institute of Navigation*, Vol. 52, No. 2, pp. 49–60, Summer 2005.

［12］Lashley M. and D. Bevly, "Performance comparison of deep integration and tight coupling," *NAVIGATION*, *Journal of The Institute of Navigation*, Vol. 60, No. 3, pp. 159–178, Fall 2013.

［13］Abbott A. S. and W. E. Lillo "Global Positioning Systems and Inertial Measuring Unit Ultratight Coupling Method," US Patent US6516021 B1, Feb. 4 2003.

［14］Soloviev A. , S. Gunawardena, and F. van Graas, "Deeply integrated GPS−low-cost IMU for low CNR signal processing : Concept description and in-flight demonstration," *NAVIGATION*, *Journal of The Institute of Navigation*, Vol. 55, No. 1, pp. 1–13, Spring 2008.

［15］Soloviev A. , S. Gunawardena, and F. van Graas, "Decoding navigation data messages from weak GPS signals," *IEEE Transactions on Aerospace and Electronic Systems*, Vol. 45, No. 2, pp. 660–666, April 2009.

［16］van F. Graas A. Soloviev M. Uijt de Haag, and S. Gunawardena "Closed loop sequential signal processing and open loop batch processing approaches for GNSS receiver design," *IEEE Journal of Selected Topics in Signal Processing*, Vol. 3, Issue 4, pp. 571–586, July 2009.

［17］Brown R. G. , "A baseline RAIM scheme and a note on the equivalence of three RAIM methods," *NAVIGATION*, *Journal of The Institute of Navigation*, Vol. 39, No. 3, pp. 301–316, Fall 1992.

［18］Farrell J. L. , "Full integrity testing for GPS−INS," *NAVIGATION*, *Journal of the Institute of Navigation*, Vol. 53, No. 1, pp. 33–40, Spring 2006.

［19］Soloviev A. , M. Veth, and C. Yang, "Plug and play sensor fusion for lane-level positioning of connected cars in GNSS-challenged environments," *Proceedings of 29th International Technical Meeting of The Satellite Division of the Institute of Navigation*, Portland, Oregon, pp. 725–732, September 2016.

［20］Mourikis A. I. and S. I. Roumeliotis, "A multi-state constraint Kalman filter for vision-aided inertial navigation," *Proceedings of the IEEE International Conference on Robotics and Automation*, Rome, pp. 3565–3572, April 2007.

［21］Gunawardena S. , A. Soloviev, and F. van Graas, "Wideband transform-domain GPS instrumentation receiver for signal quality and anomalous event monitoring," *NAVIGATION*, *Journal of the Institute of Navigation*, Vol. 53, No. 4, pp. 317– 331, Winter 2007–2008.

B 部分　用一种隔离的方法进行 GNSS-INS 组合导航

James Farrell,美国;Maarten Uijt de Haag,德国

本部分介绍了一种不同于其他一般估计方法的 GNSS-IMU 组合导航方法,在所有的考虑因素中,该方法更具鲁棒性、灵活性和互操作性。滤波器的拓扑结构是分段的,利用载波相位进行动态估计来提供精确的速度历史数据。速度数据流采用航位推算传递到位置,然后使用伪距来校正累积的偏差。该方法已经得到了证明,并得到了俄亥俄州大学航空电子工程中心飞行数据的验证。有限的篇幅限制了本部分的完整性,因此需要依赖参考文献,研究背景包括基本的描述可在文献[1]中查阅,文献[2]介绍了理论基础,算法设计在文献[3]中有详细介绍。在本节中,我们改变前面各节的坐标转换符号用 $C_{B/A}$ 代替 $C_{A\to B}$,这种表示法更加容易在这里和文献[1,3]中讨论。

46.7 GNSS-IMU 组合导航

46.7.1　组合方法

46.7.1.1　重新评估 IMU 的作用

在介绍理论之前,需要首先提出几个基本参数。相应地,这些参数构成了对 IMU 作用的基本评估:

(1) nm/h 品质因数,仅代表在长时间(舒勒周期为 84.4min)自主导航情况下的误差平均值,在 GNSS-INS 系统中失去了重要性。简要地说,这种转化是由于载体携带了先进的 IMU,它的漂移速率比导航级高出了多个数量级,从而达到了先进的动态精度。

(2) GNSS-IMU 组合导航甚至要求改变用于表征性能的单位;例如,dm/s(不带载波相位)和厘 cm/s 或 mm/s(带载波相位)。

(3) 不可避免地,导航性能取决于滤波更新而非当前的 IMU。

(4) 过程噪声与卡尔曼滤波器的有效"记忆"(在此过程中,允许滤波过程容忍未建模的 IMU 的误差项)之间的对应关系至关重要。这里说明为什么 IMU 精度的极大改善并不能在覆盖良好的情况下成比例提高卫星导航/IMU 精度的原因。这当然也解释了 MEMS IMU 在卫星辅助的组合导航中的重要性,除了在卫星拒止环境下低成本的惯性导航。

46.7.1.2　关键步骤

尽管上述的许多因素已在业内得到认可,但长期以来人们仍未认知许多重要影响。过程噪声和有效数据平均持续时间之间的关系,特别是量化两者之间的关系尚未得到广泛利用。这一特点是该方法的核心,在此需要重点说明。对于标量的测量,灵敏度是一个行矢量 h ,卡尔曼增益因子 $(\mathbf{HPH}^{\mathrm{T}} + \mathbf{R})^{-1}$ 缩小为 $(\mathbf{hPh}^{\mathrm{T}} + \sigma^2)^{-1}$,而且随着迭代的进行,变化越来越平稳,参数 $\mathbf{P}$ 通过过程噪声矩阵 $\mathbf{Q}$ 以及转移矩阵 $\mathbf{\Phi}$ 的传播来有效地控制,随着过程噪

声的累积效应,可用 $\mathbf{HPH}^T$ 代替 $\mathbf{P}$,持续时间 T 可由两个时期内标量特性相等来确定:

$$h\left\{\int_{t-T}^{t}\boldsymbol{\Phi}(t,\tau)Q(\tau)\boldsymbol{\Phi}^T(t,\tau)\mathrm{d}\tau\right\}h^T = \sigma^2 \tag{46.84}$$

如文献[1]中的式(5-57)和文献[3]中的式(2.65)所示。对于 T 秒前获取的数据,相对于一个新的测量结果积分累积会平衡所给数据的权重,对于 T 秒前更早采集的数据,通过这些测量,随着 Q 的大量积分累积;分母将会变得更大,因此对于历史数据来说会有更小的权重。对于比 T 秒前较近的数据,情况恰恰相反;新数据将会获得更高的权重。该方法有助于长期调整已有的滤波估计(例如在通信、太空、雷达以及利用 GNSS 进行导航和跟踪远程物体时)。持续时间 T 代表了标称"数据窗口",或者横跨一个测量结果的有效数据平均时间。

旧观测值所产生的导航性能衰减影响比普遍认识到的影响更强烈。如果几分钟前的 GNSS 测量没有被最新的观测数据所取代,那么导航性能将不会保持在 GNSS 的精度范围内。这与传统意义上的 preGPS 在辅助信息长达舒勒周期或超过舒勒周期的精度保持(nmi/h)形成鲜明对比。在长时间内,较小的误差传播项(例如,通过对科里奥利力以及向心力加速度建模的误差)会不断增长并保留下来,但仍旧在卡尔曼滤波器的有效作用时间范围内。此外当设计 preGPS 时,惯性导航通常是通过机械稳定来实现的,惯性器件经过较小的旋转,漂移变化要慢得多。(误差将不是一个不合理的特征)。

现在和以前完全不同。尽管调整参数的 $10^{-3}g$ 仍旧是非常严格的,但是引起的误差(例如,几厘米/秒的速度误差引起的科里奥利力误差)是微不足道的,这是因为在误差传播前,已被新的 GNSS 测量所抵消。充分利用这一基本事实,结合大量现代估计理论应用的经验,为 GNSS-IMU 组合导航提供了一个完整的设计方法。需要验证;简单舍弃存在于传统 GPS-IMU 组合导航设计中转移矩阵的一些小项的可行性。吸取以往教训是迈向一系列指标改善的第一步。这些指标包括鲁棒性、精度、完好性、互操作性,甚至舍弃许多测量,可用性和可扩展性以及概念上透明度的优点。这些益处都可以追溯到在详细的数学推导之前提出的见解。

首先,我们将状态矢量的传播和其方差进行严格的区分。为了形成精确的残差估计,应该不遗余力地严格状态矢量的传播。然而,通过包含过程噪声而容忍了协方差中不可避免的误差。要保持与 GNSS 相当的精度,就需要足够高的过程噪声以消除旧数据的影响。而具体数据的有效保持期限取决于特定应用(如 IMU 的精度、动态严重程度),但是正如本部分附录所证实的那样,由 EKF 记录的有效数据的跨度将小于可预见的舒勒周期的 1/10。这一持续时间将允许简化 EKF 的设计,使 GNSS-IMU 的组合成为一个显而易见的形式。三维模型的每个水平通道都可以由一个简单的子模型表示,其中每个状态是其前面状态的导数,并且具有特定的分量 f :

$$x = [\,位置误差\,|\,速度误差\,|f\times 偏差 + 加速度偏差\,|f\times 陀螺漂移\,]^T \tag{46.85}$$

在撰写本部分内容之前的近半个世纪,动态模型估计误差协方差的近似方法在文献[2]中已经有记录,而且有很多。

(1)封闭形式有助于将过程噪声与 EKF 有效数据范围联系起来。

(2)水平通道和垂直通道可分别解得三维状态。

(3)分段技术允许进一步简化(三维状态,没有位置)。

(4)三维状态和四维状态模型之间的关系阐明了相关效应。

同样,在谱密度足够高的情况下,过程噪声远大于未建模噪声的影响,包括不可避免的误差(未知的 IMU 误差)和有意地省略误差(对调整项的校正,小于未知的随机效应)。为了验证,请回想一下,这个理念已被第 8 章中的文献[3]记录的测试数据所利用。具体可参考。

(1) 误差传播模型从传统形式(文献[1]的表 6-1)简化为文献[3]中的式(4.11)。

(2) 文献[2]252 页中子模型协方差。

(3) 协方差方程和 RMS 的另一种表达式作为测量函数在文献[3]的表 5.1 中列出。

46.7.1.3　特定拓扑及优势

最后,开始在本节对具体的 GNSS-IMU 组合导航进行说明。对这里定义的方法进行了分段,对动态参数估计和位置估计进行了分离。在选择可用性技术移除之前,操作可行性需要经过事先测试,这就需要一个地面站。尽管动态特性达到先进水平,出于便捷性需求,这些测试后来已被没有地面站(去除 SA 后)的飞行验证所取代。

图 46.38 中的框图可以用多种方式解释。尽管差分是该方法的关键特征,它包含了一种或者两种不同的相减。在所有情况下,反馈给动态估计器的载波相位信息随时间变化(例如,在 1s 间隔内形成的载波相位变化)。如果没有精确的时钟以及时间变化的重要性明确地服从空间变化的重要性,则存在另一种(更为常见)减法运算,那就是通过伪距和载波相位测量。这些操作可以立刻产生许多性能优势。最明显的是很早以前就得到广泛应用:大大减少或者几乎完全消除用户的钟差。然而对许多人来说显然不那么明显的是,连续的载波相位变化还提供了常规系统所没有的几个主要优点:

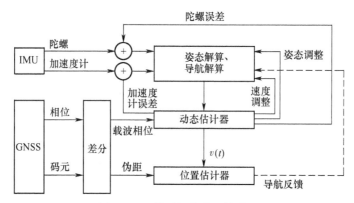

图 46.38　带更新的分段估计器

(1) 相位在整个过程中可能是模棱两可的(不需要解整周模糊度)。

(2) 增量周期计数误差(周期跳变)会很明显,从而可以迅速消除。

(3) 不确定周期计数仍可能允许使用,方差设定完好性大于波长的平方。

(4) 测量可接受性很容易基于严格的完好性判断策略。

(5) SV 数据可以不连续,满足完好性测试后即可恢复使用。

(6) 在极限情况下,上述特征甚至允许使用零散的数据。

(7) 无须隐瞒的是,电离层和对流层变化的影响很小,并且广为人知。

(8) 之前的观测能使得有用测量一直到视线的地平线。

(9) 低仰角 SV 使用(新的出现或者消失)增加了几何构型。

(10) 星历误差对动态估计模块的影响可以忽略。

（11）互操作性-星座图不匹配对动态性能的影响可忽略。

当有明确整周数的载波相位用于定位,微妙的问题发生了。即使是这种情况,也可以在动态估计中保持上述优势。对图46.38的系统所做的唯一变化是用明确的载波相位替换伪距。如果由于任何原因丢失了准确的整周数解,动态特性仍可保持较高的精度,这与传统方法形成鲜明对比,未检测到的周期跳变的影响是灾难性的且是持久的。

对于这种分段,尤其是对于刚才提到的情况,现在可能会提出反对意见:当位置估计器与动态估计器没有协方差时,理论上失去最优性。这一问题可通过调用基本条件(精确模型)来优化,来解决如果违反该基本条件,可能会使精度下降,而这远远超出任何从一系列挤压出的精度提升所获得的益处。迄今为止,对不可避免的模型缺陷的敏感性降至最低是最安全的策略。图46.38位置估计阶段只需对动态估计阶段的航位进行推算,通过式(46.133)进行更新。详细信息以及通过飞行数据验证器件所记录算法的创新将在后续章节中介绍。

46.7.2 算法

图46.39以惯性仪器的原始输入为信息源,选择进行EKF更新以校正传感器零偏以及姿态失准角,来对位置偏差和速度偏差进行补偿。获取三维位置、速度和姿态的最终输出所需的所有操作都很方便。不需要四元数代数、圆锥误差和划桨误差预调整,也不需要超过(4×4或更小)的矩阵乘法。一些操作已经用开关进行展示,表示可能没有起作用(如惯性仪器的校准、EKF误差的估计、极端纬度情况下的经度计算)。其他熟悉的运算包括"+"或"−","×"(乘积或叉积),方框内的标量(乘以斜体的量,例如时间间隔 τ),矩形内部的行矢量(内积形成),"Σ"(累积求和),"z^{-1}"(单位延迟)和归一化(除以元素的平方和的根)。和方程有关的数字在下面展示。所描述的算法中涉及的坐标系如下:

I_E, J_E, K_E：K 表示极轴；I 表示从地球中心到格林威治子午线的赤道矢量。下标 E 表示地心地固坐标系。

I_G, J_G, K_G：I 表示北；J 表示东, K 表示地("NED")。下标 G 表示地心坐标系。

I_L, J_L, K_L：下标 L 表示本地水平导航坐标系,通过游移角度与 NED 坐标系在方向角上偏移。

I_P, J_P, K_P：I_L、J_L、K_L 的视向坐标系,有小的角度偏移。下标 P 表示计算坐标系。

I_A, J_A, K_A：下标 A 表示载体坐标系, I 表示向前, J 表示向右, K 表示向下。

当导航参考轴的真实(L)和视在(P)方向的差可以忽略不计时(误差为小项的二阶乘积或高阶小量),可以被认为是对准的,但是当航向误差影响重要的情况下,它们之间的转换关系为

$$C_{L/P} = I + (\psi \times) \tag{46.86}$$

位置用大地纬度和经度表示时,从地球坐标系到导航坐标系的转换关系为

$$C_{L/E} = \begin{bmatrix} \cos\alpha & -\sin\alpha & 0 \\ \sin\alpha & \cos\alpha & 0 \\ 0 & 0 & 1 \end{bmatrix} \begin{bmatrix} -\sin(\text{Lat})\cos(\text{Lon}) & -\sin(\text{Lat})\sin(\text{Lon}) & \cos(\text{Lat}) \\ -\sin(\text{Lon}) & \cos(\text{Lon}) & 0 \\ -\cos(\text{Lat})\cos(\text{Lon}) & -\cos(\text{Lat})\sin(\text{Lon}) & -\sin(\text{Lat}) \end{bmatrix}$$

$$\tag{46.87}$$

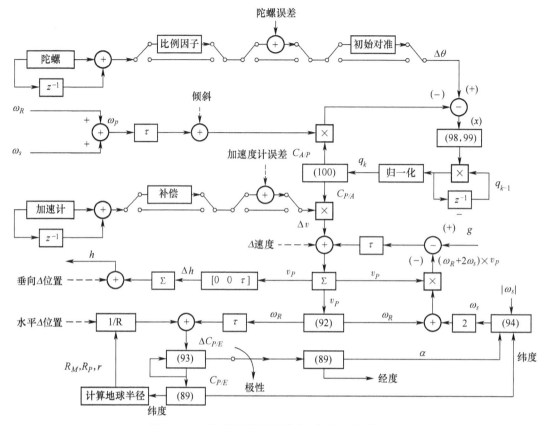

图 46.39　从原始惯性仪器数据到最终导航输出

其中游移角度 α 是根据式(46.87)计算得到的,在这里表示为 C ,带有双下标。

$$\begin{cases} \alpha = \arccos\{C_{13}/\cos(\mathrm{Lat})\} = \arcsin\{C_{23}/\cos(\mathrm{Lat})\} \\ \mathrm{Lat} = -\arcsin\{C_{33}\} \\ \mathrm{Lon} = \arccos\{-C_{31}/\cos(\mathrm{Lat})\} = \arcsin\{-C_{32}/\cos(\mathrm{Lat})\} \end{cases} \qquad (46.88)$$

一般而言,纬度是一个始终要计算的主要值;经度和游移角是在非地球极区位置评估的四象限角。

对于中纬度地区,通常地球曲率半径 R_M 和 R_p 分别用于使用地理速度的北向分量和东向分量来推算纬度和经度。为了使在极区也能使用,需要一种更通用的方法。所有情况都利用导航坐标系(I_L, J_L, K_L)相对于地球坐标系(I_E, J_E, K_E)的角速率 ω_R 来表征, ω_R 表示为本地水平坐标系中相对于北偏角 α 。因此此角速率(北向和东向速度分量相对于它们相应的曲率半径比例)通过游移角进行了旋转:

$$\omega_R = \begin{bmatrix} \cos\alpha & -\sin\alpha & 0 \\ \sin\alpha & \cos\alpha & 0 \\ 0 & 0 & 1 \end{bmatrix} \begin{bmatrix} v_{东}/(R_p+h) \\ -v_{北}/(R_M+h) \\ 0 \end{bmatrix} \qquad (46.89)$$

由于分母不相等,这个表达式不会化简为具有沿着导航坐标系解析的速度矢量 v_L 的理

想形式。为此,在曲率半径之间构建差值,恰好可以化简为

$$r \triangleq R_p - R_M = R_p e_E^2 \cos^2(\text{Lat})/[1 - e_E^2 \sin^2(\text{Lat})] \tag{46.90}$$

在分母中使用这种关系,经过一些简化,会得到更精确的 $\boldsymbol{\omega}_R$ 的表达式,而无须知道基本方向:

$$\boldsymbol{\omega}_R = \begin{bmatrix} v_{L2}/(R_p + h) \\ -v_{L1}/(R_M + h) \\ 0 \end{bmatrix} + \frac{r\sin\alpha}{(a_E + h)^2} \begin{bmatrix} v_{L1}\cos\alpha + v_{L2}\sin\alpha \\ v_{L1}\sin\alpha - v_{L2}\cos\alpha \\ 0 \end{bmatrix} \tag{46.91}$$

相对角速率 $\boldsymbol{\omega}_R$ 相当准确(几厘米/千米的最坏导航误差),事实上在某些情况是准确的(在极区或在任何 $\alpha = 0$ 的地方),而且仅仅弱依赖于 α。

最后一点,r 中的参数 $\cos^2(\text{Lat})$,使计算 $\boldsymbol{\omega}_R$ 的误差(由极区附近不确定的漂移角引起)削弱。这是算法鲁棒性的一个基本特征;α 始终可以准确得到,除非它的值不重要。

46.7.2.1 位置递推

任何方向余弦矩阵 $\boldsymbol{C}_{A/B}$ 的导数是矩阵本身预先做叉积运算($-\boldsymbol{\omega}_{A/B}\times$),其中 $-\boldsymbol{\omega}_{A/B}\times$ 是 $(\boldsymbol{I}_A, \boldsymbol{J}_A, \boldsymbol{K}_A)$ 相对于 $(\boldsymbol{I}_B, \boldsymbol{J}_B, \boldsymbol{K}_B)$ 沿着 $(\boldsymbol{I}_A, \boldsymbol{J}_A, \boldsymbol{K}_A)$ 方向的角速率分量。乘积 $\boldsymbol{\omega}_R\tau$($\tau$ = 时间步长)被定义为 $\mu\boldsymbol{\eta}$(必要时,可以重新定义,如用于添加由地球曲率半径的倒数的倍数作为修正量的卡尔曼滤波的位置校正)。单位矢量乘积因子($-\boldsymbol{\eta}\times$)被定义为 $\boldsymbol{X}$,可通过乘以 $\boldsymbol{C}_{L/E}$ 完成位置的步长修正。

$$e^{\mu X} \approx I + \mu X + \frac{1}{2}\mu^2 X^2$$

$$= \begin{bmatrix} 1 - \frac{1}{2}\mu^2(\eta_2^2 + \eta_3^2) & \mu\left(\frac{1}{2}\eta_1\eta_2\mu + \eta_3\right) & \mu\left(\frac{1}{2}\eta_1\eta_3\mu - \eta_2\right) \\ \mu\left(\frac{1}{2}\eta_1\eta_2\mu - \eta_3\right) & 1 - \frac{1}{2}\mu^2(\eta_1^2 + \eta_3^2) & \mu\left(\frac{1}{2}\eta_2\eta_3\mu + \eta_1\right) \\ \mu\left(\frac{1}{2}\eta_1\eta_3\mu + \eta_2\right) & \mu\left(\frac{1}{2}\eta_2\eta_3\mu - \eta_1\right) & 1 - \frac{1}{2}\mu^2(\eta_1^2 + \eta_2^2) \end{bmatrix}$$

$$\tag{46.92}$$

如果 μ 是一个小量,在较短步长内增长缓慢,该矩阵在 μ^4 以内是正交的。因此,不需要正交化。使用式(46.92)修正 $\boldsymbol{C}_{L/E}$ 后,$\arcsin(-C_{33})$ 提供非极区位置纬度的新值,由式(46.88)的逆变换提供了新的经度值和游移角。

46.7.2.2 速度递推

绝对角速率 $\boldsymbol{\omega}_L$ 是由矢量与围绕地球极轴的恒星旋转角速率 $\boldsymbol{\omega}_E = \omega_s\begin{bmatrix} 0 & 0 & 1 \end{bmatrix}^T$ 相加得到的,所以在导航坐标系中地球角速率为 ω_s 乘以式(46.87)中的第三列,得到导航参考坐标系的绝对角速率:

$$\boldsymbol{\omega}_L = \boldsymbol{\omega}_R + \boldsymbol{\omega}_S = \boldsymbol{\omega}_R + \omega_s \begin{bmatrix} \cos(\alpha)\cos(\text{Lat}) \\ \sin(\alpha)\cos(\text{Lat}) \\ -\sin(\text{Lat}) \end{bmatrix} \tag{46.93}$$

速度动力学在 $(\boldsymbol{I}_L, \boldsymbol{J}_L, \boldsymbol{K}_L)$ 坐标系下表达式为

$$\dot{\boldsymbol{v}}_L = \boldsymbol{f}_L + \boldsymbol{g}_L - (\boldsymbol{\omega}_L + \boldsymbol{\omega}_S) \times \boldsymbol{v}_L \tag{46.94}$$

比力 $\boldsymbol{f}$ 由载体坐标中捷联加速度计获得,进行坐标轴转换将其投影到导航坐标轴得到 $\boldsymbol{f}_L$。46.7.2.3 节描述了这种转换是如何开展的。

46.7.2.3 姿态递推

角度 θ 可由 $\arccos\{[\,\mathrm{trace}(\boldsymbol{C}_{A/P}) - 1]/2\}$ 计算得到,单位 4×1 矩阵 $\boldsymbol{q}$ 由给定元素的四元数组成:

$$\boldsymbol{q} = \begin{bmatrix} E_1\sin(\theta/2) \\ E_2\sin(\theta/2) \\ E_3\sin(\theta/2) \\ \cos(\theta/2) \end{bmatrix}, \quad E_1^2 + E_2^2 + E_3^2 = 1 \tag{46.95}$$

为了将 $\boldsymbol{q}$ 以步长 τ 从 t_{k-1} 向 t_k 递推,在 τ 时间段内,将导航坐标系的旋转累积转换到载体坐标系 $(\boldsymbol{I}_A, \boldsymbol{J}_A, \boldsymbol{K}_A)$,并从陀螺三元组输出矢量 $\Delta\boldsymbol{\theta}$ 中减去(向量已经过圆锥补偿),从而形成小角度旋转矢量:

$$\boldsymbol{\chi} = \Delta\boldsymbol{\theta} - \tau\boldsymbol{C}_{A/P}\boldsymbol{\omega}_L \tag{46.96}$$

$\boldsymbol{\chi}$ 的每一项 $\chi_j(1 \le j \le 3)$ 都能被简化($\sin\chi/2 = \chi/2$),对角线元素由半角的余弦得到

$$\kappa \triangleq \cos\left(\frac{|\boldsymbol{\chi}|}{2}\right) = 1 - \frac{1}{2}\left(\frac{|\boldsymbol{\chi}|}{2}\right)^2, \quad |\boldsymbol{\chi}|^2 = \chi_1^2 + \chi_2^2 + \chi_3^2 \tag{46.97}$$

所以

$$\boldsymbol{q}_k = \begin{bmatrix} \kappa & \chi_3/2 & -\chi_2/2 & \chi_1/2 \\ -\chi_3/2 & \kappa & \chi_1/2 & \chi_2/2 \\ \chi_2/2 & -\chi_1/2 & \kappa & \chi_3/2 \\ -\chi_1/2 & -\chi_2/2 & -\chi_3/2 & \kappa \end{bmatrix} \boldsymbol{q}_{k-1} \tag{46.98}$$

然后 $\boldsymbol{C}_{A/P}$ 的元素可以表示为代数方阵:

$$\boldsymbol{C}_{A/P} = \begin{bmatrix} q_4^2 + q_1^2 - q_2^2 - q_3^2 & 2(q_1q_2 + q_4q_3) & 2(q_1q_3 - q_4q_2) \\ 2(q_1q_2 - q_4q_3) & q_4^2 - q_1^2 + q_2^2 - q_3^2 & 2(q_2q_3 + q_4q_1) \\ 2(q_1q_3 + q_4q_2) & 2(q_2q_3 - q_4q_1) & q_4^2 - q_1^2 - q_2^2 + q_3^2 \end{bmatrix} \tag{46.99}$$

图 46.39 中引用的操作定义已经介绍完整。

46.7.3 误差和协方差传播

式(46.94)的右侧在这里表示为 3 个矢量的总和 $\boldsymbol{f} + \boldsymbol{g} + \boldsymbol{d}$,并重复使用速度姿态等计算值。该表达式中,根据式(46.86),计算坐标系 $\boldsymbol{I}_P$、$\boldsymbol{J}_P$、$\boldsymbol{K}_P$ 相对于 $\boldsymbol{I}_L$、$\boldsymbol{J}_L$、$\boldsymbol{K}_L$ 存在一个姿态误差矢量 $\boldsymbol{\psi}$ 表示:

$$\boldsymbol{C}_{A/L}[\boldsymbol{I} + (\boldsymbol{\psi} \times)] = \boldsymbol{C}_{A/P}, \quad \boldsymbol{C}_{A/P}^T = \boldsymbol{C}_{L/A} - (\boldsymbol{\psi} \times)\boldsymbol{C}_{L/A} \tag{46.100}$$

注意:

(1) 即使在非常高的速度下,$\boldsymbol{d}$ 也是 $0.001g$。这个量是可观测的,但对于短期应用,误差可以不考虑。

(2) 将测量的真实比力 $\boldsymbol{f}$,减去在载体坐标系中测得的比力,得到加速度计测量误差 $\delta\boldsymbol{f}$。

（3）等值量可用于本地水平坐标系中的真重力和视在重力矢量,考虑其误差来源(来自垂线偏差和重力异常)可以对 δf 使用扩展定义将 δf_A 和加速度计误差相结合。

（4）$\boldsymbol{\psi} \times \delta f_A$ 是一个二阶乘积,和未知的随机效应相比可以忽略不计。

误差可以化简为

$$\delta \dot{\boldsymbol{v}}_L = \boldsymbol{\psi} \times \boldsymbol{f}_L + \boldsymbol{C}_{L/A} \delta f_A \tag{46.101}$$

通常将定向误差率 $\delta\boldsymbol{\omega}$,转换到导航坐标系下的游移率(即 $\boldsymbol{C}_{L/A}\delta\boldsymbol{\omega}$),获得部分状态矢量动力学一个极其简单而有效的表达。

$$x = \begin{bmatrix} \delta\boldsymbol{v}_L & |\boldsymbol{\psi}| & \delta\boldsymbol{\omega} & \delta f_A \end{bmatrix}^{\mathrm{T}} \tag{46.102}$$

根据标准表达式 $\dot{x} = Ax + w$,状态转移矩阵为

$$A = \begin{bmatrix} 0_{3\times3} & (-\boldsymbol{f}_L\times) & 0_{3\times3} & \boldsymbol{C}_{L/A} \\ 0_{3\times3} & 0_{3\times3} & \boldsymbol{C}_{L/A} & 0_{3\times3} \\ 0_{3\times3} & 0_{3\times3} & 0_{3\times3} & 0_{3\times3} \\ 0_{3\times3} & 0_{3\times3} & 0_{3\times3} & 0_{3\times3} \end{bmatrix} \tag{46.103}$$

并不是每个应用中都使用上述的每个状态。在陆地上或海上的大多数作业中,以及在空中(对于巡航飞行),主要的比力分量($1g$ 沿着垂直向上轴;$-1g$ 沿着$+z$ 向下垂直轴)刚好足以抵消重力。重点关注恢复力(陆地)、浮力(海洋)、升力(巡航飞行)这些作用力是有益处的,这些力是由于向上比力在水平面倾斜而产生的速度误差水平分量,并使用十阶模型的低成本 IMU 成功验证。

$$x = \begin{bmatrix} \delta\boldsymbol{v}_L & |\boldsymbol{\psi}| & \delta\boldsymbol{\omega} & |\delta f_A \end{bmatrix}^{\mathrm{T}} \tag{46.104}$$

只有一个加速度计偏移状态(沿着单位 z 轴 $\mathbf{1}_3$)的情况下,将零矢量放入动态矩阵的最后一行和最后一列,对角线上为标量零

$$A = \begin{bmatrix} 0_{3\times3} & (-\boldsymbol{f}_L\times) & 0_{3\times3} & \boldsymbol{C}_{L/A}\mathbf{1}_3 \\ 0_{3\times3} & 0_{3\times3} & \boldsymbol{C}_{L/A} & 0_{3\times1} \\ 0_{3\times3} & 0_{3\times3} & 0_{3\times3} & 0_{3\times1} \\ 0_{1\times3} & 0_{1\times3} & 0_{1\times3} & 0 \end{bmatrix} \tag{46.105}$$

对于每个短的 IMU 采样间隔,十阶状态形成了在每个相互观测期间的级联模型(例如,100Hz 的 IMU 数据和每秒一次的 EKF 更新)。这种形式在实践中得到了验证,得到了一个相应的简单的转移矩阵:

$$\boldsymbol{\Phi} = \begin{bmatrix} \boldsymbol{I}_{3\times3} & T(-\boldsymbol{f}_L\times) & T^2/2(-\boldsymbol{f}_L\times)\boldsymbol{C}_{L/A} & T\boldsymbol{C}_{L/A}\mathbf{1}_3 \\ 0_{3\times3} & \boldsymbol{I}_{3\times3} & T\boldsymbol{C}_{L/A} & 0_{3\times1} \\ 0_{3\times3} & 0_{3\times3} & \boldsymbol{I}_{3\times3} & 0_{3\times1} \\ 0_{1\times3} & 0_{1\times3} & 0_{1\times3} & 1 \end{bmatrix} \tag{46.106}$$

该矩阵的上三角阵提供了一种极好的方法来推导协方差的动态特性,使用比尔曼表示 $P = UDU^{\mathrm{T}}$,其中 U 同样是单位上三角。只需重复地将 U 乘以适用于每个 IMU 采样间隔的转移矩阵,直到 EKF 更新时间,此时比尔曼因数分解也提供了协方差递减的标准形式,然后仅添加过程噪声即可进行协方差处理。在现代估计的许多应用中,这被认为是一项具有挑

战性的任务,但是现在再次说明,提出一种有效的方法,可以根据 IMU 测量精度和可观测值的质量设置这些噪声的谱密度。

首先考虑最简单的方法来处理过程噪声和 EKF 有效作用持续时间之间的关系——解耦位置估计器,测量矩阵 $\boldsymbol{H}$ 由数据流中前馈速度提供的驱动函数和用于其转换的 3×3 单位阵组成。对于 GNSS 观测,通过展望下一节并注意到测量矩阵 $\boldsymbol{H}$ 具有包含单位矢量分量的元素,进一步得到一种明显简单的表达式。给定每个与标量位置相关的残差 Z 和测量矩阵(实际上是用于标量观测的行矢量 h),计算卡尔曼的加权矢量所需的只是一个位置误差的 3×3 $\boldsymbol{P}$ 矩阵,它按照最简单可能(即具有 3×3 的单位转换矩阵)的形式传播。粗略地的统计近似可以基于对每个误差状态的直接测量。(文献[3]),精确的协方差矩阵值不是必需的,过程噪声矩阵 $\boldsymbol{Q}$ 中频谱密度的保守得出粗略的统计估计值具有减少旧数据影响的效果。保守特性能够确保简化的有效性。然后将 $\boldsymbol{Q}$ 设置为特性单位矩阵乘以标量谱密度 η,h 用单位矩阵的一行替代,式(46.84)的元素可以简化为

$$\eta T = \sigma^2 \tag{46.107}$$

这种推理虽然是探索性和不精确的,但是在许多跟踪和辅助惯性导航应用中已经过验证。设计人员可以执行实际测试以观察具有不同 T 值下的性能,并根据测量精度和保守 T 值设置频谱密度。

现在将使用与式(46.103)相对应的状态方程来具体说明,虽然更复杂,但是仍然易于实现。假设将 $\boldsymbol{Q}$ 划分为具有 4 个 3×3 分区的对角矩阵,由 η_v、η_ψ、η_ω 和 η_f 度量,分别得到速度、方位误差、陀螺仪漂移和加速度计偏移的协方差。因为对于任何正交矩阵 $\boldsymbol{C}$ 都有 $\boldsymbol{CC}^{\mathrm{T}} = \boldsymbol{I}$,对角矩阵 $\boldsymbol{Q}$ 矩阵在式(46.84)中的积分的左上三角阵为

$$\eta_v \boldsymbol{I} + \eta_\psi T^2 (-\boldsymbol{f}_L \times)(\boldsymbol{f}_L \times) + \left(\frac{\eta_\omega T^4}{4}\right)(-\boldsymbol{f}_L \times)(\boldsymbol{f}_L \times) + \eta_f T^2 \boldsymbol{I} \tag{46.108}$$

在持续时间 T 内累积的附加速度的不确定性协方差是该表达式对时间的积分,沿 $+z$ 轴的 $-1g$(如升力或浮力)在持续 T 内以平衡重力:

$$(-\boldsymbol{f}_L \times)(\boldsymbol{f}_L \times) = g^2 \begin{bmatrix} 1 & 0 & 0 \\ 0 & 1 & 0 \\ 0 & 0 & 0 \end{bmatrix} \tag{46.109}$$

代入式(46.108),积分提供了对于水平轴的倾斜或漂移(不是两者)设置之间的选择。在游移状态激活时,η_ψ 设置为零并且

$$\eta_\omega g^2 \frac{T^5}{20} = \sigma^2 \Rightarrow \eta_\omega = \frac{20\sigma^2}{g^2 T^5} \tag{46.110}$$

方位不确定性可以类似地得到,但是 g 需替换为较低的值;$1g$ 的十分之几可以保守地代表飞行中的水平力。对具有有效加速度计状态(高度)的通道,η_v 设置为零并且

$$\eta_f \frac{T^3}{3} = \sigma^2 \Rightarrow \eta_f = \frac{3\sigma^2}{T^3} \tag{46.111}$$

对于选择为无效的其他状态组合具体的影响(例如,在方位角、特定加速度计或游移状态),其他表达式可以通过类似的方式导出。

46.7.4　测量差分

本节介绍差分测量运算,如图 46.38 所示。由于相对测量包含了卫星和载体的时钟调

整 c_j 和 c_k，传输时间内地球旋转效应隐含在当前位置下 r_m 的坐标转换中，在 t_m 时刻的伪距可观测值（Y），包含接收机的时钟 b_u 和用户的时钟 c_u 的偏移。对于卫星 $s_{j,m}$ 和 $s_{k,m}$ 伪距离表达式为

$$\begin{cases} Y_{\rho,j} = |r_m - s_{j,m}| + \mathrm{Iono}_j + \mathrm{Tropo}_j + b_u + c_u - c_j \\ Y_{\rho,k} = |r_m - s_{k,m}| + \mathrm{Iono}_k + \mathrm{Tropo}_k + b_u + c_u - c_k \end{cases} \tag{46.112}$$

图 46.40 显示了上式的基本测量几何构型。该行业通过消除主要误差来提高性能，可以在不同的时间对不同的卫星和/或接收机的测量值进行差分。

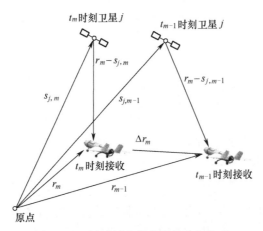

图 46.40　随时间变化的测量几何构型

46.7.4.1　星间的差分

对接收机同时观测到两颗卫星的伪距求差，来消除 b_u 和 c_u：

$$\nabla Y_{\rho} = Y_{\rho,j} - Y_{\rho,k} = |r_m - s_{j,m}| - |r_m - s_{k,m}| + \nabla \mathrm{Iono}_{jk} + \nabla \mathrm{Tropo}_{jk} + c_k - c_j \tag{46.113}$$

以便利用 SV 与天线之间的单位矢量 e_m 形成在时间 t_m 时刻的残差：

$$z_{\nabla} = h_m^{\mathrm{T}} \delta r_m + \varepsilon_j - \varepsilon_k, \delta r_m = r_m - \hat{r}_m, h_m = (e_{m,j} - e_{m,k})^{\mathrm{T}} \tag{46.114}$$

一般而言，第四阶状态变量（用户时钟）是不存在的。

式（46.114）中的测量误差说明了它是如何形成的。当用另一颗卫星（如 SV#n）替代式（46.150）中的 SV#j 并重复该过程时，结果会产生一个与前一个差分值相关的误差项（$\varepsilon_n - \varepsilon_k$）。如果每个单独的 SV 观测误差可以用 σ_1（零均值 RMS）表示，并且独立于其他 SV 的观测误差，则差值的方差等于 $\sigma_{\nabla}^2 = 2\sigma_1^2$，并且相关系数为 $1/2$：

$$\langle (\varepsilon_j - \varepsilon_k)(\varepsilon_n - \varepsilon_k) \rangle = \langle \varepsilon_k^2 \rangle = \frac{1}{2} \sigma_{\nabla}^2 \tag{46.115}$$

和通常的四星观测不同，这里有三个差分量，对共同的卫星观测值进行差分，并且没有用户时钟状态，或者：

$$z_m = H_m \delta r_m + \varepsilon_m, H_m = \begin{bmatrix} e_{m,1}^{\mathrm{T}} - e_{m,4}^{\mathrm{T}} \\ e_{m,2}^{\mathrm{T}} - e_{m,4}^{\mathrm{T}} \\ e_{m,3}^{\mathrm{T}} - e_{m,4}^{\mathrm{T}} \end{bmatrix} \tag{46.116}$$

给定非零行列式 $|\boldsymbol{H}_m|$，式(46.116)的解可以通过 $\delta \hat{\boldsymbol{r}}_m = \boldsymbol{H}_m^{-1} \boldsymbol{z}_m$ 得到，该解的状态误差，可由来自 $\delta \tilde{\boldsymbol{r}}_m = \boldsymbol{H}_m^{-1} \boldsymbol{\varepsilon}_m$ 的协方差表示：

$$\langle \boldsymbol{\varepsilon}_m \boldsymbol{\varepsilon}_m^{\mathrm{T}} \rangle = \sigma_{\nabla}^2 \begin{bmatrix} 1 & 1/2 & 1/2 \\ 1/2 & 1 & 1/2 \\ 1/2 & 1/2 & 1 \end{bmatrix} \tag{46.117}$$

在这种情况下，可将 $\langle \boldsymbol{\varepsilon}_m \boldsymbol{\varepsilon}_m^{\mathrm{T}} \rangle$ 简化表达成：

$$\langle \boldsymbol{\varepsilon}_m \boldsymbol{\varepsilon}_m^{\mathrm{T}} \rangle = \sigma_{\nabla}^2 \boldsymbol{B}^2, \quad \boldsymbol{B} = \frac{1}{3\sqrt{2}} \begin{bmatrix} 5 & -1 & -1 \\ -1 & 5 & -1 \\ -1 & -1 & 5 \end{bmatrix} \tag{46.118}$$

所以，很容易得到：

$$\boldsymbol{B} = \boldsymbol{K}^{-1}, \quad \boldsymbol{K} = \frac{1}{3\sqrt{2}} \begin{bmatrix} 5 & -1 & -1 \\ -1 & 5 & -1 \\ -1 & -1 & 1 \end{bmatrix} \tag{46.119}$$

因为 $\boldsymbol{K}$ 是式(46.117)中归一化矩阵的平方根逆矩阵，所以这些定义使获得的 DOP 矩阵与通常的四阶公式相似并一致：

$$\langle \tilde{\boldsymbol{r}}_m \tilde{\boldsymbol{r}}_m^{\mathrm{T}} \rangle = \sigma_{\nabla}^2 \boldsymbol{H}_m^{-1} \boldsymbol{H}_m^{-\mathrm{T}}, \quad \boldsymbol{H}_m = \boldsymbol{K} \boldsymbol{H}_m \tag{46.120}$$

正如在文献[3]所讨论的和引用的其他文献所述，注意到 $\sigma_{\nabla}^2 = 2\sigma_1^2$，这组相关差分产生了与以往使用多颗 SV 计算完全相同的 GDOP 和 RAIM 值。

46.7.4.2　接收机之间的差分

使用参考接收机进行差分来消除误差的方法早在很久以前就得到了人们认可。局域差分 GPS 使来自相邻的两个不同接收机的同时测量值相减(或者计算同步)，具有相似的传播(即空间相关)效应和不精确的 SV 数据(当 SA 处于活动状态时)。结合星间差分的差值，获得了双差分是被广泛认为最小化系统误差源的有力手段。考虑使用式(46.113)中的两个接收机，它们具有相同的 SV 对，同时经历基本相同的电离层和对流层效应，因此它们以及 SV 时钟偏移在差分过程中被消除。根据指定为位置 r_0 的接收机，若所有共同干扰量消除效果足够好，它们只对 ε 具有很小的影响，这种双重差分具有以下形式：

$$\nabla \Delta Y_\rho = \Delta Y_{\rho,j} - \Delta Y_{\rho,k}$$
$$= |\boldsymbol{r}_m - \boldsymbol{s}_{j,m}| - |\boldsymbol{r}_m - \boldsymbol{s}_{k,m}| - |\boldsymbol{r}_0 - \boldsymbol{s}_{j,m}| + |\boldsymbol{r}_0 - \boldsymbol{s}_{k,m}| + \varepsilon \tag{46.121}$$

对于式(46.115)~式(46.121)的应用，$\delta \boldsymbol{r}_m$ 将基线从 $\boldsymbol{r}_0$ 调整为 $\boldsymbol{r}_m$，$\boldsymbol{e}_{m,j}$ 和 $\boldsymbol{e}_{m,k}$ 指向中间基线，即使所有的传播误差完全抵消，ε 的方差也会再次增加到 $4\sigma_1^2$。对于许多应用来说地面接收机是不切实际的。下一步可以在没有它们的情况下实现。

46.7.4.3　跨时间差分

在文献[4-5]中分析了从连续载波相位观测中提取动态信息的方法，随后通过 46.7.7 节所介绍的，通过添加转移矩阵的积分，适用于 IMU 积分，可将动态估计从位置估计分离出来。厢式货车使用地面站差分(在 SA 移除之前)进行验证，然后在没有地面站差分的情况下进行飞行试验。通过下面的相关关系，这两种情况——在有地面站的三重差分(连续的双差分)方面，以及无地面站的单(星间)个连续差分适用的。为了符合实际，此处仅包括对后者的开发。跨时间差分所列的步骤虽然远不如以前的差分操作那么熟悉，但依旧非常可行、有效。

46.7.4.4　相关性

在 t_m 时刻测量的误差协方差矩阵的表达式是式(46.117)典型的三阶代表, ε 分量中的 RMS 误差用 σ 表示——无论是单差分还是双差分(有或没有地面站,因此它包括 $\sqrt{2}$ 的任何因子)。当包括更多的测量时,式(46.117)的形式仍然适用(对角线上为单位1,其他位置为1/2),但需要一种不同类型的平方根矩阵——在文献[6]的第47页中注明的下三角矩阵 L 属性:

$$LL^{\mathrm{T}} = \langle \varepsilon\varepsilon^{\mathrm{T}} \rangle / \sigma^2 \tag{46.122}$$

尽管要处理的相关性是对同时的多个测量值进行的,但它们是连续处理的(不要将这个问题与异步测量的连续相关性效应混淆)。将标准残差公式预乘 $C = L^{-1}$ 得到修正式:

$$Cz = CHx + C\varepsilon \tag{46.123}$$

通过加权残差矢量 Cz (加权测量矩阵 CH)和式(46.122)中的去相关来估计 x ,它将 $C\langle \varepsilon\varepsilon^{\mathrm{T}}\rangle C^{\mathrm{T}}$ 简化为由测量方差 σ^2 缩放的单位矩阵。

L 和 C 在此处是无量纲矩阵,与文献[6]中所使用的特征相匹配。用这些无量纲元素对 H 和 t_m 时刻的残差进行加权,得到的结果是任何时刻都适用于测量集的去相关。

C 的下三角形式便于一次性残差处理,由于任何时刻 t_m 都构成一个集合。每个集合的第一个测量的误差独立于先前的测量误差(这种连续差分包含一个共同的分量的简化——在文献[3]的5.6节中得到解决)。每个集合的第二个残差被计算为自身和第一个残差的线性组合。每个集合的第三个残差根据自身和集合中前两个残差的线性组合重新计算。由此递推下去,每次新的递推都涉及以前的数据,但不涉及后续的数据。对于式(46.117)形式的误差协方差矩阵——对角线上的元素为1,其他元素为1/2——以下面的 MATLAB 程序为例,为矩阵 C 找到一个非常有用的递归算法,用于7个差分测量(8个SV):

```
C=zeros(7,7);
C(1,1)=1; K=1; frac=1;
for m=2:7
K=K + m ;
for j=1:m-1,C(m,j)=1/sqrt(K); end
frac=frac + 1 /K ;
C(m,m)=sqrt(frac) ;
end
```

C^{-1} 符合式(46.117)的性质,这很容易验证。

46.7.5　载波相位在1s内的变化

上面引用的单接收机案例始于对46.7.4节的重新解释。

(1)除非特别关注伪距,符号 Y 将代替 Y_ρ 。

(2)关注短暂(如1s)时间的连续变化。在这段时间里,不精确的 SV 数据(超出可选消减范围的传播,附录5.A 文献[3])对连续差分残差和 h 的影响可以忽略不计。因此,这里的公式只包含随机误差。

(3)连续相关性是一个非常深入的主题,其篇幅太长而无法包含在此处,已在文献[3]

的5.6节和附录5.B中得到解决。

因此,一对无误差的连续变化测量可以在这里建模,式(46.113)的形式可由一对连续差分代替:符号 $s_{j,m}$ 和 $s_{j,m-1}$ 表示当前和先前(δt 秒前)SV 的位置,后者绕极轴(ECEF z)旋转角度 $\omega_s\delta t$ 到共同坐标系(t_m 时刻的 ECEF),通过计算矩阵 $[\omega_s\delta t]_z$,在差分前形成 SV 的偏移 $\Delta s_{j,m}$

$$\Delta s_{j,m} = s_{j,m} - [\omega_s\delta t]_z s_{j,m} - 1 \tag{46.124}$$

使用当前和以前的天线位置 r_m 和 $r_m - \Delta r$,连续差分则有以下形式:

$$\begin{aligned}\delta Y_{j,m} &= |r_m - s_{j,m}| - |r_m - \Delta r - (s_{j,m} - \Delta s_{j,m})| \\ &= |r_m - s_{j,m}| - |r_m - s_{j,m} - (\Delta r - \Delta s_{j,m})|\end{aligned} \tag{46.125}$$

对式(46.125)进行线性化,下一步将对最后一项进行扩展。

$$\begin{aligned}\delta Y_{j,m} &= |r_m - s_{j,m}| - |r_m - \Delta r - (s_{j,m} - \Delta s_{j,m})| \\ &= |r_m - s_{j,m}| - [(r_m - s_{j,m} - (\Delta r - \Delta s_{j,m}))^{\mathrm{T}}(r_m - s_{j,m} - (\Delta r - \Delta s_{j,m}))]^{1/2} \\ &= |r_m - s_{j,m}| - [(r_m - s_{j,m})^{\mathrm{T}}(r_m - s_{j,m}) - 2(r_m - s_{j,m})^{\mathrm{T}}(\Delta r - \Delta s_{j,m}) \\ &\quad + (\Delta r - \Delta s_{j,m})^{\mathrm{T}}(\Delta r - \Delta s_{j,m})]^{1/2} \\ &= |r_m - s_{j,m}| - |r_m - s_{j,m}| \left[1 - 2\frac{(r_m - s_{j,m})^{\mathrm{T}}(\Delta r - \Delta s_{j,m})}{|r_m - s_{j,m}|^2} + \frac{(\Delta r - \Delta s_{j,m})^{\mathrm{T}}(\Delta r - \Delta s_{j,m})}{|r_m - s_{j,m}|^2}\right]^{1/2}\end{aligned} \tag{46.126}$$

括号内的 1/2 次方在文献[3]中展开为泰勒级数。式(46.126)简化为

$$\begin{aligned}\delta Y_{j,m} &= \left[\frac{r_m - s_{j,m}}{|r_m - s_{j,m}|}\right]^{\mathrm{T}}(\Delta r - \Delta s_{j,m}) - \frac{1}{2}\frac{(\Delta r - \Delta s_{j,m})^{\mathrm{T}}(\Delta r - \Delta s_{j,m})}{|r_m - s_{j,m}|} + \\ &\quad \frac{1}{2}\left(\left[\frac{(r_m - s_{j,m})}{|r_m - s_{j,m}|}\right]^{\mathrm{T}}(\Delta r - \Delta s_{j,m})\right)^2 \frac{1}{|r_m - s_{j,m}|}\end{aligned} \tag{46.127}$$

为了进行星间差分,从当前 SV 到接收机的单位矢量用 $e_{j,m} = (r_m - s_{j,m})/|r_m - s_{j,m}|$ 表示,于是式(46.127)变为

$$\begin{aligned}\delta Y_{j,m} &= e_{j,m}^{\mathrm{T}}(\Delta r - \Delta s_{j,m}) + \frac{1}{2}\frac{2\Delta s_{j,m}^{\mathrm{T}}\Delta r - \Delta s_{j,m}^{\mathrm{T}}\Delta s_{j,m}}{|r_m - s_{j,m}|} + \frac{1}{2}\frac{[e_{j,m}^{\mathrm{T}}(\Delta r - \Delta s_{j,m})]^2}{|r_m - s_{j,m}|} \\ &= e_{j,m}^{\mathrm{T}}\Delta r + \left(\frac{\Delta s_{j,m} - (e_{j,m}^{\mathrm{T}}\Delta s_{j,m})e_{j,m}}{|r_m - s_{j,m}|}\right)^{\mathrm{T}}\Delta r - e_{j,m}^{\mathrm{T}}\Delta s_{j,m} - \frac{1}{2}\frac{\Delta s_{j,m}^{\mathrm{T}}\Delta s_{j,m} - (e_{j,m}^{\mathrm{T}}\Delta s_{j,m})^2}{|r_m - s_{j,m}|}\end{aligned} \tag{46.128}$$

等号右侧省略了 $\Delta r/|r_m - s_{j,m}|$ 中的二次项。该表达式最终允许有相当多的简化:

$$\delta Y_{j,m} + \left(e_{j,m} + \frac{1}{2}v_j\right)^{\mathrm{T}}\Delta s_{j,m} = (e_{j,m} + v_j)^{\mathrm{T}}\Delta r, \quad v_j = \frac{\Delta s_{j,m} - (e_{j,m}^{\mathrm{T}}\Delta s_{j,m})e_{j,m}}{|r_m - s_{j,m}|} \tag{46.129}$$

由于相同的分析适用于任意的 SV,星间差分减去时间差,由式(46.130)给出:

$$\begin{cases}\delta\nabla Y_m + \left(e_{j,m} + \frac{1}{2}v_j\right)^{\mathrm{T}}\Delta s_{j,m} - \left(e_{k,m} + \frac{1}{2}v_k\right)^{\mathrm{T}}\Delta s_{k,m} = h\Delta r \\ h = (e_{j,m} + v_j - e_{k,m} - v_k)\end{cases} \tag{46.130}$$

表 46.3 产生载波相位差残差的项

$\delta \nabla Y_m$	$\Delta s_{j,m}$	$\Delta s_{k,m}$	$\boldsymbol{h} \cdot \boldsymbol{\omega}_s \times \boldsymbol{r}_{m-1}$	$\boldsymbol{h}\int \boldsymbol{v}\mathrm{d}\tau$	残差
−359.71	818.26	−245.14	−174.79	−38.63	−0.01
−169.81	57.75	−245.14	303.22	53.97	−0.01
−31.75	402.64	−245.14	−110.76	−14.99	0.00
416.93	−309.48	−245.14	120.14	17.55	−0.01
−271.26	651.70	−245.14	−116.03	−19.27	0
74.17	357.41	−245.14	−160.37	−26.07	−0.01

这完成了位置连续变化下的载波相位差的线性化。为了进一步发展,文献[3]包含了更广泛的范围(三重差分,旋转叉积仅影响短基线)以及其他改进(例如更高精度的地球旋转)。

现在将讨论转向式(46.130)。在差分或内积中一起使用的矢量显然必须在共同坐标系中表示。式(46.130)左边矢量一是选择是在 t_m 时刻的 ECEF 坐标系(当前积分多普勒间隔的结束时间)——这在目前为止的整个开发过程中一直被暗示。但是,对于右侧的 $\boldsymbol{h}$ 和 $\Delta \boldsymbol{r}$,使用游移方位角的导航参考更加方便;现在允许改变标量积 $\boldsymbol{h}\Delta \boldsymbol{r}$ 的解释;$\boldsymbol{h}$ 可通过 $\boldsymbol{C}_{P/E}^{\mathrm{T}}$ 的变换简单地重新定义,$\Delta \boldsymbol{r}$ 的形成如下所述。

除了速度 $\boldsymbol{v}$(相对于地球自转)在 δt 的积分和地球自转对空间位置的影响之外,接收机天线位置总变化的 $\Delta \boldsymbol{r}$ 在时间差分间隔 δt 上,还包括旋转 IMU 到天线的杆臂旋转影响,在导航坐标系中:

$$\Delta \boldsymbol{r} = \delta t [\boldsymbol{C}_{P/E}\boldsymbol{\omega}_E] \times \boldsymbol{r}_{m-1} + \int_{t_{m-1}}^{t_m} \boldsymbol{v}\mathrm{d}\tau + [\boldsymbol{C}_{L/A}(t_m) - \boldsymbol{C}_{L/A}(t_{m-1})]\boldsymbol{\ell}, \delta t = t_m - t_{m-1}$$

(46.131)

其中最终值(在时刻 t_m)用于 $\boldsymbol{C}_{P/E}$,然而被积函数中的速度 $\boldsymbol{v}$ 是瞬时的,$\boldsymbol{\ell}$ 表示载体坐标系中的 IMU 到接收机天线的杆臂,$\boldsymbol{C}_{L/A}$ 近似为 $\boldsymbol{C}_{A/P}^{\mathrm{T}}$。

46.7.6 残差的构成

根据式(46.131)对 $\boldsymbol{v}$ 进行数值积分形成 $\Delta \boldsymbol{r}$,$\boldsymbol{h}$ 同样如刚才提到的那样重新引用,通过从式(46.130)左侧减去乘积 $\boldsymbol{h}\Delta \boldsymbol{r}$ 形成残差。由于各处都插入了不精确的值,两边不完全平衡。然而,对于文献[3]中记录的近 1h 的飞行中,除了短暂间隔(起飞期间或伴随着转弯的速度变化之前),残差保持在约 1cm 以内。此处对于表格中选择特定的更新时间,精确到厘米级的所有残差均为 0 或者±1。表 46.3 中忽略了传播过程的系列改变和杆臂旋转效应(在所选时刻均低于 1cm)的连续变化。按顺序显示的列是式(46.130)左侧的 3 个项,紧跟着的是 $\boldsymbol{h}$ 与式(46.131)右边前两项的乘积,最后是残差。

表 46.3 可以为使用上述方法的设计人员提供参考,例如:

(1)式(46.130)左边的第三项,在表中标为 $\Delta s_{k,m}$ 是统一的,因为所有量间差分都用了同一颗卫星作参考。

(2)$\boldsymbol{h}$(由单位矢量元素组成)与速度 $\boldsymbol{v}$ 在 1s 内的时间积分的乘积其绝对值范围与载

体速度相当。

46.7.7　测量矩阵的形成

到目前为止,h 的分量足以计算残差,但不能用于更新动态段的 EKF。经典估计要求残差与状态分量呈比例关系。在式(46.102)或者式(46.104)中没有位置状态的情况下,位置的连续变化与时间 x 的积分成正比,通过利用转移矩阵的已知特征可重新获得表达式。出于实际考虑,式(46.131)右边最后两项中的误差状态(来自速度和方位误差),式(46.130)的计算并不完美,r 的误差对于式(46.131)的影响小于测量噪声。仍使用下标 m 表示在时刻 t_m 时的评估,$\delta \nabla Y_m$ 中的残差在一阶中取决于动态特征;基本上独立于位置:

$$y = h_m \int_{t_{m-1}}^{t_m} \delta v \mathrm{d}\tau + h_m [\psi_m \times C_{L/A}(t_m) - \psi_{m-1} \times C_{L/A}(t_{m-1})] \ell \qquad (46.132)$$

现在将其扩展为一个完整的灵敏度行矢量 H_m,用于动态估计器中,式(46.102)中有 12 个分量,在式(46.104)中有 10 个分量。在任何一种情况下,它都可以分为多个子矩阵(例如,对于速度误差、方位误差和漂移敏感性)。在导航参考坐标系 $L = C_{L/A} \ell$ 中表示杆臂,同时加减乘积 $\psi_m \times L_{m-1}$,使最后一项变为

$$h_m [\psi_m \times L_m - \psi_{m-1} \times L_{m-1} + \psi_m \times L_{m-1} - \psi_m \times L_{m-1}] \qquad (46.133)$$

或者用 $\delta L = (L_m - L_{m-1})$ 用于表示 ψ 变化的漂移状态,有

$$h_m [\psi_m \times \delta L + C_{L/A} \delta \omega \delta t \times L_{m-1}] \qquad (46.134)$$

通过重排和矢量三重乘积恒等式,从 $\delta L \times h_m^{\mathrm{T}}$ 中获得方向误差状态的灵敏度,载体轴的漂移状态从 $\delta t \ell \times (h_m C_{L/A})^{\mathrm{T}}$ 中获得。虽然上述的杆臂旋转灵敏度在其他地方出现过[7],但背离了式(46.132)右侧的主要(第一)项。对于这种不寻常的测量形式,首先要注意的是,与陀螺漂移不同(在数据窗口内建模为准静态),δv 的时间积分取决于整个状态矢量。考虑到 N 状态动态估计器的全灵敏度矢量 H_m,这与乘积 $h_m [I \mid O]$ 成正比,其中零矩阵 O 是一个 $3 \times (N-3)$ 矩阵,式(46.132)右边的第一项被改写为

$$y_{1m} = h_m \int_{t_{m-1}}^{t_m} \delta v \mathrm{d}\tau \equiv h_m [I \mid O] \int_{t_{m-1}}^{t_m} \Phi(\tau, t_m) x_m \mathrm{d}\tau + 过程噪声的累积效应$$

$$(46.135)$$

其中过程噪声的累积效应具有(卷积)形式。与有效测量噪声特性相关的影响在 46.7.3 节和附录中进行了说明。首先,请注意从式(46.135)的形式可以清楚地得到 x_m 的敏感性。因为 x_m 是一个瞬时(而不是随时间变化的)值,状态从被积函数中得到。因此,H_m 的速度相关分量只是左乘 x_m 的矩阵:

$$H_m = h_m [I \mid O] \int_{t_{m-1}}^{t_m} \Phi(\tau, t_m) \mathrm{d}\tau \equiv h_m [I \mid O] \int_{t_{m-1}}^{t_m} \Phi(\tau, t_{m-1}) \Phi(t_{m-1}, t_m) \mathrm{d}\tau$$

$$(46.136)$$

利用转移矩阵分解,可对前向时间进行积分。此外,对于前向累加,最后一个矩阵被写为逆矩阵并从被积函数中删除:

$$H_m = h_m [I \mid O] \left[\int_{t_{m-1}}^{t_m} \Phi(\tau, t_{m-1}) \mathrm{d}\tau \right] \Phi^{-1}(t_m, t_{m-1}) \qquad (46.137)$$

尽管文献[3]中包括单接收机和双接收机操作,但这里解决了没有地面站的情况;r 是

接收机天线相对于地心的位置。在递归地形成式(46.137)中的被积矩阵时,考虑了姿态矩阵 $\boldsymbol{C}$ 和比力 $\boldsymbol{f}$ 的动态变化。例如,具有采样间隔持续时间为 κ 的 IMU 10 状态公式会在该时间间隔内生成转换矩阵:

$$\boldsymbol{\Phi}_{10\times10} = \begin{bmatrix} \boldsymbol{I}_{3\times3} & (-\Delta\boldsymbol{v}_L\times) & \kappa/2(-\Delta\boldsymbol{v}_L\times)\boldsymbol{C}_{L/A} & \kappa\boldsymbol{C}_{L/A}\boldsymbol{1}_3 \\ \boldsymbol{0}_{3\times3} & \boldsymbol{I}_{3\times3} & \kappa\boldsymbol{C}_{L/A} & \boldsymbol{0}_{3\times3} \\ \boldsymbol{0}_{3\times3} & \boldsymbol{0}_{3\times3} & \boldsymbol{I}_{3\times3} & \boldsymbol{0}_{3\times3} \\ \boldsymbol{0}_{3\times3} & \boldsymbol{0}_{1\times3} & \boldsymbol{0}_{1\times3} & 1 \end{bmatrix} \tag{46.138}$$

每个 $K-s$ 测量周期,包含 K/κ 个持续时间为 κ 的时间间隔,从初始化 $\boldsymbol{\Phi}$ 及对式(46.137)的时间积分开始。第一个时间间隔值 $\boldsymbol{\Phi}(t_{m-1}+\kappa, t_{m-1})$ 由式(46.138)计算,所有后续的 IMU 处理过程直到下一个测量过程(K/κ 间隔之后)都符合递归关系。

$$\boldsymbol{\Phi}(t_{m-1}+n\kappa, t_{m-1}) = \boldsymbol{\Phi}_{10\times10}\boldsymbol{\Phi}(t_{m-1}+(n-1)\kappa, t_{m-1}) \quad (2 \leqslant n \leqslant K/\kappa) \tag{46.139}$$

在整个左乘矩阵中适当地使用了瞬时 $\boldsymbol{C}_{L/A}$ 和 $\Delta\boldsymbol{v}$,该结果(在处理每个可观测值之前形成)随时间递推的协方差外推。由于没有对所有 IMU 误差源的精确表达,上述卷积表达式无法严格量化,因此过程噪声相加的精度较低。根据大量实际应用的经验,这一做法很容易得到证明——不全面的误差模型不可避免是次优的,但如果能良好平衡系统与可观测值间的噪声水平则会降低影响,与任何估计过程一样,该操作有效地将数据拟合到不完美但却合理的模型中。使用真实数据,可以选择各种数据不同的平均持续时间来验证性能。

46.7.8　完好性测试

文献[3]中,对积分运算采用各种近似法进行修正,同样数据处理也应用了修正方法。传统的常规接收机自主完好性监控被扩展为包括 SV 偏移的循环估计,首先用于检测,然后用于排除。文献[8]中的"ERAIM"方法使导航解算不受干扰,同时能够通过最简单的统计量来决定排除——一个具有零均值和单位方差的无量纲标量。文献[3]中对微分运算进行了进一步扩展,推导出了精细的闭合矩阵表达式,该表达式考虑了由于 SV 和/或接收机之间的差分而导致的相关性。本节没有在此对这些发展进行讨论需要指出设计人员可以轻松地将它们与具有最高优先级的单次测量 RAIM 并行使用,去测试 46.7.6 节的残差。

顾名思义,常规接收机单次测量自主完好性监测对每个单独的残差执行可行性测试,独立于所有其他残差。虽要求不高(如 46.7.4.4 节中的序节),好处是多方面且明显的,覆盖范围广泛。首先给出看似"好得令人难以置信"的陈述,然后通过引用文献[3]中的严格证据加以证实。最明显的是,通过使用部分数据,单独测试立即增强了鲁棒性;一个有问题的测量不会干扰其它测量,从而导致"卫星导航丢失",这是一种传统上使用的误称。与用于估计和完好性的两个独立程序不同,检验深入到每个测量中,直到有条件地使用 EKF 更新。另一个进一步推进的强烈动机来自常规接收机自主完好性监测的精度限制。尽管未被识别,但它的导航解算会偏离最小方差,除非在限制条件下。

考虑一个成功的特例来说明这一点,有效的测量来自具有不同 RMS 误差的 SV 被认为是正确的。传统接收机自主完好性监测的奇偶校验方法是将超正定 $\boldsymbol{H}$ 矩阵进行 $\boldsymbol{QR}$ 分解,其中 $\boldsymbol{Q}$ 为正交矩阵,$\boldsymbol{R}$ 是上三角矩阵。这种分解将导航解算与测试统计量分离。对于非均匀误差的方差,该解不是最小的方差。幸运的是,这可以通过简单修改来补救:将 QR 分解应用于 UH 项而不是 H ,其中 U 是测量误差协方差矩阵的平方根的逆。这种修改允许使用具有相关性和/或方差不等的误差,从而便于与来自高度计、DME、e-Loran 等的数据的集成。尽管这种方法的证明使用了矩阵分解, QR 和 Bierman 两者都不需要在操作中使用。

最重要的是,刚刚描述的好处不需要过度解算,甚至不需要完全修复;事实上,当一次处理一个可观测数据时,它们仍然适用。通过探索文献[9]中的检测和排除研究可实现这一目标,该研究使用估计误差协方差矩阵 P 来补偿不足的测量计数,开发相当复杂,但将这一理念发挥到极致,只需一次测量就产生了惊人的结果:标量测量的残余方差用一个 $1 \times N$ 的灵敏度矩阵 h 表示,RMS 误差 σ 的标测量量残差方差被普遍认为是 $hph^{\mathrm{T}} + \sigma^2$ 。只需将残差除以该总和的平方根就可以得到一个检验统计量并提供一个不接受的检验统计。

不愿意突然放弃传统做法的设计人员可以通过与现有软件与单独残差"试运行"进行并行测试,并参考 6.3 节以及文献[3]的附录 6.D。这些发展提供了符合卡尔曼最优加权和奇偶校验统计验证的严格证明。后者可以通过对测量误差容限的悲观评估而更加保守。在分段估计中,单次测量接收机自主完好性监测适用于两个分段,速度分段使用 P 矩阵的左上角 3×3 分区(三状态位置分段使用不言自明)。在这里为那些感觉受到传统实践限制的人提供受欢迎的方案。

46.7.9 GPS-INS 飞行试验

俄亥俄州大学航空电子中心于 2004 年第 36 天在 DC3 中进行了一次飞行测试,使用的原始数据来自 HG1700 IMU 和 Novatel OEM4 接收机。由于粗航向(无磁力计)与杠臂相关联,不同设备的比较提供了毫弧度(不是亚毫弧度)级。在起飞前不久开始数据记录,并持续了近 1h。这段时间被分成 10 个 7min 的独立段,每个段之间有 2min 重叠。即使对准确性有高期望,在起飞后,所有性能表现方面都超出了预期的准确性,包括以下方面:

(1)通过数据处理引起观测结果拒止的百分比极低。

(2)无地面站分米级 RMS 位置精度。

(3)星间差分参考卫星"无故障切换"。

(4)支持 cm/s 标称 RMS 精度的载波相位测量精度。

(5)除了瞬态(从初始化、机身旋转、大方向变化或侧风中的地对空过渡)之外的最先进水平调整(十分之几 mrad RMS)。

该程序以 1s 的间隔产生大量输出,包括详细的表格(速度矢量、姿态、纬度、经度、状态、方差、残差的估计值)和包含多个特征的图像,(具有 25% 变化的速度和高度历史数据在大约一半的航段出现,从漂移角度不明显看出横风,漂移角随转弯而反转)。所有航段都存在剧烈振动,并且其中一半包含显著的动态变化(速度、姿态和地面轨迹方向)。

46.7.9.1 时间历程

为了验证设置不精确初始条件的收敛一致性,从没有先验高度准确的初始状态值开始飞行航段(段)。这会导致在每个航段的开头产生瞬变现象。如果将其包含在图中,这些早期瞬变可能会导致更大范围的纵坐标值范围,从而掩盖对稳态性能的识别。因此,第一分钟(所使用的动态数据窗口时间的 4 倍)从图中被省略了。正如预期的那样,在低 TEC 条件下,伪距是准确的(实际上,对于没有地面站的操作来说非常准确),但这里的所有重点都放在最先进的性能上,除了刚才讨论的带粗糙航向的早期起飞阶段外,其他所有动态历史的记录都是不变的。

起飞后,航段载波相位残差记录始终较小,同时也拒止(以 3σ 数据设置阈值)极低仰角的观测值。因此,在篇幅有限的情况下,总结一些亮点和见解(而不是"大量图片和数字")就足够了;精确的数值不如一般总结重要。

地面轨迹图对转弯比较重要,但对坐标值并不太重要,它通过比较数据水平位置估计值的 RMS 误差进行简要描述:在标称 2m 内的误差去除平均值后低于 1m,符合条件。图 46.41 代表了所有起飞后/瞬态后,1s 载波相位残差,该残差可以用以厘米为单位的个位数值来表示。

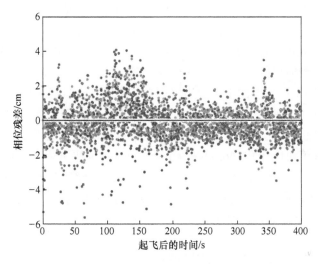

图 46.41 倒数第二个飞行段的载波相位残差

46.7.9.2 数据筛选性能

将伪距 RMS 测量误差设置为 2m,载波相位 RMS 测量误差设置为 2cm,起飞后数据剔除阈值设置为 3σ。大多数航段接受所有观测值。唯一被拒止的测量如下:

(1)不精确的载波相位差,几乎都归因于起飞瞬变的持续影响。

(2)倒数第二个航段 SV 高度非常低。

除了验证单次测量接收机自主完好性监测之外,该结果还强调了 1s 载波相位数据带来的主要好处:低 SV 仰角仅导致伪距被拒止。动态部分使用了从低仰角 SV 开始的载波相位连续变化,一直到它消失。这说明:传播效应对伪距的影响虽然完全不可忽略,但在 1s 内几乎没有变化。此外,该影响在图 46.41 的前半部分可见,并可以通过附录 5.A 中文献[3]定义的修正方法来减少。最后,伪距的影响程度值得一提:将图 46.41 中对应的飞行航段的数据不进行筛选使用后,来自低仰角 SV(#23)的误差值会在 1min 时间内使其他 SV 的伪距残差向上拉到 15m。除此之外,在约 4000 次测量中大约只有 17 次测量发生了拒止(50min 飞行×60SV 组/min×7SV 对/SV 组×2 次测量值对),主要是由上述起飞瞬变的残差影响。

可以预想进一步的改进:在利用这些数据筛选决策中,没有采用任何措施去利用 SV 的运行状态、载噪比等。动态误差以及被拒止的观测值的比例被认为足够低,无须额外改进。文献[3]中提供了其他性能评估的详细信息。

A. 附录

本附录包括一个简单的 MATLAB 程序,在 GNSS 级别要持续保持精度,需要将 EKF 数据预测维持时间限制在短期内(0.1 倍的舒勒周期或更短),即使使用当前或未来最好的 IMU[10]。卡尔曼递归首先与莫里森的块解[2]进行比较,以获得"连续差分型"3 个状态系统并用于式(46.85)的最后 3 个状态,以此作为综合卫星导航/IMU 动态部分中的一个水平通道。仅在没有过程噪声的情况下,块估计和连续估计是等效的,但式(46.84)提供结果在足够窄的范围内。

考虑连续差分形成的 3 个状态,适用于沿直线运动的位置、速度和恒定加速度,或沿直线运动的速度、加速度和恒定加速度率,或在巡航飞行期间(现在待解决)式(46.85)最后 3 个状态,此外还考虑了最低阶状态的 1Hz 测量其随机误差为零值,在恒定方差下不相关,(不熟悉这一分析的人员可以查看文献[1]的 289 页或文献[3]的 2.6.1 节。后者紧随其后扩展到 3 个状态,一个简单的例子应用于雷达距离通道)。

将以下程序应用于动态段的水平通道很简单。将"sigma"设置为 0.01414(对来自两个 SV 不相关的 1s 载波相位变化)和熟悉的"连续差分"转移矩阵形式,初始化 P 矩阵。任何在合理范围内的数值都会迅速进入稳定状态。在测量灵敏度 H 之后,设置每个测量时间要添加的过程噪声,该值对应于式(46.110),但分母中没有 g 平方因子。原因是,与模型中用于漂移的无量纲倾斜和角速率单位相比,它们在此程序中连续差分属性按照重力进行缩放。这里的"$Et(3,3)$"有脉冲平方单位(来自测量速度方差的平方除以时间的四次方)。

```
clear, format long, format compact
tau=1;
T=input( DataWindow= ); K=20 * T/tau;
sig=input( sigma );
PHI=eye(3) + [0 tau .5 * tau^2;0 0 tau;0 0 0];
var0=1; P=var0 * eye(3); H=[1 0 0];
Et=zeros(3); Et(3,3)=20 * tau * sig^2/T^5;
for k=1:K
P=PHI * P * PHI'+Et;
Weight=P * H'/(P(1,1)+sig^2);
P=(eye(3) Weight * H) * P;
RMSe1(k)=sqrt(P(1,1));
RMSe2(k)=sqrt(P(2,2));
RMSe3(k)=sqrt(P(3,3));
end %  Symmetry off diag verifiable
M=T/tau;
BLKerr=sig * [3/sqrt(M)…
8 * sqrt(3)/(T * sqrt(M))…
12 * sqrt(5)/(T^2 * sqrt(M))]
SEQerr=[RMSe1(K) RMSe2(K) RMSe3(K)]
SQoverBK=SEQerr./BLKerr
clf,plot(RMSe1(10:K)),pause
```

1756

```
plot(RMSe2(10:K)),pause
plot(RMSe3(10:K))
```

使用 180s 的输入数据窗口运行该程序时,理论上会产生 0.00008m/ s² 或 8×10⁻⁶g 的第二个状态 RMS 值(加速度计偏移和倾斜的组合效应)。持续 500s 时间(0.1 倍×10⁻⁶ 的舒勒周期)给出的值远低于 2×10⁻⁶g。即使使用理想加速度计,也意味着 2μrad 水平误差。对于更传统(未分段)的卫星/IMU 组合导航,该结果可以重新解释为文献[2]中的前 3 个状态,其中所有输出 RMS 值放大 100 倍(通过差分两个 SV,得到不相关的伪距误差)。在这种情况下,g 加权倾斜将是第三个状态,产生的水平误差甚至比刚刚描述的示例更大。将式(46.85)扩展为包含 4 个状态,会产生更加不切实际的理论精度。正如文献[3]第 82 页所指出的,这些示例揭示了由计算机生成结果,没有看到和现实世界的验证所引起的过度期望。

上述结论不需要块迭代和递归估计的精确一致性。正如大家所了解的,过程噪声会导致它们之间发生偏离;一般来说,对于最高阶状态,或任何数据窗口持续时间较短的状态,都是如此。然而,极端的数值证明了这一点。无论在今天还是在可预见的未来,因为它存在所有运动敏感性和随机的退化的影响,捷联系统都无法实现 10⁻⁶g 或 μrad 的单位表示 RMS 精度。

在实际操作中使用过小的过程噪声谱密度会使旧数据对当前的估计产生不利影响,即接着,受影响的数据范围将使 IMU 无法准确地将观测数据与和历史观测联系在一起。主要的性能限制是模型误差和设计不优,在 46.7.3 节描述了如何避免这种情况。如果不了解基本原理,以及使用了简单的动态建模,就会舍弃了清晰性,而更易受到不利条件的影响。

参考文献

[1] Farrell,J. L. ,*Integrated Aircraft Navigation*,Academic Press,1976. (Now in paperback).

[2] Morrison,N. ,*Introduction to Sequential Smoothing and Prediction*,McGraw-Hill,1969.

[3] Farrell,J. L. ,*GNSS Aided Navigation and Tracking*,2007.

[4] van Graas,F. and Lee,S. ,"High accuracy differential positioning for satellite-based systems without using code phase measurements," *NAVIGATION*,Winter 199596,pp. 605−618.

[5] van Graas. F. and Lee,S. ,"A preliminary simulation result of integrating a LEO satellite for carrier phase differential positioning systems," *Proceedings of the ION National Technical Meeting*,1998.

[6] Bierman,G. J. ,*Factorization Methods for Discrete Sequential Estimation*,Academic Press,1977.

[7] Bass,C. A. ,Karmokolias,C. and Khatri,A. ,"A General observation matrix for attitude error with an offset GPS antenna," NRaD Technical Document 2311,June 1992. pp. 195−203.

[8] Farrell,J. L. ,"Extended RAIM (ERAIM):Estimation of SV Offset," *Proceedings of the ION-GPS 92*.

[9] Young,R. S and McGraw,G. A. ,"Fault detection and exclusion using normalized solution separation and residual monitoring methods," *NAVIGATION*,Fall 2003,pp. 151−169.

[10] Farrell,J. L. ,"Kalman filtering:Still more work to be done," *Proceedings of the 30th International Technical Meeting of the Satellite Division of The Institute of Navigation (ION GNSS+2017)*,Portland,Oregon,September 2017,pp. 1790−1799.

本章相关彩图,请扫码查看

第47章　全球导航卫星系统中的原子钟

Leo Hollberg

斯坦福大学,美国

47.1　简介

天基导航系统以精确轨道卫星上稳定的原子钟为时钟基准,通过微波信号将携带时间(T时间)和位置信息的时空参考帧传输至地球,作为一个基准时空信息。卫星导航至少需要 4 个卫星信号,才能确定位置和时间。如果接收机自身具有精密时钟,且能提供与卫星同参考框架下的时间,那么最少需要 3 个卫星信号才可以定位。显然,更多的卫星信号提高了解算精度,还可以识别不一致的数据和其他问题。

本章中,主要关注在全球导航卫星系统(GNSS)中使用的原子频率参考(AFR),特别是卫星上使用的原子钟(不是在地面控制系统或接收机中使用的)。一些优秀的图书对原子钟进行了更加全面和详细的论述,其中包括由瓦尼尔和奥多因[1]撰写的旧版、由瓦尼尔和托梅斯库[2]撰写的新版及里尔[3]最近发表两部经典参考书,还包括一些最新的综述文章[4-5]。本章提供了一些原子钟的背景介绍、基本概念和相关术语,然后对应用于 GNSS 空间系统的三种类型的原子钟(Rb、Cs 和 H)进行了更详细的描述。本章中,为了区分变量时间 t 和时间间隔测量量 Δt,遵守规范 T 时间历元,使用 T 来表示记录时间,t 表示时间变化和时间间隔。时间历元必须有一个指定的参考系,参考系包括位置(如地球的中心)和开始时间(如 UTC)。

原子频率参考只是整个 GNSS 系统的一部分。在卫星上,AFR 为其他电子系统提供稳定的频率信号,这些电子设备使用频率信号,将伪码数据和时间戳历元合成到微波信号,最后输入功率放大器成为最终传输信号。使用频率信号的其他子系统会引入由频率信号带来的额外噪声和时间不确定性,同时,AFR 的环境敏感性也会影响整个系统的性能。

在某种程度上,原子钟最重要和最有影响的应用是把高质量的原子钟放在太空中,此时它们就可以用来在任何地方提供高精度定位、导航和定时(PNT)。AFR 的成功研发是全球导航系统发展的关键因素之一,它可以在满足苛刻的性能需求和大量的系统约束条件下,在空间环境中可靠运行。原子钟需要不断地提供已知、稳定的频率和确定的时间历元。值得注意的是,早在 1960 年,也就是 AFR 第一次被证明之后的几年,在优秀的出版物中就已经报道有人主张将原子钟送入太空[6]。

对 GNSS 时钟的需求源于对地球、大气和空间机载平台定位精度上实现目标。如果时间不正确或不稳定,或其频率漂移不可预测,将会造成伪距定位过程中误差积累。一个简单的估计就可以说明 GNSS 为什么需要高度稳定的时钟。假设任何测量都需要达到 1m 的精度;信号以光速传播,有约 3ns 的不确定定时。为了保证在一天内保持 3ns 的时间不确定性,需要很小的频率不稳定性($3ns/\ 86000s = 3.5 \times 10^{-14}$)。高质量的原子钟可以实现这一目标,但其他现有的时钟或振荡器无法满足要求。当然,我们不希望原子钟性能成为限制因素,因此 GNSS 往往需要性能比较好的原子钟。

47.2 基本概念

47.2.1 原子钟的组成

原子钟由四个基本的子系统组成:本地振荡器(LO)、频率合成器、量子能级之间有高 Q 值跃迁的原子收集器、从初始时间开始记录的时间累加计数器、一个反馈控制系统。图47-1 显示 AFR 的组成框图。AFR 使用原子的量子跃迁并通过频率可调的振荡器生成稳定的频率。原子量子状态处于离散能级,而不同能级状态的改变 $\Delta E = h\nu_a$ 提供一个固定频率 ν_a,可以作为时钟振荡频率(h 为普朗克常数)。

本章中,重点关注基于微波原子跃迁的原子钟,因为这是 GNSS 中使用的 AFR 类型。然而,原子钟的基本概念(图 47-1)也适用于光学原子钟,光学原子钟使用激光而不是微波源作为本振源,并将探测光谱狭窄的光学原子跃迁(300~1000THz)作为时钟频率。光学原子钟可以达到更好的稳定性和准确性,目前许多研究实验室正在研发,但光学原子钟要复杂得多,目前还不够健壮和可靠,无法用于实时计时和 GNSS 应用。然而,光学原子钟很可能在太空基础科学测试任务中得到应用,也许未来的某一天应用于导航系统(深空或近地)。

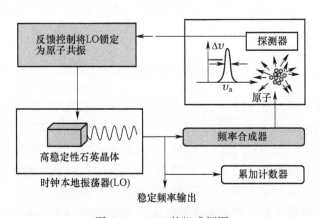

图 47-1 AFR 的组成框图

图 47-1 AFR(时钟)的基本组成是原子的收集器(具有高 Q 值量子跃迁)和一个用于制备和检测量子态的系统,以及锁定可调谐本地振荡器/频率合成器(LO)到原子跃迁的控制系统。已经证实,稳定频率输出与原子跃迁有关。累积计数器可以从某个预定义的时刻记录振荡的次数,从而测量时间间隔,将间隔时间作为原子钟时。

47.2.2　术语

为了避免混淆,需要清楚理解"时钟"和"时钟性能"的实际含义。通常的用法中有一些常见的术语,它们可能产生误导性,甚至描述相反。例如,术语"原子钟"通常被用来描述提供"稳定的"也可能是"准确的"输出振荡频率的 AFR,但通常不提供时间或有时间历元参考,所以 AFR 不是真正的计时钟。一个实际的"原子钟"需要将 AFR 的振荡器时间记录在一个累加计数器中,而累加计数器使用了一些预定的开始时间作为参考。"稳定性"和"准确性"的概念作为 AFR 的性能指标具有特定的含义(图 47.2)。清晰起见,在这里使用的这些术语是指:图 47.2 为"稳定性"和"精确度"的说明。该图显示了不同类型的时钟和振荡器的可变频率漂移与相对时间的频率偏差。这里 f_{atom} 表示未受扰动的原子准确频率,未受扰动原子的准确频率是未受扰动原子应该达到的频率参考。Cs 标准时钟与 f_{atom} 相比可提供良好的准确度,但在均值附近有小的波动,因此在较短的时间尺度上比其他类型原子钟更不稳定。氢微波激射具有良好的短期稳定性,但固定频率的氢原子有不可预知的小频率偏移。石英晶体在短期时间内具有极好的稳定性,但它们的频率会随着时间漂移,不能保持高准确性。

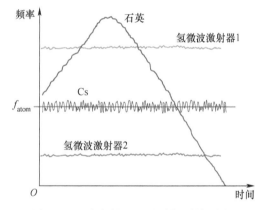

图 47.2　"稳定性"和"准确性"的概念图

(1) 准确度:精度是衡量 AFR 匹配原子的自然量子跃迁频率的程度;更具体来说,这个已知频率与 Cs 超精细跃迁频率(9、192、631、770Hz)非常接近,Cs 定义了国际公认的 SI(国际系统)时间单位"秒"[7]。然而,时钟精度的性能通常是由频率不确定度指标来定义。例如,铯原子的频率准确度可能达到 $5×10^{-13}$ 的精度量级,这实际上是频率的不确定度。对于 AFR 来说,绝对频率的不确定性是可以随着仪器的使用寿命而变化的。

(2) 稳定性:稳定性是原子频率参考随时间变化的度量,通常被指定为在一个特定量度下,即不同测量时间间隔的频率不稳定性(例如当 $\tau = 1s$ 时 $\Delta f/f = 1 × 10^{-12}$)(见下面的阿伦方差)。

(3) 环境敏感性:环境敏感性也是 AFR 的重要参数。在较长的时间尺度上,环境和其他系统参数的变化几乎总主导着时钟计时误差,这些误差包括外部温度、外部磁场、大气压、加速度、振动、大气氦扩散到 Rb 蒸气池,等等。

(4) AFR 中可预测的缓慢漂移:如老化效应(如 Rb 蒸气电池和放电灯,见下文)或环境驱动的频率变化,可以通过与其他时钟进行比较来监测,对 GNSS 的整体性能没有那么大的影响,但这些变化需要控制系统的监测、校正或补偿。

47.2.3 时钟性能表征

已经有一些成熟的方法来表征和比较原子钟的性能。铯原子频率标准的准确性被清楚地理解为时钟频率相对于 SI 定义的秒的接近程度。对于其他类型的 AFR(如铷钟、氢钟或光学原子钟),为了实现 SI 秒,它们必须相对于 Cs 频率进行测量。几种现代光学 AFR(如 Sr、Yb、Yb+)经过相当大的努力,可以可靠地再现它们的原子频率,其不确定度优于最佳 Cs 主频标准。为了达到较高的精度,所有的 AFR 都必须纠正一些已知的偏差和偏移(如由磁场、交流斯塔克偏移、温度、相对论等引起的偏差和偏移),这需要精细评估[8-9]。

表征 AFR 稳定性最常用的方法是广义阿伦方差 $\sigma_y^2(\tau)$ 或阿伦偏差 $\sigma_y(\tau)$,其中 y 为极小的频率偏差,τ 为平均时间[10-11]。在最简单的形式中,它是通过原子钟相对于已知频率参考(假设更稳定)的一系列连续频率(或相位)测量计算的。

平均频率测量 $y_i(\tau)$ 或相位测量均以时间 τ 为时间间隔,并且阿伦方差取相邻时间间隔 τ 内的平均频率的差,得到持续时间 τ 的 i 次测量序列,然后对相邻测量组之间的差值取平均值:

$$\sigma_y^2(\tau) = \frac{1}{2\tau^2} \left\langle \left\{ \int_{t_i+\tau}^{t_i+2\tau} y(t)\,dt - \int_{t_i}^{t_i+\tau} y(t)\,dt \right\} \right\rangle$$

这种方法抑制了缓慢的可预测漂移的影响,并提供了有关噪声源分量的有用信息(例如 AFR 的白噪声,石英振荡器的闪烁频率噪声)。对于 AFR 来说,在短时间间隔(τ 约小于 10s)上的频率稳定度通常由 LO(如石英晶体)决定,然后随着原子(通常为白噪声)频率噪声的降低,以 $1/\sqrt{\tau}$ 的速度改善。在更长的时间尺度上,AFR 达到了"本底闪烁",此时,均值稳定性基本不再提高。对于 GNSS,AFR 的短期频率不稳定性通常不是主要的限制因素;相反,它是在长时间内影响时间准确性的主体因素。在较长的时间尺度上,原子钟对环境的敏感性几乎主导着时间误差。通常可以通过独立的测量从原子钟数据中去除可预测的频率稳定漂移和固定的时间偏差。例如,在 GNSS 中,为了纠正众所周知的铷原子频率标准(AFS)的老化带来的频率漂移,在使用的最初前几个月往往很大,但在其运行寿命中会不断改善。

47.3 GNSS 卫星钟

目前,在 GNSS 卫星上使用的 AFR 有三种:铷(Rb)蒸气池、铯(Cs)原子束和氢(H)脉泽器。有这些时钟都基于微波频率下原子基态超精细能级之间的量子跃迁。

每颗 GNSS 卫星携带多个原子钟(3 个或 4 个),用于备份冗余和系统功能增强和诊断。卫星上原子钟的实际类型和数量取决于 GNSS 及其版本。如果卫星上的一个主动时钟失效或出现异常(表现不佳),可以被一个备用时钟替换。主要的全球导航卫星系统所使用的原子钟主要有以下几种:

(1)早期的 GPS:(2 个)铷钟和(2 个)铯钟。

(2)后期的 GPS:(3 个)铷钟。

（3）GLONASS：铯钟，也测试了一些铷钟。

（4）北斗系统：铷钟。

（5）Galileo 系统：铷钟和被动型氢钟。

随着这些系统的发展，不出意外，新一代的 GNSS 原子钟通常比前几代的性能更好。GNSS 卫星通常携带 3 个或 4 个原子钟，其中一个在工作，其他处于备用状态，随时准备替代运行时钟或进行其他系统检查。因此，GNSS 卫星上大约共有超过 300 个功能原子钟，随着 GNSS 的不断发展，这个数字很快将接近 500 个。虽然有些 GNSS 时钟在空间恶劣环境中已经失效，但它们的整体性能和鲁棒性都非常好（寿命约为 15 年），对我们的现代世界发展产生了促进作用。Gonzalez Martinez 最近的文章在描述当前 GNSS 时钟[12]的性能方面提供了一个极好的视角。另外也有其他几篇论文对 GNSS 时钟的各个方面[13-16]进行了综述。

47.3.1　铷原子频率参考

铷钟在全球导航卫星系统、通信链路和其他应用中发挥着重要作用。就数量而言，铷钟也主导着地面和空间的商业、军事应用，目前使用的铷 AFR 数量超过 50 万个。它们的广泛使用并不能掩盖一个事实，即它们在稳定性或准确性的关键性能指标方面不是最先进的。其原因是为了兼顾它们的简单性、鲁棒性、可靠性、长运行寿命、紧凑的体积、相对较低的功耗和整体良好的性能。这些物理和性能特性直接源于原子铷的卓越和良好的性能，使其能够在一个简单的系统中以合理的成本（大多数应用小于 2000 美元）实现高性能。

基于原子束和原子蒸气池的原子频率标准概念的基础科学可以追溯到 1935 年到 1960 年的原子物理学的基础研究。Rabi、Ramsey、Zacharias 等的原子束磁共振实验催生了原子束时钟，如铯钟。A. Kastler、Dicke、ardini、Bender、Carver、Bell、Bloom、Robinson 等对光-微波双共振光谱和"光抽运"的研究，催生了原子蒸气池时钟，如 Rb 蒸气池 AFR[19-21]。

蒸气池光谱学的研究表明，在原子蒸气里制备特定的量子态是可能的，通过使用原子放电灯（如 Na、Hg、Rb、Cs、Ar）的光来检测量子态之间的微波跃迁。这些系统使用了荧光或者吸收来自原子蒸气池的信号。基于铷蒸气池的完整的可操作 AFR 的最初演示大约是在 1958 年，由 Bender 和 NBS[22-23]的合作者以及普林斯顿的 Dicke 实验室完成。

Hugo Fruehauf 是为空间 GNSS 开发原子钟的先驱之一，他与 Bradford Parkinson、James Spilker 和 Richard Schwartz 最近因在全球定位系统（GPS）[24]上的工作而被授予 2019 年伊丽莎白女王工程奖。Hugo Fruehauf 提供了首次在 GPS 实现铷钟的关键信息和具有挑战性的历史见解[11]。20 世纪 70 年代早期，德国慕尼黑 Efratom 公司的恩斯特·杰哈特（Ernst Jechart）和格哈德·休布纳（Gerhard Huebner）的开创性地开发了"微型铷原子振荡器"，迈出了关键性的一步。Huebner 负责德国业务，而 Jechart 移民到美国，在加利福尼亚州欧文市创建并经营 Efratom 公司。这两个公司开始集成铷过滤单元来生产紧凑型(4 英寸 ×4 英寸× 4 英寸)铷原子振荡器。这些 AFR 具有商业用途，但不适用于空间应用。在与 H. Fruehauf 和当时罗克韦尔国际的其他人的合作中，他们开发了第一个微型、完全抗辐射的空间-运用的铷蒸气原子频率基准，使 GPS(Block Ⅰ、Block Ⅱ和 Block ⅡA)和更广泛的空间应用铷原子频率基准。

下面提供了关于 Rb AFR 如何运行的简要总结，W. J. Riley 最近也提供了一份全面的综述，其中包含了关于 Rb AFR 的大量详细信息。他与其他人一起（在 EG&G，现在是

Excelitas)在目前的 GPS Block IIR[25]的高性能运行和下一代 Rb AFR 的开发发挥了关键作用。

铷 AFR 的成功和广泛应用是多种因素共同作用的结果。铷钟简单、可靠、坚固、紧凑、寿命长、指标降额的低功率和相对低成本,并提供良好的频率稳定性和可重复性。放电灯泵浦铷原子频率基准的主要应用是空间原子钟和地面商业应用(例如通信系统和仪器),也是全球导航卫星系统空间部分的主要工作部件。接下来分析铷 AFR 的基本原理和设计,有助于理解如何在一个简单的系统实现卓越的性能。

所有现有的原子钟都是基于原子内能级之间的电磁跃迁和能量差和频率 ν 之间简单的 $\Delta E = h\nu$ 关系而建立的,h 为普朗克常数。Rb 的相关能级如图 47.3a 所示。

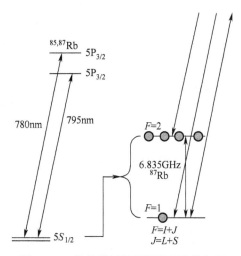

图 47.3a　铷的最低的能量量子态能级图

[光学电偶极子跃迁连接 $5S_{1/2}$ 基态和 5P 态。放大 5S 状态,可以看到基态超精细结构的更多细节。87Rb 时钟在 $F=1$ 和 $F=2$ 之间跃迁频率约等于 6.835GHz。将 5S $F=1$(而不是 $F=2$)连接到 P 态(s)的 780nm(或 795nm)光可以用来表示从 $F=1$ 状态变为 $F=2$ 的光抽运原子总量(用球表示)。向上的实体箭头表示光激发,虚线向下的箭头表示自发衰减回到基态的两个能级。调谐到时钟跃迁的微波随后可以使粒子数均衡,从而改变光吸收。]

与目前所有的 GNSS 时钟(铷钟、铯钟和氢钟)一样,跃迁发生在 S 中超精细分裂对应的两个量子态之间 $S_{1/2}$ 原子的电子基态。碱原子(元素周期表中的第 1 组)在外层有一个处于球对称 S 态的电子,导致 $2S_{1/2}$ 电子自旋($s=1/2$)和核自旋(I)之间的磁相互作用将基态分裂为两个"超精细"能级。原子核自旋能级(I)取决于原子及其同位素(例如85Rb,$I=5/2$;87Rb,$I=3/2$;133Cs,$=7/2$;H,$I=1/2$)。这些原子的超精细分裂所产生的能量差在微波范围内,可以用作微波 AFR。电子基态的量子化能级(图 47.3b)由总角动量 $F=I+J,J=L+s$ 的矢量组合指定,球对称 S 基态的轨道角动量 $L=0$。每个 F 态在任何量化轴上都有 $2F+1$ 个可能的量子投影。为便于分析,该轴通常沿任意施加磁场方向(因此,对于 $F=2$ 状态,允许的投影 $m_F=-2,-1,0,1,2$)。施加磁场通过塞曼效应改变了 m_F 态的能级,并将 F 能级分裂为基础的 m_F 分量,如图 47.3b 所示。

铷钟奇异的简单性来自于两种同位素在强 780～795nm 5S 之间的光吸收光谱重叠,这些重叠从 $5S_{1/2}$ 基态到 $5P_{1/2}$ 和 $5P_{3/2}$ 态,如图 47.3c 所示。

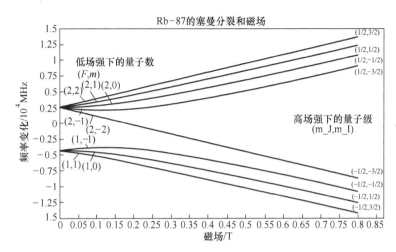

图 47.3b　施加磁场给铷原子时,基态的两个超精细能级被塞曼效应分裂为 8 个塞曼能级。实际的"时钟"
跃迁在 $F=1,m=0$ 和 $F=2,m=0$ 之间,在低场强[26]下只有一个微弱的二次塞曼位移
(经 Danski14 许可转载。)

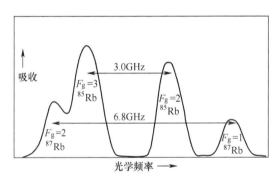

图 47.3c　Rb 从 $2S_{1/2}$ 基态到激发态 5P 在共振线跃迁上的光学吸收光谱示意图
(Rb 放电灯的发射光谱与用激光获得的这种稍微简化的吸收光谱有相似的光谱。)

重叠的吸收光谱极大地简化了铷原子钟的设计。它使 Rb 时钟设计简单、低成本、紧凑,并能提供优良的频率稳定性。图 47.4 所示是一种最容易说明基本操作原理的通用设计。

对于原子钟来说,铷是一种特殊情况,原因如下:

(1) 良好的基态超精细跃迁频率(^{85}Rb 约为 3.036GHz,^{87}Rb 约为 6.835GHz)

(2) 相对较高的蒸气压力,使小的玻璃泡提供大的铷原子密度和并在显著的光吸收合理的蒸气池温度(20~100℃)下提供。

两种主要同位素^{85}Rb 和^{87}Rb(丰度分别为 72% 和 28%)。

主要光吸收跃迁的同位素位移(分别在 780nm 和 795nm 从 Rb $5S_{1/2}$ 到 $5P_{3/2}$ 和 $5P_{1/2}$),在电子基态的唯一一个 F 能级重叠,见图 47.3c。

利用 Rb 的特性,可以使用同位素选择(近 100%) ^{85}Rb 蒸气吸收一些从 ^{87}Rb 放电灯发

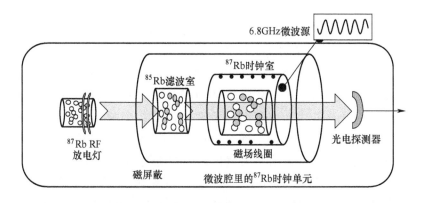

图 47.4 放电灯 Rb AFR 的基本原理图(由 3 个带缓冲气体的 Rb 蒸气池、一个微波源和腔体、偏置磁场和磁屏蔽以及光电探测器组成。图中未显示炉室、热量和电子控制装置。)

出的光线。当由功率约为 2W 的射频场驱动时,功率较小的 ^{87}Rb 蒸气泡用作铷放电灯。放电灯发出的光主要来自 5P-5S 谐振线(图 47.3a),并在 ^{85}Rb 蒸气过滤池被部分吸收。由于 ^{85}Rb 和 ^{87}Rb 上的低频跃迁[从 5S,$F=2$ 到 5P 态]吸收光谱重叠 ,低频光 ^{85}Rb 过滤池被吸收。高频光(来自 ^{87}Rb,5P 到 5S,$F=1$),穿过 ^{85}Rb 过滤池进入 ^{87}Rb 时钟单元。时钟单元中的 ^{87}Rb 铷原子吸收从放电灯中滤过的光,并从 5S 激发到 5P,然后迅速衰减(约 25ns)到 $F_g=1$ 和 $F_g=2$ 级 5S 状态。这种光学吸收和发射过程大约每 100ns 重复一次。结果是,经过过滤的光快速地"光抽运"出 $F_g=1$ 个状态的 ^{87}Rb 原子数量 ,进入 $F_g=2$ 状态,并产生一个不处于热平衡状态的能级分布。结果是 ^{87}Rb 在入射光抽运光的作用下,Rb 时钟池比没有光抽运时透过性更好。通过与 $F_g=1$ 和 $F_g=2$ 之间的任何允许量子跃迁共振的频率施加微波,可以在 $F_g=1$ 和 $F_g=2$ 之间均衡原子布局。量子选择规则允许微波跃迁 $\Delta m_F=0$ 或 $\Delta m_F=\pm1$。当应用 6.8GHz 微波精确调谐到 $F=2,m_F=0$ 和 $F=1,m_F=0$ 态时,它将原子团转移回 $F=2$ 能级,增加了光学吸收,从而降低检测到的光电流。光电探测器通过 ^{87}Rb 池作为应用微波频率的函数测量直流光。因此,它引入了由稳定 LO 频率到产生时钟信号过程中的误差信号。

该时钟单元包含在一个微波腔内,微波腔在时钟单元中建立一个几乎均匀和确定的微波相位。在时钟单元上施加直流磁场,以分离塞曼能级并从其他磁敏感跃迁频谱分辨 $F=1,m_F=0$ 到 $F=2,m_F=0$ 时钟跃迁。为了获得良好的性能,放电灯和两个吸收单元使用温控腔。在一些设计中,温控腔是结合在一起的。作为一种可行的诊断方法,微波跃迁在其他 m_F 状态可以用 0 态来确定 ^{87}Rb 蒸气池中的磁场,从而校准时钟频率的磁偏移。

铷的优势还在于它具有相对较高的蒸气压[$T=(20\sim90)℃$,大致相当于 $p\approx(10^{-5}\sim10^{-2})$Pa,Rb 原子密度 $\approx(10^{10}\sim10^{12})$cm^3]。较大的原子数密度导致了在通过蒸气池的短路径长度内共振跃迁(780nm 和 795nm 跃迁,图 47.3c)的强光吸收。原子运动(多普勒)和激发态 P 态的超精细结构也使蒸气池中的光学吸收线和发射线变宽。小的铷蒸气池可以提供大的光谱和时钟信号,方便控制温度。

在典型的(蒸气池)温度下,Rb 原子的平均热速度约为 300m/s,如果没有阻碍,可以在小于 10μs 内通过直径为 2cm 的蒸气池。原子激发会被蒸气池壁,或与其他 Rb 原子碰撞所熄灭,限制了微波场中有用的观测时间。这将使超精细跃迁的光谱分辨率限制在 10kHz,对应于一条 $Q \approx 10^6$ 的线。然而,通过加入惰性缓冲气体(如 Ar、Ne、N_2、Xe),不仅可以限制 Rb 原子运动,防止 Rb 原子撞击池壁,还可以降低有害的 Rb Rb 碰撞率。缓冲气体导致更长的有用探测时间,从而有更窄的微波时钟跃迁。缓冲气体约束效应称为"Dicke narrowing"。如果 Rb 原子在相互作用期间没有在微波相中显著移动,那么微波跃迁的 Dicke 变窄跃迁几乎是"无多普勒"的。缓冲气体提高了时钟的稳定性,但也有负面影响,时钟单元中的缓冲气体(es)由于 Rb 和缓冲气体之间的碰撞,导致时钟跃迁上出现显著压力偏移,还导致额外的温度敏感性,当处于更高的压力状态时,会出现额外的线宽加宽现象。为了在现有的系统约束和操作环境中优化性能,需要做出一些妥协。通过优选具有相反的压力变化特性的缓冲气体混合物,可以减轻一些温度敏感性。

在带缓冲气体或特殊的壁涂层的高质量的 ^{87}Rb[21] 蒸气池中,6.8GHz 的超精细时钟跃迁可以很窄(10Hz~1kHz),对应于线宽 $Q \approx 10^8$ 的跃迁,从而提升了频率稳定性。(到目前为止,有壁涂层的 Rb 蒸气池尚未商业化作为 AFR 的应用)在所有的 Rb 原子 AFR 中,可实现的线宽 Q 上升的重大挑战是了解基础科学和工程的细节,需要重复锁定 LO 频率线到线中心,其偏离中心部分小于 1×10^{-14} 的范围,就像在最新一代的 GNSS AFR 中实现的那样。这种性能需要将检测到的跃迁结果除以 10^{-6},并可在长时间间隔和变化的环境条件下重复,这是一个惊人的成就。

自然地,在第一个 Rb AFR 被证明[22-23,26]以来的 60 年里,人们探索了几种不同的配置。例如,可以用一个含有两种天然同位素丰度(^{85}Rb(约72%) 时钟过滤,^{87}Rb(28%) 为时钟过渡)的单一吸收池来操作,如图 E. Jechart 和 G. Huebner 所示。这种方法的优点是体积小、简单、成本低,而包含单独的 ^{85}Rb 滤波器单元的 Rb AFR 具有一些性能优势。

用于 GNSS 卫星的高性能 Rb AFR 的示例如图 47.5 所示。

值得注意的是,在许多方面任何基于放电灯的高精度仪器都具有很高的可靠性和很长的寿命,而且 Rb 放电灯和蒸气池可以提供良好的自我重现性和超过 20 年的相对较低、可校正的频率漂移。目前,对 Rb AFR 的地面应用研究主要集中在激光抽运和检测的替代放电泡,以及原子的激光冷却能力上。也许激光将提升未来 GNSS 时钟的性能。

自然地,当新的铷蒸气池 AFR 进行初始运行时,通常会显示出显著的频率变化。这似乎是由于放电灯和蒸气池(池壁和缓冲气体)在工作温度和条件下运行时发生初始的理化变化所致。随着时间的推移(几个月),频率漂移减少,通常变得平滑和可预测。这意味着 GNSS 时钟的频率(时间)偏移可以通过 GNSS 控制系统的更新来校正。但是,偶尔也会出现小的频率跳变和漂移,在 10^{-12} ~ 10^{-14} 小范围变化。其中一些可以归因于 LO 的石英晶体的频率跳变,或者更有可能是放电灯或蒸气池中的变化。

在 10^{-13} ~ 10^{-14} 范围内的频率跳变对当前 GNSS 没有重大影响,但 10^{-12} 范围内的频率跳变会在一定程度上降低用户距离误差。Comparo[29]对 Rb AFR 的现状进行了前瞻性总结。图 47.6 显示了不同代 GPS Rb AFR 的频率不稳定性,在平均时间 10^4 ~ 10^6 的情况下,当前性能最好的频率不稳定性可达到 10^{-15} 范围内。

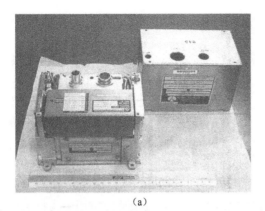

(a)

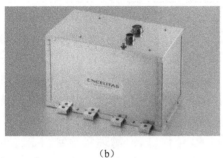

(b)

(c)

图47.5　图(a)是由 Rockwell 和 Efratom 合作产生的历史性的 Rb AFR。该 Rb AFR 在 20 世纪 70 年代早期完全符合空间条件,直到 20 世纪 90 年代一直作为第 I、II 和 II A 代 GPS 卫星的主要 AFR[17]。图(b)和(c)是目前 GNSS 卫星上使用的现代高性能 Rb AFR。左边为一个 Excelitas公司(之前是 EG&G,之后是 Perkins-Elmer)的 GPS Rb AFR[27],大致规格:13cm×22cm× 16cm,6.2kg,≤14 W,1s 处的频率不稳定性为 2×10^{-12},频率漂移≤5×10^{-14}d(经 Excellitas 许可转载)。图(c)是 GALILEO Rb AFR 的图片[28]

(经 ESA 许可转载。)

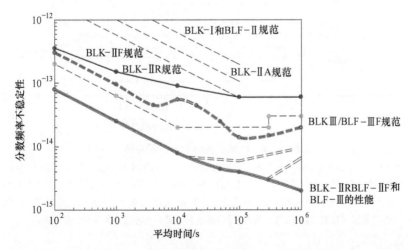

图47.6　显示 GPS Rb AFR(第 I 代到第 III 代)相对于平均时间(s)的频率不稳定性 (细虚线表示不同代的 GPS 所需的时钟稳定性设计规范。两条粗(蓝色)曲线表示下一代 GPS Rb AFR 的稳定性能。粗虚线的多线区域表明观察到一定范围的变化。数据改编自 Vannicola 等[30]和 H. Fruehauf[17]。)

47.3.2　Cs 热束频率参考

1960—1990 年的几十年里,基于热原子束的 Cs AFR 在高精度频率标准和时间保持方面处于领先水平[31]。因此,国际一致选择在 $F=3, m_F=0$ 和 $F=4, m_F=0$ 之间的 Cs 基态量子态的超细分裂来重新定义时间的 SI 单位秒是合理的。1967 年,SI 秒被重新定义为 Cs 钟跃迁的 9919631770 个周期。现在,它仍被定义为我们的时间和频率的基准,它直接与我们通过已知频率的光的波长结合相对论中的固定光速定义的国际单位制长度有关。关于 GNSS 的这一章和这些卷是经过了几十年发展的:第一个 Rb 蒸气池时钟和氢微波激射器发明已经 60 年,以 Cs 超精细频率定义 SI 秒(1967 年)已经 50 年。

铯(Cs)束原子频率基准在 GNSS 卫星和其他地面应用中发挥了重要作用。这些应用要求比铷钟或氢钟的精度更高,而且没有频率校准系统。与 GPS 卫星中使用的高质量铷 AFR 相比,铯在小于 10 万 s 的时间尺度上的稳定性更差。然而,相比于市面上常见的用于地面上的铷钟 AFR,铯在更长的时间尺度上可提供更好的准确度和稳定性(平均时间 τ 约大于 1 万 s)。商用铯 AFR 很少,但在标准实验室和地面 GNSS 控制的高精度时间维持中发挥着关键作用,并作为通信网络、大地测量实验室和天文台的高精度参考。铯钟更高的精度带来了更高的成本、更大的尺寸、重量和功耗,相比于铷钟频率基准,其运行寿命更短。

铯 AFR 的基本设计可以追溯到 20 世纪 50 年代,国家物理实验室(NPL)的 Essen 和 Perry 首次发表了有充分证据的证明,大约与此同时,1956 年推出了商用铯原子钟。许多人对铯原子钟的早期发展做出了重大贡献,包括 Rabi、Zacharias、Ramsey、Lyons 等。

一些很好的历史总结从不同的角度追溯了原子钟的发展[4,18,34-35]。铯原子钟的基本原理和设计非常简单,如图 47.7 所示。然而,要实现其高精度和高稳定性,需要注意许多基础物理、设计和工程[机械、热、电、磁、微波和电子,以及所有系统参数和环境条件(如温度)的控制]中复杂的细节。我们可以使用图 47.7 来演示一个铯原子钟的配置操作。

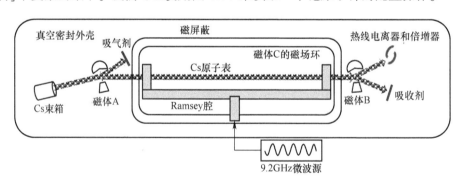

图 47.7　铯原子频标的典型示意图

[这个"物理封装"包括 Cs 烘箱、状态选择器磁体 A、时钟相互作用区域周围的磁屏蔽(包括微波 Ramsey 腔)、相互作用区域的磁场 C 场、状态选择器磁体 B、热线电离器和倍增器。该图中显示了微波源,但没有显示决定短期(τ 约小于 10s)频率稳定的石英晶体振荡器和合成器。这个简单的图忽略了非常重要的物理和工程设计考虑,包括机械、热、磁、电气工程和集成,这些都是制造高质量的铯频率基准所必需的。]

通过在封闭的小炉中加热金属铯,可以在高真空室中产生铯原子束。该封闭箱有一个小孔(或通常是几个狭窄的孔或通道),允许铯蒸气从加热的金属逃逸并产生一束原子。铯的熔化温度约为 28℃,蒸气压相对较高(在 100℃下,PVP≈0.1Pa),受温度的影响强烈。逸出的铯束通过孔径进行准直,并通过一个小的磁场梯度,历史上在 Stern-Gerlach 型分子束实验中称为"A 磁铁"(图 47.7)。磁场梯度对原子的磁矩产生一个力,根据磁矩的不同将 $F=3$ 的原子与 $F=4$ 的原子分开。$F=3$ 的原子穿过 X 波段波导的一个洞,与调谐到允许原子从 $F=3$ 到 $F=4$ 跃迁的跃迁时钟(约 9.2GHz)对应的微波场相互作用。然后,这些原子在通过微波波导第二臂上的一个孔之前,穿过一个较长(约 15cm)的漂移区域。最后,它们通过第二个磁场梯度(B 磁铁),处于量子态 $F=3$ 还是 $F=4$ 将决定这些原子是否在磁场作用下偏转。

然后,通过用热线和施加电压电离铯原子并测量产生的电离电流来检测出现在偏转输出光束中的原子通量。因此,如果进入微波腔的铯原子处于 $F=3$ 态,而微波频率没有调谐到量子跃迁,则可以在那里探测到原子保持在 $F=3$ 态并输出光束。但如果微波频率被调谐到允许从 $F=3$ 向 $F=4$ 跃迁,同时 $\Delta m=-1,0,+1$ 的值,则可以检测到另一态的输出束($F=4$)。

因此,扫描波导中的微波频率,其中一束光束中检测到的原子通量(热丝探测器的电离电流)发生显著变化,则说明微波频率调谐到了从 $F=3$ 到 $F=4$ 量子跃迁的值。图 47.8 中显示了一个信号示例。

实现高性能铯原子钟设计的一个关键因素是分离振荡场的 Ramsey 方法[38],如图 47.7 所示。原子在波导中从两个不同的位置穿过微波场,原子经过两个区域之后进行量子跃迁的总概率是第一个相互作用区域的概率与第二个相互作用区域的概率之间的干涉。

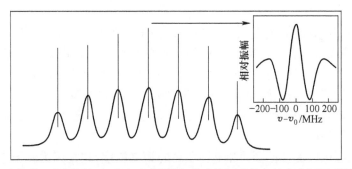

图 47.8　在热线(通常是铂)加上电离倍增器(作为铯原子钟中的选态原子通量检测器)上检测到的原子通量相对于应用微波频率的函数

[在这里,我们看到了 $F=3$ 和 $F=4$ 态之间的 7 个跃迁,它们之间的间隔约为 24kHz,这是由于相互作用区域的磁场 C 场导致的塞曼分裂造成的。每个过渡都有一个宽阔的基座,这是由于跃迁在通过 Ramsey 腔的一个短区域传输中被激发。实际的"时钟"转换($F=3$,$m_F=0$ 和 $F=4$,$m_F=0$)是中心特征。由于两区 Ramsey 干扰和相互作用区域之间的传输时间较长,因此基波顶部的 Ramsey 边缘较窄。插图是放大后的中央 Ramsey 窄条纹,其在频率为 9.912GHz 的谱线宽度为 65Hz 的半峰全宽。图片(不受版权保护)改编自 NIST-7 原子钟出版物(Drullinger 等[36]和 Sullivan 等[37])。

资料来源:经美国政府出版物许可转载。]

由此产生的干涉条纹称为"Ramsey 条纹"[31,38]。该信号提供近似为 $\Delta\nu \approx v/2L = 1/2\Delta t_L$ 的窄谱线宽,式中 v 为原子速度,L 为漂移区长度,Δt_L 是微波腔中两个相互作用区域之间对应的漂移时间。另一种考虑 Ramsey 条纹的窄线宽的方法是简单地考虑在两个微波场区域相互作用之间的量子相干演化的时间,并从傅里叶变换极限得到更高的光谱分辨率。因此,对于热束原子钟来说,线宽 Q 与两个相互作用区域之间的长度 L 有关,较长的微波腔产生的原子共振的 Q 更高、精度更好。然而,增加长度需要一些权衡。原子束中的原子通量密度标度为 $1/L^2$,因此,探测到的原子数量减少了($N \propto 1/L^2$),信噪比为 $\sqrt{N}$。许多显著的系统误差和不确定性随着 L 的增加得到改善,但其他偏差和不确定性更难控制(如磁场均匀性和热控制)。对于卫星上的 AFR 来说,尺寸、质量和功率总是至关重要的。高性能商用铯 AFR 的典型特征如下:时间和频率“精度”(分数频率不确定度)约 5×10^{-13};稳定度 $\sigma_y(\tau) \approx 5\times10^{-12}/\sqrt{\tau}$;长期(几天)本底闪烁约 5×10^{-15};体积 30 L、质量 30kg、功耗 50W。

为了降低时钟频率对外部磁场的敏感性,在两个微波相互作用区域和它们之间的漂移区域施加均匀磁场(C 场)。C 场通过塞曼效应改变能级,并消除每个 F 态中各种 m 态的能量简并度[有 $2F+1$ 个 m 态(例如 $F=4, m_F = -4, -3, -2, -1, 0, 1, 2, 3, 4$)]。对于铷钟,塞曼分裂类似于图 47.3b 所示,铯钟的 F 更大,因此有更多的塞曼能级。在弱而均匀的 C 场下,可以从光谱上分辨出所有在 $F=3$ 和 $F=4$ 超精细态内的不同 m_F 状态之间允许的微波量子跃迁。C 场分解和隔离了实际的铯钟量子跃迁($F=3, m_F = 0$ 和 $F=4, m_F = 0$ 之间)。这种 0-0 时钟跃迁在约 9.192GHz 时,只对磁场 B 的二次方敏感,$\Delta\nu \approx \left(427 \dfrac{\mathrm{Hz}}{\mathrm{GS}^2}\right) B^2$(式中 B 为磁场强度),并且时钟通常是在磁性 C 场下的磁场强度 B_C 为几毫高斯的情况下运行。相比之下,$m_F \neq 0$ 状态具有 $\Delta\nu \approx \left(700 \dfrac{\mathrm{kHz}}{\mathrm{Gauss}}\right) m_F |B|$ 的大线性塞曼位移,可用于校准时钟内的磁场。

任何作为 GNSS AFR 的类氢碱原子(H、Cs 或 Rb)的量子态塞曼位移[39]都可以使用 Breit-Rabi 公式更精确地计算出来。对于所有的微波钟,甚至是由于施加 C 场造成 $m_F = 0$ 时钟跃迁的相对较小的二阶塞曼位移,也会导致一个相对于原子固有频率的显著偏移,并且是原子钟中频率偏移、场灵敏度和某些不确定度的来源。这些微波 AFR 通常需要在原子相互作用区附近设置几层磁屏蔽,以减少来自外部磁场的扰动,提高应用场的均匀性,并提供一种场测量和补偿手段。

铯原子束频标可以提供比铷钟和氢钟更高的频率精度,这是因为原子束中的铯原子相对不受外部扰动(例如,不像在 Rb AFR 或氢微波激射器中那样与缓冲气体发生碰撞)的影响。铯 AFR 的一个缺点是随着时间的推移,铯源会逐渐耗尽,所以其使用寿命(仍有大约 10 年)通常小于铷 AFR。由于 GNSS 地面系统可以校准空间铷钟和氢钟 AFR,因此目前没有令人信服的理由在卫星上使用铯原子束频标。

47.3.3　氢脉泽频率基准

氢脉泽器的基本原理类似于上面讨论的铷和铯频标。在 1.4GHz 的微波激射器跃迁是在 $2S_{1/2}$ 电子基态(天文学中著名的 21cm 线)的 $F=0$ 和 $F=1$ 超精细态之间。实现氢 AFR 的步骤如下:量子态制备、时钟态间量子相干激发和量子态检测。关于氢脉泽器的详细信息可以在 Kleppner[40]和 Vessot[41]的经典论文中找到。氢脉泽器从一个气罐或氢化物材料中的氢气开始,氢气在电子放电中解离成氢原子,氢原子通过一个“状态选择器”磁场梯度(类似于铯束),磁场梯度将 $F=1$ 的原子偏转到一个储存球(通常是一个对称的石英球,它有一个小的入口孔来储存氢原子),见图 47.9。

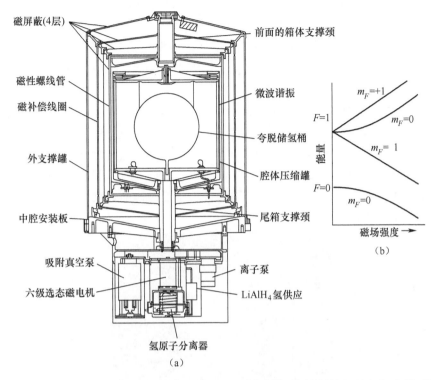

图 47.9　主动氢脉泽器的设计和内部结构示意图[41]（关键部件包括氢解离器,将
$F=1$、$m_F=0$ 和 $m_F=+1$ 原子聚焦到存储泡中的六极选态磁铁,具有均匀磁场和多层磁
屏蔽的微波腔,以及微波腔内提取微波激射器信号的采集环路。图(b)是氢基态的
超精细能级。在零磁场下,$F=0$ 和 $F=1$ 能级之间的距离约为 1.42GHz。)

　　玻璃灯泡内部有一层类似特氟龙的涂层,它允许氢原子从壁上反弹,而改变 F 态或引起 $F=1$ 和 $F=0$ 之间的量子相干性的大碰撞相移的可能性很小。玻璃瓶包含在一个可调谐的圆柱形微波腔内,使它与 $F=0$ 和 $F=1$,$m_F=0$ 时钟状态之间的 1.4GHz 跃迁共振。当微波谐振腔内包含足够数量的 $F=1$ 氢原子时,从 $F=1$ 原子到低能 $F=0$ 态很小的缓慢自发衰变可以通过模拟放射物(微波激射器)的辐射微波放大达到阈值,成为自振荡微源。这是一个"主动氢脉泽",直接从氢原子产生振荡输出。要达到这个阈值,就需要系统的总增益(由原子数量和原子能级反转,以及微波腔内 $F=1$ 原子与 $F=0$ 原子的比例决定)大于包含微波腔谐振条件(调谐到时钟跃迁频率)的系统总损耗。

　　实际上,没有必要将氢微波激射器运行在阈值以上(可以论证,此时它实际上就不再是一个"微波激射器"),而是将系统运行在阈值以下作为"被动型氢微波激射器"。在阈值以下时,仍可以用外部微波源探测、激发和测量氢时钟跃迁。被动型微波激射器更容易建立,成本更低,可以获得良好的频率稳定性,但在实现信噪比和最终稳定性方面存在一定的缺陷。目前,在空间中使用的氢微波激射器是被动型微波激射器,而在 GNSS 地面站和标准实验室里的时间基准中使用的氢微波激射器主要是主动微波激射器。

　　氢脉泽器的优点是具有非常好的稳定性、运行可靠、长寿命和频率漂移极低。缺点是尺寸大、重量重、成本高和相对较差的频率精度,这主要是由于氢原子与涂有特氟龙的玻璃灯泡壁碰撞时产生的量子相干不受控制的小相移,以及其他因素如磁场灵敏度。氢脉泽器具有良好的自我重现性,但不同氢脉泽器之间的频率偏差可达 10^{-11}。高质量地面主动氢脉泽器的典型特性是分数频率不确定性约为 1×10^{-11}(但可使用铯频率基准进行校准),分数频率不稳定性 $\sigma(\tau) \approx 1 \times 10^{-13}/\sqrt{\tau}$,$\tau$ 以 S 为单位,还有非常小的频率漂移(在无扰运行几周后约为 1×10^{-16}d)。

当 GNSS 时钟具有高稳定性和可预测性时,它们能够实现新的测量功能并提供额外的信息,例如最新一代的 GPS 铷 AFR 显示频率在 10^5s 内稳定性达到 10^{-15} 量级。这减少了系统模糊性,并简化了将轨道和电离层不确定性从时钟漂移/不确定性分离的分析。另一个有趣的例子是 Galileo[12] 中使用的氢脉泽器实现的高稳定性。由于两颗 Galileo 卫星轨道偏心率较大,微波激射器(图 47.10Galileo 上使用的被动型氢脉泽器的图像)使新的改进的时钟引力红移测量成为可能。

图 47.10　Galileo 卫星上使用的被动型氢微波激射器(PHM)图像[42]

(经欧洲航天局许可复制的图像。)

47.4 未来用于空间的先进原子钟

自 20 世纪 80 年代以来,在研究实验室、大学和工业中,已经有相当多的研究使用激光来取代放电灯,用于铷 AFR 的光抽运和检测[45]。类似地,激光也被用于铯原子束的光学态制备和检测(取代图 47.7 中的 A 磁铁和 B 磁铁)。基于冷原子的铯和铷原子喷泉钟显然都需要激光。当今先进时钟的研究和开发主要是由激光驱动的系统主导。激光具有更高的光谱纯度和比放电灯更高的亮度,并使原子钟具有更好的稳定性和准确性,但这是以复杂性、可靠性和成本为代价的。激光还可以实现激光冷却原子,降低原子温度(约 $1\mu K \sim 350K$)和速度(约 $1cm/s \sim 300m/s$),这大大减少了许多与速度有关的频率偏差和不确定性。依赖激光的 AFR 尚未对商用高性能原子钟产生重大影响。即使在今天,这些系统仍赖放电灯具、磁态选择器和 20 世纪 50—60 年代的方法。这种情况正在改变,目前,至少有两家公司推出了基于激光冷却铷原子[46]的商用 AFR,我们将看到市场的发展,以及新的激光冷却原子钟能否在标准实验室之外产生重大影响。

全球范围内,有几个团队正在研究新的用于未来太空科学任务的原子钟先进技术。一些也被考虑将来用于 GNSS 卫星上。另外已经提出了替代方法,将最先进的时钟放置其中在地面上,并使用双向激光或微波链路来同步空间中高度稳定和可靠的时钟[47]。这将改善空间时钟的性能,并通过双向链接实现全球范围内高性能的时间传输精确的轨道确定。

47.4.1　先进的微波原子钟

从公开的文献和资料来看,似乎只有中国在太空中运行了现代冷原子钟。通过专注的努力和良好的任务执行,2016 年,上海的一个科研团队成功地在天宫二号轨道上展示了一个可运行的激光冷却铷原子钟[48]。大约一年后,这个时钟在太空中继续按照预先设计的那样运行。激光冷却的铷原子通过双区 Ramsey 腔发射高分辨率 Ramsey 条纹,当激光冷却时,原子运动非常缓慢,速度通常为厘米/秒级,而不是 300m/s,这允许更长的观测时间、更高的 Q 值共振,以及比热原子束时钟具有更高的稳定性和准确性。由于重力的减少,冷原子时钟(如光学晶格时钟)不需要强力来维系原子,因此在太空中可能比在地面上表现得更好,有希望获得更好的稳定性和准确性。中国的这项原理论证预示着太空冷原子钟的美好未来。

欧洲也有开发用于太空的冷原子时钟的重要计划,其中包括 ESA-ACES 任务[49](太空原子钟集合)。该任务已经开发了大约 25 年,将对爱因斯坦相对论的各个方面进行高精度测试,通过比较太空时钟和高性能地面时钟来实现。ACES 计划在 2022 年左右在国际空间站上飞行,然而像往常一样,该计划被推迟了。它将携带 3 个频率参考,1 个激光冷却的铯原子钟(PHARAO),它将类似于铯束时钟,但使用的是激光冷却,捕获和发射冷原子云而不是原子束。ACES 还将包括一个有源氢脉泽器,它是 Galileo 氢脉泽器的高稳定性版本,同时也是一个高性能石英晶体振荡器。ACES 任务将使用双向多普勒消除微波链路(类似于 Vessot 等的重力探测器——A 任务首创的方法[50])来比较太空时钟和地面上最先进的原子钟的频率。该系统还配置了高性能的 GNSS 接收机和一个光学角立方反射器,允许T2L2[51]激光测距站进行精确的距离和时间测量。

多年来,喷气推进实验室一直在开发一种紧凑(几升)低功率(小于 40W)汞离子阱微波频率基准,具有令人印象深刻的性能,并与 GNSS 卫星以及其他空间任务的 SWaP 兼容。该汞离子 AFR 被称为深空原子钟(DSAC,18L,16kg)于 2019 年夏天发射,目前正作为 NASA-JPL 技术演示任务[52]的一部分进行性能评估。图 47.11 显示了一些用于空间的高级原子频率参考与当前一代 GNSS AFR 相比的性能。

47.4.2　光学原子钟在太空中的展望

由于具有更高的时钟频率(约 500THz,而微波时钟为 10GHz)和可实现的共振 Q 这一令人瞩目的原因,先进时钟的长期发展自然指向光学原子钟。光原子钟中原子量子跃迁可以通过频率稳定激光器实现。与微波时钟相比,更高的频率和线宽 Q 提供了显著的性能优势。光学原子钟目前已在许多研究机构和标准实验室得到高度发展,是一个活跃的研究领域。

目前,关于空间光学时钟的大部分研究都集中在基础物理实验上,比如检验相对论的时钟,以及潜在的新物理学[53]的研究。在此,我们只能简要介绍目前空间光学原子钟的一些研究活动,并提供一些参考。一些重点项目如下:

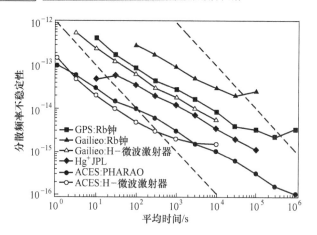

图 47.11　显示了一些正在开发或正在研究的用于空间的先进 AFR 的预期频率不稳定性,
还显示了一些现有 GNSS AFR 的不稳定性[47]

（1）欧洲[54]正在开发的空间光时钟（SOC）和（SOC2）。这些项目正在研究和形成激光冷却和捕获的 Sr 和 Yb 原子用于[55]空间的高性能光学光栅时钟。

（2）在多个地方已在研究高性能的 Yb 光频率参考[56,83]。在斯坦福大学,探索简化 Yb AFR 的方法,以减少所需的激光器数量,并部署到系统中,未来还有可能应用于空间。

（3）德国利用 532nm 激光对碘分子跃迁的饱和吸收光谱进行的研究得到了空间钟预期结果[57]。这些系统使用了热蒸气,在精度上无法与冷原子系统比拟,但频率稳定性相当好[58]。这种系统可以满足未来空间任务,如 LISA 或 GRACE-GOCI 类型任务的光学频率/波长参考要求。

（4）美国正在研究 778nm 处的 Rb 2 光子跃迁,作为 GNSS 或其他任务[59]的潜在光频基准。该方法是基于 Rb 蒸气,不使用冷原子,因此精度有限,但稳定性相当好。

（5）捕获的离子,如 Yb+,也考虑用于空间的光学（或微波）AFR[60-61]。

对于大多数空间任务,光学原子钟将需要飞秒光学频率梳作为光学分频器,从时钟频率（如 500THz）降至电子合成可达到的千兆赫频率[62]。光梳技术目前已发展成熟,可提供与光时钟激光频率相关的射频微波频率的电子输出,有关光学梳的综述见文献[63]。在欧洲,Menlo Systems 领导的团队已经在火箭上使用了稳定的光频率梳,搭载芯片原子钟（CASC）和光学 Rb 钟;稳定的光频率梳[64],韩国的一个研究团队也在卫星轨道上演示了所需的锁模激光器[65]。预计在不久的将来,一种碘光学频率基准将在搭载 fs 光学频率梳的火箭上飞行。

47.5　爱因斯坦关于近地时钟的相对论的简要总结

为了确定不同位置和移动时钟的时间、频率或时间间隔,我们必须选择一个特定的起始时间,并定义一个特定的惯性参考系。光速在所有参考系中的恒定性和爱因斯坦的广义相对论（GR）理论为惯性参考系中的时钟同步提供了明确的规定。时钟的时间和频率取决于相对速度和重力势能。GNSS 中的相对论效应是非常显著和复杂的。但是这些影响已经经过了仔细的研究和实验评估,并且文献[66-71]详细地说明了这些效应。在这里,我们简要描述了相对论修正的关键术语,并分析相对于当前的原子频率标准性能的一些主要影响。

地球上一个自然的参考系选择是地球的恒重力势"大地水准面"。然而,旋转的地球不是一个惯性参考系,因此地球上计时程序是国际公认的"坐标时间尺度",可以进行适当的相对论修正。例如协调世界时(UTC)、GPS时间和国际原子时(TAI)。这些系统基于以地球为中心地固参考系(ECEF),但指定了原子钟频率,是由旋转大地水准面上铯原子钟频率标准实现的SI秒。地球大地水准面的引力势必须考虑到地球的质量分布和地球自转的向心效应。不在地球水准面上的时钟必须根据重力势的差异校正其频率,这对于地球上的高精度原子钟以及任何相对运动来说都是非常重要的。对于地球表面的时钟,由于地球引力和自转,相对于远离地球而不受地球干扰的时钟的频率偏移约为-7×10^{-10}。

在地球表面附近,重力红移随大地水准面以上高度变化的分数为$\Delta f / f \approx 1.1 \times 10^{-16}/\text{m}$。例如,位于科罗拉多州博尔德市NIST的原子钟,在海拔1655m的地方,相对于SI定义的平均海平面水准面上的微小偏移约为1.8×10^{-13}s。与铯基准目前的精度水平(约2×10^{-16})相比,这种偏移是很大的,必须仔细计算并在时间和频率比较中加以考虑。

GR的基础是所有时钟都遵循局部洛伦兹不变性(即以恒定的光速按照洛伦兹方程进行变换)和局部位置不变性。两个主要的项是引力红移(具有较大引力势的时钟走得更慢)和相对论多普勒频移(相对于静止时钟以速度v移动的时钟走得更慢)。在Ashby处理后[70],由于相对论效应,地球附近时钟的分数频移是近似的,有

$$\frac{\Delta f}{f} \approx -\frac{1}{2}\left(\frac{v}{c}\right)^2 - \frac{GM_e}{rc^2} - \frac{\phi_0}{c^2}$$

第一项表示以相对速度v运动的时钟上的时间膨胀(二阶多普勒)效应,该相对速度v似乎更慢。接下来的两项代表由有效引力势引起的频率漂移。G为重力常数,M_e为地球质量,ϕ_0为包含重力和旋转的向心效应在内的势能。

GNSS卫星上的原子钟与地球表面上的用户和参考钟不在同一位置,因此必须考虑相对论效应进行校正。在轨道上的GNSS时钟受地球引力势的影响较小(因此它们振荡得更快),但它们相对于地球表面大地水准面SI秒的参考系也以很高的速度移动(因此它们振荡得更慢)。对于GPS轨道,这两种效应的综合结果是卫星时钟相对于地面时钟的频率漂移大约为4.5×10^{-10}。在GPS系统中,这个已知的频率偏移由卫星时钟的频率偏差来补偿,如果不改正,一天内的计时误差,将会导致约11km的位置误差。其他GNSS系统可能会选择进行相对论的修正,并在接收机中改正其他较小的项(如轨道偏心校正)。

对于轨道半径r的微小变化Δr,引力红移和时间膨胀对时钟频率的综合影响为

$$\frac{\Delta f}{f} \approx \frac{3GM_e \Delta r}{2c^2 r^2}$$

此外,地球非惯性旋转系上的时钟还必须考虑Sagnac效应(旋转参考系的几何效应),以及由于地球扁率、大地水准面高阶多极和地球上任何时钟运动而产生的其他相对论性因素。GNSS轨道偏心量相对较小,但仍会对相对论修正产生重要影响[68]。一个小得多的相对论效应是夏皮罗时延,GNSS卫星相对于地球的时延是$\Delta t_{Sp} \approx 50\text{ps}$对应约1cm的位置测量精度。

47.6 GNSS 地面原子钟——GNSS 主时钟

毫无疑问,GNSS 地面控制系统需要比卫星上使用的原子钟性能更高的原子钟。地面控制系统中使用的 AFR 产生时间和频率参考,并保持高准确度和稳定性,作为卫星钟的时间基准主参考。地面时钟还与全球各地的国际"时间标度"以及国际制 SI 秒主要定义的最佳实现保持联系。

GPS 地面控制系统是用于 GNSS 地面系统的 AFR 类型的一个示例。位于华盛顿特区的美国海军天文台(USNO)维护着 GPS 系统的"主时钟"。它由一系列高性能 AFR 组成,其中大部分是同时运行的,包括大约 12 个氢脉泽器、50 个铯原子束 AFR,以及 USNO 开发的 4 个冷原子铷原子喷泉钟[72]。对 AFR 进行了仔细的监测,并进行了加权处理,以提供一个比任何单个时钟都更稳定和准确的综合的 AFR 和"GPS 时标",并且具有高健壮性和可靠性[73]。为了获得额外的冗余和能力,USNO 和空军维持了一个类似但规模稍小的 AFR 钟组,作为科罗拉多州 Schriever 空军基地的"备用主时钟",与 GPS 主控制中心共用。

使用地面控制系统的主时钟和国际时间标度提供的附加信息,来测量和验证 GNSS 空间时钟的频率。由于 GNSS 空间时钟的频率变化和漂移,地面控制系统可以更新时间偏移或对空间时钟进行频率调整,使系统的整体性能最优。根据时钟性能的不同,可以每天或根据需要对 GNSS 时钟更新。

时间尺度和时间传递的作用和细节在最近的综述[74-75]和 Levine 撰写的本书上册第 29 章中进行了讨论。

47.7 国家标准实验室

世界各国的国家标准实验室(如 NIST[76]、PTB[77]、BNM–SYRTE[78]、NPL[79]、IN-RiM[80])在发展先进的原子频率标准和测量方法,以及实现 SI 单位的时间和频率方面发挥着关键作用。他们通常开发和维护非常高性能的原子频率标准[铯和铷喷泉钟,以及光学原子钟(如基于 Sr、Yb、Al$^+$、Yb$^+$、Ca$^+$)]。它们还保持高质量的时间基准,多数通过互联网分配时间和频率;少数还提供甚低频无线电信号,如 WWV。标准实验室通过 GPS 信号监测 GNSS 时钟,并每个月向巴黎的国际计量局(BIPM)[81]报告他们在地面和 GNSS 的时钟发现的。

BIPM 是协调测量科学和标准的政府间组织。这包括时间尺度 TAI 和 UTC 的记录,以及 BIPM 提供的关于原子钟性能、时间标度、时间偏差等的广泛可用的出版物。

目前,正在国家标准实验室开发和测试的高性能原子钟使用激光冷却原子,以减少由热原子运动引起的系统误差和不确定性。在室温下,原子以约 300m/s 的速度移动,由于多普勒位移、与壁和其他原子碰撞、有限的观测时间和 Q 曲线,原子速度受到严重限制对于激光冷却的原子,对于无约束原子,热速度可以降低到低于 1cm/s,而对于俘获原子(离子阱、光学晶格),热速度基本上可以降低到零。目前,性能最高的微波频率基准是使用激光冷却原子的铯或铷喷泉钟,频率稳定度达到 $\sigma_y(\tau)$ 约为 $1 \times 10^{-13}/\sqrt{\tau}$,准确度约为 2×10^{-16}。光学原子钟采用激光冷却和捕获原子实现了更高的谐振 Q、稳定性 $\sigma_y(\tau)$ 低于 $1 \times 10^{-15}/\sqrt{\tau}$ 和频率准确度的提升。这比目前在 GNSS 卫星中使用的原子钟所达到的效果要好几个数量级。冷原子 AFR 在标准实验室中随处可见,并作为 GNSS 时钟的校准/测量标准。这种时钟目前还没有在卫星上应用,但也许有一天会用到。最近的综述文章[5,82-83]对当前冷原子频率标准的性能状态(约 2017 年)进行了很好的总结。

同样要认识到,广泛使用的分布式时频信号(如广播射频和 VLF 信号,以及互联网授时)无法达到标准实验室或 GNSS 主时钟设施所保持的授时精度和准确性。这些信号在稳定性和准确性上都要差几个数量级。然而,与地面最好的时钟相关联的 GNSS 时钟,在较长的时间尺度上实现了极好的稳定性和精确度,长期平均值达到 $10^{-13} \sim 10^{-15}$ 范围。

47.8 GNSS 接收机的钟

GNSS 接收机通常使用某种石英晶体振荡器加射频合成来产生所需的 GNSS 频率,以获取和锁定从卫星接收到的微弱信号。如果接收机时钟有明显的时间误差、频率偏移或过多的相位噪声,则会降低信号捕获、时间同步和接收机的性能。为了稳定运行,接收机需要锁定微弱的 GNSS 信号,因此低相位噪声性能在接收机中是有价值的。

通过稳定而准确的时钟振荡器,GNSS 接收机可以在更长的时间间隔内保持与 GPS 信号的相位的相干同步,并能够在信号丢失后更快地捕获和重新锁定。如果接收机有一个良好的本地时钟同步,只需 3 颗可见卫星即可提供一个位置解。自 20 世纪 70 年代以来,GNSS 接收机的这些优势,以及可移动时钟的其他应用,为小型可移动、低功率 AFR 的基础科学和技术研究提供了强有力的动力。

47.9 芯片原子钟

在过去的 30 年里,研究和开发工作的重点集中在原子钟的小型化和商用上;其中包括西屋电气(Westinghouse)[84]和 Kernco[85]的早期工作。大约在 2002 年,美国国防部高级研究计划局启动了一项严肃的专门项目来开发一个小型的芯片原子钟(CSAC)[86]。最初的目标是支持安全代码 GPS SAASM 接收机重新捕获 GPS 的 L1-P(Y)信号,而不需要首先捕获公开的 GPS L1-C/A 码。随着大学、工业和政府实验室持续资助研究和开发工作,在约 10 年里,该项目最终由 R. Lutwak 和 Symmetricom(现在的 Microsemi-Microchip 公司)的合作者领导的团队研发了商业化 CSAC[87]。目前,商用 CSAC 的尺寸小于 $17 cm^3$、质量 35g、功率小于 120mW,工作在较宽温度范围内($-40 \sim 85$℃)。基于这些参数,芯片原子钟为手持设备提供了的原子计时精度,使其比最初的设想获得更广泛的应用,包括仪器仪表、通信和地球科学。

CSAC 的科学基础来自早期用激光方法制备和探测原子中微波跃变的研究[88-90],该研究仍在不断发展[91-92],Vanier[93]对其进行了很好的评述。两项技术进步和相关科学的研究使这些概念得以小型化:①低功耗可靠半导体垂直腔表面发射激光器(VCSEL)可达到铯

(852nm 或 895nm)或铷(780nm 或 795nm)光抽运所需波长,工作功率小于 5mW;②半导体微机电系统(MEMS)制造高质量微型原子蒸气池的方法,这个概念早在 1995 年就提出了。对于大温度范围的运行,MEMS 蒸气池需要小尺寸(如 2mm×2mm×2mm),即可在较高温度(大于 80℃)下使用少量的功率(小于 10mW)可靠运行,并提供良好的时钟信号[94-97]。

由于其他原因,半导体行业正在发展 MEMS 和 VCSEL,低成本的短程光纤局域网驱动了 800nm 左右的 VCSEL 激光器的发展,这些方法可以用于 CSAC。

简化的 CSAC 概念图如图 47.12 所示,适用于铷或铯钟。这种方法类似于放电灯抽运的铷原子钟(图 47.4),将放电灯、过滤器单元和微波腔都换成了小型调谐的原子共振跃迁的 VCSEL,通过微波源调制注入电流产生边带(组合 AM 和 FM),从而提供两个光学输出频率,匹配,基态"时钟"跃迁频率(Cs≈ 9.2GHz,^{87}Rb≈ 6.8GHz)与两个激光场之间的差频与铯(或铷)原子共振线的。这个简单的方法如图 47.12 所示。

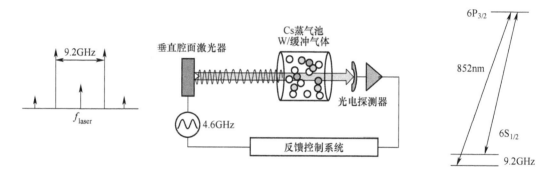

图 47.12　简化的 CSAC 原理图(这里使用 Cs 9.2GHz 时钟过渡来说明方法。低功率 VCSEL 激光器被 4.6GHz 的微波源调制,在激光载频上产生边带(FM 和 AM 的组合)。强调制时,两个一阶边带占主导(图左),并被 $6S_{1/2}$ 基态的 Cs 时钟跃迁频率 9.2GHz=2×4.6GHz 分开。整个激光频率也必须被锁定到光学跃迁共振(在这个 Cs 的例子是 894nm),但这个锁定不需要原子钟精度,只用于保持激光中心在原子共振,从而产生 CPT 信号。调制后的激光通过具有缓冲气体的铯蒸气池,并通过光电二极管和放大器检测直流透射激光功率。)

当两个激光场之间的差频与时钟跃迁相匹配时,两个光场通过 CPT(相干布居俘获)机制"光抽运"原子进入非吸收的"暗态"[93]。在这种情况下,更多的激光通过微小的蒸气池传输。当差频(由施加在激光器上的调制频率设定)与时钟跃迁频率不匹配时,蒸气池传输的激光就会减少。因此,原子钟(频率参考)是通过将微波调制频率锁定到通过蒸气池提供最大直流光传输的频率来实现的。这种方法有很多变种,但暗态 CPT AFR 的基本概念至少可以追溯到 20 世纪 80 年代。

图 47.13 显示了一个 CSAC 的早期原型"物理封装"和一个已完成的 CSAC 的商用实现的例子。经过几十年的努力,我们现在已经有了广泛可用的商用微波 AFR,它使用激光来制备和探测量子原子态。

这花了很长时间,但令人惊讶的是,首批激光驱动的商用时钟是在性能低端,而不是高性能时钟使用,但这似乎是一种市场驱动的效应。最近 Kitching 总结[99],CSAC 技术结合了低功率二极管激光器和微型 MEMS 原子蒸气池,以及其他应用(如磁力计、CSAM),在世界范围内得到了更广泛的发展。不久的将来,我们会看到基于激光和激光冷却原子的先进微波和光学原子钟。如果有足够的需求并有可持续的商业市场,该技术可以提供更高的性能的产品。科学技术经发展,稳健的工程是可行的。

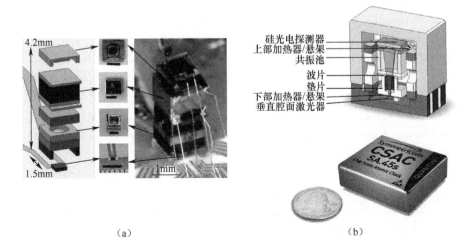

（a）　　　　　　　　　　　　　　　　　　（b）

图 47.13　图(a)是 NIST 早期实现的 CSAC 物理封装的图[98]。这种堆叠包括,自底向上:VCSEL 激光器、光学器件、MEMS Cs 蒸气池、电池加热器、硅光电探测器,以及用于电气连接的线键。图(b)显示了由 Symmetricom(现在的 Microsemi-Microchip)开发的可靠商用 CSAC 精心设计的结构。CSAC 的物理封装只有几毫米,而完整的商用封装约为 35mm×35mm×12mm,尺寸主要由所需的电子产品决定。商用 CSAC 工作在 120mW,提供 10MHz 和 1 脉冲/s 的输出,并在 τ 为秒级时具有约为 $1 \times 10^{-10}/\sqrt{\tau}$ 的小数频率不稳定性。区分 CSAC 与其他原子频率基准(AFR)的关键特性是,它们很小,可以运行在小型电池(如两天用两个 AA 电池),并可在一个相对较大的温度范围内运行(-10~70℃,恶劣的环境条件-40~85℃),从而得到了范围广泛的应用(经 NIST CSAC 许可转载。)

致谢

感谢 J. Kitching、S. Knappe、R. Lutwak 和 D. Berkland 为本章提供的宝贵信息。特别感谢 H. Fruehauf 提供的关于 GNSS 时钟及其历史背景的丰富信息、内容和见解。本项工作得到了 NASA 基础物理计划和美国海军研究办公室的部分支持。

参考文献

[1] Vanier J. and Audoin C. , *The Quantum Physics of Atomic Frequency Standards*, Adam Hilger, Bristol and Philadelphia, two volumes, 1989.

[2] Vanier J. and Tomescu C. , *The Quantum Physics of Frequency Standards: Recent Developments*, CRC Press, Taylor & Francis Group, Boca Raton, FL, 2016.

[3] Riehle F. , Frequency Standards: *Basics and Applications*, Wiley-VCH, Weinheim, Germany, 2004.

[4] Bauch A. and Telle H. , " Frequency standards and frequency measurements," *Rep. Prog. Phys.* , 65, 789, 2002.

［5］ Abgrall M. ,Chupin B. ,DeSarlo L. ,Guéna J. ,Laurent P. ,LeCoq Y. ,LeTargat R. ,Lodewyck J. ,Lours M. , Rosenbusch P. ,Rovera G. D. ,and Bize S. ,"Atomic fountains and optical clocks at SYRTE:Status and perspectives,"*C. R. Physique*,16,461-470,2015,doi. org/10. 1016/j. crhy. 2015. 03. 010.

［6］ Bender P. L. ,"Atomic clocks for space experiments,"*Astronautics*,pp. 37,70,71,1960.

［7］ https://www. bipm. org/en/publications/si-brochure/second. html.

［8］ HeavnerT. P. ,Donley E. A. ,Levi F. ,Costanzo G. ,Parker T. E. ,Shirley J. H. ,Ashby N. ,Barlow S. ,and Jefferts S. R. ,"First accuracy evaluation of NIST-F2,"*Metrologia*,51,174-182,2014,doi:10. 1088/0026-1394/51/3/174.

［9］ Bloom B. J. ,T. L. Nicholson, J. R. Williams, S. L. Campbell, M. Bishof, X. Zhang, W. Zhang, S. L. Bromley, and J. Ye,"An optical lattice clock with accuracy and stability at the10-18level,"*Nature*,506,71-75,2014, doi:10. 1038/nature12941.

［10］ Rutman J. ,"Characterization of phase and frequency instabilities in precision frequency sources:Fifteen years of progress,"*Proc. IEEE*,66,1048-1075,1978.

［11］ Lesage P. and T. Ayi,"Characterization of frequency stability:Analysis of the modified Allan variance and properties of its estimate,"*IEEE Trans. Instr. and Meas.* ,IM-33,4,1984.

［12］ Gonzalez F. J. Martinez,*Performance of New GNSS Satellite Clocks*,KIT Scientific Publishing,2013,ISBN-10:3731501120.

［13］ Mallette L. A. ,"An introduction to satellite based atomic frequency standards,"Conference Paper in *IEEE AerospaceConference Proceedings*,2008,doi:10. 1109/AERO. 2008. 4526366.

［14］ Rochat P. ,F. Droz,Q. Wang,and S. Froidevaux,"Atomic clocks and timing systems in Global Navigation Satellite Systems,"*Proc. of* 2012 *European Navigation Conference*,Gdansk,Poland,2012.

［15］ Mallette L. ,P. Rochat,and J. White,"Historical review of atomic frequency standards used in space systems-10-yearupdate,"*Proc.* 38*th Precise Time and Time Interval Applications Conference*(*PTTI*) ,2006.

［16］ Cernigliaro A. ,"Timing experiments with Global Navigation Satellite System Clocks,"PhD thesis. (2012). http://porto. polito. it/2499219/ ,doi:10. 6092/polito/porto/2499219.

［17］ Fruehauf H. ,private communication and data on GPS clock performance. And Fruehauf slides at https:// scpnt. stanford. edu/annual-symposium/2014-pnt-symposium;and charts from *the Precision Time and Frequency* Handbook,by H. Fruehauf (out of print).

［18］ Ramsey N. F. ,"History of atomic clocks,"*J. Res. Natl. Bureau Standard*,88,5 1983.

［19］ Kastler A. ," Optical methods of atomic orientation and of magnetic resonance," *J. Opt. Soc. Am.* , 47460,1957.

［20］ Bell W. E. and A. L. Bloom,"Optically driven spin precession,"*Phys. Rev. Lett.* ,6,6,280-281,1961.

［21］ Rahman C. and H. G. Robinson,"Rb 0-0 hyperfine transition in evacuated wall-coated cell at melting temperature,"*IEEE J. Quantum Electron.* ,QE-23,4,452-454,1987,and references therein.

［22］ Carpenter R. J. ,E. C. Beaty,P. L. Bender,S. Saito,and R. O. Stone,"A prototype rubidium vapor frequency standard,"*IRE Trans. on Instrum.* ,I-9,132,1960.

［23］ Bender P. L. ,E. C. Beaty,and A. R. Chi,"Optical detection of narrow Rb^{87} hyperfine absorption lines," *Phys. Rev. Lett.* ,1,311-313,1958.

［24］ http://qeprize. org/winner-2019/.

［25］ Riley W. J. ,"Rubidium Frequency Standard Primer," 10/22/2011,Available from www. lulu. com as ID #9559425.

［26］ Image from:Danski14 (https://commons. wikimedia. org/wiki/File:Breit-rabi-Zeeman. png) , "Breit-rabi-Zeeman,"https://creativecommons. org/licenses/by-sa/3. 0/legalcode.

［27］ Excelitas data sheet, http://www. excelitas. com/Pages/Product/Space-Qualified-Rubidium-Frequency-Standards. aspx,image with permission.

［28］ Galileo rubidium clock,ESA,Temex image released 21/05/2007.

［29］ James Comparo and Andrew Hudson,"Mesoscopic physics in vapor-cell atomic clocks,"Joint Conference of the European Frequency and Time Forum and IEEE International Frequency Control Symposium(EFTF/IFCS),2017,doi:10. 1109/FCS. 2017. 8088797.

［30］ Vannicola F. ,Beard R. ,Koch D. ,Kubik A. ,Wilson D. ,and White J. ,"GPS block IIF atomic frequency standard analysis,"*Proc. 45th Annual Precise Time and Time Interval Systems and Applications Meeting*,Bellevue,Washington,December 2013,pp. 244-249.

［31］ Cutler L. S. ,"Fifty years of commercial Caesium clocks,"*Metrologia*,42,S90-S99,2005,doi:10. 1088/0026-1394/42/3/S10.

［32］ Essen L. and J. V. L. Parry,"An atomic standard of frequency and time interval,"*Nature*,176,280,1955.

［33］ Forman P. ,"Atomichron:The atomic clock from conceptto commercial product,"*Proc. IEEE*,73,7,1181-1204,1985,doi:10. 1109/PROC. 1985. 13266. ISSN 0018-9219.

［34］ Lombardi M. A. ,T. P. Heavner,and S. R. Jefferts,"NIST primary frequency standards and the realization of the SI second,"J. Meas. Sci. ,2,4,74-89,2007.

［35］ McCoubrey A. ,"History of atomic frequency standards:A trip through 20th century physics,"*Proc. IEEE Frequency Control Symposium*,1996.

［36］ Drullinger R. E. , J. P. Lowe, D. J. Glaze, and Jon Shirley, " NIST-7, The new US primary frequency standard,"*IEEE Int. Frequency Control Symposium*,1993.

［37］ Sullivan D. B. , J. C. Bergquist, J. J. Bollinger, R. E. Drullinger, W. M. Itano, S. R. Jefferts, W. D. Lee, D. Meekhof,T. E. Parker,F. L. Walls,and D. J. Wineland,"Primary atomic frequency standards at NIST," J. Res. Natl. Inst. Stand. Technol. 106,47-63,2001.

［38］ Ramsey N. , " A molecular beam resonance method withs eparated oscillating fields," Phys. Rev. 78695,1950.

［39］ https://en. wikipedia. org/wiki/Zeeman _ effect.

［40］ Kleppner D. ,H. M. Goldenberg,and N. F. Ramsey,"Theory of the hydrogen maser,"*Phys. Rev.* ,126,2,603 – 615, 1962; D. Kleppner, H. C. Berg, S. B. Crampton, N. F. Ramsey, R. F. C. Vessot, H. E. Peters, and J. Vanier,"Hydrogen-maser principles and techniques,"*Phys. Rev.* ,138,A972,1965.

［41］ Vessot R. F. C. ,"The atomic hydrogen maser oscillator,"*Metrologia*,42,S80-S89,2005,doi:10. 1088/0026-1394/42/3/S09.

［42］ Passive hydrogen maser image,ESA released 10/05/2007.

［43］ Delva P. , N. Puchades, E. Schönemann, F. Dilssner, C. Courde, S. Bertone, F. Gonzalez, A. Hees, Ch. Le Poncin Lafitte, F. Meynadier, R. Prieto-Cerdeira, B. Sohet, J. Ventura-Traveset, and P. Wolf, " Gravitational redshift test using eccentric *Galileo satellites*,"*Phys. Rev. Lett.* ,121,231101,2018.

［44］ Herrmann S. , F. Finke, M. Lülf, O. Kichakova, D. Puetzfeld, D. Knickmann, M. List, B. Rievers, G. Giorgi, C. Günther,H. Dittus,R. Prieto-Cerdeira,F. Dilssner,F. Gonzalez,E. Schönemann,J. Ventura-Traveset,and C. Lämmerzahl,Gravitational redshift with Galileo satellites in an eccentric orbit,"*Phys. Rev. Lett.* ,121,231102,2018.

［45］ Vanier J. and C. Mandache,"The passive optically pumped Rb frequency standard:The laser approach," *Appl. Phys.* B,87,565-593,2007,doi:10. 1007/s00340-007-2643-5.

［46］ Commercial laser-cooled Rb atomic frequency references, e. g. ; F. G. Ascarrunz, Y. O. Dudin, Maria C. Delgado, Aramburo, L. I. Ascarrunz, J. Savory, Alessandro Banducci and S. R. Jefferts, " A portable cold

[87]Rb atomic clock with frequency instability at one day in the 10－15 range,"*Proc. Int. Freq. Control Symposium*,2018,http://spectradynamics. com/. And also muClock at http://muquans. com/.

[47] Berceau P. , Taylor M. , Kahn J. , and Hollberg L. . "Spacetime reference with an optical link," *Class. Quantum Grav.* ,33,135007－135030,2016,doi:10. 1088/0264－9381/33/13/135007.

[48] Liu L. , D. Lü, W. Chen, T. Li, Q. Qu, B. Wang, L. Li, W. Ren, Z. Dong, J. Zhao, W. Xia, X. Zhao, J. Ji, M. Ye, Y. Sun, Y. Yao, D. Song, Z. Liang, S. Hu, D. Yu, X. Hou, W. Shi, H. Zang, J. Xiang, X. Peng, and Y. Wang,"In-orbit operation ofan atomic clock based on laser-cooled[87]Rb atoms,"*Nat. Commun.* ,9,2760, 2018,doi:10. 1038/s41467－018－05219－z丨.

[49] Laurent P. , D. Massonnet, L. Cacciapuoti, and C. Salomon, "The ACES/PHARAO space mission," C. R. *Physique*,16,540－552,2015.

[50] Vessot R. F. C. , "Gravitation and relativity experiments using atomic clocks," *J. Phys. Colloq.* C8 42, 12,1981.

[51] Exertier P. ,E. Samain, C. Courde, M. Aimar, J. M. Torre, G. D. Rovera, M. Abgrall, P. Uhrich, R. Sherwood, G. Herold, U. Schreiber, and P. Guillemot, "Sub-ns time transfer consistency:A direct comparison between GPS CV and T2L2,*Metrologia*,53,6,1395,2016.

[52] Tjoelker R. L. , E. A. Burt, S. Chung, R. L. Hamell, J. D. Prestage, B. Tucker, P. Cash, and R. Lutwak, "Mercury atomic frequency standards for space based navigation and timekeeping," *Proc. 43rd Annual Precise Time and TimeInterval(PTTI) Systems and Applications Meeting*,2011. https://www. nasa. gov/mission _ pages/tdm/clock/overview. html.

[53] Delva P. ,A. Hees,and P. Wolf,"Clocks in space for tests of fundamental physics," *Space Sci. Rev.* ,212, 1385－1421,2017,doi:10. 1007/s11214－017－0361－9.

[54] Bongs K. ,Y. Singh,L. Smith,W. He,O. Kock,D. Swierad,J. Hughes,S. Schiller,S. Alighanbari,S. Origlia, S. Vogt, U. Sterr, C. Lisdat, R. Le Targat, J. Lodewyck, D. Holleville, B. Venon, S. Bize, G. P. Barwood, P. Gill,I. R. Hill,Y. B. Ovchinnikov,N. Poli,G. M. Tino,J. Stuhler,W. Kaenders, for the SOC2 team, "Development of a strontium optical lattice clock for the SOC mission on the ISS," *C. R. Physique*,16,553－564,2015.

[55] Origlia S. , M. S. Pramod, S. Schiller, Y. Singh, K. Bongs, R. Schwarz, A. Al-Masoudi, S. Dörscher, S. Herbers, S. Häfner, U. Sterr, and Ch. Lisdat, "Towards an optical clockfor space:Compact, high-performance optical lattice clockbased on bosonic atoms,"*Phys. Rev. A*,98,053443,2018.

[56] Hollberg L. ,E. H. Cornell,and A. Abdelrahmann, "Optical atomic phase reference and timing,"Phil. *Trans R. Soc. A*,*Phil. Trans. R. Soc. A*,20160241,2016,http://dx. doi. org/10. 1098/rsta. 2016. 0241.

[57] Schuldt T. ,K. Döringshoff,E. V. Kovalchuk,A. Keetman,J. Pahl,A. Peters,and C. Braxmaier,"Development of acompact optical absolute frequency reference for spacewith 10^{-15} instability,"Appl. Opt. ,56,4,2017, doi. org/10. 1364/AO. 56. 001101.

[58] Döringshoff K. ,T. S chuldt,E. V. Kovalchuk,J. Stühler,C. Braxmaier,and A. Peters,"A flight like absolute opticalfrequency reference based on iodine for laser systems at 1064nm,"*Appl. Phys.* B,123,183,2017, doi. org/10. 1007/s00340－017－6756－1.

[59] Burke J. H. ,N. D. Lemke,G. R. Phelps,and K. W. Martin,"Acompact,high-performance all optical atomic clock based on telecom lasers,"*Proc. SPIE*,9763,976304,2016,doi:10. 1117/12. 2220212.

[60] Gill P. ,H. Margolis, A. Curtis, H. Klein, S. Lea, S. Webster, and P. Whibberley, "Optical atomic clocks for space," National Physical Laboratory, technical report, Hampton Road, Teddington, Middlesex, TW11 0LW,2008.

[61] Delva P. ,A. Hees,and P. Wolf,"Clocks in space for tests of fundamental physics," *Space Sci. Rev.* ,212,

1385,2017,doi. org/10. 1007/s11214-017-0361-9.

[62] Udem Th. ,R. Holzwarth,and T. W. Hänsch, "Optical frequency metrology," *Nature*,416,233-237,2002.

[63] Ma L-S. , Z. Bi, A. Bartels, K. Kim, L. Robertsson, M. Zucco, R. S. Windeler, Guido Wilpers, C. Oates, L. Hollberg,and S. A. Diddams, "Frequency uncertainty for optically referenced femtosecond laser frequency combs," *IEEE J. Quant. Elect.* ,43,2,139,2007,doi:10. 1109/JQE. 2006. 886836.

[64] Lezius M. , T. Wilken, C. Deutsch, M. Giunta, O. Mandel, A. Thaller, V. Schkolnik, M. Schiemangk, A. Dinkelaker, A. Kohfeldt, A. Wicht, M. Krutzik, A. Peters, O. Hellmig, H. Duncker, K. Sengstock, P. Windpassinger,K. Lampmann,T. Hülsing,T. W. Hänsch and R. Holzwarth, "Space-borne frequency comb metrology," *Optica*,3,12,138-1387,2016,doi. org/10. 1364/OPTICA. 3. 001381.

[65] Lee J. ,K. Lee,Y. S. Jang,H. Jang,S. Han,S. H. Lee,K. I. Kang,C. W. Lim,Y. J. Kim,and S. W. Kim, "Testing of a femtosecond pulse laser in outer space," *Sci. Rep.* ,4,5134,2014.

[66] Ashby N. , and J. J. Spilker Jr. , "Introduction to relativistic effects on the Global Positioning System," in *GlobalPositioning System: Theory and Applications*, vol. 1, chap. 18, B. W. Parkinson and Spilker Jr. ,J. J. , eds. ,623-697,American Institute of Aeronautics and Astronautics,Inc. ,Washington,D. C. ,1996.

[67] Ashby N. , "Relativity in the Global Positioning System," *Living Rev. Relativity* 6,1,2003.

[68] Petit G. and P. Wolf, "Relativistic theory for time comparisons: A review," *Metrologia*,42,S138-144,2005.

[69] Ashby N. and B. Bertotti, "Accurate light-time correction due to a gravitating mass," *Class. Quant. Grav.* , 27,145013,2010.

[70] Nelson R. A. , "Relativistic time transfer in the vicinity of the Earth and in the solar system," *Metrologia*,48, S171-80,2011.

[71] Delva P. ,A. Hees,and P. Wolf, "Clocks in space for tests offundamental physics," *Space Sci. Rev.* ,212, 1385-1421,2017,doi:10. 1007/s11214-017-0361-9.

[72] http://www. usno. navy. mil/USNO/time/master-clock/themaster-clock

[73] The USNO rubidium fountains, S. Peil, J. Hanssen, T. B. Swanson, J. Taylor, and C. R. Ekstrom, *J. Phys. Conf. Ser.* 723,1,012004,2016,doi:10. 1088/1742-6596/723/1/012004.

[74] Petit G. ,F. Arias,and G. Panfilo, "International atomic time: Status and future challenges," *C. R. Physique*, 16,480-488,2015.

[75] Bauch A. , "Time and frequency comparisons using radio frequency signals from satellites," *C. R. Physique*, 16,471-479,2015.

[76] https://www. nist. gov/pml/time-and-frequency-division.

[77] https://www. ptb. de/cms/en/research-development/subject-areas-in-metrology/time-and-frequency. html.

[78] https://syrte. obspm. fr/spip/.

[79] http://www. npl. co. uk/science-technology/time frequency/.

[80] https://www. inrim. eu/research-development/laboratories/time-and-frequency.

[81] https://www. bipm. org/en/about-us/.

[82] Poli N N. , C. W. Oates, P. Gill P and G. M. Tino, "Optical atomic clocks," *Riv. Nuovo Cimento*, 12, 555, 2013,doi:10. 1393/ncr/i2013-10095-x.

[83] A. D. Ludlow,M. M. Boyd,J. Ye,E. Peik,and P. O. Schmidt, "Optical atomic clocks," *Rev. Mod. Phys.* ,87, 637-701,2015,doi:10. 1103/RevModPhys. 87. 637.

[84] H. C. Nathanson, I. Liberman and C. Freidhoff, "Novelfunctionality using micro-gaseous devices," Proceedings *IEEE Micro Electro Mechanical Systems. 1995*, Amsterdam, Netherlands, 1995, pp. 72-, doi: 10. 1109/MEMSYS. 1995. 472551. and P. J. Chantry, J. Zomp, B. R. McAvoy and I. Liberman, "Enhanced Cesium Cell ClockAccuracies" ,*Proc. 46th Frequency Control Symp.* ,p. 114,1992.

［85］Vanier J. ,Levine M. W. ,Janssen D. ,and Delaney M. J. ,"On the Use of Intensity Optical Pumping and Coherent Population Trapping Techniques in the Implementation of Atomic Frequency Standards", *IEEE Trans. Instrum. Meas.* vol. 52,no. 3,p. 822-831,2003.

［86］DARPA CSAC program, https://www. darpa. mil/program/micro-technology-for-positioning-navigation-and-timing/clocks.

［87］Symmetricom(now Microsemi-Microchip),CSAC white papers,https://www. microsemi. com/product-directory/clocks-frequency-references/3824-chip-scale-atomic clock-csac#resources; and Jinquan Deng, Peter Vlitas,Dwayne Taylor, Larry Perletz, and Robert Lutwak, "A Commercial CPT Rubidium Clock", proceedings of the European Frequency and Time Forum conference,Toulouse,France,EFTF-2008,and references therein.

［88］E. Arimondo,"Coherent population trapping in laser spectroscopy," *Progress in Optics*,35,ed. E. Wolf, Amsterdam:Elsevier,257-354,1996.

［89］J. E. Thomas, P. R. Hemmer, S. Ezekiel, C. C. Leiby, Jr. , R. H. Picard, and C. R. Willis, "Observation of Ramsey fringes using a stimulated resonance Raman transition in a sodium atomic beam," *Phys. Rev. Lett.* , 48,867,1982. And P. R. Hemmer, G. P. Ontai, and S. Ezekiel, "Precision studies of stimulated resonance Raman interactions in an atomic beam," *J. Opt. Soc. Am. B*,3,219,1986.

［90］Cyr N. , M. Têtu, and M. Breton, " All-optical microwave frequency standard: A proposal," *IEEE Trans. Instrum. Meas.* ,42,640-649,1993.

［91］Godone A. ,Levi F. , Calosso C. E. , and Micalizio S. , "High-performing vapor cell frequency standards," *Riv. del Nuovo Cimento*,38,3,133-179,2015,doi 10. 1393/ncr/i2015-10110-4.

［92］Abdel M. Hafiz, G. Coget, P. Yun, S. Guérandel, E. deClercq, and R. Boudot, "A high-performance Raman Ramsey Cs vapor cell atomic clock," *J. Appl. Phys.* ,121,104903,2017.

［93］Vanier J. , "Atomic clocks based on coherent population trapping," *Appl. Phys. B*,81,421-442,2005.

［94］Kitching J. , S. Knappe, and L. Hollberg, " Miniature vaporcell atomic-frequency references," *Appl. Phys. Lett.* ,82,3,553-555,2002.

［95］Lutwak R. , A. Rashed, M. Varghese, G. Tepolt, J. Leblanc, M. Mescher, D. K. Serklan, and G. M Peaske, "The miniature atomic clock-preproduction results," *Proc.* 2007 *IEEE Frequency Control Symposium*, Geneva,Switzerland,2007.

［96］Kitching J. , S. Knappe, L. Liew, J. Moreland, P. D. D. Schwindt, V. Shah, V. Gerginov, and L. Hollberg, "Micro-fabricated atomic frequency references," *Metrologia*,42,S100-S104,2005,doi:10. 1088/0026-1394/42/3/S11.

［97］Lutwak R. et al. , "The chip-scale atomic clock-recent development progress," *Proc.* 35*th Precise Time and TimeInterval(PTTI) Meeting*,pp. 467-478,2003.

［98］Knappe S. ,V. Shah,P. D. D. Schwindt, L. Hollberg,J. Kitching,L. -A. Liew,and J. Moreland,"A microfabricated atomic clock," *Appl. Phys. Lett.* ,85,1460,2004.

［99］Kitching J. ,"Chip scale atomic devices," *Appl. Phys. Rev.* ,5,031302,2018.

本章相关彩图,请扫码查看

第48章　磁场定位技术

Aaron Canciani[1], John F. Raquet[2]

[1]美国空军技术学院,美国

[2]Integrated Solutions for Systems 有限公司,美国

〈48.1〉 简介

地球磁场导航是最古老的导航方式之一。人类观察到指南针的指北特性,并且将指南针用于导航已有近千年的历史。在指南针作为导航工具广泛使用很久之后,人们才认识地球磁场。如今磁场在导航中的应用再次引起人们的关注,特别是利用磁场确定载体绝对位置,而不只是方向。不同于定向方法,定位信息是通过将实测的磁场变化与预存的磁场变化图进行匹配而获取的。这种图形匹配导航方式已得到验证,在许多不同的应用场景中,地磁变化匹配可提供相对和绝对的位置信息。地磁导航在室内[1]、道路[2]、航空[3]、水下[4]、航天[5]等不同应用场景中导航精度也不同。

磁场是由磁性物质或电流产生的三维矢量场,导航系统可以用矢量场的方向和强度作为导航信号。历史上地核主磁场是导航信息的主要来源,随着技术的进步,其它磁场源或地球磁场的变化也逐渐成为有用的导航信号源。

本章讲述了在室内、地面车辆和飞机三种不同应用场景中利用磁场测量信息获取绝对位置的方法。在介绍地磁导航方法之前,有必要介绍有关地球磁场特性的一些背景信息,见48.2节,以及磁场测量传感器及其特性和标定方法,见48.3节。

〈48.2〉 磁场源

在给定的传感器分辨能力范围内,地球临近空间的磁场测量获得的是所有磁场源的叠加信号。导航系统可以将其中一种、几种或者全部磁场用作导航信号。比如指向磁北的指南针通常进行地核磁场偏差模型修正获取真北方向,此时地核磁场源之外的磁场测量信息均被视为干扰。为了改善真北的测量精度,需要全面了解其他的干扰磁场源。一种磁场导航方法的"干扰源"可能是另一种导航方法的有用信号。近期的飞行试验成功使用了地壳磁场来确定绝对位置信息,但地壳磁场对地磁定向系统而言常常是一种干扰。在近地空间可以测量的主要磁场源包括地核磁场、地壳磁场、外源磁场和人造磁场。本节将讨论这些磁场源。

48.2.1 地核磁场

地核磁场来源于地球深处。作为一阶近似,它是一个沿地球旋转轴排列的磁偶极子。地核磁场是由地球深处导电流体的运动引起的,来自地核的热量引起地核液态外层的流体运动,同时地球的自转导致这些流体旋转。旋转的导电物质产生了电场,进而产生磁场。不考虑人为磁场的情况下,地球深处产生的磁场约占地球表面附近任何一点测量的总磁场的95%~99%[6],地球主磁场的大小为30~70μT。主磁场还会周期性地随时间发生变化,这种长期变化不可忽略——需要定期重新建模以保持高精度[7]。地核磁场相关的空间波长通常认为大于4000km。可使用地核磁场球谐模型建模这些长波长分量,一种广泛使用的地核磁场模型是国际地磁参考场(IGRF)[8]。这个模型可以描述地球附近任何地方的全矢量场,并考虑了随时间变化。由于地核磁场的长波特性,因而可以从空间的角度对磁场进行测量建模,但空间测量不适用于短波长分量。磁场沿空间三个维度变化,短波长随着高度的增加而衰减,因此在太空中是无法观测到的。在导航应用中,地核磁场常常用于提供航向信息,由于地核磁场的长波长以及其时变特性,使它不适用于在图形匹配定位的导航系统中实现绝对定位。

48.2.2 地壳磁场

50多年来,出于地震研究、石油和各种矿物勘探等目的,人们对地球地壳磁场开展了详尽的研究和测绘。地壳磁场由地壳中矿物的残余磁化或感应磁化引起。当地核磁场作用于可磁化的矿物时,矿物会产生感应磁场,这就是感应磁化。当高温矿物冷却到居里温度以下时,矿物以前的感应磁场被"冻结"而形成永久磁场[9],这就是残余磁化。与地核磁场相比,地壳磁场强度幅值较小。在地球表面附近,地壳磁场约占测量到的总磁场的1%~5%[10],也就是几百nT。地壳磁场的一个性质是它在地质时间尺度上缓慢变化,在导航应用中可视为包括高频空间的静态磁场,这些使它非常适用于基于图形匹配的导航中。地壳磁场预期的最短波长近似等于地球表面以上的测量高度。

飞行高度为1km时,对应的磁场波长在1km以上[11]。随着高度的增加,独立的磁场特征往往会"混合"在一起。因此,上升的高度相当于地壳磁场的低通滤波器。直觉上,这预示着高度将是影响导航性能的一个主要因素。由于这些高频波长信息只能通过地面或航空方式测量,与可以在太空测量的地核磁场相比,地球地壳磁变化场的测绘更加困难。

一般通过绘制地磁异常图来研究地壳磁场。顾名思义,地磁异常图就是地磁总场测量值和基于地磁参考模型(如IGRF)的地磁总场估计值的差值。从原始磁力计测量中减去地球参考场,这种总场差值近似等于真实矢量异常在地核磁场的投影。只在当地球主磁场比异常大得多时近似等于矢量投影,这就是地壳磁场的情形[12]。因此,只有"拉伸"或"压缩"地球主磁场的磁异常才更容易测量。严格控制空间和人工磁场,地磁异常图才主要包含地壳磁场。使用标测量量是因为当前光泵磁力计比磁通门矢测量量仪器要精确得多。此外,地磁矢测量量还需要精确的载体姿态信息,精确姿态测量增加了难度。

地磁异常图通常代表一个高度的磁场。在许多现有的地磁异常图中,这个高度是地形上的悬垂高度,而不是海平面或椭球面以上的高度。悬垂高度是指与地形之间为常值的高度,这个高度足够平滑,以确保在进行航磁测量时,航天器在地形上这个高度上可以安全地飞行。因为磁场是空间三维变化的,除非航天器精确地在地磁图对应的高度上飞行,否则二维的地磁图不足以支撑导航。在特定条件下可以实现地磁异常图精确地向上延拓,理想的向上延拓要求所有磁场源都低于图对应的高度,并且需要无限的二维图幅。显而易见,这些要求在实际中不可能满足,但当图幅远大于向上延拓高度时,向上延拓结果仍是精确的。根据一般经验,向上延拓误差出现在地磁图图幅的最外围。误差带通常小于向上延拓高度的10倍。例如,一个500km×500km地磁图向上延拓5km,将只在图幅外围50km范围内有明显误差。向上延拓可以在频率域中使用下述格栅滤波器[13]:

$$F[M_{z+\Delta z}] = F[M_z]H_z \tag{48.1}$$

式中:$[M_z]$ 为高度 z 处的地磁图;$[M_{z+\Delta z}]$ 为海拔向上延拓至 $z+\Delta z$ 处的地磁图;H_z 为根据向上延拓高度 Δz 计算得到的向上延拓滤波器;F 为傅里叶变换算子。向上延拓滤波器对较短波长信息的衰减大于较长波长,按式(48.2)计算:

$$H_{\Delta z} = e^{-\Delta z |k|} \tag{48.2}$$

其中 $|k|$ 等于频域波数的绝对值,且

$$|k| = \sqrt{k_x^2 + k_y^2} \tag{48.3}$$

式中:k_x、k_y 为空间频率矢量。对于大多数频域滤波器来说,通过预处理地磁图来消除导致吉布斯现象误差的线性趋势,可以获得更高的精度。

48.2.3　外源磁场

所有外源磁场对被测磁场的综合影响往往是时变磁场。时变磁场由许多具有不同特征的磁场源引起,其中变化的幅值和频率差异较大。一般来说,如图48.1所示,越高频变化的幅值越小。

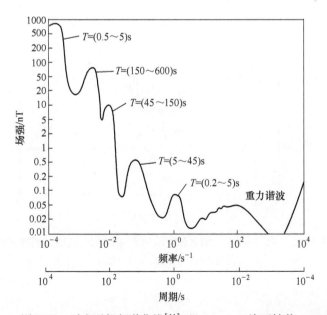

图48.1　时变磁场频谱曲线[11](经 Campbell 许可转载。)

电离层是引起时变磁场的主要因素。电离层被太阳辐射电离,可产生导电等离子体,电

流可以流动。当导电等离子体相对于地球主磁场移动时,就产生了电流。这些电流又产生了磁场。

由太阳热潮力引起的磁场称地磁场静日变化(Sq)。地磁场静日变化更平稳、更具有周期性,这是因为磁场源位于太阳和地球之间,而地球是旋转的。地磁场静日变化周期为24h,强度与纬度、季节和一天中的时间有关。在中纬度地区,电离层电流系统可以引起20~40nT的变化。在磁赤道附近,由于赤道电喷流(EEJ)[14],变化可高达100~200nT。EEJ是白天沿着地磁赤道流动的一束东向电流,磁赤道是地球主磁场沿水平方向的区域。

另一个主要的电离层电流系统是极光电流,这些电流是由两极的电喷流和其他瞬态电流引起的。它们通常位于67°以上的高纬区域,但也可能出现较低纬度区域。它们受到太阳表面活动的强烈影响,由极光电流引起的磁场比其他电离层电流体系强烈得多,典型的变化在1500nT量级[14]。

地球磁层位于地球周围的空间区域,是来自太阳的带电粒子与地球磁场相互作用而形成的。磁层的电流主要由太阳风驱动,太阳风是太阳抛射出的高速等离子体流束。该粒子流由电子和质子组成,当这些带电粒子流到达地球时,它们开始与地球磁场相互作用。这些相互作用会产生电流,电流又产生磁场。磁层磁场主要由环电流、磁层顶和磁尾电流引发[9]。在磁静日,环电流和磁层顶、磁尾电流的综合效应约为20~30nT,磁暴时却高达几百nT[9]。电离层和磁层之间的场向耦合电流在两极附近产生了附加磁场,与中纬和赤道区域相比,这些电流与极光电流一起在两极形成了更强烈的时变磁场。图48.2显示了科罗拉多州博尔德的一个基站记录的时变磁场数据。这些数据包含了前述时变磁场源影响的总和。注意数据中24h周期信息是由太阳静日变化引起的。

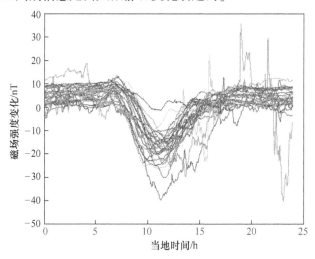

图48.2　在科罗拉多州博尔德基站记录的25天时变磁场数据[15]
(经美国地质勘探局许可转载。)

48.2.4　人造磁场

人造磁场存在于任何有人类基础设施的地方。这些磁场的来源很多,但通常可以分为两类:静态磁场和时变磁场。这两类很有用,因为静态磁场可以绘制成图并用于导航。在绘制室内或道路磁场图时,许多与基础设施相关的人造磁场会在磁图中提供有用的静态特征;相反,一列沿铁轨行驶的火车会在磁场测量中产生不可复现的时变信号,这种通常被认为是磁场测量的干扰源。在磁场导航中一种共同的干扰源是载体平台磁场。

当金属材质的航天器或车辆通过外部磁场时,许多人造磁场源会干扰测量结果,如永久磁场、感应磁场、涡流和由平台电子设备引起的磁场。因为人造磁场源主要集中在地面,所以室内和道路导航处在一个磁场信号最强同时干扰源也最强的环境。相反,由于磁场强度随距离衰减得很快,除载体平台自身磁场外,人造磁场在航天器和人造卫星的高度上数值都非常小,这可以保障磁场测量良好的重复性,试验结果表明重复飞行路线的一致性误差优于 $1nT$[3]。

48.3 磁场测量和仪器

磁场测量主要分为两大类:标量磁强计和矢量磁力仪。标量磁强计直接测量磁场强度,矢量磁力仪则测量磁场在给定坐标系中的 3 维正交分量。根据矢量和标测量量精度差异,确定导航中如何选择测量仪器。

48.3.1 矢量磁力仪

磁场矢量磁力仪能够测量完整的三维矢量场,包括强度和方向。这些磁力仪通常测量磁场的 3 个正交分量,给出磁场在载体坐标系中的矢量结果。当描述地球磁场时,磁偏角是磁北和真北之间的夹角,磁倾角是磁场矢量与水平面之间的夹角。当传感器的 x 轴、y 轴、z 轴与当地水平东北地(NED)坐标系对准时,总场强度 F、磁偏角 D 和磁倾角 I 按式(48.4)~式(48.6)计算:

$$F = \sqrt{x_b^2 + y_b^2 + z_b^2} \tag{48.4}$$

$$D = \arctan\left(\frac{y_b}{x_b}\right) \tag{48.5}$$

$$I = \arctan\left(\frac{z_b}{\sqrt{x_b^2 + y_b^2}}\right) \tag{48.6}$$

这些值可以在绘制地磁图时计算出来。导航时,计算载体坐标系的磁偏角、磁倾角和总强度还不足以确定航向。如果磁力仪水平安装,相对于真北的航向角按式(48.7)计算。

$$N = \arctan\left(\frac{y_b}{x_b}\right) + D \tag{48.7}$$

式中:y_b 和 x_b 为载体坐标系矢测量值;D 为地磁图中磁偏角。因为大多数地磁导航系统是图形匹配系统,地磁图通常是在一个地球坐标系内表示,地磁矢测量量精度与姿态精度存在固有关联,将载体坐标系地磁测量值转换为导航坐标系时的误差数量关系为:0.1°姿态误差对应 100nT、0.01°姿态误差对应 10nT,而总场强度 F 的测量与姿态无关。

磁通门磁力计是当今导航系统中最常用的矢量磁强计。虽然存在其他类型的矢量磁力计,但它们通常更适合作为实验室仪器。磁通门传感器已经在海洋、航空和航天等平台上证实了其可靠性。高质量磁通门磁力计的灵敏度在 10nT 量级,绝对精度在 100nT 量级;大小从芯片级别到最长的几十厘米。高质量磁通门磁力计的成本一般在 1 美元到几千美元量级。

48.3.2　标量磁强计

几乎所有的现代地磁测量都使用核共振磁强计作为主要的测量仪器,利用的是气体的原子对外部磁场敏感的性质。常用的核共振磁强计主要包括质子进动磁强计、碱蒸气磁力仪和 Overhauser 磁强计几种类型。碱蒸气磁力仪,也称光泵磁力仪,由于它具有更高的灵敏度和更快的采样率,因此成为工业上航空磁测量的首选[7]。光泵磁强计可以使用包括铯和钾在内的几种不同类型的碱蒸气[16],其技术成熟、体积小、重量轻、性能卓越,可以提供非常高的灵敏度和精度。光泵磁强计的灵敏度为 pT 量级,绝对精度优于 1nT。与电流矢量传感器相比,精度提高了两个数量级,这也是光泵磁强计被用来绘制高精度磁异常图的原因。光泵磁强计的成本一般在 1 万~3 万美元。

48.3.3　梯度和张量测量

磁场梯度和张测量量有望成为有用的导航测量方式。梯度测量可获取磁场变化斜率最大的方向和幅值,至少需要 4 个磁强计来测量磁强梯度。每个正交方向的梯度是通过两个磁强计测量信息进行简单差分获得。磁梯度测量具有提供附加导航信息和消除共模误差的优点。空间梯度较小的时变磁场和人造磁场就是共模误差的例子。已知时变磁场具有相对较小的空间梯度[17],空间梯度相比于导航信号较小的所有时变场都可以用这种方法去除。使用梯度测量有两大难点:一是与矢测量量相似,磁梯度测量精度依赖姿态的精度,因为载体坐标系的梯度测量必须转换到地球坐标系;二是应用于航空导航时,磁异常图很普遍,梯度图却不太常见。

张测量量类似于梯度测量,但是代表了各矢量分量相对于其他分量的最大斜率。张量测量有 5 个独立的分量:2 个独立的对角线分量 B_{xx}、B_{yy} 和 3 个独立的交叉项 B_{yx}、B_{zx} 和 B_{zy}。由势场性质可知,张量是一个无迹对称矩阵,因而 9 个张量分量仅有 5 个是独立的。张测量量的优点和局限性与梯度测量类似:张测量量包含更多信息,局限性在于对姿态信息的需求。磁场张量形式如下:

$$B_{\text{tensor}} = \begin{bmatrix} B_{xx} & B_{yx} & B_{zx} \\ B_{yx} & B_{yy} & B_{zy} \\ B_{zx} & B_{zy} & -(B_{xx} + B_{yy}) \end{bmatrix} \tag{48.8}$$

48.4　磁强计校准方法

不同类型、不同平台环境的磁强计校准方法不同。对于航空导航来说,校准的主要目的是从测量信息中去除航天器磁场的影响;而校准磁通门磁力计的主要目的则是消除 3 个正交轴的偏差和比例因子,使磁通门磁力计在一个不变场内绕固定点旋转时得到一致的磁场强度。

48.4.1 航天器效应校准

航天器效应校准已经在地质勘探行业中得到了广泛的研究和验证[7]。航天器效应校准需要航天器在小磁梯度区域的高空飞行。这两个因素有助于确保测量结果尽可能地不受地壳磁场的影响;沿4个基本方向飞行,执行一系列航天器的典型操作,包括滚转、俯仰和偏航。这些机动中得到的磁强度数据进行带通滤波后主要反映航天器效应,然后用最小二乘方法将得到的测量滤波值进行拟合获得托尔斯-劳森模型的18个系数。这个模型使用了独立磁通门磁力计的数据。磁通门磁力计帮助确定航天器在地球主磁场中的方向。如果有精确姿态测量信息,可以用它来代替磁通门数据。

需要估计的18个系数($a_1 \sim a_{18}$)包括3个永磁化系数、6个感应磁化系数和9个涡流磁化系数[18]。扰动场的完整模型为[18]。

$$\boldsymbol{B}_{\text{dist}} = B_{\text{perm}} + B_{\text{ind}} + B_{\text{eddy}} \tag{48.9}$$

其中

$$B_{\text{perm}} = a_1 \cos X + a_2 \cos Y + a_3 \cos Z \tag{48.10}$$

$$B_{\text{ind}} = B_t(a_4 + a_5 \cos X \cos Y + a_6 \cos X \cos Z + a_7 \cos^2 Y + a_8 \cos Y \cos Z + a_9 \cos^2 X) \tag{48.11}$$

式中: B_t 为测量的总场强度(标量值)。涡流项如下:

$$
\begin{aligned}
B_{\text{eddy}} = B_t(&a_{10} \cos X \cos \dot{X} + a_{11} \cos X \cos \dot{Y} + a_{12} \cos X \cos \dot{Z} \\
&+ a_{13} \cos Y \cos \dot{X} + a_{14} \cos Y \cos \dot{Y} + a_{15} \cos Y \cos \dot{Z} + a_{16} \cos Z \cos \dot{X} \\
&+ a_{17} \cos Z \cos \dot{Y} \\
&+ a_{18} \cos Z \cos \dot{Z})
\end{aligned} \tag{48.12}
$$

磁通门传感器测量值按式(48.13)计算方向余弦项:

$$
\begin{cases}
\cos X = \dfrac{T}{B_t} \\[2mm]
\cos Y = \dfrac{L}{B_t} \\[2mm]
\cos Z = \dfrac{V}{B_t}
\end{cases} \tag{48.13}
$$

式中: T 、 L 、 V 分别为磁通门磁力计测量得到的地磁总场在横向、纵向和垂直方向的分量,导数是各方向余弦对时间的导数。地质勘探公司通常采用FOM评估磁测量补偿的质量。FOM计算是基于三叶草的飞行模式,该模式是沿4个不同航向重复飞越空中同一点,每个航线都执行相同的滚转、俯仰和偏航机动[17]。FOM计算是先求每组倾斜±5°机动的磁力计读数差,再将差值求和。去除时变磁场,并进行干扰磁场补偿系数修正后,FOM通常可以小于1nT。从校准中获得的模型系数以及磁通门磁力计的读数,可用于实时去除航天器干扰磁场。图48.3显示了对实际磁力计数据进行上述补偿的效果。未补偿的带通滤波数据与补偿后的带通滤波数据对比发现,未补偿数据变化在10nT量级,而补偿数据变化量级小于1nT。

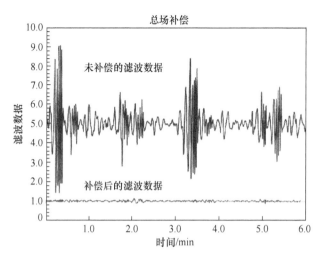

图 48.3　去除航天器干扰磁场的磁力计数据补偿[17]

(经 Geosoft 公司许可转载。)

48.4.2　磁通门磁力计的校准

磁通门磁力计是常用的、相对低成本的磁场传感器。磁通门磁力计测量模型为[19]

$$b_{\text{meas}} = A b_{\text{true}} + b_{\text{bias}} + v \tag{48.14}$$

式中:b_{meas} 为三轴磁场矢测量量值;A 为具有六自由度的 3×3 矩阵,可以变换为上三角矩阵,它包含比例因子、失准角和软铁效应;b_{true} 为真实磁场矢量;b_{bias} 为测量偏置矢量(包括传感器偏置和硬铁偏差);v 为测量噪声矢量。

校准过程包括确定矩阵 A 和矢量 b_{bias} (共9个独立项)。一旦确定了 A 和 b_{bias},那么三轴磁力计测量值就可以根据式(48.15)修正:

$$\hat{b}_{\text{true}} = A^{-1} b_{\text{meas}} - A^{-1} b_{\text{bias}} \tag{48.15}$$

式中:$\hat{b}_{\text{true}}$ 为修正后的测量值。

经典"摇摆"算法试图通过沿一个圆转圈或绕一个(通常垂直的)轴旋转来确定一些项,三轴磁力计的使用者更感兴趣的是全三轴校准方法。一种常用的"椭球拟合"方法是将磁力计绕 3 个轴旋转,然后计算 A 和 b_{bias} 值,这样得到的测量修正矢量 $\hat{b}_{\text{true}}$ 都具有相同的幅值(假设真实磁场矢量在磁力计旋转时幅值是恒定的)[19-22]。一般来说,椭球拟合方法并不关注地磁总场大小,因为对于大多数基于姿态的应用而言,总场强度并不重要。然而,对于本章所述的通过磁力计输出与磁图匹配以确定位置的方法,总场强度大小很重要。文献[23]中提供了一个包含总场的扩展椭球拟合方法示例。

48.5　应用磁场的绝对定位

本节主要讲述与地磁图形匹配的绝对定位方法,这与磁力计定向用法不同。本节介绍了室内、地面车辆和航天器磁场定位方法,虽然在这3种不同环境中图形匹配的基本概念相同,但磁图要求和性能特点有明显差异,因此将逐一讲述每种环境下的地磁定位方法。

48.5.1 室内

在室内环境中,由于与铁质材料距离近,常常存在显著的感应磁场变化,这种变化是临时性的。在大学3个不同走廊中,三轴磁力计读数的变化如图48.4所示,显然不同走廊的读数是截然不同的,这意味着存在显著的临时"信号"。

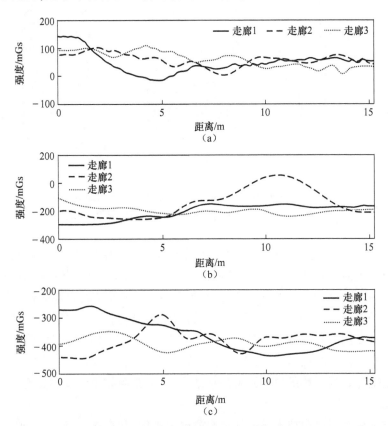

图 48.4 由 HMR2300 磁力计测量的 3 个临近走廊三维磁场的数据

(a)x 轴测量值;(b)y 轴测量值;(c)z 轴测量值。

我们测量了一个大学实验室走廊的磁场图,如图48.5所示。磁场传感器观测到的噪声水平约为 2mG[24],使用文献[23]中的校准方法,校准误差可以合理地降低到大约 10mG,在这种测量误差水平下,图中显示磁场存在明显的变化。

为了实现定位,可以使用尼格伦[25]提出的一种地形导航方法。尼格伦法首先使用递推方程来确定车辆在特定时间内移动的距离。然后利用贝叶斯定理将上述距离与式(48.16)的似然估计相结合:

$$L(\boldsymbol{x}_t;\boldsymbol{y}_t) = \frac{1}{\sqrt{(2\pi)^N \sigma_e^2}} \exp\left\{-\frac{1}{2\sigma_e^2}\sum_{k=1}^{N}\left[y_{t,k} - h_k(\boldsymbol{x}_t)\right]\right\} \qquad (48.16)$$

式中:σ_e^2 为测量误差方差;N 为测量参数个数[25]。测量位置可用式(48.16)计算的极大似然点,后验 pdf 在最大似然点处的曲率半径 R 作为测量位置与该测量位置的不确定度[25]。使用测量数据更新位置估计。

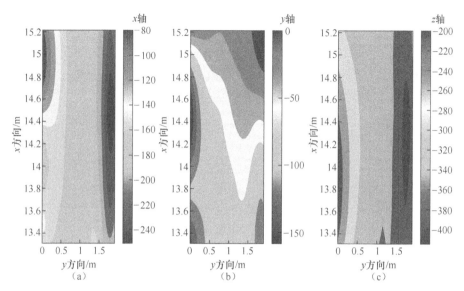

图 48.5　大学走廊三维磁力计测量的磁场变化示例[x 轴沿走廊长度方向(a),
y 轴沿走廊宽度方向(b),z 轴向下(c),强度单位:mGs。]

图 48.6 一个三轴磁力计测量的似然函数示例($N=3$)大的似然函数值处意味着,在这个点上测量值与图值一致性好。对于本例,很明显有 3 个峰值点。其中任何一个峰值点都有可能是车辆的实际位置,尽管其中一个比其他两个更有可能(最大峰值处)。这显示了这种"图形匹配"方法的一个挑战——任何给定的测量值都可能匹配图上几个位置。有很多方法可以应对这一挑战。一种方法是使用一个不需要输入为单峰高斯变量形式的滤波器,比如粒子滤波器;另一种方法是结合先验信息,比如基于动力学模型的卡尔曼滤波器递推时产生的协方差矩阵。当似然函数与先验信息结合时,通常会收敛到真实位置,或者优于似然函数本身性能。

后一种方法在美国空军技术学院的走廊测试中被使用,在这个测试中,磁力计被放在沿着走廊移动的推车上,有详细的磁图(类似于图 48.5)。动力学模型采用简单的匀速模型(添加了噪声),在推车沿走廊移动时进行测量。本次试验的定位结果如图 48.7 所示,这些结果非常好,多数位置误差只有几厘米,仅偶尔在磁场变化不大位置误差会超出。这些结果是最佳的结果,因为使用了环境高分辨磁异常图——大多数实际应用中通常是无法获得这种图的。尽管如此,这些结果确实显示了这种方法的潜力。

有学者展示了在实际环境中试验类似磁场变化的更实用的导航应用(但通常结果会差一些)。Judd 和 Vu 将类似的方法应用于室内行人导航问题,但指出了室内环境中三轴磁力计测量的相关性[24]。在室内尝试修正航向估计时,路线上的磁场在特定位置显示出独特的"指纹"特征[24],利用"指纹"特征可以将先验磁场数据与新路线上的测量数据进行关联,以确定是否到达了特定的位置。文献[26]中,使用同步定位和绘图(SLAM)方法,结合车轮里程计和磁场变化来开发清洁机器人的地图。

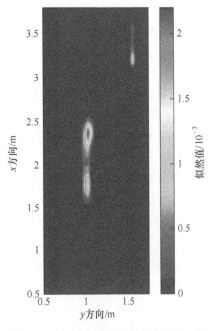

图 48.6　一个三轴磁力计测量的似然函数示例

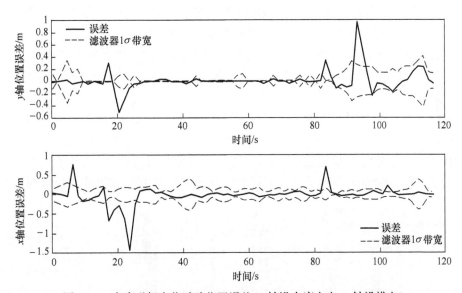

图 48.7　走廊磁场定位试验位置误差(y 轴沿走廊方向，x 轴沿横向)

随着装有三轴磁力计的智能手机的出现和普及，类似方法已经在智能手机上得到应用。这些方法一般使用磁场幅值而不是单轴测量值作为观测到的磁场的"特征"。这样做的好处是不再需要姿态测量信息，这一点非常重要，这是因为智能手机的使用和存放方式有多种（放在手、口袋、钱包中等）。然而磁场特征图仍是必需的，已经研发出使用智能手机采集磁图的方法。

利用磁场变化信息进行室内定位的技术已由 IndoorSpirit、IndoorAtlas 和 GiPSTech 等公司实现了商业化应用。通常,磁场特征与智能手机其他传感器(如 Wi-Fi)等结合使用,增加的磁力计数据可以提供比其他方法更可靠和更准确的解决方案。

48.5.2　地面车辆

类似室内的方法也可以应用于道路上行驶的车辆,仍是利用磁场异常来确定其绝对位置,但道路上的磁异常通常比室内环境小得多。与可以在二维空间任意行驶的车辆相比,沿道路运动的约束条件大大缩小了导航解算的"搜索范围"。本节将讲述一个该方法的实例,该实例在文献[23]和文献[2]均有更详细的描述。

三轴磁力计安装在车辆的适合位置,要与车身框架对齐,另外注意避开大的电磁干扰发射器(EMI)。接下来,如 48.4.2 节所述,为了减轻车辆引起的干扰磁场影响,需要进行校准。作为校准的部分工作,需要确定测量噪声的特性。为了合理使用这些数据,需要掌握噪声特性。

在初始设置之后,这种方法主要有两个阶段——绘图阶段和导航阶段。在绘图阶段,车辆的位置已知(如 GPS 可用时),利用磁力计收集 3 个方向磁场信息,同步保存这些数据和其对应位置,构建所经过道路的磁场三维"真实模型",或者说背景图。

在导航阶段,车辆在已绘制好的磁图的道路上行驶,期望仅使用磁力计测量值来确定位置。首先应用之前的方法对原始测量值进行校准,然后将其与磁异常图匹配获取位置信息。这个过程中使用了高斯似然法,它为给磁异常图中与采集的测量值一致性好的位置赋较高的似然值。然后,选择以下任一方法——使用似然值来确定位置:

(1) 最大似然(ML)——选择图上具有最大似然值的位置,作为测量位置。

(2) 粒子滤波器(PF)——使用粒子滤波器估计位置,其中粒子的更新阶段使用似然值。

图 48.8 描述了一个时间点的一组似然值样本[根据式(48.16)计算],为了归一化仅显示了似然值的指数项。一个时间点的似然值样本集展示了一次测量和整张磁图之间的关系。图中大部分区域,似然值接近零,但也存在几个峰值位置,这些就是基于磁力计测量值的车辆可能位置。本例中,简单地从整张图中选择最大似然值位置很可能会得到一个错误

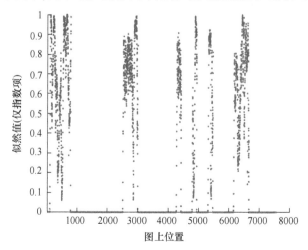

图 48.8　一个时间点的一组似然值样本

结果(因为图中几个位置都具有非常大的似然值)。但是如果有一些关于车辆大致位置的先验信息,就有可能识别出正确的峰值。

粒子滤波器仅使用磁力计测量、道路位置信息和以前采集的磁异常图来估计车辆位置。动力学模型是一个简单的一阶高斯-马尔可夫加速度模型,将加速度建模为与时间相关的偏差(一阶高斯-马尔可夫过程),然后对加速度进行积分得到速度,再积分得到位移。这种模型通常导致滤波粒子向各个方向发散。依据磁力计测量值与距粒子最近的地磁图数据的一致性计算似然值,重新加权每个粒子,实现测量更新。然而,为了让粒子保持在运动线路上(或至少在线路附近),我们采用了"道路惩罚"法,即降低不在线路上粒子的权重。粒子滤波器实现的具体方法见文献[23]。

为了验证这种磁场导航方法的可行性,研究者进行了实地试验。霍尼韦尔 HMR2300 磁力计安装在试验车的水平表面上,并尽可能与车体坐标系对齐。在放置过程中要注意避开强大的磁场发射器以减轻电磁干扰。然而,磁力计总是安装在车辆的货舱或客舱内,并没有特殊的装置来隔离磁力计与车辆。因此,在典型的工作条件下,发动机、转弯指示灯和其他来源的电磁干扰是存在的。对于下面提供的导航结果,已应用转换矩阵将位置坐标转换到当地东北天坐标系,所有经过的道路均处于正常状态(即限速、停车标志、交通灯、过往车辆、行人)。

图48.9 显示了本次试验中涉及的3种道路环境。图48.9(a)显示了最初的路线,位于美国空军技术学院周围的一个相当良好的环境中。图48.9(b)地图是处于远郊,可以评估在相似环境中识别平行路线位置的能力。图48.9(c)地图覆盖了大范围区域,显示了远郊和 AFIT 地图区域的相对位置。图中颜色仅用于突出路线,没有其他含义。

AFIT试验　　远郊试验　　大范围试验

(a)　　(b)　　(c)

图48.9 磁场导航试验线路图(图片来源:谷歌地球)

48.5.2.1 AFIT 线路试验结果

图48.10 的(a)显示了基于 GPS 的车辆轨迹(加粗黑实线)和粒子滤波器结果(绿色点划线)。每个绿点代表加权粒子均值。虽然结果看起来能收敛于真实位置,但图48.10 不能反映线路方向的位置误差。图48.10(b)显示了本次试验的位置误差,包含东向、北向和水平位置误差曲线。

图48.10(b)主要由线路方向误差组成,这就是图48.10(a)看起来很好的原因。当未使用独特特征的磁力计测量时,线路方向误差和相关的不确定度更易于增加。这是因为前面描述的道路惩罚更新将粒子保持在线路附近。

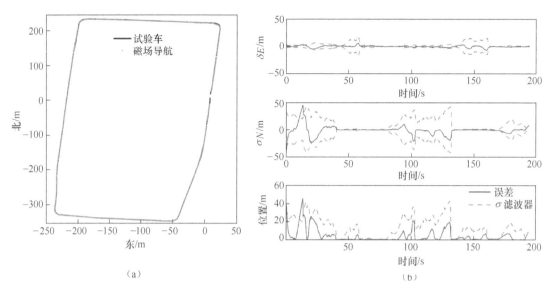

（a）

（b）

图 48.10　AFIT 道路试验结果

48.5.2.2　郊区线路试验结果

图 48.11 提供了一个基于郊区图的导航滤波器性能示例。选择郊区道路,是因为它包含很多相似的区块和道路,减弱了磁图范围内磁力计测量值的单峰匹配性,增加了选择错误线路的可能性。在郊区试验中,传播误差在两幅图中都很明显。图 48.11 左图中,从某些路段稀疏的导航数据可以明显看出,试验车快速穿越了这些路段。如果粒子滤波器接收到较差测量值,特别是在停车后,导航解算位置可能会落后于试验车的实际轨迹。一旦得到好的测量值,导航解算位置会快速收敛于实际位置,表现为误差较长时间发散后突然降低。尽管存在由于缺乏独特性磁场测量数据而使误差增大的时期,但也要注意误差在相当有规律的基础上会下降到一个非常小的值。如果我们加入车轮里程计或惯性导航系统,误差增长周期将显著下降。磁场测量与惯性导航系统组合应用的成功示例见文献[27]。

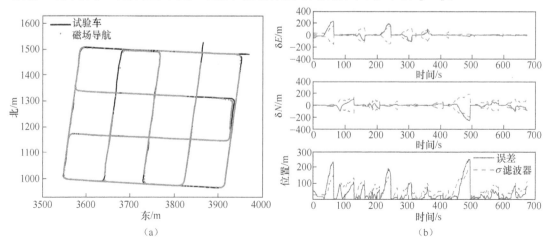

（a）

（b）

图 48.11　郊区线路试验结果

48.5.2.3 大范围线路试验结果

图48.12描述了大范围线路试验的导航结果和相应误差。不能很好跟踪实际位置的部分很大程度上是由于磁力计测量信息没有明显变化。地图北部一段的导航误差很明显,这时导航解算位置已不在线路上,这是因为缺乏磁场变化特征,粒子沿着整个路段发散了。大范围的线路导航挑战最大,因为会有一些路段缺少磁场变化。

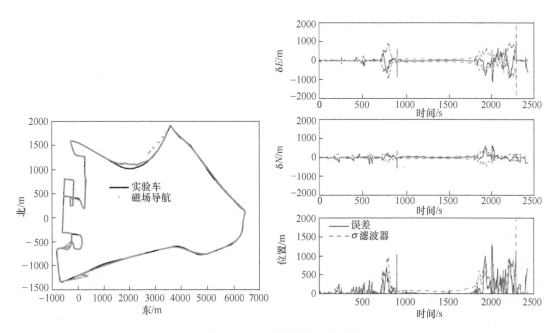

图48.12 大范围线路试验结果

总的来说,AFIT、郊区和大范围线路试验反映了这种方法的特点。很明显对于道路导航,仅依靠磁场传感器通常是不够的,因为不是每次测量都能提供足够的信息以支撑位置更新。如果与航位推算传感器(如车轮里程计或惯性导航系统)集成,导航结果受间断的影响要小得多,磁场传感器适用于提供航迹推算导航需要的间断的绝对位置重调信息。

48.5.3 航空

基于磁场的空中导航处于磁场导航的"舒适点"。由于静态磁场随距离衰减很快(点偶极子衰减速率为 d^{-3}),人造磁场随着高度升高被有效地消除了。例如,如果你用点偶极子模型建模一个医学MRI机器磁场,若在距离机器1m处磁场测量值为1T(约20000倍地核磁场),则在1km处测量值为1nT。这意味着人为故意制造干扰磁场将是极其困难的。海拔1km高度处,虽然人造源大幅减弱,却仍存在变化强烈的地壳磁场,这使航空磁场导航具有很高的信噪比。空间应用中虽然人造磁场同样有限,但在低地球轨道(LEO)高度磁场变化也非常缓慢,不再是非常有用的导航信号。

基于磁场的航空导航有望达到GPS的全天候、全方位、全时间特性。目前,许多可替代的导航方法需在其适用环境中工作,如视觉导航系统在海上不适用,而星敏感器系统无法穿透厚厚的云层。地球磁场没有这些限制,因此是一种很有前途的替代导航信号,它是自主的、几乎不受干扰的,在全球任何地方、任何时候都可以使用的。

48.5.3.1　磁异常图

磁异常导航系统是图形匹配导航系统,它将实时计算得到的磁异常值与存储的磁异常图进行匹配。磁异常图在全球范围内广泛存在,各种地磁勘测数据被汇编在一起,绘制出大陆和世界尺度的地磁异常图。北美磁异常数据库(NAMAD)和世界磁场模型(WMMM)是两个著名的汇编地图,局部地图和组合的大比例尺地图分辨率和精度差异很大。

当测线间距近似等于地形上方的高度时,磁异常图被认为是全采样的[28](根据奈奎斯特准则)。测线间距就是用于制作磁异常图的飞行测线间的距离。出于成本等实际考虑,许多磁异常图都不是全采样的。应用次采样磁异常图时,磁异常测量值与图值之间存在高频误差。由于磁场高频分量随高度衰减,大多次采样磁异常图向上延拓至更高的高度时会变得更精确(不考虑向上延拓引起的边缘效应误差)。

在使用 GPS 之前,人们已经绘制了许多磁异常图,这意味着磁异常图绘制时,使用的位置基准数据质量较差。从直观上看,如果磁异常图位置基准数据精度仅为 100m,则预期的导航精度不可能优于 100m。因此,现在基于 GPS 的地磁测绘比以前的地磁测绘对导航更有用,"理想"的测绘是在磁异常图对应高度上磁场完全采样的基于 GPS 信息的地磁测绘。

48.5.3.2　测量方程

对航空地磁导航最有用的磁源是地球地壳磁源。通过磁异常测量捕获地壳磁源影响,磁场强度测量信息去除航天器磁场和时变磁场影响后,再减去地核磁场参考模型就是磁异常测量值。磁异常图是通过后处理算法获得的,实现实时匹配图值面临一定挑战。

磁异常导航测量公式[式(48.17)],公式建立了原始磁场测量与导航位置状态间的关联。首先给出了导航系统使用的三维图函数的误差。符号⊦表示"模型",描述了使用 2D 图通过向上延拓创建 3D 模型的途径。

$$M_3^t(\mathrm{lat},\mathrm{lon},h) \approx f_U(M_2^{t_0}(\mathrm{lat},\mathrm{lon}) + \Delta M_2^{t_0}, \Delta h) + \Delta U + \Delta T \qquad (48.17)$$

式中:$M_2^{t_0}$ 为在 t_0 时在 h_0 高度测绘得到的二维磁异常图;$\Delta M_2^{t_0}$ 为磁异常图 $M_2^{t_0}$ 的误差;Δh 为向上延拓高度,$\Delta h = h - h_0$;f_U 为将 h_0 高度磁图延拓到 h 高度的向上延拓函数;ΔU 为向上延拓变换的误差。

飞行之前可通过向上延拓事先计算一组不同高度的磁异常,这组图应能支撑高度上的精确插值。这组磁图通过插值函数,可以估计任意给定经度、纬度和海拔处的预期磁场强度。后处理补偿的磁异常测量方程如下:

$$
\begin{aligned}
Z_t = {} & M_3^t(\mathrm{lat},\mathrm{lon},h) + I(\mathrm{lat},\mathrm{lon},\mathrm{alt},t) + \Delta I(\mathrm{lat},\mathrm{lon},\mathrm{alt},t) + \Delta C(\theta,\phi,\psi) \\
& + D(\mathrm{lat},\mathrm{lon},h,t) + b + w
\end{aligned}
\qquad (48.18)
$$

式中:Z_t 为 t 时刻磁力计原始测量值;M_3^t 为预先计算的插值函数,返回预期磁场强度;I 为 IGRF 模型;ΔI 为 IGRF 模型误差;ΔC 为航天器效应补偿残差,是飞机姿态的函数;D 为日变或时变磁场;b 为磁力计偏值;w 为磁力计白噪声。

这个测量方程具有通用性,可根据飞行的具体情况进行简化。为了简化测量方程,考虑磁异常导航系统的理想情况,假设一幅高质量磁异常图,是过去几年中绘制的。这就允许我们假定磁图误差近似为零。假设我们在图的测绘高度 h_0 上进行导航,即可忽略向上延拓误差,根据这两个假设得到 $M_3^t = M_2^{t_0}$。此外,假设使用的航天器非常适合磁异常导航,如地质勘探飞机。这些航天器剩余干扰磁场影响在 nT 级,因此可忽略 ΔC 项。ΔI 项代表 IGRF 模型误差,可视为常值。这是一个合理的假设,因为地核磁场是长波长模型。假设通过滤波,常值偏差将不影响导航结果。最后,假设时变磁场和磁力计偏值之间的差异具有不可观测性,因此可将这些项合并成一项 D。在上述理想情况下,测量方程简化为

$$Z_t = M_2^{to}(\text{lat},\text{lon}) + I(\text{lat},\text{lon},\text{alt},t) + D(\text{lat},\text{lon},h,t) + \hat{w} \tag{48.19}$$

我们希望将测量与滤波器经纬度状态联系起来。去掉 I 项很容易,IGRF 模型仅在估计位置进行评估。如前所述,这是一个长波长模型,使用近似位置就足够了(误差是常值偏差,不会影响滤波性能)。这使 D 项成为测量方程中唯一剩下的非白噪声误差项。可做另一个假设,有一个日变站向航天器发送日变观测值,从实施层面看,这可能是不切实际的。在 48.5.3.3 节中,我们将提出另一种去除 D 项的方法,把它作为一个滤波器状态量,且该状态量可观测。此时,Z_t 与经纬度关联就变成了一个非线性、非高斯的滤波问题。

48.5.3.3　时变磁场建模

时变磁场是一种多维信号,随着时间和空间的变化而变化。地壳磁场是一种空间信号,它可以转换为时间信号,这个转换取决于进行磁场测量的航天器的速度。时变磁场被建模为导航滤波器中的一个状态量。只有当两种磁源的时频特性不同时,这个状态量才具有可观测性。正如下面要讨论的,考虑到航天器的速度,地壳磁场信号高频段功率远大于时变磁场,这就使得时变磁场项状态量可观测。换言之,磁场测量通过高通滤波在消除时变磁场项的同时,仍可保持较强的地壳磁场变化信息。但这种滤波不能直接应用,因为将时间滤波的磁场测量与空间磁异常图关联是比较复杂的。所以将时变磁场处理为滤波器状态变量,由导航滤波器进行估计。

由于处理时空频率的复杂性,时变磁场和地壳磁场间功率谱差异是基于经验而不是理论推导得到的。基于两组数据进行了分析。第一组数据来自科罗拉多州博尔德一个磁场基站的一年的检测数据,4h 为一段。第二组数据是 4h 长度的不同高度和速度的航空测线数据集合。两组数据的功率谱密度如图 48.13 所示。可以看出,以既定速度飞行获得的地壳磁场测量信号的全部频率的功率都比时变磁场强。

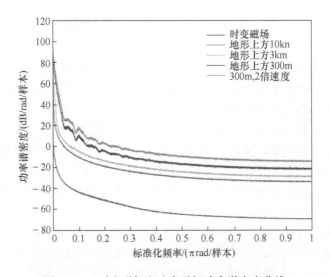

图 48.13　时变磁场和地壳磁场功率谱密度曲线

48.5.3.4　磁场导航飞行试验

通过对实际飞行试验数据的后处理,完成了航天器磁异常导航的示范。本节的试验结果是基于搭载地质勘探飞机的 Geometrics 823A 型光泵铯磁力计得到的。同步采集了导航级惯性导航(INS)、气压计和 GPS 数据,GPS 位置作为航天器真实位置。磁力计安装在从飞机尾部伸出的长杆上。

飞行试验首先检验磁异常图随时间变化的稳定性。2012 年绘制了一幅弗吉尼亚州路易莎县高质量磁异常图。在 2015 年的飞行试验中,重新绘制了该图中部分区域的磁异常图。比较新绘制的磁异常图数据与旧图数据,观测不同时间获得的磁异常数据的一致性。两幅图间的差异如图 48.14 所示。在修正了一个小的常值偏差后,图上大部分数据差值在 1nT 之内。图外部边缘的误差是处理算法产生的,如果增大重绘区域范围,误差带也将随之外移。这些结果表明磁异常图在几年时间尺度上具有稳定性。

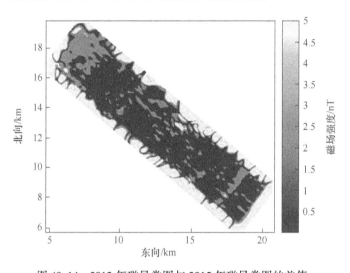

图 48.14　2012 年磁异常图与 2015 年磁异常图的差值

导航试验使用了 2015 年的飞行数据和 2012 年的磁异常图,使用的磁异常图及 2015 年飞行线路如图 48.15 所示。对磁异常图进行了对比度拉伸处理,以更好地显示磁异常变化。该区域磁异常变化范围大致从−200 到 800nT,标准偏差为 104nT。这个位置、这个高度的磁场梯度可以认为是美国相近高度上的中等至高等水平的磁异常梯度。勘测区有平均海拔(MSL)75~175m 的丘陵,以森林和农田为主。

在测试导航系统精度之前,有必要比较飞行路线上预期的磁异常测量值与实际记录的测量值。预期的磁异常测量值是基于 GPS 位置用磁异常图插值函数得到。由于需要使用GPS 信息,滤波器不使用这个预期测量值,预期测量值仅用于了解实际测量值与磁异常图的一致性。通用的磁异常测量方程验证见表 48.1。表中每行都从原始测量中去除了一个干扰误差源,给出了预期测量值和实际测量值差值标准差。随着去除 IGRF 场,标准差急剧下降。通过减去航天器 5~10km 范围内的基站观测值消除时变磁场干扰。这不是假设基站观测数据在飞行期间可用,只是为了验证测量方程。去除时变磁场后,预期和实际测量值的标准差略有下降。最后,利用航天器干扰磁场补偿算法去除航天器磁场的影响。此时预期和实际测量值差值标准差达到最小。预期和实际测量值差值最终标准差是 1.55nT,大约占飞行剖面磁场强度总变化的1%,这就相当于一种高信噪比的状态,可保障实现预期的导航性能。图48.16显示了预期测量值和修正后的磁力计测量值之间的6min误差曲线。从图中可以看出,误差与时间相关,时间常数小于1min。剩余误差很可能是由磁异常图采样不足引起的,但只有基于完全采样磁异常图的飞行试验才能证实这一点。这类误差在更高的高度时通常不存在,在那个高度大部分未被完全采样的信号已经衰减。

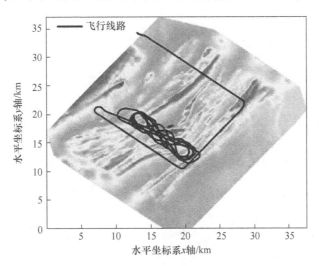

图48.15 2012年弗吉尼亚州路易莎县磁异常图和2015年飞行路线

表48.1 测量方程验证   单位:nT

误差项	预期与实测磁场值差值标准差
无校准	21.21
IGRF校准	3.35
加时变磁场校准	2.09
加航天器磁场校准	1.55

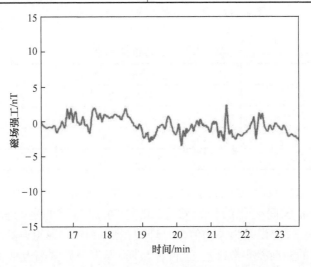

图48.16 插值函数(使用GPS位置)获得的预期测量值与原始测量值(零均值)的差值

这里提供的导航结果是假设滤波器从 GPS 水平的位置不确定性开始,模拟 GPS 信息突然丢失情况,此时必须使用一个替代导航系统。此外,还测试了一个滤波器初始误差大得多的"冷启动"情况。在这种情况下,滤波器能够在大约 1min 后收敛到单峰解。导航滤波器使用 MATLAB 这种高级编程语言在约 2min 内处理了 1h 的数据。这表明计算量较少,足以支撑实时应用。磁异常图的存储空间也相当小:一个高度上整个美国的磁异常图大约占 30MB 空间。

INS 独立运行于滤波器剩余部分,机械编排方程中使用气压计信息辅助。惯性导航为估计惯性导航误差的滤波器提供了参考轨迹。图 48.17 显示了 1h 飞行过程中北向和东向误差以及预测的滤波器标准差。这次飞行的统计数据见表 48.2。总的来说,DRMS 误差为 13.1m。滤波器明显限定了惯性导航的漂移,而且滤波器的协方差边界也是合理的。滤波器协方差边界与给定位置的磁场梯度强相关,这点很重要。磁梯度越大,位置估计误差越小;磁梯度越小,位置估计误差越大。采用导航级惯性导航是解决短期通过低磁梯度区域时导航问题的好方法,这样不会有太明显的精度下降。

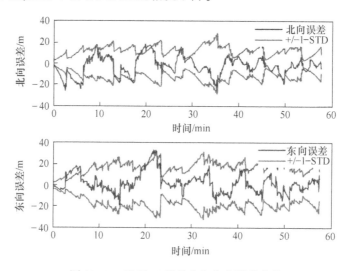

图 48.17　飞行 1h 的北向和东向误差曲线

表 48.2　导航精度结果　　　　　　　　　　　　　　　　单位:m

参数	北向通道	东向通道
均值	-2.2	2.7
标准差	9.0	8.9
DRMS	13.1	
1h 后 INS 自主误差	344.0	

一个高质量(导航级)惯性导航对获得上述精度是很重要的。很明显,滤波器标准差已经达到了在 10~20m 区间变化的稳定状态,北向、东向通道的平均误差均小于 3m,从图 48.17 中可以看出,假定误差为零均值是合理的,北向和东向通道误差均不存在明显的偏差,北向和东向通道的标准差非常接近,这符合预期,因为磁异常图上最大磁梯度方向是东北向西南方向的。在不同的区域飞行,根据北向或东向磁梯度大小,这个通道误差可能更大

或更小。由于INS的精确建模,纬度和经度误差会导致大约0.1m/s的速度误差。使用导航级INS对获得这些结果有用,但也不是绝对必要的。更低精度惯性导航可用于磁异常导航系统,但总体滤波器性能预期会下降。如图48.17中锯齿状位置协方差处,很明显有一些区域协方差开始快速增长。这些区域与磁异常图上磁梯度小的区域非常一致。更低精度惯性导航误差会在这些区域快速增长,可以观测到相同的锯齿形协方差,而且变化会更明显。漂移太快的惯性导航会导致粒子滤波器开始在图上错误的区域搜索并给出多模位置估计,可能导致滤波发散。另外,比较飞行试验第一阶段和第二阶段的导航精度也有帮助。第一阶段是沿着"U"形轨迹飞行,"U"形轨迹直线部分长约20km。与之后多次沿"8"字形轨迹回转飞行阶段相比,该阶段的飞行处于更低的动态水平。这两个飞行阶段的导航精度没有明显差异。最后还要关注图48.17中滤波器协方差快速下降。协方差快速下降与磁异常图中的梯度突变有关。当北向和东向梯度同时快速变化时,比如飞过磁图中"隆起"或"碗"区域时的情形,两个方向的协方差会快速下降。

滤波器还估计了时变磁场变化,由于飞行当天时变磁场变化小,为了更好地确定滤波器这些变量的可观测性,测量中人为注入了磁暴期间的磁场变化。如图48.16所示,即使去掉时变磁场影响,测量值仍然存在标准差约为2nT的高频误差,因此滤波器只能估计更长波长(更低频率)的时变磁场变化。图48.18显示了滤波器对磁暴期间时变磁场的估计。当磁力计测量值被注入磁暴数据时,滤波器DRMS误差达到15m,与磁静日13.1mDRMS误差相比增加幅度很小。要注意到时变磁场状态量是估计测量的所有残余误差,所以它不能与时变磁场精确匹配。时变磁场状态量也包含了航天器干扰磁场信息、随磁图高度变化信息,或者未被绘制的高频地壳磁场信息。在磁异常导航中,一个磁暴与其说与大的时变磁场变化有关,不如说与大的高频变化有关。磁暴会导致磁场大幅上升,但如果这个磁场变化与飞行中地壳磁场变化相比更缓慢,滤波器就可能观测出时变磁场的状态量。相比于缓慢变化误差,与地壳磁场变化频率重叠的时变磁场或航天器磁场变化会带来更大的问题。相反地,时变磁场和航天器磁场变化频率比地壳磁场高得多时,通过低通平滑可降低其对导航性能的影响。

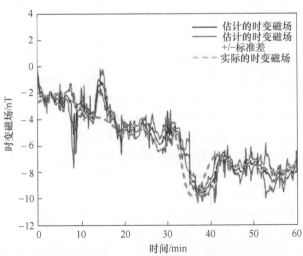

图48.18 时变磁场的滤波估计

48.5.3.5　航天器磁场导航的应用问题

磁异常导航系统应用涉及几个重要的实际问题。首先是精度与高度的关系,虽然在1km高度以下可获得几十米的导航精度,但到10km高度时,精度会降低到几百米。这种高度相关性会一直存在,但未来随着时变磁场和航天器磁场补偿能力的提高,相关性会减弱。

下一个实际问题是磁异常图的质量和可用性。前述航空导航结果是基于高质量磁异常图得到的。要得到所述精度的磁异常图,需要高精度磁场测绘。大比例尺的汇编磁异常图,如NAMAD,被证实误差很大[29]。这些图具有实现千米级导航精度的潜力,但由于存在太多的大误差,无法达到高质量磁异常图可实现的几十米的导航性能。

磁异常导航的最后一个实际问题与使用的航天器类型有关。本章所述试验结果是在一架地质勘探飞机上获得的,其中磁力计放在了航天器尾部伸出的长杆上。在航天器内部安装磁力计将为补偿航天器干扰带来额外的难度,很可能需要更复杂的补偿和校准程序来消除航天器干扰磁场的影响。可能还需要航天器特定模型和磁传感器安装的方案。

免责声明

本章所表达的观点只是作者的观点,并不反映美国空军、美国国防部或美国政府的官方政策或立场。

参考文献

[1] Storms,W.,Shockley,J.,and Raquet,J. (2010) Magnetic field navigation in an indoor environment,in *Proceedings on Ubiquitous Positioning Indoor Navigation and Location Based Service (UPINLBS)*,October 2010.

[2] Shockley,J. and Raquet,J. (2014) Navigation of ground vehicles using magnetic field variations,*Navigation*,61 (4),237-252.

[3] Canciani,A. and Raquet,J. (2017) Airborne magnetic anomaly navigation,*IEEE Transactions on Aerospace and Electronic Systems*,53 (1),67-80.

[4] May,M. and Meisinger,P. (1992) Testing of the Geomagnetic Navigation Concept,Naval Command,Control and Ocean Surveillance Center RDTE Div.,Det Warminster.

[5] Shorshi,G. and Bar-Itzhack,I. (1995) Satellite autonomous navigation based on magnetic field measurements. *Journal of Guidance,Control,and Dynamics*,18 (4).

[6] Hulot,G. (2011) *Terrestrial Magnetism*,Space Science Series of ISSI,Springer.

[7] Hinze,W. J.,Von Frese,R.,and Saad,A. H. (1998) *Gravity and Magnetic Exploration:Principles,Practices,and Applications*,Cambridge,U. K.:Cambridge University Press.

[8] Erwan,T.,Finlay,C.,Beggan,C.,Alken,P.,Aubert,J.,Barrois,O.,F.,B.,Bondar,T.,Boness,A.,Brocco,L.,Canet,C.,Chambodut,C.,Chulliat,A.,P.,C.,Civet,F.,Du,A.,Fournier,A.,Fratter,I.,Gillet,N.,Hamilton,B.,Hamoudi,M.,Hulot,G.,Jager,T.,Korte,M.,Kuang,W.,X.,L.,Langlais,B.,Léger,J.,Lesur,V.,Lowes,R. et al. (2015),International Geomagnetic Reference Field:The 12th Generation,Planets and Space,*Earth Planets and Space*,67,79. https://doi. org/10. 1186/s40623 - 015 - 0228-9.

[9] Sabaka,T. J.,Olsen,N.,and Langel,R. A. (2002) A comprehensive model of the quiet-time,near-earth magnetic field:Phase 3. *Geophysical Journal International*,151 (1),32-68.

[10] Cain,J. and Blakely,R. (1999) The magnetic field of the earth's lithosphere:*The satellite perspective. Eos*,

Transactions American Geophysical Union, 80. 14 (156).

[11] Marshall, R. (2014) Geomagnetic pulsations in aeromagnetic surveys, in *Proc. of NAECON on Magnetic Anomaly Maps and Data for North America*.

[12] Langel, R. A. and Hinze, W. J. (1998) *The Magnetic Field of the Earth's Lithosphere: The Satellite Perspective*, Cambridge, UK: Cambridge University Press.

[13] Blakely, R. J. (1996) *Potential Theory in Gravity and Magnetic Applications*, Cambridge.

[14] Beck, A. J. (1969) Magnetic fields-earth and extraterrestrial, *NASA Space Vehicle Design Criteria [Environment]*, NASA.

[15] 321, U. D. S. (2014), Illinois, Indiana, and Ohio magnetic and gravity maps and data: A website for distribution of data, United States Geological Survey.

[16] Macintyre, S. A. (1988) Magnetic field measurement, in *The Measurement, Instrumentation and Sensors Handbook* (ed. J. G. Webster).

[17] Reeves, C. (2005) *Aeromagnetic Surveys; Principles, Practice and Interpretation*, Geosoft. URL. http://www. geosoft. com/ media/uploads/resources/books/ Aeromagnetic _ Survey _ Reeves. pdf.

[18] Mandea, M. and Korte, M. (2010) *Geomagnetic Observations and Models*, Springer Science and Business Media.

[19] Renaudin, V. , Afzal, M. , and Lachapelle, G. (2010) New method for magnetometers based orientation estimation, in *2010 IEEE/ION Position, Location and Navigation Symposium (PLANS)*, pp. 8296–8303.

[20] Gebre-Egziabher, D. , Elkaim, G. , Powell, J. D. , and Parkinson, B. W. (2006) Calibration of strapdown magnetometers in magnetic field domain. *Journal of Aerospace Engineering*, 19, 87–102.

[21] Foster, C. C. and Elkaim, G. H. (2003) Extension of a two-step calibration methodology to include nonorthogonal sensor axes. *IEEE Transactions on AES*, 51, 70–80.

[22] Dorveaux, E. , Vissiere, D. , Martin, A. P. , and Petit, N. (2009) Iterative calibration method for inertial and magnetic sensors, in *Proceedings of Joint 48th IEEE Conference on Decision and Control*, pp. 348–356.

[23] Schockley, J. A. (2012) Ground Vehicle Navigation Using Magnetic Field Variation, Ph. D. thesis, Air Force Institute of Technology.

[24] Storms, W. F. (2009) Magnetic Field Aided Indoor Navigation, Master's thesis, Air Force Institute of Technology.

[25] Nygren, I. (2008) Robust and efficient terrain navigation of underwater vehicles, in *IEEE/ION Position, Location and Navigation Symposium*, pp. 923–932.

[26] Vallivaara, I. , Haverinen, J. , Kemppainen, A. , and Roning, J. (2010) Simultaneous localization and mapping using ambient magnetic field, in IEEE *International Conference on Multisensor Fusion and Integration for Intelligent Systems*, pp. 14–19.

[27] Kauffman, K. and Raquet, J. (2014) Navigation via H-field signature map correlation and INS integration, in *Radar Conference, 2014 IEEE*, IEEE, pp. 1390–1395.

[28] Reid, A. B. (1980) Aeromagnetic survey design. *Geophysics*, 45 (5), 937–976.

[29] Canciani, A. and Raquet, J. (2016) Cross-country navigation using magnetic anomaly fields. *Proceedings of the Institute of Navigation International Technical Meeting Jan*, 2016.

本章相关彩图,请扫码查看

第49章　激光导航技术

Maarten Uijt de Haag[1], Zhen Zhu[2], Jacob Campbell[3]

[1]柏林技术大学,德国

[2]东卡罗来纳大学,美国

[3]空军研究实验室,美国

49.1　简　介

　　激光传感器被广泛应用于机器人与航空器设计当中,常见的应用有导航、避碰、地图重构。激光地图重构将在后续章节详述,本章主要讨论激光传感器在平台姿态估算(位置和方向)方面的用途。有时候,激光传感器也用来估算平台姿态变化率。平台估算需要获取平台的六自由度参数(6DOF):空间 3 个位置自由度(x,y,z)和 3 个旋转自由度(横摇角 ϕ、纵摇角 θ、偏航角 ψ)。在城镇、丛林和室内等 GNSS 信号削弱的环境中,基于激光技术的位置估算方法常常用来增强平台导航服务的完好性、适应性和连续性。

　　本章将首先介绍各种用于导航的激光传感技术,如扫描仪、成像仪,根据观测模式对激光导航技术进行分类。接下来 49.3 节和 49.4 节介绍两种用于导航的激光技术。

49.2　激光传感技术与工作原理

　　随着尺寸、重量、功耗、成本(SWAP-C)不断的压减以及不断增长的自动化与工业机器人市场使激光传感器越来越广泛地应用于组合导航。

　　本章中采用的激光传感器分类法见表 49.1。利用单线激光测距仪获得的距离和角度数据很容易转换为二维或三维点云:

$$\boldsymbol{p}_i^s = \begin{bmatrix} x_i \\ y_i \end{bmatrix} = \begin{bmatrix} \rho_i \sin\alpha_i \\ \rho_i \cos\alpha_i \end{bmatrix} \tag{49.1}$$

$$\boldsymbol{p}_i^s = \begin{bmatrix} x_i \\ y_i \\ 0 \end{bmatrix} = \begin{bmatrix} \rho_i \sin\alpha_i \\ \rho_i \cos\alpha_i \\ 0 \end{bmatrix} \tag{49.2}$$

式中:上角标 s 表示的测量值是在以传感器为中心的本地坐标系中的测量值,在本章的讨论中称为传感器坐标系。

　　激光雷达(LiDAR 或者 LADAR)是常见的商用高端激光扫描仪。一般激光雷达的精度可达厘米量级或亚厘米量级。图49.1是安装在小型无人机上的日本北洋 UTM-30LX 激光雷达在室内飞行时扫描获得的单束点云数据。在扫描中可识别诸如墙体、门等不同特征的物体。

威力登(Velodyne)公司的激光雷达是一种多线激光测距扫描仪,最初这种激光雷达应用于谷歌汽车。图49.2展示了挂载在厢式货车上的威力登公司 HDL-64E 激光测距扫描仪扫描的城市环境点云数据。多线激光雷达在环境感知方面可以获得更易于被人眼认知的三维环境特征,其在自动驾驶方面的应用促进了工业领域在 SWAP-C 传感器方面的投资,如无活动部件的固态激光雷达。这些激光雷达多数可作为三维成像传感器使用。

表 49.1　激光传感器分类

类型	描述	测量参数
激光测距仪	利用单个激光/成像探测器组合测量目标至传感器之间的距离	距离 ρ 或距离强度对 $\{\rho, \eta\}$
	利用多个激光/成像探测器组合测量一个或多个目标至传感器之间的距离	距离光强参数对,点矢 $\{\rho_i, \eta_i, e_i \mid i = 1, 2, \cdots, N\}$
激光扫描仪	用于测量 M 离散角的距离参量的单个扫描激光/成像探测器组合,一些情况测量参数含光强参量	距离扫描角参数对 $\{\rho_i, \eta_i, e_i \mid i = 1, 2, \cdots, M\}$ 或者距离扫描角光强参数组合 $\{\rho_i, \eta_i, e_i \mid i = 1, 2, \cdots, M\}$ 任意线的距离扫描角参数组合
	一个扫描激光/成像探测器组合,一些情况测量参数含光强参量	$\{\rho_{i,j}, \alpha_{i,j}, \eta_{i,j} \mid i = 1, 2, \cdots, M; j = 1, 2, \cdots, N\}$ $\{\rho_{i,j}, \alpha_{i,j} \mid i = 1, \cdots, M; j = 1, 2, \cdots, N\}$。距离扫描角光强参数组合
三维成像仪	基于飞行时间(TOF)原理获取深度图像的传感器。TOF 即从相机发出的光被物体反射回来所用的时间。如:基于收发光脉冲机制三维激光雷达的三维动态相机、基于收发光脉冲原理的调幅红外传感器	含深度的像素值(行 r 和列 c) $\{\rho(r, c) \mid r = 1, 2, \cdots, M; c = 1, 2, \cdots, N\}$,或三维点云像素 $\{\boldsymbol{p}(r, c) \mid r = 1, 2, \cdots, M; c = 1, 2, \cdots, N\}$
	基于结构光原理获取深度图像的传感器	含深度的像素值(行 r 和列 c) $\{\rho(r, c) \mid r = 1, 2, \cdots, M; c = 1, 2, \cdots, N\}$,或三维点云像素 $\{\boldsymbol{p}(r, c) \mid r = 1, 2, \cdots, M; c = 1, 2, \cdots, N\}$

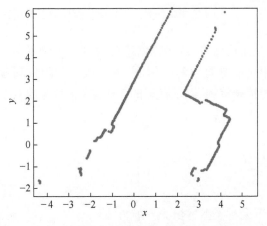

图 49.1　北洋 UTM-30LX 激光雷达获取的二维点云示例

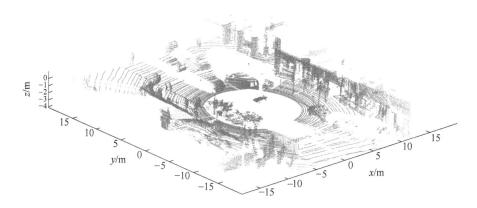

图 49.2　威力登公司 HDL-64E 多线激光测距扫描仪获取的三维点云示例

图 49.3 所示为 Occipital 公司基于结构光原理的三维相机获取的一帧分辨率为 640 像素×480 像素的图像。

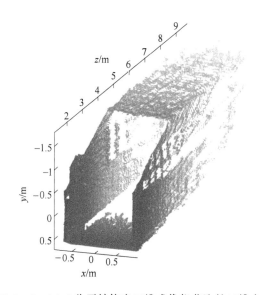

图 49.3　Occipital 公司结构光三维成像仪获取的三维点云示例

除了激光测距仪和三维成像仪,点云数据还可由其他可测量方位距离参量的传感器获取,如声呐[2]、雷达[3]和立体视觉[4]等。然而,由于激光测距仪和激光扫描仪的光束发散角较小,根据对扫描角的精确控制,以及特殊的工作体制(脉冲或 AM-CW 调制),通常可获得较高的测量精度。

49.3　激光导航方法

本节我们将讨论以下两种类型的激光导航方法。

（1）基于无特征数据的方法：使用全部或部分点云数据直接估算平台的姿态。

（2）基于特征数据的方法：首先从激光传感器数据中提取特征，然后使用这些特征来估算平台姿态。

这两种方法并不互斥。在本节，我们将阐述两种方法的相似性，并且在有些情况下，导航会同时用到两种方法。基于特征数据的方法和基于无特征数据的方法均可通过里程计和惯性传感器得到增强。里程计主要用于陆用车辆或机器人，惯性传感器可用于各种类型的平台。本章主要讨论如何通过集成惯性测量单元（IMU）或惯性导航系统（INS）提升位置和方向参数的精度、可用性、完好性和连续性的两种方法。

通常，惯性传感器主要用于测量姿态和姿态的变化，来做运动补偿并辅助数据关联。这里假定它们之间是刚性连接，我们可以假定惯性传感器与激光雷达获取的数据是同步的，并且它们的姿态可以互相实时转换。通过激光雷达的位置参量 r^n 和导航级惯性导航系统输出的方向参量 C_s^n，将激光扫描仪的点输出量 p_i^s 从传感器坐标系转换至导航坐标系，公式如下（假定两者位于同一位置）：

$$p_i^n = C_s^n p_i^s + r^n \qquad (49.3)$$

在许多激光/惯性集成方案中，激光扫描仪测量被用来校正惯性误差源。例如，图49.4所示是基于特征的卡尔曼滤波补偿方法，将观测到的特征与利用惯性传感器预测的综合结果对比，并利用它们的差异来估计惯性误差模型。一个惯性误差模型含有含位置偏移 δr^n、速度偏移 δv^n、方向偏移 Ψ、陀螺偏移 $\delta\omega_{ib}^b$ 和加速度偏移 δf^b。

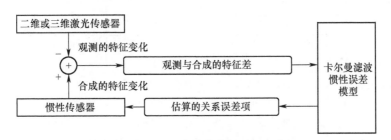

图 49.4　基于补偿卡尔曼滤波补偿的激光/惯性组合

除了估算平台姿态，许多应用场景同时还需要构建环境地图。这些地图可用来避碰、路径规划或作为最终的导航产品。这种同时估算姿态与构建地图的方法称为即时定位与地图构建或者SLAM。用户定位的过程中仅关心状态矢量 $x = [x,y,z,\varphi,\theta,\psi]^T$（三维示例），SLAM估算的状态矢量包括姿态 x 和地图 m，或者

$$y = \begin{bmatrix} x \\ m \end{bmatrix} \qquad (49.4)$$

基于特征数据和无特征数据的方法将在49.3.1节详述。

49.3.1　基于特征数据的激光导航

在这种导航机制中，自点云数据抽取的实时变化的特征被用来估算平台姿态。在地理测绘领域，"特征"通常是指自然的或人造的结构体，如斜坡、土丘、建筑物。在导航应用领域的特征是指在粗点云数据中可以被独立抽取、描述、定位的且不依赖于光强属性的单个几

何物体。它可以是一个单点(通常是主点)或更抽象的物体如直线或平坦表面。

存在不同的方法来定义和提取导航特征。例如,文献[5]描述了一种寻找关键兴趣点的特征提取方法。更常用的特征提取方法主要寻找几何形状,如二维点云中的线或三维点云中的平坦表面。这些线性或平面特征可以通过许多参数来识别,包括但不限于方向、法向矢量、质心、距特征的最短距离。

49.3.1.1 几何特征提取

本节主要关注二维线性特征提取,并介绍一些用于三维平坦表面特征提取的方法和工具。许多线性特征提取策略可以用来识别点云中位于线段上的点(内点)。一些常用的策略有:①分离与融合(split and merge);②增量过程(incremental process);③线性回归(regression);④RANSAC;⑤改进的霍夫变换(modified Hough transform);⑥期望值最大化 Expectation Maximization;⑦聚类(clustering)。这些方法可以分成两类:方法①~③通过顺序处理扫描点来实现。方法④~⑥则把整个点云按批一次性处理。聚类则采用两种当中任一种方法。这些方法的详细信息可以在文献[6]中找到。表 49.2 总结了这些方法的性能:计算复杂度、处理速度、假阳率、精度。

表 49.2　提取方法的性能比较[6]

性能	计算复杂度	处理速度/Hz	假阳率/%	精度
分离与融合	$N \cdot \log N$	1500	10	+++
增量过程	$S \cdot N^2$	600	6	+++
线性回归	$N \cdot N_f$	400	10	+++
RANSAC	$S \cdot N \cdot N_t$	30	30	++++
改进的霍夫变换	$S \cdot N \cdot N_c + S \cdot N_R \cdot N_c$	10	30	++++
期望值最大化	$S \cdot N_1 \cdot N_2 \cdot N$	1	50	++++

注:S 表示抽取的线段号码,N 表示扫描输入的点数,N_f 表示线性回归法中滑动窗口的尺寸,N_t 表示 RANSAC 方法试验次数,N_c 和 N_R 表示霍夫变换中累加器的列数和行数,$N_1 N_2$ 表示试验和收敛时的循环次数。

例如,下一页拆分和合并算法表格总结了利用拆分和合并算法获取线段列表 L 的必要步骤。图 49.5(a)展示了一种基于递增的扫描角的点云,首先所有点的点云形成集合 S_0。接着,计算所有点到直线的最近距离,在图 49.5(b)中超出阈值 T_d 的断点用 d_b 表示。S_0 被分成 S_{01} 和 S_{02} 两个子集,见图 49.5(c)。S_{01} 中所有点均小于阈值,因此,S_{01} 代表了列表中的第一条线。S_{02} 在算法中得到估算,见图 49.5(d)。所有点被认为是内点(距离比定义的距离小)。S_{02} 会被识别为线段,见图 49.5(e),直到没有更多的点集,算法终止,两条线段被成功识别,见图 49.5(f)。

算法:拆分与合并
(1) 初始化:由 N 个点组成的点集 S_0,将 S_0 放入列表 L 中,设 $i = 0$。
(2) 将点集 S_i 拟合为曲线。
(3) 获取点 B 到直线的最大的距离 d_B。
① 如果最大距离比阈值 T_d 小,增加 i 并返回步骤(2)。
② 否则从断点处将 S_i 分成两个集合 S_{i1} 和 S_{i2},把 S_i 从列表 L 中去除,并把 S_{i1} 和 S_{i2} 添加到列表。
(4) 当列表 L 中所有点集确认后,找到共线的点集并合并。

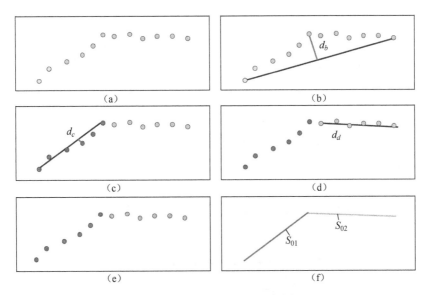

图 49.5 采用分离与融合算法的直线抽取样示例

除了测量距直线距离 d 的方法外,还有其他一些识别直线的方式。其中一个例子是将直线上的最小点数作为度量方法。其他的方法可移除小的线段,图 49.6 展示了一辆俄亥俄州阿森斯街道厢式货车上安装的 SICK-360(扫描角度为 360°)收集的激光扫描数据。

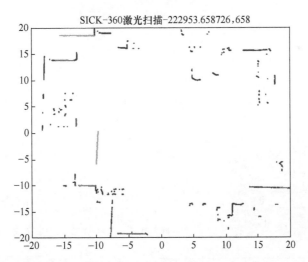

图 49.6 利用拆分合并算法从厢式货车在城市环境中获取的 SICK-360 数据进行抽取得到的直线

一般来说,如果一条线确实存在于点云中,即便有噪声存在,大多数相关的点也会与线性模型一致,这些点即内点(inliers)。线上的外点(outliers)可由伪激光反射信号或其他物体或直线的反射信号造成。

一旦线段被提取出来,就可计算得到各种参数,如质心 $\hat{\boldsymbol{p}}_C$、法向矢量 $\boldsymbol{n}$。质心可以通过求所有相关线段点集合的平均值得到。对于法向矢量,可以通过拟合获得(最小平方差拟合)。假定对于任一点下式成立:

$$(\boldsymbol{p}_i - \hat{\boldsymbol{p}}_C) \cdot \boldsymbol{n} = 0 \Rightarrow \boldsymbol{p}_i^{\mathrm{T}} \boldsymbol{n} = c \tag{49.5}$$

式(49.5)可以建立一组方程,可求解得到最佳线性拟合。通常,对于位于直线上的点 $(\boldsymbol{p}_i - \hat{\boldsymbol{p}}_C)$ 在法向矢量上的投影为0。

对于直线外的点,点积等于点到直线的最小距离,见图49.7。

$$(\widetilde{\boldsymbol{p}}_i - \hat{\boldsymbol{p}}_C) \cdot \boldsymbol{n} = d_i \tag{49.6}$$

加在字母上的符号"~"表示观测点不在直线上。另外,从激光传感器到直线的最短距离由下式表示:

$$\rho = |\hat{\boldsymbol{p}}_C \cdot \boldsymbol{n}| \tag{49.7}$$

我们可以从这些点的距离变量获得线段的质量,用线段的标准差 σ 来表示[7]。σ 用来在姿态估算中做加权,下节有更详细的介绍。图49.8是从各种线段中计算得到的标准差。

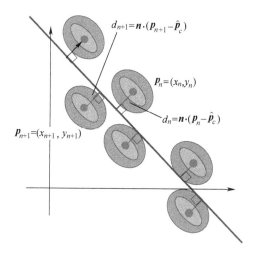

图49.7 计算每一点到线的最短距离

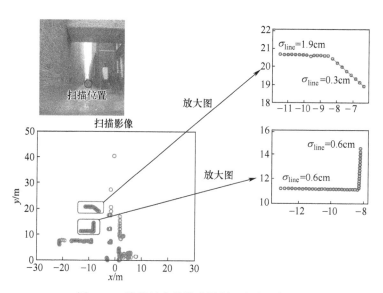

图49.8 线段的直线抽取样例及相应的标准差

我们同样可以用算法从三维点云数据中抽取平面。比如,点云函数库(PCL)[8]是一种常用的处理三维点云数据的 C++类和函数库,执行操作包括滤波、特征估算、分段,以及包括平面抽取的模型拟合。文献[9]中介绍了在导航中的平面抽取方法。

49.3.1.2　基于直线或平面提取的导航机制

既然特征已经被提取出来,它们与激光雷达之间的相对运动可以用来估算雷达的姿态变化(即平移与旋转)。注意,本节中讨论的机制无须对特征映射进行显式估计。估算平移运动的基本原理如图 49.9 所示。在图 49.9(a)中,载有激光雷达的平台沿着垂直于线 A 的 y 轴方向移动可以直接观测到从平台至线段最短距离的变化。但是,要观测平台在 x、y 两个方向的变化,必须同时观测两条不平行的直线。如果传感器无法观测到两条线段,将不能解算 Δx 和 Δy。假定存在两条不平行的线段(A 和 B),我们便有可能建立观测线段的变化与移动之间的关联,见图 49.10。

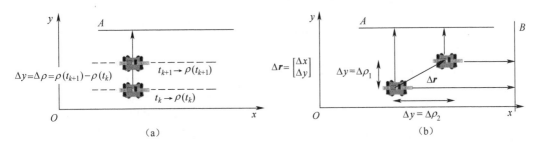

图 49.9　基于二维线特征的激光导航技术的基本原理

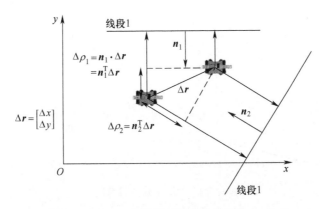

图 49.10　基于二维线特征的激光导航技术:移动

线段的最短距离变化(法向方向)是平移运动 Δr 在法向矢量的投影,在初始时刻的坐标表达式:

$$\Delta \rho_i = n_i \cdot \Delta r \tag{49.8}$$

对于两个线段,可以通过最小二乘法解算:

$$\begin{bmatrix} \Delta \rho_1 \\ \Delta \rho_2 \end{bmatrix} = \begin{bmatrix} n_1^{\mathrm{T}} \\ n_2^{\mathrm{T}} \end{bmatrix} \Delta r \Rightarrow \Delta \rho = H \Delta r \tag{49.9}$$

$$\hat{\Delta r} = (H^{\mathrm{T}} H)^{-1} H^{\mathrm{T}} \Delta \rho \tag{49.10}$$

平台在 Δt 时间内的旋转量等于法向矢量的旋转量(图 49.11):

$$\boldsymbol{n}_i(t_{k+1}) = \boldsymbol{C}_{t_k}^{t_{k+1}} \boldsymbol{n}_i(t_k) \tag{49.11}$$

假定两条线段不平行,坐标变换可以通过转换矩阵 $\boldsymbol{C}$ 实现, $\boldsymbol{C}$ 为 t_{k+1} 的法向矢量和 t_k 的法向矢量的最大值。

$$\hat{\boldsymbol{C}}_{t_k}^{t_{k+1}} = \arg \max_C \left\{ \sum_{i=1}^{N} \boldsymbol{C}_{t_k}^{t_{k+1}} \boldsymbol{n}_i(t_k) \cdot \boldsymbol{n}_i(t_{k+1}) \right\} \tag{49.12}$$

我们可以通过诸如直接解算法[10]、四元法[11]等多种方法求解得到旋转角。

这里需指出正确的直线关联对方向变化的正确估算的必要条件。前面的讨论主要聚焦于二维导航,但将直线替换为平面导航可直接扩展到三维导航。图 49.12 描述了二维到三维的扩展。

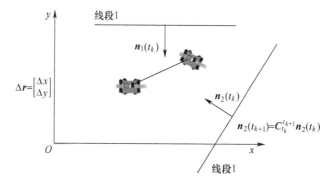

图 49.11 基于二维线特征的激光导航技术:旋转

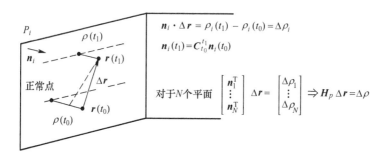

图 49.12 二维提取三维算法

到此为止,线状特征均来自环境中的非移动物体(如墙壁)。但在实际操作中,线状特征来自诸如汽车的移动物体。姿态估算时,在解算中包含这些特征可能引起漂移误差,因此,必须予以识别。文献[12]中描述了一种探测移动特征的方法,使用关联一种类似于GPS中使用的故障诊断与排除算法。对 H 矩阵进行 $\boldsymbol{QR}$ 分解,线状导航估算可以分解为最小二乘部分和奇偶残差:

$$\boldsymbol{H} = \boldsymbol{QR} = \begin{bmatrix} \boldsymbol{Q}_u & \boldsymbol{Q}_p \end{bmatrix} \begin{bmatrix} \boldsymbol{R}_u \\ \boldsymbol{0} \end{bmatrix} \Rightarrow \Delta \hat{\boldsymbol{x}}_{LS} = \boldsymbol{R}_u^{-1} \boldsymbol{Q}_u^{\mathrm{T}} \Delta \rho, \boldsymbol{Q}_p^{\mathrm{T}} \Delta \rho = \boldsymbol{0} \tag{49.13}$$

当由线状/平面运动引入的噪声和偏置出现时,法向距离矢量是存在误差的,奇偶残差

不再等于零:

$$Q_p^T \Delta \widetilde{\rho} = Q_p^T \{ \Delta \rho + \varepsilon + b \} = \underbrace{Q_p^T \Delta \rho}_{0} + Q_p^T \varepsilon + Q_p^T b \tag{49.14}$$

式(49.3)中的奇偶矢量可以通过故障诊断阈值来检测,检测阈值取决于虚警率与漏检率。这种检测方法的更多细节见文献[12]。

49.3.1.3　基于特征的组合导航

图49.13举例说明了基于特征的导航方法和惯性测量手段的组合方法。线框外的功能是激光导航特征估算部分,线框内是集成了惯性传感器后新增的部分。功能项①是含IMU单元的惯性导航系统,包含输出陀螺和特定测量值、姿态计算机、惯性导航估算。正如我们前面讨论的那样,惯性导航系统的姿态估算值可以用来对线状或平面上的点做运动补偿②,帮助进行特征关联处理。当前时刻的惯性姿态可以帮助我们预计在传感器坐标系中的线状或平面的位置和方向。预测结果使两个时刻的特征关联更可信。

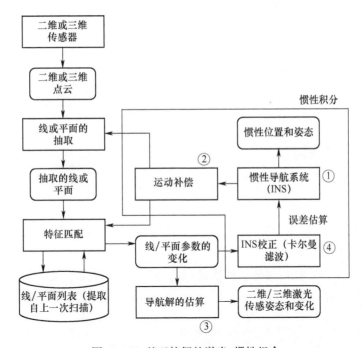

图49.13　基于特征的激光/惯性组合

给定相应的线状/平面特征,应用49.3.1.2节所述的方法来估算平台和传感器的姿态变化。另外,相应的特征可以用来估算④中的惯性误差(即校正)。这些误差被反馈给惯性导航系统进行校正。例如图49.14所示的补偿卡尔曼滤波(CKF)可以用来校正。

通过比较实际的特征参量和预估的特征参量可测量惯性误差。本例中,主要基于激光测量的法向距离与惯性导航系统利用姿态合成的法向距离两者的差值实现[见式(49.16)]。处理过程中法向矢量和法向距离合并使用。相较于惯性漂移误差,法向矢量的不确定性引起的误差微不足道,为了简化过程,过程予以省略。由式(49.17)可见,位置误差δr^n(误差状态矢量的一部分)和测量误差直接相关。

$$\Delta\widetilde{\rho}_{\text{LS},i}(t_k) = \Delta\rho_i(t_k) + v_{\text{LS}}(t_k) \tag{49.15}$$

$$\Delta\widetilde{\rho}_{\text{INS},i}(t_k) = \boldsymbol{n}_i^{\text{T}}\boldsymbol{C}_n^b\Delta\widetilde{\boldsymbol{r}}^n = \Delta\rho_i(t_k) + \boldsymbol{n}_i^{\text{T}}\boldsymbol{C}_n^b\delta\boldsymbol{r}^n \tag{49.16}$$

$$z_{\rho,i} = \Delta\widetilde{\rho}_{\text{LS},i}(t_k) - \Delta\widetilde{\rho}_{\text{INS},i}(t_k) = \boldsymbol{n}_i^{\text{T}}\boldsymbol{C}_n^b\delta\boldsymbol{r}^n + v_{\text{LS}}(t_k) \tag{49.17}$$

式中: $v_{LS}(t_k)$ 为相应时刻测距噪声。

$$\boldsymbol{n}_i(t_k) - \widetilde{\boldsymbol{C}}_n^b(t_k)\boldsymbol{C}_b^n(t_{k-1})\boldsymbol{n}_i(t_{k-1}) \neq 0 \Rightarrow$$

$$\underbrace{\boldsymbol{n}_i(t_k) - \boldsymbol{C}_n^b(t_k)\boldsymbol{C}_b^n(t_{k-1})\boldsymbol{n}_i(t_{k-1})}_{=0} + \boldsymbol{\psi} \times \boldsymbol{C}_n^b(t_k)\boldsymbol{C}_b^n(t_{k-1})\boldsymbol{n}_i(t_{k-1}) = \boldsymbol{\varepsilon} \tag{49.18}$$

$$-\left[\boldsymbol{C}_n^b(t_k)\boldsymbol{C}_b^n(t_{k-1})\boldsymbol{n}_i(t_{k-1})\right] \times \boldsymbol{\psi} = \boldsymbol{\varepsilon}$$

式中: $\boldsymbol{\psi}$ 包含角误差,是一项误差状态矢量。

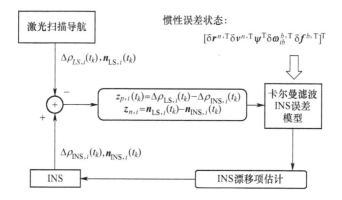

图 49.14　用于惯性估算的补偿卡尔曼滤波

上式写成矩阵形式,可得到测量方程构成卡尔曼滤波的偏差(即 $z = H\Delta x + v$)。其中状态误差矢量 Δx 合并 $\delta\boldsymbol{r}^n$ 和 $\boldsymbol{\psi}$ 。

动态模型是基于误差状态与传感器质量间的物理与数学关系。对于低成本的惯性测量装置,短期误差模型见文献[13]。可以利用 $\boldsymbol{\Phi} = \exp\{\boldsymbol{F}\Delta t\}$ 将式(49.19)转换为离散时间形式。

$$\underbrace{\begin{bmatrix} \delta\dot{\boldsymbol{r}}^n \\ \delta\dot{\boldsymbol{v}}_e^n \\ \dot{\boldsymbol{\psi}} \\ \delta\dot{\boldsymbol{\omega}}_{ib}^b \\ \delta\dot{\boldsymbol{f}}^b \end{bmatrix}}_{\dot{x}} = \underbrace{\begin{bmatrix} \boldsymbol{0} & \boldsymbol{I} & \boldsymbol{0} & \boldsymbol{0} & \boldsymbol{0} \\ \boldsymbol{0} & \boldsymbol{0} & -\boldsymbol{f}^n\times & \boldsymbol{0} & \boldsymbol{C}_b^n \\ \boldsymbol{0} & \boldsymbol{0} & \boldsymbol{0} & \boldsymbol{C}_b^n & \boldsymbol{0} \\ \boldsymbol{0} & \boldsymbol{0} & \boldsymbol{0} & \boldsymbol{0} & \boldsymbol{0} \\ \boldsymbol{0} & \boldsymbol{0} & \boldsymbol{0} & \boldsymbol{0} & \boldsymbol{0} \end{bmatrix}}_{F} \underbrace{\begin{bmatrix} \delta\boldsymbol{r}^n \\ \delta\boldsymbol{v}_e^n \\ \boldsymbol{\psi} \\ \delta\boldsymbol{\omega}_{ib}^b \\ \delta\boldsymbol{f}^b \end{bmatrix}}_{x} + \boldsymbol{u}$$

$$\Rightarrow \dot{\boldsymbol{x}} = \boldsymbol{F}\boldsymbol{x} + \boldsymbol{u} \tag{49.19}$$

49.3.1.4　基于特征的 SLAM

在基于特征的 SLAM 技术中,构建的地图 $\boldsymbol{m}$ 由二维或三维激光扫描获取的特征组成。不同于49.31.3节介绍的线状或平面特征,SLAM 中的特征则是典型的点状特征。例如,文献[14]描述了一种SLAM方法,通过预定义树的模型,对环境进行了二维激光扫描,提取出了树的特征,并在地图中用点表征出来。用于姿态估算与地图构建的滤波器是信息滤波器[15]。

文献[16]讨论了SLAM必须考虑的几个方面,如可观测性、收敛性、传感器与处理模型、一致性、信息利用和效率等。在本节我们将讨论这几个因素。图49.5描述了利用二维激光扫描方法的基于特征SLAM的基本原理,图49.15(a)展示了平台(即机器人)的初始二维姿态 $x = \begin{bmatrix} x & y & \psi \end{bmatrix}^T$ 和在环境中通过 $m_6 = \begin{bmatrix} m_{x,6} & m_{y,6} \end{bmatrix}^T$ 获得的六点特征 $m_1 = \begin{bmatrix} m_{x,1} & m_{y,1} \end{bmatrix}^T$。$t_1$ 时刻,$\hat{m}_1$ 和 $\hat{m}_2$ 由激光扫描获得。

当特征提取过程有误差引入时,两个地图条目会有不确定度,可以用协方差椭圆直观显示。下式用来预测平台位置:

$$x^-(t_2) = g[x(t_1), u(t_2)] \tag{49.20}$$

式中:$u(t_2)$ 为控制输入。在SLAM中,控制输入常由里程计、惯性测量装置和(或)运输工具模型来提供。不同于49.3.1.3节的组合导航,惯性测量主要在滤波测量方程中体现,而不是在状态传输方程中。

如图49.15(c)所示,预估阶段引入的不确定度 p_{xx}^- 是由控制输入和动态模型的不确定性引起的。接着[图49.15(d)],预估值结合 t_2 时刻测量值一起来估算特征位置 $\hat{m}_3$ 和 $\hat{m}_4$ 和状态估算值 $\hat{X}_3(t_2)$。请注意,这些特征的不确定性大于 $\hat{m}_1$ 和 $\hat{m}_2$,因为它同时涵盖了姿态的不确定性和激光测量的不确定性。图49.15(e)是预测步骤的结果和由此得到的不确定性椭圆。图49.15(e)中,平台上的激光扫描仪观测特征 $\hat{m}_5$ 和 $\hat{m}_6$ 并重新观测特征 $\hat{m}_3$。重新访问特征 $\hat{m}_3$ 导致相关状态变量 $(x(t_3), \hat{m}_3, \hat{m}_4)$ 的协方差减小。在更大的尺度上,这被称为回环。部分环境经历较长时间后重新访问时,可能导致估算的协方差显著减小。

在图49.15所示的步骤中,状态矢量 y 和相应的协方差矩阵 P 的维数随新地图特征的增加而增加:

$$[x(t_1)] \rightarrow \begin{bmatrix} \hat{x}(t_1) \\ \hat{m}_1 \\ \hat{m}_2 \end{bmatrix} \rightarrow \begin{bmatrix} \hat{x}(t_2) \\ \hat{m}_1 \\ \hat{m}_2 \\ \hat{m}_3 \\ \hat{m}_4 \end{bmatrix} \rightarrow \begin{bmatrix} \hat{x}(t_3) \\ \hat{m}_1 \\ \hat{m}_2 \\ \hat{m}_3 \\ \hat{m}_4 \\ \hat{m}_5 \\ \hat{m}_6 \end{bmatrix} \tag{49.21}$$

$$p_{xx} \rightarrow \begin{bmatrix} p_{xx} & p_{xm_1} & p_{xm_2} \\ p_{m_1x} & p_{m_1m_1} & p_{m_1m_2} \\ p_{m_2x} & p_{m_2m_1} & p_{m_2m_2} \end{bmatrix} \rightarrow \begin{bmatrix} p_{xx} & p_{xm_1} & p_{xm_2} & p_{xm_3} & p_{xm_4} \\ p_{m_1x} & p_{m_1m_1} & p_{m_1m_2} & p_{m_1m_3} & p_{m_1m_4} \\ p_{m_2x} & p_{m_2m_1} & p_{m_2m_2} & p_{m_2m_3} & p_{m_2m_4} \\ p_{m_3x} & p_{m_3m_1} & p_{m_3m_2} & p_{m_3m_3} & p_{m_3m_4} \\ p_{m_4x} & p_{m_4m_1} & p_{m_4m_2} & p_{m_4m_3} & p_{m_4m_4} \end{bmatrix} \rightarrow \cdots \tag{49.22}$$

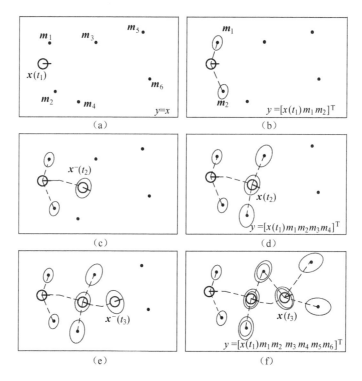

图 49.15　基于特征的 SLAM 基本原理

　　我们可以在文献[17]和文献[14]中分别找到扩展卡尔曼滤波(EKF)和信息滤波(IF)的例子。图 49.16 是单次循环 EKF-SLAM 算法的步骤。在执行此算法之前,在当前时间段内观察到的特征 (t_k),必须与地图中的现有特性关联或被标识为新特征并加入状态矢量和协方差矩阵。

1	特征关联后的EKF SLAM
2	$G_k = \nabla g_{x_k}(u_k, \hat{x}_{k-1})$ (g.w.r.t位置雅可比矩阵)
3	$V_k = \nabla g_{u_k}(u_k, \hat{x}_{k-1})$ (g.w.r.t控制雅可比矩阵)
4	$\hat{X}_k = g(u_k, \hat{x}_{k-1})$ (预测均值)
5	$P_{xx,k}^- = G_k P_{xx,k-1} G_k^T + V_k M_k V_k^T + Q_k$ (预测方差)
6	$H = \nabla h_{y_k}(\hat{y}_k^-)$ (g.w.r.t) (位置姿态和地图雅可比矩阵)
7	$S = P_k^- H^T + R_k$ (预测测量方差)
8	$K = HP_k^- H^T S^{-1}$ (卡尔曼增益)
9	$\hat{y}_k \quad \hat{y}_k^- + K[z_k - h(\hat{y}_k^-)]$ (更新均值)
10	$P_k = (I - KH) P_k^-$ (更新方差)

注: $x_k = x(t_k), u_k = u(t_k)$。

图 49.16　基于特征的 EKF_SLAM 算法

在数据关联处理中,计算从每个观测特征到每个地图特征的马氏距离[18]。马氏距离为

$$M_{ij} = v_{ij}^{\mathrm{T}} S_{ij}^{-1} v_{ij} \tag{49.23}$$

$$v_{ij} = z_i - h(\hat{y}_j^-) \tag{49.24}$$

式中: S_{ij} 为创新协方差,马氏距离的二维图形化表示见图49.17(a)。

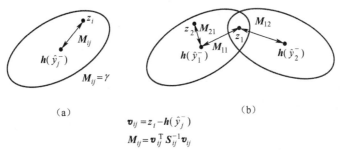

(a)   (b)

$$v_{ij} = z_i - h(\hat{y}_j^-)$$
$$M_{ij} = v_{ij}^{\mathrm{T}} S_{ij}^{-1} v_{ij}$$

图49.17 基于特征的SLAM数据关联[18](经Bailey T许可。)

通常, M_{ij} 的统计阈值定义由关联测试确定:如果测量结果在跟踪阈值内,则该关联是有效的。如果 v_{ij} 是高斯分布的,则 M_{ij} 是符合 χ^2 分布的。对于值 $P_{\chi^2}(M_{ij} \leqslant 6) = 0.95$,一个可能的阈值可能是 $M_{ij} < \gamma = 6$。在有些情况下,多个测量值均落在跟踪阈值内[见图49.17(b)]。在这种情况下,必须建立其他规则来识别正确的关联。如最近邻规则,它把最小的马氏距离识别为正确的关联。图49.18展示了维多利亚公园EKF-SLAM(黄色)的数据集和GPS(蓝色)的对比[14]。

图49.18 EKF-SLAM(黄色)和GPS(蓝色)

对于大型地图(比如大量的特征导致大的状态矢量和协方差矩阵),实现EKF或IF行不通。有许多方法来处理这种维度的增加,包括剔除无须进一步估算[16]地标的子地图[19-20]法、协方差交叉(CI)方法[21-22]和稀疏扩展信息滤波(SIEF)[15]。

在SLAM文献中,测量方程式(49.25)和状态传播/预测方程式(49.26)通常用它们的

概率等价量表示(此处仅用正态分布表示):

$$z_k = h(x_k, m_{k-1}) + v_k$$
$$v_k \sim p(z_k | x_k, m_{k-1}) = N(h(x_k, m_{k-1}), R_k)$$
(49.25)

$$\begin{cases} x_k^- = g(x_{k-1}, m_{k-1}, u_k) + w_k \\ w_k \sim p(x_k | x_{k-1}, m_{k-1}, u_k) = N(g(x_{k-1}, m_{k-1}, u_k), Q_k) \end{cases}$$
(49.26)

概率密度函数式(49.25)和式(49.26)组合可得到后验概率密度函数:

$$p(x_k, m | z_k, u_k) = \eta \underbrace{p(z_k | x_k)}_{\text{测量值更新}} \underbrace{\int p(x_k | x_{k-1}, m, u_k) p(x_{k-1}, m | z_{k-1}, u_{k-1}) dx_k}_{\text{预测值}}$$
(49.27)

在典型的估算中,估算值可通过计算期望值和后验平均值(最小平方差判据)、后验分布中值(最小平均绝对误差判据)和后验分布的模(最大值)(最小平均成本或最大后验判据)获得。一种简化 SLAM 问题的方法是通过对平台真实路径的了解使 M 特征或地标的位置有条件地独立:

$$p(x_k, m | z_k, u_k) = p(x_k | z_k, u_k) p(m | x_k, z_k)$$
$$= \underbrace{p(x_k | z_k, u_k)}_{\text{姿态}} \underbrace{\prod_{i=1}^{M} p(m_i | x_k, z_k)}_{\text{个体特征}}$$
(49.28)

这种因式分解的方法称为 Rao-Blackwellization[23]。快速 SLAM 就是一种利用这种分解并将其与粒子滤波(PF)相结合的 SLAM 方法[24],结果是每个粒子滤波器由二维姿态矢量和每个地标的简单二维卡尔曼滤波器组成,图 49.19 描述了快速 SLAM 原理。更多的关于快速 SLAM 的细节可以在文献[25,15]中找到。在最近出现的方法当中,利用优化问题解决 SLAM 问题变得越来越普遍,例如三维运动重建(SFM)应用中的束调整[26]。在这些 SLAM 方法中,测量和控制输入存储在一个类似图的结构中,并使用线性求解器进行优化。GraphSLAM[15]、iSAM[27] 和 g2o[28] 均是基于图的 SLAM 方法的例子。通常,从称作在前端处理器中的传感器收集的数据时生成图(见图 49.20)。前端计算平台轨迹和地图的初始估算,处理数据关联并构建因子图,后端求解最优轨迹和因子图与地图。

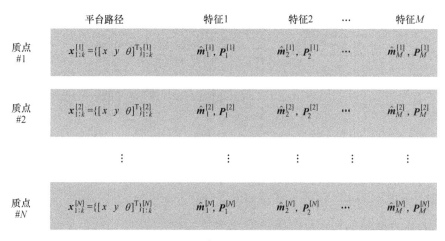

图 49.19　快速 SLAM 机理

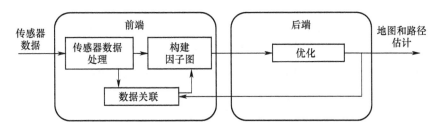

图 49.20　基于图的 SLAM 方法的前端和后端处理

我们可以通过分解全后验概率得到这些因子(给定所有测量和所有控制输入的后端):

$$p(\boldsymbol{x}_{0:k}, \boldsymbol{m} \mid \boldsymbol{z}_{1:k}, \boldsymbol{u}_{1:k}, \boldsymbol{c}_{1:k}) = \eta p(\boldsymbol{x}_0) \prod_k p(\boldsymbol{x}_k \mid \boldsymbol{x}_{k-1}, \boldsymbol{u}_k) p(\boldsymbol{z}_k \mid \boldsymbol{x}_k, \boldsymbol{m}, \boldsymbol{c}_k) \quad (49.29)$$

假定存在高斯测量噪声和过程噪声,将这些概率密度函数替换式(49.29),对代价函数中的后端结果求对数:

$$J = \boldsymbol{x}_0 \boldsymbol{P}_0^{-1} \boldsymbol{x}_0^{\mathrm{T}} + \sum_k [\boldsymbol{x}_k - \boldsymbol{g}(\boldsymbol{x}_{k-1}, \boldsymbol{u}_k)]^{\mathrm{T}} \boldsymbol{Q}^{-1} [\boldsymbol{x}_k - \boldsymbol{g}(\boldsymbol{x}_{k-1}, \boldsymbol{u}_k)]$$
$$+ \sum_k [\boldsymbol{z}_k - \boldsymbol{h}(\boldsymbol{x}_k, \boldsymbol{m}_k, \boldsymbol{c}_k)]^{\mathrm{T}} \boldsymbol{R}^{-1} [\boldsymbol{z}_k - \boldsymbol{h}(\boldsymbol{x}_k, \boldsymbol{m}_k, \boldsymbol{c}_k)] \quad (49.30)$$

图 49.21 是这种结构的一个示例。

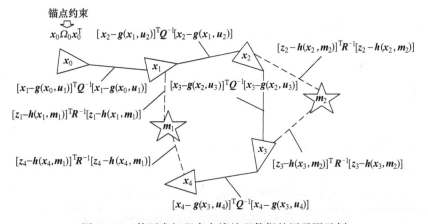

图 49.21　使用求解程序离线处理数据的因子图示例

49.3.2　基于无特征的激光导航

基于无特征的激光导航方法是使用激光测距传感器产生的全部或部分点云数据来估算平台姿态,并不提取底层结构。两个著名的基于无特征的方法是点云匹配和占用格栅定位。

49.3.2.1　点云匹配

数十年来,三维物体匹配一直是机器人与自动化行业最关心的领域。研究人员首先利用了三维形状的几何约束来实现,这和接下来要讨论的基于特征的方法有许多相似之处。20 世纪 90 年代早期,人们更关注自由形态物体的表征与配准概念[29-32]。虽然早期的大部分开发都集中在解决三维建模问题上,而没有关注姿态估算。但这为激光雷达点云匹配奠定了基础。

激光测距传感器输出的点云是表示平台观测环境下的采样样本。假定 $\boldsymbol{p}_i(t_k - 1)$ 是 t_{k-1} 时刻环境中某个点相对于平台或传感器坐标系的位置,$\boldsymbol{p}_i(t_k)$ 是下一时刻 t_k 同一点相对于平台的位置,两个观测点可通过 t_{k-1} 到 t_k 时刻的旋转 $\boldsymbol{R}_{k-1}^k$ 和位移 $\boldsymbol{t}_{k-1}^k$ 关联起来。

$$\boldsymbol{p}_i(t_k) = \boldsymbol{R}_{k-1}^k \boldsymbol{p}_i(t_k - 1) + \boldsymbol{t}_{k-1}^k \tag{49.31}$$

数学上,点云匹配可以定义为寻找旋转和平移的估算值,使 K 点集合的代价函数最小。$S_k = \{\boldsymbol{p}_i(t_k) \mid i = 1, 2 \cdots, K\}$ 为多个时刻观测值:

$$\{\hat{\boldsymbol{R}}_{k-1}^k, \hat{\boldsymbol{t}}_{k-1}^k\} = \arg \min_{R,t} C(\boldsymbol{p}_i(t_k), \boldsymbol{R}_{k-1}^k \boldsymbol{p}_i(t_{k-1}) + \boldsymbol{t}_{k-1}^k)$$

$$\text{给定 } \boldsymbol{p}_i(t_k) \in S_k, \boldsymbol{p}_i(t_{k-1}) \in S_{k-1} \tag{49.32}$$

假设在两个连续的点云中观察到同一点,可得到一个简单的数学表达式;对于表 49.1 中列出的典型传感器,此假设是不成立的。精确匹配通常需要一个先验的姿态信息。一种通用的点云匹配方法通常包含以下步骤[33]:

(1) 点选择:从一个或两个点云中选择所有或部分点。

(2) 匹配:匹配点云,拒绝异常值。

(3) 优化:最小化一个误差代价函数。

文献 [29]介绍了一个典型的点云匹配的例子,首次应用了著名的迭代最近点(ICP)算法。

ICP 算法的基本步骤如图 49.21 所示。

ICP 算法:
(1) 迭代从 $j = 0$ 开始:
(2) 计算集合 $\hat{S}_k$,S_{k-1} 中的所有点分别利用 $\hat{\boldsymbol{R}}_{k-1}^k$,$\hat{\boldsymbol{t}}_{k-1}^k$ 旋转和平移。
(3) 在 $\hat{S}_k$ 中寻找一个和 S_k 中每个点最接近的点。
(4) 重新估算旋转和平移:$\hat{\boldsymbol{R}}_{k-1}^k$ 和 $\hat{\boldsymbol{t}}_{k-1}^k$ 使用指定的最优判据。
(5) 使用新的旋转和平移更新预计值 $\hat{S}_k$。
(6) 如果 $\hat{S}_k$ 和 S_k 之间的差足够小则迭代停止;否则,增加 j 并回到步骤(2)。

图 49.21　使用术解程序离线处理数据的因子图示例

ICP 算法作为一个优化过程,虽然不能保证达到全局最小值,但总是收敛到代价函数的局部最小值。平移与旋转的初始合理猜测值有助于更快地收敛到全局最优值。一个直观的初始估算方法是基于里程计的数据估算的旋转和平移值,如使用车轮惯性传感器数据。

点的选择。直观上讲,ICP 算法应处理所有获取的点数据[30]。如果可以依赖部分点完成,则没有必要这么做。点的选择有两种策略。如果所有的点都很重要,那么我们可以均匀或随机地向下选择点[34]。或者,我们可尝试在一些感兴趣的区域频繁地采样来替代处理全部数据。如果可以从激光雷达原始数据[35]中获取光强值来定义感兴趣的区域,则也可基于点云中表示的几何变化来定义感兴趣的区域。这些方法显然与基于特征的方法相似。ICP 将不会被分配处理这些区域以外的点。

匹配。正如 ICP 的名称,我们将与另一个点云中最近邻的点进行匹配。然而,"近邻度"

的水平取决于"距离"的定义。例如,在文献[30]中点 S_k 和 S_{k-1} 的距离定义为欧几里得距离。

另一种方法是搜索两个点云中表示的两条曲线(2D)或曲面之间的最短距离。例如,在线性迭代解算中[29],我们寻找 S_{k-1} 中的一点与 S_k 中定义的切线距离。这种方法中,S_{k-1} 中的点与 S_k 中的任何实际点都不匹配,相反,匹配点只是一个投影。通常认为这比基于点距离的匹配方法[33]收敛得更快。

也有一些其他技术被用于点匹配、点映射[36-37]或两者的组合[35,38-39]。由于噪声与误差,并非所有的匹配都用来解算。噪声和误差小的匹配应该给予更高的权重。权重法和异常值剔除法可以提升解算额质量。

基于无特征方法的局限性之一是缺乏描述任意点匹配质量的定义。然而,这个描述符可基于 S_{k-1} 和 S_k 中曲面的形状和距离之间的相似性,以及这些测量在同一曲线上的点之间的一致性。例如,在两者之间距离较近的匹配项 S_{k-1} 和 S_k 可能被分配更大的权重,而较远距离的匹配项可能被丢弃[34]。同样,为了比对两条曲线的形状,我们可以分别比较从 S_{k-1} 和 S_k 获取的法矢量。法向量相似度越大的匹配得到的权重越大。如果曲线是光滑的并且连续的,每个匹配对都应该和它们邻近的匹配具有一致的距离。曲线上比其他任意点具有更大距离的点匹配更有可能不连续,应该当作异常值剔除。

优化。通过 S_{k-1} 和 S_k 中的多个匹配对优化误差成本函数解得 $\hat{R}_{k-1}^k$ 和 $\hat{t}_{k-1}^k$。例如,误差成本函数包括所有匹配点对 $p_i(t_{k-1})$、$p_i(t_k)$ 的欧几里得距离的和[30]。

$$C(R_{k-1}^k, t_{k-1}^k) = \sum_i \| R_{k-1}^k p_i(t_{k-1}) + t_{k-1}^k - p_i(t_k) \|^2 \tag{49.33}$$

在其他实现中,可以使用两个曲线之间的距离,或用点到直线或其他曲线之间的距离来代替[29,41]。它还可以将适当的加权方案和异常值剔除方法相结合。对于某些度量函数,存在直接的闭合解[30],而其他的可以用迭代或线性解来确定。图 49.22 显示了如何对图 49.22(a)的三次激光扫描估算相对二维姿态的示例。图 49.22(b)的两幅图是使用估算的相对姿态将 $t = 183s$ 和 $t = 185s$ 的扫描与 $t = 181s$ 的扫描对齐后的结果。

49.3.2.2 基于无特征的组合导航

点云(或激光扫描)匹配输出可以多种方式与惯性传感器集成。一种方法是再次使用 CKF,如在 49.13.1.3 节中描述的无地图构建法。CKF 的基本方框图如图 49.23 所示。图 49.14和图 49.23 之间的主要区别是误差测量的方式。前者是基于合成的特征属性。而无特征/惯性组合方法则基于对比 INS 输出与点云匹配算法。建立无系统误差的点云匹配算法非常必要,系统误差类似于惯性导航漂移误差。如果这两个误差源都具有相似的特征,那么 CKF 将很难区分它们。换句话说,状态矢量缺乏可观测性。

49.3.2.3 基于点云匹配的激光地形导航

对于导航应用,式(49.32)的解可以用更有效的方式表示。例如,机载激光扫描地形匹配导航中的地图匹配或地形匹配就是如此。文献[42]中介绍的 ALS-TRN 最初称为 TER-RAIN。文献[43]中介绍了应用单个 ALS、INS 搭载先验环境数据库的航路和精密进近导航,后来被修正为不使用先验环境数据库的双 ALS(DALS-TRN)。

在 ALS-TRN 中,ALS 是向下安装的,它的距离测量使用 INS 的位置和方位转换到导航坐标系中,如下式:

$$\hat{p}_i^n = \hat{r}_{INS}^n + \hat{C}_b^n \{ \hat{C}_{ALS}^b p_i^{ALS} + \hat{\ell}_{ALS \to INS}^b \} \tag{49.34}$$

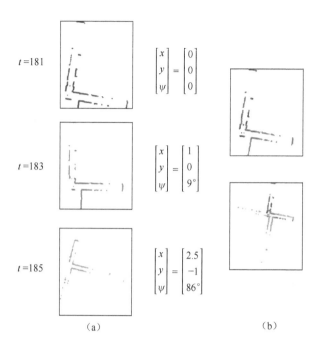

图 49.22　在实际点云上使用迭代最近点(ICP)的示例

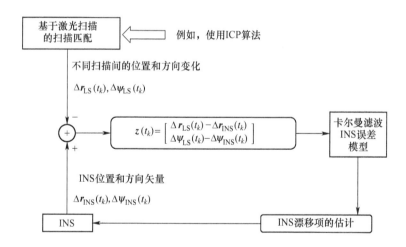

图 49.23　使用无特征激光导航方法估算惯性误差的补偿卡尔曼滤波器(CKF)

式中: $\hat{\boldsymbol{r}}_{\text{INS}}^{n}$ 为由 INS 给出的平台位置; $\hat{\boldsymbol{C}}_{b}^{n}$ 为 INS 给出的从 INS 平台至导航坐标系的转换矩阵; $\boldsymbol{p}_{i}^{\text{ALS}} = \begin{bmatrix} 0 & \rho_{i}\sin\alpha_{i} & \rho_{i}\cos\alpha_{i} \end{bmatrix}^{\text{T}}$; $\hat{\boldsymbol{C}}_{\text{ALS}}^{b}$ 和 $\hat{\ell}_{\text{ALS}\rightarrow\text{INS}}^{b}$ 分别为从 ALS 系统到 INS 的相对位置和杆臂。后一个参数是从一系列校准过程中获得的,包括进行安装测量,并使用已知环境中的飞行测试数据来验证和细化这些值。

　　由于 INS 存在位置漂移和位置估算误差,点云中点的位置可能存在误差。这些误差的一阶误差模型由式(49.35)给出:

$$\hat{r}_{\text{INS}}^n = r_{\text{AC}}^n + \delta r_{\text{INS}}$$

$$\hat{C}_b^n = (I + \psi) C_b^n \tag{49.35}$$

点云中点误差的模型如下:

$$\hat{p}_i^n = p_i^n + \Delta p_i^n \tag{49.36}$$

$$\Delta p_i^n = \delta r_{\text{INS}} + \psi p_i^n \tag{49.37}$$

对于实际系统中使用的导航和战术级惯性系统,姿态误差的影响可以忽略不计,点云点的主要误差是惯性漂移引起的位移误差。不需要执行 ICP 算法,通过关联测量高度 $\hat{z}_{D,i}$(点云中点的 z 分量)和地图中相应的点的高度 $\hat{z}_{h,i}$(点云中点的 x 和 y 分量),点云就可与平台地图匹配。这种差异称为视差度量:

$$d_i = \hat{z}_{D,i} - \hat{z}_{h,i} = \hat{z}_{D,i} - h(\hat{x}_{D,i}, \hat{y}_{D,i}, S_M) \tag{49.38}$$

式中:$h(\cdot)$ 为地形数据库中的查表函数;S_M 为地形数据库。查询函数背后的基本思想如图 49.24 所示。在地图中 x 和 y 方向等距离的点,查询函数可以通过对 4 个周围点进行双线性插值实施。

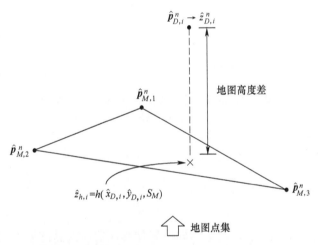

图 49.24 地图查询函数[44](经 IEEE 许可后复制。)

在点的位置上的横向误差对高度查找的影响为

$$h(x_{D,i} + \delta x_{D,i}, y_{D,i} + \delta y_{D,i}, S_M) = z_{D,i} + \Delta z(\delta x_D, \delta y_D) + \eta_i \tag{49.39}$$

式中:$z_{D,i}$ 为当前位置的真实高度;η_i 为由于地图点和插值方法的不确定度引入的插值误差。$\Delta z(\delta x_{\text{AF}}, \delta y_{\text{AF}})$ 是由于输入横向误差变化导致的高度误差。把式(49.39)插入视差方程:

$$d_i = z_{D,i} + \delta z_{D,i} - z_{D,i} - \Delta z(\delta x_D, \delta y_D) - \eta_i$$

$$= \delta z_{D,i} - \Delta z(\delta x_D, \delta y_D) - \eta_i = d_i(\delta x_D, \delta y_D) \tag{49.40}$$

把 ALS 收集的 N 个点视为集合 S_D,可以根据视差定义一个平方误差判据。此判据可基于误差方差(EV):

$$\text{EV} = (d_n - \mu_d)^2 \tag{49.41}$$

式中:μ_d 为视差的样本平均值:

$$\mu_d(\delta x_D, \delta y_D) = \frac{1}{N} \sum_{\hat{\boldsymbol{p}}_i^n \in S_D} d_i(\delta x_D, \delta y_D) \qquad (49.42)$$

位置漂移估算值由式(49.43)给出：

$$\{\delta \hat{x}_D, \delta \hat{y}_D\} = \underset{\delta x_{AF}, \delta y_{AF}}{\mathrm{argmin}} \mathrm{EV} \qquad (49.43)$$

式(49.43)可以通过卡尔曼滤波和梯度搜索法来解算。例如，图 49.25 显示了实际飞行测试数据，在此例中，δx_d、δy_d 的搜索空间的大小是基于惯性系统在更新间隔内的预期漂移误差来确定的。

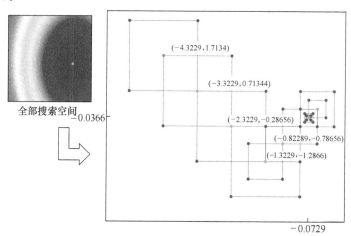

图 49.25　基于梯度的搜索方法寻找横向误差偏移(漂移误差)[44]

(经 IEEE 许可后复制。)

把式(49.43)的解代入式(49.42)：

$$\mu_d(\delta \hat{x}_D, \delta \hat{y}_D) = \frac{1}{N} \sum_{\hat{\boldsymbol{p}}_i^n \in S_D} \delta z_{D,i} - \underbrace{\frac{1}{N} \sum_{\hat{\boldsymbol{p}}_i^n \in S_D} \Delta z(\delta \hat{x}_D, \delta \hat{y}_D)}_{\to 0} - \underbrace{\frac{1}{N} \sum_{\hat{\boldsymbol{p}}_i^n \in S_D} \eta_i}_{\to 0} \qquad (49.44)$$

式(49.44)右边的第二项表示由于横向位置偏移而造成的高度误差，并且在式(49.43)中搜索横向误差时已将其最小化；式(49.44)右边第三项表示平均噪声。因此，忽略这两项。$\delta \hat{z}_D = \mu_d(\delta \hat{x}_D, \delta \hat{y}_D)$ 是点云与地图间样本平均高度差。

图 49.26 对算法进行了总结。首先，ALS 测量时使用 INS 和上一时刻漂移误差作为地理参考。然后建立相应的地形地图，在集合 S_D 中使用式(49.43)和式(49.44)估算漂移误差，最后利用这些漂移误差来修正 INS 位置误差。

表 49.3 是两次测试的结果。第一次，NASA 在内华达州里诺附近的德赖登 DC-8 进行，该设备由欧普公司的高端激光扫描系统构成，通常用于测绘，扫描角度为 $10° \sim 20°$，扫描速率为 $15 \sim 29$Hz。ALS-TRN(在这些飞行试验中称为 TERRAIN)1s 更新一次位置，使用大约 $N=33333$ 个点。表 49.3 中反映了约 4000m 高度的 277s 的数据的结果。第二次，使用在俄亥俄州立大学 DC-3 开展了 8 次进入西弗吉尼亚州布拉克斯顿国家机场的测试，该设备由扫描角度为 $60°$、扫描速率高达 40Hz 的 RIEGL LMS-Q140i ALS、霍尼韦尔 HG1150 型 INS、Novatel公司 WAAS 接收机组成。由于 Q140i 的量程仅约 1200ft，因此 WAAS 接收机被用于 1200ft 高 AGL 以上的位置计算。

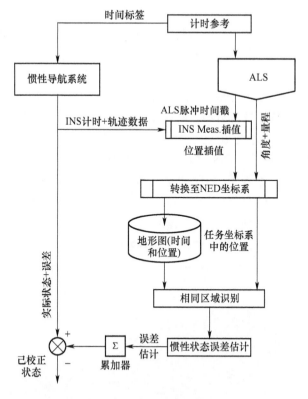

图 49.26 使用已知地形数据库[44]的基于机载激光扫描系统(ALS)的地形导航设备
(经 IEEE 许可后复制。)

表 49.3 基于机载激光扫描系统(ALS)的航路地形匹配导航和精密进近导航

单位:m

	平均值	标准差
在航线导航中(NASA DC-8)		
东(全部 277s 时段)	0.45	5.12
北(全部 277s 时段)	−0.87	7.28
上(全部 277s 时段)	−1.16	0.51
在航线导航中(NASA DC-8)——去除外点		
东向去除 10m(251s 时段)	1.00	2.74
北向去除 10m(251s 时段)	−0.51	1.67
上向去除 10m(251s 时段)	−1.15	0.5
精密进近导航(OU DC-3)		
东	−0.962	1.5
北	−0.031	1.99
上	−0.6885	1.33

　　上述导航设备使用搭载的地形数据库或地图估算是关于地图坐标的误差。文献[44]中提出了一种替代方法,该方法在无地图情况下使用双 ALS 系统(双 ALS 或 DALS)估算漂移误差。由于无法获取绝对参考,预计总体误差仍然会漂移,尽管其速度小得多。在 DALS 体系架构中,航天器上安装了两个 ALS 系统:一个指向前方(F),另一个指向尾部(A)或最低点(垂直向下)。前向 ALS 基于惯性设备输出的飞机当前位置和航向生成估算的地形模型(由三维点云 S_F 给出)。该地形模型称为参考环境模型,或简称"地图"。后向 ALS 在一段时间后测量同一区域的主要部分(取决于飞机的速度和安装的几何形状),并生成自己的地形模型,用于估算飞机的速度和位置状态。使用后指向 ALS 的范围和角度测量生成的三维点云 S_A,被称为"nav"测量。INS 作为 S_F 和 S_A 局部导航坐标系的参考。考虑到 INS 输出包含了以时间为函数的漂移误差,因此两个地形模型中的点坐标也将包含误差。DALS 的基本观测原理如图 49.27 所示。

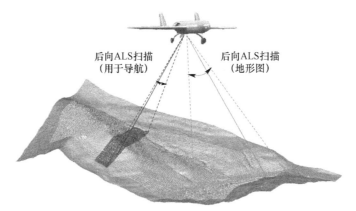

图 49.27　基于双 ALS(DALS)的无地形数据库的地形匹配导航[44]

(经 IEEE 许可后复制。)

　　先验地图 S_M 被由前向 ALS 系统(约20°)获取的点 $\hat{\boldsymbol{p}}^n_{F,i}$ 组成的地图 S_F 取代,基于 DALS 的导航原理的数学推导遵循式(49.34)~式(49.44)中的步骤。由于在地图 S_F 中的点和"nav"集 SA 中的点包含 INS 漂移误差分量,算法只能估算 S_F 和 S_A 采集时漂移误差的差异。因此,需修正视差方程,以反映地图和后部点云中的漂移误差。

$$
\begin{aligned}
d_i &= z_i + \delta z_{A,i} - z_i - \delta z_{F,i} - \Delta z(\delta x_D, \delta y_D) - \eta_i \\
&= \delta z_{A,i} - \delta z_{F,i} - \Delta z(\delta x_D, \delta y_D) - \eta_i \\
&= \delta z_{AF,i} - \Delta z(\delta x_D, \delta y_D) - \eta_i = d_i(\delta x_D, \delta y_D)
\end{aligned}
\tag{49.45}
$$

　　图 49.28 是两种不同机制的基于 DALS 的导航设备。图 49.28(a)描述的机制中,每个时间周期均估算漂移误差的变化,并将这些误差累积起来,以得到必须加到惯性输出中的位置偏移估计,以获得最终的位置估计。图 49.28(b)描述的机制中将估算的误差作为速度误差反馈,因此可校准惯性导航系统。

　　图 49.29 是使用 ALS 模拟工具的前馈和反馈法的仿真结果,该工具基于实际飞行数据的真实轨迹、导航级 INS(霍尼韦尔 HG1150)输出和战术级 IMU 输出(诺斯罗普·格鲁曼 LN200)。根据真实的参考数据只合成了 ALS 数据,联邦紧急事务管理局(FEMA)提供了非常准确的地形数据。与单独导航级 INS 相比,DALS-TRN 系统有显著的提升,见图 49.29。

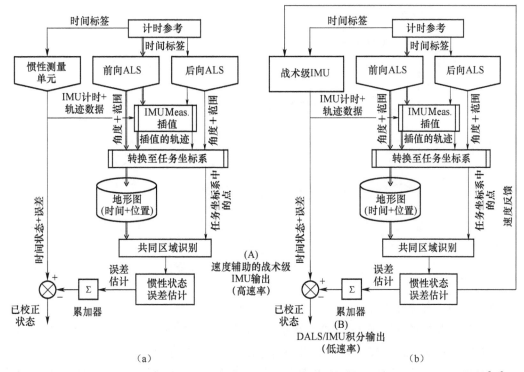

图 49.28　前馈(a)和反馈(b)耦合双机载激光扫描仪系统-惯性导航系统(DALS-INS)方框图[44]
(经 IEEE 许可后复制。)

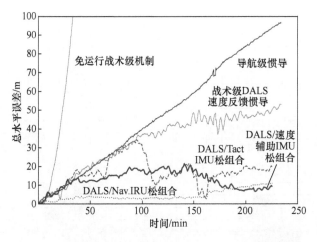

图 49.29　双机载激光扫描仪系统(DALS)导航的仿真结果

　　图 49.30 是基于前向法获取的实际飞行测试结果,数据收集自 OU DC-3 上的 DALS。由 8.5min 的数据看,水平漂移误差在 20m 内,垂直误差变化比预期的要大得多。

　　由于前向和后向 ALS 系统是从不同角度和深度去观测植被,因此树木的存在使 ALS 数据在高度维度引入较大的误差。这种误差非常影响前后地形图的相关性,可通过空间滤波、树木消除或使用全数字波形激光扫描器来消除。

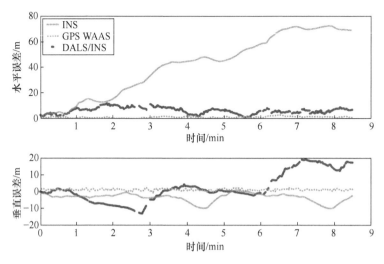

图 49.30　DALS-INS 前馈导航设备

49.3.2.4　占位栅格

可以定义其他的环境模型,包括参数模型、曲面、网格[46]和占位栅格,而不是用点云数据[45]来表征观测到的环境。基于网格的地图映射被首次引入声呐传感器[47],随后文献[48]中在此基础上引入了占位栅格的概念。后者在文献[4]中也被称为证据栅格。在占位栅格法中,通过激光扫描来确定所在环境的哪个区域被占用。图 49.31 说明了一段时间内单激光束形成占位栅格的基本原理。首先定义了一个空间分辨率为 Δx 、Δy 的二维网

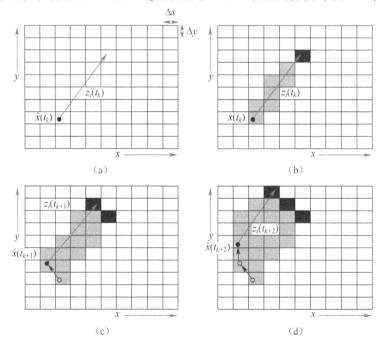

图 49.31　生成占位栅格的基本原则(灰色:未占用;黑色:被占用)

格。接着,把测量($z_i = \rho_i$)作为一束而不是一个点,找出该束所遍历的所有网络单元格,并将其标识为"未占用"(灰色)或"被占用"(黑色)。这个过程连续进行,最终获取已知的姿态参数$\hat{\boldsymbol{x}}(t_k)$。

图49.32是室内无人驾驶飞机系统(UAS)利用二维激光扫描获得的占位栅格的示例。示例中的白色区域是"尚未发现"区域,其状态可被占用或未被占用,灰色区域为未被占用(称为"未知"),黑格子表示激光束"击中"物体的位置,表示被占用和未占用区域之间的边缘。在识别每个经过的栅格时,一个好的传感器模型定义是非常重要的,关于此过程的更多细节可以在文献[15]中找到。可将二维网格扩展到三维网络,并使用体素或八叉树[49]来表示,但在这种情况下,需要考虑计算复杂度因素。

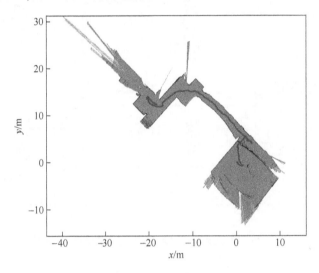

图49.32 叠加空中机器人轨迹的占位栅格

我们不采用为占位栅格中的每个单元格分配离散值(被占用、未占用或未知)的方式定义占位,而是以概率的形式来定义它。在这种情况下,一个栅格被占用的概率可随激光光束命中或未知而增加或减少[15,50]。基于占位栅格估算的平台姿态,通常包括以下步骤:

(1)网格估算:用激光扫描构建一个局部地图。

(2)匹配和异常值剔除:将本地地图或激光扫描与目标地图(或子地图)进行匹配,得$\boldsymbol{m}_k$。目标地图可以是上时刻传感器获得的地图也可以是从平台获取的先验地图。

(3)优化:最小化误差度量函数,获得运动和姿态估算。

匹配的姿态过程如图49.33所示。假定我们基于当前所有测量构建了地图$\boldsymbol{m}$,见占位栅格。另外,我们通过里程计、惯性测量$\boldsymbol{u}(t_k)$,$\hat{\boldsymbol{x}}^-(t_k) = g[\hat{\boldsymbol{x}}(t_{k-1}), \boldsymbol{u}(t_k)]$或动态模型预测平台姿态。假定我们收到3个激光测距值$\boldsymbol{z}(t_k)$,对应于图49.33中的3条"射线"。图49.33(a)~(d)分别给出了4个姿态估算选项的例子$\hat{\boldsymbol{x}}(t_k)$、$\hat{\boldsymbol{x}}_a(t_k)$、$\hat{\boldsymbol{x}}_b(t_k)$、$\hat{\boldsymbol{x}}_c(t_k)$、$\hat{\boldsymbol{x}}_d(t_k)$。

对于每个选项,可以通过以下测量计算地图:

$$\hat{\boldsymbol{m}}_z = \boldsymbol{h}^{-1}[\boldsymbol{x}(t_k), \boldsymbol{z}(t_k)] \tag{49.46}$$

接下来,可以通过找到最接近的占位栅格元素来确定此地图和现有地图之间的距离:

$$d = \min_{xy}\{ | \hat{\boldsymbol{m}}_z - \boldsymbol{m}^{[xy]} | \boldsymbol{m}^{[xy]} \text{ 已被占用}\} \tag{49.47}$$

距离越大,测量值和地图之间存在匹配的可能性就越小。因此,似然函数可以建模为 d。可以使用正态分布 $N(d,\sigma^2)$ 表示这种关系。给定所有的测量值,似然函数都可近似为

$$p(\boldsymbol{z}(t_k) | \boldsymbol{x}(t_k), \boldsymbol{m}) \approx \prod_i N(d, \sigma^2) \tag{49.48}$$

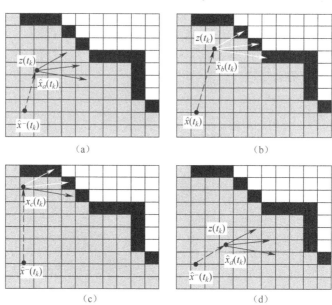

图 49.33   基于激光扫描与地图 m_k 匹配的姿态估算

举例来说,$P(\boldsymbol{z}(t_k) | \boldsymbol{x}_b(t_k), \boldsymbol{m}) > P(\boldsymbol{z}(t_k) | \boldsymbol{x}_c(t_k), \boldsymbol{m}) > P(\boldsymbol{z}(t_k) | \boldsymbol{x}_a(t_k), \boldsymbol{m}) > P(\boldsymbol{z}(t_k) | \boldsymbol{x}_d(t_k), \boldsymbol{m})$。因此,在所有四种选项中,图 49.33(b)是最有可能匹配的。

这种激光扫描匹配过程也可以类似于式(49.33)中最小化成本函数判据的 ICP 算法表示:

$$C(\boldsymbol{R}_k^M, \boldsymbol{t}_k^M) = \sum_{i=1}^{K} [1 - M_{\text{smooth}}(\boldsymbol{R}_k^M \boldsymbol{p}_i(t_k) + \boldsymbol{t}_k^M)]^2 \tag{49.49}$$

式中,$\boldsymbol{R}_k^M$ 和 $\boldsymbol{t}_k^M$ 分别为从激光扫描坐标系到局部地图坐标系的旋转和平移量;M_{smooth} 表示占位栅格局部子地图中概率值的平滑。式(49.49)可以用数值法求解。例如,谷歌制图师[50]使用 Ceres 求解法[51]来估算子地图中的旋转和平移。

许多 SLAM 方法都使用了占位栅格,例如,FastSLAM、GridSLAM[52]、DP-SLAM[53],还有HectorSLAM[54]。请注意,后一种方法不包含闭环,但它常用在机器人操作系统(ROS)中。在FastSLAM 实现中,图 49.19 中的卡尔曼滤波器已被图 49.34 所示的占位栅格法所取代。

图 49.35 显示了文献[52]中的一幅地图和轨迹。43.35(a)显示了最终的结果,包括环境的最终占位栅格和最终估算的轨迹。图 43.35(a)和(b)两幅图片显示了重新访问部分环境的效果。重新观测以前访问过的环境会显著减少地图和轨迹的协方差。在使用粒子滤波器的情况下,这意味着全局映射与测量获得的局部映射非常匹配的粒子被分配较大的权重,并将驱动 PF 重采样过程。

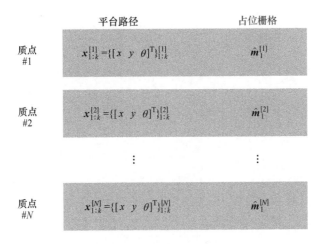

图 49.34　使用占位栅格法替代特征法的 FastSLAM

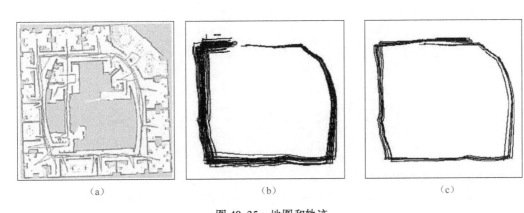

| (a) | (b) | (c) |

图 49.35　地图和轨迹

(a) GridSLAM 图和轨迹;(b) 环闭合前第一个环后所有粒子的轨迹;(c) 第一个环闭合后所有粒子的轨迹。
(经智能机器人和系统会议记录(IROS)许可转载。)

图 49.36 展示了不包含闭环函数时情况的例子,该图显示了使用配有激光扫描仪的 sUAS 生成的室内办公环境的 2D 地图(俄亥俄大学斯托克工程大楼)。

在位置①和位置②可以很容易地观察到缺乏回环,那里的地图失真非常明显。这种效应主要是因为:当 sUAS 返回到位置①(和位置②)时,姿态估算的偏差。这是由于 SLAM 固有的航位推算以及环境的相似性致使在沿轨道方向上缺乏可观察性(即缺乏足够的特征)。

包含闭环的方法如谷歌制图,如图 49.37 所示,不会受这些伪影的影响。谷歌地图中,大地图由许多较小的子地图组成,当一些区域被重新访问时,这些子地图使用 Ceres 非线性库重新估算相对位置。

在这次测绘任务中,sUAS 没有穿过位置③和位置④之间的走廊,这导致了两个可见走廊部分之间存在错位。如果 sUAS 能够完成任务并飞越走廊的范围,预计这种错位将通过闭环优化来解决。

图 49.36　使用 HectorSLAM 算法,小型无人机系统(sUAS)
绘制的俄亥俄大学斯托克中心三楼的地图[54]
(经 IEEE 许可后复制)。

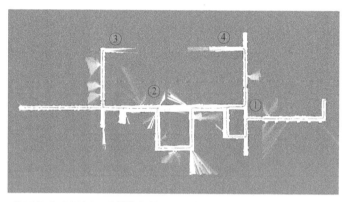

图 49.37　使用谷歌地图闭环法[50]绘制的俄亥俄大学期托克中心三楼的 sUAS 测绘图
(经 IEEE 许可后复制。)

49.4　小结

本章介绍了几种基于激光的导航算法或方法。其中的一些方法更适用于室内和城市,而另一些方法则适用于户外甚至飞机导航。本节介绍了在使用基于激光雷达的导航系统时需要注意的事项。

(1) 数据量:在使用基于激光的系统进行实时导航时,需要考虑的一个因素是传感器输出的数据量。例如,假设有一个 360°视场、角度分辨率为 0.25°的多口径激光扫描仪,如果该传感器被设置为以每秒 10 次的速度扫描,有 8 层,它可以产生每秒 115200 个点,或每小时超过 4 亿点的点云。每个点都有一个相关的三维位置,可以用笛卡儿坐标系表示,也可以简单地用方位角-高程-距离的格式表示。此外,一些扫描仪也返回与该点关联的强度值。虽然匹配或处理原始点云(有强度或无强度)仍然可行,但它的计算量可能较大,所讨论的方法必须适应,以同时满足实时导航要求。

(2) 数据不确定性:基于激光的系统可能在距离和角度测量中存在不确定性。在一个典型的导航应用中,这些不确定性,特别是测距误差,导致了总体姿态估算误差。当今商业激光雷达系统能够达到毫米级或厘米级的测距精度。然而,一些激光雷达最初可能是被设计用于其他目的,如目标检测。一般来说,激光雷达在精度、光束散度、角分辨率和采样率方面都有很大的差异性。例如,一些激光雷达的激光束比其他的激光束发散得更快,导致在环境上的照明覆盖区域更大。考虑一个简单的光束模型,如果一个光束的发散角为 1mrad,它可以照亮一个在 100m 处的目标直径约为 10cm 的圆形覆盖区。在 10cm 直径内的结构或表面的任何部分,不论平整或不平整,都可以用单次光束观测,且可以记录在点云中。这种被照射表面的粗糙度或纹理增加了激光雷达量程的不确定性。使用某些类型的激光雷达,可以将某些结构,如地面上的植被与底层表面区分开。目前,很多激光雷达可以将接收的信号数字化,并利用所产生的时间序列来区分多个返回值,例如通过门控。这些激光雷达称为波形数字化激光雷达系统。

此外,集成 IMU、相机、GNSS 接收机的组合激光导航系统必须考虑不同传感器之间的杆臂(相对位置)和对准(相对方向),以及同步到统一时间坐标系对时间测量值进行归一化处理。杆臂、对准及时间测量的任何不确定性均会导致额外的姿态估算误差。

(3)定位的精度和对应关系的鲁棒性:噪声水平并不是评判激光系统测量质量的唯一标准。在文献[54]和文献[46]中已经指出,好的度量也应该是唯一的和非多值的。在这里,"多值性"与度量对实际对象的定义程度有关。一个度量值,例如从原始数据中提取的抽象特征,如果不是精确定位在对象上,则可以与实际对象上的多个组件有关。在这种情况下,度量被认为是多值的。在匹配来自两个数据集的测量值时,"唯一性"量化了一对一的对应关系。单个测量,无论是点云的一部分,还是一个特征,都可能与来自另一个数据集的多个相应测量相匹配,对每种可能性都有一定的置信度,因此,该度量被认为是"非唯一的"。有些测量值是模糊的或非唯一的,即使它们的噪声很小,也会提高不确定性水平,而且会导致潜在的不匹配或异常值。为了保持精确和可靠的测量值,我们已经为基于特征和无特征的激光导航定义了选择、提取和匹配算法。

(4)环境变化和移动物体:当匹配两组点云数据时,我们隐含地假定两者都包含对相同不变环境的观测结果(自然地形特征或人造建筑物)。然而,必须考虑到环境可能会随着时间的推移而发生变化(人造建筑物的增加或移除,树叶和小山顶的消失)。特别是在使用先验地图的系统中,地图数据的时间非常重要。例如,我们通过比较激光雷达实时扫描数据和数年前收集的特定区域激光点云数据导航 UAS,地形和构造的累积变化可能会影响匹配过程,进而在导航解算中引入误差。在存在这种不确定性的情况下,必须检测到由于环境变化而导致的异常值,并使用 RANSAC 等方法从导航解算中将其剔除。

除了环境变化外,还有需要考虑的因素,激光系统视野还可捕捉到运动物体,如其他车辆。与环境变化一样,若有可能必须使用本章中描述的方法来检测和剔除这些移动的物体。

参考文献

[1] Geng,J.,"Structured-light 3D surface imaging:A tutorial,"*Advances in Optics and Photonics*,3,2010,pp.128-160.

[2] Elfes,A.,"A sonar-based mapping and navigation system,"*Proceedings of the IEEE International Conference*

on *Robotics and Automation*, 1986, pp. 1151-1156,

[3] Homm, F., Kaempchen, N., Ota, J., and Burschka, D. "Efficient Occupancy Grid Computation on the GPU with Lidar and Radar for Road Boundary Detection," *Proceedings of the IEEE Intelligent Vehicles Symposium* (*IV*), 2010, pp. 1006-1013.

[4] Martin, M. C. and Moravec, H., *Robot Evidence Grids*, Pittsburg: The Robotics Institute Carnegie Mellon University, 1996.

[5] Bosse, M. and Zlot, R., "Keypoint design and evaluation for place recognition in 2D lidar maps," *Robotics and Autonomous Systems*, 57, 2009, pp. 1211-1224.

[6] Nyugen, V., Martinelli, A., Tomatis, N., and Siegwart, R., "A comparison of line extraction algorithms using 2D laser rangefinder for indoor mobile robotics," *Proceedings of the IEEE/RSJ International Conference on Intelligent Robots and Systems*, 2005, pp. 1929-1934.

[7] Bates, D., "Navigation using optical tracking of objects at unknown location," M. S. E. E. Thesis, Ohio University, 2007.

[8] Point Cloud, http://pointclouds. org. Website accessed in June 2017.

[9] Venable, D. T., "Implementation of a 3D imaging sensor aided inertial measurement unit navigation system," M. S. E. E. Thesis, Ohio University, 2008.

[10] Kabsch, W., "A discussion of the solution for the best rotation to relate two sets of vectors," *Acta Crystallographica*, 34, 1978, pp. 827-828.

[11] Horn, B. K. P., "Closed-form solution of absolute orientation using unit quaternions," *Journal of the Optical Society of America*, 4, 1987, pp. 629-642.

[12] Soloviev, A. and Uijt de Haag, M., "Monitoring of moving features in laser scanner-based navigation," *IEEE Transactions on Aerospace and Electronic Systems*, 2010, 46 (4), 1699-1715.

[13] Farrell, J. L., *GNSS Aided Navigation and Tracking -Inertially Augmented or Autonomous*, American Literary Press, 2007.

[14] Guivant, J., Nebot, E., and Baiker, S., "Localization and map building using laser range sensors in outdoor applications," *Journal of Robotic Systems*, 17 (10), 2010, pp. 565-583.

[15] Thrun, S., Burgard, W., and Fox, D., *Probabilistic Robotics* (*Intelligent Robotics and Autonomous Agents*), Cambridge: MIT Press, 2005.

[16] Dissanayake, G., Williams, S., Durrant-Whyte, H., and Bailey, T., "Map management for efficient simultaneous localization and mapping (SLAM)," *Autonomous Robots*, 12 (3), 2002, pp. 267-286.

[17] Smith, R. C. and Cheeseman, P., "On the representation and estimation of spatial uncertainty," *International Journal of Robotics Research*, 5(4), 1986, pp. 56-68.

[18] Bailey, T., "Mobile Robot localisation and mapping in extensive outdoor environments," Ph. D. Thesis, University of Sydney, 2002.

[19] Guivant, J. and Nebot, E., "Optimization of the simultaneous localization and map building algorithm for real-time implementations," *IEEE Transactions on Robotics and Automation*, 17 (3), 2001, pp. 242-257.

[20] Paz, L. M., Guivant, J., Tardos, J. D., and Neira, J., "Divide and conquer: EKF SLAM in O(n)," *IEEE Transactions on Robotics*, 26 (1), 2008, pp. 1107-1120.

[21] Julier, S. J. and Uhlmann, J. K., "Using covariance intersection for SLAM," *Robotics and Autonomous Systems*, 55 (1), 2007, pp. 3-20.

[22] Piniés, P., Paz, L. M., and Tardós, J. D., "CI-Graph: An efficient approach for Large Scale SLAM," *Proceedings of the 2009 IEEE International Conference on Robotics and Automation* (*ICRA*), Japan, 2009.

[23] Grisetti, G., Stachniss, C., and Burgard, W., "Improving grid-based SLAM with Rao-Blackwellized particle

filters by adaptive proposals and selective resampling," *Proceedings of the IEEE International Conference on Robotics and Automation (ICRA)*, Barcelona, Spain, 2005, pp. 2432–2437.

[24] Ristic, B., Arulampalam, S., and Gordon, N., *Beyond the Kalman Filter: Particle Filters for Tracking Applications*, Artech House Radar, 2004.

[25] Montemerlo, M., Thrun, S., Koller, D., and Wegbreit, B., "FastSLAM: A factored solution to the simultaneous localization and mapping problem," *18th National Conference on Artificial Intelligence*, Edmonton, Alberta.

[26] Konolige, K., "Sparse bundle adjustment," *Proceedings of the British Machine Vision Conference (BMVC)*, 2010.

[27] Kaess, M., Ranganathan, A., and Dellaert, F., "iSAM: Incremental smoothing and mapping," *IEEE Transactions on Robotics*, 24 (6), 2008, pp. 1365–1378.

[28] Kuemmerle, R., Grisetti, G., Strasdat, H., Konolige, K., and Burgard, W., "g2o: A general framework for graph optimization," *IEEE International Conference on Robotics and Automation (ICRA)*, 2011.

[29] Chen, Y. and Medioni, G., "Object modeling by registration of multiple range images," *IEEE International Conference on Robotics and Automation (ICRA)*, 1991, pp. 2724–2729.

[30] Besl, P. and Mckay, N., "A method for registration of 3D shapes," *IEEE Transactions on Pattern Analysis and Machine Intelligence*, 14(2), 1992, pp. 239–256.

[31] Menq, C.-H., Yau, H.-T., and Lai, G.-Y., "Automated precision measurement of surface profile in CAD-directed inspection," *IEEE Transactions on Robotics and Automation*, 8 (2), 1992, pp. 268–278.

[32] Champleboux, G., Lavallee, S., Szeliski, R., and Brunie, L., "From accurate range imaging sensor calibration to accurate model-based 3D object localization," *Computer Vision and Pattern Recognition*, 1992, pp. 83–89.

[33] Rusinkiewicz, S., "Efficient variants of the ICP algorithm," *Third International Conference on 3D Digital Imaging and Modeling*, 2001, pp. 145–152.

[34] Masuda, T., Sakaue, K., and Yokoya, N., "Registration and integration of multiple range images for 3D model construction," *Proceedings of the 13th International Conference on Pattern Recognition*, 1, 1996, pp. 879–883.

[35] Weik, S., "Registration of 3-D partial surface models using luminance and depth information," *Proceedings of the International Conference on Recent Advances in 3D Digital Imaging and Modeling*, 1997, pp. 93–100.

[36] Blais, G. and Levine, M., "Registering multiview range data to create 3D computer objects," *IEEE Transactions on Pattern Analysis and Machine Intelligence*, 17 (8), 1995, pp. 820–824.

[37] Neugebauer, P., "Geometrical cloning of 3D objects via simultaneous registration of multiple range images," *Proceedings of the International Conference on Shape Modeling and Application*, 1997, pp. 130–139.

[38] Benjemaa, R. and Schmitt, F., "Fast global registration of 3D sampled surfaces," *Image and Vision Computing*, 17(2), 1999, pp. 113–123.

[39] Dorai, C. and Wang, G., "Registration and integration of multiple object views for 3D model construction," *IEEE Transactions on Pattern Analysis and Machine Intelligence*, 20 (1), 1998, pp. 83–89.

[40] Turk, G. and Levoy, M., "Zippered polygon meshes from range images," *SIGGRAPH: Proceedings of the 21st Annual Conference on Computer Graphics and Interactive Techniques*, 1994, pp. 311–318.

[41] Censi, A., "An ICP variant using a point-to-line metric," *Proceedings of the IEEE International Conference on Robotics and Automation (ICRA)*, 2008.

[42] Campbell, J. L., Uijt de Haag, M., and van Graas, F., "Terrain-referenced navigation using airborne laser scanner," NAVIGATION, 52 (4), Winter, 2005, pp. 189–197.

[43] Campbell,J. L. ,Uijt de Haag,M. ,and van Graas,F. , "Terrain-referenced precision approach guidance: Proof-of-concept flight test results," *NAVIGATION*,54（1）,Spring 2007,pp. 21-29.

[44] Vadlamani,A. and Uijt de Haag,M. , "Dual airborne laser scanners aided inertial for precise autonomous navigation," *IEEE Transactions on Aerospace and Electronic Systems*,45（4）,2009,pp. 1483-1498.

[45] Lu,F. and Milios,E. , "Globally consistent range scan alignment for environment mapping," *Autonomous Robots*,4（4）,1997,pp. 333-349.

[46] Campbell,R. and Flynn,P. , "A survey of free-form object representation and recognition techniques," *Computer Vision and Image Understanding*,81,2001.

[47] Moravec,H. and Elfes,A. , "High resolution maps from wide angle sonar," *IEEE International Conference on Robotics and Automation（ICRA）*,1985,pp. 116-121.

[48] Elfes,A. , "Using occupancy grids for mobile robot perception and navigation," *IEEE*,22（6）,1989, pp. 46-57.

[49] Hornung,A. ,Wurm,K. M. ,Bennewitz,M. ,Stachniss,C. ,and Burgard,W. , "OctoMap:An efficient probabilistic 3D mapping framework based on octrees," *Autonomous Robots*,2013.

[50] Hess,W. ,Kohler,D. ,Rapp,H. ,and Andor,D. , "Real-time loop closure in 2D LIDAR SLAM," *Proceedings of the IEEE International Conference on Robotics and Automation（ICRA）*,2016. pp. 1271-1278.

[51] Agarwal,S. ,Mierle,K. ,and Others, "Ceres solver," http:// ceres-solver. org.

[52] Hähnel,D. ,Fox,D. ,Burgard,W. ,and Thrun,S. , "A highly efficient *FastSLAM* algorithm for generating cyclic maps of large-scale environments from raw laser range measurements," *Proceedings of the Conference on Intelligent Robots and Systems（IROS）*,2003.

[53] Eliazar,A. and Parr,R. , "DP-SLAM:Fast,robust simultaneous localization and mapping without predetermined landmarks," IJCAI,2003.

[54] Kohlbrecher,S. ,von Stryk,O. ,Meyer,J. ,and Klingauf,U. , "A flexible and scalable SLAM system with full 3D motion estimates," *Proceedings of the IEEE Conference on Safety,Security,and Rescue Robotics*,2011.

本章相关彩图,请扫码查看

第50章 图像辅助导航概念与应用

Michael J. Veth[1], JohnF. Raquet[2]

[1] Veth 研究协会, 美国

[2] 系统集成解决方案, 美国

50.1 简介

全球导航卫星系统(GNSS)以其高准确性、高可用性的优势,引发了导航技术变革,受此影响,全球范围内很多应用场景的定位精度要求,均提升至米级。然而,卫星导航手段并非适用于所有的应用场景。

使用成像传感器获取导航信息是一种有前景的技术,这种想法的灵感来自生物系统,包括自然视觉辅助导航的最佳例子之一——人类。我们对自己的视觉导航系统的固有个人经验为这项技术的性能提供了基准。读者阅读本章节时,根据所阅读的位置,很可能解决了一个非常具有挑战性的相对导航的问题——厘米级定位问题。尽管存在显著的局限及有待分析解决差异,但视觉导航系统仍具有提供极其准确导航信息的潜力。本章的写作目的是介绍视觉导航技术的基本概念,以提供一个框架来对比、分析各类视觉导航方法的技术。

本章内容安排如下:首先,讨论导航应用场景定义问题;然后,介绍从图像序列中提取导航信息的常用技术;最后,针对提供导航解决方案健壮性的目标,分析了基本图像导航解决方案的优势与局限性,以及如何使用它来增强 GNSS 的解决方案。

50.2 成像系统模型

50.2.1 图像中包含的信息

图像是三维世界在成像平面的二维投影。世界上的物体被光源照亮,部分由此产生的反射能量进入相机镜头形成视场,通过镜头聚焦镜头前部的场景,投射到成像平面上获得图像。在数字传感器中,通过光敏元件[例如互补金属氧化物半导体(CMOS)或电荷耦合器件(CCD)]阵列,对图像进行采样。图像采样后,以光照强度阵列的形式存储在计算机中。采样后的图像同现实世界物体与物体间的关系相对应,场景和采样图像间的关系,如图 50.1 所示。

最终,图像从"摄像机"的视角,反映了现实世界中物体间相对位置信息。随着摄像机

(或物体)彼此相对运动,图像内容随之改变。因此,通过测量图像中物体的移动,可以对摄像机的相对运动进行估计。

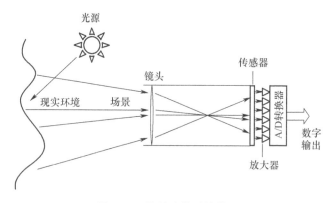

图 50.1　简单成像系统模型

(摄像机将场景转换为数字图像,其主要组件为光学器件与传感器、放大器、模数 A/D 转换器。
资料来源:美国空军技术学院。)

50.2.2　摄像机数学模型

本节介绍了摄像机以及从三维到二维投影的数学模型。首先,定义一个坐标系,称为摄像机坐标系,该坐标系同摄像机固连,如图 50.2 所示。如图 50.3 所示摄像机的常用模型是"针孔模型",通过镜头的光线被认为是穿过一个针孔。在针孔模型中,图像在成像平面上发生翻转,所成像大小与焦距 f 有关。

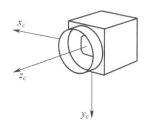

图 50.2　定义摄像机坐标系
(资料来源:美国空军技术学院。)

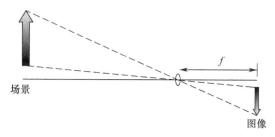

图 50.3　摄像机针孔模型
(资料来源:美国空军技术学院。)

　　如图50.4所示,在摄像机和场景之间,定义一个虚拟图像平面。若场景中存在一点,其三维空间坐标为 $\boldsymbol{X}^c=[x_c,y_c,z_c]^{\mathrm{T}}$,当该点投影到虚拟图像平面时,摄像机将三维空间坐标映射到二维坐标系,称该二维坐标系为标准化坐标系 $x_n=[x_n,y_n]^{\mathrm{T}}$,利用 z 轴坐标完成对三维空间坐标标准化处理:

$$\boldsymbol{x}_n=\begin{bmatrix}x_n\\y_n\end{bmatrix}=\frac{1}{z_c}\begin{bmatrix}x_c\\y_c\end{bmatrix}\biggr\}\tag{50.1}$$

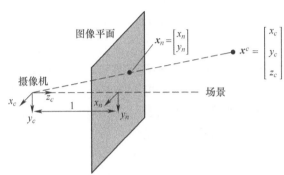

图50.4　通过虚拟图像平面将场景从三维空间向二维空间映射
(资料来源:美国空军技术学院。)

　　通过这种标准化处理,实现了从三维空间到二维空间的映射。场景中从摄像机到空间点射线上的景物,都将映射到二维标准化坐标系中。

　　接下来,将标准化坐标转化为图像像素坐标。虚拟图像平面如图50.4所示,图50.5显示了虚拟图像平面、标准化坐标系与像素坐标系 $[x_p,y_p]^{\mathrm{T}}$ 的关系。标准化坐标系同像素坐标系的转换关系可以表示为

$$\boldsymbol{x}_p=\begin{bmatrix}x_p\\y_p\end{bmatrix}=\begin{bmatrix}f_c&0\\0&f_c\end{bmatrix}\begin{bmatrix}x_n\\y_n\end{bmatrix}+\begin{bmatrix}n_x/2\\n_y/2\end{bmatrix}\tag{50.2}$$

式中: n_x 、n_y 分别为 x 轴 、y 轴像素数量,式(50.1)、式(50.2)共同描述了如何将摄像机图像帧三维场景坐标系 $\boldsymbol{X}^c$ 转换为图像中的二维坐标系 $\boldsymbol{x}_p$ 。

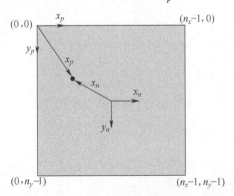

图50.5　虚拟图像平面(像素数量 $n_x\times n_y$)、标准化坐标系与像素坐标系 $[x_p,y_p]^{\mathrm{T}}$ 的关系
(资料来源:美国空军技术学院。)

使用齐次坐标,可将这种转换表示为一种更紧凑的形式。为将一个矢量转换成齐次坐标,可在矢量之后加一标量1,齐次矢量在本章中通过加下画线表示。通过式(50.3),可将一个矢量表示为齐次矢量:

$$\underline{x} = \begin{bmatrix} x \\ 1 \end{bmatrix} \tag{50.3}$$

在齐次坐标系下,从三维空间坐标系到像素坐标系可以被等效表示为

$$\underline{x}_p = \begin{bmatrix} x_p \\ y_p \\ 1 \end{bmatrix} = \begin{bmatrix} f_c & 0 & n_x/2 \\ 0 & f_c & n_y/2 \\ 0 & 0 & 1 \end{bmatrix} \begin{bmatrix} x_n \\ y_n \\ 1 \end{bmatrix} = \boldsymbol{K} \begin{bmatrix} x_n \\ y_n \\ 1 \end{bmatrix} = \boldsymbol{K}\,\underline{x}_n \tag{50.4}$$

式中: f_c 为以像素为坐标的摄像机焦距; $\boldsymbol{K}$ 矩阵被称为摄像机的校准矩阵。

式(50.4)中, $\boldsymbol{K}$ 矩阵是一个理想的摄像机校准矩阵。对于真实摄像机,有些参数可能会有细微的变化,通常,摄像机校准矩阵可以表示为

$$\boldsymbol{K} = \begin{bmatrix} f_c(1) & a_c f_c(1) & c_c(1) \\ 0 & f_c(2) & c_c(2) \\ 0 & 0 & 1 \end{bmatrix} \tag{50.5}$$

这种表达方式,考虑了已定义参数发生变化的情况,如 x 轴、y 轴方向像素存在非正交性,可添加一个倾斜项 a_c ,通过对 $\boldsymbol{K}$ 矩阵求逆,可以计算标准坐标系下的坐标:

$$\underline{x}_n = \boldsymbol{K}^{-1} \underline{x}_p \tag{50.6}$$

通过式(50.4),可以获得摄像机坐标系及像素坐标系间的坐标转换关系:

$$\underline{x}_p = \boldsymbol{K} [\boldsymbol{I}_{3\times3} \,|\, \boldsymbol{0}_{3\times1}] \underline{\boldsymbol{X}}^c \tag{50.7}$$

应注意,式(50.7)中,齐次矢量 $\underline{x}_p$ 的第3个元素可能不为1。在这种情况下,含下画线的矢量 $\underline{x}_p$ 表示利用其最后一个分量进行了标准化处理。

到目前为止,一切都是在摄像机框架下中表达出来的。但是,对于许多问题(包括视觉导航),通常希望将摄像机与其他外部相关联,我们称之为世界帧,如图50.6所示。在该图中,有一个特征点 $\boldsymbol{X}$ 可以用摄像机坐标($\boldsymbol{X}^c$)和世界坐标($\boldsymbol{X}^w$)表示:

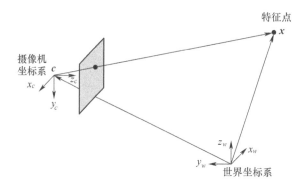

图50.6　摄像机坐标系、世界坐标系及特征点的关系
(资料来源:美国空军技术学院。)

$$X^c = \begin{bmatrix} x_c \\ y_c \\ z_c \end{bmatrix} X^w = \begin{bmatrix} x_w \\ y_w \\ z_w \end{bmatrix} \qquad (50.8)$$

等效坐标可以表示为

$$X^c = R_w^c(X^w - C^w) \qquad (50.9)$$

式中：R_w^c 为将矢量从世界坐标旋转到摄像机坐标的方向余弦矩阵；C^w 为在世界坐标中表示的摄像机位置。

将式(50.7)和式(50.9)进行组合，可以得到：

$$\underline{x}_p = K[R_w^c \mid -R_w^c C^w]\underline{X}^w \qquad (50.10)$$

经整理，令 $t = -R_w^c C^w$，式(50.10)可表示为

$$\underline{x}_p = K[R \mid t]\underline{X}^w \qquad (50.11)$$

将式(50.11)进行整理，得到摄像机矩阵：

$$P = K[R \mid t] \qquad (50.12)$$

摄像机矩阵将摄像机的姿态(即平移和旋转)以及摄像机校准参数融入其中，描述了三维空间中的点到像素坐标的投影。

50.2.3　摄像机校准

摄像机校准分为两类：一是内部参数校准，即获取摄像机矩阵 K 中的参数及镜头畸变参数。内部参数反映了摄像机内部特性，与其使用场景、放置位置无关；二是外部参数校准，即获取摄像机相对于已知坐标系的位置和姿态。例如，将摄像机安装在飞机上，则外部校准参数可以描述摄像机坐标系相对于飞机机体坐标系的位置、姿态。对于立体成像系统，了解摄像机之间的相对位置、姿态十分重要。

可免费通过摄像机校准工具箱进行内部、外部参数校准，如 OpenCV[1] 摄像机校准库。本节中描述的摄像机参数校准参数是 MATLAB 的摄像机校准工具箱中的参数[2-5]。

从归一化坐标(x_n)到考虑透镜畸变的归一化坐标(x_d)转换关系为

$$\begin{bmatrix} x_d \\ y_d \end{bmatrix} = (1 + k_c(1)r^2 + k_c(2)r^4 + k_c(5)r^6)\begin{bmatrix} x_n \\ y_n \end{bmatrix} +$$
$$\begin{bmatrix} 2k_c(3)x_ny_n + k_c(4)(r^2 + 2x_n^2) \\ k_c(3)(r^2 + 2y_n^2) + 2k_c(4)x_ny_n \end{bmatrix} \qquad (50.13)$$

其中，$r = \sqrt{x_n^2 + y_n^2}$、$k_c(1)$、$k_c(2)$、$k_c(3)$、$k_c(4)$、$k_c(5)$ 为摄像机畸变参数，将畸变的归一化坐标与摄像机校准矩阵相乘，可以获得像素坐标：

$$\underline{x}_p = K\underline{x}_d \qquad (50.14)$$

这些像素坐标是在畸变参数已知的情况下获得的实际摄像机像素坐标。需注意的是，如果所有失真参数 $k_c(1)$ 到 $k_c(5)$ 均为零，则式(50.14)等效于无畸变的纯针孔模型，如式(50.4)和文献[3]所示，通常需要一种迭代算法，对坐标进行反向运算。

50.2.4　图像导航问题的基本组成部分

许多常用的图像处理方法，可以确定图像中的物体运动，每种方法效果不同。尽管这些

图像处理方法的性能不如人类视觉系统,但随着数字成像和计算机处理技术的发展,利用图像实现导航成为可能。本节将介绍这种算法的基本组成。

人们可以容易地理解摄像机的图像,但是更期望将图像转换到空间上,用于直接支持导航算法,这种空间称为特征空间。一般而言,特征空间变换是将图像阵列转换为特征空间中的特征矢量集合。为利用图像完成导航,理想的特征空间变换将特征空间分解为位置姿态(简称"位姿")和对象两个方面。理想的位置姿态集,完全取决于对象的相对姿态,且与对象或特征的类型无关。相反,理想的对象集,完全独立于对象的相对姿态,并且仅取决于对象的类型。这类似于人类对物体的解释,例如无论一支铅笔在我们眼中所处的方向或大小如何,它始终看起来像一支铅笔。

所有图像辅助导航方法都包含三项基本处理:在图像中查找适合识别、跟踪的部位,在后续图像或先前收集的图像中匹配这些部位,并计算由此产生的摄像机运动。

为了便于讨论,将这些操作分别称为兴趣区域选择、图像匹配和位置姿态估计问题,并在 50.3~50.5 节中分别进行介绍。

50.3 兴趣区域选择

选择图像中兴趣区域是一种计算机视觉技术,首先选取图像中的特定部位,可在后续图像中对具有较高可能性的区域进行匹配。光流技术、特征跟踪技术之间的主要区别,在于选择这些兴趣区域的方法。

特征跟踪算法强调在后续图像中找到匹配概率最高的特征进行定位。这些方法(包括人类视网膜下神经节,参见文献[4])中,多数倾向于找到图像中具有显著空间强度变化(即较大的光照强度梯度)的像素点。找到强特征后,通过提取局部图像,并对近邻区域图像信息进行编码,以创建特征描述符,然后将特征描述符作为后续图像中进行像素点匹配的基础。

对各种流程技术的深入描述超出了本章的范畴。然而,每种特征提取算法都可以通过产生的特征对光照、摄像机姿态、物体运动变化的不变性来表征。正如预期的那样,鲁棒性最强的特征提取算法往往计算量最大,需要权衡其处理速度和算法性能。一些常见的特征提取算法可以在文献[5-8]中找到,图 50.7 中显示了一个特征提取的简单案例。

从实际应用出发,以下介绍五种图像特征搜索、局域特征提取的方法:

(1)基于网格特征方法;
(2)角点特征方法;
(3)线特征方法;
(4)鲁棒角点特征方法;
(5)核同值区(USAN)算法。

这些特征提取案例将在 50.3.1~50.3.5 节中描述。

50.3.1 基于网格特征方法

与基于特征的方法相比,经典的光流技术通常不考虑图像的光强,而是简单地将图像划分为网格,来选择感兴趣的区域[9]。这种方法的优点是消除了提取特征时所需的大量图像处理步骤,实现较为简单。另外,由于图像栅格是预先建立的,光流技术还适用于硬件、软件优化处理,可以显著提升处理速度,如可使用相对较少的计算资源来处理 30Hz 的视频序列。然而,基于网格特征方法还存在一些缺点,一是对特征质量缺乏考虑,这会增加图像帧之间的兴趣区域的匹配难度;二是缺少健壮的描述符,通常仅提取图像块自身的光强类型。

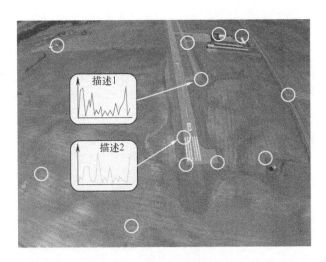

图 50.7　特征提取案例 c 在此图像中,识别了典型特征,并为每个特征计算了一个描述符。
显示了两个特征描述符,将用于匹配后续图像的特征匹配
(资料来源:美国空军技术学院。)

50.3.2　角点特征方法

Harris[6] 在 30 年前就指出,图像中水平方向、垂直方向上具有明显梯度的区域,可作为特征的主要候选对象。这些区域被称为"角点",因为它们在水平和垂直方向上都提供了独特的度量。基于角点的特征检测,即角点特征方法,成为最常用的特征检测方法,并应用于许多案例中。Harris 角点会在图像中寻找局部唯一的区域,如图 50.8 所示。

对于以像素位置 (u,v) 为中心的局部区域 w,我们可以通过计算光强平方差的和(SSD),来表示对像素位置微小变化的敏感性:

$$S(x,y) = \sum_u \sum_v w(u,v) \left[I(u+x,v+y) - I(u,v) \right]^2 \tag{50.15}$$

式中:$w(u,v)$ 为严格非负的区域窗口;$I(u,v)$ 为位置 (u,v) 的图像强度;$S(x,y)$ 为距窗口中心第 (x,y) 像素处计算的 SSD 值。

$$S(x,y) \geqslant 0 \tag{50.16}$$

$$S(0,0) = 0 \tag{50.17}$$

SSD 计算可通过使用关于像素 (u,v) 光强的一阶泰勒级数函数来推广应用:

$$I(u+x,v+y) \approx I(u,v) + \frac{\partial I}{\partial x}\bigg|_{u,v} x + \frac{\partial I}{\partial y}\bigg|_{u,v} y \tag{50.18}$$

$$I(u+x,v+y) \approx I(u,v) + I_x(u,v)x + I_y(u,v)y \tag{50.19}$$

式中:I_x 和 I_y 分别为在 x 和 y 方向上计算的图像梯度。将式(50.19)代入式(50.15),可以得出:

$$S(x,y) = \sum_u \sum_v w(u,v) \left[I(u,v) + I_x(u,v)x + I_y(u,v)y - I(u,v) \right]^2 \quad (50.20)$$

$$S(x,y) = \sum_u \sum_v w(u,v) \left[I_x(u,v)x + I_y(u,v)y \right]^2 \quad (50.21)$$

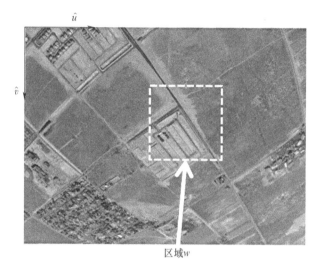

图 50.8　Hams 角点提取图像示例

(资料来源:美国空军技术学院。)

二次项可以展开并转换为矩阵形式,关于 (x,y):

$$S(x,y) = \sum_u \sum_v w(u,v) \left[I_x{}^2(u,v)x^2 + 2I_x(u,v)I_y(u,v)x + I_y{}^2(u,v)y^2 \right] \quad (50.22)$$

$$S(x,y) = \sum_u \sum_v w(u,v) \begin{bmatrix} x & y \end{bmatrix} \begin{bmatrix} I_x{}^2(u,v) & I_x(u,v)I_y(u,v) \\ I_x(u,v)I_y(u,v) & I_y{}^2(u,v) \end{bmatrix} \begin{bmatrix} x \\ y \end{bmatrix} \quad (50.23)$$

$$S(x,y) = \begin{bmatrix} x & y \end{bmatrix} \boldsymbol{M} \begin{bmatrix} x \\ y \end{bmatrix} \quad (50.24)$$

$$\boldsymbol{M} = \sum_u \sum_v w(u,v) \begin{bmatrix} I_x{}^2(u,v) & I_x(u,v)I_y(u,v) \\ I_x(u,v)I_y(u,v) & I_y^2(u,v) \end{bmatrix} \quad (50.25)$$

它包含对平移运动敏感的相关加权区域特征信息。更具体地说,特征值表示区域特征矢量对特定方向运动的敏感性。因此,"好的"角点的两个特征值数值较大。

为了快速确定特征的质量,Harris 提出一种角点检测方法:

$$R_{\text{corner}} = \det(\boldsymbol{M}) - k\text{tr}^2(\boldsymbol{M}) \quad (50.26)$$

式中:$\det(\cdot)$ 为行列式;$\text{tr}(\cdot)$ 为迹;k 为基于经验的调整参数,当 $0.04 < k < 0.15$ 时,算法可以很好地运行。一般情况下,当 $R < 0$ 时,检测结果对应边缘,当 R 取值较小时,与"平坦"区域对应;当 R 值较大时,与"质量"较高的角点对应,如图 50.9 所示。图 50.10 为 Harris 角点检测实例,可以发现质量较高的 Harris 角点,相较于近邻 8 个像素,取值最高。

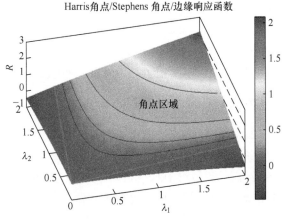

图 50.9　Harris 角点边缘响应函数

（资料来源：美国空军技术学院。）

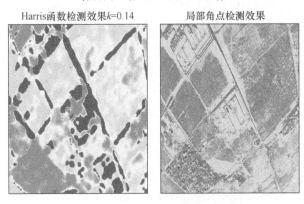

图 50.10　Harris 角点度量采样结果

（资料来源：美国空军技术学院。）

50.3.3　线特征方法

直线是人为环境中一种常见的特征。有多种方法可在图像中定位直线，最常见的是 Hough 变换[10]。图 50.11 显示了利用 MATLAB©实现直线检测的案例，利用 Houghlines 函

图 50.11　直线样本提取

（在此图像中，使用 Hough 变换检测直线，这些直线提供了垂直于线方向的位置信息。资料来源：美国空军技术学院。）

数提取、跟踪图像中的直线特征,可提供有关摄像机姿态变化的信息。图像中的直线轮廓,只有在同运动方向垂直时才会改变,因此,垂直于直线的运动分量是可观测的。换言之,当有垂直于直线的明显运动时,图像中直线的轮廓才会改变。这种局限性称为"孔径问题",自然环境中的直线可用性有限。因此,研究人员提出了一种具有额外可观测性的特征检测技术。

50.3.4 鲁棒角点特征方法

如前所述,图像辅助导航解决方案的关键,是将特征从一个图像可靠地匹配到另一个图像,这必须适应不同的成像条件,如照明变化、摄像机位置变化以及地标变化。尽管人脑可以毫不费力地完成此任务,然而,设计性能良好的匹配算法还是充满了挑战,这是一个热门的研究领域,该领域将特征检测、提取算法称为鲁棒检测器。

最常用的鲁棒检测器是尺度不变特征变换(SIFT)算法[5]。SIFT 算法提取的特征矢量包括姿态、对象尺寸,这些元素同平移、缩放和旋转变换等解耦,同仿射变换部分解耦。由于这种方法可以将随机的变换应用于姿态维度,而对物体维度的影响很小,因此该算法可用于导航估计。

特征转换包括三个部分:尺度空间分解、特征检测和特征描述矢量的计算。使用高斯和高斯差分空间滤波器对尺度空间进行计算[5]。高斯空间滤波器定义为

$$g(x,y,\sigma) = \frac{1}{2\pi\sigma^2} e^{-\frac{x^2+y^2}{2\sigma^2}} \qquad (50.27)$$

式中:x 和 y 对应图像的空间尺寸(以像素为单位);σ 为模糊函数的标准差。因此,给定图像 $i(x,y)$,可以用 x 和 y 的卷积表示滤波后的图像:

$$l(x,y,\sigma) = i(x,y) \otimes g(x,y,\sigma) \qquad (50.28)$$

上述函数也可以等价地写为频域空间中的乘法:

$$L(f_x,f_y,\sigma) = I(f_x,f_y) G(f_x,f_y,\sigma) \qquad (50.29)$$

式中:$I(f_x,f_y)$ 为图像二维傅里叶变换;$G(f_x,f_y,\sigma)$ 为高斯模糊函数的二维傅里叶变换。为了便于说明,一维高斯模糊函数的空间频率响应如图 50.12 所示。注意,高斯函数的截止频率随着标准差 σ 的增加而减小。

高斯滤波器的差分定义为

$$f(x,y,k,\sigma) = g(x,y,k\sigma) - g(x,y,\sigma) \qquad (50.30)$$

其中,x 和 y 对应于图像的空间尺寸(以像素为单位),$k > 1$ 是频率缩放阶跃参数,σ 是基本标准差。因此,给定图像 $i(x,y)$,可以用 x 和 y 的卷积表示滤波后的图像:

$$d(x,y,k,\sigma) = i(x,y) \otimes f(x,y,k,\sigma) \qquad (50.31)$$

高斯滤波器的差分的样本脉冲响应如图 50.13 所示。高斯函数的差分也可以等效地写为空间频域中的乘法:

$$D(f_x,f_y,k,\sigma) = I(f_x,f_y) F(f_x,f_y,k,\sigma) \qquad (50.32)$$

高斯滤波器的一维差分的空间频率响应如图 50.14 所示。使参数 $k > 1$,可以尺度将图像分解为多个尺度空间,每个尺度空间都以特定的空间频率为中心。在文献[5]中尺度参数以几何方式变化,以保持空间频率具有相等的频率间隔。给定初始高斯滤波器标准差 σ_0 和间隔参数 k,将高斯滤波器的第 i 个差分定义为:

$$f(x,y,i) = g(x,y,k^{i+1}\sigma_0) - g(x,y,k^i\sigma_0) \qquad (50.33)$$

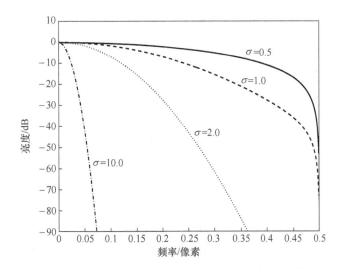

图 50.12　模糊函数标准差 σ 变化时高斯模糊滤波器的空间频率响应
(本案例显示了该函数的一维模式,高斯函数的截止频率随着 σ 的增加而减小。资料来源:美国空军技术学院。)

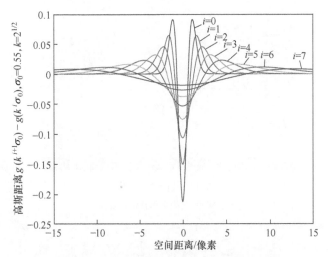

图 50.13　高斯滤波器的差分的样本脉冲响应
(资料来源:美国空军技术学院。)

　　图像(图 50.15)的尺度分解,如图 50.16 所示。注意,随着高斯滤波器中心频率的增加(随着 i 减小),滤波图像对更高空间频率的细节显示出更高的灵敏度。

　　将图像分解到尺度空间后,可检测出具有局部显著性的特征。这可以通过定位一个体素(体积元素)局部范围内的体素来实现,随着 x、y 和尺度(i)变化,可产生 26 个相邻体素的最大值或最小值。如果候选特征位于特定尺度空间中,就可以通过在以候选特征为中心的窗口 w ,计算以下矩阵的特征值,并找到空间中细节的数量:

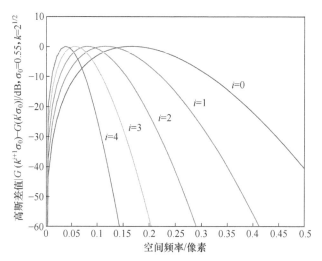

图 50.14　高斯滤波器的差分的空间频率响应

(带通响应中心频率是各分量高斯函数标准差值的函数。资料来源:美国空军技术学院。)

图 50.15　机场采样图像

(资料来源:美国空军技术学院。)

$$\boldsymbol{G} = \begin{bmatrix} \sum_{x,y \in W} (\nabla \boldsymbol{f}_x)^2 & \sum_{x,y \in W} \nabla \boldsymbol{f}_x \, \nabla \boldsymbol{f}_y \\ \sum_{x,y \in W} \nabla \boldsymbol{f}_x \, \nabla \boldsymbol{f}_y & \sum_{x,y \in W} (\nabla \boldsymbol{f}_y)^2 \end{bmatrix} \quad (50.34)$$

式中、$\nabla \boldsymbol{f}_x$、$\nabla \boldsymbol{f}_y$ 分别为尺度空间图像 $f(x,y,i)$ 在 x 和 y 方向上的梯度。如前所述,零特征值对应于特征矢量方向上的零元素,这是由恒定光强图像产生的。特征值随着细节的增加而增加,这表明一个潜在的显著特征。通过对特征值进行阈值划分,并选择最强的候选特征来表征该特征,使用式(50.26)介绍的 Harris 算子[6]提取,其表述方式如下:

$$C(\boldsymbol{G}) = \det(\boldsymbol{G}) + k_t [\text{trace}^2(\boldsymbol{G})] \quad (50.35)$$

式(50.35)等效于:

$$C(\boldsymbol{G}) = (1 + 2k_t)\sigma_1\sigma_2 + k_t(\sigma_1^2 + \sigma_2^2) \quad (50.36)$$

式中：σ_1 和 σ_2 为 $\boldsymbol{G}$ 的特征值；k_t 为调整参数，调整参数较小时，关注两个方向的特征细节，调整参数较大时，关注一个方向的特征细节。

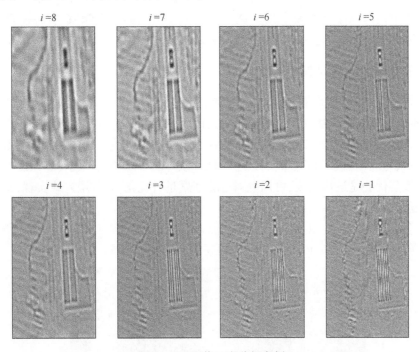

图 50.16　图像尺度分解案例

[随着滤波器中心频率的增加(随着 i 的减小)，滤波后的图像对更高的空间
频率细节表现出更高的敏感性。资料来源：美国空军技术学院。]

一旦选择在多个方向上具有足够细节的特征，特征矢量对象的维数就被计算为特征附近的滤波尺度空间的梯度强度函数。Lowe 提出了在特征周围建立一个梯度方向直方图的方法，然后选择一个梯度矢量的主方向，该方向对应于最大的直方图单元。该特征矢量的目标维数由特征周围梯度的归一化直方图组成。有关 SIFT 特征变换算法的更多信息，请参见文献[5,11-12]。

因此，时刻 t_i 的图像被变换为特征空间中 M 个矢量的集合：

$$i(x,y,t_i) \rightarrow z_n^*(t_i)\,(\,\forall\, n \in \{1,2,\cdots,M\}\,) \tag{50.37}$$

其中，对于 SIFT 特征转换算法，$z_n^*(t_i)$ 被划分为姿态子空间和对象子空间：

$$z_n^*(t_i) = \begin{bmatrix} z_n^{\text{pose}}(t_i)_{4\times1} \\ - \\ z_n^{\text{object}}(t_i)_{128\times1} \end{bmatrix}_{132\times1} \tag{50.38}$$

其中

$$z_n^{\text{pose}}(t_i) = \begin{bmatrix} z_{n_x}(t_i) \\ z_{n_y}(t_i) \\ \sigma_n(t_i) \\ \theta_n(t_i) \end{bmatrix}_{4\times1} \tag{50.39}$$

式中：z_{n_x}、z_{n_y}为图像中像素的位置；σ_n为特征的尺度；θ_n为特征的主方向。

虽然SIFT算法流行，但许多其他算法利用类似的方法实现旋转、缩放，其和一般姿态变化的不变性，同时降低了计算复杂度。这一直是一个活跃的研究领域，有许多算法可供使用。关于飞机导航应用中各种特征提取算法匹配性能的比较，见文献[13]。

50.3.5　核同值区(USAN)算法

角点特征定位的主要问题之一，是定位和提取这些特征所需的计算时间。计算机视觉研究的基本问题就是在算法性能和计算负担之间保持平衡。

USAN算法是解决鲁棒特征提取问题的一种更有效的方法。USAN算法试图在图像中找到中心像素与周围像素明显不同的兴趣区域。该算法可以提供对旋转和尺度变化不变性的度量，其主要优势是运算速度，可以针对运算速度进行优化，以分层方式实现，避免了如梯度计算等复杂处理。

USAN算法的一些典型案例，是通过加速分割检测器(FAST)算子提取特征[14] (图50.17)，这些功能已在OpenCV等计算机视觉程序包中实现。

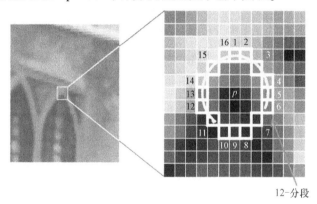

图50.17　12-分段特征检测核

（中心像素光强与周围一段像素光强进行比较，当达到特定差
异值时即提取特征[14]。经Springer自然杂志许可复制。）

50.4　匹配搜索

一旦可以从两幅图像中提取出一组特征，下一步就是确定哪些特征对应于世界坐标系中的同一对象(也称"地标")，该过程就是所谓匹配问题，已成为研究热点。匹配搜索本质上是数据关联问题，因此，可通过很多常用方法来获得准确的匹配性能。

在两幅图像之间找到匹配的兴趣区域是一个热门的研究领域。通过定义一些度量标准来确定匹配项，为多个兴趣区域之间提供比较。最简单的方法是比较两个图像块之间的光强模式，并在总差值低于预设阈值时，判断匹配成功。这是光流技术中最常见的方法，同样该方法的优点在于运算的计算效率。正因如此，匹配算法可以被高度优化，但简单方法的缺点是对匹配不正确或不准确的敏感性不够。这些问题将在本节中解决。

许多特征匹配算法都试图通过使用更健壮的特征描述符来改进简单的图像对比,从而显著提高匹配精度。如前所述,特征提取算法发现的每个特征都具有与之关联的描述性元素,因此,寻找候选者匹配特征需要设计和计算一个适当的相似性度量,并选择使该度量最大化的候选匹配对。例如,使用流行的 SIFT 算法发现的每个特征都包含一个 128 维元素的描述符矢量,该描述符矢量被归一化为单位长度。通过计算特征描述符之间的欧几里得距离来确定特征描述符之间的相似性。当欧几里得距离最小时,则判定匹配成功,这个过程如图 50.18 所示。

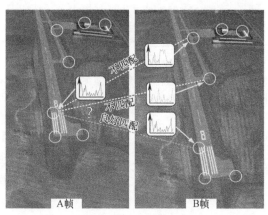

图 50.18　特征匹配采样测试

(将 A 帧的特征描述符与 B 帧的候选描述符进行比较,当特征描述符间的欧几里得
距离低于阈值时,判定特征匹配成功。资料来源:美国空军技术学院。)

"暴力"匹配技术可以用来初步确定具有描述符的特征之间的潜在匹配集。例如,当存在图像 A 和图像 B 时,从每幅图像中提取一组具有描述符的特征,目的是确定两幅图像中哪些特征最匹配。一种技术是从图像 A 中提取每个特征,并计算该特征描述符与图像 B 中所有特征描述符之间的距离(通常是欧几里得距离、汉明距离)。将各组特征描述符按照匹配紧密程度进行排列,如果最佳匹配和次优匹配有足够明显的差距(通常通过两者之间的比例来量化),则认为它是一个良好的匹配。我们的目标是确定匹配对,其匹配值相对于其他匹配值更为显著,这样的匹配是正确的匹配可能性更大。其他技术具有不同程度的鲁棒性和计算机处理要求。"暴力"匹配技术往往允许错误的匹配,这个问题通常通过对解决方案空间一些额外的约束来消除这些异常值来解决。

最常见的消除特征误匹配的技术是随机抽样一致性(RANSAC)算法,最早由 Fischler 和 Bolles 提出[15]。RANSAC 算法试图通过在对应集上施加几何约束,来消除异常匹配(图 50.19)。该算法描述如下:

(1) 使用描述符比较技术计算对应集。

(2) 从对应集中选择匹配的随机子集。

(3) 根据匹配特征的子集计算候选姿态(细节如下)。

(4) 通过添加与候选姿态一致的其余匹配项来扩展匹配子集。

(5) 如果找到了显著的匹配集,则该算法完成;如果未找到有效的匹配集,则使用其他初始随机子集,重新启动算法。

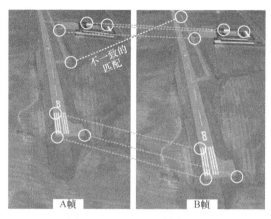

图 50.19　无匹配采样测试

(在这种情况下,出现了一个与真实成像条件不一致的对应关系。必须检测并移除不一致的匹配,
否则这种情况将导致对相机运动的错误估计。资料来源:美国空军技术学院。)

基于 RANSAC 的算法非常有效,并且具有不需要事先估计姿态的优点。该技术的缺点在于,它需要计算图像较大区域上的特征匹配,可能需要多次完成。最终,基于 RANSAC 的离群值消除技术可以极大地改善对应关系搜索过程,尤其是当内点值较外点值的比例相对较大时。

其他技术试图通过将附加信息应用于对应问题来提高匹配性能。当图像导航算法与其他导航传感器(如车辆模型或惯性测量单元(IMU))集成在一起时,通用方法尤为合适。在这种情况下,可以实现一种特征匹配算法,该算法使用先验导航状态从一个图像到下一个图像的位置来预测特征[16]。另外,如果导航状态的统计信息可用,则可以将统计约束应用于第二帧中的搜索空间,此过程如图 50.20 所示。通过提前确定搜索约束,可以将非统计上可能的匹配从比较计算中排除,从而大大降低了错误匹配的可能性。该方法的缺点是统计预测需要额外的计算。

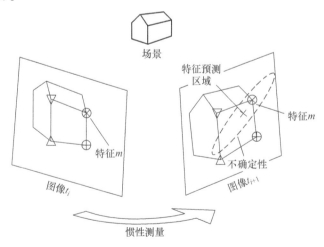

图 50.20　随机特征预测

(使用惯性测量和随机投影,将感兴趣的光学特征映射到将来的图像。资料来源:美国空军技术学院。)

50.5　姿态估计

确定一组对应的特征后,最后一步是使用观察的特征运动来估计摄像机的运动[17-19]。虽然光流算法和特征跟踪算法之间的数学基础理论是相同的,但主要区别在于感兴趣特征上的时间花费。

同样,光流算法需要较少的计算量。在光流算法中,对两帧之间比较感兴趣区域的表面运动进行比较,然后计算摄像机的运动,从而产生姿态和位移方向的变化。在多数情况下,帧之间的时间间隔用于将运动解释为角速度和速度方向的分矢量。这种方法的优点也是简单和快速,通过限制图像的变化速率支持更高的帧速率,来帮助提高匹配性能(请参阅文献[20])。这种方法的缺点是对应兴趣区域之间缺乏长期连续性。如果在两幅图像之间找不到合理的匹配集,计算出的运动就会出现很大的误差。

特征跟踪算法通过称为同时定位与场景重建(SLAM)的过程,在图像帧间进行特征跟踪,并进行位置估计,来缓解此问题。在过去的 10 年中,对 SLAM 方法的研究已经非常成熟。实际上,基于 SLAM 的导航系统已被应用于生产型机器人(如自主式吸尘器)中。可以预期,在这些领域可获得的大量研究成果,并且读者可以参考一些开创性的文章[21-23]。在50.5.1 节和 50.5.2 节中,我们将更详细地讨论视觉测程法和 SLAM 法。

50.5.1　视觉测程法

通过比较两个图像(通常来自顺序图像序列),可以找到最简单的位置姿态解决方案,这可通过多种方式来完成。然而,最常见的方法是利用双视图几何原理[17,19,24]。

在线性摄像机拍摄的任何两幅图像之间(请参见 50.2.3 节),一幅图像中的点对应于另一幅图像中的线,反之亦然。这些与点相对应的线称为极线。每幅图像中的所有极线都相交于一个极点,该极线对应摄像机的光学中心到当前图像的投影,如图 50.21 所示。

坐标系"a""b"中任何对应点之间的数学关系由基础矩阵决定。如图 50.22 所示,将地标 y_1 投影到图像"a"和图像"b"中。

给定两个真实视线(LOS)矢量 s^a 和 s^b,两个 LOS 矢量之间的整体成像几何形状为

$$s^b = p_{ba}^b + C_a^b s^a \tag{50.40}$$

由于我们处理的是真实成像条件(例如地标必须在摄像机光圈前面观察),LOS 矢量可以写为 z 方向深度尺度严格为正的齐次矢量,它与 λ_a、λ_b 的关系为

$$\lambda_b \underline{s}^b = p_{ba}^b + \lambda_a C_a^b \underline{s}^a \tag{50.41}$$

左乘旋转矢量的叉积,得到

$$\lambda_b (p_{ba}^b \times) \underline{s}^b = (p_{ba}^b \times) p_{ba}^b + \lambda_a (p_{ba}^b \times) C_a^b \underline{s}^a \tag{50.42}$$

由于

$$p_{ba}^b \times p_{ba}^b = 0 \tag{50.43}$$

简化式(50.42),得到:

$$\lambda_b (p_{ba}^b \times) \underline{s}^b = \lambda_a (p_{ba}^b \times) C_a^b \underline{s}^a \tag{50.44}$$

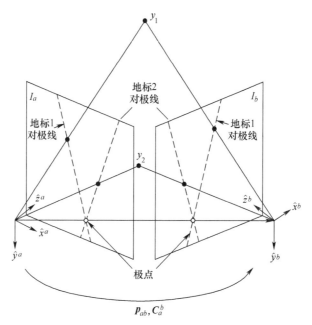

图 50.21   对极几何模型

(资料来源:美国空军技术学院。)

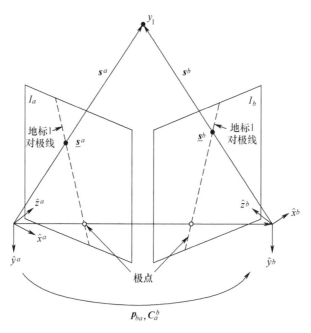

图 50.22   特定地标的对极几何模型

(资料来源:美国空军技术学院。)

最后,左乘 LOS 齐次矢量的转置:

$$\lambda_{\underline{b}}\underline{s}^{b\mathrm{T}}(\boldsymbol{p}_{ba}^{b}\times)\underline{s}^{b}=\lambda_{\underline{a}}\underline{s}^{b\mathrm{T}}(\boldsymbol{p}_{ba}^{b}\times)\boldsymbol{C}_{a}^{b}\underline{s}^{a} \tag{50.45}$$

由于

$$\underline{s}^{bT}(\underline{p}_{ba}^{b} \times)\underline{s}^{b} = 0 \tag{50.46}$$

得到：

$$0 = \lambda_a \underline{s}^{bT}(\underline{p}_{ba}^{b} \times)\underline{C}_{a}^{b}\underline{s}^{a} \tag{50.47}$$

由于 $\lambda_a \neq 0$，可以对式(50.47)进行简化，得到极点约束公式：

$$0 = \underline{s}^{bT}(\underline{p}_{ba}^{b} \times)\underline{C}_{a}^{b}\underline{s}^{a} \tag{50.48}$$

通过定义从 a 向 b 转换的基础矩阵，式(50.48)可以转换为更紧凑的形式：

$$\underline{E}_{a}^{b} = (\underline{p}_{ba}^{b} \times)\underline{C}_{a}^{b} \tag{50.49}$$

我们可以获得对极约束：

$$0 = \underline{s}^{bT}\underline{E}_{a}^{b}\underline{s}^{a} \tag{50.50}$$

因此，给定任意两个图像之间的一组对应点，可以基于上述关系来估计基础矩阵。由于解是线性的，八点算法[17]是这些算法中最常见的算法。最终，给定 N 对匹配点的一般位置的集合 $\{\underline{s}_{i}^{b}, \underline{s}_{i}^{a}\}$，可以通过求解式(50.51)的最小解，获得基础矩阵：

$$\min_{\hat{E}}\left\{\sum_{i=1}^{N}(\underline{s}_{i}^{bT}\hat{\underline{E}}_{a}^{b}\underline{s}_{i}^{a})^{2}\right\} \tag{50.51}$$

一旦确定了 $\hat{E}_{\min}$，就可将其重新投影到基础矩阵空间上，该矩阵特征值为 2 个 1 和 1 个 0。

为了使用上述算法，从估计得到的基础矩阵中确定姿态，可以将基础矩阵分解为以下单位矢量平移和方向余弦矩阵(请参见文献[17,19])：

$$\underline{E}_{a}^{b} \rightarrow \{\hat{\underline{p}}_{ba}^{b}, \underline{C}_{a}^{b}\} \tag{50.52}$$

这一结果对单目图像导航系统中姿态的基本可观测性有着极其重要的意义。如式(50.52)所示，没有其他辅助观测结果或对环境的先验信息，单目图像导航系统只能提供：

· 图像之间的方向变化 $\underline{C}_{a}^{b}$ 以及坐标系之间的位置 $\hat{\underline{p}}_{ba}^{b}$；
· 这是众所周知的"尺度问题"的基础，并将在后续各节中详细介绍。

然而，只要有额外的信息可用于辅助估计尺度，上述两个矢量都可以用于实际导航系统测量信息更新，图 50.23 所示为一个双视图导航处理案例。

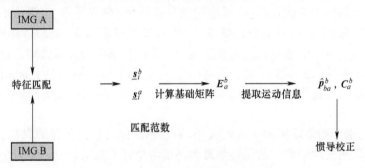

图 50.23 双目立体视图导航处理示例

(资料来源：美国空军技术学院。)

50.5.2　SLAM 和光束法平差

50.5.1 节介绍的双目立体视图导航技术,特意规避了摄像机和地标间相对位置的估计。尽管这提供了计算优势,但限制了导航解决方案在整体准确性方面的潜力。作为比较,另一种方案为明确估计每个地标的位置,作为行进轨迹的补充。对于递归算法,这种方法称为 SLAM 解决方案;对于批处理的解,这种方法通常称为光束法平差(BA)。

SLAM 和 BA 算法是基于将每个特征像素的位置观测表示为 LOS 矢量的投影。因此,式(50.9)给出了在时刻 k 到达地标 j 的 LOS 矢量。在此处重新表述,包括索引 j 和 k：

$$X^c = R_w^{c_k}(X_j^w - C_k^w) \tag{50.53}$$

式中：$R_w^{c_k}$ 为方向余弦矩阵,它在时刻 k 将矢量从世界(导航)坐标系旋转到摄像机坐标系;X_j^w 是地标 j 在世界坐标系中的位置,而 C_k^w 是 k 时刻摄像机的光学中心在世界坐标系的位置。可以使用式(50.10)中描述的摄像机固定参数,将 LOS 矢量投影到图像中。

然后,递归 SLAM 算法需要估计以下参数:摄像机在时刻 k 的位置 C_k^w、摄像机在时刻 k 的方向 $R_w^{c_k}$ 和每个地标的位置 X_j^w。

因此,SLAM 算法用于跟踪 J 个地标的状态矢量长度应为 $6 + 3J$。由于成像系统可以轻松检测出给定图像中的大量特征,因此 SLAM 算法通常会限制所跟踪的地标总数。在很多情况下,跟踪 6~10 个地标可以在性能和计算负担之间获得良好的平衡。这种"特征跟踪"方法,使得 SLAM 按一定周期运行卡尔曼滤波器(步骤如下):

(1) 准备好新图像后,从图像中提取特征,然后对现有的一组待跟踪的特征进行对应搜索;

(2) 对于每个匹配良好的特征,将当前测量值合并到卡尔曼滤波器中;

(3) 对不再可行的地标,进行删除;

(4) 根据当前测量值添加新地标,以替换上一步中删除的地标;

(5) 将状态矢量和不确定性传播到下一次更新。

递归 SLAM 算法,在添加新轨迹时,确定初始地标的位置状态是一挑战。这是由单目图像中深度的不可观测性造成的。这一挑战导致了许多不同的技术试图通过综合其他信息源来估计深度。我们将在这一章后面更详细地讨论这个问题。

为实现估计摄像机姿态和地标位置,BA 算法与 SLAM 算法几乎相同,只是不再进行递归操作。BA 算法同时估计所有参数,这为解决方案的稳定性提供了许多优势。然而,对于实时系统,BA 算法比用迭代卡尔曼滤波解决方案需要更强的计算能力。

一些有前景的图像导航算法,寻求通过满足鲁棒性、在线操作,来融合 SLAM 和 BA 解决方案,如多状态约束卡尔曼滤波(MSCKF)[25] 和增量平滑映射(iSAM)算法[26]。这些技术将典型的单历元卡尔曼滤波状态矢量扩展为一个广义的多历元参数集。这个扩展的参数集允许对来自多个视图的观测值进行无缝组合,以更稳健地初始化初始地标位置。此外,这些组合技术已显示出适当且有效地处理"循环闭合"情况(即当从轨迹的早期重新访问地标时)的潜力。

无论如何,基于图像观测的 SLAM 和 BA 算法都是固有的航位推算算法,都会受到位置和姿态误差无限增长的影响。这是观测真实环境中位置未知的地标不可避免的结果。但如果能够观测到具有已知绝对位置的地标,就可以完全消除误差的增长。我们将在下一节讨论这个概念。

50.5.3 通过位置已知的特征进行绝对定位

以前的方法假设场景特征的坐标未知。然而,在一些应用中,特征的位置(通常称为"地标")是已知的,这使摄像机的绝对姿态(位置和方向)可以得到估计。以这种方式求解摄像机姿态的算法,通常称为"n 点透视"或 PnP 算法。在 PnP 算法中,利用二维图像特征和三维地标之间的 n 个对应关系来估计摄像机的姿态。

式(50.10)显示了具有三维(3D)世界坐标的地标 X^W 与二维(2D)图像像素平面上位置 x_p 之间的映射。该映射是摄像机校准矩阵 K、摄像机在世界坐标系中姿态 R_c^w 以及摄像机在世界坐标系中的位置 C^w 的函数。如果我们假设摄像机校准矩阵 K 是已知的,那么我们可以用第 j 个匹配特征 x_{p_j} 和地标 X_j^w 间的更一般的函数形式来表示这个 3D→2D 映射:

$$x_{p_j} = f(R_c^w, C^w, X_j^w) \tag{50.54}$$

现在,考虑存在的 n 个 2D/3D 对应的情况。测量矢量由图像上测量的 2D 特征位置组成:

$$z_{\text{meas}} = \begin{bmatrix} x_{p_1} \\ \vdots \\ x_{p_n} \end{bmatrix} \tag{50.55}$$

同样地,预测的矢量由在图像帧世界坐标系上的投影组成:

$$z_{\text{pred}} = \begin{bmatrix} f(R_c^w, C^w, X_1^w) \\ \vdots \\ f(R_c^w, C^w, X_n^w) \end{bmatrix} \tag{50.56}$$

对于任何给定的 R_c^w 和 C^w 可以计算得到残差矢量 r,并表示为

$$r(R_c^w, C^w) = z_{\text{meas}} - z_{\text{pred}} \tag{50.57}$$

然后,估计问题是计算使残差平方和最小化的摄像机位置和姿态:

$$[\hat{R}_c^w, \hat{C}^w] = \underset{[R_c^w, C^w]}{\text{argmin}} \sum_{k=1}^{2n} r_k^2 \tag{50.58}$$

式中: r_k 为残差矢量的第 k 个元素。

有几种方法可以解决这个问题,其中一种最常见的方法是使用 Levenberg-Marquardt 算法,这是 OpenCV 中采用的默认方法[27]。

PnP 解决方案的质量高度依赖测量的几何结构(即地标相对于摄像机的地标位置)。一般来说,地标越分散,处理效果就越好。在地标远离摄像机且视野相对狭窄的情况下,姿态和位置之间可能存在高度相关性,从而导致较大的误差。例如,假设一架飞机在离地面 1 万 ft 的地方,拍摄一张俯视地面的照片。如果飞机向前移动几米,图像就会有很小的偏移;相反,如果飞机保持在同一位置,只是稍微向下俯仰,图像同样会发生非常小的偏移,其方式与向前运动时看到的非常相似。事实上,很难区分这两种不同的图片——一种是轻微的向前运动,另一种是轻微的向下倾斜。在这种情况下,任何 PnP 算法都很难区分前向运动和俯仰,导致这两个量之间的误差具有很强的相关性(侧向运动和侧倾也是如此)。这种高度相关的误差情况,降低了准确估计每个单独运动的能力。

　　然而,如果我们已知姿态(例如惯性导航系统,或 INS),不需要估计它,基于视觉的 PnP 算法只估计位置[三自由度,或 3 自由度(3DOF)]将比计算完整位置和姿态[六自由度(6DOF)]的标准 PnP 解决方案,得到更好的估计位置。位置信息可以显著提高 PnP 算法的姿态估计能力。这种性能改进的示例如图 50.24 所示。

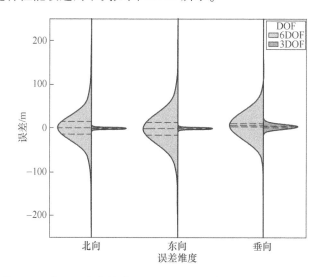

图 50.24　比较 6DOF(位置和姿态估计)和 3DOF(位置估计,姿态已知)解的 PnP 误差分布

　　结果来自一架离地面 1700m 高飞行的飞机,使用 50mm 焦距镜头进行拍摄[13])。

　　总之,光流法和特征跟踪算法都是利用图像序列中的视觉运动来确定摄像机的运动。一般来说,当计算资源有限且应用不需要估计地标位置时,光流法非常有吸引力。特征跟踪法虽然计算要求更高,但可以通过跟踪多帧特征来估计地标的位置。与光流法相比,实施良好的特征跟踪算法,可以提高导航解决方案的精度,特别是当车辆轨迹允许摄像机对同一地标进行多次观测时(见文献[28])。表 50.1 总结了这些特征。此外,如果观测特征的坐标已知,则 PnP 解可以提供位置和/或姿态的绝对估计。

表 50.1　光流法和特征跟踪法特征比较

阶段	光流法	特征跟踪法
特征提取	基于网格	基于强度
匹配	区域(光强)匹配	描述符匹配
跟踪	两幅图片	多幅图片

50.6 单目视觉导航问题

　　不论用什么方法来获取摄像机运动,所有的单目技术都会受到尺度模糊的影响。换言之,单目图像辅助技术无法解决地标的深度问题,直接导致无法确定帧间平移的幅度。最终,利用特征跟踪技术的单目图像导航算法提供了五维结果,即成像位置之间的相对平移方向(2 自由度);图像之间的相对旋转(3 自由度)。

此外,这些矢量是相对的,因此任何由此产生的导航估计,本质上都是航位推算解决方案,如图50.25所示。该结果对于理解基于通用特征匹配方法的图像辅助导航特点很重要。需要强调三个结论:首先,由于移动的幅度本质上是无法观察到的,因此无法直接确定行进的总距离;其次,作为一个直接的后果,运动估计的方向也会由于特征测量的误差而迅速降低精度,尤其是当照摄像机相对于特征深度方向缓慢移动时;最后这种方案的最终观测结果是相对的定向估计。因此,永远无法直接获得绝对定向结果,并且随着观测到新特征,姿态误差将不可避免地随着时间而增大。

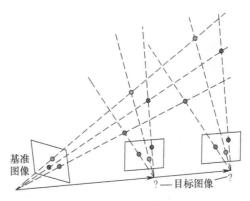

图50.25 单目成像尺度模糊性案例
(在此图中,基础图像中的三个特征位于目标图像中。由于缺乏深度信息,
目标图像可以在沿线的任何位置定位,仍然是一个可接受值。资料来源:美国空军技术学院。)

因此,这种单目摄像机解决方案在需要绝对导航解决方案的应用中的实用性受到了限制,除非图像导航算法可以用其他信息来增强,这些信息能够"填补"图像导航算法提供的解决方案中固有的可观测性缺陷。已经提出了解决该问题的各种方法,并且将在50.7节中介绍这些方法。

50.7 附加信息在图像辅助导航解决方案中的应用

如前所述,基于单目视觉传感器的图像序列导航解决方案,将受到绝对方向未知和比例因子未知的限制。为了解决这些问题,需要提供其他信息。本节中附加信息的来源分为两类:成像方法(即同类传感器)和将其他非同类传感器与图像传感器融合的方法。

50.7.1 将其他信息整合到同类成像传感器中

本节在讨论这一点时,重新审视人类视觉导航系统是有意义的。显然,我们的导航解决方案不受比例尺模糊问题或绝对姿态未知问题的限制,这为我们提供了一个分析人类导航系统的机会。本节还讨论如何在非常直观的层面上,将附加信息合并到图像辅助导航解决方案中。这些技术包括但不限于立体测距,外基线测距,基于光学的测距和环境约束测距等。

50.7.2　立体测距

立体成像使用两个相对位置已知的摄像机的图像,以消除尺度模糊。传感器之间的间隔距离称为视差。如图 50.26 所示,分隔距离是一个已知量,它允许我们使用简单的几何图形来确定各自到目标的相应距离。由此产生的视差会根据目标深度,在图像中有效地改变其位置。这样就可以恢复立体摄像机装置的任何平移运动的相应比例。

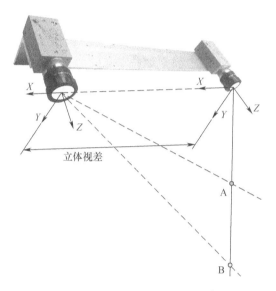

图 50.26　立体测距案例

(地标"A"和"B"的深度可以使用由立体摄像机提供的视差直接估计,立体摄像机以已知的视差和相对方向安装)

立体技术之所以具有吸引力,是因为其使用特征匹配算法可以轻松估算出感兴趣的目标深度。这些系统本质上是被动的,不需要任何场景的知识。此外,如果传感器已正确校准,则可以实现快速深度估计算法。

不幸的是,立体技术也有一些明显的缺点。立体成像系统需要额外传感器、镜头和计算资源。此外,立体图像必须正确同步和校准,这需要额外的设备和时间。最后,通过立体成像系统可获得的测距精度与照摄像机的视差和到目标的距离的比例成正比。因此,为了在较远的范围内进行精确的深度估计,需要较大的视差,这可能会导致传感器的体积过大。

最终,基于图像的导航系统在添加深度估计中,可以实现摄像机坐标系之间的 6 自由度(6DOF)相对运动的完全观测性。"相对"的描述十分重要,这是因为绝对位置和方向仍然无法获得。如果对图像进行快速采样,则立体图像辅助导航传感器将提供相对于真实环境中物体的速度和角速率的测量。由于导航状态的误差将随着时间的推移而无限地增长,因此该技术从本质上说是航位推算系统。

应当注意,人类视觉系统的平均视差约为 6cm,这极大地限制了除最接近距离外的任何物体的立体视觉深度估计准确性。这表明人类视觉系统还使用其他技术进行深度估计,激发了人们对以下测距法的讨论。

50.7.3　外基线测距

外基线测距是一种用于确定图像中物体距离的技术,并假定该物体具有已知的物理尺寸。在激光测距技术广泛使用之前,该技术在测量和瞄准中得到广泛应用。

外基线测距技术的优势在于它完全保持被动,只需一个成像传感器。该技术的主要缺点是需要分离和识别图像中的物理对象以确定物理尺寸。当然,人类在这项任务上表现出色。但是,计算机技术目前还不够成熟,因此该技术仅适用于可以使用计算机视觉算法提取和识别图像中对象的场景。

此外,如果未正确识别对象,则得出的距离估计可能不正确。这种案例的术语是"强制透视"。当采用强制透视时,场景中的对象被有意设计为向人类视觉系统提供错误的深度信息。图 50.27 显示了一个强制透视场景简单的案例。

图 50.27　强制透视场景简单的案例

(在这张照片中,人类视觉系统被欺骗了,对每个人的相对大小作出了不正确判断。
人类感知到主体之间的相关性错误地指示了相似的深度。资料来源:美国空军技术学院。)

50.7.4　光学测距技术

光学测距技术利用与传感器相关的光学特性,来确定单目图像的深度。这些方法包括基于焦点的技术和编码孔径技术。Pentland[29] 提出了一种基于焦点的技术,来确定图像的深度,他观察到哺乳动物的视网膜实际上仅在很小的中央凹区域内清晰聚焦,而视网膜的其他部分均明显失焦。因为图像中的散焦量是物体深度的函数,所以如果可以对散焦量进行测量,则可以使用单幅图像估计深度。基于上述原理,提出了一种可实时估计深度的算法。

编码孔径技术在摄像机的光路内部应用了精心设计的遮蔽图案,这会导致图像失真,该失真是距离物体的函数。这种方法是在文献[30]中提出的,并首先在文献[31]中应用于图像导航问题。该技术的优点是无须移动部件即可估计单目图像深度。潜在的缺点包括深度估算算法的计算复杂性以及特定距离的深度存在非确定解的问题。

50.7.5　环境约束

最后一种感兴趣的方法是结合关于场景中对象的位置和/或姿态的先验知识,确定相对于世界坐标系的绝对导航信息。这种获取绝对导航参考信息的能力在任何先前讨论的方法中都没有提到,对于保证视觉导航长期稳定而言,非常有价值。

尽管有许多方法可以实现此技术,但其中的一个示例是能够识别地标并确定我们相对于地标的位置和方向的能力。例如,在长途飞行结束后识别机场,我们立即获得了完整的导航信息;通过建立地标、地标之间以及地标与真实世界之间的关系数据库,我们在头脑中有了一个图像辅助导航的参考数据库。此技术的一个简单示例,是我们利用环境中垂直特征的能力,利用普遍存在的、同当地重力方向平行的物体(如树木、建筑物、地平线),可以获得稳定的姿态信息。

文献[32]中介绍了一种应用于室内环境的视觉导航的示例。该系统采用集成的直线跟踪算法检测建筑物的垂直结构。从线条的集合中,可以直接且绝对地观测到摄像机相对于建筑物基本方向(例如,两个水平方向和一个垂直方向)的特征。该系统提供了相对于结构不受漂移影响的姿态源,当与惯性导航系统紧密结合时(参见文献[33]),使系统的姿态性能连续而稳定。此操作如图 50.28 所示。作者预测,这些类型的高级视觉传感器将为长期导航提供所需的稳定性。

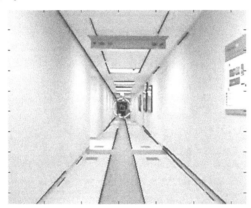

图 50.28　基于平行线特征跟踪实现自动姿态稳定的案例
(实线表示跟踪线,提高了集成惯性传感器的姿态估计精度。正方形表示测得的直线相交,
而 3σ 不确定性边界以虚线椭圆表示先验姿态解的质量。资料来源:美国空军技术学院。)

总而言之,基于视觉的导航系统可提供有关地标位置的各种级别的信息,从而产生了相对于这些地标的导航解决方案。利用这些地标与世界联系起来的上下文信息,基于视觉的导航系统理论上可以提供不受长期漂移影响的解决方案。但是,要达到这样的性能水平,就需要对计算机视觉算法进行改进,而这种能力差距突显了将视觉导航系统与其他传感器结合使用的重要性。

50.8　非均匀传感器融合

融合多个传感器以提高导航系统的准确性、完整性,是导航领域中非常普遍的做法。视觉辅助导航系统做法类似,可以使用传感器融合方法进行改进。在本节中,将讨论已成功与视觉导航系统融合的传感器的部分列表。具体来说,我们将介绍惯性传感器、里程计传感器和 GNSS 传感器。

50.8.1 惯性传感器

将惯性传感器与视觉传感器融合以进行导航是有必要的。这些传感器具有一些互补的特性,可以大大提高相对于每个设备单独使用的性能。

首先,惯性传感器可在所有环境中使用,并且不需要外部信息。这是一个重要的特征,并且与追求基于视觉的导航方案(例如,GNSS 可用性较差,存在多径效应)非常匹配。其次,惯性传感器对高频运动(例如 100Hz 或更高)非常敏感。这与摄像机的帧速率形成对比,后者在应用图像处理技术后通常小于 30 帧/s。通常,惯性传感器可为特征跟踪算法提供良好的先验状态估计,从而限制了对应项搜索并减少了异常值。最后,由于惯性传感器对重力敏感,因此可以自然地限制侧倾和俯仰姿态的漂移。

图 50.29 显示了惯性/图像辅助紧密组合导航算法的示例。该算法首先使用惯性测量来预测特征位置,然后由自动特征跟踪算法进行跟踪,最后使用图像间较为准确的姿态信息,更新纠正 IMU 中的误差,并重复该循环。在文献[34]中的室内环境中,对该系统进行了评估,其性能相对于独立系统得到显著改进。如图 50.30 所示,将两个传感器进行紧密组合使用,组合系统性能优于单独使用单一传感器的性能。实际上,只要惯性传感器能够稳定地支持对图像之间的特征进行跟踪,整体导航性能就取决于视觉导航系统的质量。

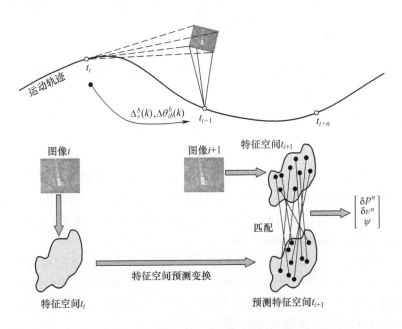

图 50.29　图像辅助的惯性导航算法概述
(惯性测量信息用于图像帧间的特征对应搜索,获得的图像辅助
导航信息用于校正导航状态。资料来源:美国空军技术学院。)

50.8.2 里程计传感器

在配有轮式编码器或其他里程计传感器的陆地车辆上,将里程计添加到视觉辅助导航中,导航性能可以得到提升。因为里程计解决方案可对行进距离进行测量,该信息可用于帮助解决单目视觉系统的深度不确定问题。此外,可以利用其他非完整运动约束,为视觉辅助导航解决方案提供必要的观测信息。对于大多数车辆而言,里程计系统提供的信息将远远优于 MEMS-IMU 所提供的信息,因此,如果里程计测量可用,则有必要使用这种方案。

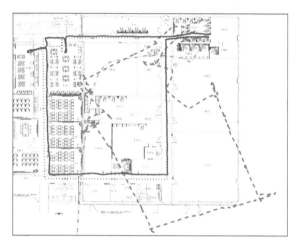

图 50.30　室内环境图像辅助惯性导航方案与战术级惯性导航单元的定位精度比较
(虚线分别表示惯性自主导航结果、无约束的图像辅助导航结果,实线表示图像
辅助惯性导航结果。组合导航较与非组合导航的导航性能明显提高。资料来源:美国空军技术学院。)

即使使用里程计测量,导航信息在本质上仍然是无法准确估计的,并且会随着时间漂移。这激发了本章的最终讨论。

50.8.3　GNSS 传感器

如前所述,GNSS 在全球范围内提供了不受长期漂移影响的位置、速度测量信息。理想情况下,确实不需要对 GNSS 进行额外的增强。然而,在复杂电磁频环境下,GNSS 信号可能会降级。在这种情况下,GNSS 定位可能被影响,甚至无法服务。在人口稠密的城市区域中导航是一个典型案例,在建筑物的某些位置,定位信号将周期性地被建筑物遮挡,因此与图像导航系统融合,是一个较好的候选方案。

由于多种原因,城市环境适合视觉导航系统。首先,城市环境通常具有许多鲜明的特征。其次,导致 GNSS 设备产生盲区的建筑物,实际上可为成像传感器辅助导航提供可测量的几何形状信息。最后,如果采用更高级的特征提取和匹配算法,则可在城市环境中提取大量的可识别的地标和场景结构信息,用于图像辅助导航。

尽管对这种系统的分析超出了本章的范围,但可以证明,与视觉测量组合使用时,仅用两次良好的伪距测量,就可以实现完整的 6DOF 导航状态可观测性。

50.9　小结

本章分析了从图像中提取导航信息,并与其他传统导航传感器进行融合的技术。虽然基于图像的运动估计算法具有完全自主的优势,且仅需要相对低成本的传感器,但是单目图像辅助技术的可观测性受到限制,最终需要附加信息才能产生可用的绝对导航解决方案。因此,尽管图像辅助技术暂不适宜作为一项单一的导航技术使用,但是可以作为组合导航系统的一部分,用于较恶劣的环境中,来扩展传统 GNSS 系统的应用范围。

参考文献

［1］ OpenCV. (2016) URL http://opencv. org/.

［2］ Bouguet, J. Y. (2004) Camera Calibration Toolbox for MATLAB.

［3］ Heikkila, J. and Silvén, O. (1997) A four-step camera calibration procedure with implicit image correction, in *IEEE Computer Society Conference on Computer Vision and Pattern Recognition, 1997. Proceedings, 1997* IEEE, pp. 1106–1112.

［4］ Knierim, J. , Skaggs, W. , Kudrimoti, H. , and McNaughton, B. (1996) Vestibular and visual cues in navigation: A tale of two cities, *Annals of the New York Academy of Sciences*, June, pp. 399–406.

［5］ Lowe, D. G. (2004) Distinctive image features from scale-invariant keypoints. *International Journal of Computer Vision*, 60 (2), 91–110.

［6］ Harris, C. and Stephens, M. (1988) A combined corner and edge detector, in *Proceedings of the Alvey Conference*, pp. 189–192.

［7］ Lucas, B. D. and Kanade, T. (1981) An iterative image registration technique with an application to stereo vision, *Proceedings of the DARPA Image Understanding Workshop*, pp. 121–130.

［8］ Shi, J. and Tomasi, C. (1994) Good features to track, in *IEEE Conference on Computer Vision and Pattern Recognition*, pp. 593–600.

［9］ Barron, J. L. , Fleet, D. J. , and Beauchemin, S. S. (1994) Performance of optical flow techniques, *International Journal of Computer Vision*, 12, 43 – 77. URL http://dx. doi. org/10. 1007/BF01420984, 10. 1007/BF01420984.

［10］ Hough, P. (1962) Method and means for recognizing complex patterns, US Patent No. 3,069,654.

［11］ Lowe, D. G. (1999) Object recognition from local scale invariant features, in *Proceedings of the International Conference on Computer Vision*, vol. 2, pp. 1150–1157. Corfu, Greece.

［12］ Ke, Y. and Sukthankar, R. (2004) PCA-SIFT: A more distinctive representation for local image descriptors, in *2004 IEEE Computer Society Conference on Computer Vision and Pattern Recognition (CVPR'04)*, vol. 2, pp. 506–513.

［13］ Venable, D. T. (2016) Improving Real World Performance for Vision Navigation in a Flight Environment, Ph. D. thesis, Air Force Institute of Technology.

［14］ Rosten, E. and Drummond, T. (2006) Machine learning for high-speed corner detection, in *Computer Vision ECCV 2006, Lecture Notes in Computer Science*, vol. 3951 (eds. A. Leonardis, H. Bischof, and A. Pinz), Springer Berlin/Heidelberg, pp. 430–443.

［15］ Fischler, M. A. and Bolles, R. C. (1981) A paradigm for model fitting with applications to image analysis and automated cartography, *Communications of the ACM*, 24, 381–395.

［16］ Veth, M. J. , Raquet, J. F. , and Pachter, M. (2006) Stochastic constraints for efficient image correspondence search, *IEEE Transactions on Aerospace Electronic Systems*, 42 (3), 973–982.

［17］ Ma, Y. , Soatto, S. , Kosecka, J. , and Sastry, S. S. (2004) *An Invitation to 3D Vision*, Springer-Verlag, Inc. , New York.

[18] Faugeras, O. (1993) *Three-Dimensional Computer Vision: A Geometric Viewpoint*, MIT Press, Cambridge, Massachusetts.

[19] Hartley, R. and Zisserman, A. (2003) *Multiple View Geometry in Computer Vision*, 2nd Ed., Cambridge University Press.

[20] Veth, M. J., Martin, R. K., and Pachter, M. (2010) Antitemporal-aliasing constraints for image-based feature tracking applications with and without inertial aiding, *IEEE Transactions on Vehicular Technology*, 59 (8), 3744–3756.

[21] Smith, R. and Cheeseman, P. (1986) On the representation and estimation of spatial uncertainty, *The International Journal of Robotics Research*, 5 (4), 56–68.

[22] Smith, R., Self, M., and Cheeseman, P. (1986) Estimating uncertain spatial relationships in robotics, in *Proceedings of the Second Annual Conference on Uncertainty in Artificial Intelligence*, pp. 435–461.

[23] Leonard, J. and Durrant-Whyte, H. (1991) Simultaneous map building and localization for an autonomous mobile robot, in *Proceedings of Intelligent Robots and Systems (IROS'91)*, pp. 1442–1447.

[24] Szeliski, R. (2010) *Computer Vision: Algorithms and Applications*, 1st Ed., Springer-Verlag New York, Inc., New York.

[25] Mourikis, A. I. and Roumeliotis, S. I. (2007) A multi-state constraint Kalman filter for vision-aided inertial navigation, in *Robotics and Automation, 2007 IEEE International Conference on*, IEEE, pp. 3565–3572.

[26] Kaess, M., Ranganathan, A., and Dellaert, F. (2008) ISAM: Incremental smoothing and mapping, *IEEE Transactions on Robotics*, 24 (6), 1365–1378.

[27] Bradski, G. (2000) *Dr. Dobb's Journal of Software Tools*. OpenCV.

[28] Taylor, C. N., Veth, M. J., Raquet, J. F., and Miller, M. M. (2011) Comparison of two image and inertial sensor fusion techniques for navigation in unmapped environments, *IEEE Transactions on Aerospace and Electronic Systems*, 47 (2), 946–958.

[29] Pentland, A. P. (1987) A new sense for depth of field, *IEEE Transactions on Pattern Recognition and Machine Intelligence*, 9 (4), 523–531.

[30] Levin, A., Fergus, R., Durand, F., and Freeman, W. T. (2007) Image and depth from a conventional camera with a coded aperture, in *SIGGRAPH '07: ACM SIGGRAPH 2007 Papers*, p. 70.

[31] Morrison, J., Raquet, J. F., and Veth, M. J. (2009) Vision aided inertial navigation system augmented with a coded aperture, in *Proceedings of the 2009 ION International Technical Meeting*, pp. 61–73.

[32] Johnson, N. G. (2006) Vision-assisted Control of a Hovering Air Vehicle in an Indoor Setting, Master's thesis, Department of Mechanical Engineering, Brigham Young University.

[33] Borkowski, J. M. and Veth, M. J. (2010) Passive indoor image-aided inertial attitude estimation using a predictive Hough transformation, in *Proceedings of ION/IEEE PLANS 2010*, pp. 295–302.

[34] Veth, M. J. and Raquet, J. F. (2007) Fusing low-cost image and inertial sensors for passive navigation. *Journal of the Institute of Navigation*, 54 (1), 11–20.

本章相关彩图,请扫码查看

第51章　数字摄影测量

Charles Toth,Zoltan Koppanyi
俄亥俄州立大学,美国

51.1　简介

摄影测量和遥感是科学、技术和艺术,它是为了可靠地获取地球及其环境、物理对象以及过程的信息,通过非接触成像及其他传感系统,进行记录、测量、分析、表示的过程[1]。摄影测量工程由来已久,国际摄影测量与遥感学会(ISPRS)成立于1910年,美国摄影测量与遥感学会(ASPRS)成立于1934年。一般地,摄影测量是指利用电磁频谱的可见光或近可见光波段,实现无源遥感的科学和技术。最近,人们对"遥感"一词进行了更广泛的解释,涵盖有源和无源传感器,如RADAR或LiDAR。通常情况下,测绘通常与摄影测量方法相关,因为在很长一段时间里,地图制作完全是基于飞机获取的照片。摄影测量学通过两种方式应用于导航:首先,它对进行导航的环境进行了描述;其次,成像传感器对场景的精确建模可用于支持基于图像/地形的精确导航。随着最新技术的发展,各个工程学科之间的界限逐步模糊,历史上摄影测量技术使用过的数学模型和数据处理方法,也在计算机视觉、机器人技术领域得到应用。

本章重点介绍摄影测量的基本原理,并基于后处理算法推导出准确的三维信息。虽然一些模型的数学背景与计算机视觉中的相同,但在本章仍遵循传统摄影测量描述方法。例如,共线性方程描述与计算机视觉教科书相同的投影矩阵约束条件,并假设有相同的针孔相机模型。从历史上看,共线性方程是在摄影测量学中引入了外部定位参数和立体视觉的基础。这些联系将在相关章节进行介绍,而本章重点介绍概念、表述、案例以及问题,使读者更加熟悉摄影测量技术。此外,本章还重点介绍了计算机视觉中无法解决的重要问题,如三维物体的精确表征等。

51.1.1　摄影测量的历史

摄影测量的诞生可以追溯到胶片摄影发明时期。早期的摄影技术先驱们很快意识到可以用照片获取度量与尺度信息。起初,这些照片主要用作"平面地图",这种技术称为平面摄影测量法[2],主要是研究透视投影和针孔相机模型的科学家和艺术家在工作中了解到从照片中可以获取三维空间物体和背景的数学和几何信息。在摄影测量的早期,图像主要在地面上拍摄,但也可通过气球和风筝的角度拍摄,这就引入了航空摄影测量。随着航空技术的发展,飞机成为获取胶片、照片的主要平台,航空摄影测量技术成为制作地图的主力军,可以快速、高效地绘制大面积地图。

从历史上看,航空摄影测量技术分为两个主要技术组成部分:安装在飞机上的相机和用于从摄影中创建地图的实验室仪器。早期的系统是复杂的精密机械设备,图 51.1(a)显示了一个早期的机载相机,它是 20 世纪上半叶一种典型的相机。图 51.1(b)显示了第二次世界大战后开发的经典大型航拍相机,这种相机一直应用到大型数码航空相机问世。230mm×230mm 的图像尺寸可覆盖地面较大范围,而高分辨率胶片可以精确地绘制细节,因此,这种模拟相机技术代表了该时期的先进水平,例如,在 1000m 飞行高度(AGL)进行摄影测量,其分辨率可达 5~10cm。在这一时期的顶峰,全世界使用 2000 多台大幅面相机绘制地形图,主要用于政府定期采集国家领土图像来创建中小型地形图。2000 年之际,随着图像传感器的快速发展,引入了大画幅数码相机,通过 5~10 年的发展,数码相机已拥有经典大画幅胶片航空相机的性能。图 51.1(c)显示了一种现代大画幅数字航拍相机采集 25728 像素×14592 像素的图像;目前,HexagonLeica/ZeissDMCⅢ 公司拥有最大的单个图像传感器,图像采集速率为 1.9 帧/s(FPS)。

模拟摄影测量时代的主要设备是立体坐标测量仪,如图 51.1(d)所示。这种精密机械仪器可以记录图像对之间的五维运动(5DOF),从而建立三维相对运动模型。这种立体坐标测量仪通常连接至制作地图的绘图装置。这类仪器一直被广泛使用至 20 世纪 80 年代,直到通过计算机技术可以用简单的电机控制平台来代替复杂的机械系统,以控制光学元件和图像拍摄,而生成三维模型则完全由软件实现。这类称为分析绘图仪的仪器以数字格式提取、处理、编辑数据,绘图功能得以改进,在绘图方面灵活性更强。图 51.1(e)展示了 20 世纪 80 年代后期典型的分析绘图仪,这些仪器可以更好地处理例如会聚影像等极端几何形状,可以有效地支持空中制图以外的应用,例如近景摄影测量。20 世纪 90 年代以来,随着显示技术、扫描技术和计算机技术的进一步发展,数字摄影测量技术逐步引入,摄影测量方法全过程均可在数字环境中实现。首先从模拟胶片扫描图像,再由数码相机获取图像,后经过软件处理,并利用三维显示技术进行测量和数据可视化。图 51.1(f)显示了一个典型的数字摄影测量工作站。

51.1.2　数字摄影测量

数字摄影测量技术的引入是摄影测量技术发展的重要一步,它不仅提供了完全数字化的硬件技术,而且为许多摄影测量过程自动化提供了支撑。早期的数字摄影测量工作站没有为测绘专业人员提供支持,或仅提供了有限的支持,他们使用的是具有百年历史的人工测量。随着技术发展,情况已发生变化,几乎所有摄影测量处理任务都已逐步实现高度的自动化。摄影测量过程自动化开始于摄影测量界,但随着接收并继续接收来自计算机视觉领域越来越多的输入和技术支持,作为该领域最初摄影测量的竞争对手,很快就成为一个更大的领域,因为成像技术变得无处不在,现在几乎可以在每个消费者和专业应用中找到。虽然这两个专业领域都遵循图像几何的基本原理,但在目标和应用领域却存在明显的差异。例如,计算机视觉领域专家和机器人开发人员很早就意识到了图像在导航中的潜力,并且将其用于估计控制系统中的姿态,或者用于用户或机器人对环境进行理解与增强。相比之下,摄影测量工作者通常从航空或卫星图像中,为土木和环境工程师或农业专家提供高精度的空间数据。一般来说,计算机视觉主要关注的是物体和场景的识别,然后对物体空间的变化进行建模,而摄影测量主要关注的是高精度地测量物体空间的静态部分。表51.1针对两个技术领域间差异进行深层次对比;有关这两个领域更多、更详细的相似、差异性信息,请参考Forstner 和 Wrobel 编著的文献[3]。

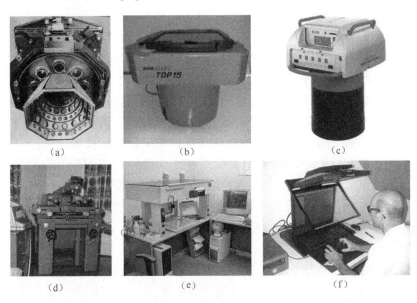

(a)　　　　　　　　(b)　　　　　　　　(c)

(d)　　　　　　　　(e)　　　　　　　　(f)

图 51.1　摄影测量设备的演变

(a)早期的机载相机;(b)高性能的基于胶片的大型航拍相机;(c)大型数字航拍相机;
(d)立体坐标量测仪;(e)分析绘图仪;(f)数字摄影测量工作站。

表 51.1　计算机视觉与摄影测量的主要区别

类 型	计算机视觉	摄影测量
图像传感器	低成本,消费级	专业化、精准、度量使用
处理时间	短、实时或接近实时	适中,长时或事后处理
传感器空间参考	姿态信息通过非直接方式获取	姿态信息通过直接或非直接方式获取
精度需求	中、低	高
图像解析	物体级、场景级	像素级、物体级
应用	机器人、导航、移动相机	地形及地图绘制,军事侦察,地球观测,交通车、市政、建筑、农业工程,文化遗迹保护

计算机视觉与数字摄影测量技术之间的联系越发紧密。来自计算机视觉的许多技术已用于支持摄影测量不同的工作流程,例如特征匹配、自校准和对象的稠密空间重建。摄影测量的一个特定目标是强调空间精度。从模拟时代以来,摄影测量工程以最高精度获得三维产品的目标一直未改变。为了实现此目标,数字摄影测量产品通常是后处理,而计算机视觉算法必须实时或接近实时运行。另一个主要区别是图像判读的水平。摄影测量通常不提供图像中所见对象的完整语义解释,主要提取与应用程序相关的信息。在摄影测量数据采集过程中应用的相机传感器在几何和投影学上都经过了精确的校准,并且为特定应用而设计,通常获取光谱的各个波段信息。在车辆导航应用中,计算机视觉通常会提取高级对象,例如

车辆、障碍物、车辆导航应用中的交通标志等,而不太关注地理空间定位精度和光谱描述方面的精确定位。值得注意的是,计算机视觉应用通常使用简单、便宜的传感器,这些传感器足以进行对象提取,但在提取度量质量的地理空间信息方面效果不佳。

51.1.3　摄影测量与导航

摄影测量和导航工程领域交叉越来越紧密是一个显著的趋势。在过去 10 年中,获取直接地理参考、估计图像传感器位置姿态已成为图像摄影时代的主流,如果没有粗略的地理配准,就无法获取图像数据。此外,精确的地理配准驱动着有源传感器(如 LiDAR 和 RADAR)技术的发展。由于摄影测量数据主要是后处理的,因此,地理参考、传感器平台的轨迹重构并不是经典的导航问题。然而,其计算过程同使用扩展卡尔曼滤波器来处理 GPS-IMU 数据非常相似。从导航方面来说,随时随地提供同室外 GPS 或 GNSS 相当定位精度的需求不断增长。成像技术是实现该目标的一种有前景的方法,例如基于图像或地形的导航。计算机视觉同样是支撑技术之一,它支持图像拼接、对象识别等功能。摄影测量的优势在于对物体空间几何结构的精确重建和传感器标定,以优化整体性能。图 51.2 显示了通过直接、间接、集成方法估计传感器姿态的概念,以及机载平台情况下,基于图像和地形的导航方法,例如使用运动恢复结构(SFM)技术。基于图像和地形的导航可以通过相对和绝对的方式实现。例如,视觉测距法[4-5]是相对导航一个很好的案例,其中基于图像匹配来重建传感器路径/轨迹。摄影测量学中存在类似的技术,称为航带生成。如果在导航区域中,有参考图像、地形模型或二者并存,则可以实现绝对导航。最低级别的应用为:基于地形的导航可以被解释为基于图像的导航的特殊情况,其中的像素包含高程数据,因此,可以使用类似的图像匹配技术,如文献[6]的案例。此外,还有直接匹配三维形状的方法,例如 ICP 方法[7-8]。这些方法在很大程度上取决于图像信号的可用性,例如分别用于基于图像和地形导航的图像纹理和表面起伏。在基于室外图像和地形的导航中,摄影测量技术起着重要作用,因为它提供了参考图像和地形数据[9]。卫星系统获取数据已有 40 多年了[10],随着空间和时间分辨

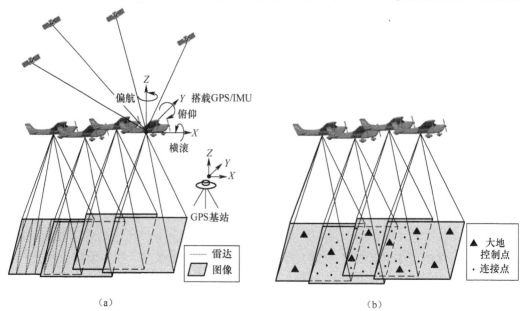

（a）　　　　　　　　　　　　　（b）

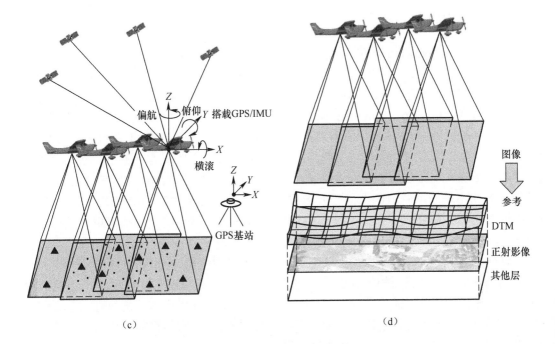

图 51.2 地理参考/导航的概念

(a) 直接,无图像点应用,以 GPS-IMU 传感器作为地理参考;

(b) 间接点和控制点用于计算传感器的位置和姿态;

(c) 集成应用这两种方法,可获得更精确的定向方案,用于制图、侦察;

(d) 将参考图像/地形(DTM)的纹理/形状信息与传感器获取的数据进行匹配(基于特征或像素的方式)。

率的提高,现存多个覆盖全球的民用和军用全球数据集。除了上述数据集外,还有多种表面模型,例如航天飞机雷达地形任务(SRTM)和 GeoSAR[11-12]。显然,这些数据可以有效地支持全球导航,精度水平达到中等以上,而了解摄影测量方法,对于充分发挥这些数据集的潜力至关重要。

51.2 光学成像

历史上,模拟照片是在摄影测量过程中拍摄和使用的。后来,模拟照片被数字化。如今,所有传感器都是数字化的,而数码相机通常在光学器件后方采用电荷耦合器件(CCD)或互补金属氧化物半导体(CMOS)芯片[13]。两种解决方案都将光(光子)转换为电子,在被转换为数字强度值之前,先将它们积分一段时间。大画幅数码相机通常采用 CCD 传感器,因为它们具有噪声小、动态范围大和图像分辨率高的特点。然而,在中低端相机类别中,CMOS 传感器因其价格低廉和相当不错的性能而占主导地位。数字图像由以矩形模式组织的像素组成,包括列和行。每个像素包含强度/颜色信息,通常由 1 个或 3 个值表示,例如分别为灰度或 RGB 颜色代码。多光谱或高光谱图像包含更详细的电磁波谱数据,称为波段或通道。图像通常以无损或有损格式(如 PNG、TIFF 或 JPEG)进行压缩和存储。

51.2.1 图像传感器

CCD 和 CMOS 传感器均按照阵列或线性格式制造而成。图 51.3 显示了目前正在生产的由 DALSA 和 Zeiss 合作开发的最大 CCD 芯片。该传感器使用高质量的光学器件,可以从 1000m AGL(高于地面)采集的图像中,进行厘米级地理配准,提供分米级物体细节。此外,其辐射性能优异,具有平衡的线性光强灵敏度和出色的对比度。后者对于任何后处理都极为重要。例如,图像匹配方法在低噪声和高动态数据上效果更好。从导航角度来看,此类传感器的重要性在于可覆盖较大区域面积,可用于基于视觉的导航、分层遥感和监视。基于线性传感器的摄像系统通常用于卫星平台,与机载轨迹相比,卫星平台通常具有稳定的轨道。由于图像是由不同时刻获取的图像合并形成,因此传感器运动轨迹的准确建模非常重要。基于线性传感器的系统的一个优点是它们为多光谱图像采集提供了一条简单的途径。图 51.4 显示了一个高端摄影测量相机,可同时采集 4 个光谱带。

主动感知,例如 LiDAR 和 RADAR,是一个快速发展的领域,传感器可用于从太空到室内的应用场景。这些传感器的优势在于:它们以真实比例直接观察物体空间,因此在感知过程中可以保留形状信息。需要注意的是,这些传感器通常只能提供有限的纹理信息,因此,在实践中通常会附带光学传感器。有源传感器非常重要,因为它们目前提供大多数物体表面数据,但此处不予深入讨论,读者可参考文献[14]。

像素大小	3.9μm
传感器尺寸	25728mm×14592mm
动态范围	70Hz
防模糊	是
帧频	1.9Hz

图 51.3　高分辨率 CCD 传感器的主要参数

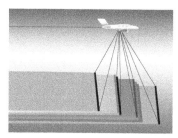

图 51.4　徕卡研制的基于线性传感器的高分辨率多光谱相机

51.2.2 图像属性

图像由不同类型的参数表征,例如各种分辨率和噪声,这些参数共同反映了传感器和所采集图像的质量。这些指标使专家可以评估最终摄影测量产品的质量。其主要特点如下:

(1)像素分辨率是传感器中像素的物理尺寸,通常以微米表示。对于图像,通常表示为单位长度内的像素数;例如,900ppi 表示每英寸含 900 个像素。另一种解释为,像素分辨率为沿着图像的行和列的像素数或像素总数;例如,图像可以具有 4000 像素×5000 像素,即 20 兆像素。像素分辨率也用于表征显示器、电视或视频服务。

（2）几何或空间分辨率，是指对象空间中的平均像素大小，是像素在地面上占地面积的大小。因此，它表示可以区分的两个对象点之间的最小距离。在航空和卫星摄影测量学中，几何分辨率称为地面采样距离（GSD），范围从厘米级到米级。由于GSD受所应用的传感器的像素分辨率、飞行高度、地形起伏、相机方位等因素影响，因此使用平均值。GSD还用于表达各种摄影测量产品的所需分辨率。

（3）频谱分辨率表示频段或通道的数量及其频谱宽度。典型的图像具有3个通道，分别为覆盖可见光谱的红色、绿色和蓝色部分。标准的航空或卫星成像传感器可以捕获可见光谱内较窄的波段，并且可以覆盖红外和/或紫外光谱的其他部分。根据波段数量这些图像被称为多光谱或高光谱图像，通道数分别在3~12个和100~1000个。

（4）辐射分辨率可提供有关可区分的最小亮度差异的信息。它表示为描述通道强度值的数量。例如，消费类相机通常具有8位辐射分辨率，因此可以使用256个值来量化单个像素感测到的物体亮度。IKONOS和QuickBird卫星图像的辐射分辨率为11b，每个波段可以捕获2048个不同的强度值。HexagonLeica/ZeissDMCIII相机具有12b全色强度分辨率。

（5）时间分辨率是指拍摄两个图像之间的时间差。对于视频或图像序列，时间分辨率通常以FPS表示。需要注意的是，时间分辨率可以用几周或几个月来表示。例如，早期的卫星系统需要数周的重访时间。

图像质量取决于许多因素，并且许多因素都会引入成像异常和误差。图51.5显示了两个原始图像以及各种降级情况。图像缺陷通常是由相机的硬件部件引起的；例如，CMOS传感器检测器的电子波动会导致图像上的颜色值随机变化[请参见图51.5（b）]。相机传感器的较高感光度设置（ISO）也可能会引入噪声。其他异常与光学元件及其设置有关。例如，未聚焦光学元件会产生模糊的图像[请参见图51.5（c）]。相机的光圈、曝光时间和快门速度共同控制着多少光可以通过光学元件并到达成像传感器。如果到达传感器的光太多或太少，图像就会曝光过度或曝光不足[请参见图51.5（d）、（e）]。当平台移动时，相对较长的光圈时间也可能会产生模糊的图像，这称为运动模糊[请参见图51.5（f）]。图51.5（g）显示了由于滚动快门而引起的图像变形，这是图像模糊的另一种形式。可以在文献[13]中找到有关其他图像误差的更多详细信息，例如色差和球差、倾斜度或色度。

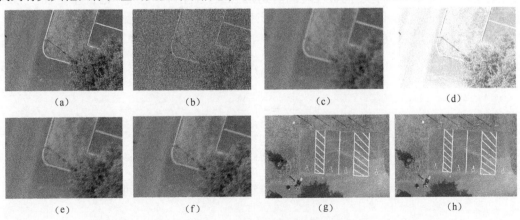

图51.5 图像质量下降的案例

（a）原始图像；（b）噪声图像；（c）未聚焦；（d）过度曝光；（e）曝光不足；（f）运动模糊；

（g）图像变形，在同一区域拍摄的照片，注意路面标记形状的不同。

51.3　基本定义

51.3.1　针孔相机模型

针孔相机模型是描述相机投影特性的基本模型。如图51.6(a)所示,针孔相机由一个带小孔的盒子和位于盒子内部的感光成像平面组成。该概念假设来自每个物点只有一束光线可以通过孔到达成像平面。这种针孔相机简化的一维几何模型如图51.6(b)所示。

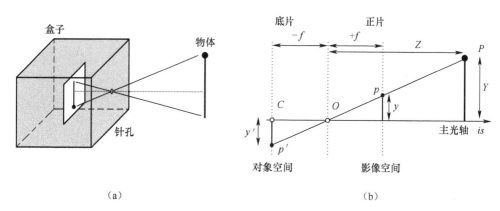

图51.6　针孔相机的几何模型

在此模型中,将针孔称为透视中心或焦点,在图中用 O 表示。透视中心将空间划分为两个子空间:图像空间和物体空间,分别位于透视中心左侧和右侧。透视中心沿相机光轴方向正交投影到成像平面上的点称为主点 C。主轴或光轴,是垂直于成像平面、结束于主点、穿过透视中心的射线。从物点 P 穿过透视中心的光线到达位于成像平面的 p' 处。以这种方式构造的图像相对于物体空间被反转。因此, p' 点将在相对于透视中心的垂直线上形成镜像,而物体空间一侧的像平面称为被反转透明正片。这样,针对三维情况,可以确定物体与图像空间之间的点的几何关系,如下所示:

$$
\begin{cases}
x = -f \dfrac{X}{Z} \\[2mm]
y = -f \dfrac{Y}{Z}
\end{cases}
\tag{51.1}
$$

式中: X、Y、Z 为物体空间中任意点的空间坐标; x, y 为透明正片上的图像空间坐标。式(51.1)是从三维到二维欧几里得空间的映射,称为透视变换。在这里,我们还定义了比例尺 $\lambda = \dfrac{f}{Z}$,比例尺取决于“物体–传感器”距离 Z , Z 通常随物点空间位置变化。

51.3.2　坐标系

式(51.1)是相机投影几何的简单描述。物体和图像空间坐标系的相对位置和方向可以是任意的,因此该式不能直接应用于真实的相机系统。另外,对于真实的相机,图像可能会失真,例如由于镜头失真,针孔相机模型假设不成立。为了对真实的相机系统进行正确的建模,引入了4个坐标系统,并在它们之间进行转换,以描述在对物体空间中定义的点坐标到图像空间的转换,反之亦然,如图51.7所示。

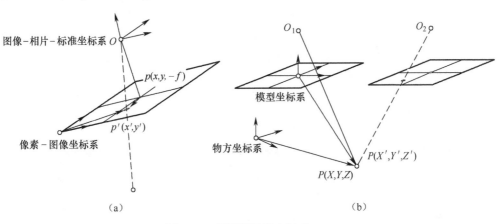

图 51.7　摄影测量学坐标系

(a)像素-图像坐标系与图像-相片标准坐标系的转换;(b)模型坐标系与物体坐标系的转换。

　　(1) 像素/图像坐标系:原始图像中的位置/姿态测量通常在测量系统中进行,该系统可以显示索引或立体图像比较器的图像帧。测量设备的坐标系称为像素/平台坐标系,坐标系的原点与坐标轴方向取决于设备。对于立体比较器或分析绘图仪,像素坐标系原点位于图像四角或附近。在计算机图形学中,原点通常位于左上角,坐标以像素或毫米表示。

　　(2) 图像/相片/归一化坐标系:在摄影测量中,传统上有一个以传感器为中心的照片坐标系,也称图像坐标系,它具有真实的对象比例。因此,该坐标系中的坐标也称归一化图像坐标,这种方法最终使传感器对处理过程更加透明。在该坐标系中,一个点坐标被定义为 $p(x,y,-f)$,其中 x、y 是图像坐标 $p(x,y)$ 的实际坐标,第三个坐标分量是 $-f$,为焦距。若坐标系中指定的点没有任何畸变,如镜头畸变或主点偏移,则针孔相机模型适用于图像坐标系。

　　(3) 模型坐标系:如果两个重叠图像之间的关系(称为相对方向)已知,就可以计算模型坐标系中任何匹配图像点的三维坐标。模型坐标系通常定义原点和方向为图像坐标系中的一个或介于两者之间的一个。图像比例未定义,或任意设置。模型坐标系通常通过七参数三维相似变换,转换到物体坐标系。

　　(4) 物体坐标系:对象空间中点的坐标通常在三维笛卡儿坐标系中定义,因此,它们用 X、Y、Z 坐标表示。原点可以位于物体空间中的任意位置。物体坐标系可能是一个映射坐标系,例如美国的状态平面坐标系。唯一的限制是所有 3 个轴的坐标系必须是笛卡儿坐标系。物体坐标系非常重要,因为它将在不同位置和时间获取的图像连接到同一映射框中。

51.3.3　坐标系转换

　　摄影测量中的大多数问题都可以根据不同坐标系之间的转换进行分类(表51.2)。坐标系的照片像素之间的变换是二维↔二维转换。假设在光坐标系中定义的坐标是对象空间点的透视变换,则可适用于针孔相机数学模型。因此,图像或光坐标系的坐标轴必须重合。过去,图像放置在立体比较器或分析绘图仪等测量系统中,在这些系统中,图像方向可能与测量系统的坐标轴不平行。通常通过相似性或仿射变换来对这种失准现象进行校正。失准校正后,必须考虑相机系统的光学特性与针孔模型之间的差异。光学组件的缺陷可能会导致一些图像失真,必须予以消除或缓解。所有的参数,包括主点位置、焦距、镜头畸变,以及相似性或仿射变换参数(称为内部方向参数),允许将像素坐标转换为光坐标,反之亦然。注意,主点和焦距通常称为线性内部参数。有关线性内部参数的讨论,详见51.5.1.1节,摄像机畸变和标定的基本原理将在51.5.1.2节中介绍。

表51.2　坐标系统间转换

程序	坐标系转换	转换类型
测量系统失准	像素/图像-图像	二维↔二维转换,相似、仿射变换
镜头畸变	图像-图像	二维↔二维转换,多项式、普通
极线重采样	图像-图像	二维↔二维转换
正交变换	图像-图像	二维↔二维转换,使用数字海拔模型
单像后方交会	照片-物体	外方位参数
三角变换	图像-物体	二维↔三维转换,共线模型
从模型到绝对系统转换	模型-物体	三维↔三维转换,相似变化
空间交会/反方投影	物体-图像	三维↔二维转换,共线模型

在两个不同的光坐标系中定义的图像之间的转换,需要知道两个图像之间的相对方向或两个图像相对于物体坐标系的方向。一种常用的变换是极重采样,它将定义在三维空间中的两个图像平面转换为一个公共平面,由一个二维坐标系描述,其中图像是无视差的。这种转换已在几代摄影测量产品中使用,如在密集对象空间重构中(详见51.6.3节)。同样,在两个光坐标系之间定义的另一种广泛使用的变换——正交校正,可以消除图像的透视畸变,图像上的距离可以按比例进行度量校正。这个过程需要影像中物体的模型,比如地形的起伏(数字高程模型)。

基于透视几何,将图像坐标系中已知的坐标转换为物体坐标系坐标,得到物体三维坐标。其中,两个典型的问题是:三角测量(其中,必须基于图像坐标确定点的对象坐标)、反投影(已知对象点的坐标并计算其图像坐标)。通过相机外部参数,可在图像坐标系和物体坐标系之间进行参数的转换,转换方法将在51.5.2节中介绍。

最后,可以在两个三维摄影测量模型之间的对象空间中定义三维转换。例如,可以在图像对的相对定向过程中使用局部对象坐标系。为了获得所选映射坐标系中的坐标,通常必须通过三维相似转换,将两个三维模型连接起来。在摄影测量处理过程中,也可以在不知道比例信息的情况下导出模型,在这种情况下,对象空间坐标以像素为单位定义,当求出像素大小后,就可以对模型进行缩放。

⟨51.4⟩ 摄 影 测 量 基 础

51.4.1　内方位参数

如上所述,摄影测量通常在不同于针孔相机坐标系的系统中,进行图像测量,并且将原始图像测量值转换为图像坐标系。在数字摄影测量时代之前,模拟图像被放置在光学机械测量系统(例如,立体比较器或分析绘图仪)上,而摄影测量师则对照相机在曝光过程中插入的特定标记(称为基准)进行手动测量。在相机系统中,这些基准通常是放在角落和/或图像侧面中间的十字准线上。对于极高精度的应用,将十字准线放置在整个图像区域中,例如5×5规则网格。在相机校准过程中,在光坐标系中精确确定基准标记的位置。对于数字传感器时,无须使用基准,因为每个像素都可以视为基准,然而,这种处理仅适用于具有近乎完美几何形状的传感器。换句话说,图像传感器,即固态芯片,具有可忽略的不规则性,且传感器平面没有翘曲,或者轻微翘曲。如果不满足这些条件,则校准传感器可能有助于获得更高的精度。在实践中,二维传感器平面没有翘曲,或者平面翘曲十分微小。如果不满足这些条件,则校准传感器可能有助于获得更好的精度。用于像素/图像坐标系关系精确建模的二维↔二维转换关系如图51.8所示。

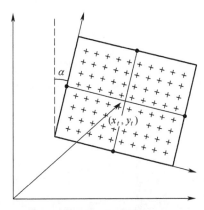

图51.8　像素和图像坐标系

在摄影测量实践中,相似性或仿射变换通常用于校正图像像素的位置。相似性变换假设像素坐标系中 x_t、y_t 为偏移量,s 为比例差,且旋转角度为 α：

$$\begin{cases} x = s[x'\cos\alpha - y'\sin\alpha] + x_t \\ y = s[x'\sin\alpha + y'\cos\alpha] + y_t \end{cases} \tag{51.2}$$

其中 x'、y' 和 x、y 分别是像素坐标系和图像坐标系中的坐标[15]。在某些情况下,由于传感器在制造或使用过程中物理变形导致的图像失真程度较大,这时需要更通用的变换模型,即仿射变换。考虑到非正交轴、比例不同,有

$$\begin{cases} x = a_{11}x' + a_{12}y' + x_t \\ y = a_{21}x' + a_{22}y' + y_t \end{cases} \tag{51.3}$$

其中，$a_{11},a_{12},\cdots,a_{22}$ 是实数。至少,确定相似和仿射变换的参数分别需要进行两点和三点测量。但是,建议使用更多点,在这种情况下,将采用最小二乘来估计转换参数。

51.4.1.1 相机线性内方位参数

实际上,由于操作限制,针孔相机模型不能同时应用于摄影和视觉相机。例如,针孔相机由于少量的通光口径而需要较长的曝光时间。

光线在相机内部的传播,严重限制了相机在静态环境中使用。因此,普通相机配备了光学器件,可以捕捉来自物体的光束。为了对相机光学系统建模,如图51.9所示,扩展了针孔相机基本模型。来自物点的光线自相机透镜入射点摄入,并在透镜出射点射出。透镜可以改变光线的入射角,因此,位于入射点透视中心 O 处的入射角,可能会同位于出射点透视中心 O_p 处的出射角存在差异。对于相机模型,必须确定数学或校准的透视中心 O_m。经过空间中 P 点、透镜上 O 点的光线,必须同经过校准后透视中心 O_m 点、像方空间中 p' 点的图像光线平行,物方空间的入射角,必须同校准后透视中心 O_m 处出射角相等。O_m 在图像平面上的投影点称为主点,用 c_x、c_y 表示。校准后的焦距(也称为相机常数)为透视中心与主点之间的距离。如简单针孔相机模型所示,由于透视中心 O_m 的投影与像平面上的校准后透视中心 O_p 不同,空间点 P 的图像坐标并不在 p'' 处,因此,应扩展原始针孔相机模型,式(51.1)变为

$$\begin{cases} x' - c_x = -f\dfrac{X}{Z} \\ y' - c_y = -f\dfrac{Y}{Z} \end{cases} \tag{51.4}$$

其中, $p'(x',y')$ 是图像坐标。主点和校准后的焦距称为线性内部定向参数,在相机校准过程中确定。如果这些参数稳定,并且使用长时间才有所变化,那么可将其称为"公制"相机。

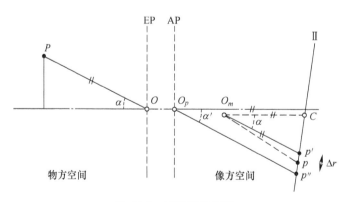

图 51.9　内部定向参数

51.4.1.2 镜头畸变参数

相机线性内部参数的引入[13],改善了相机光学系统的几何模型,但并未考虑图像中的所有失真,如 Δr,如图51.9所示。现代高端摄影测量相机的光学系统几乎没有几何畸变,但是简单的相机会出现明显的变形。为了更好地拟合针孔相机模型,并获得最高质量的摄影测量产品,必须消除失真或将其减少到最低程度。此外,随着廉价、非公制相机或特殊光学器件(例如,室内和无人航空系统(UAS)摄影测量过程中应用的鱼眼镜头)使用的日益增

多,镜头畸变的建模及其消除,对于提高任何光学元件及其衍生产品的精度都非常重要。

径向畸变和切向畸变或偏心畸变,是两种最常用的镜头投影误差模型。径向畸变是由不同射线入射角的残余误差引起的。当像平面与光学器件不平行,光学器件中的透镜未完全对准,或透镜的质量较差时,会发生切向畸变。Brown-Conrady 模型被广泛应用于上述类型的几何畸变的建模和消除[16-17]。首先,将主点同畸变图像坐标联系起来,使得 $x' = x'' - c_x$, $y' = y'' - c_y$ 。然后,使用多项式来拟合径向畸变:

$$\begin{cases} \Delta x_r = x'(1 + k_1r^2 + k_2r^4 + k_3r^6 + \cdots) \\ \Delta y_r = y'(1 + k_1r^2 + k_2r^4 + k_3r^6 + \cdots) \end{cases} \quad (51.5)$$

式中:Δx_r 、Δy_r 为径向畸变分量;c_x 、c_y 为主点坐标,$k_i(i=1,2,\cdots,n)$ 为相机径向畸变的参数;$r^2 = (x'-c_x)^2 + (y'-c_y)^2$ 。对于具有普通光学元件的公制相机,使用 2 个系数,即 $n=2$,可满足校正要求,对于广角或消费级相机的镜头,$n=3$,可满足校正要求。当 $(x'+\Delta x_r)^2 + (y'+\Delta y_r)^2 < r^2$,即存在负径向畸变,会导致"桶形"的图像模式,存在正径向畸变时,会导致"枕形"的图像模式,分别如图 51.10 所示。

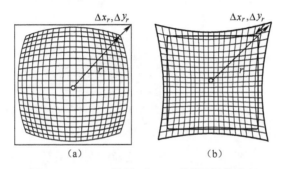

图 51.10　(a)"桶形"和(b)"枕形"图像畸变

式(51.6)描述了切向畸变:

$$\begin{cases} \Delta x_t = [p_1(r^2 + 2xr^2) + 2p_2x'y'](1 + p_3r^2 + p_4r^4 + \cdots) \\ \Delta y_t = [p_2(r^2 + 2yr^2) + 2p_1x'y'](1 + p_3r^2 + p_4r^4 + \cdots) \end{cases} \quad (51.6)$$

式中:Δx_t、Δy_t 为切向畸变参;$p_i(i=1,2,\cdots,k)$ 为切向畸变参数,最终,两种畸变可表示为

$$\begin{cases} x = x' + \Delta x_r + \Delta x_t \\ y = y' + \Delta y_r + \Delta y_t \end{cases} \quad (51.7)$$

如果已知足够数量的 $(x'',y'') \rightarrow (x,y)$ 对,其中,(x'',y'') 是未失真的图像坐标,则可以通过使用近似方程式进行迭代,来估计这些方程式的参数。上述计算畸变模型参数和线性内部参数(包括已校准的焦距和主点)的过程,称为相机标定,将在 51.6.1 节中讨论。图 51.11显示了用鱼眼镜头拍摄的图像,以及畸变消除后的校正图像。

51.4.2　外方位参数

为了处理从任意位置和方位获取的图像,需定义像方坐标系与物方坐标系间的关系,图 51.12 中,航空摄影测量案例展示了这种关系。像方坐标系 Ⅱ 必须转换为 IM 物方坐标系或映射坐标系,上述关系由外方向参数定义。假设 P 是对象空间中的坐标点,其坐标为

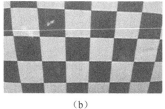

（a）　　　　　　　　　　（b）

图 51.11　使用宽视场相机拍摄的图像(a)与畸变消除后的图像(b)

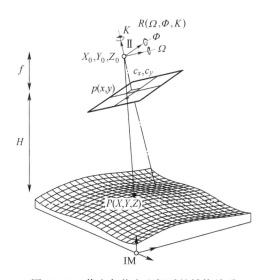

图 51.12　像方与物方坐标系的转换关系

(X,Y,Z)。(X_0,Y_0,Z_0) 是对象空间中透视中心的坐标，$\boldsymbol{R}(\Omega,\Phi,K)$ 是对象和图像空间的坐标系之间具有 Ω、Φ、K 角度的旋转矩阵，其中，角度分别是围绕 X、Y、Z 轴旋转的。然后，可以将对象空间中定义的 P 点转换为与图像空间坐标系对齐，其方法为

$$\boldsymbol{R}(P-O) = \begin{bmatrix} r_{11}(X-X_0) + r_{12}(Y-Y_0) + r_{13}(Z-Z_0) \\ r_{21}(X-X_0) + r_{22}(Y-Y_0) + r_{23}(Z-Z_0) \\ r_{31}(X-X_0) + r_{32}(Y-Y_0) + r_{33}(Z-Z_0) \end{bmatrix} \tag{51.8}$$

其中，坐标轴方向以及物方和像方坐标系的原点是相同的。因此，在下一步中，将式(51.2)中给出的透视变换(针孔相机方程)应用到由式(51.2)计算的 $(X、Y、Z)$ 坐标上。因此，三维对象空间点的图像坐标为

$$\begin{cases} x - c_x = -f \dfrac{r_{11}(X-X_0) + r_{12}(Y-Y_0) + r_{13}(Z-Z_0)}{r_{31}(X-X_0) + r_{32}(Y-Y_0) + r_{33}(Z-Z_0)} \\[4mm] y - c_y = -f \dfrac{r_{21}(X-X_0) + r_{22}(Y-Y_0) + r_{23}(Z-Z_0)}{r_{31}(X-X_0) + r_{32}(Y-Y_0) + r_{33}(Z-Z_0)} \end{cases} \tag{51.9}$$

　　这些方程式称为共线性方程，保留了针孔模型原始假设，即空间点、透视中心、成像点均位于同一条线上(共线条件)。需要注意的是，假设 x、y 的图像坐标没有畸变，因此在计算中仅涉及相机内部线性参数。共线性方程是摄影测量的基本元素，因为它们获取了相对于全

局或映射坐标系的相机系统的内部、外部参数。

通过整理式(51.9),可以获得简单的公式,称为直接线性变换(DLT):

$$\begin{cases} x = \dfrac{a_1X + a_2Y + a_3Z + a_4}{a_9X + a_{10}Y + a_{11}Z + 1} \\ y = \dfrac{a_5X + a_6Y + a_7Z + a_8}{a_9X + a_{10}Y + a_{11}Z + 1} \end{cases} \tag{51.10}$$

其中,$a_1, a_2, \cdots, a_{11}$ 参数从原始外部和内部参数中得出,反之亦然[19]。显然,DLT 隐藏了实际物理参数,提供一个更简单、更通用的模型。DLT 公式称为线性变换,因为它对于 a_1, $a_2, \cdots, a_{11}$ 参数是线性的,例如,可以在校准期间直接估计得到。

51.4.3 立体摄影测量

共线性方程清晰地定义了像点的图像坐标,但是其逆计算,即从图像到对象空间的转换,是不恰当的。因为共线性方程包含 3 个未知数和 2 个方程式,不能仅从 2 个共线性方程式得到对象点的 3 个未知坐标。一种可行的解决方案,是对物方空间进行约束,例如通过定义对象点所在的平面或表面模型,从而使坐标分量 Z 已知。例如,在图 51.12 中,地形由曲面模型指定,因此基于共线条件,一条由透视中心定义的线(称为射线)和被测图像像素与该表面相交,这个交点可以是物方空间确定的点。

然而,在大多数情况下,无法确定有关地形或场景的信息。因此,必须使用两个或更多图像来提取物点的三维信息。在最简单的情况下,当使用两幅图像时,从两幅图像中提取目标点对应的像素位置,这些点称为共轭点或匹配点。已知两幅图像中一个对象点的像素位置,可以根据两对共线性方程估计出 3 个未知量,即未知的三维对象坐标。在一般情况下,该解是确定的,或者说是超定的,并构成了立体摄影测量的基础。在几何解释中,由共线性方程定义的两条光线在对象空间中相交,从而提供了相交点的三维坐标。该模型可以推广到多条射线,通常可以获得更可靠的解。例如,在高重叠 UAS 图像中,通常对 6~8 幅图像的空间点进行观察。最后,需要注意的是,在未知尺度时,立体图像对拥有足够数量的共轭点(超过 5 个),可实现对共线方程估计参数进行估计。

典型的航空立体摄影测量过程,如图 51.13 所示。在此,目标点 P 由两幅图像获取,这两幅图像可以在同一相机的两个不同时刻或在两个照相机同时被采集。每幅图像都有自己的外部方向参数,包括 X_0、Y_0、Z_0 透视中心位置和 Ω、Φ、K 等旋转角度。如果图像是使用同一台相机按顺序获取的,例如从飞机上拍摄的,其内部参数、焦距、主点位置对于所有图像都是相同的。如果图像是通过不同的相机获取的,例如将两个相机牢牢固定在一个公共平台(也称为立体相机系统),则内部参数显然会有所不同。相机透视中心之间的距离 B 称为基准或基线,并且必须大于 0,才能进行立体处理。同时,图像应具有足够的重叠度,以便从两幅图像中观察到共同的对象。例如,对于矢量投影,可基于两幅图像中的 p_1 和 p_2 图像测量坐标,来估计对象点的三维坐标。

人类视觉系统具有两只眼睛,它同所描述的立体模型系统"传感器"排列非常相似。因此,系统还能够利用两个不同视点获取两幅图像,感知深度并重新创建场景,该过程称为立体视觉。过去,立体比较器用于对齐立体图像对,这种方式支持摄影测量人员测量三维立体模型(当他/她的眼睛感知到时)。值得注意的是,在立体比较器中将两幅图像经过旋转和对齐,以消除视差,这意味着只能沿基线感知两幅图像之间的差异。当垂直于基线存在小的差异时,立体感就会消失。目前,立体视觉相关概念已广泛用于如三维影院等可视化场景中。

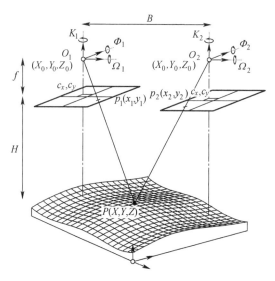

图 51.13　典型的航空立体摄影测量过程

51.4.4　计算机视觉与摄影测量

在计算机视觉中,式(51.1)中介绍了针孔相机模型。式(51.1)由矩阵表示法定义,并且图像坐标以齐次坐标表示:

$$\tilde{p} = KP = \begin{bmatrix} -f & 0 & c_x \\ 0 & -f & c_y \\ 0 & 0 & 1 \end{bmatrix} \begin{bmatrix} X \\ Y \\ Z \end{bmatrix} = \begin{bmatrix} \tilde{x} \\ \tilde{y} \\ \tilde{w} \end{bmatrix} \tag{51.11}$$

式中:$\tilde{p} = [\tilde{x}, \tilde{y}, w]^{\mathrm{T}}$,$w \neq 0$ 为对象空间点 $P(X, Y, Z)$ 像点的齐次坐标。值得注意的是,用齐次坐标表示的点,不是唯一定义的点;因此,如果 $\tilde{p}_1 = [x, y, 1]^{\mathrm{T}}$,则描述了图像像素 $p(x, y)$ 的坐标,$\tilde{p}_2 = [wx, wy, w]^{\mathrm{T}} = [\tilde{x}, \tilde{y}, w]^{\mathrm{T}}$ 则是相同的图像像素,并用齐次坐标表示。因此,如果式(51.11)的两边都除以 $w = Z$,则

$$\tilde{p}_1 = \frac{1}{w}\tilde{p}_2 = \frac{1}{w}KP = \frac{1}{Z}KP = K\left(\frac{1}{Z}P\right) = K\begin{bmatrix} \dfrac{X}{Z} \\ \dfrac{Y}{Z} \\ 1 \end{bmatrix} = \begin{bmatrix} -f\dfrac{X}{Z} + c_x \\ -f\dfrac{Y}{Z} + c_y \\ 1 \end{bmatrix} \tag{51.12}$$

然后得到式(51.4)中给出的相同针孔相机方程。

在计算机视觉中,摄像机投影矩阵描述了图像与对象空间的关系,这类似于摄影测量中的共线性方程。如果物体和图像空间坐标系重合,然后用摄像机矩阵描述透视变换,投影矩阵为 3×4 矩阵,$\boldsymbol{M} = \boldsymbol{K}[\boldsymbol{I}|0]$。注意,在这种情况下,$P$ 对象空间点用齐次坐标表示,有 $\tilde{p} = \boldsymbol{M}\tilde{P}$,通常,$\boldsymbol{M}$ 投影矩阵对于任意相机方向被定义为

$$\tilde{p} = \boldsymbol{K}\begin{bmatrix} \boldsymbol{R} & -\boldsymbol{RO} \\ 0 & 1 \end{bmatrix}\tilde{P} = \boldsymbol{KR}[\boldsymbol{I}|-\boldsymbol{O}]\tilde{P} = \boldsymbol{M}\tilde{P} \tag{51.13}$$

注意,式(51.13)实际上是 DLT 的一种表达方式,如式(51.10)所示,用齐次坐标表示。

虽然投影矩阵有 12 个元素,但它有 11 个自由度[20]。因此,必须至少测量 6 个对应的 $\tilde{p}$ 点和 P 点,来估计投影矩阵。投影矩阵给出了与共线性方程相同的图像与对象空间的关系;然而,与非线性共线性方程不同的是,式(51.13)是线性变换,其显著区别在于图像的坐标和对象空间的坐标是由齐次坐标定义的。

对极几何在摄影测量和计算机视觉中都有应用,它是计算机视觉中立体图像建模的基础。一对图像的立体模型的基本几何约束如图 51.14 所示。该图举例说明了必须基于图像平面 II_1、II_2 的共轭点,来确定对象空间点 P_1。如果 p_1' 是 II_1 图像上 P_1 的图像坐标,则基于共线性条件,透视中心 O_1、图像点 p_1' 和 P_1 在的同一直线上。类似地,图像 II_2 上的 p_1'' 图像点同 O_2、P_1 共线。这两条线决定了 $\triangle O_1 P_1 O_2$ 描绘的极平面 S。$O_1 O_2$ 称为基线,用 $\boldsymbol{b}$ 矢量表示。基线在极点处与像平面相交。这意味着对象点、图像平面像素坐标以及透视中心位于同一极平面上。

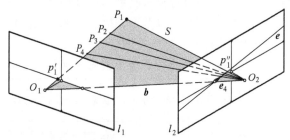

图 51.14 对极约束

现在,假设 II_2 平面上的图像点 p_1'' 未知。基于 $O_1 P_1$ 和矢量 $\boldsymbol{b}$ 定义的极平面 S,与图像平面 II_2 相交,形成由 e 表示的线,即极线。与 P_1 相对应的所有可能的对象点(P_1, P_2, P_3, P_4)在投影到 II_2 平面后必须位于该线上。此外,任何对象点都是由单个标量值唯一定义的。例如,如果 $e = \dfrac{\boldsymbol{e}}{|\boldsymbol{e}|}$ 单位矢量描述外极线的方向,那么 P_4 对象点可以由 $e_4 = \alpha e, \alpha \in \mathbb{R}$ 来确定。现在,假设 P_1 对象点移动,但摄影机保持在原有的位置、方向。因此,极平面围绕基线旋转,这些平面的集合称为极平面。

由于立体摄像系统通常用于机器人中,立体图像对之间的二维-二维映射是计算机视觉中一个明确的问题。与对象和图像空间点之间的二维-三维映射不同,这种变换允许将图像对中一个图像像素变换到另一个图像中。这种变换用 3×3 基础矩阵或基本矩阵来描述。更多细节问题,读者可以参考计算机视觉相关书籍[20]。

51.5 摄影测量处理流程

针对摄影测量的不同问题,可根据共线性方程中的已知和未知参数进行分类,这些参数由摄影测量人员测量并估计(表51.3)。这些参数在摄影测量处理的各个步骤中被解析(参考图51.15,它显示了工作流程以及上述流程衔接方式),本节将简要讨论这些问题。

表51.3给出了参数已知的共线性方程的两个基本应用。第一种应用为反向投影,当需要计算三维点的图像坐标时,由于相机/图像的内部和外部参数都是已知的,因此这种计算是简单的。第二种应用为通过两个(立体)或更多的图像及已知的相机内部和外部参数,来估计一个空间点的三维坐标。这是摄影测量中最典型的应用,而且需要光线相交,可通过使用共线性方程实现,如51.5.3节所述。

相机校准是摄影测量工作流程的第一个要素(图51.15),是确定相机内部方向参数的过程,包括光学传感器系统的几何和辐射畸变。已校准的公制相机可用于许多任务,包括空中和地面平台,因为在正常操作下,校准参数不应改变。在过去,对于大幅面胶片相机,通过常用的校准方法进行精确校准需依赖准直器,进而为实验室环境中的高精度参数估计提供了直接方法[13,21-22]。这种方法不适用于数字传感器,因此采用了间接摄像机标定技术,该技术是基于使用大量具有已知和未知目标空间坐标的共轭点。为了自动识别共轭点,可以使用特殊的目标,尽管有无目标校准的方法。如果使用目标的话,通常是通过传统的高精度测量技术来测量的。精确的校准必须进行多次测量,以获得准确的估计结果,并充分评估参数估计、预测的误差。在任何处理之前,可以基于相机校准来校正图像,例如,通过去除几何畸变或调整投影特性,最终像针孔相机一样变换图像。

表51.3 数字摄影测量的常见问题

方　法		外部参数	内部参数	测量或估计的空间点坐标	最少图像数量/个
内部参数获取	反向投影	已知	已知	点在物方坐标系坐标已知,在像方坐标系坐标未知	1
	三角测量	已知	已知	点在物方坐标系坐标未知,在像方坐标系坐标已知	2
	应用准直器进行相机标定	已知	未知,直接测量	无目标	0
外部参数获取	非直接相机标定	已知	未知	点在物方坐标系、像方坐标系坐标已知	$1 \sim n$
	相对定向,立体模型	未知	已知	点在像方坐标系坐标已知	2
	光束法平差	未知	已知	点在像方坐标系坐标已知,在物方坐标系作为未定	n

续表

方　法		外部参数	内部参数	测量或估计的空间点坐标	最少图像数量/个
场景重建	含自校正的光束法平差	未知	未知	点在像方坐标系坐标已知,在物方坐标系作为未定	n
	直接地理参考	已测量	已知	未知	—
	手动提取点/矢量(矢量映射)	已知	已知	在图像空间中选择点对,通过三角测量计算物体空间坐标	$2\sim n$
	稠密表面重建	已知	已知	所有像素点对自动匹配	$2\sim n$

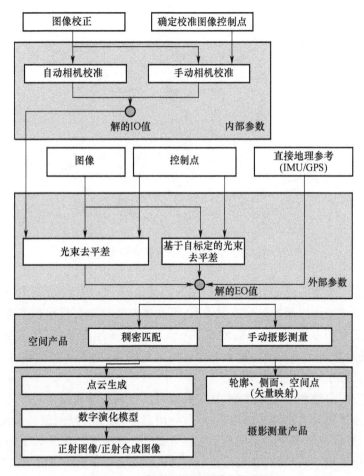

图 51.15　典型的摄影测量工作流程

　　摄影测量工作流程的下一步,是确定图像的外部方向参数。过去,对于放置在立体比较仪和立体绘图仪上的航拍照片,通常分两步来完成,首先通过机械或机电方法来解析图像之间的相对方位。在此过程中,手动旋转和移动图像,直到达到适当的对齐。然后再用另一个步骤来连接三维模型,由相对方位形成二维/三维映射关系。采用增量定位方法解决了图像序列的处理问题。例如,将第一对图像放在立体比较器上,两幅图像相互定向,其尺度是根据飞行高度估计的。然后,当图像对处理完成时,用图像序列中的下一幅图像替换其中一幅图像。因此,该新图像可以参考未从立体系统移除的另一幅图像。这样,图像序列被增量地定向到第一幅图像,并且形成航带,该过程是现代视觉里程计(VO)的先驱[4,23]。后来,分析立体绘图仪能够恢复图像的外部方向和半自动定位图像帧。

目前,所有图像的外部参数通常是通过将重投影误差的和同时最小化获得的,这种方法称为光束法平差,需要图像间有足够数量的共轭图像点(图51.16)。在摄影测量中,这些点称为联合点。对于绝对定向,航空摄影测量中需要测量的控制点(CP)也称地面控制点(GCP),将测量的连接点关联到成像坐标系,以减少测量误差,并进行质量评估和控制。最近,特别是对于参数不稳定的非公制相机,在未进行相机校准时,对内部方向参数也进行光束法平差,这种方法需要一个有利的点分布和更多的控制点,这种方法称为自校准光束法平差。

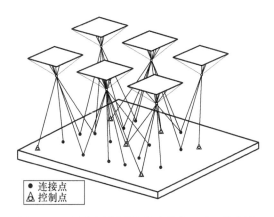

图 51.16 航空摄影测量的连接点和地面控制点

确定外部方向参数的另一种方法是利用导航传感器,如 GPS、GNSS 和 IMU。这些传感器允许直接导出成像传感器的外部方向参数,因此该方法称为直接地理参考,而使用 CP 的基于空间后方交会的方法,称为间接地理参考。对于直接地理参考,作为系统校准的一部分,必须准确确定相机同绝对地理参考的相对位置与姿态,即平移和旋转,以及导航坐标系和成像传感器坐标系间的空间关系。

一旦外部方向参数和内部方向参数已知,就可以生成各种地理空间产品。历史上,摄影测量学家通过选择图像上物体的共轭点,然后导出它们的三维坐标,进行矢量映射。基于这个简单的过程,可以映射单个对象的点、边界、轮廓、等高线等。建立数字高程模型(DEM)的摄影测量是正射校正的关键,在引入数字摄影测量之前,由于需要付出大量的努力,因此创建数字高程模型曾经是一个挑战,但由于采用了先进的匹配技术,现在已高度自动化。必须注意的是,DEM 通常由其他传感器(如激光雷达和雷达)获取,以补充摄影测量工作流程。使用 DEM 可以对图像进行正射校正,去除因表面起伏而产生的失真,校正遮挡区域,然后拼接在一起,形成无缝的大图像,称为正射拼接。今天,摄影测量的自动化程度,可以支持近乎完整的表面和场景重建。图像可进行像素级匹配,这些匹配点的三维坐标形成密集点云。在真实尺度的三维数据空间中,特征提取、目标识别和场景解释更有效。

51.5.1 相机校准

几何相机标定的目标,是寻找最佳的传感器模型参数,用误差最小的针孔相机模型来描述相机系统。随着时间的推移,开发了各种相机校准程序。过去,摄像机的校准是在实验室条件下,用专用校准工具直接测量内部方向参数。多准直器和测角仪是两种典型的使用设备[21]。

近年来,由于间接校准方法适用于任何摄像机,并且这些方法在实验室和现场环境中都适用,因此,使用间接校准方法已成为首选。其概念是对一个有许多专用目标、自然目标的区域拍摄多幅图像,然后利用摄像机内部方向参数联合估计特征点的空间位置和摄像机位置。为了获得最佳的校准结果,必须从不同的角度和距离拍摄图像,使图像中三维目标均匀分布。所需的空间约束由摄像机和/或目标来实现,例如使用校准板和运动传感器。校准目标应覆盖摄像机的整个视野,以便正确估计径向和切向畸变,这些误差更高,更接近图像的边缘。物体-传感器距离对于正确估计焦距也很重要,因此,强烈建议在校准过程中改变深度。这些要求清楚地表明了计算机视觉中经常使用的平面校准板的问题,如图51.17(a)所示。例如,需通过改变对象-传感器的距离,来获取"相机-目标"间的几何关系,且标定板需充满整个像面。因此,在高精度摄影测量相机校准期间,通常使用具有不同深度的目标点,见图51.17(b)~(d)。通常,对目标进行编码,以支持图像中的自动目标检测,见图51.17(e)。利用GPS-GNSS或全站仪等测量技术测量目标点或部分目标点的目标坐标。现代摄像机标定软件工具可以方便地检测编码或图案目标,将其与参考点关联,并通过自标定进行光束法平差。因此,内部方向参数的估计,是高度自动化的[24-25]。

使用具有已知的、精确测量的三维坐标提供精确参考,是一种广泛使用的方法[图51.17(f)];但是,这不是必需的。如果没有控制,仍然可以确定除比例因子外的内部方

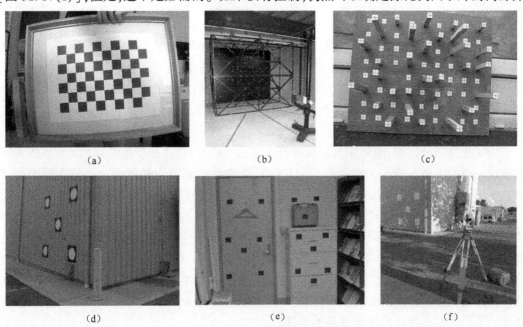

(a) (b) (c)

(d) (e) (f)

图 51.17 摄影测量标定靶标

(a)棋盘式校准标定板;(b)美国地质勘探局校准框架;(c)包括不同深度靶标的校准板;
(d)建筑物墙上的目标;(e)室内安装的校准靶标;(f)摄影测量目标的标定。

向参数。要获得缩放数据,只需知道两点之间的距离。在处理过程中忽略比例因子,最后对模型进行重缩放,是计算机视觉中常用的方法。在摄影测量学中,重点是达到尽可能高的精度,因此,需要测量多个距离来估计尺度。这些距离可以用单个卷尺测量,更普遍的是,目标点的三维坐标是通过使用测量仪器(如全站仪)获得的。

51.5.2 外部方向参数

确定外部方向参数,为共线性方程提供了参数,是进行后续摄影测量处理的先决条件,共线性方程构成了从二维图像测量获得三维坐标的基础。如上所述,通过直接或间接地理参考,获得外部方向参数有两种基本方法。这里讨论了间接法。请注意,即使是基于直接地理参考的应用,由于 GPS-GNSS-IMU 导航和成像坐标系之间存在联系,也需要在系统校准步骤中使用间接地理参考。

间接获得外部方向参数有两种基本方法。第一种方法是利用立体图像对的相对方位,基于地面控制信息,估计三维立体模型与成像帧之间的转换。三维相似变换用 3 个平移、3 个旋转角度和 1 个尺度参数来描述。确定外部方向参数的第二种方法是光束法平差,它是利用图像测量来估计成像坐标系中共线性方程的参数。如果有足够数量的 CP(最少 4 个),则可以估计单个图像的外部方向参数。光束法平差过程基于使用连接点、CP,其整个工作流程是完全自动化的。摄影测量人员仅需要提供质量指标以进行审查。51.5.2.1 节将介绍此工作流程的基本步骤。

51.5.2.1 连接点生成

图像之间必须有重叠的区域,使图像之间获得足够多的连接点。过去,连接点是手动选择和测量的,而目前连接点是自动创建的,尽管摄影测量软件仍然允许在必要时进行连接点手动选择。值得注意的是,CP 通常是手动选择的,通过图像识别算法,可以找到图像中编码的目标。

自动生成连接点包括以下步骤:首先,主要是进行图像滤波,以减少图像噪声;然后,通过特征检测算法从图像中提取兴趣点或特征,通常称为兴趣点[20],这些兴趣点是匹配的候选点。特征检测器通常通过应用一个核(算子)或搜索窗口(操作符)来扫描图像来寻找特征的位置,这些特征在强度差异方面存在着特殊性。数学运算符可能会寻找易于识别的兴趣点,例如角点[26-28]、边缘[29]等。

为了支持特征匹配,通常用特征描述符来描述兴趣点,它是基于检测到的兴趣点的邻域像素而创建的矢量。图 51.18 显示了从 UAS 图像中生成连接点的示例。将每个图像存储的这些矢量,在所有图像中相互比较。比较基于定义的特征距离度量,描述符对之间的匹配可以基于预定义的阈值或通过使用更复杂的方法(例如通过应用统计假设检验或其他概率方法)来确定。除了特征距离之外,还可以使用其他度量或约束来进一步度量相似度。例如,在立体视觉中,算法还考虑极线约束来匹配特征[20]。近年来出现了许多描述符,如尺度不变特征变换(SIFT)、加速鲁棒特征(SURF)、定向快速旋转 BRIEF 特征(ORB)、二进制鲁棒伸缩不变性关键点(BRISK)和快速视网膜关键点(FRANK)[30-31]。大多数商业摄影测量软件工具很可能使用这些描述符的变体。

51.5.2.2 光束法平差

在摄影测量中,光束法平差是通过同时调整所有像点的目标空间坐标和传感器方位参数,来求外部方向参数的基本方法。光束法平差主要是在计算机引入航摄测量后不久发展起来的。在过去的 10 年中,一些现代的光束法平差模型和方法已经得到应用。这些模型主要应用在相机模型、投影方程、误差模型参数等方面有所不同。例如,在计算机视觉中,研究人员通常直接估计投影矩阵。相反,在摄影测量[20]中,平差是基于线性化的共线方程。在本节中,将介绍基本方法及光束法平差的关键步骤。

图 51.18　从 UAS 图像中生成连接点

假设内部参数已知,并且采用最小二乘法对误差进行最优(无偏)估计,则问题是在所有图像中找到使以下表达式最小化的外部方向参数:

$$\min_{R_k, O_k, P_i} \Big[\sum_k \sum_i I(k,j) d(p_{i,k}, \boldsymbol{F}(P_i, \boldsymbol{R}_k, O_k)) + \sum_k \sum_i I(k,j) d(p_{j,k}, \boldsymbol{F}(Q_j, \boldsymbol{R}_k, O_k)) \Big]$$

(51.14)

式中:$\boldsymbol{R}_k$、t_k 为相对于物方参考坐标系的旋转和平移外部参数;$p_{i,k}$ 为第 k 图像上第 i 点的图像坐标;P_i 为未知的第 i 个连接点的未知三维坐标;Q_j 为第 j 个控制点的已知三维坐标;F 为投影函数,即将物方投影到图像平面上的共线方程;$I(k,j)$ 为一个指标函数,如果点 $p_{i,k}$ 不存在,则为 0,这样,点 P_i 不在第 k 图像上,否则为 1。因此,式(51.14)第一项和第二项分别是连接点和控制点的总投影误差。根据误差模型,定义了距离函数 $d(\cdot, \cdot)$。该函数主要是 L_2 向量范数,它假设投影误差可以用最小二乘法进行估计;但有时,对于鲁棒性估计,应该使用其他概率模型,该问题将在 51.5.2.3 节讨论。

光束法平差可以扩展到包括内部方向的参数,否则,这些参数用作校准常数,包括成像传感器的线性参数,然后是径向和切向参数。这种方法称为带自校准的光束法平差,通常需要良好的目标空间条件,如校准部分所述。考虑到这些参数,式(51.14)采用以下形式:

$$\min_{R_k, O_k, P_i, c_k} \Big[\sum_k \sum_i I(k,j) d(p_{i,k}, \boldsymbol{F}(P_i, \boldsymbol{R}_k, O_k, c_k)) + \sum_k \sum_i I(k,j) d(p_{j,k}, \boldsymbol{F}(Q_j, \boldsymbol{R}_k, O_k, c_k)) \Big]$$

(51.15)

式中:c_k 为摄像机标定参数的矢量。因此,在光束法平差中,未知的摄像机参数与未知的外部参数同时解析。这种方法的一个优点是与实验室校准相比,原位校准可以提供更好的校准结果;但这种差异对于非公制相机更显著。其另一个优点是摄影测量数据采集可以在没有摄像机校准的情况下完成。因此,这种方法在无人机应用中非常流行,因为大多数摄像机都是未标定的,因此,摄像机的校准参数是使用在常规数据采集飞行过程中拍摄的图像来确定的。带自校准的光束法平差的缺点是,该方程组具有更多的未知量,因此未知参数之间的相关性更高。由于这些原因,任务规划和/或测量安排至关重要,需要格外谨慎才能获得可靠的结果;任务规划的一些问题将在后面简要讨论。

定义具有未知外部方向参数、已知连接点以及至少两个 CP 的共线方程(后面讨论的基准问题),将产生一个非线性方程组,需要非线性最小二乘估计来求解。有几种非线性优化技术;本文介绍了传统的高斯–牛顿法,并简要讨论了几种非线性估计方法。

对于高斯–牛顿法,通过泰勒法对方程组进行展开,在 x_0 初值附近线性化。忽略了展开式的二阶项和高阶项;因此,共线方程组中的一个(共线方程)可被描述为

$$\begin{cases} x = f_x(\pmb{x}) = \pmb{f}_x(\pmb{x}_0) + \sum_{j=1}^{n} \dfrac{\partial f_x}{\partial \pmb{x}_j}(\pmb{x}_0)\Delta \pmb{x}_j \\ y = f_y(\pmb{x}) = \pmb{f}_y(\pmb{x}_0) + \sum_{j=1}^{n} \dfrac{\partial f_y}{\partial \pmb{x}_j}(\pmb{x}_0)\Delta \pmb{x}_j \end{cases} \tag{51.16}$$

式中:$f_x(\cdot)$ 和 $f_y(\cdot)$ 分别为 x、y 图像坐标的共线方程。未知矢量 x 包含相机位置 (X_0, Y_0, Z_0) 和旋转角度 (Ω, Λ, K) 以及所有图像的连接点的空间坐标 (X, Y, Z)。该矢量还包含每个摄像机的 x_0、y_0 主点坐标和 f 焦距,并且镜头畸变参数也可以合并到方程中进行自标定。在大多数摄影测量数据采集中,通常使用一种类型的相机;因此,所有图像的相机参数都是相同的,但也适用于包含多种相机类型,需要有足够的空间点作为前提条件。

方程组(51.16)适用于所有连接点和控制点,因此,使用矩阵方法进行光束法平差线性化表示:

$$\pmb{y} = \pmb{F}(\pmb{x}_0) + \pmb{J}(\pmb{x}_0)\Delta \pmb{x} \tag{51.17}$$

式中:$\pmb{J}(\pmb{X}_0)$ 为整个平差模型的雅可比矩阵;y 为已知的图像坐标。接下来,可以重新排列方程,以获得最小二乘估计的标准形式:

$$\pmb{r}(\pmb{x}_0) = \pmb{y} - \pmb{F}(\pmb{x}_0) - \pmb{J}(\pmb{x}_0)\Delta \pmb{x} = \Delta \pmb{y}(\pmb{x}_0) - \pmb{J}(\pmb{x}_0)\Delta x \tag{51.18}$$

式中:$\pmb{r}(\pmb{x}_0)$ 为残差矢量,最小二乘问题是 $\min_{x_0} \pmb{r}^{\mathrm{T}}(\pmb{x}_0)\pmb{r}(\pmb{x}_0)$。这个 $\Delta \pmb{x}$ 未知数可以从标准法方程中得到,即

$$\pmb{J}^{\mathrm{T}}(\pmb{x}_0)\pmb{J}(\pmb{x}_0)\Delta \pmb{x} = \Delta \pmb{y}(\pmb{x}_0) \rightarrow \pmb{N}(\pmb{x}_0)\Delta \pmb{x} = \Delta \pmb{y}(\pmb{x}_0) \tag{51.19}$$

式中:$\pmb{N}(\pmb{x}_0)$ 为正规矩阵,式(51.19)为正规方程。这样,我们用线性最小二乘公式估计 $\Delta \pmb{x}$:

$$\Delta \pmb{x} = \pmb{N}^{-1}(\pmb{x}_0)\pmb{J}^{\mathrm{T}}(\pmb{x}_0)\Delta \pmb{y}(\pmb{x}_0) \tag{51.20}$$

它是对 $\pmb{x}_0$ 初始值的修正或更新。因此,参数的解是 $\hat{x} = \pmb{x}_0 + \Delta \pmb{x}$。由于线性化,必须用新的 x 重复计算。这个迭代将一直持续到计算的 $\hat{x}_k$ 和上一个 $\hat{x}_{k-1}$ 足够接近,这个(差值)由预定义的阈值指定。在正常情况下,当初始预测接近最终解时,对于航空测量图像,高斯–牛顿法通常在几个迭代步骤内可以达到这个阈值。

对于一个相当大的图像区域,由于要调整的参数数目很多,可达上万个,因此,需要注意求解正态方程组。直接求解方法,需要计算式(51.20)中法向矩阵的逆,这对于大量的连接点和图像非常耗时。为了找到一个更好的方法,必须检查雅可比矩阵和正规矩阵,实现对该问题的有效处理。

图 51.19 所示为简单的光束法平差示例。在图的顶部,图像的排列显示为一个图形,其

中带有数字的矩形节点表示图像。本例中使用 4 幅图像,编号为 1~4。图像#1 和#2 由相机 #1 拍摄,图像#3 和#4 由相机#2 拍摄。这两个相机的内部方向参数记为 K_1、K_2。图像由边连接,每条边经过一个圆,表示两个图像之间有共轭点。如果共轭点是连接点,则圆是虚线,或者对于具有已知坐标的地面控制点,圆是实线。例如,标记为 E 的地面控制点可以在图像#2和#3 中找到。

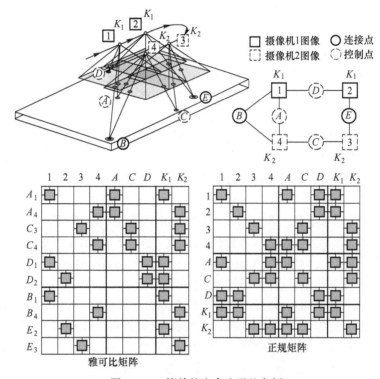

图 51.19　简单的光束法平差案例

在这个例子中,两个共线性方程可以由所有图像上的连接点和地面控制点的图像坐标表示;这些方程在图 51.19 中表示为雅可比矩阵的行。例如,用 A_1 表示的行对于图像#1 上的一个三维点 A 有两个公式。雅可比矩阵的行被红线分成两段;上面的矩形包含连接点,矩阵的底部用于控制点。每行中的所有共线性方程都被线性化,因此,未知参数的偏导数是雅可比矩阵 $\left(\dfrac{\partial f_x}{\partial x_1}, \dfrac{\partial f_x}{\partial x_2}, \cdots, \dfrac{\partial f_x}{\partial x_m}\right)$。请注意,为了简化并可视化,图中并不是所有的偏导数都显示出来;对应于同一未知对象(图像、连接点或相机参数)的导数由单个单元格表示。这些实体的偏导数如下:每幅图像有 6 列,表示 6 个未知的外方位参数(平移和旋转);对于所有未知的连接点,有 3 列表示 3 个未知的坐标 (X, Y, Z);最后,如果只考虑线性内部方向参数,相机内部方向参数有 3 列,如果畸变参数也包含在平差中,则相机内部方向参数有更多的列。在图 51.19 中,如果单元格为空,则矩阵元素为零,否则为非零。即使对于这个简单的 4 幅图像,也可以清楚地看到雅可比矩阵是稀疏的。

标准矩阵可由雅可比矩阵得到,即 $N = J^{\mathrm{T}}J$(图 51.19 左侧)。法线矩阵表明,图像外部方向参数、连接点的三维坐标和相机参数的导数是法线矩阵内的对角子矩阵。由于自动生成节点所提取的节点数量较多,且大部分节点出现在相邻图像上,使法向矩阵的右上角矩形较大,其他非对角子矩阵较小;因此正规矩阵是非常稀疏的。值得注意的是,正规矩阵是二阶偏导数矩阵的近似,称为 Hessian 矩阵。Hessian 矩阵总是对称的,在大多数实际工程条件下通常是正定矩阵,也是正规矩阵。许多数值线性方程求解者利用正态方程的对称性和正定性来加速计算。两种主要方法是共轭梯度法[33],这是一种迭代线性系统解算方法、Schur 补码[34],也是一种基于矩阵分解的方法。

光束法平差需要初始值,初始值可以从飞行计划、GPS-GNSS-IMU 解,或通过计算立体对的相对位置和方向序列等获得。高斯-牛顿法的主要挑战之一是它对初始值的敏感性,换言之,如果初始值不接近解,则该方法不会收敛到正确解。因此,稳健实现可能需要使用其他数值方法。梯度下降法作为一种通用的非线性优化工具,可作为一种选择;然而,它的收敛是缓慢的。Levenberg-Marquardt 非线性估计技术在检查雅可比矩阵的某些性质的基础上,在梯度下降和高斯-牛顿迭代步骤之间进行插值[32,35-36]。这样,当初值离解较远时,它能实现稳健收敛,同时当初值接近解时,它能实现快速收敛。其他非线性优化技术,如 dog-leg 优化器可能也适用[37]。

如果正规矩阵的逆存在,即 $\mathrm{rank}(N) = \dim(N)$,则正规方程可解。这个证明正规矩阵存在性的问题称为基准问题。这可以通过足够数量的观测、应用适当的相机和物体排列以及使用足够数量的 CP 来确保。当光束法平差的初始值不正确时,也可能出现基准问题;例如,它们都有相同/相似的值,但排列表明没有问题。理论上,如果存在基准问题,可以使用广义逆,并且可以获得解,例如,使用 Moore-Penrose 伪逆。更常见的是,基于工程考虑的约束被引入光束法平差问题中,以降低正规矩阵的自由度[13]。

光束法平差与一组控制点、连接点和相机外部方向参数形成一个点网络,通常称为摄影测量网络。摄影测量网络设计和任务规划对于创建良好的网络几何结构,从而获得准确可靠的解决方案非常重要。任务规划程序是针对具体应用的,尽管有一些共同的要素,例如需要处理类似处理的参数的相关性。光束法平差的输出是对所有摄像机未知数的估计,包括外部方位参数和内部方位参数,以及连接点的三维坐标(图 51.20),这组点称为稀疏点云。

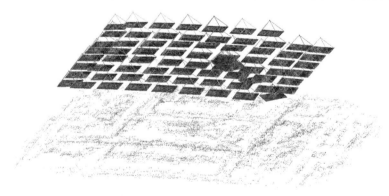

图 51.20　光束法平差结果:地理参考图像平面和稀疏点云

51.5.2.3　误差模型和质量控制

对于光束法平差,通常假设正态分布、观测值或测量值不相关,因此最小二乘估计是适用的,尽管在任何实际应用中可能存在异常值。但是,异常值可能会对计算的结果产生重大影响,因此异常值检测、质量保证和控制必须作为摄影测量工作流程的重要组成部分。这在

早些时候,通常假设观测值,即像素位置,具有相同的不确定性。在实际系统中,我们假设某些类型的先验不确定性(调整前的不确定性),通常以标准差作为特征。通过使用权重矩阵W,或者换句话说,先验方差-协方差矩阵可以将这些先验不确定性引入最小二乘方程中,也就是说$N = J^T W J$。正确选择权重值对于获得可靠结果至关重要。

现在,外部参数的确定是完全自动化的,包括连接点的生成。因此,允许摄影测量人员对平差问题的误差和质量进行检查,以定量评估误差并控制光束平差是非常重要的。因此,可以用高精度的测量技术对检查站进行部署和测量。与 CP 不同,检查点不包含在光束法平差中,因此这些点独立于调整过程,并且可以提供包括系统误差在内的对象空间的清晰误差特征。这些检查点应均匀地分布在映射区域上,以获得具有代表性的误差估计。

对于光束法平差解的误差分析,最小二乘法提供了一个明确的定义和统计框架,通过提供(平差后)后验值来描述导出参数的不确定性[38]。通常通过检查调整后的残差来去除异常值。根据误差传播规律,可以确定估计参数 ($\hat{x}$) 或观测值 (y) 的后验随机量。在这里,我们简要介绍估计参数的解决方案。首先,计算正规矩阵的逆,即$Q_{xx}(\hat{x}) = N^{-1}(\hat{x})$。然后,由平差问题的残差得到参考标准差的后验估计,即$\sigma_0^2 = r^T(\hat{x}) W r(\hat{x})/f$,其中 f 是冗余度,即实际网络的观测数与未知数之差。注意,对于超定问题和避免基准问题,f 必须大于零。同样值得注意的是,如果在光束法平差期间应用权重,则先验和后验参考标准差必须相对接近。最后,估计参数的后验方差-协方差矩阵可以确定为$\sum_{xx}(\hat{x}) = \sigma_0^2 Q_{xx}(\hat{x})$。该矩阵的对角元素包含未知量的方差(标准差的平方),因此,可用于评估导出参数的准确性。类似地,可以获得后验方差-协方差矩阵,这允许找到具有粗差的观测值,从而使用统计测试检测异常值[39-40]。如果检测到有粗差的观测值,则删除这些测量值,并重复进行光束法平差。协方差矩阵也用于误差的图形表示,利用估计图像点的误差椭圆和估计目标空间点的误差椭圆,以图形的方式表示调整参数和观测误差的不确定性。

最后,如果所有自动生成的连接点对在合并到光束法平差之前都基于极线约束进行预滤波,则所提出的加权最小二乘估计能够在实际数据集上提供可靠的结果。异常值和粗差的主要问题是,检测方法(如数据窥探[39])通常不足以根据最小二乘估计的结果检测出一个或两个以上的异常值。因此,可以使用更复杂的具有高阈值点的估计器,例如 Huber 方法[32,41],来实现通常在映射应用中预期的典型亚像素误差。

上面的讨论解释了光束法平差的插值特性,这是一个显著优点。相比之下,直接地理参考方法具有外推特性,因为所有的三维估计都是基于 GPS-GNSS-IMU 导航系统获得的摄像机外部方向参数。没有 GCP,任何内部定向误差都会转化为与飞行高度成比例的误差。

51.5.3　极线重采样

对于立体视觉,立体图像对必须以这样的方式进行变换,即这些图像的轴是平行的并且极线是水平的,因此这两个图像是无视差的。上述问题称为摄影测量中的极线重采样。值得注意的是,在计算机视觉中,这个问题被称为平面校正,而在摄影测量中,"校正"一词通常意味着正射校正。

极线重采样期间,首先基于左右图像之间的 R_r^l 相对旋转将右图像旋转到左图像,因此,两个图像坐标系和所有极线是平行的,但是 x 图像坐标轴与基线不相同。因此,图像必须按

照 $\boldsymbol{R}_b$ 矩阵再次旋转,变换方法如下[15]:

$$\begin{cases} p'_l = \boldsymbol{R}_b p_l \\ p'_r = \boldsymbol{R}_b \boldsymbol{R}_r^l p_r \end{cases} \tag{51.21}$$

式中: $p_l = [x_l, y_l, -f_l]^T$ 为左图像点; $p_r = [x_r, y_r, -f_r]^T$ 为图像坐标系中的右图像点; $p'_l = [x'_l, y'_l, -f'_l]^T$、$p'_r = [x'_r, y'_r, -f'_r]^T$ 分别为变换点。最后,两个变换点的焦距必须针对不同的值进行解析。应用这些变换后,两幅图像的所有点都位于一个公共平面上,其中极线水平且重合(图51.21)。极线重采样是几代摄影测量产品的重要步骤,此外,还有其他常见的外极线重采样方法[42]。需要注意,强大的图形系统可以动态执行极线重采样,在显示刷新过程中执行计算。

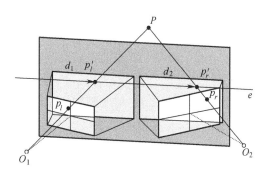

图51.21　极线重采样

对于极线重采样的立体像对,只能沿极线观测到点的像素位置的差,这种差异称为图像像素的视差,例如在左图像上,是该点与右图像上沿极线的对应像素位置之间以像素为单位测量的距离;即图51.21中的 $d_1 - d_2$。对于极线重采样图像对,沿极线观察到的距离与对象-点距离或点的深度成正比。这样,可以基于左图像的视差值来合成视差或深度图像,如图51.22所示。

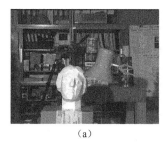  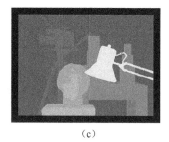

　　　(a)　　　　　　　　　　(b)　　　　　　　　　　(c)

图51.22　左图像(a)、右图像(b)和视差(c)

51.5.4　密集场景重建

摄影测量的主要目的是利用图像精确表示物体空间。然而,以二维图像对三维空间进行密集重建是一个具有挑战性的问题。过去,摄影测量人员主要通过航拍照片进行劳动密集型的人工测量,以提取地形轮廓、建筑轮廓、基础设施等要素。最近,密集重建,即自动的表面/场景重建,成为标准摄影测量处理的一部分。最先进的密集匹配/重建算法,可支持通过为所有对应的图像像素找到目标点,来自动处理图像,从而产生密集的点云。密集重建的性能很高,甚至可以从非公制相机中获得三维度量数据,这在某些应用中,其性能甚至达到更昂贵的激光雷达或雷达数据采集系统的水平。密集重建过程可定义为两个外极校正图像对之间的视差优化问题[43-44]:

$$\hat{D} = \underset{D}{\arg\min} \, E(D) = \underset{D}{\arg\min} \{ C(D) + E_s(D) \} \tag{51.22}$$

式中: E 为全局能量函数; D 为视差图; $C(D)$ 为基于视差图的匹配代价的能量函数; $E_s(D)$ 为考虑其他期望特性的另一个能量函数,例如视差图的平滑度。式(51.22)中引入的问题通常由马尔可夫随机场(MRF)表示,这是一个NP困难问题,在实际中无法求解[45]。然而,有几种解决方案,通过忽略部分优化问题,可以得到具有良好一致性、准确性的三维点云。根据文献[43],典型的密集重建算法包括以下主要步骤:首先,对图像进行成对极线重采样,以确保相应的图像像素位于同一极线上。为实现基于相关性的匹配,代价函数通常由围绕两个像素的两个窗口定义。已知几种相关函数,如零均值归一化互相关(ZNCC)、绝对差和(SAD)或平方差和(SSD)、census变换、秩、互信息等[43,46]。这些函数在计算复杂度、变换的不变性、像素误差,或光强差异方面有所不同。这些度量通常标准化为某一区间范围,例如[0,1]或[-1,1]。由于式(51.22)中的代价函数不依赖于平滑项,为实现有效计算,需要获得所有相关像素对的代价,从而产生代价矩阵,其中代价矩阵的 $X-Y$ 平面是左图像的图像平面, Z 轴是视差。因此,代价矩阵的一个元素给出了代价,即 X、Y 图像像素在 Z 视差处的相关性。在这一点上,正确的视差可以选择在一个给定的 X、Y 图像像素,选择最小的代价(选取代价最小值)。这种方法被称为局部方法,它不考虑像素的相邻差异,这可能产生非光滑的、不一致的点云。平滑项支持可能平滑的视差图像,从而得到一致的点云。平滑项依赖相邻像素的代价,这些代价是未知的,无法直接计算,因此需要进行循环估计,这使得全局密集重建方法计算复杂。

为了降低问题的复杂度,Hirshmiller[47]提出只考虑沿一定路径邻域重建的方法,称为半全局匹配(SGM)。SGM修改了式(51.22)中给出的整体能量函数,如下所示:

$$E(D) = \sum_p C(p, D_p) + \sum_{q \in N_p} P_1 T[\,abs(D_p - D_q) = 1\,] + \sum_{q \in N_p} P_2 T[\,abs(D_p - D_q) > 1\,]$$

$$\tag{51.23}$$

式中: p、q 为像素位置; D_p 为像素 p 处的视差; P_1、P_2 为惩罚项。式(51.23)第一项是给定视差下,图像像素的代价,第二项和第三项是平滑项。式(51.23)中提出的问题的解决方案参见文献[47]。SGM是摄影测量中非常流行的方法,因为它能够在相对较短的时间内,创建一致的点云。SGM只考虑视差图的平滑度,其他算法处理了遮挡、一致性或视差图的其他属性,以提高三维重建的质量[48-50]。除SGM外,在计算机视觉中开发的用于解决式(51.22)中提出的MRF问题的其他方法,也可应用于摄影测量,例如图形切割的方法[44,50]。

51.5.5 数字高程模型

通过密集重建创建点云,可生成多种摄影测量产品。由点云创建的数字高程模型

(DEM)是摄影测量的基础产品,广泛应用于地图、GIS、土木工程规划和农业监测。DEM是点云的一个子集,可以建模为两个变量的单值函数;也就是说,DEM的每个X、Y值都有一个对应的高度值。DEM通常以规则网格或TIN(三角形-不规则网络)格式存储[51]。栅格DEM通常以光栅(图像)格式存储;美国地质勘探局提供的基线DEM采用GeoTIFF格式[51]。从稠密点云出发,直接生成网格DEM,即在DEM网格点处重新采样或插值。当前,有各种重采样技术,包括简单平方反比(ISD)加权、基于地质统计学的方法(如克里格法[52-53])等解决方案。由于创建DEM需要在网格点处重新采样,因此,不会保留原始测量值,且容易引入高度误差。网格DEM的主要优点是可以相对快速地执行各种数据操作,因为大多数图像处理工具都可以直接使用。与栅格DEM格式不同,三角网模型保留测量点的原始位置和高度。三角网模型是一组连通的三角形,三角形的顶点是直接测量的点。通过对三角形应用角度和面积约束(如Delaunay三角剖分)来确定一组点上的最佳连接三角形结构,详见文献[51]。

51.5.6　正射校正

历史上,摄影测量方法的主要用途是绘制地图。传统上,地图是对象空间的二维矢量化表示,在两个方向上缩放相等,并朝向北方。随着技术的进步,人们对创建基于图像的地图的需求不断增长,这些地图与矢量地图具有相同的特性。在图像形成过程中,由于表面起伏,图像通常会发生畸变,因此图像的尺度会随着图像的变化而变化。利用曲面模型(DEM),可以对图像进行正射校正,因为这些图像是从理想的垂直投影中获得的,由此得到的图像称为正射图像。图51.23所示为正射校正过程。如果假设地表是平面,则从透视中心开始并穿过图像像素的光线,将生成不正确的对象点。但是,如果光线与DEM相交,则可以找到适当的对象点,然后将此交点投影到水平面(二维映射平面)。也就是说,正射影像是由原始影像的重采样点通过基于DEM的原始影像扭曲而形成的。

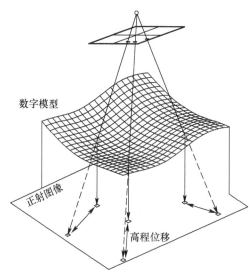

图51.23　正射校正过程

正射影像只有一个尺度,因此可以用来测量水平距离;显然,在正射影像中没有高程信息,除非等高线重叠。从理论上讲,从同一区域的不同视点获取的图像应产生相同的正射影像。实际上,由于重合和其他缺陷,这种情况很难出现。将正射影像拼接在一起,可以形成覆盖更大区域的正射拼接,这几乎是任何摄影测量应用的基础产品[54-55];正射校正图像可以从各种来源创建[56-59]。

51.6 应用

摄影测量数据采集系统通常分为近距离、室内、空中或空间等类型,提供不同的分辨率、精度和覆盖范围(表51.4)。近景或室内摄影测量通常是指在地面采集数据,其目的是测量距离相机1~500m的物体的几何形状或变化。典型的应用是在文化遗产保护、勘测和控制工程活动中物体的三维重建和信息获取,如桥梁或建筑位移监测、制造业应用。航空摄影测量处理从飞机上拍摄的图像,因此,它适用于局部地获取大面积的地球表面地理空间数据。航拍照片通常用于制作中大比例尺地图,或用于探测自然环境和人造设施的变化。移动地图架起了近景摄影测量和航空摄影测量之间的桥梁,因为它使用安装在移动平台(如车辆、手推车等)上的近景传感器进行近景观测。近10年,无人机作为一种特殊的航空摄影测量系统得到了广泛的应用;主要是因为无人机技术为测绘较小区域提供了价格合理的替代方案,填补了有限的近距离测量和昂贵的航空摄影测量测绘系统之间的空白。最初,无人机技术主要在文化遗产保护、输电线路测绘、环境遥感、农业和采矿等领域得到应用,这些领域需要重复调查,以发现(上述)相对较小区域的变化。空间摄影测量系统在全球范围实现大面积覆盖,几个卫星星座环绕地球运行,在不同的时间重复地获取多光谱或高光谱和InSAR图像[14],可以对同一区域进行频繁观测,甚至每天获取多个数据。空间分辨率高达25cm,可以有效地支持基于地形的导航。典型的星载应用包括全球地表覆盖遥感测绘、气候观测、灾难情况下的应急响应和城市化研究等。

表 51.4 摄影测量数据采集系统分类

数据采集方法	观测对象	分辨率	平台	传感器	应用
近距离或室内制图	物体	0.01~1cm	手持、三脚架	彩色相机,公制、非公制相机,雷达	工业、土木工程、制造业
移动制图	城市区域	0.05~1m	车辆	彩色相机、雷达	交通基础设施、城市建模
无人机	若干街区、田地	1~10m	无人机	彩色相机、非公制相机	制图、农业、矿业
空中制图	州、县	5cm~1m	飞机	多光谱和高光谱相机、彩色相机	制图、变化监测
空间制图	国家、大陆、地球	0.25~10m	卫星	多光谱和高光谱相机、IfSAR	变化监测、地球观测

51.6.1 近景摄影测量与室内制图

典型近景图像,如建筑物表面、街道和物体,如图51.24(a)和(b)所示。从历史上看,近景摄影测量已广泛用于文化遗产、文化资源保护,使建筑物内部或物体的精确三维建模能够以数字方式输出和存储,见图 51.24(a)。摄影测量技术也在工业领域普遍应用,如汽车和飞机制造,见图 51.24(c)。

近距离应用中使用的相机可以是标定过的,也可以是未标定的[60-61],这取决于任务的预算和精度要求。对于简单的项目,使用经济的数码单反相机(DSLR)就可以满足要求。图像可以手动拍摄,也可利用三脚架安装相机进行拍摄。在最简单的情况下,使用手持相机即可在任意位置和方向拍摄图像。然而,在这种情况下,需要特别注意共线性方程的参数相关性。例如,一般来说,应避免从同一角度拍摄图像,必须从不同的角度、不同的距离观测对象拍摄图像,并且需要足够的(拍摄)基线,来提供良好的摄影测量网形[62]。此外,还必须确保图像之间有足够的重叠。如果相机内部参数也是通过光束法平差来估计的,那么场景的深度变化,对于精确解析焦距十分必要[24]。

图 51.24　近景摄影测量与室内摄影测量应用案例[25]

(a)文化遗产文献中的城堡正面重构;(b)交通事故现场重现;(c)工具检查。

带有两个或更多刚性连接摄像头的系统经常被应用在各种平台上,如脚手架或三脚架[63]。这种方法的优点是刚性连接的立体相机系统可以独立校准,且未知量较少,相机之间的空间关系已知,使得光束法平差更加稳健。校准的过程包括确定每个相机的内部参数及其相对姿态[64]。专业的近景摄影测量软件工具使用复杂的相机模型和相机标定模型,考虑相机系统的各种特性,可以达到亚毫米级精度[62]。

安装在观测区域的目标提供易于识别的目标点,以便进行手动和/或自动处理,并使摄影测量模型能够转换至绝对坐标系[25,65-66]。在某些应用中,例如建筑物变形/移动和零件制造,目标是测量特定点空间位置,在这种情况下,这些点必须用特定的目标进行标记。如果目标包含特殊代码,例如数字或图案,则可以自动对其进行识别。目标也可以用测量技术或 GSP/GNSS 进行精确测量,以获得绝对地理坐标。注意,两个目标之间的单个距离通常可以进行缩放[67]。

51.6.2 航空摄影测量

摄影测量始于一个多世纪前的航空摄影测量,它仍然代表着测绘行业数据采集量最大的领域。大阵面相机通常安装在固定翼、低速飞机上,飞行高度通常在 500~1000m 左右;另外,旋翼飞机,如直升机也可用于航摄作业。基于 GPS-GNSS-IMU 的导航系统能够直接测量相机外部方向参数[68](直接地理参考);然而,光束法平差经常用来提高测量精度和质量。

航空相机可以最低点、倾斜(低倾斜)或高倾斜的方式进行拍摄。最低点位置,也称为垂直摄影,它作为典型的测绘,提供了垂直拍摄的影像作为相机输出。使用倾斜和高倾斜图像的优点是可以对物体的侧面成像,例如建筑物的正面或其他垂直物体[69]。理想情况下,任何物体表面都应该获得相同的地面分辨率(GSD),也称地表样本距离但这不现实。然而,使用倾斜图像,是覆盖水平和垂直表面的一种可接受的方法。现在,现代航空相机系统通常包含 3~5 个相机,一个在最低点,然后在倾斜位置配合使用,包括侧向,飞行方向的前向、后向等。

为了覆盖足够的区域并形成良好的摄影测量网形,需要对飞行及摄影测量任务进行预先计划[70]。通常,相机制造商提供了工具,用于确定飞行高度、飞行(带)区域、区域侧方和前方重叠、飞机速度、曝光时间等,以达到所需的图像 GSD,满足精度要求。这些交互式工具通常使用现有的正射影像作为规划背景,并严格执行所有参数约束。固定翼飞机通常在测量区域上方以平行于条形测绘区域的方式飞行(图 51.25)。前向或沿轨迹(图像)间的重叠,是条带上连续图像间的重叠。侧重叠或轨迹间的重叠,是指条带之间的重叠。在航空摄影测量中,使用大阵面相机时,典型的重叠率分别为 60%~70% 和 0~20%。对于非公制相机,例如 UAS 平台上使用的相机,重叠区域更大,在两个方向上为 70%~80%。

绝对地理参考和质量保证需要 GCP 和检查点。这些点均匀地排布在成像区域上,并通过测量技术进行测量,或通过 GPS-GNSS 进行测量。这些点的分布、密度和精度取决于任务和精度要求。国家政府和测绘机构通常为任务规划人员提供经验法则。例如,ASPR 的数字地理空间数据位置精度标准[71]。

一般来说,如果相机内部参数通过自校准方式获取,则需要更多的 GCP。在这种情况下,获取不同飞行高度具有显著高度变化的地形图像,这对于为焦距估计提供足够的深度信息至关重要。此外,任务计划总是包括一些交叉路径,以使摄影测量网络具有更好的"刚性",从而确保更好的精度。由于摄影测量网形的因素,为沿走廊飞行的飞机进行航路规划是具有挑战性的,如绘制道路和河流地图。尽管直接地理参考通常需要更多的质量控制措施和保证,但使用直接地理参考可以显著减少所需的控制点(CP)的数量,甚至不再使用控制点。

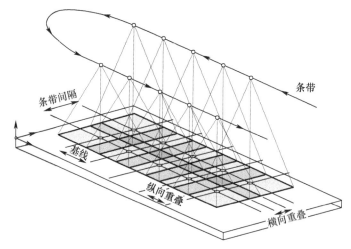

图 51.25　航空摄影测量航线规划

51.6.3　无人机和移动测绘

无人机和移动测绘摄影测量已经得到越来越多的应用,因为在建筑密集的地区的室内和室外,对高分辨率数据的需求正在稳步增长。移动测绘系统是基于移动平台上的中距离相机来进行地图绘制,自从引入 GPS 之后就开始使用[72]。起初,传感器性能限制了此类系统的使用,然而,现在全球使用了大量基于车辆的移动测绘系统采集的地图数据,更重要的是,采集供消费者使用的可视化数据,如谷歌街景。移动测绘始终基于直接地理参考,尽管在后处理过程中经常使用光束法平差处理。

在过去的 10 年里,特别是在过去的 5 年里,在地图和导航以外的市场推动下,无人机技术得到了前所未有的发展。传感器的性能有了很大的提高,飞行控制基本上已经标准化。在美国,经过多年等待,无人机的商业化使用得到了法律允许。无人机摄影测量的关键技术是基于密集匹配技术的应用,它与光束法平差和自校准相结合,以较低的成本生成高分辨率和高精度的密集点云及正射影像。无人机采集图像的地理参考,目前正朝着使用双频 GPS–GNSS 接收机的方向发展;一般来说,车载导航传感器的精度比空中情况下要低[73-74]。

与传统飞机类似,无人机平台有两种类型(图 51.26)。固定翼无人机主要用于较大和不太复杂的地区,通常用于农业和测绘;旋转翼无人机通常用于密集的物体空间,如建筑物周围、受限空间和人造物体附近,飞行轨迹被分成不同方向、不同飞行高度等较短的航程。与机载情况类似,飞行计划的创建和执行也是半自动的;具体案例研究可参见文献[75]。由于姿态在无人机平台上的变化比在飞机上的变化更大,因此大多数摄影测量软件都经过了轻微的调整,以处理无人机图像。

51.6.4　星载摄影测量

在星载平台上使用的光学传感器,通常能够捕获多个波段的电磁频谱。需要注意,卫星轨道通常是平滑的,可以同时、并列使用高质量的线性(成像)传感器,这简化了各种光谱带的观测。根据波段的数量,这些图像称为多光谱或高光谱图像(图 51.27)。目前,全色传感

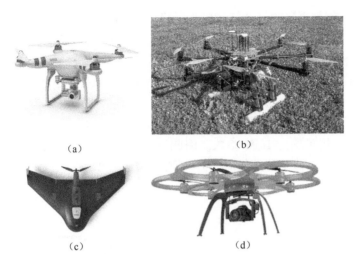

图 51.26　旋翼和固定翼无人机

（a）DJI 平台；（b）Bergen 定制的 Octoopter，俄亥俄州立大学；（c）senseFly 的 eBee；（d）AiBoxAiBOTX6。

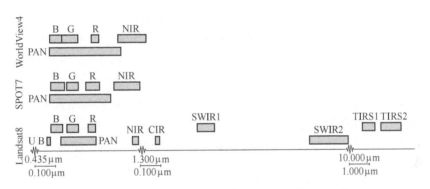

UB—紫外；B—蓝色；G—绿色；R—红色；NIR—近红外；PAN—全色；
SWIR—短波红外，CRI—卷云，TIRS—红外热成像。

图 51.27　Landset8、SPOT7、WORLDView4 三个卫星系统的光谱带

器提供的空间分辨率最高可达 0.25m，覆盖了可见光波段。通常以较低的分辨率进行光谱成像，因为这满足了大多数以分类为主要目标的应用，例如计算植被归一化指数（NDVI），以评估绿色植被密度和健康状况。

各种空间和光谱分辨率的卫星图像，由政府机构和商业测绘公司提供[14]；用户可以浏览现有的图像数据库或订阅所需的图像区域。卫星图像根据不同的地理参考精度，可以进行不同级别的处理。请注意，相对地理参考精度通常明显优于绝对地理参考精度。

星载光学传感器的相机参数对时间具有很强的依赖性，这对准确的几何建模和内外参数的调整是一个挑战。另外，由于目标距离较远，光束的几何网型结构很弱；视场很小，因此卫星轨道和图像基线之间的比例很小。基于这些因素，在卫星三角测量中，需要特别注意确定外部参数的方法，包括精确的轨道建模。由于卫星图像的原始相机模型非常复杂，并且因传感器而异，因此通常使用替换传感器模型（RSM）。RSM 是一个有理多项式或网格插值器，它将物体坐标系[13,76]中定义的三维点映射到二维图像平面上，类似于共线性方程。

RSM 可支持所有传统的摄影测量计算,例如三角测量、图像校正和后方交会。

通过使用原始传感器模型,生成"虚拟点"来确定 RSM 参数,即地面点和图像点对应的多项式或网格的系数。对于多项式模型,使用这些点来估计系数;对于网格型 RSM,直接从原始传感器模型计算网格点。多项式模型的系数应用数量或网格分辨率根据预定义的近似误差范围确定。RSM 是原始传感器模型的真实近似,但它更简单、更易于在摄影测量工作流程的其他阶段使用。除了使用原始传感器模型,还可以从 GCP 中生成 RSM。在这种情况下,CP 是"虚拟点",用于确定 RSM 参数。因此,估计系数的"正确性"很大程度上取决于 GCP 分布,因为它不考虑传感器的任何几何性质。因此,该模型不是替代品,而是对原始传感器模型的替代[13]。

51.7 小结

摄影测量或测绘和导航是两个最古老的工程学科,在很长一段时间内,二者的联系是松散的。近年来,由于技术进步,它们在多个方面相辅相成,两个领域正在迅速融合。从导航的角度来看,摄影测量提供了两个要素,这两个要素与随时随地实现泛在、弹性、高性能的导航相关。第一个因素是越来越多的地理空间数据库覆盖了地球表面的多种特征,包括各种空间/时间分辨率的光学图像和高程模型。地理空间数据的地理参考(精度)在很大范围内是不同的,但定位精度迅速提高是明显的趋势。这些地理空间数据库的相关性在于:它们为基于图像和地形的导航提供了很好的基准,并且随着新传感器数据的质量和数量的改进和增加,地理空间数据库将继续扩充。第二个因素是通过光束法平差实现光学传感器系统的传感器精确建模的能力。这些技术还不具备实时性,但随着计算机性能的不断提高,这种情况将在未来会发生变化。然而,对于任何分析,光束法平差提供了包含一定误差特性的稳健结果,为摄影测量提供了基础的解决方案。

参考文献

[1] "ISPRS Statutes. " [Online]. Available:http://www.isprs.org/documents/statutes04.aspx. [Accessed:31-Mar-2017].

[2] Ghosh S. K. , "History of photogrammetry-Analytical methods and instruments," in ISPRSArchives-VolumeXXIX Part B6,Washington,USA,1992,vol. XXIX,pp. 311-327.

[3] Forstner W. and Wrobel B. P. ,Photogrammetric Computer Vision,vol. 1,Springer,2016.

[4] Zhao B. ,Hu T. ,and Shen L. ,"Visual odometry-A review of approaches," in 2015 IEEE International Conference on Information and Automation,2015,pp. 2569-2573.

[5] Aqel M. O. A. ,Marhaban M. H. ,Saripan M. I. ,and Ismail N. B. ,"Review of visual odometry:Types,approaches,challenges,and applications," SpringerPlus,vol. 5,no. 1,October 2016.

[6] Xu H. ,Lian B. ,Toth C. K. ,and Grejner-Brzezinska D. ,"An airborne LiDAR/INS integrated navigation algorithm based on fuzzy controlled SIFT," in Proc. of the 2017 International Technical Meeting of The Institute of Navigation,Monterey,California,2017,pp. 313-326.

[7] Besl P. J. and McKay N. D. , " A method for registration of 3-D shapes," IEEE Trans. Pattern

Anal. Mach. Intell., *vol.* 14, no. 2, pp. 239−256, February 1992.

[8] Pomerleau F., Colas F., and Siegwart R., "A review of point cloud registration algorithms for mobile robotics," *Found Trends Robot*, vol. 4, no. 1, pp. 1−104, May 2015.

[9] D.-G. Sim and R.-H. Park, "Localization based on DEM matching using multiple aerial image pairs," IEEE Trans. Image Process., vol. 11, no. 1, pp. 52−55, January 2002.

[10] Roy D. P. et al., "Landsat-8: Science and product vision for terrestrial global change research," *Remote Sens. Environ.*, vol. 145, pp. 154−172, April 2014.

[11] Carson T. M., "The shuttle radar topography mission and GeoSAR interferometric synthetic aperture radar programs at national imagery and mapping agency," *Cartogr. Geogr. Inf. Sci.*, vol. 30, no. 2, pp. 179−180, January 2003.

[12] Zandbergen P., "Applications of shuttle radar topography mission elevation data," *Geogr. Compass*, vol. 2, no. 5, pp. 1404−1431, September 2008.

[13] *McGlone J. C.*, *Manual of Photogrammetry*, 6th Ed., Bethesda, Maryland, USA: American Society of Photogrammetry and Remote Sensing, 2013.

[14] Toth C. and G. Józków, "Remote sensing platforms and sensors: A survey," *ISPRS J. Photogramm. Remote Sens.*, vol. 115, pp. 22−36, May 2016.

[15] Schenk T., *Digital Photogrammetry*, vol. 1., TerraScience, 1999.

[16] Brown D. C., "Decentering distortion of lenses," *Photogramm. Eng.*, *vol.* 32, no. 3, pp. 444−462, 1966.

[17] Conrady A. E., "Decentred lens-systems," *Mon. Not. R. Astron. Soc.*, no. 79, pp. 384−390.

[18] Drap P. and J. Lefèvre, "An exact formula for calculating inverse radial lens distortions," Sensors, vol. 16, no. 6, June 2016.

[19] Abdel-Aziz Y. I. and H. M. Karara, "Direct linear transformation from comparator coordinates into object space coordinates in close-range photogrammetry," in *Proc. of the Symposium on Close-Range Photogrammetry*, Falls Church, VA, USA, 1971, pp. 1−18.

[20] Hartley R. and A. Zisserman, *Multiple View Geometry*, 2nd Ed., Cambridge, UK: Cambridge University Press, 2004.

[21] Clarke T. A. and J. G. Fryer, "The development of camera calibration methods and models," *Photogramm. Rec.*, *vol.* 16, no. 91, pp. 51−66, April 1998.

[22] Yuan F., W. J. Qi, and A. P. Fang, "Laboratory geometric calibration of areal digital aerial camera," IOP Conf. Ser. Earth Environ. Sci., vol. 17, no. 1, p. 012196, 2014.

[23] Nister D., O. Naroditsky, and J. Bergen, "Visual odometry," in *Proc. of the 2004 IEEE Computer Society Conference on Computer Vision and Pattern Recognition*, 2004. CVPR 2004, vol. 1, pp. I-652-I-659.

[24] Fraser C. S., "Automatic camera calibration in close-range photogrammetry," presented at the ASPRS 2012 Annual Conference, Sacramento, California, 2012.

[25] Fraser C. S., "Advances in close-range photogrammetry," in *Photogrammetric Week '15*, 2015.

[26] Förstner W. and E. Gülch, "A fast operator for detection and precise location of distinct points, corners and centres of circular features," in *Proc. ISPRS Intercommission Conference on Fast Processing of Photogrammetric Data*, 1987, pp. 281−305.

[27] Harris C. and M. Stephens, "A combined corner and edge detector," *in Proc. of Fourth Alvey Vision Conference*, 1988, pp. 147−151.

[28] Shi J. and C. Tomasi, *Good Features to Track*, Cornell University, Ithaca, New York, 1993.

[29] Canny J., "A computational approach to edge detection," *IEEE Trans. Pattern Anal. Mach. Intell.*, vol. PAMI-8, no. 6, pp. 679−698, November 1986.

[30] Noble F. K. ，"Comparison of OpenCV's feature detectors and feature matchers，" in *2016 23rd International Conference on Mechatronics and Machine Vision in Practice* (*M2VIP*) ，2016，pp. 1-6.

[31] Tuytelaars T. and K. Mikolajczyk，"Local invariant feature detectors：A survey，" *Found Trends Comput. Graph Vis.* ，vol. 3，no. 3，pp. 177-280，July 2008.

[32] Triggs B. ，P. F. McLauchlan，R. I. Hartley，and A. W. Fitzgibbon，"Bundle adjustment — A modern synthesis，" in *Vision Algorithms：Theory and Practice*，1999，pp. 298-372.

[33] Byröd M. and K. Åström，"Conjugate gradient bundle adjustment，" in *Computer Vision-ECCV 2010*，2010，pp. 114-127.

[34] Agarwal S. ，N. Snavely，S. M. Seitz，and R. Szeliski，"Bundle adjustment in the large，" in *Computer Vision-ECCV 2010*，2010，pp. 29-42.

[35] Lourakis M. I. A. and A. A. Argyros，"SBA：A software package for generic sparse bundle adjustment，" *ACM Trans. Math. Softw.* ，vol. 36，no. 1，pp. 2：1-2：30，March 2009.

[36] Marquardt D. ， "An algorithm for least-squares estimation of nonlinear parameters，" *J. Soc. Ind. Appl. Math.* ，vol. 11，no. 2，pp. 431-441，June 1963.

[37] Lourakis M. L. A. and A. A. Argyros，"Is Levenberg-Marquardt the most efficient optimization algorithm for implementing bundle adjustment?，" in *Tenth IEEE International Conference on Computer Vision* (*ICCV'05*) *Volume* 1，2005，vol. 2，pp. 1526-1531.

[38] Wolf P. R. and B. A. Dewitt，*Elements of Photogrammetry with Applications in GIS*，3rd Ed. ，McGraw-Hill，2000.

[39] Baard W. ，"A test procedure for use in geodetic networks，" in *Neth. Geod. Comm. Publ. Geod.* ，vol. 2，no. 1，pp. 27-55，1968.

[40] Cen M. ，Z. Li，X. Ding，and J. Zhuo，"Gross error diagnostics before least squares adjustment of observations，" *J. Geod.* ，vol. 77，no. 9，pp. 503-513，December 2003.

[41] Molnar B. ，"Direct linear transformation based photogrammetry software on the web，" in *International Archives of Photogrammetry，Remote Sensing and Spatial Information Sciences*，Newcastle upon Tyne，UK，2010，vol. XXXVIII.

[42] Kim J. -I. and T. Kim，"Comparison of computer vision and photogrammetric approaches for epipolar resampling of image sequence，" *Sensors*，vol. 16，no. 3，March 2016.

[43] Scharstein D. ，R. Szeliski，and R. Zabih，"A taxonomy and evaluation of dense two-frame stereo correspondence algorithms，" in *Proc. IEEE Workshop on Stereo and Multi-Baseline Vision* (*SMBV 2001*) ，2001，pp. 131-140.

[44] Kolmogorov V. ，R. Zabih，and S. Gortler，"Generalized multi-camera scene reconstruction using graph cuts，" in *Energy Minimization Methods in Computer Vision and Pattern* Recognition，2003，pp. 501-516.

[45] Furukawa Y. and C. Hernández， "Multi-view stereo：A tutorial，" *Found. Trends* © *Comput. Graph. Vis.* ，vol. 9，no. 1-2，pp. 1-148，2013.

[46] Hirschmuller H. and D. Scharstein，"Evaluation of cost functions for stereo matching，" in *Computer Vision and Pattern Recognition，2007. CVPR'07. IEEE Conference on*，2007，pp. 1-8.

[47] Hirschmuller H. ，"Stereo processing by semiglobal matching and mutual information，" *IEEE Trans. On Pattern Anal. Mach. Intell.* ，vol. 30，no. 2，pp. 328-341，2008.

[48] Kang S. B. ，Szeliski R. ，and J. Chai，"Handling occlusions in dense multi-view stereo，" in *Proc. of the 2001 IEEE Computer Society Conference on Computer Vision and Pattern Recognition. CVPR 2001*，2001，vol. 1，pp. I-103-I-110.

[49] Zhu Z. ，Stamatopoulos C. ，and C. S. Fraser， "Accurate and occlusion-robust multi-view stereo，" *ISPRS*

J. Photogramm. Remote Sens. ,vol. 109,pp. 47-61,November 2015.

[50] Kolmogorov V. and Zabih R. ,"Multi-camera scene reconstruction via graph cuts," in *Proc. of the 7th European Conference on Computer Vision-Part III*,London,2002,pp. 82-96.

[51] Maune D. F. ,*Digital Elevation Model Technologies and Applications*,2nd Ed. ,Bethesda,Maryland:American Society for Photogrammetry and Remote Sensing,2007.

[52] Krige D. G. ,"A statistical approach to some mine valuation and allied problems on the Witwatersrand," University of the Witwatersrand,Johannesburg,South Africa,1951.

[53] Arun P. V. ,"A comparative analysis of different DEM interpolation methods," *Egypt. J. Remote Sens. Space Sci.* ,vol. 16,no. 2,pp. 133-139,December 2013.

[54] Zhong C. , Li H. , and X. Huang, "A fast and effective approach to generate true orthophoto in built-up area," *Sens. Rev.* ,vol. 31,no. 4,pp. 341-348,September 2011.

[55] Habib A. F. , E. -M. Kim, and C. -J. Kim, "New methodologies for true orthophoto generation," *Photogramm. Eng. Remote Sens.* ,vol. 73,no. 1,pp. 25-36,January 2007.

[56] GonçJ. A. alves and A. R. S. Marçal,"Automatic orthorectification of ASTER images by matching digital elevation models," in *Image Analysis and Recognition*,2007,pp. 1265-1275.

[57] Verhoeven G. , C. Sevara, W. Karel, C. Ressl, M. Doneus, and C. Briese, "Undistorting the past: New techniques for orthorectification of archaeological aerial frame imagery," in *Good Practice in Archaeological Diagnostics*,Springer,Cham,2013,pp. 31-67.

[58] Leprince S. ,Barbot S. , F. Ayoub,and J. P. Avouac,"Automatic and precise orthorectification,coregistration, and subpixel correlation of satellite images, application to ground deformation measurements," *IEEE Trans. Geosci. Remote Sens.* ,vol. 45,no. 6,pp. 1529-1558,June 2007.

[59] Zhou G. ,"Near real-time orthorectification and mosaic of small UAV video flow for time-critical event response," *IEEE Trans. Geosci. Remote Sens.* ,vol. 47,no. 3,pp. 739-747,March 2009.

[60] Ruzgiene B. ,"Performance evaluation of non-metric digital camera for photogrammetric application," *Geod. Ir. Kartogr.* ,vol. 31,no. 1,pp. 23-27.

[61] Sanz-Ablanedo E. ,RodríJ. R. guez-Pérez,P. Arias-Sánchez,and J. Armesto,"Metric potential of a 3D measurement system based on digital compact cameras," *Sensors*,vol. 9,no. 6,pp. 4178-4194,June 2009.

[62] Luhmann T. ,Fraser C. ,and H. -G. Maas,"Sensor modelling and camera calibration for close-range photogrammetry," ISPRS J. *Photogramm. Remote Sens.* ,vol. 115,pp. 37-46,May 2016.

[63] Rau J. -Y. and Yeh P. -C. ,"A semi-automatic image-based close-range 3D modeling pipeline using a multi-camera configuration," *Sensors*,vol. 12,no. 8,pp. 11271-11293,August 2012.

[64] Schneider J. , Schindler F. , T. Labe, and W. Forstner, "Bundle adjustment for multi-camera systems with points at infinity," in *ISPRS Annals of the Photogrammetry, Remote Sensing and Spatial Information Sciences*,*Melbourne*,Australia,2012,vol. I-3.

[65] Wijenayake U. , Choi S. -I. , and S. -Y. Park, "Automatic detection and decoding of photogrammetric coded targets," presented at the Conference:*13th International Conference on Electronics*,*Information and Communication*,Kota Kinabalu,Malaysia,2014.

[66] Guo X. ,Chen Y. ,Wang C. ,Cheng M. ,Wen C. ,and Yu J. ,"Automatic shape-based target extraction for close-range photogrammetry," *in The International Archives of the Photogrammetry*,*Remote Sensing and Spatial Information Sciences*,2016,vol. XLI-B1.

[67] Granshaw S. ,"*Close-Range Photogrammetry and 3d Imaging (Second Edition)*,by T. Luhmann,S. Robson, S. Kyle, and J. Boehm, De Gruyter, Berlin, 2014. *Photogramm. Rec.* , vol. 29, no. 145, pp. 125 - 127, March 2014.

[68] Rizaldy A. and Firdaus W. , "Direct georeferencing : A new standard in photogrammetry for high accuracy mapping," in *International Archives of the Photogrammetry, Remote Sensing and Spatial Information Sciences*, Melbourne, Australia, 2012, vol. XXXIX-B1.

[69] Grenzdörffer G. J. , Guretzki M. , and Friedlander I. , "Photogrammetric image acquisition and image analysis of oblique imagery," *Photogramm. Rec.* , vol. 23, no. 124, pp. 372–386, December 2008.

[70] Kraus K. , *Photogrammetry, Volume 1: Fundamentals and Standard Processes*, 1st Ed. , vol. 1, 2 vols. Bonn: Fred. Dümmlers Verlag, 1993.

[71] ASPRS, "ASPRS positional accuracy standards for digital geospatial data," *Photogramm. Eng. Remote Sens.* , vol. 81, no. 3, pp. A1-A26, March 2015.

[72] Puente I. , González-Jorge H. , J. Martínez-Sánchez, and P. Arias, "Review of mobile mapping and surveying technologies," *Measurement*, vol. 46, no. 7, pp. 2127–2145, August 2013.

[73] Chiang K. -W. , Tsai M. -L. , and C. -H. Chu, "The development of an UAV borne direct *georeferenced photogrammetric platform for ground control point free applications*," *Sensors*, vol. 12, no. 7, pp. 9161 – 9180, July 2012.

[74] Pfeifer N. , Glira P. , and C. Briese, "Direct georeferencing with on board navigation components of light weight UAV platforms," in *International Archives of the Photogrammetry, Remote Sensing and Spatial Information Sciences*, Melbourne, Australia, 2012, vol. XXXIX-B7.

[75] Hernandez-Lopez D. , Felipe-Garcia B. , Gonzalez-Aguilera D. , and Arias-Perez B. , "An Automatic approach to UAV flight planning and control for photogrammetric applications," *Photogramm. Eng. Remote Sens.* , vol. 79, no. 1, pp. 87–98, January 2013.

[76] Dolloff J. , Iiyama M. , and Taylor C. , "The Replacement Sensor Model (RSM): Overview, Status, And Performance Summary," presented at the *ASPRS 2008 Annual Conference*, Portland, Oregon, 2008.

本章相关彩图,请扫码查看

第52章 利用脉冲星和其他可变天体源导航

Suneel Sheikh

ASTER 实验室公司,美国

最近的分析、科学发现和技术发展已经把利用可变天体源作为航天器导航辅助的概念从一个想法变成了可预见的现实。与许多其他天体源发出持续、固定的辐射不同,可变天体源发出波动的辐射。辐射的变化可以被检测到,并且这些信号用于与地面导航系统类似的技术中。

宇宙中存在各种各样的可变源,包括发射辐射的中子星,探测到的辐射可以用于导航。经过几十年的理论研究,1967 年乔斯林·贝尔和他的同事在无线电波段发现了旋转的中子星[1]。因为它们具有独特的周期性脉冲,所以这些中子星被称为脉冲星。这些脉冲星最初被称为 LGM,意思是小绿人,因为这些来自太空的信号大有规律,人们不相信它是自然产生的。随后的观测发现,脉冲星可在整个电磁波谱内辐射[2-3]。在过去 50 年里,对这些源的天文观测记录了它们的周期信号的精确计时模型这对它们的表征至关重要。这些经过分类的源的一个特别值得关注的方面是它们辐射周期测量信号的固有稳定性,与当今原子钟稳定性相当[4-6]。因此用于构建从这些源获得稳定的、周期性的信号脉冲定时模型,这些模型的可预测性使得这些可变源可用作导航辅助。除了脉冲星之外,更亮但不太稳定的可变天体源也有重要用途,特别是在只需相对导航或确定航天器方位的应用中。

与 GNSS 概念类似,基于脉冲星的导航可以确定航天器的三维导航解,包括位置、速度、姿态和时间。由于它们在天空中广泛的几何分布和周期性的辐射,使得每颗脉冲星看起来都像一种天然的天体信标或天体灯塔。然而,在星际中,可观测的脉冲星可以看作一个天然的银河系定位系统(GPS),或定位系统(UPS)。来自多个非共面源的精确脉冲到达时间测量,可同时自主确定太阳系任何地方的位置和速度。基于它们在天空中的位置已知,用安装在航天器上的仪器对这些源进行成像和跟踪就可以提供精确的姿态信息。通过将星载高质量时钟与多个特征明确的脉冲星辐射的长期稳定性相结合,可以在航天器上保持准确的时间。由于脉冲星辐射的稳定性和规律性,可利用脉冲星集合产生一个参考时间[称为脉冲星时标(PT)][7-8]。脉冲星导航方法使用来自脉冲星光子辐射的观测数据,其中脉冲周期可以短至几毫秒。脉冲星导航主要通过观测周期短至几毫秒的脉冲星辐射的光子信号实现。

本章概述了这种新颖的基于可变天体源的导航和定时技术,包括机理和应用的概念。简要介绍了这种新型导航系统定义和设计的研究历史,介绍了观测信号处理技术、可变天体源的类型和其导航的特征,以及可用于观测的探测器类型,阐述了位置、速度、姿态和时间确定的方法,还介绍了未来的任务应用,以及部署这种导航系统的挑战。随着人类不断扩大对太阳系及其更远地区探索,脉冲星和其他可变天体源将为航天器深空运行提供完全独立、自主的导航。

52.1 导航概念和优势

一些可预见的近期和未来太空探索任务,可以应用脉冲星和可变天体源观测来增强探索目标。这些导航方法最有前途的应用是在远离地球的科学和发现任务。这些任务可使用相对较小的探测器($\sim 1000 cm^2$ 探测面积)和相对较长的观测时间($10^3 \sim 10^5 s$),结合良好的空间环境来进行高精度的导航参数估计。未来许多任务对其任务控制中心的无线电通信存在局限,例如,接近太阳的任务、处于紧急情况运行的航天器、环绕或着陆于小行星或彗星轨道航天器,以及长距离载人任务。这些情况下,载体自主提供实时的位置、速度、姿态和时间是可取的,在某些情况下也是必要的。在常规运载工具运行期间或在紧急情况下,及时执行必要的轨道机动修正,估计运载工具的位置和方向并保持非常精确的时间参考的能力是必不可少的,都要由运载工具自身完成,也是任务所必需的。

在地球轨道之外执行任务的航天器配置的导航系统通常是通过通信遥测组件结合地面监测站来实现的,如美国航空航天局的深空网(DSN)[9-10],欧洲航天局的 ESTRACK[11],以及类似的俄罗斯[12]、印度(IDSN)[13]和中国类似的深空遥测网。在航天器上搭载独立可变天体源观测设备来增强现有的基于辐射测量的导航系统,使任务风险更低,或者具有更低的运维成本。

相比于单独基于地面监测站的测量;使用诸如脉冲星等可变天体源的测量,可显著提升导航精度,并提供独立于辐射测量技术的测量。例如,地球-太阳拉格朗日 L1 点和 L2 点附近的轨道在地球引力和绕太阳运动影响下,处于不稳定的平衡状态。这些位置可用天文观测实现数据通信和导航。在这些拉格朗日点已经有许多航天器任务部署。例如 WIND、SOHO 和位于拉格朗日 L1 点的 ACE,以及 Herschel、Planck 和拉格朗日 L2 点的 James Webb 太空望远镜。然而,由于轨道平衡点的不稳定性是由持续微小的轨道摄动和退化效应造成的,在此轨道运行的航天器将会在几周内偏离其位置,除非进行定期维护。因此,对于这些拉格朗日点轨道应用,基于脉冲星的导航可以提高自主导航能力,并可能降低地面跟踪和运营成本。

除了无人航天器任务,为了确保宇航员安全,对前往火星以及其他外行星的载人任务,航天器还需要自主运行能力。载人航天器重要与地球定期进行通信,通信存在时使导航作为通信的一部分成为可能。此外,也期望宇航员通过星载仪器对航天器进行独立的导航和控制。基于脉冲星的导航探测器可以作为整个星载导航的一部分,用于实现这些航天器的自主导航。

得益于这一概念,可以设计更远的深空探测的长期应用任务。脉冲星导航可以显著改善现有的地球辐射测量方法,该方法具有相当大的由极长距离导致的时间延迟。随着最近围绕本地恒星(如半人马座比邻星)的类地行星的发现,未来将通过无人航天器前往这些星系开展科学探索。作为这些远程探索任务的一部分,可以利用脉冲星观测进行相关的科学研究,以调查和验证与宇宙学和太空旅行相关的理论,如先驱者异常——由先驱者热损失导致的各向异性辐射压力引起,先驱者的预期轨迹明显偏离模型预测[16]。作为脉冲星导航在深空旅行中的验证和应用,贴在先驱者 10 号和先驱者 11 号航天器外部的铭牌,以及航海者 1 号和航海者 2 号航天器上的黄金唱片,展示了太阳与 14 颗脉冲星之间的关系,如图 52.1 所示。在此图中,标注了多个脉冲星作为冗余,因为发现者在他们的位置上可能不会看到相同的脉冲星。

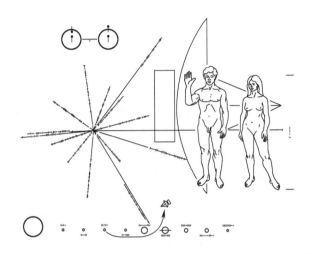

图 52.1　贴在先驱者 10 号(1972 年)和先驱者 11 号(1973 年)航天器表面的铭牌
[类似的图还有到航海者 1 号(1977 年)和航海者 2 号(1977 年)航天器的黄金唱片中。
太阳系在银河系中相对于 14 颗脉冲星的位置被数标注出来,以便为发现者在其航行中遇
到该航天器提供参考。脉冲星计时信息被编码为它们相对于太阳的相对方位和距离,以
及银道面上方或下方的距离,以确保太阳系相对于这些脉冲星的正确定位。
来源:经美国航空航天局许可转载。]

多个航天器的编队飞行任务中需协同工作,可使用变天体源计算编队航天器之间的相对位置,这种应用方式在许多方面显示了其应用前景。相对导航技术扩展了可用天体源的应用范围,囊括了明亮、非周期天体或特殊的宇宙事件。这些类型的源不易简单建模用作独立导航,但可以通过多个航天器对同一源或事件的观测关联来并提供极好的相对定位结果[17-18]。进一步的改进是建造一个包含天体源观测台和一个专用的、具有精确导航的航天器参考平台,航天器持续观测并记录每个源的特征,然后发送该观测数据到其他航天器。通过定期广播这些参考观测平台的数据可以为许多独立航天器提供定期的导航支持。

随着航天器向自主运行方向发展,以及对航天器精确定向和控制能力需求的提高,人们在持续寻求航天器高性能姿态确定的新方法。例如,高通量光通信链路的发展需要高精确度的航天器姿态和控制的支持。与目前使用的持续光源相比,脉冲星具有精确已知的位置,为研制航天器高精度姿态测量仪器提供了一种新的选择。

该新系统的显著优势是利用可变天体源的导航和授时系统,从地球低轨道到行星际轨道以及行星轨道,在任何可以观察到这些宇宙源的地方都可以应用此系统。该系统是被动导航系统,仅需要偶尔更新脉冲星星历,并且可以独立于 GNSS 星座或测控网络(如 NASA DSN 或 ESA ESTRACK)而自主运行。此外,该技术也可以通过利用航天器上稳定的时间基准来补充或增强 DSN 或 ESTRACK 能力,实现精确的距离计算。脉冲星可以在垂直于地球到航天器视线(LOS)的方向上提供观测数据,这将有助于降低航天器整体位置的不确定性。

对于利用中子星辐射的 X 射线进行脉冲星导航的系统,X 射线探测器具有抗致盲或污染记录高能光子事件的能力,且具有抗辐射特性,对空间环境具有较好的适应能力。

除了这些优势之外,精确的脉冲星计时对于未来的科学观测也是有益的,例如使用中子星[19-21]进行引力波研究和行星质量与星历计算[22]。

52.1.1 研究背景和发展历史

近期,随着科学技术的进步,采用可变天体源进行导航的方法,取得了显著成果。包括利用近期发射的科学卫星和仪器对许多高稳定的射电和 X 射线脉冲星进行了观测,如 Rossi X 射线计时探测器(RXTE)ARGOS、高级宇宙学和天体物理学卫星(ASCA)、Chandra、ROSAT、XMM、Swift 等。这些观测数据为构建一完整的导航系统提供了基础,也为研究新的高时间分辨率光子探测器技术提供了基础。

随着人类历史发展,天体观测技术取得了巨大的进步。直到 20 世纪 70 年代,脉冲星地面射电观测才表明,利用中子星稳定的天体计时信号的测量方法是可行的。学者们提出了多种类型的可变天体源辐射的射电或利用 X 射线信号进行导航的方法[23-31]。表 52.1 列出了一些使用这些源进行导航的重要事件,它们为当今许多个人和团体的研究和验证奠定了基础。除了上述事件,世界各地研究者发表的许多文章也对这些概念进行了全面阐述。许多工程和任务系统的研究,连同相关的天文观测和天体物理学发现,极大地促进了对这些方法和技术的全面了解。随着全球科学家持续的研究,这项技术很可能会发挥重大的作用。过去的任务数据,以及目前在进行或计划的在轨试验,都充分证明了这种导航技术的原理,该技术将不断稳步发展,最终实现工程化的导航系统。

表 52.1 推动脉冲星导航技术进步的关键事件

1967 年:J.Bell,A.Hewish 等成功发现射电脉冲星[1]
1974 年:美国航空航天局 JPL 分部的 G.S.Downs 阐述了利用脉冲射电源进行星际导航的概念[23]
1977 年:Manchester 和 Taylor J. 首次 细化描述脉冲星的技术资料[2]
1981 年:美国航空航天局 JPL 分部的 Chester 和 Butman 介绍了使用 X 射线脉冲星的导航[24]
1981—1983 年:G.W.Richter 和 R.A Matzner 完成光子到达时间的相对修正[32-35]
1988 年:K Wallace 介绍射电脉冲星在导航系统中的应用[36]
1988 年:美国海军研究实验室提出非传统恒星方位实验[25] ——1999 年 5 月至 2000 年 11 月在 ARGOS 上运行 ——使用专用脉冲星观测仪器研究姿态、位置和授时 ——成功演示了采用在轨记录数据完成精确位置计算
1996 年 J.E.Hanson 在斯坦福大学写了博士学生论文《X 射线导航原理》[38] ——数据处理的识别算法技术 ——利用脉冲星确定姿态的能力
1997 年:D.Matsakis 等研究脉冲星和时钟计时的新统计[6]
2004 年:欧洲航天局先进概念小组 ARIADNA,完成基于脉冲星计时的导航研究[39]
2005 年:S.I.Sheikh 在马里兰大学写了博士学位论文《可变 X 射线源在航天器导航的应用》[26]
2005 年:D.W.Woodfork 在空军技术研究所写了硕士论学位论文《X 射线脉冲星用于辅助 GPS 卫星轨道确定》[40]
2005—2006 年:国防高级研究计划局 XNAV 计划 ——源特征、探测器发展、导航算法 ——位置和姿态测定仪器的研究 ——计划用于国际空间站飞行的演示系统结构

续表

2006—2011 年:美国航空航天局 SBIR 项目多个合同,包括深空增强网络 ——研究 X 射线导航在美国航空航天局的潜在应用
2006—2008 年:A. Rodin 提出用于新时标的脉冲星信号集的概念[8,42]
2009 年:A. A. Emadzadeh 在加州大学洛杉矶分校写了博士学位论文《使用 X 射线脉冲星进行两个航天器间的相对导航》[43]
2009—2010 年:DARPA XTIM 幼苗计划 ——研究使用脉冲星进行时间传递,并调查未来的演示场景
2011 年:NASA SBIR,自旋稳定微型卫星计划的创新恒星扫描仪 ——研制了用于确定航天器姿态的 X 射线源扫描仪
2012—2016 年:美国航空航天局 SBIR 伽马射线源定位诱导导航和授时计划[44] ——包括纳米卫星伽马射线探测仪器(GLINT 仪器)
2012 年:美国航空航天局 SBIR 毫弧度秒 X 射线星体跟踪器项目 ——研究用于精确确定航天器姿态的 X 射线望远镜仪器
2012:NASA NICER/六分仪 X 射线计时和导航演示项目启动 ——2017 年 6 月成功发射到国际空间站 ——在轨研究继续进行,从脉冲星中探测到 X 射线脉冲[45]
2015 年:在第 593 届 WE-Heraeus 研讨会上,德国 Bad Honnef 物理中心在发表了《自主航天器导航:21 世纪的概念、技术和应用》 ——重点关注利用脉冲星进行航天器导航
2015 年:明尼苏达大学 EXACT 和苏格拉底演示项目启动 ——基于闪烁仪 ——用于验证和测试新探测器硬件的高空气球飞行 ——计划在 2019 年和 2020 年推出独立车型
2016 年:X 射线脉冲星导航(XPNAV-1)实验演示任务 ——由中国空间技术研究院于 2016 年 11 月发射 ——两个基于脉冲星的导航仪器—时间分辨软 X 射线谱仪(TSXS)和高时间分辨光子计数器(HTPC) ——使用 TSXS 仪器演示微秒级 Crab 脉冲星计时方案

1999—2000 年,美国海军研究实验室使用 ARGOS 航天器上的非传统恒星方位(USA)仪器,开展了首次导航原理空间验证,记录了脉冲星的实际观测数据(图 52.2)。对记录的脉冲星数据的事后分析,成功证明了使用这些可变天体源进行导航的可行性[37]。

52.1.2 信号处理方法和技术

基于可变天体源导航,特别是利用脉冲星导航,是通过对这些天体源发出的周期性信号进行处理实现的。对于射电信号,几乎都是通过地面大口径射电望远镜(约 30m 或更大)接收信号,并与特定载波频谱内的周期信号进行相关处理。对于高能 X 射线信号下,主要测量脉冲星辐射的单个光子的能量和数量,由于 X 射线信号无法穿越地球大气层,因此 X 射线探测器通常部署在地球大气层上方收集接收到的高能光子,并测量它们的到达时间,以便与脉冲群相关联[46-47]。

为了观察脉冲星,探测器首先需对准选定的观测源。一旦接收到来自该源的光子,就对

图 52.2　位于 ARGOS 航天器上的非传统恒星方位(USA)仪器

(美国已经生产出该仪器,任务是由海军研究实验室负责协调,

Kent S. Wood 博士担任主要研究员 [25]。来源:经美国海军研究实验室许可复制。)

该光子的能量和探测时间进行分析。利用高精度系统时钟记录每个光子的到达时间(TOA),然后对这些单个或多个脉冲信息进行处理,生成可用的导航测量值。

每个脉冲星源都有其独特的脉冲轮廓。其形状、持续时间和强度方面各不相同。有的源产生尖锐、脉冲、高强度的轮廓,而有的源产生正弦形、延长的轮廓。虽然许多源只产生单一的可识别脉冲,但是有的脉冲轮廓包含一些子脉冲,这在信号[2-3]中是显而易见的。

将所有测量的光子事件累积成脉冲轮廓,或者按预期脉冲周期相关累加所有光子事件的过程称为历元折叠。这些折叠后的光子的集合将形成分明的脉冲形状。对于射电观测,通过傅里叶分析可以得到观测源检测频率和脉冲到达时间。对于 X 射线观测,记录单个光子事件,通过泊松分布分析每个脉冲 TOA 的随机噪声。观测到的光曲线的变化是通过计数统计得到的,需要补修一个时间偏移,将所观测到的轮廓峰值与标准轮廓脉冲对齐,从而产生特定的观测脉冲 TOA。

通过对比,可计算出 TOA 测量精度。这种估计提供了对 TOA 测量精度的评估,并可用于导航算法[48]。

因为所有中子星都是在独特的演化环境和外部影响下诞生的,如双星系统中的伴星,所以所有的脉冲星都有独特的脉冲轮廓。图 52.3 中的脉冲轮廓图显示了蟹状星云脉冲星在 X 射线波段(1~15keV)的标准脉冲,该脉冲由美国海军研究实验室利用 ARGOS 卫星的多次观测数据产生[25]。与图 52.4 中 PSR B1509-58 更宽、更长周期的脉冲轮廓相比,蟹状星云脉冲星的脉冲轮廓中有尖锐的峰值。从其他脉冲星的脉冲轮廓图像看出,没有两颗脉冲星的轮廓完全相同。

脉冲计时模型通常表示为观测信号的累积相位对时间的函数。总相位 Φ 可以建模为脉冲周期的小数部分 ϕ 和整数周期总数 N 的和。因此,总相位表示为时间 t 的函数,即

$$\Phi(t) = \phi(t) + N(t) \qquad (52.1)$$

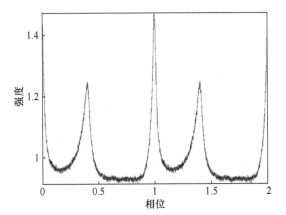

图 52.3 PSR B0531+21 蟹状星云
脉冲星的 X 射线光子强度轮廓图
(清晰起见,该模板显示了两个信号周期,脉冲周期约为
33.4ms[26-27]。蟹状星云脉冲星有一个显著的脉间脉冲
和主脉冲。由于脉冲星自身的演化和附近伴星的存在,
所有脉冲星的脉冲轮廓都是独一无二的。资料来源:
经 S. I. Sheikh 许可转载。)

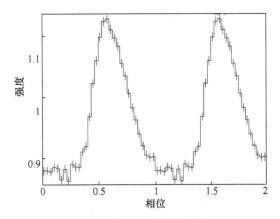

图 52.4 脉冲星 PSR 的 X 射线光子强度轮廓图
[B1509-58 周期约为 150.23ms(MJD 纪元
48355.0 年),由 Rossi X 射线计时探测器
(RXTE)记录。清楚起见,该模板显示了信号
的两个周期[26-27]。资料来源:
经 S. I. Sheikh 许可转载。]

此模型也可以表示为角相位 $\Theta = 2\pi\Phi$ 的函数。一个起始周期相位 $\Phi_0 = \Phi(t_0)$,可以任意分配参考到达时间 t_0 和参考位置(通常选用太阳系质心(SSB))的脉冲,随后的所有脉冲按顺序从这个脉冲开始递增编号。SSB 通常被认为是一个惯性原点,因为它代表太阳系各组成部分的质心。SSB 它并不位于太阳的中心,而是靠近太阳的表面,主要是受其他行星质量和距离的影响(主要为木星)采用确定的脉冲基频 f 及其导数,脉冲量总相位模型可表示为:

$$\Phi(t) = \Phi(t_0) + f[t - t_0] + \frac{\dot{f}}{2}[t - t_0]^2 + \frac{\ddot{f}}{6}[t - t_0]^3 \qquad (52.2)$$

式(52.2)称为脉冲星自旋模型,或脉冲星自旋减速定律[2-3]。在这个公式中,观察时间 t 是观测信号的 TOA,t_0 是为模型参数的参考历元[3,49]。

式(52.2)中的模型利用频率及其两阶导数,相对精确地描述了大多数脉冲星的自旋特征;然而,为了准确地建模特定脉冲星的计时特征,还需要额外的高阶导数。脉冲星计时所需的其他与导航相关的参数包括观测源的角坐标(例如赤经和赤纬,有时还包括视运动和视差)、双星系统中脉冲星的轨道参数以及在射电波段进行计时测量时观测源的色散测量(脉冲星和探测器之间自由电子的列密度)。完成精确的计时测量还需要精确的外部信息,如地球和天体参考系、行星星历表和坐标时间尺度。

每次观测必须确保脉冲信号和惯性坐标系的精确同步,可有效地消除了观测站的动态运动和太阳系内电磁信号的高阶相对论效应的影响[2-3,48,50-52]。有效的光子观测方程包

括多普勒效应,视差、罗默延迟和夏皮罗延迟项等,并需要考虑太阳和行星对这些项的影响[49]。如果无法准确消除运动和高阶,则观测到的脉冲轮廓会存在模糊效应,并且增加观测脉冲相对论的影响 TOA 的不确定性。通过结合更精确的位置和时间关系,并消除造成模糊的相关影响,可以减少每个观测轮廓的模糊效应。坐标系的位置和方向并不重要,作为导航信标,所有脉冲星的脉冲计时模型必须使用相同的参考系。

为了评估脉冲星的导航特性,通常需要 1μs 或更高的脉冲计时精度,并在这个精度上进行计时观测[53-54]。对于航天器导航来说,脉冲到达时间的精度在 1ns(0.3m) 的数量级时,将显著提高位置和速度解的精度。因此,分析计时表达式或脉冲计时模型中的任何误差时,都必须在这些精度范围内[49]。之前的出版物[26,28,55]已对一些脉冲星进行了深入研究,并发布了它们与导航相关的数据参数。几乎所有可用于导航的 X 射线脉冲星都是明亮的射电脉冲星,人们用大型地面射电望远镜对这些脉冲星的长期计时观测研究,这将大大有助于未来这一概念的实现。随着多年来对特定脉冲源的长期观测,长期数据分析表明,其中一些脉冲源的自旋速率非常稳定,与当今原子钟的稳定性相当[5-6]。但是,许多提供长期稳定计时模型的脉冲星往往不太明亮,而最亮的脉冲星往往不太稳定。也可以利用不太稳定的脉冲星,但需要更频繁地更新脉冲星的星历表和脉冲模型,并可能导致导航性能降低。

确定计时模型稳定性的关键参数是计时残差,即测量 TOA 和最佳脉冲计时模型之间的差异。这些残差可以用三阶 Allan 方差 $\sigma_z(t)$ 的平方根,表示这是衡量脉冲星和原子钟稳定性的一个指标[6]。已经证明,对射电波段探测到的两颗脉冲星 B1855+09 和 B1937+21 长达几十年数据分析统计获得的稳定性,可与地球原子时基准的稳定性相媲美[5]。在这项工作中,年稳定度达到的值为 $\sigma_z(t) = 10^{-13.2}, 10^{-14.1}$。

52.2　可变天体源

在整个人类历史中,宇宙中的天体一直是地球和深空导航的重要辅助工具。古代水手利用天上的星星导航来穿越茫茫海洋。阿波罗计划中的航天器在飞往月球的航行中,通常使用可见恒星进行导航[14]。在过去的研究中,所使用的大多数天体源都具有稳定辐射的光学点源,可作为导航参考源在电磁波谱的可见波段,天空中的恒星数量基本上是恒定的,它们的颜色(表面温度)和亮度(光度)也是稳定的。基于此研制了如现代恒星跟踪器等仪器。可见,光学源对深空探索有很大的贡献。

另外,一部分观测到的天体源是辐射的强度随时间而变化是受物理机制和环境因素的影响。最近发现,一些特定的可变天体源,它们具有规律的辐射特征,特别适用于导航。本节将介绍这些天体源类型。

52.2.1　脉冲星

52.2.1.1　周期特性

可变天体源中有一种特殊的类型,就是自旋中子星[2-3]。自旋中子星是由大恒星(通常是太阳质量的 1.4 倍)耗尽完燃料并发生核心坍缩超新星爆炸而产生的。在坍缩期间,角动量守恒使得这些恒星以非常高的速度旋转。在中子星爆炸并趋于稳定后,其自转速度是非常有规律且可预测的[4-6]。新产生的中子星自转周期通常在几十毫秒量级,而较老的中子星随着能量耗散最终自转周期减慢到几秒。脉冲星的特征年龄是由其自旋周期和周期导数(由于旋转脉冲星的制动磁场引起的自旋减慢的速率)决定的。通常用此参数来描述脉冲星的大致年龄。年轻脉冲星的真实年龄可能有数千年,而较老的脉冲星可能有几百万年的年龄[2]。自产生该脉冲星的超新星爆发发生在1054年,蟹状星云脉冲星在2020年时已经有966年了,相应的特征年龄大约为1242岁。

中子星拥有巨大的磁场。地球表面的磁场强度约为0.5Gs,而太阳表面的磁场强度大约是1Gs,相比这下脉冲星的磁场强度通常在108~1012Gs,有些磁场高达1015Gs[3]。在这些强磁场的影响下,带电粒子沿着磁力线被加速到非常高的能量,包括X射线在内的强大的电磁波从磁极附近辐射出来。如果中子星自转轴与磁场轴不一致,当磁极从过观测者的视线方向经过时,观测者将感受到电磁辐射脉冲,这些源被称为脉动星或脉冲星。虽然人们已经理论上推测了脉冲星的存在,但直到1967年Bell、Hewish和他们的同事在81.5 MHz的无线电波闪烁研究中才真正发现了脉冲星[1]。自最初发现以来,人们发现脉冲星可以发射无线电波、红外、可见(光学)、紫外、X射线和伽马射线能量。由于其特定的演化、变化机制以及其在太阳系中的几何方位,使得每颗脉冲星都有其独特的脉冲频率和形状。中子星通常存在于双星系统中,这比孤立的脉冲星产生更复杂的周期性特征。图52.5展示了一颗脉冲星的独特特征。

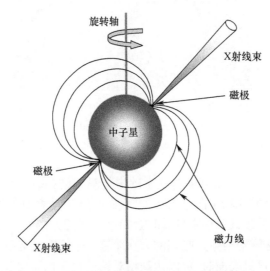

图52.5　具有独立旋转轴和磁轴的脉冲星[26-27]
(经S. I. Sheikh许可转载。)

虽然脉冲星在地球附近和整个太阳系都有良好的可见性和可探测性,但这些观测源非常遥远,通常在千秒差距。虽然局部星云或邻近恒星会使某些脉冲星的位置测量变得复杂,但大部分脉冲星在天球中的位置是可测的,通常精度达到毫角秒量级。脉冲星相对于太阳系的径向速度会不断影响其真实距离的变化。通常正常运行的脉冲星,测量发现其变化小于每年-角秒。由于每颗脉冲星在天球上LOS矢量运动变化,使用这些脉冲星进行导航的系统必须解决其绝对距离和精确角度位置的准确测量,以及脉冲周期信号的起源等问题。

可变天体源具有巨大的能量向外辐射,它们的变化相由内在机制或外在机制产生。引起这种变化的内在或外在机制,产生了人们可接收到的周期或非周期信号[60-61]。

许多中子星是旋转驱动的脉冲星(RPSR),这类中子星的能量来自星体本身的旋转动能。有两种机制产生脉冲,磁层辐射或热辐射[60]。具有最佳计时精度的信号源是旋转驱动的毫秒周期的脉冲星(MSP)[62-63]。X射线波段中,最亮的是蟹状星云脉冲星(PSR B0531+21),如图52.6所示,它是位于蟹状星云内的中子星[64]。对于导航来说,年轻明亮如蟹状星云脉冲星的计时稳定性相对较差,比计时最好的计时源要低几个量级。以旋转为动力的脉冲星有一子类,称为再加速MSP,它们从伴星吸积物质,从而变为高自旋的毫秒级脉冲星,且旋转能量比普通MSP耗散率低。

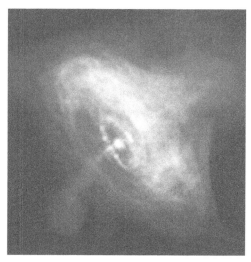

图52.6 钱德拉X射线天文台观测到的X射线带(NASA/CXC/SAO[65])
中的蟹状星云脉冲星(PSR B0531+21)

(经美国航空航天局/CXC/亚利桑那州立大学/J.海斯特等许可转载。)

吸积动力脉冲星(APSR)是双星系统中的中子星,其物质从伴星黑洞或中子星转移而来。这种物质被中子星的磁场引向它的两极,从而在脉冲星表面产生热斑。脉冲是由于其磁轴和自转轴不重合,导致其磁极在旋转时会扫过不同的方向。当磁极指向某个方向时就可观测到磁极发出的电磁辐射束。吸积动力脉冲星产生的辐射是由于来自吸积盘的重力加速度引起,当物质接近恒星表面时,可以达到相对论速度。由于吸积过程的不稳定性,它们往往更亮,但不太稳定,有时会因为伴星轨道的偏心率[66-67]而逐渐消失。通常基于中子星所环绕伴星的质量将APSR分为两类:大质量X射线双星系统(HMXB),伴星物体通常为10~30个太阳质量大小;低质量的X射线双星系统(LMXB),伴星小于一个太阳质量大小[60,66]。由于受到双星系统动力学影响,脉冲计时模型复杂,并且许多吸积脉冲星是信号强度低且持续周期无法预测的瞬态源,此类型脉冲星仍具有一定的导航特征。

如52.1.2节所述,确定脉冲星特性的主要技术是分析脉冲星脉冲TOA计时残差,该残差可通过测量相位TOA和脉冲计时模型的预期相位TOA的差,乘以脉冲周期P计算得出[68]:

$$\delta t_{TOA} = \{\Phi(t_{TOA}) - \text{nint}[\Phi(t_{TOA})]\}P \tag{52.3}$$

在式(52.3)中,函数nint表示将值四舍五入到最接近的整数。为了得到高精度的计时残差,需要完好且实时性较好的脉冲计时模型,以及高精度的t_{TDA}。

完好的脉冲星脉冲计时模型包含脉冲周期和高阶导数,除此之外,导航算法还需要脉冲星的一些其他特征。这些特征包括脉冲星单位 LOS 方向位置,即脉冲源的赤经、赤纬、距离和自转周期;脉冲星的射电通量和/或 X 射线光子通量率;脉冲比例即脉冲光子要与接收的总光子数的比率;脉冲轮廓,即光子通量关于时间或相位变化的周期函数;以及脉冲星任何已知的瞬变、闪烁或爆发特征。光子的到达率可以用辐射通量或单位时间单位面积内的光子数来衡量。许多导航技术使用脉冲星的方向信息,因此这些项中任何未知误差都会影响导航性能。在太阳系内为忽略误差影响,要求脉冲星的位置精度优于 0.0005μrad 对应于大约 1km 的距离测量精度。计时准确的脉冲星拥有足够精确的位置信息,这是它们计时分析的结果。然而,由于它们的位置精度与计时精度或计时噪声有关,一些潜在脉冲星的位置精度不具备这种要求。如利用和它们最近的光学伴星技术帮助提高脉冲星位置精度。

表 52.2 中给出了三颗可用于导航的脉冲星的特征参数。脉冲星的命名惯例是基于它们在天球中被探测到的位置。名称由赤经和赤纬位置组成,格式为 PSR Jhhmm ddmm,其中 PSR 代表脉冲星,J 代表 J2000 坐标系(或者使用 B 表示 B1950 坐标系),hhmm 表示赤经小时和分钟,ddmm 表示赤纬度和分。自发现以来,已经探测到数千颗脉冲星[2,54]。

表 52.2 三个研究充分的脉冲星特征参数

名称	赤经 /(°)	赤纬 /(°)	距离/ 千秒差距	周期 /s	脉冲比例 /%	脉冲宽度 /s	参考文献
B1937+21	57.51	−0.29	3.60	0.00156	86.0	0.000021	[69-70]
B1821−24	7.80	−5.58	5.50	0.00305	98.0	0.000055	[63,70]
B0531+21	184.56	−5.78	2.00	0.03340	70.0	0.001670	[63,70]

注:1 千秒差距 ≈ 3.1×10^19 m。

52.2.1.2 辐射波段

到目前为止,研究最多的可变天体源是射电和可见光辐射源。这主要是由于只有特定波长的电磁波具有穿透地球大气层的能力,使早期的观测者在地面观测站测量。通过对射电脉冲星的深入研究,得到了脉冲星信号、发射过程和脉冲星演化的综合分析结果[2-3,71,72]。

使用大直径碟形射电望远镜可以探测到射电脉冲星辐射,如美国国家射电天文台的(NRAO)罗伯特·C. 伯德. 格林班克直径 100m 的望远镜,以及望远镜 85-3,该望远镜是 Green Bank 干涉仪[73] 3 个望远镜中的第三个直径 26m;美国国家天文学和电离层中心(NAIC)阿雷西博天文台直径 305m 的射电望远镜[74];中国科学院 500m 口径球面射电望远镜[75];以及俄罗斯科学院的特殊天体物理观测台(SAO)的直径 576m 的射电望远镜。澳大利亚望远镜国家设施(ATNF)最近在帕尔斯多波束脉冲星观测中,发现了超过 1400 颗已知的射电脉冲星[77],完成了迄今为止最全面的射电脉冲合成孔径雷达研究。使用这些射电望远镜观测,为我们今天了解这些脉冲星独有的特性提供了很多信息。

虽然许多破天体源在光学波段的辐射非常微弱,但已经由地面光学望远镜脉冲星独有的特征成功观测到的脉冲星,如加州理工学院帕洛马天文台直径 5m 的 Hale 望远镜[78] 和直径 6m 的 SAO 大望远镜地平经纬望远镜[79]。

与射电和光学观测相比,大多数较高能量(较短波长)的脉冲星信号被地球大气层吸收,通常使用空间观测装置进行探测。因此,X 射线脉冲星导航仅限于在太空中或在大气层很少或没有大气层的行星上应用。与射电脉冲星(需要几十平方米的探测器面积)相比,X

射线观测允许更小的探测器尺寸(约1m²)。

X射线电磁波谱能量大致在0.1~100keV,其中0.1~10keV定义为软X射线,10~100keV定义为硬X射线。在X射线波段,实际上没有能量辐射随时间稳定不变的点源。除了脉冲星外,太空还有其他可变天体能够辐射X射线信号,可用于航天器导航的不同方面。

许多空间天文探测工作已经观测到了X射线信号[26,80]。20世纪70年代末,HEAO 1号探测到了842个辐射信号源,其在0.2~10keV范围的软X射线波段[81]。德国X射线天文台ROSAT在2000年完成了对空间X射线的全面研究[82-83]。在微弱的X射线中,探测到了18806个亮源(光子计数率大于5%的X射线光子在0.1~2.4keV波段),以及大量其他的源,包括105924个天体。正在进行的研究,如XMM-Newton、钱德拉X射线天文台和Swift,也在继续发现和研究新的X射线源。

空间X射线光子探测仪器类型包括闪烁晶体、量热计、气体比例计数器、微通道板、电荷耦合器件和固态设计[46]。每种类型的探测器在不同X射线能谱和不同的观测应用中具有各自的优势。

图52.7提供了银河系中X射线脉冲星的位置图,用银河经度和纬度坐标表示[26-27]。许多X射线源位于双星系统中,大多数被探测到的X射线源位于银河系。图52.7可看出沿着银河系平面和靠近银河中心的脉冲星集中分布,但在该区域外,也存在足够数量用于导航的脉冲星在平面外。在X射线脉冲星观测过程中,能观测到明显的X射线背景色数需要考虑对背景辐射的测算[60]。

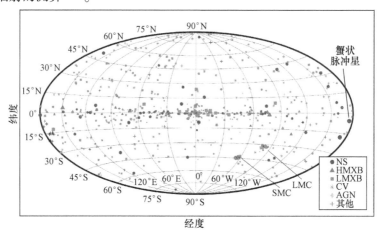

图52.7　沿着银河经度和纬度绘制的几种类型的X射线天体源[26]

[天体源标记的大小是相对X射线通量强度。蟹状云脉冲星以及银河外大麦哲伦星云(LMC)和小麦哲伦星云(SMC)中的脉冲星被特别标记用作参考。脉冲星分为中子星(NS),高质量X射线双星(HMXB)系统、低质量X射线双星(LMXB)系统、激变变星(CV)、活动星系核(AGN)。]

伽马射线是比射电、光学或X射线能量更高的辐射。最近,费米伽马射线太空望远镜通过其大量观测,发现了在0.03~300.00GeV伽马射线波段辐射的脉冲星,表现出高度可预测的计时特点,基于它们脉冲规律的潜在应用成为可能[84]。然而,这些源的光子通量率非常低[通常<10^{-7}光子/(cm²·s),比X射线脉冲星通量低几个数量级],这使得其应用于导航系统,时有极大挑战因为需要很大的探测器面积。因此,对于导航应用具有高通量的伽马射线源更实用。

52.2.2　可用于导航的其他可变天体源

52.2.2.1　非周期源

除了稳定的周期性脉冲星源之外,还可利用不稳定的但明亮的脉冲星源进行导航,包括航天器姿态确定和多个航天器之间的协同观测。这类天体主要有活动星系核(AGN)、激变变星(CV)、超新星残迹、X射线双星、X射线星系团和恒星冕层。

太空中几乎所有明亮的X射线点源都是X射线双星,它们包含一个从恒星伴星吸积物质的致密天体(中子星或黑洞)。吸积过程非常不稳定,其中许多源在高达约1000Hz的较宽频率范围表现出显著的可变性。这种可变性可用红噪声、宽带噪声、散粒噪声、周期性和准周期性振荡(QPO)形式来表示。

除了短时的可变性,许多可变天体源表现出瞬态变化[85],如一个非常微弱的光源变亮1000倍或更多时。这些源的瞬变可持续几个小时到几年,大多数持续一个月到几个月。这些变化的重复周期从一年到几十年不等,或者时间更长[85]。

52.2.2.2　伽马射线暴

所有具有连续发射的可变天体源,包括脉冲星和非周期源,都可以被定期观测。通过对其信号进行处理,可以得到用于持续导航的测量信息。特殊的宇宙事件,一般在恒星寿命期间只发生一次,尤其是寿命末期时的爆炸,可作为一种机会信号用于导航。其中一类典型事件是伽马射线暴(GRB)。

伽马射线暴是宇宙中已知的最强大的爆炸[86]。它们极其明亮,在几秒内发出的能量比太阳一年发出的能量还要高出几个数量级。理论上,伽马射线暴发生在单星和双星系统的演化末期,其中包括能量异常高的超新星爆炸(所谓的超新星爆),理论上推测这种爆炸发生在两颗中子星合并或小恒星被黑洞吞噬过程中[87]。

过去科学研究发现,大约每天探测到一次伽马射线暴。然而,由于束流伽马射线暴发生的频率应该更高,即爆发的辐射仅被集中到整个太空的1/100[88]。自Vela卫星在1967年首次发现伽马射线暴以来,已经探测到了数以千计的伽马射线暴[89]。伽马射线暴事件通常根据探测日期进行命名和分类,格式为GRBYYYYMMDDx,其中x是一个可选的字母标识,用于同一天内发生多次爆发的情况。这些辐射源通常可以通过光子辐射探测到,光子的能量范围从几十keV到MeV,通常更高。

已经建立了一个重要的地面基础设施来观测伽马射线暴,并迅速发布其发生和位置的信息。星际网络(IPN)已经建立几十年,由一系列不同种类的空间监测平台组成,这些平台根据航天器之间的脉冲到达时间差对伽马射线暴的位置进行三角测量[90]。IPN提供的伽马射线暴为GRB的定位服务计时和定位提供了基础。

由美国航空航天局戈达德太空飞行中心(GSFC)建立的伽马射线暴坐标网络(GCN),收集来自IPN、光学和射电望远镜的数据,尽可能快地向观测者传播伽马射线暴的位置,有时在探测后不到1min就能发送出去。支持航天器和地面观测系统现有的伽马射线暴观测基础设施为基于伽马射线暴的相对导航系统架构提供了初步基础。IPN网络由不同的航天器组成,其中许多正在执行任务,未来计划航天器也会被纳入。所有这些航天器都配备了能够进行高精度计时的伽马射线探测器,这确保了数据可用性、目标源识别和定位,从而为单一事件导航提供了依据。历史上,许多呈几何分布位置精确的探测器在观测到伽马射线暴的余辉后才确定了伽马射线暴的位置。今天,Swift 研究中伽马射线暴探测器平面面积约为 $5200cm^2$,可在弧秒级别定位伽马射线暴位置,通过地基或天基光学或射电跟踪可以定位余辉,精度大大优于弧秒。

利用观测到的伽马射线暴确定航天器位置的方法是基于在航天器的自身观测和其他参考系统(如 GCN 或其他合作航天器)观测到相同的 RGB。不同航天器上的探测器之间的观测时间延迟与沿视线到伽马射线暴探测器之间的距离相关并与脉冲星穿过太阳系并在不同位置观测到的特殊脉冲直接相关。图 52.8 给出了两个独立观测平台之间的 GRB 脉冲对比,本例中为 Swift 和 WIND。在第一张图中,探测到的 GRB 信号由各个检测器的触发时间进行对齐,GRB 事件在零时刻被密集触发。第二张图显示了使用本地航天器时间的相同探测。GRB 探测的时间偏移与航天器间的相对位置相关。

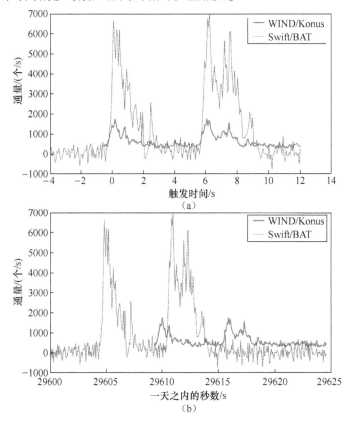

图 52.8　使用 Swift 和 WIND 航天器上的两个独立探测器对 GRB080727B 进行的两次 GRB 测量的比较
((a)图中,事件与它们的触发时间进行比较,这是基于当爆发经过每个航天器时在探测器处光子的到达和开始时间。快速上升的爆发强度触发了对接收光子的测量,这种测量一直持续到强度下降到正常的背景水平。在下面的图中,事件与天秒测量值进行比较,天秒值是当两个航天器上的独立探测器分别探测到爆发触发事件时一天内的秒数。对于位于相同位置的两个探测器,GRB 的触发时间和天秒值是相同的。然而,对于这两个位置不同的航天器,在两个航天器位置上探测的同一 GRB 的天秒是不同的。在这种情况下,与 Swift 相比,WIND 航天器探测的 GRB 延迟了大约 5s。当 GRB 经过两个位置时,通过确定每个航天器的位置一天中何时触发事件,可提供航天器之间的位置偏移测量。因此,航天器之间共享接收的 GRB 数据提供的一种确定一个航天器相对于另一个航天器的位置确定技术 [44]。资料来源:经 S. I. Sheikh 许可转载。)
(a)GRB080727B 时间触发光变曲线;(b)GRB080727B 天内秒触发光变曲线。

52.2.3 其他独特天体源

微波激射器技术为地面计时和测试应用产生精确的频率参考。这方面的一个例子是工作在氢原子共振频率的氢脉泽,GNSS 系统使用基于该技术的精确原子钟。自然界中存在来自天体源的天文微波激射器,如来自行星或恒星大气层的,受激光谱线辐射。这些辐射通常在电磁波谱的微波波长内具有强通量密度。使用这些自然产生的微波激射器通过测量从微波激射器源接收信号的多普勒效应,可以测量航天器速度[91-92]。

在进行的科学研究和探索宇宙演化中,人们发现了快速射电爆发(FRB),在 2007 年被初步确认[93]。由于这些射电爆会产生特殊高强度事件数据与航天器导航所使用的方法类似。随着对这些新发现的更深研究,FRB 有可能像 GRB 一样可用于相对导航。

52.2.4 可变天体源导航

几千年来,固定或稳定的天体源一直用于陆地导航。本节中描述的可变天体源为探索活动扩展到太阳系及其以外提供了重要的契机。对于其中的许多可变天体源来说,正在探索利用这些宇宙信号进行航天器导航的新技术。

人们已经开始研究具有高度稳定和可重复周期特征的脉冲星,以用于精确的时钟同步和位置确定。除了这些恒星之外,其他种类的可变天体源也能够用于航天器导航。表 52.3 介绍了这些潜在导航源以及它们作为辅助导航手段的特性。该表还列出了这些辐射源的探测技术及其在导航方面的具体潜在应用。52.3 节介绍了如何在航天器和行星飞行器导航体系中,有效利用单个可变天体源辐射的技术方法以及应用。

表 52.3 可变天体源导航应用的属性

源类型	特征属性	测量方法和技术	导航应用
射电脉冲星	周期性 数量多 几何分布好	大口径射电望远镜或器具	计时 PT 刻度 定位、测速
X 射线脉冲星	周期性 通常为低通量	气体比例计数 微通道底片 发光材料 CCD 和固态半导体	计时 PT 刻度 定位、测速 相对导航
伽马射线脉冲星	周期性 通量非常低	大规模发光材料	定位、测速
明亮 X 射线源	周期性 数量多 有些源辐射高通量	发光材料 CCD 和固态半导体 编码孔径掩模	相对导航 测姿
伽马射线暴	异常事件 全向 极端高密度流	小规模发光材料 半导体	相对导航

52.3 航天器和行星航天器的应用

脉冲星导航的发展得益于人们历史上利用周期信号进行导航的应用,包括光学灯塔、无线电信标和对最新全球导航卫星系统的大量研究。地面信号源导航的许多概念可以直接用于包括脉冲星在内的可变天体源导航,尽管在覆盖范围、信号可用性和可见性方面比标准地面导航系统尺度要大得多。

迄今为止,使用脉冲合成孔径雷达和类似的可变天体源导航主要应用于航天器定轨。这是因为脉冲星信号可探测性的限制,需要地面上大尺寸的射电望远镜,由于地球大气层对X射线光子的吸收,严重降低了能够到达地表的光子数量(大于300keV能量的光子)。因此,过去研究重点集中在能够集成在航天器导航系统中的导航技术、硬件检测设备和相关功能上。

然而,由于大气衰减仅发生在具有可色射或电磁信号吸收效应大主成分的行星体上,因此在月球、火星等小行星表面飞行的航天器,都可作为脉冲星导航的良好候选对象。这些自主或人工控制的航天器上的导航载荷将检测脉冲星信号,并提供航天器位置和姿态的信息。

脉冲星导航是通过对脉冲星脉冲信号的跟踪或单光子检测实现的,通过大量探测到的光子,形成图像或平均脉冲轮廓,用于计算探测器的指向或方位向(在成像的情况下)或时间测量(在脉冲轮廓的情况下)。完整三维(3D)解决方案可从不变天体源获得,包括航天器位置、速度、姿态以及为保持准确时间而进行的星载时钟修正。正是这些巨大的应用潜力,促进了人们对其能力的关注和研究。

单个脉冲星的单向测距信息可以实现精确的航天器轨道解算和维持[26,28]。这种单一测量的扩展研究也一直在进行,类似于GNSS导航方法,可以利用多个脉冲星确定航天器的3D绝对位置[39,55,94]。利用最小二乘法计算从惯性原点沿多个轴的距离。随着可监测整个可观测太空的脉冲星探测器系统的实现,可同步测量来自不同方向的多个源,能够提供完整的3D解决方案。

携带高精确时钟的航天器可以长期跟踪这些脉冲星信号,从而获得完整的动力学轨道。利用这些源的稳定性、周期性获得精确时间的研究[8],以及航天器位置等可提供完整的导航解决方案,可降低对航天器超稳定时钟的需求。

惯性参考系相对于脉冲星坐标系是静止的,因此惯性参考系中进行脉冲星计时观测有重要意义。这样做的部分原因是,所有后续观测结果都可以直接与模型进行比较,消除了旋转坐标系的影响。因为观测者坐标系可能相对于惯性坐标系存在运动(例如在地球上观测者或在运行轨道的航天器上),观测者可能会经历与参考时钟位置处不同的引力,观测者观测的真实时间须转换为协调时,以便将结果与其他时钟进行比较。

目前已有基于观测者时钟运动和和所经历的引力将观测者真实时间转换到协调时的标准方法[95-100]。这些转换技术解释了以惯性坐标系为参考,时钟运动的相对论效应,并应用于当前的GNSS系统中,用于校准地球轨道星座的时钟。

对于在地球上或地球周围进行的许多脉冲星观测来说,使用SSB坐标系,它通常用于国际天体参考坐标系(ICRF)的惯性坐标系,其轴与J2000[101]纪元的赤道和春分点对齐。式(52.1)和式(52.2)中变量 t 的参考时间尺度是质心坐标时(temps coordonnée barycentrique,

TCB），与质心力学时（TDB）稍有不同。（temps dynamique barycentrique，TDB）[101]。

　　脉冲星脉冲计时模型通常在 SSB 的起点处有效，从而使得所有源观测具有相同基准。为了比较远程观测站测量的脉冲到达时间与在 SSB 起点处预测的时间，观测站必须将其探测器接收到的光子到达时间投射到同一 SSB 起点上。这种比较要求光子接收时间从观测站或航天器转换到 SSB。该理论公式将光子从光源发出的发射时间与它们到达观测站点的时间联系起来，并定义了相对于 SSB 的光子在弯曲时空中的传播路径[32-35,50-52]。

　　为了利用脉冲星获得高效、高精度的导航系统，有必要定期对现有的和新探测到的源的信息进行连续监测、分类并发布给依赖这种信息的航天器，其与光学恒星的监测和分类特征对于地球导航和航天器定姿一样。除了地面射电观测和分析外，设想一个射电和 X 射线脉冲星观测站，作为天体物理学科学研究仪器和需要远程航天器长期基于脉冲星导航的参考导航基站。虽然现有的天体物理学研究可以暂时发挥这一作用，但一个能够传送重要脉冲星历书信息的专用系统能更好地发挥作用。

　　利用可变天体源的导航处理可以分为三步系统：定位和测速、定姿以及时间校正和同步。以下各节描述了使用脉冲星导航的技术细节，介绍了评估这些导航性能的方法，总结了这项新技术的应用前景。

52.3.1　定位和测速

　　利用脉冲星进行定位和测速的方法与技术已经做了很多研究[23-28,38-40,94]。这些方法可以分为绝对导航和相对导航其中绝对导航是基于惯性坐标系确定绝对三维位置和速度，相对导航是从脉冲星测量中确定距离和距离变化率的更新，并与航天器轨迹动力学联合定轨。

　　对于深空任务来说，由于与地球的联系有限，且附近没有可参考的行星，唯一获得三维绝对位置的方法尤为重要。能够自主生成连续绝对位置的航天器比须依赖外界传输获得位置的航天器具有更强大的功能。精确的位置确保航天器沿着预定轨道行进，使得航天器安全绕过潜在的障碍，有助于完成其既定任务。另外，航天器与其他航天器或行星之间的相对定位技术，使航天器能够在这些物体附近安全可靠地运行。这两种方法都可提供连续、精确的导航。

52.3.1.1　绝对解

　　目前能够获得航天器三维绝对位置的系统包括基于地球观测站在光学或射电波段测量值的定轨，使用 NASA DSN[10]的航天器跟踪，以及天体掩星[14,102]。GNSS 的广泛应用证明了其在近地轨道航天器导航方面的巨大作用[99,102]。然而，GNSS 应用存在局限性，信号可见度、可用性和信号强度降低。GNSS 主要设计用于支持地球或近地应用，对于远离地球的应用，必须采用其他替代的方法。因此，深空导航的主要方法是使用 NASA DSN[9-10]等系统进行射电跟踪测量，通过飞行时间和多普勒测量获得应用距离和距离变化率。基于美国航空航天局的 3 个主要 DSN 跟踪站中的两个站的甚长基线干涉测量法（VLBI），以及对附近天体的分时观测，称为差分单向测距或 δ-DOR，可以减少一些误差。δ-DOR 角度测量的精度接近 1nrad[104]。然而，仅仅 GNSS、NASA DSN 以及当前基于地球的方案还不能满足新任务对精度和自主性的要求。

　　从持续可见天体源借鉴得到的基于脉冲星的航天器定位方法是基于掩星的定位方法，

在航天器视场内,一颗脉冲星在一段时间内被一颗行星遮挡[25]。当行星尺寸已知,利用脉冲星被这颗行星遮挡的时间尺度,可以确定航天器和该行星的角距离[26-27]。利用天体的精确星历信息和该行星的方向,矢量可以估计航天器相对于天体的距离,这种方法要求行星在星载观测系统的 FOV 范围内。

因为大气可能会吸收高能光子或导致到达的光子路径发生小角度弯曲,因此观测量将受到天体周围大气的影响。当脉冲星被行星体边缘遮蔽时,这些效应将降低脉冲星导航的精度。

与基于地球的卫星测距系统不同,脉冲星的绝对距离不能直接测量。相反,一旦确定了航天器的初始位置,脉冲星信号的相位跟踪是连续更新估计位置的替代方法,这类似于 GNSS 应用中已经成熟的载波相位跟踪技术。因此,为了用可变天体源进行绝对位置确定,必须识别脉冲星的特定脉冲周期。已经证明如何确定来自脉冲星的未知或不明确的脉冲周期数从而估计出航天器相对于所选参照坐标系原点的绝对位置[94]。这些方法的一个重要特点是,它们适用于整个太阳系的,以及银河系,甚至更远。可变天体源未知周期的确定,即脉冲星脉冲相位周期模糊度的求解过程,类似于 GNSS 中使用的方法。脉冲相位差,如单差、双差和三差,可以从多个同步脉冲星观测中获取,并在通用 GNSS 技术中使用,以确定航天器的绝对三维位置[26,94]。

图 52.9 显示了航天器相对于多个脉相应冲星及其相应脉冲波前的空间表示。与 GNSS 类似,可组合能得到可能的脉冲整周期搜索范围,粗略估计航天器的位置,如图 52.9 所示。通过对几何分布脉冲星源足够的相位测量,可以得到绝对三维位置。然而,可变天体源模糊度的确定过程在许多方面与 GNSS 不同[94]。尽管小型微带天线可以同时接收足够多的 GNSS 卫星信号,但瞬时、全三维绝对定位解算需要多个指向所有单独源的脉冲星探测器或具有全天区内多个脉冲星监测能力的单个脉冲星探测器系统。

图 52.10 给出了当每个位置观测到一个脉冲星脉冲时,SSB、地球和远程航天器之间的关系。

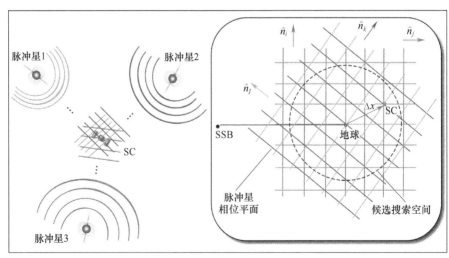

图 52.9　当脉冲星到达航天器位置时,来自遥远的单个脉冲星的脉冲到达(a),基于航天器位置的脉冲接收,脉冲星相位整周期搜索范围(b),它的中心用于参考地球和其他附近的行星[26]

图 52.10 展示了 SSB、地球和深空航天器之间的关系。

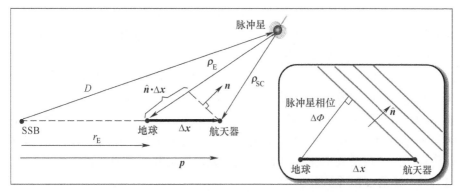

图 52.10 从单个脉冲星到地球和航天器位置的距离矢量 [26]

航天器相对于 SSB 的位置 p 和相对于地球的位置 Δx 与脉冲星 LOS 关联。假设脉冲星源位置矢量为 D ,脉冲星的光子发射时间为 t_T ,在航天器上的接收时间为 $t_{R_{SC}}$ 能精确确定,从远程航天器到脉冲星的 LOS 矢量为 $\hat{n}_{SC}$,那么远程航天器和脉冲星之间的距离 ρ_{SC} 可表示为

$$\rho_{SC} = c(t_{R_{SC}} - t_T) = \hat{n}_{SC} \cdot (D - p) + \mathrm{RelEff}_{SC} \qquad (52.4)$$

式中:RelEff_{SC} 为相对论效应引起的误差。

来自遥远的天体式穿过星际区域或在太阳系内的光子,其传播路径受到光线路径相对论效应的影响,可通过式(52.4)中变量 RelEff_{SC} 进行修正。为了获得高精度的解,由于光子通过太阳系传输,实际脉冲星观测包含这些相对论效应。

GNSS 信号是人为可控的,且能提供信号发射时的参考时间。与此不同,脉冲星和其他天体源不受类似的控制,不附加任何时间信息到发射的光子上。因此,使用这些天体源导航时,方案将不同于式(52.4)的直接基于时间的方法。

绝对位置解决方案的一种方法是使用距离和相位差分测量来确定航天器相对于太阳系已知物体的位置。例如对距离和相位进行单差分来确定航天器相对于地球的位置。假设 LOS,或方向矢量 $\hat{n}$,在整个太阳系中到光源的方向是恒定的,距离差可以表示为飞船沿 LOS 到脉冲星的位置:

$$\Delta\rho = \rho_E - \rho_{SC} = \hat{n} \cdot \Delta x + [\mathrm{RelEff}_E - \mathrm{RelEff}_{SC}] \qquad (52.5)$$

脉冲星脉冲信号的总相位 Φ ,可以表示为脉冲小数相位 ϕ 加上整数 N [见式(52.1)所示,N 为自初始观测时间以来累积的全脉冲周期数:

$$\Phi = \phi + N \qquad (52.6)$$

源和观测者之间的距离与观测到的相位有关,由观测源的脉冲波长 λ 决定:

$$\rho = \lambda\Phi = \lambda\phi + \lambda N \qquad (52.7)$$

如果入射脉冲的小数部分以及脉冲星和航天器之间的完整周期数都可以确定,那么距离就可以直接由方程(52.7)计算出来。然而,由于天体源无法提供每个脉冲的识别信息,因此没有直接的方法来确定任何给定的时刻的脉冲周期数。因此,类似于式(52.5)中的距离单差,相位单差可计算为

$$\lambda \Delta \Phi = \lambda (\Delta \phi + \Delta N) = \lambda \left[(\phi_E - \phi_{SC}) + (N_E - N_{SC}) \right]$$

$$= \Delta \rho = \hat{\boldsymbol{n}} \cdot \Delta \boldsymbol{x} + \left[\mathrm{RelEff}_E - \mathrm{RelEff}_{SC} \right] \tag{52.8}$$

距离和相位单差消除了脉冲星位置 $\boldsymbol{D}$ 的误差,如图 52.10 和式(52.4),同时仍然提供一种技术来确定航天器在太阳系内的绝对位置 $\boldsymbol{p}$ 。

类似地,距离和相位双差可以利用多个几何分布的脉冲星之间的差分[26,94],同理,可以对两个不同的时刻的双差差分得到的三差。高阶差分有助于消除多次脉冲测量中的不确定性误差,并可以计算出脉冲星的整周模糊数,如图 52.10 所示。来自脉冲星的脉冲波长GNSS 信号(厘米量级)大得多的(数兆米量级)。因此,基于脉冲星信号的模糊距离更大,即使在初始位置估计存在较大不确定性条件下,也允许评估航天器的位置。

52.3.1.2　增量校正计算方法

与差分 TOA 方法相比,增量校正技术可以提供连续的更新信息,它是对观测源进行连续相位跟踪的方法[106]。该方法可以基于式(52.2) 的已知模型来估计和跟踪源信号的相位和频率。通过跟踪源信号的这些预期参数,可以估计出航天器在惯性坐标系中的运动轨迹。因此,在短时间间隔内(几十秒)内,可以实现航天器运动的连续更新[106]。可以利用数字锁相环(DPLL)来确保正确跟踪这些信号[26,38]。

如图 52.11 所示,使用 RXTE 探测器对蟹状星云脉冲星频率的跟踪情况[106]。在几秒内观测的 DPLL 脉冲频率,可以很好地跟踪由于航天器运动引起的真实频率变化。

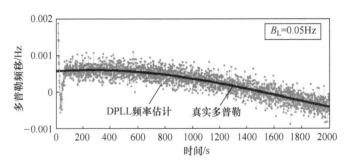

图 52.11　RXTE 探测器观测蟹状星云脉冲星的多普勒频率跟踪[106]

(来源:经 S. I. Sheikh 许可转载。)

确定航天器速度的一种方法是计算连续估计位置值的差分,除以估计值之间的时间间隔。然而,这种差分过程会放大系统误差,降低速度计算的精度。另外对于估计脉冲周期模糊度,可以利用三差计算来估算航天器速度[94]。尽管这种方法可能放大测量误差,但若确定了精确的脉冲周期,则只需处理误差较小的周期相位测量。

确定航天器速度的一种更直接的方法是利用脉冲星的信号多普勒频移。由于脉冲星发射周期性信号,当航天器接近或远离脉冲星时,测量到的脉冲星信号将出现多普勒效应。测量脉冲星的脉冲频率,并将其与预期模型进行比较,可以确定脉冲星的多普勒频移。二阶和更高阶的多普勒效应以及更高阶的相对论效应可能很显著,这取决于脉冲星信号和航天器运动的情况。为了提高测量精度,需要考虑这些影响[100]。将来自多个脉冲星的测量数据进行处理,就可以确定完整的三维速度。这种方法通常会选择那些具有最大多普勒效应的观测源。然而,一些导航过程试图通过选择垂直于航天器运动平面的源来最小化多普勒效应。

在这种方法中,观测到的频率 f 可以用脉冲星的频率 f_S 和航天器在 SSB 参考系内相对于脉冲星的多普勒频移 f_D 来表示。典型地,假定源频率在观测间隔内恒定,则观测到的频率可以表述为

$$f(t) = f_S + f_D(t) \qquad (52.9)$$

脉冲星的脉冲信号的观测相位可以用初始相位 ϕ_0 和自观测开始以来累积的相位 $\phi(t)$ 表示,作为观测频率在该时间间隔内的积分。此外,将多普勒频移按固定的脉冲星源频率和航天器速度 v 展开,总观测相位变为

$$\phi_{det}(t) = \phi_0 + f_S \cdot [t - t_0] + \int_{t_0}^{t} f_D(t)\,dt$$

$$= \phi_0 + f_S \cdot [t - t_0] + \frac{f_S}{c} \int_{t_0}^{t} v(t)\,dt \qquad (52.10)$$

如果航天器速度在观测间隔内是恒定的,则式(52.10)可以进一步简化,并且速度可以直接从观测相位[106]中求解。跟踪相位以确定内位置或速度变化的方法可直接产生航天器速度测量值,包括使用锁相环的最大似然估计[107-109]等技术。

除了上述技术之外,估计单个脉冲星特征的过程也适用于确定航天器位置和速度。该方法首先通过比较在地面观测站或在航天器测量到的脉冲 TOA 时间与根据式(52.2)模型所预测的到达时间。然后,将这些信息与轨道估计值相结合,产生对位置和速度的修正,从而保持长期准确性。重要的是脉冲星计时模型中的任何误差都将直接转化为由这些模型确定的导航误差。当观测单颗脉冲星时,已知的脉冲计时模型如式(52.2),计算出的 TOA 残差可用于估计沿 LOS 方向的距离误差。

图 52.12 显示了来自脉冲星辐射信号在太阳系内相对于 SSB 惯性系和绕地球运行的航天器间的关系。该图中还显示了航天器相对于 SSB 的位置为 p 和地球中心相对于 SSB 的位置 r_E ,脉冲星单位方向为 $\hat{n}$ 。当单个脉冲信号穿过太阳系时,航天器可生成脉冲 TOA 的接收时间,在航天器探测到的脉冲 TOA 与外部定义的脉冲计时模型进行比较,来确定航天器的位置和基于脉冲 TOA 的测量结果之间的任何误差,以不断校正和更新。为了进行精确的 TOA 测量,需要大面积的探测器(数千平方厘米)和长时间观测(数千秒),实现与当前航天器导航技术相比拟的导航性能[55,106]。

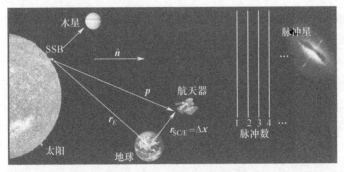

图 52.12　脉冲星辐射信号在太阳系内相对于 SSB 惯性系的航天器位置[26-27]

(经 C. Hisamoto 许可转载。)

一旦从脉冲星观测得到测量结果,就必须在航天器导航系统中设计出有效的技术来整

合这些信息。使用航天器的轨道动力学积分与脉冲星观测测量相结合的扩展卡尔曼滤波器,已证明方法非常有效[26,28]。通过这些滤波器,位置和速度解的误差可被正确地消除,并且这类滤波器可以在航天器上实时运行,以改进自主性。在研究中还提出了许多其他类似滤波算法,这些算法能很好地应用在特定的应用中,如文献[110]所示。

除了滤波处理技术之外,辅助导航传感器可以进一步改善导航测量结果。将陀螺仪和加速度计等惯性传感器来可以进行姿态、位置和速度处理[111]。结合姿态传感器(光学星体跟踪器、太阳传感器、地平线传感器等)不仅改善了整体航天器导航解决方案,还可以辅助脉冲星探测器惯性定位。为了便于计算基于脉冲星的导航测量结果,可以将带时间标记的原始光子事件或预处理的脉冲 TOA 或相位,通过航天器下行到地面射电跟踪站。这种增强的导航解决方案能够获得比单独使用射电观测或脉冲星导航更好的导航性能。对于已经使用 NASA DSN 或类似跟踪的航天器来说,来自这种基于地面的额外测距、距离变化率和角位置测量将与基于脉冲星的解决方案一起提高整体导航精度[112-114]。DSN、脉冲星和 DSN+脉冲星三种解决方案将提供每一个系统验证的额外精度水平。

52.3.1.3　相对导航

与每个航天器需要独立、完整的三维绝对位置和速度解决方案不同,诸如协同通信或科学观测等各种应用,需在协同操作的多航天器之间共享相对距离和速度信息。在某些情况下,特别是在 GNSS 信号不可用、地面站无法跟踪时,或者处理结果不能对特定应用的精度要求不够[10,98]可能很难获得绝对解决方案。在这种情况下,一种直接确定航天器之间相对位置方法可能是有益的。这些航天器可以沿着自由路径,或者预定轨道,使多个航天器保持特定的队形[115]。因此,可以使用可变源探索航天器之间的相对导航[17,111]。在这些技术中,需要明亮的源,以提供高光子通量速率,这有助于缩短观测持续时间。此外,任何类型的信号变化都是可用的,包括非周期性变化,因此除了高度稳定的周期性源,还可以利用许多其他源[17]。

如果有足够的观测时间,在一个探测器上观测到的变化模式将以延迟的形式出现在另一个探测器上。假设源距离无限远,该延迟测量是两个探测器沿着 LOS 投影到源的距离测量结果之差。与脉冲星导航可预测的、通常不那么明亮的观测源有所不同,该方法不要求观测源变化模式可预测,因为许多明亮源都具有一定程度的不可预测变化。此外,用非周期源的技术,人们不会遇到基于周期脉冲星的方法[94]可能出现的整周模糊问题。

图 52.13 给出了这种相对导航的概念,其中两个航天器同时绕地球轨道上运行,测量来自可变源的辐射。这一概念将适用于其他应用,包括在围绕任何行星运行或在深空轨道上操作的应用。这种方法要求两个航天器同时观测同一个天体源,但不要求两个航天器之间有通畅、连续的通信链路,只要数据可以在稍后的某个时间或通过某种中介方法进行通信即可。如果观测数据和航天器间的数据传输之间存在明显延迟,则需要在此间隔内存储航天器导航数据,以正确计算相对位置。假设相对论效应的差异可以忽略不计,那么对于一阶来说,沿到光源方向 $\hat{n}$ 的距离差 $\Delta\rho$ 与测得的时间差 Δt 和光速 c 有关,计算公式如下:

$$\Delta\rho = \hat{n} \cdot (r_B - r_A) = \hat{n} \cdot \Delta r = c\Delta t \qquad (52.11)$$

在式(52.11)中, Δr 是两个航天器之间的相对位置矢量。相对论效应原则上存在于光子传输中,为了更加精确,应该考虑其影响[51-52]。

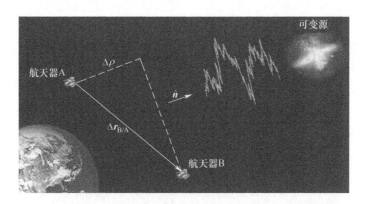

图 52.13 观测同一可变天体源的两个航天器之间的相对导航[17]

(经 C. Hisamoto 许可转载。)

每个航天器探测到的源光子是不同的和独立的,因此不能通过直接比较各个光子到达时间来进行测量,而是计算并比较探测器光子探测率的时变特性。在计数统计中在观测到的光变曲线存在很大的时变特性,只有每个信号的相关部分才包含用于相对距离测量的有用信息。

使用特定源进行相对导航的精度将取决于源的总光子计数率、光变曲线的总变化率以及变化率的功率谱密度。根据式(52.11),该精度由 Δt 的测量精度决定。1ms 内的相对定时精度产生的距离误差约为 300km,而 1μs 内的计时精度产生 0.3km 距离误差。所需的定位精度取决于具体的应用。通过多次连续测量,可以估计出源方向上的相对距离速率。特别是来自多个观测源的测量,可以得到完整的三维相对导航解。

脉冲星的观测提供连续相对导航解。然而,微弱的脉冲星信号可能会限制这类导航解的精度。一种增强常规脉冲星观测的方法是利用来自诸如伽马射线暴等奇异事件的高光子通量。虽然伽马射线暴不可预测,但它们在脉冲星上数量级更高的光子通量和每天潜在的观测数量使它们成为保持高精度相对导航解决方案的合适候选。图 52.14 所示为在相互隔离的航天器上进行伽马射线暴 GRB 探测的示意图。每个航天器的完整位置 r_{SC} 可以用一个惯性坐标系及其原点来表示,例如 SSB。一旦在太阳系中探测到一个 GRB,那么它在天空中的位置 $\hat{n}$ 就由 GCN 使用绕地球轨道运行的 GRB 基站航天器来确定。航天器和基准基站之间的位置偏移 Δr,可直接利用航天器上的 GRB 探测时间 t_{sc} 和基站测得的探测时间 t_{BASE} 之差表示:

$$\hat{n} \cdot \Delta r = \hat{n} \cdot (r_{SC} - r_{BASE}) = c\Delta t = c(t_{SC} - t_{BASE}) \tag{52.12}$$

式(52.12)的测量值可以用导航组合滤波器,持续更新航天的位置[44]。如果每天进行两次观测,并且远程航天器和参考基站之间的计时误差小于 1μs,那么利用这种基于 GRB 的单事件方法可以在太阳系内保持千米级的位置精度[44]。

对于飞行任务,相对导航可以用多种方法实现。例如,对于多个航天器而言,可在一个航天器配备用于测量到达光子的大面积探测器阵列,而其他航天器可配备较小尺寸的探测器。这种基于单基站航天器和其他远程航天器的导航模式(或父-子概念)可能需要将所有测量数据传输到基站。在基站上进行处理之后,主基站和每个远程航天器之间的相对导航信息将被传送给需要该信息的航天器。另一种替代技术是在所有航天器上使用相同的探测器,并保持所有航天器之间的数据通信,以便每个航天器就可以根据需要计算出相对于其他航天器的相对位置。当所有的航天器都需要不断通信,并且不识别航天器之间的等级时,这种相对位置对称方案是有用的。根据通信类型,尤其是可以将时间信息与数据传输一起编码用于初步距离估计的通信类型,这里讨论的方法可以根据需要补充相关估计信息。

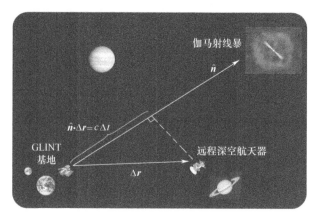

图 52.14   合作基站和远程航天器对 GRB 的观测[44]

(经 C. Hisamoto 许可转载。)

52.3.2   姿态确定

高能辐射可变源用于确定航天器的方向,以及导航和定时的信标姿态参考[25,38]。因此,通过这种方法,可以利用特定仪器,为航天器提供位置、速度、时间和姿态信息。基于可变源的姿态传感器方法类似于传统的光学星敏感器[116]。可以用照相机收集可变源图像,照相机可以是用于较低能量光子的聚焦望远镜透镜和像素阵列探测器,或者是用于较高能量光子(即 X 射线)发射源的一组探入射角度反射镜或编码孔罩。

通过匹配 FOV 的多个源模式,或识别一个独特的源可以确定相机的方向,对源的图像集进行处理。或者,大型单像素照相机或跟踪器可以测量源流量,根据可变源的脉冲检测模式确定探测航天器旋转或方向。

与现有的光学相比,基于 X 射线(或类似的高能光子)的星敏感器具有几个明显的优势:

(1) X 射线星敏感器的衍射极限角分辨率比传统星敏感器的衍射极限角分辨率要高得多,因为与可见光或紫外线波长相比,X 射线的波长非常短。这可能实现更高性能的星敏感器(亚角秒精度),或者在相似的尺寸下使用更小的相机。

(2) X 射线星敏感器中使用的传感器由于其相对较大的特征尺寸,具有固有的抗辐射能力,这使它们在高辐射环境中的任务中非常有用,包括国家安全任务和外星球的任务。

(3) X 射线星敏感器对太阳、月亮和地球遮挡不会产生学致盲,消除了对遮挡区域的需求,简化了任务规划。

我们考虑了以下三种不同类型的 X 射线姿态传感器:

(1) 成像星敏感器使用反射镜或编码孔径掩膜和像素化探测器来生成 X 射线天空的

图像。使用与传统光学星敏感器中相同技术,识别图像中的恒星,并将它们的位置与星表进行比较。

(2) 准直星敏感器使用准直器和大型单像素探测器来测量给定方向的 X 射线通量。使用机械转台对一个或多个导航星的天空域进行扫描,将 X 射线通量与转台角度联系起来,就可以创建一个导航星地图。利用已知和测量到的导航星位置计算航天器的方向。

(3) X 射线扫描仪使用可旋转航天器上的固定准直器来产生 X 射线能谱图像。通过在自旋方向上配备一个窄的 FOV 和一个垂直于自旋方向的宽的 FOV,可以将这种导航星的能谱图与星表相匹配来确定航天器的方向。使用来自 HEAO 1 号航天器的飞行数据的案例,已经表明使用这类仪器进行亚弧分级姿态确定是可行的[38]。

成像 X 射线星敏感器可以与传统光学星敏感器相似的方式操作。与可见光或紫外光相比,X 射线的波长较短,因此它们的主要优势是使用小尺寸获得更精确的测量。虽然可用作导航星的大多数 X 射线星在它们用于姿态确定的观测持续时间方面辐射相对连续,但是某些星的可变性可以更快地识别速度,加速初始姿态获取——解决太空中迷失方向的场景问题。在这种情况下,航天器要么是稳定的(可能在电源重启后)或在轨道上翻滚(例如在从火箭上分离之后)且没有运载火箭相对于惯性坐标系姿态的初始参考。可以利用陀螺仪来跟踪航天器的姿态增量运动,并减少任何不需要的旋转误差,但是需要提供航天器姿态的初始值。因此,确定航天器的方位来解决这种迷失在太空中的情况的技术必须观察外部参照物,如恒星或行星,以精确地确定航天器的姿态。传统的星敏感器必须分析数万到数百万颗引导星的星表来确定初始姿态解,而 X 射线星敏感器可以快速识别 FOV 中的脉冲星或类似的可变源,并将其独特的脉冲周期与星表匹配,从而快速获得姿态初始解。

任何 X 射线星敏感器成功的关键在于精确测量引导星位置的 X 射线数据库。在过去 40 年里,用 X 射线进行了无数次巡天观测,包括 Uhuru(1973 年)、OSO-7(1973 年)、HEAO-1 (1979 年)、ARIEL (1980 年), ROSAT (1991 年)、RXTE (1996—2002),以及 XMM (2006—2011),这有助于制定导航数据库。ROSAT 的(BSS)巡天观测成星显著,发现了总共 18806 颗星,亮度覆盖三个数量级[82]。观察结果是使用带有比例计数器的成像望远镜在软 X 射线区(0.1~2.4keV)和极紫外(0.025~0.200keV)能量区进行观测。ROSAT BSS 中最亮的 200 颗恒星的空间分布说明了力(图 52.15)这些源在天空中分布广泛,可为任何轨道(围绕地球或另一个行星)和任何方向的任务提供导航参考。ROSAT BSS 中的大多数源不是脉冲星。因此,一些最亮的 X 射线源只能用作测向导航参考,而不能用于脉冲 TOA 测量。与大量明亮的光源相比,较少数量非常明亮的 X 射线源使得 X 射线恒星照相机解决方案比计时或位置解决方案更不容易受到光子噪声的影响。

如表 52.1 所示,对一些使用天体 X 射线源进行姿态确定的探测器进行了研究,并开展了模拟实验测试。这些仪器包括成像恒星相机、用于航天器运动期间使用的星跟踪器,以及用于自旋稳定平台的扫描仪。精度范围根据探测器尺寸、光子能量分辨率和平台运动而有所不同。然而,探测器模拟测试表明,从几十角秒到亚角秒的性能可与今天的光学相机相媲美。

52.3.3　时间校正和同步

脉冲星源探测可以支持航天器任务操作的一个独特能力是通过观测这些超稳定旋转中

子星提供原子钟精度的时间。这已经被几个高度稳定源所证明[4-6]。对这些源的长期观测将减少航天器星载钟差,或者星载钟的长期漂移保持稳定。

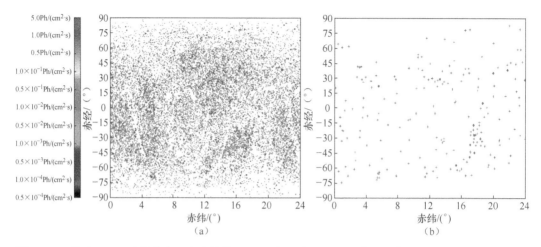

图52.15　具有18806个源的赤经和赤纬的ROSAT亮星表源图(a),该目录中200个最亮光源的分布,
前10个最亮光源用红色菱形标记显示(b)[30]
(经《导航》许可转载。)

　　绝对时间不能从任何单个脉冲星脉冲测量中恢复,因为脉冲星信号没有任何识别码。然而,一旦航天器的位置由脉冲星观测或外部方法确定,相对于到达的脉冲星波前的时间就可以唯一地从源之间的到达时间差(TDOA)中恢复,这允许在航天器上使用脉冲星TOA测量来保持精确的时间。

　　脉冲星的计时系统选择一个特定的脉冲星来观测,并排除背景辐射和其他来源的光子。通过检测观测源光子信号,并标记时间,然后进行算法处理。在观测过程中需要知道航天器的位置和速度,以便创建一个本地的时标。航天器的位置可以由一个独立的系统提供,或者由基于脉冲星的系统本身通过同时观测多个脉冲星来提供。这种计时系统包括已知计时特性的脉冲星、位置和速度确定算法以及最大似然估计批处理(MLE)以及单光子处理[55,106-107]。

　　虽然现有系统可以通过广播的通用参考源(如GNSS)或从一个用户到下一个用户的精确时间传递(如双向卫星时间和频率传递)来提供精确时间[117],但这些系统可能无法提供基于脉冲星的计时系统的稳定性、自主性和通用性。通过演示和模拟系统显示的可实现的TOA测量结果,利用脉冲星观测有可能获得微秒级或更高的计时精度。

52.3.4　脉冲星时标

　　脉冲星信号的频率稳定性可以用来创建一个通用的时间尺度,定义为PT[7-8]。脉冲星时将脉冲星稳定性长期与本地超稳定原子钟的短期稳定性结合起来,从而创建PT。利用射电和X射线脉冲星观测[4-6]已经证明了利用脉冲星观测创建PT稳定时间参考的可行性,并对基于多个脉冲星射电观测获得的PT和UTC时间进行了比较[8]。这种基于PT的系统具有几个独特的和潜在的优势:

（1）稳定性:PT 基于稳定高度的脉冲星观测生成。虽然脉冲星观测的精确度在短时间内(几秒到几小时)受到散粒噪声的影响,但它们在很长一段时间内(几周到几个月)都非常稳定[4-6]。通过脉冲星和本地原子钟相结合,能够生成一个前所未有的,既有短期稳定性,又具备长期稳定性的新时间。

（2）自主性:PT 将为用户提供一个独立的和精确的时间测量。这个测量不依赖外部系统或与其他用户的定期通信。通过跟踪相同的脉冲星,可以保证多个用户时间同步,而不需要他们之间进行通信。

（3）通用性:PT 使用的脉冲星是天体源,使它们对太阳系中任何地方的任何用户都适用。此外,任何两个用户,无论相距多远,或者能否相互通信,都可以使用 PT 确保不同航天器之间的事件的关联性,从而为近地观测航天器能够执行新的任务,以观测遥远太阳系中的航天器,这也为最初不是为此任务设计的平台之间关联测量提供了一个机会。如果每个航天器都使用 PT,就有可能对各个航天器的带时间标记的观测数据进行比较。

类似于使用原子钟组保持精确地球时间的方法,PT 将包括定期监测多个脉冲星的频率和稳定性。PT 的偏移或偏差对使用综合算法和技术进行校正,这在第 29 章中已进一步阐述,以便使地球和地外时间应用保持连续可实现的 PT 时间。

52.3.5 增强通信技术

大多数导航系统的一个共同属性是,它们通常利用某种形式的主动发送数据(如航天器和外部发射器之间的通信)。美国 NASA 的 DSN 系统就是这样运行的,可用于许多深空航天器的通信和导航[10]。

由于脉冲星导航的硬件和探测器技术与通信的接收机、发射机具有独特的相似之处,因为脉冲星可充当调制源。这些可变源的探测器跟踪来自脉冲星的载波频率以确定导航。为了支持使用这些天体源进行导航研究,脉冲星作为调制源,进行通信设备测试。目前,科学家正在进行处理分析,以便从这些人工调制的 X 射线源数据中提取通信信息。为了在真实的脉冲星导航系统发射前,对导航技术测试和评估,相关人员开发了新的实验仪器来模拟射电或 X 射线脉冲星发射的周期信号。这导致了可以产生人工调制 X 射线脉冲的设备,这些设备已经证明了在远高于当今商业通信通常使用的无线电和光学波段的更高光子能量中进行通信的能力[118]。

随着基于脉冲星的航天器导航能力的不断扩大,高能光子(大于1keV)检测处理等新技术将为通信提供新的方法,它们可以提供非常高的数据速率、避免信号窃听以及不受无线电信号传输衰减的影响。这种利用人工调制源模拟脉冲星的通信研究的潜在好处可能会反过来改善利用这些自然源导航的方法。

52.4 当前的技术局限性和未来的发展

虽然已经根据现有的脉冲星射电和 X 射线观测产生了高精度的导航技术方法,但工程实现过程中还存在一些技术问题和局限。这些并不影响系统的功能,但会影响脉冲星导航在其他行星体或深空导航中应用的适用性和实用性。

如本章所述,利用包括脉冲星在内的天体源的可变辐射的导航系统,除了解决接收信号的整周模糊数和来自宇宙背景的噪声、宇宙射线事件和探测器噪声的干扰外,还必须解决这些源的模糊、瞬变、闪耀、爆发和抖动等问题[60-61,66]。系统运行将需要一个最新的脉冲星数据库,包含当前的天体源的特征和详细信息。微弱且噪声大的天体源,解决方案向大型探测器和较长积分时间发展,以精确解析 TOA,但这需要在有效载荷质量、功率使用与整个任务航天器尺寸和目标之间进行权衡。像蟹状星云脉冲星这样的亮源的计时稳定性相对较差,长期预测的精确建模是一个挑战。需要准确测量惯性坐标系下天体源运动位置、固有运动和二元轨道参数,脉冲星信号频率会随能量损耗漂移,必须对其进行适当的建模。要保持精确的计时模型,要么需要专门的天文观测航天器,要么需要开发基于地面射电观测系统。必须考虑广义相对论和狭义相对论的影响,因为航天器是在轨运行受到重力的影响。稳定的星载时钟是完整导航系统的重要组成部分,会增加航天器的质量和成本。为了进行有效的脉冲星观测测量,探测器必须准确地指向这些脉冲星,这需要航天器了解其姿态信息,并具备精确的指向控制能力。

当前脉冲星导航工程应用的最大限制是为了有效探测到宇宙背景中微弱脉冲星信号,射电和 X 射线仪器的尺寸和质量是较大的问题。大型探测器对深空任务的适用性有限,在深空任务中,低质量和低功耗是最重要的优势。新的小型探测器能力的发展将极大地扩展潜在任务的范围,这些任务可以利用本章所描述的导航技术。下面列出了正在进行的技术研究,有朝一日可以解决这些限制。

尽管这些限制和挑战可能会阻碍可变天体源的导航的预期性能造成影响,但过去和正在进行的研究表明,该导航方法具有显著的优势和潜力,值得继续研究。

52.4.1　改进光子检测和计时

经过 50 年的射电、光学和 X 射线波段的脉冲星天文学观测研究,在脉冲星源特征以及传感器、探测器系统方面的不断成熟。新的毫秒射电脉冲星不断被发现,其中许多被用来研究 X 射线和更高能量段的脉冲。

脉冲星射电观测受益于分布在世界各地的大量射电望远镜。随着新的 X 射线天文任务的提出和部署,高能探测器技术正在经历重大变革,以实现超越目前能力的性能。有高效率、低功率、低噪声、精确时间分辨率以及小尺寸和轻量化的高能光子探测器,将会推动脉冲星导航的广泛应用。

高时间分辨光子快速检测技术对于未来脉冲星导航技术性能提升至关重要。追求单个探测到的亚纳秒的光子计时精度将消除脉冲组合测量中的不确定性。对光子特征的评估,有助于消除背景噪声,从而提高观测的信噪比。

52.4.2　未来的检测方法

脉冲星探测器的发展持续朝着实用化方向发展。对脉冲星的射电和 X 射线持续观测仍在继续改善这些源的已知特征,这有助于阐明它们用于导航的个体能力。

现在安装在地球上的射电望远镜直径从 10m 到 600m 不等。脉冲星射电观测频带范围很宽,大约从 10MHz 到 300GHz 的。通常在观测中使用多个分离的频带来处理诸如地球大气衰减和星际介质色散和源信号散射等影响[2-3]。安装在转动平台上的射电望远镜通常具有 50～100m 的直径(如美国的 Robert C. Byrd Green Bank 望远镜、英国 Jodrell Bank 天文台的 Lovell 望远镜)。更大一些的(直径为 300～500m)固定式望远镜,例如,波多黎各阿雷西博天文台、中国天眼[119]和俄罗斯射电天文望远镜 Nauk RATAN-600,可以提供更详细的脉冲星观测数据。大面积分布式地球射电天线或碟形天线阵列(如美国的 Karl G. Jansky 甚大阵列、智利的 Atacama 大型毫米阵列)将直接提供脉冲源的大量样本观测,并继续验证使用地基观测的脉冲星导航功能,特别是使用的分布各地的天线对同一目标源进行干涉测量时。

具有数十米口径天线的天基观测平台,也可对这些来源进行射电观测。可以想象,可展开式大射电天线可以用于深空探测任务的航天器上,进行深空通信。结合起来,这些天线也可用于脉冲星导航测量。

对于更高能谱的观测,包括紫外线(0.04～0.1keV)到软 X 射线(0.1～10keV),大型聚焦光学望远镜可以用来收集观测源光子。这些大质量望远镜对于今天的航天器说可能不可行,但是当更新的技术发展出来后,它可以继续提供观测支持。对于软 X 射线光子,固态探测器提供了高精度的单光子计时检测方法与聚焦方法(如准直器、编码孔径和小角度聚光器)相结合。由于探测总面积仍然是降低观测测量信噪比的最佳方法,因此大面阵固态探测器是脉冲星导航新试验的一个有吸引力的选择。对衍射光学限制的新研究继续努力寻找产生大角度、更高能量的光子反射方法,比今天使用的掠入射光学器件的 X 射角更大,这将大大减少观测仪器的总体积。

证明脉冲星导航效用的一个有效方法是,世界学术和管理机构继续资助基于地基和天基的观测平台,它为测试和验证新的光子探测和记录技术提供方法。应持续开展大尺度全空域的脉冲星巡天,以评估所有可能用于脉冲星导航的来源。最终建立了一个专门的天基脉冲星观测平台,可以同时观测射电、光学、X 射线和伽马射线等,从而产生准确的和及时更新的脉冲星星历,并为太阳系的相对导航提供参考,这将是发展航天器脉冲星导航的最有效的实用方法。

52.4.3 正在进行的和未来的试验

由于过去成功证明了利用脉冲星导航的可行性,目前正在开发和计划新的试验,以继续评估和提高脉冲星导航能力。作为这些试验计划的一部分,目标包括在过去可行性验证的基础上开发改进的脉冲星导航技术。新的探测器硬件正在开发中,其目标是精确观测特定的源,减少背景噪声影响,提高单个光子事件计时的精度。中国空间技术研究院的 XPNAV-1 航天器和美国 NASA 的六分仪是正在进行的两项在轨任务,以进一步推进探测器技术和基于脉冲星导航处理的分析发展。此外,美国明尼苏达大学正在开发未来高能光子天体源观测和相对导航演示任务,用于 X 射线导航、特征、计时实验和机会信号三维卫星测距和精确实验系统项目(SOCRATES)。

中国空间技术研究院于 2016 年 11 月发射了 X 射线脉冲星导航(XPNAV-1)卫星[120]。XPNAV-1 号航天器由两个探测器组成,用于验证脉冲星的信号检测及其在航天器导航中的应用,包括软 X 射线光谱仪(TSXS)和高时间分辨光子计数器(HTPC)。TSXS 在 0.5～9keV X 射线波段内进行检测,Wolter 型透镜带有嵌套镜壳,收集区域为 $30cm^2$。TSXS 视场角为 15 角分,可将 X 射线光子聚焦在硅漂移探测器上,时间分辨率为 1.5ms,在 5.9keV 能量下的能量分辨率为 180eV。HTPC 观测能谱范围为 1～10keV,视场角为 2°使用准直器将

X 射线光子聚焦在微通道板上。HTPC 是一种实验性的 X 射线探测器,预期性能优于 TSXS,有效收集面积为 1200cm²,光子时间分辨率为 100ns。TSXS 已经成功演示了蟹状星云脉冲星 56μs 计时残差的在轨观测。

中子星内部成分探测器(NICER)和 X 射线计时与导航技术探测器(SEXTANT)项目是一个结合了天文学和导航技术的演示平台[121]。这些项目于 2012 年开始开发,并于 2017 年 6 月成功发射到国际空间站。SEXTANT 仪器包括 56 个配有硅漂移探测器的 X 射线聚焦器光学元件,将提供 1333cm² 软 X 射线光子(0.2~12keV)有效收集面积[122-123]。相关的光子探测电子设备通过使用 GPS 同步。SEXTANT 演示的主要目的是实时确定国际空间站的轨道精度,误差小于 10km。NICER 已完成其主要天文观测任务,已经成功地观测到脉冲星脉动,目前正在完成对面向 SEXTANT 的导航实验和验证[45]。这次在低轨的验证将为未来超越地球轨道的任务铺平道路。

明尼苏达大学目前正在实施两个与 X 射线源导航和小型探测器开发有关的任务。EXACT 和 SOCRATES 两颗微纳卫星都搭载小型硬 X 射线和软伽马射线(大于 0.3keV)闪烁探测器。这些试验的基础是由高空气球演示微纳卫星设计的小型探测器仪器[124]。设计成本低。这些双重的实验目的是演示周期性和非周期性天体源的导航和计时,重点是多个协同航天器之间的相对导航。探测器利用碘化铯闪烁晶体和雪崩光电二极管,有效面积约为 90cm²。

致谢

Sheikh 要感谢过去在这些独特可变天体源导航技术上的研究合作者。这些合作者都做出了巨大的努力,继续朝着未来星际导航和最终星际导航的可行概念发展。

在过去的几十年里,Sheikh 有幸与许多杰出的个人和团体就这一有趣的主题进行了合作,并对他们的贡献和讨论表示感谢。非常真诚地感谢马里兰大学和 DARPA 的 Darryll J. Pines,他是过去这项研究的主要贡献者和推动者。做出巨大贡献的同事和合作者包括海军研究实验室的肯特·伍德、保罗·雷、迈克尔·洛夫莱特和迈克尔·沃尔夫,伍德博士几年来一直支持脉冲星导航技术;CrossTrac 工程公司的约翰·汉森,他在斯坦福大学研究期间为海军研究实验室完成了第一份基于脉冲星的导航和姿态确定分析;约翰霍普金斯大学应用物理实验室(JHU/APL)的 Daniel Jablonski 和 John GoldstenRobert Golshan,以前在 JHU/APL 工作,现在在美国航空航天局工作,他在展示脉冲星信号相位跟踪技术的价值方面发挥了重要作用;Cateni 公司的 Paul Graven 管理了几个基于脉冲星的导航研究项目,这些项目衍生出了许多新的项目和概念;美国航空航天局喷气推进实验室的查克·诺代特、瓦利德·马吉德和阿尔·坎戈阿胡拉;美国航空航天局戈达德航天中心的基思·詹德罗、基思·贾霍达、扎文·阿尔祖马尼安、罗素·卡本特、詹姆斯·辛普森、尼古拉斯·怀特、丹尼斯·伍德福克、卢克·温特尼茨、杰森·米切尔和蒙特·哈苏奈;奥斯汀德克萨斯大学的理查德·马茨纳;蒙大拿州立大学的罗纳德·海林斯;大卫·尼斯以前在普林斯顿大学,现在在拉斐特学院;唐纳德·贝克在加州大学伯克利分校;前洛斯阿拉莫斯国家实验室的德里克·图尼尔;NIST 的大卫·豪和尼尔·阿什比;鲍尔航空航天公司的大卫·贝克特;美国海军天文台

的德米特里奥斯 马萨基斯;微宇宙公司的约翰·科林斯;奥克安解决方案公司的克塞尼亚·科尔西奥,卫星工程研究公司的罗伯特·纳尔逊;马里兰大学的科尔曼·米勒、查尔斯·米斯纳和克里斯·雷诺兹;斯坦福直线加速器中心的埃利奥特·布鲁姆和天体引力研究小组以及斯坦福大学的丹尼尔·德布拉;麻省理工学院的乔治·里克;荷兰航空航天中心的Peter Buist 马克斯·普朗克外层空间物理研究所的沃纳·贝克尔;明尼索塔大学的研究人员德莫兹·格布雷-埃格齐亚伯、帕特·多伊尔和凯文·安德森;以及 ASTER Labs 公司的所有贡献者,感谢他们专注的研究,特别是 Chuck Hisamoto 和 Melissa Fisher。

参考文献

[1] Hewish A. , S. J. Bell, J. D. Pilkington et al. , "Observation of a rapidly pulsating radio source," *Nature*, vol. 217, pp. 709-713, 1968.

[2] Manchester R. N. , and J. H. Taylor, *Pulsars*, W. H. Freeman and Company, San Francisco, California, 1977.

[3] Lyne A. G. , and F. Graham-Smith, *Pulsar Astronomy*, Cambridge University Press, Cambridge UK, 1998.

[4] Taylor J. H. , "Millisecond pulsars: Nature's most stable clocks," *Proceedings of the IEEE*, vol. 79, no. 7, pp. 1054-1062, 1991.

[5] Kaspi V. M. , J. H. Taylor, and M. F. Ryba, "High-precision timing of millisecond pulsars. III: Long-term monitoring of PSRs B1855+09 and B1937+21," *Astrophysical Journal*, vol. 428, pp. 713-728, 1994.

[6] Matsakis D. N. , J. H. Taylor, and T. M. Eubanks, "A statistic for describing pulsar and clock stabilities," *Astronomy and Astrophysics*, vol. 326, pp. 924-928, 1997.

[7] Petit G. , "Pulsars and time scales," in *XXVII General Assembly of the International Astronomical Union*, Prague, CZ, 2006.

[8] Rodin A. E. , "Algorithm of ensemble pulsar time," *Chinese Journal of Astronomy and Astrophysics*, vol. 6, Suppl. 2, pp. 157-161, 2006.

[9] Mudgway D. J. , "Uplink-Downlink, A History of the Deep Space Network 1957-1997," National Aeronautics and Space Administration, Washington, DC, 2001.

[10] Thornton C. L. , and J. S. Border, *Radiometric Tracking Techniques for Deep Space Navigation*, John Wiley & Sons, Hoboken, NJ, 2003.

[11] European Space Agency, "ESA Tracking Network Operations," [online], URL: http://www. esa. int/Our _ Activities/Operations/Estrack [cited 1 August 2017].

[12] Mitchell D. P. , "Soviet Telemetry Systems," [online], 2004, URL: http://mentallandscape. com/V _ Telemetry. htm[cited 1 August 2017].

[13] Indian Space Research Organisation, "Indian Deep Space Network (IDSN)," [online], 2012, URL: http:// www. vssc. gov. in/VSSC _ V4/index. php/ground-segment/82-chandrayaan-1/967-indian-deep-space-network-idsn[cited 1 August 2017].

[14] Battin R. H. , *An Introduction to the Mathematics and Methods of Astrodynamics*, Revised ed. , American Institute of Aeronautics and Astronautics Washington, DC, 1999.

[15] Smith R. A. , S. Sheikh, and R. W. Swinney, "Navigation to the Alpha Centauri star system," *Journal of the British Interplanetary Society*, vol. 69, pp. 379-389, 2016.

[16] Nieto M. M. , "The quest to understand the Pioneer anomaly," in *Europhysics News*, vol. 37, 2006, pp. 30-34.

[17] Sheikh S. I. , P. S. Ray, K. Weiner et al. , "Relative navigation of spacecraft utilizing bright, aperiodic

celestial sources," in *Proceedings of the 63rd Annual Meeting of The Institute of Navigation*, Cambridge, Massachusetts, April 23–25, 2007.

[18] Emadzadeh A. A. , J. L. Speyer, and A. R. Golshan, "Asymptotically efficient estimation of pulse time delay for X-ray pulsar based relative navigation," in *AIAA Guidance, Navigation, and Control Conference*, AIAA-2009-5974, Chicago, IL, 2009.

[19] Detweiler S. , "Pulsar timing measurements and the search for gravitational wave," *The Astrophysical Journal*, vol. 234, pp. 1100–1104, 1979.

[20] Hellings R. W. , and G. S. Downs, "Upper limits on the isotropic gravitational radiation background from pulsar timing analysis," *The Astrophysical Journal*, vol. 265, pp. L39–L42, 1983.

[21] Lommen A. N. , and D. C. Backer, "Using pulsars to detect massive black hole binaries via gravitational radiation: Sagittarius A* and nearby galaxies," *The Astrophysical Journal*, vol. 562, pp. 297–302, 2001.

[22] Champion D. J. , G. B. Hobbs, R. N. Manchester et al. , "Measuring the mass of solar system planets using pulsar timing," *The Astrophysical Journal Letters*, vol. 720, no. 2, pp. L201–L205, 2010.

[23] Downs G. S. , "Interplanetary Navigation Using Pulsating Radio Sources," *NASA Technical Reports N74-34150*, pp. 1–12, 1974.

[24] Chester T. J. , and S. A. Butman, "Navigation Using X-ray Pulsars," *NASA Technical Reports N81-27129*, pp. 22–25, 1981.

[25] Wood K. S. , "Navigation studies utilizing the NRL-801 experiment and the ARGOS satellite," in *Small Satellite Technology and Applications III* (ed. B. J. Horais), *International Society of Optical Engineering (SPIE) Proceedings*, Vol. 1940, pp. 105–116, 1993.

[26] Sheikh S. I. , "The Use of Variable Celestial X-ray Sources for Spacecraft Navigation," Ph. D. Dissertation, University of Maryland, 2005, URL: https://drum. lib. umd. edu/handle/1903/2856.

[27] Sheikh S. I. , D. J. Pines, K. S. Wood et al. , "Spacecraft navigation using X-ray pulsars," *Journal of Guidance, Control, and Dynamics*, vol. 29, no. 1, pp. 49–63, 2006.

[28] Sheikh S. I. , and D. J. Pines, "Recursive estimation of spacecraft position and velocity using X-ray pulsar time of arrival measurements," *Navigation: Journal of the Institute of Navigation*, vol. 53, no. 3, pp. 149–166, 2006.

[29] Buist P. J. , S. Engelen, A. Noroozi et al. , "Overview of pulsar navigation: Past, present and future trends," *Navigation: Journal of the Institute of Navigation*, vol. 58, no. 2, pp. 153–164, 2011.

[30] Sheikh S. I. , J. E. Hanson, P. H. Graven, and D. J. Pines, "Spacecraft navigation and timing using X-ray pulsars," *NAVIGATION: Journal of the Institute of Navigation*, vol. 58, no. 2, pp. 165–186, 2011.

[31] Pines D. J. , and S. I. Sheikh, "Pulsar Navigation," in *McGraw-Hill Yearbook of Science & Technology 2011*, McGraw-Hill, New York, 2011, pp. 265–268.

[32] Richter G. W. , and R. A. Matzner, "Gravitational deflection of light at 1 1/2 PPN order," *Astrophysics and Space Science*, vol. 79, pp. 119–127, 1981.

[33] Richter G. W. , and R. A. Matzner, "Second-order contributions to gravitational deflection of light in the parameterized post-Newtonian formalism," *Physical Review D*, vol. 26, no. 6, pp. 1219–1224, 1982.

[34] Richter G. W. , and R. A. Matzner, "Second-order contributions to gravitational deflection of light in the parameterized post-Newtonian formalism. II. Photon orbits and deflections in three dimensions," *Physical Review D*, vol. 26, no. 10, pp. 2549–2556, 1982.

[35] Richter, and R. A. Matzner, "Second-order contributions to relativistic time delay in the parameterized post-Newtonian formalism," *Physical Review D*, vol. 28, no. 12, pp. 3007–3012, 1983.

[36] Wallace K. , "Radio stars, what they are and the prospects for their use in navigational systems," *Journal of*

Navigation, vol. 41, no. 3, pp. 358−374, 1988.

[37] Sheikh S. I. , D. J. Pines, K. S. Wood et al. , "The Use of X-ray Pulsars for Spacecraft Navigation," in *14th AAS/AIAA Space Flight Mechanics Conference*, Paper AAS 04−109, Maui, Hawaii, 8−12 February 2004.

[38] Hanson J. E. , "Principles of X-ray Navigation," Doctoral Dissertation, Stanford University, 1996, URL: http://il. proquest. com/products _ umi/dissertations/.

[39] Sala J. , A. Urruela, X. Villares et al. , "Feasibility Study for a Spacecraft Navigation System relying on Pulsar Timing Information," European Space Agency Advanced Concepts Team ARIADNA Study 03/4202, 23 June 2004.

[40] Woodfork D. W. , "The Use of X-ray Pulsars for Aiding GPS Satellite Orbit Determination," Master of Science Thesis, Air Force Institute of Technology, 2005, URL: http://www. afit. edu.

[41] Pines D. J. , "XNAV Program: A New Space Navigation Architecture," in *29th Annual AAS Rocky Mountain Guidance and Control Conference*, Paper AAS 06−007, February 4−8 2006.

[42] Rodin A. E. , "Optimal filters for the construction of the ensemble pulsar time," *Monthly Notices of the Royal Astronomical Society*, vol. 387, pp. 1583−1588, 2008.

[43] Emadzadeh A. A. , "Relative Navigation Between Two Spacecraft Using X-ray Pulsars," University of California, 2009, URL: http://gradworks. umi. com/34/10/3410447. html.

[44] Hisamoto C. S. , and S. I. Sheikh, "Spacecraft navigation using celestial gamma-ray sources," *Journal of Guidance, Control, and Dynamics*, vol. 38, Special Issue in Honor of Richard Battin, pp. 1765−1774, 2015.

[45] Ray P. S. , Z. Arzoumanian, and K. C. Gendreau, "Searching for X-ray pulsations from neutron stars using NICER," in *Pulsar Astrophysics -The Next 50 Years*, *Proceedings International Astronomical Union Symposium No. 337*, 2017.

[46] Fraser G. W. , *X-ray Detectors in Astronomy*, Cambridge University Press, Cambridge UK, 1989.

[47] Arnaud K. A. , R. K. Smith, and A. Siemiginowska, eds. , *Handbook of X-ray Astronomy*, Cambridge Observing Handbooks For Research Astronomers. Cambridge University Press, Cambridge, 2011.

[48] Taylor J. H. , "Pulsar timing and relativistic gravity," *Philosophical Transactions of the Royal Society of London*, vol. 341, pp. 117−134, 1992.

[49] Sheikh S. I. , R. W. Hellings, and R. A. Matzner, "High-order pulsar timing for navigation," in *Proceedings of the 2007 National Technical Meeting of The Institute of Navigation*, Cambridge, MA, 23−25 April 2007.

[50] Murray C. A. , *Vectorial Astrometry*, Adam Hilger Ltd, Bristol, UK, 1983.

[51] Hellings R. W. , "Relativistic effects in astronomical timing measurements," *Astronomical Journal*, vol. 91, pp. 650−659, 1986.

[52] Backer D. C. and R. W. Hellings, "Pulsar timing and general relativity," *Annual Review of Astronomy and Astrophysics*, vol. 24, pp. 537−575, 1986.

[53] Splaver E. M. , D. J. Nice, I. H. Stairs et al. , "Masses, parallax, and relativistic timing of the PSR J1713 + 0747 binary system," *The Astrophysical Journal*, vol. 620, pp. 405−415, 2005.

[54] Manchester R. N. , A. G. Lyne, F. Camilo et al. , "The Parkes multi-beam pulsar survey -I. Observing and data analysis systems, discovery and timing of 100 pulsars," *Monthly Notices of the Royal Astronomical Society*, vol. 328, pp. 17−35, 2001.

[55] Hanson J. , S. Sheikh, P. Graven, and J. Collins, "Noise analysis for X-ray navigation systems," in *IEEE-ION Position Location and Navigation Symposium (PLANS) 2008*, Monterey, California, 5−8 May 2008.

[56] Kane H. K. , "Ancient Hawai'i," [online], 1997, URL: http://www. hawaiiantrading. com/herb-kane/ahbook/index. html [cited 12 June 2005].

[57] Baade W. and F. Zwicky, "On Super-novae," *Proceedings of the National Academy of Science*, vol. 20, no. 5,

pp. 254-259,1934.

[58] Baade W. and F. Zwicky,"Cosmic Rays from Supernovae," *Proceedings of the National Academy of Science*, vol. 20,no. 5,pp. 259-263,1934.

[59] Oppenheimer J. R. ,and G. M. Volkoff," On massive neutron cores," *Physical Review*, vol. 55, pp. 374-381,1939.

[60] Charles P. A. , and F. D. Seward, *Exploring the X-ray Universe*, Cambridge University Press, Cambridge UK,1995.

[61] Culhane J. L. ,and P. W. Sanford,*X-ray Astronomy*,Charles Scribner's Sons,New York,1981.

[62] Becker W. ,and J. Trümper,"The X-ray emission properties of millisecond pulsars," *Astronomy and Astrophysics*,vol. 341,pp. 803-817,1999.

[63] Becker W. ,and J. Trümper,"The X-ray luminosity of rotation-powered neutron stars," *Astronomy and Astrophysics*,vol. 326,pp. 682-691,1997.

[64] Bhattacharya D. , "Millisecond pulsars," in *X-ray Binaries* (eds. W. H. G. Lewin, J. van Paradijs, and E. P. J. van den Heuvel),Cambridge University Press,Cambridge,UK,1995,pp. 223-251.

[65] NASA/CXC/SAO,"Time Lapse Movies of Crab Nebula," [online], URL:http://chandra. harvard. edu/photo/2002/0052/movies. html [cited 1 June 2003].

[66] White N. E. , F. Nagase, and A. N. Parmar, " The properties of X-ray binaries," in *X-ray Binaries* (eds. W. H. G. Lewin, J. van Paradijs, and E. P. J. van den Heuvel), Cambridge University Press, Cambridge,UK,1995,pp. 1-57.

[67] King A. , "Accretion in close binaries," in *X-ray Binaries* (eds. W. H. G. Lewin, J. van Paradijs, and E. P. J. van den Heuvel),Cambridge University Press,Cambridge,UK,1995,pp. 419-456.

[68] Taylor J. H. , R. Manchester, and D. J. Nice, " TEMPO Software Package," [online], URL: http://www. jb. man. ac. uk/~pulsar/Resources/tempo_usage. txt [cited 10 November 2002].

[69] Nicastro L. ,G. Cusumano, O. Löhmer et al. ,"BeppoSAX observation of PSR B1937+21," *Astronomy and Astrophysics*,vol. 413,pp. 1065-1072,2004.

[70] Possenti A. ,R. Cerutti, M. Colpi, and S. Mereghetti,"Re-examining the X-ray versus spin-down luminosity correlation of rotation powered pulsars," *Astronomy and Astrophysics*,vol. 387,pp. 993-1002,2002.

[71] Arzoumanian Z. , D. J. Nice,J. H. Taylor, and S. E. Thorsett,"Timing behavior of 96 radio pulsars," *Astrophysical Journal*,vol. 422,pp. 671-680,1994.

[72] Bell J. F. ,"Radio pulsar timing," *Advances in Space Research*,vol. 21,no. 1/2,pp. 137-147,1998.

[73] NRAO, "NRAO Green Bank Telescopes," [online], URL:http://www. gb. nrao. edu [cited 7 March 2005].

[74] NAIC,"Arecibo Observatory Home," [online] URL:http://www. naic. edu/ [cited 7 March 2005].

[75] NAOC,"FAST:Five-hundred-meter Aperture Spherical Telescope," [online], 2015, URL:http://english. nao. cas. cn/ic2015/isatp2015/201703/t20170329_175451. html[cited 7 March 2017].

[76] SAO, " SpecialAstrophysicalObservatoryRussianAcademy of Sciences Radiotelescope RATAN-600," [online],URL:http://www. sao. ru/ratan/ [cited 7 March 2005].

[77] Manchester R. N. , G. B. Hobbs, A. Teoh, and M. Hobbs,"The Australia Telescope National Facility pulsar catalogue," *The Astronomical Journal*,vol. 129,no. 4,pp. 1993-2006,2005.

[78] Caltech, "Caltech Astronomy:Palomar Observatory," [online], URL:http://www. astro. caltech. edu/palomar/[cited 7 March 2005].

[79] SAO,"6 m telescope short description," [online], URL:http://www. sao. ru/Doc-en/Telescopes/bta/descrip. html[cited 7 March 2005].

[80] HEASARC, "Master X-ray catalog" [online database], NASA/HEASARC, URL: http://heasarc. gsfc. nasa. gov/W3Browse/master-catalog/xray. html [cited 2004].

[81] Wood K. S. , J. F. Meekins, D. J. Yentis et al. , "The *HEAOA-1 X-ray source catalog*," *Astrophysical Journal Supplement Series*, vol. 56, pp. 507–649, 1984.

[82] Voges W. , B. Aschenbach, T. Boller et al. , "The ROSAT allsky survey bright source catalogue," *Astronomy and Astrophysics*, vol. 349, pp. 389–405, 1999.

[83] Voges W. , B. Aschenbach, T. Boller et al. , "ROSAT all-sky survey faint source catalogue," *International Astronomical Union Circular*, vol. 7432, p. 3, 2000.

[84] Abdo A. A. , M. Ackermann, M. Ajello et al. , "The first FERMI large area telescope catalog of gamma-ray pulsars," *The Astrophysical Journal Supplement Series*, vol. 187, pp. 460–494, 2010.

[85] van M. der Klis, "Rapid X-ray variability," in Compact Stellar X-ray Sources (eds. W. Lewin and M. van der Klis), Cambridge University Press, Cambridge, UK, 2006, pp. 39–112.

[86] Ostlie D. A. , and B. W. Carroll, *Introduction to Modern Stellar Astrophysics*, Addison Wesley Company, Boston, Massachusetts, 2006.

[87] Fenimore E. E. , and M. Galassi, Gamma-ray bursts: 30 years of discovery: Gamma-ray burst symposium, American Institute of Physics Conference Proceedings, Melville, NY, 2004.

[88] Sari R. , "Gamma-ray bursts: 5th Huntsville symposium," in *American Institute of Physics Conference Proceedings*, pp. 504–513.

[89] Klebesadel R. , I. B. Strong, and R. A. Olson, "Observations of gamma-ray bursts of cosmic origin," *The Astrophysical Journal*, vol. 182, pp. L85–L88, 1973.

[90] Hurley K. , M. S. Briggs, R. M. Kippen et al. , "The interplanetary network supplement to the burst and transient source experiment 5B catalog of cosmic gammaray bursts," *The Astrophysical Journal Supplement Series*, vol. 196, no. 1, pp. 1–15, 2011.

[91] Shapiro A. , E. A. Uliana, and B. S. Yaplee, "Very long baseline interferometry navigation by using natural H_2O sources," in Report of NRL Progress, Naval Research Laboratory, 1972, pg. 36.

[92] Dong J. , *The Principle and Application of Maser Navigation*, Yunnan Astronomical Observatory, 2008, arxiv. org/abs/0901. 0068v4 (unpublished).

[93] Lorimer D. R. , M. Bailes, M. A. McLaughlin et al. , "A bright millisecond radio burst of extragalactic origin," *Science*, vol. 318, no. 5851, pp. 777–780, 2007.

[94] Sheikh S. I. , A. R. Golshan, and D. J. Pines, "Absolute and relative position determination using variable celestial Xray sources," in *30th Annual AAS Guidance and Control Conference*, pp. 855–874, American Astronautical Society, Breckenridge, Colorado, 3–7 February 2007.

[95] Thomas J. B. , "Reformulation of the relativistic conversion between coordinate time and atomic time," *Astronomical Journal*, vol. 80, no. 5, pp. 405–411, 1975.

[96] Moyer T. D. , "Transformation from proper time on earth to coordinate time in solar system barycentric space-time frame of reference -part one," *Celestial Mechanics*, vol. 23, pp. 33–56, 1981.

[97] Moyer T. D. , "Transformation from proper time on earth to coordinate time in solar system barycentric space-time frame of reference -part two," *Celestial Mechanics*, vol. 23, pp. 57–68, 1981.

[98] Parkinson B. W. , and J. J. Jr. Spilker, eds. , *Global Positioning System: Theory and Applications*, *Volume I.* American Institute of Aeronautics and Astronautics, Washington, DC, 1996.

[99] Martin C. F. , M. H. Torrence, and C. W. Misner, "Relativistic effects on an earth-orbiting satellite in the barycenter coordinate system," *Journal of Geophysical Research*, vol. 90, no. B11, pp. 9403–9410, 1985.

[100] Nelson R. A. , "Relativistic effects in satellite time and frequency transfer and dissemination," in *ITU*

Handbook on Satellite Time and Frequency Transfer and Dissemination, International Telecommunication U-nion, Geneva, 2010, pp. 1–30.

[101] Seidelmann P. K., *Explanatory Supplement to the Astronomical Almanac*, University Science Books, Sausalito, California, 1992.

[102] Gounley R., R. White, and E. Gai, "Autonomous satellite navigation by stellar refraction," *Journal of Guidance, Control, and Dynamics*, vol. 7, no. 2, pp. 129–134, 1984.

[103] Parkinson B. W., and J. J. J. Spilker, eds., *Global Positioning System: Theory and Applications*, *Volume II.* American Institute of Aeronautics and Astronautics, Washington, DC, 1996.

[104] Lanyi G., Bagri D. S., and J. S. Border, "Angular position determination by spacecraft by radio interferometry," in *Proceedings of the IEEE*, Vol. 95, No. 11, IEEE, November 2007.

[105] Wood K. S., Determan J. R., P. S. Ray et al., "Using the unconventional stellar aspect (USA) experiment on ARGOS to determine atmospheric parameters by X-ray occultation," in *Optical Spectroscopic Techniques, Remote Sensing, and Instrumentation for Atmospheric and Space Research IV* (eds. A. M. Larar and M. G. Mlynczak), International Society of Optical Engineering (SPIE) Proceedings, vol. 4485, pp. 258–265, January 2002.

[106] Golshan A. R. and Sheikh S. I., "On pulse phase estimation and tracking of variable celestial X-ray sources," in *Proceedings of the 2007 National Technical Meeting of TheInstitute of Navigation, Cambridge, Massachusetts*, 23–25 April 2007.

[107] Anderson K. D., D. J. Pines, and S. I. Sheikh, "Validation of pulsar phase tracking for spacecraft navigation," Journal of Guidance, Control, and Dynamics, vol. 38, no. 10, pp. 1885–1897, 2015.

[108] Anderson K. D. and D. J. Pines, "Analysis of phasetracking methods for low flux millisecond period X-ray pulsars to aid spacecraft navigation," in *Proceedings of the 2015 International Technical Meeting of the Institute of Navigation*, Dana Point, California, January 2015.

[109] Anderson K. D., D. J. Pines, and S. I. Sheikh, "Investigation of combining X-ray pulsar phase tracking estimates to form a 3D trajectory," in *Advances in the Astronautical Sciences Guidance, Navigation and Control 2016*, AAS 16–011, American Astronautical Society, Breckenridge, Colorado.

[110] Liu J., J. Ma, J. -W. Tian et al., "X-ray pulsar navigation method for spacecraft with pulsar direction error," *Journal of Advanced Space Research*, vol. 46, no. 11, pp. 1409–1471, 2010.

[111] Emadzadeh A. A., J. L. Speyer, and F. Y. Hadaegh, "A parametric study of relative navigation using pulsars," in *Proceedings of the 2007 National Technical Meeting of The Institute of Navigation*, Cambridge, Massachusetts, 23–25 April 2007.

[112] Graven P., J. Collins, S. Sheikh, and J. E. Hanson, "XNAV beyond the Moon," in *Proceedings of the 2007 National Technical Meeting of The Institute of Navigation*, Cambridge, Massachusetts, 23–25 April 2007.

[113] Graven P. H., Collins J. T., S. I. Sheikh, and J. E. Hanson, "Spacecraft navigation using X-ray pulsars," in 7th International ESA Conference on Guidance, Navigation, & Control Systems, Tralee, Kerry County, Ireland, 2–5 June 2008.

[114] Sheikh S. I., Hanson J. E., J. Collins, and P. Graven, "Deep space navigation augmentation using variable celestial X-ray sources," in *Proceedings of the 2009 International Technical Meeting of The Institute of Navigation*, Anaheim, California, 26–28 January 2009.

[115] Bauer F. H., Hartman K., J. P. How et al., "Enabling spacecraft formation flying through spaceborne GPS and enhanced automation technologies," in *Proceedings of the 12th International Technical Meeting of the Satellite Division of The Institute of Navigation*, Nashville, Tennessee, September 1999.

[116] Wertz J. R., ed., *Spacecraft Attitude Determination and Control. Kluwer Academic Publishers*, Boston, Massachusetts, 1978.

[117] Kirchner D. , "Two-way satellite time and frequency transfer (TWSTFT): Principle, implementation, and current performance," in *Review of Radio Science*, 1999, pp. 27–44.

[118] Jablonski D. G. , "The information-theoretic limits for the performance of X-ray source based navigation (Xnav) and X-ray communication (Xcom)," in *Proceedings of the 22nd International Meeting of the Satellite Division of The Institute of Navigation*, Savannah, Georgia, 22–25 September 2009.

[119] R. -D. Nan, Q. -M. Wang, L. -C. Zhu et al. , "Pulsar Observations with Radio Telescope FAST," *Chinese Journal of Astronomy and Astrophysics*, vol. 6, pp. 304–310, 2006.

[120] Zhang X. , P. Shuai, L. Huang et al. , "Mission overview and initial observation results of the X-ray pulsar navigation-1 satellite," *International Journal of Aerospace Engineering*, vol. 2017, pg. 7, 2017.

[121] Gendreau K. C. , Z. Arzoumanian, and T. Okajima, "The neutron star interior composition explorer (NICER): An explorer mission of opportunity for soft X-ray timing spectroscopy," *Proceedings of the SPIE*, pg. 844313, 2012, URL: http://dx. doi. org/10. 1117/12. 926396 [cited 17 October 2016].

[122] Mitchell J. W. , M. Hassouneh, L. Winternitz et al. , "SEXTANT -station explorer for X-ray timing and navigation technology," in *AIAA Guidance, Navigation, and Control Conference*, AIAA SciTech, Kissimmee, Florida, January 2015.

[123] Gendreau K. C. , Z. Arzoumanian, P. W. Adkins et al. , "The neutron star interior composition explorer (NICER) design and development," in *Proceedings of the SPIE 9905, Space Telescopes and Instrumentation 2016: Ultraviolet to Gamma-Ray*, 99051H, 22 July 2016.

[124] Doyle P. T. , D. Gebre-Egziabher, and S. I. Sheikh, "The use of small X-ray detectors for deep space relative navigation," in *Proceedings of the SPIE Nanophotonics and Macrophotonics for Space Environments VI*, SPIE, San Diego, California, 13–14 August 2012.

本章相关彩图,请扫码查看

第53章　导航神经科学

Meredith E. Minear, Tesalee K. Sensibaugh

怀俄明大学,美国

53.1　简　介

对许多生物而言,拥有在环境中成功导航的能力对于生存至关重要,在诸如觅食、交配和躲避掠食者等基本行为中发挥着关键作用。此外,多种昆虫、哺乳动物、鸟类和鱼类都能够完成数百千米甚至数千千米的航行壮举[1]。即使在实验室条件下,学习最简单的迷宫也需要复杂的神经计算才能整合和协调来自大脑多个区域的信息。在过去的40年中,通过识别专门处理空间位置的细胞,人们对导航所蕴含的神经机制有了越来越深刻的理解,这种细胞负责向复杂交互的大脑多个区域表示动物的空间位置,从而实现有意图的导航。本章将概述导航神经科学迄今为止的主要发现:首先,我们将重点关注两个问题:①遍布大脑的特殊空间细胞如何表示生物在环境中的位置和运动;②不同大脑区域和神经网络在完成导航任务中的作用。然后,我们将讨论迄今为止工作的局限性以及理解大脑如何在自然环境中完成大规模导航所面临的挑战。

53.2　空间基础

理解导航的一个重要切入点是观察,动物可以通过观察空间参考系来表示其环境以及环境中的物体(图53.1)。

第一种是以自我为中心的参考系,其环境特征是基于它们与动物身体某些部位之间的关系。尤其重要的是以眼睛、头部和四肢为中心的表征,以自我为中心表征主要利用来自前庭系统以及肌肉、关节体感信息的感官输入。第二种是以非自我为中心的参考系,其根据环境特征和物体之间的关系进行编码,而不是参考动物身体。以非自我为中心的表示方式更依赖通过视觉、听觉、嗅觉和触觉感官的环境特征和目标。这种表征不依赖视点进行导航,就像动物采用一种类似于地图的表征,不是特别依赖其在环境中的方位或位置。第三种是以路线为中心的参考系。许多物种在环境中都遵循经验路径或路线。路线可以细分为不同的路段,例如一系列的右转或左转、直线或曲线。动物在路线上的位置(即起点、中间或终点),以及整个路线与全局环境的关系是该参考系的重要组成部分[3]。

导航的一个基本的问题是动物在环境中移动时如何跟踪自身的位置。Charles Darwin

最早提出了一个关键机制,即航位推算或路径积分[4]。路径积分(图53.2)是使用自身运动或"自主"线索,例如光流和来自身体的前庭、体感信息,来估计动物从起始位置走了多远和朝哪个方向移动[5]。然后,动物也可以运用这种方法计算返回其初始位置的路径。

以非自我为中心　　　　以自我为中心

图 53.1　两个基本空间参考系的图解[2]

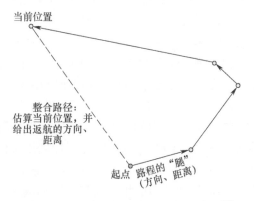

图 53.2　路径积分或"航位推算"示意图[6]

在昆虫[7-8]、鸟类[9]、啮齿动物[10-11]和人类[12-13]在内的许多物种中均已观察到路径积分。路径积分的一个自然例子是动物在觅食后返回洞穴。在寻找食物时,动物可能已经构建了一条外出游荡的路线,但随后能够沿直线返回住处。然而,随着时间流逝,累积误差逐渐增大,需要额外的信息来重新校准系统[14]。以下两种系统对于这种重新校准很重要:第一个系统是依靠视点的位置识别,动物通过将其当前所见与记忆中地标的以自我为中心视觉表征进行匹配,来确定其在熟悉环境中的当前位置[15];第二个系统使用环境中的形状和几何分布重新定位动物的位置[16-17]。动物在环境中定位和导航的另一个关键机制是认知地图。认知地图是基于非自我为中心或不依赖视点的角度,在大脑中表示环境空间布局的方式。Tolman[18]最初通过分析大鼠在迷宫中的导航行为提出了认知地图,动物似乎可以在没有外部帮助的情况下,通过简单的探索获知周围环境的表征。认知地图可认为是长期稳定的,其与路径积分生成的归巢矢量不同,后者已被证实会在几天之内衰减[19]。正如我们将在下文看到的那样,认知图的构建对于理解大量特殊空间细胞的组织关系至关重要[20]。然而,认知地图的属性仍存在争论[21]。

我们目前对大脑与导航行为之间关系的理解都基于早期对大脑受损患者的神经心理学

描述,这类患者都曾出现空间处理能力和空间导航方式紊乱[22]。然而,20世纪中叶通过研究特定脑组织病变的动物,以及为治疗癫痫和其他疾病而用外科手术切除大脑各种区域的患者,特定大脑结构的作用变得更加清晰。最著名、受影响也最严重的患者是 H. M. ,他通过手术切除了两个海马以治疗严重的癫痫[23]。海马是位于每个半球内侧颞叶的双侧大脑结构。众所周知的是 H. M. 手术后出现记忆问题,而同时发现他还有严重的空间障碍,这表明海马对于空间导航很重要。但是,随着越来越先进的细胞记录技术的出现,海马及其周围皮层对空间导航的作用变得更加清晰。

53.3　特殊空间细胞

如上所述,我们对不同大脑区域影响认知过程(如空间导航)的最早了解是基于大脑损伤导致的神经心理学综合征。然后通过研究动物模型,观察动物大脑产生可控的病变之后发生的行为,对大脑和行为的关系进行了测试。但是,到20世纪中叶,研究人员越来越多地使用可以将电极单独或成阵列插入活体组织中的技术,从而可以直接记录在清醒意识下行为动物其单个细胞的神经放电过程。由此开发了一种类似的技术,即皮层脑电图(ECoG),用于人类患者以识别脑组织中可能导致癫痫发作的源头[24]。由于此过程涉及去除颅骨的一部分以将电极直接放置在大脑中,因此它的使用仅限于需要手术的顽固性癫痫患者。但是,可以招募这些患者参加研究,在记录 ECoG 的时间段内进行研究。通过动物和人类的研究数据,研究人员可以确定单个神经元将响应哪种类型的环境刺激。有一个著名的事例,Hubel 和 Wisel[25]对猫的初级视觉皮层(V1)研究中开创性使用了该技术,他们在研究中发现了一种“简单”细胞,会对沿特定方向投射到视网膜特定区域的线做出最佳反应。他们还报告了 V1 神经元的拓扑结构组织。V1 中的相邻细胞对视觉域的相邻区域做出响应,以表征视觉域之间的直接关联关系,这些响应会映射到视网膜,以及 V1 中细胞的空间组织。1971 年,O’Keefe 和 Dostrovsky[26]基于先前在大鼠中进行的病变研究工作,将该技术应用于海马,证明该区域在导航中发挥了作用(图 53.3)。

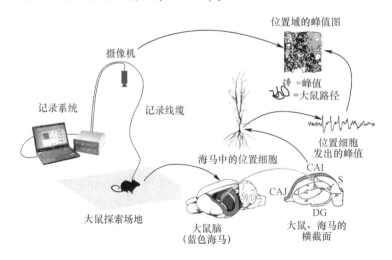

图 53.3　大鼠、海马中的位置细胞单个单元记录概览

　　他们发现海马细胞会优先放电以响应环境中特定区域,并将其命名为"位置"细胞。对应于这些位置细胞放电频率的环境区域称为"位置域"。但是,与在视觉和其他感觉皮层中看到的细胞不同,位置细胞不是拓扑定向的。也就是说,物理上相邻的细胞不一定会映射到空间上相邻的位置。不过,位置细胞之间整体的放电模式可以表示整个环境,他们提出海马是非中心认知地图的神经基础[20]。

53.3.1　位置细胞

　　随后几十年的研究确定了位置细胞的许多其他特性。这些细胞与新环境之间的表示关系迅速建立,并可稳定长达4个月[27]。位置细胞不仅在位置域中所处的位置不同,大小也不同,有些位置细胞只对空间的一小部分做出响应,而其他细胞则对更大的区域做出响应,最大可达10m[28]。位置域的大小似乎确实是单个位置细胞的固有特征,位于海马背侧的细胞具有较小的位置域,更多位于海马腹侧的细胞则具有较大的位置域。

　　位置细胞主要由环境中的远端信号驱动,并且会随着相似环境变化而相应地伸展和收缩[29],而近端信号几乎没有作用。对于视力正常的动物,其位置细胞可以利用自身运动信号继续在黑暗中放电[30],先天性目盲动物的位置细胞也存在这种现象[31]。这些细胞似乎对环境其他变化也有响应,例如气味或颜色[32]。当将动物移到另一个环境时,位置细胞将迅速形成与先前环境无关的新位置域。该过程称为"重新映射"[29,33],尽管后来又分为"全局重新映射"和"速率重新映射","全局重新映射"描述了上述过程,"速率重新映射"在感知信息改变了单个位置细胞的放电速率时出现,但不会导致将这些细胞完全重新映射到环境中的位置[34]。这些细胞的另一个显著特性是相位进动。它们的放电速率和θ节律密切相关,θ节律是在动物运动时可观察到的振荡神经信号。在相位进动中,位置细胞的放电速率与θ节律同步,这样当动物进入位置域时,放电发生在θ波相位的后期,然后随着动物进出位置域而转移到较早的相位[35]。位置细胞通常在动物移动时以超过基线水平放电,而在动物睡着或安静地休息时也观察到了位置细胞放电。这些活动不是随机的,而且位置细胞会以与环境中先前路径相匹配的模式放电,该过程称为重放[36]。最近,观察了表示环境中未来行进或"预演"的放电模式。在睡眠和休息时都可以看到这种现象[37],而在动物主动导航时,尤其是动物必须选择路线时也可以看到这种现象。这种情况下,预演反映了对目的地相关的可能轨迹的计算[38]。尽管研究位置细胞的绝大多数工作是在啮齿动物中进行的,但它们的存在已在人类[39]以及其他哺乳动物(如蝙蝠)中得到证实[40]。

53.3.2　头部方向细胞

　　下一种发现的空间细胞是头部方向细胞[41-42]。这些神经元的放电速率是由动物头部在水平面上朝向驱动的,而与动物在环境中所处位置无关。每个细胞都有一条调谐曲线,在90°~120°范围内的特定头部方向上响应最大,并且当头部方向向任一方向变化时,放电速率都会下降[42-43]。这些调谐曲线跨神经元的总体编码可以非常精确地确定头部方向。现在已经在大脑多个区域发现了成群的这种细胞,包括脑干胞核、丘脑前背核和海马附近的多个皮层,包括后丘脑和内嗅皮层[44]。与位置细胞类似,头部方向细胞依赖自我运动信息[44]和非自我为中心信息(例如视觉地标)[45]。和位置细胞一样,头部方向细胞在完全黑暗的环境中继续发挥作用,支持使用前庭和体感信息来维持前进方向,尽管随着时间推移会出现少量漂移[46]。实验证明了非自我为中心信息的重要性,在该实验中,显著地标的旋转(尤其是在几乎没有其他环境信息的情况下)导致头部方向细胞首选方向的相应旋转[47-49]。最近有人提出,不同种类的头部方向细胞在依赖自身运动或非自我为中心信息的程度上可能有所不同[50]。只要视觉信息保持稳定,细胞在特定环境中的首选方向就会持续存在[42]。当将动物转移到新环境中时,首选方向可能会发生变化。而与位置细胞不同,所有头部方向细胞是作为一个整体进行偏移的。也就是说,如果在一个环境中两个细胞的最大放电速率相差 $20°$,若第一个细胞在 $40°$ 时放电速率最大,而第二个细胞在 $60°$ 时放电速率最大,则它们在新环境中的差值相同,例如 $120°$ 和 $140°$[42,47,51]。最近报道了两种新型的头部方向细胞,似乎可以调谐到两个不同的头部方向。当大鼠在一个复杂的迷宫导航时,在下丘脑,海马结构的部分中发现了这种调谐细胞[52]。第一个发现是当动物在迷宫中沿相差 $180°$ 的两个方向移动时,这些细胞就会放电。但是,在开放环境中没有观察到同样的放电模式。这些细胞的确切用处尚不清楚,可能用于记录动物的轨迹或使动物到达环境的边界(如墙壁)[53]。第二个发现是脊髓后皮质中的双向细胞也在相差 $180°$ 的两个头部方向放电,尽管与调谐细胞不同,其在一个方向的放电速率要高于另一个方向[54]。这种放电模式似乎与环境的物理结构有关,因为这些细胞在矩形环境中比较活跃,而在圆柱形环境中却不活跃。

53.3.3　网格细胞

2005 年,Hafting 等[55]在对内侧内嗅皮层(MEC)进行针对性记录之后,发现了一种新的空间细胞,先前的数据表明该区域为海马的位置细胞提供了重要输入[56]。这种新细胞与位置细胞相似,它们的放电速率与环境中的物理位置相对应。但是它们不是对环境中的一个位置做出反应,而是对整个环境中的六边形或网格中均匀分布的多个位置做出反应。因此,它们被命名为"网格"细胞。动物进入新环境后立即形成这种网格状的放电模式,并且在每次访问该环境时都保持不变。这些网格具有以下三个典型特征:①网格的大小或尺度;②网格相对于环境的方向;③沿 $x-y$ 轴的网格相位[57]。网格大小似乎是按照解剖学排列的,因为 MEC 背侧细胞的网格较小,而腹侧细胞的网格较大[58]。另外,网格细胞似乎排列在具有类似尺度和方向的网格模块中,但是所有相位不同,且相位表现出明显的随机顺序[55,59]。这些模块的排列在重新映射过程中保持不变,这是因为相对于位置细胞的全局重新映射,环境变化仅涉及网格域的旋转或平移[58]。目前,所理解的网格细胞系统能够为动物提供其在环境中的当前位置以及到该环境中其他位置的距离[60]。路径积分被认为是实现这一点的关键机制,因为自身运动信息和途经网格的放电模式会不断地更新动物的位置。有充分的证据表明网格细胞对当前环境的特征也很敏感。网格细胞的轴向通常是从当前环境的主轴得出的[61],并且它们显示出对环境如地标旋转的敏感性[55],以及类似位置细胞,通过网格间距的拉伸和收缩来响应环境边界的相应变化[62]。

53.3.4　速度和边界细胞

2014 年,John O'Keefe、May-Britt 和 Edvard Moser 分别因发现位置细胞和网格细胞而获得了诺贝尔生理学或医学奖。从早期发现可以看出,我们对如何将环境映射到位置细胞和网格细胞的理解一直在快速发展。从上面总结的数据中可以清楚地看出,自身运动和环境信息(如几何结构和视觉地标)都是关键输入。这导致研究人员预测出随后被证实存在的其他细胞类型。边界向量细胞最初是根据从单体、病变数据发现的位置细胞的计算模型预测出来的[63]。这些细胞会根据环境边界(如墙壁)以及更细微的自然特征(如山脊和缝隙)进行放电。每个细胞对相对动物特定方向和距离的边界产生最佳响应(图 53.4)。

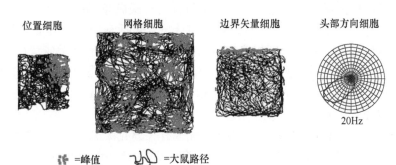

图 53.4　4 个位置细胞的放电模式(对于头部方向细胞,
放电速率表示首选方向上距离原点的线距。资料来源:K. J. Jeffery。)

在下丘[64]和内嗅皮层中发现了符合这些标准的细胞,称为边界细胞[65-66],前扣带回皮层也有[67]。长期以来一直预测并最近证实的存在于 MEC 中的第二类细胞,称为速度细胞,是网格、头部方向和边界细胞之外的种类[68]。这些细胞的放电速度与动物的运动速度呈正线性关系,在很大程度上与运动的方向或环境背景无关。这种速度信号与头部方向和网格细胞相结合对路径积分非常重要。最后,有些细胞会对不同输入的特定组合做出反应,例如特定的头部方向与位置[69-70]或边界[71]或位置、速度和头部方向[72]的组合。最近的证据表明,MEC 中的大多数细胞都是互相组合的[73]。

53.3.5　未来发展方向

在过去的 45 年中,我们在理解不同神经细胞类型如何编码以确定环境中位置和速度信息的各个方面都取得了惊人进展。然而,仍然存在许多研究方面的挑战。例如,虽然来自自身运动的信息对于空间细胞是关键输入,但将其转换为网格和头部方向细胞放电模式的机制仍然未知,目前正在测试多种计算模型,例如连续吸引子网络[74]。其他工作着眼于确定不同类型的细胞如何相互通知和协同工作。例如,最初认为网格细胞是为通知位置细胞的发育而存在的[75-76]。然而,最近开展了这些细胞在年幼动物中出现时期的研究,证实边界和位置细胞在头两周内首先发育[77],而网格细胞则需要更长的时间出现,大约一个月出现。最后,真实世界的导航是一种复杂的行为,需要复杂的信息协调,这些信息来自涉及大脑区域网络的感官、记忆、运动和计划。这些区域如何协同工作以支持在各种导航问题中使用不同导航策略的问题使我们脱离了细胞分析的层次,而研究不同大脑区域之间的相互作用。

53.4　神经系统与导航

大脑区域与它们所支持的认知功能之间的关系,最初是通过观察大脑相应区域损伤如何影响行为表现而建立的,损伤来自人类患者的事故或疾病或对动物模型的故意伤害。除了上面讨论的这些方法和细胞记录技术外,现代神经科学还有许多成像方法,可以对人体进行体内测量。既包括对个人从事认知任务时大脑活动的测量,也包括对与任务表现相关的不同大脑区域的结构测量。使用最广泛的技术是核磁共振成像(MRI),它主要依赖氢的磁化率及其在不同组织类型中的分布[78]。结构测量技术包括利用体素的形态测量,其可以测量不同大脑区域的大小并在不同组之间进行比较[79],以及弥散张量成像(DTI),其还可以测量大脑区域之间的白质结构连接[80]。也有许多功能核磁共振成像(fMRI)技术利用血氧水平依赖性(BOLD)效应,依靠含氧血红蛋白与脱氧血红蛋白相比磁特性的差异来推断特定大脑区域神经活动的增加或减少[78,81]。

在标准的基于减法的 fMRI 中,会在参与者完成有兴趣的认知过程任务期间测量大脑活动。然后,研究人员还测量了不同控制条件下存在的活动,该控制条件被设计成与感知需求中的实验任务非常相似,但是缺少或包含较少被测量的认知过程。从实验条件中减去控制条件下测量的活动,在控制基线以上活动的大脑区域作为牌,就是与有兴趣的认知过程相关联的。过去 10 年见证了新 fMRI 方法的发展,包括 fMRI 重复抑制(或适应)、多体素模式分析(MVPA)以及基于连接的分析,如静止状态功能核磁共振成像(rsfMRI)。简而言之,重复抑制描述了大脑对重复刺激的反应减少,这种重复刺激似乎源于神经元抑制和注意力的影响[82]。与较早的技术相比,这种方法具有更高的空间分辨率,可以消除表征含义之间的歧义。MVPA 是另一种可以增加 fMRI 空间分辨率的技术。传统的基于减法的 fMRI 在整个体素上取平均值,放大信号并在统计学上寻找实验与控制条件显著不同的活动水平。相反,MVPA 使用模式分类分析,识别与不同类别刺激或精神状态相对应的分布式多体素表征[83]。最后,对 fMRI 活动进行基于连接的分析,重点是确定大脑区域整个网络的活动模式[84]。通过测量不同大脑区域活动水平之间的相关性来计算功能连接性。rsfMRI 是该方法的一种应用,其中在参与者静止(即不从事特定的认知任务)时测量整个大脑自发活动之间的时间相关性[85]。

由于所有 fMRI 技术都要求参与者静止不动地躺在 MRI 扫描仪中,因此通常通过让参与者浏览显示在屏幕上的虚拟环境或扫描仪中的护目镜,或者让他们想象在先前了解的环境中导航来研究与导航相关的处理过程。自然,这会产生某些局限性,例如对人类受试者进行基于 fMRI 的导航研究,其设计和解读缺少体感和前庭输入[86]。但是,当与神经心理学案例研究、动物病变和细胞记录数据的结果相结合时,这些数据补充并增强了我们对导航的神经基础的理解。

53.4.1 海马与纹状体系统

动物可以使用多种策略来成功导航到目的地。除了路径积分外,研究最广泛的三个方法是:①信标或领航,动物朝着远端感官信号行进,例如突出的地标或声音;②路径跟随,动物完成了一套先验的转弯或动作;③位置学习,将自身运动和感官信息整合到认知地图中,从而获得最灵活的响应。长期以来,海马一直被认为对位置学习很重要[20],尽管信标和基于路线的导航策略不需要完整的海马。这种差异可以通过著名的空间导航任务"莫里斯水迷宫"[87]来说明,任务中,将大鼠放在一个大水池中,在水池的正下方有一个隐藏的平台(图 53.5)。大鼠游泳直到发现平台停止。然后将其放回水中,并且必须导航回到平台。

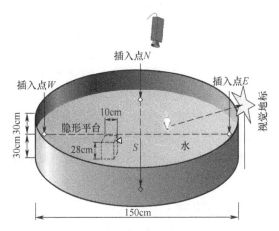

图 53.5　基本的"莫里斯水迷宫"试验装置[88]

在位置学习中,无论最初放置在哪里,大鼠都可以使用位于池壁上或较大环境中的远端信号游到平台上。海马受损的动物执行此任务的能力严重受损[89]。然而,当可能采取简单应激策略时,海马受损的动物表现如常,例如,平台位置有对应的独特视觉信号[90]。未受损的动物通常在新的环境中采用位置策略,并且随着它们在特定环境中获得更多的经验,它们倾向于从位置策略转变为基于响应的策略[91]。这些数据表明,至少存在两个独立的神经系统用于导航,即海马和相关的颞内侧区域,以及基于背侧纹状体的第二个系统。背侧纹状体是基底神经节的一个子集,由尾状核和壳状核组成,在诸如应激学习和习惯养成的程序学习方面起着关键作用[92]。它对基于信号的[90]和基于响应或基于路线的学习[91]都起到重要的作用。纹状体还与更多的自我为中心响应[93-94]和特定地标的处理有关[95],尽管最近的数据表明纹状体的一个子集,即后背内侧纹状体,也有助于基于位置的学习[96]。

使用 MRI 和 fMRI 进行的人体研究还发现,有证据证实海马介导的基于位置或调查的导航与基于路线的策略(似乎更依赖背侧纹状体)之间是独立的。在对伦敦出租车司机的第一项著名研究中,Maguire 等[97]使用基于体素的形态计量学发现,与对照参与者相比,出租车司机的后海马中灰质密度明显更高。此外,后海马的体积与驾驶员的工作年限之间存在显著的相关性,这表明导航所花费的时间与海马的体积变化之间存在相关性。在第二项研究中,将出租车司机与伦敦公共汽车司机进行了比较,后者也花了很多时间在伦敦的街道上开车,但遵循固定路线。与前面的研究类似,与公交车司机相比,出租车司机的后海马体积要大得多,与多年的出租车驾驶经验呈正相关[98]。Bohbot 等[99]将基于体素的形态学应用于研究虚拟环境中年轻人导航表现的个体差异。他们发现海马和尾状核的大小与个人的自发性策略使用之间存在关联。海马中较高的灰质密度预示着参与者采用基于位置策略的可能性更高,而尾状核中较高的密度预示着更多自发性使用基于路线策略。他们还发现,海马和尾状体的灰质密度呈负相关,这表明在使用方面需要进行权衡。

使用 fMRI 对大脑活动的研究也提供了支持海马、纹状体之间策略差别的证据。在一项产生影响的研究中,Iaria 等[100]开发了一项任务,参与者在被扫描的同时可以选择使用基于地标的空间策略或基于响应的策略在虚拟环境中导航。他们发现个体最初选择的策略有所不同,大约有一半选择了空间策略,尽管最初使用基于空间策略的人们转向了非空间,基于响应的策略,其实践类似于在动物身上报道的随着经验增加策略转变;他们还发现,随着参与者采用的策略不同,不同的大脑区域处于活跃状态。当参与者使用空间地标策略时,海马表现更活跃,而在采用基于响应的策略时,尾状核表现更活跃。在一项相关的研究中,Hartley、Maguire、Spiers 和 Burgess[101]设定了所用任务的类型,对新环境的开放式探索和遵循预设路径的路线任务,并比较了每个过程中的海马和尾状核活动。他们发现,好的导航员在寻路任务中表现出海马活跃,而在路线任务期间表现出右尾状核活跃,而差的导航员(通过行为表现定义)则没有。因此,来自动物研究和人类神经影像学研究的数据均表明存在两种不同的导航系统,即灵活的位置学习海马系统和基于尾状核的习惯性或基于反应的系统。

53.4.2　导航涉及的其他大脑区域

已经确定了更多和导航有关的大脑区域,包括后顶叶皮层(PPC)、后海马旁回位置区(PPA)、内嗅皮层(EC)、压后皮质(RSC)和前额叶皮层(PFC)(图 53.6)。理解这些不同区域处理导航相关信息的类型,尤其是在以自我为中心、以非自我为中心和以路线为中心的参考系方面,一直是过去 20 年中动物和近期人类研究文献的重点。

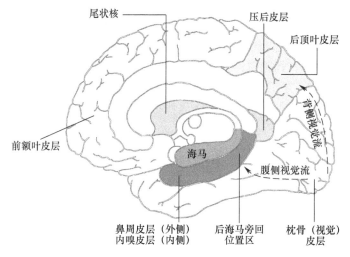

图 53.6　人类大脑皮层的中线矢状面视图

(显示了许多关键的导航区域,包括尾状核和海马以及内嗅皮层、后海马旁回区域(PPA)、
后顶叶皮层和前额叶皮层。资料来源:摘自文献[102],经作者许可进行较小改动。)

53.4.2.1　后顶叶皮层(PPC)

PPC 一直被认为是以自我为中心来表示空间,通过将环境各个方面与动物身体的相对关系进行编码来表示[103]。PPC 接收感官、体感和前庭输入,并在视觉引导运动的规划中起关键作用,例如伸手去拿空间中的某个物体[104]。动物[105-106]和人类[107-109]相关研究文献中均有报道,在自我为中心导航任务中,PPC 受损后会削弱空间定向和整体表现。依赖 PPC 的导航相关处理包括定向到近端地标[106,110]、检测头部方向[111]以及跟踪空间中的独立移动和加速[112]。PPC 似乎对基于路径的处理也特别重要。Nitz[113]将路径描述为构成其自身的空间参考系,该参考系本质上既不是仅仅以自我为中心也不是以非自我为中心。

相反,路径是由一组子空间组成的,例如一系列左转和右转以及无转弯的延伸。Nitz[114]证明,某些PPC细胞的放电模式不仅映射到一条路径上的一组运动,也与动物在路径中的位置有关,也就是说,从路径起点到终点的距离。对比网格细胞和PPC细胞发现,如果在不同房间使用相同的迷宫,则PPC细胞中基于路径映射在不同房间会保持,而网络细胞在不同房间会重新映射[112]。进一步证明了以路径为中心的映射与以非自我为中心的参考系是分离的。但是,最近的研究表明,PPC可能涉及跨三个空间参考系的映射:以自我为中心、以路径为中心和以非自我为中心[3,115]。

53.4.2.2　后海马旁回位置区(PPA)

另一个被认为对导航很重要的区域按照功能定义为后海马旁回位置区(PPA)。最初发现该区域对视觉呈现的场景(例如风景和建筑物以及房间或房间模型)会做出选择性响应。当要求参与者想象这些地点时,PPA也会做出类似的响应[116]。PPA受损的患者难以识别某一地点中的场景[117-118],但仍然可以绘制出其所处环境的地图(如熟知的社区),并且能够识别单个突出的地标并使用这些地标进行导航[119-120]。尽管熟知环境的地形看起来仍然完好无损,但是这些患者学习新环境结构的能力受损[121]。导航的神经影像研究发现,PPA对场景中与导航相关的物体(例如建筑物)有响应,并且某些情况下对较小尺寸的对象(例如路径中影响导航决策的盒子或玩具)也有响应[122-123]。当物体既在视觉上呈现又在想象中呈现时,这是正确的[124]。但是,该区域的响应似乎不受场景[125]熟悉程度或地标[126]持久性的影响。相反,PPA似乎以依赖观察者的方式对场景进行编码,如Epstein及其同事[127]使用重复抑制fMRI所证明的那样。他们将特定位置重复相同视点的效果与在不同视点拍摄的重复相同位置的效果进行了比较,发现重复相同视点时PPA活跃度降低了,而使用不同视点时,PPA活跃度却没有降低。然而,当以运动序列呈现不同的视点时,他们确实发现了一些抑制重复的证据[128]。这表明,PPA对于处理由观察者在整个环境中运动产生的视点变化非常重要[129]。PPA活跃度似乎也不受任务类型是实际或想象场景的影响。也就是说,无论要求参与者做出何种导航判断(例如,确定位置或报告基于罗盘的视角朝向),其对环境的响应都是相同的[130]。但是,PPA确实对场景的局部几何属性(如边界)进行了编码[131-132]。这表明PPA对当前感知环境的特定视点表示进行了编码[130]。

53.4.2.3　内嗅皮层(EC)

第三个关键领域是EC,通常将其细分为内侧和外侧。如上所述,EC(MEC)的中间面有许多空间细胞,如已报道的网格细胞[55]、头部方向单元[133]、边界细胞[66]、速度细胞[68]和响应这些输入组合的细胞[72]。已经证明,MEC对于路径积分特别重要[134],而外侧内嗅皮层(LEC)中的细胞几乎没有证据显示和MEC细胞一样对空间有响应[135-136]。LEC确实对环境中物体的空间位置具有一定的敏感性,但是LEC受损不会对导航表现产生任何明显的影响[134]。但是,LEC对构建局部空间参考系可能的贡献以及通知海马中位置细胞的程度仍在探索中[137]。

53.4.2.4　压后皮层(RSC)

RSC位于顶叶内侧,涉及大部分认知过程,包括情景记忆和导航。像PPA一样,RSC会对场景做出响应,无论是视觉呈现还是想象[124,138],以及在导航任务中激活的场景[126,139-140]。但是,与PPA不同,该区域响应位置的熟悉程度[130]、地标的持久性[126]以及特定的任务要求,当个体被要求回忆位置信息时,响应会更强[125]。RSC受损的个体导航功能减弱,他们虽然能够识别地标和视觉场景,但无法使用它们来导航[141-143]。此外,这些患者通常在绘制熟悉环境(如他们自己的社区)的地图时会遇到障碍。从解剖学上讲,RSC与PPC[144]和MEC[145]紧密相连,并被认为在整合路径积分[146]和地标[123]的信息中起着关键作用。在空间朝向和导航的fMRI研究中,RSC还显示出对局部参考系[147]和全局参考系[140]的响应。这与RSC最近理论上的关键功能一致,即该区域可以访问所有三个参考系(以自我为中心、以非自我为中心和以路径为中心),对于从一帧到另一帧的转换至关重要[148-150]。动物文献中类似发现支持了这种解释,在该研究中,大鼠RSC中不同的细胞群作对以自我中心和以非自我为中心的参考系以及编码输入组合的细胞作出了响应[149]。另外,最近的工作提供了证据,RSC还将路径、映射到更大的以非自我为中心的环境[151]。随着上述迅速出现的新发现,例如RSC中的双向头部方向细胞[53],我们对RSC在导航中作用的理解正在不断深入。

53.4.2.5 前额叶皮层(PFC)

越来越多的工作证明了前额叶皮层在导航中的重要性。前额叶皮层是额叶的前部,是许多认知任务的重要贡献者,因为它在支持工作记忆、思维灵活性、解决问题和决策方面起重要作用[152]。由于导航的行为除了诸如决策和解决问题之类的过程外,还假定一个目标(如目的地),fMRI导航研究过程中激活前额叶皮层区域就不足为奇了[101,153-160]。虽然导航能力变弱不是额叶皮层受损导致的症状中最常报道的,据报道至少有一名前额叶损伤的人类患者由于目标维持问题而行进不畅[161]。在细胞层面,已经在啮齿动物中确定有mPFC细胞,其放电速率代表了空间目标[162],这些“目标”细胞似乎与海马的位置细胞一起工作来计算基于目标的轨迹[163]。虽然啮齿动物的mPFC损伤通常不会导致导航模式的广泛损害,但有证据表明,mPFC损伤对需要思维灵活性的导航具有最大的影响[164]。这与mPFC在其他认知领域中的作用是一致的。

53.4.3 脑网络

早期的许多神经科学研究都受到功能定位原理的指导,在该原理中,特定的思维过程或表征与特定的大脑区域相关。在导航研究中,这导致了对识别以自我为中心和以非自我为中心表示的潜在神经系统的强烈关注。然而,最近研究人员认为两个空间参考系之间严格的二分法是有问题的[165-166]。一个困难是没有任何一项导航任务是真正意义上“纯粹的过程”,也就是说,仅包含以自我为中心或以非自我为中心的处理。取而代之的是,动物大多数导航任务包含各种表征形式的混合体以及各种策略的混合体。这可能有助于表明海马受损患者在某些非自我中心任务上仍然表现良好[167],在动物病变研究中也有类似发现[168]。这些发现说明以自我为中心和以非自我为中心系统之间的完全分离是有问题的。因此,一些研究人员提出,更应该把这些参考系视作一个连续统一体,以自我为中心和以非自我为中心的表征和策略对特定大脑区域的依赖较少,而是源自一组大脑区域的不同活动模式[165]。最近使用MVPA和基于连通性方法进行的研究表明了以跨区域分布式处理为支撑的基于网络的方法[159,169-170]。Ekstrom及其同事[165]提出了三个不同的模型来说明这种导航网络的组织方式(图53.7)。

在第一个模型中,不同大脑区域之间的关系是分层的,对于特定类型的处理,位于分层结构顶部的区域是必需的,而在分层结构中更下层的其他区域则沿链发送信息。例如,海马位于以非自我为中心表示的分层结构顶部。但是,在第二个加法模型中,海马将成为构成以非自我为中心表示的几个关键区域之一,而每个区域都有自己的特定贡献。在第三个模型中,分布式表征源自区域网络的活动,没有一个区域专门针对以非自我为中心表示的任何一个方面。然后,在非加法模型中,以非自我为中心和以自我为中心处理将涉及大量重叠的大脑区域,其中关键是上述区域(PPC、PPA、RSC、EC 以及海马和 PFC),以自我为中心和以非自我为中心表示的主要区别在于哪个区域充当网络集线器(例如,以 PPC 为主的以自我为中心表示,以 RSC 为主的以非自我为中心表示)以及不同区域之间的连通性或通信模式[171]。这种类型的模型将支持存在于从以自我为中心到以非自我为中心处理的连续统一体上的空间处理。尽管初步数据支持非加性模型,但尚未对其进行严格测试。

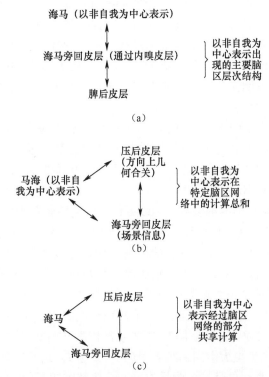

图 53.7　列举了三个以非自我为中心处理的网络模型概述[165]
(a)层级模型;(b)加法模型;(c)非加法模型。

53.4.4　老龄化和导航

据报道,人类[172-173]和非人类[174-176]的健康老龄化都会导致空间导航能力下降。轻度认知障碍(MCI)和阿尔茨海默病(AD)[177-178]存在额外的障碍并且越来越多的证据表明,导航障碍是 MCI 和随后转化为 AD 风险的早期灵敏认知指标[179]。据报道在 fMRI 研究中,老年人在执行导航任务时在关键区域的神经活动较少[179],并且海马和基底神经节中与年龄相关的相应体积减小[180]。MCI 和 AD 患者的空间导航功能障碍与海马和顶叶皮层的萎缩有关[177]。但是,有几项研究展示了导航训练结果在结构和功能上的差异[181-183],表明老龄化带来的导航功能障碍通过有针对性的干预是有可能延迟甚至逆转的。有关其他导航功能障碍人群的报道,如抑郁症患者[184]和精神分裂症患者[185],对如何破坏和治疗导航神经过程的理解可能具有广泛的临床应用。

53.5 未来发展方向

53.5.1 不同的空间尺度

将典型的实验室环境与动物的自然栖息地进行比较,明显的区别在于导航区域的大小或规模。诸如水迷宫之类的实验范例通常规模较小,并且与研究人员所说的"远景"空间相对应,而自然环境包括"环境"空间[166]。远景空间描述的是一个房间或城镇广场等可以从单一视点体验的区域,而环境空间只能通过在不同视点(如建筑物、城镇或山脉)之间的移动来体验[186]。在野外,许多动物的活动范围都在数千米,然而对于在相对较小的实验室环境中记录的空间细胞在更大空间中的行为知之甚少。在较大环境中的导航体验与海马大小呈正相关的发现[187-188]表明海马对于环境规模的导航很重要,但是目前尚不知道空间细胞可以代表这些较大空间的机制。

在实验室研究中,已显示出随着导航空间边界的扩展,位置域的大小也会扩大[29],但单个位置域的大小似乎存在限制,迄今测得的最大尺寸为数十米[28]。这似乎足以在数十米的规模上绘制相对较小的空间[28],但似乎极不可能将规模扩大到很大的环境。例如,一组研究蝙蝠的人员[189]计算出要覆盖20km的飞行路径,需要多少个分辨率为1m的位置细胞。产生的数字比整个海马中的细胞数大100万倍。尚不清楚单个位置域是否可以增加到大于10m的大小,因为尚未在大规模环境中对位置细胞进行测试。位置细胞可以编码大规模环境的另一种机制可能在于跨位置细胞的协调活动。在较大的环境中,许多位置细胞可以具有多个位置域[190]。这支持对位置细胞活动进行整体编码,其中位置是跨位置细胞放电模式的函数,而不是用单个位置域进行编码。这种类型的处理可以支持大型空间的映射。对于网格细胞如何表示大规模环境,已经提出了两种类似的假设:第一种是可能有个别的网格细胞,它们拥有非常大的网格,其空间频率约为千米级[189];第二种可能性是两个具有不同频率的网格细胞可以产生更大空间的组合编码[60]。但是,由于当前的技术局限性,迄今为止,尚无研究在千米级大小的环境中测量位置和网格细胞的行为。

自然环境中的动物在觅食时通常会同时经历视觉尺度的环境(如巢穴)和环境规模的环境。人类从房间移动到建筑物再到社区,再到更大的实体,例如城市、地区和国家。这就提出了一个问题,即不同规模的表征如何相互联系和相互作用? 一种可能性是可以将远景空间的不同认知图组合成一个更大的类似图形的表示形式,以编码不同位置之间的关系[189]。然而,迄今为止,尚未确定这种表示形式的任何可能的生理机制基础。

许多技术挑战限制了研究大规模自然环境中细胞机制的能力。适用于动物测试的虚拟现实(VR)至少可以提供部分解决方案。在这种实验设置中,头保持固定状态的动物在轨迹球上奔跑,同时将与动物运动相对应的场景VR图像投影到屏幕上。这种类型的测试为研究大型环境规模空间中的空间细胞行为提供了希望,因为空间的大小在概念上是不受限制的。研究人员使用这种范例已经发现了对虚拟环境中特定位置做出响应的位置细胞。但是,与在真实环境中导航相比,同一只大鼠放电的位置细胞更少[191]。此外,虽然VR环境可以更好地控制实验中的视觉信号,但它也有很多缺点,包括当动物的头部静止不动时缺乏前庭输入,缺少或简化了气味信号以及失去了加速感[192]。这些差异如何影响边界细胞、高清细胞注3、快速细胞以及结合这些输入的细胞的功能尚不清楚。

53.5.2 三维导航

实验装置与自然环境之间的另一个主要区别是,实验室或 VR 范例中的大多数导航都是在二维(2D)平面上进行的。但是,自然的导航发生在三维(3D)空间中。Finkelstein,Las和 Ulanovsky 描述 3D 导航的三种不同形式:①平面,它描述了存在于 3D 空间中表面上的2D 导航;②多层导航,涉及在不同平面之间移动,例如建筑物的不同楼层,洞穴的不同层或穿梭于树木之间的导航;③体积导航,自由地在诸如水体之类的空间移动或在空中飞行。尽管平面导航不需要任何 3D 信息,但是多层导航和体积导航都需要 3D 空间的清晰表示。由于蝙蝠使用这 3 种形式的 3D 导航,因此已将它们作为模型动物进行研究,以了解不同空间细胞的 3D 属性。发现自由飞行蝙蝠记录的位置细胞具有 3D 位置域(图 53.8)。在自由飞行的蝙蝠中还发现了对 3D 信息敏感的头部方向单元,有对头部俯仰响应的细胞以及对水平方向和俯仰方向的组合做出响应的细胞[195]。至今尚未报道 3D 网格细胞,尽管它们的存在与从计算模型得出的预测一致[193]。

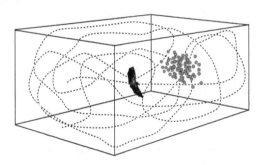

图 53.8 蝙蝠飞行的 3D 环境中的位置域

迄今为止,尚无大鼠敏感 3D 空间细胞的明确证据,很明显它们能够在 3D 任务中有效导航[197]。但是,最初的研究可能在方法上存在缺陷[198]。虽然只有少数 fMRI 研究尝试探索人类参与者的 3D 导航,但仍有证据表明 3D 和 2D 处理任务之间的大脑活动差异[199-200]。探索不同的空间细胞如何参与 2D 和 3D 信息的编码,以及这些空间表征如何相互影响是导航研究中一个令人兴奋的新方向。

53.6 小结

自 1978 年 O'Keefe 和 Nadel 出版具有里程碑意义的书[20]以来,有关导航神经基础的研究已迅速发展成单独的领域,世界各地的实验室都在进行多层次的导航研究。研究已经取得了显著的进展,以上详细描述的仅仅是其中的一小部分,仍然存在许多挑战。出于技术和实践方面的考虑,大部分工作都是在简单的 2D 实验室环境中对实验室出生和饲养的啮齿动物进行的,野外表现和其他物种导航的结果仍有待观察。技术创新,例如用于单细胞记录的无线技术、fMRI 中的机器学习技术,以及使用 VR 呈现非常大规模的现实环境,将有助于克服其中的某些局限性,并使新一代研究人员在理解导航的神经科学方面取得更大的进步。

参考文献

[1] Dingle, H. and Drake, V. A. , "What is migration?," *BioScience*, vol. 57, no. 2, pp. 113-121, Feb. 2007.

[2] Proulx, M. J. , Todorov, O. S. , Taylor Aiken, A. , and de Sousa, A. A. , "Where am I? Who am I? The relation-between spatial cognition, social cognition and individual differences in the built environment," *Front. Psychol.* , vol 7, no. 64, n. p. , Feb. 2016.

[3] Nitz, D. A. , "Spaces within spaces: Rat parietal cortex neurons register position across three reference frames," *Nat. Neurosci.* , vol. 15, no. 10, pp. 1365-1367, October 2012.

[4] Darwin, C. , "Origin of certain instincts," *Nature*, vol. 7, no. 179, pp. 417-418, April 1873.

[5] Gallistel, C. R. , The Organization of Learning, MIT Press, 1990.

[6] Chiswick Chap (Own work) [CC BY-SA 3.0 (https://creativecommons. org/licenses/by-sa/3. 0)], via Wikimedia Commons.

[7] Dyer, F. C. , Berry, N. A. , and Richard, A. S. , "Honey bee spatial memory: Use of route-based memories after displacement," *Anim. Behav.* , vol. 45, pp. 1028-1030, 1993.

[8] Müller, M. and Wehner, R. , "Path integration in desert ants, Cataglyphis fortis," *Proc. Natl. Acad. Sci. USA*, vol. 85, pp. 5287-5290, July 1988.

[9] von Saint Paul, U. , "Do geese use path integration for walking home?," in *Avian Navigation* (eds. F. Papi and H. G. Wallraff), Springer Publishing, 1982, ch. 30, pp. 298-307.

[10] Mittelstaedt, M. L. and Mittelstaedt, H. , "Homing by path integration in a mammal," Sci. Nat. , vol. 67, no. 11, pp. 566-567, 1982.

[11] Cattet, J. and Etienne, A. S. , "Blindfolded dogs relocate a target through path integration," *Anim. Behav.* , vol. 68, no. 1, pp. 203-212, July 2004.

[12] Loomis, J. M. , Klatzky, R. L. , Golledge, R. G. , and Philbeck, J. W. , "Human navigation by path integration," in *Wayfinding Behavior: Cognitive Mapping and Other Spatial Processes* (ed. R. G. Golledge), John Hopkins University Press, 1999, ch. 5, pp 125-151.

[13] Riesser, J. J. , Ashmead, D. H. , Talor, C. R. , and Youngquist, G. A. , "Visual perception and the guidance of locomotion without vision to previously seen targets," *Perception*, vol. 19, pp. 675-689, October 1990.

[14] Wang, R. and Spelke, E. , "Human spatial representation: Insights from animals," *Trends Cogn. Sci.* , vol. 6, no. 9, pp. 376-382, October 2002.

[15] Etienne, A. S. , Maurer, R. , Boulens, V. , Levy, A. , and Rowe, T. , "Resetting the path integrator: A basic condition for route-based navigation," *J. Exp. Biol.* , vol. 207, pp. 1491-1508, April 2004.

[16] Cheng, K. , "A purely geometric module in the rat's spatial representation," *Cognition*, vol. 23, no. 2, pp. 149-178, July 1986.

[17] Herner, L. and Spelke, E. , "Modularity and development: The case of spatial reorientation," *Cognition*, vol. 61, no. 3, pp. 195-232, December 1996.

[18] Tolman, E. C. , "Cognitive maps in rats and men," *Psychol. Rev.* , vol. 55, no. 4, pp. 189-208, July 1948.

[19] Ziegler, P. E. and Wehner, R. , "Time-courses of memory decay in vector-based and landmark-based systems of navigation in desert ants, *Cataglyphis fortis*," *J. Comp. Physiol. A*, vol. 181, no. 1, pp. 13-20, June 1997.

［20］O'Keefe,J. and Nadel,L. ,*The Hippocampus as a Cognitive Map*,Oxford University Press,1978.

［21］Wang, R. F. and Spelke, E. S. , "Updating egocentric representations in human navigation," *Cognition*, vol. 77,no. pp. 215-250,December 2000.

［22］Barrash, J. , "A historical review of topographical disorientation and its neuroanatomical correlates," *J. Clin. Exp. Neuropsychol.* ,vol. 20,no. 6,pp. 807-827,December 1998.

［23］Scoville, W. B. and Milner, B. , "Loss of recent memory after bilateral hippocampal lesions," *J. Neurol. Neurosurg. Psychiat.* ,vol. 20,pp. 11-21,February 1957.

［24］Palmini,A. ,"The concept of the epileptogenic zone:A modern look at Penfield and Jasper's views on the role of interictal spikes," Epileptic Disord. ,vol. 8 (Suppl. 2),pp. S10-S15,August 2006.

［25］Hubel D. H. and Wiesel, T. N. , "Receptive fields of single neurones in the cat's striate cortex," *J. Physiol.* ,vol. 148,no. 3,pp. 574-591,October 1959.

［26］O'Keefe,J. and Dostrovsky,J. ,"The hippocampus as a spatial map. Preliminary evidence from unit activity in the freely-moving rat," *Brain Res.* ,vol. 34,no. 1,pp. 171-175,November 1971.

［27］Thompson,L. T. and Best,P. J. ,"Long-term stability of the place-field activity of single units recorded from the dorsal hippocampus of freely behaving rats," *Brain Res.* ,vol. 509,no. 2,pp. 299-308,February 1990.

［28］Kjelstrup, K. B. , Solstad, T. , Brun, V. H. , Hafting, T. , Leutgeb, S. , Witter, M. P. , Moser, E. I. , Moser, M. B. ,"Finite scale of spatial representation in the hippocampus," *Science*, vol. 321, no. 5885, pp. 140-143,July 2008.

［29］Muller,R. U. and Kubie,J. L. ,"The effects of changes in the environment on the spatial firing of hippocampal complex-spike cells," *J. Neurosci.* ,vol. 7,no. 7,pp. 1951-1968,July 1987.

［30］Quirk,G. J. ,Muller,R. U. ,and Kubie,J. L. ,"The firing of hippocampal place cells in the dark depends on the rat's recent experience," *J. Neurosci.* ,vol. 10,no. 6,pp. 2008-2017,June 1990.

［31］Save,E. ,Cressant,A. ,Thinus-Blanc,C. ,and Poucet,B. ,"Spatial firing of hippocampal place cells in blind rats," *J. Neurosci.* ,vol. 18,no. 5,pp. 1818-1826,March 1998.

［32］Anderson, M. I. and Jeffrey, K. J. , "Heterogeneous modulation of place cell firing by changes in context," *J. Neursci.* ,vol. 23,no. 26,pp. 8827-8835,October 2003.

［33］O'Keefe,J. and Conway,D. H. ,"Hippocampal place cells in the freely moving rat:Why they fire where they fire," *Exp. Brain Res.* ,vol. 31,no. 4,pp. 573-590,April 1978.

［34］Colgin, L. L. , Moser, E. I. , and Moser, M. B. , "Understanding memory through hippocampal remapping," *Trends Neurosci.* ,vol. 31,no. 9,pp. 469-477,September 2008.

［35］O'Keefe, J. and Recce, M. L. , "Phase relationship between hippocampal place units and the EEG theta rhythm," *Hippocampus*,vol. 3,no. 3,pp. 317-330,July 1993.

［36］Wilson,M. A. and McNaughton,B. L. ,"Reactivation of hippocampal ensemble memories during sleep," *Science*,vol. 265,no. 5172,pp. 676-679,July 1994.

［37］Dragoi,G. and Tonegawa, S. , "Development of schemas revealed by prior experience and NMDA receptor knockout," *eLife*,vol. 2,e01326,December 2013.

［38］Pfeiffer, B. E. and Foster, D. J. , "Hippocampal place-cell sequences depict future paths to remembered goals," *Nature*,vol. 497,no. 7447,pp. 74-79,May 2013.

［39］Ekstrom,A. D. , Kahana, M. J. , Caplan, J. B. , Fields, T. A. , Isham, E. A. , Newman, E. L. , and Fried, I. , "Cellular networks underlying human spatial navigation," *Nature*, vol. 425, no. 6954, pp. 184-188, September 2003.

［40］Ulanovsky, N. and Moss, C. F. , "Hippocampal cellular and network activity in freely moving echolocating bats," *Nat. Neurosci.* ,vol. 10,no. 2,pp. 224-233,February 2007.

[41] Ranck, J. B. , Jr. , " Head-direction cells in the deep cell layers of dorsal presubiculum in freely moving rats ," *Soc. Neurosci. Abstr.* , vol. 10, 1984.

[42] Taube, J. S. , " Head direction cell activity monitored in a novel environment and during a cue conflict situation," *J. Neurophysiol.* , vol. 74, no. 5, pp. 1953−1971, November 1995.

[43] Blair, H. T. and Sharp, P. E. , " Anticipatory head direction signals in anterior thalamus: Evidence for a thalamocortical circuit that integrates angular head motion to compute head direction," *J. Neurosci.* , vol. 15, no. 9, pp. 6260−6270, September 1995.

[44] Taube, J. S. , " The head direction signal: Origins and sensory-motor integration," *Annu. Rev. Neurosci.* , vol. 30, pp. 181−207, July 2007.

[45] Zugaro, M. B. , Arleo, A. , Berthoz, A. , and Wiener, S. I. , " Rapid spatial reorientation and head direction cells," *J. Neurosci.* , vol. 23, no. 8, pp. 3478−3482, April 2003.

[46] Chen, L. L. , Lin, L. H. , Barnes, C. A. , and McNaughton, B. L. , " Head-direction cells in the rat posterior cortex: II. Contributions of visual and ideothetic information to the directional firing," *Exp. Brain Res.* , vol. 101, no. 1, pp. 24−34, 1994.

[47] Taube, J. S. , Muller, R. U. , and Ranck, J. B. Jr. , " Head direction cells recorded from the postsubiculum in freely moving rats. I. Description and quantitative analysis," *J. Neurosci.* , vol. 10, no. 2, pp. 420−435, February 1990.

[48] Skaggs, W. E. , Knierim, J. J. , Kudrimoti, H. S. , and McNaughton, B. L. , " A model of the neural basis of the rat's sense of direction," in *Advances in Neural Information Processing Systems* (eds. G. Tesauro, D. Touretzky and T. Leen) , vol. 7, MIT Press, 1995, pp. 173−180.

[49] Goodridge, J. P. , Dudchenko, P. A. , Worboys, K. A. , Golob, E. J. , and Taube, J. S. , " Cue control and head direction cells," *Behav. Neurosci.* , vol. 112, no. 4, pp. 749−761, August 1998.

[50] R. M. Yoder, Clark, B. J. , and Taube, J. S. , " Origins of landmark encoding in the brain," *Trends Neurosci.* , vol. 34, no. 11, pp. 561−571, November 2011.

[51] Yoganarasimha, D. , Yu, X. , and Knierim, J. J. , " Head direction cell representations maintain internal coherence during conflicting proximal and distal cue rotations: Comparison with hippocampal place cells," *J. Neurosci.* , vol. 26, no. 2, pp. 622−631, January 2006.

[52] Olson, J. M. , Tongprasearth, K. , and Nitz, D. A. , " Subiculum neurons map the current axis of travel," *Nat. Neurosci.* , vol. 20, no. 2, pp. 170−172, February 2017.

[53] Taube, J. S. , " New building blocks for navigation," *Nat. Neurosci.* , vol. 20, no. 2, pp. 131−133, January 2017.

[54] Jacob, P. Y. , Casali, G. , Spieser, L. , Page, H. , Overington, D. , and Jeffery, K. , " An independent, landmark-dominated head-direction signal in dysgranular retrosplenial cortex," *Nat. Neurosci.* , vol. 20, no. 2, pp. 173−175, February 2017.

[55] Hafting, T. , Fyhn, M. , Molden, S. , Moser, M. -B. , and Moser, E. I. , " Microstructure of a spatial map in the entorhinal cortex," *Nature*, vol. 436, no. 7052, pp. 801−806, June 2005.

[56] Brun, V. H. , Otnass, M. K. , Molden, S. , Steffenach, H. A. , Witter, M. P. , Moser, M. B. , and Moser, E. I. , " Place cells and place recognition maintained by direct entorhinal hippocampal circuitry," *Science*, vol. 296, no. 5576, pp. 2243−2246, June 2002.

[57] Rowland, D. C. , Roudi, Y. , Moser, M. B. , and Moser, E. I. , " Ten years of grid cells," *Annu. Rev. Neurosci.* , 39, 19−40, July 2016.

[58] Fyhn, M. , Molden, S. , Witter, M. P. , Moser, E. I. , and Moser, M. B. , " Spatial representation in the entorhinal cortex," *Science*, vol. 305, no. 5688, pp. 1258−1264, August 2004.

［59］McNaughton,B. L. ,Battaglia,F. P. ,Jensen,O. ,Moser,E. I. ,and Moser,M. B. ,"Path integration and the neural basis of the 'cognitive map,'" *Nat. Rev. Neurosci.* ,7,no. 8,pp. 663-678,August 2006.

［60］Fiete,I. R. ,Burak,Y. ,and Brookings,T. ,"What grid cells convey about rat location," *J. Neurosci.* , vol. 28,no. 27,pp. 6858-6871,July 2008.

［61］Stensola,T. ,Stensola,H. ,Moser,M. B. ,and Moser,E. I. ,"Shearing-induced asymmetry in entorhinal grid cells," *Nature* ,vol. 518,no. 7538,pp. 207-212,February 2015.

［62］Barry,C. ,Hayman,R. ,Burgess,N. ,and Jeffery,K. J. ,"Experience-dependent rescaling of entorhinal grids," *Nat. Neurosci.* ,vol. 10,no. 6,pp. 682-684,June 2007.

［63］Burgess,N. ,Jackson,A. ,Hartley,T. ,and O'Keefe,J. ,"Predictions derived from modeling the hippocampal role in navigation," *Biol. Cybern.* ,vol. 83,no. 3,pp. 301-312,September 2000.

［64］Lever,C. ,Burton,S. ,Jeewajee,A. ,O'Keefe,J. ,and Burgess,N. ,"Boundary vector cells in the subiculum of the hippocampal formation," *J. Neurosci.* ,vol. 29,no. 31,pp. 9771-9777,August 2009.

［65］Saveli,F. ,Yoganarasimha,D. ,and Knierim,J. J. ,"Influence of boundary removal on the spatial representations of the medial entorhinal cortex," *Hippocampus* ,vol. 18,no. 12,pp. 1270-1282,2008.

［66］Solstad,T. ,Boccara,C. N. ,Knopff,E. ,Moser,M. B. ,and Moser,E. I. ,"Representation of geometric borders in the entorhinal cortex," *Science* ,vol. 322,no. 5909,pp. 1865-1868,December 2008.

［67］Weible,A. P. ,Rowland,D. C. ,Monaghan,C. K. ,Wolfgang,N. T. ,and Kentros,C. G. ,"Neural correlates of long-term object memory in the mouse anterior cingulate cortex," *J. Neurosci.* , vol. 32, no. 16, pp. 5598-5608,April 2012.

［68］Kropff,E. ,Carmichael,J. E. ,Moser,M. B. ,and Moser,E. I. ,"Speed cells in the medial entorhinal cortex," *Nature* ,vol. 523,no. 7561,pp. 419-424,July 2015.

［69］Cacucci,F. ,Lever,C. ,Wills,T. J. ,Burgess,N. ,and O'Keefe,J. ,"Theta-modulated place-by-direction cells in the hippocampal formation in the rat," *J. Neurosci.* , vol. 24, no. 38, pp. 8265 - 8277, September 2004.

［70］Latuske,P. ,Toader,O. ,and Allen,K. ,"Interspike intervals reveal functionally distinct cell populations in the medial entorhinal cortex," *J. Neurosci.* ,vol. 35,no. 31,pp. 10963-10976,August 2015.

［71］Tang,Q. ,Ebbesen,C. L. ,Sanguinetti-Scheck,J. I. ,Preston-Ferrer,P. ,Gundlfinger,A. ,Winterer,J. ,Beed, P. ,Ray,S. ,Naumann,R. ,Schmitz,D. ,Brecht,M. ,and Burgalossi,A. ,"Anatomical organization and spatiotemporal firing patterns of layer 3 neurons in the rat medial entorhinal cortex. " *J. Neurosci.* , vol. 35, no. 36,pp. 12346-12354,September 2015.

［72］Sargolini,F. ,Fyhn,M. ,Hafting,T. ,McNaughton,B. L. ,Witter,M. P. ,Moser,M. -B. ,and Moser,E. I. , "Conjunctive representation of position, direction, and velocity in entorhinal cortex," Science, vol. 312, no. 5774,pp. 758-762,May 2006.

［73］Hardcastle,K. ,Maheswaranathan,N. ,Ganguli,S. ,and Giocomo,L. M. ,"A multiplexed,heterogeneous,and adaptive code for navigation in medial entorhinal cortex," Neuron,vol. 94,no. 2,pp. 375-387,April 2017.

［74］Barry,C. and Burgess,N. ,"Neural mechanisms of selfl-ocation," *Curr. Biol.* ,vol. 24,no. 8,pp. R330-339, April 2014.

［75］O'Keefe,J. and Burgess,N. ,"Dual phase and rate coding in hippocampal place cells:Theoretical significance and relationship to entorhinal grid cells," *Hippocampus* ,vol. 15,no. 7,pp. 853-866,2005.

［76］Solstad,T. ,Moser,E. I. ,and Einevoll,G. T. ,"From grid cells to place cells:A mathematical model," *Hippocampus* ,vol. 16,no. 12,pp. 1026-1031,November 2006.

［77］Bjerknes,T. L. ,Moser,E. I. ,and Moser,M. B. ,"Representation of geometric borders in the developing rat," *Neuron* ,vol. 82,no. 1,pp. 71-78,April 2014.

[78] Noll, D. C. , "A primer on MRI and functional MRI," June 2001. Can be found at: http://fmri. research. umich. edu/ documents/fmri _ primer. pdf.

[79] Ashburner, J. and Friston, K. J. , "Voxel-based morphometry—the methods," *NeuroImage*, vol. 11, no. 6, pp. 805-821, June 2000.

[80] Le Bihan, D. , "Diffusion MRI: What water tells us about the brain," *EMBO Mol. Med.* , vol. 6, no. 5, pp. 569-573, May 2014.

[81] Logothetis, N. K. , "The underpinnings of the BOLD functional magnetic resonance imaging signal," *J. Neurosci.* , vol. 23, no. 10, pp. 3963-3971, May 2003.

[82] Barron, H. C. , Garvert, M. M. , and Behrens, T. E. J. , "Repetition suppression: A means to index neural representations using BOLD?," *Philos. Trans. R. Soc, Lond.* B. Biol Sci. , vol. 371, no. 1705, October 2016.

[83] K. A. Norman, Polyn, S. M. , Detre, G. J. , and Haxby, J. V. , "Beyond mind-reading: Multi-voxel pattern analysis of fMRI data," *Trends Cogn. Sci.* , vol. 10, no. 9, September 2006.

[84] K. J. Friston, "Functional and effective connectivity: A review," *Brain Connect.* , vol. 1, no. 1, pp. 13 - 36, 2011.

[85] van den Heuvel, M. P. and Hulshoff Pol, H. E. , "Exploring the brain network: A review on resting-state fMRI functional connectivity," *Eur. Neuropsychopharmacol.* , vol. 20, no. 8, pp. 519-534, August 2010.

[86] Taube, J. S. , Valerio, S. , and Yoder, R. M. , "Is navigation in virtual reality with fMRI really navigation?" *J. Cogn. Neurosci.* , vol. 25, no. 7, pp. 1008-1019, July 2013.

[87] R. G. M. Morris, "Spatial localization does not require the presence of local cues," *Learn. Motiv.* , vol. 12, pp. 239-260, May 1981.

[88] Samueljohn. de (Own work) [CC BY-SA 3.0] via Wikimedia Commons.

[89] Morris, R. G. , Garrud, P. , Rawlins, J. N. , and O'Keefe, J. , "Place navigation impaired in rats with hippocampal lesions," *Nature*, vol. 297, no. 5868, pp. 681-683, June 1982.

[90] Packard, M. G. and McGaugh, J. L. , "Double dissociation of fornix and caudate nucleus lesions on acquisition of two water maze tasks: further evidence for multiple memory systems," *Behav. Neurosci.* , vol. 106, no. 3, pp. 439-446, June 1992.

[91] Packard, M. G. and McGaugh, J. L. , "Inactivation of hippocampus or caudate nucleus with lidocaine differentially affects expression of place and response learning," *Neurobiol. Learn. Mem.* , vol. 65, no. 1, pp. 65-72, January 1996.

[92] Packard, M. G. and Knowlton, B. J. , "Learning and memory functions of the Basal Ganglia," *Annu. Rev. Neurosci.* , vol. 25, 563-593, March 2002.

[93] Cook, D. and Kesner, R. P. , "Caudate nucleus and memory for egocentric localization," *Behav Neural Biol.* , vol. 49, no. 3, pp. 332-334, May 1988.

[94] Packard, M. G. , "Exhumed from thought: basal ganglia and response learning in the plus-maze. " *Behav. Brain Res.* , vol. 199, no. 1, pp. 24-31, April 2009.

[95] Doeller, C. F. , King, J. A. , and Burgess, N. , "Parallel striatal and hippocampal systems for landmarks and boundaries in spatial memory. " *Proc. Natl. Acad. Sci. USA*, vol. 105, no. 15, pp. 5915-5920, April 2008.

[96] Yin, H. H. and Knowlton, B. J. , "Contributions of striatal subregions to place and response learning. " *Learn. Mem.* , vol. 11, no. 4, pp. 459-463, July-August 2004.

[97] Maguire, E. A. , Gadian, D. G. , Johnsrude, I. S. , Good, C. D. , Ashburner, J. , Frackowiak, R. S. J. , Frith, C. D. , "Navigation-related structural change in the hippocampi of taxi drivers. " *Proc. Natl. Acad. Sci. USA*, vol. 97, no. 8, pp. 4398-4403, April 2000.

[98] Maguire, E. A. , Woollett, K. , and Spiers, H. J. , "London taxi drivers and bus drivers: A structural MRI and

neuropsychological analysis," *Hippocampus*, vol. 16, no. 12, pp. 1091–1101, 2006.

[99] Bohbot, V. D. , Lerch, J. , Thorndycraft, B. , Iaria, G. , Zijdenbos, A. P. , "Gray matter differences correlate with spontaneous strategies in a human virtual navigation task. " *J. Neurosci.* , vol. 27, no. 38, pp. 10078– 10083, September 2007.

[100] Iaria, G. , Petrides, M. , Dagher, A. , Pike, B. , and Bohbot, V. D. , "Cognitive strategies dependent on the hippocampus and caudate nucleus in human navigation: Variability and change with practice. " *J. Neurosci.* , vol. 23, no. 13, pp. 5945–5952, July 2003.

[101] Hartley, T. , Maguire, E. A. , Spiers, H. J. , and Burgess, N. , "The well-worn route and the path less traveled: distinct neural bases of route following and wayfinding in humans," *Neuron*, vol. 37, no. 5, pp. 877–888, March 2003.

[102] Wegman, J. B. T. , "Objects in space: The neural basis of landmark-based navigation and individual differences in navigational ability. Dissertation Radboud Universiteit Nijmegen, 27 November 2013.

[103] Whitlock, J. R. , "Primer: Posterior parietal cortex. " *Curr. Bio.* , vol. 27, pp. R681-R701, July 2017.

[104] Milner, A. D. and M. A. Goodale, *The Visual Brain in Action*, 2nd Ed. , Oxford University Press, 1995.

[105] Kolb, B. , Buhrmann, K. , McDonald, R. , and Sutherland, R. J. , "Dissociation of the medial prefrontal, posterior parietal, and posterior temporal cortex for spatial navigation and recognition memory in the rat," *Cereb. Cortex.* , vol. 4, no. 6, pp. 664–680, Nov. -Dec. 1994.

[106] Save, E. and Poucet, B. , "Hippocampal-parietal cortical interactions in spatial cognition," *Hippocampus*, vol. 10, no. 4, pp. 491–499, 2000.

[107] Ciaramelli, E. , Rosenbaum, R. S. , Solcz, S. , Levine, B. , and Moscovitch, M. , "Mental space travel: damage to posterior parietal cortex prevents egocentric navigation and reexperiencing of remote spatial memories," *J. Exp. Psychol. Learn. Mem. Cogn.* , vol. 36, no. 3, pp. 619–634, May 2010.

[108] Stark, M. , Coslett, H. B. , and Saffran, E. M. , "Impairment of an egocentric map of locations: Implications for perception and action," *Cogn. Neuropsychol.* , vol. 13, no. 4, pp. 481–523, 1996.

[109] Weniger, G. , Ruhleder, M. , Wolf, S. , Langea, C. , and Irle, E. , "Egocentric memory impaired and allocentric memory intact as assessed by virtual reality in subjects with unilateral parietal cortex lesions," *Neuropsychologia*, vol. 47, no. 1, pp. 59–69, January 2009.

[110] Calton, J. L. , Turner, C. S. , Cyrenne, D. M. , Lee, B. R. , and Taube, J. S. , "Landmark control and updating of self-movement cues are largely maintained in head direction cells after lesions of the posterior parietal cortex," *Behav. Neurosci.* , vol. 122, no. 4, pp. 867-840, August 2008.

[111] Chen, L. L. , Lin, L. H. , Green, E. J. , Barnes, C. , and McNaughton, B. L. , "Head-direction cells in the rat posterior cortex. I. Anatomical distribution and behavioral modulation," *Exp. Brain Res.* , vol. 101, no. 1, pp. 8–23, February 1994.

[112] Whitlock, J. R. , Pfuhl, G. , Dagslott, N. , Moser, M. B. , and Moser, E. I. , "Functional split between parietal and entorhinal cortices in the rat," *Neuron*, vol. 73, no. 4, pp. 789–802, February 2012.

[113] Nitz, D. A. , "Parietal cortex, navigation, and the construction of arbitrary reference frames for spatial information," *Neurobiol. Learn. Mem.* , vol. 91, no. 2, pp. 179–185, February 2009.

[114] Nitz, D. A. , "Tracking route progression in the posterior parietal cortex," *Neuron*, vol. 49, no. 5, pp. 747–756, March 2006.

[115] Wilber, A. A. , Clark, B. J. , Forster, T. C. , Tatsuno, M. , McNaughton, B. L. , "Interaction of egocentric and world-centered reference frames in the rat posterior parietal cortex," *J. Neurosci.* , vol. 34, no. 16, pp. 5431– 5446, April 2014.

[116] Epstein, R. and Kanwisher, N. , "A cortical representation of the local visual environment," *Nature*,

vol. 392, no. 6676, pp. 598-601, April 1998.

[117] Barrash, J., Damasio, H., Adolphs, R., and Tranel, D., "The neuroanatomical correlates of route-learning impairment," *Neuropsychologia*, vol. 38, no. 6, pp. 820-836, 2000.

[118] Landis, T., Cummings, J. L., Benson, D. F., and Palmer, E. P., "Loss of topographic familiarity. An environmental agnosia," *Arch. Neurol.*, vol. 43, no. 2, pp. 132-136, Feb. 1986.

[119] Mendez, M. F. and Cherrier, M. M., "Agnosia for scenes in topographagnosia," *Neuropsychologia*, vol. 41, no. 10, pp. 1387-1395, 2003.

[120] Takahashi, N. and Kawamura, M., "Pure topographical disorientation-the anatomical basis of landmark agnosia," *Cortex*, vol. 38, no. 5, pp. 717-725, December 2002.

[121] Epstein, R., DeYoe, E. A., Press, D. Z., Rosen, A. C., and Kanwisher, N., "Neuropsychological evidence for a topographical learning mechanism in parahippocampal cortex," *Cogn. Neuropsychol.*, vol. 18, no. 6, pp. 481-508, 2001.

[122] Janzen, G. and van Turennout, M., "Selective neural representation of objects relevant for navigation," Nat. Neurosci., vol. 7, pp. 673-677, 2004.

[123] Schinazi, V. R. and Epstein, R. A., "Neural correlates of real-world route learning," NeuroImage, vol. 53, no. 2, pp. 725-735, November 2010.

[124] O'Craven, K. M. and Kanwisher, N., "Mental imagery of faces and places activates corresponding stimulus-specific brain regions," *J. Cogn. Neurosci.*, vol. 12, no. 6, pp. 1013-1023, November 2000.

[125] Epstein, R. A., Parker, W. E., and Feiler, A. M., "Where am I now? Distinct roles for parahippocampal and retrosplenial cortices in place recognition," *J. Neurosci.*, vol. 27, no. 23, pp. 6141-6149, June 2007.

[126] Auger, S. D., Mullally, S. L., and Maguire, E. A., "Retrosplenial cortex codes for permanent landmarks," *PLoS One*, vol. 7, no. 8, pp. e43620, August 2012.

[127] Epstein, R. A., Graham, K. S., and Downing, P. E., "Viewpoint-specific scene representations in human parahippocampal cortex." *Neuron*, vol. 37, no. 5, pp. 865-876, Mar. 2003.

[128] Ewbank, M. P., Schluppeck, D., and Andrews, T. J., "fMRadaptation reveals a distributed representation of inanimate objects and places in human visual cortex." *NeuroImage*, vol. 28, no. 1, pp. 268-279, October 2005.

[129] Epstein, R. A., "Parahippocampal and retrosplenial contributions to human spatial navigation." *Trends Cogn Sci.*, vol. 12, no. 10, pp. 388-396, October 2008.

[130] Epstein, R. A., Parker, W. E., and Feiler, A. M., "Where am I now? Distinct roles for parahippocampal and retrosplenial cortices in place recognition." *J. Neurosci.* vol. 27, no. 23, pp. 6141-6149, June 2007.

[131] Henderson, J. M., Larson, C. L., and Zhu, D. C., "Full scenes produce more activation than close-up scenes and scene-diagnostic objects in parahippocampal and retrosplenial cortex: An fMRI study." *Brain Cogn.*, vol. 66, no. 1, pp. 40-49, February 2008.

[132] Park, S., Brady, T. F., Greene, M. R., and Oliva, A., "Disentangling scene content from spatial boundary: Complementary roles for the parahippocampal place area and lateral occipital complex in representing real-world scenes." J. Neurosci., vol. 34, no. 4, pp. 1333-1340, January 2011.

[133] Giocomo, L. M., Stensosa, T., Bonnievie, T., Van Cauter, T., Moser, M. B., and Moser, E. I., "Topography of head direction cells in medial entorhinal cortex," *Curr. Biol.*, vol. 24, no. 3, 252-262, February 2014.

[134] Van Cauter, T., Camon, J., Alvernhe, A., Elduayen, C., Sargolini, F., and Save, E., "Distinct roles of medial and lateral entorhinal cortex in spatial cognition," Cereb. *Cortex*, vol. 23, no. 2, pp. 451-459, February 2013.

[135] Hargreaves, E. L., Rao, G., Lee, I., and Knierim, J. J., "Major dissociation between medial and lateral en-

torhinal input to dorsal hippocampus," *Science*, vol. 308, no. 5729, pp. 1792-1794, June 2005.

[136] Yoganarasimha, D. , Rao, G. , and Knierim, J. J. , "Lateral entorhinal neurons are not spatially selective in cue-rich environments," *Hippocampus*, vol. 21, no. 12, 1363-1374, December 2011.

[137] Kuruvilla, M. V. and Ainge, J. A. , "Lateral entorhinal cortex lesions impair local spatial frameworks," *Front. Syst. Neurosci.*, vol. 11, n. p. , May 2017.

[138] Ino, T. , Inoue, Y. , Kage, M. , Hirose, S. , Kimura, T. , and Fukuyama, H. , "Mental navigation in humans is processed in the anterior bank of the parieto-occipital sulcus," *Neurosci. Lett.* , vol. 322, no. 3, pp. 182-186, April 2002.

[139] Ghaem, O. , Mellet, E. , Crivello, F. , Tzourio, N. , Mazoyer, B. , Berthoz, A. , and Denis, M. , "Mental navigation along memorized routes activates the hippocampus, precuneus, and insula," *Neuroreport*, vol. 8, no. 3, pp. 739-744, February 1997.

[140] Shine, J. P. , Valdes-Herrera, J. P. , Hegarty, M. , and Wolbers, T. , "The human retrosplenial cortex and thalamus code head direction in a global reference frame," *J. Neurosci.* , vol. 36, no. 24, pp. 6371-6381, June 2016.

[141] Takahashi, N. , Kawamura, M. , Shiota, J. , Kasahata, N. , and Hirayama, K. , "Pure topographic disorientation due to right retrosplenial lesion," *Neurology* vol. 49, no. 2, pp. 464-469, August 1997.

[142] Ino, T. , Doi, T. , Hirose, S. , Kimura, T. , Ito, J. , and Fukuyama, H. , "Directional disorientation following left retrosplenial hemorrhage: A case report with fMRI studies," *Cortex*, vol. 43, no. 2, pp. 248-254, February 2007.

[143] Osawa, A. , Maeshima, S. , and Kunishio, K. , "Topographic disorientation and amnesia due to cerebral hemorrhage in the left retrosplenial region," *Eur. Neurol.* , vol. 59, no. 79-82, 2008.

[144] Reep, R. L. , Chandler, H. C. , King, V. , Corwin, J. V. , "Rat posterior parietal cortex: Topography of corticocortical and thalamic connections," *Exp. Brain Res.* , vol. 100, no. 1, 67-84, Jul. 1994.

[145] Jones, B. F. and Witter, M. P. , "Cingulate cortex projections to the parahippocampal region and hippocampal formation in the rat," *Hippocampus*, vol. 17, no. 10, pp. 957-976, 2007.

[146] Elduayen, C. and Save, E. , "The retrosplenial cortex is necessary for path integration in the dark," *Behav. Brain Res.* , vol. 272, pp. 303-307, October 2014.

[147] Marchette, S. A. , Vass, L. K. , Ryan, J. , and Epstein, R. A. , "Anchoring the neural compass: Coding of local spatial reference frames in human medial parietal lobe," *Nat. Neurosci.* , vol. 17, no. 11, pp. 1598-1606, November 2014.

[148] Byrne, P. , Becker, S. , and Burgess, N. , "Remembering the past and imagining the future: a neural model of spatial memory and imagery," *Psychol. Rev.* , vol. 114, no. 2, pp. 340-375, April 2007.

[149] Alexander, A. S. and Nitz, D. A. , "Retrosplenial cortex maps the conjunction of internal and external spaces," *Nat. Neurosci.* , vol. 18, no. 8, pp. 1143-1151, August 2015.

[150] Spiers, H. J. and Barry, C. , "Neural systems supporting navigation," *Curr. Opin. Behav. Sci.* , vol. 1, pp. 47-55, February 2015.

[151] Alexander, A. S. and Nitz, D. A. , "Spatially periodic activation patterns of retrosplenial cortex encode route sub-spaces and distance traveled," *Curr. Biol.* , vol. 27, no. 11, pp. 1551-1560, June 2017.

[152] Miller, E. K. and Cohen, J. D. , "An integrative theory of prefrontal cortex function," *Annu. Rev. Neurosci.* , vol. 24, pp. 167-202, 2001.

[153] Gron, G. , Wunderlich, A. P. , Spitzer, M. , Tomczak, R. , and Riepe, M. W. , "Brain activation during human navigation: Gender-different neural networks as substrate of performance," *Nat. Neurosci.* , vol. 3, no. 4, pp. 404-408, 2000.

[154] Yoshida, W. and Ishii, S. , "Resolution of uncertainty in prefrontal cortex," *Neuron*, vol. 50, no. 5, pp. 781–789, 2006.

[155] Spiers, H. J. and Maguire, E. A. , "A navigational guidance system in the human brain," *Hippocampus*, vol. 17, no. 8, pp. 618–626, 2007.

[156] Wolbers, T. , Wiener, J. M. , Mallot, H. A. , and Buchel, C. , "Differential recruitment of the hippocampus, medial prefrontal cortex, and the human motion complex during path integration in humans," *J. Neurosci.* , vol. 27, no. 35, pp. 9408–9416, August 2007.

[157] Sherrill, K. R. , Erdem, U. M. , Ross, R. S. , Brown, T. I. , Hasselmo, M. E. , and Stern, C. E. , "Hippocampus and retrosplenial cortex combine path integration signals for successful navigation," *J. Neurosci.* , vol. 33, no. 49, pp. 19304–19313, December 2013.

[158] Arnold, A. E. G. F. , Burles, F. , Bray, S. , Levy, R. M. , and Iaria, G. , "Differential neural network configuration during human path integration," *Front. Hum. Neurosci.* , vol. 8, pp. 263, April 2014.

[159] Boccia, M. , Nemmi, F. , and Guariglia, C. , "Neuropsychology of environmental navigation in humans: review and meta-analysis of FMRI studies in healthy participants," *Neuropsychol. Rev.* , vol. 24, no. 2, pp. 236–251, June 2014.

[160] Chrastil, E. R. , Sherrill, K. R. , Hasselmo, M. E. , and Stern, C. E. , "There and back again: Hippocampus and retrosplenial cortex track homing distance during human path integration," *J. Neurosci.* , vol. 35, no. 46, pp. 15442–15452, November 2015.

[161] Ciaramelli, E. , "The role of ventromedial prefrontal cortex in navigation: A case of impaired wayfinding and rehabilitation," *Neuropsychologia*, vol. 46, no. 7, pp. 2099–2105, 2008.

[162] Hok, V. , Save, E. , Lenck-Santini, P. P. , and Poucet, B. , "Coding for spatial goals in the prelimbic/infralimbic area of the rat frontal cortex," *Proc. Natl. Acad. Sci. USA*, vol. 102, no. 12, pp. 4602–4607, March 2005.

[163] Hok, V. , Chah, E. , Save, E. , and Poucet, B. , "Prefrontal cortex focally modulates hippocampal place cell firing patterns," *J. Neurosci.* , vol. 33, no. 8, pp. 3443–3451, February 2013.

[164] Lacroix, L. , White, I. , and Feldon, J. , "Effect of excitotoxic lesions of rat medial prefrontal cortex on spatial memory," *Behav. Brain Res.* , vol. 133, no. 1, pp. 69–81, June 2002.

[165] Ekstrom, A. D. , Arnold, A. E. G. F. , and Iaria, G. , "A critical review of the allocentric spatial representation and its neural underpinnings: Toward a network-based perspective," *Front. Hum. Neurosci.* , vol. 8, n. p. , October 2014.

[166] Wolbers, T. and Wiener, J. M. , "Challenges for identifying the neural mechanisms that support spatial navigation: the impact of spatial scale," *Front. Hum. Neurosci.* , vol. 8, n. p. , August 2014.

[167] Bohbot, V. D. , Kalina, M. , Stepankova, K. , Spackova, N. , Petrides, M. , and Nadel, L. , "Spatial memory deficits in patients with lesions to the right hippocampus and to the right parahippocampal cortex." *Neuropsychologia*, vol. 36, no. 6, pp. 1217–1238, September 1998.

[168] Winocur, G. , Moscovitch, M. , Fogel, S. , Rosenbaum, R. S. , and Sekeres, M. , "Preserved spatial memory after hippocampal lesions: Effects of extensive experience in a complex environment." *Nat. Neurosci.* , vol. 8, no. 3, pp. 273–275, March 2005.

[169] Sulpizio, V. , Committeri, G. , and Galati, G. , "Distributed cognitive maps reflecting real distances between places and views in the human brain," *Frontiers Hum. Neurosci.* , vol. 8, n. p. , September 2014.

[170] Boccia, M. , Sulpizio, V. , Nemmi, F. , Guariglia, C. , and Galati, G. , "Direct and indirect parieto-medial temporal pathways for spatial navigation in humans: Evidence from resting-state functional connectivity, *Brain Struct. Funct.* , vol. 22, no. 4, pp. 1945–1957, May 2017.

[171] Ekstrom, A. , Huffman, D. J. , and Starrett, M. , "Interacting networks of brain regions underlie human spatial navigation:A review and novel synthesis of the literature," *J. Neurophysiol.* ,September 2017 (Epub ahead of print).

[172] Barrash, J. , " Age-related decline in route learning ability. " *Dev. Neuropsychol.* vol. 10, no. 3, pp. 189-201. 1994.

[173] Moffat, S. D. ,Zonderman, A. B. , and Resnick, S. M. , "Age differences in spatial memory in a virtual environment navigation task. " *Neurobiol. Aging*, vol. 22, no. 5, 787-796, 2001.

[174] Barnes, C. A. ,Nadel, L. , and Honig, W. K. , "Spatial memory deficit in senescent rats. " *Can. J. Psychol.* , vol. 34, no. 1, pp. 29-39, 1980.

[175] Ingram, D. K. , "Complex maze learning in rodents as a model of age-related memory impairment. " *Neurobiol. Aging*, vol. 9, no. 5-6, pp. 475-485, 1988.

[176] McLay, R. N. , Freeman, S. M. , Harlan, R. E. , Kastin, A. J. , and Zadina, J. E. , "Tests used to assess the cognitive abilities of aged rats:Their relation to each other and to hippocampal morphology and neurotrophin expression. " *Gerontology*, vol. 45, no. 3, pp. 143-155, 1999.

[177] delpolyi, A. R. , Rankin, K. P. , Mucke, L. , Miller, B. L. , and Gorno-Tempini, M. L. , "Spatial cognition and the human navigation network in AD and MCI. " *Neurology*, vol. 69, no. 10, pp. 986-997, September 2007.

[178] Cushman, L. A. ,Stein, K. , and Duffy, C. J. , "Detecting navigational deficits in cognitive aging and Alzheimer disease using virtual reality. " *Neurology*, vol. 71, no. 12, pp. 888-895, September 2008.

[179] Lithfous, S. , Dufour, A. , and Després, O. , "Spatial navigation in normal aging and the prodromal stage of Alzheimer's disease:Insights from imaging and behavioral studies. " *Ageing Res. Rev.* , vol. 12, no. 1, pp. 201-213, January 2013.

[180] Head, D. and Isom, M. , "Age effects on wayfinding and route learning skills. " *Behav. Brain Res.* , vol. 209, no. 1, pp. 49-58, May 2010.

[181] Hötting, K. , Holzschneider, K. , Stenzel, A, Wolbers, T. , and Röder, B. , "Effects of a cognitive training on spatial learning and associated functional brain activations. " *BMC Neurosci.* , vol. 14, no. 7, n. p. , July 2013.

[182] Lövden, M. et al. , "Spatial navigation training protects the hippocampus against age-related changes during early and late adulthood. " *Neurobiol. Aging*, vol. 33, no. 3, pp. 620. e9-620. e22, March 2012.

[183] Wenger, E. et al. , " Cortical thickness changes following spatial navigation training in adulthood and aging. " *NeuroImage*, vol. 59, no. 4, pp. 3389-3397, February 2012.

[184] Gould, N. F. et al. , " Performance on a virtual reality spatial memory navigation task in depressed patients. " *Am. J. Psychiatry*, vol. 163, no. 3, pp. 516-519, March 2007.

[185] Hanlon, F. et al. , "Impairment on the hippocampal-dependent virtual Morris water task in schizophrenia. " *Schizophr. Res.* , vol. 87, pp. 67-80, July 2006.

[186] Montello, D. and M. Raubal "Functions and applications of spatial cognition, " in *Handbook of Spatial Cognition* (eds. D. Waller and L. Nadel). Washington, DC, APA, 2012, ch. 13, pp. 249-264.

[187] Cnotka, J. , Möhle, M. , and Rehkämper, G. , "Navigational experience affects hippocampus size in homing pigeons. " *Brain Behav. Evol.* , vol. 72, pp. 233-238, 2008.

[188] Jacobs, L. F. , Gaulin, S. J. , Sherry, D. F. , and Hoffman, G. E. , "Evolution of spatial cognition:Sex-specific patterns of spatial behavior predict hippocampal size. " *Proc. Natl Acad. Sci.* , vol. 87, no. 16, pp. 6349-6352, August 1990.

[189] Geva-Sagiv, M. , Las, L. , Yovel, Y. , and Ulanovsky, N. , "Spatial cognition in bats and rats:From sensory acquisition to multiscale maps and navigation, " *Nat. Rev. Neurosci.* , vol. 16, no. 2, pp. 94-108,

February 2015.

[190] Fenton, A. A. et al. , "Unmasking the CA1 ensemble place code by exposures to small and large environments: More place cells and multiple, irregularly arranged, and expanded place fields in the larger space. " *J. Neurosci.* , vol. 28, no. 44, 11250－11262. October 2008.

[191] Aghajan, Z. M. , Acharya, L. , Moore, J. J. , Cushman, J. D. , Vuong, C. , and Mehta, M. R. , "Impaired spatial selectivity and intact phase precession in two-dimensional virtual reality" *Nat. Neurosci.* , vol. 18, pp. 121－128, 2015.

[192] Minderer, M. , Harvey, C. D. , Donato, F. and Moser, E. I. , "Neuroscience: Virtual reality explored. " *Nature*, vol. 533, , pp. 324－325, May 2016.

[193] Finkelstein, A. , Las, L. , and Ulanovsky, N. , "3-D maps and compasses in the brain," *Annu. Rev. Neurosci.* , vol. 39, pp. 171－196, 2016.

[194] Yartsev, M. M. and Ulanovsky N. , "Representation of three-dimensional space in the hippocampus of flying bats. " *Science*, vol. 340, no. 6130, pp. 367－372, April 2013.

[195] Finkelstein, A. , Derdikman, D. , Rubin, A. , Foerster, J. N. , Las, L. , and Ulanovsky, N. , "Three-dimensional head direction coding in the bat brain. " *Nature*, vol. 517, pp. 159－164, 2015.

[196] Ryan T. Jones and from Bryan Mullennix/Tetra Images/Corbis. http://sumo. ly/FDs via @ knowingneurons.

[197] Wilson, J. J. , Harding, E. , Fortier, M. , James, B. , Donnett, M. , Kerslake, A. , O'Leary, A. , Zhang, N. , and Jeffery, K. , "Spatial learning by mice in three dimensions. " *Behav. Brain Res.* , vol. 289, no. 1, pp. 125－132, August 2015.

[198] Hayman, R. M. A. , Verriotis, M. A. , Jovalekic, A. , Fenton, A. A. , and Jeffery, K. J. , "Anisotropic encoding of threedimensional space by place cells and grid cells. " *Nat. Neurosci.* , vol. 14, pp. 1182－1188, 2011.

[199] Kim, M. , Jeffery, K. J. , Maguire, E. A. , "Multivoxel pattern analysis reveals 3D place information in the human hippocampus. " *J. Neurosci.* , vol. 37, no. 16, pp. 4270－4279, April 2017.

[200] Indovina, I. , Maffei, V. Mazzarella, E. Sulpizio, V. , Galati, G. , and Lacquaniti, F. , "Path integration in 3D from visual motion cues: A human fMRI study. " *NeuroImage*, vol. 142, pp. 512－521, 2016.

本章相关彩图,请扫码查看

第54章　动物世界的定向与导航

Gillian Durieux,Miriam Liedvogel
马克斯·普朗克进化生物学研究所,德国

日常生活中,我们通常不会留意身边动物的运动方式,例如飞过窗前的鸽子或乌鸦是不是在有目的地运动。动物和人类一样,运动也是有目的的,去想去的地方或者做要做的事情,例如寻找食物、躲避捕食者、寻找配偶,或是在一年中的某个时间穿越大陆迁徙到物产更丰富的区域。无论是短距离跨越还是令人惊叹的长途迁徙,它们总是能够准确无误到达目的地。

大规模迁徙需要极为准确的方向感,最著名的例子可能是鸟类年复一年地季节性长途迁徙到同一个繁殖地过冬。例如,阿拉斯加北部的白鹎(学名:穗鹎)在非洲撒哈拉以南过冬,往返行程约 29000km[1]。许多其他群类的动物也有类似能力(图 54.1)。对迁徙行程达

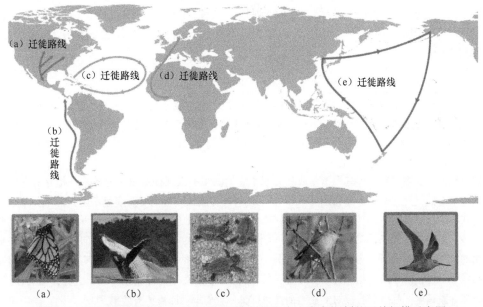

图 54.1　不同群类动物令人着迷的迁徙多样性和令人印象深刻的迁徙规模示意图

(a)每年秋天,数百万只帝王蝶(学名:黑脉金斑蝶)从加拿大南部和美国东部迁徙数千千米到墨西哥中部,在那里越冬。春天,帝王蝶会几代间接续向北迁徙,再次开始整个周期[8](图片:Christine Merlin)。(b)在中美洲繁殖的座头鲸(学名:大翅鲸)迁徙 8000km 或更远,在南极洲附近的水域觅食[9](图片:Kristin Rasmussen)。(c)在美国东南海岸孵化的红海龟(学名:蠵龟)沿北大西洋环流迁徙 12000km 或更长,到达亚速尔群岛周围的海域,然后返回[10-11](图片:Ken Lohmann)(d)来自丹麦的柳莺(学名:欧柳莺)完整迁徙过程都被追踪下来,它们从丹麦迁徙到非洲撒哈拉以南的越冬场所——对于一只体重不到 15g 的鸟来说,这是一个了不起的壮举[12](图片:Gernot Segelbacher)。(e)斑尾鹬(学名:斑尾塍鹬)的迁徙旅程是顺时针从新西兰到黄海,到阿拉斯加,然后回来,大约飞行 29000km。根据 GPS 轨迹,我们知道它们在这次迁徙的某些阶段可以不间断地飞行一周或更长时间[13](图片:Phil Battley)。

6500km 的座头鲸(学名:大翅鲸)的追踪显示,它们能够直线定向游动数百千米而保持航向偏差不到 1°[2]。鱼[3-4]、昆虫[5-6]和爬行动物[7]也有类似的惊人壮举。

为了准确到达目的地,动物必须利用环境信息定向或导航。对于研究动物如何找到路的研究人员来说,定向和导航代表两种不同的能力[14-15]。定向是选择并跟随特定航向或方位的能力,通常单独使用罗盘系统即可辨别方向矢量并保持[14-15]。导航就复杂一点,要求动物找出其当前位置和目的地之间的关系,然后根据自身罗盘系统信息选择正确的运动路线到达目的地[14-15]。当讨论导航时,研究人员经常使用地图类比,通过利用地图确定我们想去哪里以及当前的位置[14-15]。当某个动物被转移到一个它从未去过的新地方时,它必须通过导航才能回到熟悉的地方;也就是说,它必须利用从环境中获得的信息来确定自己当前所处的位置并选定回家的方向,从而重返家园[14-15]。

无论是幼雏动物还是成年动物,都广泛存在综合使用时钟和生物罗盘的定向行为[16-17]。与定向相比,导航更复杂一些,需要学习。荷兰科学家 A. C·Perdeck 在 20 世纪 50 年代做的椋鸟(学名:紫翅椋鸟)经典实验能够很好说明这一点。这个实验展示了天生的定向能力(幼雏动物在它们的第一次迁徙旅程中使用)和基于经验与学习的导航能力之间的差异[18]。Perdeck 用围板将数以千计在荷兰迁徙途中的幼椋鸟和成年椋鸟围了起来,将它们转运到新的地点后释放。结果表明,幼椋鸟继续朝着被转运前的原方向前进(矢量轨迹已经被平移),说明它们只会使用遗传的迁徙罗盘系统来定向(方框 54.1[18])。相比之下,成年椋鸟能够意识到已被转移,相应地调整了旅程,结合外部信息修正位置偏差,前往以前去过的实际迁徙目的地[18]。与第一次使用矢量定向策略的无经验幼鸟不同,成年鸟使用了导航能力和地图信息[14,18]。

方框 54.1　遗传指令和文化传播

各种动物的迁徙策略有着本质的不同。有的动物喜欢大群体共同迁徙,场面极为壮观,比如塞伦盖蒂地区成千上万只角马跟随放牧区的季节性迁徙,还有大量北美帝王蝶通过几代接续完成一个迁徙周期。有些动物,如某些种类的鹅和鹤,会和小家族一起成群迁徙。而其他种类,如许多夜间迁徙的鸣禽,则完全是独自迁徙。

独自迁徙的动物根据遗传基因指令成功完成了它们的第一次迁徙旅程。遗传指令指导着它们迁徙旅程的各个方面,包括时间、方向和距离[19]。群居物种的导航策略可能需要通过跟随其他个体来学习或改进。在群体导航过程中,个体之间传递的信息对没有经验的动物特别重要,它们可以从群体中更有经验的个体那里学习。例如,年轻的美洲鸣鹤可以学习寻找新的越冬地点,或者通过向群体中的老鸟学习如何更加精确地导航[20-21],帝企鹅幼鸟在与另一只更有经验的幼鸟一起时,可以更有效地找到返回庇护地的路[22]。此外,对于所有相关的个体来说,一起旅行比单独旅行具有明显的导航优势,一起旅行可以提高集体导航精度[23]。例如,成对或成组的信鸽回巢比它们单独回巢更有效率[24-25]。

54.1　动物使用什么信息定向和导航

对于动物来说,定向和导航都需要依赖多个感官系统检测所处环境的方向信息源。其中有些感官也是人类所拥有的,如嗅觉或视觉;还有一些感官对人类而言是完全陌生的,如磁性感知。不同的动物群类在定位或导航过程中,使用哪类感官信息、如何组合,何时使用都是不同的,取决于在特定场景下需要怎样的分辨力和细节,当然还取决于当时可以获得哪些感官信息。动物在长途迁徙旅程的不同阶段的表现可以解释这一点。

长途迁移涉及多个阶段,每个阶段对准确性要求不尽相同[26-28]。例如,一条要游到几千千米之外产卵地的鱼,在远距离定向阶段[27-28],使用朝向目的地的粗略方位来导航[27]。当接近目标时,鱼群需要额外的感官信息输入并与已有信息组合,从而获得更精准的导航信息来微调行程,继续接近其最终目标[27-28]。在最后阶段,也就是精确导航阶段[27-28],基于先前的经验和对目标位置的了解,鱼群依靠熟悉的海洋地标或本地线索,准确到达目标[27]。长距离迁徙是一种高度复杂和时空协调的现象,动物会综合考虑其生理机能、参考线索可用性以及不同迁徙阶段对导航准确度的需求,组合使用不同线索信息[27-28]。

什么样的线索让动物能够应对这些挑战并成功完成定向任务?我们将详细论述不同的参考系统,通过具体例子说明动物迁徙运动的策略。参考文献中有许多绝佳的例子,我们将尽可能详细地总结和讨论,以供进一步阅读。你会注意到大部分的焦点都在鸟类和昆虫上。历史上和当代关于脊椎动物定位和导航的研究都以鸟类为中心,因为它们是标志性物种,以其异常的长距离迁徙运动而闻名。我们会尝试尽可能多地包括其他动物群类的例子。

研究鸟类和昆虫也有技术上的优势。昆虫比脊椎动物更容易在实验室饲养和保存,在受控条件下测试它们的定向偏好也比测试脊椎动物简单。对研究人员来说,将候鸟关在笼子里观察非常方便,一旦迁徙季节来临,它们就会表现出所谓的"迁徙兴奋"或"迁徙躁动",具体而言即是夜间高度活跃,包括振翅旋转、跳跃、在笼子里飞来飞去;这与非迁徙季节形成对比,在非迁徙季节,鸟类在夜间通常处于睡眠状态。每年春天和秋天的晚上,笼子里的候鸟都试图飞向它们在野外的同类将要迁徙去的方向。此外,笼子里的候鸟发生躁动行为的生物钟也与野外候鸟一致[30]。将处在"迁徙兴奋"期间的鸣禽关在衬有划痕敏感纸的圆形漏斗状笼子里,通过检查纸上留下的划痕来测量它们的迁徙首选方向,因为鸟类试图跳到首选方向飞走[31]。这是一种测量鸣禽的迁徙首选方向的实用方法,通过这种方法,研究人员可以更容易地测试候鸟对各种方向线索的响应,例如,改变/操纵磁场矢量,如本章下文所述[31]。

54.1.1 天空中的线索

像人类航海家数千年来的长途旅行一样,许多动物通过天空寻找方向线索。在晚上、白天,黄昏、黎明,空中和天体线索可以提供丰富的用于定向的信息。

54.1.2 太阳

白天,太阳是一个非常明显和可见的参考点,它在天空中的轨迹有稳定的规律可循。每天早上,太阳在东方地平线升起,在西方落下,太阳相对于地平线的位置以及方位角,随着时间的推移而变化,见图54.2(a)。对于白天活动的动物来说,太阳的轨迹可以作为一个可预测的方向信息源,并以几种不同的方式使用。

太阳可以简单地作为方位参考,用于保持粗略方向。这是小苎麻赤蛱蝶(学名:小红蛱蝶)在秋天向南迁徙时使用的策略[32]。有些动物采用更复杂的罗盘形式。因为太阳的位置在一天中逐渐变化,所以可作为移动的方向参考。动物必须考虑到太阳的这种运动,否则选择的方向将在一天中随着太阳的慢慢移动,不可避免地积累定向误差甚至引起定向错

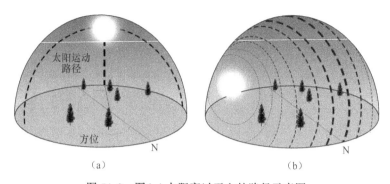

图 54.2 图(a)太阳穿过天空的路径示意图

(在北半球,太阳的弧线在天空的南部。方位角是太阳沿着地平线从地理北开始转过的角度。

图(b)天空的偏振模式用虚线表示。线条的粗细反映了偏振的程度,线条越粗,偏振越高。

来自太阳位置的偏振随着离太阳距离的增加而增加,在离太阳90°时达到最大值,然后又逐渐减少。)

误[33]。为了适应太阳的运动,需要一种更精致、更准确的动物太阳罗盘,将太阳位置信息和每天精确计时信息进行结合。对于动物来说,这种时钟是以体内生物钟的形式出现的,它保持着大约24h的节奏[34-35]。简而言之,在对光和温度等环境线索的反应中,大脑组织相互作用,分泌激素,形成大约24h的模式,产生昼夜周期[35]。通过使用太阳方位角和自身生物钟,动物可以避免积累方位误差[33],这就是时间补偿太阳罗盘。

时间补偿太阳罗盘的效果检验可以通过动物是否对"时钟偏移实验"表现出定向行为的反应来验证。时钟偏移实验通过迫使动物适应人造光(设置成与太阳时存在几小时偏差)来调整动物的生物钟[36]。一旦动物适应了人造光变化的明暗循环,研究人员就可以在不同的光照条件下测试这些动物的定向偏好,并根据人造光时间的变化来预测其最终方向。对于一只拥有时间补偿太阳罗盘的动物来说,由于调整后的生物钟和太阳位置不匹配,它应该以可预测的量偏转其方向[36],即相当于方向大约每小时偏移15%[36]。如果动物的方向不受时钟偏移的影响,这意味着它的太阳罗盘没有时间补偿。理想情况下,应该在没有其他方向线索的情况下进行测试,这样动物就不能获取其他类型的信息来确定方向。

时钟偏移实验揭示了很多动物群体都能利用复杂的时间补偿太阳罗盘,包括昆虫[37],鸟类[36],鱼[38],爬行动物[39-40],哺乳动物[41]和两栖动物[42]。

最容易理解的时间补偿太阳罗盘是帝王蝶(学名:黑脉金斑蝶)的罗盘。对帝王蝶而言,时间补偿太阳罗盘是用来完成多代迁徙的主要定向机制;它们用它来确定秋天从北美和加拿大到墨西哥的南飞方向,然后在春天再次用它来向北移动[37,44-46]。在阴天,帝王蝶似乎也能利用磁场获取方向信息[47,44]。帝王蝶的太阳罗盘使用的昼夜生物钟位于其触角上[43]。触角的切除证实了这一点,这使得帝王蝶迷失方向,无法使用它们的太阳罗盘[43]。当研究人员通过用黑色油漆涂在触角上来阻止光线到达昼夜生物钟时(使蝴蝶无法保持有节律的生物钟),它们与没用黑色油漆涂覆触角的蝴蝶的飞行方向表现不同[43]。进一步的研究表明,帝王蝶通过触角整合时钟信息,作为太阳罗盘的一部分发挥作用[48]。Guerra 等进行的一系列实验巧妙地证明了这一点[48],他发现蝴蝶只用一根完整的触角就能很好地定向(另一根被剪断)[48]。一根触角作为天线就足以同步内部时钟,并实现定向飞行[48]。相比之下,将一根触角天线涂成黑色而不是切除它,同时保持另一根触角天线完好无损,会产生时钟信息不同步从而导致迷失方向[48]。这表明,来自两根触角的天线(一根涂黑,另一根未涂黑)的冲突时钟信息干扰了大脑的太阳罗盘[48]。当研究人员切除导致混乱的涂黑触角天线时,这一点得到了最终的证实——蝴蝶能够恢复并完美地使用它们的太阳罗盘[48]。

在鸟类中,人们已经对候鸟和信鸽(学名:原鸽)开展了研究,候鸟迁徙[49]以及信鸽归巢都用它们的太阳罗盘作为参考信息[50-52]。Gustav Kramer 设计了一个留有水平方向窗口的定向笼,从窗口可以看到太阳的位置,实验表明笼中的欧洲椋鸟(学名:紫翅椋鸟)能够一整天都保持朝向食物目标的方向[49],展示了时间补偿太阳罗盘效用。白天迁徙的鸟类应用太阳罗盘的程度仍然是一个有争议的话题,时钟偏移实验的结果并不完全具有决定性[53-56]。最近,人们开展了一项针对曼克斯海鸥的试验,结果表明,即使其实施"时钟偏移实验",它们仍能依靠时间补偿太阳信息找到返回领地的路[57]。

54.1.3 偏振光

许多动物都有检测偏振光的能力,例如鱼类、爬行动物、鸟类和许多无脊椎动物[58]。对于这些生物来说,天空中清晰的线偏振光图案反映了太阳方位,可以作为指南针指引方向和导航(方框 54.2)。得益于复眼形态结构,昆虫特别擅长检测偏振光并利用其实现定位。以下内容将主要关注昆虫及其活动。

方框 54.2　偏振的天空
光是一种电磁波,根据其电场振动的方式可描述为偏振或非偏振。当电场沿其行进方向向各个方向振动时,称为非偏振光。当电场向一个方向振动时,称为线偏振光。太阳光是非偏振的,但是当它穿过大气层时,被大气粒子散射后产生线偏振。这就是众所周知的瑞利散射,它在天空中产生线性偏振光模式,动物利用它作为方向参考[图 54.2(b)]。

Karl Von Frisch 拿蜜蜂做的实验首次证明动物利用天空偏振光实现罗盘定向功能[59]。后来进一步证明,当太阳被遮挡或不可见时,蜜蜂仍能通过感知晴朗的天空中偏振光模式实现利用太阳方向信息[60-61]。蜜蜂在外出觅食时使用这些信息,回到蜂房后,它们会与兄弟姐妹分享食物来源的信息[59-63]。这些信息被编码成"摇摆舞",内容包括从蜂房到食物位置的距离和方向[62](这是一种综合应用形式,之前在第 53 章讨论过)。

偏振天空光也是觅食沙漠蚂蚁(箭蚁属)确定路径综合策略的重要信息来源。在干旱、炎热、贫瘠如沙漠的地区,通常还没有任何地标,觅食沙漠蚂蚁能够在烈日下跑出去寻找因中暑而死亡的昆虫。它们外出寻找食物时,能够沿着漫长而迂回的路线穿越滚烫的沙漠,穿行距离有时会超过100m。在搜索食物途中,它们通过一种与计步器类似的内生机制追踪自己的步伐,还可以根据偏振光等天体线索感知自己的方向[66,68-69]。一旦找到食物,它们就会令人惊讶地沿径直路线快速返回巢穴。这种优雅而复杂的机制,帮助它们在极端环境中生存下来。

不仅白天活动的昆虫可以利用偏振光来定位自己,夜间活动的蚂蚁也是如此。例如在黄昏时刻活跃的公牛蚂蚁(犬蚁属),在觅食行程中利用太阳落山后的偏振光确定自己的方位[70-71]。值得注意的是,一些昆虫有非常敏感的视觉,以至于能够利用夜晚月光的偏振模式确定方向[72-73]。蜣螂(金龟子科)在黄昏时利用太阳的偏振光图案,把新制成的粪球滚成一条直线,远离粪堆[74]。当太阳高高升起时,尽管此时偏振月光比太阳光暗100万倍,但它还是可以探测到月亮的偏振光图案实现指南针功能。

对蚂蚁和蟋蟀等昆虫复眼的研究表明,昆虫使用眼睛顶部的传感器(称为背缘区域)感知偏振光[75-76]。

昆虫眼睛的感光细胞包含感杆结构[75,77]。每个感杆的膜都有许多指状突起,称为微绒毛,使感杆的面积最大化,其上充满了视觉色素分子[75,77]。视觉色素分子将相互对齐,以实现偏振光传感[75,77]。在背缘区域,感杆的微绒毛"手指"相互平行,将视觉色素分子相互对齐[75,77]。正是这一特征使背缘区域感光细胞对特定的偏振光方向敏感。

在一些脊椎动物群体中也检测到了偏振光敏感性。研究表明,迁徙的鸣禽在日落时使用偏振光信息来校准他们的罗盘(比如下文详细讨论的磁罗盘)[79-82],文献[83]对此进行了研究。在一些行为学研究中也发现蝙蝠可以通过偏振光实现定向[84-85]。研究发现大鼠耳蝙蝠(学名:大鼠蝠耳)也使用偏振光来校准它们的磁罗盘,和候鸟的方法一样[84-85]。然而,脊椎动物对偏振光敏感的感觉机制仍然相当神秘[83]。

值得注意的是,有一种哺乳动物也能探测到偏振光——人类也能看到它,这可能会让许多人感到惊讶。一些人在观察高度线性的偏振光时,会看到两个蝴蝶结形状叠加在他们的视野中心(McGregor等的文章[86]中有更详细的讨论)。其中一个垂直于偏振方向呈黄色,另一个平行于偏振方向呈蓝色,这种效果称为海丁格刷,可以在干净、晴朗的天空中看到[86],看LED电脑屏幕上的白色背景也能觉察到这种情况,人们认为这种现象是由黄斑(视网膜的一个区域)中的类胡萝卜素色素分子产生的[86],这种效果引发了一些关于历史上维京人航行的有趣推测[78]。

54.2 星空罗盘

大多数鸣禽选择在夜间迁徙。夜间的天气通常较为稳定,温度低,鸣禽迁徙不太会偏离路线,另外,夜间它们也不太容易被捕食[87-88]。为了成功完成长途迁徙,鸣禽必须使用夜间可用的线索来引导旅程。20世纪50年代末,研究人员开始测试鸟类是否利用星星找到它们的路。天文馆是这些实验的理想场所,在这里,研究人员能以受控的方式操纵恒星图案和恒星运动,随后观察人造恒星图下的笼中鸟类的行为。通过这种方式,研究人员证实,各种鸟类确实有能力从星空中获取方向信息[89-91]。

因为地球自转,对于地球上的观察者来说,恒星看起来是以圆形轨迹在天空中运动的,其旋转圆盘中心指向极点,在北半球,北极星位于旋转圆盘中心。研究发现,当鸟类孵出后会本能地观察星星,经过几周的学习,通过找到天空所有星星旋转的中心点来判断极地方向,见图54.3(a)[89-93]。在这个初步学习阶段,鸟类似乎只是在寻找恒星旋转中心,而不关心星座或单个恒星等其他特定的天体特征[90-94]。例如,在天文馆中,可将人造星空的任意区域设置为旋转中心,无论中心是否有恒星,幼鸟都会接受旋转中心作为它们寻找极地方向的参考线索[90-92]。Wiltschko和他的同事[94]发现,当幼鸟学会使用16个旋转的人工光点作为恒星罗盘后,哪怕完全人造一个"星空"环境,对幼鸟来说也会起作用。

随着年龄增长,鸟类似乎可以通过观察星座来判断哪个方向是极向,而不再需要花时间判断恒星旋转中心[90-93]。它们经过第一次迁徙,已经发展出一种更敏锐、更有效的罗盘机制。

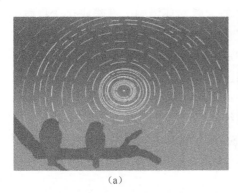

(a)　　　　　　　　　　　　　　　(b)

图 54.3　图(a)中鸟类利用恒星的旋转中心来推断极地方向。该图以北半球为例,北极星基本上位于天体旋转中心,看起来像是静止的。图(b)蜣螂不会使用特定的星图模式来保持直线前进[95],它使用来自银河系的光带作为参考来保持直线前进[95]。

(经 Elsevier 许可转载。)

与其他罗盘系统相比,动物使用的恒星罗盘还没有得到足够的重视,原因之一可能是实验保障方面的限制。最近,在天文馆进行了一项关于恒星信息在多大程度上有助于蜣螂(金龟子)保持直线滚动粪球的测试。发现蜣螂不使用单个恒星来定向[95],而是使用银河系的星带来保持直线滚动[95],见图 54.3(b)。此外,研究表明,有些海洋哺乳动物也可能使用恒星罗盘来定向。港湾海豹(学名:港湾豹)可以看到天空中明亮的星星,港湾豹在天文馆接受训练时,能够找到天狼星,并准确地用鼻子指出天狼星的方位[96-97]。这表明它们至少有识别特定恒星、图案或旋转中心的感觉能力,可以合理假定它们能跟踪其方位变化[96-97]。据推测,鲸鱼和海豚在离开水面时可能会寻找线索来确定方向(侦察跳跃行为),它们以及其他海洋哺乳动物是否具有与港湾海豹相似的能力仍有待证明[97]。

目前,动物如何识别恒星旋转中心的机理尚不清楚。恒星以约 0.0042(°)/s 的速度旋转,要实现跟踪恒星的表观"运动"需要动物能够看到如此缓慢的旋转速度。行为测试表明,它们不太可能检测到这些极其缓慢的运动痕迹。这一点最近已经在鸽子身上进行了专门测试,表明鸽子在这种速度下无法检测到缓慢移动的旋转点模式[98]。其他种类动物对运动敏感度的范围表明,动物也许能够在更高的速度范围内区分物体。它们敏感舒适区的低阈值通常仍然比探测天体运动所需的敏感阈值高很多。例如,大鼠和小鼠的舒适运动灵敏度约为 20~80(°)/s[99],长脚龙、蜥蜴、文昌鱼为 10(°)/s[100]。人类似乎比鸽子、老鼠对运动更敏感[99,101](显然,根据生活经验,我们也看不到星星的移动运动)。尽管这些敏感性试验并不是从定向或导航的角度来研究的,但我们有理由相信,动物只对比星空旋转速度高几个数量级的角运动敏感。动物似乎不太可能通过直接观察天体旋转运动实现基于旋转的恒星罗盘机制。除了运动敏感性这点以外,星空罗盘的实现机理可能涉及快照图像的使用和整合,将恒星随时间变化的位置与恒星先前位置的快照记忆进行比较,从而建立恒星位置与地标的关联性实现定位[28,98]。Foster 等从定向和导航的角度详细讨论了星空相关问题[102]。

54.2.1 嗅觉

嗅觉在生物学上普遍存在,所有动物都有能力感知环境中的气味或化学物质[103]。虽然嗅觉是人类与其他动物共有的一种感觉,但在大多数情况下,我们对它不太重视[104]。与人类相比,许多其他动物确实非常依赖嗅觉确定方向和导航。鉴于我们相对有限的嗅觉,我们很难相信一种动物能够依赖嗅觉进行长途迁徙,或者在长途觅食中使用嗅觉梯度信息作为引导。但是正如我们将在下面概述的内容,许多动物都具有这种能力。

对于许多远洋海洋动物来说,化学或嗅觉线索可以在几乎没有任何明显视觉特征的场景中给出方位信息。即使在大面积的辽阔海域,嗅觉线索也能显示长途觅食之旅的方位信息。在这种环境下,海洋动物寻找食物分布区(经常在空间和时间上变化)的任务需要利用方向参考信息实现准确的定向运动[105]。

海鸟中的管鼻鹱形目,包括信天翁、海燕、雷鸟和海鸥,可以在数百千米的远海海域上一次度过数周。它们以鱼、鱿鱼和磷虾为食,一般来说,试图在广阔的海洋中找到这些东西好比大海捞针。管鼻海鸟天生具有极其发达的嗅觉,这些物种负责嗅觉的大脑区域非常大——多达1/3的大脑专门负责嗅觉[106-107]。相比之下,家雀(学名:家麻雀)的大脑大约只有4%负责嗅觉[106-108]。嗅觉在鹱形目海鸟的生活方式中起着重要的作用,人们认为,这些鸟主要依赖它们敏锐的嗅觉寻找猎物[107]。鹱形目海鸟似乎对二甲基硫醚等特定气体非常敏感(DMS)[109-110]。当浮游动物捕食浮游植物时,会引发二甲基硫的释放[111],浮游动物因此成为其他物种的猎物,为食物链上更高级的动物提供了食物基础[105,112]。因此,这种气体是营养丰富和物种丰富地区的标志,那里有各种各样的动物,如鱼、鱿鱼和磷虾,成为海鸟的食物[105,112]。通常认为,通过追踪空中二甲基硫的踪迹,海鸟可以找到潜在的食物位置并确定其方向[107]。

对二甲基硫的特异敏感性并不仅限于鹱形目海鸟,还可能存在于各种各样的动物中,如斑海豹[113]、企鹅[114-115]、海龟[116]、鲨鱼[117]、成年珊瑚鱼[118]。最新发现显示珊瑚鱼幼体也可能使用二甲基硫信号和其他信号(如声音信号),探测合适的礁石栖息地以定居[119-120]。综上所述,使用二甲基硫作为定向的线索,可能在海洋动物中非常普遍。

动物可以用嗅觉线索形成地图,并用于远距离导航吗?如果是,那么嗅觉线索在动物对环境进行构图中的贡献有多大?这些问题在科学界仍有争议[121]。

关于嗅觉地图的研究主要是以鸽子归巢为背景开展的[121]。人们发现,将丧失嗅觉的鸽子放在一个新的地方后,它们会艰难地挣扎着寻找回家的路。嗅觉功能正常的鸽子,在大风隔绝了它们的家园后,它们也很难适应这种环境正常回巢。据推测,大风阻止它们寻找到正常的气味,从而妨碍嗅觉地图的建立,最终影响到它们从陌生地点返回鸽笼。当然,当人们操纵嗅觉区的方向时,鸽子也会被"愚弄"。研究人员将嗅觉区方向改变180°时,鸽子的归巢方向也随之改变[125-126]。鸽子还可以学会使用橄榄油和松节油等人工气味作为导航线索[127]。

最新研究进展显示,关于嗅觉导航的研究不仅限于信鸽,对其他野生鸟类的研究也越来越多。已经发现,鹱形目海鸟在长距离的飞行中,嗅觉发挥着重要作用[128]。对海鸥类飞鸟进行的位置转移试验表明,这些鸟类更多依靠嗅觉而不是地磁场信息回到数百千米外的聚居地[129-131]。

有证据表明,其他动物群也是如此。鲨鱼可能需要嗅觉线索完成导航任务[132-133]。嗅觉暂时丧失的远洋豹鲨在被转移到9km外的陌生区域后,比嗅觉正常的鲨鱼更难找到海岸。类似地,嗅觉正常的年轻黑尖礁鲨,比嗅觉丧失的礁鲨更有效地校正8km的位移偏差[133]。

对于一些物种来说,嗅觉似乎对迁徙过程中的导航至关重要。嗅觉信号在脊椎动物中发挥作用的典型例子是鲑科鱼类的出生归巢行为。鲑科动物在淡水溪流中开始它们的生命,在那里它们会停留长达一年或更长时间[134-135],随后向海洋迁徙,在海上觅食生活几年直至性成熟[134-135],然后迁徙回到出生的淡水溪流产卵[134-135]。鲑鱼将逆流而上超过3000km,这是一场壮举。人们认为,在其旅程开始阶段,它们使用各种信息找到从远海大洋到达海岸的路,包括来自地磁场的信息[136-137]。一旦到达河口,它们主要依靠嗅觉,回到淡水溪流出生地[137]。其机制是嗅觉记忆,当它们还是幼仔的时候,就学会并记住了出生水域的化学成分。成年后,它们跟随这些化学信息在迁徙途中寻找产卵地[137]。

最近,研究人员认为,对某些鸟类来说,嗅觉线索对成功的迁徙旅程也很重要。Wikelski和他的同事[138]证明,较小的黑背鸥(学名:小黑背鸥)在被偏置于大约1000km以外后,需要嗅觉回到它们的正确迁徙路线。对猫鹊(学名:灰嘲鸫)的测试表明,嗅觉对其迁徙飞行也很重要[139]。

54.2.2 地磁场

地磁场在地球历史的大部分时间里一直存在,它存在的最早、最具体的证据可以追溯到35亿年前[140-141]。与这个时间大致一致的是生命的最初迹象——澳大利亚和格陵兰岛岩石中微生物生态系统的微体化石[142-143]。可以说地磁场与地球上的生命彼此相连、无处不在。从这个角度看,生物利用这种持久的(全天可用,即便在阴天)信息源作为定向资源并不会让人意外,就像人类利用自己发明的技术设备一样自然。

动物磁感应或磁接收机理的研究始于20世纪60年代。鸣禽是这项研究的起点,这种生物因其非凡的长距离迁徙能力而闻名,这离不开出色的导航能力。迁徙季节的鸣禽在夜间迁徙的行为最适合作为测试对象,人们可以在实验室的受控条件下,对其夜间定向运动行为(如前所述的迁徙躁动或迁徙兴奋)开展量化研究。Merkel和Wiltschko[144]将欧洲知更鸟(学名:欧亚句鸟)装入漏斗形笼中,放置在亥姆霍兹磁线圈系统中心开展测试。这些巨大的线圈系统(直径达2m)可以在测试动物周围产生均匀的磁场,研究人员可以方便地操控线圈以测试与磁感应有关的各种条件。例如改变磁场强度或者磁场矢量方向,然后观察鸣禽定向行为如何变化。通过研究,Merkel和Wiltschko发现改变磁北方向设置会引起欧洲知更鸟相应地调整它们的方向偏好,第一次实质性地证实了动物使用地球磁场获取方向信息用于定向运动[144]。

在了解了鸣禽迁徙过程中利用地球磁场信息实现指南针定向后,研究人员很想进一步研究鸟类使用地球磁场的哪些特征作为线索。地球上各点的地磁场信息各异,因此地磁场信息中可能隐含方向信息(图54.4)。首先,磁场有北极和南极之分,假设动物可以通过感知磁极向进而知道指北或指南,就能实现类似于磁罗盘的功能。其次,磁场强度也显示出空间差异性,在磁极附近磁场强度最高,在赤道附近磁场强度最低,磁场强度的差异可以为动物提供方向指向性。另外,磁倾角(这里定义为磁力线与地球表面相交的角度)在全球范围内也是不同的,在两极最陡(垂直于地球表面),在赤道最平缓(平行于地球表面),磁场矢量在北半球指向下,在南半球指向上。

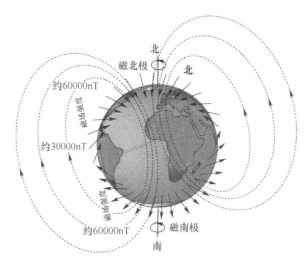

图 54.4　地球地磁场示意图

(本质上类似于一个巨大的条形磁铁,磁力线在南极离开地球表面,绕地球弯曲,在北极重新进入
地球。磁场矢量在南半球指向上,在北半球指向下,倾角在磁极处最陡,在磁赤道处与地球表面平行。
强度值因地球上的位置而异,最高值(60000nT)在两极,最低值(约30000nT)在磁赤道[145]来源:《Biologists》。)

　　为了了解动物利用这些特征中的哪一个来感知方向信息,Wiltschko 和 Wiltschko[146] 开展了试验,通过改变磁场矢量的不同分量,测试欧洲知更鸟的行为反应。当翻转磁场矢量的垂直和水平分量来改变磁场极性(不改变倾角)时,他们发现鸟类的行为保持不变——鸟类继续朝着它们的自然迁徙方向飞行(在春天时朝北),见图 54.5(a)。当磁场矢量的水平分量[图 54.5(b)]或垂直分量[图 54.5(c)]单独翻转时,导致与自然场矢量相比倾角发生了变化,鸟类的迁徙方向也随之反转。鸟类现在朝向地理南方,在图 54.5(b)的场景中对应于磁南方,在图 54.5(c)中磁北方和地理南方重合。这清楚地表明,鸟类的磁罗盘功能与我们的船用磁罗盘不同,后者是基于极性的。事实上,鸟类无法区分南北,但它们可以感知磁场的倾斜度(图 54.5 中用橙色突出显示),并只对倾斜角的变化做出反应,以此作为参考线索来识别是朝向磁极方向(倾斜角变得更陡)还是朝向磁赤道方向(倾斜角变得更小)[146]。人们还发现,这种鸟的磁罗盘只能在与当地磁场相适应的特定强度范围内发挥作用[147-149]。当磁场强度超过此范围时,如果能给鸟类一些时间来适应和调整,那么它们仍能够重新获得磁罗盘定向能力[147-149]。

　　磁罗盘的使用随后在一系列鸟类和其他动物中得到证实,如爬行动物、两栖动物、哺乳动物、鱼类和无脊椎动物[150]。现在人们认识到,磁敏感能力存在于所有主要分类群动物中,而并不只限于迁徙动物(如小鸡[151]、斑马雀[152]和小鼠[153])中,人类显然不是其中的一部分[154]。磁倾角罗盘也是帝王蝶和海龟罗盘库的一部分,用来确定迁徙方向[47,155]。不是所有被测试的动物都有磁倾角罗盘,不同动物种群可能使用不同的磁信息类型用作定向参考线索。除了鸟类,一些动物如鼹鼠(隐孢子虫属)、蝙蝠和多刺龙虾(学名:眼斑龙虾)[156-159]似乎使用磁场的极性而不是倾角作为定向的参考线索。

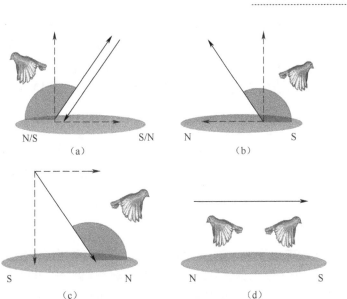

图 54.5　鸟类使用磁倾角罗盘

[该图描绘了一只欧洲知更鸟在春天向北迁徙到繁殖地的场景。蓝线表示磁场矢量(虚线表示该矢量的垂直和水平分量),箭头的方向表示磁力线极性。鸟类使用倾斜角(磁场与地球交会的角度)作为磁罗盘方向的参考信号。当极性反转时(即水平和垂直矢量翻转),鸟的方向偏好不会改变。图(b)只翻转磁场矢量的垂直分量,磁场的倾角也随之发生变化,导致飞鸟将其航向改变180°,向相反的方向迁徙,即迁移到地理南方(与操纵的磁北一致)。图(c)只有磁场矢量的水平分量反转,导致与图(b)中相似的情况(倾斜度保持不变),但是磁场的极性被反转。图(b)和(c)场景导致相同的行为取向方向,明确表示磁罗盘取向不使用极性。图(d)磁场的倾斜角为水平,鸟类会因为没有明确的方向参考而迷失方向[146]。资料来源:AAAS。]

在证实很多动物使用磁场作为方向罗盘后,研究人员开始考虑这些信息是否也可以用于位置感知地图或路标定位[160]。可以证实,有些物种使用磁场信息作为其地图系统的一部分[161-166]。人们认为鸟类在迁徙过程中既把磁信息用作指南针,也用作导航地图。对一只小鸣禽的模拟磁位移研究结论支持这种观点。欧亚芦苇莺(学名:芦苇莺)在春季迁徙中被捕获后,置于一个人工模拟磁场中,该磁场模拟了向东偏移 1000km 位置处的自然磁场[165]。模拟的磁场信息让芦苇莺认为自己在地理上偏移到了另一个位置,它们试图通过改变迁徙方向来修正这种偏差,以回到最初的目的地——它们的繁殖地[165]。在这个实验中,除了磁场之外没有别的东西改变,结果清楚地表明芦苇莺使用环境磁场特性作为地图参考来确定它们的空间位置[165]。

使用相同的模拟位移偏置实验,在海龟身上也发现了磁地图感知能力[167]。海龟始终高度忠实于特定的觅食地、越冬地或筑巢地,穿越数百千米至数千千米毫无特征的海洋,年复一年地回到相同的地点[168-169]。对精确位置的重现精度表明它们有利用某种类型的地图进行精细导航的能力[167]。为了测试海龟是否可以利用磁场提取位置信息,以形成地图感知能力来引导它们的旅程,Lohmann 和他的同事[167]在佛罗里达州捕获了绿海龟,并就近开展了人工模拟磁位移研究测试。这些绿海龟被分成两个实验组,分别置于两个模拟磁场中:一组的模拟磁场设置为捕获点向北偏移 337km 处的自然磁场值,另一组设置为向南偏移 337km 接受测试[167]。两组海龟都爬向它们被捕获的地方,一组的北磁场指向南方,另一组则相反[167]。这个实验表明,海龟可以利用周围磁场提供的信息确定它们相对于目标的位置,并利用它导航。有趣的是,海龟甚至不需要学习如何使用这些信息,似乎天生就有磁地图感知能力[170]。从未经历过迁徙的幼海龟,在置于不同位置信息的磁场中时,将会重新确定方向,爬往迁徙路线的正确轨道上[170]。由此看来,它们对特定的磁场或"导航标记"具有遗传反应能力[170-171]。

类似的模拟磁场实验,表明其他一些动物,例如洄游的幼年鲑鱼和幼年玻璃鳗[136,172],也有这种遗传能力。两栖动物[173-174]和多刺龙虾[164]已被证明具有遗传的磁地图感知能力。到目前为止,多刺龙虾仍然是唯一一种能够根据磁线索提取导航位置信息的无脊椎动物。

54.2.3 敏感磁场的机制

在知道动物使用地球磁场来定向,并且已经确定了动物利用磁场的关键特征作为定向参考后,我们希望进一步了解动物如何准确地敏感磁场。尽管已经开展了几十年研究,这个问题仍然有待回答。这是一项艰巨的任务,不仅因为这种感觉与我们的感官体验相去甚远,还因为磁场穿过所有生物物质,因此很难精确确定体内的传感器。但是,根据行为实验确定动物用来定位的磁场特征,我们也许能够找出参与磁信号接收过程的感受器官。大多数关于识别磁受体的研究工作,尤其是在过去的 10 年里,几乎完全集中在鸟类身上。基于对鸟类的研究,人们提出了两种潜在的机制:①鸟类眼中的化学反应,称为自由基对罗盘;②基于磁性粒子的磁受体。

54.2.3.1 基于自由基对的磁受体

研究人员认为自由基对机制具有作为磁传感器所需的化学性质[175-176]。这种机制基于光诱导的自由基对,这些自由基对是在候选受体分子内通过光激发产生的。事实上,昆虫、两栖动物和鸟类的行为实验表明,磁罗盘依赖特定波长和强度的光[177-182]。因而得出磁罗盘确实是一种依赖光的机制的结论。目前,脊椎动物眼睛中唯一已知的候选分子是隐色体,这种感光分子通常被认为是生物钟分子机制的调节者。为了起到磁受体的作用,光会触发瞬时自由基对的形成,根据外部激励大小而形成不同的自由基对数量,这取决于分子在磁场中的取向[176]。它需要一系列特定的受体分子,这样动物就可以比较不同方向的光敏反应产物。Hore 和 Mouritsen[184]提供了一个极好的、更全面的自由基对机制的综述。

54.2.3.2 基于磁性粒子的磁受体

另一种假设的磁受体机制可能是由位于体内某处的磁性粒子响应地球磁场时产生的力起作用的[185-186]。这种力量很像试图与另一个磁铁的磁场对齐时,磁铁在你手上施加的压力。这些纳米颗粒可能是磁铁矿或磁赤铁矿、硫化铁磁性矿物的晶体[185-186]。为了形成一个功能性的受体系统,这些晶体可能被锚定在特定受体或离子通道的质膜上,这些受体或离子通道根据晶体粒子对磁场的响应力而打开和关闭[187-189]。关于磁铁矿晶体与离子通道相互作用的方式,人们提出了多种假设,Cadiou 和 McNaughton[189]对这些方式进行了有益的讨论,并提供了更多关于机制特性的细节。为了使基于磁铁矿的系统成为可行的磁受体,晶体尺寸大小应落入特定的范围内,这样它们才能具有单一的磁畴[189]。

动物的磁感应机制似乎因动物而异,也因目的而异,不同的接受机制可能互补并协同作用。有理由相信基于自由基对和磁性粒子的磁受体有助于完成不同的任务。一般来说,自由基对受体被认为是纯粹磁罗盘机制,不能提供地图定位信息[190]。支持这一观点的证据是鸟类的行为研究,相关研究表明鸟类的磁罗盘只在特定波长的光线下起作用——鸟类对光谱中红色和黄色部分的磁场视而不见[179,191-192]。它们似乎在光谱的较长波长,即蓝色或绿色光下选择它们适当的迁移方向[179,191-192]。另一个支持基于自由基对的磁罗盘定向的发现是,快速振荡的微弱无线电场破坏了鸟类根据磁信号定向的能力[193-195]。快速振荡的微弱无线电场可以作为诊断工具来测试自由基对是否参与定向,因为它们太弱(振荡太快)就不会影响基于磁性粒子的机制,但会干扰自由基对形成过程中涉及的电子运动。

在鱼的嗅觉区域获得了支持基于磁性粒子的磁敏感机制的行为和电生理学证据[196]。此外,磁性粒子已在加勒比海多刺龙虾[197]和蝙蝠头部[198]等动物中发现。

有证据支持磁性粒子受体可能位于鸟嘴区域,并作为磁地图传感器[190]。有几项行为研究结论支持该观点,这些研究测试了三叉神经损伤后动物的行为表现。其中一个实验,研究鸽子如何感应磁异常[199]。当它们的上喙被麻醉时,它们无法检测到磁异常[199]。具体地说,磁性粒子磁受体似乎与穿过鸟喙的三叉神经有关,这种神经可以将磁接收信息传递给神经系统[200-201]。该试验中,当它们的三叉神经被切断时,它们无法对磁信息做出反应[199]。对北京鸭的类似研究进一步证实了这一点[202]。鸟类在被置于离被捕获的地方1000km以外的从未到过的地方时,它们需要三叉神经来校正这1000km的位置偏移,这个实验证实了磁性粒子受体、三叉神经和导航地图之间的联系[203]。据报道,鸟类体内存在磁性物质[188,204],但后来的研究发现,含有磁性粒子的结构是巨噬细胞,似乎与感觉任务所需的神经组织无关[205]。到目前为止,有证据表明鸟类喙中的磁性粒子系统可能作为导航中使用的地图/位置信息,而自由基对机制作为指南针来识别方向[190]。

54.3 小结

过去几十年,我们对动物导航和定向的认知取得很大进展。我们已经了解,动物有一套复杂的感官库,它们可以组合使用以实现多种功能,从而高效地完成各种短距离和长距离的迁移任务。随着在该领域知识的扩展,我们越来越意识到城市化和污染的增加,正在以不同的形式干扰动物从环境中获取方向线索的能力。例如,用于定向的光线线索,如星星或偏振光,可能会被夜间人造光污染所掩盖,尤其是在城市地区更明显[206]。最近发现,由无线通信技术引起的越来越多的人为电磁噪声干扰了鸟类的磁罗盘[195]。另外,因空气污染和水污染导致化学环境改变,可能会影响依赖嗅觉线索的动物的归巢能力[207-208]。这些发现只是几个例子,显示出这项研究的重要性,探索不断改变的世界如何影响与我们共生的动物的定向和导航能力,变得越来越必要。

参考文献

[1] F. Bairlein et al. ,"Cross-hemisphere migration of a 25 g songbird," *Biol. Lett.* ,vol. 8,no. 4,p. 505 LP-507,August 2012.

[2] T. W. Horton et al. ,"Straight as an arrow:Humpback whales swim constant course tracks during long-distance

migration," *Biol. Lett.*, vol. 7, no. 5, p. 674 LP-679, October 2011.

[3] T. L. Guttridge et al., "Philopatry and regional connectivity of the Great Hammerhead Shark, Sphyrna mokarran in the U. S. and Bahamas," *Front. Mar. Sci.*, vol. 4, p. 3, 2017.

[4] M. Béguer-Pon, M. Castonguay, S. Shan, J. Benchetrit, and J. J. Dodson, "Direct observations of American eels migrating cross the continental shelf to the Sargasso Sea," *Nat. Commun.*, vol. 6, p. 8705, October 2015.

[5] E. Warrant et al., "The Australian Bogong Moth Agrotis infusa: A long-distance nocturnal navigator," *Front. Behav. Neurosci.*, vol. 10, p. 77, 2016.

[6] C. Stefanescu, D. X. Soto, G. Talavera, R. Vila, and K. A. Hobson, "Long-distance autumn migration across the Sahara by painted lady butterflies: Exploiting resource pulses in the tropical savannah," *Biol. Lett.*, vol. 12, no. 10, October 2016.

[7] P. Luschi, G. C. Hays, C. Del Seppia, R. Marsh, and F. Papi, "The navigational feats of green sea turtles migrating from Ascension Island investigated by satellite telemetry," *Proc. R. Soc. London. Ser. B Biol. Sci.*, vol. 265, no. 1412, p. 2279 LP-2284, December 1998.

[8] H. Dingle, M. Zalucki, W. Rochester, and T. Armijo-Prewitt, "Distribution of the monarch butterfly, Danaus plexippus (L.) (Lepidoptera: Nymphalidae), in western North America," *Biol. J. Linn.* Soc., vol. 85, no. 4, pp. 491-500, 2005.

[9] K. Rasmussen et al., "Southern Hemisphere humpback whales wintering off Central America: insights from water temperature into the longest mammalian migration," *Biol. Lett.*, vol. 3, no. 3, pp. 302-305, 2007.

[10] J. A. Musick and C. Limpus, "Habitat utilization and migration in juvenile sea turtles," *Biol. sea turtles*, pp. 137-163, 1997.

[11] A. B. Bolten et al., "Transatlantic developmental migrations of loggerhead sea turtles demonstrated by mtDNA sequence analysis," *Ecol. Appl.*, vol. 8, no. 1, pp. 1-7, 1998.

[12] M. Lerche-Jørgensen, M. Willemoes, A. P. Tøttrup, K. R. S. Snell, and K. Thorup, "No apparent gain from continuing migration for more than 3000 kilometres: Willow warblers breeding in Denmark winter across the entire northern Savannah as revealed by geolocators," *Mov. Ecol.*, vol. 5, no. 1, 2017.

[13] P. F. Battley et al., "Contrasting extreme long-distance migration patterns in bar-tailed godwits Limosa lapponica," *J. Avian Biol.*, vol. 43, no. 1, pp. 21-32, 2012.

[14] G. Kramer, "Wird die Sonnehohe bei der Heimfindeorientierung verwertet?," *J. f ür Ornithol.*, vol. 94, pp. 201-219, 1953.

[15] K. Able, "The concepts and terminology of bird navigation," *J. Avian Biol.*, vol. 32, no. 2, pp. 174 - 183, 2001.

[16] C. Merlin, S. Heinze, and S. M. Reppert, "Unraveling navigational strategies in migratory insects," *Curr. Opin. Neurobiol.*, vol. 22, no. 2. pp. 353-361, 2012.

[17] R. Muheim, J. Boström, S. Åkesson, and M. Liedvogel, "Sensory mechanisms of animal orientation and navigation," *Anim. Mov. Across Scales*, pp. 179-194, 2014.

[18] A. C. Perdeck, "Two types of orientation in migrating starlings, Sturnus yulgaris L., and Chaffinches, Fringilla coelebs L., as revealed by displacement experiments," *Ardea*, vol. 38-90, pp. 1-2, January 2002.

[19] M. Liedvogel, S. Åkesson, and S. Bensch, "The genetics of migration on the move," *Trends Ecol. Evol.*, vol. 26, no. 11. pp. 561-569, 2011.

[20] T. Mueller, R. B. O' Hara, S. J. Converse, R. P. Urbanek, and W. F. Fagan, "Social learning of migratory performance," *Science (80-.)*, vol. 341, no. 6149, pp. 999-1002, 2013.

[21] C. S. Teitelbaum et al., "Experience drives innovation of new migration patterns of whooping cranes in response to global change," *Nat. Commun.*, vol. 7, 2016.

[22] A. P. Nesterova, A. Flack, E. E. van Loon, F. Bonadonna, and D. Biro, "The effect of experienced individuals on navigation by king penguin chick pairs," *Anim. Behav.*, vol. 104, pp. 69−78, 2015.

[23] A. Berdahl et al., "Collective animal navigation and migratory culture: From theoretical models to empirical evidence," *bioRxiv*, p. 230219, 2018.

[24] D. Biro, D. J. T. Sumpter, J. Meade, and T. Guilford, "From compromise to leadership in pigeon homing," *Curr. Biol.*, vol. 16, no. 21, pp. 2123−2128, 2006.

[25] G. Dell'Ariccia, G. Dell'Omo, D. P. Wolfer, and H. P. Lipp, "Flock flying improves pigeons' homing: GPS track analysis of individual flyers versus small groups," *Anim. Behav.*, vol. 76, no. 4, pp. 1165−1172, 2008.

[26] F. Bonadonna, S. Benhamou, and P. Jouventin, "Orientation in 'featureless' environments: The extreme case of pelagic birds BT," *Avian Migration*, 2003, pp. 367−377.

[27] B. J. Frost and H. Mouritsen, "The neural mechanisms of long distance animal navigation," *Curr. Opin. Neurobiol.*, vol. 16, no. 4, pp. 481−488, 2006.

[28] H. Mouritsen, D. Heyers, and O. Güntürkün, "The neural basis of long-distance navigation in birds," *Annu. Rev. Physiol.*, vol. 78, no. 1, pp. 133−154, February 2016.

[29] G. Kramer, "Über Richtungstendenzen bei der nächtlichen Zugunruhe gekäfigter Vögel," *Ornithol. als Biol. Wiss.*, pp. 269−283, 1949.

[30] C. Eikenaar, T. Klinner, K. L. Szostek, and F. Bairlein, "Migratory restlessness in captive individuals predicts actual departure in the wild," *Biol. Lett.*, vol. 10, no. 4, pp. 20140154−20140154, 2014.

[31] S. T. Emlen and J. T. Emlen, "A technique for recording migratory orientation of captive birds," *Source Auk*, vol. 83, no. 3, pp. 361−367, 1966.

[32] R. L. Nesbit, J. K. Hill, I. P. Woiwod, D. Sivell, K. J. Bensusan, and J. W. Chapman, "Seasonally adaptive migratory headings mediated by a sun compass in the painted lady butterfly, Vanessa cardui," *Anim. Behav.*, vol. 78, no. 5, pp. 1119−1125, 2009.

[33] T. Guilford and G. K. Taylor, "The sun compass revisited," *Anim. Behav.*, vol. 97, pp. 135 − 143, November 2014.

[34] J. C. Dunlap, "Molecular bases for circadian clocks," *Cell*, vol. 96, no. 2, pp. 271−290, January 1999.

[35] R. Refinetti, *Circadian Physiology*, 3rd Ed., Boca Raton: CRC Press, 2016.

[36] K. Schmidt-Koenig, J. U. Ganzhorn, and R. Ranvaud, "The sun compass," *Orientation in Birds* (ed. P. Berthold), Basel: Birkhäuser Basel, 1991, pp. 1−15.

[37] Perez, S. M., Taylor, O. R., & Jander, R. (1997). A sun compass in monarch butterflies. *Nature*, 387 (6628), 29−29.

[38] H. Mouritsen, J. Atema, M. J. Kingsford, and G. Gerlach, "Sun compass orientation helps coral reef fish larvae return to their natal reef," *PLoS One*, vol. 8, no. 6, p. e66039, June 2013.

[39] K. Adler and J. B. Phillips, "Orientation in a desert lizard (Uma notata): Time-compensated compass movement and polarotaxis," *J. Comp. Physiol. A*, vol. 156, no. 4, pp. 547−552, 1985.

[40] C. T. DeRosa and D. H. Taylor, "Sun-compass orientation in the painted Turtle, Chrysemys picta (Reptilia, Testudines, Testudinidae)," *J. Herpetol.*, vol. 12, no. 1, pp. 25−28, 1978.

[41] S. L. Fluharty, D. H. Taylor, and G. W. Barrett, "Suncompass orientation in the Meadow Vole, Microtus pennsylvanicus," *J. Mammal.*, vol. 57, no. 1, pp. 1−9, Feb. 1976.

[42] D. H. Taylor and D. E. Ferguson, "Extraoptic celestial orientation in the southern cricket frog Acris gryllus," *Science (80-.)*, vol. 168, no. 3929, pp. 390−392, 1970.

[43] C. Merlin, R. J. Gegear, and S. M. Reppert, "Antennal circadian clocks coordinate sun compass orientation in migratory monarch butterflies," *Science*, vol. 325, no. 5948, pp. 1700−1704, September 2009.

［44］ H. Mouritsen and B. J. Frost,"Virtual migration in tethered flying monarch butterflies reveals their orientation mechanisms," *Proc. Natl. Acad. Sci. U. S. A.* ,vol. 99,no. 15,pp. 10162-10166,July 2002.

［45］ O. Froy,A. L. Gotter,A. L. Casselman,and S. M. Reppert,"Illuminating the circadian clock in monarch butterfly migration," *Science (80-.)*. ,vol. 300,no. 5623,p. 1303 LP-1305,May 2003.

［46］ S. M. Reppert, R. J. Gegear, and C. Merlin, "Navigational mechanisms of migrating monarch butterflies," *Trend. Neurosci.* ,vol. 33,no. 9. pp. 399-406,2010.

［47］ P. A. Guerra, R. J. Gegear, and S. M. Reppert, "A magnetic compass aids monarch butterfly migration," *Nat. Commun.* ,vol. 5,p. 4164,June 2014.

［48］ P. A. Guerra,C. Merlin,R. J. Gegear,and S. M. Reppert,"Discordant timing between antennae disrupts sun compass orientation in migratory monarch butterflies," *Nat. Commun.* ,vol. 3,p. 958,July 2012.

［49］ G. Kramer,"Eine neue Methode zur Erforschung der Zugorientierung und die bisher damit erzielten Ergebnisse," in *Proc. Int. Ornithol. Congr*,1951,vol. 10,pp. 269-280.

［50］ K. Schmidt-Koenig,"Experimentelle Einflußnahme auf die 24-Stunden-Periodik bei Brieftauben und deren Auswirkungen unter besonderer Berücksichtigung des Heimfindevermögens," *Ethology*, vol. 15, no. 3, pp. 301-331,1958.

［51］ W. Wiltschko,R. Wiltschko,and W. T. Keeton,"Effects of a 'permanent' clock-shift on the orientation of young homing pigeons," *Behav. Ecol. Sociobiol.* ,vol. 1,no. 3,pp. 229-243,1976.

［52］ W. Wiltschko,R. Wiltschko,and W. T. Keeton,"The effect of a 'permanent' clock-shift on the orientation of experienced homing pigeons -I. Experiments in Ithaca, New York, USA," *Behav. Ecol. Sociobiol.* , vol. 15, no. 4,pp. 263-272,1984.

［53］ U. Munro and R. Wiltschko, " Clock-shift experiments with migratory yellow-faced honeyeaters, Lichenostomus chrysops (Meliphagidae),an Australian day migrating bird," *J. Exp. Biol.* ,vol. 181,pp. 233 -244,1993.

［54］ S. Åkesson,N. Jonzén,J. Pettersson,M. Rundberg,and R. Sandberg,"Effects of magnetic manipulations on orientation:Comparing diurnal and nocturnal passerine migrants on Capri,Italy in autumn," *Ornis Svecica*, vol. 16,pp. 55-61,2006.

［55］ W. Wiltschko and R. Wiltschko,"Homing pigeons as a model for avian navigation?," *J. Avian Biol.* ,vol. 48, no. 1,pp. 66-74,2017.

［56］ N. Chernetsov,"Compass systems," *J. Comp. Physiol. A*,vol. 203,no. 6-7,pp. 447-453,2017.

［57］ O. Padget et al. ,"In situ clock shift reveals that the sun compass contributes to orientation in a Pelagic Seabird," *Curr. Biol.* ,vol. 28,no. 2,p. 275-279. e2,January 2018.

［58］ G. Horváth,*Polarized light and Polarization Vision in Animal Sciences*,2014.

［59］ K. V. Frisch,"Die Polarisation des Himmelslichtes als orientierender Faktor bei den Tänzen der Bienen," *Experientia*,vol. 5,no. 4,pp. 142-148,1949.

［60］ M. Dacke and M. V. Srinivasan,"Two odometers in honeybees?," *J. Exp. Biol.* ,vol. 211,no. 20,pp. 3281-3286,2008.

［61］ P. Kraft,C. Evangelista,M. Dacke,T. Labhart,and M. V. Srinivasan,"Honeybee navigation:Following routes using polarized-light cues," *Philos. Trans. R. Soc. B Biol. Sci.* ,vol. 366,no. 1565,pp. 703-708,2011.

［62］ K. Von Frisch,*Die Tänze der Bienen*,vol. 1,1946.

［63］ C. Evangelista,P. Kraft,M. Dacke,T. Labhart,and M. V. Srinivasan,"Honeybee navigation:Critically examining the role of the polarization compass," *Philos. Trans. R. Soc. B Biol. Sci.* ,vol. 369,no. 1636,2014.

［64］ M. Müller and R. Wehner, "Path integration in desert ants, Cataglyphis fortis," *Proc. Natl. Acad. Sci.* , vol. 85,no. 14,pp. 5287-5290,1988.

[65] R. Wehner and M. Müller, "The significance of direct sunlight and polarized skylight in the ant's celestial system of navigation," *Proc. Natl. Acad. Sci.*, vol. 103, no. 33, pp. 12575–12579, 2006.

[66] F. Lebhardt, J. Koch, and B. Ronacher, "The polarization compass dominates over idiothetic cues in path integration of desert ants," *J. Exp. Biol.*, vol. 215, no. 3, pp. 526–535, 2012.

[67] W. J. Gehring and R. Wehner, "Heat shock protein synthesis and thermotolerance in Cataglyphis, an ant from the Sahara desert.," *Proc. Natl. Acad. Sci.*, vol. 92, no. 7, pp. 2994–2998, 1995.

[68] M. Wittlinger, R. Wehner, and H. Wolf, "The desert ant odometer: a stride integrator that accounts for stride length and walking speed," *J. Exp. Biol.*, vol. 210, no. 2, pp. 198–207, 2007.

[69] M. Wittlinger, R. Wehner, and H. Wolf, "The ant odometer: Stepping on stilts and stumps," *Science (80-.).*, vol. 312, no. 5782, pp. 1965–1967, 2006.

[70] S. F. Reid, A. Narendra, J. M. Hemmi, and J. Zeil, "Polarised skylight and the landmark panorama provide night-active bull ants with compass information during route following," *J. Exp. Biol.*, vol. 214, no. 3, pp. 363–370, 2011.

[71] C. A. Freas, A. Narendra, C. Lemesle, and K. Cheng, "Polarized light use in the nocturnal bull ant, Myrmecia midas.," *R. Soc. open Sci.*, vol. 4, no. 8, p. 170598, 2017.

[72] M. Dacke, P. Nordström, and C. H. Scholtz, "Twilight orientation to polarised light in the crepuscular dung beetle Scarabaeus zambesianus," *J. Exp. Biol.*, vol. 206, no. 9, pp. 1535–1543, 2003.

[73] B. el Jundi et al., "Neural coding underlying the cue preference for celestial orientation," *Proc. Natl. Acad. Sci.*, 2015.

[74] M. Dacke, D. -E. Nilsson, C. H. Scholtz, M. Byrne, and E. J. Warrant, "Animal behaviour: Insect orientation to polarized moonlight," *Nature*, vol. 424, no. 6944, pp. 33–33, 2003.

[75] T. Labhart and E. P. Meyer, "Detectors for polarized skylight in insects: A survey of ommatidial specializations in the dorsal rim area of the compound eye," *Microsc. Res. Tech.*, vol. 47, no. 6, pp. 368–379, 1999.

[76] E. Warrant and D. -E. Nilsson, *Invertebrate Vision*. Cambridge University Press, 2006.

[77] D. E. Nilsson, T. Labhart, and E. Meyer, "Photoreceptor design and optical properties affecting polarization sensitivity in ants and crickets," *J. Comp. Physiol. A*, vol. 161, no. 5, pp. 645–658, 1987.

[78] G. Horváth et al., "Celestial polarization patterns sufficient for Viking navigation with the naked eye: detectability of Haidinger's brushes on the sky versus meteorological conditions," *R. Soc. Open Sci.*, vol. 4, no. 2, February 2017.

[79] J. B. Phillips and F. R. Moore, "Calibration of the sun compass by sunset polarized light patterns in a migratory bird," *Behav. Ecol. Sociobiol.*, vol. 31, no. 3, pp. 189–193, 1992.

[80] W. W. Cochran, H. Mouritsen, and M. Wikelski, "Migrating songbirds recalibrate their magnetic compass daily from twilight cues," *Science (80-.).*, vol. 304, no. 5669, pp. 405–408, 2004.

[81] R. Muheim, J. B. Phillips, and S. Åkesson, "Polarized light cues underlie compass calibration in migratory songbirds," *Science (80-.).*, vol. 313, no. 5788, pp. 837–839, 2006.

[82] R. Muheim, J. B. Phillips, and M. E. Deutschlander, "White-throated sparrows calibrate their magnetic compass by polarized light cues during both autumn and spring migration," *J. Exp. Biol.*, vol. 212, no. 21, pp. 3466–3472, 2009.

[83] R. Muheim, "Behavioural and physiological mechanisms of polarized light sensitivity in birds.," *Philos. Trans. R. Soc. Lond. B. Biol. Sci.*, vol. 366, no. 1565, pp. 763–771, 2011.

[84] R. A. Holland, I. Borissov, and B. M. Siemers, "A nocturnal mammal, the greater mouse-eared bat, calibrates a magnetic compass by the sun," *Proc. Natl. Acad. Sci.*, vol. 107, no. 15, pp. 6941–6945, 2010.

[85] S. Greif, I. Borissov, Y. Yovel, and R. A. Holland, "A functional role of the skys polarization pattern for orientation in the greater mouse-eared bat," *Nat. Commun.*, vol. 5, 2014. *Orientation and Navigation in the Animal World*.

[86] J. McGregor, S. Temple, and G. Horváth, "Human polarization sensitivity," *Polarized Light and Polarization Vision in Animal Sciences* (ed. G. Horváth), Berlin, Heidelberg: Springer Berlin Heidelberg, 2014, pp. 303–315.

[87] P. Kerlinger and F. R. Moore, "Atmospheric structure and avian migration," in *Current Ornithology*, no. January 1989, pp. 109–142.

[88] T. Alerstam, "Flight by night or day? Optimal daily timing of bird migration," *J. Theor. Biol.*, vol. 258, no. 4, pp. 530–536, 2009.

[89] F. Sauer, "Die Sternenorientierung nächtlich ziehender Grasmücken (Sylvia atricapilla, borin und curruca)," *Zeitschrift Tierpsychol.*, vol. 14, no. 1, pp. 29–70, 1957.

[90] S. T. Emlen, "Migratory orientation in the Indigo Bunting, Passerina cyanea: Part I: Evidence for use of celestial cues," *Auk*, vol. 84, no. 3, pp. 309–342, 1967.

[91] S. T. Emlen, "Celestial rotation: its importance in the development of migratory orientation," *Science (80-.).*, vol. 170, no. 3963, pp. 1198–201, 1970.

[92] S. T. Emlen, "Migratory orientation in the Indigo Bunting, Passerina cyanea. Part II: Mechanism of celestial orientation," *Auk*, vol. 84, no. 4, pp. 463–489, 1967.

[93] A. Michalik, B. Alert, S. Engels, N. Lefeldt, and H. Mouritsen, "Star compass learning: How long does it take?," *J. Ornithol.*, vol. 155, no. 1, pp. 225–234, 2014.

[94] W. Wiltschko, P. Daum, A. Fergenbauer-Kimmel, and R. Wiltschko, "The development of the star compass in Garden Warblers, Sylvia borin," *Ethology*, vol. 74, no. 4, pp. 285–292, 1987.

[95] M. Dacke, E. Baird, M. Byrne, C. H. Scholtz, and E. J. Warrant, "Dung beetles use the milky way for orientation," *Curr. Biol.*, vol. 23, no. 4, pp. 298–300, February 2013.

[96] B. Mauck, D. Brown, W. Schlosser, F. Schaeffel, and G. Dehnhardt, "How a harbor seal sees the night sky," *Marine Mammal Sci.*, vol. 21, no. 4, 646–656, 2005.

[97] B. Mauck, N. Gläser, W. Schlosser, and G. Dehnhardt, "Harbour seals (Phoca vitulina) can steer by the stars," *Anim. Cogn.*, vol. 11, no. 4, pp. 715–718, 2008.

[98] B. Alert, A. Michalik, S. Helduser, H. Mouritsen, and O. Güntürkün, "Perceptual strategies of pigeons to detect a rotational centre -A hint for star compass learning?," *PLoS One*, vol. 10, no. 3, 2015.

[99] R. M. Douglas, A. Neve, J. P. Quittenbaum, N. M. Alam, and G. T. Prusky, "Perception of visual motion coherence by rats and mice," *Vision Res.*, vol. 46, no. 18, pp. 2842–2847, 2006.

[100] K. L. Woo, G. Rieucau, and D. Burke, "Computer animated stimuli to measure motion sensitivity: Constraints on signal design in the Jacky dragon," *Curr. Zool*, vol. 63, no. 1, pp. 75–84, 2017.

[101] W. F. Bischof, S. L. Reid, D. R. W. Wylie, and M. L. Spetch, "Perception of coherent motion in random dot displays by pigeons and humans," *Percept. Psychophys.*, vol. 61, no. 6, pp. 1089–1101, 1999.

[102] J. J. Foster, J. Smolka, D. -E. Nilsson, and M. Dacke, "How animals follow the stars," *Proc. R. Soc. B Biol. Sci.*, vol. 285, no. 1871, p. 20172322, 2018.

[103] B. W. Ache and J. M. Young, "Olfaction: Diverse species, conserved principles," *Neuron*, vol. 48, no. 3, pp. 417–430, November 2005.

[104] L. Sela and N. Sobel, "Human olfaction: A constant state of change-blindness," *Exp. Brain Res.*, vol. 205, no. 1. pp. 13–29, 2010.

[105] J. P. Croxall, *Seabirds. Feeding ecology and role in marine ecosystems.* 1987.

[106] B. G. Bang, "The olfactory apparatus of tubenosed birds (Procellariiformes)," *Cells Tissues Organs*, vol. 65, no. 1-3, pp. 391-415, 1966.

[107] G. A. Nevitt, "Sensory ecology on the high seas: The odor world of the procellariiform seabirds," *J. Exp. Biol.*, vol. 211, no. 11, pp. 1706-1713, 2008.

[108] B. G. Bang and S. Cobb, "The size of the olfactory bulb in 108 species of birds," *Auk*, vol. 85, no. 1, pp. 55-61, 1968.

[109] G. A. Nevitt, R. R. Veit, and P. Kareiva, "Dimethyl sulphide as a foraging cue for Antarctic Procellariiform seabirds," *Nature*, vol. 376, no. 6542, pp. 680-682, 1995.

[110] G. Dell' Ariccia, A. Celerier, M. Gabirot, P. Palmas, B. Massa, and F. Bonadonna, "Olfactory foraging in temperate waters: Sensitivity to dimethylsulphide of shearwaters in the Atlantic Ocean and Mediterranean Sea," *J. Exp. Biol.*, vol. 217, no. 10, pp. 1701-1709, 2014.

[111] J. W. H. Dacey and S. G. Wakeham, "Oceanic dimethylsulfide: Production during zooplankton grazing on phytoplankton," *Science (80-.)*., vol. 233, no. 4770, pp. 1314-1316, 1986.

[112] G. A. Nevitt, "The neuroecology of dimethyl sulfide: A global-climate regulator turned marine infochemical," *Integr. Comp. Biol.*, vol. 51, no. 5, pp. 819-825, 2011.

[113] S. Kowalewsky, M. Dambach, B. Mauck, and G. Dehnhardt, "High olfactory sensitivity for dimethyl sulphide in harbour seals," *Biol. Lett.*, vol. 2, no. 1, pp. 106-109, 2006.

[114] G. B. Cunningham, V. Strauss, and P. G. Ryan, "African penguins (Spheniscus demersus) can detect dimethyl sulphide, a prey-related odour," *J. Exp. Biol.*, vol. 211, no. 19, pp. 3123-3127, 2008.

[115] L. Amo, M. Á. Rodríguez-Gironés, and A. Barbosa, "Olfactory detection of dimethyl sulphide in a krill-eating Antarctic penguin," *Marine Ecology Progress Series*, vol. 474. pp. 277-285, 2013.

[116] C. S. Endres and K. J. Lohmann, "Perception of dimethyl sulfide (DMS) by loggerhead sea turtles: a possible mechanism for locating high-productivity oceanic regions for foraging," *J. Exp. Biol.*, vol. 215, no. 20, pp. 3535-3538, 2012.

[117] A. D. M. Dove, "Foraging and ingestive behaviors of whale sharks, Rhincodon typus, in response to chemical stimulus cues," *Biol. Bull.*, vol. 228, no. 1, pp. 65-74, 2015.

[118] J. L. DeBose, S. C. Lema, and G. A. Nevitt, "Dimethylsulfoniopropionate as a foraging cue for reef fishes," *Science*, vol. 319, no. 5868. p. 1356, 2008.

[119] J. C. Montgomery, A. Jeffs, S. D. Simpson, M. Meekan, and C. Tindle, "Sound as an orientation cue for the pelagic larvae of reef fishes and decapod crustaceans," *Advances in Marine Biology*, vol. 51. pp. 143-196, 2006.

[120] M. A. Foretich, C. B. Paris, M. Grosell, J. D. Stieglitz, and D. D. Benetti, "Dimethyl sulfide is a chemical attractant for reef fish larvae," *Sci. Rep.*, vol. 7, no. 1, 2017.

[121] A. Gagliardo, "Forty years of olfactory navigation in birds," *J. Exp. Biol.*, vol. 216, no. 12, pp. 2165-2171, 2013.

[122] A. Gagliardo, "Having the nerve to home: trigeminal magnetoreceptor versus olfactory mediation of homing in pigeons," *J. Exp. Biol.*, vol. 209, no. 15, pp. 2888-2892, 2006.

[123] F. Papi, L. Fiore, V. Fiaschi, and S. Benvenuti, "The influence of olfactory nerve section on the homing capacity of carrier pigeons," *Monit. Zool. Ital. -Ital. J. Zool.*, vol. 5, no. 4, pp. 265-267, 1971.

[124] H. G. Wallraff, "Weitere Volierenversuche mit Brieftauben: Wahrscheinlicher Einfluß dynamischer Faktorens der Atmosphäre auf die Orientierung," *Z. Vgl. Physiol.*, vol. 68, no. 2, pp. 182-201, 1970.

[125] P. Ioalé, F. Papi, V. Fiaschi, and N. E. Baldaccini, "Pigeon navigation: Effects upon homing behaviour by reversing wind direction at the loft," *J. Comp. Physiol. A*, vol. 128, no. 4, pp. 285-295, 1978.

[126] P. Ioalè, "Further investigations on the homing behavior of pigeons subjected to reverse wind direction at the loft," *Monit. Zool. Ital. -Ital. J. Zool.* , vol. 14, no. 1-2, pp. 77-87, 1980.

[127] F. Papi, P. Ioalé, V. Fiaschi, S. Benvenuti, and N. E. Baldaccini, "Olfactory navigation of pigeons: The effect of treatment with odorous air currents," *J. Comp. Physiol. A*, vol. 94, no. 3, pp. 187-193, 1974.

[128] G. A. Nevitt and F. Bonadonna, "Sensitivity to dimethyl sulphide suggests a mechanism for olfactory navigation by seabirds," *Biol. Lett.* , vol. 1, no. 3, pp. 303-305, 2005.

[129] B. Massa, S. Benvenuti, P. Ioalè, M. Lo Valvo, and F. Papi, "Homing of Cory' s shearwaters (Calonectris diomedea) carrying magnets," *Bolletino di Zool.* , vol. 58, no. 3, pp. 245-247, 1991.

[130] A. Gagliardo, J. Bried, P. Lambardi, P. Luschi, M. Wikelski, and F. Bonadonna, "Oceanic navigation in Cory' s shearwaters: Evidence for a crucial role of olfactory cues for homing after displacement," *J. Exp. Biol.* , vol. 216, no. 15, pp. 2798-2805, 2013.

[131] E. Pollonara, P. Luschi, T. Guilford, M. Wikelski, F. Bonadonna, and A. Gagliardo, "Olfaction and topography, but not magnetic cues, control navigation in a pelagic seabird: Displacements with shearwaters in the Mediterranean Sea," *Sci. Rep.* , vol. 5, 2015.

[132] A. P. Nosal, Y. Chao, J. D. Farrara, F. Chai, and P. A. Hastings, "Olfaction contributes to pelagic navigation in a coastal shark," *PLoS One*, vol. 11, no. 1, 2016.

[133] J. M. Gardiner, N. M. Whitney, and R. E. Hueter, "Smells like home: The role of olfactory cues in the homing behavior of blacktip sharks, carcharhinus limbatus," in *Integrative and Comparative Biology*, 2015, vol. 55, no. 3, pp. 495-506.

[134] M. C. Healey, *Life history of Chinook Salmon (Oncorhynchus tshawytscha)*. 1991.

[135] T. P. Quinn, "Behavior and ecology of Pacific Salmon and Trout," *Fish Fish.* , vol. 7, pp. 75-76, 2004.

[136] N. F. Putman et al. , "An inherited magnetic map guides ocean navigation in juvenile pacific salmon," *Curr. Biol.* , vol. 24, no. 4, pp. 446-450, 2014.

[137] N. N. Bett and S. G. Hinch, "Olfactory navigation during spawning migrations: A review and introduction of the Hierarchical Navigation Hypothesis. ," *Biol. Rev. Camb. Philos. Soc.* , vol. 91, no. 3, pp. 728 − 59, August 2016.

[138] M. Wikelski et al. , "True navigation in migrating gulls requires intact olfactory nerves," *Sci. Rep.* , vol. 5, 2015.

[139] R. A. Holland et al. , "Testing the role of sensory systems in the migratory heading of a songbird," *J. Exp. Biol.* , vol. 212, no. 24, pp. 4065-4071, 2009.

[140] J. A. Tarduno, E. G. Blackman, and E. E. Mamajek, "Detecting the oldest geodynamo and attendant shielding from the solar wind: Implications for habitability," *Phys. Earth Planet. Inter.* , vol. 233. pp. 68 − 87, 2014.

[141] J. A. Tarduno, R. D. Cottrell, W. J. Davis, F. Nimmo, and R. K. Bono, "A Hadean to Paleoarchean geodynamo recorded by single zircon crystals," *Science (80-.)*. , vol. 349, no. 6247, pp. 521-524, 2015.

[142] D. Wacey, M. R. Kilburn, M. Saunders, J. Cliff, and M. D. Brasier, "Microfossils of sulphur-metabolizing cells in 3. 4-billion-year-old rocks of Western Australia," *Nat. Geosci.* , vol. 4, no. 10, pp. 698-702, 2011.

[143] A. P. Nutman, V. C. Bennett, C. R. L. Friend, M. J. Van Kranendonk, and A. R. Chivas, "Rapid emergence of life shown by discovery of 3, 700-million-year-old microbial structures," *Nature*, vol. 537, no. 7621, pp. 535-538, 2016.

[144] F. W. Merkel and W. Wiltschko, "Magnetismus und richtungsfinden zugunruhiger rotkehlchen (Erithacus rubecula)," *Vogelwarte*, vol. 23, no. 1, pp. 71-77, 1965.

[145] W. Wiltschko and R. Wiltschko, "Magnetic orientation in birds," *J. Exp.* Biol. , vol. 199, no. Pt. 1, pp. 29-

38,1996.

[146] W. Wiltschko and R. Wiltschko, "Magnetic compass of European Robins," *Science* (*80-*.)., vol. 176, no. 4030,pp. 62−64,1972.

[147] W. Wiltschko, "Über den Einfluß statischer Magnetfelder auf die Zugorientierung der Rotkehlchen (Erithacus rubecula)," *Zeitschrift für Tierpsychologie*, vol. 25, no. 5, pp. 537−558,1968.

[148] W. Wiltschko, "Further analysis of the magnetic compass of migratory birds," in *Animal Migration, Navigation, and Homing*,1978,pp. 302−310.

[149] W. Wiltschko, K. Stapput, P. Thalau, and R. Wiltschko, "Avian magnetic compass:Fast adjustment to intensities outside the normal functional window," *Naturwissenschaften*, vol. 93, no. 6, pp. 300−304,2006.

[150] R. Wiltschko and W. Wiltschko, *Magnetic Orientation in Animals*, vol. 33. 1995.

[151] R. Freire, U. H. Munro, L. J. Rogers, R. Wiltschko, and W. Wiltschko, "Chickens orient using a magnetic compass," *Curr. Biol.*, vol. 15, no. 16. 2005.

[152] N. Keary et al., "Oscillating magnetic field disrupts magnetic orientation in Zebra finches, Taeniopygia guttata," *Front. Zool.*, vol. 6, no. 1,2009.

[153] R. Muheim, N. M. Edgar, K. A. Sloan, and J. B. Phillips, "Magnetic compass orientation in C57BL/6J mice," *Learn. Behav. a Psychon. Soc. Publ.*, vol. 34, no. 4, pp. 366−373,2006.

[154] R. R. Baker, "Human navigation and magnetoreception:The Manchester experiments do replicate," *Anim. Behav.*, vol. 35, no. 3, pp. 691−704,1987.

[155] P. Light, M. Salmon, and K. J. Lohmann, "Geomagnetic orientation of Loggerhead Sea Turtles:Evidence for an inclination compass," *J. Exp. Biol.*, vol. 182, no. 1, pp. 1−10,1993.

[156] S. Marhold, W. Wiltschko, and H. Burda, "A magnetic polarity compass for direction finding in a subterranean mammal," *Naturwissenschaften*, vol. 84, no. 9, pp. 421−423,1997.

[157] Y. Wang, Y. Pan, S. Parsons, M. Walker, and S. Zhang, "Bats respond to polarity of a magnetic field," *Proc. R. Soc. B Biol. Sci.*, vol. 274, no. 1627, p. 2901 LP−2905, November 2007.

[158] R. A. Holland, J. L. Kirschvink, T. G. Doak, and M. Wikelski, "Bats use magnetite to detect the earth's magnetic field," *PLoS One*, vol. 3, no. 2,2008.

[159] K. Lohmann et al., "Magnetic orientation of spiny lobsters in the ocean:experiments with undersea coil systems," *J. Exp. Biol.*, vol. 198, no. Pt 10, pp. 2041−2048,1995.

[160] H. Mouritsen and T. Ritz, "Magnetoreception and its use in bird navigation," *Curr. Opin. Neurobiol.*, vol. 15, no. 4. pp. 406−414,2005.

[161] T. Fransson, S. Jakobsson, P. Johansson, C. Kullberg, J. Lind, and A. Vallin, "Bird migration:Magnetic cues trigger extensive refuelling," *Nature*, vol. 414, no. 6859, pp. 35−36,2001.

[162] K. J. Lohmann, S. D. Cain, S. A. Dodge, and C. M. F. Lohmann, "Regional magnetic fields as navigational markers for sea turtles," *Science* (*80-*.)., vol. 294, no. 5541, pp. 364−366,2001.

[163] M. M. Walker, T. E. Dennis, and J. L. Kirschvink, "The magnetic sense and its use in long-distance navigation by animals," *Curr. Opin. Neurobiol.*, vol. 12, no. 6. pp. 735−744,2002.

[164] L. C. Boles and K. J. Lohmann, "True navigation and magnetic maps in spiny lobsters," *Nature*, vol. 421, no. 6918, pp. 60−63,2003.

[165] D. Kishkinev, N. Chernetsov, A. Pakhomov, D. Heyers, and H. Mouritsen, "Eurasian reed warblers compensate for virtual magnetic displacement," *Curr. Biol.*, vol. 25, no. 19, pp. R822-R824,2015.

[166] N. Chernetsov, A. Pakhomov, D. Kobylkov, D. Kishkinev, R. A. Holland, and H. Mouritsen, "Migratory Eurasian reed warblers can use magnetic declination to solve the longitude problem," *Curr. Biol.*, vol. 27, no. 17, p. 2647−2651. e2,2017.

[167] K. J. Lohmann, C. M. F. Lohmann, L. M. Ehrhart, D. A. Bagley, and T. Swing, "Geomagnetic map used in seaturtle navigation," *Nature*, vol. 428, no. 6986, pp. 909-910, 2004.

[168] F. Papi, H. C. Liew, P. Luschi, and E. H. Chan, "Long-range migratory travel of a green turtle tracked by satellite: Evidence for navigational ability in the open sea," *Mar. Biol.*, vol. 122, no. 2, pp. 171-175, 1995.

[169] A. C. Broderick, M. S. Coyne, W. J. Fuller, F. Glen, and B. J. Godley, "Fidelity and over-wintering of sea turtles," *Proc. R. Soc. B Biol. Sci.*, vol. 274, no. 1617, pp. 1533-1539, 2007.

[170] K. J. Lohmann, N. F. Putman, and C. M. F. Lohmann, "The magnetic map of hatchling loggerhead sea turtles," *Curr. Opin. Neurobiol.*, vol. 22, no. 2. pp. 336-342, 2012.

[171] N. F. Putman, P. Verley, C. S. Endres, and K. J. Lohmann, "Magnetic navigation behavior and the oceanic ecology of young loggerhead sea turtles," *J. Exp. Biol.*, vol. 218, no. 7, pp. 1044-1050, 2015.

[172] L. C. Naisbett-Jones, N. F. Putman, J. F. Stephenson, S. Ladak, and K. A. Young, "A magnetic map leads juvenile European Eels to the Gulf Stream," *Curr. Biol.*, vol. 27, no. 8, pp. 1236-1240, 2017.

[173] J. H. Fischer, M. J. Freake, S. C. Borland, and J. B. Phillips, "Evidence for the use of magnetic map information by an amphibian," *Anim. Behav.*, vol. 62, no. 1, pp. 1-10, 2001.

[174] J. B. Phillips, M. J. Freake, J. H. Fischer, and S. C. Borland, "Behavioral titration of a magnetic map coordinate," *J. Comp. Physiol. A Neuroethol. Sensory, Neural, Behav. Physiol.*, vol. 188, no. 2, pp. 157-160, 2002.

[175] K. Schulten, C. E. Swenberg, and A. Weiler, "A biomagnetic sensory mechanism based on magnetic field modulated coherent electron spin motion," *Zeitschrift Phys. Chem.*, vol. 111, no. 1, pp. 1-5, 1978.

[176] T. Ritz, S. Adem, and K. Schulten, "A model for photoreceptor-based magnetoreception in birds," *Biophys. J.*, vol. 78, no. 2, pp. 707-718, 2000.

[177] J. B. Phillips and S. C. Borland, "Behavioural evidence for use of a light-dependent magnetoreception mechanism by a vertebrate," *Nature*, vol. 359, no. 6391, pp. 142-144, 1992.

[178] J. B. Phillips and O. Sayeed, "Wavelength-dependent effects of light on magnetic compass orientation in Drosophila melanogaster," *J. Comp. Physiol. A*, vol. 172, no. 3, pp. 303-308, 1993.

[179] W. Wiltschko, U. Munro, H. Ford, and R. Wiltschko, "Red light disrupts magnetic orientation of migratory birds," *Nature*, vol. 364, no. 6437, pp. 525-527, 1993.

[180] M. E. Deutschlander, S. C. Borland, and J. B. Phillips, "Extraocular magnetic compass in newts [6]," *Nature*, vol. 400, no. 6742. pp. 324-325, 1999.

[181] M. Vácha, T. Půžová, and D. Drštková, "Effect of light wavelength spectrum on magnetic compass orientation in Tenebrio molitor," *J. Comp. Physiol. A Neuroethol. Sensory, Neural, Behav. Physiol.*, vol. 194, no. 10, pp. 853-859, 2008.

[182] J. B. Phillips, P. E. Jorge, and R. Muheim, "Lightdependent magnetic compass orientation in amphibians and insects: candidate receptors and candidate molecular mechanisms," *J. R. Soc. Interface*, vol. 7, no. Suppl. _ 2, pp. S241-S256, 2010.

[183] I. Chaves et al., "The cryptochromes: Blue light photoreceptors in plants and animals," *Annu. Rev. Plant Biol.*, vol. 62, no. 1, pp. 335-364, 2011.

[184] P. J. Hore and H. Mouritsen, "The radical-pair mechanism of magnetoreception," *Annu. Rev. Biophys.*, vol. 45, no. 1, pp. 299-344, 2016.

[185] J. L. Kirschvink and J. L. Gould, "Biogenic magnetite as a basis for magnetic field detection in animals," *BioSystems*, vol. 13, no. 3, pp. 181-201, 1981.

[186] J. L. Kirschvink, M. M. Walker, and C. E. Diebel, "Magnetite-based magnetoreception," *Curr. Opin. Neurobiol.*, vol. 11, no. 4. pp. 462-467, 2001.

[187] R. C. Beason and P. Semm, "Magnetic responses of the trigeminal nerve system of the bobolink (Dolichonyx

oryzivorus），" *Neurosci. Lett.* , vol. 80, no. 2, pp. 229–234, 1987.

[188] G. Fleissner et al. , "Ultrastructural analysis of a putative magnetoreceptor in the beak of homing pigeons," *J. Comp. Neurol.* , vol. 458, no. 4, pp. 350–360, 2003.

[189] H. Cadiou and P. A. McNaughton, "Avian magnetitebased magnetoreception: A physiologist's perspective," *J. R. Soc. Interface*, vol. 7, no. Suppl. _ 2, pp. S193-S205, 2010.

[190] D. Heyers, D. Elbers, M. Bulte, F. Bairlein, and H. Mouritsen, "The magnetic map sense and its use in fine-tuning the migration programme of birds," *J. Comp. Physiol. A: Neuroethol. Sens. Neural. Behav. Physiol.* , vol. 203, no. 6–7. pp. 491–497, 2017.

[191] W. Wiltschko and R. Wiltschko, "The effect of yellow and blue light on magnetic compass orientation in European robins, Erithacus rubecula," *J. Comp. Physiol. -A Sensory*, *Neural*, *Behav. Physiol.* , vol. 184, no. 3, pp. 295–299, 1999.

[192] R. Muheim and M. Liedvogel, "The light-dependent magnetic compass," in *Photobiology: The Science of Light and Life*, *Third Edition*, 2015, pp. 323–334.

[193] T. Ritz, P. Thalau, J. B. Phillips, R. Wiltschko, and W. Wiltschko, "Resonance effects indicate a radical-pair mechanism for avian magnetic compass," *Nature*, vol. 429, no. 6988, pp. 177–180, 2004.

[194] P. Thalau, T. Ritz, K. Stapput, R. Wiltschko, and W. Wiltschko, "Magnetic compass orientation of migratory birds in the presence of a 1. 315MHz oscillating field," *Naturwissenschaften*, vol. 92, no. 2, pp. 86 – 90, 2005.

[195] S. Engels et al. , "Anthropogenic electromagnetic noise disrupts magnetic compass orientation in a migratory bird," *Nature*, vol. 509, no. 7500, pp. 353–356, 2014.

[196] M. M. Walker, C. E. Diebel, C. V. Haugh, P. M. Pankhurst, J. C. Montgomery, and C. R. Green, "Structure and function of the vertebrate magnetic sense," *Nature*, vol. 390, no. 6658, pp. 371–376, 1997.

[197] K. J. Lohmann, "Magnetic remanence in the Western Atlantic spiny lobster, Panulirus argus," *J. Exp. Biol.* , vol. 113, pp. 29–41, 1984.

[198] L. Tian, W. Lin, S. Zhang, and Y. Pan, "Bat head contains soft magnetic particles: Evidence from magnetism," *Bioelectromagnetics*, vol. 31, no. 7, pp. 499–503, 2010.

[199] C. V. Mora, M. Davison, J. Martin Wild, and M. M. Walker, "Magnetoreception and its trigeminal mediation in the homing pigeon," *Nature*, vol. 432, no. 7016, pp. 508–511, 2004.

[200] M. N. Williams and J. M. Wild, "Trigeminally innervated iron-containing structures in the beak of homing pigeons, and other birds," *Brain Res.* , vol. 889, no. 1–2, pp. 243–246, 2001.

[201] D. Heyers, M. Zapka, M. Hoffmeister, J. M. Wild, and H. Mouritsen, "Magnetic field changes activate the trigeminal brainstem complex in a migratory bird," *Proc. Natl. Acad. Sci.* , vol. 107, no. 20, pp. 9394 – 9399, 2010.

[202] R. Freire, E. Dunston, E. M. Fowler, G. L. McKenzie, C. T. Quinn, and J. Michelsen, "Conditioned response to a magnetic anomaly in the Pekin duck (Anas platyrhynchos domestica involves the trigeminal nerve," *J. Exp. Biol.* , vol. 215, no. 14, pp. 2399–2404, 2012.

[203] D. Kishkinev, N. Chernetsov, D. Heyers, and H. Mouritsen, "Migratory reed warblers need intact trigeminal nerves to orrect for a 1,000km eastward displacement," *PLoS One*, vol. 8, no. 6, 2013.

[204] G. Falkenberg, G. Fleissner, K. Schuchardt, M. Kuehbacher, P. Thalau, H. Mouritsen, D. Heyers, G. Wellenreuther, and G. Fleissner, "Avian magnetoreception: elaborate iron mineral containing dendrites in the upper beak seem to be a common feature of birds," *PLoS One*, vol. 5, no. 2, p. e9231, 2010.

[205] C. D. Treiber, M. C. Salzer, J. Riegler, N. Edelman, C. Sugar, M. Breuss, P. Pichler, H. Cadiou, M. Saunders, M. Lythgoe, and J. Shaw, Clusters of iron-rich cells in the upper beak of pigeons are macrophages not mag-

netosensitive neurons, *Nature*, vol. 484, no. 7394, pp. 367-370, April 2012.

[206] K. J. Gaston, J. Bennie, T. W. Davies, and J. Hopkins, "The ecological impacts of nighttime light pollution: A mechanistic appraisal," *Biol. Rev.*, vol. 88, no. 4, pp. 912-927, 2013.

[207] P. L. Munday et al. , "Ocean acidification impairs olfactory discrimination and homing ability of a marine fish," *Proc. Natl. Acad. Sci.*, vol. 106, no. 6, pp. 1848-1852, 2009.

[208] Z. Li, F. Courchamp, and D. T. Blumstein, "Pigeons home faster through polluted air," *Sci. Rep.*, vol. 6, 2016.

本章相关彩图,请扫码查看

第六部分
PNT 在用户和商业中的应用

第 55 章　GNSS在测量和移动测绘中的应用

Naser El-Sheimy[1] , Zahra Lari[2]

[1] 卡尔加里大学,加拿大

[2] Leica Geosystems 公司,加拿大

⟨55.1⟩　简介

全球导航卫星系统(GNSS)在过去几十年中取得了巨大的进步和发展。美国 GPS、俄罗斯 GLONASS 的现代化,欧洲 Galileo 系统、中国北斗系统、印度 IRNSS 和日本 QZSS 的发展,以及这些 GNSS 星座已有的和计划的增强系统如广域增强系统(WAAS)、欧洲地球同步导航覆盖服务 (EGNOS),MTSAT 卫星增强系统 (MSAS) 和 GPS 辅助 GEO 增强导航 (GAGAN),提升了导航系统的精度、可靠性和产业化率。毫无疑问,这些进步都归功于系统早期在测量和地形测绘中的应用。测量是广泛的、多学科的行业,涉及土地管理和地籍测量、建筑施工测量、采矿测量、基础设施监测、海洋测量等多个部分,这些行业都需要依赖精确的三维空间数据。这些行业活动对定位的需求传统上是通过卷尺、测距仪(DMI)、经纬仪、全站仪、激光扫描系统[1]等常规的地面测量技术实现的。1980 年,GNSS 技术引入民用领域,彻底改变了测量行业,能在较短时间内提供高精度、高可靠的位置信息,带来了显著的经济和社会效益[2]。这种定位技术广泛用于地界设立、施工现场的地形测量和竣工检查、施工设备控制、环境与城市规划定址、矿山测量(包括测量和计算)、关键基础设施监控、海洋测量活动。上述部分应用的定位要求(如选址和通用定位服务)可通过精度较低(米/分米级)的测量来满足,这些测量可由独立的 GNSS 提供。然而,大多数测量应用(如地界和土地边界的建立、施工设备自动化和控制、基础设施监测、近海地球物理测量)要求更高的精度和可靠性,使用独立的 GNSS 不能满足要求。为了获得高精度,GNSS 设备还使用 GNSS 增强系统,包括天基卫星增强系统(SBAS)、差分全球导航卫星系统(DGNSS)、精密单点定位(PPP)和实时运动学(RTK)定位技术[3]。因此,实现特定测量所需的精度取决于采用适当的 GNSS 定位技术,这将在本章进一步讨论。

第一代 GNSS 精确定位能力的发展和进步,替代了地理空间数据采集仪器(第 50 章和第 49 章),此外,可快速获取大规模地理空间数据的需求也促进了移动测绘系统(MMS)的发展[4]。自 20 世纪 90 年代初建立以来,这些系统获得了广泛的认可,并在不同的测量和工程中进行了应用,如城市测绘和规划、走廊研究和规划、企业资产和基础设施管理、环境监测、救灾和预防、管道路径和水文测量等[5]。由于位置信息对 MMS 具有重要意义,并对 MMS 功能产生重要影响,GNSS 被认为是 MMS 系统的重要组成部分。因此,考虑到访问地

理空间数据的时间限制和精度要求,这些系统应考虑并采用适当的 GNSS 定位方法。

本章,首先研究测量和移动测绘的定位要求,以及 GNSS 提供及时准确定位信息替代方案的作用;其次回顾 GNSS 在测绘和移动测绘中的一些主要应用;最后介绍 GNSS 和测绘业的新兴发展,这些发展对测量和移动测绘应用性能产生了积极影响。

55.2　测量和移动测绘领域的定位需求

测量和移动测绘领域对定位的需求,是影响土地和地理空间测绘相关活动的最关键因素之一,在这些领域的各类应用中对定位精度的需求是不同的。例如,在地籍测量应用中,需要记录地籍的空间位置、结构和时间特征,要求的定位精度较低;但在车辆导航应用中,需要更可靠、精确的定位精度[3,6]。因此,应采用合适的定位技术来满足不同应用的需要。以往所有测量活动都是基于大地测量的位置和仰角信息控制标记进行的[7]。然而,随着 20世纪 90 年代 GNSS 的出现和进入民用领域,其很快取代了传统的定位技术,随着进一步的改进,测量行业广泛采用 GNSS[3]。表 55.1 给出了欧洲全球卫星导航系统管理局 2017 年提交的《GNSS 市场报告》,总结了不同测量应用对 GNSS 的需求[8]。

表 55.1　测量应用中对 GNSS 的需求

应　　用	土地管理、地籍测量、建筑施工测量、采矿测量、基础设施监测	测　　绘	海洋测量
GNSS 需求	精度(厘米级至毫米级) 可用性 持续性	精度(厘米级) 可用性 持续性	精度(厘米级至毫米级) 可用性 持续性

测量应用中使用的第一个 GNSS 定位方法是使用单个 GNSS 接收机独立定位。接收机跟踪 4 颗或更多的卫星,以确定其在参考坐标系中的坐标。尽管这种定位技术已在不同的测量中应用,但其精度有限(几米以内),不能满足大多数测量应用的需要[9]。为了达到这些应用所需的精度(几厘米至几毫米以内),采用了 GNSS 增强技术[10],这些技术包括 SBAS(第 13 章)、DGNSS(第 19 章)、PPP(第 20 章)和 RTK(第 19 章),旨在提高 GNSS 信号的精度、可靠性、可用性和完好性。这些技术中,RTK 和 PPP 提供了比 DGNSS 和独立 GNSS 定位更好的精度,因为从 SBAS 等增强系统引入了修正(与大多数测量应用一样)。根据所需的精度水平、时间限制和不同测量应用中特定设备的可用性,在 PPP 和 RTK 间选择一种技术。

- 当预期应用要求精度较高时,RTK 是最佳选择。
- 在考虑时间的情况下,RTK 能比 PPP 更快地达到厘米级精度。
- RTK 定位所达到的精度在很大程度上取决于与基准接收机的距离。如果 RTK 基线被延长,那么在精度和初始化时间上就需要让步。
- RTK 的成本更高,建设也更复杂。

除了选择适当的定位方法外,采用多星座 GNSS 接收机可提升以下领域的性能:

- 可用性:使用多星座 GNSS 接收机,可用卫星的数量将增加,这在一些存在遮挡的地区显得尤其重要,如城市峡谷环境、茂密树木覆盖地区、沟壑、山脉、露天矿等[12]。

* 定位精度:卫星可用性的提高使卫星的几何结构得到改善,从而提高了定位精度。
* 完整性:组合卫星系统将提升完整性信息的提供能力。
* 冗余:独立 GNSS 系统的组合实现了所需的冗余水平[13]。

表 55.2 介绍并比较了测量市场上支持所有当前的和未来星座的最新 GNSS 传感器,这些传感器已经被徕卡(Leica)、天宝(Trimble)和拓普康(Topcon)这 3 家最著名的测量设备制造商引入测量应用市场。通过比较这些传感器,证实了这 3 种产品在使用 RTK 定位方法时都能达到测量应用所需的精度。

表 55.2　当前测量级 GNSS 接收机技术规格

参　　数		Leica Viva GS16	Trimble R8	Topcon GR-5
通道数(可同步跟踪的 GNSS 卫星信号数量)		555	440	226
RTK 定位精度	水平	8mm(固定误差)+ 1ppm(相对误差)	8mm + 1ppm	10mm + 1ppm
	垂直	15mm + 1ppm	15mm + 1ppm	15mm + 1ppm
RTK 初始化时间/s		< 4	< 8	< 35
工作温度/℃		-40~ 65	-40~ 65	-30~70

注:表"1ppm"是表示相对 1km 的误差是 1mm。

大多数测量应用中所需的精度(厘米级)都是通过后处理方式实现的[14]。然而,在移动测绘应用中,尤其是要及时访问地理空间数据时,需要精确实时的 GNSS 定位技术[15]。该组应用中,选择合适的定位方法取决于所需的精度水平[5]。对于在更大范围内进行的移动测绘应用,在不需要高精度定位的情况下,采用了 SBAS 方法,该方法融合了地球同步卫星广播的差分修正和完整性信息,这种实时定位方法可达到分米级的精度。然而,根据平台的位置,地球同步卫星有限的可用性可能会对定位精度产生不利影响。此外,使用这种实时定位技术时,初始化和 GNSS 信号丢失后重新初始化的时间也要重点考虑[16]。

对于在更小、更封闭的区域执行的移动测绘任务,RTK 是更合适的定位方法。在这种实时定位技术中,采用固定且精确定位的地面基准站来监测卫星信号,并将实时修正信息发送给移动测绘平台上的 GNSS 漫游接收机。将从 GNSS 信号获取的信息和基准站的修正信息相结合,平台位置可达到厘米级的精度。然而,随着与基准站距离的增加,获得的精度将下降,初始化时间也会增加。此外,包括信号遮挡、多径干扰和无线电干扰等环境因素会导致信号质量严重下降或信号丢失,对实时定位精度产生负面影响[17]。

最后,移动测绘系统选择最优 GNSS 定位技术是一个非常重要的过程,应当非常谨慎,成本、测距、可用性、精度等许多因素在决策过程中起着重要作用。此外,由于 GNSS 信号可能丢失或降级(尤其在高楼林立和满是各种障碍物的狭窄街道上)或遭遇信号干扰问题,因此应考虑采用替代定位技术。为解决问题并确保在这种情况下 MMS 的可靠准确定位,各种定位技术应运而生,如 Locata 方法[18]、使用惯性传感器和里程表信息的航位推算(DR)[19]、同步定位和测绘(SLAM)[20](第 49 章)、基于视觉的导航技术[21](第 50 章)等在过去几年中也得到了发展和应用。因此,将 MMS 仔细设计为集成的多传感器系统,对于解决单个传感器技术(在本章的例子中是GNSS)的局限性和提升可实现的精度及鲁棒性至关重要[22]。

55.3 GNSS在土地和海洋测量中的应用

在过去几十年中,GNSS已被公认为是一项成熟的技术,其精度和可靠性适用于所有土地和海洋测量应用。如前所述,测量应用中GNSS定位往往涉及分米级以下精度的服务,只有使用增强服务(如RTK、PPP)才能实现。本节将回顾主要的测量应用,并研究GNSS定位如何使其受益。

55.3.1 地籍测量和土地管理

测量行业中有一大部分与地籍测量有关。地籍测量涉及土地管理,具体地说是土地所有权、测量,以及在城市、农村和工业区建立地产边界[22-24]。高质量更新的地籍系统是制定土地税等财政政策[25]的基础和来源,非常重要。传统上,此类测量活动使用基于传输原理的电子经纬仪或全站仪进行。这种测量方法(如视线测量)的缺点之一是,至少需要两个工作人员现场占位并形成连续的测量站;此外,还受到地形和植被的限制,在地形起伏和植被茂密时,测量过程会耗费大量时间和更高的成本[26]。

GNSS在测量中的应用在很大程度上突破了这些限制,并体现了以下优势[27]:

- 连续站点之间不需要通视;
- 不需要为传统测量提供控制点的现场遍历阶段;
- 控制点的建立更容易、更准确、更经济;
- 全天候条件下昼夜都可进行测量;
- 简单的现场操作和连续的三维定位。

尽管GNSS特别是RTK GNSS可以有效地实现厘米级精度,改进了地籍测量方法,但仍需考虑一些实际因素以确保达到所需的精度水平[28-29]:

- 使用GNSS系统前,地籍人员应接受良好的培训。
- 除了使用常规方法进行的控制机制外,还应该建立一些控制机制并在现场实施。
- GNSS信号受发射塔、无线电台、高压电线的影响较大,因此,不能在降低GNSS信号质量的地区选大地控制点。
- 为避免多径误差,测量区域须尽量远离反射面,如金属屋顶、大型车辆、大型水面等。
- 从稳定性、可达性、晴空视野和干扰方面仔细选择测量站址。
- GNSS的结果受气象变化的影响,因此在观测日志中要明确提及瞬时变化的天气条件。
- 测量工作使用的GNSS接收机及其天线应为勘测级设备。
- GNSS测量设备在现场使用前应定期标校。
- 测量工作的开展应考虑官方机构/相关法规要求的精度。
- 要有足够时间的GNSS测量来去除异常值并确定可靠的解决办法。

最后需要提的是,尽管GNSS在地籍测量方面有优势,但在诸如密集的城市、山区、稠密丛林、峡谷等地区,其可用性仍存在局限性。尽管多星座 GNSS 系统(如 GPS 和 GLONASS)的应用可解决此问题,但在有些情况下仍需传统的测量技术。

55.3.2　建筑施工测量

建设涉及道路、建筑物、铁路、港口、桥梁和其他主要基础设施的设计和施工等各种活动。因此,场地测量对所有施工项目都至关重要,它为方案、设计、施工和后续项目阶段(如控制、监测和竣工检查)提供基本信息。传统的场地测量是基于广泛的控制网络和光学仪器进行的。由于这些工作依赖及时发布的测量数据,因此进展相当缓慢,往往造成许多活动显著延误。随着 20 世纪 80 年代 GNSS 问世,它受到了人们广泛的认可,并取代了传统方法应用于建设活动(如设置沟道、检查建筑的垂直度、测量结构单元的尺寸)。这项技术的应用极大地提高了测量操作的效率,降低了误差,并提升了勘测数据的及时性及其在建设项目后续阶段的应用[30]。

虽然不同建设活动的采用程度不同,但 GNSS 的影响和益处在基础设施项目中最明显。GNSS 极大提升了项目不同阶段(包括概念、设计、建设和维护)的可靠性和所需的可重复性厘米级精度[31]。此外,GNSS 技术的进步以及 GNSS 增强系统(特别是 RTK GNSS)的使用进一步提高了可实现的位置精度,通过地基增强系统(GBAS)传输修正值(见第 12 章),使空间数据的采集和处理更加容易,因此提高了现场生产率[32]。

GNSS 在场地测量应用中的主要优势有:

- 改善测量活动的耗时和效率;
- 测量活动的精度和可重复性(特别是在风险管理方面);
- 通过一致的和可重复的方法进行结构化质量控制;
- 降低劳动力成本;
- 根据服务精度进行风险管理;
- 能够提供及时位置信息;
- 提升不同项目阶段间的数据交换(同质数据集);
- 节约基础设施(减少对测量地面控制网络的需求);
- 通过减少交通管理需求来提高安全性。

除现场测量外,GNSS 还通过提供机械引导所需的高精度位置信息(毫米级)来促进建设项目实施,从而实现建设活动自动化。通常,机械引导用于自动控制建设设备的组件(如叶片和铲斗),通过 GNSS 与惯性传感器集成来进行精确定位。这些集成定位系统可用于提供从指示性到完全自主的不同级别的机器交互[3, 33]。为了验证建设活动中基于 GNSS 的机器控制引导的效率,雷克雅未克大学(冰岛)在 2008 年使用传统和基于 GNSS 的机器控制技术进行了一些相对较小测试站点的沟槽挖掘研究[34]。图 55.1 所示为用于这些比较研究的配备 Trimble GNSS 接收机的履带式 330DL 液压挖掘机。表 55.3 从测量时间、挖掘精度、挖掘量和燃料消耗角度对这两种挖掘方法进行了比较,并给出了基于 GNSS 的机器控制技术的定量生产效益报告。

根据表 55.3 中提供的传统技术与 GNSS 机械引导技术的比较,可以看出,使用基于 GNSS 的机械控制技术可以节省建设项目的总时间和成本。

因此,GNSS 定位技术在建设活动机械引导中的好处可概括如下[35-36]:

图 55.1　配备 Trimble GNSS 接收机的履带式 330 DL 液压挖掘机

（经 Caterpiller 许可转载。）

表 55.3　传统技术和 GNSS 机械引导技术在建设项目挖掘简易沟槽中的比较

比较因素	传统技术			GNSS 机械引导技术	
测量时间 /(h：min：s)	挖掘沟槽 04：18：30	04：14：00	总计 08：32：30	挖掘沟槽 06：35：00	总计 06：35：00
				采用 GNSS 技术节省 22.93%的时间	
挖掘精度 （公差±2cm）	路基 35%	基层 45%		路基 86%	基层 98%
				减少(若非消除)返工的需要	
挖掘量/m³	挖掘沟槽 1654.00			挖掘沟槽 1428.25	
				采用 GNSS 技术节省 13.65%的挖掘量	
燃料消耗/L	挖掘沟槽 196	修整沟槽 151	总计 347	挖掘沟槽 270	总计 270
				采用 GNSS 技术节省 22.19%的燃料消耗	

- 改善精度——首次执行任务时可提高操作效率,减少错误,提升规范性;
- 减少可能的危险人-机互动;
- 缓解机器折旧;
- 节省燃料和成本;
- 最大限度地提高机器利用率,减少停机时间;
- 改善健康和安全记录。

GNSS 增强机械引导技术的应用和发展,带来了生产效率和安全性方面的益处,并且应用到越来越多的建设项目中。这种趋势必将持续下去,机械引导将成为建设项目的标准要求[30]。

55.3.3　测绘

测绘和地理空间信息系统(GIS)应用包括所有类型地理坐标化数据的捕获、存储、使用、分析、管理和展示。虽然这些应用并不依赖 GNSS 作为数据采集的唯一手段,但 GNSS 技术的广泛应用使数据采集更加高效、成本更低,使地理信息系统技术得到普遍应用。此外,基于 GNSS 的数据采集比传统的测绘应用快得多,因此降低了所需的设备和劳动力的成本。不同的测绘应用有不同的定位要求,使用独立的 GNSS(米级精度)或 RTK-GNSS(厘米级实时精度)可有效和可靠地满足这些要求。总之,GNSS 定位技术在测绘和地理信息系统应用方面的好处如下:

- 在所需时间、设备和劳动力方面显著提高生产效率;
- 与传统技术相比,操作限制更少;
- 可用于地图和模型物理特征的精确定位;
- 更快地提供决策者所需的地理空间信息;
- 厘米级实时测量结果。

55.3.4 采矿测量

采矿业主要涉及固体矿物(如煤和矿石)、液体(如原油)或气体(如天然气)的勘探和开采[36]。因此,在考虑环境和安全标准的同时,需要对矿区进行精确测量,并对矿山设施和机械进行精确定位,以确保高效采矿程序的实施。对于大多数采矿应用,监测和矿产跟踪要求的精度范围为 10cm,现场测量和矿产机械的自动化操作要求的精度范围为 1cm。传统上,预定精度水平的定位信息通过采用地面测量技术来提供。然而,随着 GNSS 的公开使用,使用 GNSS 增强技术可以更有效、更可靠地实现所需的定位精度水平[37]。

勘探和矿山现场测量是采矿项目的两个主要组成,它们高度依赖精确定位信息的可用性[38]。对于勘探应用,通常定位精度必须是分米级的,可通过 DGNSS 技术提供,该技术使用卫星中继的修正值或来自本地基站的 RTK 修正值。尽管 DGNSS 是勘探活动的首选技术,但在某些严苛的应用(如管道施工或海岸穿越)中,由于精度要求的提高,RTK 系统更可靠、更值得信任。在勘探活动中使用 GNSS 的好处可概括如下:

- 缩短时间,降低作业成本,提高数据采集效率;
- 提高位置精度的可靠性和确定性,从而提高勘探流程的效率;
- 减少交付数据的位置不确定性。

在矿山现场测量应用中,精确定位也是一项关键要求,包括管道位置、矿坑布局、地下和施工作业。这些应用所需的协调测量控制、设计地形、设计特征测量、放样设计和边界、测量清除区域的精度为厘米级[39]。使用 RTK-GNSS 能可靠并及时地实现这一精度水平,修正值通过一个或多个本地基站或 GBAS 网络提供。在矿山现场测量应用中使用 GNSS 的好处如下:

- 提高现场测量更新(施工、公用设施和服务)效率,降低作业成本;
- 减少场地开发中数据采集所需的现场测量员;
- 测量和建设之间的互操作性;
- 实时材料跟踪和库存管理。

除上述活动外,GNSS 组合其他惯性传感器可提供远程操作和自主采矿设备所需的高精度实时定位信息,从而实现自动化采矿。这些过程的自动化降低了成本,提高了作业效率,改善了健康、安全和环境绩效[40]。尽管 GNSS 已广泛应用于采矿业,并改变了采矿业的面貌,但仍有一些限制因素影响着系统提供定位信息的精度和可靠性[41]。潜在的一个限制因素是缺乏支持性基础设施,不同业务间的 GNSS 定位信息不兼容;另一个限制因素是在深坑和地下时,GNSS 信号会降级或不可用。因此,需要发展替代方法来解决这些限制,并将 GNSS 技术的应用扩大到各种采矿作业。

55.3.5　基础设施监测

监测民用基础设施的实际健康状态是一项重要任务,必须经常实施,以确保其服务性、安全性和可持续性,并据此规划维护活动[42]。由于现有基础设施多且经费及运行资源有限,传统测量设备使用的传统监测技术无法满足这些应用的定位和民用化需求[43]。此外,这些方法也无法在基础设施的降级及更换中提供实时位置信息[44]。因此,与其他地理空间技术(如地面定位系统[45]、激光位移传感器和照片/视频成像方法)相结合的增强型 GNSS,已用于验证结构完整性或更有效地识别恶化的基础设施(从成本和时间的角度来看)[46-47]。

对于基于 GNSS 技术的基础设施监测,可以采用两种不同的策略[44]:快速静态(FS)[30](这是经典静态方法的扩展,它有加速监测过程的改进算法)和 RTK GNSS。FS 是厘米级高精度间歇监测的理想方法,因为它要占用较长的时间。另外,RTK-GNSS 有在更短的时间内可提供(几乎是实时监测)精确定位和变形/位移监测的前景,对已达到定位精度的降级也更少。然而,它更容易受到多径误差和卫星可见性差的影响,在高于厘米级精度要求的监测应用中,无法可靠使用[44]。

为了验证 RTK-GNSS 技术在基础设施实时健康状态监测的有效性,下面讲述一个基于 GNSS 的旧铁路钢桥(埃及的 Mansoura 桥)动态性能评估的案例[47]。图 55.2 展示了桥梁和

图 55.2　埃及 Mansoura 桥[4]

(a)桥体视图;(b) GNSS 监测系统基站;(c) GNSS 漫游机。

使用基于 GNSS 的监测系统。该桥由 4 根长为 70 m 的主拱桁架梁组成,用于火车和汽车两种交通,其中间为双轨火车道,桥两侧则各有一条车道。GNSS 监测系统用于评估桥梁在列车负载作用下的响应特性,监测设备有固定在地面的 RTK 测量基站和 Trimble 5700 漫游接收机。漫游接收机提供 WGS84 坐标系(x,y,z),GNSS 监测系统经后处理输出瞬时笛卡儿坐标时间序列。将 WGS84 坐标系转换为本地桥梁坐标系(BCS),对观测数据进行分析,其中 X、Y 和 Z 轴分别表示沿桥梁纵向、切向和高度方向的位移变化。将获得的坐标转换为相对于 0 附近的位移时间序列,表示监测点的平衡级别。监测期间,让两列列车通过大桥。图 55.3 显示了监测期间,有无列车通过时原始的和平滑的运动时间序列。

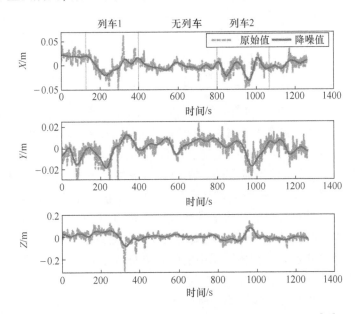

图 55.3　测量和平滑 Mansoura 大桥运动的相对时间序列[47]

　　抽取的平滑运动结果表明,GNSS 监测系统可用来评估半静态的运动,而最大变形发生在列车通过桥梁时。此外,列车 1 通过桥梁时在 X、Y 和 Z 方向上的最大变化值分别为 40.12m、30.68m 和 134.89mm,列车 2 通过时在 X、Y 和 Z 方向上的最大变化值分别为 47.06m、25.08m 和 118.14mm,两列列车通过时在 X、Y 和 Z 方向的最大变化值分别为 24.77m、15.13m 和 50.08mm。表 55.4 总结了三个方向上以及原始和平滑后信号的统计参数分析结果[最大值(max)、最小值(min)、平均值(M)和标准差(SD)]。

表 55.4　桥梁运动统计分析　　　　　　　　单位:mm

活动	参数	原 始 值			平滑后的值		
		X	Y	Z	X	Y	Z
列车 1	max	61.82	16.38	118.39	19.59	12.46	52.67
	min	-53.69	-29.96	-298.60	-20.53	-18.22	-82.22
	M	-3.52×10^{-2}	-1.10	5.81	-1.93×10^{-1}	-1.13	6.18
	SD	±16.38	±9.96	±59.41	±12.18	±8.70	±42.76

续表

活动	参数	原 始 值			平滑后的值		
		X	Y	Z	X	Y	Z
无列车	max	29.67	23.50	59.39	15.06	9.12	20.86
	min	−32.30	−12.57	−107.60	−9.71	−6.01	−29.22
	M	−2.27	3.73	2.27	−2.17	3.80	1.83
	SD	±7.55	±5.44	±17.51	±5.35	±4.07	±9.42
列车 2	max	3.91	19.77	132.59	14.96	7.77	76.82
	min	−47.01	−25.90	−94.60	−32.10	−17.31	−41.32
	M	−6.73	−1.78	−5.69	−6.82	−1.81	−5.30
	SD	±15.32	±9.56	±41.84	±12.46	±7.40	±33.19

图 55.3 和表 55.4 表明,由于动态噪声和误差对 GNSS 测量的影响,在桥梁(列车通过)加载时,测量精度受到影响(降低)。此外,对桥梁运动时间序列的评估表明,在两种负载情况下,最大运动都发生在 Z 方向;当桥梁空载(无列车通过)时,X 方向的最大位移量高于 Y 方向,这也意味着 X 方向的误差是显著的。在两种负载情况下,桥梁的平均位移都很小且不显著,表明在列车负载作用下的桥梁移动是安全的。通过实例验证了基于 GNSS 的桥梁状态监测系统能够在短时间内对桥梁状态进行评估。然而,为了全面评估桥梁在列车负载和环境影响下的状态,需要在桥梁上设计和安装长期的监测系统。

由此,GNSS 技术在基础设施监测应用中的好处可总结如下:

- 提供准确的、经济的基础设施监测途径;
- 可在较短时间内开展有效的结构健康状态监测;
- 降低对作业成本和现场测量员的需求。

这种技术的可用性为定期监测关键基础设施提供了可靠手段,可以防止重大灾害,并在紧急情况下及时提供告警[48]。

55.3.6　海洋测量

海洋产业包括海洋和沿海航运、港口和水运业务、近海建设和维护,以及与地球物理、石油和天然气开采相关的海洋活动[49]。该行业活动依赖精确的定位技术,用于船舶在受限水域的安全航行和操作、潮汐和海流估计以及海上的油气勘探测量。根据所涉及的海洋活动类型,定位精度水平有所不同,一般导航为十米级,管道铺设为米级,疏浚、建筑工程和水文测绘为分米级。

GNSS 在海洋活动中的主要贡献是船只精确定位和授时,也有其他一些海洋活动——例如,水文测量、监测海平面上升以及近海石油和天然气勘探的地球物理测量——这些活动都从 GNSS 受益匪浅。此外,沿海/港口地区的水文测量也高度依赖 GNSS[50]。在基础设施可用的情况下,大多数测量工作使用 RTK GNSS 或后处理来实现所需的精度,广域差分 GPS 也用于海上作业。随着光探测和测距(LiDAR)系统(用于水深测量和土地测量)广泛用于海岸作业、环境建模和洪水管理,人们迫切需要一种工具,以便更好地将水深测量与潮间带的土地信息相结合。GNSS 可用作这两种信息间的纽带,提供共同的用于土地和海洋测量[51]的垂直参考框架。

　　GNSS 发挥作用的另一项海洋活动是潮位监测。全球变暖的潜在后果是海平面上升,威胁着沿海社区,过去几年一直是海洋行业关注的焦点[52],因此,潮位记录对今后研究海平面上升具有重要意义。周期性测量海平面上升需要稳定的参考点和精准的高程数据,以提供可靠的时间序列,据此可以估计海平面上升量。如果要获得有用的海平面运动,则必须准确测量潮汐测量站的土地运动,这需要毫米级的精度。GBAS 网络增强的 GNSS 信号,非常适合提供潮汐测量站精确的和连续的土地运动测量[53]。图 55.4 显示了印度尼西亚Sumba Waikelo 的 GNSS 潮汐测量,要求精度小于 1mm。GBAS 网络增强的 GNSS 信号,是潮汐测量站提供准确的和连续的土地运动测量的理想选择。最近研究表明,GBAS 每年能提供精度优于 1mm[54]的垂直地面运动监测。

图 55.4　位于印度尼西亚 Sumba Waikelo 的潮汐测量站,顶部装有 GNSS 天线
（来源:经 Helmholtz-Centre Potsdam-GFZ 德国地球科学研究中心许可转载。）

使用 GNSS 监测海平面上升的好处可概括如下:
- 在全球参考框架内连续监测和提供报告;
- 提高了时间的精度和准确度(在所有地点都是一致的);
- 降低作业成本和对测量人员的需求。

　　GNSS 的使用也改进了地球物理测量,这对于石油和天然气勘探的早期阶段至关重要[55]。其流程包括地震和水深测量,这两者都有助于对潜在和现有的油气储藏进行全面的地球物理评估。这些测量通常要求分米级的定位精度,可以利用卫星通信发送的 DGNSS纠正来实现。纠正通常通过私人运营的卫星通信提供,来解决位置模糊性。虽然 DGNSS 是用于勘探活动的主要定位技术,重要的跨岸/过渡带管道连接却很少依赖 RTK 系统。鉴于对管道建设和管理要求的精度不断提高,此类活动对独立运行的 RTK 基站的依赖尤为重要[56]。GNSS 辅助的海洋石油和天然气勘探地球物理测量的好处可概括如下:
- 缩短时间、降低作业成本、提高数据采集效率;
- 提升位置精度的可靠性和确定性(提高勘探过程效率);
- 减少交付数据的位置不确定性。

　　综上所述,GNSS 对海洋工业最有价值的贡献是安全航行,海上的生命安全得到改善,海洋环境得到保护,后者的价值很难确切估计。此外,使用 GNSS 为海洋工业带来了经济效益,包括降低了航运成本,降低了事故造成停机时间的年平均成本,降低了石油泄漏的平均成本,并支持环境敏感区通过航运进行的贸易。然而,潜在的社会和环境效益可能明显高于经济效益[57]。

55.4 用于移动测绘的 GNSS

在过去的几十年里,测绘领域经历了重大的发展——精确定位技术的显著进步,显著降低了控制要求,低成本数码相机作为机载和近距离摄影测量中可行的测绘工具出现,广泛采用 陆上和机载平台上的 LiDAR 系统可直接获取表面信息,并集成图像和 LiDAR 数据以进行 3D 建模和可视化应用——这有助于以更高的精度和更低的成本对我们的环境进行全面的测绘和建模[58]。与这些技术进步相结合,制图产品的用户领域已经从主要对大面积制图(如国家制图、森林清单、冰川学和 3D 城市建模)感兴趣的联邦和省级组织扩展到对更详细的大规模测绘感兴趣的新类型用户(如管道检查、滑坡灾害分析、单个建筑物和物体的 3D 建模、基础设施监控、用于建筑信息管理的室内测绘和露天采矿)。由于传统的测绘技术不能实时有效地满足这些应用的需求,因此需要替代的测绘平台来满足大量用户的需求。为满足这些应用需求,MMS 已经成为一种可行的手段,它改变了映射过程的范式[5,59]。MMS 包含各类传感器的 GNSS 接收机、惯导系统(INS)、摄像头、激光扫描仪、速度传感器和/或 DMI。表 55.5 介绍了 MMS 中这些传感器的主要功能和次要功能[60]。

表 55.5 MMS 传感器的主要功能和次要功能

传 感 器	主 要 功 能	次 要 功 能
GNSS	提供平台在 3D 空间中的地理位置和速度	控制 INS 错误传播。 提供同步系统。 在 WGS84 中给出坐标
INS	在 3D 空间中提供平台方向、旋转和加速	桥接 GNSS 中断。 更正 GNSS 周跳。 在 GNSS 定位点之间提供精确的插值
激光扫描仪	测量观察点的 3D 坐标。 从扫描的场景生成 3D 点云	
摄像头	提供 3D 空间中的特征位置(来自摄影测量方法)	识别点云中可能无法识别的特征。 为点云着色
速度传感器	提高轨迹精度,尤其是在 GNSS 能见度较差时,例如在隧道或城市环境中	
DMI	确定行驶距离。 确定平台何时停止	补偿 GNSS/INS 漂移

这些测绘系统主要优点是能够直接使传感器地理坐标化[60]。当测绘传感器地理坐标化后,其相对于测绘坐标系的位置、方向是已知的。地理坐标化后,测量传感器可用于确定同一测绘坐标系中平台外部点的位置。MMS 实施直接地理坐标化时,平台的导航传感器

(GNSS 接收机和 INS)可用来确定其位置和方位。这与传统的间接地理坐标化有着根本的不同,后者通过对控制点的测量来确定平台的位置和方位。控制点须在数据采集之前通过实地勘察建立,这既昂贵又耗时。因此,消除这些步骤可开展偏远和不可访问区域的测绘,并显著降低对数据收集成本和时间的要求。建立控制点的任务由于其成本和时间往往难以估计而显得更加复杂。对于大多数地面勘测来说,建立充足的控制点实际上是不可能的(如用考虑控制要求的近景摄影测量来绘制整个城市的地图)。最后,对于一些测绘传感器(如激光扫描仪),也无法建立控制。除非实施直接地理坐标化,否则使用这些传感器不切实际。

所有直接或间接地理坐标化技术的数学基础是一个七参数保角变换,在 MMS 坐标系中一个点的坐标 (r_i^m) 变换为其在测绘坐标系 (r_s^i) 中的坐标:

$$r_i^m = r_s^m + \mu_s^m R_s^m r_s^s \tag{55.1}$$

式中: r_s^m 为测绘传感器在测绘坐标系中的位置; μ_s^m 和 R_s^m 分别为测绘传感器和测绘坐标系之间的比例因子和旋转矩阵。在 MMS 中,通常需要测量 3 个参数——尽管是间接的。更具体地说,测量的是平台上 GNSS 接收机天线的位置和 INS 或其他姿态传感装置的位置。比例因子可直接确定(如从激光测距仪)或间接确定(如使用两个图像的立体技术)。

由于通常不直接测量 r_s^m、μ_s^m 和 R_s^m,式(55.1)一般扩展为包括间接测量项的形式。此外,MMS 通常会在测量期间或测量之间运动,系统相对于测绘坐标的位置和方向也会随时间变化,必须修改式(55.1)来反映这一变化。考虑到这两种变化,集成了测绘传感器的 GNSS/INS 的地理坐标化方程如下:

$$r_i^m = r(t)_{GPS}^m + R(t)_{INS}^m (r_{INS/s}^{INS} - r_{INS/GPS}^{INS} + \mu_s^m R_s^{INS} r_i^s) \tag{55.2}$$

图 55.5 展示了传感器、MMS 坐标系和测绘坐标系之间的关系,这些是建立扩展地理坐标化方程的基础,表 55.6 描述了该方程的中的术语定义。

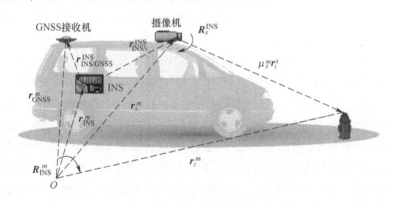

图 55.5　传感器、MMS 坐标系、映射坐标系之间的关系

系统除了可以直接进行地理坐标化外,还为测绘应用提供了其他好处,总结如下[58]:

● 提供了近距离捕获条件下高密度的丰富数据集。根据数字成像传感器到地表捕获距离过程中的驱动速度以及激光重复/成像帧速率,采样密度会发生显著变化。

● 数据特别精确。高端系统使用的数字成像传感器通常精度可达到几毫米。但这只是造成总误差预算的其中一个因素。当从动态 GNSS(55.2 节中讨论的 MMS 首选定位技术)、测绘平台 INS 的测绘传感器方位以及数字成像系统原始测量中获取的定位方法不确定性发生累积时,误差会增大。然而,应该注意到,通过精细的计划、高质量的硬件、最佳的 GNSS 条件和补充的地面控制,实现 1～2cm 的定位精度是可能的,这种精度适用于大多数项目要求。

表 55.6　扩展地理坐标化方程中的术语定义

变量	描 述	变量	描 述
r_i^m	映射框架中兴趣点的位置矢量。未知	$r_{INS/s}^{INS}$	INS 和相机之间位置差异的矢量。通过校准确定,并在 INS 坐标系中测量
r_i^s	点在相对传感器框架中的位置矢量。由相对传感器测量	$r_{INS/GPS}^{INS}$	INS 和 GNSS 接收器天线之间的矢量或位置差异。通过校准确定,并在 INS 坐标系中测量
$r(t)_{GPS}^m$	GNSS 接收器天线的位置矢量。使用运动学 GNSS 确定,并在映射坐标系中测量	μ_s^m	从传感器空间到物体空间的比例因子。直接确定或使用立体声技术确定
$R(t)_{INS}^m$	INS 和映射坐标系之间的旋转矩阵。使用集成 INS 测量确定	R_s^{INS}	INS 和相机坐标系之间的旋转矩阵。通过校准确定

● 系统可以满足许多不同的项目的数据需求。一般的运输工程项目,特别是对现有设施的升级,往往是很好的应用。铁路设施的测绘是另一个受益于这种方法的应用,因为铁路为采集车辆沿现有设施行驶提供了近乎完美的机会。还有重要的应用如地面公用设施,包括电力输配线路、电线杆位置、雨水管道特征检测和标识资产收集。随着技术的日益成熟,将会出现更多的应用。

虽然优势显著,但任何 MMS 应用都必须考虑存在的挑战。首先,地面移动平台应用的 GNSS 环境在捕获过程中会发生严重的中断[61]。虽然不期望发生卫星信号失锁,但在大多数的移动测绘应用中这种现象不可避免。造成这种问题的原因很多:城市中的高层建筑、哪怕狭窄街道上两层楼的建筑都可能导致问题,甚至会遮挡地平线上 30°～40° 仰角的卫星视线。公路上的大型卡车或在悬垂的植被和立交桥下的行驶也会产生类似的影响,造成 GPS 信号完全中断几秒。表 55.7 和表 55.8 提供了使用 GNSS 信号的定位方案[后处理运动学(PPK)]的定量性能评估,以及最新的地面 MMS(Trimble MX8、RIEGL VMX 250、ROAD SCANNER 和 Topcon IP-S2)使用的 GNSS 信号中断 1min 的定量性能评估。通过对实现定位精度的对比分析,验证了 GNSS 信号中断对定位质量的负面影响。然而,在这种情况下,由于 INS 和 DMI 的可用性,MMS 的定位不会完全中断,如果 GNSS 信号中断时间较短,INS 和 DMI 可共同或采用摄影测量桥接技术[63]精确测量传感器在 GNSS 中断期间的移动[62]。重要的是,要理解误差量会随 GNSS 信号中断时间的增加而增加,因此,尽快重新捕获 GNSS 信号始终是最好的做法,以便在捕获期间重新获得固定整数的 GNSS 解,并尽量减少数据精度方面的问题。

表 55.7　不同 MMS 定位方案的 GNSS 信号和 PPK 方案的定量性能评价　单位:m

MMS		Trimble MX8	RIEGL VMX250	ROAD SCANNER	Topcon IP-S2 AG58	Topcon IP-S2 AG60
定位误差	水平	0.020	0.020	0.020	0.015	0.015
	垂直	0.050	0.050	0.050	0.025	0.025

表 55.8　不同 MMS 定位方案的 GNSS 信号和 PPK 方案对 GNSS 中断 1min 的定量性能评估

单位:m

MMS		Trimble MX8	RIEGI VMX250	ROAD SCANNER	Topcon IP-S2 AG58	Topcon IP-S2 AG60
定位误差	水平	0.120	0.100	0.100	0.110	0.265
	垂直	0.100	0.070	0.070	0.100	0.240

其他挑战主要集中于数字成像系统,例如道路上的车辆或其他物体会造成盲点[64],激光扫描仪使用范围有限(在城市环境中使用人眼安全激光扫描仪的限制),以及捕获的大数据集的存储和处理。盲点问题可通过在道路上多次通行来最大限度地降低,但另外两个挑战仍需更多的调查和研究来努力解决。

55.5　GNSS 和测绘行业的新兴发展

近年来,GNSS 技术经历了多个全球和区域导航星座、先进的用户接收机及它们在传统和新兴测绘平台中的应用等重大发展。本节回顾 GNSS 行业的一些新发展,并分析其对测量和移动测绘应用的影响。

55.5.1　增强型 GNSS 覆盖范围扩展

区域/本地 GBAS 网络的扩展,以及 SBAS(包括 WAAS、EGNOS、MSAS 和 GAGAN)精度的提高,将有助于进一步在传统和新的测量和移动测绘应用中进一步采用 GNSS,从而提高潜在的生产力[65]。

另一个潜在的发展是出现了不依赖卫星的增强 GNSS,以填补在挑战环境下 GNSS 信号不可用或降级、易受干扰以及技术复杂性而造成 GNSS 无法可靠运行的空白[66]。例如,在高层建筑或森林地区干扰卫星信号的地域,以及无法获得卫星信号的室内区域(如隧道和地下矿井)。Locata 民用化的 GNSS 兼容定位技术(在 GNSS 信号无法到达时,还有定位星座)等扩展了精密定位场景下的覆盖范围[18]。未来使用增强 GNSS 的水平将会从增强信号的可用性和成本方面进行考虑。

55.5.2　用于测量应用的增强现实

增强现实(AR)是一项新的创新,结合了精确定位、数字地图和模拟技术,彻底改变了基础设施的规划和设计[67]。这种前沿技术集成了真实和虚拟信息,并实时或几乎实时地将这些信息与用户环境集成在一起。因此,它在测量、建设和测绘行业可作为强大的工具,因为它允许将现场显示的集成数字信息融入真实环境。AR 的创新性和有效性,适合支持规划、监控和文档应用,将进度和计划信息综合输出到用户对实际施工现场的视图上。随着智能手机和平板电脑等支持 GNSS 的移动设备的出现,AR 在室内和室外应用越来越受到业内人士的关注。同时,对非卫星增强定位系统的访问对于 AR 系统的室内测绘和规划应用也至关重要[68]。

对于实时应用,AR 依赖支持 GNSS 手持设备的定位信息。由于手持设备中 GNSS 接收机与接收纠正信号的设备相比只能提供较低精度的定位信息,因此在现阶段 AR 仅限在不精确或非指引性的应用中使用。如果自主定位精度提高,则 AR 在更关键应用中的实用性将相应提高。例如,如果开发商想要向地方当局展示拟开发项目的可能影响,AR 技术可以较低精度显示现场任何位置(与平板电脑上使用的手持设备的 GNSS 精度兼容)在未来的开发。然而,如果资产管理者目标是使用 AR 眼镜定位地下埋藏的资产,则眼镜所需 GNSS 定位精度要比当前可用的定位精度要高[69]。

因此,对于主要的规划和监测应用,采用增强 GNSS 定位技术可能显著提高 AR 系统的实用性。传统的测绘应用已接受并采用 AR,使其作为一种有效的工具。然而,在新兴的测量应用中采用 AR 技术的可能性更大。例如,在机械引导应用中,AR 有能力代替纸面上的计划,提供实时的进度更新,并协助测量员和操作员进行数据管理、质量保证和提供报告[70]。因此,AR 有可能显著提高土地管理和基础设施开发的勘测和设计过程的效率和有效性。

55.5.3　新兴的 MMS

在过去的 10 年中,测绘行业见证了一些发展,这些发展有助于以更高的精度和更低的成本对环境进行全面测绘和监测,例如,GNSS 定位技术的最新发展[从小型化、物联网(IoT)网络节点中应用的低功耗芯片,到安装在飞机上的体积更大、能力更强、价格更昂贵的接收机]和大幅降低的控制要求,低成本的光学、多光谱、高光谱、近红外(NIR)和热敏相机的出现,已被广泛接受并使用于机载和地面平台上的轻量型激光扫描系统(可直接获取地表信息),多传感器数据的集成(用于三维绘图、建模、可视化和监测应用)。随着这些技术的进步,用户群得到扩展,主要从对大区域测绘感兴趣的联邦和省级组织(如国家测绘、森林清查、三维城市建模、环境评估、快速响应测绘)到对更为详细、大规模测量和监测感兴趣的新型用户(如基础设施清查和监测、农业和产量监测、露天采矿、滑坡风险分析、物种和栖息地监测)。因此,需要非传统测绘系统满足广大地理空间信息用户的需求变得很明显。为应对这些新出现的需求,MMS 已成为改变测量、测绘和监测过程范式的可行工具。尽管传统 MMS 在缺乏地面控制信息条件下提供高质量测绘产品方面有显著影响,但由于初始硬件投资和自动化成本以及对运营商的需求,潜在用户并未广泛使用 MMS。为解决这些问题,新一代 MMS 配备了低成本的定位和图像传感器,已开发并引入测绘市场。在本节中,将回顾这些新兴 MMS 的 3 个例子,并重点介绍 GNSS 定位系统对其有效性的影响:

● 无人机:无人机是可自主飞行或从地面遥控的机动飞机[71]。这些系统最初是为军事应用而开发的。由于无人机的灵活性、低成本、成像过程简化等特点,它在许多活动中逐渐成为传统机载、地面和星载 MMS 的替代品,应用于测绘、建筑工地监测、矿山和基础设施检查、环境监测和文化遗产建档等。图 55.6 显示了 Leica 和 Trimble 开发的两个商用无人机测绘系统——Leica Aibot X6 和 Trimble ZX5。表 55.9 给出了它们的有效载荷特性,并比较了其传感器和控制器。选择合适的无人机测绘系统,取决于数据收集任务的具体需求/限制,包括所需的精度、覆盖范围和有效载荷特性、最大允许飞行高度、最长飞行时间以及成像和导航传感器的可用性[72]。

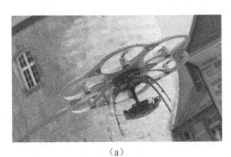

（a） （b）

图 55.6 商用无人机测绘系统

（a）Leica Aibot X6；（b）Trimble ZX5。

表 55.9 Leica Aibot X6 和 Trimble ZX5 无人机测绘系统的有效载荷特性/搭载传感器

特性	Leica Aibot X6	Trimble ZX 5
长度/高度/cm	105/45	85/49
最大载荷/g	2000	2300
最大速度/（km/h）	50	32
飞行高度	理想条件下,距离地面1000m	理想条件下,距离地面1000m
飞行时间/min	30	20
工作温度/℃	−20~40	−10~45
导航传感器	GNSS 接收器/智能传感器融合包括陀螺仪、加速度计、气压计、磁力计和超声波传感器	采用 Applanix Smart Cal TM 补偿技术的高级 Applanix IN-FusionTM GNSS-IMU
成像传感器	质量不超过 2kg 的各类型的光学传感器	带可互换 16~50mm 和 16mm 镜头的 24MP 摄像头
控制	遥控器、计算机或平板电脑(可选)、自动航点飞行	计算机或平板电脑

由于有效载荷质量的限制,用于测绘目的的无人机配备了中小型数码相机和/或激光扫描仪。使用成像传感器收集光学数据进行管理和处理,需要对绘图平台进行地理坐标化(即确定独立传感器相对于用户定义坐标系的位置和方向)。移动平台的地理坐标化通过直接使用一个集成的 GNSS/IMU 系统建立。然而,无人机有效载荷能力和最终产品所需精度之间的平衡是此类系统的关键挑战之一。例如,无人机有效载荷限制使用较低等级(消费者等级)的传感器,这反过来会对最终产品的质量产生负面影响[73]。或者使用具有更重有效载荷的大型无人机(可处理测绘级传感器)将牺牲成本效益。尽管过去几年中,已经开发出具有完整星座能力的低成本 GNSS 板并在这些平台上使用,但仍需更多的研究来有效地将这些传感器与机载成像/地理坐标化传感器集成,并及时提供高质量的测绘产品。

●背包式可穿戴 MMS:开发背包式可穿戴 MMS 的最初是为了能够定期通过步行速度可覆盖的区域获取地理空间数据(例如,建筑信息建模、文化遗产建档、工业培训、灾害测绘、地下测绘)[74]。这些系统由各种传感器组成,包括摄像头、激光雷达剖面仪、GNSS 接收机和惯性测量单元,主要用于车辆通行受限的相关项目,人员步行作业是唯一的选择(如地籍测绘)。轻型 GNSS 接收机是此类 MMS 定位的主要选择。由于这些系统设计是用于室内环境的,因此需要替代的非卫星定位技术,以确保在 GNSS 信号不可用的情况下对传感器准确定位。Pegasus 采用徕卡的背包式 MMS、SLAM 技术[75] 和高精度 IMU 系统,确保在无GNSS 信号环境下精确测绘[76]。图 55.7 显示了 Pegasus 背包式 MMS,并介绍了其成像/地理坐标化传感器。

　　●成像漫游器:成像漫游器是集成的摄像头系统,可精确拍摄 360°数字全景图,用于有效的视觉记录和周围环境测量[77]。系统包括多个摄像头和安装在漫游器上的 GNSS 接收机。这些传感器的集成可提供扫描地点的高密度点云,可用于面积和体积计算、线性测量和地形建模。系统中的嵌入式 GNSS 接收机负责对捕获的三维数据进行精确的地理坐标化并生成三维模型。然而,这些系统在没有外部定位传感器的情况下也适用于地理空间和非地理空间专业人员的内部测绘、桥梁检查以及犯罪和碰撞现场的调查应用。图 55.8 显示了Trimble V10 成像漫游器的各个部分,该漫游器是为测绘和监控应用而开发的,并在基础设施监控项目中应用。

图 55.7　Pegasus 背包式 MMS 的组件

55.5.4　总结和未来展望

　　近年来,大量的技术进步极大地提高了 GNSS 的质量和精度。这些系统采用多频 GNSS接收机,能快速有效地实现厘米级精度,这样的精度水平能满足大多数行业传统的和新应用的定位要求。在这些行业中,测量行业从这种定位技术中受益匪浅,可对工程设施和基础设施精确定位。如本章所述,GNSS 定位在测量行业中的贡献更多地体现在地籍测量和土地管理、建筑测量、测绘、矿山测量、基础设施监测和海洋测量应用中。在这些应用中使用GNSS 的主要贡献和注意事项可归纳如下:

　　●在精度要求为厘米级和毫米级时,测量者通常使用 GNSS 定位技术,精度级别的实现取决于特定手段的可用性(如高质量接收机)和 GNSS 增强技术的使用。

　　●GNSS 增强技术广泛应用于测量行业。增强信号通常由独立的 RTK 系统、GBAS 网络和 SBAS 服务提供。

　　●GNSS 精确定位技术已应用于工程和建筑测量,并迅速应用于区域测量、基础设施测量、海平面监测和土地开发活动。

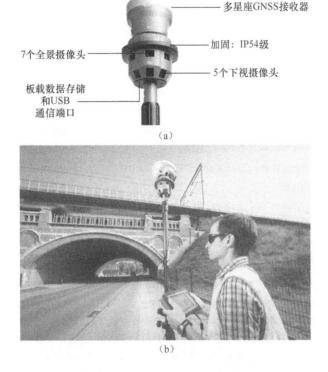

多星座GNSS接收器

加固：IP54级

7个全景摄像头

5个下视摄像头

板载数据存储
和USB
通信端口

（a）

（b）

图55.8　Trimble V10 成像漫游器

（a）漫游器组件；（b）在基础设施监控项目中的应用。

- 利用 GNSS 定位技术和地理空间技术的创新,大大改善了基础设施测量。传统需要数周才能完成的任务现在可以在几天内完成。这些改进也促进了建筑、采矿、公用事业等许多行业的经济效益。

- 未来应用水平将取决于增强服务的扩展,可能包括进一步发展 GBAS 网络以及 SBAS 服务。

此外,GNSS 的发展和早期使用激发并加速了 MMS 的发展,以便及时对周围环境进行大规模的详细测绘,这是各种新兴测绘和监测应用所需要的。这些系统用于快速准确地确定移动平台在地图坐标系中的位置。这种能力消除了对控制信息的需求,可以绘制偏远和无法进入的区域,并在测绘项目中显著节省成本和时间。近年来,GNSS 定位技术的进步(如小型化、低成本、低功耗接收机的发展)和地理空间信息用户数量的增加也带来了 MMS(无人机、背包式可穿戴 MMS 和成像漫游器)的发展。这些系统能够更紧密地接近被调查对象并获取更高分辨率的地理空间数据,以及它们较低的存储和部署成本,使其成为适用于广大用户的最佳测绘平台,特别是在快速响应的测绘和监控应用中。实现这些优势是这些测绘系统当前和未来增长的主要驱动力。

参考文献

[1] R. C. Brinker and R. Minnick,*The Surveying Handbook*. Boston, MA, USA: Springer, 1995.

[2] A. S. Zaidi and M. R. Suddle, "Global Navigation Satellite Systems: A survey," in *2006 International Conference on Advances in Space Technologies*, pp. 84–87, 2006.

[3] S. Gleason and D. Gebre-Egziabher, *GNSS Applications and Methods*. Artech House, 2009.

[4] K. Novak, "Mobile mapping technology for GIS data collection," *Photogramm. Eng. Remote Sens.*, vol. 61, no. 5, pp. 493–501, 1995.

[5] C. V. Tao and J. Li, *Advances in Mobile Mapping Technology*. CRC Press, Florida, 2007.

[6] C. Ruizhi, *Ubiquitous Positioning and Mobile Location-Based Services in Smart Phones*. IGI Global, 2012.

[7] W. V. Hull, *Standards and Specifications for Geodetic Control Networks*. United States. Federal Geodetic Control Committee, National Geodetic Survey, 1984.

[8] The European GNSS Agency and The European Commission, "GNSS user technology report -Issue 5," European GNSS Agency, 2017.

[9] F. Meng, S. Tan, S. Wang, and B. Zhu, "New techniques to enhance the performance of stand-alone GNSS positioning," in *2015 International Conference on Computational Intelligence and Communication Networks (CICN)*, pp. 548–552, 2015.

[10] R. B. Langley, P. J. G. Teunissen, and O. Montenbruck, "Introduction to GNSS," in *Springer Handbook of Global Navigation Satellite Systems*, Springer, Berlin, Heidelberg, pp. 3–23, 2017.

[11] H. Landau, X. Chen, S. Klose, R. Leandro, and U. Vollath, "Trimble's RTK and DGPS solutions in comparison with precise point positioning," in *Observing our Changing Earth*, Springer, Berlin, Heidelberg, pp. 709–718, 2009.

[12] X. Li, X. Zhang, X. Ren, M. Fritsche, J. Wickert, and H. Schuh, "Precise positioning with current multiconstellation Global Navigation Satellite Systems: GPS, GLONASS, Galileo and BeiDou," *Sci. Rep.*, vol. 5, 2015.

[13] J. L. Awange, *Environmental Monitoring Using GNSS: Global Navigation Satellite Systems*. Springer, Berlin, Heidelberg, 2012.

[14] J. Uren and W. F. Price, *Surveying for Engineers*. Palgrave Macmillan, Basingstoke, UK, 2010.

[15] D. A. Grejner-Brzezinska, "Direct georeferencing at the Ohio State University: A historical perspective," *Photogramm. Eng. Remote Sens.*, vol. 68, no. 6, pp. 557–560, 2002.

[16] R. Cefalo, J. B. Zielinski, and M. Barbarella, *New Advanced GNSS and 3D Spatial Techniques: Applications to Civil and Environmental Engineering, Geophysics, Architecture, Archeology and Cultural Heritage*. Springer, Cham, Switzerland, 2017.

[17] B. Donahue, J. Wentzel, and R. Berg, "Guidelines for RTK/RTN GNSS surveying in Canada." Earth Science Sector, Natural Resources Canada, 2013.

[18] "LocataTech Explained | Locata." [Online]. Available: http://www.locata.com/technology/locata-techexplained/.

[19] H. Rashid and A. K. Turuk, "Dead reckoning localization technique for mobile wireless sensor networks," *IET Wirel. Sens. Syst.*, vol. 5, no. 2, pp. 87–96, 2015.

[20] C. C. Wang, C. Thorpe, S. Thrun, M. Hebert, and H. Durrant-Whyte, "Simultaneous localization, mapping and moving objecttracking," *Int. J. Robot. Res.*, vol. 26, no. 9, pp. 889–916, 2007.

[21] A. Gupta, H. Chang, and A. Yilmaz, "GPS-denied geolocalization using visual odometry," in *ISPRS Annals of Photogrammetry, Remote Sensing and Spatial Information Sciences*, vol. III-3, pp. 263–270, 2016.

[22] M. M. Miller, A. Soloviev, M. Uijt de Hag, M. Veth, J. Raquet, T. J. Klausutis, and J. E. Touma, "Navigation in GPS denied environments: Feature-aided inertial systems," Air Force Research Lab, 2010.

[23] D. R. Richards and K. E. Hermansen, "Use of extrinsic evidence to aid interpretation of deeds," *J. Surv.*

Eng., vol. 121, no. 4, pp. 177–182, 1995.

[24] W. G. Robillard, D. A. Wilson, and C. M. Brown, *Brown's Boundary Control and Legal Principles*, 6th Ed. Hoboken, Wiley, Hoboken, NJ, USA, 2009.

[25] Food and Agricultural Organization and United Nations, *Multilingual Thesaurus on Land Tenure*. Food & Agriculture Organization, 2003.

[26] H. Kahmen and W. Faig, *Surveying*. Walter de Gruyter, Berlin, Germany, 1988.

[27] R. M. Tamrakar, "Potential use of GPS technology for cadastral surveys in Nepal," *Nepal. J. Geoinformatics*, vol. 12, no. 0, pp. 33–40, 2013.

[28] C. Roberts, "GPS for cadastral surveying: Practical considerations," in *Proceedings of SSC 2005 Spatial Intelligence*, *Innovation and Praxis*, 2005.

[29] T. Yomralioglu and J. McLaughlin, *Cadastre: GeoInformation Innovations in Land Administration. Springer*, New Delhi, India, 2017.

[30] P. Teunissen and O. Montenbruck, *Springer Handbook of Global Navigation Satellite Systems*. Springer, Cham, Switzerland, 2017.

[31] I. S. Lee and L. Ge, "The performance of RTK-GPS for surveying under challenging environmental conditions," *Earth Planets Space*, vol. 58, no. 5, pp. 515–522, 2006.

[32] R. Khalil, "Alternative solutions for RTK-GPS applications in building and road constructions," *Open J. Civ. Eng.*, vol. 05, no. 03, p. 312, 2015.

[33] "FAQ | Machine Guidance: information for users of machine control technology." [Online]. Available: http://www.machineguidance.com.au/FAQ.

[34] D. H. Aðalsteinsson, "GPS machine guidance in construction equipment," Reykjavik University, Iceland, BSC Final Project Report, 2008.

[35] N. C. Talbot and M. E. Nichols, "Guidance control system for movable machinery," US5862501 A, 1999.

[36] J. H. Reedman, *Techniques in Mineral Exploration*. Springer, Rotterdam, Netherlands, 1979.

[37] R. Marjoribanks, *Geological Methods in Mineral Exploration and Mining*. Springer, Berlin, 2012.

[38] G. Mitchell, "Measure Twice, Cut Once: The Importance of Satellite Surveying in Mine Site Planning and Construction," *PhotoSat*, 05-Apr-2016. [Online]. Available: http://www.photosat.ca/2016/04/05/importance-satellitesurveying-mine-site-planning-construction/.

[39] G. Jing-Xiang and H. Hong, "Advanced GNSS technology of mining deformation monitoring," *Procedia Earth Planet. Sci.*, vol. 1, no. 1, pp. 1081–1088, 2009.

[40] D. M. Bevly and S. Cobb, *GNSS for Vehicle Control*. Artech House, Norwood, Massachusetts, 2010.

[41] P. Darling, *SME Mining Engineering Handbook*, *Third Edition*. SME, Bratislava, Slovakia, 2011.

[42] I. Detchev, "Image-based Fine-scale Infrastructure Monitoring," Thesis, University of Calgary, 2016.

[43] V. M. Karbhari and F. Ansari, *Structural Health Monitoring of Civil Infrastructure Systems*. Elsevier, Amsterdam, Netherlands, 2009.

[44] I. S. Been, H. Stefan, and K. Y. Jong, "Summary review of GPS technology for structural health monitoring," *J. Struct. Eng.*, vol. 139, no. 10, pp. 1653–1664, 2013.

[45] H. S. Park, H. M. Lee, H. Adeli, and I. Lee, "A new approach for health monitoring of structures: terrestrial laser scanning," *Comput. -Aided Civ. Infrastruct. Eng.*, vol. 22, no. 1, pp. 19–30, 2007.

[46] J. J. Lee and M. Shinozuka, "A vision-based system for remote sensing of bridge displacement," *NDT E Int.*, vol. 39, no. 5, pp. 425–431, 2006.

[47] M. R. Kaloop, J. W. Hu, and E. Elbeltagi, "Adjustment and assessment of the measurements of low and high sampling frequencies of GPS real-time monitoring of structural movement," *ISPRS Int. J. Geo-Inf.*,

vol. 5, no. 12, p. 222, 2016.

［48］C. Xiong, H. Lu, and J. Zhu,"Operational modal analysis of bridge structures with data from GNSS/accel-erometer measurements," *Sensors*, vol. 17, no. 3, p. 436, 2017.

［49］GSGislason & Associates Ltd. ,"A marine sector national report card for Canada," Vancouver, Canada, 2007.

［50］C. C. Chang, H. W. Lee, J. T. Lee, and I. F. Tsui,"Multiapplications of GPS for hydrographic surveys," in *Vistas for Geodesy in the New Millennium*, Springer, Berlin, pp. 353-358, 2002.

［51］J. H. Keysers, N. D. Quadros, and P. A. Collier,"Vertical datum transformations across the Australian lit-toral zone," *J. Coast. Res.* , pp. 119-128, 2013.

［52］US Department of Commerce and National Oceanic and Atmospheric Administration,"How is sea level rise related to climate change?," 2017. ［Online］. Available: https://oceanservice. noaa. gov/facts/sealevelcli-mate. html.

［53］J. Illigner, I. Sofian, H. Z. Abidin, M. A. Syafi'i, and T. Schöne, "Coastal sea level monitoring in In-donesia: connecting the tide gauge zero to leveling benchmarks," in *IAG 150 Years*, Springer, Cham, Switzerland, pp. 451-457, 2015.

［54］V. Janssen, R. Commins, P. Watson, and S. McElroy,"Using GNSS CORS to augment long-term tide gauge observations in NSW," in *Proceedings of Surveying and Spatial Sciences Conference (SSSC2013)*, Canberra, Australia, 2013.

［55］International Association of Oil and Gas Producers and International Marine Contractors Association,"Guide-lines for GNSS positioning in the oil and gas industry," UK, 2011.

［56］M. J. Smith, P. Paron, and J. S. Griffiths,*Geomorphological Mapping: Methods and Applications*. Elsevier, Amsterdam, Netherlands, 2011.

［57］P. Olla,*Space Technologies for the Benefit of Human Society and Earth*. Springer, Dordrecht, the Nether-lands, 2009.

［58］M. Dodge, R. Kitchin, and C. Perkins,"Mobile Mapping: An emerging technology for spatial data acquisi-tion," in *The Map Reader*, Wiley, Hoboken, NJ, USA, pp. 170-177, 2011.

［59］N. El-Sheimy,"An overview of mobile mapping systems," in *From Pharaohs to Geominformatics*, Cairo, Egypt, pp. 1-24, 2005.

［60］C. M. Ellum and N. El-Sheimy,"Land-based integrated systems for mapping and GIS applications," *Surv. Rev.* ,vol. 36, no. 283, pp. 323-339, 2002.

［61］R. Roncella, F. Remondino, and G. Forlani,"Photogrammetric bridging of GPS outages in mobile map-ping," in *Videometrics Ⅷ*, vol. 5665, 2005.

［62］G. Falco, G. Marucco, M. Nicola, and M. Pini,"Benefits of a tightly-coupled GNSS/INS real-time solu-tion in urban scenarios and harsh environments," in *Proceedings of the 2017 International Technical Meeting of The Institute of Navigation*, pp. 1344-1359, 2017.

［63］T. Hassan, C. Ellum, S. Nassar, W. Cheng, and N. ElSheimy,"Photogrammetric bridging of GPS/INS in urban centers for mobile mapping applications," in *Proceedings of the* 19th *International Technical Meeting of the Satellite Division of The Institute of Navigation (ION GNSS 2006)*, Fort Worth, Texas, pp. 604-610, 2006.

［64］J. Będkowski, K. Majek, P. Majek, P. Musialik, M. Pełka, and A. Nüchter, "Intelligent mobile system for improving spatial design support and security inside buildings," *Mob. Netw. Appl.* , vol. 21, no. 2, pp. 313-326, 2016.

［65］A. Noureldin, T. B. Karamat, and J. Georgy,*Fundamentals of Inertial Navigation, Satellite-Based Positio-*

ning and Their Integration. Springer, Berlin, 2012.

[66] P. Benshoof and N. Gambale, "Filling the PNT hole—Why non-satellite-based technology is urgently needed," *Machine Control*, vol. 3, no. 1, 2013.

[67] L. T. D. Paolis, P. Bourdot, and A. Mongelli, *Augmented Reality*, *Virtual Reality*, *and Computer Graphics*, Springer, Cham, Switzerland, 2017.

[68] C. A. Wiesner and G. Klinker, "Overcoming location inaccuracies in augmented reality navigation," in *Proceedings on International Conference on Augmented Reality*, *Virtual Reality*, *and Computer Graphics*, pp. 377–388, 2017.

[69] H. A. Karimi, *Advanced Location-Based Technologies and Services.* CRC Press, Boca Raton, Florida, 2016.

[70] A. Olwal, J. Gustafsson, and C. Lindfors, "Spatial augmented reality on industrial CNC-machines," in *SPIE 2008 Electronic Imaging*, San Jose, California, p. 680409, 2008.

[71] P. Fahlstrom and T. Gleason, *Introduction to UAV Systems.* Wiley, Hoboken, New Jersey, 2012.

[72] F. Nex and F. Remondino, "UAV for 3D mapping applications: A review," *Appl. Geomat.*, vol. 6, no. 1, pp. 1–15, 2013.

[73] H. Li, X. Li, W. Ding, Y. Shi, and Y. Li, "Multi-sensor based high-precision direct georeferencing of medium-altitude unmanned aerial vehicle images," *Int. J. Remote Sens.*, vol. 38, no. 8–10, pp. 2577–2602, 2017.

[74] C. Ellum, "The development of a backpack mobile mapping system," Thesis, University of Calgary, 2001.

[75] W. Zhang, Q. Zhang, K. Sun, and S. Guo, "A Laser-SLAM algorithm for indoor mobile mapping," in *ISPRS -International Archives of the Photogrammetry*, *Remote Sensing and Spatial Information Sciences*, vol. 41B4, pp. 351–355, 2016.

[76] "Leica Pegasus: Backpack wearable mobile mapping solution." [Online]. Available: http://leica-geosystems.com/en/products/mobile-sensor-platforms/captureplatforms/leica-pegasus-backpack.

[77] "Trimble V10 Imaging Rover." [Online]. Available: http://www.trimble.com/Survey/Trimble-V10-ImagingRover.aspx.

本章相关彩图,请扫码查看

第56章 精准农业

Arthur F. Lange, John Peake
天宝导航公司, 美国

56.1 简介

现代农业利用地理信息系统(GIS)和全球导航卫星系统(GNSS)管理农场,进行田间作业。地理信息系统使用数据丰富的多层次地图来表现土地信息,包括边界、地形、土壤类型和农场经营等。GNSS位置数据用于GIS数据库和野外作业数据收集,如土壤取样、种植、施用材料、作物侦察、收割、产量评估和灌溉。每辆车上配备GNSS接收机,既可用于车辆控制,又可为每次野外作业提供地理参考数据。本章介绍的一些农业生产任务都依赖GNSS定位装置及其修正服务。

种植者通过GNSS定位来创建和使用用户农场管理数据库(FMDB)中存储的信息,从而进行多种田间作业,如土壤取样、种植、施用农用化学品和收割。小型运营商可以通过FMDB在其土地上简单收集地图,雇用大量员工的大型生产商也可将FMDB用于全面商业GIS。下文将讨论GNSS实现这些农业任务的过程,以及完成这些农业任务对GNSS更重要的需求。

56.1.1 精度和重复性要求

精度定义是GNSS接收机计算的位置与“真值”之差的度量。从实用角度而言,返回同一地点时,使用GNSS定位的精确农业(PA)用户会担心位置的变化。此处,精度又称可重复性。在一些农业应用中,如带有滴灌系统的田地种植,在滴灌系统的使用寿命期间(可能超过5年)需要可重复的精度。

不同的农田作业有不同的性能要求。表56.1列出了一些由GNSS支持的重要野外作业及其精度要求和可用性要求,这些作业操作将在后文讨论。根据图像像素的大小,利用卫星或飞机的图像进行作物侦察时,通常需要1m左右的定位精度。大面积农作物(小麦、黑麦等)的产量监测通常只需米级精度,但种植者通常使用更精确的GNSS实时动态(RTK)接收机(精度为20~50mm)来引导联合收割机的自动转向系统,通过最小化重叠和消除跳跃来最大限度地提高作业效率。对于行间作物(玉米、大豆等),如图56.1所示,为了让收割机充分受益于精确的自动导向系统,作物的行间种植精度应为20~50mm。这些行间作物通常采用保护性耕作制度,例如条播耕作,在首次作业时,肥料被放置在一个条带中,在第二次作业时,种子需放置在施肥带中。条播耕作的土壤扰动最小,因此称为保护性耕作。为了最大限度地提高行间作物的施肥、种植和收获效率,需要基于一个长期精确、可重复的 GNSS。农业用户的可用性要求通常是 100%。在种植过程中,农民希望持续经营,不希望有任何的 GNSS 中断。

使用地基 RTK 基站或是适当的星基增强服务,GNSS RTK 接收机均可满足 20~50mm 的自动转向操作精度要求。GNSS 在数年内将精度保持在几十毫米或几百毫米的范围内,必须控制大量的误差源。详细信息,请参阅有关精确 GNSS 的第 19 章和第 20 章。

表 56.1　各种野外作业的全球导航卫星系统精度要求

野外作业	典型精度要求	可用性要求
自动转向	20~50mm	高
收获产量图,行间作物(玉米、大豆等)	20~50mm	高
收获产量图,大面积农作物(小麦、黑麦等)	1m 以下	高
土壤取样	1~2m	低
区域管理	1~2m	高
种植、化学应用和收获行间作物	20~50mm	高
种植、化学应用和收获大片作物	1m 以下	高
作物侦察	1~5m	低
排水、土地平整	垂直 10~20mm	高
变量灌溉	1m 以下	高
资产跟踪	1m 以下	高

图 56.1　用 RTK-GPS 自动驾驶拖拉机种植的直排大豆

[在美国和加拿大,每年都有数百万 ac(1ac=0.004047km²)的土地被种植在装有自动转向拖拉机的谷物带上。可重复的行距对于成功的条播是必要的。]

56.1.2　自动转向

GNSS 精密自动转向在世界范围内的大规模农业中得到了广泛应用,并对多种作物的耕作方式和产量产生了变革性的影响。自动转向的精度要求取决于作物。行间作物比广亩作物精度要求更高。

自动转向的优点包括：

● 种植和收割等关键农场作业通常受到恶劣天气或不利天气事件的限制。自动转向可以在此期间提供全天候作业,进而为作物带来更长的生长季节,提高作物产量。

● 控制行驶路径,最大限度地减少土壤压实,在条耕和非条耕等耕作中,施行减少耕作和土壤保护管理技术。

● 通过高精度养分施用和害虫管理,降低投入成本和径流损失。

● 在植物出苗后施用肥料或杀虫剂时,减少作物损害。

● 精确作物收割带来更高的产量。

自动转向系统在拖拉机、自行式喷雾机和收割机上得到了广泛应用,尤其是在更大、更大功率的设备上。目前,牵引或牵引农具(如播种机和造床机)的转向系统采用率较低。不过,在马铃薯种植等一些应用中,其使用使产量和作物质量得到了显著提高。

自动转向系统由以下五个主要子系统组成：

● 精密 DGPSGNSS 动态接收机;

● DGPS 参考系统;

● 高性能惯性传感器和姿态估计器;

● 先进的基于模型的反馈控制系统;

● 触摸屏式的用户界面显示系统。

有了该项技术,就能在各种操作条件和环境下精确地操纵大型车辆,精度可达几厘米。

56.1.3　土壤取样

为了更好地描述产量图,通常制作土壤采样图。土壤采样图包含土壤类型和营养状况的数据,通常包括土壤 pH 值、氮(N)、磷(P)、钾(K)和微量矿物质浓度。可在 2.5ac 或 1hm^2 的网格上对田地进行采样(图 56.2 和图 56.3),或将其划分为管理区,并根据其大小和几何形状对每个区域进行采样。管理区可根据土壤类型、土壤 pH 值或其他作物产量限制因素进行分类。为限制管理的复杂性,每种因素通常最多取样 3 个或 4 个区域。

要创建土壤采样计划,从土壤类型图开始,种植者可以根据土壤类型选择管理区。如果土壤类型图不可用或不可信,则通常使用电磁(EM)或导电率(EC)传感器对区域进行映射,以创建 EM 或 EC 土壤类型图。生成的土壤类型图用于创建土壤类型管理区,并使用软件生成适用于管理区地图的采样间隔。输出土壤样本坐标的列表,大多时候还需要准备一套条形码标签,贴于相应采样点的土壤收集袋上(图 56.4)。

56.1.4　种子和化学品的变量应用

通过通常的产量和土壤分析图可以看出,不同地区的田地缺乏不同的关键养分。如果速率均匀地施用相同数量的养分,将会导致田地的某些部分养分获取过多,而另外一些部分养分获取不足。为了消除这种低效的化学养分施用,可以结合产量图和土壤取样图为每种养分创建一个养分变量率(VR)处方图。这些配方养分图考虑了应用设备的限制、养分的特性和土壤取样结果。要用 VR 处方图施肥,化学施用设备必须改变几种不同材料的施用量。由于土壤类型边缘的某些不确定性,亚米精度 GNSS 可用于虚拟现实应用。大多数种植者会在拖拉机上使用某种自动转向系统并安装 20~50mm 精度的 GNSS。氮和磷是两种

图 56.2　人工土壤取样是劳动密集型的，然而，资金成本很低。这种方法更常被从事小领域工作的研究人员所采用。像图 56.3 所示的自动化系统更常用

图 56.3　机器辅助土壤取样系统

（这是土壤信息系统服务的一部分，该服务生成详细的土壤结构三维地图，有助于设计不同土壤上葡萄园的滴灌系统。第一次绘图过程是用 EM 土壤测绘仪完成的，然后是直接取样到 48in 深的土壤。）

有机物

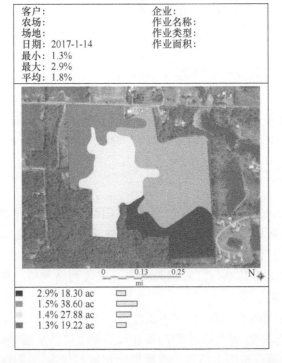

客户：	企业：
农场：	作业名称：
场地：	作业类型：
日期：2017-1-14	作业面积：
最小：1.3%	
最大：2.9%	
平均：1.8%	

0　　0.13　　0.25　　N
mi

- 2.9%　18.30 ac
- 1.5%　38.60 ac
- 1.4%　27.88 ac
- 1.3%　19.22 ac

图 56.4　一块地的土壤取样将产生许多地图，每种植物的养分一张地图。有机质是土壤肥力的重要组成部分，通常取决于土壤类型。由于"模糊"的边缘类型，定位精度不是关键的土壤采样。亚米 GNSS 精度足够

最重要的土壤养分,图 56.5 和图 56.6 是氮和磷的处方图。然而,优化作物生产需要更多的养分,土壤采样图和产量图分析被用来发现和处理所有限制作物生长的养分。图 56.7 是一个 VR 种子图的示例,该图用于获得田间不同区域所产生的最佳产量。VR 种植要求使用能够改变播种率的播种机,最好用于每个播种箱,见图 56.10。与肥沃的土地相比,肥沃度较低的土壤种子数量较少,使用杂交种。通常,VR 施肥可以用来减少由田间土壤类型不同而造成的植物生长差异。

图 56.5　氮的处方图

[此地图转换为拖拉机上 VR 应用程序控制器使用的速率控制地图。根据治疗探头工具宽度,当两个
不同的速率跨越治疗探头截面宽度时,转换程序将决定对截面应用较高(或较低)速率。]

56.1.5　区段控制

种植不规则的田地时,通常在拖拉机转向的外面几行地头,田里的行将有倾斜的边缘,称为点行,在这些重叠区域的双重种植可导致植物密度更高、产量更低、病害压力更大、浪费种子和肥料等后果。为避免点行双栽,人们采用了区段控制(图 56.9 和图 56.10)。使用区段控制播种机,可以独立于其他行打开和关闭每行或每列播种机。区段控制种植时,需要 20~50mm 的 GNSS 精度。

使用长吊杆喷洒农用化学品时,通常需要改变每个喷嘴流量,这是将区段控制推向极限的一个例子。对于转弯补偿、断面较小的油田和没有喷水区的水道,这一点尤为重要。对于转弯补偿,喷洒臂的外端在地面上的移动速度可能比内端快得多。这需要通过对喷洒臂上的单个喷嘴进行流量控制来满足。

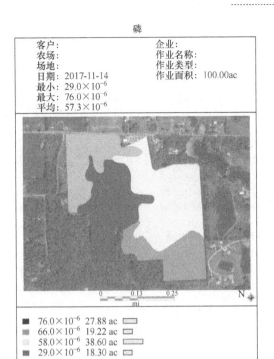

图 56.6 磷的处方图(由土壤图、种子种植密度和收获图上的信息确定的每种营养素将确定该特定营养素的处方图。由于作物被去除,通常每年都必须补充磷。)

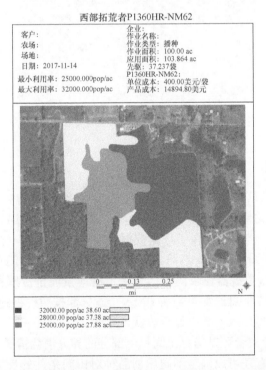

图 56.7 种子以最佳种植密度种植,以使利润最大化。这就需一个变速率(VR)播种机,如图 56.8 所示,与植物密度处方图一起使用

图 56.8　带电机驱动的 VR 播种机(这种类型的播种机可以改变每行的种植数量,以获得每种土壤类型的最佳种植数量。旧设备在动臂上没有这种速率控制功能。资料来源:经 CNH 美国有限责任公司许可复制。图片由 Case IH 提供)

图 56.9　播种机没有节段控制,在带有岬角的行末端的双重播种清晰可见,浪费了种子,增加了疾病压力

图 56.10　通过播种机节段控制,在带有岬角的行末端取消双重播种,从而增加利润

56.1.6　收获产量图

对成功的农业生产而言,收获产量图是最有用的工具之一,是在一个生长季节中衡量影响作物产量的所有因素的最终报告卡。为了生成产量图(图 56.11),收割机上放置了一个带有 GNSS 接收机的产量监视器。由于产量数据的性质(低分辨率、中等噪声),产量监测位置的精度要求较低,亚米精度即可。然而,如果收割机具有自动转向功能,通常需要最高精度的 GNSS 接收机。产量监视器在收割机传送带上有产量流量传感器,用于测量瞬时产品流量。这种收获的产品流信息通常与当前 GNSS 位置一起按照每秒的频率保存到收获数据文件中。收获数据文件将导入 GIS 以显示收获产量图。

在这张产量图上,种植者可以确定田间每个部分的养分消耗情况,并创建一张养分处方图以供以后使用。种植者还可以确定不同作物品种对田间条件的反应,观察管理决策对作物产量的影响。

除了产量测量,一些种植者还使用产量、水分和蛋白质监测器。一些商业筒仓中,收获

的作物由种植者运送并储存以供铁路运输,谷物蛋白质水平可能要求溢价。谷物蛋白质监测仪允许农民根据种植蛋白质含量较高的谷物的管理区进行选择性收割,从而将作物分开。谷物蛋白质传感器使用红外(IR)光谱仪测量谷物的蛋白质、油和水分含量。

图56.11　采用高垂直精度RTK GNSS用于控制刮板高程进行土地平整

56.1.7　水管理

为了优化灌溉用水,运用了多种水管理实践活动,包括土地平整和虚拟现实(VR)应用。

56.1.7.1　土地平整

为了提高灌溉效率,经常需要平整农田。图56.12所示为使用RTK或激光控制的推土

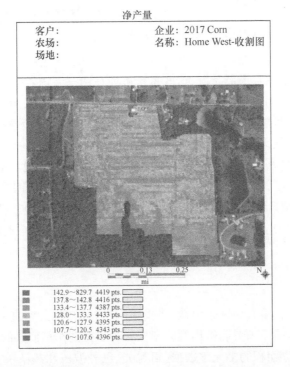

图56.12　产量图(色差表明产量不同。此产量图和土壤取样图将用于确定农民
下一季的养分施用方案。图中单位"pts"表示"品脱"为容量单位。
资料来源:Trimble YM。经Trimble许可复制。)

机进行土地平整。这项作业要求 GNSS 提供尽可能高的垂直精度,通常需要使用附近的所有 RTK 参考站或激光发射器。激光控制土地平整机是非常精确的,并且是平整土地的传统做法。但是,激光在大型农业领域存在很大的局限性。通常,为尽量减少在地球球体上的移动量,一个大的区域会被分成几个不同的平面,每个平面均需要单独的激光装置和校准,烟尘会严重限制激光的射程。使用 GNSS 控制的土地平整作业不存在激光的这些限制,并已在土地平整行业中占主导地位。GNSS 土地平整也确实存在一些问题,尤其是如何将垂直精度控制在种植者需要的容差范围内。要获得可重复的垂直精度通常需用到附近的 GNSS 参考站,卫星校正服务(表 56.2)不能达到完全令人满意的效果。

表 56.2　可改正的和不可改正的 GNSS 误差源

误差源	误差量级(近似值)	是否可改正	通常原因
卫星星历	1m	是	跟踪预测误差
卫星钟	0.2m	是	卫星硬件
卫星几何构型	0.1~1.0m	否	在大面积空域中没有足够的卫星。可能是一些卫星信号被树挡住
电离层	1~10m	是,部分	太阳能输出的变化
对流层	10~50mm	是,部分	当地天气的变化
接收机钟误差	2~5000mm	否	接收机硬件设计
多径信号接收	5~5000mm	否	GNSS 天线设计与本地环境
参考站位置错误	无限的	否	设置基准坐标、板块构造、基站时出错,天线位置选择不当导致的多径干扰等

注:可改正误差是指使用外部参考站或外部实时改正服务进行改正。

56.1.7.2　VR 灌溉

许多农民使用中心枢轴灌溉系统,这些系统可能在两三天内发生一场"变革"。动臂的外部移动速度比内部移动速度快,因此在动臂上使用灌溉 VR 技术,可以在动臂的外端施加较高的速率,在中心附近施加较低的速率。如此,可使整个田地的灌溉更加均匀,对于土壤均匀的田地,这种方法效果很好。

通常,农田土壤的持水能力并不相同,农田中某些部分灌溉时需要比平均值多一些,而有些部分则需要少一些。除了调整与中心距离相关的速率外,还需要在每端使用一个额外的 VR。

对于 VR 中心枢轴系统,枢轴的末端有 GNSS 天线,具有亚米级或更高精度。当动臂穿过田地时,VR 控制器使用土壤地图及其在动臂上的位置来确定每个动臂部分的正确流量,见图 56.13。

56.1.8　作物侦察

在作物生长季节,种植者会勘查田地,寻找影响生长的问题,如虫害、水分或营养缺乏。对于大型农田而言,这是一项劳动密集型的工作。为了提高作物侦察的效率,农民将使用卫星或航空传感器收集大面积的多光谱数据(可见光、红外波段和热波段)。根据可见光和红外波段的差异,列出现场的可疑区域,供人类直接检查。然后,作物侦察兵将实际访问传感器数据显示不正常的田间位置。对于这种侦察导航,通常使用平板电脑上的亚米级 GNSS。

图 56.13　显示可变比例(VR)区域处方的地图(不同的土壤区域需要不同的
施水量。来源:经 Trimble 许可复制。图片由布莱克约翰逊提供。)

56.1.9　资产跟踪

管理大型农业作业,例如在大型甘蔗种植园的收获期,需用的车辆很多,如何让车辆得到最佳调度并减少车辆和驾驶员的等待时间是一个大问题。

通过跟踪每台收割机和运输车的位置、速度以及其他重要变量,如收割机负载,可以动态调度程序。大型车队运营商通常采用使用生产率和延迟指标作为整体运营效率提升的指标。这个车辆跟踪信息也可用于监控收割机和运输车驾驶员是否遵守速度限制。

电子围栏有助于防止盗窃,当车辆被移动到规定的围栏区域以外时进行自动报告和禁用车辆。此报告可提醒车主车辆的位置。

56.2　农业对 GNSS 的要求

参见第 2 章、第 10 章、第 11 章、第 12 章,了解 GNSS 误差原因和削减措施以及误差改正措施的说明。本节介绍在农业应用中对 GNSS 接收机的特殊要求。

在地球的地磁赤道附近(大致沿着地理赤道)和极地地区,GNSS 信号通常会遇到一种特殊形式的电离层扰动,称为闪烁。在闪烁事件期间,一些卫星信号可能会遇到高度不稳定的电离子团的不规则斑块。地面用户与一些卫星的连线刚好穿过该不规则斑块,造成这些信号的强度和一致性大大降低,使信号无法用于 RTK 定位。用户发现,单个 RTK 基站和漫游者无法找到一组通用的 GNSS 校正信号来产生定位。在这种情况下,广域 GNSS 改正服务将对所有卫星进行改正,可向用户提供一个或两个卫星的有效改正,这些卫星对固定基站用户不可用,但对漫游者是可用的,因为漫游用户由于局部不规则性只能接收一颗或两颗卫星,但是其误差可能比低闪烁事件期间的误差要大。

56.2.1　接收机时钟随机误差

用户 GNSS 接收机的内部晶体振荡器会产生随机的定时噪声。这在低成本具有中等噪声的 GNSS 接收机中尤其明显。更高精度和更昂贵的 GNSS 接收机使用更高级的晶体振荡器,可降低相位噪声从而降低定位噪声。晶体振荡器通常是接收机中最昂贵的部件,接收机钟差是不可改正的,因此,减少接收机钟差的关键是选择一个使用低相位噪声晶体振荡器的品牌。

56.2.2　对流层效应

在近地表,卫星信号的传播速度受局地大气密度变化的影响,这些密度变化由大气温度和水汽含量的地理差异造成。对于大多数用户来说,这些影响通常很小。但是,土地平整需要最精确的垂直定位,必须考虑这些大气影响,使用本地 RTK 基站可减少地面平整过程中对流层的影响。

56.2.3　多径信号接收误差

GNSS 信号会在接收天线附近的电介质和导电表面进行反射(见第 22 章)。当 GNSS 天线同时接收到直接信号和稍微延迟的反射信号时,接收机就很难精确地测量直接信号的到达时间。为了减少接收机中多径信号的影响,GNSS 厂商采用了几种不同的技术。首先是天线,制造商将选择使用反射信号最小化的天线元件设计。其次是接收机,制造商将使用自定义算法来减少多径信号的影响。多径误差是不可改正的,因此,通过选择减少多径反射信号的接收天线和用适当算法减少多径信号影响,来减少或消除由多径信号引起的误差具有重要意义。

56.2.4　参考站位置误差

使用本地 RTK 基站进行改正时,基站的坐标将直接影响 RTK 用户的位置。如果基站天线移动,那么该移动将体现为 RTK 用户位置的移动。对于长期使用本地 RTK 基站改正信号的用户,很重要的一点是 RTK 基站坐标系与用户的位置随时间保持相同。由于存在板块构造运动,农田会随时间漂移,使用卫星改正服务产生的位置与使用本地 RTK 参考站获得的位置将会不同。典型的板块构造漂移率约为 $10 \sim 40 mm/a$,在几年内使用卫星校正服务时可以看出这种变化。固定的 RTK 基站将以与用户相同的速率移动,这种变化不会被人们注意。

56.2.5　提供多种全球导航卫星系统

第 3~8 章中每个其他的 GNSS 都与 GPS 兼容,用户 GNSS 接收机通过适当的硬件和算法使其能够协同工作。除了 GPS 卫星外,其他可见卫星的使用大大提高了 GNSS 定位的可用性。

56.2.6　GNSS 改正服务

如果 GNSS 接收机不使用改正服务,预期的可重复定位精度为几米。这种精度的 GNSS

定位装置只能适用于极少数的野外作业,例如跟踪从供应商处运输材料进行野外作业的公路车辆,以及跟踪从作物收割处运输到收集点的车辆等。大多数利用GNSS的农业生产活动都使用了改正服务。

表56.3列出了不同服务提供商提供的不同的商业改正服务。

表56.3 适合精准农业用户的卫星/地面改正服务

卫星/地面改正服务	赞助商	DGPS精度(95%)	收敛时间
WAAS、EGNOS公司	各政府航空机构	子仪表	5~10s
StarFire SF1	Deere	2m	5~10s
StarFire F2	Deere	100mm	30~45min
StarFire RTK	Deere	20mm	1min(本地基地)
OmniStar HP	Trimble	100mm	少于45min
OmniSTAR G2	Trimble	100mm	少于45min
OmniSTAR XP	Trimble	150mm	少于45min
OmniSTAR VBS	Trimble	子仪表	小于60s
CenterPoint RTX	Trimble	40mm	少于30min
CenterPoint RTX Fast	Trimble	40mm	少于5min
CenterPoint VRS Now	Trimble	20mm	小于5s(本地基地)
RangePoint RTX	Trimble	150mm	少于5min
TERRASTAR-D	Terrastar	100mm	
TERRASTAR-M	Terrastar	1m	

John Deere提供一系列不同精度的星火改正服务。Terrastar的服务分为几个不同的精度级别。Trimble以OmniSTAR、CenterPoint和RangePoint为品牌提供多种改正服务,有一系列精度和收敛时间可选。通常,受定位算法所限,卫星改正服务都需要一定的收敛时间。

数米的定位精度可用于作物侦察,表56.3中的任意一个改正服务都能满足这种精度水平。然而,米级精度不满足很多其他的野外作业。例如,割草或垛草(将割下的干草扫成一堆,以便干燥和控水)不仅需要20~100mm的精度指导,而且需要一种更精准的改正服务。条播等田间作业,为了实现最大的作业效率,要求精度在几十毫米。要实现这些精度目标,必须使用改正服务。改正服务可以基于地面无线电或卫星无线电提供改正信息,这些改正服务提供许多不同的定制服务,每个定制服务具有不同的精度。表56.3列出了一些为PA用户提供的广泛使用的星基改正服务。

针对地基面改正服务,在用户场地附近建立一个基站。基站接收机测量所有可见卫星的GNSS信号,并计算每个卫星的改正时间,即可得到该基站的改正位置。该改正信息通过无线电发送到附近的漫游者GNSS接收机,并在漫游者接收机上实时进行改正。依据相应的改正算法,漫游者改正的定位结果精度可达到几十毫米。

基于卫星传输的改正服务使用专门用于数据传输的地球静止卫星的L波段信号。这些星基改正服务拥有大量分布在全球各地的GNSS监测站,以及收集和处理来自全球监测站数据的一个大型计算机网络,计算改正信号,并通过L波段数据传输卫星向用户发送实时改正信息。

漫游者 GNSS 接收机改正信息的精度取决于基站坐标的精度和稳定性、基站与漫游者之间的距离、电离层活跃程度,以及用于计算的改正信息的精度和及时性。此外,影响漫游者计算精度的因素还包括漫游者的本地环境、本地 GNSS 信号遮挡情况和漫游者接收机的设计。

各种地基和星基改正服务可被 GNSS 的农业用户使用。存在多种星基广域改正服务,其信号由卫星广播或通过连接互联网的本地无线电广播。提供卫星改正服务的机构有美国航空航天局 WAAS 和 Trimble 的 VRS 和 RTX 改正系统(表 56.3 和图 56.14)。

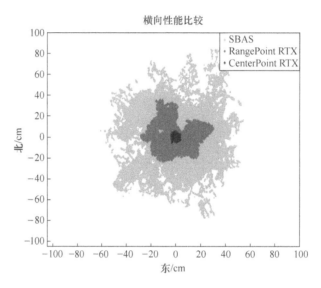

图 56.14　使用各种改正服务记录 24h 位置的散点图示例

由于电离层梯度的影响,不同卫星的信号具有不同的电离层延迟。基站计算的改正数主要是其所在位置的电离层延迟改正,随着漫游者与基站距离的增加,电离层梯度变化使用于漫游者定位的基站改正信息精度变差。一般来说,随着从基站到漫游者距离的增加,漫游者的位置误差增大。为了克服这种距离相关性,可以利用一组基站和计算机网络,计算出适用于每个特定漫游者位置的虚拟基站。这种广域改正由卫星改正服务或通过连接互联网的无线电分发给漫游者。

如果一个基站有一个错误的测量位置,那么其改正信号将使漫游者出现一个错误。当用户作为漫游者使用存在错误测量位置的某个特定基站进行 $A-B$ 线测量时,将注意到与使用没有错误的基站的改正时相比存在位置偏差。

56.2.7　板块构造对全球导航卫星系统改正服务的影响

国际地球参考系(ITRF)速度场(见第 27 章)显示了板块的相对运动对农业用户有影响。使用 Trimble RTX 全球改正服务时,ITRF 坐标需要转换成局域平面坐标,如美国的北美基准 1983(NAD83)或欧洲的欧洲地面参考系统 1989(ETRS89)。如果使用来自本地基站的 RTK 改正建立的种植者田地的 $A-B$ 线,切换到基于卫星的高精度服务时可能会发生位置偏移,这是由于测量参考基站使用的本地坐标系与区域坐标系的不同。由于板块的相对运动,参考基站测量的位置每隔几年就会有所变化。为了克服这一基准偏移问题,有时会在车辆的接收机中设置从卫星改正服务基准到用户本地 RTK 基准的自动改正服务。

〈56.3〉 小结

GNSS 已成为农业活动中极具价值的工具。GNSS 已经在发达国家种植的大多数经济作物的部分甚至全部的田间作业中得到应用。了解 GNSS 的能力和局限性有助于用户受益最大化。

第一批自动农机将用于作物侦察,包括地面侦察或空中侦察,未来的普及应用可以减少在作物生长期内的回访时间。具有后勤问题的其他田间作业,如农业化学品喷洒或作物收割,在处理要施用的化学品或收割的作物时会存在问题。采用自动农机可以解决这种后勤问题,甚至用于其他更加复杂的田间活动。

本章相关彩图,请扫码查看

第 57 章　可穿戴设备

Mark Gretton[1], Peter Frans Pauwels[2]

[1] TomTom 公司, 英国

[2] TomTom 公司, 荷兰

57.1　简介

我们对可穿戴技术并不陌生。近一个世纪以来,从腕戴式通信设备,到 X 射线眼镜,再到"大脑植入",科幻媒体中一直都有它的身影。早在 1931 年,美国《底特律镜报》连载的一部连环漫画《迪克·特蕾西》中,迪克·特蕾西所使用和穿戴的正是如今的可穿戴设备。

直到 2000 年,随着摩尔定律和微传感器的发展,以及经济规模的扩大,可穿戴设备才逐渐在技术领域和商业领域崭露头角。

在本章,我们一起探讨可穿戴设备的起源,给出总体概述,并研究可穿戴设备的设计和相关设计面临的挑战。

57.2 节回顾了可穿戴设备的起源,重点讲述了上述消费电子技术的重要性。

57.3 节描述了可穿戴产品和可穿戴市场。

57.4 节~57.11 节详细介绍了可穿戴设备架构、传感器和测量、电源管理、显示屏、视频和音频、无线技术、隐私和安全、展望未来。

57.2　可穿戴设备的起源

21 世纪初,全球定位系统(GPS)接收器进入消费电子产品领域,大量新型传感器开始涌现,促使看似不可实现或不切实际的新应用(包括当今的可穿戴设备)成为现实。

2000 年 5 月 1 日,克林顿总统宣布解除 GPS"选择可用性"的限制,基于 GPS 的定位技术进入消费电子产品指日可待。此前,GPS 向非军事用户提供的定位精度非常有限,限制了 GPS 的推广和应用。如今,该限制已被取消。

1999 年,美国无线通信和公共安全法案(俗称"E911")要求:手机用户拨打紧急电话时,无线电话运营商需向紧急救援人员提供用户的位置信息。

当时,很多公司都希望 E911 能够促进无线电话运营商快速、广泛地部署定位技术。其中一部分公司倾向于使用基于基础设施的解决方案(无线电定位),其他公司则认可基于手机的解决方案,主要是基于 GPS 的解决方案。人们普遍认为 E911 将推动定位技术在消费电子产品中的大规模应用。

当前全球导航卫星系统(GNSS)技术的确得到大规模使用,但这并不能全部归功于E911的发布,因为无线电话运营商当初并不想进行必要的投资,E911发布初期,采用更多的则是基于蜂窝网络的定位技术。

尽管诸如SiRF和Global Locate等公司为了能够将GPS接收器应用到移动电话,降低了GPS接收器的尺寸和能耗水平,但最初使它们的GPS芯片走进消费者手中的却是车辆逐向导航,一个完全不同的应用。

车辆逐向导航最早出现在20世纪80年代。早期的逐向导航系统依赖指南针、陀螺仪、车轮传感器、地图匹配和航位推算。GNSS技术由于准确性不高未能得到广泛应用。车辆逐向导航在商业上并没有取得很大的成功,主要是由于详细的数字地图成本太高、可用性有限。

但是,到了21世纪初,GPS采用小型化打包的形式,定位精度变得更高。再加上基于精简指令集计算机(RISC-based)的低功耗移动处理器架构的出现,以及固态存储器价格的大幅下降(得益于数字影像的成功),诸多因素促进了GPS的广泛应用。Magellan、TomTom和Garmin等专注于消费导航产品的公司纷纷涌入市场。

其中,第一批产品是掌上计算机(PDA)上的一款逐向导航应用程序(图57.1)。在装有数字地图的PDA上运行该应用程序,并将PDA连接到GPS接收器,驾驶员就拥有一个功能齐全的导航系统,其成本仅为内置汽车导航系统的$\frac{1}{5} \sim \frac{1}{3}$。

基于PDA的导航产品取得了成功,广受用户喜爱,因此,这些公司很快便开始考虑不需要PDA的"一体化、开箱即用"的产品,即便携式导航设备(图57.2)。

图57.1　第一款基于PDA的导航产品(2002年)　图57.2　TomTom Go便携式导航设备(2004年)

随着便携式导航设备小型化需求的不断增长,相关工作遇到的工程挑战及解决方案引起了人们的关注,并逐渐将其与可穿戴设备联系到一起。后面的几个章节介绍了面临的其中两项工程挑战和相应的解决方案。

第一项挑战:解决低功率GPS信号的问题。内置汽车导航系统需要在车顶安装一个远离其他电子设备的外部天线,并指向天空以方便接收最佳信号。而当时一些汽车制造商为了防止太阳光穿透挡风玻璃,倾向于对汽车挡风玻璃进行相关处理,这种做法同样阻碍了GPS信号,加剧了GPS信号弱的问题。

该问题的解决方案来自台湾大学Wei Wen Kao博士指导的实验室。为了设计和验证他们的解决方案,该实验室重构了真实世界的条件。最后,经过贴片天线、PCB 设计、分离射频敏感元件、靠近挡风玻璃安放、使用软件进行地图匹配、舱位推算等一系列努力,为第一项挑战找到了解决方案。

第二项挑战:将多个具有独立功能的集成电路(集成电路 IC 或芯片)集成为一个完整的解决方案。GPS、CPU、内存、SD、USB 和屏幕——大多数都是独立的 IC 和组件,每个 IC和组件在功耗、尺寸和价格方面成本都很高。这对于一个新出现的消费电子产品很常见,因此,其初期的价格都很高。随着市场销量和销售预期的增长,紧接着会推出片上系统(SOC)。SOC 这种高度集成的芯片意味着只需采用更少的组件,便能实现更低的功耗、更小的尺寸和更优惠的价格,从而得到用户进一步欢迎。目前,SOC 已经广泛应用于移动电子市场,然而在 2003 年左右,SOC 还是比较新鲜的器件。将生产规模从千级扩大到十万级,在消费电子产品领域是一个典型的先有鸡还是先有蛋的问题(需要通过市场销量得到更好的价格、尺寸、功耗)。

便携式自动导航系统(PND)的受众越来越多。短短 3 年,PND 的年均销售达 3000 万台,超过 275 个竞争品牌进入了消费者的视线。正是由于我们充分利用前沿技术进行创新研发,GPS 才能走向市场并为消费者所熟知。

如今,移动电话已经具备了更高级的、具有逐向导航特性的 GPS 功能(不仅仅只有E911 特点)。诺基亚早期的 Nokia N95 虽然取得了成功,但是苹果公司在 2007 年推出的智能手机开启了全新的一页。2009 年,苹果公司使用 Global Locate 和 Infineon 公司的 A-GPS芯片将 GPS 功能应用于 iPhone 3G 手机。Google 紧接着发布了免费逐向导航。

iPhone 和与之竞争的安卓(Android)智能手机从一开始就配备了其他传感器,例如加速度计、陀螺仪和磁力计。这些传感器都是为了给用户带来更好的全方位体验——知道手机的指向是智能手机的主要使用特性,手机中的加速度计可以判断手机什么时刻放下,从而将手机切换到低功耗模式。

2007 年,来自《连线》杂志社的加里·沃尔夫(Gary Wolf)和凯文·凯利(Kevin Kelly)提出了"量化自我"一词,引发了一场全民运动(人们发现利用智能手机的传感器可以对个人行为模式进行全天候测量,并能够对其进行分析,因此产生了极大的兴趣)。全天候测量个人的运动和行为模式,并将其与他人进行对比,为人们带来了全新的体验,同时也宣告了一个新产品类型的问世:可穿戴设备。

人们很快意识到,可穿戴设备必然得益于多种技术,特别是应用于 PND 和智能手机的传感器相关领域。

57.3 可穿戴设备的时代

"可穿戴"是指佩戴在人体,用于本地数据的采集、存储、处理和通信的任何产品。为了能够进行数据聚合、数据分析、远程管理和制定决策,可穿戴设备通常需要连接到智能手机(并从智能手机连接到云)。可穿戴设备通常被设计用于特定用途(如心脏监护仪、计步器或温度计),但越来越多的终端产品(如 Fitbit)整合了一系列功能,而其他一些产品(如Apple Watch)则是功能齐全的应用平台。大多数消费类可穿戴设备都是戴在手腕上的,然而可以夹在身上、挂在脖子上的产品数量也在不断增长。可穿戴设备与珠宝和服装快速结合，并采用相同的佩戴方式。

这类设备并不新鲜。以计步器为例，早在1780年，瑞士的亚伯拉罕·路易斯·佩雷特就发明了计步器。它能够测量行走时的步数和距离，在Perrelet发明的1770台机械装置上，还能够为自动上发条的手表供电。1965年，Y. Hatano在日本销售了一款名为"manpo-kei"（日语中的"10000步计"）的计步器。Y. Hatano在他的相关理论被大众接受以后，1985年便开始推广他的"manpo-kei计步器"，他的理论认为"为保持身体健康每天走1万步，从而通过活动能够在热量摄入和热量消耗之间取得平衡"。由Joel Karl创立的东京Yamasa Tokei Keiki公司，其生产的"manpo-meter"计步器被认为是比较准确的计步器（后来命名为"万步计"（manpo-kei），该名称被注册为该公司的商标）。

57.3.1　运动与健身追踪器

大多数可穿戴设备用于健身和提高人们的身心健康，对注重身心健康的不断增多的人群有着特别的吸引力（目前最大的可穿戴技术市场依然是健身追踪器和智能手表）。我们今天所熟知的运动和健身可穿戴设备已经存在了10多年，但它们最初的目标群体是精英运动员，用于衡量和提高运动员的运动表现。最近几年，运动和健身可穿戴设备才受到大众消费者的热烈欢迎。

活动监测器、计步器、心率监测器等类似设备，能够让用户通过智能手机监测他们的健身活动，从而优化运动表现、目标监测、体重控制、路线数据和位置共享。各种平台和社交媒体为健身活动和健身信息提供了共享平台，让其比以往任何时候都更加方便——对于某些群体这本身就是一个激励因素——可以进行数据分析，对下一步训练计划给出提示和建议。

健身追踪器的形状、大小和复杂程度五花八门。通常以带状物或手表形式的，戴在手腕上或夹在腰带上。Fitbit、Jawbone、Misfit和Withings公司在面向大众的健身追踪器领域获得了巨大成功。Tom Tom、Garmin、Polar和Suunto公司生产了用于跑步、游泳、骑自行车、远足，甚至滑雪和高尔夫，深受市场欢迎的运动手表。图57.3所示为一款佩戴在手腕上的Fitbit运动追踪器。

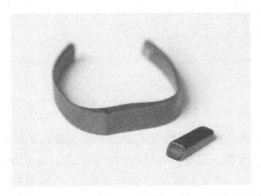

图57.3　Fitbit运动追踪器，测量步数、台阶和睡眠（2013年）

大家熟知的一款具有代表性的健身追踪器Fitbit，带有一个一直在线的电子计步器，可以计算步数、出行距离、攀爬高度（通过一系列的步数计算）、消耗的热量和一天中的使用时间。Fitbit 内置了每天行走 1 万步和爬 10 段楼梯的每日目标。据说 Fitbit 还可以测量用户睡眠的时间和质量。

用户数据可以上传到网络并显示在记录历史数据的个人资料页面上,还可以向这些数据中添加食物消耗数据。根据活动情况,用户能够获得每日步数和攀登目标的奖励徽章,以及"终生"奖励。大多数设备基于统计的步数、行进速度和用户的身份数据(尤其是性别和身高)估计行进路程。个人用户可以通过测量和校准他们的平均步幅来提高步幅设置的准确性。有些型号的设备还有其他功能,如心率监测和 GNSS 跟踪。

57.3.2　智能手表

智能手表不仅是有计时功能的手表,还是可穿戴计算机。许多智能手表使用移动操作系统,运行移动应用程序。有些智能手表可用作便携式媒体播放器,具有 FM 收音机功能,通过蓝牙或 USB 耳机播放数字音频和视频文件。有些"手表电话"具有完整的手机功能,可以拨打、接听电话或收发短信。能够进行运动跟踪的智能手表也并不少见。

下面内容给出了智能手表的一些示例。

(1) Pebble 智能手表(图 57.4)。它是由 Kickstarter 发起的一个众筹活动研发出来的,该活动筹集了大约 1000 万美元——是当时 Kickstarter 发起的产品众筹活动中,筹到资金最多的一次活动。Pebble 因为可以连接到 Android 和 iOS 手机,所以能够显示手机通知。

这款手表既能使用蓝牙,也能使用低功耗蓝牙(BLE)与手机进行通信。

(2) Apple Watch 系列的智能手表(图 57.5)它以健身为卖点,配有 GNSS 接收器,无须手机便可跟踪跑步和骑行运动。Apple Watch 智能手表能够防水可用于游泳跟踪。

图 57.4　Pebble 智能手表(2013 年)　　　图 57.5　Apple Watch 智能手表(2016 年)

57.3.3　智能服装

智能服装通常可分为两类:一类是内置电子设备使其看起来更有趣或更时尚的服装;另一类是功能比时尚重要的服装。后一类的代表产品是由 Richard Helmer 博士与澳大利亚体育大学合作研发的一款服装,该服装能够通过声音反馈,判断某些运动的肢体动作是否正确。图 57.6 所示为一种可穿戴的身体映射套袖。

在恶劣环境下工作可能会遇到各种紧急情况,为了能够对其进行监测,人们投入了大量的时间和精力进行可穿戴系统的研发。作为欧盟第六框架计划(FP6)的一部分,PROeTex 项目("防护性电子纺织品")就是此类工作的一个典型实例。该项目促进了用于监控紧急救灾人员的新一代智能服装的研发。这些服装能够检测用户的健康状态和环境变量,如外部温度、是否存在有毒气体以及透过服装的热流。

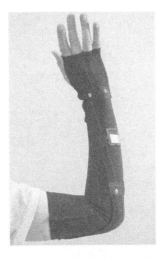

图 57.6　可穿戴的身体映射套袖

材料科学的进步促进了电子纺织系统的快速发展。电子纺织系统将传感能力融入服装中。例如,传感器可以嵌入衣服中,通过将电极编织到织物中来收集心电图和肌电图数据,并通过在织物上印制基于导电弹性体的组件来收集运动数据,然后感知由用户运动而导致的与衣服拉伸相关的阻力变化。这一领域的快速发展能够提供一种技术,使人很快就能在织物上打印完整的电路板。

57.3.4　智能首饰

尽管备受商业关注,智能首饰在可穿戴产品类别中仍然只是其中一个小的应用领域。像 Ringly 和 Vinaya 这样的初创公司,以及像施华洛世奇(Swarovski)和化石(Fossil)这样的大牌公司,已经研发出具有健身追踪、通知和压力管理等附加功能的高档名牌珠宝。

伦敦一家初创公司 Vinaya 生产的 Zenta 手镯是一款生物物理手镯,据称可以监控情绪、减轻压力,提高幸福指数。Vinaya 首席执行官凯特·恩斯沃思(Kate Unsworth)在接受"商业内幕"(Business Insider)网站采访时(2016 年 5 月)表示,"Zenta 的目是收集你生活中方方面面的数据。因此,不仅仅是你的生物物理特征(心率变化、皮肤电反应和血氧水平),还有你发送了多少电子邮件? 给谁发送的? 你花多少时间在社交媒体上? 你一天开了多少次会? 你和谁共度时光? 我们将所有这些数据点与你的位置、天气,你使用的表情符号进行相互验证。随着时间的推移,它将为你和你对外界的情绪反应建立一个用户画像"。

Ringly 公司的智能手镯是金戒指套装,可选择祖母绿、粉红蓝宝石、黑玛瑙、月光石或限量版碧玺石英。它们有三种不同的尺寸,并可以连接到手机上。可以通过振动模式和不同的颜色反映会议提醒、呼叫、文本和通知。他们的想法是:你可以继续做你手头上的事,只需扫一眼便可知道要不要拿起手机。

2014 年,英特尔发布了一款名为我的智能通信配件(my intelligent communication accessory,MICA)的智能手环,见图 57.7。它将手腕时尚与连接功能相结合,能够查看文本消息、电子邮件、社交网络消息、日历约会等。它还有一项"time to Go"功能,可根据所处地点动态调整到达下一个预约地点所需的时间。

图 57.7　英特尔 MICA 智能手环(2014 年)

57.3.5　身心健康监测器

随着可穿戴传感器和系统的发展,可穿戴传感器和系统能够用于同时监测运动和多种生理参数,如心率、呼吸和氧饱和度,对慢性病患者进行更全面的状态监测变成可能。可穿戴医疗设备给予患者更多的独立和自由空间,能够让患者独立自由地四处走动。

嵌入式传感器能够使用不同的电极配置以及肌电图(EMG)数据记录心电图数据(ECG)。其他的传感器可以记录与呼吸相关的胸部和腹部信号,以及由肩部运动引起的与服装拉伸相关的运动数据。

将生理传感器与运动监测器相结合,不仅可以确定监测对象的活动类型,还可以识别其活动的强度。一个多传感器系统,除了测量运动之外,还可以测量皮肤电反应、热流和皮肤温度,准确估计能量消耗。远程患者监控使人们能够持续跟踪自己的健康状况,避免了不必要的就医,同时节省了费用。其他传感器甚至可以检测急性医疗紧急情况,如高血压或癫痫发作,从而实现与医疗或急救服务的自动联系。医疗保健费用的持续上涨有望推动该类可穿戴设备的大量应用。

57.4　可穿戴设备的架构

可穿戴设备几乎总是与智能手机和后端(或云)环境协同工作。在可穿戴设备生态系统中,每个系统都扮演着自己的角色。可穿戴设备的主要作用是收集环境或用户数据——步数、温度、心率、行进路线等。将这些数据传送到智能手机,通过智能手机上的应用程序处理这些数据,并以友好可用的方式将其呈现给用户。将数据从智能手机更新到云端意味着可以与他人进行数据共享,或者说可以进行数据分析,包括群体分析,从而根据相似的人口统计数据,向用户提供有益的建议。

尽管可穿戴设备主要用于收集数据,但在将数据传输到智能手机之前,仍需进行体系架构决策,确定需要将哪些数据放在穿戴设备上进行处理。作为可穿戴技术的一个特点,需要进行权衡:在可穿戴设备上进行的数据处理越多,需要通信的数据量就越少,意味着更快的数据传输和更低的功耗。另外,在可穿戴设备上进行数据处理会消耗宝贵的电池电量,相比于智能手机,可穿戴设备的处理能力要小得多。

作为典型设计考虑因素的一个示例,让我们看一下戴在手腕上的光学心率仪,它能够生成光电容积脉搏图(PPG),即动脉中血液流量的容积测量。图57.8给出了一个PPG时间序列的示例。

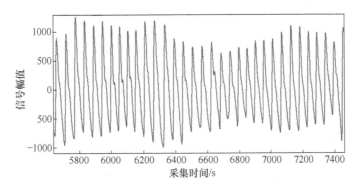

图57.8 光电容积脉搏图(PPG)

图57.8中每个峰值之间的时间对应一个心动周期,从中可以得出心率。该图还包含其他信息,如果只是为了单独测量心率可以去除这些信息,可穿戴设备设计人员可以选择在可穿戴设备上处理PPG,以便大大减少传输到智能手机的数据量。另外,在这个整合过程中也会丢失其他有价值的信息,如每个峰值(负或正)的幅度以及心率变异性,这两个信息都具有医学意义。这两种方法本质上都不正确——心率适合运动设备,而完整的PPG对医疗设备可能更重要。

57.4.1　操作系统

可穿戴设备通常基于某种操作系统进行管理,可以是简单的内部创建的操作系统,也可以是从成熟供应商处购买的更复杂的操作系统。通用操作系统,如Android Wear、Apple的watchOS或Linux,为应用程序开发提供了一个功能丰富的平台,但可能会过度开发,带来超过所需的更多的内存和电量消耗。实时操作系统(RTOS)由于内存占用空间小、功耗低可以作为首选操作系统。与大多数软件开发平台一样,功能扩展和多功能性是以系统资源为代价的。在选择操作系统时,需要考虑可穿戴设备的功率限制这一现实情况。

57.4.1.1　通用操作系统

(1) Android Wear是Google的Android操作系统精简版,专为智能手表和其他可穿戴设备而设计。它将移动通知集成到智能手表形式要素中。它还增加了从Google Play商店下载应用程序的功能。就连接性而言,它支持蓝牙和Wi-Fi连接。在撰写本章时,基于Android Wear的设备包括Motorola、LG和Samsung智能手表。

用户可以通过电话语音查找路线,选择交通方式,包括自行车,然后开始一段路程。行进过程中,手表会显示方向,并通过振动指示转弯。

Android Wear支持骑行和跑步跟踪。设备安装了必要的传感器,可以全天或按需自动采样心脏活动("OK Google,我的心率是多少")。也可以监测步数、热量消耗等。这些功能运行在相应的生态系统中,能够与配套设备和应用程序集成。

尽管 Android Wear 可供第三方使用,但在撰写本章时,它在用例、功能和形式要素方面具有高度规范性,限制其仅适用于智能手表。

(2) Linux 是一种类似 Unix 的操作系统,它是在免费和开源软件开发和发布的模式下集成的一个操作系统。Linux 不仅有内核,它还是大量的软件库。谷歌在 Linux 基础上开发了 Android 操作系统。由于 Android 在智能手机中的主导地位,Linux 有着通用操作系统(GPOS)中最大的安装基数。

尽管是非常类似的操作系统,但 Android 应用程序不能运行在通用 Linux 系统上,反之亦然,主要区别在于谷歌没有在 Android 操作系统中添加 Linux 发行版上的所有典型软件和库。Linux 运行在许多嵌入式系统上,这些设备的操作系统通常内置在固件中并高度适用;这类设备包括运动相机和网络路由器。Linux 可以说是可穿戴设备最灵活的 GPOS。

UNIX 对移动/可穿戴设备的重要性得到不断提升,Apple 的 iOS 是基于 Darwin 构建的操作系统,而 Darwin 是 UNIX 操作系统的开源版本。

(3) watchOS 是 Apple Watch 的移动操作系统;它基于 iOS 操作系统并具有许多类似的功能。最新版本增加了运动和健身活动功能,如 Breathe 应用程序,能够帮助用户进行全天减压全呼吸训练。watchOS 不提供给第三方使用,至今仍然是苹果公司的专用系统。

57.4.1.2　实时操作系统

当功耗和成本比丰富的用户界面重要时,往往选择实行操作系统(RTOS),如运动手表和追踪器选择使用 RTOS。RTOS 与传统操作系统的一个最大区别在于:RTOS 能够在严格规定的时间内(截止日期)对某些事件作出响应。只有这样才能确保满足实时要求,提供可预测(通常称为确定性)的执行模式。这对诸如部署在可穿戴设备上的嵌入式系统尤其重要。

RTOS(不具有通用性)占用的内存小,同时具有较高的性能和较强的扩展性对于可穿戴设备同样重要。但是,RTOS 还必须具有一些通用功能,如电源管理、应用程序和传感器管理,以及有线连接选择性。

57.5　传感器和测量

传感器推动了新式可穿戴设备不断涌现,传感器分为以下几类:
- 位置和方位传感器(如陀螺仪、全球导航卫星系统、磁强计)
- 运动和加速度传感器(如加速计、计步器),也称惯性传感器
- 生物物理传感器(如体温、心率、出汗)
- 环境传感器(如温度计、气压、湿度)

许多传感器都基于微机电系统(MEMS)技术,见第 45 章。MEMS 传感器将微小设备与 $1\sim100\mu m$(粗细大约同人类头发)的机械结构相结合。也就是说,它们是机电传感器,一端连接电子传感器,另一端连接机械传感器。然而,判断是否是 MEMS 传感器的关键准则是是否具有典型机械功能的元素——能够拉伸、偏转、旋转、旋转或振动的元素。图 57.9 所示为在扫描电子显微镜下看到的共振 MEMS 微悬臂梁。

自 20 世纪 90 年代 MEMS 运动传感器广泛应用于汽车行业以来,MEMS 设备便崭露头角。MEMS 设备已经广泛应用于智能手机和其他消费电子产品,现在已经成为可穿戴设备和物联网等智能设备发展的支柱。然而,MEMS 技术并不能满足所有可穿戴设备的需求。需要重点强调的是,MEMS 会消耗宝贵的电池电量——设备中的传感器越多,需要充电的次数也会越多。对于可穿戴设备,额外的电量需求可能意味着需要更大的电池,反过来又会占用更多的空间。

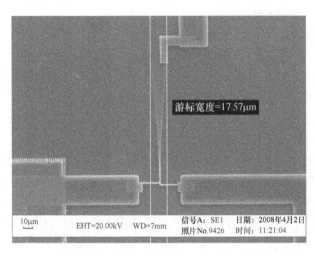

图 57.9　扫描电子显微镜看到的共振 MEMS 微悬臂梁

57.5.1　位置和方向传感器

57.5.1.1　GNSS

导航设备、智能手机和其他设备通过 GNSS 进行定位导航授时(PNT),提供(通常基于地图的)位置和导航指引。然而,可穿戴设备使用 GNSS 主要用于运动跟踪而不是用于导航,尽管还是围绕 PNT,但与其他设备使用 GNSS 的目的有着本质区别。GNSS 不是为了提供位置或方向建议,而是变成一种测量设备、一个传感器。

直接感知出来的位置和时间,以及诸如衍生出来的速度和方向,是运动、健身和健康应用程序的重要输入。具有 GNSS 功能的可穿戴设备比不带 GNSS 功能的可穿戴设备(仅依赖惯性导航系统的可穿戴设备)具有更高的用户价值。

GNSS 接收器已变得更小、功耗更低、灵敏度更高,更适用于小型可穿戴设备。但是,在可穿戴设备中使用 GNSS 面临的挑战不仅是物理尺寸,将可穿戴设备佩戴在移动的身体上这一事实带来了一系列新的挑战。

57.5.1.1.1　信号采集

早期基于 GNSS 的移动消费设备都有几分钟甚至几十分钟的首次定位时间(TTFF)。很明显,这个时间长度无法令人接受,尤其对于运动和健身可穿戴设备,慢跑者不想站在那里等待几分钟去获取 GNSS 信号。当前的解决方案是预加载星历数据(见第 17 章),但是由于这些数据只能提前几天准确预测卫星位置,因此用户(如运动手表用户)需要定期通过计算机下载最新数据。尽管上述方法将 TTFF 缩短到几秒,但是常常建议运动手表用户在获取信号时站着不动,并将手表指向天空。

57.5.1.1.2　天线和接收

螺旋 GPS 天线普遍应用于很多移动设备中,但是,螺旋 GPS 天线太大,不适用于可穿戴设备,可穿戴设备中最好使用线性天线。线性天线具有全向性的优点,这意味着不需要将设备一直指向天空。尽管这种全向性与线性天线高灵敏度相结合,但增加了接收反射信号和产生虚假位置的概率。此外,由于人体充满了阻碍 GNSS 信号的水分,因此 GNSS 信号接收是一项具有重大挑战性的工作。

57.5.1.1.3　航位推算

解决受损 GNSS 信号接收(如隧道内或建筑区)的一种有效的方法,是通过惯性导航系统(如结合陀螺仪的加速度计)进行航位计算(参见第 44 章)。但是,因为陀螺仪的漂移,上述方法需要进行频繁校准,并且要进行校准必须让设备处于静止状态。对于静止不动的汽车,这种方法不存在问题。但对于人类,即使人们停下来,他们的手腕以及运动手表很可能仍在晃动。

可穿戴设备中的加速度计和陀螺仪采用 MEMS 技术,加剧了上述问题。它们的精度不仅不如汽车同类产品,而且还受温度变化的影响,这意味着需要更频繁地进行校准。

为了解决正确信号接收之前 GNSS 信号缺失的问题,可以使用航位推算传感器的存储读数,从第一个 GNSS 读数进行逆向计算,进行信号消失后的位置路径重构。

57.5.1.1.4　地图匹配

可穿戴设备中的 GNSS 重点不是用于导航,但是地图匹配却不同,地图匹配是一种有效的位置伪测量补偿方法。最常见的方法是记录一系列 GNSS 位置点,并将其与之匹配的街道边缘相关联。那些偏离街道的离散点被"恢复到街道的线上"。这对于汽车定位非常有效(因为汽车一般会沿着街道行驶并且不会穿过建筑物),但对于可穿戴设备则没有效果(因为人类的活动不仅仅局限在街道那条线)。不需要进行地图匹配的轨迹平滑方法对可穿戴设备用处很大,这种方法在举例"Nike+"运动手表时会介绍。

57.5.1.2　陀螺仪

经典陀螺仪利用角动量守恒定律,简单地说,如果作用在系统上的合外力矩为零,则系统的总角动量在大小和方向上都是恒定的。这些陀螺仪通常由安装在轴上的旋转圆盘或物体组成,轴安装在一系列万向节上,每个万向节为旋转圆盘提供额外的旋转自由度。万向节允许转子旋转,而无须在陀螺仪上施加任何净外部扭矩。因此,只要陀螺仪旋转,它就会保持一个恒定的方向。

可穿戴设备和智能手机使用著名的振动结构陀螺仪,该陀螺仪依赖科里奥利效应,在旋转系统中运动的物体会受到垂直于物体运动和旋转轴方向作用的力(科里奥利力)。MEMS 振动陀螺仪采用一块基板,并在基板上安装多个以振荡方式振动的驱动物体。在基板旋转期间,围绕 x 轴、y 轴和/或 z 轴的角速度变化在驱动物体上产生科里奥利力,从而改变其位置。通过测量位置,可以确定旋转速率。图 57.10 所示为 MEMS 陀螺仪示例。

振动结构陀螺仪包含一个微机械物体,该物体通过一组弹簧连接到外壳。外壳则通过第二组正交弹簧连接到固定电路板。

物体沿着第一组弹簧受到连续正弦驱动。系统的任何旋转都会在物体中产生科里奥利加速度,并将其推向第二组弹簧。当物体被驱离旋转轴时,物体将被垂直推向一个方向,当它被推回旋转轴时,由于作用在物体上的科里奥利力,它将被推向相反的方向。

图 57.10　MEMS 陀螺仪示例

57.5.1.3　磁力计

汽车(或自行车、飞机、人等)的行驶路线是汽车的运动轨迹,而汽车的航向是汽车车头所指向的方向。GNSS 接收器可以通过查看连续位置来计算航向,但如果汽车不移动,则无法计算航向。碰到上述情况,磁力计(又称磁罗盘)便可发挥作用。它们检测地球的磁场并为设备指引方向。磁力计广泛用于手机的室内导航和地图导航。总的来说,主要有三类磁力计:霍尔传感器(大多用于手机)、各向异性磁电阻(AMR)或巨磁电阻(GMR)。三类磁力计都能够在特定方向上与磁场成比例地改变其电阻。

手机和其他小型设备中的数字磁力计精度不高,每次使用前都需要校准,最好与带有GNSS 的其他传感器结合使用。之所以需要校准,是因为地球磁场不是直接指向正北的;无论在哪里,都存在干扰,因此磁场在其他方向也有分量。校准设备通常需要将手机向不同的方向旋转,这样手机才可以确定哪个部分指向北方(磁场最强的部位),同时忽略其余部分。GNSS 信号也可用于辅助定位并避免校准。

57.5.2　运动和加速度(惯性)传感器

57.5.2.1　加速度计

可以根据不同的原理构建加速度计,但可穿戴设备中最常见的类型利用电容感应。电容感应输出电压取决于两个“板”之间的距离(一个板充电或两个板都充电,电容的变化与板间隙的变化成正比)。电容感应的基本工作原理是蚀刻到集成电路硅表面并由小梁悬挂的小物体产生的位移。当设备受力产生加速度时,该物体发生位移,从而使带电板发生位移。

电容式加速度计以其高精度和高稳定性而著称,也不太容易受到噪声和温度变化的影响,通常功耗较小,并且因为是内部反馈电路,所以具有更大的带宽。换句话说,非常适合在可穿戴设备中使用。

作为一款典型设备,Analog Device 公司的 ADXL330 是一个小而薄(4mm×4mm×1.45mm)、低功耗、完整的三轴加速度计。它测量加速度的精度达到最小满量程±3g,并且可以在运动、冲击或振动中进行测量。可以根据应用选择带宽,x 轴和 y 轴的范围为 0.5~1600.0Hz,z 轴的范围为 0.5~550.0Hz。工作电压范围为 1.8~3.6V,典型电源电流为 320μA。

57.5.2.2　计步器

临床研究显示计步器可以增加身体活动,降低血压水平和体重指数。发表在《美国医学会杂志》(2007 年 11 月)上的一项研究得出结论:"研究结果表明,身体活动的显著增加和体重指数、血压的显著降低与使用计步器有关。"首次提出了每天行走 1 万步的目标。这一目标已被美国公共卫生部和英国卫生部推荐。它也是 Fitbit 活动追踪器默认的每日目标步数。

可穿戴设备中的计步器依靠加速度计和/或陀螺仪来计算所走的步数。图 57.11 给出了通过步行产生的加速度计 x 轴上的时间序列加速度数据示例。

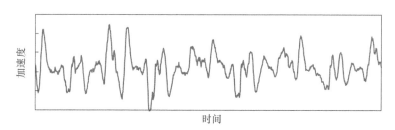

图 57.11　通过步行产生的加速度计 x 轴的时间序列加速度数据示例

图中的峰值明显接近用户的脚步,但(通常)有相当多的噪声;加速度计 x 轴与行人很少处于同一方向,行人会不断改变方向。针对该问题的典型解决方案是组合所有可用轴的读数,产生一个更优的平均值,输入步进计数算法,如图 57.12 所示。

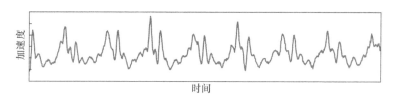

图 57.12　组合所有轴的加速度数据

通常,白天产生的步数用于估算燃烧的热量(见 57.5.3.2 节)和步行的距离(假如没有 GNSS 传感器)。

57.5.3　生理物理传感器

57.5.3.1　心率测量

1978 年,Polar Electro 推出了他们的第一款零售产品,即一款可穿戴式心率监测器(1982 年,他们增加了可选的胸带,这是世界上第一款无线心率监测器),1984 年,该公司推出了 Polar Sport Tester PE3000,即一款带有集成计算机接口的心率监测器,首次使运动员能够在计算机上查看和分析训练数据。

胸带通过皮肤检测依次通过心肌收缩传输的电信号(胸带靠近心脏也使其比许多其他方法精确度更高)进行心率测量。胸带仅限于那些善于思考的运动员使用,这些运动员知道心率测量的益处和用途,很容易将其与跑步机等健身器材搭配使用;相反,大多数耳机和腕式监视器做不到这些。另一个优点是它们也可在游泳时使用。

然而,人们发现胸带使用起来很不舒服。胸带必须贴身佩戴,这样会使呼吸不畅,如果不贴身佩戴,它们会不断下滑并进行调整。一些用户还抱怨它们会带来日益严重的出汗和瘙痒问题。另一个问题是它是一件要购买和携带的设备。据预测,腕戴式可穿戴设备将在未来几年内占据市场主导地位。

可穿戴设备中,光学心率(OHR)测量是一种常用的方法。光学心率传感器使用 LED 灯透射皮肤(图 57.13)。每次发射 LED 脉冲时,光学传感器都会检测反射回来的光的密度,通过比较血液吸收多少红光和红外线光来计算氧饱和度,这一过程称为脉搏血氧饱和度测定。光照水平的变化可以转化为心率。

图 57.13　TomTom 带有 OHR 传感器的产品(2016 年)

然而,腕戴式可穿戴设备也有自己的问题。远离心脏意味着每分钟心跳的读数变化可能会有延迟(在一个测试设备中延时甚至超过 1min)。另外,还有光干涉的问题。如果腕式监测器不紧贴皮肤,并且佩戴位置有误,由于光线泄漏并影响 LED,它们可能很难获得准确读数。同样当心率超过 160b/m 时,由于血液流动太快,也很难获得准确的读数。将腕戴式 OHR 设备与胸带设备的准确性进行比较测试,显示在行走或跑步时准确性在平均 85% 的可接受范围内,但在举重或手臂卷曲等其他活动中精确度较低,主要原因是运动干扰。然而,预计经过几年的发展精确度能够接近 100%。

57.5.3.2　热量测量

可穿戴设备无法精确测量健身活动时燃烧的热量——这只能在实验室条件下使用大量设备才能实现。但是,可穿戴设备可以给出估计值,根据制造商专用的计算热量消耗的方法计算热量消耗。

例如,根据计算的步数或心率测量值计算热量消耗估计值。

例如,Wahoo Fitness 使用相同的两种算法在其 iPhone 应用程序中计算每项活动的燃烧率。对于女性,计算公式是:(-20.4022+0.4472×心率+0.278×体重+0.074×年龄)/4.184;对于男性,计算公式是:(-55.0969+0.6309×心率+0.438×体重+0.2017×年龄)/4.184。

其他热量估算包括 BMI,其定义为体重除以身高的平方,单位是 kg/m^2,由体重(kg)和身高(m)导出。BMI 试图量化一个人的组织质量(肌肉、脂肪和骨骼),然后根据该量化值判断这个人是不是体重过轻、正常、超重或肥胖。尽管 BMI 范围的分类还存在某些争议,但图 57.14 给出了人们广泛接受的 BMI 范围。

BMI 测量方法主要存在的问题是测量的人体组织包括骨骼、肌肉、器官和其他身体部位的重量。例如,大家都知道肌肉组织比脂肪重,如果一个人苗条且肌肉发达,另一个人则超重,这两个人的 BIM 可能完全相同。衡量健康比例身体,人体成分（BC）测量是一个更好的指标。

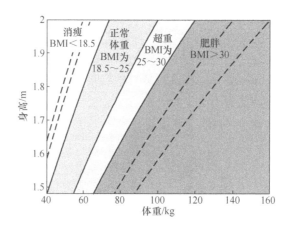

图 57.14　人们广泛接受的 BMI 范围

20 世纪 80 年代就出现了测量人体成分的商业产品,在很多体育学校中经常发现它们的身影。这些产品通过人体阻抗分析（BIA）,确定人体组织的电阻抗,从而估算身体总水量（TBW）。TBW 可用于估算无脂肪组织,通过减去体重估算体脂。自 2009 年法国消费电子公司 Withings 生产出第一款(Wi-Fi 连接)人体秤以来,消费级 BIA 测量仪便已面市。

BIA 技术直到最近才用于可穿戴设备,在进行人体阻抗分析时同样遇到了一些问题。如单个测量数据可能超出图表范围,因此需要看整体趋势,而不仅仅看绝对测量值,下半身与上半身的测量结果可能也不同,测量时用户不能走捷径。BIA 背后的算法需要根据双能 X 线吸收法（DEXA）即一种测量骨矿物质密度的方法进行校准。

TomTom Touch 健身追踪器是第一款提供 BIA 测量功能的通用可穿戴设备。用另一只手的食指触摸腕戴设备上的按钮会引起低电流传输,能够让设备进行电阻测量。对于只关心体重的消费者而言,可能还不了解什么是 BC,但随着用户文化素养的提高,BC 必将成为一种更好的、更被大家认可的设定个人目标的方法。

57.5.3.3　血压

血压设备能够帮助人们监测高血压(引起中风的主要风险因素)。测量血压通常有两种方式:通过动脉间导管进行测量,或通过血压计、血压袖带挤压手臂进行测量。近年来,通过血压计、血压袖测量血压的方法已用到可穿戴设备。

日本欧姆龙(Omron)公司最近发布了 Project Zero 监测器,该监测器将一个充气袖带安装在腕戴式可穿戴设备上。该产品可以全天候使用,进行几乎不间断的血压监测;完成常见的可穿戴任务,如计步、睡眠跟踪,以同步到智能手机进行趋势跟踪或将数据发送给医生。几乎不间断的血压监测提供了比偶尔测量更准确的高血压图像,尤其是有着医疗背景的血压测量(术语"白大衣高血压"指医生传统上穿的白大衣:在家中自测血压相比于在医生诊室测量血压,收缩血压测量值平均低于 10mmHg,舒张血压测量值平均降低 5mmHg)。

57.5.3.4　皮肤电反应

皮肤电反应（GSR）也称为皮肤电活动,它的传统理论认为:皮肤电阻随皮肤汗腺的状态而变化。出汗受交感神经系统控制,皮肤电导是心理或生理唤醒的象征。如果自主神经系统的交感神经部分高度兴奋,那么汗腺活动也会增加,从而增加皮肤电导性。通过这种方式,皮肤电导可以作为情绪和交感反应的一种度量,因此它可用于脑电图(EEG)和心电图(ECG)设备(以及测谎仪)。

Microsoft Band、Jawbone UP3 和 Intel Basis Peak 的多个型号已经用到 GSR 传感器。例如,在 Microsoft Band 中,GSR 传感器可帮助判断是否正在佩戴可穿戴设备。但是 GSR 传感器结合其他传感器(包括心率和皮肤温度传感器),有可能通过测量压力并将信息反馈给佩戴者,帮助佩戴者恢复身体,或在他们身体承受过多压力时进行提醒。

Jawbone UP3 追踪器使用一系列生物电阻抗传感器测量身体组织对微小电流的电阻。这些传感器包括心率、呼吸频率和 GSR。将它们结合在一起的目的是给出生理状态的指示。目前,该系列传感器重点用于提供可靠的心率信息,但它也能为监测压力和疲劳提供很好的借鉴。

57.5.3.5 温度计

可穿戴温度计大多佩戴在手腕上,但也可作为贴在身体上的柔性黏性贴片使用(图 57.15)。不管是佩戴在手腕上还是贴在身上,测量的温度通常会传送到智能手机应用程序上。目前,可穿戴温度计常用于婴儿或幼儿患者的父母,他们希望用其密切关注孩子的体温。

图 57.15　温度传感器贴片(2015 年)

57.5.3.6 汗液

当前可穿戴设备包括了可以测量汗液中多种生物化学物质的设备,汗液中的生物化学物质包括葡萄糖、乳酸、钠和钾等。生成的数据可以实时发送到智能手机,帮助评估和监测用户的健康状况,提醒他们注意疲劳、脱水和血糖水平异常等问题。

57.5.4　环境传感器

57.5.4.1 气压

压力传感器可以检测地球的大气压力。这种传感器可在可穿戴设备中实现气压计和高度计功能。意法半导体(STMicroelectronics)生产的 LPS25HB 压力传感器精度非常高,甚至可以用来准确判断建筑物的楼层。该功能可用于实现室内导航,提高 GNSS 性能。

57.5.4.2 温度和湿度传感器

可穿戴设备中的很多传感器对温度或湿度变化都很敏感。从温度和湿度等传感器读取的读数能够用于补偿其他传感器的输出偏差。温度和湿度传感器也可以单独使用,如单独用于智能服装。

57.6　电源管理/电池监控

在可穿戴设备的设计中,电池寿命可能是需要考虑的最大因素。处理器、无线通信、存储器和传感器等关键组件的功耗是电量的主要消耗源。虽然集成电路、微控制器、传感器和存储器越来越小,但电池不一样——它们的尺寸能够压缩多少是有物理限制的,受化学定律的约束,当前的电池已经达到了尺寸的一个极限。简单地增加电池尺寸不是一种很好的选择,毕竟从本质上说,可穿戴设备需要小巧轻便。

制造商需要在电池寿命和性能或功能之间做出权衡。例如,原来的 Apple Watch 好像没有足够的功率预算和可用空间用于蜂窝通信,使 Apple Watch 无法作为单独的移动设备独立运行,而不仅仅作为 iPhone 一个昂贵的外围设备。同样,也没有电源/空间预算来放置 GNSS 接收器,尽管后来的版本使用了 GNSS 接收器。因此,可穿戴设备制造商必须采取各种创造方法来节约电池电量。

(1)本地数据处理。设备能够进行自主处理,不需要通过耗电的方式将原始数据上传到智能手机再进行后续处理。例如,GNSS 芯片有自己的相关器,可以输出少量的 GNSS 坐标和数据。

(2)尽可能进行休眠(省电模式)。并不是所有可穿戴设备上都需要一直运行,在不需要时,可以通过强制执行尽可能多的系统休眠以节省电量。

(3)精确的电池监控。提供电池充电的准确状态,并增加使用智能化。例如,当电池电量不足时,及时向用户发出警报或关闭耗电过程。

(4)芯片和操作系统电源管理。大多数片上系统和嵌入式实时操作系统(RTOS)提供某种形式的电源管理,最常见的是定时抑制,当没有调度任务时,它会挂起内核周期性的时钟,计时中断直至下一个时间事件开始。

(5)低功耗无线通信。使用低功耗无线通信技术,如蓝牙低能耗(BLE),当不需要通信时进入休眠模式。

(6)屏幕节电。某些设备(如一些智能手表)通过设计保持屏幕常亮。但是,通常没有必要——因为很少有用户一直盯着他们的屏幕(电池电量的主要消耗部件)。屏幕节能方法以及屏幕技术的选择(见 57.7 节)对电池寿命有显著影响。

57.7　屏幕

设计可穿戴设备可选择的屏幕技术。

(1)反射型 LCD。因为没有背光所以这是最便宜的 LCD 屏幕,反射型 LCD 使用环境光。在强烈的环境光下可以看清楚,但在黑暗中看不见。它的优点是耗电量很小,因此通常用于可穿戴设备,常用于日光下的运动,如骑自行车或慢跑。

（2）透射型 LCD。其与反射型 LCD 类似,但带有背光。它们非常常见——90%的智能手机都使用透射型 LCD 显示屏。它们在光线不足的情况下更清晰,但在强环境光下清晰度不够。它们不适合长时间观看,因为它们的亮度会导致眼睛疲劳,透射型 LCD 耗电量相对较高。

（3）半透反射型 LCD。其是反射型和透射型 LCD 的组合(两者兼备)。半透反射屏幕能够防止环境光照到 LCD 屏幕(并使其表面变暗),同时不影响背光的传输,就像太阳镜的功能一样。这种 LCD 屏幕效果最好,价格也是最贵的,因为其用到的半反射膜价格很高。

（4）OLED。在电视中常用的有机发光二极管显示器中,每个像素都是一个可以显示各种颜色的光源。因为不需要背光就能工作,所以 OLED 厚度比 LCD 显示小。由于未点亮(黑色)像素不消耗电能,因此 OLED 显示器在呈现大部分黑色图像时比 LCD 显示器的能耗小,类似于很多运动手表的显示。OLED 的主要缺点是使用寿命有限,在 5 年内(每天显示8h)亮度损失高达 50%,且价格昂贵。

〈57.8〉 视 频 和 音 频

57.8.1 视频

从本质上讲,将视频集成到可穿戴设备意味着处理需要大量计算能力(和相应的电源功耗)。虽然原始视频捕获可能是一个比较轻量级的过程,但捕获的原始视频需要进行滤波和编码,这是一项计算量巨大的任务,需要一个或多个通用处理器以及专用处理器内核满载运行。此外,即使是高度压缩的视频也会占用大量空间,这一问题不仅会影响设备内存,还会影响将视频传输到其他设备,如智能手机。

尽管面临着上述挑战,但 GoPro、Sony 和 TomTom 等制造商生产的很多"运动相机"(即设计佩戴在身体周边或身上)依然深受消费者欢迎。这 3 家公司都将导航定位和授时系统(PNT,如 GNSS)嵌入产品中。第一个用于视频的 GNSS 应用程序仅用于统计叠加,即显示运动相机的用户的速度,或叠加已走过的路线。TomTom Bandit 运动相机又前进了一步,在通过叠加渲染视频的基础上,将 GPS/GLONASS 衍生数据(位置、速度和航向)和其他传感器输出相结合,确定捕获的视频片段中有价值的部分。运动相机产生大量的连续镜头是很有意义的事,因为它允许用户快速删除"无用部分"(出于保险和法律原因,在一些行车记录仪中使用了类似的应用程序,即一旦加速计检测到突然加速或减速,就会录制视频。)

新西兰阿联酋专业帆船队与 TomTom 公司合作,在测试游艇上安装了一系列运动相机和其他传感器,以每秒 40 次的速度计算多达 3000 个通道的数据,每天的数据总量高达数吉字节(GB)。传感器能够测量惯性制导、光纤应变、液压、冲压冲程、载荷、全球位置和风力。这些测量数据能够用于性能评估,也有助于设计更轻、更坚固的游艇。

摄像机通常安装在靠近船员的位置,但偶尔也会放在船翼顶部或靠近水面的位置以便拍摄水下附属物。能够与设备通信、远程打开或关闭设备,有助于节省电量和减少不必要的拍摄。返回岸上时,将带时间戳的视频与仪器数据同步,用于任务执行情况汇报。

57.8.2 音频

话筒将声音信号转换为电信号,与传统话筒相比,MEMS 话筒因其更高的信噪比、更小的外形尺寸、数字接口、更好的射频抗扰度和高抗振性,越来越受到人们的喜爱。

57.9 无线技术

低功耗、短距离无线网络技术对可穿戴设备至关重要;可穿戴设备获取的任何信息都应尽可能透明、快速地自动下载到其他设备上(主要是智能手机)。Wi-Fi 由于能耗需求较高,通常不用于可穿戴设备,但是因为 Wi-Fi 与可穿戴设备使用的其他协议工作在相同的频段,所以在可穿戴设备设计过程中需要考虑 Wi-Fi。本节介绍并比较了几种常用的无线技术。

57.9.1 智能蓝牙

智能蓝牙(BLE)作为原始蓝牙标准的低功耗变体,起源于诺基亚研究中心开展的一个项目。2007 年,该技术被蓝牙特别兴趣小组采用,并更名为 Bluetooth Ultra-Low-Power,然后更名为 BLE(该技术通常以 Bluetooth Smart 的名称上市)。

这项技术的开发目的是使对功率敏感的设备能够永久连接到互联网。BLE 芯片的一个重要特性是长时间关闭的设计,只有在数据发送时才被唤醒。这样即使使用非常小的电池也可以运行多年,非常适合在可穿戴设备上显示期望的少量数据。

除了极低功耗的睡眠模式外,BLE 还使用一套不同的无线电技术来确保极低的功耗。为了能够建立低占空比传输或长周期之间的突发极短传输,对数据协议做了更改。BLE 工作频段依然与标准蓝牙一样,具有相同的 ISM、免许可证、2.400~2.483GHz 频段。但是,BLE 使用了不同的跳频扩频(FHSS)方案。在 79 个 1MHz 带宽的信道上,标准蓝牙跳转速率为 1600 跳/s。BLE FHSS 采用 40 个 2MHz 带宽信道,保证了长距离传输的高可靠性。标准蓝牙提供 1Mb/s、2Mb/s 或 3Mb/s 的总数据速率,而 BLE 的最大传输速率为 1Mb/s,净吞吐量为 260kb/s。

BLE 与标准蓝牙不兼容,并且 BLE 设备无法与经典蓝牙产品互操作,但双模设备可以,双模的一个集成电路包含了标准蓝牙无线和 BLE 无线。虽然它们可以共用一个天线,但它们不能同时工作,只能各自独立工作。

支持 BLE 的设备还可以与兼容的智能手机无缝协同工作,实现了在智能手机应用程序中处理数据,并通过云从智能手机传输数据。而且,它们体积小、价格便宜,可以应用在各种智能手表、计步器、遥控器、医疗设备、汽车系统和类似设备中。

随着物联网(IoT)的到来,万物互联,BLE 的应用和深度开发有了保证,其主导地位明显增加。BLE 快速被大众采用,在产品发布周期的同一时间,设计采用 BLE 技术的产品数量远远多于设计采用其他无线技术的产品数量。尤其是 Apple 公司,为研制性能可靠的 BLE 堆栈投入了大量的精力,并发布有关 BLE 的设计指南。继而,促使芯片供应商将他们有限的资源投入相应的技术研发上,从长远来看,这些技术具有很大的发展空间和成功前景。在需要证明每笔研发投资的合理性时,Apple 公司的"认可标志"无疑是一个可信证据。

2020 年年底,低功耗无线设备的研发创新产生了可穿戴电子设备和家庭娱乐系统,反过来成为全球 BLE 市场的主要贡献者。

BLE 规范的早期版本暴露了安全漏洞(设备可能被窃听或跟踪),但最新版本的安全性得到了提高,保证 BLE 设备附件仅与受信任的设备共享其唯一地址,同时通过阻塞其他设备的请求,降低了功耗。这能够防止对用户隐私潜在的侵犯,增加了数据传输和位置/设备跟踪应用程序的可信度,对于诸如连续血糖仪、血压计、无钥匙进入系统、门锁、支付终端等类似设备具有重要意义。

57.9.2 ANT(+)

ANT 代表了另一种专为传感器网络和类似应用设计的超低功耗、短距离无线技术。ANT 也使用 2.4GHz ISM 频段。ANT 专有协议由加拿大 GPS 个人导航 Garmin 公司的子公司 Dynastream Innovations 公司开发和销售。到目前为止,ANT 主要应用在运动和健身领域,主要用于表现和健康监测的个人区域网络。然而,它也能够部署到前面提到的所有其他应用中。

ANT 使用非常短的占空比技术和深度睡眠模式来保证低功耗。每个 ANT 节点都可以作为从站或主站运行,并且可以作为中继器进行收发。由于采用了时分复用技术,ANT 协议设置对多个节点使用单独的 1MHz 信道。每个节点在自己的时间段内进行传输。基本消息长度为 150μs,而消息速率(传输次数)范围为 0.5～200.0Hz,每条消息的有效负载为 8B。如果遇到干扰,节点收发器可以切换信道。

由于在智能手机中缺少本地支持,ANT 仍然是一种相对小众的技术。

57.9.3 近距离无线通信

近距离无线通信(NFC)是一组通信协议,能够让两个相距几厘米(通常为 5cm,最大约为 20cm)的电子设备建立通信。NFC 从射频(RFID)技术发展而来,既快速又简单:无须配对码即可连接,而且由于它使用的芯片功率非常低(或者被动地使用更小的功率),因此比其他无线通信类型功效更高。NFC 至少需要两个芯片(一个无线通信、一个处理器)和一个电源。NFC 不强制要求认证,但应进行标准无线发射测试以确保其保持在 13.56MHz 频段。

用于非接触式支付的借记卡或信用卡中的 NFC 芯片并不新鲜。但智能手机中通过 Google Wallet、Samsung Pay、Apple Pay 等进行非接触式支付的应用比较新颖。无源 NFC“标签”内置到海报和信息亭中,可以传输附加信息,类似于扫描二维码触发网址访问、提供优惠券或在智能手机上下载地图。

将数据从可穿戴设备加载到智能手机,尽管大家认为 NFC 这种无线通信协议不太合适,但是将来,对于很多可穿戴设备,NFC 作为识别其他设备和现实世界的一种手段,很可能是很多可穿戴设备的一个重要功能。

57.9.4 共存

无线共存定义为多个无线系统共享相同或相邻频谱,不会产生不当的相互影响或干扰,进而影响数据和信号性能、传输或接收的能力。随着越来越多的设备在 ISM 频段中共享相似的频率,共存在无线通信标准中引起人们越来越多的关注。

处理蓝牙和 Wi-Fi 之间共存的标准方法是两个集成电路(IC)之间的信号处理。通常由用于告知 IC 其无线信号何时可以发射/接收的很多导线组成。BLE 利用自适应跳频避开检测到的干扰信道。

NFC采用的共存方式,能够让读取器从含有许多NFC卡的钱包中选择特定的标签。NFC与IR的类似之处在于其工作范围非常小,因此不太可能干扰其他NFC设备。

57.9.5　比较

表57.1比较了各类无线技术的功耗、范围、数据率。

表57.1　无线技术比较(数字是指导性的)

参数	NFC	ANT+	BLE	Wi-Fi
功耗	低	低	低	中等
范围/m	0.1	30	150	100
数据率/(Mb/s)	0.25	0.02	1	100

57.10　隐私和安全

在收集、存储和传输个人信息的设备或软件中,隐私和安全一直都很重要(个人数据的控制是一项基本保护权利,受到欧盟内部的严格监管),个人隐私和安全的敏感性随着可穿戴设备的出现变得愈加明显。运动手表和活动追踪器不仅仅记录你去过的地方,它们还知道你的年龄和体重,记录你的心率,估计燃烧的热量和其他与健身相关的数据。更为敏感的是它们记录与健康相关的可穿戴设备所测量、存储和传输的信息:血液和汗液中的化学物质、心电图、血压、关节运动等。

这一切都是为了收集佩戴者的兴趣爱好,但隐私和安全需求更重要,滥用信息可能会对数据提供者不利,可能会对一个人的健康保险或就业前景产生负面影响。如果你有某种疾病迹象的表现,药物广告商就可能把你作为广告对象。这些信息远不仅仅记录你的活动,还关乎你个人,以及用数字来衡量的生命。

像TomTom这样的公司采用了通常所说的“设计隐私”。实际上就是在设计、产品工程化和提供服务时,从初始阶段就对隐私和用户数据进行严格处理。这也是供应商合同中的一个重要因素。

然而,隐私设计并非所有制造商都能做到。2015年,加拿大非营利组织“开放效应”(open effect)发布了一项题为“伪造的每一步:健身追踪器隐私和安全的比较分析”的研究。它研究了几种流行的可穿戴设备,得出的结论是它们根本不安全:“在测试的八个设备中,只有一个设备能为用户提供一点保护。研究发现,可穿戴设备可以共享位置数据,并向不受欢迎的人泄露个人健身数据。该研究揭示了在佩戴可穿戴设备时需要考虑的一个新的安全角度。”

57.11　展望未来

可穿戴设备市场是一个“蓬勃发展的行业”,行业专家预测,未来5年,收益值的综合年增长率将超过 20%。尽管这是一个相对新兴的市场,但它也是成熟的市场——新一代可穿戴设备准确、可靠且价格实惠;消费者需求、企业健康计划和医疗保险成本正在推动可穿戴设备的进一步应用,以及可穿戴设备在功能和交付方面的创新。

就像很多高科技解决方案一样,可以预测未来的可穿戴设备将会更小、更强大、更节能。尺寸的缩小意味着可穿戴设备能够隐形,小到可以穿在看不见的地方,也许可以嵌入衣服或珠宝中。这与生物物理和医疗设备行业尤其相关:运动手表的所有者可能喜欢炫耀他们的设备(本质上讲,它是可见的和可访问的),但医疗设备用户可能更喜欢将它隐藏起来。

在努力满足功耗(电池寿命)、外形(形状和尺寸)和质量等产品需求的过程中,电池仍将是可穿戴设备发展面临的最大挑战。由于物理和化学方面的限制,很难预料尺寸会明显缩小。为了弥补这一点,可穿戴设备制造商需要使用功耗更低的器件,并寻找替代电源(代替或支持电池电源)。第一代设备已经存在,例如,有内置太阳能电池的衣服、动能电力、环境电磁能,甚至体热供电。

可穿戴技术也将从单一的可穿戴设备的概念转变为人体上的传感器系统,联网并协同工作。具有多个传感器的生物物理系统能够为用户提供其身体"表现"的整体视图。该网络系统将不仅局限于用户的身体,它还可以连接到其他家庭或汽车联网设备等。想象一下,空调系统能够自动对你的体温做出反应。

57.11.1 可穿戴设备

如今,智能可穿戴设备占整个市场的 1/3 左右,而以健身追踪器为首的基本可穿戴设备则占据了其余部分。然而,在用户界面和功能进步的推动下,智能可穿戴设备有望超越价格较低、功能较少的基本可穿戴设备。智能可穿戴设备,将很快从主要用于通知的智能手机配件,转变为能够自行进行更多处理的更先进的可穿戴计算机。图 57.16 所示为 2014—2020 年全球可穿戴设备预测价值。

图 57.16 2014—2020 年全球可穿戴设备预测价值

57.11.2 传感器

传感器是可穿戴设备中最多样化的组件,它们使可穿戴设备的关键功能得以实现。很多先进的可穿戴技术趋势,都与传感器系统的特性和局限性密切相关,但新的传感器类型也在不断涌现,促使可穿戴设备制造商创造出新的功能。最近的一份行业报告指出,截至

2057

2025年,将有30亿个可穿戴传感器,其中超过30%是刚刚开始出现的新型传感器,包括光学传感器、化学传感器和柔性传感器。

它们与新的能量收集和存储技术、高效电源管理系统和低功耗计算相结合,以越来越灵活、越来越时尚、越来越隐形的多种形式,将在未来10年推动可穿戴技术市场的显著增长。

57.11.3 室内导航和定位

定位对于户外用途的系统已很常见,因为各种不同的应用,室内也会有这种定位要求,尤其在大型建筑物中,如购物中心和医院,作为"简单"的导航辅助设备,在购物中心,定位主要为了更好地向客户营销。或许基于互联网搜索,引导顾客到店面进行高度针对性的交易,零售商很快就会发现其带来的优势。从定位潜在受害者到跟踪应急工作人员,室内定位作为一种更及时、更有效响应的手段,引起了应急服务部门的关注。

当然,卫星定位技术还不能满足室内要求:信号被屋顶、墙壁和其他物体衰减和散射变得毫无用途。最有可能的解决方案是在建筑物内使用无线电信标,通过蓝牙、Wi-Fi或其他无线电技术,中继覆盖大面积且可以穿透墙壁的信号。可穿戴设备是这项技术的关键,Nokia、Google、Navixon和Sensewhere等公司正在研发这项技术。第37章给出该解决方案的全面概述。

不过,在室内定位人或设备只解决了一半问题。对于导航或其他使用目的,为了使定位具有意义,服务提供商还需要使用准确的室内地图。Micello公司宣称已绘制了15000个室内场馆地图。Google除了收集自己的室内地图数据外,还从其他所有者那里众筹地图。Nokia正在收集室内数据,甚至OpenStreetMap也有一个关于室内地图的wiki页面。

57.12 小结

总之,随着电子、电池、屏幕、运动传感器和生物传感器的发展,可穿戴设备将越来越大众化,越来越不显眼——被编织(有时确实如此)到我们的日常生活中。使用用途将从运动扩展到日常健康,再扩展到医疗诊断。无论室内还是室外,定位跟踪将无处不在。数据隐私和安全将变得非常重要。

本章相关彩图,请扫码查看

第58章　先进驾驶员辅助系统和自动驾驶中的导航

David Bevly,Scott Martin
奥本大学,美国

58.1　简介

汽车和公路驾驶越发危险,每年在美国导致大约 37000 人死亡[1]、全世界导致超过 100 万人死亡[2]。开车也很乏味,美国人平均每天要待在车上近 1h[3]。车辆自动化被认为是减少驾驶死亡人数和枯燥驾驶的潜在解决方案;事实上,已经有初步的证据支持这种解决方案。车辆自动化不仅具有提高安全性的潜力,还可以提高驾驶效率,包括公路通行量,减少拥堵,甚至提高燃油经济性和减少排放量[4-7]。自动驾驶还展现了最终减轻驾驶任务的潜力,允许通勤者利用在车上的时间进行更富有成效的或更悠闲的活动。此外,其他工业部门,如军事、采矿和农业,希望通过自动化将人类从枯燥、肮脏和危险的作业中解放出来。本章概述了促进车辆自动化方面工作激增的历史,然后讨论了基本的车辆模型和车辆自动化的导航示例。

自动化技术在 20 世纪 60 年代以巡航控制的形式开始进入车辆领域,使驾驶员能够自动控制自己的行驶速度。在 20 世纪 80 年代,引入了防抱死制动系统(ABS),通过防止车轮锁住来最大限度地提高制动性能。随着时间的推移,牵引控制系统(TCS)和电子稳定控制系统(ESC)等更先进的系统被应用到车上,以改善操纵稳定性。研究表明,ABS 和 ESC 可以提高车辆稳定性,减少事故的发生[8-9],这使国家公路交通安全管理局(NHTSA)要求 ESC 在 2012 年后成为所有在美国售卖汽车的标配。现今,诸如车道偏离预警(LDW)、车道保持辅助、自适应巡航控制(ACC)和协同自适应巡航控制(CACC)等先进驾驶员辅助系统(ADAS)已经引入到许多量产车辆上。当然,现在甚至还有特斯拉的自动驾驶系统、通用的凯迪拉克超级巡航系统,以及沃尔沃和奔驰的交通堵塞辅助系统,这些系统可以使驾驶功能的各个方面实现自动化。

自动驾驶和自主驾驶的出现主要是由美国交通部(DoT)和国防部(DoD)的几个项目发起的。1997 年,卡内基梅隆大学(CMU)的一组研究人员演示了一种海岸到海岸的自动化小型货车[10-11]。有趣的是,由于选择可用性(SA)将 GPS 定位精度限制在大约 100m,而且当时缺少可用的地图,该团队仅使用 GPS 进行速度测量,尽管有着选择可用性,但 GPS 仍能提供准确的速度信息。与此同时,联邦公路管理局(FHWA)在加利福尼亚州进行了一系列名为"演示 97:证明 AHS 工作"的实验演示[12]。自动公路系统(AHS)包括车辆分组和自动车道保持,该系统利用磁强计测量埋在车道下的磁铁[13-14]。

此外,农产业已经利用 GPS 进行精确农业应用(如第 56 章所述),如田间产量监测,并开始探索添加自动操舵技术用于精确耕作、种植、喷洒和收获作业。斯坦福大学开发了一种 GPS 引导的农用拖拉机,演示了厘米级的耕种作业,如直排耕地(图 58.1)和更独特的路径跟踪场景(图 58.2),以及使用差分 GPS 控制实际的农具(图 58.3~图 58.5)。GNSS 通过减少耕作或喷洒作业时重叠或跳过的区域,以提高操作效率,并且在播种作业时不需要标记臂(图 58.6),而在播种作业中,传递精度至关重要。图 58.8 展示了采用精确种植的精确作物行距使用 GNSS 栽培作物还允许后续的培育(从种植的作物上清除杂草)和收获等作业能够在 GNSS 引导下高效执行,如图 58.9 所示。如今,用于 GNSS 引导的农用拖拉机的自动操舵系统已经在美国和欧洲的大型农场中得到普遍应用。事实上,除了个别农场之外,得克萨斯州南部的大多数农场,在耕作、喷洒和所有种植作业中都使用了基于 GNSS 的自动操舵技术。此外,农产业一直在研究用于无人操控农业作业的全自动拖拉机,如图 58.10 所示。

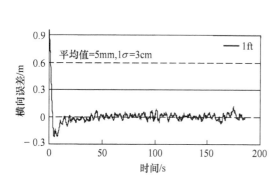

图 58.1　使用差分 GPS 的农用拖拉机
的自动转向精度

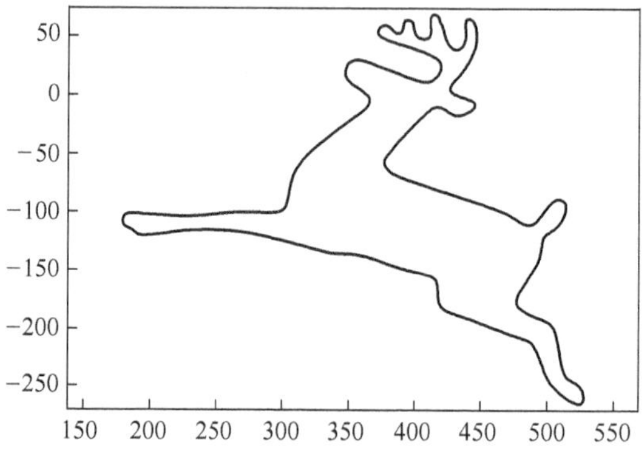

图 58.2　John Deere 拖拉机使用 GPS 引导生成的路径

图 58.3　斯坦福大学的团队与 GPS 引导的 John Deere 拖拉机

　　GNSS 在农业车辆控制中可应用于需通过传递精度来保持行距等绝对位置精度要求高的场景,或相对位置精度的耕作和种植作业(图 58.6),如联合收割机作业等团队协作应用(图 58.7)[16]。

　　同一时期,国防部将重点放在无人车辆操控上,同时在交通部及农业上发力。有几个项目专注于推进无人操控车辆的研究,如美国国防高级研究计划局(DARPA)的 UGV/Demo

图58.4 在阿拉巴马州奥本市,GNSS引导农用拖拉机正在进行精准耕种(无须手动操作)

图58.5 GNSS控制拖曳式农具[15]

图58.6 精准种植(无须标记臂)

Ⅱ项目[17]、无人地面战斗车辆和美国陆军的未来战斗系统(FCS)项目。然而,DARPA在2003年提出的"DARPA大挑战赛"对自动驾驶产生了最大的影响。与典型的DARPA广泛的机构通告(BAA)不同,这次DARPA宣布哪个团队能制造出一辆能够在没有路线先验知识的情况下在沙漠中自主行驶150mi的无人操控车辆,他们将支付100万美元给团队,而在BAA中,提案是被选择后再提供资金进行研究的。据DARPA称,"这一挑战旨在促进军事应用中自主地面车辆技术的加速发展,是 DARPA 计划的一系列大挑战赛中的第一个。"这项挑战激起了工程师和爱好者的兴趣,吸引了许多传统意义上没有从事过自动驾驶工作的新的参与者。大约有25支队伍参加了首届 DARPA 大挑战赛,参赛车辆包括 SciAutonics/Auburn 团队使用的小型全地形车辆(ATV)以及 Oshkosh 的大型军用车辆等,甚至还有图58.11 所示的一辆摩托车。

图 58.7　合作农场作业(收割时联合收割机将粮食卸载到粮车上)

(a)

(b)

图 58.8　精准作物示例
(a)种植后;(b)收割前。

(a)

(b)

图 58.9　在精准种植行上的种植(a)和收割(b)的后随农场作业

图 58.10　来自案例 IH 和 John Deere 的概念自动拖拉机

图 58.11　来自首届 DARPA 大挑战赛的车辆示例

　　最初的 DARPA 大挑战赛于 2004 年 3 月 13 日在莫哈韦沙漠举行,如图 58.12 所示。该图还显示了每个选手的终点位置。在 140mi 的路程中,行驶的最远距离是 7mi,这是因为许多车辆在开始的几分钟内就失败了(图 58.12 和图 58.13)。当时,许多从事自动驾驶研究的知名团队并没有真正参与 DARPA 大挑战赛,因为他们已经在其他项目上获得了资助。这些团队人员大多来自大学、"车库"公司或初创公司(其中一些由从事相关技术的知名公司的工程师和科学家组成),以及由业余爱好者或狂热者组成的团队。

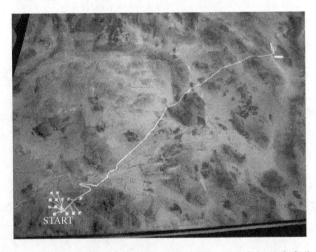

图 58.12　第一次 DARPA 大挑战赛的赛道和所有车辆的完赛位置

　　DARPA 大挑战赛不同于之前提到的自动驾驶演示,因为 GPS 是现在应用于定位的主要传感器(自从 2001 年选择性可用性被移除后)。此外,大多数团队使用差分校正,如 NA VCOM Starfire 或 OmniSTAR,来提供分米级定位。诸如激光雷达和摄像头等传感器,则被用来进行障碍物检测和局部路径规划。

图 58.13 第一次 DARPA 大挑战赛的照片

在 2004 年 DARPA 大挑战赛之后,DARPA 发布了价值 200 万美元奖金的重复挑战赛。在 2005 年,5 个团队完成了图 58.14 所示的新比赛,斯坦福大学用时最短并获得奖金。完成比赛的另外 4 辆车是来自卡内基梅隆大学的 2 辆车,如图 58.15 的终点线所示的 Oshkosh TerraMax 卡车(包括来自罗克韦尔柯林斯公司、特丽丹科技公司、帕尔马大学和奥本大学的团队成员),以及来自路易斯安那州的灰色保险公司的车辆(使用一辆名为 KAT-5 的车辆,

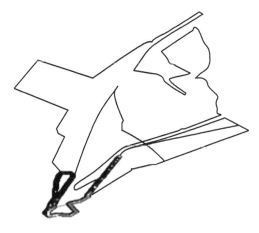

图 58.14 第二次 DARPA 大挑战赛的路线　　　图 58.15 在第二次 DARPA 大挑战赛
终点的 Oshkosh TerraMax 卡车

因为团队在卡特里娜飓风中转移了)。

　　DARPA 随后在 2007 年为城市挑战赛颁发了 200 万美元的资金,但这一次选择了 10 个团队,他们将根据提交的方案获得 100 万美元的预付资金。有 6 支队伍完成了比赛,包括卡内基梅隆大学与通用汽车的合作团队。城市挑战赛要求团队更多地依赖感知传感器来导航和感知它们的环境和周围事物。此外,这些车辆还被要求遵守城市交通法规,如实时交通规则和十字路口规则,并应对其他有人驾驶和无人驾驶车辆。这些人类驾驶员每天要应对的额外挑战推动了团队和技术向自动驾驶更进一步[18]。

　　从大学和初创公司涌进该领域的新人才、对车辆自动化潜力的兴趣程度以及图像处理和人工智能(AI)算力的提高,都推动了自动驾驶技术的急速发展,引领了新的公司和技术走出 DARPA 大挑战赛。Velodyne 激光雷达用于许多原型自动驾驶汽车(包括图 58.16 所示的谷歌汽车以及优步汽车),它是由参加 DARPA 大挑战赛的霍尔兄弟创造的。Sebastian Thrun 曾与最初的卡内基梅隆大学的大挑战赛团队合作,后来共同领导了获胜的斯坦福的大挑战赛团队,他继续创建了谷歌的自动驾驶汽车团队,最终为了自动驾驶汽车公司 Waymo 分支参与大挑战赛的卡内基梅隆大学的自动化机器人团队的许多成员,后来都为被德尔福收购的 Ottomatika 或者优步自动驾驶项目工作。来自 MIT 城市挑战赛团队的 Emilio Frazzoli 和 Karl lagnemma 创建了 nuTonomy,该公司也被德尔福收购了。

图 58.16　车顶安装 Velodyne 激光雷达以及拥有内华达州自主(AU)车牌的谷歌自动驾驶普锐斯汽车

　　Anthony Levandowski 最终创办了自动驾驶卡车公司 Otto。VisLab 由 Alberto Broggi 领导参与了 DARPA 大挑战赛,后被美国安霸收购。自动驾驶车辆的热潮催生了许多其他初创公司,诸如 Automation(现为通用汽车所有)、Aurora、Zoox、Peloton、TuSimple 和 Embark,这些只是其中的几家,更不用说欧洲、中国、亚洲其他地方等世界各地的众多新公司。

　　在 DARPA 大挑战赛之后,许多其他小组也进行了另外的自动驾驶汽车挑战。VisLab 的学生演示了 4 辆无人驾驶汽车在几乎没有人工干预的情况下,从意大利帕尔马到中国上海的近 1.6 万 km 的旅程[20]。戴姆勒公司重复了著名的 Bertha 路线(原由卡尔·本茨的妻子驶过的从曼海姆到普福尔茨海姆的路线)的完全自动驾驶[21],而德尔福完成了从圣弗朗西斯科海岸到纽约到海岸的自动驾驶[22]。此外,沃尔沃还推出了"Drive Me"项目,向公众提供一型无人驾驶汽车,并在瑞典哥德堡进行测试。

自动驾驶和相关新公司的激增,促使世界各地的立法者为自动驾驶汽车制定法规。在美国,联邦和州立法机构已经考虑了许多关于自动驾驶的新法律(图58.17)。此外,汽车工程师协会(SAE)开发了 SAE J3016 标准,定义了不同级别的自动化。下面列出了这些定义以及括号中的 Richard Bishop 对每层定义的简要概述。

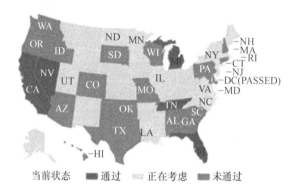

图 58.17　截至 2016 年 12 月,美国的自动驾驶车辆的立法情况[19]

0 级——无自动化:即使在预警或干预系统的加强下,也由人类驾驶员专职完成动态驾驶任务各方面动作。

• 1 级——驾驶员辅助:驾驶员辅助系统执行特定的驾驶模式,利用驾驶环境信息判断转向或加速/减速,并期望人类驾驶员执行动态驾驶任务的所有剩余方面(解放手或脚,大脑和眼睛工作)。

• 2 级——部分自动化:一个或多个驾驶员辅助系统执行特定的驾驶模式,利用驾驶环境信息判断转向和加速/减速,并期望人类驾驶员执行动态驾驶任务的所有剩余方面(解放手和脚,大脑和眼睛工作)。

• 3 级——条件自动化:自动驾驶系统在动态驾驶任务的所有方面执行特定的驾驶模式,并期望人类驾驶员能够适当地响应干涉请求(解放手、脚和眼睛,仅大脑工作)。

• 4 级——高度自动化:自动驾驶系统在动态驾驶任务的所有方面执行特定的驾驶模式,即使人类驾驶员未能及时地响应干涉请求(在有限场景下,解放手、脚、眼睛和大脑)。

• 5 级——完全自动化:自动驾驶系统在所有道路和环境条件下的动态驾驶任务的所有方面全天时执行,并由人类驾驶员来管理(在所有场景下,解放手、脚、眼睛和大脑)。

GNSS 在自动驾驶中仍存在一些问题,因为 GNSS 信号并不适用于所有的驾驶场景,比如密集的城市峡谷、隧道和停车场,而且容易出现其他类型的错误。因此,目前的高度自动化驾驶主要是通过成像系统完成的,如第 49 章和第 50 章所讨论的激光雷达和摄像头。这些系统在先验高清地图上导航,而地图是通过大量的数据收集驾驶测试或高精度(且昂贵)的测量型 GNSS/INS 系统得到的。然后,基于图像的导航利用这些已注入特征的先验地图,来生成自己的位置估计和/或进一步结合同步定位和测绘(SLAM)技术。但是,即使在这些系统中,地图有时仍被置于 GNSS 参考框架内,以与其他作为 GNSS 参考的系统(如围绕现有地图数据库建立的"转向-转向"导航)结合。此外,也许是最重要的,GNSS 为位置和时间提供了一个通用参考,以允许车辆和基础设施之间的互操作,包括智能信号和交叉管理。

由于本书的研究重点是导航,本章其余部分将详细介绍 GNSS 和其他传感器测量集成到车辆导航的各种自动驾驶技术的潜在方法和应用。首先,本章将介绍为车辆提供有用信息的各种 GNSS 测量。其次,将概述车辆动力学,以提供一些关于车载测量如何能够潜在地用于辅助 GNSS 导航系统以及此类方法局限性的信息。最后,将通过一些示例应用,来展示为各种车辆自动化技术提供导航信息的 GNSS 测量和其他车辆测量的集成。

58.2 用于车辆自动化的 GNSS 测量

除了标准定位,GNSS 信号处理还提供了一系列额外的测量参数,用于车辆导航、估计和控制。第一个是 GNSS 速度。如第 2 章所述,基波 GNSS 信号是基于正弦波载波的,而正弦波载波提供了一种确定速度的方法。载波相位随时间(或多普勒)的变化可被非常精确地测量,提供一个非常精确的三维速度。速度测量在某种程度上是一种自差分测量,因此影响 GNSS 位置的大多数误差不会影响速度测量。图 58.18 展示了 GNSS 速度测量的 cm/s 级精度。由于 GNSS 提供了三维速度,这些测量值可以用来估计车辆路线(v),或在地面上行驶的方向。此外,垂直速度可与地面上的水平速度相比较,以确定车辆行驶等级。GNSS 的路线和道路等级通过式(58.1)和式(58.2)计算:

$$v_{GNSS} = \arctan\left(\frac{V_{GNSS}^{East}}{V_{GNSS}^{North}}\right) \tag{58.1}$$

$$\theta_{GNSS} = \arctan\left(\frac{V_{GNSS}^{Up}}{V_{GNSS}^{Horizontal}}\right) \tag{58.2}$$

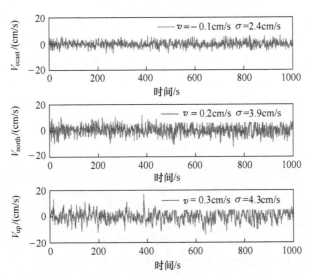

图 58.18 来自静态接收机的 GPS 速度测量

基于水平和垂直 GNSS 速度精度,可以近似估算 GNSS 路线和道路等级的精度,如下所示:

$$\sigma_v \approx \frac{0.05}{V}(rad) \tag{58.3}$$

$$\sigma_\theta \approx \frac{0.1}{V}(\text{rad}) \tag{58.4}$$

值得注意的是,基于速度的角分辨率是车辆速度(V)的函数。图 58.19 展示了基于 GNSS 的路线和道路等级的精度作为车辆速度的函数。图中包含了一些验证角分辨率的实验数据点。

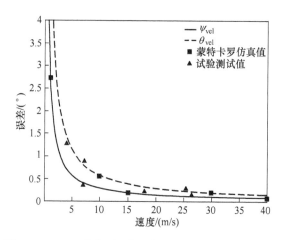

图 58.19　GPS 速度(行驶方向)测量精度是车速的函数

GNSS 测量可与 IMU 结合来估计车辆姿态[23-24]。另外,GNSS 载体测量也可用于为车辆生成非常精确的姿态测量。该技术类似于第 19 章描述的 RTK 差分 GNSS 技术。然而,在 GNSS 确定姿态的情况下,接收天线被固定(在已知的基线上)到车辆车身。每个固定天线的相对载体测量值可以用来生成相对位置矢量,以解决如图 58.20 所示的车辆姿态。通过 3 根天线,可以测定车辆的侧倾、俯仰和偏航。通过 2 根天线,用户可以测量偏航和侧倾或俯仰(或两者的组合),这取决于天线在车辆上的方向。姿态测量的精度基于接收机载波测量的精度和天线的基线距离,如下所示:

$$\sigma_\Psi \approx \frac{0.005}{L}(\text{rad}) \tag{58.5}$$

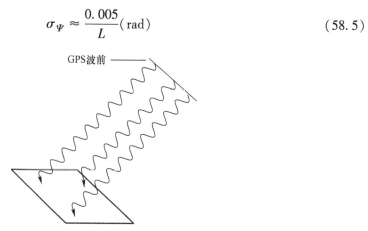

图 58.20　在车身使用多根天线来确定车辆姿态的图示

姿态精度与基线距离的函数关系如图 58.21 所示。多根天线提供车辆姿态测量的功能能够准确估计关键的车辆动态状态,如航向和侧滑。这就是为什么高动态的车辆,如斯坦福大学的自主赛车奥迪(图 58.22),有两根 GNSS 天线。如图 58.23 和图 58.24 所示的 TAR-DEC 的主从式车辆自动系统,利用多根 GNSS 天线来提供车辆的航向,甚至在静止状态时。即使是低动态的车辆系统,如农用设备,也利用多根天线来补偿车辆侧倾所引起的 GNSS 位置变化。同时,使用惯性测量进行地形补偿的替代方法也被开发出来,以减少低动态车辆对多根天线的需求。

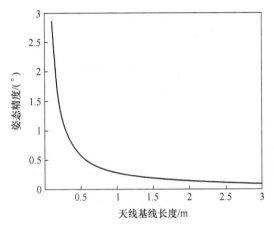

图 58.21　姿态精度是天线基线间距的函数

图 58.22　斯坦福大学的自主赛车奥迪
与高动态车辆的双天线

图 58.23　自动驾驶卡车车队利用双天
线进行车辆航向初始化

图 58.24　用于将车顶 GNSS 位置校正
到地面控制点的多根天线

最后,GNSS 还能提供非常精确的三维相对位置测量,类似于第 19 章讨论的差分 GPS。由于大多数 GNSS 误差都是两台接收机的共模误差,因此在同一距离的不同车辆上两台接收机之间的相对位置测量比单机 GNSS 测量更准确。这种相对位置信息提供了一系列 ADAS 应用程序,这些应用程序在碰撞规避判据联盟(CAMP)中得到了探索。CAMP 的车辆配备了专用短程通信(DSRC)无线电(一种基于 802.11p 的协议),以共享车与车(V2V)、车与基础设施(V2I)或两者(V2X)之间的数据。该联盟帮助开发了基本安全信息(BSM)、SAE 标准 J2735,此标准包括位置(GPS)、速度和航向,将通过 V2X 共享。通过共享 GPS 数据,能够实现的安全应用包括紧急电子刹车灯(EEBL)、前向碰撞警告(FCW)、盲点警告/变道警告(BSW/LCW)、禁止通行警告(DNPW)、路口运动辅助(IMA)和左转弯辅助(LTA)。

尽管通过对比多个接收机的 GNSS 位置测量可以提供米级(甚至亚米级)的精度,但更规范的差分技术,如码和载波差分 GNSS,可以提供分米级和厘米级的相对位置测量以应用于车辆,如队列(仅纵向控制)和车队(纵向和横向跟随),如图 58.25~图 58.27 所示。

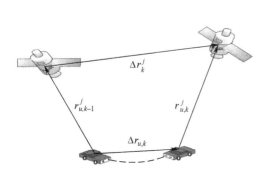

图 58.25　载波差分 GNSS 通过对接收信号中大气误差的时间和空间的校正来提供厘米级精度

图 58.26　利用高精度载波差分有可能实现短间距车队的测量

奥本大学演示了使用动态基础实时运动学(DRTK)算法的自主车队,这种算法充分利用 GPS L1 和 GPS L2 载波相位测量[25],来提供厘米级相对位置矢量(RPV)测量。后面的车辆作为挂车使用 DRTK 生成的 RPV 指向头车的方向,以有效地运作。通过将 DRTK RPV 与机载传感器的里程计测量相结合,这种自主车队方法可以被改进,以允许更大的跟随距离。GPS 载波相位测量也可用于计算车辆的里程计解决方案。里程计与 DRTK RPV 一起生成了头车位置相对于后车当前位置的时间历史[26]。因此,头车的路径是已知的,这允许自主车辆控制器跟踪更接近后车当前位置的虚拟头车,如图 58.28 所示。58.3 节将讨论基于 DGPS 的自主车队的测量和算法。

图 58.27　空间和时间差分 GNSS 技术可用于完全的车队(完全自主驾驶)

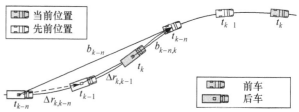

图 58.28　前车和后车的当前位置和先前位置[表明了虚拟前车进近时后车自动转向至先前的前车位置。需要 t_{k-n} 时刻的相对位置矢量(RPV)以及从 t_{k-n} 时刻到 t_k 时刻的后车的增量位置。]

DRTK 算法与传统 RTK 算法依据相同的原理。来自两个接收机的载波相位测量是不同的,以消除大气的共模误差和卫星钟差。伪距测量用来估计载波相位模糊度随时间的变化。一旦确定了载波相位模糊度的整数值,就可用差分载波相位测量来估计两个接收机的相对位置。RTK 在全局参考系中的定位依赖基线接收器的已知位置。在 DRTK 中,基线接收器是可移动的,这意味着探测器的全局位置信息将丢失。两个接收器的相对位置信息被保持,并可用于确定车队示例中的头车相对后车的路径。

在 RTK/DRTK 算法中,通常采用双频(L1/L2)GPS 接收机来确定相对位置矢量。但是,双频 GPS 接收机和天线对于量产车辆来说往往过于昂贵。分别使用单频(L1)和双频(L1/L2)测量的 DRTK 性能的结果比较显示,使用 L1/L2 接收机的主要改进在于载波相位模糊度取整所需的时间。图 58.29 展示了使用单频和双频测量的 DRTK 在水平面上的位置精度。注意,在这两种情况下,东向和北向的误差的标准差都是亚厘米级。这两种实现方法均为自主车队应用程序提供了足够精度的 RPV 测量值。还要注意的是,DRTK RPV 的三维精度和 GPS 速度测量允许用户或自动车辆来确定哪些车辆在本车的线上或旁边。概念图如图 58.30 所示。使用这些测量数据和当地路网地图,在识别潜在障碍时可能会忽略其他车道上行驶的车辆。

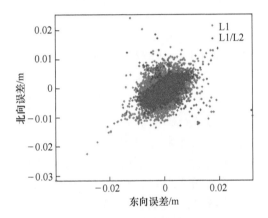

图 58.29　水平面上的单频(L1)和双频(L1/L2)相对位置矢量(RPV)精度的比较

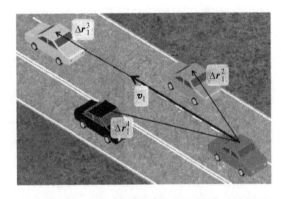

图 58.30　自主车辆可以使用动态基准实时运动学(DRTK)RPV 和 GPS 速度测量来确定周围(车道内或旁边)的车辆的位置

如前所述,DRTK 中使用的频率数量确实会影响模糊度取整的时间。正如图 58.31 所示的状态估计协方差结果所反映的,通过使用双频测量,模糊度的不确定性显著降低。该图显示了整数比检验的结果,该检验通常用于识别正确的取整值[27]。先前的结果显示,使用双频测量的算法通常在 1~2 个测量历元中取整,而使用单频测量的算法通常需要 10~15 个测量历元(图 58.32)[28]。对于自主车队的示例,10~15s 取整并非一个不可逾越的障碍。此外,车辆上通常可以使用额外的传感器,如雷达、激光雷达、摄像机,而且 IMU 可用于减少整数搜索和修正时间。

对于远距离路径跟随,RPV 应该与一个里程计源相结合,以识别头车的历史路径。如图 58.28 所示,相对路径的确定需要依据后车或头车位置而变化。里程计测量可从 IMU 测量、相机图像、激光雷达范围或其他传感器测量导出。GPS 载波相位测量可用于确定车辆在一个测量历元上的位置变化。位置变化是通过求解从一个测量到下一个测量的载波相

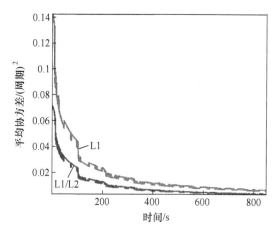

图 58.31　单频(L1)和双频(L1/L2)平均协
方差随时间变化的曲线图,表明了使用
双频测量时方差减少约一半

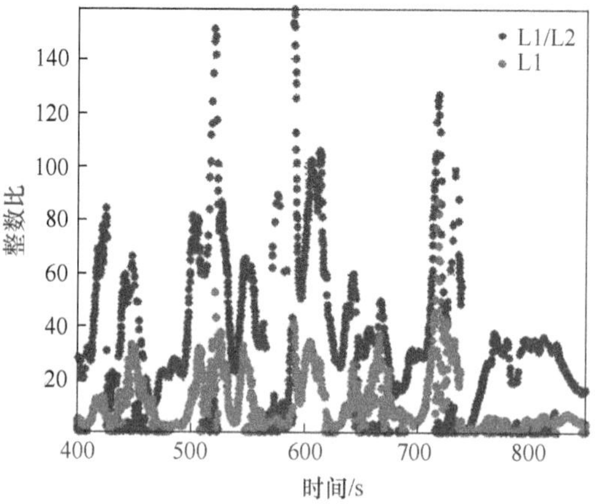

图 58.32　单频和双频测量的整数比测试结果
随时间变化的曲线图,表明了双频的比例较高,
但仅使用单频时的极值一致性较好

位变化、测算卫星的运动以及纠正接收机的时钟漂移来解算的。视距单元矢量用来将测量域剩余载波相位变化映射到车辆的 ECEF 框架中。基于时间差分载波相位(TDCP)测量的位置变化测量的求解细节请参见文献[29-30]。由于载波相位测量的精度,影响 GPS 时间相关性的大气误差,以及载波模糊度是通过时间差分进行抵消,车辆位置变化的测量精度可在短时间内接近 RTK GPS 定位精度。对于低于几赫兹的测量更新频率,位置变化能够以厘米级的误差进行测量。车队的头车和后车之间的时间长度,是车辆的间隔距离和相对速度的函数。因此,里程计测量可能需要保持精确性几秒或几分钟。由于卫星几何形状和大气条件的变化,步长时间过长会降低 TDCP 方法的精度。另外,车载计算机系统用于历史 GPS 载波相位测量的存储空间有限。因此,可以方便地使用连续 TDCP 测量来计算位置变化,并累积 TDCP 输出以跟踪长时间内的位置变化。这种累积会导致里程计测量的缓慢退化。图 58.33 比较了累积 TDCP 解决方案与集成汽车级 IMU 测量和标准 GPS 定位解决方案的精

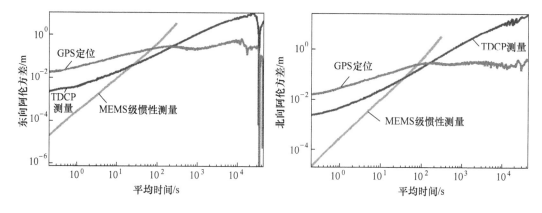

图 58.33　三种里程计解决方案的东向或北向分量的稳定性随窗口大小变化的曲线图
(显示了独立 GPS 定位、TDCP 测量和 MEMS 级惯性测量的相对精度。对于此试验数据集,
TDCP 解决方案在 1～200s 的窗口大小是最稳定的。)

度[31]。可以看出,在短时间内(如少于30s),IMU测量提供最精确的解决方案;30s～5min,累积TDCP测量是最精确的;5min后,标准GPS定位跟踪车辆的位置变化最精确。

根据图58.33所示的结果,再结合车队中车辆的速度,通过车辆间隔距离函数可以研究路径信息精度。图58.34展示了车队在不同间隔距离下以大约32187m/h的速度行驶时的TDCP解决方案和标准GPS定位解决方案。对于间隔距离小于1.2km的情况,TDCP提供了比使用标准GPS路径更精确的头车路径位置。注意,这个距离也近似于传统RTK定位系统的精度范围。因此,当车队速度大于32187m/h时,DRTK相对定位算法才是限制因素,而不是累积TDCP里程计测量。

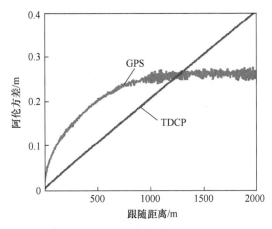

图58.34 独立GPS和TDCP里程计解决方案在不同间隔距离下的稳定性
(假设恒定车速为9m/s。对于小于1250m的间距,TDCP比独立GPS更加稳定。)

58.3 车辆建模

本节介绍适用于自主车辆导航和控制的车辆状态估计的平面车辆建模。图58.35展示了在当地东北坐标系下,车辆自上而下的图解视图(重心CG位于坐标系原点)。其中,内轮和外轮在各轴上折叠为一个平面。前轴和后轴到重心的距离分别为 a 和 b(总轴距 $L = a + b$)。该图还说明了车辆的偏航(ψ)、偏航率(r)、航向(v)和侧滑角(β)。对于车辆或车身,侧滑角是横向速度的度量,或是车辆的方向与速度之间的矢量差,如下式所示:

$$\beta = \arctan\left(\frac{V_y}{V_x}\right) = v - \Psi \qquad (58.6)$$

在ESC等车辆稳定控制系统以及高动态自主控制系统中,侧滑角是一个关键指标。因此,由式(58.5)可知,拥有多天线的GNSS的益处显而易见。如前所述,该系统提供了偏航的测量,GNSS速度提供了航向的测量。注意,在比较GNSS基于速度的航向测量和多天线偏航测量时必须小心。一些GNSS接收机使用差分载波测量,因为根据GNSS信号跟踪结构,载波测量可能比瞬时多普勒测量更精确。与基于载波的偏航测量相比,这导致有效测量延迟为测量速率的一半。最后,图58.5还显示了转向角(δ)和前、后轮胎滑移角(α),这是轮胎横向速度的测量。

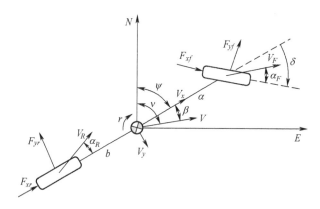

图 58.35　平面车辆模型示意图

每个轮胎上产生的轮胎力是纵向滑移或滑移角、垂直轮胎载荷和表面的函数：

$$F_x = f(s, F_z, \mu) \tag{58.7}$$

$$F_y = f(\alpha, F_z, \mu) \tag{58.8}$$

纵向滑移或滑移率,定义为轮胎的纵向速度与其旋转速度乘以轮胎的有效半径 (R_e) 的差：

$$s = \frac{V_x^{\text{tire}} - R_e \omega}{V_x^{\text{tire}}} \tag{58.9}$$

注意有效轮胎半径位于加载与卸载轮胎半径之间,而且必须通过非常规校准来获得 (假设没有轮胎打滑)。轮胎的滑移角可以通过车辆的速度矢量和偏航率计算：

$$\alpha_f = \arctan\left(\frac{V_y + ar}{V_x}\right) - \delta \tag{58.10}$$

$$\alpha_r = \arctan\left(\frac{V_y - br}{V_x}\right) \tag{58.11}$$

实际的轮胎受力是一个涵盖许多因素的复杂集合,包括轮胎的设计和材料。目前还没有准确的分析模型来描述轮胎模型。大多数轮胎模型是经验性的(使用从轮胎测试中收集的数据),并拟合为一个非线性方程。最流行的曲线拟合方程称为 Pacejka 模型或魔术模型(魔术是因为该曲线拟合似乎适用于广泛的轮胎和条件范围,但没有物理特性)[32]。其他轮胎模型包括 Brush[33]、Dugoff[34-35]、Lugre[36-37] 和 Fiala[38] 等。

图 58.36 展示了横向滑移的轮胎曲线模型示意图,其中包含了小滑移角的线性区域,然后是饱和区与非线性特性区。注意,最大的力并不发生在轮胎曲线的极限。ABS 和 ESC 系统正是试图利用这种现象,以产生改进的车辆动力学。轮胎曲线的线性区域的斜率称为轮胎转弯刚度 C_α (横向力)或轮胎刚度 C_x (纵向力)。对于路面是否对轮胎曲线的线性区域有影响,在车辆动力学界存在一些争论。图 58.37 为不同垂直荷载下的纵向轮胎力的 Pacejka 模型。从轮胎模型的分析中得出的关键结论是,在任何横向力和/或纵向力(横向和/或纵向加速度)产生时,轮胎都会横向和/或纵向滑动。这一点值得注意,因为许多车辆导航系统在试图改进车辆导航算法或减少 IMU 漂移时,都假设轮胎处于非完整约束状态(即轮胎不打滑)。

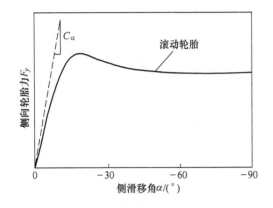

图 58.36　典型轮胎模型侧向轮
胎力与轮胎滑移角的关系

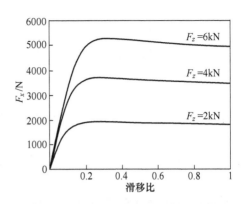

图 58.37　Pacejka 轮胎模型在不同垂直载荷下
的纵向轮胎力与纵向滑移的关系

根据轮胎受力情况,可以利用简单的牛顿物理学来计算车辆的纵向力、横向力和角(偏航)加速度:

$$\sum F_x = m\ddot{x} = F_{xf}\cos\delta + F_{xr} \tag{58.12}$$

$$\sum F_y = m\ddot{y} = m(\dot{V}_y + Vr) = F_{yf} + F_{yr}\cos\delta \tag{58.13}$$

$$\sum M_z = I_z\ddot{\Psi} = aF_{yf} - bF_{yr}\cos\delta \tag{58.14}$$

对于较小的滑移角和转向角,车辆的横向(或转向/操纵)动力学可以作为车辆质量、偏航惯性、重量分解和轮胎转向刚度的函数导出:

$$\begin{bmatrix} \dot{V}_y \\ \dot{r} \\ \dot{\Psi} \end{bmatrix} = \begin{bmatrix} -\dfrac{C_{\alpha f} + C_{\alpha r}}{mV_x} & -V_x - \dfrac{aC_{\alpha f} - bC_{\alpha r}}{mV_x} & 0 \\ -\dfrac{aC_{\alpha f} - bC_{\alpha r}}{I_zV_x} & -\dfrac{a^2C_{\alpha f} + b^2C_{\alpha r}}{I_zV_x} & 0 \\ 0 & 1 & 0 \end{bmatrix} \begin{bmatrix} V_y \\ r \\ \Psi \end{bmatrix} + \begin{bmatrix} \dfrac{C_{\alpha f}}{m} \\ \dfrac{C_{\alpha f}}{I_z} \\ 0 \end{bmatrix}\delta \tag{58.15}$$

注意,这是一个平面的车辆模型,不包括重量转移效应、滚转,或俯仰动力学。车辆的俯仰和滚转通常分别是纵向和横向加速度的函数。虽然并未包含在此模型中,但车辆的滚转和俯仰不能忽略,因为它们会影响车载 IMU 测量。利用平面的车辆模型,车辆位置动力学只是速度运动学的简单函数:

$$\dot{E} = V_x\sin\Psi + V_y\cos\Psi \tag{58.16}$$

$$\dot{N} = V_x\cos\Psi - V_y\sin\Psi \tag{58.17}$$

如图 58.35 所示,车辆横向速度可以由车辆的水平速度(即有多少个 GPS 接收机报告速度)以及车辆侧滑角定义:

$$V_y = V\sin\beta \tag{58.18}$$

这使得车辆动力学可以用车辆侧滑角(车辆控制系统中的一种关键状态)表示,如下车辆模型表示为

$$\begin{bmatrix} \dot{\beta} \\ \dot{r} \\ \dot{\Psi} \end{bmatrix} = \begin{bmatrix} -\dfrac{C_{\alpha f} + C_{\alpha r}}{mV_x} & -1 - \dfrac{aC_{\alpha f} - bC_{\alpha r}}{mV_x{}^2} & 0 \\ -\dfrac{aC_{\alpha f} - bC_{\alpha r}}{I_z} & -\dfrac{a^2 C_{\alpha f} + b^2 C_{\alpha r}}{I_z V_x} & 0 \\ 0 & 1 & 0 \end{bmatrix} \begin{bmatrix} \beta \\ r \\ \Psi \end{bmatrix} + \begin{bmatrix} \dfrac{C_{\alpha f}}{m} \\ \dfrac{C_{\alpha f}}{I_z} \\ 0 \end{bmatrix} \delta \tag{58.19}$$

值得注意的是,上述三种状态可以通过基于 GNSS 的单天线航向测量完全观测到[39]:

$$\begin{bmatrix} v_{\text{GNSS}} \end{bmatrix} = \begin{bmatrix} 1 & 0 & 1 \end{bmatrix} \begin{bmatrix} \beta \\ r \\ \Psi \end{bmatrix} \tag{58.20}$$

此外,所有带有 ESC 的车辆通常都有一个水平陀螺仪,可提供额外的偏航率(r)测量用于状态估计,以及额外的误差残差用于更新基于模型的估计。或者,车辆模型可以被线性化为一个特定的航向(即期望路径的航向),以获得车辆的横向位置(Y),其中 ψ_{err} 是参考了定义路径航向的车辆航向误差。

$$\begin{bmatrix} \dot{V}_y \\ \dot{r} \\ \dot{\Psi}_{\text{err}} \\ \dot{Y} \end{bmatrix} = \begin{bmatrix} -\dfrac{C_{\alpha f} + C_{\alpha r}}{mV_x} & -V_x - \dfrac{aC_{\alpha f} - bC_{\alpha r}}{mV_x} & 0 & 0 \\ -\dfrac{aC_{\alpha f} - bC_{\alpha r}}{I_z V_x} & -\dfrac{a^2 C_{\alpha f} + b^2 C_{\alpha r}}{I_z V_x} & 0 & 0 \\ 0 & 1 & 0 & 0 \\ 1 & 0 & V_x & 0 \end{bmatrix} \begin{bmatrix} V_y \\ r \\ \Psi_{\text{err}} \\ Y \end{bmatrix} + \begin{bmatrix} \dfrac{C_{\alpha f}}{m} \\ \dfrac{C_{\alpha f}}{I_z} \\ 0 \\ 0 \end{bmatrix} \delta \tag{58.21}$$

该模型可用于各种体系结构的车辆控制。利用前三种车辆状态,可以发展航向控制算法,以驱动车辆到达期望的路径点或目标点。在这种体系结构下,航向误差是指当前车辆航向与到期望目标点的矢量角之间的差值。这四种状态都可以用来控制车辆的横向位置 Y,使其实现期望的路径。

更简单的车辆动力学模型也可以用于控制、估计和导航算法。由式(58.21)可知,稳态偏航率可表示为

$$r_{ss} = \frac{V_x}{L + K_{us} V^2} \delta \tag{58.22}$$

其中,转向不足梯度定义如下:

$$K_{us} = \frac{mgb}{LC_{\alpha f}} - \frac{mga}{LC_{\alpha r}} \tag{58.23}$$

在低速度或低横向加速度,且轮胎打滑可以忽略不计的情况下,车辆偏航率可以通过车辆速度、转向角和车辆轮距近似计算:

$$r = \frac{V}{L} \delta \tag{58.24}$$

类似地,重心(CG)侧滑是指转向角按距离缩放到重心(CG)和车辆轮距。这就是运动学车辆模型,有

$$\beta = \frac{b}{L} \delta \tag{58.25}$$

这些简单的关系称为运动学车辆模型。尽管忽略滑移对控制甚至导航都是不利的,但这个假设足够精确,可以利用车轮速度和转向角,通过故障检测和排除(FDE)技术对其他传感器测量进行验证。

图58.39 展示了使用奥本大学经全面检测的英菲尼迪 G35(图58.38)试验机动性能得到的车辆偏航率和侧滑角,以及一个使用线性、非线性 Dugoff 轮胎模型和没有轮胎滑移运动的车辆模型预测的偏航率和侧滑角比较的结果。可以看出,使用线性轮胎关系的车辆模型可以相当准确地预测大多数机动的偏航率,但在最激烈的点(大约 10～12s)会有轻微误差。与采用非线性轮胎模型的车辆模型相比,线性轮胎模型无法准确预测此部分机动过程中的车辆侧滑。请注意,一个简单的运动学非完整车辆模型将更加难以准确预测在高动态机动时的车辆状态,尽管它有可能充分预测在机动后半程时的车辆运动。

图58.38 奥本大学的英菲尼迪 G35 配备了 IMU、CAN 测量,以及来自斯普特公司的多天线 GNSS

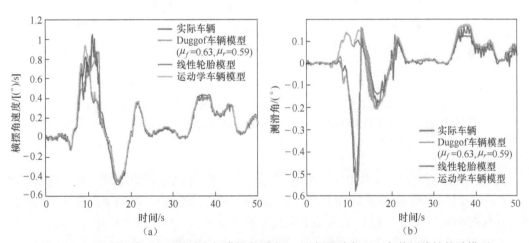

图58.39 在砾石路面上行驶时车辆横摆角速度(a)和侧滑移角(b),与使用线性轮胎模型、Dugoff 轮胎模型、运动学车辆模型的车辆模拟的比较

58.4 应用

上述可用的 GNSS 测量的精度和多样性引发了广泛的车辆应用,包括车辆导航、状态估计以及跟踪和控制。本节将重点介绍 GNSS 测量的应用。

58.4.1 车辆状态估计

如前所述,GNSS 提供了多种测量方法,以增强对车辆重点关注状态的估计。GNSS 速度本身就提供了关于车辆真实速度的有价值的信息,可用于通过 GPS 导出的加速度来估计轮胎滑移、轮胎半径甚至纵向力,这些估计值可用来估计轮胎力-滑移曲线(包括轮胎刚度)。图 58.42 显示了不同轮胎压力下基于 GPS 速度的轮胎半径估计,表明 GPS 速度精度足够灵敏,可以观察到轮胎压力变化仅 4psi(1psi = 6.895kPa)时引起的轮胎半径变化。图 58.40 显示了在加速和紧急制动操作时,根据车轮速度和 GPS 测量值计算出的车辆速度,这两个测量值的差异是式(58.9)所给出的车轮滑移。请注意,基于 GPS 的速度测量足够精确,可以观测防抱死制动(ABS)控制系统的接合情况,从而限制车轮的最大滑移量。图 58.41 所示为基于 GPS 的纵向力与轮胎滑移比的关系,其是根据一系列加速和制动操作的 GPS 速度导出的车辆加速度来估计的。该数据采用非线性 Dugoff 轮胎模型进行拟合,拟合曲线的线性部分表示轮胎的纵向刚度 C_x。

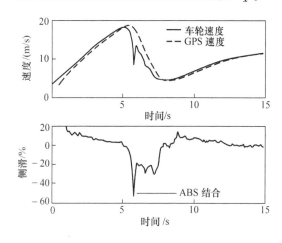

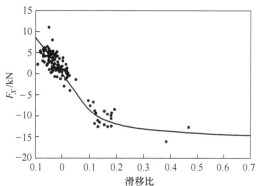

图 58.40　GPS 速度与车轮速度导出的速度进行比较,以及在紧急制动操作时产生的侧滑估计

图 58.41　纵向力(根据纵向加速度估计)与基于 GPS 的轮胎滑移比的关系(采用 Dugoff 轮胎模型拟合。)

此外,GNSS 测量可与车载 IMU 相结合,独立于车辆模型来估计关键的横向车辆动态状态。如今,所有车辆都配备了 MEMS IMU(正如第 45 章所讨论的)。车辆至少有一个横向加速计和横摆率陀螺仪用于 ESC,而大多数现代车辆都有 4~6 个自由度的 IMU。图 58.43 显示了 GNSS/INS 集成方案的标准框图。如第 46 章所述,IMU 测量可与在不同层次上处理的 GNSS 测量相结合。例如,解算 GNSS 解决方案,或 GNSS 距离和距离率测量。

由于 MEMS IMU 在标准 GNSS 位置漂移时间常数(20~90min)上不够稳定,因此一般情况下无法提高 GNSS 位置的精度,但它们可以用于减少车载 GNSS 速度和航向、姿态和 DRTK 测量的误差[40]。基于速度和载波的测量在宽带噪声下更接近零均值(它们不包含缓慢变化的漂移误差),因此对标准滤波或基于 IMU 的滤波器有用。图 58.44 和图 58.45 分别显示了相较于前述的仅 GPS 测量,不同等级 MEMS 速率陀螺仪的航向精度和姿态精度的改进。可利用 GNSS/INS 滤波器实现的过滤量,取决于 IMU 传感器的宽带噪声和漂移稳定性。

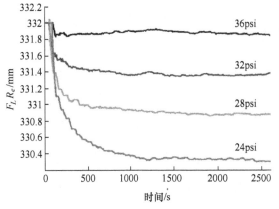

图 58.42　不同轮胎压力下基于
GNSS 的轮胎半径估计

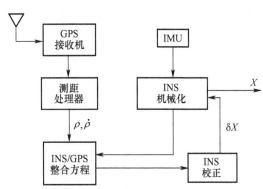

图 58.43　GNSS/INS 集成方案的标准框图

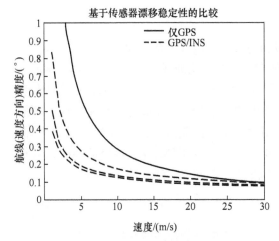

图 58.44　GPS 和 GPS/INS 航向精度
随速度变化的曲线图

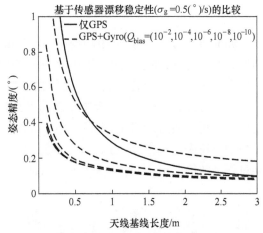

图 58.45　多天线 GPS 和多天线 GPS/陀螺的
姿态精度与天线基线长度(对于不同水平的
速率陀螺仪偏差稳定性)的关系

　　目前已开发出多种方法,其利用 54.3 节描述的车辆模型来估计侧滑(β)等车辆关键状态,但是当模型参数不够准确时,基于模型的估计算法会退化。对于车辆模型,如轮胎侧偏刚度和峰值侧向力等轮胎参数并不总是可用的。基于 GPS/INS 算法,开发了估计这些关键车辆状态的替代方法,其中一些方法已在第 46 章介绍。然而,必须谨慎处理地面车辆的可观测性,因为在正常行驶下并非所有状态都是完全可观测的(在所有轴上都缺乏激励)[41-43]。地面车辆上的 GPS/INS 滤波器无法完全观测到的一个关键状态是车辆偏航,但在没有横向干扰的平坦地面上直线行驶时,可以假设车辆侧滑角为零以将车辆偏航初始化为 GPS 航向测量,根据该偏航初始化即可在转弯期间估计车辆侧滑。

　　图 58.46 显示了变道机动时的车辆(手轮处)方向盘角度和横摆角速度。图 58.47 和

图 58.48 显示了机动过程中,得到了单天线 GNSS/INS 估计的车辆滑移角和侧倾角,与从多天线 GNSS/INS 测得的真实侧倾角的比较。此外,该图所示的估计误差,表明了 GNSS/INS 滤波器以分度精度估计车辆滑移角和侧倾角的能力。

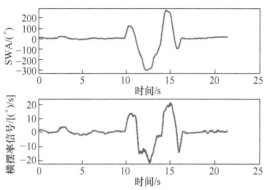

图 58.46　动态变道机动时的车辆(手轮处)
方向盘角度和横摆角速度

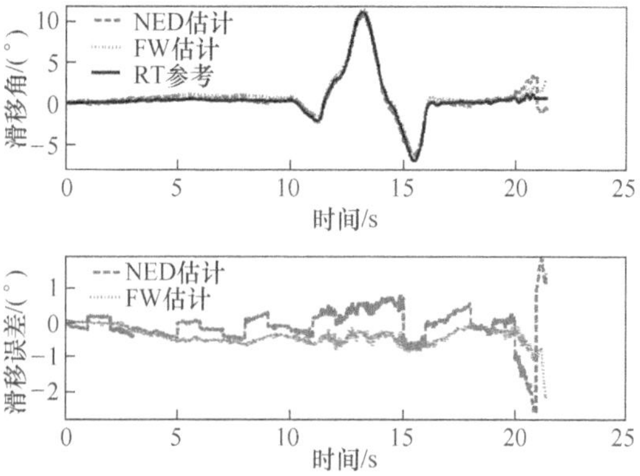

图 58.47　双车道变换(DLC)机动下的 GPS/INS
估计车辆滑移角和误差

　　如前所述,由于加速计中的噪声干扰和偏差漂移,难以用独立的横向加速计来估计车辆横向速度。此外,加速计还测量车辆偏航和侧倾时产生的向心加速度和重力加速度,从而使车辆横向速度的估计更加复杂。这限制了在缓慢变化的侧滑下确定车辆侧滑的估计灵敏度。但是,使用 GPS 可以大大减小加速度计传感中的这些误差,从而提高准确估计车辆侧滑微小变化的能力。图 58.49 显示了行驶机动期间的车辆位置,在其中一个转弯过程中,侧滑角增长速度相对缓慢(约 $1.8(°)/s$)。如图 58.50 所示,GPS/INS 滤波器能够准确估计机动过程中的侧滑角,表明 GPS/INS 侧滑估计的传感和估计的能力有所提高。

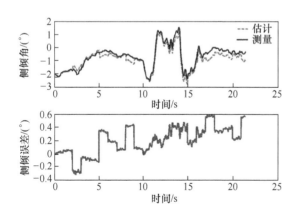

图 58.48　双车道变换(DLC)机动下的
GPS/INS 估计车辆侧倾角和误差

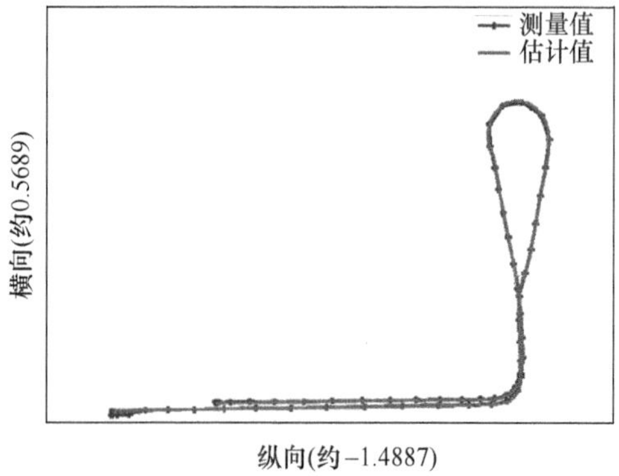

图 58.49　在大地坐标系中估计和
测量车辆位置的图线

　　利用车辆侧滑的精确估计值以及来自 GPS/INS 滤波器的 IMU 误差,可以通过简单运动学[式(58.10)和式(58.11)]和动态模型[式(58.13)和式(58.14)]来估计额外的车辆状态,如轮胎侧滑和轮胎侧向力。图 58.51 和图 58.52 显示了在沥青和砾石路面上进行试验操作期间,所得的估计后胎滑移角和轮胎力。其中,与在沥青路面上的操作相比,在砾石路面上的操作减小了轮胎侧向力。图 58.51 和图 58.52 中还显示了一个与数据相匹配的 Dugoff 轮胎模型的简单估计,表明了其根据 GPS/INS 估计的车辆状态来估计轮胎模型的能力。

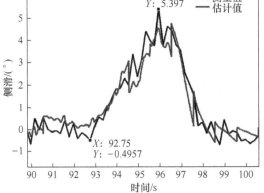

图 58.50　机动过程中的 GPS/INS 估计侧滑

图 58.51　沥青路面上的轮胎力

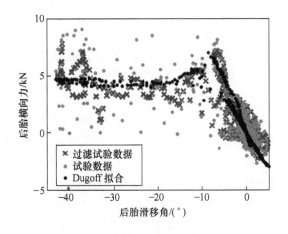

图 58.52　砾石路面上的轮胎力

58.4.2　车辆导航

　　除了侧滑等关键的车辆安全参数外,GNSS/INS 集成还提供了精确而可靠的定位信息,可应用于许多车辆。传统的 GNSS/INS 集成策略已在第 46 章中进行了详细讨论。本节讨论了用于地面车辆导航的 GNSS/INS 集成,同时重点讨论了为提高定位性能而集成附加的约束和/或汽车级传感器。本节首先描述了两种导航系统架构:一种是将 GNSS/INS 与一般行车条件约束相结合;另一种是将 GNSS/INS 与动态车辆模型相结合,然后设计了一个导航系统来集成批产车辆上常见的所有可用传感器数据,包括摄像机、LiDAR、IMU、车轮编码器和 GNSS,并提供了运行在相关环境中的每个导航系统的实验验证。

58.4.2.1　车辆运动约束

虽然 GNSS/INS 长期精度来自全球 GNSS 测量,但 INS 提供了短期的稳定性并弥补了由于环境因素导致的 GNSS 短期中断。在 GNSS 中断期间,航位推算 INS 解算的精度取决于 IMU 测量偏差的稳定性和融合滤波器的偏差估计的质量。地面车辆运动的先验知识,特别是对行驶方向的限制,可用于提高 GNSS 中断期间 IMU 偏差估计的准确性。改进的偏差估计带来了更准确的航位推算性能。图 58.53 显示了结合 IMU 测量和车辆运动约束的卡尔曼滤波器实现。

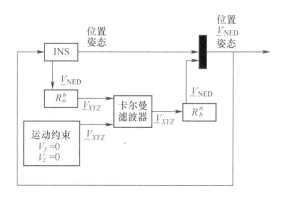

图 58.53　结合 IMU 测量和车辆运动约束的卡尔曼滤波器框图

车辆运动约束基于两个假设:车辆固定在地面上,以及车辆不会横向移动。第一个假设是合理的,允许对导航处理器的垂直速度估计进行校正,垂直速度校正在图中显示为卡尔曼滤波器中 $V_z=0$ 的伪测量。第二个假设($V_y=0$)仅在直线行驶时有效。如前所示,转弯时的行驶方向与车辆纵轴未完全对齐,导致了侧滑和非零 V_y。

在文献[44]中对策略级和 MEMS 级 IMU 的 INS/车辆约束融合算法的性能进行了试验评估。本节评估了三种车辆约束集成策略。第一种,控制解通过由 IMU 测量值计算的纯航位推算而生成,并不引入车辆约束("无约束")。第二种,在每个测量周期均引入垂直和横向速度约束,忽略因转向而违反横向约束("硬约束")。第三种,横向约束仅在试验的直行部分引入("软约束")。在这项研究中,来自 IMU 的横摆角速度和横向加速计测量值用于识别转弯事件。有关直线行车策略标准的更多详细信息,请参见文献[44]。注意,如果可以,也可使用转向角测量。

图 58.54 显示了数据收集期间测试车辆驾驶员的行驶路线,以及使用策略级 IMU 的三种集成策略的结果。参考解显示了车辆开始时向东北行驶,接着左转 4 次,然后右转回到原来的路线并返回初始位置。硬约束集成策略的结果最差,如图 58.55 所示,硬约束测试的水平误差最大达到了 206m。相比之下,当无约束时,导航解更加准确(最大水平误差为 58m)。软约束策略则展现了最好的性能,其最大误差仅为 6m。

误差统计是根据多次测试收集的数据计算出来的,表 58.1 汇总了有关结果,分别给出了 MEMS 级 IMU 和策略级 IMU 的三种集成策略的平均水平误差及其标准差。在表中,对于每种传感器类型,最精确的策略以粗体显示,最不精确的解决方案以斜体显示。如预期的那样,使用 MEMS 级 IMU 测量值计算的导航解的误差明显高于使用策略级 IMU 测量值计算的误差。可以看到,不管 IMU 类型如何,软约束策略都展现了最佳性能。但是,IMU 的质量影响了两种可选集成方法(即无约束和硬约束)的性能。当使用MEMS级IMU测量时,始终引入约束优于从未引入约束;相反,当策略级IMU测量可用时,硬约束比纯航位推算的性能更差。与给定的策略级IMU测量下从未引入约束相比,在车辆打滑时引入横向约束,会使解算性能退化。

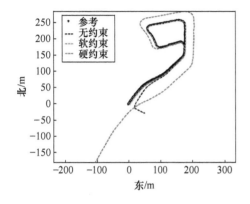

图58.54　无约束、软约束和硬约束下东、北IMU航位推算解与参考解的比较图,表明软约束产生了最精确的解

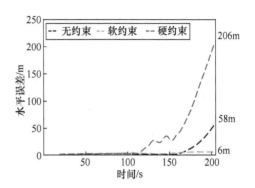

图58.55　关于无约束、软约束和硬约束下参考解的水平误差曲线,表明软约束优于无约束一个数量级,优于硬约束一个半数量级

表58.1　三种横向运动约束方法的水平误差统计　　　　　　单位:m

横向约束	平均水平误差		水平误差的标准差	
	MEMS级	策略级	MEMS级	策略级
无约束	682.41	16.72	350.50	7.95
软约束	448.46	**12.29**	322.31	**6.56**
硬约束	502.91	*318.17*	340.70	*11.25*

58.4.2.2　车辆动态模型

上述垂直和横向约束不依赖额外的传感器测量,因此仅使用IMU测量就可以获得改进的导航解算精度,或者批产车辆通过配备额外的传感器来提供当前车轮速度和转向角的测量值。与航位推算IMU测量值不同,由车轮速度测量值得出的纵向速度精度不会随着行驶距离的变化而降低。图58.56比较了使用车载车轮编码器测量值和车轮半径计算的纵向速度与独立IMU测量值估计的速度。显然,与参考解相比,基于模型的纵向速度比基于IMU的速度更精确。

车轮编码器和转向角测量可与动态车辆模型相结合,来生成车辆的纵向运动和横向运动(如速度、横摆角速度)的伪测量值。纵向速度和横向速度测量应用于导航解以更新/校正INS误差。包含GPS测量更新的滤波器的导航系统框图如图58.57所示。

注意,IMU加速度测量用于自适应调整与车辆模型测量关联的方差矩阵(即车辆模型误差预测模块)。在高动态机动过程中,由于非线性和车轮滑移,车辆模型测量精度会下降。因为纵向速度主要由车轮编码器测量值确定,车轮滑移对观测速度的准确性有很大影响,而由于纵向速度估计不准确,车轮滑移会间接降低横向速度和横摆角速度的观测值精度。相比之下,由于高动态机动时加速度测量信噪比的增加,INS解得到了改善,因此,用于车辆模型测量的卡尔曼滤波器的测量方差是作为总加速度的函数进行计算的。与单个或组合解相比,根据INS、车辆模型和GPS测量的互补信息的融合,导航解算更精确。

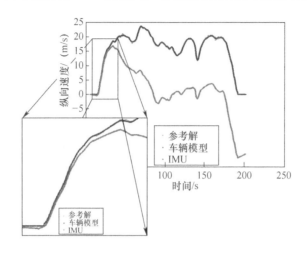

图58.56　由IMU测量值和车轮速度测量值得出的纵向速度估计与参考解的比较,表明了IMU得出的速度估计值随行驶距离的变化而降低

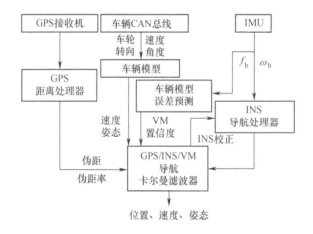

图58.57　融合GPS、INS和动态车辆模型的基于卡尔曼滤波器的导航系统框图[45]

　　在一个无GPS信号的环境中(停车场)采集数据,来比较GPS/INS/车辆动态模型(VDM)组合导航系统与传统GPS/INS融合系统的性能,结果如图58.58所示。可以看出,车辆在停车场时,GPS接收机不会报告导航解,因此GPS/INS解决方案依赖中断期间的航位推算IMU测量。由于GPS中断期间(以蓝色显示)的加速度和角速率误差的累积,GPS/INS导航性能在停车场中迅速退化。相比之下,GPS/INS/VDM算法在GPS中断期间提供了更加稳定的导航解。根据与卫星图像的比较,GPS/INS/VDM导航解的精度与GPS中断期间的GPS定位精度一致。

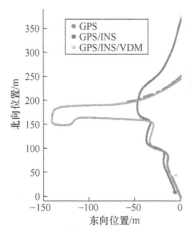

图 58.58　行驶经过停车场的车辆的独立 GPS(红色)、GPS/INS(蓝色)和 GPS/INS/VDM(橙色)
解决方案曲线,表明了与独立 GPS 中断和漂移 GPS/INS 估计相比的 GPS/INS/VDM 改进性能

58.4.2.3　车载传感器

现代的批产车辆都配备了大量的传感器套件,用于提高车辆安全性和驾驶员警惕性。除了 GNSS 和 IMU 之外,摄像机、激光雷达、雷达和车轮编码器通常是乘用车辆上的标配。每个传感器的测量值都提供了与车辆及其环境相关的信息,可用于提高车载导航系统的鲁棒性和准确性。表 58.2 总结了每个传感器为导航系统带来的好处,还强调了每个子系统的局限性以及可使每个传感器作为导航工具的其他资源。表中的部分条目(如 PSU 道路辨识和 SRI 视觉里程计)来自依赖于一个或多个原始传感器信号的预处理器导航系统的输出。道路辨识依赖于俯仰角速度陀螺仪测量与地图数据库的比较,以确定沿地图道路的纵向位置。SRI 视觉里程计是一种基于立体摄像机的测程算法,可为导航处理器提供非漂移更新速度。这些预处理器所使用的算法的详细信息,请参见文献[46-49]。

表 58.2　导航系统常见车载传感器的优点和局限性

因　素		成本	当前的可用性	六自由度位置	三自由度位置	漂移解	基础设施需求	地图需求	CPU 需求	环境影响
GPS		○	✓	×	✓	✓	○	✓	✓	○
INP		✓	○	✓	✓	×	✓	✓	✓	✓
车轮速度		✓	✓	×	✓	×	✓	✓	✓	✓
AU-LDW	激光雷达	○	○	×	○	○	✓	○	○	○
	摄像机	✓	✓	×	○	○	✓	○	○	○
PSU 道路辨识		✓	✓	×	✓	○	✓	✓	○	✓
SRI 视觉里程计		○	○	○	✓	○	✓	✓	○	○
✓		无须关注,当前的系统功能不受标准规范影响								
○		需要一些关注,标准规范可能会限制实现或能力								
×		没有其他子系统,标准规范就无法制定								

　　表 58.2 所示的每个传感器和子系统,作为主导航卡尔曼滤波器的升级,纳入导航系统。如本章前面所述,INS 是卡尔曼滤波器的基础,并形成所述滤波器的传播。每次从一个或多个附加传感器获得新数据时,均会执行校正或测量更新,位置、速度、姿态和时间估计则是卡尔曼滤波器的状态,其过程如图 58.59 所示。原始传感器数据在图中用红色方框表示,蓝色方框表示用于生成来自原始传感器数据的导航可观测量的预处理器,绿色方框是卡尔曼滤波的传播和校正步骤。

　　在图 58.59 中,摄像机和激光雷达测量是两个标签为 LDW 处理器模块的输入。LDW 算法通过检测车道标线并计算与车道中心线的偏移量,来提供车道内车辆横向位置的测量。图 58.60 显示了使用四层激光雷达扫描(以红色显示)的车道标线检测和偏移量计算的概念性描述。车道标线是根据其反射强度(远高于沥青)来检测的;来自激光雷达的距离和方位角测量值随之被用来确定与车道中心的横向偏移。

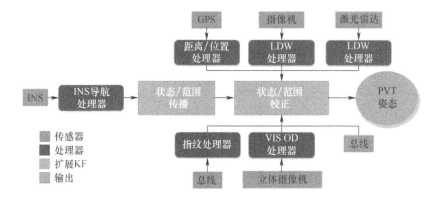

图 58.59　融合 GPS、INS、摄像机、激光雷达和路线图的基于卡尔曼滤波的导航系统框图

图 58.60　用于检测车道标线和计算偏移量的四层激光雷达扫描的概念性描述

　　横向偏移测量必须与车道位置地图数据库相结合,作为表 58.2 中突出显示的全局导航滤波器的更新。如果车道地图可用,摄像机和/或激光雷达将提供在全局导航框架中的车辆位置测量,该框架约束了垂直于道路的车辆位置。其余系统(如 GNSS、道路辨识)只需约束沿径(即平行于道路)的车辆位置。这两个约束确定了车辆在地球表面的水平位置。如前所述的垂直约束则确定了车辆的三维位置。

通常,GNSS/INS 导航系统的全局精度取决于 GNSS 定位解算的精度。尽管 INS 提供了改进更新和良好的短期定位精度保持,但 INS 依赖 GNSS 获取全局定位信息。如自动驾驶等许多车辆应用,要求车道级(米级)的精确性以确保安全行驶。独立的 GNSS 接收机不够精确,无法可靠地提供车道级的定位。在一些地区,RTK 和网络 RTK 提供大气校正,可将GNSS 误差降低到车道级,但这些校正的来源并不普遍存在。

当与高精度地图相结合时,上述 LDW 辅助导航系统可以为车道级精度定位。精确的路线图可从许多来源获得,包括商业和开源,如谷歌地图、OpenStreetMap 和 Here 地图。为分析 LDW 辅助导航系统的性能,使用来自谷歌地图的路线图在封闭道路上进行测试,比较LDW 辅助导航方案与独立 GPS 定位和 GPS/INS 定位的精度,并采用 RTK GPS 和本地基站作为参考方案。图 58.61 总结了在道路上的 4 次测试的结果。表格数据显示,LDW 辅助(全系统)在所有测试中均优于 GPS 和 GPS/INS。平均而言,LDW 辅助定位解决方案的水平误差约为 1m,比仅用 GPS 或 GPS/INS 解决方案的精度高出 3/4m。如图所示,仅用 GPS定位相较于 RTK 解决方案存在一定偏差,可能是因为残余大气和多径误差。其中,全系统解与参考解在跨径方向上几乎相同,且经过推导,全系统解的大部分水平误差在沿径方向上。

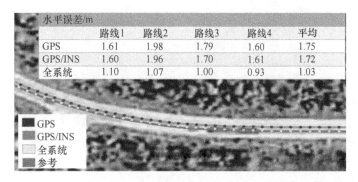

水平误差/m	路线1	路线2	路线3	路线4	平均
GPS	1.61	1.98	1.79	1.60	1.75
GPS/INS	1.60	1.96	1.70	1.61	1.72
全系统	1.10	1.07	1.00	0.93	1.03

■ GPS
■ GPS/INS
□ 全系统
■ 参考

图 58.61　独立 GPS、GPS/INS 和全系统的导航解与平均水平的 RTK GPS 参考解的比较图

由于信息源于其他传感器,GNSS 不需要提供全局导航解。完全约束导航解的仅仅是约束路上车辆位置的测量值。理想的卫星几何结构如图 58.62 所示,卫星位于相对道路 0°和 180°的方位角处。在如图 58.63 所示的城市环境中,沿这些方向的卫星可见度很高。因此,仅两颗可见的 GNSS 卫星是能够维持精确导航解的。

为了验证在 GNSS 卫星导航能见度受限时导航系统的精度,在晴空环境下采集数据,并通过消除多颗卫星的伪距和多普勒测量值来模拟卫星遮挡。将导航系统的跨径位置估计值与图 58.64 中无来自视觉系统的横向位置更新的 RTK GPS,以及图 58.65 中有横向位置更新的 RTK GPS,分别进行比较。模拟卫星遮挡从 30s 开始,并持续 1min。INS 解决方案使用来自 MEMS 级 IMU 的测量值进行计算,该 IMU 通常可用于批产车辆。在中断期间,使用 1颗、2 颗或 3 颗 GPS 卫星计算位置、速度和时间(PVT)解。图 58.64 是仅使用 GPS/INS 的相对于车道中心的跨径位置图,显示了当少于 4 颗可见卫星时导航时解误差增长的速度。对于 2 个或更少的卫星测量,当只有 GPS/INS 测量可用时,跨径误差在 1min 后便超过 300m。当有 3 个卫星测量可用时,精度明显提高(左边绿色显示),但误差仍然达到几十米,远远超出了车道。

图 58.62　路线图横向约束和卫星信号与车辆纵向方向对齐的视线矢量为有界定位提供了可观测性

图 58.63　城市峡谷的照片,表明纵向车辆方向的视线基本上畅通无阻

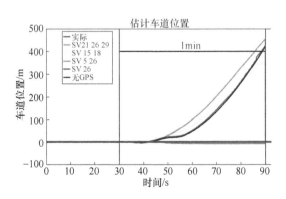

图 58.64　仅使用 GPS/INS(基于不同数量可见卫星)的横向车道位置估计曲线,
表明了少于 3 颗卫星可见时的显著漂移

　　通过比较可以看出(图 58.65),使用车道地图校正的完全导航系统的跨径误差在 1min 中断期间小于 1m。该图右半部分,全部的 5 个降级 GPS 导航解(包括无 GPS 测量)与蓝色显示的 RTK GPS 解一致。尽管缺乏 GPS 三维可观测性,LDW 系统和车道地图提供的横向校正也可防止跨径方向的误差增长。

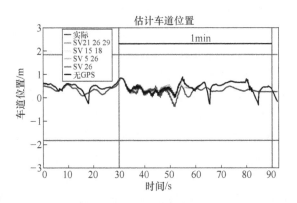

图 58.65　使用 GPS/INS 和视觉/地图更新(基于不同数量可见卫星)的横向
车道位置估计曲线,表明了没有 GPS 更新时 RTK 水平的横向位置

图 58.64 和图 58.65 所示结果直观地表明,当地图数据库导出的横向位置校正用于导航解时,跨径误差得到改善。有些不太直观的是,事实上,横向位置校正也改善了沿径误差。仅使用 GPS/INS 的解决方案以及全多传感器系统的解决方案的沿径误差,分别如图 58.66 和图 58.67 所示。正如预期的那样,当测量可用卫星数小于 2 颗时,GPS/INS 沿径误差迅速变大。在最佳情况下,只有 2 颗可见 GPS 卫星时,沿径误差在 1min 后为 80m。由于接收机时钟漂移的稳定性,当有 4 次测量可用时,精度显著提高,但沿径误差在 1min 后仍接近 10m。

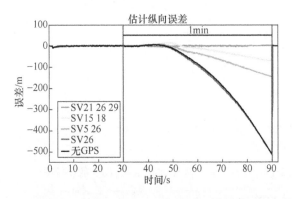

图 58.66　使用 GPS/INS(基于不同数量可见卫星)的导航系统的纵向位置误差曲线,表明需要 4 颗或更多的卫星信号来约束纵向位置误差

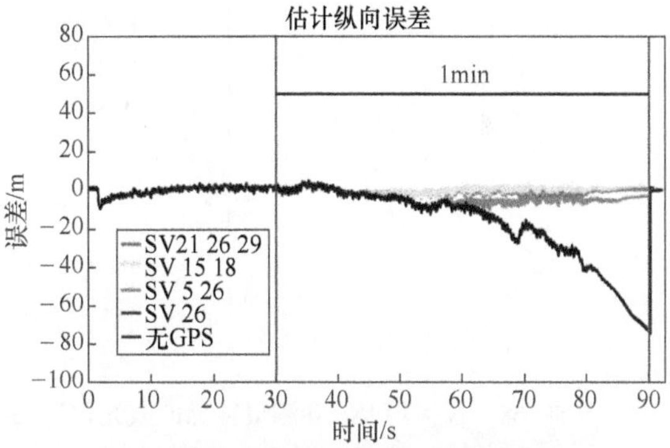

图 58.67　使用 GPS/INS 和视觉/地图更新(基于不同数量可见卫星)的系统的纵向位置误差曲线,表明仅需 2 颗卫星来约束纵向位置误差

图 58.67 表明当横向位置校正用于导航解时,沿径误差受到了很好的约束。当两颗或两颗以上的卫星可见时,所有测试中的沿径误差均小于 10m。图中的蓝线和黄线表明,沿径误差与卫星几何结构有关。使用 PRN 15 和 PRN 18 的测量值计算的 PVT 解决方案明显比使用 PRN 5 和 PRN 26 的 PVT 解决方案更精确,这是因为 PRN 15 和 PRN 18 与沿径方向对齐更加紧密,从而与 PRN 5 和 PRN 26 相比提高了位置精度因素(DOP)。在这两种情况下,通过增加横向位置约束,均减小了沿径误差。

车载摄像机和激光雷达可用于检测除道路车道标线外的环境特征。SLAM 是一种用于确定特征在环境中位置的技术,然后通过测量映射特征透视位置的变化来确定车辆位置和方向的变化从而实现导航。像 SLAM 这样的算法需要在一个又一个周期中检测和匹配大量特征参数,计算成本高昂。本节所述的辅助导航系统旨在增强(而不是取代)退化环境中的 GPS,因此并不需要一个完整的 SLAM 解决方案。

或者,基于机会特征的导航系统也可利用先前的位置信息和可用时的地图信息,使用有限数量的匹配特征来改进短暂中断期间的定位性能。路标对于乘用车上的摄像头和激光雷达是有规律的可视显著特征,但在任意给定时间都只能看到有限数量的标识。为了确定仅使用 IMU 测量值和检测到的路标进行导航的可行性,在封闭道路上开展了测试,路标每隔一定距离(大约每 50m)出现在道路旁。测试过程中,在任意给定的测量周期内,最多可以看到两个路标。汽车级 IMU 用作主导航传感器,地标范围(路标)则用作航位推算 INS 的解决方案的更新。路标是由车载 Ibeo 激光雷达检测到的,其提供了距离测量,因为依据之前的测量,这些路标的位置是事先知道的。测试路线、标识位置和参考方案如图 58.68 所示。图 58.69 显示了激光雷达辅助 INS 解决方案的北向、东向的位置误差,以及每个测量周期的可见标识数量。在测试的大部分时间内,北向、东向的位置误差小于 5m(通常小于 3m)。在沿线的一个点上,有一段 300m 的距离没有路标。在中断期间,独立 INS 位置解决方案在北向、东向的漂移达到了最大误差 13.5m。除了这次中断,激光雷达辅助导航解使用有限数量的特征,在没有 GNSS 的情况下提供了可期望的定位性能。

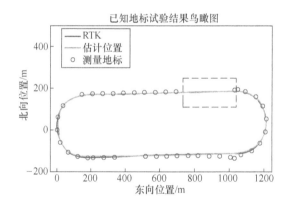

图 58.68　仅使用 INS 和测量路标的激光雷达扫描来估计车辆位置与实时动态(RTK)GPS 的比较图

58.4.2.4　地面车辆 GPS 完好性和鲁棒性改进

地面车辆行驶的道路经常会被植被和建筑物覆盖,导致 GNSS 信号到达接收机之前被遮挡或削弱。附近反射体引起的信号干扰和多径效应,也会诱发接收机报告的伪距测量的误差和大幅跳变。通过将 GNSS 接收机与外部传感器和本章中讨论的其他导航辅助设备(如动态车辆模型)相结合,错误的伪距测量可以从导航解中消除,或者可能在接收机的信号跟踪层级进行校正。

本章概述了几种传感器融合和数据集成策略,每种方法都是为了改进地面车辆的导航系统而设计的。通常,传感器融合是作为一个卡尔曼滤波器来实现的,滤波器将来自全部传感器和模型的数据进行最佳组合以产生车辆 PVT 的最佳估计。INS 和动态模型用于传播导航解,直到新的全局导航数据(如 GNSS 伪距测量值)可用于校正状态估计,FDE 算法则基于先验数据、最新 INS 以及模型更新来确定新的 GNSS 伪距测量是否精确。滤波器新息(测量和预测的伪距测量值之间的差异)通过状态估计的不确定性和测量值的历史不确定性进行归一化,并将归一化新息建模为单位方差的零均值高斯随机变量。因此,大于三个标准差的误差即表示伪距测量错误,任何超过三个标准差阈值的归一化新息都将从卡尔曼滤波器的测量更新中排除。图58.70显示了三种导航解:仅使用GPS、GPS/INS和使用FDE的GPS/INS。正如预期的那样,相较于仅用GPS,INS解决方案的加入提供了改进的大测量误差滤波。但是,仍有一些区域,其大伪距误差导致了导航解中的误差大于道路宽度,正如右侧的缩放图像所示。通过INS解决方案将FDE用于伪距测量后,组合导航解消除了大误差,并且位置估计保持在道路上。

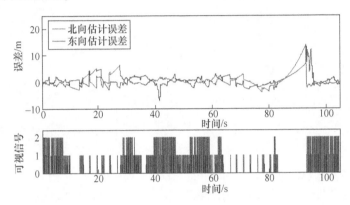

图58.69　仅使用INS和测量路标的激光雷达扫描的导航解的北向、东向的位置误差和可视信号数图

图58.70　仅GPS(红色)、GPS/INS(黄绿色)和具备故障检测和排除的GPS/INS
(深绿色)的位置估计(a),与作为参考的含缩放视图(b)的卫星图像的比较图

除FDE之外,像INS这样的辅助导航传感器也可以直接通过辅助信号跟踪环路来改善伪距测量。深度集成(DI)GNSS/INS接收机将导航滤波器和信号跟踪环路组合成一个算法。直接从导航解中预测信号参数(如码相位和载波频率),并应用来自每个跟踪信道的鉴别器作为导航解的校正。在第16章中,讨论了矢量跟踪GNSS接收机结构(DI GNSS/INS接收机的基础),并给出了性能分析评估。图58.71显示了矢量跟踪GPS接收机与商用货架(COTS)接收机在两种不同信号环境下的性能对比。图58.71(a)显示了密集的城市环境中的矢量跟踪在导航解可用性方面的显著改进。在一些地区,COTS接收机无法报告位置

解,因为不足 4 个信道能锁定在接收到的信号上,相比之下,矢量接收机可在整个测试路线上持续输出导航解。图 58.71(b)显示了矢量跟踪接收机和 COTS 在植被茂密的环境中的性能。在植被茂密的环境中,COTS 接收机可在 65%的路线上生成 4 个或更多的伪距测量。需要注意的是,为了进行比较,矢量接收机的信道锁定并不容易定义。矢量锁定是一种接收机状态,其中矢量接收机至少有 4 个信道产生小于 150m 的伪距误差(即码相位误差在码鉴别器的线性区域内)。基于这一定义,矢量跟踪接收机可在 100%的城市环境测试和 100%的茂密植被环境测试中保持矢量锁定。

 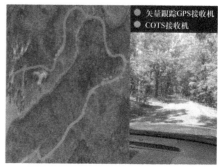

图 58.71 在城市峡谷和茂密植被环境中的矢量跟踪 GPS 接收机位置估计与 COTS GPS 接收机位置估计的比较图,卫星图像作为参考以表明改进的可用性

58.4.3 车辆跟随

被称为 CACC 的另一种形式的车辆自动化逐渐引起人们的极大关注,它利用基于专用短程(DSRC)通信的车辆对车辆(V2V)通信来协调纵向车辆间距(也称队列行驶)。车辆编队通过增加高速公路吞吐量,以及利用协作纵向控制车辆(如图 58.72 所示的密歇根州 69 号州际公路上的卡车编队)的紧凑间距来减少燃料和排放,从而可能减少交通拥堵。提高货运效率的潜力已使图 58.73 中的美国许多州通过或考虑各种类型的立法,允许使用网络控制的车辆以比目前法定距离更短的跟随距离来行驶。奥本大学依据试验卡车用汽车协会(SAE)型双燃料测试标准,在两个牵引挂车上进行了燃料测试,如图 58.74 所示,由于车辆间距,两辆卡车的平均燃油节省率为 4%~6%。可以注意到,因为牵伸作用(类似于在节流杯 Daytona 和 Talladega 比赛中的 NASCAR 车辆),前面和后面的车辆都存在燃油节省。前车受益于拖车后部压力的增加,后车则明显受益于拖车前部压力的降低,这是由于车队周围

图 58.72 奥本大学的密歇根 69 号州际公路(a)和加拿大州际公路(b)上的 50ft 间距的卡车编队演示

的空气滑移气流得到了改善。尽管这些测试是理想化的(使用平坦的测试道路,没有其他车辆以及速度稳定),但考虑到美国的重型卡车消耗约 500 亿 gal(1000 亿美元)的柴油来运输货物,因此即便可获取一小部分的燃料节省也可能带来显著的节省。

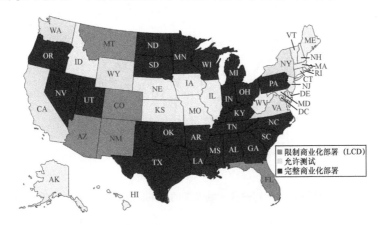

图 58.73　已经通过立法允许商用近距离卡车编队(绿色)以及测试(红色)或有限制商业化部署(紫色)的州,或者正在考虑车辆队列的立法(蓝色)[50]

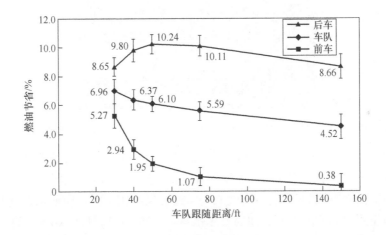

图 58.74　在测试道路上进行的 SAE 2 型燃料测试得出的燃油节省效果与车队跟随间距的关系

　　为了受控车辆近距离跟车的安全,必须向跟随车辆提供来自引导车辆的信息。此外,必须连续测量每辆车之间的精确距离,通常使用前向雷达(如 Delphi 电子扫描雷达)或激光雷达。然而,这些传感器具有局限性,如有限视场和目标分类模糊,可通过使用共享 GPS 信息来增强。另外,前向雷达往往存在噪声,且只能提供与前一辆车的距离(可能不是感兴趣的车辆,如果此时有另一辆车插入编队)。如前所述,车辆之间共享的 GNSS 原始观测值可用于提供车辆之间的非常精确的三维 RPV(也称 DRTK),由于 CACC 系统已经依赖 V2V 通信,因此在车辆之间共享所需的 GNSS 测量值是很容易实现的。而且,DRTK 可以为更先进的基于团队的控制策略,提供确定编队中任何车辆的距离的能力,从而优化整个编队的性能。

　　图 58.75 显示了在奥本大学国家沥青技术中心(NCAT)测试道路上行驶的两辆卡车的 Delphi 电子扫描雷达距离与 GPS 动态基础实时运动学(DRTK)距离的对比。可以注意到,

在与卡车行驶于道路曲线段相对应的时间内,Delphi 雷达测距存在信息遗漏,这是因为 Delphi 雷达视场太窄,无法在转弯时探测到前方的卡车。信号中断区域如图 58.76 所示。此外,请注意,DRTK 测量不仅是连续的,而且比 Delphi 雷达测距更精确。

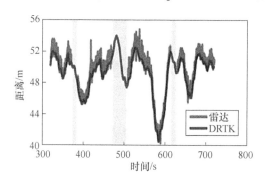

图 58.75　奥本大学 NCAT 测试道路上行驶的两辆卡车的 Delphi 电子扫描雷达距离与 DRTK 距离的对比

图 58.76　奥本大学 NCAT 测试道路演示了 Delphi 雷达由于视场限制造成的测距信息遗漏

DRTK 还可用于帮助区分哪个雷达通道(目标)是关键目标对象(前车的后部)。图 58.77 显示了 10min 的车辆跟随试验期间,Delphi 电子扫描雷达全部 64 个通道输出的距离。每个通道输出以不同的颜色显示,代表一个通过聚类相似雷达回波识别过的目标对象。图中的黑线是使用 DRTK 的车辆之间的实际距离。如图 58.78 所示,GPS 允许用户从 64 个已识别对象中选择一个跟车。可以注意到,表示拖车后部的通道号在整个试验过程中并非保持连续,这意味着即使最初通过其他方式识别了正确的通道,也可能随着视场中其他对象的进出而改变,例如另一辆车插入 CACC 队列车辆之间。

奥本大学在亚拉巴马州和密歇根州的高速公路以及加拿大的公路和林业公路上,将雷达测量与 DRTK 距离测量相结合,测试了 CACC 卡车编队。图 58.79 展示了一系列平坦道路上的 CACC 编队测试中,GPS 估计的道路坡度和随之产生的车辆间距,其中 8 级牵引车如图 58.72 所示。可以注意到,该编队具有在平坦地形上、在 50m 设定间距下,保持约±1m 的跟随误差的能力。但是,如图 58.80 所示,在坡度较大的道路上,其性能会下降,实际性能取决于设定的间距。这是因为根据间距的不同,一辆卡车可能会在下一辆卡车刚刚起步时到达山顶,从而产生"逃跑"的效果。目前,相关算法处于开发中,旨在利用基于 GNSS 的坡度估计来改善在不平坦地形上的整体性能。图 58.81 显示了基于 GPS 速度的估计道路坡度,与道路轮廓仪确定编队测试路段的准确道路坡度的比较,该图表明了 GNSS 可用于准确估计车辆行驶的道路的坡度。与前面讨论的航向测量类似,通过简单滤波或使用 GPS/INS 滤波,可以很容易改善 GPS 道路坡度估计。

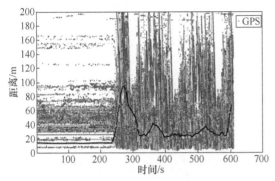

图 58.77　64Delphi 电子扫描雷达通道输出的
距离和到前方卡车的 DRTK 距离(黑色)

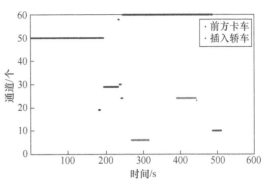

图 58.78　前方卡车和插入轿车的基于动态基础
实时运动学(DRTK)的相应 Delphi 通道分类

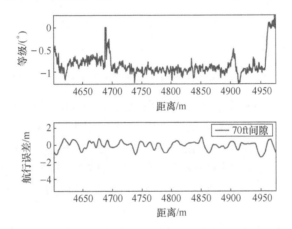

图 58.79　平坦道路上两辆卡车 CACC 编队的 GPS 估计道路坡度和随之产生的跟随距离误差

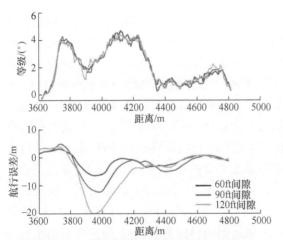

图 58.80　不平坦道路上两辆卡车 CACC 编队的
GPS 估计道路坡度和随之产生的跟随距离误差

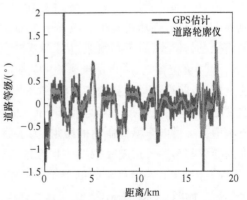

图 58.81　GPS 估计的道路坡度与道路
轮廓仪测量的道路坡度的比较

最后,使用 GPS 和雷达测量距离的 CACC 系统也被证明了能够检测 GPS 欺骗事件[51]。

图 58.82 显示了装有 GPS 和 CACC 雷达的两辆车的模拟。GPS 和雷达测量的距离差可以与基于测量精度的距离误差阈值进行比较,以检测欺骗事件。

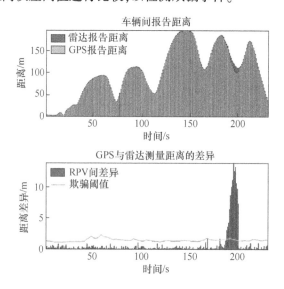

图 58.82 基于雷达距离和 GPS 生成距离的欺骗检测算法

通过转向指令,2 级车辆跟随扩展了简单的纵向控制(如制动和油门指令),以涵盖横向位置控制。精确的横向车辆控制有可能提高民用和军用中乘客和/或材料的安全性。在高速公路或城市街道上行驶的民用车辆必须保持横向位置在车道内,即意味着总的容许路径误差不得超过分米级。由于诸如路边简易爆炸装置(IED)等周围环境中的危险品,军事应用通常需要更高的精度。结合了精密定位和控制,精确复制人类驾驶或完全自主驾驶车辆的路径。

本章前面讨论了有用的 GNSS 测量及其在自动车辆跟随中的应用,这些测量以在每个 GNSS 测量周期定义的离散相对位置的形式提供前车路径感知。图 58.83 以图形方式描述了相对于后车当前位置的前车路径,道路沿线的前车的位置以白色显示,后车的当前位置以绿色显示。如前所述,差分 GPS 载波相位测量技术可用于提供车辆路径,当行驶速度大于或等于 20m/h、跟随距离小于或等于 1km 时,误差为几十厘米。一旦利用 GPS 确定了前车的路径点的位置,后车必须通过自动驾驶复制其路径。这是通过选择一个目标位置或“虚拟前车”(该位置处,后车是被操控的)来实现的。虚拟前车是根据后车速度来选择的,随着速度增加,前视距离也会增加。图 58.83 中的黄色半圆[25]表示前视距离,半圆的半径随着速度增加而增大,虚拟前车是前车(位于前视半圆之外)的最近路径点。这种前视路径跟随方法增加了横向车辆控制器的阻尼,为了后车生成更平滑的路径,必须确保前视距离不会过大而导致前车路径过度衰减。一旦虚拟前车被选中,后车和虚拟前车之间的相对位置矢量(RPV)会被用来确定后车的期望航向。RPV(r_{LF})、当前后车航向(Ψ_F)和期望(参考)航向(Ψ_R)如图 58.84 所示[25]。采用串级 PID 控制器调节转向角和航向,使后车沿前车的路径行驶。

在奥本大学进行了以差分 GPS 为基础的跟随方法的实验验证,前车和后车实验配置如图 58.85 所示。前车是一辆有人驾驶的跨界 SUV,配备了 Novatel GPS 接收机和 900MHz RF

调制解调器,用于将伪距和载波相位测量值传输到后车上的计算机。后车使用全自动ATV,还配备了 Novatel GPS 和 900MHz 调制解调器以及汽车级 IMU、嵌入式计算机、转向和油门执行器。有意地改变后车速度与前车速度之间的关系,以评估不同间距下的性能。多个轨迹也由人类操作者驱动。

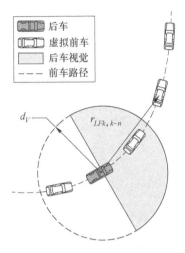

图 58.83　此概念图显示了基于最小前视距离的期望目标点(即虚拟引导车辆)的选择

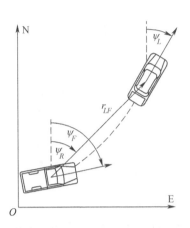

图 58.84　后车期望航向(Ψ_R)由动态基础实时运动学(DRTK)导出的相对位置矢量(RPV)计算,航向误差则是 Ψ_R 与当前后车航向(Ψ_F)之差

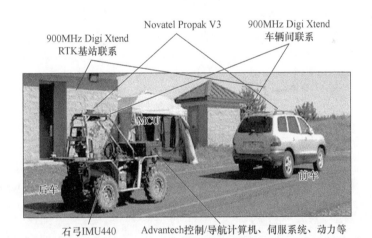

图 58.85　用于验证差分 GPS 跟随方法的前车和后车试验配置的图示

　　其中一个测试运行的结果如图 58.86 所示。可以发现,前车和后车位置由采用传统RTK-GPS 和本地基站的参考 GPS 系统提供。图中的圆环是前车位置,蓝点是后车位置。为便于参考,根据绘图比例,可知表示前车位置的圆约 1m。后车位置通常几乎位于前车路径的中心,右侧放大图中显示了一些例外情况。当后车偏离路径中心时,它会保持在代表前车路径的 1m 圆环内。

　　图 58.87 显示了后车的横向路径误差,其是前车与后车间距的函数。灰点是后车的总

路径误差,包括导航误差(虚拟前车的估计位置误差)以及控制器和执行器动力学导致的控制误差。黑点区分出了总误差中的导航误差,以显示使用本章前面所述的载波相位差分技术确定的虚拟前车位置的精度。如图 58.87 所示,总路径误差始终小于 1m。虚拟前车的估计位置误差在所有测试中都为亚分米级,其标准偏差约为 2cm。

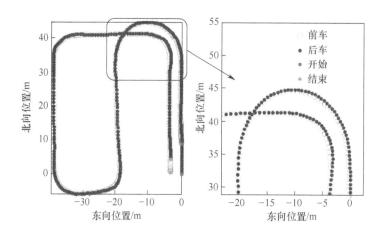

图 58.86 测试过程中前车和后车的路径图,显示了后车路径相对于前车路径的亚米级误差

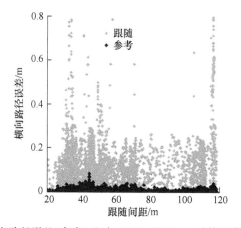

图 58.87 后车横向路径误差(灰色)和由 DRTK 和 TDCP 计算的参考路径误差(黑色)的图线,显示了亚米级总误差和厘米级参考路径误差

参考文献

[1] National Highway Traffic Safety Administration, "Traffic Safety Facts Research Notes," U. S. Department of Transportation, October 2018. [Online]. Available: https://crashstats. nhtsa. dot. gov/Api/Public/View-Publication/812603. [Accessed November 2018].

[2] Global Health Observatory, "Road Traffic Deaths," World Health Organization, 2013. [Online]. Available: https://www. who. int/gho/road_safety/mortality/en/. [Accessed November 2018].

[3] The AAA Foundation for Traffic Safety, "American Driving Survey, 2014 – 2017," February 2019. [Online]. Available: https://aaafoundation. org/wp-content/uploads/2019/02/18 – 0783 _ AAAFTS-ADS-

Brief_r8. pdf.

［4］P. Fernandes and U. Nunes, "Platooning with IVC-enabled autonomous vehicles: Strategies to mitigate communication delays, improve safety and traffic flow," *IEEE Transactions on Intelligent Transportation Systems*, vol. 13, no. 1, pp. 91-106, 2012.

［5］B. McAuliffe, M. Lammert, X. -Y. Lu, S. Shladover, M. -D. Surcel, and A. Kailas, "Influences on energy savings of heavy trucks using cooperative adaptive cruise control," in *SAE Technical Paper*, *Detroit*, MI, 2018.

［6］M. Muratori, J. Holden, M. Lammert, A. Duran, S. Young, and J. Gonder, "Potentials for platooning in U. S. highway freight transport," *SAE International Journal of Commercial Vehicles*, vol. 10, no. 1, pp. 45-49, 2017.

［7］R. Bishop, D. Bevly, J. Switkes, and L. Park, "Results of initial test and evaluation of Driver-Assistive Truck Platooning prototype," in *IEEE Intelligent Vehicles Symposium*, Dearborn, MI, 2014.

［8］C. Kahane and J. Dang, "The long-term effect of ABS in passenger cars and LTVs," 2009.

［9］A. Erke, "Effects of electronic stability control (ESC) on accidents: A review of empirical evidence," *Accident Analysis & Prediction*, vol. 40, no. 1, pp. 167-173, 2008.

［10］D. Pomerleau and T. Jochem, "Rapidly adapting machine vision for automated vehicle steering," *IEEE Expert*, vol. 11, no. 2, pp. 19-27, 1996.

［11］T. Jochem, "They drove cross-country in an autonomousminivan without GPS. In 1995," *Jalopnik*, 4 April 2015.

［12］Federal Highway Administration, "Demo'97: Proving AHS Works," *Public Roads Magazine*, vol. 61, no. 1, July/August 1997.

［13］C. Thorpe, T. Jochem, and D. Pomerleau, "The 1997 automated highway free agent demonstration," in *Conference on Intelligent Transport Systems*, Boston, Massachusetts, 2002.

［14］R. Rajamani, H. -S. Tan, B. K. Law, and W. -B. Zhang, Demonstration of integrated longitudinal and lateral control for the operation of automated vehicles in platoons," *IEEE Transactions of Control Systems Technology*, vol. 8, no. 4, pp. 695-708, 2000.

［15］D. M. Bevly and B. W. Parkinson, "Carrier-phase differential GPS for control of a tractor towed implement," in *ION-GPS Meeting*, Salt Lake City, Utah, 2000.

［16］G. D. Winward, T. M. Petroff, S. A. Gray, A. K. Rekow, and J. Deere, "Static and dynamic path planning for multiple ground vehicles performing cooperative missions," in *Proceedings of AUVSI Unmanned Systems* North America, 2005.

［17］J. R. Spofford, R. D. Rimey, and S. H. Munkeby, "Overview of the UGV/Demo II program," in *Reconnaissance, Surveillance, and Target Acquisition for the Unmanned Ground Vehicle: Providing Surveillance "Eyes" for an Autonomous Vehicle*, 1997.

［18］C. Urmson, D. Duggins, T. Jochem, D. Pomerleau, and C. Thorpe, "From automated highways to urban challenges," in *IEEE International Conference on Vehicular Electronics and Safety*, Columbus, Ohio, 2008.

［19］G. Weiner and W. Smith, "Automated driving: Legislative and regulatory action," 27 April 2017. [Online]. Available: http://cyberlaw. stanford. edu/wiki/index. php/Automated_Driving:_Legislative_and_Regulatory_Action.

［20］A. Broggi, M. Buzzoni, S. Debattisti, P. Grisleri, M. C. Laghi, P. Medici, and P. Versari, "Extensive tests of autonomous driving technologies," *IEEE Transactions of Intelligent Transport Systems*, vol. 14, no. 3, pp. 1403-1405, 2013.

［21］J. Ziegler et al., "Making Berta drive -An autonomous journey on a historic route," *Intelligent Transporta-

tion Systems Magazine, vol. 6, no. 2, pp. 8–20, 22 April 2014.

[22] A. Davies, "This is big: A Robo-Car just drove across the country," *Wired*, 3 April 2015.

[23] D. M. Bevly, A. Rekow, and B. Parkinson, "Comparison of INS vs. carrier phase DGPS for attitude determination in the control of off-road vehicles," *Navigation: Journal of the Institute of Navigation*, vol. 47, no. 4, pp. 257–266, 2000.

[24] A. Rekow, "John Deere terrain compensation module: The effect of autotrac accuracy and steering activity," *VDI Berichte, pp.* 265–269, 2003.

[25] W. Travis, S. Martin and D. M. Bevly, "Automated short distance following using dynamic base RTK system," *International Journal of Vehicle Autonomous Systems*, vol. 9, no. 1–2, pp. 126–141, 2011.

[26] W. Travis, S. Martin, D. Hodo, and D. M. Bevly, "Non-line of sight autonomous vehicle following using dynamic base RTK system," *Navigation: Journal of the Institute of Navigation*, vol. 58, no. 3, pp. 241–255, 2011.

[27] P. J. G. Teunissen and S. Verhagen, "On the foundation of the popular ratio test for GNSS ambiguity resolution," in *Proceedings of the 17th International Technical Meeting of the Satellite Division of the Institute of Navigation*, Long Beach, California, 2004.

[28] S. Martin, W. Travis, and D. M. Bevly, "Performance comparison of single and dual frequency closely coupled GPS/INS relative positioning systems," in *Proceeding of the IEEE/ION PLANS Conference*, Indian Wells, California, 2010.

[29] J. Wendel, O. Meister, R. Monikes, and G. Trommer, Time-differenced carrier phase measurements for tightly couple GPS/INS integration," in *Proceeding of the Position, Location, and Navigation Symposium IEEE/ION*, San Diego, California, 2006.

[30] W. Travis and D. M. Bevly, "Trajectory duplication using relative positioning information for automated ground vehicle convoys," in *Proceedings of IEEE/ION Position, Location, and Navigation Symposium*, Monterey, California, 2008.

[31] S. Martin and D. M. Bevly, "Comparison of GPS based autonomous vehicle following using global and relative positioning," *International Journal of Vehicle Autonomous Systems*, vol. 10, no. 3, pp. 229 – 255, 2012.

[32] H. B. Pacejka, *Tire and Vehicle Dynamics*, Waltham, Massachusetts: Butterworth-Heinemann, 2006.

[33] A. van Zanten, W. D. Ruf, and A. Lutz, "Measurement and simulation of transient tire forces," in *SAE Technical Paper*, 1989.

[34] H. Dugoff, P. Fancher, and L. Segel, "Tire performance characteristic affecting vehicle response to steering and brake control inputs," Michigan Highway Safety Research Institute, 1969.

[35] H. Dugoff, P. S. Francher and L. Segel, "An analysis of tire traction properties and their influence on vehicle dynamic performance," *SAE Transactions*, vol. 79, no. 2, pp. 1219–1243, 1970.

[36] C. C. de Wit and P. Tsiotras, "Dynamic tire friction models for vehicle traction control," in *Proceedings of the IEEE Conference on Decision and Control*, Phoenix, Arizona, 1999.

[37] C. C. de Wit and et al., "Dynamic friction models for road/tire longitudinal interaction," *International Journal of Vehicle Mechanics and Mobility*, vol. 39, no. 3, pp. 189–226, 2010.

[38] E. Fiala, Lateral Forces at the Rolling Pneumatic Tire, 1954.

[39] R. Anderson and D. M. Bevly, "UsingGPSwith amodel based estimator to estimate critical vehicle states," *Journal of Vehicle System Dynamics*, vol. 48, no. 12, pp. 1413–1438, 2010.

[40] D. M. Bevly, "GPS: A low cost velocity sensor for correcting inertial sensor errors on ground vehicles," *Journal of Dynamic Systems, Measurement, and Control*, vol. 126, no. 2, pp. 255–264, June 2004. 41

[41] Y. Shao and D. Gebre-Egziabher, "Stochastic and geometric observability of aided inertial navigators," in *Proceedings of the 19th International Technical Meeting of the Satellite Division of the Institute of Navigation*, Fort Worth, Texas, 2006.

[42] V. L. Bageshwar, D. Gebre-Eqziabher, W. L. Garrad, and T. T. Georgiou, "Stochastic observability test for discrete-time Kalman filters," *Journal of Guidance, Control, and Dynamics*, vol. 32, no. 4, pp. 1356–1370, 2009.

[43] J. Ryan and D. M. Bevly, "On the observability of loosely coupled Global Positioning System/Inertial Navigation System integrations with five degree of freedom and four degree of freedom inertial measurement units," *Journal of Dynamics, Systems, Measurement, and Control*, vol. 136, no. 2, 2014.

[44] J. Ryan and D. M. Bevly, "Robust ground vehicle constraints for aiding stand alone INS and determining inertial sensor errors," in *Proceedings of the 2012 International Technical Meeting of the Institute of Navigation*, Newport Beach, California, 2012.

[45] D. C. Salmon and D. M. Bevly, "An experimental exploration of vehicle model and complementary covariance methods for precise ground vehicle navigation," in *Proceedings of the ION 2015 Pacific PNT Meeting*, Honolulu, Hawaii, 2015.

[46] S. Martin, C. Rose, J. Britt, D. M. Bevly, and Z. Popovic, "Performance analysis of a scalable navigation solution using vehicle safety sensors," in *Proceedings of the IEEE Intelligent Vehicle Symposium*, Alcala de Henares, 2012.

[47] C. Rose, J. Britt, J. Allen, and D. M. Bevly, "An integrated vehicle navigation system utilizing lane-detection and lateral position estimation systems in difficult environments for GPS," *IEEE Transactions on Intelligent Transportation Systems*, vol. 15, no. 6, pp. 2615–2629, 2014.

[48] J. Britt, D. M. Bevly, and C. Rose, "A comparison of Lidar and Camera-based lane detection systems," *GPS World*, February 2012.

[49] A. Dean, R. Martini, and S. Brennan, "Terrain-based road vehicle localization using particle filters," *Vehicle System Dynamics*, vol. 49, no. 8, pp. 1209–1223, 2011.

[50] S. Boyd, "Truck platooning regulation shows forward momentum," Peloton, 2018. [Online]. Available: https://peloton-tech.com/platooning-regulation-moving-forward/. [Accessed November 2018].

[51] N. Carson, S. Martin, J. Starling, and D. M. Bevly, "GPS spoofing detection and mitigation using cooperative adaptive cruise control system," in *Proceedings of the 2016 IEEE Intelligent Vehicle Symposium*, Gothenburg, Sweden, 2016.

本章相关彩图,请扫码查看

第 59 章

列车控制和轨道交通管理系统

Alessandro Neri
罗马特雷大学,意大利

59.1 GNSS 在现代列车控制系统中的作用

对列车位置的准确感知是提高现代轨道交通管理系统效率的关键因素。事实上,精度越高,同一线路上运行的两列列车之间的安全距离就能越小,因而铁路网就能提供越高的交通密度。基于轨旁设备部署的传统技术非常昂贵,其经济可持续性仅限于高速线路。最近,铁路管理机构的关注点转向 GNSS 技术,因为这些技术集成到现代列车控制系统可以大大节省区域及地方线路的成本。成本降低可使铁路市场的年扩张率比采用传统轨旁技术高出1.5 倍。

这一事实促使欧盟铁路局(原欧洲铁路局)将 EGNSS(欧洲全球导航卫星系统)资产纳入欧洲铁路列车管理系统(ERTMS)的列车控制系统(TCS)平台[1]。ERTMS 被认为是安全性高且最先进的 TCS。它最初是在欧洲开发的且是标准化的,以确保在欧盟内信号系统的完全互操作,然后遍布世界各地,包括中国、印度、韩国和沙特阿拉伯。

同样,在美国,GPS 技术已被纳入几种类型的列车主动控制(PTC)系统中,如电子列车管理系统(ETMS)、互操作电子列车管理系统(I-ETMS)和改善的列车控制系统(ITCS)。PTC 是一种基于处理/基于通信的 TCS,设计用于防止列车事故,已在运输任何有毒危险品或吸入有毒(PIH/TIH)危险品的一级铁路干线(即每年总质量超过 500 万 t 的线路)和定期进行城际客运或通勤运营的铁路干线上[2]安装和应用。

59.1.1 通用列车控制

为了解释 GNSS 技术如何集成到 TCS 中,先系统地描述轨道交通管理系统特别是ERTMS 是如何工作的。

通常,轨道被划分成由信号指示隔开的区段,称为块。然后,轨道管理必须遵守一个规则,即一个块内不能同时被多辆列车占用。当前系统利用沿轨道部署的轨道电路来确定块是否被占用,如图 59.1 所示,轨道电路由低功率馈电端和继电器端组成,和运行的轨道组成回路。当块没有被列车占用时,继电器打开;而当列车占用块时,车头的车轮、车轴和车辆将短路,继电器断电。

在 ERTMS 标准中介绍了三种不同的信令级别,称为 L1、L2 和 L3,其复杂性和有效性不断提高。ERTMS L1 应用于已配备传统的轨旁信号灯和轨道电路的惯用线路。信号系统允许列车在监测准许速度下行驶到指定位置,在标准中定义为移动授权(MA),信号在轨道侧产生,通过连接列车控制中心和列车自身的通信系统重复进入车厢。通信基于 balises 的应答机,部署在轨道沿线,列车位置由轨道电路提供。如图 59.2 所示,信号和应答机通过线侧设备单元(LEU)进行连接。ETCS 车载设备通过应答机接收 MA 指令,根据列车特性计算速度最大值和下一个制动点。此外,ETCS 车载设备可连续监测列车速度,一旦超过 MA 规定的允许速度,则自动停车。实际速度、目标速度及当前和未来允许的速度通过 DMI(驾驶员机器接口)的专用显示器展现给驾驶员。尽管 ERTMS L1 显著地提高了安全性和互操作性,但它并未显著地影响交通密度,效率也未获得高提升。

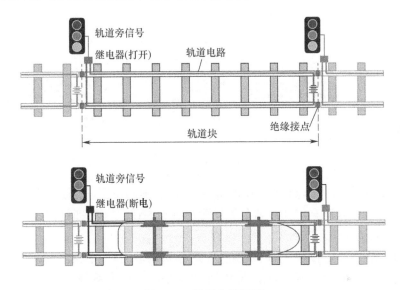

图 59.1　轨道电路原理

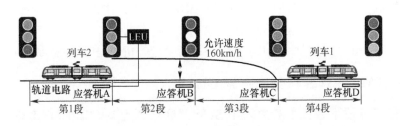

图 59.2　ERTMS L1

如图 59.3 所示,在 ERTMS L2 中,在称为无线电块中心(RBC)的路侧控制中心计算 M,然后使用全球移动通信系统-铁路(GSM-R)技术直接发送到车载单元。在此级别,应答机只发送包含线路信息的"固定消息"。连续数据流通知驾驶员前方线路上的特定线路数据和信号状态;通过这种方式,列车在保证安全制动距离系数下能达到最佳速度。使用 ERTMS L2,可以降低维护成本(如减少线路侧信号)并部分增加线路容量。

　　L1 和 L2 技术在交通管理效率方面的主要限制是将线路划分为块,块是通过物理长度不能动态变化的轨道电路实现的。由于一个块只能分配给一列列车,相邻列车之间的安全距离不能根据其速度和制动性能进行优化,因此必须对所有列车施加最坏情况的值。为了提高效率,ERTMS L3(图 59.4)引入了"移动区块"概念,预计在不久的将来开始服务。

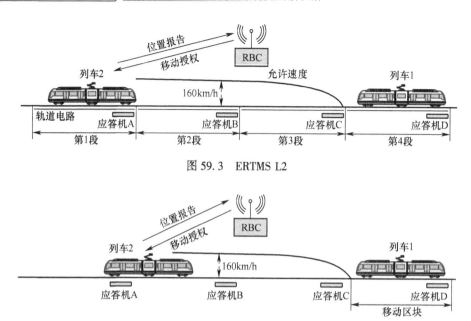

图 59.3   ERTMS L2

图 59.4   ERTMS L3

在移动区块方案中,列车负责向 RBC 提供连续准确的位置、方向和速度数据。然后,RBC 向列车前方的每列列车广播该列车的位置及制动曲线,从而保证其在到达列车之前停车。因此,区块位置和长度与列车位置和速度保持一致。

在 ERTMS/ETCS 中,列车位置的确定基于应答机的联合使用,应答机的位置在部署阶段是有地理坐标参考的,且里程可测。特别是,车载应答机读卡器(ERTMS 中称为应答机传输模块(BTM))通过对应答机通道的检测确定列车的绝对位置,而里程表提供了最后一个检测到的应答机所行驶距离的估计值(以列车占用轨道上的里程为单位的相对位置)。为了确定行驶方向和列车方位,应答机分组部署,每个应答机组由 1~8 个应答机构成。每个应答机组能被唯一识别,并且每个应答器组中的每个应答机也是唯一可识别的。

59.1.2   ERTMS/ETCS 框架内实施 GNSS

为易于将卫星技术融入 ERTMS/ETCS,欧洲联盟铁路局(European Union Agency for Railways)引入了虚拟应答机(VB)概念,并在 GNSS 接收机上配备了虚拟应答机读卡器(VBR)。实际的物理应答机被 VB 取代。行驶途中 VB 的检测是通过 VBR 比较 GNSS 估计的列车位置和 VB 的位置来实现的。当列车经过虚拟应答机时,VBR 输出的信息与 BTM 检测物理应答机时生成的信息相同。只要 VBR 在准确性、安全性、可靠性和可用性方面的性能与传统 BTM 相比相同或更好,这种方法就能大大简化基于 GNSS 的 ERTMS 系统的认证。

采用 VBR 概念意味着列车在任何时候的位置都能通过结合 GNSS 提供的估计值和里程表测量的行驶距离来计算。设 PE_{VBR} 为 VBR 的位置误差,定义为 VBR 在路程中响应 VB 时虚拟应答机标称位置与列车位置间的差值。如图 59.5 所示,在任何时候位置确定系统(LDS)的位置误差 PE_{LDS} 都由 PE_{VBR} 加上里程表的过读量或欠读量计算得出,这些量可能是由推拉和滑动等多种影响因素引起的。注意,列车位置完全由其里程决定,里程定义为列车与出发站(或任何其他参考点)的距离,该距离是沿地理参考铁轨测量而得。因此,位置误差是一维量。

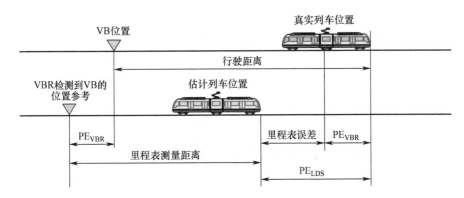

图 59.5　位置误差分量

然而,在基于 GNSS 的 LDS 的设计中,应考虑到它必须符合铁路功能和技术安全的要求,如 CENECEC 标准 EN 50126、EN 50128 和 EN 50129(3-5)中所规定的。这意味着它必须充分抵抗系统和随机失效,正如安全完好性概念所反映的那样。安全目标通过两个属性来表征:安全完好性等级(SIL)和可接受危险率(THR)。其中 SIL 取值为 1~4,定性描述保护公众和员工免受潜在危险的每个安全相关功能,THR 定量描述防止随机失效的保障措施。一般来说,为确定信号系统的安全要求,必须进行危害分析和风险评估。

59.1.3　完好性考虑

在 ERTMS/ETCS 的情况下,通常期望信号系统满足 SIL 4,其中核心指标 THR 应小于 2×10^{-9} 危险/(h×列车数)的危险故障未检测概率,核心 THR 平均分配给所有 ETCS 车载设备($\mathrm{THR_{OBU}} = 0.5\times\mathrm{THR_{CORE}}$)以及所有 ETCS 轨旁设备($\mathrm{THR_{TSE}} = 0.5\times\mathrm{THR_{CORE}}$)。将 $\mathrm{THR_{OBU}}$ 进一步分配给 LDS,需要对 ERTMS 引入的所有保障措施进行详细分析。将分配给 LDS 的 THR 表示为 $\mathrm{THR_{LDS}}$,有 $\mathrm{THR_{LDS}} \leqslant \mathrm{THR_{OBU}}$。

设 AL 为告警阈值,定义为位置误差 $\mathrm{PE_{LDS}}$ 的最大允许值,以确保系统仍能安全使用。然后,如果 $|\mathrm{PE_{LDS}}|>\mathrm{AL}$ 且未及时发出警告,则系统提供危险误导信息(HMI)。因此,根据 LDS 的概率 $P_{\mathrm{LDS}}^{\mathrm{HMI}}$ 和 LDS 提供的 1h 内 N_{Dec} 的独立估计,以及伯努利分布性质,位置误差的统计约束条件如下:

$$\mathrm{THR_{LDS}} = N_{\mathrm{Dec}}P_{\mathrm{LDS}}^{\mathrm{HMI}} \tag{59.1}$$

$$\mathrm{Pr}\{|\mathrm{PE_{LDS}}| > \mathrm{AL}(且未及时发出警告)\} \leqslant \frac{\mathrm{THR_{LDS}}}{N_{\mathrm{Dec}}} \tag{59.2}$$

另外,考虑到位置误差值超过告警阈值且未及时发出警告的概率小于或等于位置误差值超过告警阈值的概率,在 LDS 设计中采用以下更简单的要求:

$$\mathrm{Pr}\{|\mathrm{PE_{LDS}}| > \mathrm{AL}\} \leqslant \frac{\mathrm{THR_{LDS}}}{N_{\mathrm{Dec}}} \tag{59.3}$$

注意当 $\mathrm{PE_{LDS}}$ 的统计分布可能被均值为零方差 σ_{LDS}^2 的高斯分布超越时,式(59.3)给出

的要求规定如下:

$$\Pr\{|PE_{VBR}| > AL\} = 2\int_{AL}^{\infty} \frac{1}{\sqrt{2\pi}\,\sigma_{LDS}} e^{-\frac{x^2}{2\sigma_{LDS}^2}} dx \leqslant \frac{THR_{LDS}}{N_{Dec}} \tag{59.4}$$

反过来,这意味着为满足 SIL 4,超边界高斯分布的标准差必须满足以下约束条件:

$$\sigma_{LDS} \leqslant \frac{AL}{k_{LDS}} \tag{59.5}$$

其中

$$k_{LDS} = Q^{-1}\left(1 - \frac{1}{2}\frac{THR_{LDS}}{N_{Dec}}\right) \tag{59.6}$$

式中:Q 为均值为零、方差为 1 的高斯随机变量的累积分布函数。

如图 59.6 所示,给出了告警阈值比率对 THR 的关系图,对于 $[10^{-11}, 10^{-7}]$ 范围内的 THR,σ_{LDS}/AL 的比例相对于 THR 灵敏度非常低。因此,THR_{LDS} 分配给 LDS 组件的不同策略对给定告警阈值 GNSS 接收机所要求的精度没有明显影响。

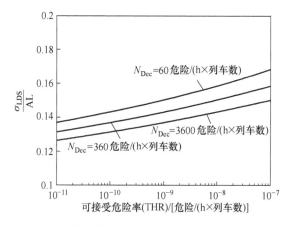

图 59.6　相对于告警阈值与 THR 归一化的超限高斯分布的标准偏差

为进一步明确告警阈值以及基于 GNSS LDS 精度的要求,可看到为支持互操作性,管理者要求采用相同的工程规则来部署物理和虚拟设施。通过这种方式,RBC 可无缝处理列车配备的物理 BTM 和 VBR 混杂构成的交通流量而无须修改。另外,在 ERTM 中,物理应答机用于避免未经授权列车进入受监控的位置,即在无潜在危险的情况下 ERTMS 确认的位置是列车不能通过的最远点,以及用于确定列车在给定轨道上的位置和列车运行的轨道。

关于 VB 用于保护受监控位置的示意如图 59.7 所示,它必须部署在距离受监控位置大于最坏情况下制动距离加上列车移动距离的位置,移动距离由列车指令、控制和检测应答机信号系统消耗时间共同作用,决定启动制动程序、执行制动,以及告警阈值。考虑到 ERTMS/ETCS 对位置的规定,应答机通过的关键目的地的精度应在 $-1\sim1m$ 范围内,为了保持互操作性,基于 GNSS 的 LDS 必须提供与物理应答机读取器相同的精度,和 VB 相关的关键功能的告警阈值应设置为 1m。反过来就也意味着,根据式(59.6),对于 $THR_{LDS} = 10^{-9}$ 危险/(h×列车数),$N_{Dec} = 3600/h$,$k_{LDS} = 7.3$ 情况,因此零均值超限高斯随机变量的标准差约为 13.7cm。

另一方面,对于仅用于确定列车位置的虚拟应答机,可考虑 ERTMS/ETCS 标准的规定,对于每个车载里程测量,精度应该大于或等于±(5+5%s)m,其中s是列车从最后的有效应答行驶的距离,包括检测应答机位置的误差。因此,在这种情况下,告警阈值应设置为5m。对于维护一些有重要用途物理应答机的设施管理者来说,可能会部分放松和AL=1m相关的高完好性要求。

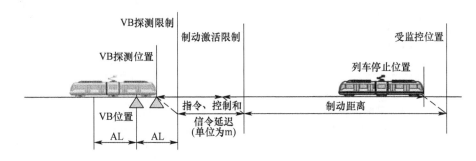

图 59.7 部署虚拟应答机(VB)来保护受监控的位置

在 ERTMS/ERTCS L1 和 L2 中,轨旁设备(轨道电路和联锁)以安全的方式(SIL-4)完整地确定列车所在的轨道。因此,基于 GNSS 的 LDS 要求的功能仅限于确定列车里程、方向和速度。由于 L3 轨道电路不再部署,车载系统必须提供列车所在轨道的信息。考虑到与错误轨道确定相关的 THR_{LDS} 必须优于 10^{-9} 危险/h,交叉轨道告警阈值应小于两条平行轨道轴间距离的一半。由于轴间距离可能低至几米(3~4m),因此位置精度应在分米量级。

风险容忍度标准的定义以及 THR 和 AL 所要求的规范都由铁路局负责。THR 和 AL 是信号系统制造商进行危险分析和控制与系统设计分析的输入。

危险分析和控制程序的目的是识别和分类危险,并确定减轻危险的措施。包括以下几步:

(1)定义危险分析实施要求。

(2)识别和分类危险。

(3)评估危险的可接受度,分析减少危险的方案,制定合适的减少危险的策略。

(4)跟踪、更新、迭代、沟通,并最终接受残余危险。

因此,在分析基于 GNSS 的列车 LDS 设计前,先总结一下可能影响其的危险。下面,将故障卫星覆盖区对任何接收机都造成危险的事件表示为全球事件,将覆盖直径达到几百千米范围的事件表示为区域事件,其余事件表示为本地事件。

可以看到,平台屋顶、建筑物、树木,以及更为一般的海拔较高地形的任何区域,都可能降低可视性。在使用单个星座时,由于可见卫星数量较少,可能会对可用性造成严重影响。因此,当前的发展趋势是使用多星座接收机。因此,在不使用轨旁列车检测子系统的情况下满足了铁路应用的需求,未来几十年的增强系统应利用多星座能力并提升测距和完好性监测算法。

如表 59.1 所列,车载 GNSS 接收机受到全球、区域和本地危险的影响。全球和区域危害与机载接收机所经历的危害相似,因此,它们减轻危险的措施受到了为航空电子领域设计解决方案的启发,因为航空部门是较早采用 GNSS 技术的部门。这些解决方案包括星基增强系统(SBAS),该系统使用 GNSS 参考接收机,其分布在大陆上的已知位置;区域差分

GNSS,以及实时运动学系统,其由分布在铁路区域的 GNSS 参考接收机网络来提供。

表 59.1 轨道环境中的 GNSS 空间信号 (SIS) 危害

危害	描述	影响	缓解
时钟径流	根据最新 GNSS 导航电文,相对于 GNSS 系统时间的实际卫星时钟偏移不准确	● 全球 ● 一次一颗卫星	● 基于 SBAS 增强的故障检测和时钟径流校正 ● 基于 LADGNSS 的故障检测和时钟径流校正
星历故障	基于最新 GNSS 导航电文的实际卫星位置模型不准确	● 全球 ● 一次一颗卫星	● 基于 SBAS 增强的故障检测和星历校正 ● 基于 LADGNSS 的故障检测和星历校正
电离层风暴	GNSS 信号的电离层延迟建模不准确	● 区域 ● 可能一次几颗卫星	● 基于 SBAS 的电离层延迟梯度广域校正 ● 基于 LADGNSS 的短基线电离层延迟梯度局部校正 ● 使用双频接收机提供的无电离层信号组合
对流层延迟空间去相关	GNSS 信号的对流层延迟建模不准确	● 区域 ● 可能一次几颗卫星	● 基于 SBAS 的对流层延迟广域校正 ● 基于短基线 LADGNSS 的对流层延迟局域校正
信号失真	由卫星上的基带和射频硬件引起的伪距偏差误差。正常信号包络的失真、码和载波偏移可能会产生死区、畸变和接收信号与参考信号之间互相关的假峰值	● 全球 ● 一次一颗卫星	● 基于 SBAS 增强的故障检测和排除 ● 基于 LADGNSS(局域差分 GNSS)的故障检测和排除
星座旋转	整个 GNSS 星座相对于地球的定向故障	● 全球 ● 一次一个星座	● 基于 SBAS 增强的故障检测和排除 ● 基于 LADGNSS(局域差分 GNSS)的故障检测和排除
多径	由信号反射引入的测距误差导致接收信号和参考信号之间的互相关峰值偏移	● 本地,相关距离非常近	● 基于 SIS 的本地故障检测和排除: ● 天空可视图 ● 基于数字波束形成的空间滤波 ● 高弹性数字信号处理 ● 接收机自主完好性监测

续表

危害	描 述	影 响	缓 解
射频干扰（RFI）	与来自中地球轨道（MEO）的弱 GNSS 信号相比,地面信号较强。大多数 RFI 是偶然的,但故意的 RFI 则会成为干扰	• 本地	• 基于接收信号监测的本地自主 RFI 检测 • 通过基于自适应数字波束形成的空间滤波消除/隔离干扰信号 • 接收机自主完好性监测
电子欺骗	故意通过发送可能导致接收机出现位置错误的欺骗 GNSS 信号来误导(并危及)接收机	• 本地	• 基于本地自主欺骗检测 • 多根天线 • 接收信号监测 • 通过基于自适应数字波束形成和/或高弹性数字信号处理的空间滤波来消除/隔离欺骗信号 • 接收机自主完好性监测

目前,考虑到 SBAS 服务北美的广域增强系统（WAAS）和欧洲地球静止导航系统（EGNOS）很像,如短期变化,监测信号 SIS 和星座方面能力有限,它们与本地增强系统的集成填补了空白,这可能是部署能够满足未来几年铁路需求的高完好性、高精度增强服务的唯一可行方法。为实现这一目标,可以考虑目前在其他应用(如大地测绘和地图应用)的区域增强网络,但它们对 SIL 不做任何保证;也可以考虑适用于当前的商业增强网络。因此,必须实现完好性监测应用层。从长远来看(例如 10 年),支持精密单点定位的基于 SBAS 的解决方案被认为是可行的,且在费效方面极具吸引力。

集中于中短期解决方案,下面将其作为一种两个层级的增强系统进行讨论,该系统基于如 EGNOS(第一层)和本地系统(第二层)等 SBAS 的集成。图 59.8 显示了欧盟"地平线 2020"Galileo-2014-1 ERSAT EAV 和 RHINOS 项目框架中已设计完成和当前正在开发的双层增强架构[6-7]。

由于影响铁路环境的危险与影响汽车环境的危险非常相似,为提高解决方案的经济可持续性,该体系结构包括多模式增强层和铁路适应层,其中多模式增强层至少可供铁路和汽车应用共享,铁路适应层在方案中表示为"轨道区域位置服务器/轨旁验证",由无线闭塞中心掌管,该中心是唯一能与车载单元(OBU)交互的 ERTMS 功能单元。

铁路自适应层的任务是使多模式层提供的增强数据适应给定列车的特定需求,同时考虑到连接 RBC 和列车的通信链路的实际能力。例如,该层可执行与位于下一期望 VB 附近的虚拟参考站相关的纠正计算,并且可以向 OBU 提供可见卫星列表和相关导航数据,以辅助空间信号捕获并缩短首次定位时间。多模式增强第二层的架构如图 59.9 所示,包括以下要素:

• RS 网络,即部署在服务区域的 GNSS 参考站集合,用于监测 SBAS 空间信号未能覆盖区,并最终加密 SBAS 参考站网络;

• 数据识别单元,实现参考站网络和 SBAS 的接口;

• 完好性检测单元,实现 GNSS 信号和参考站的故障检测和排除(FDE)算法;

• 完好性参数计算单元,负责计算与保护级和置信区间相关的所有量,如用户测距精度

(URA)、对流层边界方差、偏差边界以及单星和星座故障概率;

• 本地环境监测单元,检测大气传播中的异常(如高梯度和闪烁),为 PPP 和网络 RTK
(NRTK)精确 STEC 估计提供输入;

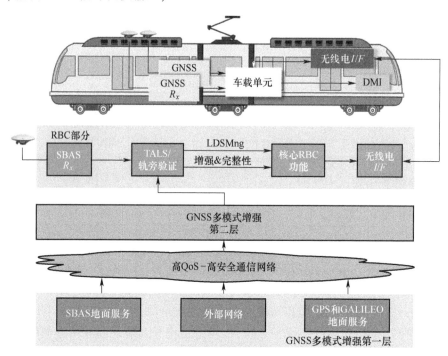

图 59.8　高完整性高精度双层增强架构

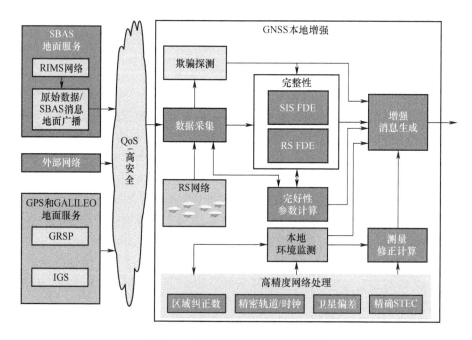

图 59.9　多模式增强第二层的架构

● 测量纠正计算单元,生成要广播到适配层的纠正数;

● 高精度网络处理,包括区域纠正数计算(如 VRS、NRTK)及精密轨道和时钟确定、卫星偏差和精确 STEC 估计,为执行精准定位(如 RTK 和 PPP)所需;

● 欺骗检测单元,利用遥感网络提供的数据开展国家和区域欺骗攻击监测系统;

● 增强信息生成单元,向适配层广播增强信息,包括纠正数、原始测量值和 GNSS 空间信号及参考站的完好性参数。

卫星和星座故障的检测由第一层执行。因此,第二层检测到的事件只是全球和区域危害的一小部分。此外,第二层必须监视 RS 网络的健康状态。

如文献[6]所述,SIS 和参考站 FDE 基本上基于对第二层和第一层参考站伪距测量的差分伪距残差(DPR)、双相位差分残差(DPDR)和双差分残差(DDR)的监测。有关双层体系结构的更多详细信息,请参见文献[7]。

关于局部危害的减轻,铁路和航空电子应用场景中对空间信号(SIS)的危害的主要不同点与多径有关。事实上,多径是列车载 GNSS 接收机的主要威胁。它源于如建筑物、天桥、隧道入口和用于列车牵引的空架电力线的电线杆及龙门架的侧面的强发射。这些情况下,接收信号由具有不同振幅、时延、相位角和方向的多因素组成。结果,对于受多径影响的卫星,接收信号和参考信号相关峰值的位置偏离单独对应于视线信号分量的峰值很远,该峰值用来提供码伪距估计。此外,在某些情况下,视线被遮挡,只接收反射信号,因此伪距是完全误导的。此种情况称为非视距(NLoS)多路径,另一种情况称为视距(LoS)多路径。

在这两种情况下,如果不将多径影响的信号在位置和速度解算中排除,则估计的列车位置极大可能超过告警阈值的误差。这种情况如图 59.10 所示,图中给出了沿意大利铁路进行试验情况下,无任何多径抑制单一 GNSS 接收机提供的位置。为验证多径影响,在解算中不考虑列车必须沿轨道行驶的约束条件。为便于比较,本章还给出了 GNSS 和 IMU 测量融合得到的列车位置。

然而,对在欧洲航天局和欧洲 GNSS 局资助的几个研究项目(ESA ARTES 20 3InSat、H2020 ERSAT EAV、H2020 STARS 等)框架内进行试验活动中记录的 GNSS 信号大数据集的分析表明,与发生概率较低的全球和区域危害不同,多径损害的测量具有高百分比。此外,由于多径受卫星之间几何形状、GNSS 接收机天线以及各种反射和散射表面等的制约,因此当出现相同的几何形状时,会观察到类似的效应。这意味着必须采取特定的工程规则来保证 VB 放置在多径足够低的位置避免 ERTMS 性能受损。这些规则对于不同的铁路应用可能不同。适用于支持确定给定轨道上列车位置的 VB(必须保证 5m 的告警阈值)的站点可能不适用于 VB 防护关键功能(要求 1m 告警阈值)。

在相关文献中,已经提出了几种技术和信号处理方法来检测和尽可能减轻多径效应。包括:

● 使用朝天摄像机确定可见天空图,检测并消除非视线多径信号[8-9];

● 监测每颗可见卫星的信噪比 (S/N_0),并将其与当前卫星仰角视距上无多径的信噪比参考值进行比较;

● 针对每颗可见卫星,监测接收信号和参考信号的相关函数和时延,进而检测视距和多径分量间相互干扰造成的失真[10-11];

● 监控信号组合,如电离层残差组合和载波辅助伪码信号[12]。

图 59.10　铁路场景中的多径效应(黄色:独立 GNSS,红色:GNSS+IMU)

最后,请注意,在 TCS 制造商中,采用冗余架构和"N 中取 M"($MooN$)组合逻辑(通常为 2oo2)来满足安全要求是一种常见的做法。最佳工程实践建议尽可能使用由不同制造商提供的两根天线和两个 GNSS 接收机,以避免常见的误差模式。然而,在文献[13]中,这种冗余用来检测和排除受多径影响的信号,通过对两个 GNSS 接收机提供的伪距进行比较。

与航空安全监测类似,对于每个估计,LDS 必须提供一个置信区间,即系统假定列车所在的置信区间,概率大于或等于 $1 - P_{LDS}^{HMI}$,如图 59.11 所示,置信区间可通过将 GNSS 保护级(PL)与里程表在欠读和超读量界限进行结合来计算,其中,PL 被定义为保证位置误差 PE_{VBR} 的大小超过 PL 的概率小于或等于 P_{LDS}^{HMI} 的统计边界。59.3 节详细介绍了在 GNSS 和里程表估计数之间无耦合时的置信区间计算。

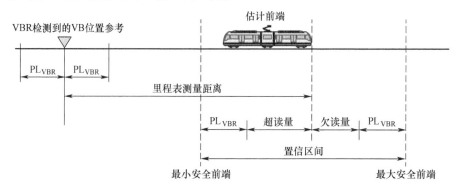

图 59.11　置信区间计算

59.2 轨道限制下的 PNT

如前所述,综合表 59.2,基于 GNSS 的 LDS 主要功能是确定列车的位置,其功能实现有两种途径:①定义为有序轨道序列的列车行程靠外部手段安全实现,如检测轨道占用的轨道电路和防止碰撞运动的联锁。这种情况下,列车位置的确定相当于铁路是由许多单一轨道组成的。在表 59.2 中,讨论了单轨列车位置的确定。②不再部署轨道电路,GNSS 的 LDS 可独自安全地确定列车运行在哪条轨道上,表 59.2 中称之为多轨道列车位置确定。

表 59.2 基于 GNSS 的 LDS 主要功能

功能	当前欧盟技术(ERTMS)	SIS 完好性监测	增强	精度
列车位置确定 单轨	基于应答机	是	是	中、高
列车位置确定 多轨	基于应答机和轨道电路	是	是	中、高
列车完好性	轨道电路+车载电路	是	否	高

理论上,基于 VB 检测的单轨和多轨列车位置的确定只需知道 VB 自身的位置。但考虑到民用服务危害的严重度,为达到安全性要求,可能需要使用更多的观测值。为避免即将停靠列车附近的 VB 采集它们,准确地掌握地理参考轨道路线就显得至关重要。此外,通过 GNSS 观测量进行列车完好性评估时也需要这些信息。事实上,车队总长度的变化可通过评估轨道路径的部分长度的分界线来监控,该分界线由位于列车后部和前部的两个接收机天线位置确定。下文中,解决考虑轨道约束下评估安装在列车上接收机位置的问题。为此,在覆盖列车运行区域中,假设轨道数据库包含每条轨道路径上的有序点集,并可获得它们的地理坐标和里程,那么在 ERTMS 中,RBC 可在运行过程中上传和更新该数据库。

如前所述,为满足精度和安全性要求,安装在列车上的 GNSS 接收机(又称 OBU)在提供绝对定位时必须采用某种形式的增强,或只能在相对定位模式(如 RTK)下运行。

对于物理应答机的回读,铁路标准仅规定基于 GNSS 的 LDS 的接口及精度和安全性要求,而不会约束如何进行位置、速度和时间(PVT)估计。因此,下面将介绍一些解决铁路使用 GNSS 主要的挑战方案。

简便起见,以单频伪码距为例,首先说明带差分校正的单轨绝对定位情况;然后在码与相位双频测量这种更通用情况下检验单轨的相对定位;最后分析多轨相对定位情况。和其他组合相关的解决方案,如多轨道绝对定位,可作为此处所述内容的直接扩展。

如图 59.12 所示,列车沿给定轨道运行,轨道位置由轨道与可见卫星天线相位中心且半径等于接收机几何范围所确定的球体交点给出。

为说明轨道约束条件下可采用的方法,从传统的无约束列车接收机定位说起。如第 2 章详述,在这种情况下,列车位置 X_{Train} 通过求解非线性系统获得:

$$\rho_{Train} = r_{Train}[X_{Train}] + \delta\tilde{\boldsymbol{\rho}}^{Diff} + c\delta t_{Train} + \varepsilon \qquad (59.7)$$

式中:r_{Train} 为几何距离矢量分量

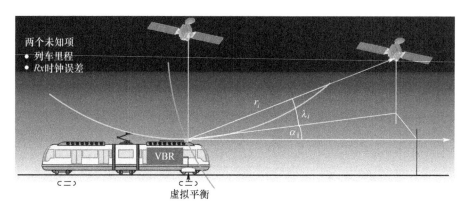

图 59.12　列车定位几何学

$$r_{\mathrm{Train}}^{p}\left[X_{\mathrm{Train}}\right] = \|X_{\mathrm{Train}} - X_{\mathrm{Sat}}^{p}\| \quad (p = 1,2,\cdots,N_{\mathrm{Sat}}) \tag{59.8}$$

式中：X_{Sat}^{p} 为第 p 颗可见卫星天线参考点的坐标矢量；N_{Sat} 为 PVT 估计中使用的可见卫星数，$\boldsymbol{\rho}_{\mathrm{Train}}$ 为测量伪距矢量；$\delta\tilde{\boldsymbol{\rho}}^{\mathrm{Diff}}$ 为增强网络提供的差分纠正矢量；$\delta t_{\mathrm{Train}}$ 为接收机钟差；ε 表示等效观测噪声包括所有未经差分纠正补偿的项以及局部危害(如多径、射频干扰和接收机热噪声)引起的误差。

该系统(式 59.7)可通过基于几何距离方程的一阶泰勒级数进行迭代求解，假设列车位置初始值为 $\tilde{X}_{\mathrm{Train}}$，$z_{uc}$ 表示子集矢量，有

$$z_{uc} = \begin{bmatrix} \Delta X_{\mathrm{Train}} \\ c\delta t_{\mathrm{Train}} \end{bmatrix} \tag{59.9}$$

式中：$\Delta X_{\mathrm{Train}} \triangleq X_{\mathrm{Train}} - \tilde{X}_{\mathrm{Train}}$ 为列车位置相对于 $\tilde{X}_{\mathrm{Train}}$ 的偏移量，得到以下线性系统：

$$\Delta\boldsymbol{\rho}_{\mathrm{Train}} = \boldsymbol{H}_{uc}z_{uc} + \boldsymbol{\varepsilon} \tag{59.10}$$

式中：$\Delta\boldsymbol{\rho}_{\mathrm{Train}}$ 为微分约化后的伪距矢量，有

$$\Delta\boldsymbol{\rho}_{\mathrm{Train}} = \boldsymbol{\rho}_{\mathrm{Train}} - r_{\mathrm{Train}}\left[\tilde{X}_{\mathrm{Train}}\right] - \delta\tilde{\boldsymbol{\rho}}^{\mathrm{Diff}} \tag{59.11}$$

$\boldsymbol{H}_{uc}$ 为观测矩阵：

$$\boldsymbol{H}_{uc} = \left[\frac{\partial\boldsymbol{\rho}_{\mathrm{Train}}}{\partial z_{uc}^{\mathrm{T}}}\right]_{X_{\mathrm{Train}} = \tilde{X}_{\mathrm{Train}}} \tag{59.12}$$

$$\boldsymbol{H}_{uc} = \left[\boldsymbol{E}_{\mathrm{Train}}^{\mathrm{T}} \quad \boldsymbol{1}_{N_{\mathrm{Sat}}}\right] \tag{59.13}$$

式中：$\boldsymbol{E}_{\mathrm{Train}}$ 为视距单位矢量矩阵，有

$$\boldsymbol{E}_{\mathrm{Train}} = \left[\boldsymbol{e}_{\mathrm{Train}}^{1} \quad \boldsymbol{e}_{\mathrm{Train}}^{2} \quad \cdots \quad \boldsymbol{e}_{\mathrm{Train}}^{N_{\mathrm{Sat}}}\right] \tag{59.14}$$

$\boldsymbol{1}_{N_{\mathrm{Sat}}}$ 是大小为 $N_{\mathrm{Sat}} \times 1$ 的列矢量，元素为 1。

实际上

$$\frac{\partial r_{\mathrm{Sat}}^{p}}{\partial X_{\mathrm{Train}}} = \frac{\partial\|X_{\mathrm{Train}} - X_{\mathrm{Sat}}^{p}\|}{\partial X_{\mathrm{Train}}} = \frac{X_{\mathrm{Train}} - X_{\mathrm{Sat}}^{p}}{\|X_{\mathrm{Train}} - X_{\mathrm{Sat}}^{p}\|} = \left[\boldsymbol{e}_{\mathrm{Train}}^{p}\right]^{\mathrm{T}} \tag{59.15}$$

如文献[6,14-15]详述，从数学角度看，轨道约束可由观测给定时间 t (完全取决于里程)的列车位置，或者更正式些，由地理参考铁轨上定义的曲线横坐标确定。设 $s(t)$ 为

GNSS 天线参考点（ARP）的曲线横坐标，以下称为列车里程。然后，给定列车里程 $s(t)$ ，ARP 的笛卡儿坐标可由参数方程描述：

$$X_{\text{Train}}(t) = X_{\text{Train}}\big[s(t)\big] \qquad (59.16)$$

因此，现在非线性系统式(59.7)可表示为

$$T = \left[\frac{\partial X_{\text{Train}}}{\partial s}\right]_{s=\tilde{s}} \qquad (59.17)$$

将式(59.17)在 $X_{\text{Train}}(\tilde{s})$ 点处（和列车里程初始假设 $\tilde{s}$ 相对应）展开，线性化的测量方程系统变为

$$\Delta\boldsymbol{\rho}_{\text{Train}} = \boldsymbol{H}z + \boldsymbol{\varepsilon} \qquad (59.18)$$

其中，未知矢量 z 包括考虑 $\tilde{s}$ 的列车里程的偏移 $\Delta s \triangleq s - \tilde{s}$ 及接收机钟差：

$$z = \begin{bmatrix} \Delta s \\ c\delta t_{\text{Train}} \end{bmatrix} \qquad (59.19)$$

观测矩阵 $\boldsymbol{H}$ 为

$$\boldsymbol{H} = \left[\frac{\partial\boldsymbol{\rho}_{\text{Train}}}{\partial z^{\text{T}}}\right]_{s=\tilde{s}} \qquad (59.20)$$

基于无约束条件的观测矩阵，可将约束条件下的观测矩阵 $\boldsymbol{H}$ 表示为

$$\boldsymbol{H} = \boldsymbol{H}_{uc}\boldsymbol{D} \qquad (59.21)$$

其中，$\boldsymbol{D}$ 是 4×2 矩阵：

$$\boldsymbol{D} = \begin{bmatrix} \boldsymbol{T} & \boldsymbol{0} \\ 0 & 1 \end{bmatrix} \qquad (59.22)$$

$\boldsymbol{T}$ 是铁轨在里程 $\tilde{s}$ 处的切向单位矢量：

$$\boldsymbol{T} = \left[\frac{\partial X_{\text{Train}}}{\partial s}\right]_{s=\tilde{s}}$$

实际上，

$$\frac{\partial\boldsymbol{\rho}_{\text{Train}}}{\partial z^{\text{T}}} = \frac{\partial\boldsymbol{\rho}_{\text{Train}}}{\partial z_{uc}^{\text{T}}}\frac{\partial z_{uc}}{\partial z^{\text{T}}} \qquad (59.23)$$

和

$$\frac{\partial z_{uc}}{\partial z^{\text{T}}} = \begin{bmatrix} \dfrac{\partial X_{\text{Train}}}{\partial s} & \boldsymbol{0} \\ 0 & 1 \end{bmatrix} \qquad (59.24)$$

求解线性系统式(59.18)的简单方法是采用加权最小二乘数值法，该方法说明与不同星座相关的卫星到达时间估计误差统计不同。每次迭代中，加权最小二乘估计计算如下：

$$\hat{z} = \boldsymbol{K}_{\text{GNSS}}\Delta\boldsymbol{\rho}_{\text{Train}} \qquad (59.25)$$

其中，$\boldsymbol{K}_{\text{GNSS}}$ 是增益矩阵：

$$\boldsymbol{K}_{\text{GNSS}} = (\boldsymbol{H}^{\text{T}}\boldsymbol{R}_\varepsilon^{-1}\boldsymbol{H})^{-1}\boldsymbol{H}^{\text{T}}\boldsymbol{R}_\varepsilon^{-1} \qquad (59.26)$$

$\boldsymbol{R}_\varepsilon$ 是等效测量噪声的协方差矩阵：

$$R_\varepsilon = R_{DRE} + R_{multipath} + R_{Rx} + R_{RFI} + R_{TrackDB} \tag{59.27}$$

式中:R_{DRE} 为所有差分纠正(差分距离误差)的协方差矩阵;$R_{multipath}$ 为多径误差的协方差矩阵,可模型化为零均值的高斯随机过程;R_{Rx} 为接收机热噪声的协方差矩阵,可模型化为零均值的白高斯随机过程;R_{RFI} 为 RFI 随机分量的协方差矩阵。接收机每个跟踪通道的多径和热噪声可认为是相互独立的,因此 $R_{multipath}$ 和 R_{Rx} 是对角矩阵。

关于列车里程置信区间的计算,根据文献[16],假设距离测量存在偏差,将测量伪距的偏差数组表示为 Δb_{Sat},里程估计误差是超越高斯随机变量,则其平均值的大小由式(59.28)给出:

$$|b_{max}| = [\,|K_{GNSS}|\,]_{1^{rst}row} |\Delta b_{Sat}| \tag{59.28}$$

另外,里程 s 的加权最小二乘估计方差计算式如下:

$$\sigma_{S_{GNSS}}^2 = [\,(H^T R_\varepsilon^{-1} H)^{-1}\,]_{1,1} \tag{59.29}$$

依据式(59.21),对 $\sigma_{S_{GNSS}}^2$ 进行以下改进:

$$\sigma_{s_{GNSS}}^2 = [\,(D^T H_{uc}^T R_\varepsilon^{-1} H_{uc} D)^{-1}\,]_{1,1} \tag{59.30}$$

由于无约束解的加权最小二乘估计方差是

$$R_{z_{uc}} = (H_{uc}^T R_\varepsilon^{-1} H_{uc})^{-1} \tag{59.31}$$

因此有

$$\sigma_{S_{GNSS}}^2 = [\,(D^T R_{z_{uc}}^{-1} D)^{-1}\,]_{1,1} \tag{59.32}$$

上述公式指定了无约束解和约束解精度之间的关系。

关于速度估计,可回顾一下,GNSS 接收机测得的第 q 颗卫星的多普勒频移 f_{d_q} 由两部分组成:一部分与第 q 颗卫星速度的径向分量呈比例,另一部分与列车速度的径向分量呈比例,即

$$f_{d_q} = \frac{1}{\sqrt{1-\frac{\|v_{Sat}^q + v_{Train}\|^2}{c^2}}} \frac{f_p}{c + \langle v_{Sat}^q, e^q\rangle}[\langle v_{Sat}^q, e^q\rangle + \langle v_{Train}, e^q\rangle] \tag{59.33}$$

式中:f_p 为载波频率。简单起见,式(59.33)中仅考虑了爱因斯坦狭义相对论,忽略了地球引力场的影响。因此,$[\Delta v_d]_q$ 可表示为

$$[\Delta v_d]_q = \sqrt{1-\frac{\|v_{Sat}^q + v_{Train}\|^2}{c^2}}\frac{f_{d_q}}{f_p}(c + \langle v_{Sat}^q, e^q\rangle) - \langle v_{Sat}^q, e^q\rangle \tag{59.34}$$

当 v_{Train} 是里程的一阶导数时,伪速度测量方程变为

$$\Delta v_d = H\begin{bmatrix} v_{Train} \\ c\dot{\delta t}_{Train} \end{bmatrix} + \varepsilon f_d \tag{59.35}$$

式中:ε、f_d 为多普勒频率的等效测量噪声。因此,列车速度的加权最小二乘估计 $\hat{v}_{Train}$ 可由线性系统给出:

$$\begin{bmatrix} \hat{v}_{Train} \\ c\dot{\delta t}_{Train} \end{bmatrix} = K_{GNSS}^{Dop}\Delta v_d \tag{59.36}$$

其中 $K_{\text{GNSS}}^{\text{Dop}}$ 是增益矩阵：

$$K_{\text{GNSS}}^{\text{Dop}} = (H^{\text{T}} R_{f_d}^{-1} H)^{-1} H^{\text{T}} R_{f_d}^{-1} \tag{59.37}$$

式中：R_{f_d} 为多普勒测量噪声的协方差矩阵。

此外，列车速度估计值的方差计算式如下：

$$\sigma_{v_{\text{GNSS}}}^2 = [(H^{\text{T}} R_{f_d}^{-1} H)^{-1}]_{1,1} \tag{59.38}$$

为说明轨道约束条件下 PVT 估算的性能，本节对 2016 年 10 月在意大利撒丁岛试验台沿 RFI（Rete Ferroviaria Italiana）卡利亚里-圣加维诺（50km）铁路（地平线 2020 ERSAT EAV 项目）测量活动的一些结果进行了总结。差分纠正和空间信号完好性监测由一个二级 RS 网络提供，该网络包括 6 个参考站，配备先进的大地测量 GNSS 参考站接收机 Leic、mod. GR10 和具有创新三维扼流圈 Geodetic Dorne&Margolin 的天线（Leica AR25. R4），如图 59.13 所示沿铁路部署，控制中心位于罗马。

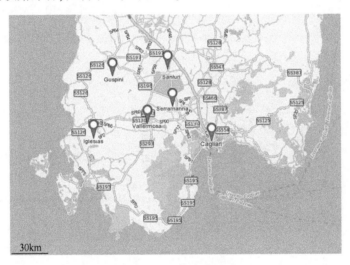

图 59.13　参考站位置

该试验台使用 Ale. 668 列车，该列车配备的车载部件包括 VBR、SEPTENTRIO ASTERX3 HDC 接收机和通信设备，通信设备连接了列车和部署在卡利亚里车站设施的无线块中心。

由于试验期间 Galileo 星座只有几颗卫星在运行，因此和 GPS 卫星一起联合使用，可以提高精度和可用性。

在 Galileo 标称条件下，为提高完好性，使用两个独立的集合，每个星座单独一个集合。

在图 59.14 中，系统运行在正常条件下（场景 1），给出了从卡利亚里-圣加维诺的斯坦福图。注意到计算的位置误差和保护级在告警阈值之下，并且系统处于正常工作区域。如图 59.15 所示，在 PVT 估计中给出了使用的卫星数，GPS 和 Galileo 星座联合使用可提高精度。

在图 59.16 中，给出了最多 6 颗 GPS 卫星故障注入场景下的斯坦福图。故障可被检测到并从 PVT 估计中排除（图 59.17）。因此，使用可视的剩余卫星进行位置解算（Galileo 卫星：PRN26 和 PRN30；GPS 卫星：PRN 19、PRN 22 和 PRN 23）。

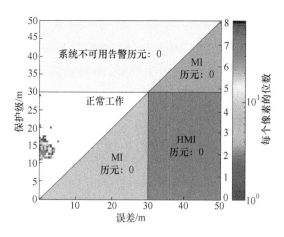

图 59.14　斯坦福图-场景#1[7]
（经导航学会(ION) A. Neri 许可转载。）

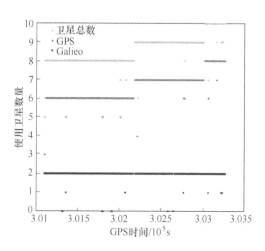

图 59.15　PVT 估计中使用的卫星数量-场景 #1[7]
（经导航学会(ION) A. Neri 许可转载。）

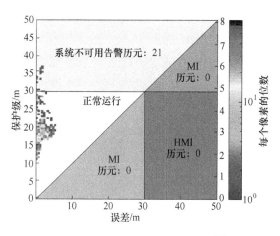

图 59.16　斯坦福图-卫星故障等[7]
（经导航学会(ION) A. Neri 许可转载。）

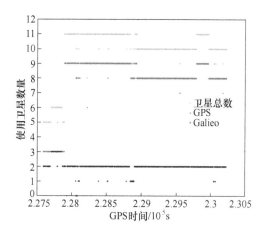

图 59.17　用于 PVT 估计的卫星数量-卫星故障[7]
（经导航学会(ION) A. Neri 许可转载。）

如图 59.16 所示,在此场景下,系统有 21 个告警历元不可用:事实上,这些历元上的位置误差在告警阈值以下,但计算的保护级高于告警阈值。

59.3　GNSS 和里程表融合

采用如 59.1 节所述的 VB 概念,隐含着 GNSS 接收机和里程表之间是松耦合的。在详细介绍 GNSS 和里程表信息融合前,回顾一下与里程表相关的基本概念。

轨道里程表是通过感知轮轴角速度或旋转来对列车速度和行驶距离进行估计的装置。在具有良好附着力的条件下,车轮既不会打滑也不会跳跃,车轮切向速度与里程表感知到的实际车轮角速度 $\omega_{OD}(t_k)$ 呈比例,与列车速度 $v_{OD}(t_k)$ 一致,因此

$$v_{OD}(t_k) = R_W \omega_{OD}(t_k) \tag{59.39}$$

式中：R_W 为车轮半径。

但是，当附着性不好时，打滑或侧滑不能被忽略，此时车轮切向速度可能与列车速度不同。事实上，在制动操作过程中，一个或多个车轮可能会失去与轨道的附着力而旋转。这种情况在相关文献中通常称为严格意义上的滑动。另外，当施加牵引转矩，列车加速时，一个或多个牵引驱动轮可能与钢轨失去附着力而过度旋转，这种情况通常称为滑倒。

近年来，在防滑装置和车轮防滑保护（WSP）方面人们付出了许多努力。例如，文献[17]中讨论了通过防滑系统调节牵引转矩的方式，使车轴打滑保持在容许范围内，而WSP通过动态调节施加在每个车轴上的制动转矩的方式，使车轴打滑保持在优化区间内，详见文献[18]。另外，通过动力学模型计算的滑动和滑动效应来补偿里程表读数[19]，以提升速度估计的精度。

这里采用文献[20]中提出的模型，该模型已通过试验活动期间记录的测量数据得到验证。因此，增强型里程表提供的速度测量值 $v_{OD}^{en}(t_k)$ 可表达为

$$v_{OD}^{en}(t_k) = v(t_k) + \beta(t_k) + \eta_S(t_k) \tag{59.40}$$

式中：$\beta(t_k)$ 为均值为零的窄带高斯过程，其协方差函数为 $\sigma_\beta^2 e^{-\alpha|\tau|}$；$\eta_S(t)$ 为来自方差为 $\sigma_{V_{OD}}^2$ 的平稳零均值白高斯随机过程的样本。如文献[20]所示，里程测量值 $\Delta s_{OD}^m(t_h, t_k)$ 为列车在间隔 $[t_h, t_k]$ 内由里程表提供的行驶距离 $\Delta s(t_h, t_k) \triangleq S(t_k) - S(t_h)$ 可建模：

$$\Delta s_{OD}^m(t_h, t_k) = \Delta s(t_h, t_k) + u_S(t_k) - u_S(t_h) + w_S(t_k) - w_S(t_h) \tag{59.41}$$

其中

$$u_S(t_k) = \int_{t_0}^{t_k} \beta(t) \, dt \tag{59.42}$$

$$\sigma_{u_S}^2(t_h, t_k) = 2\frac{\sigma_\beta^2}{\alpha^2} [e^{-\alpha(t_k - t_h)} + \alpha(t_k - t_h) - 1] \tag{59.43}$$

$u_S(t_k)$ 是零均值的高斯随机过程，其协方差为式(59.43)，并且

$$w_S(t_k) = \int_{t_0}^{t_k} \eta_S(t) \, dt \tag{59.44}$$

是维纳随机过程的样本，其协方差为 $\sigma_{V_{OD}}^2(t_k - t_0)$。

因此，$\sigma_{\Delta s_{OD}^m}^2(t_h, t_k)$ 的方差 $\Delta s(t_h, t_k)$ 是

$$\sigma_{\Delta s_{OD}^m}^2(t_h, t_k) = 2\frac{\sigma_\beta^2}{\alpha^2} [e^{-\alpha(t_k - t_h)} + \alpha(t_k - t_h) - 1] + \sigma_{V_{OD}}^2(t_k - t_h) \tag{59.45}$$

给定基于 GNSS 的 LDS 在时间 t_h 提供的列车里程 $\hat{s}_{GNSS}(t_h)$ 和列车在里程表提供的在间隔 $[t_h, t_k]$ 内行驶的里程估计值 $\Delta s_{OD}^m(t_h, t_k)$，基于 GNSS 在时间 t_h 的估值，列车在时间 t_k 的里程 $\hat{s}_{GNSS}(t_k; t_h)$ 可计算如下：

$$\hat{s}(t_k; t_h) = \hat{s}_{GNSS}(t_h) + \Delta s_{OD}^m(t_h, t_k) \tag{59.46}$$

当基于 GNSS 的 LDS 提供的估计值不被里程表应用来调整自身内部模型的一些参数，或不存在耦合其中的任何其他形式时，为防止共模误差和故障，从式(59.46)可以看出，估计误差 $b_{\hat{s}}(t_k)$ 的期望值为

$$b_{\hat{s}}(t_k) = b_{\hat{s}_{GNSS}}(t_h) \tag{59.47}$$

$\hat{s}(t_k;t_h)$ 的方差为

$$\sigma_{\hat{s}}^2(t_k;t_h) = \sigma_{\hat{s}_{\mathrm{GNSS}}}^2(t_h) + \sigma_{\Delta s_{\mathrm{OD}}^{\mathrm{m}}}^2(t_h,t_k) \tag{59.48}$$

考虑与 $\hat{s}(t_k;t_h)$ 相关的 PL 计算,我们想一下与 GNSS 估计 $\hat{s}_{\mathrm{GNSS}}(t_h)$ 相关的 PL 估计,已经提出几种方法,涉及范围从斜率算法到分离法。

这里,简单起见,我们说明了与 $\hat{s}(t_k;t_h)$ 相关联的 PL 计算的分离法[21]。然而,同样的程序也可使用斜率算法。正常条件下,无故障全集估计 $\hat{s}^{(0)}(t_k)$ 边界可通过式(59.47)给出的高斯随机变量进行表征,其均值为 $b_{\max}^{(0)}(t_h)$、方差为由式(59.48)给出的 $\sigma_{\hat{s}^{(0)}}^2(t_k;t_h)$,PL 的 $\mathrm{PL}_0(t_k;t_h)$ 计算如下:

$$\mathrm{PL}_0(t_k;t_h) = k_{\mathrm{md},0}\sigma_{\hat{s}^{(0)}}(t_k;t_h) + |b_{\max}^{(0)}(t_h)| \tag{59.49}$$

这里

$$k_{\mathrm{md},0} = Q^{-1}\left(1 - \frac{1}{2}\frac{\mathrm{THR}_{H_0}}{N_{\mathrm{Dec}}}\right) \tag{59.50}$$

式中: THR_{H_0} 为分配给无故障情况的 THR; N_{Dec} 为运行 1h 的独立估计数; Q 为均值为零、方差为 1 的高斯随机变量的累积分布函数。

当考虑故障卫星的第 n 个子集时, $\hat{s}_{\mathrm{GNSS}}^{(n)}(t_h)$ 估计可通过式(59.37)中的矩阵 $\boldsymbol{H}$ 替换为 $\boldsymbol{H}^{(n)}$, $\boldsymbol{H}^{(n)}$ 通过删除与故障卫星第 n 个子集相关的所有行而获得。

同理,GNSS 方差估计计算式如下:

$$\sigma_{\hat{s}_{\mathrm{GNSS}}^{(n)}}^2(t_h) = \left[((\boldsymbol{H}^{(n)})^{\mathrm{T}}\boldsymbol{R}_\nu^{-1}\boldsymbol{H}^{(n)})^{-1}\right]_{1,1} \tag{59.51}$$

因此,和估计 $\hat{s}^{(n)}(t_k)$ 相关的高斯随机变量的误差边界、均值为 $b_{\max}^{(n)}(t_h)$、方差 $\sigma_{\hat{s}^{(n)}}^2(t_k;t_h)$ 之间的关系如下:

$$\sigma_{\hat{s}^{(n)}}^2(t_k;t_h) = \sigma_{\hat{s}_{\mathrm{GNSS}}^{(n)}}^2(t_h) + \sigma_{\Delta s_{\mathrm{OD}}^{\mathrm{m}}}^2(t_h,t_k) \tag{59.52}$$

因而,PL 的 $\mathrm{PL}_n(t_k;t_h)$ 计算如下:

$$\mathrm{PL}_n(t_k;t_h) = k_{\mathrm{md},n}\sigma_{\hat{s}^{(n)}}(t_k;t_h) + |b_{\max}^{(n)}(t_h)| + |s_{\mathrm{GNSS}}^{(0)}(t_h) - s_{\mathrm{GNSS}}^{(n)}(t_h)| \tag{59.53}$$

这里

$$k_{\mathrm{md},n} = Q^{-1}\left(1 - \frac{1}{2}\frac{\mathrm{THR}_{H_n}}{N_{\mathrm{Dec}}P_{\mathrm{ap},n}}\right) \tag{59.54}$$

式中: THR_{H_n} 为分配给第 n 个故障子集的 THR; $P_{\mathrm{ap},n}$ 为与第 n 个卫星故障相关事件的先验概率。最后,PL 计算式如下:

$$\mathrm{PL}(t_k;t_h) = \max_{0 \leqslant n \leqslant N_F}\{\mathrm{PL}_n(t_k;t_h)\} \tag{59.55}$$

⟨59.4⟩ 轨迹约束的相对 PVT 估计

现在让我们来研究相对定位下如何施加轨迹约束。设 $\boldsymbol{b}(s)$ 为列车 ARP 位置 $\boldsymbol{X}_{\mathrm{Train}}(s)$ 与第 k 个历元主参考站的 ARP 位置 $\boldsymbol{X}_{\mathrm{MS}}$ 之间的基线。

$$\boldsymbol{b}(s) = \boldsymbol{X}_{\mathrm{Train}}(s) - \boldsymbol{X}_{\mathrm{MS}} \tag{59.56}$$

然后,假设以第 j 颗卫星为基准,得到几何距离的双差分矢量 $\nabla\Delta\boldsymbol{r}$:

$$\nabla\Delta r = \mathbf{G}b(s) + \Delta\mathbf{DD}(s) \tag{59.57}$$

式中: G 为主控站接收机和卫星视距方向余弦的差值矩阵,有

$$\mathbf{G} = -\mathbf{S}^{(j)}\mathbf{E}_{\mathrm{MS}}^{\mathrm{T}} \tag{59.58}$$

E_{MS} 是卫星视线单位矢量阵列 $\{e_{\mathrm{MS}}^p\}$ 如式(59.14)所示, $S^{(j)}$ 是考虑节点卫星情况下单差计算的分割矩阵:

$$\mathbf{S}^{(j)} = \begin{bmatrix} -\mathbf{I}_{j-1} & \mathbf{I}_{j-1} & 0 \\ 0 & \mathbf{1}_{N_{\mathrm{Sat}}-j} & -\mathbf{I}_{N_{\mathrm{Sat}}-j} \end{bmatrix} \tag{59.59}$$

式中: I_M 表示阶数为 M 的单位矩阵、 $\mathbf{1}_M$ 为所有元素为 1 的 $M×1$ 阶列矢量; $\Delta\mathbf{DD}$ 为校正矩阵,用于解释参考站和列车上视线内卫星的差异,其关系如下:

$$\Delta\mathbf{DD}(s) = \mathbf{S}^{(j)}(\mathbf{I}_{N_{\mathrm{Sat}}} - \mathbf{I}_{N_{\mathrm{Sat}}} \circ \mathbf{E}_{\mathrm{Train}}^{\mathrm{T}}\mathbf{E}_{\mathrm{MS}})r_{\mathrm{Train}} \tag{59.60}$$

式中:符号 ∘ 表示哈达玛矩阵[若给定两个矩阵 B 和 C , $(\mathbf{B} \circ \mathbf{C})_{ij} = B_{ij}C_{ij}$]。

实际上,第 p 颗卫星和列车以及第 p 颗卫星和 MS 接收机间的几何距离间的单差可以写成

$$r_{\mathrm{Train,MS}}^p = r_{\mathrm{Train}}^p - r_{\mathrm{MS}}^p = [1 - \langle e_{\mathrm{Train}}^p, e_{\mathrm{MS}}^p \rangle] r_{\mathrm{Train}}^p - \langle b(s), e_{\mathrm{MS}}^p \rangle \tag{59.61}$$

式(59.61)可用矩阵形式表示:

$$r_{\mathrm{Train,MS}} = (\mathbf{I} - \mathbf{I} \circ \mathbf{E}_{\mathrm{Train}}^{\mathrm{T}}\mathbf{E}_{\mathrm{MS}})r_{\mathrm{Train}} - \mathbf{E}_{\mathrm{MS}}^{\mathrm{T}}b(s) \tag{59.62}$$

另外,考虑到双差矢量 $\nabla\Delta r$,可以表示为

$$\nabla\Delta r = \mathbf{S}^{(j)}(r_{\mathrm{Train}} - r_{\mathrm{MS}}) \tag{59.63}$$

通过组合式(59.62)和式(59.63),式(59.59)紧随其后。式(59.59)表示了基线和几何距离的双差间的线性关系,通常应用在使用码和载波相位进行伪距双差相对位置估计的接收机中。我们注意到,小基线校正项 $\Delta\mathbf{DD}$ 通常被忽略。然而,在采用大基线的 WRTK 的情况下,必须考虑校正项 $\Delta\mathbf{DD}$ 。

为了利用轨道约束,可采用基线关于列车里程 s 的泰勒级数展开的迭代程序。事实上,如图 59.18 所示,基线 $\tilde{b} = b(\tilde{s})$ 对应于列车里程 $\tilde{s}$,基线 b 可通过截断关于 s 的泰勒级数,假设初始点为 $\tilde{s}$,可获得

$$b(s) \triangleq b(\tilde{s}) + \left[\frac{\partial b}{\partial s}\right]_{s=\tilde{s}} \Delta s \tag{59.64}$$

其中 $\Delta s = s - \tilde{s}$,将式(59.64)代入式(59.59),得到:

$$\nabla\Delta r \triangleq \Delta\mathbf{DD}(\tilde{s}) + \mathbf{G}b(\tilde{s}) + \left\{\mathbf{G}\left[\frac{\partial b}{\partial s}\right]_{s=\tilde{s}} + \left[\frac{\partial\Delta\mathbf{DD}}{\partial s}\right]_{s=\tilde{s}}\right\}\Delta s \tag{59.65}$$

考虑到 $\Delta\mathbf{DD}$ 导数的幅值相对于基线导数的幅值非常小,我们可以近似方程(59.65)如下:

$$\nabla\Delta r - \Delta\mathbf{DD}(\tilde{s}) - \mathbf{G}b(\tilde{s}) \triangleq \mathbf{H}\Delta s \tag{59.66}$$

这里

$$\mathbf{H} = \mathbf{G}\left[\frac{\partial b}{\partial s}\right]_{s=\tilde{s}} \tag{59.67}$$

因此,对于频率 f_i 处的载波相位伪距(以 m 表示)的双差 $\nabla\Delta L_i \triangleq \lambda_i \nabla\Delta\Phi_i$,以下测量方程成立:

$$\nabla\Delta L_i - \Delta\mathbf{DD}(\tilde{s}) - \mathbf{Gb}(\tilde{s}) + c\,\nabla\Delta I_i - c\,\nabla\Delta T - \nabla\Delta\boldsymbol{\beta}_i^\phi$$

$$= H\Delta s + \lambda\,\nabla\Delta N_i^\phi + \nabla\Delta m_i^\phi + \nabla\Delta\boldsymbol{\varepsilon}_i^\phi \tag{59.68}$$

式中：$\nabla\Delta I_i$ 和 $\nabla\Delta T$ 分别为对于中性大气条件下第 i 个频率信号的电离层增量延迟和第 k 个历元对流层增量延迟的双差矢量；$\nabla\Delta\boldsymbol{\beta}_i^\phi$ 为偏差的双差矢量,说明了卫星和接收机双边信道的延迟和潜在性差异以及收尾效应；$\nabla\Delta N_i^\phi$ 为第 i 个频率信号(波长的倍数)载波相位偏移的双差矢量；$\nabla\Delta m_i^\phi$ 和 $\nabla\Delta\boldsymbol{\varepsilon}_i^\phi$ 分别为多径产生的载波相位误差和接收机热噪声及射频干扰产生的双差矢量;同样,码伪距的双差测量方程 $\nabla\Delta P_i$ 为

$$\nabla\Delta P_i - \Delta\mathbf{DD}(\tilde{s}) - \mathbf{Gb}(\tilde{s}) - c\,\nabla\Delta I_i - c\,\nabla\Delta T - \nabla\Delta\boldsymbol{\beta}_i^p$$

$$= H\Delta s + \nabla\Delta m_i^p + \nabla\Delta\boldsymbol{\varepsilon}_i^p \tag{59.69}$$

式中：$\nabla\Delta\boldsymbol{\beta}_i^p$ 为有偏差的双差矢量,卫星和接收机双边信道的延迟和潜在性存在差异；$\nabla\Delta m_i^p$ 和 $\nabla\Delta\boldsymbol{\varepsilon}_i^p$ 分别为多径产生的码伪距误差、接收机热噪声和射频干扰误差的双差矢量。

注意,电离层增量时延在码和载波相位方程中的符号相反。

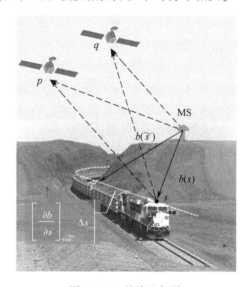

图 59.18　基线几何学

对于较短的基线,电离层和对流层增量延迟的双差可以忽略,而对于较大的基线,或出现增量延迟的强空间梯度时,通过观测电离层增量延迟对它们进行联合估计,可根据 TEC(STEC)表示为

$$c\,\nabla\Delta I_i \approx \frac{40.3\times10^{16}}{f_i^2}\nabla\Delta\mathbf{STEC} \tag{59.70}$$

简单起见,让我们把重点放在短基线上。这种情况下,电离层和对流层延迟的双差矢量可以忽略不计。因此,重新组合式(59.68)和式(59.69),将其转化为一个线性系统,对于双频接收机,有

$$
\begin{bmatrix} \nabla\Delta P_1 \\ \nabla\Delta P_2 \\ \nabla\Delta L_1 \\ \nabla\Delta L_2 \end{bmatrix} - \begin{bmatrix} \mathbf{Hb}(\tilde{s}) \\ \mathbf{Hb}(\tilde{s}) \\ \mathbf{Hb}(\tilde{s}) \\ \mathbf{Hb}(\tilde{s}) \end{bmatrix} - \begin{bmatrix} \Delta\mathbf{DD}+\nabla\Delta\boldsymbol{\beta}_1^P \\ \Delta\mathbf{DD}+\nabla\Delta\boldsymbol{\beta}_2^P \\ \Delta\mathbf{DD}+\nabla\Delta\boldsymbol{\beta}_1^\phi \\ \Delta\mathbf{DD}+\nabla\Delta\boldsymbol{\beta}_2^\phi \end{bmatrix} = \begin{bmatrix} H & 0 & 0 \\ H & 0 & 0 \\ H & \lambda_1 I & 0 \\ H & 0 & \lambda_2 I \end{bmatrix}\begin{bmatrix} \Delta s \\ \nabla\Delta N_1^\phi \\ \nabla\Delta N_2^\phi \end{bmatrix} + \begin{bmatrix} \nabla\Delta\varepsilon_1^P \\ \nabla\Delta\varepsilon_2^P \\ \lambda_1\,\nabla\Delta\varepsilon_1^\phi \\ \lambda_2\,\nabla\Delta\varepsilon_2^\phi \end{bmatrix}
$$

$$(59.71)$$

我们注意到,在式(59.71)中,未知量 $\nabla\Delta N_i^\phi$ 表示初始相位模糊度的双差为整数。因此,我们可以借助 LAMBDA 方法(及其变体)来求解式(59.71)[22]。

此外,为减少搜索空间,可采用宽径(WL)和窄径(NL)组合,如文献[23]所示。

WL 和 NL 组合的波长、初始相位模糊度和测量噪声方差见表59.3。

表 59.3　宽径和窄径组合特性

名称	波　长	组　合	初始相位模糊度	测量噪声方差
宽径	$\lambda_{WL}=\dfrac{\lambda_1\lambda_2}{\lambda_1-\lambda_2}$	$\nabla\Delta L_{WL}=\dfrac{f_1\nabla\Delta L_1-f_2\nabla\Delta L_2}{f_1-f_2}$ $\nabla\Delta P_{WL}=\dfrac{f_1\nabla\Delta P_1-f_2\nabla\Delta P_2}{f_1-f_2}$	$\nabla\Delta N_{WL}^\phi=\nabla\Delta N_1^\phi-\nabla\Delta N_2^\phi$	$\sigma_{\nabla\Delta L_{WL}}^2=\dfrac{f_1^2\sigma_{\nabla\Delta L_1}^2+f_2^2\sigma_{\nabla\Delta L_2}^2}{(f_1-f_2)^2}$ $\sigma_{\nabla\Delta L_{NL}}^2=\dfrac{f_1^2\sigma_{\nabla\Delta L_1}^2+f_2^2\sigma_{\nabla\Delta L_2}^2}{(f_1+f_2)^2}$
窄径	$\lambda_{NL}=\dfrac{\lambda_1\lambda_2}{\lambda_1+\lambda_2}$	$\nabla\Delta L_{NL}=\dfrac{f_1\nabla\Delta L_1+f_2\nabla\Delta L_2}{f_1+f_2}$ $\nabla\Delta P_{NL}=\dfrac{f_1\nabla\Delta P_1+f_2\nabla\Delta P_2}{f_1+f_2}$	$\nabla\Delta N_{NL}^\phi=\nabla\Delta N_1^\phi+\nabla\Delta N_2^\phi$	$\sigma_{\nabla\Delta P_{WL}}^2=\dfrac{f_1^2\sigma_{\nabla\Delta n_1^P}^2+f_2^2\sigma_{\nabla\Delta n_2^P}^2}{(f_1-f_2)^2}$ $\sigma_{\nabla\Delta L_{NL}}^2=\dfrac{f_1^2\sigma_{\nabla\Delta n_1^P}^2+f_2^2\sigma_{\nabla\Delta n_2^P}^2}{(f_1+f_2)^2}$

另外,为确定列车位置,考虑分米级精度是足够的。我们注意到,GPS 星座 L1 和 L2C 两个频率对 WL 组合的标准差约为每个分量标准差的 5.74 倍(假设每个分量相等),而它们对 NL 组合的标准差约为每个分量标准差的 0.71 倍。类似结果也适用于其他星座。因此 $\nabla\Delta P_{WL}$ 可以忽略(与其他相比)。对精度和校正相位模糊度所需时间进行权衡,建议使用组合 $\nabla\Delta P_{NL}\nabla\Delta L_{WL}$,其相关测量方程为

$$
\begin{bmatrix} \nabla\Delta P_{NL} \\ \nabla\Delta L_{WL} \end{bmatrix} - \begin{bmatrix} \mathbf{Gb}(\tilde{s}) \\ \mathbf{Gb}(\tilde{s}) \end{bmatrix} - \begin{bmatrix} \Delta\mathbf{DD}+\nabla\Delta\boldsymbol{\beta}_{NL}^P \\ \Delta\mathbf{DD}+\nabla\Delta\boldsymbol{\beta}_{WL}^\phi \end{bmatrix} = \begin{bmatrix} H & 0 \\ H & \lambda_{WL} I \end{bmatrix}\begin{bmatrix} \nabla s \\ \nabla\Delta N_{WL}^\phi \end{bmatrix} + \begin{bmatrix} \nabla\Delta\varepsilon_{NL}^P \\ \lambda_{WL}\,\nabla\Delta\varepsilon_{WL}^\phi \end{bmatrix}
$$

$$(59.72)$$

使用 $(\nabla\Delta L_{WL},\nabla\Delta P_{NL})$ 的一个好处是相位模糊度的初始估计值可通过墨尔本–魏本组合 B_{MW} 获得,定义如下:

$$B_{MW}=L_{WL}-P_{NL} \qquad (59.73)$$

事实上,从式(59.72)中也能容易验证:

$$\nabla\Delta\boldsymbol{B}_{\mathrm{MW}} = \nabla\Delta\boldsymbol{L}_{\mathrm{WL}} - \nabla\Delta\boldsymbol{P}_{\mathrm{NL}} = \lambda_{\mathrm{WL}}\nabla\Delta\boldsymbol{N}_{\mathrm{WL}}^{\phi} + (\nabla\Delta\boldsymbol{\beta}_{\mathrm{WL}}^{\phi} - \nabla\Delta\boldsymbol{\beta}_{\mathrm{NL}}^{P}) + \varepsilon_{\mathrm{MW}} \quad (59.74)$$

这里

$$\boldsymbol{n}_{\mathrm{MW}} = \nabla\Delta\boldsymbol{n}_{\mathrm{NL}}^{P} - \lambda_{\mathrm{WL}}\nabla\Delta\boldsymbol{n}_{\mathrm{WL}}^{\phi} \quad (59.75)$$

是 Melbourne-Wübbena 双差的等效测量噪声。

使 $\nabla\Delta\boldsymbol{N}_{\mathrm{WL}}^{\phi}$ 为相位模糊度估计,通过处理 Melbourne-Wübbena 双差获得。然后,通过迭代求解线性系统得到列车里程:

$$\begin{bmatrix} \boldsymbol{z}_P^{(m)} \\ \boldsymbol{z}_L^{(m)} \end{bmatrix} = \begin{bmatrix} \boldsymbol{I} \\ \boldsymbol{I} \end{bmatrix}\boldsymbol{H}\Delta\hat{S}^{(m)} + \begin{bmatrix} \nabla\Delta\varepsilon_{\mathrm{NL}}^{P} \\ \lambda_{\mathrm{WL}}\nabla\Delta\varepsilon_{\mathrm{WL}}^{\phi} \end{bmatrix} \quad (59.76)$$

这里

$$\begin{bmatrix} \boldsymbol{z}_P^{(m)} \\ \boldsymbol{z}_L^{(m)} \end{bmatrix} \triangleq \begin{bmatrix} \nabla\Delta\boldsymbol{P}_{\mathrm{NL}} \\ \nabla\Delta\boldsymbol{L}_{\mathrm{WL}} \end{bmatrix} - \begin{bmatrix} \mathrm{Gb}(\hat{s}^{(m-1)}) \\ \mathrm{Gb}(\hat{s}^{(m-1)}) \end{bmatrix} - \begin{bmatrix} \Delta\mathbf{DD}(\hat{s}^{(m-1)}) + \nabla\Delta\boldsymbol{\beta}_{\mathrm{NL}}^{P} \\ \Delta\mathbf{DD}(\hat{s}^{(m-1)}) + \nabla\Delta\boldsymbol{\beta}_{\mathrm{WL}}^{\phi} \end{bmatrix} - \begin{bmatrix} \boldsymbol{0} \\ \lambda_{\mathrm{WL}}\boldsymbol{I} \end{bmatrix}\nabla\Delta\hat{\boldsymbol{N}}_{\mathrm{WL}}^{\phi}$$

$$(59.77)$$

顺便说一下,我们观测到 $\nabla\Delta\varepsilon_{\mathrm{NL}}^{P}$ 的协方差矩阵 $\boldsymbol{R}_{P_{\mathrm{NL}}}$ 可通过两个信号分量的等效接收机噪声的协方差矩阵 $\boldsymbol{R}_{P_{\mathrm{NL}}}^{\mathrm{Train}}$、$\boldsymbol{R}_{P_{\mathrm{NL}}}^{\mathrm{MS}}$、$\boldsymbol{R}_{L_{\mathrm{WL}}}^{\mathrm{Train}}$ 和 $\boldsymbol{R}_{L_{\mathrm{WL}}}^{\mathrm{MS}}$ 进行计算,如下所示:

$$\boldsymbol{R}_{P_{\mathrm{NL}}} = \begin{bmatrix} \boldsymbol{S}^{(j)} & -\boldsymbol{S}^{(j)} \end{bmatrix}\begin{bmatrix} \boldsymbol{R}_{P_{\mathrm{NL}}}^{\mathrm{Train}} & 0 \\ 0 & \boldsymbol{R}_{P_{\mathrm{NL}}}^{\mathrm{MS}} \end{bmatrix}\begin{bmatrix} \boldsymbol{S}^{(j)} & -\boldsymbol{S}^{(j)} \end{bmatrix}^{\mathrm{T}} \quad (59.78)$$

$$\boldsymbol{R}_{L_{\mathrm{WL}}} = \begin{bmatrix} \boldsymbol{S}^{(j)} & -\boldsymbol{S}^{(j)} \end{bmatrix}\begin{bmatrix} \boldsymbol{R}_{L_{\mathrm{WL}}}^{\mathrm{Train}} & 0 \\ 0 & \boldsymbol{R}_{L_{\mathrm{WL}}}^{\mathrm{MS}} \end{bmatrix}\begin{bmatrix} \boldsymbol{S}^{(j)} & -\boldsymbol{S}^{(j)} \end{bmatrix}^{\mathrm{T}} \quad (59.79)$$

然后,当采用加权最小二乘法时,列车里程更新如下:

$$\Delta\hat{s} = \boldsymbol{K}\begin{bmatrix} \boldsymbol{z}_P \\ \boldsymbol{z}_L \end{bmatrix} \quad (59.80)$$

这里

$$\boldsymbol{K} = [\boldsymbol{H}^{\mathrm{T}}(\boldsymbol{R}_{P_{\mathrm{NL}}}^{-1} + \boldsymbol{R}_{L_{\mathrm{WL}}}^{-1})\boldsymbol{H}]^{-1}\boldsymbol{H}^{\mathrm{T}}[\boldsymbol{R}_{P_{\mathrm{NL}}}^{-1} \quad \boldsymbol{R}_{L_{\mathrm{WL}}}^{-1}] \quad (59.81)$$

另外,估值方差如下:

$$\sigma_{\Delta\hat{s}}^{2} = [\boldsymbol{H}^{\mathrm{T}}(\boldsymbol{R}_{P_{\mathrm{NL}}}^{-1} + \boldsymbol{R}_{L_{\mathrm{WL}}}^{-1})\boldsymbol{H}]^{-1} \quad (59.82)$$

59.5 多道识别

现在研究 M 个轨道间的识别问题。下文中,假设采用多星座接收机,并且采用 N 中取 N(NooN)组合逻辑进行轨道判别。这样,基于与单星座相关的观测值,可放宽选择假轨道概率的要求。事实上,当采用 N 中取 N 组合逻辑时,当单星座所有鉴别器同时出现相同的错误时,就选择了一个假轨道。因此,N 中取 N 组合逻辑的错误识别概率 P_{fd}^{NooN} 小于或等于单个识别器 $\{P_{fd}^{(k)}, k=1,2,\cdots,N\}$ 的乘积,也就是说

$$P_{fd}^{NooN} \leqslant \prod_{k=1}^{N} P_{fd}^{(k)} \tag{59.83}$$

因此,通过使用不同的星座,将两个独立识别器的输出与 2 中取 2 组合逻辑相结合,可获得 10^{-9} 的总体假轨道识别概率,应用不同的星座,假轨道识别概率为 3.3×10^{-4}。考虑到两条平行轨道之间的轴间距为 $2\sim4\mathrm{m}$,在分米级(横贯轨道)位置精度下,可获得 3.3×10^{-4} 的假轨道识别概率。

原则上,为区分平行轨迹,可应用无约束的高分辨率技术,如传统的 RTK 处理,来确定候选轨道中最接近 RTK 解的轨道,如图 59.19 所示,在罗马–卡西诺(意大利)铁路上,相关人员报告了使用带有诊断功能列车进行测量活动的结果。然而,这种方法的缺点是需要时间来修正相位模糊度。如文献[24]所述,对于长度达 15km 的基线,这一时间大为几秒量级,当长度为 $30\sim40$km 时时间会突增到几十秒。此外,RTK 的可用性和可靠性是至关重要的,因为它们相对于基线长度的衰减很快。

图 59.19 GPS+GLONASS RTK 列车位置(黑圆点处)罗马–卡西诺铁路数据集
(相对于轨道轴的偏移对应于天线机械偏移。)

然而,在工作人员监督下列车在可靠检测到轨道前一直被迫减速行驶,因此消除模糊度需要的时间和任务开始时刻强相关。因此,基于 GNSS 一对观测量 $\nabla\Delta\boldsymbol{R} = [\nabla\Delta\boldsymbol{P}_{\mathrm{NL}} \quad \nabla\Delta\boldsymbol{L}_{\mathrm{WL}}]^{\mathrm{T}}$ 的零时延轨道检测器,文献[25]中提出了一种不需要相位模糊度修正的计算方法。

假定轨道的先验具有相同分布,在文献[25]中提到的贝叶斯(最优)轨道检测规则,选择对应于最大广义似然比的假设[26]。将与列车位于第 k 轨道上事件相对应的假设表示为 H_k,广义似然比 $\Lambda_k(\nabla\Delta\boldsymbol{R})$ 对应于 H_k,由考虑第 k 个假设 H_k 的观测量 $P_{\nabla\Delta\boldsymbol{R}/H_k}(\nabla\Delta\boldsymbol{R}/H_k)$ 的条件概率密度函数除以和 H_k 无关的任意函数 $w(\nabla\Delta\boldsymbol{R})$,则有

$$\Lambda_k(\nabla\Delta\boldsymbol{R}) = \frac{P_{\nabla\Delta\boldsymbol{R}/H_k}(\nabla\Delta\boldsymbol{R}/H_k)}{w(\nabla\Delta\boldsymbol{R})} \tag{59.84}$$

由于初始相位模糊度 $\nabla\Delta N_{\mathrm{WL}}^{\phi}$ 也是未知的随机变量,统计上独立于轨道占用假设,我们可以重写 $p_{\nabla\Delta\boldsymbol{R}/H_k}(\nabla\Delta\boldsymbol{R}/H_k)$ 如下:

$$p_{\nabla\Delta\boldsymbol{R}/H_k}(\nabla\Delta\boldsymbol{R}/H_k) = \sum_{\nabla\Delta N_{\mathrm{WL}}^{\phi}} p_{\nabla\Delta\boldsymbol{R}/H_k,\nabla\Delta N_{\mathrm{WL}}^{\phi}}(\nabla\Delta\boldsymbol{R}/H_k,\nabla\Delta N_{\mathrm{WL}}^{\phi}) P(\nabla\Delta N_{\mathrm{WL}}^{\phi}/H_k)$$

$$= \sum_{\nabla \Delta N_{wL}^{\phi}} p_{\nabla \Delta R / H_k, \nabla \Delta N_{WL}^{\phi}} (\nabla \Delta R / H_k, \nabla \Delta N_{WL}^{\phi}) P(\nabla \Delta N_{WL}^{\phi}) \tag{59.85}$$

从式(59.84)中我们得到：

$$\Lambda_k(\nabla \Delta R) = \frac{\displaystyle\sum_{\nabla \Delta N_{wL}^{\phi}} p_{\nabla \Delta R / H_k, \nabla \Delta N_{WL}^{\phi}} (\nabla \Delta R / H_k, \nabla \Delta N_{WL}^{\phi}) P(\nabla \Delta N_{WL}^{\phi})}{w(\nabla \Delta R)} \tag{59.86}$$

因此，首先计算每个候选轨道的列车里程最大似然估计 $\hat{s}_{H_k, \nabla \Delta N_{WL}^{\phi}}$ 以进行轨道检测，在假设 H_k 和 $\nabla \Delta N_{WL}^{\phi}$ 为真的条件下；

$$\hat{s}_{H_k, \nabla \Delta N_{WL}^{\phi}} = \mathrm{Arg}\left\{ \max_{s_{H_k}} \frac{p(\nabla \Delta R / s_{H_k}, H_k, \nabla \Delta N_{WL}^{\phi})}{w(\nabla \Delta R)} \right\} \tag{59.87}$$

然后在似然比检验中使用这些估计，假如它们是正确的，那么对于每个轨道和每组相位模糊度双差，我们计算的广义似然函数 $\widetilde{\Lambda}_k(\nabla \Delta R)$ 如下：

$$\widetilde{\Lambda}_k(\nabla \Delta R) = \frac{\displaystyle\sum_{\nabla \Delta N_{wL}^{\phi}} p(\nabla \Delta R / \hat{s}_{H_k, \nabla \Delta N_{WL}^{\phi}}, H_k, \nabla \Delta N_{WL}^{\phi}) P(\nabla \Delta N_{WL}^{\phi} / H_k)}{w(\nabla \Delta R)} \tag{59.88}$$

最后，选择最大广义似然函数对应的轨道。

让我们看一下，当受到第 k 个假设和相位模糊度 $\nabla \Delta N_{WL}^{\phi}$ 的制约时，$\nabla \Delta R$ 是具有(条件)期望的高斯随机变量：

$$E\{\nabla \Delta R / \hat{s}_{H_k, \nabla \Delta N_{WL}^{\phi}}, H_k, \nabla \Delta N_{WL}^{\phi}\}$$

$$= \begin{bmatrix} \mathbf{Hb}(\hat{s}_{H_k}) \\ \mathbf{Hb}(\hat{s}_{H_k}) \end{bmatrix} + \begin{bmatrix} \Delta \mathbf{DD}(\hat{s}_{H_k}) + \nabla \Delta \boldsymbol{\beta}_{NL}^{P} \\ \Delta \mathbf{DD}(\hat{s}_{H_k}) + \nabla \Delta \boldsymbol{\beta}_{WL}^{\phi} \end{bmatrix} + \begin{bmatrix} \mathbf{0} \\ \lambda_{WL}\mathbf{I} \end{bmatrix} \nabla \Delta N_{WL}^{\phi} \tag{59.89}$$

协方差矩阵 $\boldsymbol{R}_{\nu_{WL}}$ 为

$$\boldsymbol{R}_{\nu_{WL}} = \begin{bmatrix} \boldsymbol{R}_{P_{NL}} & \mathbf{0} \\ \mathbf{0} & \boldsymbol{R}_{L_{WL}} \end{bmatrix} \tag{59.90}$$

因此，通过以下设置 $w(\nabla \Delta R)$：

$$w(\nabla \Delta R) = \frac{1}{[(2\pi)^{2(N_{sat}-1)} \det(\boldsymbol{R}_{\nu_{WL}})]} \tag{59.91}$$

$\widetilde{\Lambda}_k(\nabla \Delta R)$ 的表达式可简化为

$$\widetilde{\Lambda}_k(\nabla\Delta R) = \sum_{\nabla\Delta N_{\text{WL}}^\phi} \exp\left\{-\frac{1}{2}\|\hat{\boldsymbol{\nu}}_{\hat{s}_{H_k,\nabla\Delta N_{\text{WL}}^\phi},\nabla\Delta N_{\text{WL}}^\phi}\|_{R_{\nu_{\text{WL}}}^{-1}}^2\right\} P(\nabla\Delta N_{\text{WL}}^\phi) \tag{59.92}$$

$\|\cdot\|_Q^2$ 表示矢量的加权范数平方，加权系数为 Q，如下：

$$\|x\|_Q^2 = x^{\text{T}} Q x \tag{59.93}$$

和 $\hat{s}_{H_k,\nabla\Delta N_{\text{WL}}^\phi}$ 及相位模糊度 $\nabla\Delta N_{\text{WL}}^\phi$ 的相关的残差 $\hat{\boldsymbol{\nu}}_{\hat{s}_{H_k,\nabla\Delta N_{\text{WL}}^\phi},\nabla\Delta N_{\text{WL}}^\phi}$，可写为

$$\hat{\boldsymbol{\nu}}_{\hat{s}_{H_k,\nabla\Delta N_{\text{WL}}^\phi},\nabla\Delta N_{\text{WL}}^\phi} = \nabla\Delta R - \begin{bmatrix} \mathbf{Hb}(\hat{s}_{H_k,\nabla\Delta N_{\text{WL}}^\phi}) \\ \mathbf{Hb}(\hat{s}_{H_k,\nabla\Delta N_{\text{WL}}^\phi}) \end{bmatrix} + \begin{bmatrix} \Delta\mathbf{DD}(\hat{s}_{H_k,\nabla\Delta N_{\text{WL}}^\phi}) + \nabla\Delta\boldsymbol{\beta}_{\text{NL}}^P \\ \Delta\mathbf{DD}(\hat{s}_{H_k,\nabla\Delta N_{\text{WL}}^\phi}^\phi) + \nabla\Delta\boldsymbol{\beta}_{\text{WL}}^\phi \end{bmatrix} + \begin{bmatrix} \mathbf{0} \\ \lambda_{\text{WL}}\mathbf{I} \end{bmatrix} \nabla\Delta N_{\text{WL}}^\phi$$

$$\tag{59.94}$$

另外，每个假设的后验概率大概如下：

$$\text{Prob}\{H_k\} = \frac{\sum_{\nabla\Delta N_{\text{WL}}^\phi} \exp\left\{-\frac{1}{2}\|\hat{\boldsymbol{v}}_{s_{H_k,\nabla\Delta N_{\text{WL}}^\phi},\nabla\Delta N_{\text{WL}}^\phi}\|_{\boldsymbol{R}_{\nu_{\text{WL}}}^{-1}}^2\right\} P(\nabla\Delta N_{\text{WL}}^\phi)}{\sum_m \sum_{\nabla\Delta N_{\text{WL}}^\phi} \exp\left\{-\frac{1}{2}\|\hat{\boldsymbol{v}}_{s_{H_k,\nabla\Delta N_{\text{WL}}^\phi},\nabla\Delta N_{\text{WL}}^\phi}\|_{\boldsymbol{R}_{\nu_{\text{WL}}}^{-1}}^2\right\} P(\nabla\Delta N_{\text{WL}}^\phi)} \tag{59.95}$$

并行轨道识别算法已通过59.2节位于Sardinia的试验台记录的试验场景数据进行了验证。第二个轨道，在下面表示为轨道#2，平行于列车运行的轨道#1，已对轴间距离3m进行了说明。

图59.20所示为两个轨道随时间变化的后验概率。很明显，在轨道1运行的列车的概率极大超出了和错误假设相关的概率。因此，在过去1h观测到无错识别，尽管测试周期（图59.21）极短，不能用于估计任何集成的关键性能参数，也要注意这对于真实的GNSS在此区域记录的观测量数据来说很重要，可应用于增强网络和机载接收机。

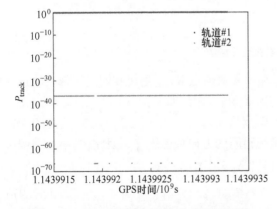

图59.20　两个轨道随时间变化的后验概率
（蓝色为真实轨道。）

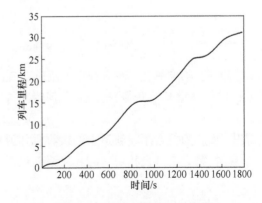

图59.21　列车里程与时间关系

如图59.22所示，图中显示了无几何组合，强多径影响了视线内多个卫星的空间信号。

然而,它并不影响后验概率。

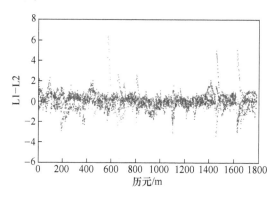

图 59.22　无几何组合(L1-L2)[11-12]

59.6　轨道检测器性能

现在让我们分析一下轨道检测器性能。为此,参考图 59.23,我们观测到第 h 和第 k 轨道间的偏移量只有几米。

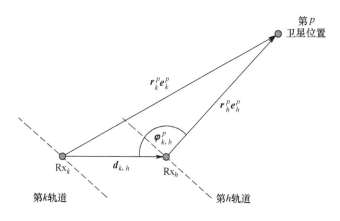

图 59.23　多轨道几何学

因此,给定里程 s 对应的第 k 轨道点 Rx_k 和第 h 轨道点 Rx_h(通过相同卫星第 k 轨道点 Rx_k 的偏移量 $\boldsymbol{d}_{k,h}$ 获得)的卫星几何距离差的数组 $\delta\boldsymbol{r}_{k,h}$ 大概如下:

$$\delta\boldsymbol{r}_{k,h} = \boldsymbol{E}_{H_k}\boldsymbol{d}_{k,h} \qquad (59.96)$$

式中: $\boldsymbol{E}_{H_k}$ 为位于第 h 轨道上的接收机和卫星视距间的方向余弦矩阵。因此,当第 h 个假设为真时,第 k 个假设相对应的几何距离双差由式(59.97)表示:

$$\nabla\Delta\delta\boldsymbol{r}_{k,h} = -\boldsymbol{S}^{(j)}\boldsymbol{E}_{H_k}\boldsymbol{d}_{k,h} \qquad (59.97)$$

式(59.97)表示当真实轨道为第 h 轨道时,第 k 轨道上的列车里程估计值 $\hat{s}_{H_k,\nabla\Delta N_{\mathrm{WL}}^{\phi}/H_h}$ 和估值相对应的真实轨道,从而得到:

$$\hat{s}_{H_k,\nabla\Delta N_{\mathrm{WL}}^{\phi}/H_h} = \hat{s}_{H_h,\nabla\Delta N_{\mathrm{WL}}^{\phi}} - \boldsymbol{K}_{H_k}\boldsymbol{S}^{(j)}\boldsymbol{E}_{H_k}\boldsymbol{d}_{k,h} \qquad (59.98)$$

因此,在假设成立的情况下给定 $\hat{\boldsymbol{v}}_{\hat{s}_{H_h},\nabla\Delta N_{\mathrm{WL}}^{\phi}},\nabla\Delta N_{\mathrm{WL}}^{\phi}$ 和 $\hat{s}_{H_h},\nabla\Delta N_{\mathrm{WL}}^{\phi}$ 及相位模糊度 $\nabla\Delta N_{\mathrm{WL}}^{\phi}$ 相关的残差 $\hat{\boldsymbol{v}}_{\hat{s}_{H_h},\nabla\Delta N_{\mathrm{WL}}^{\phi}}^{(h)},\nabla\Delta N_{\mathrm{WL}}^{\phi}$,当第 h 轨道假设为真时,可得到:

$$\hat{\boldsymbol{v}}_{\hat{s}_{H_h},\nabla\Delta N_{\mathrm{WL}}^{\phi}}^{(h)},\nabla\Delta N_{\mathrm{WL}}^{\phi} \approx \hat{\boldsymbol{v}}_{\hat{s}_{H_h},\nabla\Delta N_{\mathrm{WL}}^{\phi}},\nabla\Delta N_{\mathrm{WL}}^{\phi} + \boldsymbol{G}_k \boldsymbol{d}_{k,h} \tag{59.99}$$

其中

$$\boldsymbol{G}_k = -(\boldsymbol{I} - \boldsymbol{H}_{H_k}\boldsymbol{K}_{H_k})\boldsymbol{S}^{(j)}\boldsymbol{E}_{H_k} \tag{59.100}$$

另外,对于给定的真实相位模糊度,双差 $\nabla\Delta\tilde{N}_{\mathrm{WL}}^{\phi},\hat{\boldsymbol{v}}_{\hat{s}_{H_h},\nabla\Delta N_{\mathrm{WL}}^{\phi}},\nabla\Delta N_{\mathrm{WL}}^{\phi}$ 是一方差为 $\boldsymbol{R}_{v\mathrm{WL}}$ 的高斯随机变量,期望是

$$\mu(\varepsilon_{\nabla\Delta N_{\mathrm{WL}}^{\phi}}) \triangleq E\{\hat{\boldsymbol{v}}_{\hat{s}_{H_h},\nabla\Delta N_{\mathrm{WL}}^{\phi}},\nabla\Delta N_{\mathrm{WL}}^{\phi}\} = \boldsymbol{H}_{H_k}\boldsymbol{K}_{H_k}\begin{bmatrix} 0 \\ \varepsilon_{\nabla\Delta N_{\mathrm{WL}}^{\phi}} \end{bmatrix} \tag{59.101}$$

式中:$\varepsilon_{\nabla\Delta N_{\mathrm{WL}}^{\phi}} = \nabla\Delta\tilde{N}_{\mathrm{WL}}^{\phi} - \nabla\Delta N_{\mathrm{WL}}^{\phi}$ 为真实相位模糊度双差 $\nabla\Delta\tilde{N}_{\mathrm{WL}}^{\phi}$ 和验证假设相关双差 $\nabla\Delta N_{\mathrm{WL}}^{\phi}$ 之间的差值。因此,基于式(59.99),$\hat{\boldsymbol{v}}_{\hat{s}_{H_k},\nabla\Delta N_{\mathrm{WL}}^{\phi}}^{(h)},\nabla\Delta N_{\mathrm{WL}}^{\phi}$ 是方差为 $\boldsymbol{R}_{v\mathrm{WL}}$ 的高斯随机变量,期望为

$$E\{\hat{v}_{\hat{s}_{H_k},\nabla\Delta N_{\mathrm{WL}}^{\phi}}^{(h)},\nabla\Delta N_{\mathrm{WL}}^{\phi}\} = \mu(\varepsilon_{\nabla\Delta N_{\mathrm{WL}}^{\phi}}) + \boldsymbol{G}_h \boldsymbol{d}_{k,h} \tag{59.102}$$

用归一化的残差表示广义似然比,可以方便地计算出错误轨道的检测概率:

$$\boldsymbol{\zeta}_{\hat{s}_{H_k},\nabla\Delta N_{\mathrm{WL}}^{\phi}}^{(h)},\nabla\Delta N_{\mathrm{WL}}^{\phi} \triangleq \boldsymbol{C}_{\boldsymbol{v}_{\mathrm{WL}}} \hat{\boldsymbol{v}}_{\hat{s}_{H_k},\nabla\Delta N_{\mathrm{WL}}^{\phi}}^{(h)},\nabla\Delta N_{\mathrm{WL}}^{\phi} \tag{59.103}$$

式中:$\boldsymbol{C}_{\boldsymbol{v}_{\mathrm{WL}}}$ 为通过系数 $\boldsymbol{R}_{v\mathrm{WL}}^{-1}$ 且 $\boldsymbol{R}_{v\mathrm{WL}}^{-1} = \boldsymbol{C}_{v\mathrm{WL}}^{\mathrm{T}}\boldsymbol{C}_{v\mathrm{WL}}$ 得到的矩阵,因此可得到:

$$\widetilde{\Lambda}_k(\nabla\Delta\boldsymbol{R}) = \sum_{\nabla\Delta N_{\mathrm{WL}}^{\phi}} \exp\left\{-\frac{1}{2}\|\boldsymbol{\zeta}_{\hat{s}_{H_k},\nabla\Delta N_{\mathrm{WL}}^{\phi}}^{(h)},\nabla\Delta N_{\mathrm{WL}}^{\phi}\|^2\right\} P(\nabla\Delta N_{\mathrm{WL}}^{\phi}) \tag{59.104}$$

式(59.99)对于归一化的残差 $\boldsymbol{\zeta}_{\hat{s}_{H_k},\nabla\Delta N_{\mathrm{WL}}^{\phi}}^{(h)},\nabla\Delta N_{\mathrm{WL}}^{\phi}$ 表示为

$$\boldsymbol{\zeta}_{\hat{s}_{H_k},\nabla\Delta N_{\mathrm{WL}}^{\phi}}^{(h)},\nabla\Delta N_{\mathrm{WL}}^{\phi} \approx \boldsymbol{\zeta}_{\hat{s}_{H_h},\nabla\Delta N_{\mathrm{WL}}^{\phi}}^{(h)},\nabla\Delta N_{\mathrm{WL}}^{\phi} + \boldsymbol{\Gamma}_h \boldsymbol{d}_{k,h} \tag{59.105}$$

式中:$\boldsymbol{\Gamma}_k = \boldsymbol{C}_{v\mathrm{WL}}\boldsymbol{G}_k$,选出与真实轨道相邻轨道的概率可近似为

$$P_{\mathrm{err}} = \sum_{\nabla\Delta N_{\mathrm{WL}}^{\phi}} P_{e_h}(\nabla\Delta N_{\mathrm{WL}}^{\phi})P(\nabla\Delta N_{\mathrm{WL}}^{\phi}) = P_{e_h}\sum_{\nabla\Delta N_{\mathrm{WL}}^{\phi}} P(\nabla\Delta N_{\mathrm{WL}}^{\phi}) = P_{e_h} \tag{59.106}$$

其中

$$P_{e_h} \approx \begin{cases} \dfrac{1}{2}\mathrm{erfc}\left\{\dfrac{\|\boldsymbol{\Gamma}_1\boldsymbol{d}_{2,1}\|}{2\sqrt{2}}\right\} & (h=1) \\[2ex] \dfrac{1}{2}\mathrm{erfc}\left\{\dfrac{\|\boldsymbol{\Gamma}_h\boldsymbol{d}_{h-1,h}\|}{2\sqrt{2}}\right\} + \dfrac{1}{2}\mathrm{erfc}\left\{\dfrac{\|\boldsymbol{\Gamma}_h\boldsymbol{d}_{h+1,h}\|}{2\sqrt{2}}\right\} & (1 < h < M) \\[2ex] \dfrac{1}{2}\mathrm{erfc}\left\{\dfrac{\|\boldsymbol{\Gamma}_M\boldsymbol{d}_{M-1,M}\|}{2\sqrt{2}}\right\} & (h=M) \end{cases} \tag{59.107}$$

事实上,每项 $\boldsymbol{\zeta}_{\hat{s}_{H_k},\nabla\Delta N_{\mathrm{WL}}^{\phi}}^{(h)},\nabla\Delta N_{\mathrm{WL}}^{\phi}$ 对广义似然比的贡献将超出任意 $\boldsymbol{\zeta}_{\hat{s}_{H_h},\nabla\Delta N_{\mathrm{WL}}^{\phi}}^{(h)},\nabla\Delta N_{\mathrm{WL}}^{\phi}$,只要 $\boldsymbol{\zeta}_{\hat{s}_{H_h},\nabla\Delta N_{\mathrm{WL}}^{\phi}}^{(h)},\nabla\Delta N_{\mathrm{WL}}^{\phi}$ 幅值在方向矢量 $\boldsymbol{\Gamma}_h\boldsymbol{d}_{k,h}$ 的投影超过一半幅值且方向和 $\boldsymbol{\Gamma}_h\boldsymbol{d}_{k,h}$ 相反。特别是对于具有相同轴间距的 M 个平行轨道,表示为与轨道方向正交的单位矢量,有

$$P_e \approx \left(1 - \frac{1}{M}\right) \mathrm{erfc}\left\{\frac{\| \boldsymbol{\Gamma}_h \boldsymbol{e}_\perp \|}{2\sqrt{2}}\Delta d\right\} \tag{59.108}$$

因此,对于给定的轴间距离 Δd ,式(59.108)给出了关键性能指标,可使用式(59.108)来评估给定的点是否适合部署 VB。

上述方法可以很容易地推广到不同历元的多个观测值的组合,详见文献[27]。然而,在列车缓慢移动(理想情况下是静止列车)和接收机噪声非相关的简单情况下,使用历元相当于增加轴间距离因子 N_0 。事实上,在这种情况下,错误概率变为[见文献[27]、式(59.49)]

$$P_e^{(N_o,I)} = \left(1 - \frac{1}{M}\right)\mathrm{erfc}\left\{\frac{\| \boldsymbol{\Gamma}_h \boldsymbol{e}_\perp \|}{2\sqrt{2}}\sqrt{N_0}\Delta d\right\} \tag{59.109}$$

参考文献

[1] A. Neri, F. Rispoli, and P. Salvatori, "The perspective of adopting the GNSS for the evolution of the European train control system (ERTMS): a roadmap for standardized and certifiable platform," in *ION GNSS+ 2015*, Tampa, Florida, 2015.

[2] F. R. A. U. S. Department of Transportation, "PTC System Information," [Online]. Available: https://www.fra.dot.gov/Page/P0358. [Retrieved 22 January 2018].

[3] BS EN 50126-1:2017-Railway Applications. The Specification and Demonstration of Reliability, Availability, Maintainability and Safety (RAMS). Generic RAMS Process, BSI, 2017.

[4] BS EN 50128:2011. Railway applications. Communication, signalling and processing systems. Software for railway control and protection systems. , BSI, 2011.

[5] BS EN 50129:2003. Railway applications. Communication, signalling and processing systems. Safety related electronic systems for signalling, BSI, 2003.

[6] A. Neri, R. Capua, and P. Salvatori, "High integrity two tiers augmentation systems for train control systems," in *ION Pacific PNT 2015*, Honolulu, Hawaii, 2015.

[7] A. Neri, G. Fontana, S. Sabina, F. Rispoli, R. Capua, G. Olivieri, F. Fritella, A. Coluccia, V. Palma, C. Stallo, and A. Vennarini, "High integrity multiconstellation positioning in ERTMS on SATELLITE -enabling application validation," in *Proceedings of the ION 2017 Pacific PNT Meeting*, May 1-4, 2017, *Marriott Waikiki Beach Resort & Spa*, , Honolulu, Hawaii, 2017.

[8] S. Roberts, L. Bonenberg, X. Meng, T. Moore, and C. Hill, "Predictive intelligence for a rail traffic management system," in *Proceedings of the 30th International Technical Meeting of The Satellite Division of the Institute of Navigation(ION GNSS+2017)*, Portland, Oregon, 2017.

[9] J. I. Meguro, T. Murata, J. I. Takiguchi, Y. Amano, and T. Hashizume, "GPS multipath mitigation for urban area using omnidirectional infrared camera," *IEEE Transactions on Intelligent Transportation Systems*, vol. 10, no. 1, pp. 22−30, March 2009.

[10] A. J. Van Dierendonck and P. F. T. Fenton, "Theory and performance of narrow correlator spacing in a GPS receiver," *NAVIGATION*, *Journal of The Institute of Navigation*, vol. 39, no. 3, pp. 265−284, 1992.

[11] L. -T. Hsu, S. Shiun, J. D. Groves, and N. Kubo, "Multipath mitigation and NLOS detection using vector tracking in urban environments," *GPS Solutions*, vol. 19, no. 2, pp. 249−262, 2015.

[12] A. Beitler, A. G. D. Tollkuehn, and B. Plattner, "CMCD:Multipath detection for mobile GNSS receivers,"

in *Proceedings of the 2015 International Technical Meeting of The Institute of Navigation*, Dana Point, California, 2015.

[13] A. Neri, V. Palma, F. Rispoli, S. Pullen, S. Zhang, S. Lo, and P. Enge, "A method for multipath detection and mitigation in railway control applications," in *Proceedings of the 29 th* International *Technical Meeting of The Institute of Navigation (ION GNSS+2016)*, Portland, Oregon, 2016.

[14] A. Neri, A. Filip, F. Rispoli, and A. Vegni, "An Analytical evaluation for hazardous failure rate in a satellite-based train positioning system with reference to the ERTMS train control systems," in *Proceedings of ION GNSS 2012*, Nashville, Tennessee, September 17–21, 2012.

[15] A. Grosch, O. G. Crespillo, I. I. Martini, and C. Günther, "Snapshot residual and Kalman filter based fault detection and exclusion schemes for robust railway navigation," in *2017 European Navigation Conference (ENC)*, Lausanne, Switzerland, 2017.

[16] "Phase II of the GNSS Evolutionary Architecture Study," February 2010.

[17] B. Allotta, L. Pugi, A. Ridolfi, M. Malvezzi, G. Vettori, and A. Rindi, "Evaluation of odometry algorithm performances using a railway vehicle dynamic model," *Vehicle System Dynamics: International Journal of Vehicle Mechanics and Mobility*, vol. 50, no. 5, pp. 699–724, 2012.

[18] M. Malvezzi, "Odometry Algorithms for Railway Applications, [Ph. D. diss.]," University of Bologna, Bologna, Italy, 2013.

[19] B. Allotta, P. D'Adamio, M. Malvezzi, L. Pugi, A. Ridolfi, A. Rindi, and G. Vettori, "An innovative localization algorithm for railway vehicles," *Vehicle System Dynamics: International Journal of Vehicle Mechanics and Mobility*, *vol.* 52, no. 11, pp. 1443–1469, 2014.

[20] A. Neri, S. Sabina, and U. Mascia, "GNSS and odometry fusion for high integrity and high available train control systems," *in ION GNSS+2015*, *Tampa*, Florida, 2015.

[21] M. Joerger, F. -C. Chan, and B. Pervan, "Solution separation versus residual-based RAIM," *NAVIGATION, Journal of The Institute of Navigation*, vol. 61, no. 4, pp. 273–291, 2014.

[22] P. Teunissen, P. de Jonge, and C. Tiberius, "The LAMBDA method for fast GPS surveying," in *Proceedings of International Symposium GPS Technology Applications*, 1995.

[23] S. W. Li, Y. Wang, and Y. Han, "Summary of network RTK reference station ambiguity determination," in *2010 6th International Conference on Wireless Communications Networking and Mobile Computing (WiCOM)*, Chengdu, 2010.

[24] Y. Feng and J. Wang, "GPS RTK performance characteristics and analysis," *Journal of Global Positioning Systems*, vol. 7, no. 1, 2008.

[25] A. Neri, S. Sabina, R. Capua, and P. Salvatori, "Track constrained RTK for railway applications," in *Proceedings of the 29th International Technical Meeting of The Satellite Division of the Institute of Navigation (ION GNSS+ 2016)*, Portland, 2016.

[26] H. L. Van Trees, *Detection, Estimation, and Modulation Theory*, Part I, vol. I, John Wiley & Sons, 2001, pp. 92–93.

[27] A. Neri, A. M. Vegni, F. Rispoli, "A PVT Estimation for the ERTMS train control systems in presence of multiple tracks," in *Proceedings of ION GNSS 2013*, Nashville, TN, USA. , 2013.

本章相关彩图,请扫码查看

第60章　商用无人机系统

Maarten Uijt de Haag[1], Evan Dill[2], Steven Young[2], Mathieu Joerger[3]
[1] 柏林工业大学, 德国
[2] 美国航空航天局, 美国
[3] 弗吉尼亚理工大学, 美国

60.1　无人机系统背景

60.1.1　商业应用领域

近年来, 无人机系统(UAS)在商业上的潜在应用越来越凸显。当前世界上最大的无人机系统运营部门依然是美国国防部(DoD)[1]。1996年, 其飞行时数仅数百小时, 2011年, 飞行时数已超60万h[2]。为满足军事任务需求, 诸如美国北方司令部派发的任务, 国土防御、边境和港口监控及灾难支援等相关任务[2], 美国国防部要求美国国家空域系统(NAS)使用UAS[2]。

与此同时, 对于在商业应用领域利用无人机系统完成各种公共和私人用途的任务, 人们对此产生了日益浓厚的兴趣。表60.1提供了四类非军事应用的实例:①国土安全;②其他民间组织(公共用途);③科学应用;④商业应用(私人用途)[3]。上述示例还不够详尽, 人们不断提出新的想法。通常情况下, 我们把任务类型分为监控/监视型或运输型(如包裹递送)。在监控/监视领域, 无人机系统在桥梁、泵站和涵洞检查、输电线路传输及交通监测方面显示出巨大的潜力[4]。在环境监测领域, 对于分析和理解气候变化的影响、应对自然灾害或生物危害、研究景观变化的规律及影响、盘查清点野生动物数量, 以及土地管理等, 无人机系统有助于提高我们的能力。运输任务还包括向人烟稀少的地区运送医疗用品[6]等一系列新兴用途。

表60.1　无人机系统非军事应用实例

国土安全	边境巡逻、敏感场所监测、毒品监视和拦截、国内交通监控、管道巡逻、港口安全
其他民间组织（公共用途）	应急响应、执法监督、搜救、救灾、森林火灾监测、通信中继、洪水测绘、高空成像、核、生物、化学传感/跟踪、交通监测、人道主义援助、土地利用测绘、化学和石油泄漏监测
科学应用	自然灾害研究和监测、环境监测和测绘、现场大气监测、高光谱成像、海冰流观测、羽流扩散与追踪、土壤水分成像、考古学、气溶胶源测定
商业应用(私人用途)	交付、作物监测、农业和林业应用、电影、通信中继、公用设施检查、多传感器台站管理、新闻和媒体支持、空中广告、鱼类定位、测绘、商业成像、货物、商业安全

资料来源:UAS特遣部队空域一体化集成产品小组,《无人机系统空域集成计划(2.0版)》,美国国防部,2011年3月。

美国联邦航空管理局（FAA）目前正在评估小型无人机系统［sUAS，质量小于55磅（1磅＝0.454kg）的小型无人机］机队，计划从2016年的32800架增加至2020年的54万架以上[7]。单一欧洲空中交通管理研究项目（SESAR）联合企业在《欧洲无人机前景展望》[8]中提到，预计到2050年，欧洲将有大约700万名消费者使用无人机系统，届时商业无人机系统和政府无人机系统投入约40万架。

国际民用航空组织（ICAO）第328号通告[9]将无人机系统定义为"无人驾驶的飞机及相关组成部分"。遥控驾驶航空器为无人机系统的一种类型，明确指出需要驾驶员操作的飞机不包括在内。小型无人机系统是无人机系统的另一种类型，美国现行法律将55lb以下的无人机系统定义为sUAS（《美国联邦法规》第14编（14 CFR）第107部分[10]）。

通常情况下，说到无人机系统，我们会就想到流行术语"无人机（drone）"和"无人飞行器（UAV）"[8]。但在行业很多领域中，它们之间存在很大区别。术语UAS强调：多数情况下的无人机操作，不仅限于飞行器，还需要地面组件（地面控制站、远程驾驶员）和至少一个射频链路才能实现，其中射频链路用于连接地面组件和飞行器，而"无人机"和"无人飞行器"则仅指飞行工具。

60.1.2 使用环境和法律法规

无人机系统（UAS）的应用场景（任务）决定了UAS的运行环境，并揭露了与运行环境相关的所有问题。本章重点讨论空中交通监视、碰撞避让和导航。将UAS运行环境分为以下六类：①国家领空区域；②农村地区、低空、空旷空域；③农村地区、低空区域、挑战性环境（如树叶下方、岩层附近、山谷中）；④郊区、低空、接近/超过中等人口的地区；⑤城市、低空、接近/超过人口密集地区和建筑物附近，通常低于屋顶高度；⑥室内。其中，②～⑤从技术上讲属于环境类别，①为国家空域系统的一部分。在此处之所以将它们单独划分归类，主要因为：

（1）除旋翼机外，载人商用飞机通常不在这些区域飞行；

（2）对空中交通监视、碰撞避让和导航的需求存在较大区别。

例如，在环境类别⑤中，如果直升机商用（COTS）无人机系统平台自动执行预先设定飞行计划时仅依赖于GNSS，那么其可靠性和能力难以得到保证；因为与类别②运行环境不一样，树冠下方或屋顶以下的运行环境中，GNSS可能会出现信号衰减甚至无信号的现象。

作为对比，表60.2[11]对美国国家空域系统（NAS）及其空域类别进行了总结。该表不仅指出各空域所在的位置，而且指出在各空域中运行是否需要空中交通管制放行许可和无线电联络。

表60.2 美国国家空域系统（NAS）-空域分类[11]

空域	A类	B类	C类	D类	E类	G类
位置	18000ft MSL，每隔600m为一高度层	繁忙机场区域：地面至标称10000ft AGL。实际上限（用MSL表示）视情况而定	安装控制塔、雷达监测的机场区域（具备一定数量的IFR飞行）：地面至机场标高以上4000ft	地面到机场标高以上2500ft及安装控制塔的机场区域	非A类、B类、C类、D类，受管制的空域	未在A类、B类、C类、D类或E类指定的区域（垂直限制高度不一，通常为700ft AGL、1200ft，AGL或14500ft MSL）。G类空域基本不受ATC控制

续表

空域	A 类	B 类	C 类	D 类	E 类	G 类
进入要求	ATC 放行许可（需要 IFR 装备）	ATC 放行许可	对 IFR 的 ATC 放行许可；均需无线电联络	对 IFR 的 ATC 放行许可；均需无线电联络	对 IFR 的 ATC 放行许可	无
驾驶员最低资格	仪表等级执照	私人或学生执照	学生执照	学生执照	学生执照	学生执照
双向无线电通信	是	是	是	是	是,遵循 IFR 飞行计划	无要求
目视飞行规则（VFR）最低能见度	空	3mi	3mi	3mi	<10000 ft MSL:3mi;>10000 ft MSL:5mi	<10000ft MSL:1mi（白天）/3mi(夜晚）;>10000ft MSL:5mi

注:AGL 为离地高度;MSL 为平均海平面;ATC 为空中交通管制;IFR 为仪表飞行规则。

关于 UAS 在美国空域系统的安全运行,美国联邦航空局建立了一套适航认证程序。在此之前,对于 UAS 的豁免[12],美国联邦航空局均参照 333 节的相关规定按个案进行处理。截至 2016 年 3 月 16 日,依据 333 节相关规定,商用 UAS 运营人已享受到超过 4000 项的豁免[13]。此外,事实上自 2016 年 8 月 29 日起,sUAS 已能够在《美国联邦法规》第 14 编第 107 部分相关作业规则下注册飞行[14]。第 107 部分法规涵盖了质量小于 55lb 及飞行高度不高于距地 400ft 或某建筑物 400ft 范围内飞行的商用 UAS。表 60.3 给出了第 107 部分相关规定的摘要以及与娱乐用途 UAS 相关规定的对比。需要注意的是,表中第 107 部分带"＊"的一些规定可请求豁免。申请豁免需履行豁免程序,虽然很多申请者已成功申请豁免,但能否豁免很大程度上取决于申请人能否充分减小飞行风险。至于是否需要驾驶员,也需要依据个案进行评估。

表 60.3　美国小型无人机系统[14]

项目	娱乐飞行	工作飞行
驾驶员要求	无驾驶员要求	必须有遥控驾驶员证书 必须年满 16 周岁 必须通过美国联邦运输安全管理局(TSA)审查
无人机要求	如果质量超过 0.55lb,则必须注册	质量必须小于 55lb 质量如果超过 0.55lb,必须注册(在线) 必须进行飞行前检查,以确保无人机系统处于安全运行状态
地点要求	距离机场 5mi,无须事先通知机场和空中交通管制	G 类空域＊
飞行规定	必须始终为有人驾驶飞机让路 必须保持飞机在视线范围内(视线以内) 无人机系统质量必须低于 55lb 必须遵循基于社区的安全准则 在距机场 5mi 范围内飞行之前必须通知机场和空中交通管制(ATC)塔台	必须保持飞机在视线范围内(视距内,VLOS)＊ 必须在 400ft 以下飞行＊ 必须在白天飞行＊ 必须以不大于 100mi/h 的速度飞行＊ 必须为有人驾驶飞机让路＊ 禁止飞越人群＊ 禁止在移动的载具上操作飞机＊

续表

项目	娱 乐 飞 行	工 作 飞 行
法律或监管基础	公法 112-95,第 336 节——模型飞机特殊规定,美国联邦航空管理局对模型飞机特殊规定的诠释	联邦法规第 14 编第 107 部分

注:标"＊"的项目可获得豁免。

除第 107 部分外,某些类型的小型无人机系统受第 101 部分相关规定的监管,其中包括系泊气球、风筝、非专业火箭、无人自由气球和特定模型飞机[15]。第 101 部分与第 107 部分的规定颇为相似,不同之处在于第 101 部分不涵盖商业应用,同时将作业环境限制在距地面 400ft 以下(不包括建筑物的海拔高度),且无须将正在进行的飞行作业,告知距离法定 5mi 飞行区域内的机场运营人或美国联邦航空管理局(FAA)空中交通管制机构。此外,第 101 部分主张遵循用户社区制定的标准,如美国航空模型协会(AMA)制定的标准及美国模型飞机安全规范[16]。

虽然很多 UAS 飞行作业在第 107 部分和第 101 部分是放行的,但依然存在尚未涵盖到的作业场景(如视距内飞行(VLOS)、质量超过 55 磅的无人机、夜间飞行)。上述一种作业场景包含在第 135 部分,即用于运输补偿财产/补偿物资以及超视距作业的 sUAS。2019 年,针对无人机飞行作业,FAA 颁发了第 135 部分的前两个航空承运人合格证,第一个用于将食物和非处方药品直接送至家中,第二个则用于向医院运送医疗用品。

对于第 107 部分、第 101 部分或第 135 部分未监管到的作业场景,FAA 建议"针对特定 UAS 应用和推荐的作业环境,定制设计标准"[17],并与欧洲航空安全局(EASA)以运行为中心基于风险和性能的 UAS 运行框架一致[18]。在 EASA UAS 运行框架中,分别定义了与低风险、中风险和高风险作业相关的三类 UAS:①"开放"类别;②"特定"类别;③"认证"类别(每类均需更高级别的风险评估、文件记录以及美国航空航天局相关管理部门的参与。针对"特定"类别,无人机系统规则制定联合体(JARUS)已经根据无人机系统的运行概念(CONOPS)及其作业安全等级要求,制定了特定作业风险评估(SORA)指南[19]。FAA 在其颁布的 8040.6 指令中也发布了类似的风险评估指南。其他标准组织也强调了飞行作业风险评估过程。如美国试验与材料协会(ASTM)制定的标准不仅强调了 UAS 标准风险评估流程[20],而且针对包含一个或多个复杂功能的 UAS,定义了最佳设计和测试实践。这些实践包括:使用运行时保证(RTA)架构以维持相对飞行安全等级[21]。

美国航空无线电技术委员会(RTCA)特别委员会 SC-228 讨论了有关美国 UAS 最低运行性能标准的问题[22]。目前,该委员会的工作重点主要是针对在 A 类空域或特殊用途空域内作业的 UAS,或从 D 类、E 类及 G 类空域转至该空域的 UAS,制定探测与避让(DAA)和指挥与控制(C2)数据链路标准。

在美国,政府实体运行 sUAS:①遵守第 107 部分相关规定;②必须持有公共豁免授权证书(COA),该证书允许 UAS 在不高于 400ft G 类空域全国范围内进行飞行,允许 UAS 驾驶员自我认证,特殊情况下享有获得紧急豁免授权证书(e-COA)的权利[14];③遵守其他授权规定,如共同约定的谅解备忘录。

美国以外国家/地区相关法规的详细信息,参见全球无人机法规数据库[23],该数据库能够为其他国家/地区制定规范性文件或法规摘要提供参考。

尽管本章未提及细节内容,但高空、长航时飞机和气球(如用于监视应用),火箭(如 SpaceX 猎鹰火箭)及无人驾驶飞机(如货机)也在商业空域内作业,因此它们也包含在广义的 UAS 定义之内。

60.1.3 无人机系统交通管理

无人机系统交通管理(UTM)既是一种功能,也是一个生态系统,用于协调整个空域内无人机系统(UAS)的飞行作业。至于有人驾驶飞机,交通管理功能的目的是在保障多用户有效使用空域的同时,减少交通冲突/碰撞的可能性。由于无人机在执行任务时需考虑其尺寸、任务及能力等各方面因素,因此无人驾驶飞机与有人驾驶飞机在现有的空中交通管理系统(ATM)进行交互的时机与方式引起了人们的重视。将飞行作业分解为 4 个飞行区域,每个区域对交通管理功能有着特殊规定,这一观点正逐渐达成社会共识。区域(1)为平均海平面 1 万 ft 以上的类似仪表飞行规则(IFR)的飞行作业区域;UAS 在该区域内需要满足传统有人驾驶商用飞机的认证和性能标准,同时与传统的空中交通管理(ATM)系统进行通信并提供协同监视(如配备应答器)。区域(2)为低于平均海平面 1 万英尺和高于 G 类空域高度的类似目视飞行规则(VFR)的飞行作业区域;在这个区域,UAS 在与有人驾驶飞机(如通用航空飞机)进行常规交互的同时可以进行扩展飞行作业,这些有人驾驶飞机在位置报告方面可能是协同的,也可能是非协同的。最后,区域(3)和区域(4)分别覆盖了农村和城市地区的低空 UAS 飞行作业(通常低于 400ft 地面高度)。类似于有人驾驶飞机的目视(即目视飞行规则 VFR)和非目视(即仪表飞行规则 IFR)飞行规则,该区域对 UAS 监视和低空交通管理的要求分为视距内运行和视距外运行(BVLOS)。主要区别在于,UAS 监测员/驾驶员不是在飞机上而是处于地面位置。正是这种差别以及无人机能力和飞行作业风险(如建筑物、旁观人员)方面的显著差异,促进了新的低空"生态系统"的发展。这种不断发展的低空飞行作业生态系统通常被称为 UTM。

这种低空 UTM 生态系统设计的研究与开发,集中在非受控区域和 400ft 以下高度的中小型飞行器飞行作业。美国航空航天局(NASA)采用阶段式研究方法,论证了无人机从农村飞行作业(飞行域 3)转到城市飞行作业(飞行域 4)时设想的不断增长的能力水平需求。美国联邦航空局(FAA)在这项研究之后开展了两项试点项目,涉及可能开展无人机作业的产业和地方政府。

UTM 系统的设计理念和演示平台均基于信息服务范例。该系统向 UAS 运营人提供空域状态、预期飞行环境相关状态(如天气、交通),以及特定情境建议等信息。UAS 运营人向 UTM 系统提供有关飞机当前状态,以及可能的观测数据或可能对其他运营人有用的数据。UTM 系统根据运营人的请求,协调和授权无人机在特定时段进入空域。国家航空当局(如 FAA)将维持空域准入的监管和运营权力,例如,可通过其中一条 UTM 信息服务,向 UAS 运营人发布限制变更或空域配置信息。当前的 UTM 概念不存在来自空中交通管制(ATC)人员的直接控制(例如"爬升并保持 300ft")。相反,UAS 运营人有责任确保飞行系统在飞行期间具有完好的通信、导航和监视系统性能,以便 UAS 在获得一定授权后,能够在一系列 UTM 限制条件下以一定的安全等级完成飞行任务。这类似于有人驾驶飞机在非受控区域目视飞行规则(VFR)下的飞行作业。无人机或无人机运营人的其他职责包括避开其他飞行器、地形、障碍物和不适合飞行的天气。

文献[24-25]所述的低空无人机系统交通管理架构和功能组成如图60.1所示。需要指出的是,从研发到投入使用过程中,UTM 设计会不断演变。如果想要获取 FAA 监管机构下尚未实现的信息服务,当前的架构可以利用产业能力提供该信息服务。在图60.1中,一个或多个 UAS 服务供应商(USS)能够提供上述信息服务。USS 是无人机系统运营人与总体交通管理功能(也称飞行信息管理系统 FIMS)之间的中介和渠道。FIMS 承担空中导航服务提供商(ANSP)职责,协调空域请求、授权请求、检测偏差并向 USS 提供相应信息。FIMS的演示性系统包括 FAA 广域信息管理系统(SWIM)的很多产品,如禁飞区。UTM 生态系统设计需要遵循的一个关键原则是,在不给现在的载人航空空中交通管理体系结构增加额外负担的前提下,将无人机系统安全地融合到非受控空域。

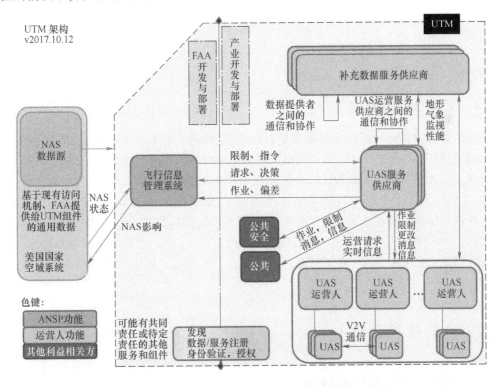

图 60.1　低空无人机系统交通管理架构和功能元素[24]

从单个飞行器或运营人的角度看,与 UTM 的连接是通过客户端应用程序实现的,客户端应用程序可能运行在地面控制站(GCS)上,也可能运行在能够依次连接一架或多架飞行器的无线设备(如手机)上。"应用程序"用户根据作业类型、作业时间段和其他空域请求,进入空域并接收授权。UAS 一旦获得授权,则负责与周围其他 UAS 和有人驾驶飞行器保持相对安全距离。低空授权和通知能力(LAANC)是一个典型的自动授权程序,该应用程序适用于第 107 部分的飞行作业规定并于 2019 年开始普及。无人机运营人一旦获得授权并接通 UAS 服务供应商,就可以持续掌握空域、其他交通状况、限制条件(如 FAA 定义的禁飞区)和基础设施中断情况。其他的信息服务正在研发中或至少纳入了考虑范围。例如:来自可选择的定位、导航和授时系统的信息——飞行作业在 GNSS 信号减弱时(如靠近大楼或其他建筑物)可能需要这些信息;射频信号强度和干扰模型信息;人口和地面交通密度信息;天气/风力信息;以及详细的 GIS 匹配信息。与之相关的是,FAA 正在制定新的规定,要求无人机进行位置报告。这种新型位置报告应答器称为 RemoteID。虽然没有规定明确要求,但是为了满足性能要求,这些应答器可能会使用基于 GNSS 的定位。

各种 UTM 概念还在探讨中,但这些概念几乎都有上述的基础架构。NASA[16] 已经与 FAA 和其他利益相关方[如谷歌(Wing)[26] 和亚马逊[27]]展开合作,共同解决普及 UTM 面临的种种挑战[28]。需要强调的是,UTM 一共有两种含义:一是"功能",二是"系统"。迄今为止,"系统"只是作为 NASA 项目和 FAA 试点项目的一部分被测试和评估过的一个设计概念。这些项目由 FAA/NASA 和产业界共同协作,目标是在 2020—2025 年在美国得到全面实施。同样,在欧洲,单一欧洲天空空中交通管理研究计划(SESAR)一直致力于将 UAS 融合到所有类型的飞行作业环境和空域中,并将其作为空中交通管理总体计划的一部分。他们的构想称为 U-Space,包括了一系列将 UAS 安全、高效、可靠地纳入国家空域的服务和特定程序[29]。可通过国际民航组织(ICAO)进行全球协作,该组织也在加大 UTM 和安全领域的活动力度。

60.1.4   突发性挑战概述

无人机系统(UAS)飞行作业面临着各种挑战:①视距内运行尤其是视距外运行的 UAS 指挥控制,包括 UAS、远程驾驶员、无人机交通管理系统或其他 UAS 之间相互通信面临的相关的挑战;②UAS 在国家空域飞行作业面临的监管和法律问题;③UAS 运营人的责任和保险问题;④UAS 及其子系统的系统安全性评估,包括重新评估有人驾驶飞机上已经存在的但需要机载驾驶员负责的"飞行器"功能;⑤地面和环境影响危害和电子围栏;⑥空中碰撞危害,包括 UAS 探测与避让以及与避碰功能相关的挑战;⑦挑战性环境下的导航;⑧UAS 的自主行为(即状态评估、预测、决策制定、采取动作)。关于⑤~⑧项的更多详细信息见本章余下部分。

60.2   飞行制导和自主

60.2.1   制导、导航、指挥和控制

图 60.2 给出了通用制导、导航、指挥和控制(GNC)方法的高级功能框图。GNC 功能包含两个主要功能:战术 GNC 功能和战略 GNC 功能。

在已知环境中,战略 GNC 功能记录预测的飞行轨迹和无人机实际的飞行轨迹,并为无人机驾驶员提供必须到达的下一个航路点。需要强调的是该飞行计划和导航功能只是飞行管理功能的一部分,最终就像有人驾驶商业飞机那样,被安装在更先进的 UAS 上。此外,飞行管理系统(FMS)还包括轨迹预测、性能计算、制导和高级导航功能。

在未知环境中,战略 GNC 功能记录无人机轨迹的粗略估计及相关的环境拓扑图,然后结合特定任务目标(即室外/室内导航和制图任务),为战术 GNC 算法提供其路径规划决策约束条件(即建议的行进方向,在多个相似选择项之间的选择,如选择相似的门或窗)以及相关的控制行为。

与此相反,战术 GNC 功能能够以较高的更新频率做出最优短期轨迹规划决策,能够适

应飞行器在杂波环境下的高速飞行作业。导航模块实时更新的无人机状态(如位置、速度和姿态)和无人机作业环境的本地地图,为轨迹规划提供了决策依据。该地图描绘了通过传感器感知到的可用于路径规划和碰撞避让过程的本地环境特征。示例性的地图有接触时间地图和空间图层地图。

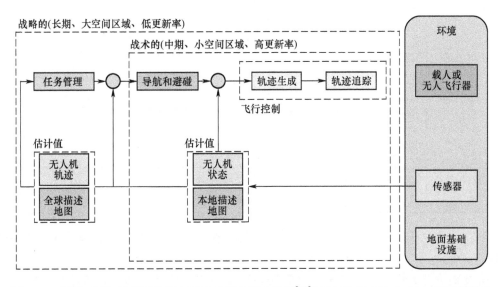

图 60.2 制导、导航、指挥和控制(GNC)功能的层次结构[30](经 ION M. Uijt de Haag 许可复制。)

给定无人机状态和本地地图,可以规划最优路径并将其传给控制器的轨迹生成模块。一般来说,在线轨迹生成包括姿势(位置和姿态)计算、速度(直线运动和旋转)计算及操纵面(旋翼拉力)计算,其中操纵面(旋翼拉力)计算从终点、路径和控制权限约束的角度看是可行的。轨迹设计过程的多数方法只处理平移运动方程,把无人机系统姿态参数看作虚拟控制输入,从而出现三维自由度(3DOF)问题。除了有计算速度和位置信息外,也要有与计算相关的姿态信息,姿态信息是内部姿态跟踪环路的参考命令。无人机利用旋翼同时产生推力和角加速度完成要求动作,然而在设计过程中,常常忽略命令姿态对于无人机这种能力的可行性。当无人机在高杂波环境中需要进行特技飞行以避让碰撞时,这一点变得尤为重要。

另外,在线实现轨迹生成目标限制了轨迹设计算法的复杂性。因此,可以避开三维自由度假设但是将控制权限约束纳入问题中,设计简单的轨迹设计算法。无人机在飞行途中能够调用这些算法,应对在动态变化、高杂波环境中的障碍物检测。

60.2.2 自主

本节中,我们使用文献[9]给出的"自主"定义,自主是指"完全或部分替代先前由操作人员执行的功能"。总的来说,图 60.2 所示的任何功能都可以实现自主。文献[13]和同一作者其他早期的文献,根据操作人员和机载计算机之间的责任分布,将有关决策制定和行动选择的自主定义为 10 个等级(表 60.4)。例如,等级 10 操作人员独立于决策制定和行动选择的回路之外。而在等级 3 中,计算机在所有可能的解决方案中确定若干决策/行动方案提交给操作人员,操作人员从若干方案中选择其中一个解决方案。

表60.4中的自主等级(LOA),可用于普通人工信息处理模型的所有阶段,类似文献[31]讨论的博伊德(Boyd)观测、调整、决策和行动(OODA)环路模型。

表60.4　自主等级[31]

低	1	计算机不提供帮助,由人完成所有的决策和行动
等级	2	计算机提供全部的决策/行动选项
	3	将选项范围缩小到其中几项
	4	建议一个选择
	5	如果人工允许,执行该选项
	6	允许人工在自动执行前有一段有限的时间去否决
	7	自动执行,然后必要时通知人工
	8	只有在被询问的情况下通知人工
	9	只有在计算机决定通知人工时通知人工
高	10	计算机决定一切,自主行动,无视人类

阶段1:信息获取(IAcq):针对所有传感器,处理它们的信息,并将这些信息存储在内存中。

阶段2:信息分析(IAn):由多数认知功能组成,如推理过程(如状态估计和预测)和工作记忆(过去的、现在的和以前的测量值和状态估计)。

阶段3:决策选择(DSel):基于分析的信息制定决策。

阶段4:动作实施(AImp):根据做出的决策执行一项或多项动作。

同样,这4个阶段模型可应用于图60.2控制方法的所有阶段。在文献[32]中,对制导、导航、指挥和控制环路不同部分,分析了这4个阶段中每个阶段的自主级别。该文献作者还讨论了冲突预测和解决的不同输出方式,以及能够想到的碰撞避让系统。图60.3所示为在可使用GPS的非挑战性作业条件下,商用多旋翼直升机平台典型自动驾驶系统的自主分配。

自主与特定无人机系统作业必须保证的安全目标等级(TLS)息息相关。例如,如果计算机在没有用户输入(自主等级10)的情况下做出导航决策,信息获取(IAcq)和信息分析(IAn)过程必须输入比自主等级要求更严格的性能参数(即精度性、完好性、可用性、连续性),并考虑用户输入和用户监控。

60.2.3　运动规划

如前两节所述,规划无人机系统轨迹是无人机自主的重要组成部分。有关运动规划算法的详细综述参见文献[33]。文献[33]将运动规划描述为一个多阶段过程:①对用于监测UAS作业环境(障碍物环境)的传感器进行建模;②用某种表示空闲和占用空间的地图表示该环境;③构建路线图,例如,使用图形表示法构建路线图;④执行图形搜索,查找描述所需路径的一组航点;⑤根据识别的航点、无人机动力学模型或运动约束条件生成平滑的轨迹。对于轨迹生成,运动规划算法可分为有微分约束方法和无微分约束的方法。在有微分约束的方法中,UAS的状态(即位置、速度、方向和方向速率)以及规划的轨迹必须满足无人机的运动方程。在无微分约束的方法中,通过简化运动模型,给状态变量(如速度限制)施加一系列限制(即约束)条件,生成平滑的轨迹。

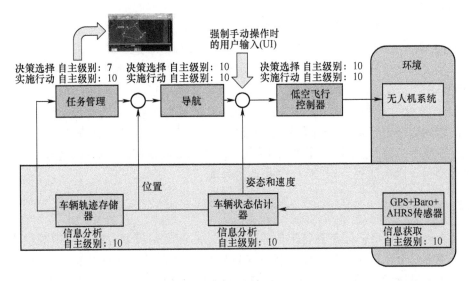

图60.3　GPS可用时商用多旋翼直升机典型自动驾驶系统的自主分配[30]
(经ION M. Uijt de Haag许可复制。)

无微分约束的路径规划算法包括:①路线图方法,通过图形对无人机系统的运行环境(即全球空间)进行建模,并将规划问题简化为图形搜索问题;②单元分解方法,将环境分解为一组被占用,或部分被占用,或空闲的子空间,并使用图形搜索方法来查找轨迹;③势场方法,为环境中的空闲空间建立势场函数(势场函数具有吸引力和排斥力),将无人机等效为可对势场产生的力作出反应的粒子,寻找最优轨迹;④概率统计方法,减小粒子在势场局部极小值结束的概率;⑤势场以外的矢量场,包括李亚普诺夫矢量场[34]和梯度矢量场(GVF)[35-36]。

如今,很多路径规划算法不仅使用了运动学极限知识,还涉及无人机系统动力学模型的知识。因此,这些方法变得更加复杂,需要在满足UAS运动方程或运动方程近似值的同时,找到穿过作业环境到达目标点的轨迹。一些具有微分约束的路径规划方案,使用了无微分约束的路径规划方案对搜索最优轨迹进行初始化。有关更多信息参考文献[33]。

60.3　避障:环境

60.3.1　风险评估

随着美国国家空域系统无人机系统数量的惊人增长,必须研发和应用相应系统,在保护无人机系统的同时,防止无人机系统给附近的公民、公民权利和财产带来损害。为了达到保护目的,UAS需要具备多种能力,包括可靠的避障能力,防止无人机与附近物体发生碰撞以及侵入不安全或受限的空域。无人机需要具备躲避静态和动态目标/区域(位于已知或未知位置)的能力。自动执行地理空间限制是无人机避开静态障碍和指定禁飞区特定位置的一种手段,本节重点介绍无人机自动执行地理空间限制所需的各种能力。对于多数商业无人机系统,机场、军事区域、城市环境和人口密集区域都是典型的禁飞区。万无一失地防止 UAS 进入危险环境,避免对公民、公民权利或财产造成意外伤害,是确保 UAS 安全作业的关键组成部分。

此外,加强地理空间限制也有助于遵守 UAS 相关法规。依托 60.1.3 节介绍的监管方法,Hayhurst 等[37] 做了一项案例研究,建议为农村农业环境中运营的 1000 磅无人旋翼机设计相关标准。在这项研究的基础上,研究人员扩展了第 107 部分的思想:如果增加作业限制条件,将 UAS 控制在一定区域内将附带损害的风险降至最低,减少 UAS 作业的风险,就可以简化 UAS 安全标准和程序。具体来说,Hayhurst 的研究表明:使用自动化系统确保实施地理空间限制也许更容易被人们接受,不仅能够简化每架无人机必需的安全例证,也能够豁免一些不在第 107 部分规则范围内的 UAS 作业。通过降低附带破坏风险,地理空间约束让 UAS 更容易遵守既定法规,有利于 UAS 作业的开展。

60.3.2　地理围栏

将无人机系统(UAS)限制在特定作业环境内的一种常用部署方法是地理围栏[38]。地理围栏是一种基于软件实现的功能,使用 GNSS 定位功能,将无人机的位置与一组定义好的地理参考边界进行对比,能够防止 UAS 偏离预定的作业区域。这些边界在无人机周围形成一个虚拟屏障,限制无人机的侧向运动并将无人机保持在特定高度以下[39]。图 60.4 给出了一个地理围栏区域的示例,特别限制了 UAS 的作业区域防止其靠近学校。

多数商用 UAS 自动驾驶仪都内置了地理围栏功能,允许用户快速、方便地定义作业环境。此时,地理围栏功能直接与无人机控制系统集成在一起,允许用户提前定义无人机越过地理空间限制时应采取的相关纠正动作。典型的应变动作有执行返程、留待、着陆或等待航线[40]。事实证明,地理围栏是对小型 UAS 飞行实施地理空间限制的一种充分手段,是防止无人机意外闯入必须确保安全环境的第一道防线。

图 60.4　学校附近的地理围栏区域

60.3.3　确保遏制

大多数地理围栏技术(如商用自动驾驶仪中的地理围栏技术)在很多场景下都能发挥作用。但是,无论是商业自动驾驶仪还是地理围栏系统,设计时通常都没有采用常规的认证标准。因此,这些系统的可靠性、可信性和完好性都是未知的,可能不适合安全关键应用。Dill 等[41]认为,机载硬件缺乏独立性、软件开发和数据处理不符合航空标准、过度依赖GNSS 定位能力是造成上述情况的主要原因。

通常,地理围栏和自动驾驶软件位于同一的机载处理器上[38]。这会引发单点故障,即由机载处理器故障导致自动驾驶软件和地理围栏故障。类似地,无论是地理围栏故障还是自动驾驶软件故障,都可能影响对方的功能,引起潜在的系统故障或其他意外行为。常规的地理围栏和自动驾驶软件如果没通过必要的验证和确认(V&V),就无法保证符合安全关键系统的典型航空标准,并增加了程序或逻辑出错的概率,这一事实更加剧单点故障的发生。

另外,用于捕获、传输、处理和存储无人机作业重要数据的程序和系统缺乏可信性,导致大多数商业地理围栏不足以满足安全关键应用。地理围栏能够发挥相应功能,本质上不仅取决于准确的地理围栏边界点,还取决于无人机地理位置估计的准确性,因此,采取措施确保无人机定位数据的准确性尤为重要。可以利用已制定并经过验证的商业航空标准获得边界点,该标准示例如用于收集地图元素定位数据的程序文件[42],以及使用数据库数据的标准[43]。对于获取无人机定位估计,多数地理围栏则完全依赖 GNSS。尽管很多场景都可依赖 GNSS,但是对于安全关键应用却不能将 GNSS 作为唯一选择。例如,城市峡谷中或茂密树叶周围的飞行作业,由于信号衰减、遮挡效应或多路径效应,GNSS 信号可能会消失或劣化。因此,为了能够连续准确地估计无人机位置,必须利用其他定位源弥补 GNSS 的不足。最后,对于上述定位数据和地理围栏使用的其他所有关键数据,应根据已确立的方法使用适当的数据处理程序进行处理[42-46]。

为了减少标准商业地理围栏有关问题的发生,美国航空航天局研制了第一个可靠的地理遏制系统,称为"Safeguard"[41],该系统具有一定的可靠性和可信性,满足了商用无人机常规认证标准,提供了一种对无人机系统(UAS)实施地理空间限制的途径。Safeguard 系统工作时与其他机载电子设备相互独立,遵从加载、处理和存储数据的常规标准[42-46],基于一小部分高度可靠的功能,通过配置,能够在不完全依赖 GPS 的情况下运行。此外,文献[41]指出,UAS 其他组件在设计时通常都没达到商业航空标准中规定的可靠级别,因此不能将其用于安全关键功能,无法实现高可靠的地理遏制。在此基础上,假设"对于 UAS 而言,机身受损本身并不是安全性方面的灾难性故障条件",那么 Safeguard 系统必须保留独立终止飞行的权利[41]。为了遵从商业航空严格的标准,美国航空航天局根据这一假设,使用已建立的程序开发了 Safeguard 系统。在 Safeguard 系统开发过程中,想出了很多新技术和新方法。

普通地理围栏在边界被突破后会立即采取纠正措施,Safeguard 系统却与之不同,Safeguard 系统建立了多层边界结构,能够最大限度地降低任何侵犯作业边界的可能性。每个滞留或远离区域有 3 个不同的边界:硬边界、软边界和报警边界,如图 60.5 所示的多个矩形区域。红色显示的多边形为硬边界,表示已确立的无人机系统(UAS)作业区域,无论什么情况都不能越过这个边界。黄色表示的是终止边界(软边界),表示需要采取飞行终止动作防止无人机可能穿过任何硬边界。假如 UAS 穿过了终止边界,则认为发生了失控或飞走事件,因此,必须终止飞行并将其作为防止飞偏的最后手段。为了能够正确设置该边界的位置,必须计算无人机终止飞行后可以飞行的最大距离,防止无人机飞行终止后越过任何硬边界。此外,由于飞行终止导致的飞行轨迹具有一定的情境背景,因此终止边界和硬边界之间的相对距离会动态变化。图 60.6 显示的是多旋翼和固定翼飞机终止飞行后最大飞行距离的计算示例。最后一个用绿色表示的是报警边界,表示向 UAS 机载系统发出警告的位置,指示无人机正在接近终止边界。报警边界也会动态变化,是终止边界的一个等比例缩放版本,以便在无人机到达终止边界之前发出警告。虽然在无人机越过警告缓冲区时没有命令无人机直接采取行动,但允许 UAS 或驾驶员采取应急动作来避免飞行终止。Safeguard 系统使用这些技术以及文献[41]中所述的其他技术,为创建可靠遏制系统建立了框架。

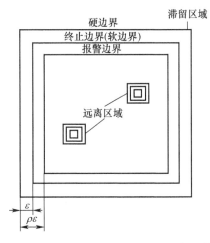

图 60.5 美国航空航天局 Safeguard 系统中用于确保遏制的概念边界[41]

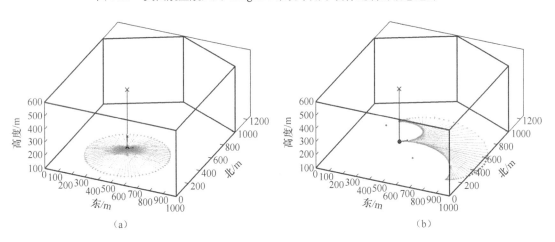

图 60.6 图(a)多旋翼无人机系统在 400m 高度悬停时飞行终止后的模拟轨迹;
图(b)固定翼无人机系统在东北方向以 400ms80kn 的速度飞行时,飞行终止后的模拟轨迹[41]

60.4 避障:其他飞行器

入侵飞行器检测与避让是一个多领域、快速发展的主题,在过去几年里人们对其进行了大量的研究。入侵飞行器检测和避让与定位、导航和授时(PNT)息息相关,因为它涉及感应和预测入侵飞行器的轨迹,并做出安全及时的避让动作。本节介绍了感知与避让(SAA),也称探测与避让(DAA)的监管背景,量化了"相对安全距离"的概念,描述了具有实用意义的避撞系统,并简要回顾了最近的研究工作。本节重点强调了 SAA 导航安全性,对于质量超过 55 磅的无人机系统,不在 60.1.2 节讨论的《美国联邦法规》第 14 编第 107 部分小型 UAS 法规监管之内。

60.4.1 从"看见与避让"到"感知与避让"

美国国会在《2012 年美国联邦航空局现代化改革法案》的子标题 B 中,授权美国联邦航空局(FAA)制定扩大无人机系统(UAS)进入国家空域系统中安全作业所需满足的条件[47]。FAA 在完成这项任务时面临的挑战之一是保证 UAS 在一个合理的安全等级下进入国家空域系统。安全优先事项清单第一项是防止无人机与有人驾驶飞机发生空中碰撞。

保证飞行器彼此保持相对安全距离的分离层次有多个,包括空域程序(如要求的飞行高度)和空中交通管制(ATC)提供的战略分离服务。但是相互分离也可能是 UAS 远程机长(PIC)的责任,PIC 负责"感知与避让"(SAA)入侵飞行器。在秉持国际民航组织(ICAO)单分离概念[48]的同时,UAS、入侵飞行器和 ATC 之间的 SAA 责任分配,取决于空域类别以及本章 60.1.2 节引用的无人机运行概念中所讨论的飞行条件[49]。

对于有人驾驶飞机,如果入侵飞行器是协同的,即使用飞行应答器或广播式自动相关监视(ADS-B)[50-51],那么 ATC 也能够为它们提供分离服务,或者驾驶员能够使用交通防撞系统(TCAS)辅助进行态势感知[52-53]。但是,如果入侵飞行器是非协同的,那么驾驶员有责任通过目视观察入侵飞行器并操纵无人机与之保持分离。Anderson 等全面详细说明了《美国联邦法规》第 14 编第 91 部分与驾驶员"看见并避让"责任之间的关联方式[54]。

如果没有机载驾驶员,大型 UAS(不属于《美国联邦法规》第 14 编第 107 部分监管)必须使用适当的传感器代替驾驶员目视功能。非协同感知与避让(SAA)或探测与避让(DAA)传感器包括雷达、激光/光探测和测距(LiDAR)、光电(EO)、声学和红外(IR)[55-56]。UAS 必须具备 SAA 能力,或具备等效的"探测与避让"(DAA)能力[57-58]。SAA 类似于有人驾驶飞机驾驶员的"观察与避让"职责[59]。

文献[47]将 SAA 定义为:无人驾驶飞机与其他空中飞机保持安全距离并避免碰撞的能力。文献[49]对该定义进行略微修改。SAA 功能包括提供自分离(SS);UAS 与其他飞机之间的碰撞避让。SS 的目的是在 UAS 获得隔离权限时主动与其他飞行器保持"相对安全距离"(well clear),而冲突告警(CA)指明在 SS 失效后对即将发生的空中碰撞风险做出直接反应。尽管 SS 和"相对安全距离"观点已被 FAA 和 ICAO 广泛认可,但直到最近才对它们进行量化定义[60]。

60.4.2 相对安全距离的定义

在《美国联邦法规》第 14 编第 91 部分第 113 子部分中,"相对安全距离"是路权规则中的一个主观的用语[61]。2011 年,麻省理工学院(MIT)林肯实验室(LL)Weibel 等首次提出将"相对安全距离"作为客观的分离标准[62]。2013 年,第二届美国联邦航空管理局感知与避让研讨会认为:"相对安全距离"的概念是一种空中飞行器分离标准[60]。此外,2013 年,美国航空航天局阿姆斯研究中心 Lee 等,利用美国宇航局空域概念评估系统(ACES)模型,对不同定义的"相对安全距离"确定了不同的"相对不安全距离"比例[63]。2014 年,美国航空航天局兰利研究中心 Munoz 等评估了四种不同版本的到横向最近会遇点(CPA)的时间,称为"tau",并为一系列"相对安全距离"边界模型开发了检测算法[64]。

到最近会遇点的时间"tau"是感知与避让计算公式的一个关键变量。本机的 CPA 是其与入侵飞机距离最近的位置。估计到达 CPA 时间的方法有很多,其中的两种方法如图 60.7 所示,本机和入侵飞机分别在 O_{own} 点和 O_{intr} 点开始遭遇。本机和入侵飞机分别以 v_{own} 和 v_{intr} 恒定速度向点 CPA_{own} 和 CPA_{intr} 移动。真实"tau"或 τ 是到达 CPA 的真实时间,本机到 CPA 的估计距为 d_{own},飞行速度为 v_{own}。修正"tau"或 τ_{mod} 与真实"tau"的意义相同,但是到达 CPA 的距离增加了一个修正距离 DMOD。τ_{mod} 的计算公式如下:

$$\tau_{mod} = (d_{own}^2 - DMOD^2)/d_{own}v_{own} \tag{60.1}$$

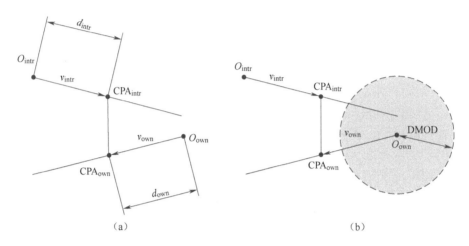

图 60.7　两种估计到达最近会遇点时间的方法(tau)[49]

(a)到达 CPA 真实的时间"tau",或 τ,估计本机 $\tau = d_{own}/v_{own}$,其中 d_{own} 是到 CPA 的
距离,v_{own} 是飞行速度($\tau = d_{intr}/v_{intr}$);(b) 修正的"tau",或 τ_{mod}

修正距离 DMOD 有两种解释:①用于解决慢速接近的遭遇(防止具有相似速度矢量的飞机相互尾随,在空间上彼此接近,具有较长的"tau")[52];②用于说明入侵飞机不可预测的加速度和非线性轨迹[52-53]。

如果以认证为目的,那么就需要一种唯一的明确的感知与避让(SAA)计算方法[49]。2013 年 6 月,美国国防部无人机系统 SAA 科学研究小组(SARP)被赋予一项任务,为 UAS "相对安全距离"制定一个定量定义[65]。SARP 评估了 3 个建议的"相对安全距离"阈值:一个来自麻省理工学院林肯实验室(MIT LL),一个来自美国航空航天局,还有一个来自美国空军研究实验室(AFRL)。NASA 提出的"相对安全距离"阈值,使用一个"修正 tau(τ_{mod})",τ_{mod} 为 30s,横向间隔距离为 6000ft,垂直间隔为±475ft,到达相同高度的垂直时间为 20s[65]。AFAR 建议使用可预计的高度在 450~600ft 之间变化的可变楔形扇体[65]。2014 年 8 月,科学研究小组最终推荐使用 MIT LL 的建议,定义"相对安全距离"横向到达 CPA 时间"tau"为 35s,横向间隔距离为 4000ft(图 60.8),垂直间隔距离为±700ft[65]。

美国航空无线电技术委员会(RTCA)228 特别委员会分会(SC-228)最近重新定义了"相对安全距离"阈值(WCT)。RTCA 是一个联邦咨询委员会,由航空界的学术界、政府和产业界成员组成,负责推荐相关技术标准。在 2015 年 11 月的探测与避让(DAA)最低运行

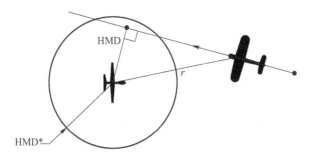

图 60.8　到 CPA 的横向距离或者横向间隔距离(HMD),以及横向"相对安全距离"

阈值(HMD＊)(来源:经伊利诺伊理工学院 M.Jamoom 博士许可复制。该图显示了入侵飞

行相对于本机的轨迹(以本机为固定参考坐标系)。本机到入侵飞机距离 r 用于估计 τ_{mod}。)

性能规范(MOPS)草案中,RTCA SC-228 将 WCT 定义为一个修正的 tau,τ_{mod}^* 为 35s,横向间隔距离(MD)HMD＊为 4000ft,垂直间隔距离 h^* 为±450ft[57]。"相对不安全距离"用数学形式可表示为

$$对相对不安全距离 = [\,0 \leqslant \tau_{\mathrm{mod}} \leqslant \tau_{\mathrm{mod}}^*\,],[\,\mathrm{HMD} \leqslant \mathrm{HMD}^*\,],[\,-h^* \leqslant d_h \leqslant h^*\,]$$

$$(60.2)$$

式中:τ_{mod} 为或修正的 tau(基于横向距离),定义为闭合的几何形状:$\tau_{\mathrm{mod}} =$

$$\begin{cases} \dfrac{-(r^2 - \mathrm{DMOD}^2)}{r\dot{r}} & (r > \mathrm{DMOD}) \\ 0 & (r \leqslant \mathrm{DMOD}) \end{cases}$$,r 和 $\dot{r}$ 分别为本机与入侵飞机之间的相对横向距离和距离变

化率(对于闭合几何形状 $\dot{r} < 0$);HMD 为在 CPA 位置的横向间隔距离;d_h 为当前的垂直间距。

　　另外,探测与避让最低使用性能规范定义了"危险区域"和"非危险区域"[57, 66-67]。"τ_{mod}"标准的危险区域、报警区域和非危险区域如图 60.9 所示。感知与避让系统应能够尽早发出警报,从而启动自分离确保入侵飞机保持在"相对安全距离"阈值或危险区域之外。SAA 系统还需要避免在非危险区域(自分离阈值 SST 外的区域)的早期警报(EA)[60,68]。危险区域和非危险区域之间的报警区域也称自分离容量(SSV)[67-68]。

　　当入侵飞机与本机不能够保持"相对安全距离"时,本机须启动避碰机动以避免二者空中接近(NMAC)。通常情况下,NMAC 的边界与本机之间的横向距离为 500ft,垂直距离为100ft[60]。若入侵飞机不能够与之协同,则由感知与避让系统提供适当的避碰动作。相对安全距离阈值和空中接近距离阈值之间概念上的差异如图 60.10 所示。

60.4.3　协同无人机避碰系统

　　当前,支持空中避碰应用最广泛的两个系统是交通防撞系统(TCAS)和广播式自动相关监视系统(ADS-B)。因上述两个系统的工作均基于应答器,所以仅对协同目标有效。TCAS 和 ADS-B 用于有人驾驶飞机,通过提供空中交通感知来弥补人类目视缺陷,如通过驾驶舱交通信息显示,即 CDTI,提供空中交通感知[49-53]。

　　多个 TCAS 的概念和参数,包括到达最近会遇点的修正时间 tau(τ_{mod})和修正距离DMOD,已经成为无人机系统感知与避让性能标准的基础。将 τ_{mod} 与高度相关的防撞阈值

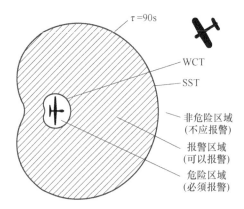

图 60.9　τ_{mod} 标准的危险区域、报警区域和非危险区域[69][获取心形图案的假设条件：入侵飞行速度固定不变,正面轨迹在所有可能的方位角上(−180°~180°)。虚线内必须尽快发出警报,防止入侵飞机进入危险区域。应避免在非危险区域出现早期警报(EA)。"可以报警区域"位于危险区域和非危险区域之间。来源:经美国航空航天学会许可复制。]

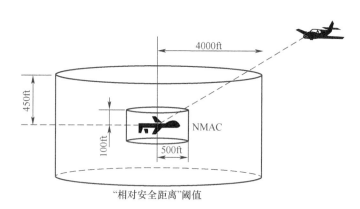

图 60.10　"相对安全距离"阈值和空中接近距离阈值之间概念上的差异(不按比例)(来源:经伊利诺伊理工学院 A. Canola 博士许可复制。本图未考虑相互之间到达最近会遇点的修正时间 τ_{mod}。只要本机与入侵飞机之间的距离在此图所示阈值之外,二者就可保持相对安全距离。)

进行比较,发布交通咨询(TA,用于交通感知)和决断咨询(RA,建议的逃生动作)。

　　TCAS 设计处理容量高达每平方海里 0.3 架飞机(5n mile 半径内 24 架飞机)。多机遭遇的情况下,TCAS 对每架威胁飞行进行单独处理,然后检查确定产生的决断咨询是否相互冲突(如将垂直向上飞机与垂直向下的飞机进行对比)。如果存在冲突,则使用其他逻辑来查找最优的综合咨询。

　　应答器是 TCAS 的主要传感器,提供无人机间的通信以及横向距离、距离变化率和粗略的方位。当前应用的 TCAS 有多个版本[52]。下一代 TCAS 被称为"空中防撞系统"或 ACAS−X[72]。ACAS−X 将利用最新的计算能力和传感器技术,发布更高效的决断咨询,例如减少不必要的分离机动动作。ACAS−Xu 是专为无人机系统设计的 ACAS 版本[73]。ACAS−Xu 有望兼具非协同无人机及主动雷达的监视功能。美国航空无线电技术委员会

（RTCA）147 特别委员会分会（SC-147）预计 ACAS-Xu 的最低使用性能规范（MOPS）在 2020 年可用[74]。

同时，2020 年，广播式自动相关监视系统（ADS-B）Out 功能被强制用于在美国国家空域系统（NAS）内特定空域类别（包括 A 类、B 类、C 类）作业的所有飞行器，以及在预定义条件下作业的其他飞行器[47,75-76]。ADS-B 不提供"本机与入侵飞机分离"参数，但能够报告本机的估计位置和速度，并标明这些估计值是否可信。在 ADS-B 中，GPS 可用于保证定位完好性，气压测量可用于提供高度估计值，其他辅助定位传感器可以融合在一起但不是必需的[77]。

如果使用 GPS 为 ADS-B 生成位置报告，可以横向保护等级（定位误差的概率统计边界，如通过接收机自主完好性监测 RAIM 计算[78]）为基础，建立飞机估计位置周围的限制半好性类别（NIC）。飞机估计位置超出导完好性类别的概率称为监视完好性水平（SIL），SIL 是根据定位设备设定的一个恒定值。其他 ADS-B 导航性能参数有关于位置和速度的导航精度类别，以及位置测量和飞机传输之间的延迟时间[50-51,75-76,79]。

60.4.4 感知与避让实现示例

对无人机系统（UAS）感知与避让（SAA）的需要，推动了大量基于传感器的入侵飞机探测、轨迹预测和规避机动方面的研究。Yu 和 Zhang 介绍了 SAA 整体问题现状，对当前的 SAA 传感器、决策算法、路径规划和路径跟踪进行了文献综述[55]。文献[80-82]全面回顾了前期 UAS 融入美国国家空域系统遇到的相关问题。Kuchar 和 Yang 对当前空中交通冲突探测和决断模型进行了概述[83]。

前期关于 SAA 安全性的大部分工作都集中在风险比例研究上，类似于在 TCAS 研发中使用的风险比例。McLaughlin 和 Zeitlin 介绍了 MITRE 公司的一项安全性研究，使用遭遇模型构建碰撞避让风险比例，确定 TCAS 6.4 版的安全性[84]。Espindle 等介绍了麻省理工学院林肯实验室的一项安全性研究工作，使用遭遇模型构建碰撞避让风险比例，确定 TCAS 7.1 版的安全性[85]。第二届 SAA 研讨会使用国际民用航空组织（ICAO）文件 9689 描述的方法，认为 UAS SAA 系统应具备两个基于灾难性碰撞风险比例的安全目标等级（TLS）：协同空域（需应答器）每飞行 1 小时（FH）有 10^{-9} 次空中碰撞（MAC），以及其他空域每飞行 1 小时（FH）有 10^{-7} 次空中碰撞（MAC）[60,86]。

SAA 研究社区广泛采用了麻省理工学院林肯实验室的遭遇模型[57,66]。Kochenderfer 等进一步发展了该遭遇模型，使用空中接近（NMAC）率和风险比例评估碰撞避让系统的安全性，将安全性定义为有碰撞避让系统的 NMAC 概率除以无碰撞避让系统的 NMAC 概率[87-89]。Kochenderfer、Chryssanthacopoulos 和 Billingsley 等研究了碰撞避让系统的状态不确定性，将安全性量化为采取防撞机动措施后的 NMAC 概率，并在碰撞避让中应用了马尔可夫决策过程[90-91]。Heisley 等开发了一种能够感知未来的架构用于试验和验证 SAA 系统[92]。Owen 等利用相控阵技术开发了一种 SAA 雷达模型，并通过飞行试验验证了该模型支持 SAA 需求的能力[93]。Edwards 和 Owen 使用建模和飞行试验方法，验证了一种基于雷达的 SAA 概念[94]。

Shakernia 等联合美国空军研究实验室（AFRL）研究了被动测距技术（包括良好的本机机动），以及补偿电光（EO）SAA 传感器在测距方面的不足[95]。2006 年底，AFRL 使用融合了机动被动测距技术的 EO 相机,对早期的一个 SAA 系统进行了飞行试验[96]。2009 年,AFRL 对他们的多传感器融合冲突避免(MuSICA)SAA 系统进行了飞行测试,该系统融合了来自广播式自相关监视系统、交通防撞系统、雷达和电光(EO)的多个传感器[97-98]。此外,美国空军技术学院(AFIT)和 AFRL 研究了无人机系统防撞轨迹,通过使用粒子滤波跟踪多架入侵飞机,最大限度地降低了无人机与计划飞行路径的偏差[99-102]。

其他关键实现还有美国航空航天局兰利研究中心(NASA Langley)的 Lee 等人的工作,Lee 等基于美国大福克斯空军基地捕食者的训练任务构建了一个分布式交通模型,该模型使用概率统计方法,通过计算碰撞率对风险进行评估[103]。NASA Langley Munoz 等给出了一种可参考的感知与避让概念实现方法—无人系统探测和避让报警逻辑(DAIDALUS)方法,该方法在检测和避让最低运行性能规范(MOPS)附录 G 中也有相关描述[104-105]。

最后,文献[106-108]描述了一个支持探测与避让功能的冲突预测和显示系统,在远程驾驶航空器系统(RPAS)的驾驶员平面图驾驶舱交通信息显示(CDTI)和垂直剖面显示(VPD)上增加了可视组件。这些可视组件包括:①变化的交通标志,将特定时间窗口内预测的相对不安全距离通知给驾驶员;②覆盖航向和高度的色带,能够预测相对不安全距离,颜色表示解决冲突的紧迫性;③冲突空间描绘,通过横截面(在 CDTI 上)和垂直截面(在 VPD 上)对冲突空间进行描绘[108]。最后一个组件通常被称为冲突探测,定义为"一种功能:假设已知交通调度方式,可以为本机当前状态和当前状态的变化,提供有关本机与其他飞机将来如何分离的信息"。图 60.11 给出了包含冲突空间可视化的 CDTI 和 VPD 示例。

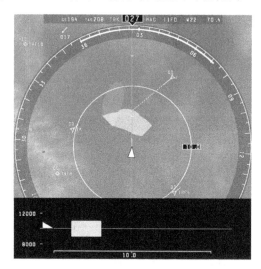

图 60.11   使用冲突探测描述预测的相对安全距离。顶部:驾驶舱交通信息显示 CDTI,
底部:垂直剖面显示 VPD[106](经 IEEE 复制许可。)

在图 60.11 中,黄色区域表示预计的相对不安全距离区域(冲突探测到的区域)。此外,实心黄色部分表示本机的轨迹与相对不安全距离区域相交部分,相对不安全距离即将出现,除非入侵飞机或本机改变方向。在图 60.11 中,例如,通过改变本机航向转向 140°,可避免出现相对不安全距离。

需要说明的是,通用原子航空系统公司(GA-ASI)已应用该冲突预测和显示系统(CPDS),并通过驾驶员在回路的仿真和飞行试验对其进行了大量的测试和评估,包括 GA-ASI 与美国联邦航空局、美国航空航天局、霍尼韦尔(Honeywell)和BAE系统(BAE systems)公司联合开展的概念验证探测与避让系统飞行试验。

60.4.5 与非协同入侵飞机遭遇

感知与避让面临的一个主要挑战是解决非协同入侵飞机不与本机通信的问题。无人机系统如果收不到广播式自相关监视系统或交通防撞系统应答器的消息,为了满足60.4.2节所述的"必须"报警和"不应"报警区域的冲突要求,必须尽可能提前并准确无误地感知到入侵飞机。检测和避让最低运行性能规范(MOPS)对这种无应答器的情况进行分别处理[57],并将作业概念限制到无人机系统穿越非受控空域时发生的遭遇,例如,从机场爬升到A类受控空域时,或从A类空域下降到机场时。

在这些场景中,探测空中入侵飞机传感器包括雷达[110]和电光传感器,感知与避让传感器的特性见表60.5[97]。机载主雷达能够向无人机系统驾驶员提供有关协同目标和非协同目标的交通感知信息。表60.6给出了机载主雷达的标称特性[110]。现有已被验证的系统有原子航空系统公司的适当判断雷达、Exelis公司的SkySense 2020H、SNC公司的电子可重构阵列(ERA)、THALES公司的感知与避让系统,以及Colorado Engineering公司的USTAR[111]。这些系统的视角不同,横向标称值±110,纵向标称值±15,足以覆盖有人驾驶飞机驾驶舱可见量程[112]。另外,使用光学系统也能够弥补或取代飞机上的人类视觉[113-114]。例如,"捕食者"飞机除了用于地面监视的负载相机外,还有一个供驾驶员使用的前置相机。不管是雷达系统还是电光系统,都会受到降水、误探测(鸟类)影响,有着环境方面的限制,也会受范围、视野和分辨率的影响,有着技术方面的限制[115]。

表 60.5 感知与避让传感器特性[97]

特性	TCAS	ADS-B	雷达	电光
精度	ρ：175~300ft θ：9°~15° z：50~100ft	x,y：25~250ft z：50~100ft	θ：0.5°~2° ϕ：0.5°~2° ρ：10~200ft $\dot{\rho}$ 1~10ft/s	θ：0.1°~0.5° ϕ：0.1°~0.5°
更新率/Hz	1	1	0.2~5	20
探测距离/nm	≥14	≥20	5~10	2~5

注：ρ 和 $\dot{\rho}$ 是指定距离和距离变化度量；θ 和 ϕ 是方位角和仰角；
x 和 y 是水平位置坐标；z 是垂直位置坐标。

表 60.6 机载主雷达的标称特性[110]

传感器特性	标称标准差
距离不确定度	50ft
方位不确定度	1.0°
高程不确定度	1.0°
距离率不确定度	10ft/s
探测范围	8nm
采样率	1Hz

60.4.4节中引用的很多感知与避让实现示例既有与协同入侵飞机的遭遇也有与非协同入侵飞机的遭遇。这些方法以常见的交通防撞系统安全性研究为基础,将风险比例作为安全性参数[60, 84-87, 90-94, 116-117]。

对于与非协同入侵飞机遭遇的情况,用于无人机导航航路、进近和着陆,并在广域增强系统(WAAS)[122]和局域增强系统(LAAS)[123]得到实施的安全性性能标准,与感知与避让(SAA)风险比例要求存在一定的差距,文献[118]曾尝试缩小这两者之间的差距。文献[66,118,124-125]使用完好性风险和连续性风险作为认证标准。为了解释由于传感器不确定性引起的风险,相关文献在初始的"必须报警"和"不应报警"阈值(定义见60.4.2节)周围设立了SAA保护容量。

SAA传感器误差会引发SAA完好性和连续性风险,文献[69、118、124-125]通过分别增大"必须"报警区域(通过$k\sigma$调整)和缩小"不应"报警区域(通过$l\sigma$减小),实现了预定义的SAA完好性和连续性风险要求。随着两机遭遇的进展:图60.12(a)本机SAA系统获取不到足够的信息,无法评估入侵飞机的轨迹,因此"必须"报警区域和"不应"报警区域重叠,没有安全报警的机会;图60.12(b)随着时间的推移,本机SAA系统收集到足够的传感器数据,能够准确估计入侵飞机的轨迹,因此能够进行安全报警;(c)随着采集到额外的测量数据,入侵飞机的轨迹估计准确性得到提高,因此安全警戒区域(划线区域)的范围变大。(资料来源:经美国航空航天学会许可复制。)

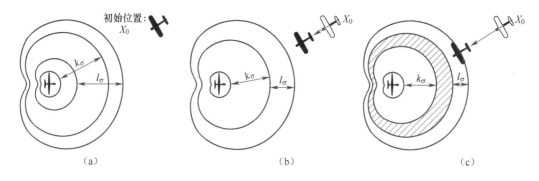

图60.12　关于无人机系统感知与避让测量不确定性的说明[69]。
(a)开始遭遇;(b)安全报警成为可能;(c)安全报警区域增大。

τ_{mod}标准的感知与避让(SAA)完好性和连续性概念如图60.12所示。将完好性修正值$k\sigma$增加到后期报警阈值,其中k是恒定的概率乘数,与预定义的完好性风险要求有关,σ是τ_{mod}预测值的标准差。用早期报警阈值减去连续性缓存$l\sigma$,其中l是恒定的概率乘数,与预定义的连续性风险要求有关。只有当产生的早期报警阈值大于晚期报警阈值时,才会出现"安全到报警"区域。例如,图60.12给出了一次遭遇过程中的3个快照。在图60.12(a)中,当首次检测到入侵飞机时,早期报警区域与晚期报警区域重叠,尽管此时系统能够满足完好性和连续性要求,但是SAA系统获取不到任何有用信息,因此不能及时发出警报。在图60.12(b)中,SAA系统采集了额外的测量数据,完好性修正值和连续性缓存σ变得足够小,适合可以报警区域。此时,系统能够对预计的相对不安全距离背离情况发出报警。最后,在图60.9(c)中,σ很小,SAA系统在满足要求的完好性和连续性的同时,能够提供大范围的可能报警时间(画线区域内)。

60.5 导航的作用

载人航天导航依赖各种陆基和天基导航设备,例如测距系统:测距设备(DME)、战术空中导航(TACAN)和全球导航卫星系统(GNSS)等;测量到达角的系统:甚高频(VHF)全向信标(VOR);独立系统:如惯性导航系统(INS);或者这些系统的集成:GNSS/INS。此外,GNSS既可以单独使用,也可以扩展使用,通过修正天基系统[即星基增强系统(SBAS)]或地基系统[即地基增强系统(GBAS)]进一步扩展GNSS功能。机载导航能力决定了该飞行器可以支持的飞行作业。导航性能需求(RNP)通常用导航精度、完好性、连续性和可用性来表示[126]。特别是GPS,因其支持航路操作、非精密进近、星基增强系统垂直引导(LPV)进近(使用星基增强系统SBAS)和精密进近程序(GBAS),广受用户欢迎。原则上说,这些导航设备都适用于无人机系统(UAS)。然而,这些导航设备由于受尺寸、质量、功率和成本(SWAP-C)约束,限制了UAS导航负载的选择空间。例如,即使是大型UAS也可能只使用基于GPS的导航,不会使用包括DME和VOR的导航套件。此外,UAS在美国国家空域系统(NAS)作业时,也必须考虑认证方面的问题。某种导航辅助设备已获批(已认证)用于有人驾驶飞机,但并不意味着它们可以不加分析就能够自动用于UAS。例如,在导航系统安全评估时,导航系统可能因为人工参与监测系统输出而得到好评。

对于很多商业UAS,全球导航卫星系统(GNSS)或全球定位系统(GPS)是最可靠的定位和导航解决方案之一。然而,在60.1.2节所列和图60.13所示的某些作业环境中,因为屏蔽、信号显著衰减、多径,甚至故意拒绝或欺骗,GNSS可能完全无法使用或仅部分功能可用。例如,由于信号多径和较差的卫星几何分布,小型无人机系统(sUAS)在城市环境中作业,可能会出现定位性能下降引起的导航中断。文献[127]讨论了同时使用GPS和Galileo系统预计的可用性和精度性能,通过对城市峡谷进行建模,对于不同的道路宽度,分析了城市峡谷对卫星可见度的影响。这些环境通常称为GNSS挑战性环境。为了满足UAS能够在任何环境下任何时间内作业的需求,UAS需要一种强大且不完全依赖GNSS的导航能力。为了提高GNSS在挑战环境下的可用性并保证服务的连续性,可以将GNSS与惯性测量单元(IMU)集成在一起[128],或使用外部数据源(辅助的GPS)提高其灵敏度。这种集成策略在很多情况下都是行之有效的,但并不适用所有场景。

无人机系统可选择的导航方法包括:①集成激光扫描(和/或图像)与惯性传感器[129];②使用机会信号[130];③基于信标进行导航(如伪卫星、超宽带(UWB)信标、Wi-Fi、蜂窝塔、地面信标)[130]。第①类中的方法通常利用激光测距仪和图像进行环境特征观察,有关详细讨论见第49章和第50章。对于第①类中的方法,挑战性环境分为两类[131]:(a)"结构化"环境,其特征具有定义明确的参数,如可预测的天花板高度、房间/走廊的形状与尺寸和标准建筑材料;(b)"非结构化"环境,其特征具有不规则尺寸和粗糙表面。结构化环境中的导航称为结构化环境导航(SEN),包括sUAS在城市和室内环境中的作业导航。非结构化环境中的导航称为概率环境导航(PEN),包括森林、洞穴和旧矿井中的作业导航。在接下来的几节中,将简要介绍适用于sUAS的各种可选择的导航方法。

图 60.13　俄亥俄大学小型无人机系统在挑战环境下作业示例

60.5.1　可选择的小型无人机导航——激光测距仪

关于使用激光测距仪对小型无人机系统(sUAS)进行定位、同步定位及其建图(SLAM)我们可以找到大量的参考文献。例如,在文献[132]中,作者描述了一种在结构化环境中导航的方法,将二维激光测距仪与装在 sUAS 上的惯性导航系统集成在一起,通过移动平台有目的地旋转激光,观察、提取环境的平面,并使用第 49 章中的方法将其用于无人机导航。原理如图 60.14 所示。文献[133]没有采用二维激光测距仪,而是使用三维成像仪进行集成导航。这两种方法都解决了导航解决方案完好性问题[134]。

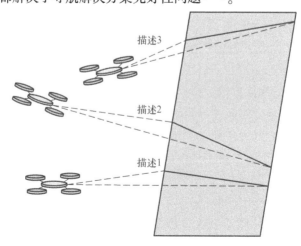

图 60.14　在平台位置连续,使用多激光扫描观测平面[132](经 IEEE 许可转载。)

其他激光方法采用一个或多个激光测距仪,实现第49章描述的支持航路和精密进近导航的地形参考导航方法。这些方法充分利用点云数据与已知数据库[135]或先前从第二台激光扫描仪收集的点云数据[136]之间的相关性。图60.15显示的激光基地形导航器,带有一个或两个激光扫描仪,无论是否有已知地形数据库都可以工作。

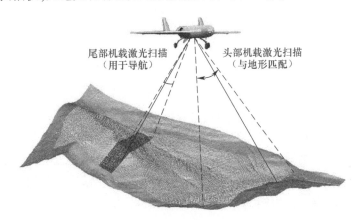

尾部机载激光扫描　　　　　　　　　头部机载激光扫描
（用于导航）　　　　　　　　　　　（与地形匹配）

图60.15　激光基地形导航器,有一个或两个激光扫描仪,无论是否已知地形数据库都可工作[135-136]

（经IEEE许可转载。）

　　虽然上述方法只关注导航问题,但别的方法解决了姿态和环境地图的同步估计问题[即同步定位与建图(SLAM)]。例如,文献[137]的作者提出了一种惯性测量单元(IMU)基的三维导航器使用二维SLAM的方法,使用一张二维占据栅格地图和一个双线性插值器,获得了较好的扫描匹配性能。该方法已用于机器人操作系统(ROS),成为Hector SLAM软件包的一个组成部分。文献[138]描述了另一种使用改进二维激光扫描仪的实现方式。尽管同文献[137]的方法一样能够生成二维地图,但是该方法能够支持多楼层和环路闭合。与栅格地图扫描匹配时用了迭代最近点算法(ICP)。增加了一个反射镜,使二维激光视角(FoV)的一部分发生偏转,从而获得高度测量值(z)。其余的两个自由度(ϕ,θ)数据来源于IMU。文献[139]的作者使用了与文献[138]中相同的改进二维激光扫描仪,并且类似地,直接从IMU计算俯仰角和滚动角(ϕ,θ),将问题简化为四自由度(4DOF)增量运动估计问题。与文献[137]和文献[138]相比,文献[139]的作者引入了多层同步定位与建图(multilevel-SLAM)的概念,multilevel-SLAM使用了多个二维地图,这些二维地图与在离散高度上定义的可能的高度变化(如表格)息息相关。偏转激光高度测量结合垂直速度估计,可以确定点云每个点的高度。文献[140]中使用激光测距仪测量数据、惯性数据和高度测量数据来获得姿态估计值,并使用Hector SLAM[137]和Octo-mapping[141]方法构建三维地图。最后,在文献[137-139]提出的观点基础上,文献[142]扩展了作业场景将GNSS测量包含在内。此外,二维激光扫描仪在高度测量时并未增加偏转镜进行修正。但是,该方法使用了两个低量程的二维激光扫描仪。第一台激光扫描仪的扫描器指向下方,扫描平台交叉轨道方向(yz平面)。第二台激光扫描仪的扫描平面指向倾斜方向,位于向下和向前激光扫描仪之间。扫描仪的安装方向如图60.16所示,这样做的目的增加传感器的即时视野。这样一来,即使存在倾斜地面,也能获得比参考高度更好的高度估计。最后,三台激光扫描仪增加的视野有更好的三维建图能力。

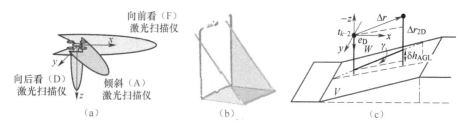

图 60.16　使用三台激光测距仪[(a)和(b)]进行二维姿态估计,有更好的高度
估计,以及更好的建图能力和倾斜面估计能力(c)

图 60.17 显示了一个小型无人机系统(sUAS)穿过多个环境的示例场景。该图中,无人机从全球导航卫星系统(GNSS)信号良好的环境(模式 1——乡村开阔天空)行进到建筑物附近(模式 2——城市),然后转(模式 3)到室内环境(模式 4)。姿态估计单元根据 GNSS 卫星信号的可用性和质量,通过激光测距仪、视觉相机或其他传感器观测到的环境特征,利用各种传感器集成策略,获得了 sUAS 的最佳姿态估计和/或附近的地图。

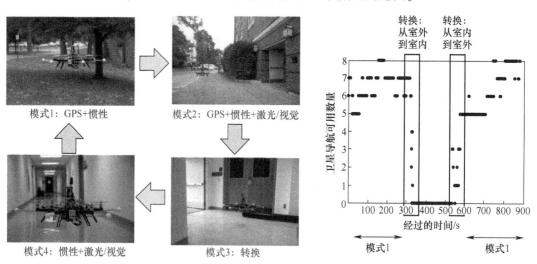

图 60.17　室外到室内飞行场景示例,根据卫星的可用性和质量以及
环境特征,姿态估计单元经历了不同的集成方式

图 60.17 所示的飞行示例定位结果如图 60.18 所示。图 60.18(a)显示在模式 1 下飞行时的 GPS/惯性制导轨迹(红色),以及激光基导航轨迹(绿色),每个飞行轨迹都是独立获得的。估计单元融合了 GPS、惯性和激光测距仪测量数据,得到图 60.18(b)以青色显示的连续导航轨迹。

文献[143-144]中讨论了小型无人机在隧道和森林等示例环境中应用激光基导航的示例。

60.5.2　可选择的小型无人机导航——视觉传感器

在无人机系统或小型无人机系统导航和建图应用中,一种可替代激光基传感器的方案是使用视觉相机(单目相机或立体相机)[145]。文献[146]的作者对现有的一些视觉里程计(VO)和视觉惯性里程计(VIO)方法作了概述。VO 方法只使用相机图像估计无人机系统姿

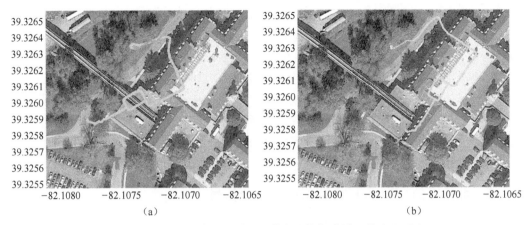

图 60.18　GNSS 导航(红色)和激光基导航(绿色)轨迹(a)与
从室外到室内连续作业形成的融合轨迹(b)

态,但是 VIO 方法通过融合相机图像和惯性测量数据获取和估计无人机姿态。该文献还评估了使用光流的各种方法,使用飞行数据从图像像素中提取特征和光度信息。文献[146]重点讨论算法的导航性能,然而其他文献则侧重于同步姿态估计和地图生成[即同步定位与建图(SLAM)]。例如,文献[147]给出了视觉基 SLAM 技术分类,将 SLAM 技术分为使用图像像素光度信息的直接方法,以及对图像预处理并使用提取的特征或光流矢量估计姿态和通过重建、新建地图的间接方法。此外,文献[147]根据姿势估计和地图重建使用的点的数量对方法进行分类:使用所有图像点的密集方法、仅使用选定的一组相互独立的点的稀疏方法,以及使用大量的点的子集的半密集方法。间接稀疏方法的示例有 PTAM 方法[148]、最新的 ORB - SLAM 方法[149] 和 ORB - SLAM2 方法[150]。LSD - SLAM 方法[151] 和 DTAM 方法[152]是典型的直接密集方法。最后,文献[147]是典型的直接稀疏法,即直接稀疏里程计(DSO)方法。如半直接视觉里程计(SVO)方法[153]称为混合方法,因为它们同时使用了直接方法和间接方法。图 60.19 视觉里程计示例,通过使用 DSO 方法得到一个城市环境。该示例中,可以清楚地观察到构建的环境和估计的轨迹。

图 60.19　针对慕尼黑工业大学单目相机数据集序列 29,
使用直接稀疏里程计方法[147]产生的视觉里程计结果

文献[154,164]是相机图像在无人机系统(UAS)导航和建图中的应用示例。例如,在文献[154]中,作者介绍了一种用于小型固定翼无人机基于视觉或雷达的同步定位与建图(SLAM)方法。该方法是一种地标基 SLAM 方法,该方法在 SLAM 的 EKF 预测步骤中使用了惯性导航系统的输出。其他方法,例如在文献[155-157]中描述的方法,考虑了 UAS 同步进行导航和控制的问题。为了评估微型飞行器(即 sUAS)上新的视觉基导航,文献[158]讨论了在瑞士苏黎世市为此收集的一个数据集。文献[159-160]利用该数据集评估了两个实例算法。还有其他不使用单目相机的方法,这些方法使用单独的立体图像[161],或使用融合惯性制导单元(IMU)立体图像[162]。最后,可将视觉相机(本节讨论)与激光测距仪(前一节讨论)融合,解决常见的视觉基姿态估计深度不确定性问题[163-164]。

60.5.3　可选择的小型无人机导航——机会信号

其他可选择的无人机系统导航方法,可以利用机会信号(SoOP)的到达角(AOA)、到达时间(TOA)、接收信号强度(RSS)或到达时差(TDOA)。SoOP 因丰富多样,通常具有较高的信噪比,几何结构多样,并且依赖现有的基础设施,可以作为全球导航卫星系统(GNSS)良好的替代方案[165]。另外,如软件无线电(SDR)等新兴无线电技术,使得利用机会信号(SoOP)进行导航更加可行[166]。SoOP 信号包括 Wi-Fi 信号、AM/FM 信号[167-168]、NTSC制式信号[169]、数字电视信号[170]或蜂窝网络信号。文献[171]是一个使用蜂窝网络信号进行导航的示例。在该文献中,作者介绍了一种使用长期演进技术(LTE)蜂窝信号的定位系统,并通过 SDR 对 LTE 信号进行跟踪。在 GNSS 可用期间,该系统使用 GNSS 位置报告和可用的 LTE 信号,绘制 LTE 信号塔的位置和时钟偏移地图,在 GNSS 不可用期间,系统使用LTE 基站的伪距,估计和纠正惯性导航系统误差,完善基站位置地图。该系统利用小型无人机验证了三维基准监控站(RMS)约 7m 的导航误差。

参 考 文 献

[1] UAS Task Force Airspace Integration Integrated Product Team, "Unmanned Aircraft System Airspace Integration Plan, Version 2.0," Department of Defense, March 2011.

[2] Department of Defense, "Unmanned Systems Integrated Roadmap, FY2013-2038," Reference Number: 14-S-0553, 2013.

[3] M. T. DeGarmo, "Issues Concerning Integration of Unmanned Aerial Vehicles in Civil Airspace," MITRE, November 2004.

[4] C. Brooks et al., "Evaluating the Use of Unmanned Aerial Vehicles for Transportation Purposes," Final Report, No. RC-1616, April 2015.

[5] Ani Hsieh, M., Sukhatme, G., Saripali, S., and Kumar, V., "Towards a Science of Autonomy for Physical Systems: Aerial Earth Science," *Computing Community Consortium*, 23 June 2015.

[6] Knight, R., "Flirtey UAS Delivers Medicine for the First Time in the U.S.," Inside Unmanned Systems, 25 August 2015.

[7] Federal Aviation Administration, "FAA Aerospace Forecast, FY2016-2036," Reference Number: TC16-0002, March 2016.

[8] SESAR Joint Undertaking, "European Drones Outlook Study -Unlocking the Value for Europe," November 2016.

[9] International Civil Aviation Organization (ICAO), "Unmanned Aircraft Systems (UAS)," Cir 328 AN/

190, 2011.

[10] Federal Aviation Administration, "Summary of Small Unmanned Aircraft Rule (Part 107)," available online at https://www. faa. gov/uas/media/Part_107_Summary. pdf, Washington, DC, Jun. 2016.

[11] Federal Aviation Administration, "Pilot's Handbook of Aeronautical Knowledge," FAA-H-8083-25B, 2016.

[12] Federal Aviation Administration, "Petitioning for Exemption under Section 333," [Online] http://www. faa. gov/uas/legislative_programs/section_333/ how_to_file_a_petition/, 2014.

[13] Federal Aviation Administration, (2013 July 26), "One Giant Leap for Unmanned-Kind," [Online] http://www. faa. gov/news/updates/? newsId=73118&omniRss= news_updatesAoc&cid=101_N_U,2013.

[14] Federal Aviation Administration, http://www. faa. gov/ uas, [Online], Accessed June 2017.

[15] "Overview of Part 101 Regulations," http://www. airsafe. com/issues/drones/part101. htm, [Online], Accessed December 2017.

[16] Academy of Model Aeronautics, http://www. modelaircraft. org/aboutama/gov. aspx, [Online], Accessed December 2017.

[17] Federal Aviation Administration, "Integration of civil Unmanned Aircraft Systems (UAS) in the National Airspace System (NAS) roadmap," US Department of Transportation, First edition, 2013.

[18] European Aviation Safety Agency (EASA), "Introduction of a Regulatory Framework for the Operation of Drones," Notice of Proposed Amendment (NPA) 2017-05, 2017.

[19] Joint Authorities for Rulemaking of Unmanned Systems, "JARUS guidelines on Specific Operations Risk Assessment (SORA)," 26 June 2017.

[20] ASTM F3178-16, "Standard Practice for Operational Risk Assessment of Small Unmanned Aircraft Systems (sUAS)," ASTM International, West Conshohocken, Pennsylvania, 2016, www. astm. org.

[21] ASTM F3269-17,"Standard Practice for Methods to Safely Bound Flight Behavior of Unmanned Aircraft Systems Containing Complex Functions," ASTM International, West Conshohocken, Pennsylvania, 2017, www. astm. org.

[22] RTCA Special Committee 228, https://www. rtca. org/ content/sc-228, [Online], Accessed December 2017.

[23] Global Drone Regulations Database, https:// droneregulations. info, Accessed on March 2018.

[24] Aweiss, A. et. al. ,"Unmanned Aircraft Systems (UAS) Traffic Management (UTM) National Campaign Ⅱ", Proceedings of AIAA SciTech Forum, AIAA Infotech @ Aerospace, 8-12 January 2018, Kissimmee, Florida.

[25] Kopardekar, P. et. al. ,"Unmanned Aircraft System Traffic Management (UTM) Concept of Operations," *Proceedings of AIAA Aviation, the 16th AIAA Aviation Technology, Integration, and Operations Conference*, 13-17 June 2016, Washington, D. C.

[26] Google, "Google Airspace System Overview," 2015.

[27] Amazon, "Determining Safe Access with a Best-Equipped, Best-Served Model for Small Unmanned Aircraft Systems," July 2015.

[28] FAA and NASA, "UAS Traffic Management (UTM) -Research Transition Team Plan," January 2017.

[29] *SESAR Joint Undertaking*, "U-Space Blueprint," January 2017.

[30] Schultz, A. , Gilabert, R. , and Uijt de Haag, M. , "Indoor Flight Demonstration Results of an Autonomous Multi-copter using Multiple Laser Inertial Navigation," *Proceedings of the 2016 International Technical Meeting of the Institute of Navigation*, Monterey, California, January 2016.

[31] Parasuraman, R. , Sheridan, T. B. , and Wickens, C. D. "A model for types and levels of human interaction with automation," *IEEE Transactions on Systems, Man, and Cybernetics-Part A: Systems and Humans*,

Vol. 30, No. 3, pp. 286–297, 2000.

[32] Theunissen, E. and Suarez, B., Choosing the level of autonomy: Options and constraints, Chapter 8 in *Autonomous Systems -Issues for Defense Policymakers* (eds. A. P. Andrews and P. D. Scharre), NATO, 2015.

[33] Goerzen, C., Kong, Z., and Mettler, B., "A survey of motion planning algorithms from the perspective of autonomous UAV guidance," *Journal of Intelligent Systems*, Vol. 57, pp. 65–100, 2010.

[34] Nelson, D. R., "Cooperative Control of Miniature Air Vehicles," M. S. E. E. Thesis, Brigham Young University, 2005.

[35] Goncalves, V. M., Pimenta, L. C. A., Maia, C. A., and Pereira, G. A. S., "Artificial Vector Fields for Robot Convergence and Circulation of Time-varying Curves in N-dimensional Spaces," *Proceedings of the American Control Conference*, 2009, pp. 2012–2017.

[36] Wilhelm, J. P., Wambold, G., and Clem, G., "Vector Field Avoidance," *Proceedings of the ICUAS*, 2017.

[37] Hayhurst, K., Maddalon, J., Neogi, N., and Verstynen, H., "A Case Study for Assured Containment," International Conference on Unmanned Aircraft Systems," 2015.

[38] Ardupilot, Simple Geofence [Online] http://copter. ardupilot. com/wiki/ac2_simple_geofence/.

[39] Atkins, E., "Autonomy as an Enabler of Economically-Viable, Beyond-Line-Of-Sight, Low-Altitude UAS Application with Acceptable Risk," AUVSI unmanned Systems, 2014.

[40] Stevens, M. and Atkins, E., "Multi-Mode Guidance for an Independent Miltocopter Geofecing System," AIAA Aviation Technology, Integration, and Operations Conference, June 2016.

[41] Dill, E., Young, S., and Hayhurst, K., "Safeguard: An Assured Safety Net Technology for UAS," IEEE Digital Avionics Systems Conference, 2015.

[42] "Interchange Standards for Terrain, Obstacle and Aerodrome Mapping Data," RTCA Document DO–291C, RTCA, November 2015.

[43] FAA Advisory Circular, "Acceptance of Aeronautical Data Processes and Associated Databases," AC–20–1538, April 2016.

[44] "Standards for Processing Aeronautical Data," RTCA Document DO–200B, RTCA, June 2015.

[45] "User Requirements for Terrain and Obstacle Data," RTCA Document DO–276C, RTCA, November 2015.

[46] "Standards for Aeronautical Information," RTCA Document DO–201A, RTCA, April 2000.

[47] US House of Representatives, "FAA Modernization and Reform Act of 2012," Report Number: 112–381, February 2012.

[48] International Civil Aviation Organization (ICAO), "Global Air Traffic Management Operational Concept," Document Number: 9854, 2005.

[49] Philip Maloney, "Research Task Report: UAS SAA System Certification Obstacles (A11L. UAS. 1. 1)," Federal Aviation Administration, April 2016.

[50] Radio Technical Commission for Aeronautics (RTCA) Special Committee (SC)–186, "Minimum Operating Performance Standards (MOPS) for 1090MHz Extended Squitter Automatic Dependent Surveillance-Broadcast (ADS-B) and Traffic Information Services-Broadcast (TIS-B)," Document Number: DO-260B, Washington, DC, December 2009.

[51] RTCA SC-186, "Minimum Operating Performance Standards (MOPS) for Universal Access Transceiver (UAT) Automatic Dependent Surveillance -Broadcast (ADS-B)," Document Number: DO-282B, Washington, DC, December 2009.

[52] Federal Aviation Administration, "Introduction to TCAS II Version 7. 1," Reference Number: HQ-111358, Washington, DC, Feb. 2011.

[53] RTCA SC-147, and the European Organization for Civil Aviation Equipment (EUROCAE) Working Group 75 (WG-75), "Minimum Operational Performance Standards for Traffic Alert and Collision Avoidance System II (TCAS II)," Document Number: DO-185B, Washington, DC, 2008.

[54] Anderson, E. E., Watson, W., Johnson, K., Kimber, N. R., and Weiss, N., "A Legal Analysis of 14 C. F. R. Part 91 See and Avoid Rules to Identify Provisions Focused on Pilot Responsibilities to See and Avoid in the National Airspace System," University of North Dakota-Federal Aviation Administration, Technical report, December 2013.

[55] Yu, X. and Zhang, Y., "Sense and avoid technologies with applications to unmanned aircraft systems: review and prospects," in *Progress in Aerospace Sciences*, Vol. 74, pp. 152–166, April 2015.

[56] Zeitlin, A. D., "Sense & avoid capability development challenges," in *IEEE Aerospace and Electronic Systems Magazine*, Vol. 25, No. 10, pp. 27–32, October 2010.

[57] RTCA SC-228, "Draft Detect and Avoid Minimum Operational Performance Standards for Verification and Validation, Version 3. 3," April 2016.

[58] RTCA SC-228, "Detect and Avoid (DAA) White Paper," Document Number: AWP-1, March 2014.

[59] Federal Aviation Administration, "Integration of Civil Unmanned Aircraft Systems (UAS) in the National Airspace System (NAS) Roadmap," November 2013.

[60] Federal Aviation Administration, "Sense and Avoid (SAA) for Unmanned Aircraft Systems (UAS)," SAA Workshop Second Caucus Report, January 2013.

[61] Federal Aviation Administration, "Right-of-Way Rules: Except Water Operations," Code of Federal Regulations Sec. 14 CFR 91. 113, July 2004.

[62] Weibel, R. E., Edwards, M. W. M., and Fernandes, C. S. "Establishing a Risk-Based Separation Standard for Unmanned Aircraft Self Separation," *Proceedings of Ninth USA/Europe Air Traffic Management Research and Development Seminar*, pp. 1–7, Berlin, Germany, June 2011.

[63] Lee, S. M., Park, C., Johnson, M. A., and Mueller, E. R., "Investigating Effects of Well Clear Definitions on UAS Sense-And-Avoid Operations," *Proceedings of American Institute of Aeronautics and Astronautics (AIAA) 2013 Aviation Technology*, Integration, and Operations Conference, pp. 1–15, Los Angeles, California, August 2013.

[64] Munoz, C., Narkawicz, A., Chamberlain, J., Consiglio, M. C., and Upchurch, J. M., "A Family of Well-Clear Boundary Models for the Integration of UAS in the NAS," *Proceedings of 14th AIAA Aviation Technology, Integration, and Operations Conference*, Atlanta, Georgia, June 2014.

[65] Cook, S. P., Brooks, D., Cole, R., Hackenberg, D., and Raska, V., "Defining Well Clear for Unmanned Aircraft Systems," *Proceedings of AIAA Infotech @ Aerospace*, pp. 1–20, Kissimmee, Florida, January 2015.

[66] Smearcheck, S., Calhoun, S., Adams, W., Kresge, J., and Kunzi, F., "Analysis of Alerting Performance for Detect and Avoid of Unmanned Aircraft Systems," *Proceedings o Institute of Electrical and Electronics Engineers (IEEE)/Institute of Navigation (ION) Position Location and Navigation Symposium (PLANS)*, Savannah, Georgia, pp. 710–730, April 2016.

[67] Kunzi, F., "Development of a High-Precision ADS-B Based Conflict Alerting System for Operations in the Airport Environment," Ph. D. thesis, Massachusetts Institute of Technology, October 2013.

[68] Federal Aviation Administration, "Sense and Avoid (SAA) for Unmanned Aircraft Systems (UAS)," SAA Workshop Final Report, October 2009.

[69] Jamoom, M., Joerger, M., Canolla, A., and Pervan, B., "UAS sense and avoid integrity and continuity: Intruder linear accelerations and analysis," AIAA *Journal of Aerospace Information Systems*, Vol. 14.,

No. 1, pp. 53-67, 2017.

[70] Harman, W. H., "TCAS: A system for preventing midair collisions," in *Lincoln Laboratory Journal*, Vol. 2, No. 3, pp. 453-454, 1989.

[71] International Civil Aviation Organization (ICAO), "Airborne Collision Avoidance System (ACAS) Manual," Document Number: 9863 AN/461, 2006.

[72] Kochenderfer, M. J., Holland, J. E., and Chryssanthacopoulos, J. P., "Next generation airborne collision avoidance system," in *Lincoln Laboratory Journal*, 2012.

[73] Traffic Alert and Collision Avoidance System (TCAS) Program Office (PO), "Concept of Operations for the Airborne Collision Avoidance System X," Federal Aviation Administration, Document Number: ACAS_X_CONOPS_V1_R1, October 2012.

[74] RTCA SC-147, "Terms of Reference, Special Committee (SC) 147, Aircraft Collision Avoidance Systems, Revision 14," Document Number: 079-16/PMC-1478, March 2016.

[75] Federal Aviation Administration, "Automatic Dependent Surveillance-Broadcast (ADS-B) Out equipment performance requirements," *Code of Federal Regulations Sec. 14 CFR 91.227*, 2010.

[76] Federal Aviation Administration, "Automatic Dependent Surveillance -Broadcast (ADS-B) Out Performance Requirements to Support Air Traffic Control (ATC) Service; Final Rule," Code of Federal Regulations Sec. 14 CFR 91, May 2010.

[77] Federal Aviation Administration, "Airworthiness Approval of Automatic Dependent Surveillance -Broadcast (ADS-B) Out Systems," Advisory Circular AC No: 20-165, 2010.

[78] Parkinson, B. and Axelrad, P., "Autonomous GPS integrity monitoring using the pseudorange residual," *in NAVIGATION: Journal of the Institute of Navigation*, Vol. 35, No. 2, pp. 225-274, 1988.

[79] Federal Aviation Administration, "Common ARTS Computer Program Functional Specification (CPFS) - Surveillance Source Input Processing," Document Number: FAA:NAS-MD-636, 2014.

[80] Dalamagkidis, K., Valavanis, K. P., and Piegl, L. A., "On unmanned aircraft systems issues, challenges and operational restrictions preventing integration into the National Airspace System," in *Progress in Aerospace Sciences*, Vol. 44, No. 7, pp. 503-519, July 2008.

[81] Drumm, A. C., Andrews, J. W., Hall, T. D., Heinz, V. M., Kuchar, J. K., Thompson, S. D., and Welch, J. D., "Remotely Piloted Vehicles in Civil Airspace: Requirements and Analysis Methods for the Traffic Alert and Collision Avoidance System (TCAS) and See-And-Avoid Systems," *Proceedings of IEEE Digital Avionics Systems Conference*, Salt Lake City, Utah, Vol. 2, pp. 12. D.1-1-14, October 2004.

[82] Prats, X., Delgado, L., Ramirez, J., Royo, P., and Pastor, E., "Requirements, issues, and challenges for sense and avoid in unmanned aircraft systems," in *AIAA Journal of Aircraft*, Vol. 49, No. 3, pp. 677-687, May 2012.

[83] Kuchar, J. K. and Yang, L. C., "A review of conflict detection and resolution modeling methods," in *IEEE Transactions on Intelligent Transportation Systems*, Vol. 1, No. 4, pp. 179-189, December 2000.

[84] McLaughlin, M. P. and Zeitlin, A. D., "Safety Study of TCAS Ⅱ for Logic Version 6.04," MITRE Corporation-Federal Aviation Administration, Technical report, July 1992.

[85] Espindle, L. P., Griffith, J. D., and Kuchar, J. K., "Safety Analysis of Upgrading to TCAS Version 7.1 Using the 2008 U.S. Correlated Encounter Model," Lincoln Laboratory, Massachusetts Institute of Technology, Technical report, May 2009.

[86] ICAO, "Manual on Airspace Planning Methodology for the Determination of Separation Minima," Document Number: 9689-AN/953, December 1998.

[87] Kochenderfer, M. J., Edwards, M. W. M., Espindle, L. P., Kuchar, J. K., and Griffith, J. D.,

"Airspace encounter models for estimating collision risk," in *AIAA Journal of Guidance, Control, and Dynamics*, Vol. 33, No. 2, pp. 487–499, March 2010.

[88] Kochenderfer, M. J. , Espindle, L. P. , Kuchar, J. K. , and Griffith, J. D. , "Correlated Encounter Model for Cooperative Aircraft in the National Airspace System," Massachusetts Institute of Technology, Lincoln Laboratory, Project Report ATC-344, 2008.

[89] Kochenderfer, M. J. , Kuchar, J. K. , Espindle, L. P. , and Griffith, J. D. , "Uncorrelated Encounter Model of the National Airspace System," Massachusetts Institute of Technology, Lincoln Laboratory, Project Report ATC-345, 2008.

[90] Billingsley, T. B. , Kochenderfer, M. J. , and Chryssanthacopoulos, J. P. , "Collision avoidance for general aviation," in *IEEE Aerospace and Electronic Systems Magazine*, Vol. 27, No. 7, pp. 4–12, July 2012.

[91] Chryssanthacopoulos, J. P. and Kochenderfer, M. J. , "Accounting for State uncertainty in collision avoidance," in *AIAA Journal of Guidance, Control, and Dynamics*, Vol. 34, No. 4, pp. 951–960, July 2011.

[92] Heisey, C. W. , Hendrickson, A. G. , Chludzinski, B. J. , Cole, R. E. , Ford, M. , Herbek, L. , Ljungberg, M. , Magdum, Z. , Marquis, D. , Mezhirov, A. , Pennell, J. L. , Roe, T. A. , and Weinert, A. J. , "A reference software architecture to support unmanned aircraft integration in the National Airspace System," in *Journal of Intelligent & Robotic Systems*, Vol. 69, No. 1–4, pp. 41–55, January 2013.

[93] Owen, M. P. , Duffy, S. M. , and Edwards, M. W. M, "Unmanned Aircraft Sense and Avoid Radar: Surrogate Flight Testing Performance Evaluation," *Proceedings of IEEE Radar Conference*, Cincinnati, Ohio, pp. 548–551, May 2014.

[94] Edwards, M. W. M. and Owen, M. P. ,"Validating a Concept for Airborne Sense and Avoid," *Proceedings of American Control Conference*, Portland, Oregon, pp. 1192–1197, June 2014.

[95] Shakernia, O. , Chen, W. -Z. , and Raska, V. , "Passive Ranging for UAV Sense and Avoid Applications," *Proceedings of AIAA Infotech@Aerospace*, Arlington, Virginia, September 2005.

[96] Shakernia, O. , Chen, W. -Z. , Graham, S. , Zvanya, J. , White, A. , Weingarten, N. , and Raska, V. , "Sense and Avoid (SAA) Flight Test and Lessons Learned," *Proceedings of AIAA Infotech @ Aerospace 2007 Conference and Exhibit*, Rohnert Park, California, May 2007.

[97] Chen, R. H. , Gevorkian, A. , Fung, A. , Chen, W. -Z. , Raska, V. ,"Multi-Sensor Data Integration for Autonomous Sense and Avoid," *Proceedings of AIAA Infotech @ Aerospace*, St Louis, Missouri, March 2011.

[98] Graham, S. , De Luca, J. , Chen, W. -Z. , Kay, J. , Deschenes, M. , Weingarten, N. , Raska, V. , and Lee, X. , "Multiple Intruder Autonomous Avoidance Flight Test," *Proceedings of AIAA Infotech @ Aerospace 2011*, St Louis, Missouri, Mar 2011.

[99] Smith, N. E. , "Optimal Collision Avoidance Trajectories for Unmanned/Remotely Piloted Aircraft," PhD thesis, Air Force Institute of Technology, December 2014.

[100] Smith, N. E. , Cobb, R. G. , Pierce, S. J. , and Raska, V. M. , "Optimal Collision Avoidance Trajectories for Unmanned/Remotely Piloted Aircraft," in *AIAA Guidance, Navigation, and Control (GNC) Conference*, Boston, Massachusetts, August 2013.

[101] Smith, N. E. , Cobb, R. G. , Pierce, S. J. , and Raska, V. M. , "Optimal Collision Avoidance Trajectories via Direct Orthogonal Collocation for Unmanned/Remotely Piloted Aircraft Sense and Avoid Operations," in *AIAA Guidance, Navigation, and Control Conference*, National Harbor, Maryland, January 2014.

[102] Smith, N. E. , Cobb, R. G. , Pierce, S. J. , and Raska, V. M. , "Uncertainty Corridors for Three-Dimensional Collision Avoidance," in *AIAA Journal of Guidance, Control, and Dynamics*, vol. 38, no. 6, pp. 1156–1162, June 2015.

[103] Lee, H. -T. , Meyn, L. A. , and Kim, S. Y. , "Probabilistic Safety Assessment of Unmanned Aerial System Operations," in *AIAA Journal of Guidance, Control, and Dynamics*, Vol. 36, No. 2, pp. 610– 616, March 2013.

[104] Munoz, C. , Narkawicz, A. , Hagen, G. , Upchurch, J. , Dutle, A. , Consiglio, M. , and Chamberlain, J. , "DAIDALUS: Detect and Avoid Alerting Logic for Unmanned Systems," *Proceedings of 2015 IEEE/ AIAA 34th Digital Avionics Systems Conference (DASC)*, Prague, Czech Republic, September 2015.

[105] RTCA SC-228, "Draft Detect and Avoid Minimum Operational Performance Standards for Verification and Validation, Version 2," November 2015.

[106] Theunissen, E. , Suarez, B. , and Uijt de Haag, M. , "From Spatial Conflict Probes to Spatial/Temporal Conflict Probes: Why and How," *Proceedings of the 32nd Digital Avionics Systems Conference (DASC)*, Syracuse, New York, 2013.

[107] Theunissen, E. , Suarez, B. , and Uijt de Haag, M. , "The Impact of a Quantitative Specification of a Well Clear Boundary on Pilot Displays for Self Separation," *Proceedings of the Integrated Communications, Navigation and Surveillance conference (ICNS)*, April 8–10, Washington, DC, 2014.

[108] Theunissen, E. , and Suarez, B. , "Design, Implementation and Evaluation of a Display to Support the Pilot´s Ability to Remain Well Clear," *Proceedings of the Conference of the Council of European Aerospace Societies (CEAS)*, September 2015.

[109] Tadema, J. , "Unmanned Aircraft Systems HMI & Automation-Tackling Control, Integrity and Integration Issues," PhD Dissertation, Delft University of Technology.

[110] RTCA SC-228, "Draft Minimum Operational Performance Standards for Air-to-Air Radar for Detect and Avoid Systems," Document Number: 262-15/PMC-1401, Washington, DC, 2016.

[111] Scally, L. J. and Bonato, M. , "Unmanned Sense and Avoid Radar (USTAR)," *Proceedings of AIAA Infotech @ Aerospace*, St Louis, Missouri Mar 2011.

[112] Edwards, M. W. M. , "Determining the Minimum Field of Regard for Sense and Avoid Surveillance using Airspace Encounter Models," Association for Unmanned Vehicle Systems International (AUVSI) Unmanned Systems North America, Denver, Colorado, 2010

[113] Carnie, R. , Walker, R. , and Corke, P. , "Image processing algorithms for UAV Sense and Avoid," *Proceedings of IEEE International Conference on Robotics and Automation*, Orlando, Florida, May 2006.

[114] Koretsky, G. M. , Nicoll, J. F. , and Taylor, M. S. , "A Tutorial on Electro-optical/Infrared (EO/IR) Theory and Systems" Institute for Defense Analyses (IDA), Document Number: D-4642, January 2013.

[115] Naval Meteorology and Oceanography Professional Development Detachment Atlantic, "Atmospheric Effects on EO Sensors and Systems," Naval Meteorology and Oceanography, Norfolk, Virginia, June 2005.

[116] Desrosiers, C. and Karypis, G. , "A comprehensive survey of neighborhood-based recommendation methods," in *Recommender Systems Handbook*, Springer Science + Business Media, pp. 107 – 144, October 2010.

[117] J. -H. Kim, Lee, D. W. , Cho, K. -R. , Jo, S. -Y. , Kim, J. -H. , Min, C. -O. , Han, D. -I. , and Cho, S. -J. , "Development of an electro-optical system for small UAV," *Aerospace Science and Technology*, Vol. 14, No. 7, pp. 505–511, October 2010.

[118] Jamoom, M. B. , "Unmanned Aircraft System Sense and Avoid Integrity and Continuity," PhD thesis, Illinois Institute of Technology, May 2016.

[119] Federal Aviation Administration, "System Design and Analysis," *Advisory Circular* 25. 1309 – 1A, June 1988.

[120] Kelly, R. J. and Davis, J. M. , "Required Navigation Performance (RNP) for precision approach and

landing with GNSS application," in *Navigation: Journal of the Institute of Navigation*, Vol. 41, No. 1, pp. 1-30, 1994.

[121] International Civil Aviation Organization (ICAO), "International Standards and Recommended Practices," *Annex 10*, Vol. I: Radio Navigation Aids, New Zealand, July 2006.

[122] RTCA SC-159, "Minimum Operational Performance Standards for Global Positioning System/Wide Area Augmentation System Airborne Equipment," Document Number: RTCA/DO-229C, Washington, DC, 2001.

[123] RTCA SC-159, "Minimum Aviation System Performance Standards for the Local Area Augmentation System (LAAS)," Document Number: RTCA/DO-245, Washington, DC, 2004.

[124] Jamoom, M. B., Joerger, M., and Pervan, B., "Unmanned aircraft system sense-and-avoid integrity and continuity risk," in *AIAA Journal of Guidance, Control, and Dynamics*, Vol. 39, No. 3, pp. 498-509, March 2016.

[125] Jamoom, M. B., Joerger, M., and Pervan, B., "Sense and Avoid for Unmanned Aircraft Systems: Ensuring Integrity and Continuity for Three-Dimensional Intruder Trajectories," *Proceedings of Institute of Navigation GNSS +*, Tampa, Florida, September 2015.

[126] ICAO, "Manual on Required Navigation Performance (RNP)," Second Edition, Doc. 9613, 1999.

[127] Kleijer, F., Odijk, D., and Verbree, E., Prediction of GNSS availability and accuracy in urban environments -Case study Schiphol Airport, Book chapter in *Location-based Services and Cartography* II, 2008.

[128] Farrell, J. L., *GNSS Aided Navigation & Tracking-Inertially Augmented or Autonomous*, American Literary Press, 2007.

[129] Miller, M. M., Uijt de Haag, M., Soloviev, A., and Veth, M., "Navigating in Difficult Environments: Alternatives to GPS -1," *Proceedings of the NATO RTO Lecture Series on Low Cost Navigation Sensors and Integration Technology*, SET-116, November 2008.

[130] Miller, M. M., Raquet, J., and Uijt de Haag, M., "Navigating in Difficult Environments: Alternatives to GPS -2," *Proceedings of the NATO RTO Lecture Series on Low Cost Navigation Sensors and Integration Technology*, SET-116, November 2008.

[131] Campbell, J. L., "Position, Navigation & Time (PNT) for Contested/Denied Environments, AFRL Briefing," Navigation and Communications Branch, Sensors Directorate, AFRL, August 2015.

[132] Soloviev, A. and Uijt de Haag, M., "Three-dimensional navigation of autonomous vehicles using scanning laser radars: Concept and initial verification," *IEEE Transactions on Aerospace and Electronic Systems*, Vol. 46, Issue 1, 2010.

[133] Uijt de Haag, M., Venable, D., and Smearcheck, M., "Use of 3D laser radar for navigation of unmanned aerial and ground vehicles in urban and indoor environments," *Proceedings of the SPIE-Volume 6550, SPIE Defense and Security Symposium*, Orlando, Florida, April 9-13, 2007.

[134] Soloviev, A. and Uijt de Haag, M., "Monitoring of moving features in laser scanner-based navigation," *IEEE Transactions on Aerospace and Electronic Systems*, Vol. 46, Issue 4, 2010.

[135] Campbell, J. L., Uijt de Haag, M., and van Graas, F., "Terrain-referenced precision approach guidance: Proof-of-concept flight test results," *NAVIGATION*, Vol. 54, No. 1, pp. 21-29, Spring 2007.

[136] Uijt de Haag, M., Duan, P., and Vadlamani, A. K., "Flight Test and Simulation Results of an Integrated Dual Airborne Laser Scanner and Inertial Navigator for UAV Applications," *Proceedings of the International Multi-Conference on Systems, Signals and Devices 2014 (International Conference on Systems, Analysis and Automatic Control)*, February 11-14, 2014.

[137] Kohlbrecher, S., von Stryk, O., Meyer, J., and Klingauf, U., "A Flexible and Scalable SLAM System

with Full 3D Motion Estimates," *Proceedings of IEEE Conference on Safety, Security, and Rescue Robotics*, 2011.

[138] Shen, S., Michael, N., and Kumar, V., "Autonomous Multi-Floor Indoor Navigation with a Computationally Constrained MAV,"Proceedings of IEEE conference on *Robotics and Automation*, pp. 20-25, 2011.

[139] Grzonka, S., Grisetti, G., and Burgard, W., "A fully autonomous indoor quadrotor," *IEEE Transactions on Robotics*, Vol. 28, Issue 1, pp. 90-100, 2012.

[140] Fossel, J., Hennes, D., Claes, D., Alers, S., and Tuyls, K., "OctoSLAM: A 3D mapping approach to situational awareness of unmanned aerial vehicles," *Proceedings of the 2013 International Conference on Unmanned Aircraft Systems (ICUAS)*, 2013.

[141] Wurm, K. M., Hornung, A., Bennewitz, M., Stachniss, C., and Burgard, W., "Octomap: A Probabilistic, Flexible, and Compact 3D Map Representation for Robotic Systems," in *Proceedings of the IEEE International Conference on Robotics and Automation*, 2010.

[142] Dill, E. T., M. Uijt de Haag, "3D Multi-copter navigation and mapping using GPS, inertial and Li-DAR," *NAVIGATION*, Vol. 63, Summer 2016.

[143] Bharadwaj, A. S. and Uijt de Haag, M., "Navigating Small-UAS in Tunnels for Maintenance and Surveillance Operations," *Proceedings of the ION Pacific Position, Navigation and Timekeeping conference*, Waikiki, HI, April 2017.

[144] Schultz, A., Gilabert, R., Bharadwaj, A., and Uijt de Haag, M., "A Navigation and Collision Avoidance Method for UAS during Under-the-Canopy Forest Operations," *Proceedings of IEEE/ION PLANS 2016*, April 11-14, 2016.

[145] Veth, M., "Fusion of Imaging and Inertial Sensors for Navigation," Ph.D. Dissertation, AFIT, 2006.

[146] Carson, D., Raquet, J., and Kaufmann, K., "Aerial Visual-Inertial Odometry Performance Evaluation," *Proceedings of the 2017 Pacific PNT*, Waikiki, HI.

[147] Engel, J., Koltun, V., and Cremers, D., "Direct sparse odometry," To *appear in IEEE Transactions on Pattern Analysis and Machine Intelligence*.

[148] Klein, G. and Murray, D.,"Parallel tracking and mapping for small AR workspaces," In *IEEE and ACM International Symposium on Mixed and Augmented Reality (ISMAR)*, pp. 225-234, Nara, Japan, November 2007.

[149] Mur-Artal, R., Montiel, J. M. M., and Tardós, J. D., "ORB-SLAM: A versatile and accurate monocular SLAM system," *IEEE Transactions on Robotics*, Vol. 31, No. 5, pp. 1147-1163, 2015.

[150] Mur-Artal, R. and Tardós, J. D., "ORB-SLAM2: An open-source SLAM system for monocular, stereo and RGB-D cameras," *IEEE Transactions on Robotics*, Vol. 33, No. 5, October 2017.

[151] Newcombe, R., Lovegrove, S., and Davison, A., "DTAM: Dense Tracking And Mapping in Real-Time," *Proceedings of the International Conference on Computer Vision (ICCV)*, 2011.

[152] Engel, J., Schöps, J., and Cremers, D., "LSD-SLAM: Large-Scale Direct Monocular SLAM," *Proceedings of the European Conference on Computer Vision (ECCV)*, 2014.

[153] Forster, C., Pizzoli, M., and Scaramuzza, D., "SVO: Fast Semi-Direct Monocular Visual Odometry," *Proceedings of the International Conference on Robotics and Automation (ICRA)*, 2014.

[154] Kim, J. and Sukkarieh, S., "Autonomous airborne navigation in unknown terrain environments," *IEEE Transactions on Aerospace and Electronic Systems*, Vol. 40, No. 3, July 2004.

[155] Blösch, M., Weiss, S., Scaramuzza, D., and Siegwart, R., "Vision based MAV Navigation in Unknown and Unstructured Environments," *Proceedings of the IEEE International Conference on Robotics and Automation (ICRA)*, 2010.

[156] Achtelik, M., Weiss, S., and Siegwart, R., "Onboard IMU And Monocular Vision Based Control for MAVs in Unknown In-and Outdoor Environments," *Proceedings of the IEEE International Conference on Robotics and Automation* (ICRA), 2011.

[157] Engel, J., Sturm, J., and Cremers, D., "Camera-Based Navigation of a Low-Cost Quadrocopter," 2012 *IEEE/RSJ International Conference on Intelligent Robots and Systems* (IROS), 2012.

[158] Majdik, A. L., Till, C., and Scaramuzza, D., "The Zurich urban micro aerial vehicle dataset," *The International Journal on Robotics Research*, Vol. 36, Issue 3, pp. 269-273, 2017.

[159] Majdik, A. L., Verda, D., Albers-Schoenberg, Y., and Scaramuzza, D., "Air-ground matching: appearance-based GPS-denied urban localization of micro aerial vehicles," *Journal of Field Robotics*, Vol. 32, Issue 7, pp. 1015-1039, 2015.

[160] Faessler, M., Fontana, F., Forster, C., Mueggler, E., Pizzoli, M., and Scaramuzza, D., "Autonomous, vision-based flight and live dense 3D mapping with a quadrotor micro aerial vehicle," *Journal of Field Robotics*, Vol. 33, pp. 431-450, 2016.

[161] Hrabar, S., Sukhatme, G. S., Corke, P., Usher, K., and Roberts, J., "Combined Optic-Flow and Stereo-Based Navigation of Urban Canyons for a UAV," *Proceedings of the 2005 IEEE/RSJ International Conference on Intelligent Robots and Systems* (IROS), 2005.

[162] Leutenegger, S., Furgale, P., Rabaud, V., Chli, M., Konolige, K., and Siegwart, R., "Keyframe-based visual-inertial slam using nonlinear optimization," in *Robotics Science and Systems* (RSS), Berlin, Germany, 2013.

[163] Achtelik, M., Bachrach, A., He, R., Prentice, S., and Roy, N., "Stereo vision and laser odometry for autonomous helicopters in GPS-denied indoor environments," *Unmanned Systems Technology XI*, Orlando, Florida, SPIE, 2009.

[164] Dill, E. T., Young, S. D., and Uijt de Haag, M., "Outdoor-to-Indoor UAV -GPS/Optical/Inertial Integration for 3D Navigation," *GPS World*, Vol. 28, Issue 10, pp. 20-26, October 2017.

[165] Fisher, K. A., "The Navigation Potential of Signals of Opportunity-based Time Difference of Arrival Measurements," PhD Dissertation, Air Force Inst of Technology, Wright-Patterson AFB, Ohio, March, 2005.

[166] Raquet, J. F. and Miller, M. M., "Issues and Approaches for Navigation Using Signals of Opportunity," RTO-MP-SET-104.

[167] Hall, T. D., Counselman, C. C., and Misra, P., "Instantaneous Radiolocation Using AM Broadcast Signals," *Proceedings of ION-NTM*, Long Beach, California, pp. 93-99, January 2001.

[168] Hall, T. D., "Radiolocation Using AM Broadcast Signals," Ph. D. Dissertation, Massachusetts Institute of Technology, Cambridge, September 2002.

[169] Eggert, R. J., "Evaluating the Navigation Potential of the National Television System Committee Broadcast Signal," M. S. Thesis, Air Force Institute of Technology, Wright-Patterson AFB, Ohio, March 2004.

[170] Rabinowitz M. and Spilker, J. J. Jr., "A new positioning system using television synchronisation signals," *IEEE Transactions on Broadcasting*, Vol. 51, No. 1, pp. 51-61, 2005.

[171] Kassas, Z., Morales, J., Shamaei, K., and Khalife, J., "LTE steers UAV," *GPS World*, Vol. 28, Issue 4, pp. 18-25, April 2017.

本章相关彩图,请扫码查看

第61章 航空导航

Sherman Lo
斯坦福大学,美国

61.1 简介

空域正在经历深刻变革,通过实施现代化计划可以处理越来越多的飞机,同时提高其作业效率。这种现代化的基础是精确导航。精确的定位和支持技术可以提供更好的航线,并能让飞行员了解附近所有飞机的位置和方向。然而,还需要进一步发展来应对即将到来的挑战,主要包括容纳越来越多的无人机(UAV)、引入个人飞行器和出租飞机如轻型运动飞机及优步航空,以及商业太空旅行。这些新技术为用户带来了不同的训练场景,需要更多地依赖自动化,并且它们是在未曾使用过的空域中飞行,随之而来的挑战是航行的安全性和完好性。改进的导航技术将是应对这些挑战的基础。

本章主要研究航空导航信号和技术,重点关注对未来空域发展产生重大影响的信号和技术。本章分为10节:61.2节研究了空中航行的演变,随后设想了支持未来航空需求的导航能力;61.3节~61.8节重点关注未来50年将成为空域部分的航空导航技术;61.9节展望;6.10小结。虽然本章涵盖了许多不同源(地面信号、天基信号、惯性和视觉传感)的导航,但重点围绕的是本书其他章节未涉及的航空系统。

61.2 航空导航的过去和现在

61.2.1 简史

导航是航空的基础。航空的首要目标是安全、快速地运送人员和物资,而飞行员总是需要一种方法来确定他们在哪里以及去哪里。早期,空中导航是临时性的,飞行员利用各种已有的视觉辅助工具例如公路和铁路作为参考[1]。在飞行距离很短并且天气较好的作业中,这些已经足够了。随着航空应用迅速扩大,20世纪20年代后期,航空里程基本上每年翻一番[1]。邮件递送和乘客旅行等商业服务意味着飞机需要在各种天气和条件下飞行,且夜间飞行变得越来越普遍。事实证明,临时使用诸如篝火之类的视觉辅助工具是明显不够的,并酿成了许多航空悲剧。这些事故激发了人们对成立有组织的航空公司的兴趣。为此,美国国会于1926年通过了《航空商务法》,第一代的一批无线电导航设施很快就应运而生。从1928年开始的5年时间里,美国主要航线都安装了四航程无线电测距系统[2]。此后不久,部署了非定向信标(NDB)。与其他无线电测向技术相比,NDB允许使用更简单的地面设备,但需要更复杂的自动测向仪(ADF)。

20世纪40年代,飞机的利用率和能力正在突破这些早期无线电导航设备的极限,如主要航路导航系统、四航程,仅支持4条航线或路线。它还使用低频(LF)传输,这导致了其性能在下雨和闪电期间的退化,因此提出了一种基于rho-theta或配置距离和角度测量的系统来改进航道导航。大约在这个时候,国际民用航空组织(ICAO)成立以协调国际标准,它采用的首批系统之一的甚高频(VHF)全向测距(VOR)支持这一概念[3]。20世纪50年代,rho-theta概念带来了VOR和测距设备(DME)及其军事对应的战术空中导航(TACAN)的发展。VOR和DME已成为全世界航空公司的支柱。20世纪40年代后期的主要发展是仪表着陆系统(ILS)的标准化和部署。20世纪60年代,最初为弹道导弹和潜艇开发的惯性导航系统(INS)用于商业航空,INS使跨洋飞行成为可能,这原本是地面无线电导航基础设施无法实现的。

61.2.2　当今航空

当今的航线仍然严重依赖DME/TACAN、VOR、ILS和INS。这些系统自推出以来已经发展了近60年,其增强功能包括作为改进的DME信号、多普勒VOR和捷联INS。这些演进的变化提高了可靠性和性能,降低了成本,同时也保持了与旧用户的兼容性。现今使用的另一个主要导航源是GPS/GNSS。在航空领域使用GNSS的动力出现在1983年大韩航空007号航班被击落,该事件促使美国更迅速地将GPS投入民用领域。20世纪90年代,几个基于GNSS的航空导航系统开始研发,特别是接收机自主完好性监测(RAIM)、星基增强系统(SBAS)和地基增强系统(GBAS)。

由于GNSS和其他技术的改进提高了导航能力,因此相关人员利用这些优势开发了新的操作。传统的航线结构依赖物理的地面基础设施,飞机从一个地面导航设备切换到另一个地面导航设备,由rho-theta架构提供支持。新飞机航线使用区域概念导航,它让用户更灵活地选择路线。他们可以定义并飞过一组不需要与地面基础设施的位置和能力相关联的虚拟航路点。这些路线更灵活、更高效,通过精确定位来实现。此外,区域导航概念不依赖设备,而是依赖性能。该结构被称为区域导航(RNAV)和导航性能需求(RNP),它具有板载一致性监测和告警的附加要求。这些操作由其允许的总系统误差(TSE)指定,包括导航系统误差和飞行技术误差。例如,要支持RNAV 0.3,飞机必须具有0.3n mile的精度和2倍的安全界限。任何导航系统性能被证明满足要求后可供每个RNP或RNAV程序使用。这就是基于性能的导航(PBN)的概念。这种演变允许更灵活和更高效的操作。

在美国,支持PBN的系统包括基于GNSS的系统和需要支持DME覆盖差距的DME/DME/INS(DDI)INS系统。VOR等角度系统不用于PBN,因为它们的误差会随着与车站距离的变化而发生较大变化。

GNSS正逐渐成为导航的主要源。借助RAIM接收机,GNSS可用于航路引导,在飞机起飞、进近和着陆程序方面也取得进展。传统的非精密进近(NPA)使用VOR或NDB,而ILS可提供精密进近(PA),即垂直引导的进近。在恶劣天气下(飞行标准较低),PA通常比NPA飞行难度更低并且能实现更多次飞行。但是,只有大型机场才能负担得起安装ILS的费用。随着SBAS的出现,带垂直引导的定位器性能(LPV)等带有垂直引导(APV)的进近,可以在 SBAS 覆盖的任何地方(美国 SBAS 广域增强系统,涵盖美国本土)实施。截至 2020 年 5 月,美国共进行了 4053 次 SBAS LPV 进近,其中许多是在不支持 PA 的机场进行的(1055 个非 ILS 机场)[4]。

61.2.3　未来愿景

航空旅行、新飞行器类别以及无人机的发展是推动空域发展的主要因素。未来空域将有更密集的交通水平、更高的利用率、更广泛的飞行系统以及不同的安全要求。无人机和商业太空飞行将在目前还不常使用的地区飞行。满足这些要求意味着,我们必须在日益复杂的威胁、空域使用和频谱拥塞的环境下保持安全性和鲁棒性。对于航空而言,最重要的是安全性和鲁棒性,而传统的威胁分析是处理自然威胁和系统故障,未来的导航安全也需要考虑故意人为攻击的可能性。

导航信号、数据欺骗和拒绝服务(DoS)是黑客或恐怖分子可以触及的领域。未来的导航系统应该将认证机制纳入其设计中。本节重点介绍适用于基于射频(RF)导航的身份验证技术,因为使用外部信号为攻击者提供了多个入口点。它检查数据认证、信号认证和一致性。此外,它还提供了额外的导航方式,通过限制后果来阻止欺骗和 DoS 对主要导航源的攻击,提升了攻击者面临的挑战并降低了攻击动机。

数字传输是航空通信、导航和监视(CNS)不可或缺的一部分。对于导航,数据认证用于验证计算位置数据的来源和准确性。给定足够的数据容量,对用户或提供者来说,实施认证导航数据可能很简单,因为它可以使用传统和经过测试的密码构建实施,尤其是公钥基础设施(PKI)。因此,应该使用具有经过时间考验具有鲁棒性的整体解决方案。在公钥密码学中,提供者[例如空中航行服务提供者(ANSP)]拥有公钥和私钥。公钥可以自由给定并用于验证(解密)消息。然而,只有私钥的持有者才可以对消息进行签名(加密)。因此,ANSP 安全地维护其私钥并使用该密钥对来自无线电导航站的传输数据进行签名。数据以带有签名的明文传输并添加到消息中。为了最大限度地减少潜在的重放攻击,将数据和传输时间结合起来创建签名。这样的实施方式已提出并用于 WAAS [5-6]。用户接收到传输数据,生成组合数据和时间的哈希值,并将结果与解密的签名进行比较。如果它们匹配,则一定来自提供者,因为只有提供者拥有私钥。图 61.1 说明了这一过程。当然,正确实施至关重要,应该使用标准和久经考验的机制来管理认证和撤销密钥,如证书和撤销列表。此外,由于航空系统已运行了数十年,任何身份的验证系统都应能抵御可预见的攻击,包括量子计算机。

另一层是信号认证,对信号特征进行仔细检查,以确保它是真实的信号。GNSS 的一个实例是使用对手不知道的密码。这个解决方案对航空来说是困难的,因为密码必须安全分发和保存。虽然这可以通过使用延时发布未知码的措施(例如 CHIMERA 或码片消息稳健认证[7])来缓解,但任何新的卫星信号都可能需要几十年的时间才能由星座卫星提供这样的服务。因此,我们寻找其他的认证方法,以确保信号的信任保证,并显著增加欺骗的难度。无线电导航接收机内部的认证可以验证该信号是否具有真实信号或欺骗信号的特征。例如,通过检测自动增益控制(AGC)、相关器变形和天线极化来确定 GNSS 是否被欺骗[8-9]。使用 RAIM 概念的 GNSS 信号间的交叉检查可以检测一些欺骗攻击,类似的检查基于其他无线电导航系统的特性性能而开发。几种技术的适当组合可以显著限制潜在的欺骗和攻击,如文献[10]。另一种防御措施是增加额外的感应进行交叉检查或提供冗余导航。冗余一直是安全航行的特点。我们可以使用比以往任何时候都多的导航传感器和导航源。例如,GNSS 和低成本惯性传感器之间简单的一致性检查,已证明在限制欺骗[11]方面具有实用性。

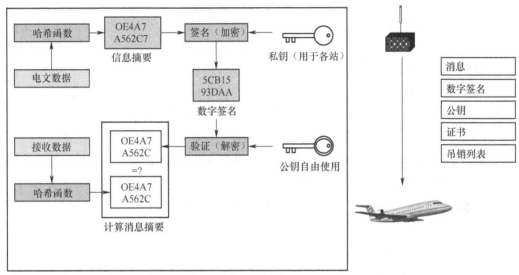

公钥只能验证（解密）但不能为消息数据签名（生成有效签名）

图 61.1　使用公钥密码进行航空数据认证的示例
[地面站签署(加密)哈希(0E＄A7A562C 显示为传输数据的十六进制哈希或消息摘
要的示例,使用其私钥创建一个电子签名。飞行器获取接收的数据并生成哈希值
并将结果与经过验证的结果进行比较(使用公钥解密)验证数字签名。]

最后,应该有一种可供选择的、独立的导航方式来继续操作业务。这对于最小化经济影响和减少对主系统的攻击是很重要的。GNSS 提供的优势意味着大多数飞机将主要依赖GNSS 导航。因此,重要的优势不仅是提供其他的最好独立于 GNSS 的导航系统,而且要让这些导航系统也能支持 GNSS[12] 所支持的一些期望操作。

对非 GNSS 导航系统改进性能是必需的。由于 GNSS 提供的诸多航空优势,空域将由GNSS 用户主导。失去 GNSS 可能会打乱严密的空中交通秩序,除非其他导航源可以提供类似的精度、完好性或覆盖范围。但是,今天的地面导航系统远不如 GNSS 精确。例如,特定DME 的精度约为 1.61mm 的精度。另一种挑战体现在低空空域,因为地面信号由于视线(LOS) 信号障碍,可用性较低。在低海拔地区,特别是低于地面 5000ft (AGL) 的地区,起飞和降落需要更高的导航要求。因此,这些地区需要多种信号。

改进必须以多种形式出现。地面测距性能可以通过信号增强和多径缓解来提高。多径缓解也将有利于完好性。借助地面 LOS 信号,提供低空覆盖也意味着拥有更多的信号源。因此,航空飞行需要利用其他信号,并能更好地利用现有的航空信号。由于缺乏更好的选择,另一种形式是利用机会信号（SOO）——现有商业基础设施的信号,例如蜂窝或低地球轨道（LEO）通信卫星。这些增强功能下面将简要讨论。

用于导航和其他目的(如通信或监视)的电信技术对航空频谱提出额外的要求。未来的需求只会增加,而航空不太可能获得更多频谱,尤其是在 L 波段。

因此,航空必须提高频谱效率。一种方法是通过集成 CNS 服务。CNS 共享需求和功能,而不是利用很多具有相同频谱需求的系统,将 CNS 集成在一个系统中更有效。集成已经开始了——GNSS 用于导航和基于自动相关监视广播(ADS-B)的监测。欧洲正在开发 L 波段数字航空通信系统(LDACS),它将提供通信和导航能力[13]。

传统上,CNS 服务被分离成三项(三条腿凳子)来支撑空域安全。即使失去一项服务,也能保持安全,因为其他两项服务的存在也能支持飞机安全着陆。在更高的层次,三脚凳的概念是保持独立冗余的原则。如 GNSS 广泛用于通信授时和监视,意味着 CNS 三条腿并不是真正的独立。因此,21 世纪,航空领域不应严格遵守独立的 CNS,而应遵守没有任何单一故障会严重扰乱空中的交通原则。只要冗余设计得当,集成服务仍然可以保持安全。

20 世纪,导航的重点是提高安全性。商业航空的安全记录值得称赞。在美国,自航空旅行开始以来,商业航空每英里的死亡人数至少下降了四个数量级[14]。事实上,在美国,一月一商业航班空难将是一件糟糕的事情。21 世纪,虽然事故和自然行为的安全仍是重要的航空问题,但安全和恶意行为者的威胁同样也是重要的考虑因素。因此,以上三个方面将是本章讨论的重要主题。

61.3 21 世纪航空导航

21 世纪航空导航有几个源。卫星将成为大多数用户的主要导航工具。地面无线电信号将提供导航冗余和鲁棒性。

利用新的蜂窝或 LEO 通信的信号基础设施可以为低空和城市空域运行的无人机和其他飞机提供实用性。许多飞机将以 INS 或高度航向参考系统的形式(AHRS)独立导航或制导,以提供额外的信息和增加其他导航的手段。视觉导航的出现具有重大意义,尤其是自动驾驶汽车使用的增加。

61.4 卫星导航

GNSS 将成为大多数飞机的主要导航源。几种不同的基于 GNSS 的系统已获得航空认证,可在飞行的所有阶段提供导航,如图 61.2 所示。RAIM 是最早获得认证的航空 GNSS 之一,支持航路和终端操作的水平定位;SBAS 从纠正和完好性信息方面增强 GNSS,并允许 GNSS 从起飞到 LPV 使用 200ft 决断高度(LPV-200)着陆。GBAS 提供最精确进近的目标,它还提供精确的本地 GNSS 校正,以支持终端区域飞行、着陆和机场作业。航空 RAIM(ARAIM)正在开发中,通过利用多样性的卫星、星座和频率,在不需要基础设施的情况下提供像 SBAS 的许多好处。ARAIM 尚未最终确定。这些系统在第 12 章、第 13 章和第 23 章中有详细描述。

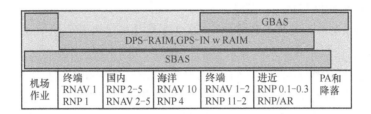

图 61.2 使用 GNSS 支持各种飞行操作(改编自 FAA 的图,经 FAA 许可转载。)

航空领域的大多数 GNSS 接收机都是用于无人机导航的大众市场 GNSS 接收机①。这些接收机没有经过认证,也没有采用之前描述的航空完好性算法。对于大多数无人机来说,认证 GNSS 接收机的成本和质量都令人望而却步,虽然这些大众市场接收机体积小、成本低,并且功能丰富。此外,大众市场接收机有可能提供先进的功能,如实时动态(RTK),可以实现有价值的功能,例如电信无人机的姿态控制(google loon)、电影摄影和测绘[15-16]。但是,从安全的角度看,这些接收机没有经过认证,无法启动故障保护功能,其应对罕见事件的表现也不理想。随着商业用途的增加,未来使用 GNSS 接收机的无人机会发展与其他传感器的集成技术。

任何基于 GNSS 的主要问题都是容易受到干扰和欺骗,这两个问题都可以通过加固现有系统和增强其他系统来解决。干扰可以通过天线技术和信号处理来解决,可以增强相对于干扰信号的强度[8,17-18]。类似的技术可用于检测欺骗。虽然增强 GNSS 可以解决一些问题,但额外系统的冗余必不可少。加固的 GNSS 仍有可能发生损耗,这种故障对空域的影响可能是普遍的。

61.5 地面无线电导航源

无线电导航,特别是地面无线电导航,由于全天候性能,长期以来一直是仪器导航的主要手段。目前已有许多地面导航系统,并将在 21 世纪一直使用。本节将重点介绍和未来最相关的此类系统(DME、ILS、VOR、NDB)以及它们的发展。它们的许多顶层要求在 ICAO 的标准和建议措施 (SARPS)[19]中得到了标准化。本节还讨论了为监视而设计的系统,其可能对导航有用。利用这些技术增强和补充现有的地面无线电导航,对于提高精度和低空覆盖至关重要。

61.5.1 DME 和战术空中导航(TACAN)

DME 和 TACAN 是导航系统,可提供用户到地面站的真实距离。它们和 VOR 一样,是全球的标准和基础,可用于 rho-theta 航空导航基础设施中。DME 和 TACAN 使用相同的测距标准,主要区别在于 TACAN 还包含军事使用的方位角功能。因此,在 DME 的讨论中,除

---

① 在开始注册的几个月内,FAA 已经注册的无人机数量(30 万~35 万架)比注册的载人无人机数量多。

非另有说明,否则测距同样适用于 TACAN。

到达 DME 站(也称为应答机或信标)的真实距离是通过测量飞机发送询问信息到从地面站返回相应应答之间的往返时间来获得的。获得往返时间的步骤如图 61.3 所示。机载询问机,即飞机上的 DME 设备,首先向 DME 工作站发送询问频率信息。DME 地面站收到并接受询问后,从收到询问开始等待一段固定时间(即应答延时),才发送响应。在应答延时和响应传输期间,站对其他询问无应答,这就是停滞时间。飞机在接到响应后,确定询问发送和收到应答之间的时间间隔,为信号到达 DME 站和返回所需的时间(往返时间)再加上应答延时。距离是信号在往返时间内所经历的一半路程。

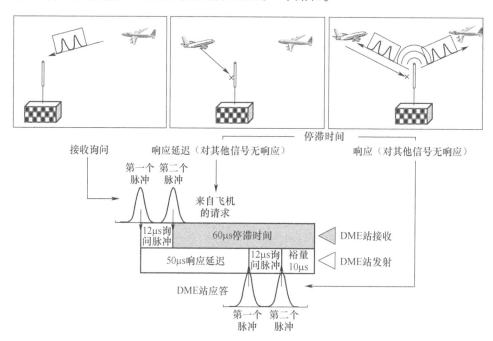

图 61.3 DME 应答机对来自飞机 DME 航空电子设备(询问机)询问的响应
[应答机接收并验证询问脉冲对,此时不再响应其他询问。经过一段固定时间
(应答延迟),应答机在相应的应答频率发送响应。]

用于测距的 DME 信号是脉冲对,如图 61.4 所示,其理想包络为高斯形状。第一个脉冲用于计时,第二个脉冲用于确定脉冲为 DME 信号而不是杂散干扰或噪声。第一个脉冲和第二个脉冲之间的时间间隔是固定的和已知的。在 DME 中,来自一个给定站的所有响应都是相同的,并且在相同的频率上。因此,DME 询问机在不知道其对 DME 站航程的情况下,无法区分对其询问的应答和对其他飞机的应答。询问者通过多次询问进行搜索,并试图找到一系列的应答,这将导致一致的往返时间。搜索模式建立了近似范围,每秒可使用多达150 个脉冲对/s(ppps)。今天的航空电子设备可以使用比以前少得多的询问来进行搜索-接近 30 个脉冲对/s。建立粗糙的往返时间后,搜索空间变窄,航电系统可以进入跟踪模式,通常使用 5~15 个脉冲对/s 来确定其往返时间和距离测量。

DME/TACAN 占据 963~1213 的 L 波段,将频谱分成许多信道。DME 电台使用一个信道,该信道占用两个载频:一个用于询问;另一个用于应答。两个载波频率是 1MHz 的整数倍,相隔 63MHz。为了更好地使用频谱,定义了几个用于 DME 传输的码:X、Y、Z 和 W。对于每个码,有多达 126 个通道或询问–应答频率对。主要的 DME 码是 X 和 Y。W 和 Z 码是为精密 DME（DME/P）测距开发的,它更精确,接近 DME 标准,用于微波着陆系统（MLS）。该码由询问和应答脉冲对中第一个脉冲和第二个脉冲间的特定延时表示。对于一个 X 码信道,询问和应答的脉冲都是 12μs。对于 Y 码信道,询问和应答脉冲相隔分别为 36μs 和 30μs。这些码也有不同的应答延时。表 61.1 汇总了以 DME/N 或 DME/P 在初始进近（IA）模式运行时的通道值。对于互操作性,DME/N 码和 DME/P IA 码本质上是相同的。更多细节在表 61.1 中给出。

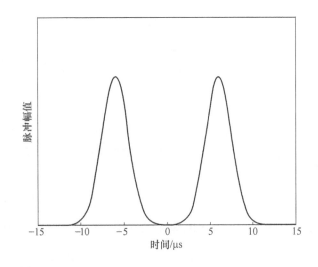

图 61.4　DME 发射是理想的高斯脉冲

（脉冲有一个固定的延时间隔,具体取决于通道。国际民航组织的规范
允许脉冲发生一些变化,特别是来自飞机询问机的变化。）

表 61.1　询问和应答脉冲对之间的间距 DME/N 和 DME/P IA 对不同码的应答延时

码	询问/μs	应答/μs	应答延时/μs
X	12	12	50
Y	35	30	56
W	24	24	50
Z	21	15	56

图 61.5 显示了每个码的询问–应答频率对。

目前部署的 DME 应答机发送多达 2700 个脉冲对/s, 支持 100 多架飞机。应答具有恒定的振幅,对于在途中的 DME 应答通常具有 1kW 的发射功率。TACAN 应答机类似于 DME,但增加了支持方位角功能。它传输额外的 900 个脉冲对/s 以提供方位角信息。方位信息是通过比较 15Hz 的北向脉冲和 135Hz 的辅助脉冲与 TACAN 幅度包络来提供的。这些脉冲以独特的模式被识别。在 X 码信道中,北向脉冲由 12 个脉冲对组成,辅助脉冲由 6 个脉冲对组成。发射信号的振幅由旋转 15Hz 的心脏信号调制,进一步由 135Hz 纹波信号调制,如图 61.6 所示。用户将接收到的 15Hz 脉冲的振幅与整体包络进行比较。如果一架飞机在 TACAN 以东方向,北向脉冲是最大的。在正西方向,北向脉冲是最小的。使用 135Hz 辅助脉冲串可以进行更准确的方位角测量。美国 TACAN 航线上的峰值传输功率通常约为 3kW[20]。

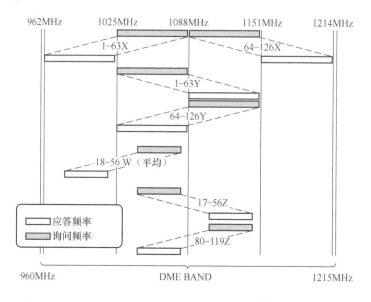

图 61.5　基于 ICAO 的不同码的 DME 询问–应答频率对[30](转载经爱思唯尔许可。)

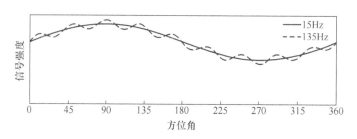

图 61.6　不同方位角的 TACAN 幅度调制显示了 135Hz 信号在 15Hz 信号上的叠加

除了应答(询问以确定距离)和方位脉冲(在 TACAN 的情况下),TACAN 和 DME 还有另外两个传输。大约每 30s,发射机会发送一个莫尔斯电码标识。该码使用一组间隔 100ms 的脉冲对进行传输。点和破折号表示这些集合在 1350Hz 时分别发射 0.1s 和 0.3s。在莫尔斯电码内部的点和虚线之间以及点和破折号之间分别使用 0.1s 和 0.3s 的传输间隔。

另一种传输方式是断续发射。如果站没有收到足够的询问以满足其最低传输水平,就会自发发射断续脉冲对。对于 TACAN 来说,此水平为 3600 个脉冲对/s。而对于 DME,通常为 2700 个脉冲对/s,但可低至 900 个脉冲对/s。AIDS 是方位(Azimuth)、识别(Identification)、距离(Distance)、断续发射(Squitter)英文首字母缩写,很容易记住它们从高到低的优先级顺序。

61.5.2　增强型 DME

DME 系统需要不断升级来提供更有价值的服务。已经开发了增强的 DME 概念,可以使用现有的 DME 提供无源测距、数据调制和改进的信号能力,同时保持与现有用户兼容。设计这些概念,是为了与现有基础设施进行互操作,而不需要全新的系统。理想情况下,这种增强可使用现有的应答机来实现,尽管一些先进的概念需要改变现有设备,但使用新的应答机更容易实现。这些变化可以随着 DME 系统中应答机的更新而逐渐采用。

无源测距或伪距增加了 DME 应答机可以支持的飞机数量,并允许航空电子设备使用视野内所有 DME 应答机[21-22],可以在现有 DME 应答机站上使用该能力,而无须更改现有用户的功能。令一个静态询问机用一组精确的伪随机序列传输进行询问,这导致应答机发送同样精确伪随机序列的应答。这个概念如图 61.7 所示。由于序列是已知的,航空电子设备可以识别它,并使用它进行无源测距。这种 DME 脉冲对位置调制(PPPM)概念已经通过使用耦合到应答机和天线之间的线路的附加器进行了演示[20]。如果 DME 应答机有非常稳定的载波,则可以获得更好的性能,如会有更高的精度以及提高灵敏度[23-24]。就像在GNSS 中所做的一样,稳定的载波可以通过载波差分、码载波平滑、扩展平均等各种基于载波的技术提供更高的精度。可在较低的信噪比下使用信号,允许 DME 在更远的范围内或更有效的转角中使用。一般来说,增加载波稳定性需要新的应答机,尽管现有的 TACAN 已被修改可以提供这种能力。

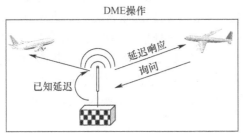
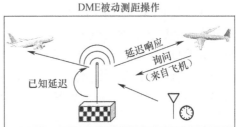

图 61.7　标称 DME 和 DME 无源测距操作之间的相似性
(DME 无源测距使用时间同步询问机生成可供所有飞机使用的应答。)

通过增加无源测距,DME 站将同时提供无源测距和真实测距,从而实现混合定位[25-26]。混合定位利用来自单一源的无源距离和真实距离,使用户获得距离和到地面时钟的偏移。因此,只需要一(两个)无源测距即可获得二维(三维)位置。当我们有一个增强型 DME(方位角为 θ)和另一个无源测距站(仰角 φ)时,其混合测距方程如下:

$$G = \begin{bmatrix} \cos\theta & \sin\theta & 0 \\ \cos\theta & \sin\theta & 1 \\ \cos\varphi & \sin\varphi & 1 \end{bmatrix} \tag{61.1}$$

前面讨论的 DME 无源测距技术也可以提供数据。数据提供了新的安全功能,如身份验证以及完好性告警,有助于提供机载一致性监测。这允许 DME 支持 RNP 操作。DME PPPM 可以发送位置调制脉冲,该脉冲相对于已知的无源测距序列,选取可能的时间偏移的一种。DME 稳定的载波允许对基础载波进行相位调制,从而得到另一种数据。第三种方法是对第二个脉冲进行位置调制,因为该脉冲仅用于识别[27]。ICAO 的规范允许在第二个脉冲相对于第一个脉冲的延时有±0.5μs 的变化。所有方法都需要一个新的询问机以实现增强的能力。后两种方法可能需要修改应答机的内部结构或采取新的应答机设计。这 3 个概念都已在空中和现场进行了演示飞行[28]。第三种增强是信号改进。前面提到的改进或稳定的载波允许载波平滑和扩展平均。另一个信号变化是使用更耐多径的波形,例如 cos‐cos² 和平滑凹多边形(SCP)[29]。多径缓解改进是必不可少的,因为一旦消除了定时误差,多径将成为精度和完好性的最重要驱动因素。因为当前的 DME 应答机可以支持更多更精确生成和改进的脉冲形状,因此波形是可能的。此外,ICAO 的 DME 信号规范允许有不同的脉冲对形状,同时仍满足 ICAO 要求[19]。当然,用户可能需要识别支持改进信号的应答机。数据通道可以提供这些信息。

61.5.3　仪表着陆系统

自航空诞生以来,在能见度低的情况下着陆一直是飞行员的希望。仪表着陆系统(ILS)首先实现了这种能力,在 20 世纪 40 年代后期被广泛采用。虽然其他技术(MLS、GBAS)已经开发出来,但 ILS 的悠久历史和已安装的用户基数使其在今天和可预见的未来仍然是仪表进近的主要系统。ILS 的三个主要部分为定位器、滑翔坡度和距离指示器。

ILS 定位器由一个天线阵列组成,该天线阵列在 VHF 载频上传输信号。对应的定位器和滑翔坡频率见表 61.2。该阵列构造使天线产生两个载波调制信号。一个以 150Hz 频率调制,并在中心线的右侧(如进近的飞机所见);另一个以 90Hz 频率调制,在右侧占主导地位。飞机测量信号间调制差(DDM)的深度,表明飞机与理想的水平偏差。理想路径是两个信号差为零的路径。在飞机上,偏离理想中心点(两个信号平衡的地方)的偏差在 ILS 仪器上显示为偏离中心线的点。每个点代表一个特定的角度偏差,偏差取决于跑道和设置,参见文献[19]。图 61.8 为一个示例。为了支持不同的跑道和进近,共分配 40 种不同的 VHF 载频(108.10~111.95MHz),每个频率与 40 个滑翔坡度载频中的 1 个相匹配,从而形成 40 个 ILS 通道。

表 61.2　对应的定位器和滑翔坡频率　　　　单位:MHz

定位器	滑翔坡	定位器	滑翔坡	定位器	滑翔坡	定位器	滑翔坡
108.10	334.70	109.10	331.40	110.10	334.40	111.10	331.70
108.15	334.55	109.15	331.25	110.15	334.25	111.15	331.55
108.30	334.10	109.30	332.00	110.30	335.00	111.30	332.30
108.35	333.95	109.35	331.85	110.35	334.85	111.35	332.15
108.50	329.90	109.50	332.60	110.50	329.60	111.50	332.90
108.55	329.75	109.55	332.45	110.55	329.45	111.55	332.75
108.70	330.50	109.70	332.20	110.70	330.20	111.70	333.50
108.75	330.35	109.75	332.05	110.75	330.05	111.75	333.35
108.90	329.30	109.90	333.80	110.90	330.80	111.90	333.10
108.95	329.15	109.95	333.65	110.95	330.65	111.95	332.95

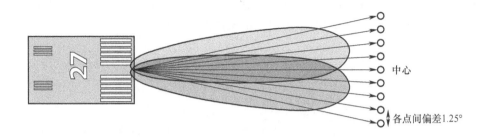

图 61.8　ILS 定位器显示的两个载波调制信号的标称增益方向图

ILS 下滑坡度的工作方式与定位器类似。两者使用相同载波频率的两个调制信号在理想的滑翔路径上传输,通常距离地面 3°。ILS 滑翔坡度载波频率是 329.15~335.00MHz,其是 40 个超高频（UHF）频率之一。载波以 90Hz 或 150Hz 音频调制,其中 90Hz 音频在滑翔路径占主导地位。波束通常是由天线旁边跑道的同位置天线产生的。

波束的范围通常为滑翔路径中心的 0.7° 以下和 0.7° 以上。ILS 仪器通过显示飞机(中心)相对于 ILS 中心线(十字线,零偏转在滑翔道和航向道上)来指示结果。飞机相对于滑翔坡和定位器的偏差在飞机的中央显示器上显示为提示飞行员。图 61.9 为一个示例。

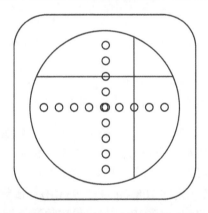

图 61.9　ILS 航电驾驶舱显示引导(飞机需要向上、向右调整方向。)

为了表示进近过程中的距离,通常使用 3 个标记信标——外部标记、中间标记和内部标记。它们都使用 75MHz 载波发射信号,每个标记分别位于距跑道 4.5km、3500ft 和跑道入口处。它们通过不同的音频(使用不同的调制频率)来区分标记。

当飞机飞越标记点时,标准 ILS 航电设备会在听觉和视觉上给出情况指示。在较新的ILS 中,低功率（LP）终端 DME 也使用或替代标记,并提供跑道距离的连续指示。因为与标记不同,它们不需要在机场设施外着陆。FAA 提供的图 61.10 总结了 ILS 的这些方面。

61.5.4　VHF 全向测距

长期以来,角度测量一直用于导航。在航路系统,有两种主要的角度测量源:VHF 全向测距和 NDB。而测距已成为无线电的青睐导航手段,角度测量的重要性也不容忽视。角度测量补充了测距信号,许多无线电信号可用于测向(DF)。

VOR 是通用航空导航的重要组成部分,也是航空系统的基石。VOR 通常与 DME 和

TACAN 配合使用,允许用户使用单个地面站确定水平位置。虽然近年来 ANSP 对 VOR 的使用和需求有所减少,但该系统在 21 世纪仍将保持良好运行。

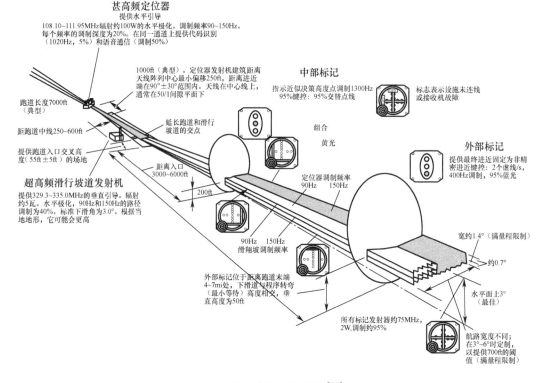

图 61.10   仪表着陆系统[31]

VOR 向用户提供其到地面站的磁方位。磁方位是飞机与地面站相对磁北的绝对角度,如图 61.11 所示。该方位不依赖于飞机方向。通过提供相对于绝对参考的方位,用户可以使用 VOR 测量值和 DME/TACAN 范围来计算到站的方向矢量,即它的水平位置。

VOR 的工作频率在 VHF 频谱的 108.00~117.95MHz。该频段被划分为信道,相邻信道的中心频率或载波频率相隔 50kHz。VOR 站在其载波频率上发射两个信号,即参考信号和可变相位信号。两者的调制频率均为 30Hz。两个信号提供方位,由信号之间的相对相位差计算。参考相位信号在各个方向上具有相同的相位角。变相位信号的相位取决于到基站的方位。

角度测量可以提供额外的度量,以增强覆盖率和性能。式(61.2)~式(61.4)显示了将 VOR 测量结果添加到传统的几何计算中的方法。假设站点与磁北(0°)参考飞行器的角度为 θ,并顺时针增加,如图 61.11 所示。采用东北高(ENU)坐标系,Δx、Δy 用户与用户站点之间的东北距的差。

$$h = Gx, \quad h = \mathrm{d}\theta, \quad x = \begin{bmatrix} \mathrm{d}x & \mathrm{d}y & \mathrm{d}b \end{bmatrix} \tag{61.2}$$

$$\theta = a\tan\left(\frac{\Delta x}{\Delta y}\right) \tag{61.3}$$

$$G = \left[\frac{1}{\Delta y\left(1 + \left(\frac{\Delta x}{\Delta y}\right)^2\right)} \quad \frac{-\Delta x}{\Delta y^2\left(1 + \left(\frac{\Delta x}{\Delta y}\right)^2\right)} \quad 0 \right] \tag{61.4}$$

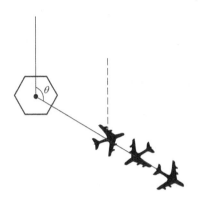

图61.11　来自 VOR(θ) 的方位测量(角度显示所有飞机的测量值都是相同的[①])

出于经济原因,ANSP 逐步停止使用 VOR 站。VOR 的维护成本相对较高,通用航空(GA)用户现在可以依赖 GNSS。磁场随着时间的推移而变化,因此需要定期进行飞行检查和校准,以保持 VOR 正常运行。此外,它的误差随着距离的变化而变化,不太适合区域导航。然而,由于它对 GA 的重要性,美国计划保留 400 个 VOR 站的最低运营网络(MON),大约是现有 VOR 数量的一半。

61.5.5　NDB 和 ADF

NDB 提供相对方位测量——相对于飞机方位的 NDB 信号的到达方向。测量由用户天线和航空电子设备完成,被称为 ADF。这使 NDB 地面设备和信号变得简单。此外,它不需要花费高昂的成本像 VOR 维持一样的校准。它的简单和多功能使其成为最古老却仍在运行的航空无线电导航系统之一。更简单的地面设备代价是一个更复杂的用户天线和一个相对而不是绝对的角度测量(不参考磁北)。这一概念对于未来的空中导航很重要,因为许多其他无线电发射塔,如 AM 也可以提供 NDB 功能,从而提供多样化、丰富且现有的地面无线电导航信号源。

NDB 传输相对简单的全向信号。NDB 可以在 190~1750kHz 的频段内工作,但通常使用的是 190~535kHz 的较低频段。处于低频和中频 (MF) 意味着 NDB 信号沿着地球传播,在非常低的海拔提供覆盖。然而,这些信号的精度不如 VOR,对天气(如降水、静电和闪电)的敏感性较高,特别是在低频时,需要相对较多的天线。

有几种不同类型的 NDB 服务于不同的应用和空域——航路、进近和作为 ILS 的一部分。此外,还有一些用于 NDB 的信号,见表61.3。未调制载波和双边带是常用的信号。传输电台的莫尔斯电码标识(识别)和其他数据调制。

使用 NDB 需要飞机具备 DF 能力。ADF 传统上使用一个环路天线,该天线带有多个线圈(正交或以其他方式偏移),以确定信号的到达方向。ADF 还使用该天线来感知飞机是朝着站点移动还是远离站点移动。在老式航空电子设备中,用单独的天线提供此功能。

通过相对方位测量,需要 3 个站来找到水平位置,而不是 2 个站,因为飞机航向 (β) 也

---

① 美国将从目前的 1000 个台站中维持至少 400 个台站的运行网络(MON),以在全球导航卫星系统不可用的情况下为 GA 提供服务或提供备用系统。

需要确定。*NDB* 的相对方位测量值(γ)在图 61.12 中显示。我们可以在传统的几何计算中加入相对方位测量,方法与 VOR 类似,只需加入未知的 β。如式(61.5)和式(61.6)所示:

$$h = Gx, \quad h = \mathrm{d}\varphi, \quad x = \begin{bmatrix} \mathrm{d}x & \mathrm{d}y & \mathrm{d}\beta \end{bmatrix} \tag{61.5}$$

$$G = \begin{bmatrix} \dfrac{-1}{\Delta y \left(1 + \left(\dfrac{\Delta x}{\Delta y}\right)^2\right)} & \dfrac{+\Delta x}{\Delta y^2 \left(1 + \left(\dfrac{\Delta x}{\Delta y}\right)^2\right)} & 1 \end{bmatrix} \tag{61.6}$$

表 61.3　NDB 使用的信号形式

形式	发射信号	调制/数据	信息	指定
N0N	未调制载波	无调制	没有数据	NDB 载波
A1A	双边带	未调制数字	莫尔斯电码	NDB 标识
A2A	双边带	调制数字	莫尔斯电码	备用 NDB 标识
N0N/A2A				

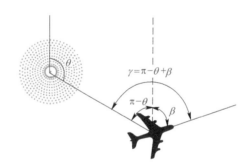

图 61.12　NDB(γ)的角度测量。测量的角度取决于飞机航向(β)

白天 NDB 精度通常为 ±5°,夜间由于受到干扰,误差可能会大得多。特别是,从电离层反射的低频信号(称为天波),会产生多径误差。此外,ADF 也有大约 5°的误差,尽管有人声称可以达到 1°的误差。

随着无人机的普及及其极低高度的使用,NDB/ADF 和相对方位测量在未来可以带来更多好处。使用地面信号的民用和商用无人机需要许多不同的信号源才能在低空导航。使用 ADF,许多信号源都可以提供 NDB 功能。AM 广播电台是一个很好的候选者,因为它也在 MF 频段运行。其他非航空无线电源包括电视、蜂窝和其他发射塔。由 ANSP 运营的无线电塔可以提供 NDB 功能,如自动地面观测系统(ASOS)、自动天气观测系统(AWOS)和 ADS-B 地面站。接下来讨论 ADS-B。ADS-B 站的优势在于提供伪距,从而为用户导航提供两个独立的测量值。

61.6 基于监视的导航

如前所述,如果有冗余,使用支持监视和导航的通用系统是非常有效的。监视和导航也有类似的需求——确定飞机在空域中的位置。通用系统可以更有效地利用有限资源(频谱)和操作优势。

本节将介绍基本的监视技术,以及将这些技术用于导航的方法。典型的飞机监视技术是雷达。雷达通过测量其位置和方位来获得飞机位置。通常两种雷达系统用于提供飞机监视的测量。主监视雷达(PSR)发射雷达信号并从机体接收反射信号。PSR有几个性能缺陷。由于使用了飞机机身的反射,功率随射程(约$1/r^4$)迅速下降。此外,来自飞机的额外信息也不容易传输。如今,空中交通更多依赖二次监视雷达(SSR)进行操作。有了SSR,雷达会询问飞机并监听飞机应答机产生的应答。因此,应答机为应答提供能量,功率随距离的平方增大而下降。应答机还可以传递有用的信息,如飞机身份和压力高度。这种SSR和飞机应答机的组合形成了空中交通管制信标系统(ATCRBS)。

61.6.1　监视和导航

使用通用技术进行监视和导航既不新鲜也不罕见。雷达一直用于提供导航引导。20世纪40年代后期,使用一个精确的一次雷达提供全天候精确着陆能力。它的精密进近雷达(PAR)确定飞机的位置,用于为飞机生成制导信息。该系统将引导从地面传输到飞机以引导进近。

同样,SSR和应答机技术也用于提供导航。应答机着陆系统(TLS)使用应答机而不是PAR为飞机提供精确进近引导。地面系统接收其天线阵列上的询问,并计算飞机的三维位置。该位置用于产生一个信号,由ILS航空电子设备接收,并为进近提供必要的指导。虽然它一次只能为一架飞机提供服务,但它允许ILS精确降落在地形崎岖或跑道较短的机场。

作为下一代飞机监视技术,ADS-B依赖导航数据。每架配备ADS-B的飞机定期广播其标识、位置、速度和目的地供空中交通管制(ATC)和其他飞机使用。位置和速度信息来源于飞机导航系统。由于传输这些信息,ADS-B提供了许多新的好处,并正在全球范围内应用。61.6.2节将更详细地介绍ADS-B相关服务,以及这些服务如何帮助导航。

61.6.2　自动相关监视广播及信号

ADS-B系统整合了地面基础设施、航空电子设备和通信协议,以实现飞机位置的传播和分配。支持ADS-B的主要基础设施组件是地面无线电台(RS),接收ADS-B供空中交通管制使用。这些电台还传输与ADS-B相关的业务,如ADS转播(ADS-R)、交通信息服务广播(TIS-B)和航班信息服务广播(FIS-B)。这些传输使用与ADS-B相同的通信协议,用于增强空域用户的态势感知能力。ADS-R和TIS-B服务是从地面传输飞机位置信息的手段。TIS-B信息来源于地面雷达,而ADS-R信息来源于飞机广播。FIS-B是信息广播,如天气。它们对导航的意义在于可以用作测距或方位信号。这是一个重大的优点,因为任何配备ADS-B或应答机天线的飞机都可以接收到这些信号。

两种重要的协议用于ADS-B和相关服务。1090MHz上的模式选择(S模式)扩展(ES)协议是世界各地使用的国际标准。1090MHz用于应答机广播,因此ADS-B与A模式、C模式、S模式和多种军用模式等SSR传输共享带宽。在美国,ADS-B也是使用通用接入收发器实现(UAT),其传输频率为978MHz,此通道专用于ADS-B,并为更高的数据带宽而设计。

因此,它可以支持需要更多数据的 FIS-B。用户只需使用其中一种协议进行操作。

1090MHz 的 ADS-B 基于 SSR 现有 S 模式协议。为了支持 ADS-B,对 S 模式消息分量进行放大并自发发射("散射")。因此,生成的格式称为模式 S ES。S 传输的任何模式都有两个主要的部分。第一部分是 8μs 长的前导,用于标识模式(模式 S 而不是模式 A、模式 C 等)。第二部分是用于模式 S ES 的 56b 或 112b 的数据块。该数据块包含有关消息的信息格式、消息字段和 24b 奇偶校验信息。这两个部分都使用开关键控(OOK)调制 0.5μs 方形脉冲。前导使用 4 个脉冲,后面的脉冲在第一个脉冲后 1μs、3.5μs 和 4.5μs 出现。数据块每比特使用 1μs,脉冲占据第一(第二)比特,半微秒表示"1"("0")。调制简单,只使用信号包络。如图 61.13 所示为空间捕获与理想的模式 S 传输间的比较。因此,它的数据速率相对较低。即使在模式 S 上增加数据容量,也需要两种模式 S ES 传输才能完全支持 ADS-B 位置广播。由于信道没有组织(传输可以在任何时间发生),而且必须与 ATCRBS 传输竞争,因此数据传输受到进一步的限制。为了提供其他功能,可能需要增加带宽,已开发出与现有模式 S ES 互操作的方法以增加其带宽[32-33]。S ES 模式下的 ADS-B 在文献[34]中进行了描述。

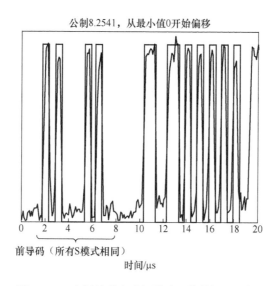

公制8.2541,从最小值0开始偏移

前导码(所有S模式相同)

时间/μs

图 61.13　空间捕获和理想模式 S 传输间的比较

UAT 为导航提供了更大的机会,因为它使用有组织的信道和专用的频率分配。信道被划分为 1s 长的帧,其中帧的开始与 UTC 秒的开始一致,如图 61.14 所示。帧划分为两个传输段:地面和 ADS-B。信道也组织成这样,传输只能在称为消息启动机会(MSO)的指定时间开始。地面段及其他的 MSO 大致占用前 200ms,此段中仅传输 ADS-B RS。

ADS-B 段占用最后 800ms,由飞机和地面站使用。这些 UAT 传输都通过连续相频移键控(CPFSK)调制。位长为 0.96μs,带有"1"和"0"分别由标称载波频率 312.5kHz(Δf)的增减表示。所有 UAT 传输都从已知的 36b 同步序列开始,地面和 ADS-B 段有不同的传输序列。

地面段序列反转 ADS-B 段序列的 1 和 0。地面段仅包含 FIS-B 消息,其中由 ADS-B RS 以 1~4 次/s 的速率定期传输。地面有 32 个传输机会,相邻的允许传输时间间隔

5.5ms。消息有效位包含64b的报头和3392b的电文（表61.4）。因为使用了前向纠错（FEC），共需要4416b。UAT FIS-B消息头包含伪距所需的所有信息：MSO的台站标识、位置和发射时间（TOT）。消息只需大约4.3ms，相邻传输时间之间的间隔意味着来自不同电台的相邻信息不太可能产生干扰(图61.15)。

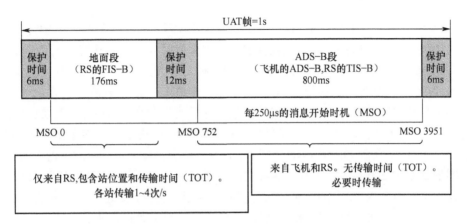

图61.14 UAT帧和传输结构

表61.4 ADS-B和相关传输位的大小和传输时间的比较

参 数	主要有效位/b	总长/b	传输时间/μs	传输切片
模式 S ES	56 + 24（ID）+ 8（消息头）	112 + 8(前导)	120	任意时间
UAT FIS-B	3392	4452(带同步)	4274	前200μs
UAT TIS-B 和 ADS-B	144/272	276/420(带同步)	265/403	后800μs

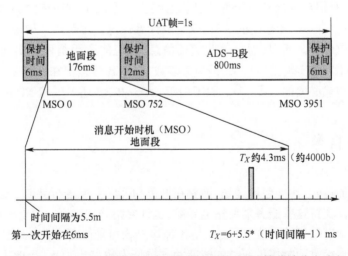

图61.15 1s UAT帧被划分成两个带有保护的段(帧分被分为消息开始时机 MSO，每帧允许传输时间间隔为5.5ms。)

　　ADS-B 段有 3200 个 MSO，相邻 MSO 之间的时间间隔为 250μs。用于从 ADS-B 传输飞机以及 ADS-B RS 的 TIS-B。ADS-B 段使用包含 144b 和 272b 消息数据块的较短消息分别作为基本消息和长消息,还使用 FEC 校验,导致消息块占用 240b 和 384b,不包括同步。这些消息不包含 TOT、源标识,因此不易支持伪距测量。然而,它们仍可用于测距。在其最低操作性能标准(MOPS)[35]中详细介绍了 UAT 通道、调制和消息设计。

61.6.3　导航 ADS-B 传输

ADS-B 可以为导航提供无源测距。实现无源测距需要三个关键要素,其中许多要素要么发送给 ADS-B 无线电台使用,要么被传输。这些要素是与公共时基同步的 TOT 信息、传送地面站和/或其精确位置、完好性信息。在 S ES 模式下,这 3 个因素无法从当前消息中获得。此外,它不是一个有组织的信道,并且可能随时传输。S ES 模式测距需要一些修正,特别是需要一种新的传输方式来提供所需的信息。这是可以想象的,因为它旨在提供位置消息,并且存在可用于新传输的开放消息结构。在文献[36]中提供了带有最少附加消息的 S ES 测距。UAT 已经在其 FIS-B 传输中提供了常规的无源测距信号,在 UAT 地面段中发送。其传输同步到 UTC 500 ns 内,并包含站点位置。对于 ADS-B 段中的 RS 传输,我们可以利用传输仅发生在离散 MSO 上的事实来估计 TOT。文献 [36]中概述了一种方法:从一个估计的 MSO 开始,并添加一个整数 MSO 间隔 (250μs) 直到距离接近来自地面段(PR_{GND},站 N)的先验伪距。此过程如式(61.7)和式(61.8)所示。当 MSO 间距约等于 75km[37] 时,ADS-B 段(PR_{GND},站 N)的 RS 传输产生正确的伪距。关于在 SES 模式和 UAT 上有效提供无源测距的更多细节在文献[36,38]中进行了讨论。

$$PR_{ADSB,est} = TOA_{AC} - (MSO_{est} + N_{est}) \times 250μs \qquad (61.7)$$

$$PR_{ADSB,station \ N} \approx PR_{GND,station \ N} \qquad (61.8)$$

ADS-B 操作也用于支持真正的测距。这在美国是可能实现的,因为每个 RS 支持两个 ADS-B 协议。当 RS 接收到一个协议上的 ADS-B 时,RS 将在另一个协议上重传 (ADS-R) 飞机位置,确保所有用户都拥有该位置信息。这实质上形成了双向传输。如果用户知道接收 ADS-B 和发送 ADS-R 传输间的延时,就可以计算往返行程距离。如果发射 RS 已知,则此距离可用于导航解算。所以,通过一些额外信息,真正的测距是可能实现的。使用 UAT 提供应答 (ADS-R) 的实现更有意义,因为大多数 ADS-B 传输都在 S ES 模式下,而且 UAT 有更大的带宽来传输必要的数据[36]。除了测距,ADS-B RS 还可以像 NDB 一样提供方向。

61.7　机会信号

商业无人机的运营,比如包裹递送,需要在城市和郊区空域进行导航。这些是航空界目前未使用的领域。支持这些服务需要精确导航,也许要精确到米级。更有挑战性的是,这些领域是传统航空地面信号难以支持的,也是各种建筑物可能降低 GNSS 性能的区域。前面提到的地面系统将很难同时提供所需的精度并支持低海拔城市地区,因此需要其他解决方案。为了保障这些不涉及人类乘客危险的活动,利用覆盖这些地区的广泛商业技术设施可能是有意义的。一些可能性来自正在建设的高速通信基础设施,以提供娱乐(如数字电视和广播)和蜂窝网络,如 5G 基站。第 38 章和第 40 章中分别详细讨论了这些可能性。

⟨61.8⟩ 自发的航空信号

基于环境感知的导航技术已在航空导航中发挥重要作用。虽然惯性位移、气压、磁场和视觉在飞机导航方面已有很长的历史,但无人机的发展将强化它们的重要性,甚至弥补使用卫星和地面无线电信号时出现的不足和差距。在本节中,我们将讨论应用于航空的这些导航方法以及它们对未来航空的意义。

61.8.1 惯性导航系统

惯性导航系统(INS)使用测量的加速度和旋转力来确定线性位移、角位移和位移率。有了初始位置,这些位移可推算出当前位置。本节将重点讨论 INS 在航空中的作用。读者可以参考其他几章来详细了解惯性技术。

INS 由一套陀螺仪和加速器组成,其输出用于计算三维的旋转和加速度。陀螺仪测量方向变化产生的力的测量值可以集成以产生旋转。加速度计测量比力,从而产生测量加速度和重力的影响。单积分提供速度,双积分产生线性位移。如果传感器固定在惯性空间并正交放置,则可以很容易地计算每个方向或轴上的位移和位置变化。万向 INS 以这种方式操作,反馈控制使扭矩电机参与其中,这样就不会出现旋转速率。

用于商用飞机导航的 INS 在 20 世纪 60 年代首次可用。第一批 INS 采用了万向架,传感器和计算能力的改进使捷联 INS 成为可能。捷联 INS 的传感器固定在飞机身上,而不是通过万向节旋转的。捷联 INS 有两个重要优势:首先,由于没有运动部件,它们极大地提高了可靠性——已证实可靠性提高了 10 倍[39];其次,它们有助于降低 INS 成本,并且可以在几种不同的配置中实现。20 世纪 90 年代,捷联 INS 是唯一一种用于航空的 INS。虽然提高精度是可能实现的,但这种技术也会导致出口限制。鉴于航空的国际性质,这是不可行的。因此,自 1966 年发布咨询通告(AC)25-4 以来,所需的 INS 性能并没有大的变化。它规定了运输机导航对 INS 的要求:在适合北大西洋飞行的时间内,水平方向的法向和径向精度(95%)为 20n mile 和 25n mile(2n mile/h)。

现在惯性传感器非常廉价,几乎每架无人机都有。在智能手机时代,6 自由度(DOF)(3轴陀螺仪和加速度计),甚至 9DOF(6DOF 加 3 轴磁力计)微机电系统(MEMS)惯性测量单元(IMU)很容易获得,其尺寸非常小,成本非常低,大约 1.50 美元。随着 IMU 和机载计算发展,即使最基本的业余无人机也有 INS。虽然这些 IMU 不能与商用飞机上用于导航的IMU 相提并论,但它们的性能可能会在未来得到改善。由于其性能不太涉及出口限制,因此在改进方面目前不存在法律上的障碍。随着 MEMS 技术的改进并在智能手机行业应用,预计这些改进将迅速渗透到无人机领域。

61.8.2 气压高度计

准确的垂直定位是地面无线电导航的一大挑战。为了获得精确的高度,气压计或气压高度计一直用于航空领域。气压高度计测量气压,这实际上是人所处位置上方空气柱的重量,并将此值转换为高度。通过使用理想气体定律和大气模型可以利用气压估计高度。国际民航组织用国际标准大气（ISA）模型来提供温度、压力和密度随高度变化的参考分布。ISA 假设大气压是流体静压。利用该假设推导出式(61.9)，其中 P、T、z、g 和 R 分别是压力、温度、海拔、重力加速度和特定大气常数 $[287.058\mathrm{J}/(\mathrm{kg \cdot K})]$。ISA 将温度建模为以恒定递减率线性从 0km 下降到 11km 的位势高度，$r=-21.3\mathrm{K/km}$。显示在式(61.10)中，下标 "0" 表示我们的参考水平。

ISA 在 11~20km 对温度建模。温度模型用来推导式(61.11)和式(61.13)，它们与压力和高度有关，在用户位置的参考水平上分别为恒定递减率和恒定温度。式(61.11)和式(61.12)与式(61.13)和式(61.14)典型的参考位置分别为海平面和 11km 高度。对于海平面，标准大气压值为 101325Pa 和温度为 288.15K。在 11km 内，标准大气压的压力和温度为 22632.1Pa 和 216.65K。通常这些公式都是用近似值或参考值来表示的[40-42]。

$$\frac{\mathrm{d}P}{P}=\frac{-g\mathrm{d}z}{RT} \tag{61.9}$$

$$T=T_0+r\Delta z=T_0+r(z-z_0) \tag{61.10}$$

$$P=P_0\left[1+\left(\frac{r}{T_0}\right)h\right]^{\frac{-g}{rR}} \tag{61.11}$$

$$\Delta z=z-z_0=\frac{T_0}{r}\left[\left(\frac{P}{P_0}\right)^{\frac{-rR}{g}}-1\right] \tag{61.12}$$

$$P=P_0\cdot\exp\left[\left(\frac{-g\Delta z}{RT_0}\right)\right] \tag{61.13}$$

$$\Delta z=z-z_0=\frac{-RT_0}{g}\ln\left(\frac{P}{P_0}\right) \tag{61.14}$$

航空气压高度计本质上是将这些公式机械化，并以两种不同的方式使用。高度低于 5.49km 时，使用压力来设置基准海平面压力（P_0）并获得真实高度的估计值。因此，将式(61.10)中的 P_0 从基准海平面压力调整为压力高度设置（称为 QNH）。在传统的驾驶舱仪表中，调节是通过旋钮完成的。结果提供了绝对高度或真实高度的估计。在 5.49km 以上，使用标准值并产生压力高度，允许一个通用的基准对飞机进行垂直分离。虽然压力高度（称为 QNE）可能与真实高度存在显著差异，但附近飞机的误差几乎相同。因此，压力高度应用于垂直分离飞行在 5.49km 以上的飞机也应用于 ADS-B 高度，无须传输压力设置。

气压高度计测得的高度除了基本的传感器或测量误差外，还有几个误差源。由于高度是根据大气模型确定的，与模型或其参数的偏差会导致高度误差。两个具体参数是基础压力和温度。如上所述，压力设置可用来纠正基础压力。与标准模型的温度偏差也会带来显著的高度误差。

图 61.16 显示了与标称 ISA 温度（288.15K）差为 5° 的高度差。如果真实温度低 5℃，那么，假设我们在海平面以上，实际高度比使用标称 T_0 得到的高度要低。换句话说，如果温度下降，高度计的读数会过高。此外，大气一般不遵循标准模式。事实上，海拔高度的温度分布在赤道地区和极地地区是不同的，后者在飞行高度（10.7km 或更高）处的温度通常高于赤道地区。图 61.17 显示了在气球飞行过程中由 GNSS 测量的真实高度与气压高度之间的差异。在较高的海拔地区，计算出的最大偏差几乎有 10% 的误差。这看起来很糟糕，但

对于相关的导航应用程序(如防撞或 ADS-B)来说,这个误差并不重要,因为各方都使用相同的模型和参数。

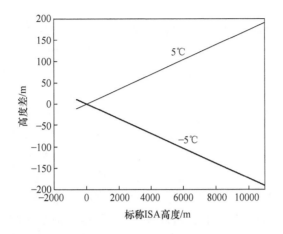

图 61.16　与标称 ISA 温度(T_0)温差为 5℃的高度差

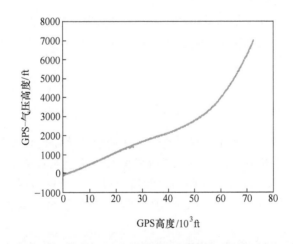

图 61.17　气球飞行时 GPS 和气压高度之间的差异(数据由 TylerReid 提供。)

　　气压高度计将成为未来有人驾驶和无人驾驶航空的基本组成部分。气压传感器在当今的智能手机中随处可见。它们可以低成本大批量生产。在许多消费级无人机上也可以看到它们的身影。这种趋势在未来只会继续增长。此外,区域大量的低成本气压传感器意味着可以提供高密度的参考局部压力测量值。这些可以提供高密度的气压数据源,可用作气压测高和 QNH 的本地参考。对于导航和避开固定障碍物,QNH 非常重要。在航空中使用气压高度计时要小心,携带两组压力衍生高度(QNH 和 QNE)可能是较好的办法。

61.8.3　磁罗盘

　　磁罗盘是另一种传统的航空导航设备。与气压传感器和 IMU 一样,磁罗盘是智能手机中的常见组件,因此在民用无人机中也很常见。第48章讨论了基于磁场的导航。

61.9 视觉

　　将视觉导航作为一项新兴技术似乎有些奇怪。但21世纪的视觉导航远远超出了显示窗外和跟随道路视觉范围。今天的视觉技术可以让飞行员的仪器显示超出正常视觉范围的视野,即使在浓雾中也能看到跑道。无人机的普及和计算能力的可用性也使自主导航视觉图像的使用成为可能。

　　基于视觉的航空导航技术将对多个用户类别产生深远影响。

　　首先,为航空开发了恶劣天气下的视觉传感器新技术系统。这些系统称为增强视觉系统(EVS),利用红外或毫米波系统来穿透黑暗和云层[43]。平视显示器(HUD)可以将图像叠加在视野中,为飞行员提供周围环境的增强可视化。其次,强大的计算能力和详细的地理参考数据库和地图可使用视觉图像来确定飞机的位置和其他导航参数。这些技术在无人机中意义重大,因为它们在多径丰富的环境中工作,环境可能会扭曲或限制无线电导航信号。诸如光流之类的技术在计算上成本低廉,并能提供相对导航。地理参考数据库的使用允许视觉导航提供精确的绝对导航。

　　无人机捕获的图像正使用如运动结构(SfM)等技术生成准确的三维模型。本章不讨论基于图像的导航处理或数据库生成,因为第50章和第51章分别详细介绍了这两个主题。

61.10 小结

　　空域的使用正在迅速发生变化。除了越来越多的航空旅客的使用外,许多不同的新用户也逐渐进入空域。无人机的使用正呈现指数级增长。商业亚轨道太空飞行正在推进中,在速度和高度方面都在挑战极限。这些用户都需要以我们所期望的航空安全方式得到支持,而这在人类威胁日益增加的世界中变得更加困难。导航作为空域的重要领域,也是解决方案的主要组成部分。

　　然而,空域基础设施的变化是缓慢的。尽管使用了GNSS,但传统的地面无线电导航仍然是导航的主要基础,并且在可预见的未来仍将发挥重要作用。空域导航需要利用现有的基础设施和技术。本章说明了可以作为强大且冗余的导航系统基础的技术,这些导航系统适合用于我们应对未来的挑战和威胁。无线电导航、惯性、视觉和其他传感器的可用性和能力的提高需要充分考虑,并将其集成到航空中,以应对未来的空域使用。

参考文献

[1] E. M. Conway, *Blind Landings: Low-Visibility Operations in American Aviation*, 1918–1958, JHU Press, October 5, 2006.

[2] W. E. Jackson, *The Federal Airways System*, *The Institute of Electrical and Electronic Engineers*, 1970, Washington, DC.

[3] E. R. Quesada, "The United States Short Distance Navigation System, Its Evolution and Implementation Plan through 1965," *International Symposium on the U. S. Domestic Short Distance Navigation System -VORTAC-*

and its Relationship to the International Air NavigationSystem, Air Coordinating Committee of the United States Government, October 1958.

[4] FAA website for SBAS approacheshttps://www. faa. gov/about/office_org/headquarters_offices/ato/service_units/techops/navservices/gnss/approaches/.

[5] S. Lo and P. Enge, "Authenticating Aviation Augmentation System Broadcasts," *Proceedings of ION/IEEE PLANS,Indian Wells*, California, May 2010.

[6] A. Neish, T. Walter, and J. David Powell, "Design and Analysis of a Public Key Infrastructure for SBAS Data Authentication," *Proceedings of the Institute of Navigation (ION) Pacific Positioning, Navigation and Timing (PNT) Conference*, Honolulu, Hawaii,April 2019.

[7] J. M. Anderson, K. L. Carroll, N. P. DeVilbiss, J. T. Gillis, J. C. Hinks, B. W. O'Hanlon, J. J. Rushanan, L. Scott, and R. A. Yazdi, "*Chips-Message Robust Authentication (Chimera) forGPS Civilian Signals*," *Proceedings of the 30th InternationalTechnical Meeting of the Satellite Division of The Institute of Navigation (ION GNSS+ 2017)*, Portland, Oregon,September 2017, pp. 2388–2416. https://doi. org/10. 33012/2017. 15206.

[8] E. McMilin, "*Single Antenna Null Steering for GPS & GNSSAerial Applications*," Ph. D. Dissertation, Stanford University, March 2016.

[9] E. G. Manfredini, D. Akos, and F. Dovis, "Optimized GNSSS poofing Detection using COTS Receivers-Field Data and Experimental Trials," *Stanford Center for Position Navigation and Time Symposium* 2016,http://web. stanford. edu/group/scpnt/pnt/PNT16/2016_Presentation_Files/S06-Manfredini. pdf.

[10] K. D. Wesson, J. N. Gross, T. E. Humphreys, and B. L. Evans,"GNSS Signal Authentication Via Power and Distortion Monitoring," *IEEE Transactions on Aerospace andElectronic Systems*, 54(2), 739–754. https://doi. org/10. 1109/TAES. 2017. 276525811.

[11] S. Lo, Y-H. Chen, T. Reid, A. Perkins, T. Walter, and P. Enge, "The Benefits of Low Cost Accelerometers for GNSS Anti-Spoofing," *Proceedings of ION Pacific PNT*, Honolulu,Hawaii, May 2017.

[12] L. Eldredge et al. , "*Alternative Positioning, Navigation &Timing (PNT) Study*," *International Civil AviationOrganisation Navigation Systems Panel (NSP)*,*Working Group Meetings*, Montreal, Canada,May 2010.

[13] N. Schneckenburger, B. Elwischger, D. Shutin, M. Suess, B. Belabbas, and M-S. Circiu, "Positioning Results forLDACS1 Based Navigation with Measurement Data,"*Proceedings of the 26th International Technical Meeting of The Satellite Division of the Institute of Navigation (IONGNSS + 2013)*, Nashville, Tennessee, September 2013, pp. 772–781.

[14] T. L. Kraus, "The Federal Aviation Administration:A Historical Perspective 1903–2008," *US Department of Transportation*, 2008, Washington DC.

[15] H. Ball, "How Swift Navigation Is Leading the GPS Revolution," June 16, 2016, Inc. , http://www. inc. com/helena-ball/2016-30-under-30-swift-navigation. html.

[16] F. van Diggelen,"*Much more than Lat/lon: A guided adventure through the P, V, N & T in Android*," SCPNT 2016.

[17] "NovAtel's GPS Anti-Jam GAJT On Board Schiebel'sUAV," *Inside GNSS*, June 2016, http://inside-gnss. com/node/4996.

[18] Y. -H. Chen, S. Lo, D. Akos, D. De Lorenzo, and P. Enge,"Validation of a Controlled Reception Pattern Antenna(CRPA) Receiver Built from Inexpensive General-purpose Elements During Several Live Jamming Test Campaigns,"*Proceedings of ION ITM*, San Diego, California,January 2013.

[19] International Civil Aviation Organization (ICAO), International Standards and Recommended Practices, Annex 10 to the Convention on International Civil Aviation, Volume I Radio Navigation Aids, 6th Edition,

July 2006.

[20] U. S. Navy, "Chapter 2: Tactical Air Navigation," *Electronics Technician*, Volume 5 -Navigation Systems, NAVEDTRA 14090, April 1994.

[21] S. Lo and P. Enge, "Assessing the Capability of Distance Measuring Equipment (DME) to Support Future Air Traffic Capacity," *Navigation: The Journal of the Institute of Navigation*, 59(4), Winter 2012.

[22] S. Lo, P. Enge, and M. Narins, "Design of a Passive Ranging System Using Existing Distance Measuring Equipment(DME) Signals & Transmitters," *Navigation: The Journal ofthe Institute of Navigation*, 62(2), Summer 2015.

[23] K. Li and W. Pelgrum, "Enhanced DME Carrier Phase: Concepts, Implementation, and Flight-test Results," *NAVIGATION, Journal of The Institute of Navigation*, 60(3), Fall 2013, pp. 209−220.

[24] W. Pelgrum, K. Li, A. Naab-Levy, A. Soelter, G. Weida, andA. Helwig, "eDME On Air: Design, Implementation, and Flight-Test Demonstration," *Proceedings of 2015 International* Technical Meeting of The Institute of Navigation, Dana Point, California, January 2015, pp. 40−61.

[25] J. Chu, "Mixed One-way and Two-way Ranging to Support Terrestrial APNT," *Proceedings of ION GNSS*, Nashville,Tennessee, September 2012.

[26] S. Lo, Y-H. Chen, S. Zhang, and P. Enge, "Hybrid Alternative Positioning Navigation & Timing (APNT): Making the Most of Terrestrial Stations for Aviation Navigation," *Proceedings of the Institute of Navigation GNSS Conference*, Tampa, Florida,September 2014.

[27] J. Waid and D. King, "Relative GPS Using DME/TACAN Data Link," *Proceedings of the 7th International Technical Meeting of the Satellite Division of The Institute of Navigation (ION GPS 1994)*, September 1994, SaltLake City, Utah.

[28] S. Lo, Y-H. Chen, W. Pelgrum, K. Li, G. Weida, A. Soelter,and P. Enge, "Flight Test of a Pseudo Ranging Signal Compatible with Existing Distance Measuring Equipment(DME) Ground Stations," *NAVIGATION, Journal of TheInstitute of Navigation*, DOI: 10. 1002/navi. 376.

[29] E. Kim, "Alternative DME/N Pulse Shape for APNT," *Proceedings of the 32nd Digital Avionics Systems Conference(DASC 2013)*, East Syracuse, NY, pp. 4D2−1−4D2−10,October 2013.

[30] R. J. Kelly and D. R. Cusick, "Distance Measuring Equipment in Aviation," *Advances in Electronics and Electron Physics*, Vol. 68, Academic Press, New York, 1986.

[31] FAA Aeronautical Information Manual (AIM): Official Guide to Basic Flight Information and ATC Procedures,April 2014,http://www. faa. gov/atpubs.

[32] G. Stayton, "ATC Overlay Data Link: Increasing the Efficiency of the 1090MHz Squitter/Reply Link," *April 2010*, Communications, Navigation, Surveillance/AirTraffic Management (CNS/ATM) Conference 2010.

[33] G. Stayton, "*Systems and Methods for Enhanced ATCOverlay Modulation*," European Patent Specification (EP 2308 208 B1), Granted September 2015.

[34] RTCA Special Committee-186, "Minimum Operational Performance Standards for 1090MHz Extended Squitter Automatic Dependent Surveillance-Broadcast (ADS-B) and Traffic Information Services -Broadcast (TIS-B)," RTCA/DO-260B, December 2009.

[35] RTCA, Special Committee-186, "Minimum Operational Performance Standards (MOPS) for Universal Access Transceiver (UAT) Automatic Dependent Surveillance -Broadcast (ADS-B)," DO-282B, December 2009.

[36] S. Lo, Y. H. Chen, P. Enge, and M. Narins, "Techniques to Provide Resilient Alternative Positioning, Navigation, and Timing (APNT) Using Automatic Dependent Surveillance -Broadcast (ADS-B) Ground Stations," *Proceedings of theInstitute of Navigation International Technical Meeting*,Dana Point, California,

January 2015.

[37] Y. H. Chen, S. Lo, S.-S. Jan, G.-J. Liou, D. Akos, and P. Enge, "Design and Test of Algorithms and Real-Time Receiver touse Universal Access Transceiver (UAT) for Alternative Positioning Navigation and Timing (APNT)," *Proceedings of ION GNSS*, Tampa, Florida, September 2014.

[38] Y. H. Chen, S. Lo, S. S. Jan, and P. Enge, "Evaluation & Comparison of Passive Ranging Using UAT and 1090," *Proceedings of the Institute of Navigation/Institute ofElectronics and Electrical Engineers Position Location and Navigation Symposium (PLANS)*, Monterrey, California, May 2014.

[39] P. G. Savage, "Blazing Gyros: The Evolution of Strapdown Inertial Navigation Technology for Aircraft," *American Institute of Aeronautics and Astronautics (AIAA)*, *Journal of Guidance, Control, and Dynamics*, Vol. 36, No. 3, May-June 2013.

[40] "Altimeter Setting," NOAA, http://www. wrh. noaa. gov/slc/projects/wxcalc/formulas/altimeterSetting. pdf.

[41] Davis Instruments, "Application Notes for Vantage Pro, Pro2," http://www. davisnet. com/product_documents/weather/app_notes/AN_28-derived-weather-variables. pdf.

[42] H. Halim, "Goodrich Sensor Systems Air Data handbook 4081," Goodrich Sensor Systems, "Air Data Handbook", 4081 LIT 08/02, Rosemount Aerospace Inc. , 2002.

[43] RTCA Special Committee-213, "Minimum Aviation System Performance Standards (MASPS) for an Enhanced Flight Vision System to Enable All-Weather Approach, Landing and Roll-Out to a Safe Taxi Speed," RTCA/DO-341, September 2012.

第62章 利用GNSS确定轨道

Yoaz Bar-Sever
美国喷气推进实验室,美国

62.1 简介

GPS 接收机主要用于操作轨道的确定、计时和/或基于科学探测任务的定轨和计算,目前还没有设备能与之竞争,其是迄今为止最有效和最精确的跟踪设备。若无 GPS 接收机,当今几乎没有航天器能够顺利发射到低地球轨道上。其他 GNSS 星座和更强信号(如 GSP L5、Galileo 信号)可用性的提升增加了定轨技术的可用性和精度性,并提供了将基于 GNSS 的导航应用到地球静止轨道甚至更远轨道上的可能(装备良好的卫星已经在高达地球 25 倍的半径的轨道上应用了基于 GPS 的导航)。然而,GPS 地面应用的脆弱性导致干扰、欺骗现象存在,因此,人们普遍担心其不再适用于定轨。

对轨道跟踪 GPS 信号的记录最早见于 1982 年发射的陆地卫星 4 号[1],该卫星搭载了 Magnavox 制造的试验性 GPS 接收器 GPSPAC,在良好的 GPS 观测条件下,定位精度可达 50m。通过 TOPEX/Poseidon 海洋测高任务(1992—2006 年),性能得到了进一步的提升,进入精密定轨状态。TOPEX/Poseidon 搭载了摩托罗拉公司生产的试验性双频 GPS 接收机[2],达到了 10cm 的径向轨道精度,开创了 GPS 驱动地球科学的新纪元[3]。紧接着,一系列海洋测高卫星(Jason-1、Jason-2、Jason-3 和 followons)投入使用,连续搭载了 JPL 设计的几代 GPS 接收机。由于测高任务的径向定轨误差直接影响了基于雷达的海面高度的科学测量精度,经过几十年连续对定轨精度的研究,最终在 Jason-2 上实现了亚厘米的径向精度[4-5]。

并不是每个任务都要求或能够达到厘米级精度,但 GNSS 提供了一个可供选择的空间。综合考虑仪器和数据处理系统的复杂性和成本,在满足精度要求的前提下,可实现有效载荷和定位系统的小型化和低成本。相比之下,卫星激光测距(SLR)技术需要昂贵的地面望远镜网络来确保其观测时间、多普勒轨道成像和需要大质量/尺寸/成本的单一有效载荷的卫星综合无线电定位(DORIS)系统,这些因素都限制了对极低空卫星(500km 以下)的观测任务的实施,且也未对 1350km 高度以上的卫星进行测试。

本章介绍了基于 GNSS 定轨的基本原理,强调了该技术相对于传统地球定位的独特之处。本章重点不在于介绍教科书上的内容(如优秀参考文献[6-7]),而是试图深刻理解定轨问题、应用的典型场景以及专门解决权衡方案带来的挑战。本章还介绍了定轨技术和科学的关键要素,尽管 GNSS 发展迅速,但这些要素在短时间内仍适用。

62.2 定轨问题的表述

基于 GNSS 技术的地球卫星轨道定位与在地球上进行用户定位并无本质区别。对用户来说,利用 GNSS 卫星距离测量的三边测量技术,在距地心 6400km(即在地球表面)外与距地心 7700km(即在 1300km 高度的轨道上)处应用效果类似;毕竟这两个位置点离 GNSS 卫星大约都为 2 万 km。

事实上,在高海拔地区(海拔 3000km 以上,获取足够数量的 GNSS 信号需要特殊资源),跟踪 GNSS 信号存在特殊挑战,我们稍后将讨论这一情况。但对于地球卫星-科学任务、商业和军事成像仪、通信星座等大多数低地球轨道飞行器(LEO),由于它们的飞行远低于这个高度,因而该跟踪 GNSS 技术是可用的。

对 LEO 的定位方法与对地面站点的定位方法没有太大区别,但在 LEO 定位过程中,对求解精度进行验证和确认要困难得多。围绕评估解算精度的技术和方法这一难题,人们对精密定轨(POD)中的许多特殊技术和专业知识都进行了研究。

我们来解释一下刚刚介绍过的术语 POD,它是航天器模拟定位的地面站点。在 POD 中,通过航天器动力学模型将航天器的位置和速度作为时间的函数连接起来,并结合一段时间的跟踪测量值对模型的参数集(通常是 t_0 时刻的初始位置和速度)进行估计。对于地面站点和航天器,动态定位这种极限情况基本相同,在这种情况下,模型中没有表征随时间变化的 LEO 位置的参数。

假设 GNSS 卫星的轨道和时钟状态已知,通过提供广播星历表或由第三方的完整状态来表示产品 GNSS 轨道的计算过程或通过差分修正广播星历表(我们稍后将讨论将 LEO POD 和 GNSS POD 组合成一个过程的特殊情况)。

基于更具体的物理原理,在 LEO POD 中的航天器,其运动轨迹遵循一个明确的动力学规律,该动力学表示为作用在航天器上的力的加速度。在时间 t_0,给定自由飞行航天器的初始位置和速度,通过对运动方程积分,可以计算出航天器的轨道:

$$r'' = f(r, r', \boldsymbol{p}, t)/m, \quad r(t_0) = r_0, \quad r'(t_0) = v_0 \tag{62.1}$$

式中:$r = r(t)$ 为航天器的位移随时间变化的函数;r' 和 r'' 分别为 r 的一阶和二阶导数(对应于航天器的速度和加速度);$f = f_{\text{point mass}} + f_{\text{oblateness}} + f_{\text{solar pressure}} + \cdots$ 表示作用在航天器上所有力的总和,其中 m 是航天器质量,$\boldsymbol{p}$ 是力模型参数的矢量[通常作为一个指示参数,被认为是评价 POD 方案的一部分,例如太阳辐射压力比例因子(太阳尺度)或阻力系数,但原则上可以是任何模型参数],t 是坐标时间(相对论效应对于定轨十分重要,因此强调坐标时间在特定参考系中时间的统一表示)。r_0 和 v_0 是航天器在时刻 t_0 的初始位置和初始速度,称为初始时刻状态。MKS 单位通常用于定轨问题(即使在美国也是如此)。

力矢量 f 是作用在航天器上的许多力的总和。图 62.1 为典型航天器上最重要的力引起的加速度随高度变化的示意图。有关航天器的力模型的一般参考资料,参见文献[7-8]。

GNSS 的距离测量与航天器位置 $r(t)$ 直接相关,测量接收时间为 t 时,由观测方程知:

$$X(t) = \| r_G - r \| + g(\boldsymbol{q}) + w \tag{62.2}$$

式中:$\| \cdot \|$ 为欧几里得范数;X 为 GNSS 距离测量(伪距或相位);$r_G = r_G(t)$ 为 GNSS 卫星在发射时间 t_t 的位置矢量(与接收时间 t 的光传播延迟不同),g 代表影响距离测量的所有

环境和信号模型,如钟差、天线相位中心、航天器姿态、相位偏差(用于相位观测)、电离层延迟等。q 是待估计的测量模型参数(也称运动学参数)矢量,如时钟状态、航天器偏航角和相位偏差, w 是测量噪声。绝大多数测量模型对任意 GNSS 的定位应用都是通用的,而非 POD应用的专用模型。然而,航天器姿态模型与接收机天线模型(用于精确应用)的耦合可能会给 POD 问题的求解增加复杂性。有关 GNSS 测量模型的参考资料,参见第 2 章和第 11 章。

式(62.1)可从初始条件(见下文 62.9 节)进行数值积分,将积分状态 $r(t)$(其依赖初始状态 r_0 和 v_0 以及力模型参数 p 矢量)代入式(62.2)中,形成定轨问题:

$$X(t) = h(r_o, v_o, p, q, t) + w \qquad (62.3)$$

式中: $X(t)$ 为表示在接收时间 t 处的 GNSS 距离测量矢量; h 表示式(62.2)右侧(RHS)对应的前两项,表达为力模型和测量模型参数以及测量历元 t 的函数。事实上,每个历元包含 N 种测量类型(例如,L1 相位和伪距、L2 相位和伪距将提供 4 种测量类型),因而都有 $N×M$次观测。简单起见,对于 K 个历元,假设每个历元观测到的卫星数量相同,为 $t_1, t_2, \cdots, t_k$,因而共产生 $N×M×K$ 个测量值,用于估计模型的参数和历元状态。对于要求苛刻的 LEOPOD 应用,测距测量通常包括 L1 和 L2 相位的无电离层组合以及 L1 和 L2 伪距的相应组合,因而产生两种测量类型($N = 2$)。24h 周期内,平均每分钟有 8 颗 GPS 卫星($M = 8$)被测量($K = 1440$)。因此,确实存在大量的观测数据可用来处理 POD 问题,使其成为一个数据丰富的估计问题。

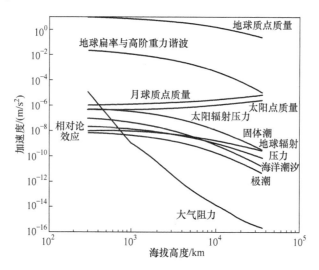

图 62.1 航天器在地球圆轨道上经历的加速度平均值随轨道高度的函数。
采用 $1m^2 : 100kg$ 的面积质量比模拟表面力

对于各种各样的航天器,这种面积质量比具有典型性。

POD 问题[式(62.3)]的参数可以使用以下描述的技术进行估计,并随着追加更多的测量数据而改进。通过积分运动方程[式(62.1)],航天器位置可以传播到 t_0 之后的任何时刻,一旦力模型参数 p 以及初始状态 r_0、v_0 确定(估计),POD 问题就能得到解决。图 62.2为 POD 过程的流程图,将在下文详细描述。

62.3 POD 求解的第一步：线性化

用于估计历元状态和模型参数定轨问题[式(62.3)]的反演可以通过各种技术完成，从经典的最小二乘法到各种类型的卡尔曼滤波或其他统计技术[6,9]。无论采用何种估计技术，第一步始终是围绕如何对初始近似解进行线性化展开，该近似解由一条轨迹和一组相应的模型参数组成。至少在某些初始时间间隔内，初始近似值必须足够接近实际解，否则可能永远找不到更优的解。术语"足够接近"和"某个初始时间间隔"是故意模糊提出的，因其依赖具体问题，且为了简化通常假设在线性区域内，因而线性化问题的解将足够接近真值解（问题的理论解、航天器的实际轨道和相关的完美模型参数）。

对于一个典型的 LEO-精密定轨问题，线性区域在真值解的 1m~1km 之间，必须根据经验确定图 62.2 所示的线性化迭代的终止标准。考虑到仅使用 GPS 伪距测量，几何三边测量将产生瞬时米级的定位精度（对于具有良好 PDOP 的地面用户而言），在线性范围内获得参考轨迹应该不太困难。描述一个实际的轨道，即"时间轨迹严格依赖于历元状态和力模型参数"时，需要额外进一步对位置解的时间序列进行参数化轨迹拟合（例如，通过简单的三边测量获得）。对于一些精度较低的 POD 问题，运动点定位的解实际上可以作为 POD 问题的解。

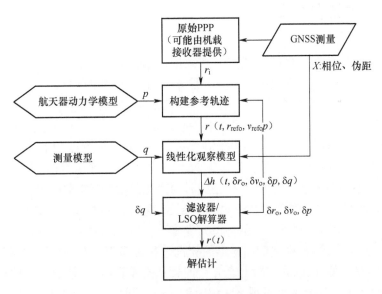

图 62.2　LEO POD 流程图
PPP—精密单点定位；GNSS—全球导航卫星系统；LSQ—最小二乘法。

为了说明式(62.3)线性化的典型过程，我们从一组离散的位置解 r_i 开始，它在 t 时刻近似于真实轨道 $r(t)$。这些可以是机载接收机的内部位置解，或使用任何可用的 GNSS 轨道和时钟状态从伪距测量中得出的运动学定位解（该步骤对应于图 62.2 中的第一个方框）。然后，在给定一组初始条件 r_{ref_0}、v_{ref_0} 和力模型参数 p_{ref} 时，通过对综合轨道 $r(t)$ 和数据集 r_i 在时间 t_i 处的最小二乘差最小化来求解式(62.1)，即围绕参数 r_0、v_0 和 p 的初始猜测问题，对线性化后的式(62.1)采用最小二乘估计得到。另外，为了保证式(62.1)的解收敛，解的初值应处于线性区域。对待估参数进行多轮迭代,以获得与采样点 r_i 非常接近的轨迹。之后,可获得一组关于 r_{ref_0}、v_{ref_0} 和 p_{ref} 的精确估计来表示参考轨迹 $r_{ref}(p_{rep},t)$,并作为式(62.3)的初值。这一步由图 62.2 顶部的第二个方框表示。

给定一组线性范围内的初始条件和动力学参数 p_{ref} 时,设 $r_{ref}(t)$ 为参考轨迹、$\delta r(t) = r(t) - r_{ref}(t)$ 为真值轨迹和参考轨迹之间的差。类似地,设 δr_0、δv_0、δp 和 δq 为历元状态、力模型和测量模型参数的矢量与其初值矢量。结合参考解,将式(62.3)线性化,可得

$$X(t) = h(r_{ref_0}, v_{ref_0}, p_{ref}, q_{ref}, t) + \nabla h(r_{ref_0}, v_{ref_0}, p_{ref}, q_{ref}, \delta r_0, \delta v_0, \delta p, \delta q, t) + w$$

$$(62.4)$$

式中:∇h 为 h 围绕参考量(初值)展开的一阶项。式(62.4)的 RHS 对历元状态和力模型参数的依赖性是定轨问题的特殊特征。测量偏导数 ∇h 的计算在图 62.2 中从上到下的第三个方框中完成。

利用一些数值方法,式(62.4)可以进行反演(求解未知矢量 δr_0、δv_0、δp 和 δq),求解过程可在图 62.2 中从上到下的第四个方框得出。实际上,几乎任意航天器的 POD 都是一个复杂而微妙的数值问题,通常需要使用专用的大型软件来指定和模拟卫星动力学和测量类型,建立并求解由式(62.4)表示的(可能较大的)方程组的反演。

62.4 定轨方法的类型

定轨方法包括运动学、动力学和介于两者之间(也称简化动力学)。

回想一下式(62.3)中的测量模型参数矢量 q,包括接收机时钟状态。任意待估的时钟即使是最好的原子钟,也都具有随机性,必须用其模型状态来表示。这些状态通常由偏移参数(也称时钟偏差或时钟相位)组成,可随时间呈现随机变化。可通过附加的状态来表示接收机时钟的随机行为,如相位漂移(相当于频率偏差)和相位加速度(相当于频率漂移),且每个状态都有自己的随机特性。但由于以下两个关键原因,在建模时很少这样做:①各种时钟状态的随机特性不一定是已知的,甚至是随时间变化的常数;②通常钟差的高度观测可利用丰富的 GNSS 测量数据来实现。由于第二个原因,通常将钟差简单地建模为一个随机的时间序列,从一个测量历元到下一个测量历元完全不受约束。这种时钟模型一般通过一个具有规定(通常非常大的)标准差的白噪声的随机过程来实现。在这个解中,每个测量历元都有一个不同的时钟估计,因此实际上有 K 个时钟状态需要估计(按照上面的符号)。每个历元都有大量的 GNSS 测量数据可用于求解时钟状态,因此,待估参数数量的急剧增加对解的质量几乎没有不利影响。又因为钟差完全不受限制,没有对时钟性质做出任何假设,因而降低了时钟建模错误的可能性。但值得注意的是,在某些具有有限可观测条件的任务中,如高地球轨道飞行器(HEO)仅能偶尔看到 GNSS 卫星,增加解的自由度可能成为一种负担。在这种情况下,为了消除 POD 问题中的奇异性,时钟状态必须受到约束,例如作为紧随机游走,或者甚至作为确定性二次多项式出现(3 个自由度对应于偏差、漂移和加速度)。

综上所述,时钟与基本振荡器的物理特性类似,建模时几乎都需要考虑其随机性。但正如现在所看到的,将卫星动力学的某些确定性参数进行随机处理可能带来益处。

假设一个简单的 LEO 航天器,它的飞行高度足够高,那么可忽略大气阻力。由于其高

度,也可忽略描述重力场的不确定性。它在太阳同步轨道运行,由于卫星的简单结构(假设有一个固定的太阳能电池板)和轨道结构(假设与太阳同步),它经历的是一个稳定、易于模拟的太阳辐射压力,不存在难建模的地影或电池板相互遮挡。因此,为了非常准确、直观模拟卫星上的所有受力,可用一些不能预先知道的参数进行参数化,但这些参数的预计值随着时间的推移应保持不变。其中一个参数是太阳通量常数,另一个是太阳能电池板的反射率,它随着时间的推移而略有变化。与其他各种表达卫星结构和材料特性不确定性的参数一样,这两个参数在卫星上的太阳辐射压力表达式中往往以乘性因子的形式出现,它们的综合效应可以用名为太阳尺度的因子来描述,该因子在很长一段时间内几乎是恒定的。对于这类任务,式(62.3)中的矢量 p 被简化为一个参数,即太阳辐射压力比(可以假定为常数)。在充分考虑所有信号的情况下,测量模型参数 q 退化到仅有 LEO 时钟的状态。在这种情况下,除了接收机时钟以外的所有参数都可认为是数据弧上的常数。这将最小化了问题的自由度,因而最小化估计问题中的形式误差。在这一约束条件下,可以更好地理解卫星力模型。除时钟状态外,所有估计参数都被看作固定值(作为常数或分段常数),这种定轨方法称为动态方法。

与之对应的方法称为运动学方法。它类似于时钟的白噪声模型,但用于描述力模型的参数。若不知道或对卫星力模型存有疑义,唯一能做的就是以白噪声的形式建模,将其作为测量模型的参数,对航天器位置进行估计,并在每个测量历元进行更新。注意:这种方法不考虑速度的状态项。由于忽略了卫星动力学,并且求得的解受到观测几何的制约,因此,这种方法应用于 LEO、飞机或地面移动用户时并没有实际的区别(除了测量模型中的一些差异,如无须对 LEO 的对流层延迟进行建模)。当观测的几何结构足够大时(多数 LEO 都是如此),这就是一种可靠的 LEO 定位方法,可以适应任意大的机动和不确定的力模型。然而,它并不像包含卫星力模型的某类方法那样精确,也没有明确的动力学,因而也不适用于轨道预测。

事实上,在大多数情况下,描述卫星力模型即使不完善,也可以很好地描述其特征。探索这些信息必然会提高 LEO 的精度。描述对卫星力模型了解不全面的技术属于简化动力学方法的大范畴[2,10-12],通过将一些随机属性与某些模型参数联系起来,模型中的自由度与我们对相关模型的认知有关,例如,在约 800km 以下飞行的航天器容易受到大气阻力的影响,而大气阻力在时间和空间上变化很大,很难准确预测[8,13-14]。在这种情况下,通常是随机模拟阻力系数,为其分配一个小的随机游走过程,使其能够引入并解释大气密度中不可预测的变化[15]。

对于大多数实际的卫星任务,所有的力模型都存在一定的不确定性。如果试图对不确定模型的每个参数都进行随机建模,就会给 POD 问题引入太多的自由度,从而不便于求解。事实证明,地球卫星的周期轨道运动与所有模型或观测误差共振,通常以每周期一次或两次的频率在定位误差频谱中的几个主要谐波中表现出来[16]。利用这一事实,可以将所有力模型的不确定性集中到一个具有轨道周期谐波的经验模型中:

$$f_e = a_0 + a_1\cos(2\pi t/T) + b_1\sin(2\pi t/T) + a_2\cos(2t \cdot 2\pi/T) + b_2\sin(2t \cdot 2\pi/T) + \cdots$$

$$(62.5)$$

式中: f_e 为经验共振的加速度矢量(在笛卡儿空间); a_i、b_i 为谐波 i 的矢量系数; t 为坐标时间; T 为轨道周期。然后对系数 a_i 和 b_i 进行建模和随机估计。摄动理论可以很好地描述摄动力和由此产生的轨迹之间的关系,因此,在轨道坐标系(径向、法向、切向)中表示经验加速度时,通常利用摄动理论来简化物理问题,从而减少其自由度。例如,从这个摄动分析中了解到,恒定的径向加速度对轨迹偏差的影响小于相同量级的切向力[16]。因此,对于不确定的径向力,可选择忽略它们,但对不确定的切向力通常需要进行建模。选取一组经验参数进行估计,利用其随机属性(常数、随机游动、白噪声、有色噪声等),是精密定轨技术和科学的核心,且由于模型空间巨大,往往需要大量的实验和调整才能优化。

62.5 GNSS参考轨道和时钟状态的关键作用

62.4节提到了GNSS星座的轨道和时钟状态作为LEO POD问题输入的一个基本假设。虽然人们正在研究在一个估计过程中同时估算GNSS和LEO状态(以及地面跟踪网络的某些状态)的益处[17],但迄今为止,这些益处可说是微乎其微(至少对LEO POD而言如此)。随着数值问题的复杂性和规模的显著增加,以及对GNSS/地面网络进行适当建模和估计所需的专业知识的深度增加,这种方法将不适用于常规LEO POD操作。

这并不意味着LEO POD研究人员可以忽略GNSS轨道和时钟状态的来源及其质量属性,因为GNSS轨道和时钟状态的准确性将直接影响LEO POD的精度。此外,为了获得最佳结果,必须将某些GNSS卫星的特定模型(如GNSS卫星姿态模型和GNSS卫星天线模型)纳入LEO POD中。之所以考虑它们,是因为GNSS的轨道状态和时钟状态通常是指空间中不同点的状态。可以许多执行精密GNSS定轨操作的组织或者国家获得精密GNSS轨道服务(http://www.igs.org),例如NASA喷气推进实验室(www.gdgps.net,https://gipsy-oasis.jpl.nasa.gov)、欧洲航天局(http://navigation-office.esa.int/International_GNSS_service_(IGS).html)和欧洲定轨中心(http://www.aiub.unibe.ch/research/code\u analysis\u center/index\u eng.html)及其组合。按照惯例,轨道解参考的是GNSS卫星的质心,精密时钟解参考的则是发射天线的相位中心。因此,LEO POD软件必须对GNSS卫星的质心与其天线相位中心之间的偏移进行建模,这在惯性空间中取决于卫星的姿态。GNSS卫星的姿态也会影响缠绕模型观测到的相位测量,这是由于发射天线和接收天线之间相对方向的变化导致观测相位的变化,进而导致GNSS卫星围绕其天线旋转360°,测量相位发生全波长变化[18]。

对于实时和近实时的LEO POD应用,精确的GNSS轨道和时钟表示通常通过对广播星历表的差分修正获得,这些星历表可从各种供应商处获得,并适用不同的约定。GNSS的广播周期指的是发射天线相位中心的轨道和时钟状态,因此修正指的也是同一点,而重建的精确轨道和时钟状态(广播+修正)指的是天线的相位中心。在这种情况下,LEO POD用户不需要对GNSS天线相位中心和质心之间的偏移进行建模,但仍需对GNSS卫星姿态进行建模,以考虑缠绕效应。

任何可用的GNSS轨道和时钟状态的精度都是有限的,而且它们的误差具有很强的时间相关性[19],但LEO POD软件总将它们视为已知,而忽略误差的时间相关性。这是导致LEO POD问题的最优解误差的一个因素,最终得到一个次优解(这又将推动对GNSS/LEO POD组合的研究)。

在基于 GNSS 的 LEO POD 过程中,GNSS 轨道解将其参考坐标系(含误差)传递到 LEO 轨道中,并通过其传递到 LEO 的科学产品中。例如,光学成像仪拍摄的照片将被定位在 LEO POD 中使用的 GNSS 轨道解的参考框架中。每个精确的 GNSS 轨道和时钟解都在特定的国际地球参考系(ITRF)及其相应的约定(包括发射天线相位中心模型)内推导出来,不同的 ITRF 将产生不同的定位解[20]。在很大程度上,一些敏感的科学应用取决于由 GNSS 轨道和时钟传输的 ITRF 的质量和一致性。例如,ITRF 是基于卫星测高估算全球平均海平面上升的最大误差源[21]。ITRF 协议的不匹配可能导致在使用 GNSS 进行地面定位和定轨时出现厘米级误差。当然,主要的 ITRF 之间存在已知的转换,但是为了应用所需的转换,必须知道 GNSS 解的参考框架。GNSS 轨道和时钟状态的供应商还应提供优化其卫星状态所需的所有信息,包括相关的 ITRF、发射机天线图或相位中心偏移,以及一系列辅助参数,如偏航角速率[22-23]。

用户有责任对提供 GNSS 时钟状态的任何信号偏差进行解释。这些时钟状态是通过一个非常特殊的信号组合获得的。例如,GPS 广播时钟目前(在可预见的未来)是基于 L1 和 L2 PY 码伪距(RINEX 术语中的 C1Y、C2Y)的无电离层组合,也称"主对"信号。如果用户的 POD 基于其他信号,例如 L1 CA(C1C)而非 L1 PY,每颗卫星的 L1 PY 和 L1 CA 之间的发射机偏差应在 POD 使用的信号组合的情景中加以考虑。POD 应用中的偏差可达米级量级,因此,这些信号间偏差不应被忽略,并且对于任何给定的 GNSS 卫星,它们可能会随时间改变。有些信号间偏差在广播星历中作为参数传输(如 GPS 参数),有些则不是(如 C1C-C1Y 偏差),必须从其他来源获得,例如欧洲轨道测定中心(http://www.aiub.unibe.ch/research/code ___ analysis _ center/index _ eng. html)或者 JPL 的 GDGPS 服务(https://www. gdgps. net/inter_signal_biases)。

⟨62.6⟩ POD 解 的 验 证

卫星定轨面临的独特挑战不在于估算问题的公式或求解,而在于对解的验证(如图 62.2 中的底部框)。如上所述,卫星的定位与地面接收机的定位没有本质区别。然而,如何评估卫星在 1300km 高度以 7km/s 的速度移动时的定位误差? 与固定的地面接收机不同,我们不能使用解的时间重复性作为位置精度的度量,也不能使用本地差分技术来评估相对于附近已知点的偏移矢量,进而测量解的精度。但也有一些常见的技术可供选择,具体如下:

(1)相对于从独立技术推导的位置解,一个典型的例子是使用 SLR 验证基于 GNSS 的航天器位置。SLR 测量仅提供一维信息(卫星和地面跟踪站点之间的双向距离),但该信息非常精确,可用于评估三维的定位误差,如考虑航天器 3 个估计坐标之间的形式相关性。其他的定轨技术,如 DORIS,也可以在一些卫星上使用。这些技术可能不如基于 GNSS 的定位精确,但独立定位为 GNSS 定位误差提供了有价值的参考。

(2)拟合后测量残差一直是评估解质量的有力工具,这是测距观测量与修正所有估计参数后的测距计算值之差("O"—"C")。理想情况下,如果计算模型合理,残差的均方根值将近似于测量噪声。拟合后残差对正态分布的显著偏差通常表明计算模型或测量系统中的一个存在问题,或两者都存在问题。残差取决于估计参数的数量(自由度)和类型,不能直接用于比较不同自由度估计问题的解(假设每种情况下的计算模型相同)。但是,它们可以传递有关两个计算模型的相对保真度的信息(假设在每种情况下采用相同的估计方法,见图62.3)。

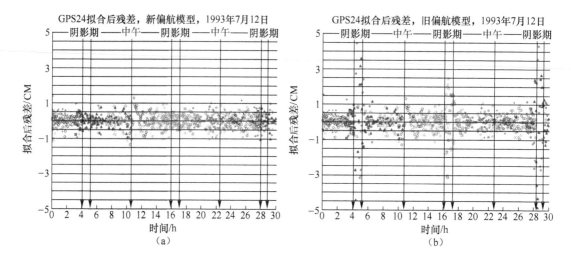

图62.3 在日蚀时间(b)对GPS24进行轨道测定时,拟合后残差的大量系统性偏移导致卫星姿态模型的缺陷被发现[24],改进模型后,拟合后残差恢复正常(a)(经John Wiley & Sons 出版社许可转载。)

(3)解的可重复性是一种常用技术,可以为解的精度提供置信下限(多数情况下是下限)。在该技术中,连续的估计周期(通常在 LEO POD 的环境中称为"弧",因其对应于轨道的段)被构造成在时间上的重叠形式(因此,该技术通常被称为"重叠误差分析")。比如,许多近地轨道任务的日轨道估计采用以每天中午为中心超过 24h 以上的数据。如果使用 30h 的数据,那么连续两天(第一天晚上 9 时到第二天凌晨 3 时)之间会出现 6h 的重叠。如果这两个日解是最优的,那么它们在重叠期间的差异将是零。很明显,在重叠期间,两个日解的精度不可能比重叠误差更准确,但当我们从重叠误差推断出一般 POD 误差时,必须注意。

将两个解算弧之间的三维均方根重叠误差定义为

$$E_{\text{overlap}} = \text{sqrt}\left\{ \sum \left[\| r_1(t_i) - r_2(t_i) \|^2 \right]/N \right\} \tag{62.6}$$

式中:求和是对 t_i 个重叠周期中的所有 N 个历元进行的; r_1 为航天器从第一个弧估计的位置矢量; r_2 为航天器从第二个弧估计的航天器的位置矢量。

如果 r_1 和 r_2 中的误差在重叠期间是独立的,那么可以得出结论,在重叠期每个矢量都有一个三维均方根误差,大小为 $E_{\text{overlap}}/\sqrt{2}$ 。然而,在重叠期间, r_1 和 r_2 中的误差不太可能是独立的。在纯运动学定位的极限下,当每个历元的位置估计值完全是测量值的函数而不依赖力模型时, r_1 和 r_2 中的误差际上是完全相关的,而重叠误差并没有告知实际的定轨误差。在大多数实际情况下,使用动态或简化动态估计方法时,每条弧段中的误差在重叠期内是部分相关的(由于共同的建模误差,甚至可能在重叠期外)。计算重叠误差时,任何共模误差都会被抵消,因此重叠误差会低估重叠期间的实际位置误差。

另外,重叠周期在解算弧的边缘时,该处轨道估计精度最差(称为"领结效应")。因此,在整个估计弧期间,重叠误差也有可能会高估实际轨道误差。

我们无法精确获得重叠误差和一般轨道估计误差之间的实际关系,但在精心推导的简化动力学 POD 中,"领结效应"可以变得相对较小,共模误差也不会太大。在这种情况下,我们认为重叠误差是轨道误差一个很好的表述,是一个优化定轨策略的非常好用的工具。

同样的原理也适用于轨道状态的任意分量,如海洋测高中所关心的径向分量。当时钟状态至关重要时,时钟重叠被用来评估时钟估计中的误差。

(4)形式误差(通常称为解的标准差)不应被误认为实际解的替代品。我们并不清楚两者在现实中的关系。在复杂模型的估计问题中,例如定轨,建模误差不会对形式误差造成任何影响,这一点容易被忽略。为了表示实际误差,需要对形式误差进行校准,或对使用实际解误差进行缩放,如与独立技术的比较,或与重叠误差的比较,或通过仿真技术。校正形式误差的过程可以改善实际估计误差,因为其可能涉及调整分配给测量值的数据权重(用户分配的数据权重在估计参数的形式误差中表现明显,且必定影响估计解),以及调整估计参数的随机特性。

(5)在定轨误差影响科学的情况下,科学数据方差的减少通常是定轨结果改进的标志。海洋测高任务就是一个很好的例子,其中估计轨道的径向精度直接反应海平面的误差。人们为此应用了大量技术,包括重叠方差减少和海平面重复性[4,25-26]。

62.7 LEO、MEO 和 HEO

随着航天器高度的增加,从 LEO 到 MEO 再到 HEO,其基于 GNSS 的定轨从非常稳健过渡到非常不稳固。"无处不在"是 GNSS 测量最有价值的特性,但该特性在 3000km 以上的高度不再有效,至少传统意义上如此。图 62.4 给出了地球轨道航天器可用 GPS 信号的几何结构。当卫星在地球上的高度超过 3000km 时,能看到的卫星越来越少,因此,通常航天器搭载有天顶式 GNSS 天线。然而,由于直接的 GNSS 信号(通常来自"上方")变弱,其他在 LEO 轨道上不可见的其他 GNSS 信号变得更加可用,包括来自地球另一端(或"下面",需要在航天器的最低点放置接收天线)的 GNSS 主瓣信号,以及 GNSS 发射机的副瓣信号。图 62.5 给出了在某些链路预算假设下 GPS 主瓣信号的可观测性与轨道高度的函数关系,表明在轨道高度高达 1 万 km 的情况下,可用信号总数仍然保持在 4 个以上,足以支持动态定位和 POD 的更多动态变体。考虑到 GNSS 旁瓣,HEO 的可用信号数将急剧增加。例如,Stuart 等[27]利用仿真计算了,如果不考虑链路预算,在 GEO 高度上的航天器可接收 40 多个 GPS+GLONASS 信号。当考虑中等灵敏度接收机的实际链路预算时,计算出平均 8.6 个 GPS+GLONASS 信号。

这两种非常规信号的质量都与"从上方"来的传统信号质量不同。通过地球观测到的信号较弱,因为它们要传播得更远,接收到的功率与到发射器的距离的平方成反比。这些信号也可能受地球大气层影响,产生弯曲和衰减。旁瓣信号也会因高视轴角下发射天线的较低增益而变弱,且将导致在发射天线相位变化或其增益模式方面不如主瓣信号好。不过,方案是权衡后的结果,定位精度虽可能不及 LEO,但在现有的条件下也能得到想要的结果。

在 HEO 及以上区域,能否接收到微弱的 GNSS 信号在很大程度上取决于 GNSS 接收机的灵敏度。NASA 磁层多尺度任务(MMS)是一个位于高椭圆地球轨道上的 4 颗卫星星座，配备了这样的接收机(NASA 戈达德"导航仪")，其中 $12R_\oplus$ 为第 1 阶段远地点，$25R_\oplus$ 为第 2 阶段远地点，能够在整个轨道上探测到 GPS L1 信号，平均在 $8R_\oplus$ 以上的高度跟踪第 1 阶段 8 颗 GPS 卫星[29]。在第 2 阶段，"在远地点跟踪了 5 颗卫星，并记录了 8 颗卫星。平均看，在远地点附近跟踪大约 3 个信号，并定期获得 25 RE 处的点解"。由于 P2 上加密，尽管在地球高度 GPS L2 信号被跟踪，但很难被半无码民用接收机跟踪[30]。

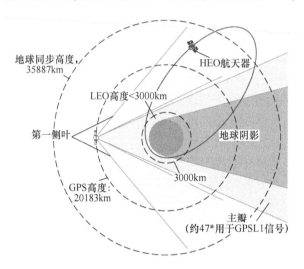

图 62.4　提供给地球轨道航天器的 GPS 信号(其他 GNSS 提供了质量上相似的信号结构。GNSS 副瓣较弱，其特征不如主瓣导航信号。经 GNSS 许可转载。)

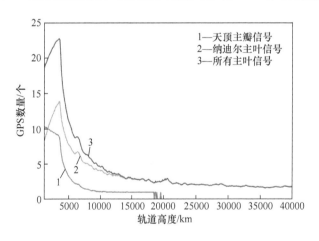

图 62.5　GPS 主瓣信号数(视轴角 44°)可将近地航天器用作其在地球上高度的函数，仅基于几何结构(无链路预算考虑)(经 D. Kuang 许可转载。)

非 GPS GNSS 星座的出现为高海拔地区的定轨带来了巨大希望，因为在低海拔地区，额外信号的边际值远远大于 LEO。当然，更强大的 GPS L5 以及来自其他 GNSS 星座的几个信号拥有更高的发射功率(以及信号设计)，应该比 GPS L1 可用性更高。事实上，GNSS 服务提供商越来越关注海拔 3000km 高空(也称空间容量)以上用户不断增长的需求，包括提供特性良好的旁瓣信号[28]。

在高海拔地区,由于相对缺乏GNSS信号,需要调整POD方法,通常以精度来替代位置可用性,例如减少解算中的自由度。这可能需要将接收机时钟建模为紧密随机游走过程(或确定性模型),或忽略对电离层的延迟建模(如果只有单频信号可用),并利用航天器动力学严格建模(可能将轨道动力学自由度降低到六历元状态参数)。使用这种方法,基于飞行前半实物仿真校准的形式误差,使用机载定轨滤波器(NASA Goddard "GEONS")在远地点实现了12m RSS的定位精度[29]。

62.8 编队飞行与相对定位

许多应用都需要一个航天器星座紧密控制和/或相对位置信息的编队飞行。它们通常是为地球或空间科学应用而设计的,具有诸如合成孔径[31]、分布式航天器[32-34]等观测概念。关于编队飞行任务的分类,参见文献[35],以及本书的第63章。由于LEO和HEO都可以实现高精度的定位和授时,两个航天器之间的相对定位可以通过对各自独立位置解的差分得到。如果航天器彼此很近,它们将观测到几乎相同的GNSS卫星,跟踪的测距信号将在地球大气层中穿越几乎相同的路径。两个位置解相减将抵消两个解共有的一些误差源,从而得到比每个航天器单个位置解更精确的相对位置矢量。

为了消除参考GNSS轨道和时钟状态中的误差,两个航天器不需要距离非常近。即使相距数千千米,它们仍可能观测到几何结构大致相同的同一组GNSS卫星。这种优势对于实时的星载应用尤其明显,因为它们容易受到GNSS广播星历中(与后处理或差分校正的GNSS轨道和时钟解决方案相比)相当大的误差的影响。由于电离层变化很大(取决于高度),为了从消除电离层延迟等常见的介质延迟误差中获益,如电离层延迟,航天器必须接近(距离减少到几千米)。如果使用完全相同的GNSS卫星和相同的POD方法来估计单个航天器的位置,将会使共同误差消除优势最大化。如果需要在航天器上进行自主精确的相对定位,航天器可以相互实时通信,以交换观测数据或采用观测选择算法来确保共同观测。这种方法可以将相对位置误差(以及相应的定时误差)在千米级的基线上[36]减小到厘米级。

如果将来自相关LEO的原始GNSS测量值合并到一个POD过程中,精确地模拟它们之间的基线,就可以获得更好的相对位置精度。这种方法支持在中等和短基线(数百千米或更小)的整周模糊度解算,并支持毫米级基线解[36]。

62.9 最新技术要素

62.9.1 接收机性能

用于空间应用的GNSS接收机通常在以下关键方面不同于地面接收机:

(1)可能受到输出管制(https://www.pmddtc.state.gov/regulations_laws/itar.html),对18km以上的高度和515m/s以上的速度下工作的接收机有一定的限制。为了防止违反这些输出原则(可能会随时更改),地面接收机可能具有阻止其在空间中运行的软件和/或硬件设置。

（2）必须在中心频率周围更大范围的多普勒频移上捕获和跟踪测量结果。

（3）包含的电子设备更能适应在空间环境中提升预期的辐射水平,以及更高的可靠性部件、更高的结构和软件质量(与支持的复杂任务相一致)。

（4）为了比地面接收机适应更广泛的工作条件,可能要经历包括更低的温度(明显)、更高的温度(不太明显,但可能是长期暴露在太阳下的航天器和有限的冷却基础设施)、振动和冲击(主要是为了应对发射)的环境。

（5）对于距离 GNSS 卫星很远的接收机,需要在寒冷、稳定运行环境中具有更高的灵敏度设计。

因此,空间接收机比地面接收机昂贵得多,且通常在信道数量或测量类型和精度方面跟踪性能会降低。每台高性能、关键任务型的接收机通常要花费数百万美元。

然而,伴随着立方体卫星等低成本小型航天器的发展,还出现了部署低成本接收机的趋势,如最小限度修改的地面接收机。Surrey 卫星技术有限公司和其他公司在低成本、短时间(通常不到 3 年)的 LEO 上成功地开发和部署了这种接收器,并取得了良好的效果。双频接收机最初仅限于单频(CA),但越来越多地应用于这些低成本、短时任务场景。

重大科学任务,旨在携带一些在多年后能得到投资回报的昂贵仪器。但该任务仍需携带专门设计和合格的空间接收机。事实上,空间所有 POD 精度记录都由这类接收器提供,最著名的是 JPL 设计的 BlackJack 接收器系列,支持 Jason 系列测高卫星和 GRACE 任务及其前身的最精密定轨性能。

用于空间的天线通常具有与地面天线类似的设计,可能采用更轻的材料,并具有更高的质量保证标准。

62.9.2　力模型(包括姿态模型)

精密 POD 通常需要对卫星上的力进行精确建模。从 GRACE 任务科学团队(例如 Tapley 等[37]的 GGM03 平均地球重力模型)产生的各种最新重力场中选择最佳重力场模型十分简单。这些重力场具有数以万次计的谐波,且(在 GRACE 及其后续任务的生命周期内)每月更新。但是,计算高阶重力场需要大量的计算量,因此不宜在每次任务中都采用最大和最精确的重力模型。

对于 MEO 高度的 GNSS,12×12 重力模型足以支持厘米级 POD。对于 GEO,8×8 重力模型就足够了。NASA 测高卫星飞行高度约 1300km,通常使用 GRACE 提供的新 120×120 重力模型,每 1mm 更新一次。需要精密 POD 的低轨卫星可能采用更大阶次的模型,如 GRACE 产生的 200×200(或约 200×200)重力模型。

另一个重要的模型是太阳辐射压力模型,是入射光子辐射动量(不仅来自太阳,也来自太阳驱动的其他辐射体,如地球反照辐射)传递到航天器而引起的加速度。自然,动量传递取决于光子通量大小(称为辐照度)、各种航天器外表面的特定反射率和吸收特性,以及它们的尺寸和方向。大多数航天器具有复杂的结构,包括不规则的几何结构和各种形状的天线,并且具有不同的光学和热学特性。精确模拟航天器的所有反射和热特性,并考虑所有可能的辐射角、面板间的相互遮挡和二次反射(面板间),是一项重大的技术挑战。对于某些要求很高的任务来说,这是值得尝试的,如 Ziebart[38]和 Li 等[39]用像素阵列方法对辐射压力进行了详细建模。此外,还可以做各种近似,首先将航天器建模为一个均匀球体,一阶太阳通量只是简单地将航天器径向推离太阳。表示太阳气压引起的航天器加速度 $\boldsymbol{f}_{sp}$ 的最简单公式为[8]

$$\boldsymbol{f}_{\mathrm{sp}} = SA(E_{\mathrm{sun}}/c)(A_U/R_{\mathrm{sun}})^2/M\boldsymbol{s} \tag{62.7}$$

式中:A 为整个航天器面向太阳的横截面积;E 为 1 个天文单位(AU)下的太阳辐照度通量[40];c 为光速;M 为航天器质量;R_{sun} 为航天器与太阳的距离;$\boldsymbol{s}$ 为太阳航天器方向的单位矢量;S 为一个尺度因子,通常称为太阳尺度。

在定轨问题中,经常需要估计 S 参数,以考虑时间变化(例如,太阳辐照度在一个太阳周期内可能变化 0.1%,在更长的时间尺度上可能有长期变化)和其他参数的不确定性。几乎所有的航天器,这个简单的表达式通常占太阳气压加速度的 90% 以上,在许多实际定轨解算中可能表示为加速度。关于典型面积质量比 $a/M = 0.01\mathrm{m}^2/\mathrm{kg}$ 和 $S = 1$ 的加速度大小的描述,见图 62.1。

更为复杂的是将航天器外部近似为一系列离散的简单形状的集合,如平板、圆柱体、半球体等,每种形状都具有一定的反射率和热特性,通常称为航天器的宏观模型,在科学任务的定轨中最常见,例如 TOPEX 和 Jason 系列任务(参见文献[41]中 TOPEX 的处理和文献[42]中 Swarm 任务)。动量传递的表达式取决于表面形状,但大多数航天器主要由平板构成,因此通常可以忽略其他形状(如细长但形状怪异的天线),并将航天器严格视为平板的集合(称为箱翼模型)。在这种情况下,可使用以下表达式来近似太阳压力引起的由面板 i 引起的航天器加速度[8]:

$$\boldsymbol{f}_{\mathrm{spi}} = S(E_{\mathrm{sun}}/c)(A_U/R_{\mathrm{sun}})^2(A_i\cos\theta_i/M)\{(1-\nu\mu)\boldsymbol{s} - 2[\nu\mu\cos\theta + \nu(1-\mu)/3]\boldsymbol{n}_i\}$$

$$\tag{62.8}$$

其中,保留式(62.7)的表达,下标 i 表示面板 i 的特性;A_i 是面板的总面积;$\boldsymbol{n}_i$ 是面板 i 的法向单位;θ_i 是 $-\boldsymbol{s}$ 与 $\boldsymbol{n}_i$ 之间的角度;μ 是面板镜面反射度(镜面反射的入射辐射的比例);ν 是面板的总反射率(镜面反射的入射辐射的比例);$\nu\mu$ 表示镜面反射的入射辐射的比例;$\nu(1-\mu)$ 表示漫反射的入射辐射的比例。例如,在 Swarm 航天器宏观模型中,辐射光谱的可见光和红外光谱部分有时会被赋予不同的反射特性[42]。

理想情况下,每个航天器外部面板的面积和反射率在发射前都可以精确测量,但它们也可成为 POD 问题中的待估计参数。通常不可能同时估计所有曲面特性,应明智地选择一个小子集,以免产生过多的自由度。

其他形式的特定的航天器太阳气压模型汇总了所有面板对太阳压力的影响,并以表格形式表示为辐射入射角(方位角、仰角)的函数,或表示为方位角和仰角的谐波。TOPEX/Poseidon 航天器开创了基于 GPS 精密定轨的时代,为辐射力的处理提供了一个很好的案例[41]。关于太阳辐射力的谐波分解示例,见文献[43]。

如果没有地影和月影精确模型,就没有必要在精确的太阳气压模型上花费太多精力,因为日蚀可能对航天器的轨道产生强烈的共振(与轨道频率)。对于 POD 来说,有必要对从全光照过渡到本影的半影阶段进行建模,如文献[44-45]中所述。日蚀的建模必须扩展到数值轨道积分,必须能够识别与各种日蚀过渡区(半影、本影)弱相关的不连续性,并可改变步长,以便精确地对每个区进行采样[46]。

就像太阳一样,地球也会发出辐射,以与太阳辐射压力相同的方式来影响航天器。虽然地球比太阳(目前)温度低得多,但它离 LEO 更近,必须考虑到它在可见光和红外光谱中发射的辐射,例如使用 Knocke 等的模型[47]。航天器侧面模型与太阳辐射压力相似,地球辐射压力的典型量级见图 62.1。

另一种由航天器产生的辐射力是由发射的电磁信号产生的天线推力。这种辐射施加了 P/c 牛的力,其中 P 是以 W 为单位的发射功率,c 是光速[8,48]。对于辐射功率为 100W 的 1000 kg 航天器,在与天线视轴相反的方向(通常是径向向上),感应加速度为 0.3310m/s^2。

最后,在辐射类别中,航天器发出的热辐射的任何不平衡都会导致加速。大多数航天器处于恒定的太阳光下(即不经历日蚀),由于不平衡的热辐射,在太阳能电池板的正面和背面之间会表现出一个小的、近乎恒定的力。它通常比太阳气压小一个数量级,在许多情况下可以通过对航天器进行详细热分析来建模,考虑到吸收(未反射)的太阳和地球辐射量、面板的辐射率以及航天器的各种其他热特性,包括内部产生的热量和热控制[49]。然而,由于它与太阳压力加速度的方向有关(温度的主要不对称性在航天器面向太阳的一侧和相对一侧之间),热不平衡力可以通过估计太阳尺度等参数部分并入太阳压力。其他经验参数,如沿航天器轴线的恒定加速度,也可以用来吸收未建模的热力。

如果航天器受到不可忽略的大气阻力,则采用类似的方法将整个航天器表示为一个球体(以最简单的形式)或离散形状的集合,但此时,每个表面都被归纳为阻力系数,而不是反射率。面板 i 上的阻力引起的加速度近似为[8]

$$\boldsymbol{F}_{di} = -0.5C_D(A_i\cos\theta_i/M)\rho\,|\,v_\oplus\,|\,v_\oplus \tag{62.9}$$

式中:$v_\oplus$ 为航天器相对于旋转地球的速度(即相对于大气的速度);A_i 为面板的总面积;θ_i 是与面板的法线夹角;M 为航天器质量;ρ 为大气质量密度;C_D 为阻力系数,它本身是许多因素的复杂函数,包括面板形状、大气密度和相对于大气的速度,因此高度不确定。对于低轨航天器,C_D 通常在 2.2~2.4 之间变化,通常用 POD、每个面板或整个航天器来估计。ρ 通过大气成分随高度变化的模型和太阳活动的几个参数获得[14,50]。

目前存在详尽的可用的大气阻力模型,但并没有达到太阳辐射压力模型的逼真程度,主要是因为大气密度的可变性和不可预测性。在存在强阻力(低空)影响 POD 的情况下,可能有必要通过将其建模为时变随机参数(如随机游走),为相关估计参数(CD)或其他经验加速度分配高自由度。

大气升力加速度通常小于阻力加速度的 10%,因为相对较大的建模不确定性加上总体较小的加速度量级,在 POD 中常被忽略。考虑到长期影响,升力可能不可忽略[51]。Montenbruck 等[42]将升力模型应用于 Swarm 任务的 POD,但并未报告该模型的实际效益。

广义相对论的动力学效应,主要是由于地球质点效应(也称施瓦茨柴尔德效应)、参考系拖拽效应(也称 Lense-Thirring 效应)和大地进动效应(也称 de Sitter 效应)表现为卫星上的加速度量级相对较小(图 62.1),但建模简单[52]。

尽最大努力在地面上建立了一个先验力模型,但模型的保真度始终存在一定程度的不确定性,还需要估计几个关键模型参数:太阳光压系数、大气阻力系数、几个关键反射率参数,或者是一组经验参数(常数,一次旋转加速度……),作为力模型中未知量和误差的代替参数。

航天器姿态的精确建模是任何依赖于航天器结构力模型不可分割的一部分,航天器越不对称,姿态模型对辐射压力和阻力模型的保真度就越显著(通过 n_i 和 θ_i)[如式(62.7~式(62.9)]。当然,姿态模型对于 GNSS 信号建模也必不可少,包括定义接收信号与接收天线之间的相互影响、相位缠绕模型等。[18]。姿态模型可以通过以下两种方式之一实现:作为一种算法,依赖航天器相对于地球和太阳的位置(如 TOPEX[41]),或作为星载姿态测量的函数。其中姿态测量通常表示为旋转四元数的时间序列,定义从航天器固定的笛卡儿坐标系到以地球为中心的惯性或地球固定坐标系的旋转。当航天器拥有一个重要的铰接面、如太阳能电池板或大型天线时,该表面并非简单地指向(例如,在太阳能电池板的情况下,直接指向太阳),无论是在算法方面还是在星载传感器测量方面,都有必要对该表面的不同指向进行建模。

62.9.3 时钟相对论效应

GNSS 的可观测距离本质上是两个时钟状态的差值,因此在 GNSS 的测量模型建模中考虑了相对论效应(图 62.2)。这些模型考虑了重力势和航天器速度对星载时钟"嘀嗒"速率的影响。由轨道时钟记录的本地时间–固有时间–被转换成协议的统一坐标时间,通常是地心坐标时间(TCG)。它是地心坐标系(惯性或地球固定)在原点的时间或地球时间(TT),其速率与大地水准面上时钟的固有时频率近似为相同的坐标时间。根据 IERS 2010 协议[52],有

$$d(TT)/d(TCG) = 1 - L_G \quad (L_G = 6.969290134 \times 10^{-10}) \tag{62.10}$$

在从零到地球同步高度的任何高度,对地球轨道时钟的综合相对论效应不超过 10^{-9}(或纳赫兹频率变化),这个数值远远低于地球轨道上大多数振荡器的稳定性能。此外,如上所述,许多定轨应用将时钟看作类似白噪声的干扰参数,并且不关注待估计时钟的时间特性。在这种情况下,不需要对接收器时钟的相对论效应(或任何其他效应)进行建模。然而,在用接收机时钟解来表征(超稳定)接收机频率标准或钟差需要插值的特殊情况,可能需要对相对论效应进行建模,如 LEO 轨道与开普勒模型的较大偏差增大了(相对于 GPS)对地球引力势谐波的敏感性。

采用 Petit 和 Luzum[52] 的符号,设 τ_A 为原始时间,t 为地心位置 $r(t)$ 和速度 $v(t)$ 处时钟的 TCG。然后,一个理想的近似(10^{-18}阶)如式(62.11)所示:

$$d\tau_A/dt = 1 - 1/c^2[v^2/2 + U(r) + V(r) - V(0) - r^t \nabla V(r)] \tag{62.11}$$

式中:v 为航天器的速度;$U(r)$ 为地球在 r 处的电势;$V(r)$ 为所有其他相关物体(太阳、月亮等)在 r 处的电势;0 为对应地心;t 为转置算符;∇ 为梯度运算符。当将固有时转换为 TT 时,通过式(62.10)和链式法将 L_G 添加到 RHS 中。

通常,只有式(62.11)中的前三项适用于 GNSS 时钟,并且只保留质心对 $U(r)$ 的贡献(隐含着开普勒轨道),由式(62.11)得到简化形式:

$$d\tau_A/dt = 1 - 1/c^2(v^2/2 + GM_\oplus/r) \tag{62.12}$$

对于开普勒轨道 $v^2/2 = GM_\oplus/r - GM_\oplus/(2a)$,用此代入式(62.11)得到:

$$d\tau_A/dt = 1 - 1/c^2[2GM_\oplus/r - GM_\oplus/(2a)]$$

它有闭式解:

$$\tau_A = [1 - 3GM_\oplus/(2ac^2)]dt - 2\text{sqrt}(aGM_\oplus)esinE/c^2 \tag{62.13}$$

式中：a、e 和 E 分别为轨道半长轴、偏心率和离心角。RHS 上的第一项等于在固有频率上的恒定偏移量，第二项具有轨道周期性。对于 GPS 卫星，常数项主要由星载振荡器的硬件频率偏移-6.4647×10^{-10}引入(见第 47 章)。然而，低空卫星对地球扁率项 J_2 更敏感，可能对高阶谐波也更敏感，因此偏离了开普勒轨道。对于这些情况，式(62.13)可能不够精确，我们必须回到式(62.11)并保留地球引力势中的下一项：

$$U(r) = GM_{\oplus}/r[1 - J_2(R_{\oplus}/r)^2(1 - 3\sin^2\phi)/2] + O(\varepsilon) \tag{62.14}$$

式中：$R_{\oplus}$ 为地球的赤道半径；J_2 为地球扁率系数($J_2 = 1.082\,635\,9 \times 10^{-3}$[52])；$\phi$ 为地心纬度。对于低地球轨道(低至 200km 高度)的时钟，由于重力高阶谐波的影响，误差项的大小 $\varepsilon_{LEO} = 1.3 \times 10^{-15}$，即 $J_4 = -1.619\,98 \times 10^{-6}$，$J_6 = 5.406878 \times 10^{-7}$ ……。对于 GPS 轨道，$\varepsilon_{GPS} = 6.8 \times 10^{-16}$，主要来自月潮贡献。

将式(62.13)代入式(62.11)(仍然忽略 V)，必须通过对任意历元和坐标时间 t 之间的 RHS 积分用数值求解微分方程。

62.9.4　测量模型

测量模型包括天线和介质模型，多径、单频与双频模型，经验天线模型。

我们已经讨论了非保守力模型对精确姿态模型的依赖性。如上所述，为了对 GNSS 信号进行适当的建模，需要建立姿态模型。在这里，建模考虑的主要因素是接收天线的相位中心和航天器的质心之间的矢量偏移——如果建模不当，将为许多航天器引起米级的误差。然而，天线接收方向图以天线相位(或伪距)变化图形式的更精细细节也取决于航天器主体固定框架中的入射 GNSS 信号方向，而该方向又取决于航天器的姿态。

LEO POD 过程中使用的 GNSS 发射天线模型必须与 GNSS 定轨过程(确定 GNSS 轨道和时钟状态的过程)中使用的模型相同，否则 LEO 轨道无法准确参照作为 GNSS 轨道和时钟解基础的 ITRF。GNSS 时钟解(对天线模型最敏感)和 GNSS 天线模型之间的任何不一致都可能导致 LEO POD 解中的其他误差。精确的 GNSS 定轨操作可能会采用 IGS 标准为 ITRF 定义的天线模型，并不断发展[53]。提供精确的 GNSS 轨道和时钟解的供应商应明确指定所使用的 GNSS 天线型号。

同地球大地测量应用类似，发射天线和接收天线以及发射和接收卫星的姿态模型必须使用天线相位变化图。但与地面应用不同，由于跟踪站点的数量和多样性，通常忽略站点特定的多径，因此建议建立一个考虑多径的相位和伪距的卫星特定天线变化图。GRACE 航天器是一个出色的试验台，验证了多路径的经验和地面校准方法，并论证其对精密重力科学应用的益处[17]。

对于其他测量模型的双频测量，唯一值得注意的是相对论时钟模型。如上所述，它包括发射机时钟和接收机时钟。但对于单频测量，建模需要着重考虑电离层对信号的影响，或者可以通过电离层延迟来转化为额外的噪声和参数，以便构造新的信号组合避免这个问题。

对于在电离层内飞行的 LEO 接收到的 GNSS 信号所经历的电离层延迟，可用多种模型来描述(第 31 章和第 32 章)。与地面接收机相比，这种卫星可能经历更短或更长的电离层延迟，而较长延迟是由于信号到达低仰角或负仰角引起的。一般来说，可用模型的精度不如地面用户可用的总电子含量(TEC)模型高，很容易达到约米级的残差。更糟糕的是，对于任何给定卫星的特定轨道，无法准确估计电离层建模的误差。

为了避免处理与单频 GNSS 测量有关的电离层建模误差,可以利用电离层延迟在伪距和相位测量上的相反特征,使伪距延迟、相位提前(第 31 章)。因此,如果将伪距和相位测量相加,一阶电离层效应将被抵消。高阶效应可能无法抵消[54],但因取值足够小而在大多数 POD 应用中可忽略。我们并非得到了两种互补的测量——明确但有噪声的伪距,和精确但有模糊的相位——而是一种单一的测量类型。在消除电离层特征的同时,这种测量类型既有噪声又含模糊项。然而,该技术已应用于涉及单频接收机的 POD 解中,以实现亚米精度的轨道解[55]。这项技术首先应用于 GPS 观测数据(GRAPHIC)[56-57],即 GPS 距离和相位电离层校准(尽管在后来的文献中,同样的缩略语也被定义为"组合"或"校正"而不是"校准")。MacDoran[58]也提到了基本相同的技术,但将其命名为 DRVID(差分距离与多普勒积分)。然而,随着未加密的第二频率信号可用性的增加,单频接收机获得低精度 POD 的目的仅限于支持低成本、低功耗、低精度的应用,例如小型卫星和立方体卫星。

62.9.5 轨道积分

轨道积分器是定轨问题中的一个关键环节,是一个由软件实现的常微分方程的求解。从规定的初始条件开始,对运动方程式(62.1)及其对各种模型参数的偏导数进行数值积分。卫星状态相对于初始条件和模型参数的偏导数可通过应用链式法则从式(62.1)中获得,并形成常微分方程组:

$$
\begin{cases}
(\partial r/\partial r_0)'' = \partial f/\partial r \partial r/\partial r_0 + \partial f/\partial r' \partial r'/\partial r_0, \partial r/\partial r_0(t_0) = I_3 \quad \left[(\partial r/\partial r_0)'(t_0) = \mathbf{0}_3 \right] \\[2mm]
(\partial r/\partial v_0)'' = \partial f/\partial r \partial r/\partial v_0 + \partial f/\partial r' \partial r'/\partial v_0, \partial r/\partial v_0(t_0) = \mathbf{0}_3 \quad \left[(\partial r/\partial v_0)'(t_0) = I_3 \right] \\[2mm]
(\partial r/\partial p)'' = \partial f/\partial r \partial r/\partial p + \partial f/\partial r' \partial r'/\partial p, \partial r/\partial p(t_0) = \mathbf{0}_n \quad \left[(\partial r/\partial p)'(t_0) = \mathbf{0}_n \right]
\end{cases}
$$

式中:I_3 为 3×3 单位矩阵;$\mathbf{0}_3$ 为 3×3 零矩阵;$\mathbf{0}_n$ 为 3×n 零矩阵。这 3 个方程组称为变分方程。如果 p 是 n 维矢量,则有 18+3n 个这样的标量方程,它们的数目远远超过 3 个运动方程。对于一个大的 p 矢量(例如,在重力恢复中,p 可以表示数千个谐波系数),就 CPU 时间和数值精度而言,整个系统的积分(运动方程加变分方程)成为一个具有挑战性的数值问题。但是,即使对于更普通的应用,重要的是要确保截断和/或舍入误差不会因为较长的积分时间(这是定轨应用的典型特点)而过大增长,并且确保仪器嵌入式积分器不会耗尽 CPU 资源。

轨道积分力模型的动态范围很广(图 62.1),几乎在所有尺度上都具有时变性的典型特征(例如,比较日蚀过渡引起的太阳辐射力的急剧变化和太阳通量变化引起的缓慢变化)。这促进了具有独特功能的专用积分器的发展,包括高阶常微分方程离散化、可变步长、力模型不连续性的处理以及运动方程和变化方程的单独误差控制[46,59-60]。

62.9.6 模糊度解算

原则上,我们可以将地面网络的模糊度解(第 19 章)应用于 POD,对空间接收机进行一般性处理,并在空间接收机和地面接收机之间形成双差分,以消除线性系统中由此产生的未知线性偏差,并对剩余的双差整周模糊度采用整数估计技术。然而,星载接收机的基线长,以及地面和星载接收机之间连续可见弧段短,很难通过正确求解整数模糊度问题来显著改进定轨。

最近,应用于星载接收机的单星模糊度解算技术的出现为改进提供了可能。Laurichesse 等[61]构造了一组缓慢变化的"相位时钟"参数,除了传统的发射机时钟之外,还从无差载波相位测量中分离出了相位偏差的小数部分。通过选择参考发射机和使用一组地面站,人们成功分离出了每个 GNSS 发射机的分数常数相位钟,解决了 LEO POD 中单差分 LEO 观测的整周模糊度问题。另外,Bertiger 等[62]在 GNSS 定轨过程中省去了所有发射器-地面站无差相位测量通过时所解决的宽巷和电离层无相位偏差,并将其导入 LEO POD 过程中(与 GNSS 轨道和时钟一起),形成 LEO 接收机与地面站之间的双差相位的偏差参数,以解决双差模糊度分问题。这两种方法都隐含地将地面站引入 LEO POD,从而将 LEO POD 解与地面参考系统紧密地连接起来。这两种方法都假设无差相位偏差的小数部分缓慢变化,因此不需要在每个历元直接差分相位测量来抵消该部分。然而,为了保证这种缓慢变化的特性,必须对载波相位测量的所有时变部分精确建模,正如其他章节中强调的那样,时变部分包括航天器姿态和相位中心变化。Bertiger 等[62]使用 JPL 基于网络的 GNSS 定轨产品来解决 Jason-2 接收机的整周模糊度,论述了 Jason-2 定轨的显著改进。Montenbruck 等[63]使用 Laurichesse 等[61]的单接收机模糊度解决技术,证明了 Sentinel 3A 任务在简化动力学和运动学 POD 方面的改进。

62.9.7　跟踪数据和数据权重

POD 的主要 GNSS 观测值包括伪距和相位值,其他 GNSS 应用也是如此。若有多普勒可观测值,则在接收机中可从相位可观测值中导出;若有相位可观测值,则不使用多普勒可观测值。相位测量比伪距测量要精确得多,但涉及整周模糊度(实数或整数,最好是整数)时有所减弱。在轨时,由于航天器绕地球快速运动,GNSS 连续观测弧较短(通常不超过30min),其相位观测值略弱于地面应用,从而导致要求解的周期模糊数增加。然而,如果要达到分米级或更高的精度,相位观测则至关重要。

分配给伪距和相位测量的数据权重[用式(62.3)和式(62.4)中的向量 w 表示],对解有影响,并可在估计方法的过程中可进行调整,以优化解的精度。在理想情况下,数据权重可以等效于接收器的测量噪声,通常 L1 伪距观测值约为 0.1m,相位观测值约为 0.001m。现实中,建模中未考虑的多径误差(在不同水平上)在观测值中占主导地位,实际数据噪声相当大。实际值取决于天线和航天器。对于低多径天线(如扼流圈型)和低多径航天器(如 GRACE),其天线与天顶面板齐平,并且几乎没有或根本没有妨碍 GNSS 观测的结构(图62.6),数据权重非常接近理论限值。通常,在实际中不可能提前量化多路径的环境,但可从 POD 问题的后拟合残差中推断出实际测量噪声。对于 GRACE,伪距测量的 5min 相位平滑 L1 和 L2 电离层自由组合的残差约为 0.2m RMS,相位测量的 L1 和 L2 电离层自由组合的残差约为 0.006m RMS。Jason-2 的相应残差分别为 0.27m RMS 和0.008m RMS,部分可反映出 Jason-2 具有更复杂的几何结构。这些均方根残差是数据权重的良好表示。

图 62.6 GRACE 双星之一

[GPS 环采用扼流天线(位于顶部面板的中心)与面板齐平的方式,以减小多径,从而产生最佳的伪距和相位观测值(面板拐角处的 4 个铰接杠杆臂用于航天器吊装,不属于飞行配置的一部分。经 NASA 许可转载。)

62.10 授时

在 GNSS 的应用背景下,"授时"一词的使用往往过于随意。本节我们区分了 GNSS 接收机时钟状态,以及在已知(且严格)精度范围内将这些时钟状态与明确定义的时间尺度相关联的能力。前者是任意(非差分)GNSS 点定位或定轨过程的自动产物,因为在定轨问题中,时钟是可估计的测量模型参数之一,在式 (62.2)~式(62.4)中统称矢量。

GNSS 定位问题(包括定轨)的一个基本性质是:时钟解的精度基本上与位置/轨道解的精度相似。当然,时钟状态只有在用相同的单位(距离)通过光速缩放(相乘)表示后才能与位置状态相比较。以距离为单位表示时,可以在 GNSS 定位问题引入为 1 的时钟状态[如式(62.2)]中,其系数(也称"部分")与位置状态的系数大小相同。

事实上,许多研究人员以距离为单位来表示时钟状态。时钟状态的数量与位置状态的数量是导致精度差异的主要因素,可以用解的形式误差来表示。例如在动态定位中,我们在每个历元中求解 3 个位置坐标和 1 个时钟状态,米级定位误差将与米级钟差相关联。在动态或简化动态轨道计算场景中,整个解算弧只有几个轨道状态,但每个历元都有一个新的时钟状态(如果时钟被建模为随机白噪声变量)。与 3 个位置状态相比,时钟状态的形式误差(和精度)会更差,大致按平方根(历元数)计算。

在轨道上,就像在地面定位一样,时钟解受估计的径向(垂直于地面)坐标影响最大,这是因为 GNSS 观测几何不对称,所有的测量值大多局限在一个半球范围内。这个现象可以用解的协方差来表示。

时钟可能是最重要的测量模型参数(可以设想在 q 没有时钟状态的情况下出现 POD 问题,但在外部提供时钟状态的情况下,这将是一种非常特殊和不寻常的场景),但对于大多数定轨问题来说,它只锁定轨道状态的时间标记,通常没有本质意义。普通应用场景(时间标记)可以接受相当大的误差,因为可以通过推导的公式将其误差转换为轨道误差:

轨道误差(作为时标误差的函数) = 时标误差 × 速度

例如,在几乎所有的 POD 实际应用中,几乎不可能实现大于 $1\mu s$ 的时钟状态误差(相当于 300m 的定位误差)。对于 200km 高度(速度约为 7600m/s)的低轨卫星而言,如此巨大的钟差仅带来 7.6mm 的轨道误差(主要是在沿迹方向)。我们可以得出结论,在大多数实际的 POD 应用中,由钟差引起的时间标签误差完全可以忽略。

然而,有些应用场景需将时钟状态(或其标记的科学测量值)精确地指向一个已知的时间尺度。如分布式时钟需要同步时;在航天器星座的科学观测中,或在分布式通信系统中,或在轨道稳定时间标的专门测试中[64]等;这些应用场景下,其精度要求通常是纳秒级,并且不容易确定或验证。在这个精度水平上,需要重点关注被观察的物理实体。除特别建模外,POD 问题中的时钟解,都是指 GNSS 距离信号在接收天线的相位中心的采样时间,并将这些时间点与星载频率振荡器(星载时钟的另一个名称)的定时输出相关联。振荡器对接收机中的 GNSS 测量值进行时间标记时,必须考虑两者之间的物理距离和信号的路径延迟[64-65]。对硬件延迟的校准是一项非常重要的任务,通过利用具有高度稳定的信号路径延迟的硬件来实现。在纳秒级,大多数 GNSS 接收机不稳定[66],只有专门设计的授时接收机能实现稳定、可校准的硬件延迟,甚至这些延迟也易受温度变化的影响[67]。专用地面授时接收机的校准技术水平约为 1ns[65]。空间使用的授时接收机经过高度专业化,如用于 DSAC 任务的 JPL 触发器接收机[64]。然而,时钟估计的精度(在天线相位中心)必优于 $1\mu s$(约 30mm),因其应与定位解(可实现的厘米级精度在轨道上表现良好)相一致,且可获得和评估星载振荡器的频率性能,前提是:

- 在持续时间内,硬件延迟是稳定的;
- 提供 GNSS 轨道和时钟解的供应商需提供 GNSS 时钟精确的参考时间刻度。

值得注意的是,还需考虑所有可能影响时钟解的其他因素,例如相对论效应(通常被忽略,见上文讨论)。这种效应已经在 GRACE[68] 上的轨道上进行了测试,并计划在 DSAC[64] 上开展。

62.11　地球科学定轨

许多对地观测卫星都需要 POD,但定轨过程本身就包含关于动态地球的大量信息,这些信息可从某些类别的航天器和轨道系统中直接获取。简单地说,任何影响航天器轨道的地球物理参数,原则上都可以作为定轨过程的待估计部分,其影响越大,估计值就越好。这种方法已被广泛用于利用地面跟踪航天器(和月球)的轨道(如 LAGEOS)推断地球引力场的精细特征和许多其他地球动力学参数(如文献[69])。这为 GNSS 跟踪航天器提供了些许益处,但仍有一些细微的区别。其中一个关键的区别是,通过 GNSS 测量数据与地面接收机间的间接联系(相对于 SLR 测量的直接联系)和/或利用与地面站的双重差分测量,来消除它们之间偏差的模糊性。有利的是,GNSS 对 LEO 的连续跟踪加上一些航天器的低空飞行(SLR 实际上不能用于对低空卫星的连续跟踪,如 2000km 以下),为一些地球动力学和环境参数提供了更好的可观测性,如高次/阶重力谐波、地球反照率和大气密度。

当航天器在大气层内飞行(高度约低于 1000km)时,通过良好跟踪和建模可以提供有关大气层可变密度的信息,如可直接将大气阻力作为方程式的一个组成部分来估计动力学参数的矢量 p [式(62.3)和式(62.4)][15,56,70]。必须要区分的是,在直接定轨问题中,估计大气特性和根据低地球轨道上的物体(包括空间碎片)的长期衰变率来推断大气特性是成熟的方法。前者为定轨过程提供了支持,并在时间和空间上提供了更具体的大气信息。

为了在定轨问题中估计大气特性,需要对相关航天器表面的阻力系数(CD)进行校准,因为该参数乘以密度可以表示为因大气阻力而引起的航天器的加速度(近似)[式(62.9)]。

SLR 比 GNSS 有一定的优势,具有精确的绝对测距,与地球旋转有更直接的联系,因而重力恢复并不是由 GNSS 的 LEO POD 直接导致的。基于 GPS 的 POD 是专用重力恢复任务(如 GRACE[6])的一个重要组成部分,但这项任务主要验证的是专门的基载传感器。然而,即使是 GRACE 也有其局限性,特别是在地心和 J2 谐波的估计方面[71]。许多研究表明,仅使用 GPS 轨道测量数据(如来自 Champ[72]、GRACE 和 GOCE[73] 等的任务)就可以高效地进行重力恢复。Kuang 等[74]通过仿真证明,在选定的轨道上使用专用的 LEO 来增强地基 GPS,并利用 LEO 和地面站之间移动基线测量的载波相位干涉精度,可以显著提高相对于地基 GPS 数据的地心可观测性,有效地抵消了 SLR 相对于地面 GPS 跟踪的优势。空间大地参考天线(GRAP)任务概念的提出,部分是为了利用基于 GPS 的毫米级精度 POD 实现地心和 J_2 估计的优化[75]。

62.12 与其他数据类型的协同作用

许多任务携带了多个定位、姿态和环境传感器,这些传感器提供的数据可以在 POD 过程中增强 GNSS 的跟踪数据,从而实现更高的精度和可靠性。这些数据包括 SLR 反射器(能够在地面收集数据)、DORIS 接收器、惯性测量单元(IMU)、星跟踪器和交联测距仪。通常,GNSS 的数据比其他任何数据类型都要丰富和准确,因此在计算资源随之增加的情况下,利用其他数据类型对 POD 建模不合理。如 Jason 系列航天器融合 GPS 数据与 SLR 和 DORIS 的工作并未证明比仅使用 GPS 数据有优势[76]。然而当 GNSS 数据的数量和精度受到影响时,高度机动的卫星经常会丢失信号;高度受限的 GNSS 可观测性(例如在国际空间站上)在 GNSS 数据速率不足的高动态(例如运载火箭、导弹)下,将其他数据类型融合到 POD 中会得到一些改善。

许多地面和航空应用中,GNSS 和 IMU 数据的融合优势都得到了很好的证明,但这在空间应用中还没有记录。因为在空间应用中,IMU 数据的飞轮值反轨道动力学有效(例如,格罗夫斯[77]只用了不到一页的篇幅介绍航天器导航)。然而,在机动状态下,确定运动学轨道需要非常高的速率(约 100Hz),例如在交会对接操作期间。基于 IMU 的加速度数据可以替代轨道动力学,使 GNSS 数据更平滑,相反,借助 GNSS 数据,校准 IMU 测量值始终存在杂散漂移,显著增大 IMU 测量值。GRACE 就是一种得益于融合 IMU 和 GNSS 数据的任务,搭载了一种尖端的加速计,其精度可以与某些力模型(特别是大气阻力模型)的保真度相媲美或优于后者[33]。人们已认识到在动态 POD 方法中融合 GPS 和加速度计数据的一些优势(如文献[78]),但到目前为止,还没有证据表明相对于基于 GPS 的简化动态方法[33]有进一步的提升。不过,在重力建模、精密加速计校准以及为 GRACE 后续任务改进加速计方面的额外尝试,有可能实现这一目标。

在光谱动力学方面,定轨应用和航空应用之间几乎没有区别,因而融合地面数据的方法在空间中也适用。

62.13 星上定轨

星上自主定轨是 POD 的一种特殊应用,是一种受限于卫星上有限的计算资源,在缺乏某些可用于地面应用数据产品的情况下使用。但从原理上讲,地面上能做的,在轨也能做。为适应空间条件,人们在计算机硬件和地对空通信方面做出改进,有助于缩小地面和星上定轨之间的能力差距。

星上定轨的主要约束条件通常是 GNSS 卫星无法获得精确的轨道和时钟解。若没有这些解,就不得不使用广播星历。所有 GNSS 服务均取得了进展,但广播星历仍不如现有的基于地面科学的 GNSS POD 结果准确。然而,地球轨道上有大量可用的 GNSS 信号,在基于动力学方法的基础上(见上文关于动力学与简化动力学估计方法的讨论),通过简单的平均就降低了 GNSS 星历误差对 LEO POD 解的不利影响。当然,将 GNSS 的差分校正传送到地球卫星也在很大程度上克服了这一缺点。

另一个潜在的数据限制是缺乏新的地球方位信息,对准确将以地球为中心的地心地固坐标系(ECEF)(如重力势能和阻力)转换为以地球为中心的惯性(ECI)坐标系,在惯性坐标系中可以模拟其他效应(如太阳压力),并综合到运动方程中。数据限制的影响取决于星载可用的地球方位参数(UT1、UT1 速率、极移)的数据龄期。仅利用 GNSS 广播星历估算地球方位参数,就可能降低这一影响[79]。同样,通过定期向航天器上传地球方位参数(每天一次足够),可完全消除影响。

其余的限制是由硬件和应用程序引起的,通常都需要实时 POD,牺牲了向后平滑滤波解和迭代数据中时间和资源消耗带来的精度优势。虽然损失的精度可能不大(如果 GNSS 跟踪数据没有问题),但对于许多应用来说,可能会导致约分米级的定位精度下降。实时星载 POD 的分米级精度在许多情况下已得到了验证,使用上述中的一些方法可以降低数据和硬件带来的影响[80-82]。

62.14 案例研究:Jason-3 任务

从 1992 年开始,TOPEX/Poseidon 和 Jason 系列任务(Jason-1、Jason-2 和 Jason-3 已经发射;Jason-CS 被命名为 Sentinel-6,计划于 2020 年发射)等一系列海洋测高任务成功发射[4-5,12]。这些卫星用来支持和验证高精度的定轨技术,考虑到定轨误差的影响,在卫星上装有不少于 3 个精密定位传感器:GPS、SLR 和 DORIS。执行的科学任务受到了大型国际团队关注,其定轨精度水平被多次打破。本案例重点描述系列卫星中的最新任务——Jason-3 与 Jason-2[也称海洋科学地形任务(OSTM)]基本相同,于 2016 年 1 月发射。

该示例基于 JPL 使用 GIPSY 软件包对 Jason-2 和 Jason-3 进行常规的 POD 处理技术,

并采用了文献[5]中描述的方法和模型。

轨道:高度 1330km,倾角 70ft,轨道周期 10 天。

关键卫星属性:1000 kg 级航天器,本体两侧各有两个铰接式太阳能电池板(图 62.7)。

图 62.7　Jason-3 号航天器(在航天器的右上角可以看到两根倾斜的 GPS 扼流天线。雷达天线盘在航天器的底部。经 CNES 许可转载。)

姿态:卫星遵循复杂的姿态规律,确保雷达天线的视轴垂直于活动的大地水准面,同时太阳能电池板可随阳光的变化自动调节状态。各种偏差和其他约束应用需要在软件中自定义姿态模型。作为定制软件模型的替代方案,可以使用基于星载姿态传感器的数据。这些数据包括表示航天器姿态的四元时间序列,以及太阳能电池阵列俯仰角的时间序列。

星载 GPS 接收机和数据类型:星载 GPS 接收机有两个,但每次只有一个工作、另一个备份。这两个接收机都是 JPL 设计的 BlackJack,可以同时跟踪多达 12 颗 GPS 卫星的双频 GPS 载波相位(通常由 RINEX 标准 L1C、L1W 和 L2W 标记)和相应伪距(C1C、C1W、C2W),并产生独立的 1Hz 相位和伪距测量[83]。每 5min,POD 软件进行一次相位平滑处理并得到伪距数据,且这些伪距测量不相关(即 5min 平滑间隔不重叠)。相位测量每 5min 采样 1 次,并保留 1Hz 可观测的数据噪声。相位测量中无电离层组合权重占比 0.01m、伪距测量中无电离层组合权重占比 0.4m (相位和伪距观测值之间的数据权重比为 1∶20~1∶100 在精密 GPS 定位中很常见)。数据相对权重应与相位和伪距测量的均方根后拟合残差的相对值一致,不一致将表明相对数据权重可能不是最优的。

GPS 天线配置:卫星有两根 GPS 天线,每个 GPS 接收机一根。天线安装在航天器的天顶面("顶部"),与瞄准镜在飞行方向上偏离最低点 30°角。天线相位中心与航天器质心的偏移量由航天器固定坐标系中的矢量提供[1.409,0.217,-0.592],单位为米。天线的视线单位矢量为[0.259,0,-0.966],方位参考单位矢量("天线平面中的北")为[-0.966,0,-0.259]。航天器固定坐标系的定义见文献[5]。Haines 等[4]根据定轨过程的残差推导出了天线伪距和相位变化图。

参考 GPS 轨道和时钟解:任何数据都可以用作实验,但 JPL 使用自己的产品来实现最大的建模一致性和最佳精度。各种类型的 GPS 轨道和时钟解(以及地球方向估计和其他辅助数据)可在 https://sideshow. jpl. nasa. gov/pub/JPL_GNSS_Products 中找到。以每天中午为中心,跨度为 30h,提供了高精度、中等延迟的单日解。每 15min 提供一次轨道解(因此需要用高阶多项式插值,建议使用 11 阶)。每 30s 提供一次时钟解,并可以毫米级精度线性插值。在指定的 ITRF(最近的 ITRF2014)中,GPS 轨道和时钟由 ECEF 框架提供。基于 JPL 对地球定向参数的最佳估计,每天适时提供一个地球定向矩阵,并将 ECEF 坐标系转换为 ECI 坐标系。ITRF2014 中的 GPS 轨道和时钟是根据 IGS 标准使用相应的发射天线变化图。

地球定向:在整个定轨过程中应使用单一地球定向模型。推荐使用 GPS POD 过程中定义的地球定向模型和参数。

Jason-3 力模型:对于本例,我们使用基于 GRACE 的 200×200 时变特征,EIGEN-GRGS. RL03-v2. 重力模型(https://grace. obs-mip. fr/variable-models-grace-lageos/introduction-GRACE-solutions/)。我们还模拟了太阳、月球和太阳系行星的质心引力,这些天体的星历表从 JPL 行星星历表 DE405 中获得(https://ssd. jpl. nasa. gov/? planet_eph_export)。太阳和地球辐射压力模型基于航天器的箱形机翼模型,包括 11 个面板及其漫反射和镜面反射。地球反照和红外辐射被建模为 12 个扇区的集合,每个扇区都具有反射特性[47]。微小但不可忽略的大气阻力基于大气密度的 DTM2000 模型[84],并考虑了箱翼模型的 10 个航天器面板的阻力系数。相对论效应包含了由于地球的质点、地球大地进动和 Lense-Thirring 进动而产生的影响[52]。

数据弧段:JPL 使用的是以每天中午为中心的 30h 数据,且结果经过广泛测试之后进行确定,虽然在任意形式上不一定最优。使用该时间间隔的一个原因是:它与 JPL 求得的 GPS 轨道日解和时钟解相对应,避免了将 GPS 的多日解与日边界不连续性耦合在一起的问题。数据弧段较短将降低 POD 问题对某些动力学参数的敏感性,并可能使解偏向于频谱的运动学端,总体上会降低轨道解的一些关键质量属性。较长弧段周期的情况(用于 GPS 和 LEO)正在积极研究中[17]。

估计参数:为实现亚厘米级的径向轨道精度,人们制定了一个详细的估计方案。包括通过滤波器平滑算法进行多次迭代,以及越来越精细的参数设置。每次迭代中,航天器的历元状态位置 r_0 和速度 v_0 被看作是非常松散的先验约束常数;接收机时钟状态被看作每个测量历元的随机白噪声过程;对于 Jason-2 和 GPS 卫星之间的每个连续测距弧段,其相位偏差被当作一个实值常数。此外,前 3 次迭代在轨道法向、切向方向上估计单个阻力系数和每圈一次的加速度(每次都有一个余弦和正弦分量,总共 4 个参数),这些都被看作整个 30h 弧段的无约束常数。在求得动态的估计解之后,进行一个简化的动态估计过程。在这个过程中,第一次迭代的动态参数被认为取其估计值。但在切向和法向方向上,求得了较小且缓慢变化的有色噪声加速度和类似建模的每转一次经验加速度,总共 6 个动态随机参数(估计参数的关键属性见表 62.1)。值得注意的是,只估计了一般的经验参数,而没有估计物理模型的直接尺度(如太阳尺度和阻力系数)。大量的实验结果表明,即使在尺度估计之后,经验参数对于吸收来自模型中的残余加速度仍必要。由于经验力与尺度相关(例如阻力标度与恒定的切向轨道加速度高度相关),采用一组纯经验参数更有效。然而,对于基础物理模型尺度的最佳解为预先设置(例如,太阳光压尺度设置为 1,或者接近 1 的值)。除了动力学参数外,相位偏差采用 Bertiger 等[62]的整周模糊度技术作为波长的整数倍,每个历元的接收机时钟都被看作白噪声。典型单日解(2016 年 8 月 11 日)的关键 POD 质量指标如图 62.8 所示。

表 62.1　Jason-2/Jason-3 定轨方案中估计参数的关键属性[5]

估计参数		类　型	先验 σ
历元状态位置,r_0		每个估计弧段上常数	1000m
历元状态速度,v_0		每个估计弧段上常数	10m/s
时钟偏差		白噪声过程	1s
实值相位偏差		每个连续测距链路的常数	30000000m
经验加速度(动力学过程)	阻力系数	每个估计弧段上常数	1000
	每转 1 次法向加速度(sin,cos)	每个估计弧段上常数	0.1m/s^2
	每转 1 次切向加速度(sin,cos)	每个估计弧段上常数	0.1m/s^2
经验加速度(简化动力学过程)	切向加速度	有色噪声1, $\tau = 6\text{h},\Delta t = 30\text{min}$	1nm/s^2
	法向加速度	$\tau = 6\text{h},\Delta t = 30\text{min}$ 的有色噪声	1nm/s^2
	每转 1 次法向加速度(sin,cos)	$\tau = 6\text{h},\Delta t = 1\text{rev}$ 的有色噪声	2nm/s^2
	每转 1 次切向加速度(sin,cos) 整数相位偏差(简化动力学过程)	$\tau = 6\text{h},\Delta t = 1\text{rev}$ 的有色噪声	2nm/s^2

注:σ 为有色噪声的特征;τ 为时间常数(σ^2 为累积方差);Δt 为更新率;"1rev"表示 2π 弧度上的有色噪声。

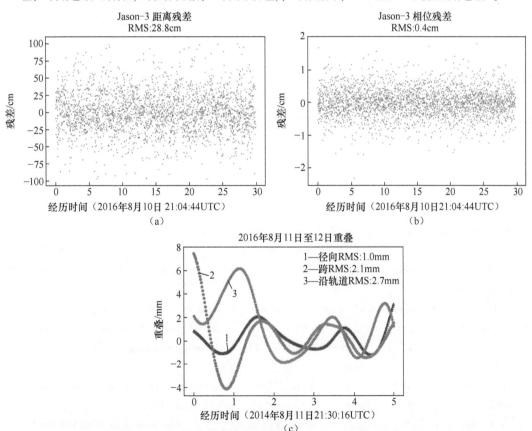

图 62.8　Jason-3 2016 年 8 月 11 日 POD 解决方案的拟合后残差[伪距(a)、相位(b)和轨道重叠[8 月 12 日解决方案(c)](经 W. Bertiger 许可转载。)

致 谢

感谢 JPL 的朋友、同事和导师:Willy Bertiger 博士、Bruce Haines 博士、Da Kuang 博士、Steve Lichten 博士、Sien Wu 博士和 Tom Yunck 博士,他们为本章贡献了大量的专业知识。Willy Bertiger 博士、Bruce Haines 博士和 Da Kuang 博士慷慨地投入时间来总结和修改本章内容。感谢 Russel Carpenter 博士和 Jade Morton 教授在编辑方面提供的帮助和建议。

本章相关研究根据加州理工学院喷气推进实验室与美国航空航天局的合同开展。

参 考 文 献

[1] W. P. Birmingham, B. Miller, and W. L. Stein, "Experimental results of using the GPS For Landsat 4 on-board navigation," *NAVIGATION, J. Inst. Navigation*, 30(3), 244−251, Fall 1983.

[2] T. P. Yunck, W. I. Bertiger, S. C., Wu, Y. E. Bar−Sever, E. J. Christensen, B. J. Haines, S. M. Lichten, R. J. Muellerschoen, Y. Vigue, and P. Willis, "First assessment of GPS-based reduced dynamic orbit determination on TOPEX/Poseidon," *Geophys. Res. Lett.*, 21(7), 541−544, 1994.

[3] W. I. Bertiger, Y. E. Bar-Sever, E. J. Christensen, E. S. Davis, J. R. Guinn, B. J. Haines, R. W. Ibanez-Meier, J. R. Jee, S. M. Lichten, W. G. Melbourne, R. J. Muellerschoen, T. N. Munson, Y. Vigue, S. C. Wu, and T. P. Yunck, B. E. Schutz, P. A. M. Abusali, H. J. Rim, M. M. Watkins, and P. Willis, "GPS" precise tracking of Topex/Poseidon: Results and implications," *JGR Oceans Topex/Poseidon Special Issue*, 99 (C12), 24,449−24,464, December 15, 1994.

[4] B. Haines, Y. Bar-Sever, W. Bertiger, S. Desai, and P. Willis, "One-centimeter orbit determination for Jason-1: New GPS-based strategies," *Marine Geod.*, 27, 299−318, 2004.

[5] W. Bertiger, S. Desai, A. Dorsey, B. Haines, N. Harvey, D. Kuang, A. Sibthorpe, and J. Weiss, Sub-centimeter precision orbit determination with GPS for ocean altimetry," *Marine Geod.*, 33 (S1), 363−378, 2010a.

[6] B. Tapley, B. Schutz, and G. Born, *Statistical Orbit Determination*, Elsevier, 2004.

[7] O. Montenbruck and E. Gill, *Satellite Orbits: Models, Methods, Applications*, 4th printing, Springer-Verlag, 2012.

[8] A. Milani, A. M. Nobili, and P. Farinella, *Non-Gravitational Perturbations and Satellite Geodesy*, CRC Press, 1987.

[9] G. J. Bierman, *Factorization Methods for Discrete Sequential* Estimation, Academic Press, 1977.

[10] S. -C. Wu, T. P. Yunck, and C. L. Thornton. "Reduced dynamic technique for precise orbit determination of low earth satellites," Astrodynamics 1987; *Proc. AAS/AIA Astrodynamics Conf.*, Kalispell, MT, August 10−13, 1987.

[11] S. -C. Wu, T. P. Yunck, and C. L. Thornton. "Reduced dynamic technique for precise orbit determination of low earth satellites," *J. Guidance, Control, and Dynamics*, 14 (1), 1991.

[12] T. P. Yunck, S. C. Wu, and C. L. Thornton, "Precise tracking of remote sensing satellites with the Global Positioning System," *IEEE Trans. Geosci. Remote Sens.*, 28(1), 108−116, 1990.

[13] D. A. Valado, and D. Finkelman, "A critical assessment of satellite drag and atmospheric density modeling," *in Proc. AiAA 200806442, AIAA/AAS Astrodynamics Specialist Conference*, Honolulu, pp 1 −

28, 2008.

[14] S. Bruinsma, N. Sanchez-Ortiz, E. Olmedo, and N. Guijarro, "Evaluation of the DTM-2009 thermosphere model for benchmarking purposes," *J. Space Weather Space Clim.*, 2, A04, 2012.

[15] D. Kuang, S. Desai, A. Sibthorpe, and X. Pi, "Measuring atmospheric density using GPS-LEO tracking data," *J. Adv. Space Res.* 53, 243-256, 2014, doi:10.1016/j. asr. 2013.11.022, 2014.

[16] O. Colombo, "The dynamics of Global Positioning System orbits and the determination of precise ephemerides," *J. Geophys. Res.*, 94(B7), 9167-9182, 1989.

[17] B. J. Haines, Y. E. Bar-Sever, W. I. Bertiger, S. D. Desai, N. Harvey, A. E. Sibois, and J. P. Weiss, "Realizing a terrestrial reference frame using the Global Positioning System," *J. Geophys. Res. Solid Earth*, 120, doi:10.1002/2015JB012225, 2015.

[18] J. T. Wu, S. C. Wu, G. A. Hajj, W. I. Bertiger, and S. M. Licten, "Effects of antenna orientation on GPS carrier phase," *Manuscr. Geodaet.*, 18, 91-98, 1993.

[19] J. Griffith and J. Ray, "On the precision and accuracy of IGS orbit solutions," J. Geod., 83, 277-287, 2009.

[20] Z. Altamimi, P. Rebischung, L. Métivier, and X. Collilieux, "ITRF2014: A new release of the International Terrestrial Reference Frame modeling nonlinear station motions," *J. Geophys. Res. Solid Earth*, 121, 6109-6131, 2016.

[21] NRC (National Research Council), *Precise Geodetic Infrastructure: National Requirements for a Shared Resource*, National Academies Press, ISBN 978-0-309-15811-4, 2010.

[22] Y. E. Bar-Sever, "A new model for GPS yaw-attitude," *J. Geod.*, 70:714-723, 1996.

[23] J. Kouba, "A simplified yaw-attitude model for eclipsing GPS satellites," *GPS Solu.*, doi: 10.1007/s10291-008-0092-1, 2008.

[24] Y. E. Bar-sever, W. I. Bertiger, E. S. Davis, and J. A. Anselmi, "Fixing the GPS bad attitude: Modeling GPS satellite yaw during eclipse seasons," *NAVIGATION*, 43(1), 25-40, Spring 1996.

[25] L-L. Fu, and A. Cazenave (Ed.), "Ch. 4" in *Satellite Altimetry and Earth Sciences*, Academic Press, 2001.

[26] B. J. Haine, M. J. Armatys, Y. E. Bar-Sever, W. I. Bertiger, S. D. Desai, A. R. Dorsey, C. M. Lane, and J. Weiss, "One centimeter orbits in near real time: The GPS experience on STMS/Jason-2 determination for Jason-2," *J. Astronaut. Sci.*, 58(3), July-September 2011.

[27] J. Stuart, A. Dorsey, F. Alibay, and N. Filipe, "Formation flying and position determination for a space-based interferometer in GEO graveyard orbit," *2017 IEEE Aerospace Conf. Proc.*, Big Sky, MT, 2017.

[28] J. Miller, F. Bauer, J. Donaldson, A. J. Oria, S. Pace, J. Parker, and B. Welch, "Navigating in space: Taking GNSS to new heights". *Inside GNSS*, November-December, 2016.

[29] L. Winternitz, B. Bamford, S. Price, R. Carpenter, A. Long, and M. Farahmand, "Global Positioning System Navigation Above 76,000 KM for NASA'S magnetospheric multiscale mission," *NAVIGATION*, 64 (2), 2017.

[30] L. Barker and C. Frey, "GPS at GEO -SBIRS GEO1 first look," *Advances in the Astronautical Sciences, Guidance and Control* 2012, Vol. 144, pp. 199-212, February 2012.

[31] G. Krieger, I. Hajnsek, K. Papathanassiou, M. Younis, and A. Moreira, "Interferometric Synthetic Aperture Radar (SAR) missions employing formation flying," *Proc. IEEE*, Vol. 98, Issue 5, 2010.

[32] O. Brown and P. Eremenko, "The value proposition for fractionated space architectures," Space 2006, AIAA SPACE Forum, 2006.

[33] W. Bertiger, Y. Bar-Sever, S. Bettadpur, S. Desai, C. Dunn, B. Haines, G. Kruizinga et al. "GRACE:

Millimeters and microns in orbit," *Proc. ION GPS*, pp. 2022-2029, 2002.

[34] F. Alibay, J. C. Kasper, T. J. W. Lazio, and T. Neilsen, "Sun radio interferometer space experiment (SunRISE): Tracking particle acceleration and transport in the inner heliosphere," *Aerospace Conf. 2017 IEEE*, pp. 1-15, 2017.

[35] S. Bandyopadhyay, G. P. Subramanian, R. Foust, D. Morgan, S. J. Chung, and F. Y. Hadaegh, "A review of impending small satellite formation flying missions", *Proc. of the 53rd AIAA Aerospace Sciences Meeting*, AIAA SciTech 2015, Kissimmee, Florida, Paper No. AIAA 2015 - 1623. http://dx. doi. org/ 10. 2514/6. 2015-1623, January 5-9, 2015.

[36] S. -C. Wu and Y. Bar-Sever, "Real-time sub-cm differential orbit determination of two low-Earth orbiters with GPS bias fixing," Institute of Navigation GNSS 2006; Fort Worth, TX, 26-29 September 2006.

[37] B. Tapley, J. Ries, S. Bettadpur, D. Chambers, M. Cheng, F. Condi, and S. Poole, "The GGM03 mean Earth gravity model from GRACE," *Eos Trans. AGU*, 88(52), Fall Meet. Suppl. , Abstract G42A - 03, 2007.

[38] M. Ziebart, "Generalized analytical solar radiation pressure modeling algorithm for spacecraft of complex shape," *J. Spacecraft Rockets*, 41(5), 2004.

[39] Z. Li, M. Ziebart, S. Bhattarai. , D. Harrison, and S. Grey, "Fast solar radiation pressure modelling with ray tracing and multiple reflections," *Advances in Space Research*, submitted 2018.

[40] G. Kopp and J. Lean, "A new, lower value of total solar irradiance: Evidence and climate significance," *Gephys. Res. Lett.* , 38, L01706, doi:10. 1029/2010GL045777, 2011.

[41] J. A. Marshall, S. B. Luthcke, P. G. Antreasian, and G. W. Rosborough, "Modeling radiation forces acting on TOPEX/Poseidon for precision orbit determination," *NASA Technical Memorandum* 104564, 1992.

[42] O. Montenbruck, S. Hackel, J. van den Ijssel, and D. Arnold, "Reduced dynamic and kinematic precise orbit determination for the Swarm mission from 4 years of GPStracking," *GPS Solu.* ,22, 79, 2018a.

[43] Y. Bar-Sever and D. Kuang, "New empirically derived solar radiation pressure model for GPS satellites," *Interplanetary Network Progress Report*, Volume 24-159, 2004 http://ipnpr. jpl. nasa. gov/progress_report/ 42-159/title. htm.

[44] D. Vokrouhlicky, P. Farinella, and F. Mignard, "Solar radiation pressure perturbations for Earth satellites. I:A complete theory including penumbra transitions," *Astron. Astrophys.* (ISSN 0004 - 6361), 280(1), 295-312, 1993.

[45] S. Adhya, A. Sibthorpe, M. Ziebart, and P. Cross, "Oblate Earth eclipse state algorithm for low-Earth-orbiting satellites," *J. Spacecraft*, 41(1), 2003.

[46] F. Krogh, "Issues in the design of a multistep code,"*Ann. Num. Math.* ,1, 423-437, 1994.

[47] P. Knocke, J. Ries, and B. Tapley, "Earth radiation pressure effects on satellites," in *AIAA/AAS Astrodynamics Conf.* ,Minneapolis, MN, pp. 577-587. AIAA Paper 88-4292, 1988.

[48] P. Steigenberger, S. Thoelert, and O. Montenbruck, "GNSS satellite transmit power and its impact on orbit determination," *J. Geod.* , DOI 10. 1007/s00190-017-1082-2, 2017.

[49] P. G. Antreasian, and G. W. Rosborough, "Prediction of radiant energy forces on the TOPEX/ POSEIODON spacecraft," *J. Spacecraft Rockets*, 29(1), 1992.

[50] B. R. Bowman, W. K. Tobiska, F. A Marcos, and C. Valladares, "The JB2006 empirical thermospheric density model," *J. Atmos. Sol. Terr. Phys.* , 70, 774-793, 2008.

[51] B. K. Ching, D. R. Hickman, and J. M. Straus, "Effects of atmospheric wind and atmospheric lift on the inclination of the orbit of the S3-1 satellite," *J. Geophys. Res.* , 82(10), 1977.

[52] G. Petit and B. Luzum, (eds.), IERS Conventions (2010),IERS Technical Note No. 36, 2010.

［53］ R. Schmid, M. Rothacher, D. Thaller, and P. Steigenberger, "Absolute phase center corrections of satellite and receiver antennas: Impact on global GPS solutions and estimation of Azimuthal phase center variations of the satellite antenna," *GPS Solu.*, 9(4), 283–293, 2005.

［54］ N. Matteo and Y. Morton, "Higher-order ionospheric error at Arecibo, Millstone, and Jicamarca," *Radio Sci.*, 45, RS6006, doi:10. 1029/2010RS004394, 2010.

［55］ O. Montenbruck, "Kinematic GPS positioning of LEO satellites using ionosphere-free single frequency measurements," *Aerosp. Sci. Technol.*, 7, 396–405, 2003.

［56］ T. P. Yunck, "Coping with the atmosphere and ionosphere in precise satellite and ground positioning," in *Geophysical Monograph Series* (ed. A. Jones), Vol. 73, American Geophysical Union, Washington, D. C., pp. 1–16, 1993.

［57］ K. Gold, W. Bertiger, T. Yunck, R. Muellerschoen, and G. Born, "GPS orbit determination for the extreme ultraviolet explorer," *NAVIGATION, J. Inst. Navigation*, 41(3), 337–352, Fall 1994.

［58］ P. F. MacDoran, "A first principles derivation of the differenced range versus integrated Doppler (DRVID) charge particles calibration method," *J. Geophys. Res. Space Program Summary*, Vol. II, pp. 37–62, March 1970.

［59］ P. Prince and J. Dormand, "High order embedded Runge-Kutta formulae," *J. Comput. Appl. Math.*, 7 (1), 67–75, 1981.

［60］ E. Hairer, S. Norsett, and G. Wanner, *Solving Ordinary Differential Equations in Nonstiff Problems*, Springer Series in Comput. Math., 2nd Ed., Vol. 8. Springer 1993.

［61］ D. Laurichesse, F. Mercier, J.-P. Berthias, P. Broca, and L. Cerri, "Integer ambiguity resolution on undifferenced GPS phase measurements and its application to PPP and Satellite precise orbit determination," *NAVIGATION*, 56(2), Summer 2009, 135–149, doi: 0. 1002/j. 2161–4296. 2009. tb01750. x, 2009.

［62］ W. Bertiger, S. Desai, B. Haines, N. Harvey, A. Moore, S. Owen, and J. Weiss, "Single receiver phase ambiguity resolution with GPS data," J. Geod., 84, 327–337, 2010b.

［63］ O. Montenbruck, S. Hackel, and A. Jäggi, "Precise orbit determination of the Sentinel-3A altimetry satellite using ambiguity-fixed GPS carrier phase observations," *J. Geod.* (2018) 92, 711–726, 2018b.

［64］ T. A. Ely, J. Seubert, and J. Bell, "Advancing navigation, timing, and science with the deep space atomic clock," in *SpaceOps Conf.*, 10. 2514/6. 2014–1856, Pasadena, CA, May 2014.

［65］ P. P Defraigne, W. Huang, B. Bertrand, and D. Rovera, "Study of the GPS inter-frequency calibration of timing receivers," *Metrologia*, 55(2018), 11–19, 2018.

［66］ K. M. Larson, J. Levine, L. M. Nelson, and T. Parker, "Assessment of GPS carrier-phase stability for timetransfer applications," IEEE Trans. Ultrason. Ferroelect. Freq. Contr., 47(2), 484–494, 2000.

［67］ J. Ray and K. Senior, "Temperature sensitivity of timing measurements using Dorne Margolin antennas," *GPS Solu.*, 2(1), 24–30, 2001.

［68］ B. D. Tapley, B. E. Schutz, R. J. Eanes, J. C. Ries, and M. M. Watkins, "LAGEOS laser ranging contributions to geodynamics, geodesy and orbital dynamics," in *Contributions of Space Geodesy in Geodynamics: Crustal Dynamics* (eds. D. E. Smith and D. L. Turcotte), Vol. 24, pp. 147–174, AGU Geodynamics Series, 1993.

［69］ K. M. Larson, N. Ashby, C. Hackman, and W. Bertiger, "An assessment of relativistic effects for low Earth orbiters: The GRACE satellites," *Metrologia*, 44(2007), 484–490, 2007.

［70］ F. A. Marcos, M. J. Kendra, J. M. Griffin, J. N. Bass, D. R. Larson, and J. J. Liu, "Precision low earth orbit determination using atmospheric density calibration," *J. Astronaut.* Sci., 46(4), 395–409, October-December 1998.

［71］ J. L. Chen, and C. R. Wilson, "Assessment of degree-2 zonal gravitational changes from GRACE, earth rotation, climate models, and satellite laser ranging," in *Gravity, Geoid and Earth Observation*, *Int. Assoc. Geod. Symp.* (ed. S. P. Mertikas), Vol. 135, pp. 669–676, doi: 10. 1007/978－3－642－10634－7_88, Springer, Berlin, 2010.

［72］ D. Švehla, and M. Rothacher, "Kinematic precise orbit determination for gravity field determination," in: *A Window on the Future of Geodesy* (*ed. F. Sansò*), Vol. 12,International Association of Geodesy Symposia, Springer,Berlin, Heidelberg, 2005.

［73］ N. Zehentner, and T. Mayer-Gürr, "Precise orbit determination based on raw GPS measurements," *J. Geod.* ,90, 275–286, 2016.

［74］ D. Kuang, Y. Bar-Sever, and B. Haines, "Analysis of orbital configurations for geocenter determination with GPS and low-Earth orbiters," *J. Geod.* , 89(5), 471–481, doi: 10. 1007/s00190－015－0792－6, 2015.

［75］ Y. E. Bar-Sever, B. Haines, W. Bertiger, S. Desai, and S. Wu, "The Geodetic Reference Antenna in Space (GRASP)—a mission to enhance space-based geodesy," COSPAR Colloquium: Scientific and Fundamental Aspects of the Galileo Program, Padua, Italy, 2009.

［76］ L. Cerri, J. Berthias, W. Bertiger, B. J. Haines, F. G. Lemoine, F. Mercier, J. C. Ries, P. Willis, N. P. Zelensky, and M. Ziebart, "Precision Orbit Determination Standards for the Jason Series of Altimeter Missions," *Marine Geod.* , 33, doi: 10. 1080/01490419. 2010. 488966, 2010.

［77］ P. D. Groves, *Principles of GNSS, Inertial, and Multisensor Integrated Navigation Systems*, 2nd Ed. (GNSS Technology and Applications), 2013.

［78］ Z. Kang, B. Tapley, S. Bettadpur, J. Ries, and P. Nagel, "Precise orbit determination for GRACE using accelerometer data," *Adv. Space Res.* 38, 2131–2136, 2006.

［79］ Y. E. Bar-Sever and W. Bertiger, "Method and apparatus for autonomous, in-receiver prediction of GNSS ephemerides," U. S. Patent US20100060518 A1, 2010.

［80］ A. Reichert, T. Meehan, and T. Munson, "Toward decimeter-level real-time orbit determination: A demonstration using the SAC-C and CHAMP spacecraft," In *Proc. of the ION-GPS-2002*, Portland, Orlando, 24–27 September 2002.

［81］ C. Zhao and X. Tang, "Precise orbit determination for the ZY-3 satellite mission using GPS receiver," *J. Astronaut*, 34,1202–1206, 2013.

［82］ F. Wang, X. Gong, J. Sang, and X. Zhang, "A novel method for precise onboard real-time orbit determination with a standalone GPS receiver," Sensors, 15, 30403–30418; doi: 10. 3390/s151229805, 2015.

［83］ T. Meehan, D. Robison, T. Munson, and L. Young. , "Orbiting GPS receiver modified to track new LTC signal," *Proc. of the IEEE/ION Position, Location and Navigation Symposium*, San Diego, California, 24–27 April 2006.

［84］ S. G. Bruinsma, G. Thuillier, and G. Barlier, "The DTM-2000 empirical thermospheric model with new data assimilation and constraints at lower boundary: Accuracy and properties," *J. Atmos. Sol. -Terr. Phys.* ,65(9) ,1053–1070, 2003.

第63章　卫星编队飞行与交会

Simone D'Amico[1], J. Russell Carpenter[2]

[1]斯坦福大学,美国

[2]美国航空航天局,美国

63.1　相对导航简介

全球导航卫星系统(GNSS)在卫星编队飞行和交会应用中发挥着越来越重要的作用。几十年来,GNSS 测量被广泛应用于确定低地球轨道卫星的相对位置。最近,利用 GNSS 数据使卫星编队能够在高度椭圆的轨道上飞行,其远地点位于地球半径的几十倍处,远高于 GNSS 星座的高椭圆轨道。基于 GNSS 的数十颗微纳卫星群之间的分布式精确相对导航,逐渐成为目前研究的热点,这一趋势主要有两个原因:①GNSS 接收机是航天器上非常常见的设备;②GNSS 相对导航的常见误差消除。这允许在载波相位差分 GNSS(CDGNSS)中利用载波相位模糊的整数性质。这种技术使相对运动的估计精度大大高于单航天器导航。在回顾历史和概述最新技术之后,本章介绍了用于实时和离线应用的星载相对导航的技术和主要方法。航天飞机、PRISMA、TanDEM-X 和磁层多尺度(MMS)等任务的飞行结果表明,从地面精确基线确定(毫米级精度)到星载粗略实时估计(米到厘米级精度),展示了 GNSS 相对导航的多功能性和广泛适用性。

63.1.1　历史和现状

卫星编队飞行与交会需要了解多个航天器之间的相对运动,以获取、维持和重新配置给定的几何结构。对于单卫星,目前 GNSS 可实现 $50\sim5\text{cm}$ 范围内的绝对定位精度,这取决于及时性要求(星载实时与地面离线处理)、硬件能力(单频与多频接收机)以及处理技术的复杂程度。另外,在相对导航中可以最好地利用 GNSS 的全部潜力,通过使用 CDGNSS 可以实现毫米级定位精度(图 63.1)。

这种能力在大地测量学中是众所周知的,同样适用于空间编队飞行和交会任务,尽管信号跟踪和飞行动力学环境不同。许多编队可以根据单个航天器的绝对定轨结果进行控制,但间隔小于几百米时则需要相对导航技术。虽然使用基于 GNSS 的导航主要适用于低地球轨道任务,在低地球轨道上可以充分对众多 GNSS 卫星同时跟踪,但最近已将基于 GNSS 的相对导航应用于 GNSS 星座上方的高度椭圆轨道上的编队飞行。同样,在地月空间编队飞行以及地球静止卫星的配置和服务中也考虑了 GNSS 相对导航。

以下小节回顾了基于 GNSS 的相对导航在人类历史上如何支持从交汇到编队飞行的各

种任务类型,包括交会和编队飞行,也包括通过地面循环处理和自主机载实现。

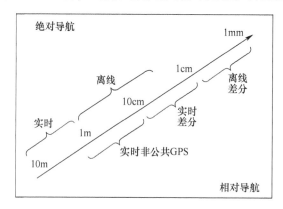

图 63.1　使用绝对定位技术和相对定位技术可实现的 GNSS
导航精度范围[1](经 Springer 出版社许可转载。)

63.1.1.1　交会任务

　　早期对登月方案的研究使美国航空航天局(NASA)在 20 世纪 60 年代的"双子座"计划中率先采用了轨道交会的技术和方法。NASA 为阿波罗任务开发的交会导航滤波方法被应用到航天飞机上[2-3]。当 NASA 在 20 世纪 70 年代末完成航天飞机设计时,GPS Block I 也在部署中,NASA 给最后 3 个轨道飞行器"发现号"、"亚特兰蒂斯号"和"奋进号"留下了印迹,以便最终使用 GPS 时带有天线和相关线束。最终,NASA 为所有轨道飞行器配备了 GPS,以应对逐步淘汰战术空中导航(TACAN)系统的提议,但航天飞机从未在交会上使用 GPS 操作[4]。尽管如此,随着国际社会在 20 世纪 90 年代为国际空间站(ISS)制定计划,GPS 将为自主访问飞行器提供重要的能力,使其能够在近距离传感器捕获目标之前进行远程交会机动。NASA 和 ESA 合作进行了一系列 GPS 相关的飞行演示[5],作为部署 ESA 自动转移飞行器(ATV)的先驱;1995 年 9 月,"奋进号"航天飞机和名为"维克盾设施"航天飞机部署的自由飞行器执行 STS-69 穿梭任务[6-7];1996 年底,"哥伦比亚号"航天飞机和名为 ASTRO SPaS 的自由飞行器之间进行 STS-80 试验[8-9];1997 年 5 月和 10 月,分别在"亚特兰蒂斯号"和"和平号"空间站之间进行 STS-84 试验和 STS-86 试验。在大多数试验中,GPS 数据被记录在飞船上,然后进行地面分析,以证明其伪距测量在 10~100m 精度的水平。与此同时,日本国家空间开发署(NASDA)正在准备 H-Ⅱ运载火箭(HTV)和试验测试卫星(ETS)的Ⅶ任务,该任务在 1998 年和 1999 年首次演示了使用 GPS 和其他传感器的闭环接近操作[11]。2.5t 重的"追逐者号"飞船和 0.4t 重的目标卫星各装有一个 6 通道 GPS 接收机,提供约为 7m 的伪距精度和 1.5cm 的 1σ 测量精度(RMS)。与后处理相比,基于伪距差分和载波相位滤波,相对位置精度和速度精度分别达到了 10m 和 3cm/s。该精度完全符合为远距离进近 150m 内规定的 21m 和 5cm/s 的技术要求。随后通过结合载波相位测量,实现了离线 5m 和 1cm/s 的精度改进[12]。

　　20 世纪 90 年代演示的 GPS 交会导航技术在 21 世纪开始应用。值得注意的是,ATV 的基于 GPS 的实时相对导航系统(RGPS)用于 30.0~0.3km 距离范围内的进近导航,并在 2008 年 4 月的儒勒·凡尔纳首航中获得了飞行资格。该系统处理来自 ATV 上 9 通道 Laben Tensor GPS 接收机和国际空间站(ISS)上的俄罗斯 12 通道 ASN-M 接收机的数据,使用基于

Hill-Clohessy-Wiltshire 动力学模型的相对导航滤波器[13]。除了伪距或码相数据外,该滤波器还利用多普勒或载波相位测量来提高测速精度。与 GPS 接收机定位修正的滤波方法相比,ATV 的 RGPS 模块达到了 10m 和 2cm/s 的精度[14]。2008—2014 年,5 次 ATV 任务使用 RGPS 为 ISS 提供了补给。同样,HTV 在 2009—2015 年已成功执行了 5 次对 ISS 的再补给任务,并计划在 2019 年之前再执行 4 次补给任务。从 2012 年开始,借助 SpaceX 龙飞船,ISS 的商业再补给服务已经开始,包括 ATK 轨道的"天鹅座"。截至 2016 年 5 月,NASA 已与这些公司以及内华达山脉公司和波音公司签订了后续商业货物和商业机组服务合同(图 63.2)。NASA 的"猎户座"多用途载人飞船也计划使用 GPS 来支持近地区域的远程交会导航[15]。

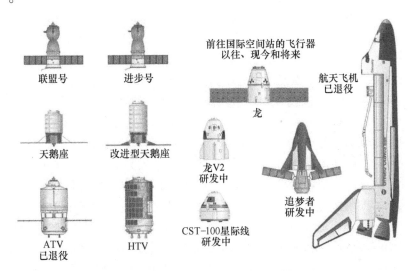

图 63.2 使用 GPS 进行相对于国际空间站的远程导航的国际航天飞行器编队
(经 HistoricSpacecraft.com 许可转载。)

63.1.1.2 编队飞行技术演示任务

63.1.1.1 节所述的交会活动主要利用粗略的 GNSS 相对导航(米级精度)用于远程(千米级)操作,其特点是任务持续时间短(几小时或几天)。典型的目标是在太空中组装、供应或维护一个更大的结构。第二类空间任务由 GPS 相对导航实现,表现为航天器编队飞行。在这里,两个或两个以上的飞行器进行远程交互,以建立科学仪器,否则很难或不可能通过单一的航天器平台实现。与单个航天器相比,沿轨道分离的编队飞行卫星允许重访时间从几小时-几分钟再到几毫秒不等。航天器在同一地面区域或天体目标上的空间分布允许进行直接干涉测量观测,多个航天器在空间中充当单个巨大的虚拟仪器。即使航天器之间的距离较大,也可以对全球环境(如大气层或磁层)进行现场同步测量。与卫星交会相比,卫星编队飞行的典型特征是持续时间更长,对 GNSS 相对导航精度的要求更高,相对位置的精度从分米级到毫米级不等[16]。

鉴于公认的潜力和紧迫的需求,过去已部署若干采用编队飞行技术的示范任务。2000 年11 月,NASA 发射了地球观察者 1 号(EO-1),在 2001 年 1 月至 6 月,利用 GPS 与地球资源卫星-7 进行了第一系列编队飞行演示[17]。EO-1 编队飞行技术要求是为了证明在赤道测量的-3~3km 范围内自主飞越地球资源卫星-7 地面轨道的能力,并在较长时间内自主保持编队,以便在两颗卫星之间进行配对场景比较。经过两个月的广泛验证,基于机载 GPS 接收机的导航解决方案和伴随地球资源卫星-7 的后处理地面跟踪状态信息,EO-1 最终规划并自主执行了总共 9 次机动。

　　基于载波相位差分 GPS(CPDGPS)的精确星载相对导航的首次长期例行演示历时 10 年。PRISMA 编队飞行任务(瑞典、德国、法国)于 2010 年 6 月 15 日从俄罗斯雅斯尼发射升空[18-19],历时 5 年完成了这项任务。GPS 相对导航系统采用德国航空航天中心(DLR)的单频 12 通道 Phoenix 接收机、双惯性扩展卡尔曼滤波器(EKF),该滤波器处理群延迟和相位电离层校正(GRAPHIC)数据和单差载波相位测量[20]。其主要目标是在执行任务期间不断提供准确可靠的相对位置和速度信息。相对导航状态被用于主动 Mango 航天器上,在大量试验场景中自主控制其相对于被动 Tango 航天器的运动,包括被动相对轨道的编队保持和重构,以及强迫运动轨迹的准连续控制。在缺乏更高技术成熟度的相对导航系统的情况下,相对 GPS 也代表了 PRISMA 编队的安全模式传感器。特别是在 Mango 上使用 GPS 相对导航来支持故障检测隔离和恢复(FDIR)功能,如相对运动监测和碰撞避免。PRISMA 星载 GPS 导航在双重范围对系统设计提出了挑战性要求,因为精度控制需要准确的精度,而安全模式活动需要鲁棒性和可靠性[18]。PRISMA 卫星被发射,在发射中夹紧在一起,进入一个标称的黄昏-黎明轨道,平均高度 757km,偏心率 0.004ft 和倾角 98.28°。在成功完成发射和早期运行阶段后,PRISMA 于 2010 年 6 月 17 日进入为期 57 天的调试阶段。这一阶段的特点是对星载设备、基本星载功能进行仔细的验证和检查,并对导航算法(如姿态、速率估计器和基于 GPS 的导航)进行校准。在调试阶段的大部分时间里,PRISMA 作为一个组合航天器运行,Tango 仍然与 Mango 配对。然而,这一阶段的最后一部分包括 Tango 与 Mango 分离(2010 年 8 月 11 日)和随后的 GPS 相对导航校准活动(2010 年 8 月 16 日起 5 天)。GPS 导航系统初始和最终调试阶段的飞行结果见[21-22]。调试阶段的成功完成和实时导航滤波器参数的整合为 PRISMA 任务铺平了道路。5 年中初级和二级实验几乎没有中断,都已成功(图 63.3)。在 UHF 波段卫星间链路范围内,基于 GPS 的相对导航在所有可能的编队飞行情况下都能正常工作,即在约 1m(固定配置)和 50km(标称任务中实现的最大间隔)之间。PRISMA GPS 导航系统在各种实验中获得的关键飞行结果见文献[23-24]。在大多数情况下,与地面上的精确 GPS 轨道产品和 PRISMA 任务(基于射频和视觉)采用的其他系统相比,相对位置和速度的总体性能分别低于 10cm 和 1mm/s(三维,RMS)[25]。导航误差预算主要由机动执行、姿态估计误差、多径和天线相位畸变等因素决定。

　　在 2014 年 11 月 PRISMA 任务接近尾声时,加拿大 CanX-4 和 CanX-5 纳米卫星展示了在近地轨道上基于 CPDGPS 的自主双航天器编队飞行,其规模前所未有[26]。与 PRISMA 卫星重 145kg(Mango)和 50kg(Tango)相比,CanX 航天器约为 6kg,相关成本比 PRISMA 小一个数量级。CanX-4 和 CanX-5 卫星于 2014 年 6 月 30 日从印度斯里哈里科塔(Sriharikota)发射场发射升空,发射后分别部署,随后执行了一系列地面漂移探测演习,使航天器进入彼此的通信范围内。随后,该航天器利用星载推进器、S 波段星间链路和基于 CP-DGPS 技术的相对导航技术,执行了一系列从 1km 范围到 50m 间隔的精确、可控的自主编队。相对导航算法是一种 EKF 算法,它利用单差载波相位测量来估计副航天器相对于主航天器的相对状态,作为编队控制的输入。在没有外部独立,测量系统的情况下,很难评估相对导航系统的精度。然而,测量残差和状态协方差与分米级的相对定位误差兼容,特别是当大量的 GPS 卫星(多达 14 颗)在编队飞行的纳米卫星可见时[26]。

图 63.3　PRISMA 技术演示任务的图示(a),Mango 近景导航相机在 10m 距离的近距离操作中拍摄的
PRISMA Tango 飞船的图像(b)[25](经瑞典 OHB 许可转载。)

63.1.1.3　编队飞行科学任务

在上述技术演示的同时,过去有 3 项突破性的科学任务采用了基于 GPS 的编队飞行技术,即 NASA/DLR 的重力恢复和气候实验(GRACE)[27-28],DLR 的 TerraSAR-X 附加数字高程测量(TanDEM-X)[29-30],和 NASA 的 MMS 任务[31-32],为更多的技术奠定了基础。每项任务的 GPS 相对导航概述如下。

GRACE 是 NASA 和 DLR 的一个合作项目。最初由得克萨斯州大学奥斯汀分校、空间研究中心(UTCSR)、德国波茨坦地球科学研究中心(GFZ)和帕萨迪纳喷气推进实验室(JPL)共同提出,两颗 GRACE 卫星于 2002 年 3 月 17 日从俄罗斯的普列谢茨克发射升空。这两颗卫星被放置在同一个标称圆形轨道上,高度约为 490km,倾角为 89°,在发射和早期轨道阶段(LEOP)运行后,这两颗卫星的轨道在任务的剩余时间内自然演变。在科学数据收集过程中,两颗 GRACE 卫星的 K 波段馈源角以高精度指向对方,使其状态动态耦合。在整个任务期间,这两颗卫星几乎保持在共面的轨道上。由于不同的阻力,沿轨道的间隔不同,需要进行守站机动,以使两颗卫星保持在 170~270km 的距离。GRACE 的主要目标是获得精确的地球重力场平均值和时变分量的全球模型。GRACE 任务的主要成果是每 15~30 天制作一个新的地球重力场模型。这是通过使用 10μm 精度的 K 波段微波跟踪系统测量卫星之间的距离变化来实现的。此外,每颗卫星都携带一个测量质量的双频 GPS 接收机和一个高精度加速度计,以实现精确的轨道确定、重力数据的空间配准和重力场模型的估计。从 GRACE 任务收集的数据中获得的地球重力场估计值,以前所未有的精度对全球质量分布及其在地球系统内的时间变化提供了整体约束。

事实上,基于 GPS 测量的精确毫米级基线重建的可行性首次在 GRACE 任务中得到证实。作为任务操作的一部分,每颗卫星的轨道都由 JPL 按标准确定,估计精度为几厘米。虽然它们表现出一定程度的共模,但与高精度卫星间距离 K 波段测量值相比,通过绝对轨迹差分获得的相对位置仍然表现出 10~20mm(1σ)的误差[33]。通过双差处理,分利用载波相位模糊度的整数性质进行全差分定轨导致沿轨道方向的基线估计精度为几毫米,后来 JPL 的 TU Delft 和伯尔尼大学研究人员取得了 1mm 的更好性能[34-36]。由于 GRACE 卫星之间存在较大的距离,电离层路径延迟不会相互抵消,因此需要严格解决 L1 和 L2 模糊度,以实现高质量的相对导航解决方案。约 85% 的成功率已被记录在双频模糊解决方案中[33-34]。

尽管 GRACE 任务并不需要精确的相对导航,但它为其他依赖于基于 GPS 的精确基线产品的任务铺平了道路。迄今为止,对于合成孔径雷达(SAR)干涉测量任务(如双航天器 TanDEM-X)提出了最严格的精度要求。TanDEM-X 于 2010 年 6 月在黄昏-黎明太阳同步近地轨道(97.44°,514km 高度,固定偏心率)上成功发射,167 轨道周期或 11 天重复周期。自 2010 年 12 月以来,这两颗卫星一直在 200~400m 的典型交叉轨道基线上运行。它由两颗编队飞行卫星组成,每颗卫星配备一个 SAR,以高空间分辨率绘制地球表面地图。这两颗卫星共同构成了一个独特的单通道 SAR 干涉仪,为根据观测地形灵活选择基线提供了机会。TanDEM-X 的主要目标是使用交叉轨道干涉测量法获得具有空前精度和分辨率(12m 水平分辨率和 2m 垂直分辨率)的全球数字高程模型(DEM)[29]。在这里,复值 SAR 图像是由两个航天器同时拍摄的,并结合成一个干涉图,从中可以推导出地形高度。在这个过程中,必须以最大的精度知道两个 SAR 天线的相对位置(或"干涉基线")的视线分量。在 X 波段波长仅为 3cm,典型的 SAR 入射角约为 30°的情况下,1mm 的视线基线误差将分别导致垂直和水平 DEM 偏移 1m 和 2m[37]。TanDEM-X 项目直接基于从 GRACE GPS 数据处理中获得的经验。TerraSAR-X/TanDEM-X 编队的两个航天器配备了美国地质研究中心(Geo-Forschungszentrum,GFZ)提供的高级双频 GPS 接收机,为这次任务选择的集成 GPS 掩星接收器(IGOR)代表了早期在许多其他科学任务中飞行的黑杰克接收器的商业重建。在 TerraSAR-X 和 TanDEM-X 卫星上,它提供了伪距和载波相位测量,平均噪声水平为 15cm 和 0.7mm,或者,对于接收器单差等效为 21cm 和 1mm[38]。除了精确的轨道和基线测定外,GPS 接收器还被用作大气探测的无线电科学仪器。对靠近地球边缘的 GPS 卫星进行的无线电掩星测量能够重建对流层的温度和密度剖面,是全球天气模型的一个关键输入。

作为 TanDEM-X 任务要求的一部分,规定了 1mm(一维,RMS)基线精度,以避免单个 DEM 中的倾斜和移动,并实现完美的拼接。鉴于准确的基线产品对整个任务性能的重要性,基线生成通常由 GFZ 和德国空间运行中心(DLR/GSOC)的两个处理中心执行。这两个解决方案是用不同的算法和工具链生成的,以确保最大的独立性,并便于进行基本的一致性检查。此外,合并的基线产品由单个解决方案的加权平均值生成,然后用于 DEM 生成[38]。文献[39]中对不同机构产生的 TanDEM-X 基准产品进行了比较。在这里,单轴的标准差已经在不同的解决方案之间存在 0.5~1.0mm 之间的差异,但是类似大小的系统偏差也可以被识别出来。这些偏差反映了不同处理的影响,与 GRACE 任务早期观测到的偏差顺序相似。除了两个航天器的 GPS 相对运动中的偏差外,干涉 SAR 处理同样受到 SAR 天线相位中心和仪器延迟的不确定性的影响。为了评估系统所有特定偏差对测量仪器的累积影响,在具有已知高度剖面的平坦目标场地上执行 TanDEM-X 任务时,将定期获取专用校准数据。通过与 SAR 干涉测量中未校准的原始 DEM 进行比较,可以识别和校正系统偏差。文献[36]中记录的初始测试表明残余偏差在几毫米的水平,这在任务前的预期范围内。然而,需要对不同观测模式下的校准数据进行综合分析,以获得统一的系统校准[1]。

除了精确的基线重建要求,TerraSAR-X 的特点是通过全球定位系统来满足非常具有挑战性和独特的编队飞行控制要求。TerraSAR-X 精密轨道保持在距离目标地球固定参考轨道 250m 的最大绝对交叉轨道距离内,该轨道包括 11 天周期开始和结束时的精确匹配状态,实现了高度可重复的数据采集条件[40]。在太阳活动高峰期间,每年进行 3~5 次(平面外)和每周最多 3 次(平面内)的绝对轨道控制机动,以抵消月球-太阳扰动和补偿大气阻力[41]。两个航天器执行相同的机动;另外,"编队捕获和维护机动"完全由 TanDEM-X 卫星执行。由于近地轨道是圆的,相互之间的距离约为 1km,因此可以用线性化公式来描述相对运动。该模型采用相对轨道元素作为状态参数,以提高大间隔下的线性化精度,并考虑了 J2 和微分阻力扰动[42]。在地层设计中使用相对偏心率/倾斜度矢量分离方法可以实现安全接近操作和干涉基线的灵活调整[43]。为了在地面飞行动力学系统中实现相对导航,GPS 导航解算数据的滤波优于原始伪距和/或载波相位数据的处理。因此,大量的辅助信息显著减少,导致更高的鲁棒性,通常在交叉轨道(二维,RMS)上具有足够的相对轨道确定精度,通常为 0.5m,在沿轨道方向上为 1m(RMS)[44]。此外,该任务的特点是 TerraSAR-X 自主编队飞行系统(TAFF),用于在近轨 SAR 干涉测量活动期间保持自主编队,需要更高的控制精度[43]。TAFF 是 TanDEM-X 姿态和轨道控制系统(AOCS)的软件扩展,该系统利用了 EADS/Astrium 公司在两个航天器上安装的 Mosaic 单频 GPS 接收机、S 波段星间链路和 TanDEM-X 上的两对 40mN 冷气体推进器。TAFF 将 GPS 导航解决方案作为测量值进行处理,并使用 EKF 来估计相对轨道元素,以保持平面队形。飞行结果表明,亚米级相对导航精度和米级编队控制精度在径向和法向方向[45]。

截至 2020 年,GPS 的最高高度运行已经在 MMS 任务框架内完成。MMS 于 2015 年 3 月发射,由 4 个自旋稳定的航天器组成,在类似高度的椭圆轨道上,在第一阶段和第二阶段的任务中以 12 个和 25 个地球半径(RE)的径向距离到达远地点,并在扩展任务阶段达到 29 个 RE。MMS 研究太阳和地球的磁场是如何连接和断开的,在一个被称为磁重联的过程中,爆炸性地将能量从一个传递到另一个,这个过程对太阳、其他行星和整个宇宙都很重要。MMS 的科学首次揭示超薄且快速移动的电子扩散区的小尺度三维结构和动力学。这是通过 4 个仪器相同的 MMS 航天器完成的,这些航天器以可调节的金字塔状编队飞行(图 63.4)。通过使用 NASA 戈达德航天飞行中心(GSFC)的导航 GPS 接收机和戈达德增强型机载导航系统(GEONS)EKF 软件处理 GPS 观测值,MMS 的导航在每个航天器上独立实现。GEONS 是 GSFC 开发的一个高遗传度软件包,用于星载轨道确定。它采用四阶或八阶固定步长龙格-库塔积分器和逼真的过程噪声模型,实现了 UD 分解 EKF。对于 MMS,GEONS 被配置为估计绝对位置和速度矢量、时钟偏差、速率和加速度。积分器的步长为 10s。动力学模型使用 13×13 地势、太阳和月球点质量、太阳辐射压力和基于球体的区域模型以及大气阻力。它以 30s 的间隔处理导航 GPS 接收机提供的 L1 C/A 无差伪距观测值。在机动过程中,加速度计数据每隔 10s 从提供一次。

飞行数据显示,MMS-GPS 接收机平均能够跟踪 GPS 星座上方区域 8 个以上的信号,有时甚至能够在 12 个 RE 远地点跟踪 12 个信号。在 25 个远地点,导航器继续跟踪 4~6 颗卫星。在延长任务阶段远地点上升到 29RE,即使上升到 60RE 也是可行的。文献[32]描述了在 MMS 任务的前 9 周进行的认证活动结果。在此期间,GSFC 飞行动力设施(FDF)每天根据 MMS 近地点附近的跟踪和数据中继卫星系统的双向距离和多普勒跟踪,执行地面定轨解决方案,在剩余的 MMS 轨道上,深空网络进行近连续的双向多普勒跟踪。认证活动从 2015 年第 133 天到第 136 天有 3 天的时间窗口,当时所有其他航天器的调试活动都已停止,以便为轨道确定校准提供一个静态窗口。FDF 使用明确的姿态产品和通信天线质心偏移,从跟踪数据中去除 MMS 航天器自旋速率的特征。FDF 随后使用 Analytical Graphics 公司的轨道确定工具包中的滤波平滑器处理这些"去自旋"数据,以提供独立的辐射参考解决方案。这些解决方案与机载解决方案的比较表明,GEONS 的定位精度优于 50m,半长轴精度优于 5m。地面解和机载解的协方差比较表明,两种解之间的差异主要归因于地面解。

(a)　　　　　　　　　　　　　　　　　(b)

图 63.4　高椭圆轨道 MMS 编队飞行任务图示(a);在佛罗里达州提图斯维尔的 Astrotech
太空运行公司的洁净室里,所有的 4 个 MMS 航天器都完成并堆放在一枚 ULA Atlas-V 火箭
上准备发射(b)(经 AmericaSpace 许可转载。)

63.1.2　潜在应用和未来应用

前几节所述技术示范和科学项目的成功推动了更先进空间任务的定义,这些任务依靠 GPS 的相对导航来实现其目标。美国航空航天局的 GRACE-FO[46]、德国航空航天中心的 TanDEM-L[47]和欧洲航天局的 PROBA-3[48]编队飞行任务给出了相关的例子。GRACE-FO 和 TanDEM-L 代表了在前人基础上的不断进步,进一步增强了以更高质量和分辨率恢复地球内部和表面过程动态的能力。PROBA-3 将于 2022 年中期发射,是欧洲航天局机载自主项目的第三个任务。PROBA-3 将利用光学测量演示精确编队飞行,并为未来基于虚拟望远镜或分布式孔径的天文编队飞行任务铺平道路。PROBA-3 本身将一个航天器作为掩星,另一个携带仪器观测日冕。两个航天器的相对位置和姿态将被严格控制,形成一个 150m 长的虚拟望远镜。这两个航天器将被发射到一个高椭圆轨道上,周期约为 20h,倾角为 59°。沿着这条轨道,高度从 800km 到 6 万多 km 不等。由于极低的轨道扰动水平,高海拔使得长弧的精细编队保持和月冕仪操作成为可能。总的来说,科学操作将在以远地点为中心的 6h 弧段中进行,在此期间,编队将由高精度横向激光测量和微牛顿推进器控制。在到达远地点后,编队被分解,然后按照一系列中段和精细修正机动的顺序重新组合[49]。"掩星"和"日冕仪"航天器都将配备一对冷冗余 GPS 接收机。由于 GPS 受高空能见度的限制,接收器主要在近地点通道附近工作。尽管轨道覆盖范围有限,但 GPS 的测量使航天器轨道的确定和预测具有足够的精度,可用于任务规划和作业(如天线指向、调度)。更重要的是,两个航天器上 GPS 跟踪的相对导航信息将被用来帮助自主规划中段机动和近地点通过后重新获得编队。鉴于财政和工程预算紧张,使用商用现货(COTS)GPS 技术被视为 PROBA-3 任务的基线。除了专门设计用于高椭圆轨道或地球静止轨道的接收机外,COTS

接收机跟踪 GPS 信号,并在近中心弧附近提供导航定位。在对近地点通过期间收集的 GPS 测量数据进行适当滤波后,通过轨道预测生成轨道其他点的导航信息。对于 PROBA-3 任务,已经对使用基于 GPS 的相对导航来帮助近地点传输后的编队再捕获的可能性进行了验证,或者甚至可能使用 GPS 作为编队再捕获的主要导航传感器[50]。在这种情况下,基于 GPS 的编队采集系统的导航和控制性能应允许在远地点过渡到光学测量,即在远地点获得的相对位置应符合光学测量系统的最大使用范围(250m)。现实硬件在环仿真[50]表明,PRISMA GPS 相对导航系统可以在近地点阶段以厘米级精度进行相对导航。之后,轨道预测性能主要取决于作用在卫星上的太阳辐射压差的星载模型的质量。如果不加以考虑,那么这种摄动就造成远地点高达 50m 的相对导航误差。如果导航滤波器能够以 70% 的保真度对干扰进行建模,则误差可以减小到 10m。总体而言,研究证明了基于 GPS 的相对导航系统在高椭圆轨道上实现编队捕获和粗编队保持的可行性和良好的相对导航性能。

在技术演示方面,立方体卫星近距离操作演示(CPOD)将使用两个重约 5kg 的 3 单元(3U)立方体卫星演示交会、近距离操作和对接(RPOD)。这次飞行演示将验证和描述适用于未来任务的新型微型低功率近距离作战技术。这两颗 CPOD 卫星计划于 2020 年底在近地轨道一起发射。CPOD 将展示这两颗纳米卫星执行编队保持、重构、环绕导航和对接的能力。许多接近操作测试场景将使用高性能机载处理器和用于制导、导航和控制的飞行软件自主执行。这两颗 CPOD 卫星将同时进入轨道,同时并排操作,并将首先进行一系列调试,以确保正常运行和机动能力。一旦初始检查完成,两个航天器将彼此分离,并开始接近操作机动。来自每颗卫星的空地数据链路能够传输另一颗卫星的图像。这两个航天器将使用星间链路共享 GPS 导航解决方案和其他解决方案辅助数据。利用星载导航系统,一颗卫星将执行一系列相对于第二颗卫星的绕航机动,以验证和表征新型微型传感器的性能。在传感器完成特征描述后,"追逐者"卫星将在一系列计划的机动中开始接近第一颗卫星。最后,当它们达到近距离相对距离时,将通过接合对接机构并对两个航天器进行完全对接来完成任务的最后一部分。这项任务为小型航天器的探索和操作开辟了一个新的领域。此外,CPOD 任务增强了小型航天器相互协作进行观测或成为更复杂空间系统的组成部分的能力。CPOD 项目由加利福尼亚州欧文市的 Tyvak 纳米卫星系统公司领导(图 63.5)。该公司已与马里兰州哥伦比亚市的 L3 应用国防解决方案公司以及加利福尼亚州圣路易斯奥比斯波的州立理工大学合作。CPOD 任务由 NASA 的小型航天器技术计划(SSTP)资助,该计划的任务是开发成熟技术,以增强和扩大小型航天器的能力,特别侧重于通信、推进、指向、机动和自主操作。有关 CPOD 的更多信息,请参阅文献[51]。

作为 CPOD 的自然演变,NASA 的 SSTP 正在资助斯坦福空间交会实验室(SLAB)与 NASA 的 GSFC 和 Tyvak 合作开发的分布式多 GNSS 定时和定位(数字)系统[52]。数字化的目标是为纳米卫星编队提供前所未有的实时厘米级和纳秒级时间同步相对导航精度。这是通过集成多 GNSS 接收机(Novatel OEM628),由杰克逊实验室技术公司开发的芯片级原子钟(CSAC)、超高频星间链路和总计 0.5U 体积立方体卫星有效载荷的板载微处理器实现的。为了满足未来小型化分布式空间系统的严格要求,DiGiTaL 使用原始载波相位测量的误差抵消组合,这些原始载波相位测量通过分散网络在成群的纳米卫星之间进行交换。每个纳米卫星上的简化动力学估计架构处理产生的毫米级噪声测量,以高精度重建完整编队状态。虽然载波相位测量提供毫米级噪声,但是它们受到整数模糊度的影响,整数模糊度是一个未知的整数周期数。这些模糊必须在航天器上实时解决,以满足该项目的精确相对定位目标。由于这是一项计算量非常大的任务,常常超出了星载微处理器的能力。与离线方法不同,数字技术利用了来自新的全球导航卫星系统信号和频率的多种测量组合,包括全球定位系统、Galileo和北斗导航卫星系统。这使创建宽车道数据类型能够有效地解决整周模糊度。该评估体系结构嵌入纳米卫星的分布式网络中,旨在支持所有作战场景,同时应对数据处理和通信限制。为此,每个数字实例仅同时处理来自有限数量卫星的测量。然后将每个纳米卫星产生的估计结果合并到专用的群轨道确定算法中,以提供完整的编队轨道。紧急情况由全向天线系统(Tallysman TW-3972E)和CSAC提供辅助,在全球导航卫星系统受损的情况下支持精确的轨道传播和更快的收敛时间。数字化的动力来自两项关键技术,这两项技术正在彻底改变人类进行太空飞行的方式:卫星的小型化和有效载荷任务在多个协调单元之间的分配。这些技术的结合导致了新一代的空间结构,即所谓分布式空间系统,有望在空间、行星和地球科学以及在轨服务和空间态势感知方面取得突破。数字技术的一些具体任务应用包括但不限于SAR干涉仪、差分重力仪、直接成像恒星附近的星影/望远镜系统,以及空间大型结构的自主组装。截至2020年,数字已被几个使用小型卫星的分布式空间系统选为主要相对导航系统,包括小型化分布式掩星/望远镜(mDOT)、用纳米卫星演示自主交会和编队飞行(DWARF)、虚拟超光学可重构群(VISORS)和空间气象大气可重构多尺度实验(SWARM-EX)。

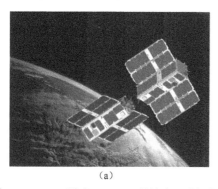

(a)   (b)

图63.5 CPOD图示(a),Tyvak的纳米卫星舰队,包括CPOD工程模型(b)(经纳米卫星系统公司许可转载。)

63.2 相对轨道确定

估计编队、群、交会或一般分布式空间系统中航天器之间的相对运动通常被称为相对轨道确定。这是为了将其与绝对轨道测定区分开来,绝对轨道测定通常是对单个航天器相对于主要引力体(如地球)质心的运动进行估计。将感兴趣状态的动力学模型与全球导航卫星系统测量模型相结合,可以对给定的一组初始条件和模型参数进行测量预测。通过比较实际观测值和模型测量值之间的差异,推断出对假定参数的修正,从而获得对航天器状态和相关参数的最佳估计。过去发展的相对定轨方法在状态参数的选择、动力学模型、所采用的测量方法和滤波方案等方面有所不同。对于所有类型的应用程序,没有唯一的选择是可以推荐的,在每种情况下都必须在精度、鲁棒性和计算负载之间进行权衡,以满足给定的任务要求。由于本书的其他部分,主要是第 62 章(绝对轨道测定)和第 19 章(差分观测值)对相对轨道测定中使用的许多技术进行了描述,因此本章重点介绍了相对轨道测定的独特特性。这些主题包括相对轨道的状态表示和相应的动力学模型、状态可预测性、不确定性考虑以及适合于实时嵌入式系统或地面后处理应用的估计算法。文献[53]中还介绍了 NASA 关于这些主题的最佳实践。

63.2.1 状态表示和动力学模型

几位作者在相对轨道确定中考虑了不同的估计参数集,下面的讨论旨在突出人们普遍感兴趣的几个方面。基本上,滤波器可以包括以下类型的参数:①由位置/速度或轨道元素描述的航天器运动;②动力学模型参数,如大气/太阳辐射压力系数、机动 Δv 和经验加速度;③测量模型参数,例如接收机的时钟偏移、载波相位模糊度、接收机的信道(双频)或公共垂直(单频)电离层路径延迟。这些参数中的大多数既可以作为绝对量(即,指单个航天器)处理,也可以作为相对量(描述一颗卫星相对于编队中参考航天器的参数之间的差异)处理,并且这两种表示可以严格地相互转换。例如,在文献[33,54-55]中提出了"仅相对"滤波器,而在文献[35,56-57]中采用了对编队中所有航天器使用绝对状态矢量的完全对称处理。不管采用哪种方法,通过组合单个航天器的绝对状态 x_1 和 x_2,始终可以获得相对状态 Δx:

$$\Delta x = x_2 - x_1 \tag{63.1}$$

它的协方差可以从式(63.2)中得到:

$$
\begin{aligned}
P_{\text{rel}} &= E[e(\Delta x)e(\Delta x)^{\text{T}}] \\
&= E[e(x_1)e(x_1)^{\text{T}}] + E[e(x_2)e(x_2)^{\text{T}}] - E[e(x_1)e(x_2)^{\text{T}}] \\
&\quad - E[e(x_2)e(x_1)^{\text{T}}] = P_1 + P_2 - P_{12} - P_{12}^{\text{T}}
\end{aligned} \tag{63.2}
$$

式中:e 为参数中测量的估计误差;E 为期望运算符。

在许多应用中,导航传感器是唯一一个 GNSS 接收机,并且没有在航天器之间交换同步 GNSS 数据的方法。这是星座或大型卫星编队的情况,如上述 EO-1 和 MMS 任务。假设全球导航卫星系统星座数据的误差最小,每颗卫星的测量误差将在很大程度上不相关。此外,可能没有动力学误差的共同来源,例如低地球轨道飞行器大气密度在相同但不完善的模型可能产生的误差。在这种情况下,状态估计之间的互协方差消失,$P_{12}=0$,并且可以通过在每个卫星上执行独立的状态估计并差分估计的状态矢量来满足任务需求。由于协方差是正定的,并且相对状态的协方差由绝对状态的协方差的和给出,从式(63.2)可知,相对导航误差将总是大于绝对导航误差。对于任务要求更严格的应用,可以利用各个状态的互协方差来减小相对导航误差。这种关联结构可以通过相对动力学模型或差分测量引入,或两者兼有。这是用于 TanDEM-X 和 PRISMA 等任务的星载导航系统或 mDOT、DWARF、SWARM-EX 和 VISORS 等未来任务的星载导航系统(见 63.2 节)。

相对运动的动力学可以根据希尔坐标系中的相对位置和速度(使用曲线或直线坐标)来定义[58]。其原点位于参考航天器的质量中心(也称径向、法向、切向,RTN,或局部垂直-局部水平,LVLH,框架),根据主和副航天器的轨道元素组合(线性或非线性),或通过基于积分常数、典型周转元素或基于四元数的替代来表示。有关相对动力学状态表示的全面综述,见文献[59]。除了这些变量的几何解释外,最重要的区别在于使用不同的状态表示所产生的相对运动微分公式[60]。利用无量纲希尔(或 RTN)坐标,$\delta x = (\delta r, \delta v)^{\mathrm{T}}$,相对位置 $\delta r = (x, y, z)^{\mathrm{T}}$,相对速度 $\delta v = (x', y', z')^{\mathrm{T}}$,以及主要的真实异常 f_c 作为自变量,相对运动的非线性公式具有以下形式[60]:

$$
\begin{cases}
x' - 2y' = \dfrac{\partial W}{\partial x} + d_x \\[2mm]
y' + 2x' = \dfrac{\partial W}{\partial y} + d_y \\[2mm]
z' = \dfrac{\partial W}{\partial z} + d_z
\end{cases}
\tag{63.3}
$$

其中,伪势 $W = W(\delta r, f_c, e_c)$ 是主航器相对位置、真实异常和偏心率的标量函数,而 $d = d_d - d_c = (d_x, d_y, d_z)^{\mathrm{T}}$ 表示在主要的 RTN 框架中的归一化微分扰动和控制力。使用无量纲轨道元素,也称为相对轨道元素(ROE),$\delta a = \delta a(a_c, a_d)$ 的组合,相对运动公式可通过矩阵形式的高斯变分公式(GVE)导出,并应用于每颗卫星,如[61]:

$$
\delta a' = \frac{\partial \delta a}{\partial a_c} a'_c + \frac{\partial \delta a}{\partial a_d} a'_d = \frac{\partial \delta a}{\partial a_c} G(a_c) d_c + \frac{\partial \delta a}{\partial a_d} G(a_d) \boldsymbol{R}_{cd}(a_c, a_d) d_d
\tag{63.4}
$$

式中,下标 c 和 d 分别表示主航天器和副航天器的数量;GVE 矩阵的维数为 6×3;并引入 3×3 的 $\boldsymbol{R}_{cd}$ 矩阵,实现了从主副 RTN 框架的矢量旋转。所有矩阵都是参数中密切轨道元素的函数。式(63.4)中使用的 ROE 的 δa 最适合定义取决于所考虑的轨道情况。注意,式(63.3)和式(63.4)完全等价于单个航天器的绝对运动微分公式,并适用于任意偏心率的椭圆轨道。式(63.4)的齐次无扰解(当 $d_d = d_c = 0$ 时)是开普勒双体问题的平凡解,δa 为常数,而式(63.3)的无扰解在严格的希尔坐标系下是不可用的。在存在扰动的情况下,可以看出,基于 ROE 的状态相对于轨道周期随时间的缓慢变化(或具有真实异常),Hill 的坐标则迅速变化。虽然相对定轨动力学模型建立在公式数值积分的基础上,式(63.3)或式(63.4),可以得到相同的结果,基于 GVE 的方法允许使用更长的积分时间来提高在轨传播的计算效率[59]。对于要求最高保真度(通常为厘米级或毫米级精度)的任务,需要对运动公式进行数值积分,以利用载波相位测量的毫米级噪声。在这种情况下,使用位势、大气阻力、太阳辐射压力和第三体力的精确模型来计算作用在地层上的绝对力、d_d 力、d_c 力或微分力 d。注意,式(63.3)或式(63.4)必须由主航天器的运动公式补充。对于导航要求更高(分米级或米级精度)的任务,可以使用半解析或线性动力学方法。特别是,ROE 受到长期效应,以及短期效应,其解耦方式类似于半解析和一般摄动理论中对绝对轨道运动的解耦,这些理论用于扩散良好的卫星轨道运动传播器,如 Draper 半解析卫星理论或简化的广义摄动理论[62]。此外,绝对轨道元素,(a_c, a_d) 的短周期变化是航天器沿参考轨道位置的函数,当形成差分 $\delta a = \delta a(a_c, a_d)$[42]时,通常可以忽略导航和控制。为编队飞行和交会设计计算效率高的导航系统需要促使许多作者在式(63.3)和式(63.4)中用小无量纲状态参数式将公式线性化。特别是式(63.3)的线性化导致了任意偏心率的 Tschauner-Hempel 公式[63],以及近圆轨道的 Hill-Clohessy-Wiltshire 公式[13]。这些公式的闭式解对于航天器与微扰力之间的微小分离是有效的。相反,平均理论[60]可首先纳入非开普勒扰动(来自保守和非保守力,包括机动),然后将式(63.4)展开为参考轨道元素周围的泰勒展开式[64]。忽略 ROE 中的二阶项乘以非零偏导数,得到了一个线性动力学系统,该系统在存在摄动和航天器之间几乎任意分离的情况下是有效的。半解析传播或线性动力学系统的精度降低可以通过一阶高斯-马尔可夫过程形式的经验加速度估计得到部分补偿。以下部分分别说明了绝对状态和相对状态更新之间的形式等价性,以及在未扰动近圆轨道和扰动偏心轨道中编队飞行和交会的两个线性相对动力学模型示例。

63.2.1.1 双惯性状态表示法

根据任务环境,估计器可解算绝对和惯性状态的组合,或绝对和相对状态的某些组合。最初 NASA 为阿波罗任务开发的架构是一个"双惯性"的公式[2]。虽然绝对/相对公式可能看起来在数学上是等效的,但是计算方面的考虑可能导致在各种应用中使用不同的公式。一般认为,"双惯性"公式有利于涉及状态和状态误差协方差的计算,以及"绝对"测量,如无差伪距,而绝对/相对公式可能有利于涉及卫星对卫星相对测量的计算。文献[2]在相对距离、多普勒和方位测量的背景下提供了"双惯性"公式的全面数学描述,使用第 62 章的方法,可以很容易地适应涉及 GNSS 测量的体系结构。

在这里,我们只考虑两个航天器,但结果很容易推广。设 $x_i = (r_i^T, v_i^T)^T, i = 1,2$ 表示航天器 i 的真实状态,r_i、v_i 表示以主中心引力体为中心的非旋转坐标系中的位置和速度矢量。基于任务要求和接收机的噪声测量,可以直接利用任何适当的动力学保真度,例如,

$$\dot{x}_i = \begin{bmatrix} v_i \\ -\dfrac{\mu}{\|r_i\|^3} r_i + \sum_j f_j \end{bmatrix} \tag{63.5}$$

式中:μ 为中心天体的引力参数,具体作用力 f_j 可包括推力、高阶引力、阻力、太阳辐射压力、来自月球与太阳等非中心天体的引力等。

设 $e_i = \hat{x}_i - x_i$,其中 $\hat{x}_i$ 是航天器 i 状态的估计。然后,状态估计 $\hat{x} = [\hat{x}_1^T - \hat{x}_2^T]^T$ 中的误差为 $e = [e_1^T - e_2^T]^T$,并且误差协方差为

$$P = E[ee^T] = \begin{bmatrix} P_1 & P_{12} \\ P_{12}^T & P_2 \end{bmatrix} \tag{63.6}$$

x 的任何线性无偏估计将具有以下测量更新:

$$\hat{x}^+ = \hat{x}^- + K[y - h(\hat{x}^-)] \tag{63.7}$$

式中:$\hat{x}^-$ 为在合并观测值之前的 $\hat{x}$ 值;y 和 $h(\hat{x})$ 是测量值的无偏预测。最佳增益为

$$K = PH^T(HPH^T + R)^{-1} \tag{63.8}$$

式中:R 为测量噪声协方差,且 $h = \partial h(x)/\partial x \big|_{\hat{x}^-}$。按以下方式对更新进行分区:

$$\begin{bmatrix} \hat{x}_1^- \\ \hat{x}_2^- \end{bmatrix} + \begin{bmatrix} K_1 \\ K_2 \end{bmatrix}[y - h(\hat{x})] \tag{63.9}$$

$$\begin{bmatrix} \hat{x}_1^+ \\ \hat{x}_2^+ \end{bmatrix} = \begin{bmatrix} \hat{x}_1^- \\ \hat{x}_2^- \end{bmatrix} + \begin{bmatrix} P_1 H_1^T + P_{12} H_2^T \\ P_{12}^T H_1^T + P_2 H_2^T \end{bmatrix}(HPH^T + R)^{-1}[y - h(\hat{x}^-)] \tag{63.10}$$

很明显,相对状态 $\hat{x}_{rel} = \hat{x}_2 - \hat{x}_1$ 的最佳更新是

$$\hat{x}_{rel}^+ = \hat{x}_{rel}^- + (P_2 H_2^T - P_1 H_1^T - P_{12} H_2^T + P_{12}^T H_1^T)(HPH^T + R)^{-1}[y - h(\hat{x}^-)] \tag{63.11}$$

具有相应的相对误差协方差：

$$P_{\text{rel}} = P_1 + P_2 - P_{12} - P_{12}^{\text{T}} \tag{63.12}$$

注意，$h(x_{\text{rel}}) = h(x)$ 必须是真的，因此 $\partial h(x_{\text{rel}})/\partial x_{\text{rel}} = \partial h(x_2)/\partial x_2 = -\partial h(x_1)/\partial x_1$，设 $H_{\text{rel}} = H_2 = -H_1$，那么很明显：

$$P_{\text{rel}}H_{\text{rel}}^{\text{T}} = P_2 H_2^{\text{T}} - P_1 H_1^{\text{T}} - P_{12}H_2^{\text{T}} + P_{12}^{\text{T}}H_1^{\text{T}} \tag{63.13}$$

然后，

$$H_{\text{rel}}P_{\text{rel}}H_{\text{rel}}^{\text{T}} = HPH^{\text{T}} \tag{63.14}$$

$$\hat{x}_{\text{rel}}^+ = \hat{x}_{\text{rel}}^- + P_{\text{rel}}H_{\text{rel}}^{\text{T}}(H_{\text{rel}}P_{\text{rel}}H_{\text{rel}}^{\text{T}} + R)^{-1}[y - h(\hat{x}_{\text{rel}}^-)] \tag{63.15}$$

因此，双惯性状态更新在数学上等价于相对状态的直接更新。

63.2.1.2　使用球坐标的线性化相对动力学

用一组右手球坐标表示航天器的位置：

$$r = \rho \begin{bmatrix} \cos\phi\sin\theta \\ \sin\phi \\ \cos\phi\cos\theta \end{bmatrix} \tag{63.16}$$

式中：ρ 为从中心体到航天器的距离；θ 为沿中心体的某个指定的大圆测量；ϕ 为沿中心体的一个大圆测量，该大圆垂直于前一个大圆，并包含位置矢量，如图63.6所示。按以下方式定义状态矢量：$x = [\rho,\dot{\rho},\theta,\dot{\theta},\phi,\dot{\phi}]$。如果航天器上的唯一力是来自中心物体质量的点引力，那么运动公式由下式给出：

$$\dot{x} = f(x) \begin{bmatrix} \dot{\rho} \\ -\mu/\rho^2 + \rho\dot{\phi}^2 + \rho\dot{\theta}^2\cos^2\phi \\ \dot{\theta} \\ -2\dot{\rho}\dot{\theta}/\rho + 2\dot{\phi}\dot{\theta}\tan\phi \\ \dot{\phi} \\ -2\dot{\rho}\dot{\phi}/\rho - \dot{\theta}^2\cos\phi\sin\phi \end{bmatrix} \tag{63.17}$$

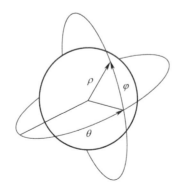

图63.6　球坐标

现在考虑一个圆形参考轨道,半径为 ρ_*,在包含 θ 坐标的大圆平面上。令 $\omega_* = \sqrt{\mu/\rho_*^3}$。然后,在任意时刻 $t > t_0$,沿着圆形参考轨道的物体的状态将是 $x_*(t) = [\rho_*, 0, \omega_*(t-t_0) - \theta_0, \omega_*, 0, 0]$,在不丧失一般性的情况下,取 $\theta_0 = t_0 = 0$,设 $\delta x = x - x_*$,式(63.17)在 x_* 附近的线性化为:

$$\delta \dot{x}(t) = \frac{\partial f(x)}{\partial x}\bigg|_{x_*(t)} \delta x(t) = \begin{bmatrix} 0 & 1 & 0 & 0 & 0 & 0 \\ 3\omega_*^2 & 0 & 0 & 2\omega_*\rho_* & 0 & 0 \\ 0 & 0 & 0 & 1 & 0 & 0 \\ 0 & -2\omega_*/\rho_* & 0 & 0 & 0 & 0 \\ 0 & 0 & 0 & 0 & 0 & 1 \\ 0 & 0 & 0 & 0 & -\omega_*^2 & 0 \end{bmatrix} \delta x(t)$$

(63.18)

在这种情况下,重新定义状态矢量 $\tilde{x} = [\rho, \dot{\rho}, \rho_*\theta, \rho_*\dot{\theta}, \rho_*\phi, \rho_*\dot{\phi}]$,角度可以用弧长代替。然后,线性化的运动公式变成:

$$\delta \dot{\tilde{x}}(t) = \begin{bmatrix} 0 & 1 & 0 & 0 & 0 & 0 \\ 3\omega_*^2 & 0 & 0 & 2\omega_* & 0 & 0 \\ 0 & 0 & 0 & 1 & 0 & 0 \\ 0 & -2\omega_* & 0 & 0 & 0 & 0 \\ 0 & 0 & 0 & 0 & 0 & 1 \\ 0 & 0 & 0 & 0 & -\omega_*^2 & 0 \end{bmatrix} \delta \tilde{x}(t)$$

(63.19)

如果将线性化相对动力学用于近圆轨道的相对导航,则根据上述推导,将沿轨道和垂直于轨道的运动解释为弧长,这是可取的,因为它将保持线性近似在一个更广泛的范围内,比如径向和切向坐标被视为直线切线的参考轨道位置。值得注意的是,用球坐标代替直线后,该模型在数学上等价于 Hill-Clohessy-Wiltshire 公式。

63.2.1.3 使用轨道元素的线性化相对动力学

设 a、e、i、Ω、ω 和 M 表示经典开普勒轨道元素。对于由两个航天器组成的编队,包括一个主航天器由下标 c 表示,和一个副航天器由下标 d 表示,ROE、δa 的最简单定义如下:

$$\delta a = \begin{pmatrix} \delta a \\ \delta M \\ \delta e \\ \delta \omega \\ \delta i \\ \delta \Omega \end{pmatrix} = \begin{pmatrix} (a_d - a_c)/a_c \\ M_d - M_c \\ e_d - e_c \\ \omega_d - \omega_c \\ i_d - i_c \\ \Omega_d - \Omega_c \end{pmatrix}$$

(63.20)

这和轨道元素的差异几乎相同。这个定义中唯一的区别是半长轴的差异是由主半长轴归一化的,以保持所有的项无量纲。

在开普勒轨道假设下,轨道元素的时间导数如下:

$$\dot{a} = \dot{e} = \dot{i} = \dot{\omega} = \dot{\Omega} = 0, \quad \dot{M} = n = \frac{\sqrt{\mu}}{a^{3/2}} \tag{63.21}$$

因为只有 M 是时变的,所以 ROE 状态的时间导数是

$$\delta\dot{a} = \begin{pmatrix} 0 \\ \dot{M}_d - \dot{M}_c \\ 0^{4\times1} \end{pmatrix} = \sqrt{\mu} \begin{pmatrix} 0 \\ a_d^{-3/2} - a_c^{-3/2} \\ 0^{4\times1} \end{pmatrix} \tag{63.22}$$

式(63.22)关于零分离的一阶泰勒展开式如下:

$$\delta\dot{a}(t) = \begin{bmatrix} 0 & 0 & 0 & 0 & 0 & 0 \\ 0 & -1.5n & 0 & 0 & 0 & 0 \\ 0 & 0 & 0 & 0 & 0 & 0 \\ 0 & 0 & 0 & 0 & 0 & 0 \\ 0 & 0 & 0 & 0 & 0 & 0 \\ 0 & 0 & 0 & 0 & 0 & 0 \end{bmatrix} \delta a(t) = A^{\mathrm{kep}}(a_c)\delta a(t) \tag{63.23}$$

该模型的适用范围可通过确定式(63.23)中给出的泰勒展开式中高阶项为非零来评估。从式(63.22)中可以明显看出,开普勒相对运动仅取决于航天器轨道的半长轴。因此,唯一的非零高阶项将与 δa 函数的幂成正比。与 Tschauner–Hempel 公式和 Hill–Clohessy–Wiltshire 公式相比,这种简单的相对运动模型适用于任意偏心率的无扰动轨道,以及 δa 较小且任意分离的所有其他状态分量。

开普勒 STM 可以推广到包括二阶纬向位势谐波 J_2 的一阶长期效应。J_2 扰动导致 M、ω 及 Ω 中的长期漂移。这些长期漂移率由 Brouwer[65] 给出,如下:

$$\begin{pmatrix} \dot{M} \\ \dot{\omega} \\ \dot{\Omega} \end{pmatrix} = \frac{3}{4} \frac{J_2 R_E^2 \sqrt{\mu}}{a^{7/2}\eta^4} \begin{pmatrix} \eta(3\cos^2 i - 1) \\ 5\cos^2 i - 1 \\ -2\cos i \end{pmatrix} \tag{63.24}$$

简洁起见,采用式(63.25)~式(63.27)替换:

$$\eta = \sqrt{1-e^2}, \quad \kappa = \frac{3}{4} \frac{J_2 R_E^2 \sqrt{\mu}}{a^{7/2}\eta^4}, \quad E = 1+\eta, \quad F = 4+3\eta, \quad G = \frac{1}{\eta^2} \tag{63.25}$$

$$P = 3\cos^2 i - 1, \quad Q = 5\cos^2 i - 1, \quad R = \cos i, \quad S = \sin(2i) \tag{63.26}$$

$$T = \sin^2 i, \quad U = \sin i, \quad V = \tan(i/2), \quad W = \cos^2(i/2) \tag{63.27}$$

由 J_2 引起的 ROE 时间导数通过微分公式(63.20)与时间的关系来计算,并代入式(63.24)中给出的漂移率中,得出:

$$\delta\dot{a} = \kappa_d \begin{pmatrix} 0 \\ \eta_d(3\cos^2 i_d - 1) \\ 0 \\ 5\cos^2 i_d - 1 \\ 0 \\ -2\cos i_d \end{pmatrix} - \kappa_c \begin{pmatrix} 0 \\ \eta_c(3\cos^2 i_c - 1) \\ 0 \\ 5\cos^2 i_c - 1 \\ 0 \\ -2\cos i_c \end{pmatrix} \tag{63.28}$$

式(63.28)关于零分离的一阶泰勒展开式如下:

$$\delta\dot{a}(t) = \kappa \begin{bmatrix} 0 & 0 & 0 & 0 & 0 & 0 \\ -\dfrac{7}{2}\eta P & 0 & 3e\eta GP & 0 & -3\eta S & 0 \\ 0 & 0 & 0 & 0 & 0 & 0 \\ -\dfrac{7}{2}Q & 0 & 4eGQ & 0 & -5S & 0 \\ 0 & 0 & 0 & 0 & 0 & 0 \\ 7R & 0 & -8eGR & 0 & 2U & 0 \end{bmatrix} \delta a(t)$$

$$= A^{J_2}(a_c)\delta a(t) \qquad (63.29)$$

这个矩阵具有两个有用的性质。首先,δa、δe 和 δi 都是常量。其次,δM、$\delta \omega$ 和 $\delta \Omega$ 的时间导数只依赖这些常数项。由于这些性质,ROE 的 J_2 状态转移矩阵 $\boldsymbol{\Phi}^{J_2}(a_c(t_i),\tau)$ 简单地表示为

$$\boldsymbol{\Phi}^{J_2}(a_c(t_i),\tau) = I + [A^{kep}(a_c(t_i)) + A^{J_2}(a_c(t_i))]\tau \qquad (63.30)$$

该模型的适用范围可以通过再次考虑泰勒展开式的高阶项来评估。从式(63.28)中可以明显看出,状态元素的时间导数不依赖于 Ω、ω 或 M。因此,关于 $\delta\Omega$、$\delta\omega$ 和 δM 的所有阶偏导数都为零。然而,所有关于剩余状态元素的二阶偏导数都是非零的。因此,该模型适用于 δa、δe 和 δi 中的任意小分离,以及 $\delta\Omega$、$\delta\omega$ 和 δM 中的任意大分离。正如文献[64,66]中广泛讨论的那样,这种方法可用于精确捕捉高阶重力、大气阻力、太阳辐射压力和第三体扰动对封闭形式的大型地层相对运动的影响。式(63.30)给出的状态转移矩阵的简化版本已用于 TAFF 系统中的相对 GPS 导航[45]。

63.2.2 状态可预测性

定轨与其他类型的定位和导航的区别不仅在于使用适合于轨道物体的动力学,而且在于产生准确预测状态的基本需要。这一需求的产生是因为航天器的运行需要准确的预测,以便于通信信息的获取、规划机动和观测等未来活动、预测与其他空间物体的交会等。对于大多数行星体的闭合轨道,两体势在几个数量级上支配着其他力。因此,在大多数情况下,轨道估计准确预测的能力取决于半长轴(SMA)误差 δa。这是因为 SMA 误差通过开普勒第三定律转化为周期误差,而轨道周期误差则转化为沿轨道位置的不规则增加的误差。如文献[67]所示,对于偏心率为 e 的椭圆轨道,沿轨道的每次公转漂移 δs 为

$$\delta s = -3\pi\sqrt{\frac{1+e}{1-e}}\delta a \quad \text{(从一个周期到另一个周期)} \qquad (63.31)$$

$$\delta s = -3\pi\sqrt{\frac{1-e}{1+e}}\delta a \quad \text{(从顶点到顶点)} \qquad (63.32)$$

这种现象对于交会和编队飞行应用尤其重要,因为在交会和编队飞行中,必须精确控制相对位置。

对于一个引力常数为 μ 的中心物体,闭合开普勒轨道的 SMA、a,可以从 Vis-Viva 公式中找到

$$-\frac{\mu}{2a} = -\frac{\mu}{r} + \frac{v^2}{2} \tag{63.33}$$

从中可以看出,要获得 SMA 的精度,需要对半径 r 和速度 v 有很好的了解。式(63.33)中不太明显的是,半径和速度误差也必须很好地平衡和关联,以最大限度地提高 SMA 精度[67-69],如图 63.7 所示。

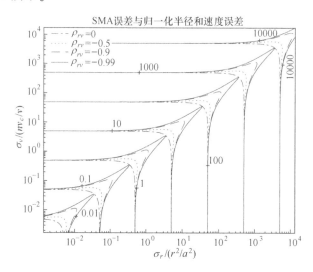

图 63.7　等长半长轴(SMA)误差(蓝线)的等值线表明,SMA 取决于半径误差(σ_r,x 轴)、
速度误差(σ_v,y 轴)、它们的相关性(相关性的不同线型,ρ_{rv})以及
它们的平衡(沿对角线)。所有尺度都是以位置为单位的[67](经 NASA 许可转载。)

在该图中,半径误差 σ_r 通过半径与 SMA 的平方比进行归一化,速度 σ_v 通过 nv_c/v 进行归一化,其中轨道速率为 $n = \sqrt{\mu/a^3}$,圆周速度为 $v_c = \sqrt{\mu/a}$,以使所示关系独立于任何特定的闭合轨道。图 63.7 显示了以蓝线表示的恒定 SMA 误差轮廓,以及以位置单位表示的相关误差。很明显,这是由对角线区域下方的半径误差和对角线上方的速度误差所决定的。另外,当半径和速度误差平衡时,沿对角线方向,通过增加(负)相关性,可以显著提高 SMA 的精度。经验表明,这是评价定轨性能,特别是相对导航应用的更有用的价值指标之一。

63.2.3　估计

有几种相对轨道确定方法可分为批估计法和顺序估计法。批最小二乘估计方法主要用于后处理,而递归估计方法在实时应用中是首选。利用 GPS 观测数据进行批最小二乘定轨,其特点是估计参数多。当以 30s 的采样时间处理 12h 的数据弧时,每个航天器需要 1440个未知数来调整历元时钟偏移。根据处理频率的数量和数据中遇到的相位不连续量,载波相位模糊参数的数量可能为 500~1000 个。文献[1]中讨论了各种方法,以减少所得公式的维数,包括通过划分为时钟偏移和非时钟参数(动态和模糊参数)预先消除时钟参数。对于进行精确的相对导航,到目前为止,不同的研究人员已经采用了批估计策略,使用了Bernese[36]、EPOS-OC[70]和 ZOOM[71]软件包。在这里,编队中每个航天器的无电离层 L1/L2 载波相位组合的轨迹参数和模糊度首先被确定,类似于单个卫星的精确轨道确定。在此基础上,利用宽巷/窄巷技术解决了 GPS 卫星与编队飞行航天器之间的双差模糊问题。在最后的轨道确定步骤中,固定的模糊度被视为附加约束,该步骤重新调整(相对)轨道和任何未解决的模糊度参数[1]。

顺序估计方法是星载导航系统的主要选择,因为它们可以在每个测量历元提供瞬时状态矢量的新估计。然而,在文献[34-35]中,这种概念也被用于离线处理,因为它减少了需要同时调整和固定到当前跟踪信道数量的模糊参数的数量。航空航天应用中最常用的顺序估计滤波器是EKF。它最早的、可能也是最出名的应用是阿波罗任务的交会导航[72]。虽然EKF在本书的其他地方已经详细描述过,包括在第62章中所述的它在轨道确定中的应用,但是它在相对导航中的应用有许多考虑因素,这些在下面各节中描述。此外,新的估计方法,如σ点/无迹卡尔曼滤波器,在航空航天界获得越来越多的认可[73-74],正如第36章中关于非线性估计技术的进一步讨论的那样。

63.2.3.1 处理

设$r = y - h(x)$,其中y是观测到的测量值,$h(x)$是根据状态x计算的测量值,$y = h(x) + v$,v是测量噪声,$E(v) = 0, E(vv^T) = r$。变量r称为更新,有时也称残差。r的协方差由式(63.34)给出:

$$W = HPH^T + R \tag{63.34}$$

其中$P = E(ee^T)$,$H = \partial h(x)/\partial x$,$e$是$x$的估计误差。与$r$相关的马氏距离的平方为

$$m_r^2 = r^T W^{-1} r \tag{63.35}$$

χ^2自由度分布等于矢量y中包含的测量次数,统计量m_r^2,也称平方残差或更新效率,可以与具有给定概率的统计量χ^2进行比较,以便处理外围测量值。对于纯线性估计方案,这种处理是不必要的,但是对于特殊的线性化,如EKF,处理是必要的,以防止用于EKF近似的泰勒级数截断的规则,即使在不太可能的情况下,传感器产生的噪声特性也完全符合其假设的(高斯)概率分布。

63.2.3.2 简化

EKF中涉及的截断引起的另一个问题是,被忽略的二阶项可能变得重要,特别是在初始滤波器收敛期间,甚至对于高精度的测量。这可能导致卡尔曼滤波器"发散",在这种情况下,滤波器的协方差矩阵变得小而且非常小。测量简化的技术已经发展到处理这种情况。在其最简单的形式中,简化涉及在卡尔曼滤波器中使用测量噪声协方差,其大于传感器噪声规范所建议的大小。不同的实践者开发了更复杂的机制,Zanetti[75]提供了一个调查和比较示例。

63.2.3.3 分解

从最初的卡尔曼滤波应用开始,开发人员就注意到,即使使用双精度算法,截断和舍入误差也会导致卡尔曼滤波算法中协方差矩阵的不确定表示。卡尔曼对EKF的UD分解[76]已成为缓解许多此类问题的主要计算方法。

63.2.3.4 偏差建模

大多数传感器都有以噪声和偏差为特征的误差。为了达到所需的估计性能,通常需要估计或以其他方式考虑测量偏差。不恰当的偏差模型可能会导致性能不好。例如,使用一个随机常数模型,没有过程噪声,可能导致卡尔曼滤波发散。这可能导致不准确的卡尔曼增益计算,并且在处理过程中,导致不适当地拒绝测量,其中任何一个测量都可能导致滤波器发散。如果偏差传播足够长的时间间隔,而没有受到与之相关的测量值的刺激,使用带有过

多过程噪声的随机游走模型可能会导致溢出。因此,稳定的偏差模型,例如文献[77]是可取的,特别是对于状态观测不良的解决方案,或对于"欠考虑"状态,滤波器保持协方差,但不执行状态更新[78]。一大类随机过程可以用一阶指数相关过程噪声(或有色噪声)来近似[76]。这种过程的递归数学描述是

$$y(t) = \phi(t, t_0) y(t_0) + w(t) \tag{63.36}$$

已知状态参数 y、状态转移函数 ϕ 和过程噪声 w。随机过程的模型由式(63.37)给出:

$$\phi = \mathrm{e}^{-(t-t_0)/\tau} \tag{63.37}$$

τ 是过程的相关时间常数,以及

$$w = w_\delta \sqrt{\frac{\sigma^2 \tau}{2}(1 - \varphi^2)} \tag{63.38}$$

w 和 w_δ 零均值是白色,高斯噪声,其方差为:

$$E(w^2) = q = \sigma^2(1 - \varphi^2) \quad E(w_\delta^2) = \delta(t - t_0) \tag{63.39}$$

式中:$\delta(t)$ 为狄拉克三角函数。矢量值有色噪声问题包括标量过程的串联。随机过程的相关度 ϕ 是由 σ 和 τ 的选择决定的,它可以调整,甚至估计,以产生几个时间相关的随机函数。在相对轨道确定中,有色噪声非常适合模拟径向、法向和切向的经验加速度。这些参数被认为是为了弥补所采用的航天器动力学中的任何建模缺陷。此外,在 EKF 中使用过程噪声可以提高整体精度,并保持计算协方差的非负性和对称性。考虑到低轨卫星的典型轨道周期约为 5000s,代表性测量间隔为 30s,发现 900s 的相关时间常数适用于经验加速度的顺序估计(参见文献[33])。式(63.38)用于计算状态转移矩阵中经验加速度的各项。所描述的过程噪声模型在 $\tau = 0$ 的情况下降为白噪声序列,从而得到 $y(t) = w(t)$。在另一个极端,对于有限值 σ^2 和 $\tau = \infty$,模型简化为 $y(t) = y(t_0) + w(t)$,其描述了一个随机游走过程。后者通常用于对用户时钟偏移进行建模,得到的标量映射因子 $\phi_{c\delta t} = 1$,过程噪声可从式(63.38)中获得,其中 $\tau = \infty$ 作为

$$w_{c\delta t} = w_\delta \sigma_{c\delta t} \sqrt{t - t_0} \tag{63.40}$$

这种随机游走过程模型的方差由式(63.41)给出:

$$q_{c\delta t} = \sigma_{c\delta t}^2(t - t_0)/\tau_{c\delta t} \tag{63.41}$$

根据所采用的模型,经验加速度的有色噪声和 GPS 接收机时钟偏移的随机游动,式(63.39)和式(63.41)用于更新 EKF 协方差。在相对轨道确定中考虑的一个重要方面是与单个航天器相关的估计参数的互相关程度。虽然不同接收机的时钟偏差是完全不相关的,但由于施加在同一轨道航天器上的共同力,经验加速度可能高度相关。特别是,单个卫星运动的(绝对)动力学模型的不确定性通常远高于航天器编队的(相对)动力学模型的不确定性。对于同时处理粗略伪距和精确单差载波相位测量的双惯性对称滤波器,需要设置绝对经验加速度的先验协方差,以便同时适当地约束相对经验加速度的协方差。具体来说,不是定义航天器 1 和航天器 2 经验加速度的协方差:

$$P(a_1,a_2) = \begin{bmatrix} \sigma^2(a_1) & 0 \\ 0 & \sigma^2(a_2) \end{bmatrix} \tag{63.42}$$

绝对和相对动力学可以通过式(63.43)进行独立约束：

$$P(a_1,a_2) = \begin{bmatrix} 1 & 0 \\ 1 & 1 \end{bmatrix} \begin{bmatrix} \sigma^2(a_1) & 0 \\ 0 & \sigma^2(\Delta a) \end{bmatrix} \begin{bmatrix} 1 & 1 \\ 0 & 1 \end{bmatrix} = \begin{bmatrix} \sigma^2(a_1) & \sigma^2(a_1) \\ \sigma^2(a_1) & \sigma^2(a_1) + \sigma^2(\Delta a) \end{bmatrix}$$
$$\tag{63.43}$$

式中：$\Delta a = a_2 - a_1$ 为微分经验加速度。

63.3 任务结果

本节介绍了航天飞机、PRISMA、TanDEM-X 和 MMS 任务的飞行结果示例。其目的是证明全球导航卫星系统相对导航在编队飞行和交会任务中的多功能性和广泛适用性，远未完成任务的背景、目标和描述见 63.1.1 节。

63.3.1 航天飞机

文献[3-4]提供了航天飞机 GPS 导航的总体历史和经验。文献[6]介绍了 1995 年 STS-69 航天飞机任务实时相对 GPS 飞行试验的首次结果。本实验使用的 GPS 数据来自目标尾翼防护设施(WSF)自由飞行器上搭载的 Osborne/JPL 涡轮接收机(4 个通道)和追踪卫星上搭载的 Rockwell Collins 3M 接收机(8 个通道)。在 WSF 自由飞行器上安装了 1 根 GPS 天线，而在视野相反的轨道飞行器上安装了 2 根 GPS 天线。实时 GPS(RGPS)KF 处理来自 2 个飞行器的伪距测量值，并估计它们在以地球为中心的地球地固(ECEF)参考系中的绝对位置和速度，以及时钟偏移/漂移、追逐器的经验加速度，GPS 接收机的每个信道总共有 12 个距离偏差，以适应选择可用性(SA)和其他未建模的射频延迟。动力学模型包括高达 30 阶/(°)的位势系数(通常设置为 4)和动力飞行期间的加速计测量值。由于在 WSF 交会期间无法获得连续的 WSF GPS 数据，为了完成性能分析，RGPS 使用记录的数据以实时模式运行。

图 63.8 显示了 LVLH 坐标的相对轨迹，在大约 1h 的时间间隔内由 3 个不同的源获得：①由得克萨斯大学的空间研究中心确定的最佳估计轨迹(BET)，使用来自两个车辆的双差分 GPS 数据以及来自 GPS 地面站的数据；②回放星载 RGPS；③GPS 接收机确定性解决方案。正如预期的那样，RGPS 与 BET 相比接收机确定性解决方案更有利。总体而言，RGPS 滤波器在 100m 以下的相对 SMA 估计中获得了稳态误差，且协方差具有良好的一致性，这是令人满意的。考虑了不同的接收机、涡轮接收机的意外时钟偏移问题、可用的常见可见卫星数量减少(小于 4)以及 SA 的不利影响。尽管在执行任务期间遇到了许多硬件和软件故障，但在相对 GPS 导航方面吸取了宝贵的经验教训，为今后的航天飞机试验和国际空间站交会任务铺平了道路。

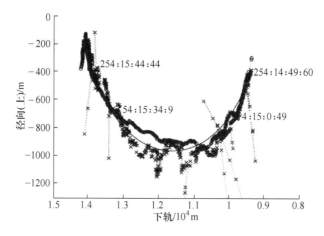

图 63.8　不同相对导航源交会 1h 时 STS-69 在 LVLH 坐标系下(径向与法向)以目标为中心的相对
运动图:基于双差分和 GPS 地面站的最佳估计轨迹(BET)(-),回放星载 RGPS(○),
GPS 接收机确定性解决方案(图中用"×"表示)[6]。经 NASA 许可转载。)

63.3.2　PRISMA

　　PRISMA 的制导、导航和控制系统及其硬件和软件试验的全面概述见文献[20]。实时相对 GPS 导航系统的关键飞行结果见文献[19,22,24-25]。PRISMA 在编队的两个航天器上采用相同的 DLR 单频 12 通道 Phoenix GPS 接收机,采用冷冗余配置。每个航天器的对侧都配备了两个贴片天线,以实现近全方位的能见度。RF 开关允许选择使用中的 GPS 天线,无论在地面还是作为姿态函数的自主搭载。实时相对导航系统是一个"双惯性"EKF,它处理图形数据类型和单差载波相位测量,以估计航天器位置/速度、接收机时钟偏移、经验加速度、每个通道上的载波相位漂移偏差、力模型参数,由主动卫星(Mango)执行的机动的 δv。动力学模型包括高达 20 阶/(°)的位势系数、大气阻力、太阳辐射压力和来自太阳/月球的第三体力。

　　图 63.9 提供了 PRISMA 飞行任务获得的典型导航精度。与地面精密定轨产品相比,相对位置和速度误差分别约为 5.12cm 和 0.21mm/s(三维,RMS),远低于任务开始时定义的 0.2m 和 1mm/s 的正式要求。需要指出的是,导航滤波器的调谐对可达到的精度起着关键作用,尤其是测量噪声的权重和经验加速度的先验标准差必须仔细考虑。例如,与其他组件相比,图 63.9 中场景中应用的滤波器设置在径向引入了较大的经验加速度。相对动力学的松散约束导致径向误差较大,但有利于绝对定轨精度,其位置和速度分别为 2m 和 7.5mm/s(三维,RMS)。

63.3.3　TanDEM-X

　　TAFF 的设计见文献[43]。实时相对 GPS 导航系统的飞行结果见文献[45,79]。TAFF 在两个航天器上使用相同的 Astrium EADS 的单频 10 通道 Mosaic GNSS 接收机。实时相对导航系统在估计准非奇异 ROE 的 EKF 中处理 ECEF 导航解[18]。动力学模型依赖于包含地球扁心率 J_2 效应的状态转移矩阵。

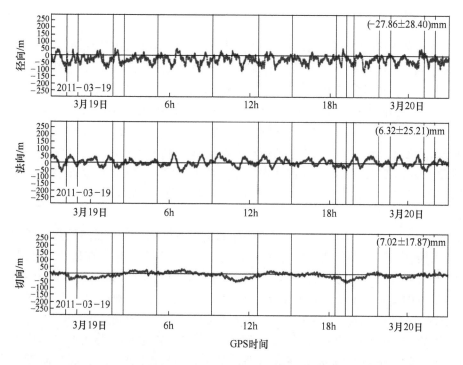

图 63.9 2011 年 3 月 19 日在 RTN 框架下,PRISMA 的实时星载导航解决方案与事后地面精密轨道产品的差异。用于自主闭环编队控制的轨道控制机动由垂直线表示[20](经斯 Springer 出版社许可转载。)

图 63.10 描述了 2011 年 3 个月内,与精确轨道产品相比,星载估计 ROE 的日误差(RMS 值)。需要特别注意相对 SMA Δa 和维度相对离心率矢量 $a\Delta e$ 的星载估计,这两个 ROE 在相对轨道控制方案中具有特殊的相关性。第一个量驱动卫星之间的漂移。因此,为了保证沿轨分离的精确控制,必须对其进行准确的估计。第二个量用于计算机动的位置。考虑到 TAFF 只允许在轨道的一个受限部分执行机动,精确估计 $a\Delta e$ 对于保证 SAR 图像采集过程中不执行机动具有重要意义。总的来说,Δa 的估计值精确到 20cm,其他 ROE 在亚米级是准确的,除了径向分量 $a\Delta u$,其误差可以达到几米。

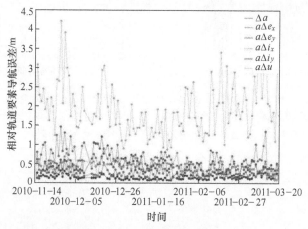

图 63.10 TAFF 在轨实时相对轨道要素(ROE)导航误差的长期分析[79](经 Elsevier 出版社许可转载。)

63.3.4　MMS

MMS 任务的 GPS 导航见文献[31-32]。最近的飞行结果和在顺月高度的模拟见[80-81]。MMS 在四颗卫星中的每颗卫星上都配备了两个 GSFC 的导航 GPS 接收机,用于在 GPS 星座上方的高椭圆轨道上导航。每个接收机都连接到一个由 Frequency Electronics 公司制造的超稳定振荡器(USO)和 4 个由 GSFC 内部开发的 GPS 天线,以及由 Delta Microwave 公司开发的相关前端电子组件,以应对 3r/m 的卫星旋转,天线在周长上等距分布,以便每 5s 进行一次切换。星载 GEONS 的 EKF 估计航天器的位置/速度和时钟偏差/漂移/加速度。GEONS 在 30s 的估计周期内处理多达 12 个 GPS L1 C/A 伪距测量。动力学模型包括13 阶/(°)的位势、太阳和月球点质量、太阳辐射压力、大气阻力,并包含机动期间加速度计的 10s 平均测量值。

图 63.11(a)显示了 2017 年三次轨道跟踪的信号数量及相应的径向距离。图中仅显示了一个航天器,但其他三颗卫星的性能几乎相同。平均约有三个信号在远地点可跟踪,并在 25RE 处定期得到的点解。这大大超过了飞行前分析期间预测的零、一或两个主瓣信号。GPS 星座上方的良好能见度是由于导航器能够获取和跟踪信号噪声比低于 30dB-Hz 的微弱 GPS 发射机的旁瓣信号。图 63.11(b)显示了 GEONS 的位置和速度 RSS(1σ)根协方差对角线"形式误差"。最大 RSS 误差在返回近地点之前达到约 50m,最大 RSS 速度误差峰值在近地点入口附近略高于 2mm/s,滤波器进行了较大的校正,保持在 1mm/s 附近。这些误差相当于 SMA 中约 15m 的 1σ 误差,远小于 100m 的任务要求。显然,MMS 表明 GPS 高空导航可以提供优异的性能,简化操作,并为任务提供成本效益。在 MMS 任务框架下进行的分析表明,在月球距离上可以实现的稳健的自主 GPS 导航性能。

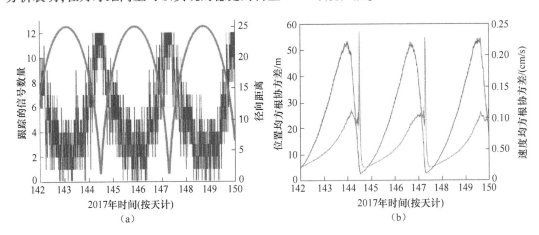

图 63.11　在 2B 阶段(b),3 个 MMS 轨道上的 GEONS 1σ 形式误差(均方根协方差)。跟踪的信号数量和径向距离(a)[80](经 NASA 许可转载。)

63.4　小结

基于 GNSS 的相对导航是分布式空间系统的一项使能技术,包括航天器交会(用于在轨组装和维修)、编队飞行(用于地球/行星科学和天文学/天体物理学)和蜂群(用于环境采样)体系结构。在过去几十年中进行的深入研究和多次飞行演示清楚地表明,GNSS 相对导航适用于各种轨道高度(低圆和高椭圆地球轨道、顺月)、航天器分离(0 至数百千米)的运行,精度要求(毫米级至米级导航误差),以及不同应用(闭环在轨控制、地面科学数据处理的精确基线估计)。本章概述了基于 GNSS 的相对导航的主要历史里程碑,从 20 世纪 60 年代双子星计划的开创性活动,到最近的自主小卫星编队飞行演示,一直到全球时变地球重力/形状恢复和磁层多尺度研究的突破性科学发射。讨论了潜在的和未来的应用,包括在地球轨道上精确编队飞行以研究太阳日冕和用于巨大合成孔径以及卫星聚集应用的纳米卫星群。

适当的相对导航系统的可用性是这些任务成功的先决条件,本章介绍了在设计和开发过程中需要仔细考虑的关键方面的最新技术:状态表示、动力学模型和估计方法。有几个选项可供选择,需要根据适当的需求选择。本章介绍了如何考虑各种不同的估计参数,包括由位置/速度或轨道元素描述的航天器运动动力学模型参数,如大气/太阳辐射压力系数、机动 Δv 和经验加速度,以及测量模型参数,例如接收机的时钟偏移、载波相位模糊度和电离层路径延迟。这些参数中的大多数既可以作为绝对量(即指单个航天器)处理,也可以作为相对量(即描述一颗卫星相对于编队中参考航天器的参数差异)处理,而且这两种处理表示可以严格地相互转换。动力学模型可基于绝对/相对运动公式的数值积分,获得最大精度或近似值,如线性化和平均化理论,以简化计算和提高效率。本章举例说明了简单而有力的线性化相对动力学模型,包括球坐标中的状态表示和相对轨道元素。相对导航的批估计和顺序估计的关键问题已经解决,包括数据处理、简化、因子分解和使用有色过程噪声的偏差建模。最后本章给出了多个卫星交会和编队飞行任务的飞行结果。20 世纪 90 年代,作为各种国家交会计划的一部分,首次进行了具有米级精度的 GPS 相对导航飞行演示。这些为 20 年后开发差分载波相位技术的全部潜力的更先进的演示铺平了道路。尽管后来利用 GPS 信号模拟器进行半实物仿真可以获得更好的性能,但在 GRACE 任务之后,才证明以毫米级精度重建同轨航天器之间相对位置的可行性。目前,作为在轨第一台 SAR 干涉仪的 TanDEM-X 卫星之间的 3D 基线,可以在地面上以 1~2mm 的一致性进行常规测定。此外,PRISMA 和 CanX 等编队飞行卫星使用厘米级精度的 GPS 相对导航系统作为主要传感器,定期自主控制相对运动,从而清楚证明了实时相对 GPS 所达到的高技术水平。最后,在 MMS 任务框架内完成了迄今为止 GPS 的最高高度运行使用。跟踪 4~6 颗 GPS 卫星时,在 25RE 及更高半径处获得几十米的半长轴估计误差,这证明了结合发射机旁瓣的弱信号跟踪来进行动态定轨的潜力。

参考文献

[1] Montenbruck, O. and D'Amico, S. (2013) *Distributed Space Missions for Earth System Monitoring*, Springer, Space Technology Library, vol. 31, chap. GPS Based Relative Navigation, pp. 185–223.

[2] Muller, E. S. and Kachmar, P. M. (1971–72) A new approach to on-board orbit navigation. *Navigation*: *Journal of the Institute of Navigation*, 18(4), 369–385.

[3] Goodman, J. L. (2006) History of space shuttle rendezvous and proximity operations. *Journal of Spacecraft*

and Rockets, 43(5), 944-959.

[4] Goodman, J. L. (2001) Space shuttle navigation in the GPS era, in *Proceedings of the 2001 National Technical Meeting of The Institute of Navigation*, Long Beach, California, pp. 709-724.

[5] Hinkel, H., Park, Y., and Fehse, W. (1995) Real-time GPS relative navigation flight experiment, in *Proceedings of the 1995 National Technical Meeting of The Institute of Navigation*, Anaheim, California, pp. 593-601.

[6] Park, Y. W., Brazzel, J. P., Carpenter, J. R., Hinkel, H. D., and Newman, J. H. (1996) Flight test results from real-time relative GPS experiment on STS-69, in *Spaceflight Mechanics 1996*, *Advances in the Astronautical Sciences*, vol. 93, Univelt, San Diego, California, *Advances in the Astronautical Sciences*, vol. 93, pp. 1277-1296.

[7] Schutz, B., Abusali, P., Schroeder, C., Tapley, B., Exner, M., McCloskey, R., Carpenter, R., Cooke, M., McDonald, S., Combs, N., Duncan, C., Dunn, C., and Meehan, T. (1995) GPS tracking experiment of a free-flyer deployed from space shuttle, in *Proceedings of the 8th International Technical Meeting of the Satellite Division* (*ION-GPS*), The Institute of Navigation, Alexandria, Virginia, pp. 229-235.

[8] Moreau, G. and Marcille, H. (1997) RGPS postflight analysis of ARP-K flight demonstration, in *Proceedings of the 12th International Symposium on Spaceflight Dynamics*, Darmstadt, Germany, ESA SP-403, pp. 97-102.

[9] Schiesser, E., Brazzel, J. P., Carpenter, J. R., and Hinkel, H. D. (1998) Results of STS-80 relative GPS navigation flight experiment, in *Spaceflight Mechanics 1998*, *Advances in the Astronautical Sciences*, vol. 99, Univelt, San Diego, California, *Advances in the Astronautical Sciences*, vol. 99, pp. 1317-1334.

[10] Moreau, G. and Marcille, H. (1998) On-board precise relative orbit determination, in *Proceedings of the 2 nd European Symposium on Global Navigation Satellite Systems*, Toulouse, France.

[11] Kawano, I., Mokuno, M., Kasai, T., and Suzuki, T. (2001) First autonomous rendezvous using relative GPS navigation by ETS-V Ⅱ. *Navigation: Journal of the Institute of Navigation*, 48(1), 49-56.

[12] Kawano, I., Mokuno, M., Miyano, T., and Suzuki, T. (2000) Analysis and evaluation of GPS relative navigation using carrier phase for RVD experiment satellite of ETS-V Ⅱ, in *Proceedings of the 2000 Institute of Navigation*, *ION-GPS-2000*, Salt Lake City, Utah.

[13] Clohessy, W. H. and Wiltshire, R. S. (1960) Terminal guidance for satellite rendezvous. *Journal of the erospace Sciences*, 27(5), 653-658, 674.

[14] Cavrois, B., Personne, G., Stramdmoe, S., Reynuad, S., and Narmada Zink, M. (2008) Two different implemented relative position/velocity estimations using GPS sensors on-board ATV, in *Proceedings of the 7th ESA Conference on Guidance*, *Navigation and Control Systems*, ESA-GNC-2008, Tralee, Ireland.

[15] Zanetti, R., Holt, G., Gay, R., D'Souza, C., Sud, J., Mamich, H., and Gillis, R. (2017) Design and flight performance of the Orion pre-launch navigation system. *Journal of Guidance*, *Control and Dynamics*, 40(9), 2289-2300.

[16] D'Amico, S., Pavone, M., Saraf, S., Alhussien, A., Al-Saud, T., Buchman, S., Byer, R., and Farhat, C. (2015) Miniaturized autonomous distributed space system for future science and exploration, in *Proceedings of the 8 th International Workshop on Satellite Constellations and Formation Flying*, *IWSCFF 2015*, Delft University of Technology, The Netherlands.

[17] Folta, D. and Hawkins, A. (2002) Results of NASA's first autonomous formation flying experiment: Earth observing-1 (EO-1), in *Proceedings of the 2002 AIAA/AAS Astrodynamics Specialist Conference*, AIAA, onterey, California.

[18] D'Amico, S. (2010) *Autonomous Formation Flying in Low Earth Orbit*, Ridderprint BV, Technical Uni-

versity of Delft.

[19] D'Amico, S. , Ardaens, J. S. , and Larsson, R. (2012) Spaceborne autonomous formation-flying experiment on the PRISMA mission. *Journal of Guidance, Control and Dynamics*, 35(3), 834–850.

[20] D'Amico, S. , Bodin, P. , Delpech, M. , and Noteborn, R. (2013) *Distributed Space Missions for Earth System Monitoring*, Springer, Space Technology Library, vol. 31, chap. PRISMA, pp. 599–637.

[21] D'Amico, S. , Ardaens, J. S. , DeFlorio, S. , Montenbruck, O. , Persson, S. , and Noteborn, R. (2010) GPS-based spaceborne autonomous formation flying experiment (SAFE) on PRISMA: Initial commissioning, in *Proceedings of the AIAA/AAS Astrodynamics Specialist Conference*, Toronto, Canada.

[22] D'Amico, S. , Ardaens, J. S. , and Montenbruck, O. (2011) Final commissioning of the PRISMA GPS Navigation System, in *Proceedings of the 22nd International Symposium on Spaceflight Dynamics*, Sao Jose dos Campos, Brazil.

[23] D'Amico, S. , Ardaens, J. S. , and Larsson, R. (2011) In-flight demonstration of formation control based on relative orbital elements, in *Proceedings of the 4th International Conference on Spacecraft Formation Flying Missions and Technologies*, St-Hubert, Quebec.

[24] Larsson, R. , D'Amico, S. , Noteborn, R. , and Bodin, P. (2011) GPS navigation based proximity operations by the PRISMA satellites -flight results, in *Proceedings of the 4th International Conference on Spacecraft Formation Flying Missions and Technologies*, St-Hubert, Quebec.

[25] Ardaens, J. S. , Montenbruck, O. , and D'Amico, S. (2010) Functional and performance validation of the PRISMA precise orbit determination facility, in *Proceedings of the ION International Technical Meeting*, San Diego, California.

[26] Bonin, G. , Roth, N. , Armitage, S. , Newman, J. , Risi, B. , and Zee, R. E. (2015) CanX-4 and CanX-5 precision formation flight: Mission accomplished!, in *Proceedings of the 29th Annual AIAA/USU Conference on Small Satellites*, Logan, Utah.

[27] Tapley, B. , Bettadpur, S. , Watkins, M. , and Reigber, C. (2004) The gravity recovery and climate experiment: Mission overview and early results. *Geophysical Research Letters*, 31(9), L09 607.

[28] Bertiger, W. , Bar-Sever, Y. , Desai, S. , Dunn, C. , Haines, B. , Kruizinga, G. , Kuang, D. , Nandi, S. , Romans, L. , Watkins, M. , Wu, S. , and Bettadpur, S. (2002) GRACE: Millimeters and microns in orbit, in *Proceedings of ION-GPS-2002*, Portland, Oregon, pp. 2022–2029.

[29] Krieger, G. , Moreira, A. , Fiedler, H. , Hajnsek, I. , Werner, M. , Younis, M. , and Zink, M. (2007) TandDEM-X: A satellite formation for high resolution SAR interferometry. *IEEE Transactions on Geoscience and Remote Sensing*, 45(11), 3317–3341.

[30] Fiedler, H. , Krieger, G. , Werner, M. , Reiniger, K. , Diedrich, E. , Eineder, M. , D'Amico, S. , and Riegger, S. (2006) The TanDEM-X mission design and data acquisition plan, in *Proceedings of the 6th European Conference on Synthetic Aperture Radar*, Dresden, Germany.

[31] Winternitz, L. B. , Bamford, W. A. , Price, S. R. , Carpenter, J. R. , Long, A. C. , and Farahmand, M. (2016) *Global positioning system navigation above 76,000 km for NASA's magnetospheric multiscale mission*, in (*to appear in*) *Guidance and Control 2016*, Univelt.

[32] Farahmand, M. , Long, A. , and Carpenter, R. (2015) Magnetospheric multiscale mission navigation performance using the Goddard Enhanced Onboard Navigation System, in *Proceedings of the 25th International Symposium on Space Flight Dynamics*, www. issfd. org.

[33] Kroes, R. (2006) *Precise Relative Positioning of Formation-Flying Spacecraft using GPS*, Technical University of Delft.

[34] Kroes, R. , Montenbruck, O. , Bertiger, W. , and Visser, P. (2005) Precise grace baseline determination

using GPS. *GPS Solutions*, 9, 21-31.

[35] Wu, S. C. and Bar-Sever, Y. (2006) Real-time sub-cmdifferential orbit determination of two Low-Earth Orbiters with GPS bias fixing, in *Proceedings of the ION GNSS 2006*, Fort Worth, Texas.

[36] Jaggi, A., Hugentobler, U., Bock, H., and Beutler, G. (2007) Precise orbit determination for grace using undifferenced or doubly differenced GPS data. *Advances in Space Research*, 39, 1612-1619.

[37] Kohlhase, A., Kroes, R., and D'Amico, S. (2006) Interferometric baseline performance estimations for multistatic SAR configurations derived from GRACE GPS observations. *Journal of Geodesy*, 80(1), 28-39.

[38] Montenbruck, O., Wermuth, M., and Kahle, R. (2010) GPS based relative navigation for the TanDEM-X mission -first flight results, in *Proceedings of the ION GNSS 2010*, Portland, Oregon.

[39] Wermuth, M., Montenbruck, O., and Wendleder, A. (2011) Relative navigation for the TanDEM-X mission and evaluation with DEM calibration results, in *Proceedings of the 22nd International Symposium on Spaceflight Dynamics*, Sao Jose dos Campos, Brazil.

[40] D'Amico, S., Arbinger, C., Kirschner, M., and Campagnola, S. (2004) Generation of an optimum target trajectory for the TerraSAR-X repeat observation satellite, in *Proceedings of the 18th International Symposium on Space Flight Dynamics*, ISSFD 2004, Munich, Germany.

[41] Kahle, R. and D'Amico, S. (2014) The TerraSAR-X precise orbit control -concept and flight results, in *Proceedings of the 24th International Symposium on Space Flight Dynamics*, ISSFD 2014, Laurel, Mississippi.

[42] D'Amico, S. and Montenbruck, O. (2006) Proximity operations of formation flying spacecraft using an eccentricity/inclination vector separation. *Journal of Guidance, Control and Dynamics*, 29(3), 554-563.

[43] Ardaens, J. S. and D'Amico, S. (2009) Spaceborne autonomous relative control system for dual satellite formations. *Journal of Guidance, Control and Dynamics*, 32(6), 1859-1870.

[44] Kahle, R., Schlepp, B., and Kirschner, M. (2011) TerraSARX/TanDEM-X formation control-first results from commissioning and routine operations, in *Proceedings of the 22nd International Symposium on Space Flight Dynamics*, ISSFD 2011, Sao Jose dos Campos, Brazil.

[45] Ardeans, J., D'Amico, S., and Fischer, D. (2011) Early flight results from the TanDEM-X autonomous formation flying system, in *Proceedings of the 4th International Conference on Spacecraft Formation Flying Missions and Technologies*, St-Hubert, Canada.

[46] Kayali, S., Morton, P., and Gross, M. (2017) International challenges of grace follow-on, in *Proceedings of the IEEE Aerospace Conference*, 2017, Big Sky, MT.

[47] Moreira, A. andet al(2015) Tandem-l: A highly innovative bistatic SAR mission for global observation of dynamic processes on the earth's surface. *Proceedings of the IEEE Geoscience and Remote Sensing Magazine*, 3(2), 8-23.

[48] Garcia, P., Praile, C., and Lozano, J. M. (2017) Operational flight dynamics system for proba-3 formation flying mission, in *Proceedings of the 9th International Workshop on Satellite Constellations and Formation Flying*, Lniversity of Colorado Boulder.

[49] Mesreau-Garreau, A. et al(2011) Proba-3 high precision formation-flying mission, in *Proceedings of 4th International Conference on Spacecraft Formation Flying Missions and Technologies*, St-Hubert, Quebec.

[50] Ardaens, J. S., D'Amico, S., and Cropp, A. (2013) GPS-based relative navigation for the proba-3 formation flying mission. *Acta Astronautica*, 91, 341-355.

[51] Roscoe, C., Westphal, J. J., and Bowen, J. A. (2017) Overview and GNC design of the CubeSat Proximity Operations Demonstration (CPOD) mission, in *Proceedings of the 9th International Workshop on Satellite Constellations and Formation Flying*, University of Colorado Boulder.

[52] Giralo, V. and D'Amico, S. (2019) Distributed multi-GNSS timing and localization for Nanosatellites, in

Navigation: *Journal of The Institute of Navigation*, 66(4), 729–746. DOI: 10.1002/navi. 337.

[53] Carpenter, J. R. and D'Souza, C. N. (eds) (2018) *Navigation Filter Best Practices*, no. NASA/TP-2018-219822 in NASA Technical Publications (https://ntrs. nasa. gov), National Aeronautics and Space Administration, Washington, DC 20546–0001, 1st edn.

[54] Busse, F. and How, J. (2002) Demonstration of adaptive extended Kalman filter for low earth orbit formation estimation using CDGPS, in *Proceedings of ION-GPS-2002*, Portland, Oregon.

[55] Roth, N., Urbanek, J., Johnston-Lemke, B., Bradbury, L., Armitage, S., Leonard, M., Ligori, M., Grant, C., Damaren, C., and Zee, R. (2011) System-level overview of CanX-4 and CanX-5 formation flying satellites, in *Proceedings of 4th International Conference on Spacecraft Formation Flying Missions and Technologies*, St-Hubert, Quebec.

[56] Ebinuma, T., Bishop, R., and Lightsey, G. (2001) Spacecraft rendezvous using GPS relative navigation, in *AAS 01–152, Proceedings of 11th annual AAS/AIAA Space Flight Mechanics Meeting*, Santa Barbara, California.

[57] D'Amico, S., Gill, E., Garcia-Fernandez, M., and Montenbruck, O. (2006) GPS-based real-time navigation for the PRISMA formation flying mission, in *Proceedings of 3rd ESA Workshop on Satellite Navigation User Equipment Technologies, NAVITEC'2006*, Noordwijk, The Netherlands.

[58] Hill, G. W. (1878) Researches in the lunar theory. *American Journal of Mathematics*, 1(1), 5–26, 129–147, 245–260.

[59] Sullivan, J., Grimberg, S., and D'Amico, S. (2017) Comprehensive survey and assessment of spacecraft relative motion dynamics models. *Journal of Guidance, Control, and Dynamics*, 40(8), 1837–1859.

[60] Alfriend, T. K., Vadali, S., Gurfil, P., How, J., and Breger, L. (2010) *Spacecraft Formation Flying: Dynamics, Control, and Navigation*, Elsevier Astrodynamics Series.

[61] Schaub, H. and Junkins, J. L. (2003) *Analytical Mechanics of Space Systems*, AIAA.

[62] Setty, S., Cefola, P., Montenbruck, O., and Fiedler, H. (2013) Investigating the suitability of analytical and semianalytical satellite theories for space object catalogue maintenance in geosynchronous regime, in *Proceedings of AAS/AIAA Astrodynamics Specialist Conference*, Hilton Head, South Carolina.

[63] Tschauner, J. and Hempel, P. (1964) Optimale beschleunigungs programme fuer das Rendezvous-Manöver. *Astronautica Acta*, 10(3), 296–307.

[64] Koenig, A., Guffanti, T., and D'Amico, S. (2017) New state transition matrices for spacecraft relative motion in perturbed orbits. *Journal of Guidance, Control, and Dynamics*, 40(7), 1749–1768.

[65] Brouwer, D. (1959) Solution of the problem of artificial satellite theory without drag. *Astronomical Journal*, 64, 378.

[66] Guffanti, T., D'Amico, S., and Lavagna, M. (2017) Long-term analytical propagation of satellite relative motion in perturbed orbits, in *Proceedings of 27th AAS/AIAA Space Flight Mechanics Meeting*, San Antonio, Texas.

[67] Carpenter, J. R. and Alfriend, K. T. (2006) Navigation accuracy guidelines for orbital formation flying. *Journal of the Astronautical Sciences*, 53(2), 207–219.

[68] Carpenter, J. R. and Schiesser, E. R. (2001) Semimajor axis knowledge and GPS orbit determination. *Navigation*: *Journal of the Institute of Navigation*, 48(1), 57–68. Also appears as AAS Paper 99–190.

[69] How, J. P., Breger, L. S., Mitchell, M., Alfriend, K. T., and Carpenter, R. (2007) Differential semimajor axis estimation performance using carrier-phase differential global positioning system measurements. *Journal of Guidance, Control, and Dynamics*, 30(2), 301–313.

[70] Zhu, S., Reigber, C., and Koenig, R. (2004) Integrated adjustment of champ, grace, and GPS data.

Journal of Geodesy, 78(2), 103-108.

[71] Laurichesse, D., Mercier, F., Berthias, J., Broca, P., and Cerri, L. (2009) Integer ambiguity resolution on undifferenced GPS phase measurements and its application to PPP and satellite precise orbit determination. *Navigation: Journal of the Institute of Navigation*, 56(2), 135-149.

[72] McGee, L. A. and Schmidt, S. F. (1985) Discovery of the Kalman filter as a practical tool for aerospace and industry, Technical Report 86847, NASA Ames Research Center.

[73] Sullivan, J., and D'Amico, S. (2017) Nonlinear Kalman filtering for improved angles-only navigation using relative orbital elements. *Journal of Guidance, Control, and Dynamics*, 40(9), 2183-2200.

[74] Stacey, N. and D'Amico, S. (2018) Autonomous swarming for simultaneous navigation and asteroid characterization, in *Proceedings of AAS/AIAA Astrodynamics Specialist Conference*, Snowbird, Utah.

[75] Zanetti, R., DeMars, K. J., and Bishop, R. H. (2010) Underweighting nonlinear measurements. *Journal of Guidance, Control and Dynamics*, 33(5), 1670-1675.

[76] Bierman, G. J. (1977) *Factorization Methods for Discrete Sequential Estimation*, Academic Press, New York.

[77] Carpenter, R. and Lee, T. (2008) A stable clock error model using coupled first-and second-order Gauss-Markov processes, in *AAS/AIAA 18th Spaceflight Mechanics Meeting*, vol. 130, Univelt, pp. 151-162.

[78] Schmidt, S. F. (1966) *Advances in Control Systems*, Academic Press, vol. 3, chap. Applications of state space methods to navigation problems, pp. 293-340.

[79] Ardaens, J. and Fischer, D. (2011) TanDEM-X autonomous formation flying system: Flight results, in *Proceedings of the 18th IFAC World Congress*, Milan, Italy.

[80] Winternitz, L. B., Bamford, W. A., and Price, S. R. (2017) New high-altitude GPS navigation results from the magnetospheric multiscale spacecraft and simulations at lunar distances, in *Proceedings of ION GNSS+ 2017*, Portland, Oregon.

[81] Farahmand, M., Long, A., Hollister, J., Rose, J., and Godine, D. (2017) Magnetospheric multiscale mission navigation performance during apogee raising and beyond, in (to appear in) *Astrodynamics 2017*, Univelt.

本章相关彩图,请扫码查看

第64章 极地导航

Tyler G. R. Reid[1], Todd Walter[1], Robert Guinness[2], Sarang Thombre[2], Heidi Kuusniemi[2], Norvald Kjerstad[3]

[1]斯坦福大学,美国

[2]芬兰地理空间研究所,芬兰

[3]挪威科技大学,挪威

64.1 简介

21世纪,极地导航越来越重要。由于海冰减少,人迹罕至的北冰洋也引发了商业关注。1980年,北冰洋的冰冻区域从俄罗斯北部海岸一直延伸到阿拉斯加、加拿大和格陵兰岛。2012年出现了重大变化:首次在夏季就可以航行至俄罗斯、加拿大和阿拉斯加的海岸。自1980年以来,夏季北极海冰面积总共减少了50%以上[1]。如图64.1所示,这种恶化将持续下去,预计2030—2080年北极地区夏季冰面将消失[2]。海冰的减少使得许多产业能在北极扩张,一些产业前景较好,而另一些产业目前正在积极运营并迅速扩张。

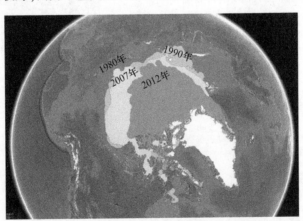

图64.1 1980—2012年夏季北极海冰范围

美国地质调查局(USGS)估计北极地区蕴藏着未开发的天然气和石油,分别占世界总量的30%和13%[3]。因此,美国政府于2015年5月批准了在阿拉斯加海岸的第一次北极钻探[4]。众多商业企业受这些自然资源和其他资源吸引,也开始勘探、开发这一地区,尤其是渔业和旅游业,过去10年在北极地区的增长最为显著[5]。此外,一些项目将北冰洋作为备选航运路线,距离比经过苏伊士运河或巴拿马运河的传统路线更短[6-9]。这些活动的开展必须本着安全可持续的原则,而成功实现这一目标需要采用合适的导航设备和实践方法。

　　本章主题为北极的海上和空中导航。海上导航部分将讨论当前的冰上导航方法以及未来的技术展望。64.2 节开始,介绍了目前北极地区使用的海洋技术,以及其局限性和挑战,包括海图质量差,以及测绘、导航设备、船舶防冻、冰上作业和路线规划的最佳实践等方面。64.3 节根据新兴技术制订了 21 世纪北极安全航行路线图。64.3.1 节调研了船基传感和感知方面的进展,如冰上激光雷达;64.3.2 节讨论了改进后的态势感知和数据共享,集合了船舶交通、冰况和天气等信息;64.3.3 节说明了改善后的全局视图可以生成更有效穿过冰面的路径。64.3 节介绍了一种体系结构,它是基于全球导航卫星系统(GNSS)现代化实现的,这种现代化进程逐步开启,在 64.4 节有具体说明。随着多频率、多星座的出现,我们证明了通过星基增强系统(SBAS)和先进接收机自主完好性监测(ARAIM),可以在北极地区所有级别的服务中实现 GNSS 的完好性。

　　北极机场和跨北极航线空中导航如图 64.2 所示,北极圈有许多机场支持本地活动,但需要从远处运输供给。这些机场通常是中小型机场,没有适用于仪表着陆的地面基础设施。因此,这些机场将极大受益于以 GNSS 为基础的精密进近,使仪器能够全天候飞行,无须地面基础设施支持。此外,无人驾驶航空系统(UAS)越来越多地用于改善冰面、天气和船舶交通监测,航空导航辅助设备的需求也随之增加。64.4 节表明,未来可通过带有 SBAS 或 ARAIM 的多频多星座 GNSS 在北极进行空中导航,包括精密进近等。

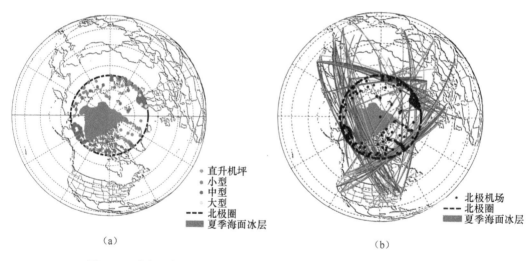

图 64.2　北极机场(a)和跨北极航线(b)[10](经《航行》杂志许可转载。)

64.2　冰上导航

　　本节探讨当今极地地区的海上导航实践和挑战。船舶安全通过结冰的水域需要技术、经验和相关知识,主要为了避免危险的冰块对船舶造成严重损害[11]。安全导航的具体措施取决于船舶的冰级,它表示船体能够承受的冰压水平。国际海事组织(IMO)的《极地水域船舶航行安全规范》明确了这些船舶防冻标准,该规范还规定了船员的专业培训以及船舶的最低操作和技术要求[15]。图 64.3 显示了《极地水域船舶航行安全规范》的适用范围,即南极地区为南纬60°以南,北极地区需要基于当地气候进行更为复杂的划分。64.2.1 节提出了极地导航面临的第一个挑战:海图质量差。通常,这些偏远地区的海图尚未探测完全,且部分探测过的区域由于缺少监测数据而存在较大误差,在高纬度地区磁罗盘和陀螺仪等辅助导航手段效果不佳,带来了定位上的挑战,增加了海图绘制难度 64.2.2 节中,GNSS在高纬度地区也面临一些困难。空间段方面,卫星高度角较低导致了跟踪和几何构型问题,用户段方面,积冰会影响天线性能;地面段方面,基于 SBAS 只能实现有限的完好性或者无法实现完好性。64.2.3 节说明了这些局限增加了海上动态定位的难度。最终,64.2.4 节在冰上作业的实践中结合了上述所有挑战因素,要实现安全,就要进行详细的路线规划,对所有可用来源的冰面信息进行修正,包括历史数据和卫星雷达图像,并由破冰船协助进行冰面管理。

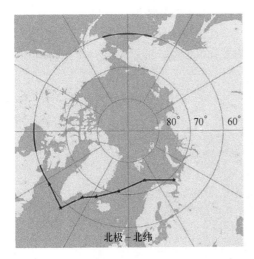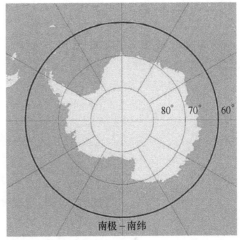

图 64.3　IMO《极地水域船舶航行安全规范》[15] 规定的
北极和南极水域的最大范围(经国际海事组织许可转载。)

64.2.1　偏远地区的海图和测量

海图也许是安全航海最重要的工具,它们的质量基于国际水文组织(IHO)制定的标准。这些海图在交通繁忙的地区往往十分可靠,但在北极和南极这样的偏远地区,情况就不同了。海图质量取决于测量时可以采用的方法和工具。海图上经常有这样的警告:"本图所绘区域尚未完全测量,大部分数据仅为勘测性数据。"其实早在基于声纳的回声测深仪普及(大约 1947 年)之前,许多地方就已进行了探测,并且是通过相对方位或天文手段定位的。根据这样的海图浅滩标识的位置往往与实际位置的误差超过 1km,尽管现代卫星导航和大地测量数据改善了这种状况,但还是存在较大误差。

现代水文测量采用多波束回声测深仪、GNSS、高精度运动的参考单元(MRU)和 WGS 84 基准。即便使用这种技术,也存在测量密度的问题。仔细研究俄罗斯西伯利亚海岸的海图测量信息就会发现这一缺陷。在深度 5~20m 的大面积区域,深度测量由单波束回声测深仪测得,测量点间隔为 1~5km,比较稀疏,因此形成的海图不算完整。毫无疑问,在北冰洋航线(东北航道)航行会是一次激动人心的经历。此外,2016 年,斯瓦尔巴群岛周边只有 23% 的地区是通过现代方法测量的。

　　如今,水文测量需遵循 IHO 的 S-44 标准[16]。根据该标准,浅水区每个探测深点的水平精度应优于 2m(置信度为 95%),且必须有完整的记录。图 64.4 说明了如何进行这种测量。该图表明,即使已知船舶的准确位置,测深位置也必须根据航向、纵摇、横摇、垂荡、潮汐和声速进行修正。因此,不仅 GNSS 的精度重要,船舶姿态也很重要,姿态信息通常由陀螺仪给出。深度 100m 时,陀螺仪 1° 的误差就可能产生 2m 的水平位置误差。再者,传统的陀螺仪技术在高纬度地区性能会下降,这是由其工作原理决定的。用于保持陀螺指北的倾斜阻尼器往往会偏离真实的子午线,偏离程度与纬度有关。[17],正因如此,现代陀螺仪采用了一个典型参数,即将常数除以纬度的余弦。所以,靠近北极点时,误差将接近无穷大,有时很难,甚至不可能达到精度要求。对于高精度应用,这类仪器在北纬 75° 以上时就不再可靠了。为便于操作,通常使用以式(64.1)计算陀螺仪的方位角误差 δ:

$$\delta = (57.3\nu cosc)/(901cos\lambda + \nu sinc) \tag{64.1}$$

式中,误差取决于纬度 λ、速度 v(以节为单位)和航向 c(从真北方向到当前位置与下一个航路点所在大圆的角度)。

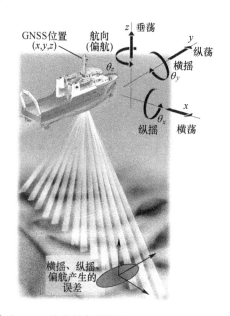

图 64.4　测量船上罗盘和 MRU 给出的角旋转数据对海岸线多波束测深仪每个位置的影响

　　一般来说,测深数据很少或根本没有测深数据时,船只航行应极其谨慎。但是,现在的商用现货(COTS)系统可以现场测深。一种方法是利用一艘小船引导大型船只向电子海图发送实时测深数据。远程前视声纳已投入使用,当用于测绘时,它需要精确的位置和方向。图 64.5 显示了这样一个基于 GNSS 的 COTS 系统。该图显示了 Olex 公司。使用了 Trimble 和 Fugro 的自配置三天线差分 GNSS(DGNSS),它可以提供精确的位置、航向、横摇、纵摇、垂荡和潮汐高度,以及完好性,而且由于它使用基于 GNSS 的罗盘,性能不受纬度影响,总体的精度最终取决于天线几何形状和系统配置。现在商业船只也具备了这样的能力,收集了大量数据,IHO 正在努力促进多源测深数据的标准化[18-20]。这类船只称为"机遇之船",因为它们总在合适的地点和时间出现,节约了专用监视船只的作业费。这将有助于在偏远地区,以及南极洲周围等国际水域绘制急需的地图,64.3 节会深入讨论。

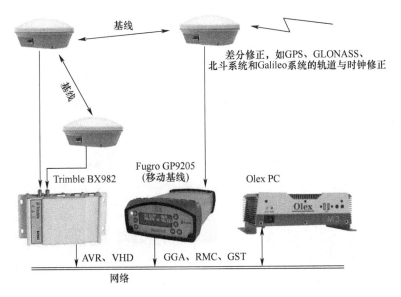

图 64.5　GNSS 水文测量原理(这种天线系统可以在高纬度地区提供精确的位置、
姿态和航向信息。这是 Olex 的一个典型设置,称为 TRIPOS。)

64.2.2　卫星导航的高纬度挑战

　　20 世纪 70 年代,民用间航海人员就开始使用卫星导航系统,如美国子午仪卫星定位系统 Transit 和苏联 Tsikada(Cicada)系统。这些卫星放置在极地低地球轨道(LEO)上,当某颗卫星过顶时进行多普勒被动观测,需要 16min 才能完成定位[21]。这些系统虽然非常重要,但在高纬度地区存在问题。与赤道上 90min 一次的重访周期相比,两极附近重访周期的卫星更快,每 30min 一次[22],接收机却难以计算出有效的定位,因为卫星过极地的方位角度变化很小,使得在经度方向上定位误差很大。

　　现在,主要布设在中地球轨道(MEO)的现代 GNSS,取代了早期的 LEO 系统,因此在高纬度地区也不再出现上述性能退化的现象,即使是在北极,水平精度衰减因子(HDOP)也完全满足要求。尽管如此,GNSS 在高纬度地区仍存在一些挑战。大体上,卫星在高纬度仰角更低,使垂直精度衰减因子(VDOP)更大,给航空业带来了挑战,这将在 64.4 节详细讨论。图 64.6 显示了 GPS 星座的地面轨迹,最高纬度达到了 55°,即卫星的轨道倾角;还显示了加入 GLONASS、Galileo 系统和北斗系统后的改善情况,这归功于 GLONASS,它能覆盖到 64°,而 Galileo 系统和北斗系统与 GPS 一样,只能达到 55°。GLONASS 的性能不同,因为它是针对俄罗斯高纬度地区设计的。

　　SBAS 实现了 GNSS 的完好性,但受到地基和天基基础设施的限制。空间段是位于赤道上的地球静止轨道卫星(GEO),在北纬 70° 以上卫星信号严重退化,北纬 75° 以上则完全丢失。监测 GNSS 信号的地面参考站,目前主要用于支持低纬度地区的活动。因此,它们无法观测到与极地海域船只有共视的卫星,也就无法为视野中的所有卫星提供修正。图 64.7 展示了位于巴伦支海以北 71°30′处的可视卫星图,12 颗可见卫星中只有 5 颗可获得欧洲地球静止导航覆盖服务(EGNOS)提供的修正信息[23]。用户须选择是采用卫星数较少且 DOP

较高的 SBAS 模式还是卫星数较多且几何结构较好的标准 GNSS 模式,也就是说,必须在几何构型(DOP)和完好性(SBAS)之间做出选择。64.4 节将对此进行了更详细的讨论。

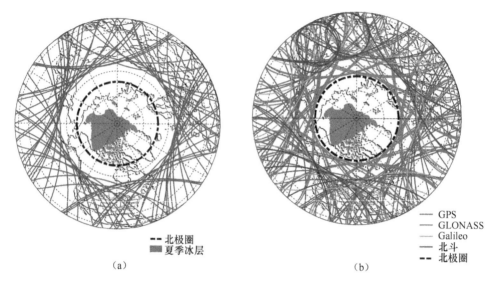

　　图 64.6　GPS 的地面轨迹(a)和 GPS、GLONASS、Galileo 系统和北斗系统的地面轨迹组合[24]
(b)(在高纬度地区,GPS 虽然仰角很低,但仍可以看到卫星。(b)中的高纬度地面轨迹源于
GLONASS,针对俄罗斯高纬度地区设计。经《航行》杂志许可转载。)

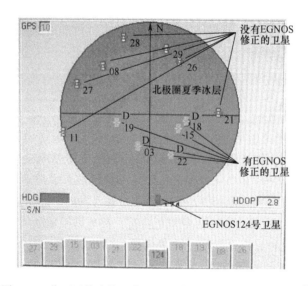

图 64.7　位于巴伦支海以北 71°30′处的 GPS 和 EGNOS 星图[23]
(显示了 EGNOS 模式下 Kongsberg DPS 132 接收机的情况。只有经过修正的卫星才
用于定位,导致 HDOP 高达 2.8。经《欧洲导航杂志》许可转载。)

　　北极地区,绝大多数低仰角卫星发送的信号在电离层和对流层中传播的距离更长。因此,信号质量往往是比卫星几何更严重的问题。空间天气引起的 GNSS 信号衰减问题,如极光活动和电离层闪烁等问题经常出现[25]。此外,对流层中的浓雾也会引起问题。GNSS 设备正常运行期间,可将接收机中的高度截止角提高到 15~20° 来避免这些局限,但是在北极这样做会严重限制可见卫星数量,并导致 DOP 升高到不可接受的水平。

GNSS 接收机在极地地区需要注意的另一个因素是气候条件。除了短暂的夏季,人们还可能面临低温、海浪结冰及天线积冰等问题。因此,该设备的工作温度应涵盖所有预见的冰冻条件,甚至低至-40℃。随着天线积冰或积雪,GNSS 信号衰减会加剧。衰减程度取决于许多因素,包括冰盐度、含水量,以及天线设计。积雪对 GNSS 天线的影响如图 64.8 所示,图中显示了暴雪前后的信噪比(C/N_0),湿雪堆积在天线上,导致 1h 内衰减了 8dB-Hz。C/N_0 减小时,接收机很难跟踪信号(通常在低海拔地区)。因此,位置修正会依赖更少的卫星,取更高的 DOP 值。极端情况下,接收机甚至无法计算出定位。解决这个问题的办法是采取防寒措施,比如电伴随加热或使用不易积冰积雪的设计。

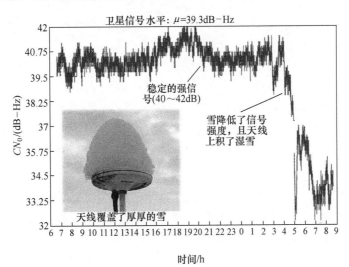

图 64.8 积雪对 GNSS 天线的影响(天线顶部的厚雪使信噪比在大约 1h 内降低了 8dB-Hz。)

64.2.3 海上定位

动力定位(DP)系统是一种闭环控制系统,其采用推力器来提供抵抗风浪、流等作用在船上的环境力,从而使船尽可能保持在海平面要求的位置上。海上作业需要绝对或相对位置保持,这依赖一些动力定位系统。这些系统应用广泛,包括钻探、电缆铺设和潜水支持。DP 操作正常分为三级。2 级和 3 级通常是关键作业,如钻探、潜水或靠近海上设施的其他活动。用于这些级别作业的 DP 系统对位置和姿态传感器,以及发动机和推进器系统的要求是非常严格的[26]。图 64.9 展示了海洋石油平台上的 3 级 DP 系统中各部件的典型布局,该级别要求全系统备份和有 3 个独立的位置基准系统(PRS)。通常,PRS 由 DGNSS、水声位置基准(HPR)和短程激光或微波(MW)系统组成,该系统测量钻机上固定点位置的距离和方位。在极地水域,这些 PRS 系统都存在局限性。

差分 GNSS 需要通信链路来获得差分修正,通常由 GEO 卫星提供,但卫星在两极附近可见度很差或不可见。最常见的修正是由商业服务给出卫星轨道和时钟数据更新。高纬度地区,这些修正值必须通过极轨 LEO 星座系统(如铱星)传输,尽管带宽有限但可以在高纬度地区实现连续覆盖。由于 HPR 系统难以在持续移动的冰层上部署、维修,因此它在冰层覆盖的水域可能会出现问题。一些地区,向海底部署先进的声学设备也会受到军事限制。此外,还要加固船上的传感器,以便承受可能的海冰冲击。激光和微波系统的工作范围通常不到几千米,并且偏远地区缺少足够的应答机平台,因此,除非在靠近海岸线的地方进行操作,否则此类系统很难成为可替代的 PRS。

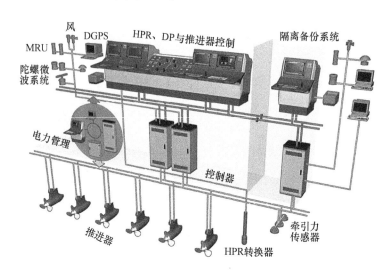

图 64.9　海上钻井平台 3 级动态定位(DP)系统的典型布局和组件
[它需要 3 个独立的位置基准系统(PRS),如差分全球定位系统(DGPS)、
水声位置基准(HPR)系统和微波(MW)系统。]

在偏远的极地地区,最好的解决办法可能就是在所需的 3 个 PRS 中使用 2 个独立的 DGNSS,该设计包括 1 个 DGPS 接收机和 1 个辅助 DGNSS 接收机,每个接收机通过独立的通信链路从不同的服务商处接收修正信息。第三个系统可以是专门设计的 HPR 系统,在钻探作业中,也可选择测量立管仰角和方向的其他设备。

64.2.4　冰况、路线和管理

穿越北极水域最快的路线通常不是最短的大圆航线,而是尽少与海冰碰撞的路线。因为碰撞海冰会显著降低航行速度,并对船体构成持续威胁。表 64.1 给出了海上可能遇到的不同类型海冰及其构成的危险。近年有许多案例,由于缺乏可用信息或船员培训不足,航行中遇到冰封水域时没有作出导航方式正确选择,最终选用了非最佳航线,甚至不安全航线。例如,2010 年异常的天气状况导致数十艘船舶困在波罗的海冰封海域,其中有几艘还是大型客运渡轮,一些船舶为获得破冰救援不得不等待数天[27]。

要减少这一威胁,尽可能获取高质量的冰层数据至关重要。早期规划阶段,需要平均海冰浓度、厚度、冰期和范围等统计信息,这些信息可在航海图表上找到。然而,这些信息也具有局限性,因为每年都会出现巨大变化;随着航行日期临近,要根据实际冰况和长期预测,采用更具分析性的方法;作业过程中,使用雷达成像卫星获取近实时的冰层状况和趋势,并结合区域船舶传感器评估冰况,最终规划出穿越冰层的最佳路线。图 64.10 从更高的层面总结了这一过程,本节将进一步详细讨论每个部分。

表 64.1　海上遇到海冰的类型及其对船舶构成的危险[12-14]　　　单位:m

海冰的类型	厚　度	危　险　等　级
初生冰(尼罗冰)	<0.1	对船舶不构成危险
新冰	0.1~0.3	对非冰加固船舶构成潜在危险
一年冰	0.3~2	对非冰加固船舶构成危险
多年冰	2~4	需要极地级船舶
冰川(冰山)	1~5	需要极地级船舶

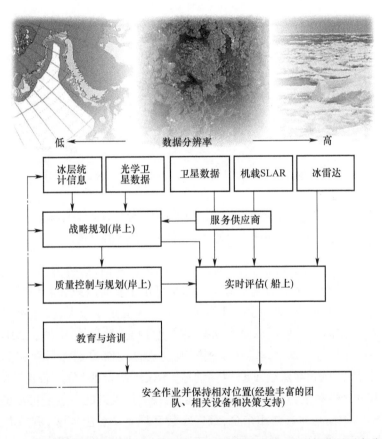

图 64.10　用于冰层探测和安全冰上路线的不同传感器和组件(实时操作需要高分辨率的监视数据,低分辨率数据和海洋气象统计数据在早期规划阶段使用。)

　　任务准备的关键是确定何时开始作业比较安全、冰层窗口期有几天。这两个问题的答案取决于冰况和船舶的冬季性能。根据任务和边界条件,在整个作业或航行中可能需要最新的冰层数据。这些数据通常来自合成孔径雷达(SAR)卫星,因为雷达信号可以穿透云层,不受天气影响。这些必须在作业之前安排好,确保卫星按计划拍摄任务区域所需图像,并在需要时提供数据产品。提供高分辨率冰况数据的 SAR 成像卫星屈指可数,包括欧洲的哨兵1 号、加拿大的雷达卫星 2 号、德国的 TerraSAR-X 和意大利的 Skymed。

这些卫星图像可能很大,需要高带宽才能在海上下载。因此,需要提前评估可用通信链路的能力。中纬度地区,GEO 卫星可以满足这一要求,但在高纬度地区,GEO 通信可能不可靠。尽管像铱星这样的 LEO 系统在北极有很好的覆盖率,但它们的数据容量是有限的。曾经有几次,由于通信链路不佳,作业过程中获取关键冰况时遇到了严重问题。因此,人们提出需要能够覆盖极区的专用卫星系统。最有前景的是高椭圆轨道(HEO),如 Molniya 或Tundra。这些轨道的示例如图 64.11 所示。即使有可靠的通信,也要考虑冰层卫星观测数据的滞后性。这些图像必须首先由卫星采集,然后转储到最近的地面站,在地上进行处理,最后传输给海上的终端用户。冰会以 1~2kn(1.9~3.7km/h)的速度漂移,因此数据延迟应小于 1h、最好小于 20min,以保持时效性。

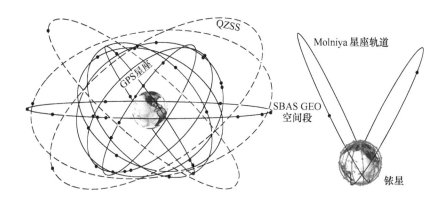

图 64.11　GPS 星座、SBAS GEO 空间段、准天顶卫星系统(QZSS)、
铱星和专用于北极地区通信的 Molniya 星座轨道

如图 64.10 所示,船上的各种传感器对局部冰况进行评估,这些传感手段包括冰雷达、红外(IR)摄像机、探照灯和人类瞭望员等。它们是可用于实时路线和态势感知的最高分辨率数据源,尤其是在冬季暗夜,对安全作业至关重要。即便是在今天,冰探测和分类最可靠的还是熟练的人类瞭望员,他们用双筒望远镜和探照灯扫描地平线[13-14]。2014 年,北大西洋报告的冰山有一半以上(52%)是通过目视巡察发现的,43%是通过目视和雷达验证相结合的方式发现的[14]。风和洋流会不断地移动冰,不仅影响特征位置,而且影响冰压力,对船舶的机动性和安全性有重要影响。进行实时路线规划很关键的一点是将传统的海洋气象(气象学和海洋学)数据与冰数据相结合,最好在数字规划平台上完成,例如电子海图显示和信息系统(ECDIS),通用操作画面显示(COPD),并辅以专家或决策支持系统(DSS)提供支持。如果所在区域数据有限,则可以通过水下传感器补充冰漂移相关的其他有效信息。船员根据所有的可用信息执行预期任务,比如路线规划、护航、冰上管理或冰上防御等。

破冰船和其他防冰船的作用是护送冰防护等级较低的船只安全有效地穿过冰层,避免其遭受潜在危险冰层的影响,同时也可以解救困在冰中的船只。图 64.12 所示为一艘破冰船正护送一艘地震船穿过格陵兰岛东北海岸一大片浮冰。芬兰、瑞典、挪威、丹麦、加拿大、美国和俄罗斯等国均有破冰船队,用来支持往返高纬度港口的海上运输[14,28]。破冰船主要的支援方式是在冰面上开辟一条路径,商业船只则跟随在护航船队的破冰船后。商业船只通常在破冰船服务机构发布的固定航路点进入护航船队。根据不同的地区和交通水平,船只进入护航船队之前可能要在这些航路点等待数小时甚至更长时间。在交通繁忙的水道,破冰船会尽量清理航道上的浮冰,这也有利于解救请求救援的船只。

图 64.12 格陵兰岛东北海岸,一艘破冰船护送着一艘地震
船穿过开阔的浮冰(经维京补给舰许可复制。)

上述破冰船在交通繁忙地区服务效果显著,如波罗的海和主要港口附近,但是在北极地区,破冰船队需要负责的区域非常广阔且交通量明显减少,因此需要不同的作业模式。目前,大多数商业船都会通过破冰船协助其穿过在北极范围内的大部分甚至全部航线,但成本高昂。随着北极冰层覆盖率的不断减少,从经济角度来看,新的模式可能更有优势。比如,商业船只尽量独自完成大部分航程,而破冰船船队重在尽可能保持进出港口的航线畅通。这种模式下,冰感知对于船舶的独立航行就很重要,它在北极地区的需求也正在上涨,具体见 64.3 节。

64.3 21 世纪冰上导航

本节给出了一个基于一些新兴技术的现代化的海冰上的导航系统框架。该框架很可能改善船基区域感知、更大范围的态势感知和路线优化,最终都是为了提高安全性。64.2 节提到,目前基于船舶的监测主要依赖人工,需要熟练的、经验丰富的船员解读雷达数据,目视扫描该区域,正确识别危险冰层。64.3.1 节研究了下一代传感器(如激光雷达),以及它们如何用于自主感知区域冰况。64.3.2 节探讨了态势感知和船舶数据融合的改进。为了更好理解该框架,我们以"增强态势感知提高波罗的海海上安全(ESABALT)"实验平台为例,它可以实现海上的自主数据收集和传播,从而提高波罗的海的态势感知。最后,64.3.3 节讨论了穿越冰区的船舶航线优化。这种冰感知自主路线规划方法利用大量的未来态势感知数据来寻找通过冰区的最快路径,降低了风险提高了安全性。

64.3.1　船基感知

　　从人工到自主模式的冰探测和分类转变可以视为人工智能(AI)技术的发展。感知是许多人正在研究的问题,进展最多的也许就是汽车产业了。2020年,超过66家公司致力于解决自动驾驶问题[29],包括福特、通用汽车、丰田和奥迪等主要汽车公司;谷歌(Waymo)和英伟达等科技公司;还有一些介于两者之间的公司,如特斯拉等。它们的目标是达到所谓5级自主,即车辆可以在无须人工干预的情况下行驶[30]。这些主要参与者投入了数十亿美元用于研发,但在很大程度上仍未解决问题,甚至还不清楚要使用什么样的传感器、算法和总体架构。

　　海上自主感知技术也存在类似的问题,因此,本节重点讨论一些新的船基感知技术。2020年,实验性自动驾驶车辆行驶在繁忙的城市街道和高速公路上,它通过多型传感器感知环境。这些汽车平台大部分都同时使用了相机、雷达,以及与惯性测量单元耦合的GNSS。64.3节提到,如今雷达、GNSS、IMU和相机在船舶上得以普遍应用,所以本节将重点介绍该领域的一项新技术:激光雷达。

　　已经开发出了高性能的冰雪激光雷达系统用于冰川学研究。RIEGL激光测量系统与美国陆军工程兵团(USACE)的寒区研究与工程实验室(CRREL)研究员大卫·芬尼根合作,开发了RIEGL VZ-6000地面激光扫描仪,这是一种在冰雪环境下具有高性能的红外激光雷达系统。该系统的测程超过6km,测量的角分辨率优于0.0005°,相当于在1km范围内小于1cm,6km范围内小于5cm。图64.13所示为该激光雷达扫描仪生成的三维点云。其中显示了格陵兰岛赫尔海姆冰川一角,数据由大卫·芬尼根和阿南达·福勒领导的一个小组收集[31-32]。具体来讲,这就是该地的"冰川混合"部分,即冰川锋面崩解之前的区域,冰块在此处从冰川主体剥落。顾名思义,这个地区包含不同冰期的冰,混合着泥土和雪。

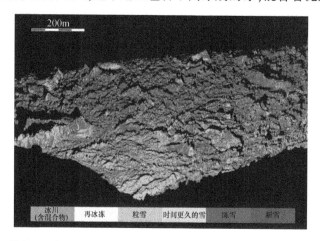

图64.13　激光雷达扫描下的格陵兰赫尔海姆冰川一角(含冰/雪分类的点云图)[5]
(来源:经航行学会许可转载。)

　　这台地面激光雷达扫描仪安装在赫尔海姆冰川的河岸上,它相对于目标有一定的高度与掠射角,与人们在船上观测到的配置和几何结构非常相似。激光雷达反射数据可以修正路径和大气损失,指示表面的固有反射率。根据不同类型冰雪的反射特性,可以利用机器学习技术构建分类器,便于了解冰川的成分构成[5]。图 64.13 显示了这种分类,可以从中区分不同的冰雪类型。顶层大部分由不同类型的雪和粒雪(再结晶雪)组成;大型锯齿状结构的底部有冰的特征,这些很可能是被雪覆盖冰川的碎块,结构底部持续运动,将雪逐渐消磨,冰的真实颜色就透了出来。仔细研究发现,整个底层结构都是冰川冰,这也在预料之中,因为它本身就是一个冰川,只是覆盖着积雪。同时,这也突出了用激光雷达反射进行冰分类的一个主要弊端:它无法穿透雪来探测隐藏在下面的冰。这种传感器的优势在于它可以生成高清晰度的三维地图,可以通过特定图形和形状进一步分类。

激光雷达和相机主要根据地表发生的情况来判断危险因素,因为顶层有积雪时,它们不能穿透顶部的积雪[5]。雷达确实具有这种穿透能力,而且多种雷达(如 X 波段和 S 波段线极化雷达等)已经广泛用于冰分类[33-41]。但在许多情况下,雷达仍达不到冰上导航所需的性能要求,例如探测多年冰构成的小型浮冰,或者冰山块或残碎冰山(小冰山)之类的冰川冰[40]。

现在了解了这些传感器系统如何实现能力互补,以及它们的组合如何实现比使用单一传感器系统更高的冗余度。雷达在分辨率方面存在不足,激光雷达和相机则在地表穿透方面存在不足。未来的挑战就是如何利用它们各自的优势,以一种有意义的、稳健的方式将它们结合起来,并通过 AI 和其他技术模仿专业船员的经验。

64.3.2 态势感知

64.2 节讲道,航海者们认为态势感知是安全航行的关键要素之一,它呈现的信息来源多样,64.2.4 节会对这些来源详细介绍。然而,对不同信息源的依赖性越强,就越难保持态势感的完整性,无论对于航海者还是飞行员都是如此。本节着重介绍北极海上导航态势感知的发展,当然航空领域也有类似的发展。

随着冰况、天气、交通和其他因素不断变化,亟须一些专用工具,从各种来源的大量数据中整理、分析、提取和分发最有用的信息。最近,一些公共资助的研究和开发项目正致力于创建此类工具。例如,Blue Hub 是一个由欧盟委员会资助的项目,目标是开发一个使用航海领域大数据的平台[42]。他们希望加强全球海上监视,实现基于知识的态势预测、异常监测、活动映射和决策支持;另一个相关的风险项目是欧盟资助的航运无障碍、效率优势和可持续性(ACCSEAS)项目,该项目通过将航行风险降至最低,来帮助改善北海地区的海上通道[43]。为实现这一目标,ACCSEAS 推进了船只之间的协作和数据共享,用一个专用的地理信息系统(GIS)共享过去和预计的路线以及其他导航数据。

欧盟资助的蒙娜丽莎 2.0(MONALISA 2.0)项目如今也更加关注航行安全[44]。它的后续风险项目,海上交通管理(STM)验证项目,仍在努力提高信息透明度、效率以及改善海事系统决策[45]。同样,欧盟资助的 ESABALT 项目研究了在波罗的海部署航海信息融合软件平台的可行性[46-51],旨在加强整个波罗的海区域的海上安全、安保、环境监测和应急响应,特别是加强跨境和跨地区合作及信息共享。64.3.2.1 节将更详细地讨论 ESABALT 平台。

64.2 节已表明,在极地区域形成航海态势感知完整图像的关键要素包括在近实时分发海况、冰况和天气状况,成功穿越冰上路线,以及人类观察。然而,目前还没有专门的服务可以向北极或南极的船员提供此类信息。此外,虽然破冰船可能作为机遇之船提供救援,但不一定有时间在瞬息万变的情况下响应每个请求。因此,救援船应该自主进行信息生成和分发,响应救援请求并向他人提供辅助信息,从而减少船员负担[51]。

每艘船上都有传感器,帮助它保持对自身机械设备、位置、周围环境和海况进行感知,大型船舶和小型休闲船只均是如此,不过传感器的数量和复杂程度可能会有很大不同。如果将这种态势感知数据的一部分共享给其他即将通行类似路线的船只,则能够帮助他们评估海上的主要情况,进一步规划他们旅程的基本参数,如速度、航向、发动机功率和必要的绕行。

以图 64.14 所示的场景为例。破冰船在海冰中航行,为后面的护航船只开辟通航通道时,船上传感器会定期监测发动机的性能参数,如每分钟转数、油耗和转速。可以反过来用这些参数估计周围的冰况,如冰的厚度。局地情况突然恶化或护航编队中的一些船需要离队时,这些信息的某些部分可能对他们极为重要。有利的数据可能以多种形式出现,例如通过自动识别系统(AIS)数据、数码相机图像和/或冰雷达跟踪等,通过这些数据,成功地判断穿越路线,船只能够准确定位领头破冰船开辟的路径。

基于 64.3.2 节介绍的概念,BONUS ESABALT 项目已经引入了一种数据共享平台,本节将此作为应用示例进行讨论[46-51]。图 64.15 展现了 ESABALT 信息共享的概念,旨在实现商业船舶、休闲船只、海事当局和可部署传感器站之间的信息共享。最初的概念是针对波罗的海的,它是世界上最繁忙的水道之一,每年冬天都有大量冰层覆盖,不过北极也有同样的数据共享需求。其目的是建立一个相互依存的海上导航生态系统,经各方共同努力使海上航行更加安全。

ESABALT 融合了以下几个主要部分:机遇之船、传感器集成、用户驱动的数据共享、大数据处理、协作态势感知、航空和天基遥感、公众科学以及决策支持系统。ESABALT 平台可视为一个额外的增值信息层,叠加在传统的海上电子导航系统上,并带有地图界面,如 ECDIS。该叠加层向航行者显示辅助信息,这些信息源自多种渠道海事数据的半自主共享。信息源可以是一个软件程序,船上传感器的数据经该软件程序聚合、过滤、采样和/或清洗,再由船舶现有通信信道传输到中央数据服务器。这种数据服务器基础设施可以设计成分布式而非集中式,这样北海的每个区域仅在本地模式下就可以管理本地相关数据。此外,如果该软件可以在智能手机或平板电脑等低成本平台上发布,则有助于将小型渔船或休闲船只整合到 ESABALT 服务概念中。

ESABALT 平台还面临一个关键问题:要确保数据融合和检索的整个过程自主进行,以免干扰船员执行现有任务。另外,必须避免数据过载、侵犯隐私,以及通信信道传输信息成本超支。

在波罗的海,许多基础设施已经到位,态势感知技术也已相当发达。相比之下,北冰洋几乎没有提供态势感知的基础设施,如可靠的通信链路。尽管 ESABALT 方法在北极地区发展潜力巨大,但只有解决了基础设施建设问题,才能真正落实。

64.3.3 冰感知航线

64.3.2 节介绍了大量的态势感知数据,将其充分应用到自动路径规划和航线选择中,就可以进一步实现北极地区的安全航行。64.2.4 节讲到,在北极地区要进行高效的海上导航,就必须在规划和维护航线过程中考虑最新的冰况。这个概念称为冰感知航线。

（a）

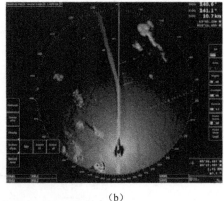
（b）

（c）

图 64.14　冰上导航信息融合和共享的优势[51]

（经 John Wiley & Sons 出版社许可转载。图片来源：Furuno Finland 有限公司。）

（a）低可视度下，船只无法定位破冰路径；（b）先前破冰船在冰上留下痕迹的雷达观测图；

（c）根据破冰船分享的雷达观测图，船只可自行定位破冰路径。

冰感知航线本质上是一个优化问题。简单来讲，就是在出发地和理想的目的地之间找出最佳路线。64.2.4 节提到，在冰封水域，船速受冰况影响极大，所以最佳路线通常不是地理上的最短路线。更科学的表述是，从所有可能的路线中找出一条能到达目的地总"成本"最小化的路线。成本可以用时间、燃料、安全风险或多种因素综合衡量。无论选择什么标准，路线的优化在很大程度上依赖冰况相关信息，以及特定船舶在给定冰况下运行情况的数学模型。因此，考虑到海冰具有动态特性，两点之间的最佳路径也会随时间变化。另外，同一航程中具有不同特征或目标的两艘船的最佳航线也可能不同。

尽管路径规划和航线维护传统上都是人工操作，但几十年来，计算机辅助路径规划已经发挥出越来越大的作用[52]。如今，大多数商业船只上，船员都通过 ECDIS 用户界面规划航线。许多 ECDIS 单元有能力检查所规划航线的基本安全标准，例如将船舶的吃水数据与沿途的水深数据进行比较；但是，现代 ECDIS 单元不具备显示冰况的能力，也不能依据这些信息进行优化。同时，越来越多的专业软件可以帮助船员选择最佳航线，如 Jeppesen 船舶和航次优化解决方案（VVOS）。不过据我们所知，这种软件并非针对冰封水域设计。因此，计算机辅助冰感知航线仍是一个颇具热度的研究和开发课题。

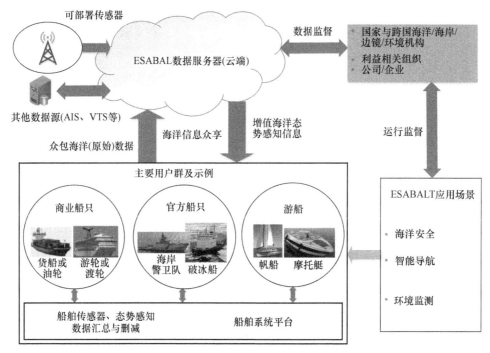

图 64.15　通过 ESABALT 融合和众享生态系统改善海上态势感知[50]

(经《TransNav》杂志许可转载。)

陆基运输会受公路或铁路限制,但对船舶而言,只要水深大于船的吃水深度,就可以在任何地方向任何方向航行。海上路径规划比陆基路径自由度高,所以比陆基路径规划更复杂。简而言之,海上的任意两点之间都有无数条可能的路线。针对这一问题,人们提出了许多冰感知航线的方法[53-54]。本节将简单介绍图论法[55-58]。

图论法将海洋环境建模为一个图形,该图形由一组通过边线相互连接的节点构成。各节点代表海上的不同位置,边线表示两个给定位置之间较短的子路径。赋予每条边线一定的权重,显示通过该路径在两个节点间航行的成本,于是问题就变成了:沿着边线穿过中间节点、在图中的两个指定节点之间寻找"最短路径"。最短路径为边线权重的和最小的路径。用此方法进行冰感知航线规划需要四个模型[55]:①海洋空间模型;②船舶机动模型;③海冰模型,通过空间和时间描述给定位置的海冰状况;④船舶性能模型,描述特定船只在各种冰况下有或没有破冰船协助时的船舶性能。

图 64.16 将船舶机动模型表示为 N 个相邻节点的有限方向集。N 值的选择需要权衡保真度和计算时间,模型保真度越高,越接近最优路径,但计算时间就越长。将船舶机动模型、海冰模型[57,59-61]和船舶性能模型[53,62-64]相结合,我们就可以计算图中两个节点之间每个可能路径的成本,并选择最佳路径。但在实践中,这种"暴力"方法是不可行的,因为可能的路径数量也许非常多,所以需要通过有效的算法来寻找最优路径。一种最先进的算法称为A∗[65],它使用一种启发式算法来引导目标节点方向的搜寻过程。如果启发式算法可接受,就可以找到最优路径(如果存在的话),并且通常会比 Dijkstra 算法等其他方案更有效、搜寻路径更少[66]。

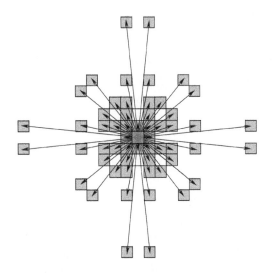

图 64.16 将船舶机动模型表示为有限方向集,得到以当前节点为中心
的 N 个相邻节点和方向向量集[55](经 IEEE 许可转载。)

图 64.17 显示了使用 A* 和上述方法生成的波罗的海航线示例(深蓝色)[55]。洋红色和青色表示估计的航行速度,其中洋红色代表最快的速度,青色代表最慢的速度。将优化后的航线与同一天在类似冰况下相似船舶航线(黄色)进行比较,虽然黄色航线的距离更短,但该方法表明,蓝色航线的总航行时间更短。

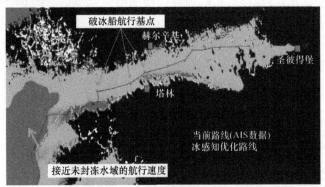

图 64.17 海冰条件下的航行速度热图(含优化路线)(青色和洋红色表示航行速度,
其中洋红色表示接近未封冻水域的航行速度[55]。经 IEEE 许可转载。)

在安全路径选择方面,信息共享及其在其他方面的应用核心是提供精确、完整的地理参考数据。例如,一艘船要找到破冰船先前开辟的路径,就必须将轨迹定位在船体宽度的一半以内,这对船舶定位所使用数据和完整报告地理标记信息都有影响。64.4 节将讨论如何利用 GNSS 在北极取得的技术进展来实现该目标。

64.4 北极地区的 GNSS 完好性

本节讨论 GNSS 在低仰角情况下的定位和完好性性能,及其在北极地区的适用性,包括多星座和多频率,以及新的地面基础设施。64.3 节提出了一些协议,通过数据共享增强态势感知,从而改善极地水域海上安全。要想实现系统效果,就要了解你在信息流中的位置,并且船舶收集和共享的数据必须具有位置完好性,才会可靠地为他人所用。此外,在未来几年,由于商业增长,或是由于越来越多地使用 UAS 进行冰层监视和其他监视,北极圈的机场可能会迎来更多流量。这些中小型机场(图 64.2)通常不具备支持仪表着陆的地面基础设施,因此,使用 GNSS 对于精密进近十分有利。此处说明了极地航海和航空应用的导航要求,以及目前实现这些要求所面临的挑战,接下来要讨论在不久的将来,将 GNSS 与 SBAS 或 ARAIM 结合使用后,即便在极地作业不遵循相关最严格的要求也能应对挑战。

64.4.1　北极地区的 SBAS 和 ARAIM

SBAS 需要陆基和天基基础设施来实现完好性。SBAS 地面段由一些参考站组成,它们在特定服务区域监测 GNSS 信号,生成卫星修正(见第 13 章)。随后这些修正信号通过地球静止(GEO)卫星空间段的通信链路广播给用户。目前,北美(WAAS)、欧洲(EGNOS)、日本(MSAS)和印度(GAGAN)都提供单频 GPS SBAS,用于飞机精密进近。2021 年,有更多的系统上线,这项服务扩展到俄罗斯(SDCM)、韩国(KASS)和中国(北斗 SBAS)。预计到 2026年,双频多星座 SBAS 将上线,会在更大范围内提供更高水平的服务。

在北极圈,SBAS 严重依赖高纬度参考站。图 64.18 显示了现有 WAAS、EGNOS、MSAS 和 GAGAN 的 SBAS 地面段,以及目前正在建设的 SDCM、KASS 和北斗 SBAS。该图中有许多高纬度参考站,特别是在俄罗斯、北欧和阿拉斯加的周边地区。图 64.18 还显示了 SBAS 空间段,其由赤道上空的一些 GEO 卫星组成。64.2.2 节提到,SBAS GEO 卫星在北纬 70°接收数据就比较困难了。这个纬度大约是阿拉斯加巴罗角的 WAAS 所支持的最北端机场纬度。但事实上该机场为了确保 SBAS GEO 的可见性,是限制进近机动的[67-68]。EGNOS 的测试也表明,它在 GEO 卫星覆盖区域的边界也存在类似困难(图 64.7)[23,69]。

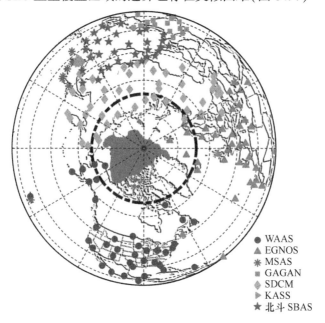

图 64.18　SBAS 地面段:全部现有系统和在建系统的参考站

ARAIM更具兼容性,它利用大量的核心星座和即将启用的信号,在算法上实现了完好性。ARAIM计划在2029年投入运行,自主性更强。它依靠多频率和多核心星座获得足够多的信息,确保GNSS的完好性(见第23章)。此处讨论的离线ARAIM架构将使用长延迟完整支持信息(ISM),只需每月更新一次[70-71]。这适用于北极的边远地区,因为不需要与飞行中的飞机通信。所以,目前计划在北极运行的基础设施已经足够,不需要为ARAIM增加额外设施。事实上,核心星座轨道是对称性的,确保了ARAIM在南半球南极洲附近具有相同的性能。2016年6月,基地的两名工作人员病情严重,无法在现场接受治疗,如果当时有这项技术,就可以帮助加拿大飞行员在寒冷的冬季展开救援,将他们运送到阿蒙森科特南极站进行治疗[72]。因为冬季条件恶劣(气温为-50℃),而且处于极夜,该基地通常在2—10月是与外界隔离的,对于常规航班来说太过于危险。DHC-6"双海獭"救援飞机不得不在完全黑暗的情况下,展开滑雪板降落在一条覆盖着厚厚积雪的临时跑道上。

64.4.2　航海和航空需求

本节将讨论航海和航空作业的导航需求。首先是航空,图64.2显示了北极圈内的机场,还有许多横跨北极的航线,第一条是由斯堪的纳维亚航空公司(SAS)于1954年开通的航线,从哥本哈根飞往洛杉矶[73]。自此,航线数量大幅增加,北极圈内的许多机场可以在紧急情况下作为这些航班的中转机场。表64.2总结了SBAS航空导航需求[74],包括用于在途飞行的横向导航(LNAV)和采用垂直引导(LPV)的定位器性能,可以在LPV 200时将飞机精密进近的决断高度降至61m。

表64.2　航空导航需求[74]

性能参数	水平告警限值(HAL)/m	垂直告警限值(VAL)/m	告警时间/s	连续性	完好性风险
LNAV	556	—	10	99.99%/h	10^{-7}/h
LNAV/VNAV	556	50	10	99.945%/15s	2×10^{-7}/通道(150s)
LPV	40	50	6.2	99.992%/15s	2×10^{-7}/通道(150s)
LPV200	40	35	6.2	99.992%/15s	2×10^{-7}/通道(150s)

表64.3列出了航海导航需求。这些需求对水平定位比较严格,因为已知船舶是在海上的。未冰封水域上的完好性界限,即水平告警限值(HAL)是25m。钻探和测绘等精确应用则需要更高一个数量级的限值,2.5~5m,从而实现更好的保护[75]。测绘在北极地区尤为重要,但64.2.1节已经说明,北极地区的海图如今十分不可靠。自主冰上导航的需求也还没有严格定义。64.3节提出,随着标准的现代化,能够更好地了解冰况,船舶需要在没有破冰船协助的情况下自主寻找安全航迹。为了找到、跟踪破冰船先前开辟的航迹,船舶需要在半个船宽范围内找到它们,因此需要10~12m的精度。

表64.3　航海导航需求[10,75]

性能参数	水平告警限值(HAL)/m	告警时间/s	连续性(每3h)	完好性风险(每3h)
海洋	25	10	—	10^{-5}
沿海的冰上航行	10~12	10	99.97%	10^{-5}

续表

性能参数	水平告警限值(HAL) /m	告警时间 /s	连续性 (每3h)	完好性风险 (每3h)
水文测量	2.5~5	10	99.97%	10^{-5}
港口/勘探/钻探	2.5	10	99.97%	10^{-5}

64.4.3　SBAS 和 ARAIM 的服务水平

本节概述了如何通过北极地区的 SBAS 和 ARAIM 实现航海和航空作业需求。航空活动主要关注垂直保护水平(VPL),航海活动则关注水平保护水平(HPL)。另外,此处的讨论只针对高纬度地区的性能。

图 64.19 显示了 2015 年运营的 WAAS、EGNOS、MSAS 和 GAGAN 系统实现的航空 VPL,案例为仅用 GPS 的单频 SBAS,并且在北欧、阿拉斯加和加拿大北部 LPV 200 也有了提高。SDCM、KASS 和北斗 SBAS 上线后覆盖范围会更大,会包括俄罗斯大部分海岸线。到 2026 年,SBAS 预计会引入双频。另外,一些系统计划添加多个星座,WAAS、MSAS、GAGAN 和 KASS 计划保持仅用 GPS 的运营,EGNOS 计划使用 GPS+Galileo,SDCM 计划使用 GPS+GLONASS,北斗 SBAS 计划使用 GPS+北斗。如图 64.20 所示,预期 2026 年可以在整个北极圈实现飞机的精密进近。SBAS 增加了双频,对海洋的覆盖范围将会扩大,也就可以进行海上作业了。2026 年规划的配置可实现在北极圈大部分地区和所有未被冰层永久覆盖的地区进行冰上导航。每个系统增加一个额外的核心星座后,可进一步在海上进行一些受限的操作[10,24,76-77];添加两个额外的核心星座可实现水文测量和地图测绘。这些结果不需要同时使用或共享参考站,只需在单个 SBAS 系统之间切换。表 64.3 总结了这些服务水平。

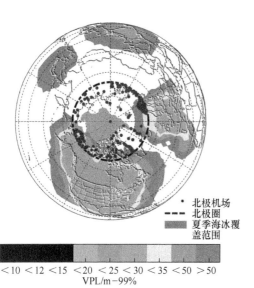

●	北极机场
- - -	北极圈
▓	夏季海冰覆盖范围

<10　<12　<15　<20　<25　<30　<35　<50　>50
VPL/m-99%

图 64.19　2015 年使用单频 GPS 的
SBAS 航空服务水平

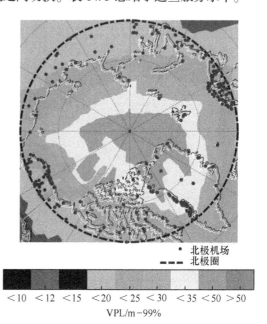

●	北极机场
- - -	北极圈

<10　<12　<15　<20　<25　<30　<35　<50　>50
VPL/m-99%

图 64.20　使用双频、多星座以及北极通信链路的
SBAS 航空服务,计划于 2026 年实现

这一预期受到 SBAS GEO 空间段性能的严重限制,仅可覆盖到北纬 70°。如今,极地通信不佳是普遍现象,但未来的运行需要一条更稳健的链路。图 64.11 展示了一些旨在提高北极地区卫星通信水平的系统[10,24,76,78-79]。铱星星座因卫星电话服务而闻名,现在极地 LEO 轨道有 66 颗卫星,两极地区覆盖极佳,但数据率有限。还有基于 HEO 的专用北极通信系统,这些轨道可以使航天器大部分时间都在北半球上空飞行,例如周期为 12h 的 Molniya 轨道,首次被苏联用于高纬度通信;周期为 24h 的 Tundra 轨道,如今用于日本准天顶卫星系统(QZSS)导航。下一代 SBAS 将在 L5 广播,其最低运行性能标准(MOPS)将支持各种轨道等级,包括 GEO、MEO 和 HEO,使 SBAS 能够在北极地区运行[80]。

现在看 2029 年的 ARAIM。双频 GPS+Galileo ARAIM 能够实现整个北极地区的机场精密进近;如果使用 GPS+Galileo+GLONASS,则可以实现 LPV 200;若采用 GPS+Galileo 配置,则在大多数地区都能满足海上的自主冰上导航需求,再加上 GLONASS,就可以在全球范围内实现冰上导航。但是,ARAIM 有一个限制:即使有 4 个核心星座,它也不能像 SBAS 那样达到精确操作所需的水平。不过,如图 64.16 所示,SBAS 的服务区域最终也会受到参考站位置的限制,而 ARAIM 则不需要这样的基础设施,并且可以在北半球和南半球提供相同水平的服务。表 64.4 总结了 SBAS 和 ARAIM 在北极的性能汇总。

表 64.4　GNSS 完好性系统及其在北极的性能汇总[10,24]

系统	配置	频率	核心星座编号	航海		航空	
				HPL/m	服务	VPL/m	服务
SBAS	2015	单频	1	>25	北美和欧洲沿海的开阔水域	>50	北美和欧洲的 LPV/LPV 200
	2021	单频	1	>25	北美、欧洲和俄罗斯沿海的开阔水域	>50	北美、欧洲和俄罗斯的 LPV/LPV 200
	2026	双频	*1+	<12	冰上航行	<50	LPV 全覆盖,北美、欧洲和俄罗斯的 LPV 200
	2026+	双频	*2+	<7.5	一些受限操作	<25	优于 LPV 200
	2026++	双频	*3+	<5	测绘	<20	优于 LPV 200
ARAIM	2029	双频	2	<15	大部分地区的冰上航行	<50	LPV 全覆盖,大部分地区的 LPV 200
	2029+	双频	3	<9	冰上航行	<20	优于 LPV 200
	2029++	双频	4	<7.5	一些受限操作	<15	优于 LPV 200

注:*1+ 计划的 2026 的 SBAS 配置:SBAS、GAGAN、KASS:仅 GPS;EGNOS:GPS+Galileo;SDCM:GPS+GLONASS;北斗 SBAS:GPS+北斗。

*2+ 计划的 2026 的 SBAS 配置加上一个额外的核心星座。

*3+ 计划的 2026 的 SBAS 配置加上两个额外的核心星座。

⟨64.5⟩ 小　　结

　　本章概述了海上和空中极地导航的挑战和策略。严寒的温度、极端的天气、24h 的黑夜以及海上危险的冰层对绝大多数船员和设备而言都是极为恶劣的工作条件,64.2.1 节中介绍的一系列其他挑战更加剧了这种情况。众所周知,这些偏远地区的海图往往很不准确,唯一的通信链路就是卫星,但如果带宽有限,也可能并不可靠。在海冰上航行需要经验和专业技能来规划路线、发现危险的冰层。由于基础设施有限,紧急服务通常滞后数天,地区偏僻也带来了特别的挑战。如今,在船舶建造、强制型导航设备、船员培训和经验方面的国际标准上都遇到了这些挑战。在极地附近航行时,能力至关重要。

　　导航辅助和设备的问题对于上述困难更是雪上加霜。磁罗盘和陀螺仪等传统辅助设备由于操作层的物理因素在高纬度地区并不可靠,64.2.1 节已经说明。64.2.2 节讨论了目前 GNSS 在北极地区的局限性。GNSS 面临着较差的 VDOP(对航空业是一个挑战),以及低仰角较弱的信号。后者会影响信号跟踪,因为低仰角信号必须穿过更多大气层,从而导致对流层浓雾和电离层极光活动的问题。由于 GEO 覆盖率低,SBAS 等安全关键服务会受到限制,并且还会受限于地面监测网络的监测范围。

　　64.2.4 节讲述了海上任务规划和冰上航行。来源不同的冰况信息是关键,包括规划阶段的统计信息,以及用于实时规划的卫星雷达图像和船基传感器。即使有船基雷达和红外相机,在识别危险冰况时,经验丰富的人类瞭望员仍然无法替代。此外,交通繁忙地区的航行往往需要通过破冰船进行冰层处理,破冰船在需要时可以保持进出港口和航道的畅通,并救援船只。

　　64.3 节介绍了一些低仰角情况的技术,它们可以改善北极地区导航安全。64.3.1 节讨论了海上自主感知,利用 AI 和多冗余传感器来模拟人类在冰探测和分类方面的专业技能。64.3.2 节展示如何通过 ESABALT 等概念改进海上态势感知,它可以自动融合多种来源的数据。因此,航海"大数据"也面临着一些挑战:必须在这些数据中提取和分发有用的信息,以便在海上做出更明智的决策。有了这些丰富的知识,就能进行自动路线优化,避免危险冰层,尽可能减少对北极地区生态系统的影响,见 64.3.3 节。

　　在海上协作数据的共享框架内,GNSS 完好性对于确保北极和其他北极应用的安全十分重要。64.4 节讨论了如何基于 GNSS 的技术进步在海事领域启用该框架,包括多频、多星座以及额外增加 SBAS 监测站形式的基础设施。再加上即将实现的 L5 上 SBAS 广播和未来的 ARAIM,10 多年内完全可能在北极地区实现完好性符合要求的 GNSS 服务,从而可以进行冰上导航,找到破冰船先前所开辟的航道。SBAS 支持精密测量,如绘图和测量等。飞机的精密进近可以通过 SBAS 或 ARAIM 在许多典型的中小型机场进行仪表着陆,这些机场目前尚无类似基础设施。在即将到来的态势感知数据洪流中确定海上位置,确保数据共享架构中的所有相关方收集到的地理空间数据的可靠性,GNSS 完好性在这些过程中都至关重要。

　　2016 年夏天,豪华游轮"水晶宁静号"(Crystal Serenity)的航行标志着北极地区即将迎来一些改变,这是有史以来穿越西北航道最大规模的一次航行,船上大约有 1000 名乘客[81]。罗尔德·阿蒙森于 1906 年首次穿越该航道,航程历时近 3 年;而"水晶宁静号"仅需要 32 天。以前穿越西北航道是十分困难的,直到 2014 年也仅有不到 230 艘船舶穿越了该航道[82]。现在海冰消退,加上科技进步,"水晶宁静号"的航行才得以成功。曾经最勇敢的探险家需要面临极大困难的一次航行,如今人们手握香槟就可以开始了。当然这有赖于船员们花费数年时间进行的规划,是充分准备的结果。虽然这艘游轮没有抗冰加固,但它由一艘破冰船护航,并且拥有两名冰上飞行员,配备了最先进的传感设备,包括本章讨论的许多技术,如冰上雷达、热成像相机和前视声纳。他们还考虑了环境影响:将所有废品运出了北极,并使用高级燃料来减少废气排放。虽然这次航行没有发生意外,但并不能忽视这种航行的危险性。本章所讨论的技术和实践旨在避免事故的发生,并且本着充分准备、保障安全、保护环境的宗旨,在高纬度活动不断增加的同时保护北极生态系统。

参 考 文 献

[1] D. J. Cavalieri, C. L. Parkinson, P. Gloersen, and H. Zwally, *Sea Ice Concentrations from Nimbus-7 SMMR and DMSP SSM/I-SSMIS Passive Microwave Data.* Boulder, Colorado: NASA DAAC at the National Snow and Ice Data Center, 1996, updated yearly.

[2] J. E. Overland and M. Wang, "When will the summer Arctic be nearly sea ice free?," *Geophysical Research Letters*, vol. 40, pp. 2097-2101, 2013.

[3] D. L. Gautier et al., "Assessment of undiscovered oil and gas in the Arctic," *Science*, vol. 324, no. 5931, pp. 1175-1179, 2009.

[4] C. Davenport, "U. S. Will Allow Drilling for Oil in Arctic Ocean," *New York Times*, May 11, 2015. Accessed on: September, 2015 Available: http://www.nytimes.com/2015/05/12/us/white-house-gives-conditional-approval-for-shell-to-drill-in-arctic.html.

[5] T. Reid, T. Walter, P. Enge, and A. Fowler, "Crowd sourcing Arctic Navigation Using Multispectral Ice Classification and GNSS," in *Proceedings of the 27th International Technical Meeting of the Satellite Division of the Institute of Navigation (ION GNSS+ 2014)*, Tampa, Florida, 2014.

[6] Arctic Council, "Arctic Marine Shipping Assessment 2009," 2009.

[7] F. Lasserre and S. Pelletier, "Polar super seaways? Maritime transport in the Arctic: An analysis of shipowners' intentions," *Journal of Transport Geography*, vol. 19, no. 6, pp. 1465-1473, 2011.

[8] M. Lück, P. T. Maher, and E. J. Stewart, *Cruise Tourism in Polar Regions: Promoting Environmental and Social Sustainability?* Washington D. C. : Earthscan, 2010.

[9] H. Schøyen and S. Bråthen, "The Northern Sea Route versus the Suez Canal: Cases from Bulk Shipping," *Journal of Transport Geography*, vol. 19, no. 4, pp. 977-983, 2011.

[10] T. Reid, T. Walter, J. Blanch, and P. Enge, "GNSS Integrity in The Arctic," in *Proceedings of the 28th International Technical Meeting of the Satellite Division of the Institute of Navigation (ION GNSS+ 2015)*, Tampa, Florida, 2015.

[11] N. Kjerstad, *Ice Navigation.* Tapir Academic Press, 2011.

[12] American Bureau of Shipping, *Rules for Building and Classing Steel Vessels: Part 6 Optional Items and Systems, Chapter 1: Strengthening for Navigation in Ice.* Houston, Texas, 2012.

[13] Icebreaking Program Maritime Services Canadian Coast Guard Fisheries and Oceans Canada, *Ice Navigation in Canadian Waters.* Ottawa, Canada, 2012.

[14] Department of Homeland Security, "Report of the International Ice Patrol in the North Atlantic," CG-188-69, 2014, vol. 100.

[15] International Maritime Organization, *International Code for Ships Operating in Polar Waters (Polar Code)*, *MEPC 68/ 21/Add.1, Annex 10*. London: International Maritime Organization, 2015.

[16] International Hydrographic Organization, *IHO Standards for Hydrographic Surveys*, 5th Ed., Monaco: International Hydrographic Bureau, 2008.

[17] A. Frost, *Marine Gyro Compasses for Ships' Officers*, Sheridan House Inc, 1982.

[18] 1International Hydrographic Organization and Crowd-sourced Bathymetry Working Group (CSBWG), "Terms of Reference," in *Proceedings of the Extraordinary International Hydrographic Conference 5*, Mexico, 2015.

[19] R. Ward, "The Role of IHO S-100 Standard for Information Exchange and Communication in Polar and Remote Regions," in *E-Navigation Workshop on Polar Regions*, 2012.

[20] World Maritime News, "Polar Cruising Safer with Depth Sounding Data Sharing," October, 2014. Accessed on: November, 2016, Available: http://worldmaritimenews. com/archives/139100/polar-cruising-safer-with-depth-sounding-data-sharing/.

[21] B. W. Parkinson, T. Stansell, R. Beard, and K. Gromov, "A History of Satellite Navigation," *Navigation*, vol. 42, no. 1, pp. 109-164, 1995.

[22] T. A. Stansell, *The TRANSIT Navigation Satellite System: Status, Theory, Performance, Applications*. Magnavox Government and Industrial Electronics Company 1983.

[23] N. Kjerstad, "EGNOS-user experiences at high latitudes," *European Journal of Navigation*, vol. 4, no. 2, 2006.

[24] T. Reid, T. Walter, J. Blanch, and P. Enge, "GNSS integrity in the Arctic," *Navigation*, vol. 63, no. 4, pp. 469-492, 2016.

[25] Y. Jiao, Y. T. Morton, S. Taylor, and W. Pelgrum, "Characterization of high-latitude ionospheric scintillation of GPS signals," *Radio Science*, vol. 48, no. 6, pp. 698-708, 2013.

[26] N. Kjerstad, "Electronic and Acoustic Navigation Systems for Maritime Studies," Trondheim, Norway: Norwegian University of Science and Technology (NTNU), 2016, Part-3, ch. 7, pp. 79-113.

[27] BBC News, "Dozens of Ships Freed from Baltic Sea Ice," May, 2010. Accessed on: November, 2016, Available: http://news. bbc. co. uk/2/hi/europe/8550687. stm

[28] Baltic Ice Breaking Management, "Baltic Sea Icebreaking Report 2014-2015," 2015, Available: http://baltice. org/app/static/pdf/BIM Report 14-15. pdf.

[29] Crunchbase, Accessed on: July 2020, Available https://www. crunchbase. com/lists/well-funded-autonomousvehicle-startups/f2214864-27b0-47cf-b596-257602ab8145/organization. companies.

[30] U. S. Department of Transportation National Highway Traffic Safety Administration, *Federal Automated Vehicles Policy*. 2016.

[31] A. Fowler and D. Finnegan. (2013, February 2013) Scanning Glaciers with a Long-range Scanner. *GIM International*, Available: http://www. gim-international. com/issues/articles/id1964-Scanning_Glaciers_with_a_Longrange_Scanner. html.

[32] J. W. Telling, C. Glennie, A. G. Fountain, and D. C. Finnegan, "Analyzing glacier surface motion using LiDAR data," *Remote Sensing*, vol. 9, no. 3, p. 283, 2017.

[33] S. Haykin, E. O. Lewis, R. K. Raney, and J. R. Rossiter, *Remote Sensing of Sea Ice and Icebergs* (Wiley Series in Remote Sensing), New York: Wiley, 1994.

[34] E. O. Lewis, B. W. Currie, and S. Haykin, *Detection and Classification of Ice* (Electronic & Electrical En-

gineering Research Studies), Letchworth, Hertfordshire, England: Research Studies Press Ltd. , 1987.

[35] H. A. Murthy and S. Haykin, "Bayesian classification of surface-based ice-radar images,"*IEEE Journal of Oceanic Engineering*, vol. 12, no. 3, pp. 493−502, 1987.

[36] T. J. Nohara, "Detection of growlers in sea clutter using an X-band pulse-Doppler radar," 1991.

[37] T. J. Nohara and S. Haykin, "AR-based growler detection in sea clutter,"*IEEE Transactions on Signal Processing*, vol. 41, no. 3, pp. 1259−1271, 1993.

[38] T. J. Nohara and S. Haykin, "Growler detection in sea clutter using Gaussian spectrum models,"*Radar, Sonar and Navigation, IEE Proceedings-*, vol. 141, no. 5, pp. 285−292, 1994.

[39] T. J. Nohara and S. Haykin, "Growler detection in sea clutter with coherent radars,"*IEEE Transactions on Aerospace and Electronic Systems*, vol. 30, no. 3, pp. 836−847, 1994.

[40] B. O'Connell, "Marine Radar for Improved Ice Detection," in *Proceedings of the 8th International Conference and Exhibition on Ships and Structures in Ice* (*ICETECH 2008*), Banff, AB, Canada, 2008.

[41] B. O'Connell, "Ice Hazard Radar," in *Proceedings of the 10th International Conference and Exhibition on Performance of Ships and Structures in Ice* (*ICETECH 2010*), Anchorage, Alaska, 2010.

[42] European Commission. *Blue Hub-Exploiting Maritime Data*, Available: https://bluehub. jrc. ec. europa. eu/.

[43] ACCSEAS-Accessibility for Shipping Efficiency Advantages and Sustainability, Available: http://www. accseas. eu/

[44] MONALISA 2.0: Motorways and Electronic Navigation by Intelligence at Sea, Available: http:// www. sjofartsverket. se/en/MonaLisa/MONALISA-20/.

[45] Sea Traffic Management (STM), Available: http:// stmvalidation. eu/.

[46] BONUS ESABALT: Enhanced Situational Awareness to Improve Maritime Safety in the Baltic, Available: http:// www. ESABALT. org.

[47] P. Banaś, S. Thombre, and R. Guinness, "Analysis and identification of requirements for a system to enhance situational awareness at sea," in *International Journal on Marine Navigation and Safety of Sea Transportation* (*TransNav 2015*), Gdynia, Poland, 2015, vol. 9, no. 2, pp. 179−182.

[48] S. Thombre, R. Guinness, L. Chen, P. Ruotsalainen, H. Kuusniemi, J. Uriasz, Z. Pietrzykowski, J. Laukkanen, and P. Ghawi, "ESABALT improvement of situational awareness in the Baltic with the use of crowdsourcing," in *International Journal on Marine Navigation and Safety of Sea Transportation* (*TransNav 2015*), Gdynia, Poland, 2015, vol. 9, no. 2, pp. 183−189.

[49] O. Nevalainen, S. Thombre, H. Kuusniemi, L. Chen, S. Kaasalainen, and M. Karjalainen, "Feasibility of Sentinel-1 data for enhanced maritime safety and situational awareness,"*European Journal of Navigation*, vol. 13, no. 3, 2015.

[50] P. Wołejsza, S. Thombre, and R. Guinness, "Maritime safety-Stakeholders in information exchange process," in *International Journal on Marine Navigation and Safety of Sea Transportation* (*TransNav 2015*), Gdynia, Poland, 2015, vol. 9, no. 1, pp. 143−148.

[51] H. K. S. Thombre, S. Söderholm, L. Chen, R. Guinness, Z. Pietrzykowski, P. Wołejsza, "Operational scenarios for maritime safety in the Baltic sea,"*Navigation*, 2016, vol. 63, no. 4, pp. 521−531.

[52] R. E. Guinness, "Context Awareness for Navigation Applications," PhD Dissertation, Computing and Electrical Engineering, Tampere University of Technology, Tampere, Finland, 2015.

[53] V. Kotovirta, R. Jalonen, L. Axell, K. Riska, and R. Berglund, "A system for route optimization in ice-covered waters," *Cold Regions Science and Technology*, vol. 55, no. 1, pp. 52−62, 2009.

[54] M. Choi, H. Chung, H. Yamaguchi, and L. W. A. De Silva, "Application of Genetic Algorithm to Ship Route Optimization in Ice Navigation," in *Proceedings of the 22 nd International Conference on Port and*

Ocean Engineering under Arctic Conditions (POAC 2013), Espoo, Finland, 2013.

［55］R. E. Guinness, J. Saarimaki, L. Ruotsalainen, H. Kuusniemi, F. Goerlandt, J. Montewka, R. Berglund, and V. Kotovirta, "A Method for Ice-Aware Maritime Route Optimization," in *Proceedings of the Position, Location and Navigation Symposium (IEEE/ION PLANS 2014)*, 2014, pp. 1371-1378.

［56］T. Takagi, K. Tateyama, and T. Ishiyama, "Obstacle Avoidance and Path Planning in Ice Sea using Probabilistic Roadmap Method," in *Proceedings of the 22nd International Symposium on Ice (IAHR)*, Singapore, 2014.

［57］J. -H. Nam, I. Park, H. J. Lee, M. O. Kwon, K. Choi, and Y. -K. Seo, "Simulation of optimal arctic routes using a numerical sea ice model based on an ice-coupled ocean circulation method," *International Journal of Naval Architecture and Ocean Engineering*, vol. 5, no. 2, pp. 210-226, 2013.

［58］M. Choi, H. Chung, H. Yamaguchi, and K. Nagakawa, "Arctic sea route path planning based on an uncertain ice prediction model," *Cold Regions Science and Technology*, vol. 109, pp. 61-69, 2015.

［59］J. Haapala, N. Lönnroth, and A. Stössel, "A numerical study of open water formation in sea ice," *Journal of Geophysical Research: Oceans*, vol. 110, no. C9, 2005.

［60］S. Mårtensson, H. E. M. Meier, P. Pemberton, and J. Haapala, "Ridged sea ice characteristics in the Arctic from a coupled multicategory sea ice model," *Journal of Geophysical Research*, vol. 117, no. C8, 2012.

［61］Regional Ocean Modeling System (ROMS), Institute *of Marine and Coastal Sciences, Rutgers University*, Ocean Modeling Group, Available: http://www. myroms. org/.

［62］J. Liu, M. Lau, and F. M. Williams, "Numerical Implementation and Benchmark of Ice-Hull Interaction Model for Ship Maneuvering Simulations," in *Proceedings of the 19th International Symposium on Ice (IAHR)*, Vancouver, BC, 2008, NRC Publications Archive / Archives des publications du CNRC.

［63］J. Sawamura, H. Tsuchiya, T. Tachibana, and N. Osawa, "Numerical Modeling for Ship Maneuvering in Level Ice," in *Proceedings of the 20th International Symposium on Ice (IAHR)*, Lahti, Finland, 2010.

［64］J. Montewka, F. Goerlandt, P. Kujala, and M. Lensu, "Towards probabilistic models for the prediction of a ship performance in dynamic ice," *Cold Regions Science and Technology*, vol. 112, pp. 14-28, 2015.

［65］P. E. Hart, N. J. Nilsson, and B. Raphael, "A formal basis for the heuristic determination ofminimum cost paths," *IEEE Transactions on Systems Science and Cybernetics*, vol. 4, no. 2, pp. 100-107, 1968.

［66］E. W. Dijkstra, "A note on two problems in connexion with graphs," *Numerische Mathematik*, vol. 1, no. 1, pp. 269-271, 1959.

［67］R. Fuller, T. Walter, S. Houck, and P. Enge, "Flight Trials of a Geostationary Satellite Based Augmentation System at High Latitudes and for Dual Satellite Coverage," in *Proceedings of the 1999 National Technical Meeting of The Institute of Navigation*, San Diego, California, 1999.

［68］C. Comp et al. , "Demonstration of WAAS Aircraft Approach and Landing in Alaska," in *Proceedings of the 11th International Technical Meeting of the Satellite Division of The Institute of Navigation (ION GPS 1998)*, Nashville, Tennessee, 1998.

［69］S. Haugg, W. Richert, and R. Leoson, "EGNOS Trial on North Atlantic and Arctic Ocean," in *Proceedings of the 14th International Technical Meeting of the Satellite Division of The Institute of Navigation (ION GPS 2001)*, Salt Lake City, Utah, 2001.

［70］J. Blanch et al. , "Architectures for Advanced RAIM: Offline and Online," in *Proceedings of the 27th International Technical Meeting of The Satellite Division of the Institute of Navigation (ION GNSS+ 2014)*, Tampa, Florida, 2014.

［71］J. Blanch, T. Walter, and P. Enge, "Advanced RAIM System Architecture with a Long Latency Integrity

Support Message," in *Proceedings of the 26th International Technical Meeting of The Satellite Division of the Institute of Navigation* (*ION GNSS+* 2013), Nashville, Tennessee, 2013.

[72] 7Skies Magazine, "Twin Otters to the Rescue," July 4, 2016. Accessed on: August, 2016, Available: http://skiesmag. com/web-news/twin-otters-to-the-rescue/.

[73] E. S. Pedersen, "Polar airline navigation," *Navigation*, vol. 4, no. 7, pp. 270−274, 1955.

[74] Federal Aviation Administration and Department of Transportation, *Global Positioning System Wide Area Augmentation System* (*WAAS*) *Performance Standard*, 1 st Ed. , Washington D. C. , 2008.

[75] International Maritime Organization, *Revised Maritime Policy and Requirements for a Future Global Navigation Satellite System* (*GNSS*), 2002.

[76] P. E. Kvam and M. Jeannot, "The Arctic Testbed-Providing GNSS Services in the Arctic Region," in *Proceedings of the 26th International Technical Meeting of The Satellite Division of the Institute of Navigation* (*ION GNSS+ 2013*), Nashville, Tennessee, 2013.

[77] P. E. Kvam, G. F. Serrano, Y. L. Andalsvik, A. M. Solberg, P. Thomas, M. Porretta, K. Urbanska, and S. Schlüter, "The Arctic Testbed-Experimentation Results on SBAS in the Arctic Region," in *Proceedings of the 29th International Technical Meeting of The Satellite Division of the Institute of Navigation* (*ION GNSS+ 2016*), Portland, Oregon, 2016.

[78] G. X. Gao, L. Heng, T. Walter, and P. Enge, "Breaking the Ice: Navigating in the Arctic," in *Proceedings of the 24 th International Technical Meeting of the Satellite Division of the Institute of Navigation* (*ION GNSS 2011*), Portland, Oregon, 2011.

[79] T. Sundlisæter, T. Reid, C. Johnson, and S. Wan, "GNSS and SBAS System of Systems: Considerations for Applications in the Arctic," in *Proceedings of the 63 rd International Astronautical Congress*, Naples, Italy, 2012.

[80] T. G. R. Reid, T. Walter, P. K. Enge, and T. Sakai, "Orbital representations for the next generation of satellite-based augmentation systems," *GPS Solutions*, vol. 20, no. 4, pp. 737−750, 2016.

[81] K. Schwartz, "As Global Warming Thaws Northwest Passage, a Cruise Sees Opportunity," *New York Times*, July 6, 2016. Accessed on: November 2016, Available: http://www. nytimes. com/2016/07/10/travel/arctic-cruise-northwest-passage-greenpeace. html? _r = 0.

[82] R. K. Headland, "Transits of the Northwest Passage to the End of the 2014 Navigation Season," Scott Polar Research Institute, University of Cambridge, vol. 14, 2014.

本章相关彩图,请扫码查看